Kulturgeschichte der Nutzpflanzen

Band IV, 2. Hälfte

Ludwig Reinhardt

Alpha Editions

This edition published in 2022

ISBN : 9789356789326

Design and Setting By
Alpha Editions
www.alphaedis.com
Email - info@alphaedis.com

Contents

XIX.
Die Futterpflanzen.

Als die Germanen in das Licht der Geschichte traten, waren sie noch kein ausgesprochen Ackerbau treibendes Volk, wie dies erst seit dem Mittelalter der Fall ist, sondern Jagd und Viehzucht waren ihre Hauptnahrungsquellen, neben denen der Pflanzenbau eine sehr bescheidene Stelle einnahm. Persönliches Grundeigentum gab es bei ihnen noch nicht, das Land gehörte vielmehr der Gesamtheit der Gaugenossen. Jede Sippe erhielt ein Stück davon auf ein Jahr zur Bebauung zugewiesen, und dieses wurde nun von den Frauen behackt und mit allerlei Nährfrüchten wie Hafer, Gerste, Einkorn und etwas Flachs bepflanzt. Soweit Männer zu solcher in ihren Augen erniedrigenden Arbeit zugezogen wurden, waren es Kriegsgefangene, die man am Leben ließ, um sie als eine Art Arbeitstiere zu verwenden. Die Freien trieben Viehzucht, soweit nicht die leidenschaftlich gerne getriebene Jagd und der Krieg mit den Nachbarstämmen, der mit Vorliebe in Form von Raubzügen ausgeübt wurde, ihre Zeit in Anspruch nahm. Irgend welche schwere Arbeit war ihnen zuwider, und wenn sie es irgendwie vermochten, lagen sie zu Hause miteinander plaudernd auf den Bärenfellen und überließen die Sorge für Haus, Herd und Land den Frauen und Hörigen, welch letzteren naturgemäß alle schwere Arbeit zufiel. Die bescheidenen Hütten mit aus Lehm verstrichenem Flechtwerk, die zu errichten ebenfalls den Weibern oblag, wurden häufig gewechselt, um neue Weideplätze und fruchtbaren, jungfräulichen Boden aufzusuchen. Düngung des Bodens war noch unbekannt; daher wurde neuer Boden durch Abbrennen des darauf wachsenden Gehölzes urbar gemacht, sobald das zuerst umgebrochene Ackerland an Fruchtbarkeit nachließ.

Dieser halbnomadische Wirtschaftsbetrieb der alten Germanen wich erst dann einer größere Ansässigkeit bedingenden Feldwirtschaft, als sich der Strom der unruhig wandernden Stämme derselben an dem mit dem berühmten Wall und Pfahlgraben, dem *limes romanus*, umgebenen und von römisch-gallischen Ansiedlern bewohnten Dekumatenland brach und die nimmer Rastenden zwang, feste Wohnsitze einzunehmen. Ein Ausweichen nach Norden und Osten gab es nicht mehr; denn verwandte Stämme saßen schon hier, und von rückwärts drohten die nachdrängenden Slawen. Der Not gehorchend und nicht dem eigenen Trieb mußten die Germanenstämme ihr Wanderleben aufgeben, um sich durch einen geregelteren Ackerbaubetrieb neue und reichere Quellen zur Befriedigung ihrer Bedürfnisse zu erschließen; denn die Zahl des Volkes wuchs, die Jagd auf den beschränkten, zur Verfügung stehenden Gebieten wurde weniger einträglich, und zur Gewinnung der nötigen Nahrungsmittel mußte eine intensivere

Feldbebauung, welche mehr und mehr auch die Kräfte der freien Männer in Anspruch nahm, eingeführt werden.

Die Anleitung zu rationellerem Pflanzenbau und neue Kulturgewächse erhielten die an den *limes* angrenzenden Stämme begreiflicherweise zuerst von den auf höherer Wirtschaftsstufe stehenden Ansiedlern des Dekumatenlandes. Zwischen den neuen Nachbarn entwickelte sich bald ein reger Verkehr, der sich während eines zweihundertjährigen Friedens immer lebhafter gestaltete, bis die Völkerwanderung mit ihren zahllosen gewaltigen Kämpfen längere Zeit anhaltende Völkerverschiebungen bewirkte. Als diese dann ausgetobt hatte, waren die einst so wanderlustigen Stämme teils aufgerieben, teils von den fremden Völkern, mit denen sie sich mischten, absorbiert und ihrem Volkstum angepaßt, teils auch durch die starke Beeinflussung des an Kultur weit höher stehenden Römertums für eine ansässige, sich vorzugsweise auf den Landbau stützende Lebensweise gewonnen.

Schon zur Zeit des römischen Geschichtschreibers Cornelius Tacitus (54–118 n. Chr.), der uns die erste ausführlichere Schilderung von der Lebensweise und den Anschauungen der Germanenstämme gab, begann in Germanien das Bedürfnis nach fester Ansiedelung sich in weiteren Kreisen geltend zu machen. Jede Sippe besaß damals bereits einen Anteil an Wald, Wiese und Ackerland als Sondereigentum, woneben der gemeinschaftliche Flurbesitz der gemeinen Mark oder Allmende weiter bestehen blieb. Hofstätte und Anrecht an Ackerland und Allmende wurden zusammen mit dem Ausdruck Hufe oder Hub benannt. Die damalige Betriebsform war die Feldgraswirtschaft, wobei jedes Stück Land nur ein Jahr bepflanzt wurde, um dann mehrere Jahre hindurch als Wiese oder Weide brach zu liegen. Damals war die Viehzucht noch viel wichtiger als der Ackerbau, der noch sehr primitiv mit dürftigem Ackergerät ausgeübt wurde.

Einen entschiedenen Fortschritt brachte die zu Beginn des Mittelalters aufkommende, wahrscheinlich von den Römern übernommene Dreifelderwirtschaft, die sich bis zur Mitte des 18. Jahrhunderts in fast unveränderter Form erhielt. Sie bestand darin, daß man ein Drittel des Ackerlandes brach liegen ließ, damit sich der Boden erhole und durch das Hineinhacken oder -pflügen des auf ihm gewachsenen Unkrautes, soweit es nicht vom Vieh abgeweidet wurde, gedüngt werde. Das zweite Drittel wurde mit Wintergetreide und das letzte Drittel mit Sommerfrucht bepflanzt. Dieser Wechsel von Winter- und Sommergetreide gestattete die Feldarbeiten besser über das Jahr zu verteilen. Besondere Verdienste um die Verbreitung dieser neuen Betriebsweise erwarb sich Karl der Große, der in seinen Verordnungen über die Bewirtschaftung der königlichen Domänen seinen Beamten genaue Vorschriften machte, immer mit dem Zweck, seine musterhaft geleiteten Güter möchten den bäuerlichen Betrieben als Vorbild zur Nacheiferung dienen. Seinem guten Beispiel sind nachher vor allem die Klöster mit ihren klugen und umsichtigen Mönchen gefolgt und haben damit viel zur Hebung der Landwirtschaft beigetragen. Auch ihre Güter lieferten den umliegenden Bezirken ein nachahmenswertes Beispiel. Besonders aber beförderten die Klöster den Garten-, Obst- und Weinbau, die vornehmlich persönliche Sorgfalt lohnten. Selbst die um das 10. Jahrhundert einsetzende Städtegründung hatte einen fördernden Einfluß auf die Landwirtschaft; denn die hinter Mauern Schutz suchenden Bürger blieben, soweit sie sich nicht einem besonderen Handwerk zuwandten, Bauern, und ihr außerhalb der Ringmauern gelegener Besitz erfreute sich bald einer hohen Kultur, die wiederum hauptsächlich dem Garten- und Obstbau zugute kam.

Dadurch, daß alle Brach-, Winter- und Sommerfelder auf je einer zusammenhängenden Fläche lagen, die zunächst noch Eigentum der Markgenossenschaft blieb und erst nach und nach in den Besitz von einzelnen Familien überging, bestand ein gewisser Flurzwang, indem die Arbeit von allen Genossen, die ein bestimmtes Stück Land zur Bebauung erhalten hatten, gleichzeitig ausgeführt werden mußte. Ebenso nachteilig auf die Entwicklung der Landwirtschaft wie dieser Flurzwang wirkten auch die sozialpolitischen Verhältnisse, vor allem die zahlreichen, alle Kultur zerstörenden und keinen rechten Fortschritt aufkommen lassenden Kriege und Fehden der Machthaber untereinander, unter denen die Bauern in erster Linie zu leiden hatten, und der sich immer mehr ausbildende Gegensatz zwischen Privat- und Gemeindebesitz. Durch ausgiebige Belehnung von seiten der Könige für geleistete Dienste gelangte einerseits der Adel, und durch reiche Schenkungen der um ihr Seelenheil besorgten Begüterten die Kirche zu ausgedehntem Landbesitz, während das Bauerntum seit den Staufenkaisern mehr und mehr verarmte. Die durch diese ungünstigen Verhältnisse genährte allgemeine Unzufriedenheit der Landbevölkerung machte sich beim Erwachen der Geister zur Reformationszeit in den verschiedenen Bauernaufständen Luft; doch half ihr diese Auflehnung, die von den Herren aufs blutigste geahndet wurde, nicht nur nichts, sondern verschlimmerte noch wesentlich ihre Lage. Diese wurde im Laufe des 30jährigen Krieges geradezu trostlos. Nicht nur wurde die Bauernschaft um alle Habe gebracht und ihr Zug- und Nutzvieh fast ganz vernichtet, sondern in der allgemeinen Unsicherheit auch die Äcker nicht mehr bepflanzt, da keine Saat mehr vorhanden war oder das Zugvieh fehlte und die endlosen Beraubungen den Leuten allen Mut zur Bestellung ihrer Felder nahmen. Wozu auch säen, wenn doch nicht zu ernten war! So bedeckte sich die unbebaute Flur weithin mit Gestrüpp, die Wiesen verschlammten, Haus und Hof wurden zerstört oder verfielen, weil die Bewohner getötet oder in völliger Verarmung verzogen waren. Zahlreiche einst betriebsame Ortschaften verschwanden vom Erdboden, ihr einstiges Dasein nur noch in gewissen Flurbezeichnungen zurücklassend. Dafür hausten Tausende heimatlos Gewordener in Wald und Einöde. Und wer dem allgemeinen Elend der Zeit trotzte und auf der elterlichen Scholle ausharrte, der gewöhnte sich an elende Wohnung, dürftige Nahrung und schlechte Behandlung, verlor allen Lebensmut, allen Drang zur Arbeit, die ja doch nicht lohnte, nahm von der zügellosen Soldateska, mit der er verkehrte, rohe Sitten und gewalttätiges Wesen an. Die Folge war, daß die Bauern von den Grundherren immer mehr verachtet und bedrückt, ja vielfach bis zur Leibeigenschaft herabgewürdigt wurden.

Im allgemeinen brachte erst das 18. Jahrhundert bessere Zeiten für die Landwirtschaft, indem ihr einzelne Fürsten größere Aufmerksamkeit schenkten, Ackerbaugesellschaften sich bildeten und Kommissionen eingesetzt wurden, um über Verbesserungen im Betrieb zu beraten. Die erste Anbahnung eines Fortschritts brachte die große französische Revolution, indem sie eine weitgehende Änderung der Untertänigkeitsverhältnisse in allen Kulturstaaten Mitteleuropas herbeiführte und die Herren zwang, auch den unterdrückten Bauern einige Menschenrechte zuzuerkennen. Dadurch hob sich langsam der ganze Stand, man gab sich mehr Mühe, die Bodenverhältnisse durch Entwässerung, soweit Versumpfung vorlag, oder Bewässerung in trockenen Lagen zu verbessern, die Erträge der Felder durch Einführung von Fruchtwechsel und größere Sorgfalt in der Bereitung und Verwendung des Düngers zu steigern. Hierin ging Preußen allen anderen Staaten Deutschlands voran, und, wie sein haushälterischer Vater, war besonders Friedrich der Große nach der heilsamen Schulung, die er während seiner Küstriner Verbannungszeit in der Administration des Landes durchgemacht hatte, eifrig besorgt, die Einkünfte seiner Gebiete zu vermehren und den allgemeinen Wohlstand zu heben. Um die schwachbevölkerten Landesteile mit wertvollem Menschenmaterial zu beleben, suchte er wie schon sein Vater möglichst viel Fremde ins Land zu ziehen und durch Einführung neuer Industrien und Kulturpflanzen sein Land zu bereichern und vom Auslande möglichst unabhängig zu machen, damit das Geld im eigenen Lande bleibe. Die Zuzügler erhielten mancherlei Reiseunterstützung, Hilfsgelder für den ersten Anbau auf geschenktem oder möglichst billig überlassenem Land, das öde lag, Befreiung von den staatlichen und kommunalen Lasten je nachdem auf 2–15 Jahre, wie auch Befreiung vom Militärdienst auf drei Generationen. Außerdem genossen sie, die vielfach wegen religiöser Bedrückung ihre alte Heimat verlassen hatten, völlige Religionsfreiheit. Nach einem bekannten Ausspruche des großen Monarchen sollte ein jeder seiner Untertanen „nach seiner eigenen Fasson selig werden".

Diese meist mit wertvollen Kenntnissen ausgestatteten Zugereisten wurden meist auf Domänen, seltener auf Rittergütern angesiedelt. Um keine unheilvolle Latifundienwirtschaft, wie in den meisten anderen Kulturstaaten, aufkommen zu lassen, forderte der einsichtsvolle Preußenkönig eine Aufteilung größerer, in einer Hand vereinigter Ländereien, ja schon größerer Bauerngüter unter mehrere Söhne oder sonstige Erben. In kleinere Besitztümer verwandelt, mußte das Land intensiver bearbeitet werden und lieferte so weit höhere Erträge. Zwischen Dörfern, deren Flur sich zu weit erstreckte, als daß sich der Anbau noch recht lohnte, wurden neue gegründet, deren Bewohner schon durch die größere Nähe ihr Land besser bewirtschaften konnten. In noch höherem Maße als sein Vater ließ er durch Austrocknung von Sümpfen und Urbarmachung von Ödländereien neues Kulturland gewinnen, das mit fleißigen Ansiedlern besetzt wurde. Vielfach wurde der Gemeindebesitz an Wiesen unter die nachweislich dazu Berechtigten aufgeteilt. Auch er suchte durch eine möglichst gute Verwaltung der Domänen vorbildlich zu wirken. In Verbindung mit dem Streuen von Mergel zur Verbesserung des Bodens wurde die Anwendung des Tiefpfluges, der Anbau von Futterkräutern, von Hopfen und namentlich Kartoffeln, wie auch die Einführung von Hühner- und Bienenzucht empfohlen. Die Pflege des Obstbaues wurde dadurch gefördert, daß Gärtner eingesetzt wurden, die das Landvolk unentgeltlich in der Pflege und Veredelung der Obstbäume zu unterrichten hatten. Endlich bemühte sich der König um die Anpflanzung von Färberwaid, um den teuren ausländischen Indigo zu ersetzen, um diejenige des mährischen Flachses und besonders des weißen Maulbeerbaums für die Zucht der Seidenraupe, um das Rohmaterial für die von den französischen Emigranten im westlichen Gebiet seines Reiches eingeführte Fabrikation von Seidenstoffen zu gewinnen. Für letzteres Unternehmen mußte allerdings der schließliche Erfolg ausbleiben, da die Naturbedingungen für das Gedeihen dieses für die Kälte empfindlichen südlichen Gewächses in Preußen fehlten.

Dem fortschrittlichen Preußen gegenüber waren die anderen Kulturstaaten des europäischen Kontinents im Rückstand; einzig England, das durch keine Kriege von längerer Dauer in seiner Kulturentwicklung gestört wurde, war im rationellen Ausbau seiner Landwirtschaft etwas weiter fortgeschritten. Bald aber wurde es von Preußen nicht nur eingeholt, sondern sogar überflügelt. Dieser folgenschwere Umschwung, der bald allen deutschen Landen und schließlich der ganzen Kulturwelt zugute kam, ist in erster Linie dem Auftreten Albrecht Thaers (sprich tär) zu verdanken. Dieser überaus verdienstvolle Mann wurde am 14. Mai 1752 in Celle im preußischen Regierungsbezirk Lüneburg als Sohn eines Arztes geboren, der ebenfalls das Medizinstudium ergriff und sich in seiner Vaterstadt als Arzt niederließ, wo er bald reichlich Beschäftigung fand. In seinen Mußestunden beschäftigte er sich schon früh mit naturwissenschaftlichen Studien und widmete sich dem Gartenbau, der mit der Zeit ein solches Interesse in ihm erweckte, daß er diese Tätigkeit seiner ärztlichen vorzuziehen begann. Diese seine Vorliebe für die Natur brachte ihn auch in Berührung mit den wichtigsten Fragen des

Ackerbaues, und seinem klaren Verstande konnten die Schäden, an denen die damalige Landwirtschaft krankte, nicht lange verborgen bleiben. Sein Interesse für diese wuchs derart, daß er ein kleines Landgut in der Nähe von Celle erwarb, das als Versuchsgut dienen sollte, um alle theoretischen Auffassungen jener Zeit auf ihren praktischen Wert hin zu prüfen. Er benutzte ferner die landwirtschaftliche Literatur fremder Länder, namentlich diejenige Englands, dessen Agrikultur eine ähnliche Krisis hatte durchmachen müssen, um seine Kenntnisse zu bereichern und sie dann seinem Vaterlande zur Verfügung zu stellen. Mehrere Schriften landwirtschaftlichen Inhalts machten ihn bald weithin bekannt und viele junge Leute kamen nach Celle, um seinen Wirtschaftsbetrieb zu studieren und von ihm zu lernen. So entstand von 1802–1804 das erste landwirtschaftliche Institut in Celle. Sein Bemühen, eine größere Domäne in der Nähe Göttingens zu pachten, um dort seine Lehrtätigkeit in noch ausgedehnterem Maße zu entfalten, scheiterte am Widerstande der verpachtenden Behörde. So folgte denn Thaer einem ehrenvollen Rufe König Friedrich Wilhelms III. nach Preußen. Er erwarb das im Kreise Niederbarnim gelegene Rittergut Möglin, wo er 1806 eine Akademie des Landbaus errichtete, die 1824 zu einem königlichen Institut erhoben wurde. Im Jahre 1828 starb dann der um die Allgemeinheit so überaus verdiente Mann.

Die Verdienste, die sich Albrecht Thaer um die deutsche Landwirtschaft erworben hat, sind sehr vielseitiger Art. Sein Hauptverdienst ist, daß er die Naturwissenschaften in den Dienst der Landwirtschaft stellte und in Anwendung der aus ihnen gezogenen Lehren vor allem die veraltete Dreifelderwirtschaft abschaffte und an ihre Stelle die Fruchtwechselwirtschaft stellte, mit einem Wechsel von Halm- zu Blattfrüchten, insbesondere den Schmetterlingsblütlern, den Wurzel- und Knollengewächsen. Er machte auf die Bedeutung einer eingehenden Buchführung aufmerksam, führte bessere Geräte und Maschinen, die Drillkultur, d. h. das Aussäen in Reihen, meist mittels Maschinen, den Hackfruchtbau und eine Vermehrung des Kartoffelbaus ein. Er schaffte die Brache ab, die von da an dem Anbau lohnender Gewächse Platz machte. Auch auf die günstigen Wirkungen der Mergelung und vermehrten Stallmistdüngung machte er aufmerksam und führte die Stallfütterung ein. Bedeutungsvoll ist auch seine Mitwirkung bei der gesetzlichen Regelung der gutsherrlichen und bäuerlichen Verhältnisse, der Teilung der Allmenden und der Zusammenlegung von Grundstücken, die erst eine Fruchtwechselwirtschaft ermöglichte. Die Vorzüge dieser letzteren gegenüber den anderen Wirtschaftssystemen liegen vor allem darin, daß die Bodenkräfte des Ackers durch den stetigen Wechsel von Blatt- und Halmfrucht, von Pflanzen mit tief in den Boden eindringenden Wurzeln mit solchen, deren Wurzeln sich nur flach ausbreiten, besser ausgenützt werden.

Es findet keine einseitige Erschöpfung des Bodens statt, wie dies der Fall ist, wenn stets dieselben Pflanzen auf ein und demselben Grundstück aufeinander folgen.

Bei der Vielseitigkeit der anzubauenden Pflanzen läßt sich daher der Fruchtwechsel bei allen Klima-, Boden- und Wirtschaftsverhältnissen anwenden. Der je nach der Größe der Viehhaltung größere oder geringere Anbau von Futterpflanzen, namentlich Klee, machte den Landwirt unabhängig von Wiesen und Weiden. Die Einführung von Blattpflanzen in die Fruchtfolge bedingt ferner, daß der Boden stark beschattet wird und damit feucht, locker und verhältnismäßig rein von Unkraut bleibt; dadurch wird eine Brache fast in allen Fällen überflüssig.

Die Lehren Albrecht Thaers und seiner Schüler, die lediglich das Resultat sorgfältig durchgeführter praktischer Versuche waren, denen aber die wissenschaftliche Begründung zum Teil fehlte, hatten bewirkt, daß während der ersten Hälfte des 19. Jahrhunderts eine große Umwälzung in der Art des Betriebes der Landwirtschaft eintrat. Bald gingen größere wie kleinere Betriebe von den veralteten einfachen Wirtschaftsweisen zur Fruchtwechselwirtschaft oder doch zu einem verbesserten Wirtschaftssystem über. Diese Entwicklung der Landwirtschaft nahm auch in der zweiten Hälfte des vergangenen Jahrhunderts ihren Fortgang, besonders da es gelungen war, die durch praktische Versuche erworbenen Erfahrungen durch die Naturwissenschaften wissenschaftlich zu begründen und aus der weiteren Entwicklung der Wissenschaft neue Gesichtspunkte im landwirtschaftlichen Betrieb zu verwerten. Agrikulturchemie und -physik einerseits, und Pflanzenphysiologie andererseits wirkten unter Führung von Männern wie Liebig, Knop, Wolny, Sachs, Hellriegel, Kühn, Orth und andern in hohem Maße befruchtend, und in den weitesten Kreisen brach sich die Überzeugung Bahn, daß nur durch das innigste Zusammenarbeiten von Wissenschaft und Praxis ein weiteres Emporblühen der Landwirtschaft möglich ist. Diesem Fortschritt dienen in erster Linie die zahlreichen, in allen Kulturstaaten eingerichteten landwirtschaftlichen Schulen und Versuchsinstitute, für deren rationellen Betrieb namentlich Julius Kühn sich große Verdienste erwarb. Dieser Mann ist geradezu der Schöpfer des modernen landwirtschaftlichen Universitätsstudiums, so daß er es wohl verdient, daß wir hier etwas eingehender von ihm reden. Dieser am 14. April 1910 im 85. Lebensjahre gestorbene Gründer der landwirtschaftlichen Anstalt der Universität Halle a. S. wurde am 22. Oktober 1825 als Sohn eines Landwirts zu Pulsnitz in der sächsischen Oberlausitz geboren. Von Jugend auf war der lebhafte Wunsch in ihm rege, gleichfalls Landwirt zu werden, und schon als kleiner Junge begleitete er seinen Vater, der damals Wirtschaftsinspektor in Gosda bei Spremberg war, auf seinen Gängen durch die Ställe und Felder. Mit einer für einen jungen Landwirt seiner Zeit ausgezeichneten Vorbildung trat er 1841 bei einem der hervorragendsten Landwirte seiner engeren Heimat, Blochmann in Wachau, als Ökonomielehrling ein. Von 1848 an war er selbständig tätig und beschäftigte sich damals besonders mit dem Studium der Düngung und der verschiedenen Pflanzenkrankheiten. Die Ergebnisse der letzteren veröffentlichte er 1858 unter dem Titel: „Die Krankheiten der Kulturgewächse, ihre Ursachen und ihre Verhütung". Im Jahre 1861 erschien die im Jahre zuvor von der Schlesischen Gesellschaft für vaterländische Kultur preisgekrönte Schrift: „Die zweckmäßigste Ernährung des Rindviehs vom wissenschaftlichen und praktischen Standpunkte", ein Werk, das in 12 deutschen Auflagen und zahlreichen Übersetzungen Jahrzehnte hindurch die Führung auf dem Gebiet der landwirtschaftlichen Fütterungslehre behielt. 1862 nahm er eine Berufung an die an der Universität Halle neu zu errichtende Professur für Landwirtschaft an, nachdem er kurz vorher einen gleichen Ruf nach Berlin abgelehnt hatte, „weil er wegen des Umfangs der Großstadt und der Lage derselben eine ersprießliche Wirksamkeit für seine Wissenschaft hier nicht zu erhoffen haben würde". Im ersten Semester hatte er 3 Zuhörer, im folgenden 20, dann 56 und bereits im fünften Semester überstieg die Zahl der in Halle studierenden Landwirte die Besuchsziffer der ältesten und meistbesuchten Lehranstalten Deutschlands. 1871 war die Zahl der in Halle studierenden Landwirte mit 218 größer als an allen landwirtschaftlichen Lehranstalten Preußens insgesamt. Nachdem sich unter Kühns Führung die Eingliederung des Studiums der Landwirtschaft in die Universität so glänzend bewährt hatte, wurden in der Folge auch an anderen Universitäten landwirtschaftliche Institute nach Halleschem Vorbild ins Leben gerufen. Trotzdem nahm, obgleich auch an anderen Universitäten die Zahl der studierenden Landwirte von Jahr zu Jahr wuchs, der Besuch der Landwirtschaftlichen Anstalt der Universität Halle noch stetig bis in die Gegenwart zu, so daß bis zum Sommer 1909 fast 8000 Landwirte daselbst studiert hatten. Dieser beispiellose Erfolg beruht in erster Linie auf der Bedeutung Kühns als Lehrer und Forscher. Die Verbindung eines umfassenden naturwissenschaftlichen Wissens mit einer reichen landwirtschaftlichen Erfahrung gab seiner Lehr- und Forschertätigkeit ihre inhaltliche Bedeutung und war die Ursache seiner so ungemein erfolgreichen Wirksamkeit.

Außer Kühn ist noch als besonders erfolgreicher Lehrer der vom großen Reformator Thaer begründeten Landwirtschaftswissenschaft Albert Orth von der Landwirtschaftlichen Hochschule in Berlin zu nennen, der jetzt in seinem 76. Lebensjahre auf ein 50jähriges Wirken als landwirtschaftlicher Dozent und auf 46 Jahre Hochschultätigkeit zurückblickt. Er wurde am 15. Juni 1835 zu Lengefeld bei Corbach geboren, studierte zu Göttingen und Berlin, war von 1860–65 Oberlehrer an der Landwirtschaftlichen Lehranstalt Boberbeck, promovierte 1868 zu Göttingen, wurde 1870 Dozent in Halle a.

S. und wirkt seit 1871 als Professor an der damals „Landwirtschaftliches Institut“ genannten Landwirtschaftlichen Hochschule in Berlin. Er ist Begründer des Laboratoriums für Bodenkunde, publizierte eine Schrift über „Kalk- und Mergeldüngung“ und nahm wertvolle wissenschaftliche Bodenuntersuchungen des Rüdersdorfer Kalkdistrikts vor. Er schuf sechs Wandtafeln für Bodenkunde, die typischen Bodenprofile des deutschen Flachlandes betreffend, machte auch mit einem Fachgenossen eine Bodenaufnahme der Pontinischen Sümpfe zwischen Rom und Neapel, die erste ihrer Art. Als Vorsteher des agronomisch-pedologischen Instituts der Landwirtschaftlichen Hochschule pflegte er vornehmlich die Erforschung und die Lehre von der Bodenbeschaffenheit in ihren Beziehungen zum Pflanzenleben, ein Verhältnis, dessen enorme Wichtigkeit für den landwirtschaftlichen Betrieb auch dem Laien ohne weiteres klar sein dürfte. Studienausflüge in Landwirtschaftsgegenden ergänzen das bei ihm gebotene theoretische Studium; auch bieten die Rieselfelder der Stadt Berlin prachtvolle Modelle für die Bewässerungs- und Entwässerungslehre, Muster für sehr bedeutende Aptierungs- und Dränierungsarbeiten. Ein für das Studium höchst wichtiges Hilfsmittel ist das von Orth während der letzten 25 Jahre mit erheblichen eigenen Geldopfern errichtete Museum, das unschätzbares Illustrationsmaterial zum Unterricht beisteuert. Darin sind unter anderem in einem Bodenschrank 60 typische, geologisch geordnete Bodenprofile des Deutschen Reiches enthalten, ferner das Wurzelherbarium der wichtigsten landwirtschaftlichen Kulturgewächse auf bis 4 m hohen Tafeln unter Glas, eine Sammlung, die in den Jahren 1882 und 1883 von Orth im Sandboden der Berliner Talebene mit Hilfe der Assistenten aufgenommen wurde. Kein Besucher Berlins, der sich für diesen wichtigsten Zweig der menschlichen Erkenntnis interessiert, sollte es unterlassen, diese Sehenswürdigkeit der Reichshauptstadt zu besichtigen.

In neuester Zeit hat neben dem Studium der chemischen Beschaffenheit des Bodens besonders dasjenige der Bodenbakterien und deren Einfluß auf das gute Gedeihen der Pflanzen eine große praktische Bedeutung erlangt. Zahlreiche Arten derselben, besonders die sich in den Wurzelknöllchen der Leguminosen ansiedelnden und daselbst den Stickstoff der Luft, der sonst für die Pflanze unbrauchbar ist, durch Verwandlung in salpetersaure und salpetrigsaure Salze nutzbar machenden Rhizobien oder Wurzellebewesen werden heute im großen in Reinkultur gezüchtet und zur Besiedlung des Bodens an Stelle von Düngung bei der Kultur der Leguminosen verwendet. Auch die frühere Brache hat im Grunde nur auf dem ruhigen Sichvermehrenlassen solcher stickstoffvermehrender Bakterien der verschiedensten Arten beruht. So fand schon der französische Chemiker Berthelot in seinen grundlegenden Versuchen, daß sich in liegengelassenen dürren Blättern durch die reichliche Entwicklung solcher ein Zuwachs an Stickstoff nachweisen ließ, und daß 50 kg Ackererde auf demselben Wege in sieben Monaten einen Zuwachs von 12,7 g Stickstoff erlitten. Alle diese winzigen, meist einzelligen Pilze, die teils sauerstoffbedürftig sind, teils ohne solchen gedeihen, sind vom Vorhandensein kohlenstoffhaltiger Nahrung abhängig, da sie die Kohlensäure der Luft nicht zu assimilieren vermögen. Sie können also nur dort gedeihen, wo sich Pflanzen finden, die ihnen diese Nahrung liefern.[1] Besonders kommen dafür winzige grüne Algen in Betracht, die sich überall in den obersten Bodenschichten finden, wohin das für die Zerlegung der Kohlensäure der Luft und die Assimilation des Kohlenstoffs nötige Sonnenlicht dringt. Eine solche Vergesellschaftung von stickstoffassimilierenden Pilzen und kohlenstoffassimilierenden Algen ist eine Pflanzengenossenschaft, die von allen chemischen Bedingungen so gut wie unabhängig ist, da sie sich gegenseitig alles zum Leben Nötige, außer dem aber sonst in der Regel reichlich zur Verfügung stehenden Wasser, liefern. In besonders inniger Vergesellschaftung finden sie sich speziell in der Flechtengenossenschaft, die bei der ersten Besiedlung nackten Gesteines, um es nach und nach zur Wohnstätte höheren Pflanzenlebens vorzubereiten, eine überaus wichtige Rolle im Haushalte der Natur spielt. Für allen höheren Pflanzenwuchs ist ihre Tätigkeit unbedingt erforderlich, weil die stickstoffsammelnden Bakterien beim Zerfall ihrer Leiber nach dem Tode den in ihnen aufgespeicherten Stickstoff den Pflanzen ebenso nutzbar machen, wie jeden andern organischer Substanz entstammenden Stickstoff. Und zwar geht die Ansammlung solchen durch sie aus der Luft kondensierten Stickstoffs erfahrungsgemäß in schweren Böden besser vor sich als in leichten, weil sich in letzteren die nicht minder allgegenwärtigen denitrifizierenden Bakterien leichter vermehren und durch ihr gutes Gedeihen dem durch jene bewirkten Nitrifikationsprozeß entgegenarbeiten. Von wie großer praktischer Wichtigkeit eine Förderung dieser Stickstoffsammlung des Bodens ist, zeigt die einfache Erwägung, daß die deutsche Landwirtschaft jährlich über 100 Millionen Mark für Stickstoffdünger ausgibt, die zum allergrößten Teil für Chilisalpeter außer Landes gehen. Auf diesem Felde lassen sich noch große praktische Erfolge erzielen, die der Landwirtschaft in der Zukunft zugute kommen werden. Vor allem soll man durch reichliche Lüftung und Besonnung des Bodens, durch ausgiebiges und tiefes Umgraben die Ansiedlung dieser Wohltäter der Menschheit begünstigen.

Außer dem Stickstoff gehören auch Phosphorsäure, Kalk und Kali zu den wichtigsten Nährstoffen der Pflanzen, deren reichliches Vorhandensein geradezu erntebestimmend für die meisten Kulturen wirkt. Die Phosphorsäure spendet man den Feldern in Form von Knochenpulver oder neuerdings meist zerstampfter Thomasschlacke, in welcher das dem Eisen beim Thomasverfahren entzogene Phosphor angesammelt wurde. Den Kalk gibt man, wenn er nicht genügend im Boden selbst enthalten ist, in Form von Kalkmergel und das Kali in Form der sogenannten Abraumsalze, so genannt, weil man diese früher beim Graben nach Kochsalz als unbrauchbaren Abfall abräumte, bis man dann die überaus große Bedeutung derselben als Nährstoff für die Landwirtschaft erkannte, und nun vielmehr die Kalisalze ausbeutet und die dabei entstandenen Hohlräume mit dem viel weniger wertvollen Kochsalz ausfüllt. Diese Kalisalzlager, die sich in Schichten der Zechsteinperiode (Dyas) um den Harz herum erstrecken und in Staßfurt zuerst 1857 beim Bohren nach Kochsalz in großer Menge gefunden wurden, bilden ganz eigentlich den viele Milliarden Mark an Wert umfassenden Reichtum Deutschlands. Andere Bodenschätze, wie vor allem die verschiedenen Metalle, haben auch andere Länder aufzuweisen; aber Kalisalze besitzt bis jetzt nur Deutschland, was für seine Landwirtschaft einen unendlich wertvollen Schatz bedeutet, um so mehr diese immer mehr zur Verbesserung der Böden und dadurch zur Erhöhung des Ernteertrags zur Anwendung gelangen.

Gerade in unserer Zeit, da die außerordentlich verbesserten Transportgelegenheiten die Einfuhr von billigem Getreide aus dem Ausland einen starken Zurückgang der Getreidekultur und dafür ein Überhandnehmen der Milchwirtschaft als besser rentierend bewirkte, spielt der Anbau von Futterpflanzen für die zahlreichen, fast ausnahmslos Gras fressenden Haustiere eine sehr große Rolle in der Landwirtschaft. Deshalb besitzen die Futterpflanzen als Kulturpflanzen des Menschen eine zunehmende Bedeutung für ihn. Unter ihnen sind vor allem die verschiedenen Grasarten schon so lange in Kultur, als der Mensch überhaupt Ackerbau und Viehzucht treibt; denn nur bei vollständiger Sicherheit, stets genügendes Futter wie für sich selbst, so auch für die ihm unentbehrlichen Haustiere zur Hand zu haben, war es möglich, daß einigermaßen eng beieinander wohnende Menschen in größerem Maße Viehzucht treiben konnten.

Wenn wir auch nicht mehr mit Sicherheit die ältesten Futterpflanzen der Kulturmenschheit bestimmen können, so kann doch keinerlei Zweifel darüber herrschen, daß diese unter den in 3500 Arten über die ganze Erde verbreiteten Gräsern zu suchen sind, die auch die wichtigsten Getreidearten lieferten. Wie in großer Artenzahl finden sie sich in der größten Menge der Individuen besonders in der nördlichen gemäßigten Zone, wo sie vorzugsweise die niedrige Vegetationsdecke, den Hauptbestandteil der Steppen, und in Form von Wiesen auch der vom Menschen geschaffenen Kultursteppe bilden. Gegen den Äquator nimmt zwar die Zahl der Grasarten zu, aber die Menge der Individuen ab. Ganz auf die Tropen beschränkt sind die gigantischen baumartigen Formen wie die Bambusse. Die südliche Halbkugel ist etwas weniger reich an Gräsern als die nördliche, die in dieser Beziehung besonders bevorzugt ist. Gegen die Pole zu wie auch in den höheren Gebirgsregionen nehmen die Gräser an Zahl ab und verschwinden allmählich ganz.

In der Ebene und den tieferen Gebirgslagen treten gewisse Gräser wiesenbildend auf, andere machen im Schatten der Wälder den Hauptbestandteil der niedrigen Vegetation aus, wieder andere wachsen nur auf dürrem, sandigem oder steinigem Boden, auf Heiden usw. Da die auf Sandboden wachsenden Gräser mit weithin kriechenden, ausläuferreichen Wurzelstöcken versehen sind, werden sie mit Vorliebe zur Verfestigung sandiger Ufer und Straßenböschungen, von Eisenbahndämmen, Festungswällen usw. und zur Bindung des Flugsandes auf den Dünen angebaut.

Früh schon hat der zu höherer Kultur emporgestiegene Mensch durch Rodung von Wäldern nicht nur Ackerland, sondern auch Wiesen zum Weiden seines Viehs gewonnen. Aber erst spät und nur durch dichtere Besiedlung der von ihm besetzten Gebiete kam er auch dazu, durch das Schneiden und Trocknen der die Wiesen vorzugsweise besiedelnden Grasarten sich Vorräte an Viehfutter für den Winter in Form von Heu anzulegen. Die ältesten Nachrichten, die wir von den Kulturvölkern des Altertums haben, gehen nicht über die Mitte des letzten vorchristlichen Jahrtausends zurück. So berichtet der um 50 v. Chr. die ethnographisch geordnete Geschichte fast aller damals bekannten Völker bis 60 v. Chr. in 40 Büchern schreibende griechische Historiker Diodoros aus Sizilien, daher Siculus genannt, bei der Schilderung der persischen Geschichte: „Als die Phönikier sich gegen den persischen König Artaxerxes (A. I., zweiten Sohn des Xerxes, der von 465–425 v. Chr. regierte; unter ihm begann der Verfall des Reichs) empörten, begannen sie die Feindseligkeiten damit, daß sie im großen königlichen Park, in welchem die persischen Könige ihren Aufenthalt zu nehmen pflegten, die Bäume umhieben und das Heu verbrannten, wovon die Satrapen ein Magazin für ihre Kavallerie angelegt hatten." Daß nun die Perser bei ihrem so ausgedehnten Postdienst und bei der zahlreichen von ihnen unterhaltenen Reiterei Fouragemagazine besaßen, kann uns nicht weiter wundern. Auch die Griechen und Römer haben solche teils für Militär-, teils für Friedenszwecke errichtet. Heuvorräte für den Winter anzulegen, war schon im klassischen Altertum ein wichtiges Geschäft für den Landmann, wie uns schon der ältere Cato (234–149 v. Chr.), der unversöhnliche Feind von Roms machtvoller Nebenbuhlerin, Karthago, berichtet. Eine ausführliche Schilderung der Heuernte bei den alten Römern gibt uns der zu Gades (dem heutigen Cadix) in Spanien gebürtige römische Ackerbauschriftsteller Columella im 1. Jahrhundert n. Chr. in seinem Buche über den Landbau, worin er sagt: „Der Landmann bedarf für sein Vieh mancherlei Futter, namentlich aber Heu (*foenum*, im französischen *foin* noch erhalten). Daher muß er auch seine Wiesen, denen die alten Römer den ersten Rang in der Landwirtschaft einräumten, gehörig hegen und pflegen. Marcus Portius (der eben genannte Cato) hebt besonders hervor, daß die Wiese keinen Schaden durch Wetterschlag leidet wie die Feldfrüchte, daß sie einen sehr geringen Aufwand erfordert und doch jährlich ihren Ertrag gibt, und zwar einen doppelten, indem sie ebensoviel frisches Gras als Futter, wie Heu für die Scheuer liefert. — Wir unterscheiden trockene Wiesen und bewässerte Wiesen. Ist der Boden fruchtbar und fett, so bedarf er keiner Bewässerung, und das darauf gewonnene Heu gilt für besser, wenn es auf einem von Natur fruchtbaren Boden gewachsen und nicht nur durch Wasser hervorgelockt ist. Das letztere muß jedoch auf magerem Boden geschehen, und wo Wasser zu Gebote steht, kann auch der magerste als Wiese benutzt werden. Übrigens darf man weder eine Vertiefung wählen, in der sich das Wasser sammelt, noch einen steilen Abhang, an welchem es rasch herabfließt. Ein sanfter Abhang dagegen schadet nicht. Am liebsten hat man aber doch eine Fläche, die sich ein wenig senkt, so daß der Regen und künstlich darauf geleitetes Wasser ganz allmählich hinuntersickern. An sumpfigen Stellen muß das Wasser in Gräben abgeleitet werden; denn ein Übermaß an Wasser ist ebenso schlimm für das Gras, wie ein Mangel daran.

Die Kultur der Wiesen erfordert mehr Sorgfalt als Anstrengung. Erstens darf man auf ihnen weder Baumstrünke, noch Sträucher, noch Dornbüsche, noch allzustarkes Gras dulden. Dergleichen muß im Herbst ausgerottet werden, wie z. B. Brombeerstauden, Gesträuch und Binsen, oder im Frühjahr, wie Cichorien (*intubum*). Schweine dürfen auf der Wiese nicht weiden, weil sie den Boden aufwühlen; auch darf schweres Vieh auf ihnen nur gehen, wenn der Boden trocken ist, weil sonst die Hufe zu tief einsinken und die Wurzeln des Grases beschädigen. — Magere Abhänge müssen im Februar bei abnehmendem Monde mit Mist gedüngt werden. Alle Steine und sonstigen Dinge, die der Sichel im Wege sein könnten (Sensen kannte man im Altertum noch nicht), müssen abgelesen werden. Alte, mit Moos (*muscus*) überzogene Wiesen befreit man von diesem, indem man es auskratzt und dann Grassamen aus der Scheuer aufstreut, oder indem man Mist auffährt; jedoch ist Asche das beste Mittel, um Moos auszurotten.

Das Gesagte bezieht sich auf Wiesen, die schon als solche vorhanden sind. Kommt es dagegen darauf an, neue anzulegen oder verdorbene neu in Stand zu setzen, so ist es oft vorteilhaft, den Boden erst zu pflügen; denn eine alte Wiese gibt, wenn sie umgepflügt ist, oft einen hohen Ertrag. Es wird also ein solches zur Wiese bestimmtes Stück Land im Sommer mehrmals mit dem Pfluge gewendet, dann im Herbst mit Rüben (*rapum*), Raps (*napus*) oder Saubohnen (*faba*) besät und im folgenden Jahre mit Getreide. Im dritten wird es dann sorgsam gepflügt und mit Wicken (*vicia*), die mit Heusamen (*semen foeni*) gemengt sind, besät. Hierauf werden die Schollen mit Hacken kleingeschlagen und mit Eggen geebnet, auch werden die kleinen Hügel, die sich da bilden, wo man die Egge wendet, dem Boden gleich gemacht, damit gar nichts zurückbleibt, woran die Sichel des Mähers (*foenisex*) sich stoßen könnte. Die Wicke bleibt so lange stehen, bis sie ganz reif ist und schon eine Anzahl Samen auf den Boden hat fallen lassen. Dann wird sie samt dem Grase gemäht, in Bündel gebunden und weggeschafft. Ist der Boden fest, so kann man ihn nun wässern, wenn Wasser zu haben ist. Ist er aber locker, so darf man nicht eher eine größere Menge Wasser darauf fließen lassen, als bis er dicht mit Graswurzeln durchzogen ist, sonst würde das Wasser die Erde mitnehmen und die Wurzeln des Grases bloßlegen. Auch das Vieh darf nicht auf die junge Wiese gehen. So oft das Gras emporgewachsen ist, wird es mit Sicheln (*falx*) geschnitten. Erst im zweiten Jahr gestattet man nach der Heuernte (*foenisicium*) dem kleinen Vieh, auf eine solche Wiese zu gehen, wenn sie trocken und zur Weide günstig gelegen ist. Im dritten Jahr kann auch das große Vieh auf ihr weiden, wenn sie fest geworden ist. Noch ist darauf zu sehen, daß die magersten und die höchsten Stellen der Wiese im Februar mit Heusamen und Mist beworfen werden. Ist die Höhe gedüngt, so führt der Regen oder die Bewässerung die Nährkraft auch auf die tieferliegenden Teile. Aus eben diesem Grunde düngt man die Höhen der Äcker stärker als die Tiefen.

Tafel 93.

Wirkung der künstlichen Düngung auf den Heuertrag.
Links beginnend: 1. Ohne Düngung. 2. Mit Superphosphat. 3. Mit Kainit und Superphosphat.

Tafel 94.

Rotbuchen-Kuhbüsche (vorderster Busch 3,5 m hoch) von der Weide des Hüttenwasens beim Feldberg im Schwarzwald, wie die Geißtannli der schweizerischen Alpenweiden durch beständiges Abgefressenwerden der jungen Triebe durch das weidende Vieh entstanden. (Nach Photogramm von L. Klein aus den Vegetationsbildern von G. Karsten und A. Schenck.)

Das Heu wird am besten zur Zeit geschnitten, da es erwachsen, aber noch nicht dürr ist; man bekommt dann mehr davon und es gibt ein wohlschmeckenderes Futter für das Vieh ab. Beim Dörren hat man darauf zu achten, daß es weder zu trocken, noch zu frisch eingefahren wird. Das allzu trockene ist strohartig, das allzu frische geht in der Scheuer (*tabulatum*) in Fäulnis über, erhitzt sich auch oft so, daß Feuer daraus emporschlägt. Wird geschnittenes Heu auf der Wiese vom Platzregen durchnäßt, so läßt man es ruhig liegen, bis es obenweg wieder von der Sonne getrocknet ist. Erst dann wird es gewendet und, wenn es auf beiden Seiten getrocknet ist, auf Schwaden (*striga*) gebracht und in Bündel (*manipulus*) gebunden. Nun bringt man es so bald als möglich unter Dach oder baut, wenn solches nicht möglich ist, Schober (*meta*, so hieß übrigens auch der als Ziel oder Wendepunkt dienende kegelförmige Stein in der Rennbahn) aus ihm, die so spitzig als möglich sein sollen. So wird das Heu am besten vor Regen geschützt; auch haben die Schober, abgesehen vom Schutz gegen Regen, das Gute, daß das Heu in ihnen schwitzt und so die noch vorhandene Feuchtigkeit verdunsten läßt. Auch wenn man Heu unter Dach bringt, tut man gut daran, es zunächst nur lose aufzuschichten und es erst später, nachdem es geschwitzt hat, festzutreten, da, wo es bleiben soll."

Der fruchtbarste und bedeutendste Gelehrte Roms, Marcus Terentius Varro (116–27 v. Chr.) schreibt in seinem Buche über den Landbau: „Hört das Gras (*herba*) der Wiesen (*pratum*) auf zu wachsen und beginnt vor Hitze dürr zu werden, so muß es mit Sicheln abgeschnitten werden, dann wendet man es mit Gabeln, bis es dürr ist, bindet es in Bündel und fährt es in das Landhaus (*villa*). Nun kratzt man die Stoppeln (*stipula*) von der Wiese mit Harken und legt sie zum Heuvorrat (*foenisicia*). Ist dies geschehen, so werden die Wiesen noch gesichelt, d. h. es wird noch das mit den Sicheln weggeschnitten, was die Heumäher (*foenisex*) beim ersten Schnitt haben stehen lassen, nach welchem die Wiese noch ganz höckerig aussieht." Palladius im 4. Jahrhundert n. Chr. rät die als Weide dienenden Wiesen (*pascuum*) im August in Brand zu stecken, damit die Sträucher (*frutex*) bis auf den Strunk (*stirps*) abbrennen und die Gräser nach dem Brande um so freudiger wieder aufsprießen. Auch rät er die Scheuern nicht bloß trocken und luftig, sondern auch weit genug vom Landhaus weg zu bauen, damit letzteres im Falle eines Brandes nicht gefährdet werde.

In welch hohen Ehren der Landbau bei den Römern noch in der Kaiserzeit stand, das bezeugt uns Plinius der Ältere (23–79 n. Chr.), der uns in seiner Naturgeschichte bezeugt: „Auch bei den Ausländern hat es für eine passende Beschäftigung für Könige und Feldherrn gegolten, über den Landbau zu schreiben. Das haben z. B. die Könige Hiero, Philometor, Attalus und Archelaos, die Feldherrn Xenophon und Mago der Punier getan. Als das römische Heer Karthago erobert hatte (146 v. Chr.), schenkte unser Senat die dortigen Büchersammlungen den kleinen Fürsten Afrikas; die 28 kleinen Schriften des Mago (lebte etwa um 520 v. Chr.) aber hielt er in Ehren und ließ sie ins Lateinische übersetzen, obgleich der ältere Cato damals schon über den Landbau geschrieben hatte. — Auch unter den Weltweisen, den ausgezeichneten Dichtern, den berühmten Schriftstellern sind tüchtige Landwirte gewesen. Ich habe deren Namen in der Einleitung zu meinem Buche genannt, erwähne aber ganz besonders den Marcus Varro, der sich noch in seinem 81. Lebensjahr entschloß, über die Landwirtschaft zu schreiben."

Derselbe Plinius aber bemerkt zur Tatsache, daß die römischen Landgüter zu seiner Zeit nur noch durch die infolge der zahlreichen Kriege im Überfluß auf den Sklavenmarkt geworfenen Kriegsgefangenen bearbeitet wurden: „In alter Zeit bebauten unsere Feldherrn mit eigener Hand ihre Felder, und man darf wohl annehmen, daß sich die Erde selbst über den mit Lorbeer bekränzten Pflug und den durch Triumphe berühmten Pflüger gefreut habe. Dem Serranus wurden seine Ehrenstellen übertragen, wie er gerade mit Säen (*serere*) beschäftigt war, und so erhielt er jenen Namen. Dem Cincinnatus überbrachte der Staatsbote (458 v. Chr.) die Diktatur, wie er seine vier Joche Landes am Vatikan pflügte; sie heißen noch jetzt die Qintischen Wiesen (er hieß nämlich Lucius Qinctius Cincinnatus). — Heutzutage wird das Land von Sklaven bearbeitet, deren Füße gefesselt, deren Hände verdammt und deren Gesichter gebrandmarkt sind. Das kann die Erde doch nur mit Widerwillen dulden."

Neben den Gräsern spielte die Luzerne (*Medicago sativa*) schon bei den Kulturvölkern des Altertums eine nicht unwichtige Rolle. Dieser Schmetterlingsblütler mit bläulichen oder violetten Blüten in lockeren Trauben und spiralig zusammengerollten Hülsen ist vom südwestlichen Rußland durch Asien bis zur Mongolei, Tibet und Vorderindien heimisch, während die ihr nahe verwandte gelbblühende Abart, der Sichelklee (*Medicago falcata*), von Mittel- und Südeuropa bis zum nördlichen Sibirien und nach Zentralasien wildwachsend vorkommt. Die Luzerne ist ein sehr wertvolles Futterkraut, das so gut wie niemals versagt und sehr viele Jahre hindurch einen unverminderten Ertrag gibt, weshalb sie auch als „ewiger Klee" bezeichnet wird. Sie kann auf gutem Boden bei uns jährlich viermal, in Südeuropa sogar sechsmal geschnitten werden. Die Kreuzung derselben mit dem einheimischen gelbblühenden Sichelklee hat die ihrem Ursprung gemäß häufig Farbenübergänge von Gelb nach Violett zeigende Sandluzerne (*Medicago media*) hervorgebracht, so genannt, weil sie noch auf magerem Boden mit Vorteil angebaut werden kann.

Im rossereichen alten Medien, der Landschaft südöstlich vom Kaukasus, scheint die Luzerne zum erstenmal in größerem Umfange als Pferdefutter angepflanzt worden zu sein; wenigstens gelangte sie von dort zu den Kulturvölkern der Mittelmeerländer, zu den Griechen als *mēdikḗ póa* oder einfach *mēdikḗ* und von diesen zu den Römern als *medica*. Die, wie vorhin gesagt, einen außerordentlich ausgedehnten Gebrauch vom Pferd für die zahlreiche Kavallerie und den Postdienst machenden Perser nannten sie *aspest*, d. h. Pferdefutter, pflanzten sie ebenfalls viel an und sollen sie auf ihren Kriegszügen nach dem Urteil des Plinius nach Griechenland verbreitet haben. Von den griechischen Schriftstellern erwähnt sie zuerst der Komödiendichter Aristophanes (455–387), und zwar gleichfalls als Pferdefutter. Auch Aristoteles (384–322) spricht wiederholt von ihr, urteilt aber in ziemlich abfälliger Weise von ihrem Nutzen: „Sie ist zwar den Bienen zuträglich, aber ihr erster Schnitt taugt nichts und sie entzieht den Tieren, besonders den Wiederkäuern, die Milch." Die Römer urteilten, nachdem sie dieses Futterkraut von den Griechen kennen gelernt hatten, günstiger darüber. Cato (234–149 v. Chr.) kannte es offenbar noch nicht, denn er schweigt sich vollständig über die Luzerne aus. Der erste, der sie erwähnt, der gelehrte Varro (116–27 v. Chr.), sagt von ihr, daß die Schafe durch die Fütterung mit *medica*, deren Samen beim Säen wie Getreide geworfen werde, wie auch mit dem baumförmigen Schneckenklee (*cytisus*) fett werden und viel Milch geben. Sehr eingenommen von ihr ist besonders der römische

Ackerbauschriftsteller Columella aus dem 1. Jahrhundert n. Chr., der von ihr schreibt: „Unter allen Futterkräutern ist das medische Kraut (*herba medica*) von höchstem Wert, da es, einmal gesät, zehn Jahre ausdauert, jährlich vier-, bisweilen auch sechsmal geschnitten werden kann, das Feld düngt, mageres Vieh fett und krankes gesund macht. Von einem Morgen Luzerne können drei Pferde das ganze Jahr hindurch reichlich genährt werden.“ Er gibt uns eine ausführliche Schilderung seines Anbaues auf dreimal gepflügtem Feld, das zuvor gut gedüngt worden sein muß. Nach der Aussaat dürfe das Kraut nicht mit Eisen berührt werden, deshalb jäte man es mit hölzernen Hacken. Später könne man es so klein schneiden als man will, nur dürfe man nicht dem Vieh von vornherein zu viel davon geben, da es sonst blähe; es müsse sich zuerst daran gewöhnen. Sein Zeitgenosse, der aus Kilikien gebürtige griechische Arzt Dioskurides sagt von der Luzerne, jeder Landmann, der Vieh hält, pflanzt sie an, und Plinius rühmt von ihr, daß sie 30 Jahre ausdauere und so wichtig sei, daß der Grieche Amphilochos (aus Athen) über sie und den baumförmigen Schneckenklee ein Werk geschrieben habe. Auch Palladius im 4. Jahrhundert n. Chr. weiß nur Gutes von ihr zu berichten. Um die Mitte des 6. Jahrhunderts legte der sassanidische König Chosroes I. eine hohe Steuer auf ihre Kultur, was bei der großen Bedeutung der Pferdezucht im Lande Iran für das Volk sehr drückend, aber für ihn recht einträglich war. Später verbreiteten dann die Araber ihre Kultur weithin über Nordafrika, und durch die Kulturvölker Europas gelangte sie in der Neuzeit über die ganze Erde. Und zwar erlangte sie überall deshalb eine große Bedeutung, weil sie diejenige Futterpflanze ist, die in den Subtropen und Tropen am besten gedeiht und die sichersten Erträge gibt. Dabei hält sie 4–10 Jahre aus und gewährt 3–4 Heuschnitte jährlich. Neben dem Grünmais ist sie eine der wertvollsten Futterpflanzen für wärmere Gegenden.

Wie der Anbau der Luzerne um 490 durch die Perser nach Griechenland und zwischen 150 und 50 v. Chr. von Griechenland nach Italien gelangte, so kam er etwa hundert Jahre später von dort nach Spanien, von wo er dann im 16. Jahrhundert nach Frankreich eingeführt wurde. 1565 treffen wir ihn in Belgien. Die Provenzalen aber erhielten diese Futterpflanze von der Riviera, wohin sie ums Jahr 1550 von Italien her gelangt war, und nannten sie nach dem italienischen Ort Clauserne, woraus dann Luzerne wurde. Letzterer Name stammt indessen erst aus der Mitte des 18. Jahrhunderts; früher wurde sie burgundisch Heu oder welscher Klee genannt. Um 1570 fand sie durch Wallonen in der Rheinpfalz Eingang; doch machte ihr Anbau im 17. Jahrhundert kaum Fortschritte. Um 1730 tauchte sie, wahrscheinlich von Mainz aus dahin gelangend, plötzlich in Erfurt auf und verbreitete sich von da weiter über Deutschland.

Als Futterpflanze nicht minder beliebt als die Luzerne war bei den alten Griechen und Römern der in den Mittelmeerländern heimische, aber daselbst nicht allgemein verbreitete, jedoch um Smyrna, auf den ägäischen Inseln, in Griechenland und Süditalien wildwachsende baumförmige Scheckenklee (*Medicago arborea*), von den Griechen *kýtisos* und in Anlehnung daran von den Römern *cytisus* genannt. Wie in China und später auch anderwärts der weiße Maulbeerbaum für die Nahrung der Seidenraupe, so wurde in Griechenland und Italien im Altertum dieser strauchförmige Lippenblütler nur seiner Blätter wegen an den Wegrändern und als Einfassung von Äckern angepflanzt, um diese als beliebtes Viehfutter zu verwenden. Man köpfte ihn und zog ihn niedrig, benutzte also vorzugsweise den immer erneuten Stockausschlag. Acht Monate im Jahr lieferte der Baum den Tieren grünes Futter, das ihnen nach dem einstimmigen Urteil der alten Schriftsteller sehr zuträglich sein und ihre Milchabsonderung befördern sollte, und den Rest des Jahres Trockenfutter. Dabei war die Kultur sehr bequem und mühelos, da sich die Pflanze mit dem magersten Boden begnügte und gegen noch so große Trockenheit unempfindlich war. In dieser Weise drücken sich Columella und Plinius aus, wobei der letztere noch hinzufügt, bei solchen großen Vorzügen sei es „nur zu verwundern, daß der *cytisus* in Italien nicht häufiger angepflanzt werde. Dieser Strauch stammt von der Insel Kythnos (einer der ägäischen Inseln) und wurde von da zum großen Gewinne der Käsebereitung nach Griechenland und von dort nach Italien verpflanzt. In Italien ist er aber noch selten, obschon das Vieh bei keinem andern Futter mehr und bessere Milch geben soll. Man sät im Frühjahr die Samen oder steckt im Herbst Stecklinge, am besten ellenlange.“ Selbst säugenden Frauen gebe man eine Abkochung von Cytisusblättern mit Wein, wodurch auch das Kind gestärkt und sein Wuchs befördert werde. Auch in Spanien muß der Strauch zur Römerzeit angepflanzt worden sein; denn dort wird er heute verwildert angetroffen.

Überhaupt wurde bei den Alten auch verschiedenes anderes Laub als Viehfutter verwendet. Da dem heißen, gebirgigen Süden die blumenreichen Wiesen des Nordens versagt sind, lag es nahe, dem Vieh nicht nur die bei der Beschneidung von Ölbaum und Rebe abfallenden Zweige, sondern auch die Blätter von den die Wege und Äcker einfassenden Bäumen als Futter zu geben, wie das dürre Laub als Streu diente. Schon der ältere Cato (234–149 v. Chr.) erteilt in seiner Schrift über den Landbau die uns seltsam klingende Vorschrift: „Gib den Ochsen Laub von Ulmen, Pappeln, Eichen und Feigenbäumen, so lange du davon hast. — Den Schafen gib Baumlaub, so lange du solches hast“ und wiederholt später: „Hast du kein Heu, so gib dem Ochsen Eichen- und Efeublätter.“ Auch bei den späteren landwirtschaftlichen Schriftstellern wird diese Art Fütterung so oft erwähnt und vorausgesetzt, daß sie allgemein üblich gewesen sein muß.

Neben der Luzerne spielte bei den Griechen und Römern des Altertums auch die von den ersteren thérmos, von den letzteren dagegen *lupinus* genannte Lupine eine große Rolle als Viehfutter. Wie Theophrast im 4., so sagt der ältere Cato im 2. Jahrhundert v. Chr. von ihr, daß sie sogar auf magerem, trockenem Boden gedeihe und sandiges Erdreich fettem vorziehe; und Columella rühmt von ihr: „Unter den Hülsenfrüchten ist die Lupine vorzüglich wichtig, weil sie wenig Mühe macht, sehr wohlfeil ist und den Acker, auf dem sie wächst, sehr verbessert. Sie gibt eine herrliche Düngung, gedeiht selbst auf ganz erschöpftem Boden und läßt sich in der Scheuer fast ewig gut erhalten. In Hungerjahren gibt sie auch den Menschen eine sättigende Speise. Man sät sie gleich von der Tenne weg; sie gedeiht auch, wenn man sie nur ganz schlecht unter die Erde bringt. Um kräftig zu werden, bedarf sie lauen Herbstwetters; auch leidet sie durch Frost, wenn er eintritt, bevor sie erstarkt ist. Samen, die nicht zur Saat verwendet werden, sollen trocken auf dem vom Rauch durchzogenen Speicher aufbewahrt werden, damit sie nicht von den Würmern angegriffen werden." Sein Zeitgenosse Dioskurides unterscheidet eine zahme Lupine, die dem Menschen zur Speise dient und auch arzneilich verwendet wird, und eine wilde, der zahmen ähnliche, aber kleiner als diese, obwohl dieselben Eigenschaften besitzend. Um 200 n. Chr. urteilt der griechische Grammatiker Athenaios aus Naukratis in Ägypten über sie: „Die Lupine ist eine Speise für Hungerleider. Der Dichter Diphilos nannte sie *thermokýamos*, und so heißt sie noch jetzt. Polemon sagt, daß die Lakedämonier sie *lysiláis* nennen. Der Philosoph Zenon der Kittier war ein flegelhafter, jähzorniger Mensch, pflegte aber höflich und sogar zärtlich zu sein, wenn er eine tüchtige Portion Wein getrunken hatte. Wie er nun gefragt wurde, wie das möglich sei, antwortete er: Mir geht es wie den Lupinen; sie sind erbärmlich bitter, so lange sie trocken sind, dagegen süß und lieblich, sobald sie sich recht satt getrunken haben." Endlich empfiehlt sie Palladius im 6. Jahrhundert n. Chr. zur Gründüngung.

Heute noch sind die gelbe Lupine (*Lupinus luteus*) und die schmalblätterige blaue Lupine (*Lupinus hirsutus*) für unsere Landwirtschaft sehr wichtige Futterkräuter. Beide sind ursprünglich im Mittelmeergebiet heimisch und gedeihen sehr gut auf magerem Sandboden, in den sie ihre Pfahlwurzel 1 m tief und darüber hinabsenken. Erstere mit großen, goldgelben, wohlriechenden Blüten in langer Ähre und rundlichen, weißgefleckten Samen kam aus Sizilien nach Deutschland und wurde zuerst 1840 in Groß-Ballerstedt in der Altmark angebaut. Von da verbreitete sie sich bald über das ganze Sandgebiet Preußens, da sie nicht nur mannigfaltigen Nutzen zur Weide, als Grünfutter, zur Heu- und Körnergewinnung gewährt, sondern auch zur Gründüngung von höchstem Werte ist. Mit den in ihren Wurzelknöllchen angesiedelten Rhizobien wirkt sie energisch stickstoffsammelnd. Am besten gedeiht sie an freier, sonniger Lage; dabei befördert eine Zugabe von Gips den Blattwuchs.

Noch genügsamer als die gelbe ist die blaue Lupine, die selbst noch auf grandigem, d. h. aus grobem Sand und feinem Kies bestehendem Boden gedeiht. Sie kam aus Spanien zu uns, und besitzt einen nach oben stark verästelten Stengel, kurze, ährenförmige Trauben mit blauen Blüten und rötlichgraue, weißpunktierte Samen von der Größe von Wickensamen. Das Vieh frißt die Körner der blauen Lupine lieber als die der gelben, aber bei ersterer dringen die Wurzeln nicht so tief in den Boden ein und die Nachfrucht, wozu gewöhnlich Roggen gewählt wird, fällt viel schlechter aus. Die Lupinensamen bilden ein leichtverdauliches, bei richtiger Verwendung für Mastzwecke vortrefflich geeignetes Futter. Da sie aber bitter sind, müssen sich die Tiere erst daran gewöhnen, wenn auch Pferde und Rinder sie deshalb anfänglich zurückweisen, so nehmen sie sie schließlich doch an und kehren sich nicht mehr an die Bitterkeit derselben, zu deren Beseitigung schon zahlreiche Methoden angegeben wurden. Die Samen dienen auch als Arzneimittel und häufiger als man glaubt als Kaffeesurrogat wie Zichorie.

Viel weniger häufig als die beiden vorgenannten wird bei uns die aus dem Orient stammende weiße Lupine (*Lupinus albus*) angebaut. Sie diente schon den alten Griechen und Römern als Futterpflanze, wie auch die aus Westasien stammende rauhhaarige Lupine (*Lupinus hirsutus*) mit blauen Blüten, die bei uns als Gartenzierpflanze angetroffen wird. Die Früchte dieser beiden Lupinenarten galten den alten Griechen und Römern als Leckerbissen. Gleicherweise wurde von diesen Kulturvölkern des Altertums, teils zur Benutzung der Samen für den Menschen, teils als Viehfutter die von den Griechen *láthyros*, von den Römern dagegen *cicercula* genannte Saatplatterbse (*Lathyrus sativus*), auch deutsche Kichererbse, Kicherling oder weiße Erve genannt, angepflanzt. Sie ist ein 30–60 cm hoch werdendes Sommergewächs Südeuropas mit unpaarigen Fiederblättern, in drei Ranken auslaufenden Blattstielen, einzeln stehenden, langgestielten, weißen, roten oder violetten Blüten und 4 cm langen, zusammengedrückten Hülsen, die 2–3 ziemlich große, eckige, gelbweiße, rot- und violettbräunliche Samen enthalten. Obschon letztere etwas bitter sind, wird die Pflanze zu deren Gewinnung als Speise für die Menschen noch in den gebirgigen Teilen Griechenlands und Italiens angebaut. Sonst wird die Pflanze in ganz Südeuropa, besonders in Rumänien, wenig dagegen in Mitteleuropa, speziell Deutschland als gutes Viehfutter auf trockenem Boden angepflanzt. Vielfach werden deren Samen unreif wie Erbsen gegessen, sind aber weniger wohlschmeckend.

Vielfach findet man auf Wiesen als ein Zeichen von deren besserer Qualität die ausdauernde Wiesenplatterbse (*Lathyrus pratensis*) mit gelben Blüten. Wo sie aber in größeren Massen auftritt, schadet sie dem Graswuchs. Sie wird auch vielfach als Futterpflanze angebaut, da sie eine große Menge guten Futters liefert. Wegen seiner Bitterkeit wird ihr Laub im grünen Zustand vom

Vieh nicht gern gefressen, wohl aber als Heu. Es ist dann sehr schmackhaft und kräftig. Ein feineres Futter als diese erzeugt die Sumpfplatterbse (*Lathyrus palustris*), die ebenfalls ausdauernd ist und reiche Trauben von blauen Blüten besitzt. Sie wächst auf feuchten, moorigen Wiesen, wo sonst verhältnismäßig wenig Futterpflanzen gedeihen, und wird vom Vieh auch grün gerne gefressen, weil sie nicht so unangenehm bitter ist als die vorige. Die Waldplatterbse (*Lathyrus silvestris*), eine in Mitteleuropa an Waldrändern und an Hecken wachsende Staude mit kletterndem, ästigem Stengel, lanzettlichen Blättern, roten Blüten in Trauben und flachen, runzeligen Samen, eignet sich dagegen zum Anbau als Futterkraut auf steinigem, grobem und dürrem Boden. Sie ist durch ein stark entwickeltes Wurzelsystem und eine große Fähigkeit die Gesteine zu zersetzen ausgezeichnet, treibt um 8–14 Tage früher als die Luzerne und ist gegen Spätfröste unempfindlich, was große Vorteile bedeuten. Den höchsten Ertrag liefert sie nach drei Jahren, indem sie 10000 kg Heu pro Hektar ernten läßt. Dabei kann sie ebenso gut grün, wie getrocknet verfüttert werden.

Während der in Südeuropa heimische Kronsüßklee (*Hedysarum coronarium*) in Italien und den Balearen als Futterpflanze angebaut wird, spielt der Gebirgssüßklee (*Hedysarum obscurum*) auf den bewässerten Alpenwiesen eine große Rolle als sehr geschätzte Nahrung des dort sömmernden Viehs. Deren nahe Verwandte sind die Esparsette und die Serradelle. Die Esparsette (*Onobrychis sativa*) ist eine in höheren Lagen des gemäßigten Europa heimische, östlich bis zum Baikalsee gehende, kalkstete, 30–60 cm hohe Pflanze mit lanzettlichen Blättern, langgestielten Ähren von roten Blüten und rundlichen Nüßchen, die auf trockenem, über zerklüftetem Kalkstein oder Mergel stehendem Boden das beste Futtergewächs ist und Kalkgegenden, die sonst zu den unfruchtbarsten gehören, fruchtbar macht, deshalb auch in Deutschland überall auf Kalk- und Kreideboden angebaut wird. Auf Boden mit kiesigem oder sandigem Untergrund gedeiht sie schlecht, weil die Wurzeln über 1 m tief gehen, sehr gut dagegen auf recht kalkreichem, wobei sie 3–6 Jahre aushält, jedoch meist nur einen Schnitt und Weide gibt. Den Griechen und Römern war sie durchaus unbekannt. Erst im Laufe des 15. Jahrhunderts tritt sie uns in Mitteleuropa als Kulturpflanze entgegen. Allem Anscheine nach hat ihre Kultur im südlichen Frankreich ihren Ursprung genommen, und zwar möglicherweise erst im 15. Jahrhundert. Im 16. Jahrhundert, zu Lebzeiten Olivier de Serres, der uns darüber in seinem Buche *Théâtre de l'agriculture* berichtet, war sie, die *lupinella* der Italiener, dort bereits eine sehr geschätzte Futterpflanze. In Italien hat sich ihr Anbau erst im 18. Jahrhundert, namentlich in Toskana, weiter ausgebreitet. Schon ums Jahr 1560 wurde sie vor der Luzerne, aber nach dem roten Klee in Süddeutschland als Futterpflanze angebaut und verbreitete sich von da weiter. Sie ist nächst Luzerne und Wiesenklee unser vorzüglichstes Futterkraut besonders für milchende Kühe, düngt mit ihren zahlreichen

Wurzelknöllchen den Boden gut und liefert in ihren honigreichen Blüten eine treffliche Bienenweide.

Wie die Esparsette der Klee des Kalkbodens, so ist die auf der iberischen Halbinsel, in Spanien und Portugal, heimische Serradelle (*Ornithopus sativus*) der Klee des Sandbodens. Sie besitzt 30–60 cm hohe Stengel, vielblütige Köpfchen von lilafarbenen Blüten und 25 cm lange, perlschnurartig gegliederte Hülsen, wird von allen herbivoren Haustieren gerne gefressen und kommt dem Wiesenheu an Nährwert gleich. Da sie den Boden vermöge der stickstoffsammelnden Knöllchenbakterien düngt und ihn bei gutem Stand auch trefflich beschattet, ihn damit in guter Gare hinterläßt, wird sie zur Verbesserung schlechter Ländereien verwendet. Sie ist eine gute Vorfrucht, zumal für Getreide, eignet sich aber auch vorzüglich als Nachfrucht, indem man sie im Frühjahr in Wintergetreide sät und nach der Ernte desselben noch einen guten Futterschnitt oder im schlimmsten Fall eine gute Weide erhält. Sie wurde in ihrer Heimat wohl erst gegen den Anfang des 19. Jahrhunderts in Kultur genommen und gelangte von dort um die Mitte desselben zu uns.

Eine gute Futterpflanze ist auch der gelbe oder Steinklee (*Medicago lupulina*), eine auf Wiesen und an Wegrändern in ganz Europa mit Ausnahme der arktischen Gebiete, in Nordafrika und Mittelasien wildwachsende Pflanze mit niederliegendem oder aufsteigendem Stengel, eiförmigen Blättchen, gelben Blüten in ährigen Trauben und nierenförmigen, eingerollten Hülsen, die ein- und zweijährig kultiviert wird. Ihre Samen werden fast ausschließlich in Mittel- und Niederschlesien gezogen, während diejenigen der Luzerne und Sandluzerne vorzugsweise in der Provence und in Italien vertrieben werden.

Auch die verschiedenen Arten von Honigklee (*Melilotus*) finden als Futterkräuter Verwendung. So wurde der in Italien und Griechenland als überall angetroffenes Unkraut heimische sizilische Honigklee (*Melilotus messanensis*) mit gelben Blüten von den Alten als Viehfutter gepflanzt. Noch heute heißt er in Griechenland *hémeron triphýlli*, d. h. zahmer Klee. Bei den alten Griechen hieß er *melílōtos*, war dem Apollon und den Musen geweiht und galt als Symbol der Schönheit und wohlgesetzten Rede. Das wohlriechende Kraut war zu Kränzen beliebt und diente nach Nikander um den Kopf gewunden zur Linderung von Krankheiten aller Art. Der griechische Arzt Dioskurides um die Mitte des 1. Jahrhunderts n. Chr. schreibt in seiner Arzneikunde: „Der beste Honigklee (*melílōtos*) wächst bei Athen, Kyzikos und bei Karthago, und zwar mit safrangelber Farbe und Wohlgeruch. Er wächst auch in Kampanien bei Nola, hat die Eigenschaften des Bockshornklees (*telízōn*), aber sein Geruch ist schwächer. Man braucht ihn gegen Kopfweh und einige andere Übel."

Der gelbblütige Honigklee (*Melilotus officinalis*), der durch achselständige, lange, lockere Blütentrauben ausgezeichnet ist und sehr kurze, meist einsamige Früchte zeitigt, ist eine ebenfalls als Viehfutter beliebte, 1–1,25 m hohe Staude, die in allen Teilen, besonders getrocknet, einen starken Geruch nach frischem, duftigem Heu wie das Ruchgras (*Anthoxantum odoratum*) und andere vorzügliches Futter gebende Gräser aushaucht. Bei allen diesen rührt der Duft von dem besonders in den Tonkabohnen enthaltenen und daraus gewonnenen, auch dem Waldmeister sein köstliches Aroma verleihenden Kumarin, das in der Parfümerie eine große Rolle spielt, auch zum Aromatisieren von Schnupftabak dient. Die Blätter und Blüten dieses, wie auch des ebenfalls gelbblütigen behaartfrüchtigen Honigklees (*Melilotus macrorhiza*) dienen zu erweichenden Umschlägen und besonders zur Herstellung des zerteilenden Melilotenpflasters. Letztere Art wird namentlich in England auf schlechtem Boden für Pferde kultiviert, während der bis 1,95 m hohe weißblütige Honigklee (*Melilotus alba*) als Wunder- oder amerikanischer Riesenklee als die beste die Luzerne ersetzende Kleeart eine Zeitlang auf magerem Boden viel gepflanzt wurde. Sein Same wurde sehr teuer bezahlt; allein nach den gemachten Erfahrungen gibt dieser Honigklee zwar eine gute Weide für Schafe, kann aber als Trockenfutter wegen seines starken Geruchs nicht unvermengt verfüttert werden und ist im erwachsenen Zustande wegen seiner langen, holzigen Stengel und Äste und den wenigen Blättern eine harte Pflanze.

Überhaupt sind alle diese Honigkleearten nur im jungen Zustande gute Futterkräuter, werden aber des bitteren Geschmacks wegen, der von ihrem Gehalte an Kumarin herrührt, unvermengt vom Vieh nicht gern gefressen. Weitaus am stärksten riecht unter allen Honigkleearten, besonders in getrocknetem Zustande, der aus Nordafrika stammende Bisamhonigklee (*Melilotus coerulea*) mit bläulichen oder hellila gefärbten Blüten, der hier und da in Deutschland und in der Schweiz, so namentlich im Kanton Glarus, angebaut wird. Sein getrocknetes und fein zerriebenes Kraut gibt nämlich dem vorzugsweise im Kanton Glarus in der Schweiz hergestellten Kräuterkäse oder Schabzieger seine grünliche Farbe und seinen eigentümlichen Geruch und Geschmack.

Denselben starken Geruch besitzt auch der im Orient und in Griechenland heimische Bockshornklee oder griechisches Heu (*Trigonella foenum graecum*), das ebenfalls zur Herstellung von Kräuterkäse dient. Dieser einjährige, 30–50 cm hohe Schmetterlingsblütler mit eiförmigen Blättern, blaßgelben Blüten und 8–12 cm langen, sichelförmig gekrümmten, längsgestreiften Hülsen kommt auch in ganz Nordafrika bis Indien wild vor und wird dort wie in Südeuropa von altersher als Viehfutter gepflanzt; auch in Südfrankreich, in Thüringen und im Vogtland wird er der Samen wegen kultiviert. Diese schmecken gekocht schleimig-bitter, riechen stark nach Honigklee und standen bei den Ägyptern, Griechen und Römern in hohem Ansehen als Arzneimittel. Plinius sagt von der Pflanze: „Der Bockshornklee hat als Arznei einen großen Ruf. Er heißt bei den Griechen *télis*, *búkeras* oder *aigókeras* (d. h. Rinds- oder Bockshorn, weil seine Fruchthülsen wie Hörnchen gekrümmt sind), bei den Römern aber heißt er *silicia* (d. h. Hülsenfrüchtler)." Sein Zeitgenosse, der griechische Arzt Dioskurides schreibt von ihm in seiner Arzneimittellehre: „Die zu Mehl zerriebenen Samen des Bockshornklees (*télis*) dienen als Arznei. Man legt sie auch in Olivenöl und preßt die Mischung aus." Und der römische Ackerbauschriftsteller Columella aus Spanien berichtet: „Das griechische Heu (*foenum graecum*), das die Landleute *siliqua* (Hülse) nennen, wird im September gesät, wenn es als Grünfutter dienen soll, dagegen Ende Januar, wenn die Samen geerntet werden sollen. Kommt der Same mehr als vierfingerbreit unter die Oberfläche, so geht er nicht leicht auf." Letzterer wurde geröstet von den Alten als Speise benutzt. Heute noch werden die Samen im Orient, vornehmlich in Ägypten, mit Milch zubereitet sehr gerne gegessen und sollen namentlich von den Haremsdamen zur Erlangung der als Zeichen von besonderer Schönheit geltenden Wohlbeleibtheit gebraucht werden. Bei uns finden sie fast nur noch in der Tierarzneikunde und, ihres Schleimes wegen, auch in der Tuchfabrikation Verwendung. Die jungen Triebe werden im Orient gerne als wohlschmeckendes Gemüse gegessen. Der Bockshornklee, dessen Anbau Karl der Große in den Verordnungen für die kaiserlichen Güter vom Jahre 812 befahl, wird auch bei uns gelegentlich als Grünfutter und zur Heugewinnung angepflanzt, doch schmeckt er so stark, daß er nur mit andern Futterpflanzen vermischt vom Vieh gerne gefressen wird. Das Stroh der Hülsen dient bei den Arabern als Pferdefutter.

Von den eigentlichen Kleearten mit dreigeteilten Blättern (daher *trifolium* schon von den alten Römern genannt) ist der an feuchten Stellen Kleinasiens und Griechenlands äußerst häufig wachsende Erdbeerklee (*Trifolium fragiferum*) mit fleischroten Blüten schon von den Griechen und Römern als *lōtós* beziehungsweise *lotus* als geschätztes Viehfutter angepflanzt worden. Er ist das Kraut *lōtós*, das bei Homer die Gefilde bedeckt und von den Pferden der Helden gefressen wird. Der römische Dichter Vergil (70–19 v. Chr.) rät in seiner Georgika, der in Hexametern verfaßten Abhandlung über den Landbau, für das Vieh viel solchen Klee (*lotos*) zu säen, und der griechische Arzt Dioskurides um die Mitte des 1. Jahrhunderts n. Chr. unterscheidet außer dem wilden Erdbeerklee (*lōtós*), der auch der libysche heiße, weil er besonders häufig in Libyen wächst, über zwei Ellen hoch werde und Blätter wie der gewöhnliche Wiesenklee habe, den in Gärten wachsenden zahmen *lōtós*.

Dem Erdbeerklee ähnlich ist der überall auf Wiesen und Triften gemeine kriechende Klee (*Trifolium repens*) mit weißen, seltener fleischfarbenen Blüten, der auf den Wiesen, auf welchen er erscheint, stets als ein Zeichen von deren Güte gilt; er wird häufig auf minder gutem Boden, namentlich auf Marschboden kultiviert und kann noch da angebaut werden, wo der sonst bessere rote oder Wiesenklee wegen mangelnder Feuchtigkeit nicht mehr gedeiht. Er dient wie alle andern Kleearten teils zur Grünfütterung, teils zur Weide. Ebenso werden die als sehr geschätzte Futterpflanzen auf Bergwiesen häufigen Arten, der weißblütige Bergklee (*Trifolium montanum*), der rotblütige Bergklee (*Tr. alpestre*), der große rotblütige Bergklee (*Tr. rubens*) und der purpurblütige mittlere Bergklee (*Tr. medium*) auch im Tiefland häufig angebaut. Der anfänglich weißlich und zuletzt rötlich blühende Ackerklee (*Tr. arvense*) ist auf Äckern zwar ein Unkraut, gibt aber daselbst nach der Ernte dem weidenden Vieh Futter und eignet sich auch auf schlechtem Boden zum Anbau, speziell als Weidekraut. Mehr in südlichen Gegenden wird der gelblichweißblütige Rosenklee (*Tr. ochroleucum*) angepflanzt, während der auf feuchten Wiesen und Triften Mitteleuropas wildwachsende schwedische oder Bastardklee (*Tr. hybridum*) mit langgestielten, rundlichen Köpfen von weißen innern und leicht rosenroten Randblüten auch bei uns als ein sehr gutes, hinsichtlich des Bodens wenig anspruchsvolles Futterkraut angebaut wird. Es gedeiht selbst noch auf so dürftigem Grunde, wie ihn sonst keine andere Kleeart annimmt.

Auch der als Kulturpflanze der Landwirtschaft aus Italien zu uns gekommene, mit schön purpur- oder fleischroten Blüten in länglichen Köpfchen gezierte Blut- oder Inkarnatklee (*Trifolium incarnatum*) wird häufig in Deutschland angepflanzt. Diese einjährige Futterpflanze, die in Nordspanien, auf Sardinien und in Nordafrika wildwachsend angetroffen wird, scheint in Katalonien zuerst angepflanzt worden zu sein. Von da kam sie erst zu Beginn des 19. Jahrhunderts über die Pyrenäen nach der südfranzösischen Provinz Ariège, wo de Candolle ihre Kultur beschränkt fand. Bald verbreitete sie sich über das übrige Frankreich, war um 1830 schon bei Genf in der Schweiz und drang später auch nach Deutschland vor, wo sie wegen ihrer Vorzüge bald ziemliche Verbreitung fand.

Aber der in Deutschland, wie dem übrigen Europa und der ganzen Kulturwelt als wichtigste Futterpflanze überhaupt angebaute Klee, der Klee schlechthin, ist der rote oder Wiesenklee (*Trifolium pratense*) mit meist purpurroten Blüten, der bei uns überall auf Wiesen als Merkmal besonderer Güte wildwachsend angetroffen wird. Er wird allgemein auf Äckern, teils für sich, teils im Gemenge (besonders mit Timothygras, *Phleum pratense*) kultiviert und ist auf schwerem, tiefgründigem Boden das vorteilhafteste Futterkraut in Nordeuropa, bleibt aber nur einige Jahre ergiebig und darf erst nach längerer Pause auf demselben Felde wieder gepflanzt werden, weil solche

Felder an den für den Klee erforderlichen Nährstoffen erschöpft werden, die sogenannte Kleemüdigkeit zeigen.

Diesen Wiesenklee hat das Altertum nicht angebaut. Gewiß war er schon zu Ende des Mittelalters in Spanien eine geschätzte Futterpflanze, aber seine Kultur wurde erst um die Mitte des 16. Jahrhunderts durch die aus Spanien vertriebenen Protestanten in Mitteleuropa eingeführt. Zuerst läßt sich sein Anbau gegen die Mitte des 16. Jahrhunderts in Flandern nachweisen, von wo ihn die Engländer im Jahre 1633 durch den Einfluß des damaligen Lordkanzlers Weston, Graf von Portland, erhielten. Um 1566 finden wir den roten Kopfklee in Frankreich und Belgien als Futterpflanze angebaut. In der Folge kam er dann vor dem weißen Klee, wie auch der Esparsette und Luzerne auch in Deutschland auf. Und zwar war es zuerst die Kurpfalz, wo er durch unter dem Schutze des Kurfürsten angesiedelte spanische Refugianten eingeführt wurde. Von da aus eroberte er sich bald ganz Deutschland. Später begann man in den 1760er Jahren zuerst in Süddeutschland die Kleekultur zu verbessern und gewann damit bedeutend mehr Futter, so daß man den Viehstand zu vergrößern vermochte. Auch führte man zur Schonung der unnötig vom Vieh niedergetretenen Kleeäcker die Stallfütterung ein, bei welcher gleichzeitig die Aufsicht, wie sie der Weidgang erforderte, wegfiel. Durch die günstigen Erfolge angeregt, führte der Gutsbesitzer Johann Christian Schubart (1734–1786), der das neue Feldsystem in Darmstadt kennen gelernt hatte, mit diesem die Kultur von Kopfklee, Runkelrüben und Kartoffeln auf seinen Gütern bei Zeitz in Norddeutschland ein. Seit 1781 wirkte er auch schriftstellerisch für die weitere Verbreitung des Kleebaues, wie für die übrigen Neuerungen, die in der Folge ziemlich rasch in Thüringen und Sachsen Eingang fanden. Für seine zweifellos großen Verdienste wurde dann Schubart 1784 als Edler von Kleefeld geadelt. Durch falsche Anwendung gelangte seine Lehre vorübergehend in Mißkredit, bis sich Albrecht Thaer ihrer annahm. Auf die in England mit dieser neuen Kultur gewonnenen günstigen Erfahrungen hinweisend, vermochte er in weiten Kreisen das erschütterte Vertrauen in den Kleebau wieder zu befestigen. So fand dieser von 1848 an schnell allgemeine Verbreitung. Er bewährte sich besonders in solchen Gegenden, in denen die Kultur der Luzerne versagte. Heute ist der Kleehandel am stärksten in Deutschland, und zwar in Schlesien, dann in Steiermark und Südfrankreich, diese Länder versorgen alle übrigen mit Kleesamen. Wegen der geringen Widerstandsfähigkeit seiner Kleearten vermag Nordamerika damit bei uns keinen Markt zu gewinnen.

Auch in Sage und Geschichte spielt der Klee eine gewisse Rolle. So hat man früher vierblätterigem Klee allseitig wunderbare Zauberkraft zugeschrieben. Dem Finder sollte es Glück und Heil bringen, noch mehr aber demjenigen, dem unbewußt solches von jemand zugesteckt wurde. Noch heute glaubt das

Volk in Griechenland, daß ein vierblätteriges Kleeblatt Schätze heben und die gefährlichsten Krankheiten heilen könne. Besondere Wertschätzung als Spender übernatürlicher Kräfte genoß es namentlich auch in England, noch mehr aber das viel seltenere siebenblätterige Kleeblatt. Das Dreiblatt des weißblütigen kriechenden Klees (*Trifolium repens*), nach andern wohl richtiger des Hasenklees oder gemeinen Sauerklees (*Oxalis acetosella*) ist der von den Dichtern englischer Zunge oft besungene *shamrock*, das Nationalzeichen der Irländer, das sie zur Ehre ihres Schutzheiligen St. Patrick (*Patricius*) tragen.

Endlich wird auch der auf sandigen Äckern als Unkraut wachsende Ackerspörgel (*Spergula arvensis*) mit kleinen, weißen Blüten, deren Stiele sich nach dem Verblühen herabschlagen, als ausgezeichnetes, reichlich Milch lieferndes Weidekraut angepflanzt. In der Kultur ist die Pflanze gegenüber den Wildlingen gebliebenen Verwandten viel größer und saftiger und wird deshalb als Spark (*S. maxima*) von jenen unterschieden. Sie gedeiht noch recht gut in Sandgegenden, wo Klee und Gras nur kümmerlich fortkommen, und gibt für Sommer und Herbst treffliches frisches Grünfutter. Auch dient die Pflanze zur Gründüngung; die zurückbleibenden Sparkwurzeln verbessern den Boden bedeutend, so daß er mit der Zeit auch für anspruchsvollere Futterkräuter verwendet werden kann.

Neuerdings werden auch verschiedene rasch wachsende Getreidearten zur Grünfütterung gepflanzt. So liefert vielfach Grünroggen und Grünbuchweizen um Anfang Mai das erste grüne Futter für das Vieh. An deren Stelle treten später Grüngerste, Grünweizen und namentlich Grünmais, welch letzterer für wärmere Gegenden weitaus das ausgiebigste Futter ist. Für trockene und zugleich warme Gebiete sind auch die kleine Kolbenhirse oder der Fennich (*Setaria viridis*), besonders die Varietät mit orangegelben Körnern — in Ungarn *mohar* genannt — und die wehrlose Trespe (*Bromus inermis*) von sehr großer Bedeutung.

[1] Siehe Näheres im 3. Bande des: Vom Nebelfleck zum Menschen betitelt „Das Leben der Erde“ S. 567 ff. im 13. Abschnitt, der das Leben der Erde behandelt.

XX.
Die Faserpflanzen.

Eine der ältesten Handfertigkeiten des Menschen ist das Flechten, dem später das Spinnen und Weben folgte. Dazu benutzte er die verschiedensten ihm bekannten und zugänglichen Faserstoffe des Pflanzenreichs, so vor allem den geschmeidigen Bast mancher Bäume, besonders der Linde, und die zähen Stengel der Binsen, später auch die in der nördlichen Pflanzenregion heimische, wasserreichen Untergrund liebende Korbweide.

Als früheste kultivierte Faserpflanze tritt uns in Europa der schmalblätterige Lein (*Linum angustifolium*) entgegen, der in nicht zu feuchten Gegenden der Mittelmeerländer von den Kanaren bis Syrien und dem Kaukasus heimisch ist und auf sterilem Boden überall wildwachsend angetroffen wird. Im Gegensatz zu unserem Kulturlein ist er nicht einjährig, sondern ausdauernd und treibt statt einem mehrere Stengel mit schmäleren Blättern und kleineren, an der Spitze kaum gekerbten Samen. Als südliche, wärmeliebende Pflanze ist er nicht imstande, die jetzigen Winter der östlichen Schweiz, wo er zur jüngsten Steinzeit in Robenhausen und anderen Pfahlbauniederlassungen in ziemlicher Menge angepflanzt und verarbeitet wurde, zu ertragen. Es muß also das Klima hier vor 4000–5000 Jahren ein wärmeres als heute gewesen sein. Aus dem Süden gelangte diese Gespinstpflanze mit den sie begleitenden Unkräutern, wie dem kretischen Leinkraut (*Silene cretica*), das heute noch zahlreich in den Leinfeldern Italiens wuchert, zu ihnen und wurde von ihnen auf ihren Hackfeldern angebaut, um daraus Garn für die Anfertigung von Schnüren, Fischnetzen, Matten und zum Weben von meist groben Stoffen, die jedenfalls als Unterkleidung unter den für gewöhnlich getragenen Pelzen getragen wurden, herzustellen. Diese Stoffe, die sie auf äußerst primitiven hängenden Webstühlen mit Gewichten aus gebranntem Ton zum Strecken der Zettel herstellten, verstanden sie bereits mit verschiedenen einfachen geometrischen Figuren zu verzieren, rot, blau und gelb zu färben und sogar schon mit allerlei primitiven Stickereien zu schmücken.

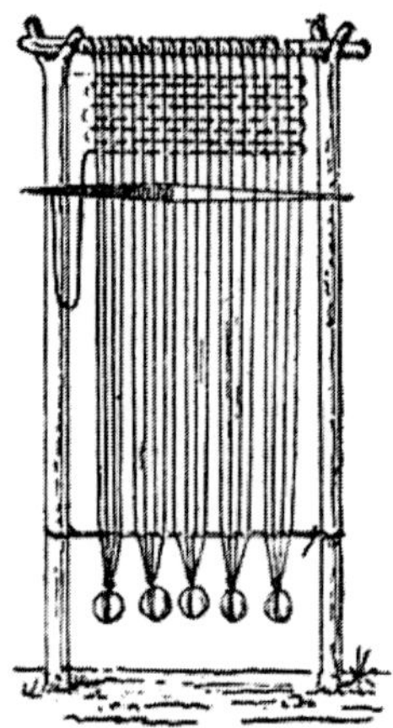

Bild 58. Rekonstruktion des aufrechten Pfahlbauwebstuhls. Die unten durch eine Schnur zusammengehaltenen Zettel werden durch Gewichte aus gebranntem Ton gestreckt. Der Einschlagfaden wird vermittelst des Weberstabes eingetragen.

Bild 59. Grober Leinenstoff aus dem neolithischen Pfahlbau von Robenhausen.

Die nördlichste neolithische Station Deutschlands, wo er gefunden wurde, ist Schussenried im südlichen Württemberg. Es mag ja sein, daß der Flachsbau damals schon etwas weiter nach Norden zu in Süddeutschland verbreitet war, aber nach Norddeutschland oder gar dem nördlichen Europa kann er unmöglich vorgedrungen gewesen sein, da diese südliche Pflanze die Winter dieser Länder durchaus nicht auszuhalten vermöchte.

Aus der älteren Bronzezeit sind noch nirgends in Europa Funde von Flachs gemacht worden. Erst aus der jüngeren Bronzezeit sind in Dänemark Reste eines feinen Linnenstoffes zutage getreten, woraus freilich noch nicht geschlossen werden darf, daß der Flachs damals bereits dort gebaut wurde, da bei den regen Handelsbeziehungen jener Zeit für das Leinen die Möglichkeit des Importes vorliegt. Außerdem wissen wir, daß alle aus jener Zeit auf uns gekommenen Gewebereste aus Wolle bestehen, aus der verfertigte Kleider damals im Norden ausschließlich getragen wurden. Die ersten Beweise der Flachskultur auf norddeutschem Boden stammen aus der älteren Eisenzeit. Man fand nämlich in der Karhofhöhle eine Art grobgeschrotenes, aus Weizen und Hirse bereitetes Brot, dem, ähnlich wie beim Brot der schweizerischen Pfahlbauern, teilweise Leinsamen zugesetzt war. Welcher Art der Flachs angehörte, läßt sich allerdings in diesem Falle nicht entscheiden. Im slawischen Burgwall von Poppschütz bei Freistadt in Schlesien hat sich ebenfalls Flachssamen, der vermutlich zur Nahrung diente, gefunden, und zwar scheint hier nach Buschan, soweit ein Urteil aus den Samen allein möglich ist, eine Übergangsform zwischen dem mehrjährigen, schmalblätterigen Lein der Pfahlbauzeit und dem erst später nach Europa gekommenen, heute noch bei uns kultivierten Lein zu sein.

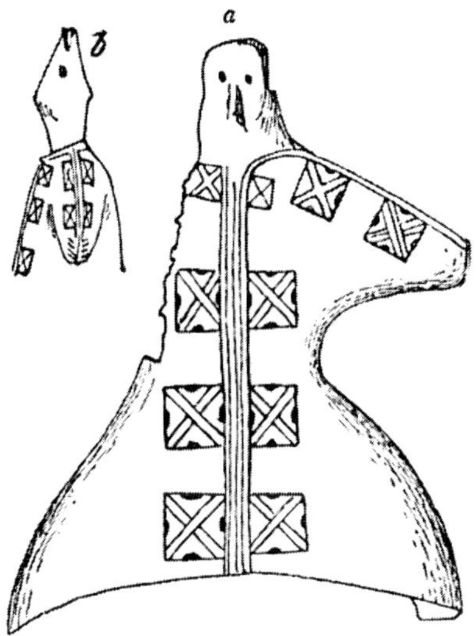

Bild 60. Idol (Götzenbild) aus gebranntem Ton vom neolithischen Pfahlbau von Laibach in Krain mit einem hemdartigen, mit gemusterten Vierecken verzierten Gewand. *a* Vorder-, *b* Seitenansicht.

Unser Kulturlein (*Linum usitatissimum*) hat seine Heimat im westlichen Persien und in Südkaukasien, wo die Stammpflanze auf trockenen Hügeln manchenorts noch wild angetroffen wird. Sie ist eine bis 60 cm hoch werdende einjährige Pflanze mit im Gegensatz zum schmalblätterigen Lein nur einem Stengel, breiteren Blättern und größeren, an der Spitze gekerbten Samen, die rascher reifen als diejenigen der schmalblätterigen wilden Art und den Vorzug haben, nicht ausgestreut zu werden wie dort, sondern in den Samenkapseln geerntet werden zu können, die bei dieser Art meist nicht mehr aufspringen. Diese Samen dienten den Leinbau treibenden Völkern der Vorzeit als willkommene fettreiche Nahrung und wurde von ihnen gerne gegessen und als Totenspeise auch den Verstorbenen mitgegeben. Der Kulturlein besitzt schöne blaue Blüten, die nur einen Tag, und zwar nur vormittags blühen. Ein solch blühendes Leinfeld bietet einen hübschen Anblick dar, der die sagenhafte Begebenheit einigermaßen glaubwürdig erscheinen läßt, die uns der fränkische Geschichtschreiber Paulus Diaconus in seiner älteren, d. h. voritalischen Geschichte der Langobarden erzählt, wonach die von den Langobarden besiegten Heruler auf ihrer Flucht ein blühendes Leinfeld für einen See gehalten hätten, in den sie sich hineinstürzten, als ob sie schwimmen wollten. So seien sie von den verfolgenden Siegern ereilt und niedergemacht worden. Nur in Amerika, wohin der Flachs bald nach der Entdeckung dieses neuen Weltteils gebracht wurde, zieht man außer der blau blühenden auch eine weiß blühende Abart. Jede Kapsel enthält zehn längliche, flach zusammengedrückte, hellbraune, glänzende Samen, die in ihren äußeren Zellenschichten ein im Wasser stark aufquellendes, schleimhaltiges Gewebe enthalten, weshalb man sie zermahlen und gekocht zu breiigen Umschlägen und ihren Schleim auch innerlich als einhüllendes Mittel verwendet.

Schon sehr früh, nämlich im 5. Jahrtausend v. Chr. muß der Lein in Babylonien gepflanzt worden sein; denn man hat Spuren von ihm bereits in altchaldäischen Gräbern der vorbabylonischen Zeit entdeckt. Wie er bei den Babyloniern hieß, ist bis jetzt nicht bekannt geworden. Sein Name dürfte aber ähnlich wie im Hebräischen *pischta* gelautet haben. Im Sanskrit hieß er nach dem um 500 v. Chr. verfaßten *Ayur Veda* Susrutas *akasa*, im Altägyptischen *mähi*, bei den Griechen *línon* und von diesen entlehnt bei den Römern *linum*. In Ägypten tritt er uns als Kulturpflanze schon zu Ende des 4. vorchristlichen Jahrtausends entgegen. In einem Ziegel der Stufenpyramide von Daschur, die bald nach 3000 v. Chr. gebaut wurde, fanden sich Bastfasern und Samenkapseln, die Unger als vom einjährigen Kulturlein stammend bestimmte. Aber erst ein Jahrtausend später, beim Beginn des mittleren Reiches, zur Zeit der 11. Dynastie (2160–2000 v. Chr.), hatte seine Kultur in Ägypten eine bedeutendere Entwicklung erlangt und findet man infolgedessen auch ziemlich häufig in Gräbern Leinsamen unter den Totenspeisen. So fand Mariette in einem 1881 geöffneten Grabe der 12. Dynastie (2000–1788 v. Chr.) in Theben vortrefflich erhaltene Kapseln von Leinsamen, die völlig der heute noch in Ägypten und Abessinien gepflanzten Art entsprechen.

Erst im mittleren Reich (2160–1788 v. Chr.) begann die in der Folge für die Ägypter so wichtige Leinentechnik in Aufnahme zu kommen, nachdem der Lein vorher lange vorzugsweise nur seiner nahrhaften, fetten Samen wegen kultiviert worden war, während die Menschen sich noch in Wollenstoff kleideten. Von da an wurde für den Ägypter das linnene Gewand der Gegenstand seines Stolzes und der Auszeichnung den „Barbaren" gegenüber. Aber nicht bloß die Lebenden trugen es, und zwar in um so feinerer Qualität, je vornehmer sie waren, sondern auch die Toten wurden bei der Einbalsamierung in Leinwandbinden gewickelt, nachdem noch im alten Reiche zur Zeit der Erbauer der großen Pyramiden von Giseh, von der 3. bis 6. Dynastie (2980–2475 v. Chr.) letzteren, die überhaupt auch noch nicht mumifiziert wurden, ausschließlich grobe Wollengewänder in die Gruft mitgegeben worden waren. Vom mittleren Reiche (2160–1788 v. Chr.) an galt es den Ägyptern überhaupt als Greuel, einen Leichnam in Wollengewändern zu bestatten. Dazu mußten unbedingt Linnenstoffe verwendet werden. Auch ihre Priester durften, wie Herodot berichtet, nur reinlinnene Unterkleider tragen und höchstens außerhalb des Tempels einen wollenen Mantel überwerfen. Ägypten deckte damals nicht nur seinen ganzen Bedarf an Flachs, sondern es exportierte noch ziemlich viel seiner feinen, von den Griechen meist als *býssos* bezeichneten Leinengewebe, die im Auslande zur Herstellung von Prunkkleidern für die Vornehmen äußerst begehrt waren. Das ganze Altertum ist des Lobes voll über die unnachahmlich feinen ägyptischen Byssusgewänder, und dieses Lob begreifen wir vollständig, wenn wir die außerordentliche Feinheit der Mumienbänder der Reichen und die halb durchsichtige Gewandung nicht nur an den bildlichen Darstellungen an den Wänden der Totenkammern, sondern auch an den vornehmen Toten direkt in Berücksichtigung ziehen. Als Beispiel der Feinheit dieser Byssusstoffe berichten Herodot und Plinius, daß der ägyptische König Amasis (ägyptisch Amose) II. der 26. Dynastie, der von 570 bis 526 v. Chr. regierte, den Spartanern und dem Tempel der Athene zu Lindos auf der Insel Rhodos je ein linnenes Panzerhemd mit Tierbildern und mit Fäden aus Gold und Baumwolle durchwirkt von solcher Feinheit der Fäden geschenkt habe, daß jeder derselben aus 360 Einzelfäden bestand.

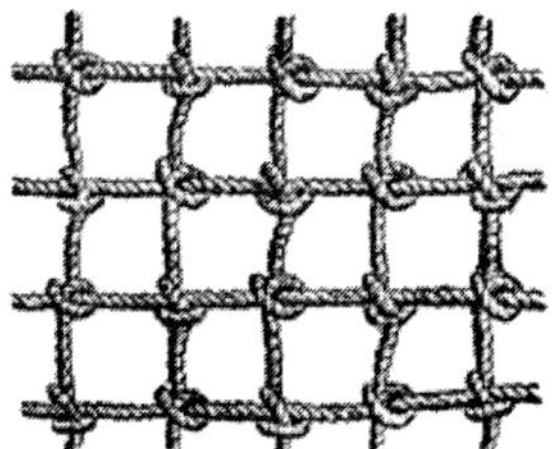

Bild 61. Aus Flachsschnüren geknüpftes, engmaschiges Netz aus dem neolithischen Pfahlbau von Robenhausen im Kanton Zürich. (⅔ natürl. Größe.)

Verschiedene altägyptische Wandmalereien zeigen uns die ganze Bearbeitung des Flachses, vom Raufen der Pflanze auf den Feldern, vom Rösten und Kämmen derselben bis zum kunstvollen Weben am Webstuhl. Zum Lockern der Fasern wurde der Flachs in der ältesten Zeit in Kesseln gekocht und sodann mit keulenförmigen Hölzern geschlagen. Später dagegen wurde er auf kaltem Wege „geröstet“ und vermittelst Holzkämmen, von denen das ägyptische Museum in Berlin zwei besitzt, gehechelt. Das Spinnen und

Weben wurde von den Frauen und teilweise auch Männern als besonderes Gewerbe betrieben. Wie dieses Handwerk ausgeübt wurde, erkennen wir an verschiedenen Grabgemälden des mittleren Reiches. Spindeln aus Holz und Leder von einfacher und komplizierter Form sind uns vielfach in den Gräbern erhalten, und das Bild der Spindel gehört mit unter die Hieroglyphenzeichen. In einem Grabe von Beni Hassan ist u. a. ein Ägypter dargestellt, der mit der Spindel hantiert. Derselbe hockt vor einem aufrechtstehenden, oben gegabelten Stabe, an den der Flachsfaden geknüpft ist. Ein Näpfchen zum Befeuchten der Finger beim Drehen des Fadens steht am Fuße des Stabes. Eine andere Darstellung zeigt sechs unter der Kontrolle einer Aufseherin arbeitende Frauen, von denen drei Spinnerinnen einen Faden ziehen, eine vierte dagegen mehrere einfache Fäden zu einem stärkeren zusammendreht. Von den beiden Weberinnen besorgt die eine den Aufzug, die andere den Einschlag. Bei zwei anderen Spinnerinnen vertritt der schlanke Körper selbst den Stab, indem sie das fertige Stück Faden um sich selbst herumdrehen. Daß gewandte Frauen auch mit zwei Spindeln zugleich umzugehen verstanden, bezeugen dem mittleren Reich (2980–2475 v. Chr.) angehörende Wandgemälde. Von den beiden in Beni Hassan beim alten Theben dargestellten Weberinnen besorgt die eine die Kette des wagrecht am Boden aufgespannten Webstuhls, die andere den Einschlag, der mit einem gekrümmten Holze durchgezogen wird, wobei die Öffnung durch zwei zwischen die Fäden der Kette geschobene Holzstäbe bewirkt wird. Auf demselben Wandgemälde webt ein Mann in einen zwischen einem Rahmen ausgespannten Stoff ein schachbrettartiges Muster. Daß aber später viel bessere Webstühle benutzt wurden, zeigt ein Wandgemälde aus der Totenstadt Theben, in welchem ein Weber an einem ähnlich wie die Webstühle der Neuzeit gebauten Webstuhle sitzt und mit den Füßen den Apparat bedient, der das Weberschiffchen hin- und herfliegen läßt. Herodot (484–424 v. Chr.), der selbst in Ägypten war, führt als etwas Bemerkenswertes an, daß die ägyptischen Weber gegen die sonstige Gewohnheit den Einschlag nicht aufwärts, sondern niederwärts zu werfen pflegen.

Durch wohlerhaltene Reste können wir uns selbst davon überzeugen, daß die wegen ihrer Feinheit bei allen Mittelmeervölkern berühmten altägyptischen Gewebe tatsächlich an Zartheit und Genauigkeit unübertroffen waren. Dabei begnügte man sich nicht mit einfachen, glatten Zeugen, sondern stellte auch wellen-, bogen- oder zickzackförmig gestreifte, flechtwerk-, schachbrett- oder mäanderartig gemusterte und solche mit einem feinen Arabeskenwerk von zierlich geschlungenen Spirallinien her, zwischen welche sich Rosetten, Sterne, Lotosblüten, gebüschelte Papyrusstengel, Skarabäen, Uräusschlangen, die geflügelte Sonnenscheibe, Namensschilder und Hieroglypheninschriften als füllende Elemente einschmiegen. Die verschiedenen dabei zur Anwendung gelangenden Farben waren, wie uns Plinius berichtet, nicht aufgemalt, sondern die Zeuge wurden in verschiedene Kessel mit Farbstofflösungen getaucht und dennoch schließlich verschiedenfarbig und schöngemustert herausgezogen. In einem Grabe zu Beni Hassan sehen wir den Eigentümer die Länge der fertigen Leinwand ausmessen; dabei steht ein Schreiber, der die Zahl der fertig verpackten Ballen ausmißt.

Aus Leinwand *huma* wurde vor allem der über den Hüften mit einem Gürtel zusammengehaltene, bis an die Knie oder Knöchel reichende Leibrock *sten*, daneben vielfach auch das Überkleid *hbos* hergestellt. Herodot sagt von den Ägyptern: „Alle Ägypter tragen eine Gewandung aus Leinen, die immer frisch gewaschen ist, was ihnen die größte Angelegenheit ist. Die Gewandung der Priester ist nur von Leinen, die Sandalen nur von *býblos* (Papyrus); eine andere Kleidung und andere Beschuhung dürfen sie nicht tragen. Ihr Anzug sind leinene Röcke, an den Beinen mit Franzen besetzt. Darüber tragen sie weiße, wollene Oberkleider. Keiner jedoch geht mit wollenem Anzug in den Tempel, noch wird einer damit begraben, und das stimmt mit dem sogenannten arphyschen (einem ägyptischen) und mit dem pythagoräischen Geheimdienst überein." Ungeheuer war auch der Verbrauch an Leinwand für die Einhüllung der Mumien in die oft über 400 m langen Binden. Darüber sagt Herodot: „... Alsdann waschen sie die Toten und umwickeln den ganzen Leib mit Bändern, die aus Leinenzeug und *býssos* (feinste Leinwand) geschnitten sind; sie streichen auch (arabischen) Gummi darunter, dessen sich überhaupt die Ägypter statt des Leimes bedienen."

Außer gewöhnlichen Stoffen zu Kleidern wurden auch namentlich für den Export kunstvoll gewirkte, mit Goldfäden durchzogene, bunte Gewänder in Weiß, Rot, Gelb, Grün, Blau und Schwarz, oft mit den schönsten Mustern angefertigt. Aber auch Halstücher und Mäntel, Teppiche, Decken, Panzer, Netze, Zelte, Taue und Segel wurden aus Flachs hergestellt. So berichtet derselbe Herodot, daß die Ägypter zu der gewaltigen Schiffbrücke, die der Perserkönig Xerxes, der seinem Vater Dareios Hystaspis 485 v. Chr. gefolgt war und mit einem Landheer von einer Million Mann und einer Flotte von 1200 Schiffen im Jahre 482 aufbrach, um Griechenland zu unterjochen, über den Hellespont bauen ließ, die Taue aus Byblos (Papyrus) und Flachs liefern mußten.

Von der Feinheit des in Ägypten erzeugten Flachses weiß auch noch Plinius zu berichten, der in seiner Naturgeschichte schreibt: „Der Flachs der Ägypter hat zwar die geringste Stärke, bringt ihnen aber einen großen Gewinn. Es gibt dort vier Sorten: den tanischen, pelusischen, butischen und tentyritischen; eine jede führt den Namen von der Landschaft, in der sie wächst."

Schon zur Zeit des Auszugs der Juden aus Ägypten (um 1280 v. Chr.) muß es im Niltal ausgedehnte Flachskulturen gegeben haben, um den großen Bedarf an Linnengewändern für den eigenen Bedarf und den damals schon sehr ausgedehnten Export nach Syrien, Kleinasien und die Länder am Ägäischen Meere zu bestreiten. Deshalb muß eine Flachsmißernte damals in Ägypten einen großen Verlust in volkswirtschaftlicher Beziehung bedeutet haben; denn sonst hätte man eine solche Mißernte nicht unter die sieben Plagen gerechnet, die von Jahve, dem Gott der Juden, durch Mose über die Ägypter verhängt wurden, da der Pharao sie nicht aus seinem Lande ziehen ließ. „Und der Herr ließ Hagel regnen über Aegyptenland, so grausam wie desgleichen dort noch nie beobachtet worden war, seit Leute darin wohnen. Und der Hagel schlug in Aegyptenland alles, was auf dem Felde war, beides Menschen und Vieh, und schlug alles Kraut auf dem Felde und zerbrach alle Bäume auf dem Felde. Also ward geschlagen der Flachs und die Gerste; denn die Gerste hatte Schosse getrieben und der Flachs Knoten gewonnen. Aber Weizen und Roggen ward nicht geschlagen; denn es war spätes Getreide." 2. Mose 9, 23 u. f.

In Palästina wurde bereits Flachs angebaut als die Juden von diesem Lande Besitz nahmen. Wir erfahren dies aus dem Umstande, daß die Kundschafter, welche Josua aussandte, auf dem Dache eines Hauses unter Flachsstengeln verborgen gehalten wurden, die hier offenbar zum Rösten an der Sonne ausgebreitet lagen. Die Verwendung des Flachses muß bei den alten Juden eine recht vielfache gewesen sein; so finden wir ihn zu Schnüren, Saiten, Lampendochten, Gürteln, wie zu den verschiedenartigsten Kleidungsstücken verwendet. Feine linnene Gewänder waren ihren Priestern, wie denjenigen Ägyptens, denen sie diesen Brauch entlehnten, bei der Ausübung ihres Amtes als Tracht vorgeschrieben. Grobe Gewänder aus ungeröstetem Flachs bildeten hingegen die Bekleidung der ärmeren Volksklassen. Hier scheinen wie anderwärts besonders die Frauen sich mit der Bearbeitung des Flachses abgegeben zu haben. Auch in ganz Vorderasien, speziell Babylonien muß nach dem um 25 n. Chr. gestorbenen griechischen Geographen Strabon seit den ältesten Zeiten eine sehr rege Flachsindustrie bestanden haben. Er bezeichnet insbesondere die Stadt Borsippa (einst am Euphrat gelegener Stadtteil Babylons) als ein großes Industriezentrum für Leinen, das dort jedenfalls fabrikmäßig hergestellt wurde. Derselbe Autor sagt von den Babyloniern, daß sie einen leinenen, bis zu den Füßen gehenden Rock, und darüber einen wollenen tragen. Auch von den Indiern sagt er, sie tragen blumige Leinenkleider. Schon lange vor Strabon wußte Herodot (484–424 v. Chr.) von den Assyrern zu berichten: „Die Assyrier, welche stromabwärts Waren nach Babylon bringen, tragen einen leinenen Rock, der bis zu den Füßen reicht," und an einer andern Stelle: „Die Assyrier, welche im Heere des Xerxes (482 v. Chr.) dienten, trugen leinene Panzer."

Solche leinene Panzer müssen in ganz Westasien bis Griechenland schon lange getragen worden sein; denn bereits in der Ilias werden sie als *linothṓrēx* bei einigen auf seiten der Troer kämpfenden kleinasiatischen Bundesgenossen erwähnt. Auch sonst ist der homerischen Welt Linnen bekannt, aber zunächst wohl nur als fremdländische Importware. So läßt in der Ilias Achilleus seinem ihn nach Troja begleitenden Erzieher Phoinix ein weiches Bett zurecht machen, dem als Decke Schaffelle und zarte Leinwand dienten, und in der Odyssee bereiten die Phäaken dem Odysseus ein Lager aus leinenen Decken. Aber der Gebrauch von linnener Gewandung war bei den ältesten Griechen durchaus nicht gebräuchlich. Mit dieser ägyptisch-vorderasiatischen Sitte scheinen sie erst durch die solche Ware auf ihren Schiffen feilbietenden phönikischen Kaufleute bekannt gemacht worden zu sein. Denn die bei ihnen übliche Bezeichnung *chitṓn* für das später unter dem eigentlichen Kleide aus Schafwolle getragene leinene ärmellose Unterkleid entstammt offenkundig dem phönikischen Worte *kitonet* für Leinwand.

Die ältesten Griechen trugen wie alle übrigen arischen Stämme ursprünglich nur wollene Gewandung, die bei ihnen die ältere Fellkleidung abgelöst hatte. Zuerst wurde nur das Hemd aus Wolle angefertigt und darüber trug man noch einen Fellüberwurf. Dann wurde auch letzterer durch einen Wollmantel ersetzt. Solchermaßen waren auch die Griechen der älteren Zeit gekleidet, bis sie durch die Vermittlung der Phönikier ein kurzes, ärmelloses, leinenes Untergewand unter ihrem wollenen Obergewand zu tragen begannen. Zuerst hatten die Ionier in Asien das lange herabfließende Kleid aus Leinwand von ihren reichen Nachbarn in Karien angenommen, und von ihnen ging dann diese Tracht zu den blutsverwandten, früh die morgenländische Zivilisation bei sich aufnehmenden Athenern über. Erst gegen die Zeit des peloponnesischen Krieges, der von 421–404 v. Chr. währte, kam, wie der zeitgenössische Geschichtschreiber Thukydides (470–402 v. Chr.) berichtet, auch bei den Athenern das altgriechische wollene Untergewand wieder zu Ehren. Er sagt: Nur unter den reicheren Bürgern hätten die älteren, am Hergebrachten hängenden Leute den ihnen liebgewordenen Luxus linnener Unterkleider nicht aufgeben wollen. Seitdem trugen nur die Frauen noch linnene Stoffe, deren feinere Sorten als Byssos aus dem Morgenlande eingeführt wurden.

Schon in den homerischen Epen werden, vermutlich noch ausschließlich auf dem Handelswege aus Phönikien oder Ägypten eingeführte, linnene Gewänder erwähnt. Die *othónē* wenigstens, ein feines linnenes Frauenkleid von weißer Farbe, war, wie der Name und der Zusammenhang der Stellen, in denen sie erscheint, lehrt, ein Erzeugnis westasiatischer, nicht griechischer Kunstfertigkeit. Die auch sonst mit semitisch-phrygischem Luxus umgebene Königin Helena, die eben ein Gewand gewebt hat, doppelt und purpurn, in welchem die Kämpfe der Troer und der Achäer zu schauen waren, eilt nach dem Dichter in die weiße *othónē* gehüllt aus dem Gemache. Auf dem runden Prunkschilde des Achilleus sah man tanzende Jünglinge in Chitone gekleidet, während die Jungfrauen mit der zarten *othónē* angetan waren. In dem Wunderschlosse der Phäaken sitzen die Mägde webend und die Spindel gleich den im Winde bewegten Blättern der Zitterpappel drehend; auch sie sind in die von Salböl triefende *othónē* gekleidet, die als dichtgewebt und mit Fransen, einer spezifisch westasiatisch-babylonischen Erfindung, versehen hervorgehoben wird. Ebenso ist das bereits erwähnte Lager, das die Phäaken dem Odysseus auf dem Schiffe bereiten und mit dem sie ihn ans Land tragen, statt wie sonst mit Pelzen und Wollstoffen mit zartem Linnen bedeckt. Auch die als weiß hervorgehobenen Segel der homerischen Schiffe müssen aus Leinwand bestanden haben; nur das Tauwerk und die Riemen, in denen die Ruder sich bewegten, waren aus Rindshaut hergestellt. In der Odyssee, dem jüngeren homerischen Gedicht, wird ein Schiffsseil aus *býblos* (Papyrus) erwähnt, das wie die linnenen Gewebe auf dem Wege des Tauschverkehrs aus Ägypten eingehandelt wurde.

Über den Anbau der Leinpflanze selbst auf griechischem Boden liegen aus älterer Zeit keine bestimmten Zeugnisse vor. Der im 8. vorchristlichen Jahrhundert lebende griechische Dichter Hesiod erwähnt nirgends in seinen Gedichten den Flachs. Dagegen erwähnt der um die Mitte des 7. vorchristlichen Jahrhunderts lebende griechische Lyriker Alkman aus Sardes in Lydien Leinsamen neben Mohn- und Sesamsamen als Genußmittel. Als solches erwähnt ihn auch der im 4. vorchristlichen Jahrhundert lebende Theophrast, der hinzufügt, der Flachs verlange zu seiner Kultur einen guten Boden. Die späteren Schriftsteller wie Vergil und Columella sagen von ihm, er sauge den Boden stark aus. Letzterer sagt in seiner Schrift über den Landbau: „Wo der Lein nicht reichlich wächst und gut bezahlt wird, sollte man ihn nicht säen, da er das Land sehr aussaugt. Jedenfalls verlangt er sehr fetten, etwas feuchten Boden und wird von Anfang Oktober bis Mitte Dezember gesät. Will man recht zarte Fäden erzielen, so sät man ihn auf recht mageren Boden. Man kann die Aussaat auch im Februar vornehmen.“ In bezug auf seinen Anbau in Griechenland, der während der römischen Zeit allgemein war, berichtet der Grieche Pausanias in seiner zwischen 160 und 180 n. Chr. verfaßten Reisebeschreibung von den Bewohnern der Landschaft Elis, in der das panhellenische Heiligtum von Olympia lag, daß sie je nach der Beschaffenheit des Bodens Hanf oder Lein pflanzten. Jedenfalls nahm der Lein zu keiner Zeit in der griechischen Bodenwirtschaft die hervorragende Stellung ein, wie in manchen Gegenden des asiatischen Kontinents, besonders in Persien und Babylonien, wo sich alle Vornehmen und die Priester ausschließlich in Linnengewänder kleideten. Und zwar waren diejenigen der letzteren, gleich denen aller vorderasiatischen Kulte, wie die der ägyptischen Priester weiß als Symbole der reinen Gottesdiener. Nach Philo warf der Hohepriester das bunte Gewand ab, sobald er das

Allerheiligste betrat, und trat im weißen Linnenhemde vor die Gottheit. Diese asiatisch-ägyptische Kultussitte, der auch die Juden huldigten, ging dann später in Europa auf die ähnliche Satzungen befolgenden Pythagoräer, die Orphiker, die Priester des Isis und des Mithras zur römischen Kaiserzeit und auf alle gottesdienstliche Funktionen Ausübenden über und erhielt sich als weißes Chorhemd bis auf den heutigen Tag.

Von dem Lande der ältesten Flachskultur, Babylonien, drang diese Industrie sehr früh auch zu den Bewohnern von Kolchis in Transkaukasien vor, die später bei den Umwohnern einen besonderen Ruf für ihre ausgezeichneten Leinenstoffe erhielten. Diese müssen auch von besonderer Güte gewesen sein, denn Herodot sagt: „Einzig die Kolchier kommen den Ägyptern gleich, wie auch ihre ganze Lebensweise und die Sprache Ähnlichkeit mit derjenigen der letzteren hat. Die kolchische Leinwand wird von den Hellenen sardonische genannt, die jedoch, welche von Ägypten kommt, nennt man ägyptische." Solches sardonisches Leinen wurde wie ägyptisches viel nach Griechenland importiert und hier von den Vornehmen, die sich gern in solch feine, teure Ware kleideten, gekauft. Wie bei den übrigen Asiaten war solches Leinen meist bunt gefärbt und glänzend durchwirkt und wegen ihrer höchsten Feinheit halb durchsichtig, wie es von den Reichen gerade so geschätzt wurde wie an den vorderasiatischen Höfen. Eine spezielle, in Asien wohl seit alten Zeiten gebräuchliche Anwendung des Flachses war die zu linnenen Panzern, durch welche das Geschoß des Feindes, wie die Zähne und Krallen der bekämpften Raubtiere wenigstens einigermaßen abgehalten wurden. Von dem vom ägyptischen König Amasis II. (570–526 v. Chr.) den Spartanern und dem Tempel der Athene zu Lindos auf Rhodos geschenkten, auf das prächtigste mit Tierbildern und Goldfäden durchwirkten leinenen Panzerhemd, einem Meisterwerk der ägyptischen Kunstfertigkeit, war bereits die Rede. Solche schönbestickte Panzerhemden waren auch in ganz Vorderasien geschätzte Schmuckstücke der Anführer, während die gemeinen Soldaten unbestickte trugen. So waren nach Herodot die Assyrier und Perser vielfach mit solchen linnenen Panzerhemden bekleidet, und auch die Bemannung der phönikischen und kleinasiatischen Schiffe im Kriegszug des Xerxes (482–480 v. Chr.) trug die bei ihnen landesüblichen linnenen Panzer. Xenophon berichtet in seiner Anabasis, der Heimkehr der zehntausend Mann griechischer Truppen nach der unglücklichen Schlacht von Kunaxa im Jahre 401 v. Chr., daß sowohl die im armenischen Hochlande hausenden Chalyber, als auch die Mossynöken an der Südküste des Schwarzen Meeres bis über die Knie reichende kittelartige linnene Panzer trugen, die zum besseren Schutze gegen allfällige Verletzungen ihres Trägers gepolstert waren.

Durch das ganze griechische Altertum wird öfter der linnene Panzer erwähnt. So trug in der Ilias nicht nur der halbbarbarische Asiate Amphios, Sohn des

Merops, einer der troischen Bundesgenossen, sondern auch ein Grieche, Ajax, der Führer der Bogen und Schleuder statt der Speere und Schilde führenden Lokrer, wie die Chalyber des Xenophon solche Linnenpanzer. In dem um die Mitte des 7. vorchristlichen Jahrhunderts von Delphi ergangenen, später berühmt gewordenen Orakelspruch werden die Bewohner von Argos mit dem sie charakterisierenden Beiwort die linnenbepanzerten belegt. In einem Gedicht des als Zeitgenosse der Sappho um 600 v. Chr. lebenden griechischen Lyrikers Alkaios aus Mytilene auf Lesbos wird unter anderen Kriegswaffen auch der Linnenpanzer genannt, und solche Panzer sah der Verfasser des griechischen Baedeker, Pausanias, noch um die Mitte des 2. christlichen Jahrhunderts als sehr alte Weihgeschenke öfter in den von ihm besichtigten Tempeln aufgehängt. Derselbe Autor berichtet, daß auch in den aus Söldnern sehr verschiedener Herkunft bestehenden karthagischen Heeren der Linnenpanzer einen wichtigen Bestandteil ihrer Bewaffnung ausmachte.

Es konnte nun nicht fehlen, daß verschiedene aus Linnen bestehende Handelsartikel, vornehmlich Tücher und Kleider, durch den regen Schiffsverkehr der Griechen frühzeitig auch nach Italien hinübergebracht wurden. Nach Diogenes von Laerte soll zur Zeit, als der von Samos gebürtige griechische Philosoph Pythagoras nach Kroton in Unteritalien übersiedelte — es war im Jahre 529 v. Chr. —, das Tragen des ionischen Linnenkleides daselbst noch ungebräuchlich gewesen sein, so daß sich Pythagoras wie alle übrigen Einwohner jener Stadt in weiße Wolle kleidete. Dagegen berichtet uns der römische Geschichtschreiber Livius, daß die Etrusker um Veji nach der Mitte des 5. Jahrhunderts v. Chr. sich linnener Panzerhemden bedienten, oder daß wenigstens ihr König, wenn er zu Pferd in die Schlacht zog, einen solchen trug. Denn als A. Cornelius Cossus den König Tolumnius von Veji in der Schlacht tötete, weihte er dessen *thorax linteus* dem Tempel des Jupiter *feretrius* auf dem Kapitol in Rom, wo ihn Kaiser Augustus noch sah und die Weihinschrift las, als er den genannten Tempel, der zu verfallen drohte, wieder herstellte. Und von einer anderen etruskischen Stadt, Tarquinii, meldet er, daß sie gegen das Ende des zweiten punischen Krieges, der von 218–201 v. Chr. dauerte, Leinwand zu Segeln an die damals neu zu erbauende römische Flotte beisteuerte. Derselbe Livius berichtet von den tapferen, das Hochland des Appennins bewohnenden und kulturell von den Etruskern stark beeinflußten Samniten, die in drei Kriegen (343–341, 326–304 und 298–290 v. Chr.) gegen die Römer kämpften, bis sie von ihnen 290 unterworfen wurden: „Als die Samniten den Entschluß gefaßt hatten, auf Tod und Leben gegen die Römer zu kämpfen, warben sie 40000 Mann, umzäunten mitten im Lager einen Platz von 200 Schritt Durchmesser, bedeckten ihn mit linnenen Tüchern und ein alter Priester las beim Opfer aus einem alten linnenen Buche vor.“ Es hatte also die weiße Leinwand an sich schon etwas Sakrales, und derselbe Autor bemerkt in seiner Geschichte

Roms mehrmals, daß auch bei den Römern die ältesten Urkunden und Verträge auf Leinwand geschrieben seien und in Tempeln aufbewahrt würden.

Als dann die Römer die Erbschaft der Samniten und der Griechen übernahmen, wurden auch die orientalischen Linnenkleider, wenigstens bei den Vornehmen, die sich solchen Luxus leisten konnten, Sitte. Aber bis weit in die Kaiserzeit hinein waren solche nicht Erzeugnisse der heimischen Industrie, sondern fremde Importware, die um schweres Geld vom Morgenlande eingehandelt werden mußte. So führt der römische Redner und Schriftsteller Cicero (106–43 v. Chr.) in einer seiner berühmten Reden gegen Gajus Verres, der als Statthalter von Sizilien während der Jahre 73–71 nicht weniger als 40 Millionen Sesterzien (= 6 Millionen Mark) aus jener Provinz erpreßt hatte und darob im Jahre 70 angeklagt wurde, neben dem Purpur von Tyrus, Weihrauch, wohlriechenden Essenzen, feinen Weinen, geschnittenen Steinen und Perlen auch Linnenkleider als Gegenstände des verschwenderischen Luxus seiner Zeit an, so wie wir etwa sagen würden: Diamanten und Spitzen. Aber nicht nur sich selbst kleideten die vornehmen Römer in diese kostbaren Erzeugnisse der morgenländischen Industrie, sondern auch ihre Geliebten, jene gefällige Freundinnen, deren körperliche Reize durch die purpurfarbigen und goldgestickten, infolge ihrer Feinheit schleierartig durchsichtigen linnenen Gewänder von Tyrus, Kos und Amorgos, den berühmtesten Zentren ihrer Herstellung, mehr verraten als verhüllt wurden. Selbst die Dienerschaft trug kostbares Linnen, so besonders die jungen Sklaven, die bei den schwelgerischen Gastmählern servierten.

Mehr und mehr wurde die fremde Leinwand zumal im Rom der Kaiserzeit populär. Um das zuschauende Volk vor der Sonne zu schützen, ließen reiche Magistrate und Cäsaren Schutzdächer aus Leinwand über die Theater und Amphitheater wie auch über die Gerichtsstätte, das Forum, spannen. Beim Wechsel der Mode, über den schon früh, noch zur Zeit der Republik, geklagt wurde, erschienen stets wieder neue Kleiderformen, Tücher, Binden usw. aus Leinenstoff, so beispielsweise der *supparus*. Ursprünglich war dies die Bezeichnung eines kleinen Segels, dann eines Frauengewandes; denn, wie in Athen, bürgerten sich in Rom und in dessen westlichen und nördlichen Provinzen jeweilen zuerst linnene Frauengewänder vor solchen für die Männer ein. Dann wurde es vornehme Sitte, ein Stück feines Linnen als Schmucktuch in oder an der Hand zu tragen, ganz nach Art jener „Handtücher" im ursprünglichen Sinne des Wortes, die auch die vornehmen Griechen zu Herodots Zeit im 5. vorchristlichen Jahrhundert getragen hatten. Dieses, nach dem damit abzutrocknenden Schweiße als *sudarium* bezeichnete feine, weiße Linnentüchlein wurde als *manipulum* (von *manus* Hand, also „Handtuch") nicht nur die ganze römische Kaiserzeit hindurch als Zierde und Auszeichnung des vornehmen Standes getragen, sondern dann auch von den Byzantinern übernommen. Auf allen Darstellungen des höfischen Lebens jener Zeit, von denen diejenigen auf den berühmten Mosaiken der Kirche San Vitale in Ravenna mit der Darstellung des Kaisers Justinian und seiner Gemahlin Theodora die bekanntesten sind, tritt uns bei den vornehmen Männern des kaiserlichen Gefolges dieses viereckige, feine, weiße Linnentüchlein außen am Gewand angeheftet entgegen. Und während es bei uns in die erst später erfundenen Gewandtaschen wanderte, um als gemeines Taschentuch einem praktischen Zwecke zu dienen, hat es in der Hand der Dorfschönen besonders bei den Südslawen als Ziertuch immer noch den alten Adel gewahrt. Die konservativste aller menschlichen Einrichtungen, die Kirche, hat dieses alte „Handtuch“, das *manipulum* der spätrömischen Zeit, als ein Stück gestickten Brokats am Arme des katholischen Meßpriesters erhalten, während es in der griechischen Kirche zum Orarion umgebildet wurde.

In den luxuriösen Bädern des alten Rom dienten dichtgewebte Leinwandtücher zum Abtrocknen und als Tischdecken. Letztere waren unter dem Namen *mantelia* oder *mantela* dazu bestimmt, den aus kostbarem Holz — meist *citrum*, d. h. harzreichem, duftendem Holz verschiedener Koniferenarten, besonders einer auf dem Atlasgebirge in Afrika wachsenden Zypresse — bestehenden Tisch gegen Beschädigungen der beim Speisen aufgetragenen Schüsseln zu schützen. Solche nahmen die germanischen Barbaren bei ihren räuberischen Einfällen in römisches Gebiet an sich und benutzten sie als willkommene Umschlagtücher, deren lateinische Bezeichnung zum deutschen Mantel wurde.

Auch die in Theater und Amphitheater ausgespannten großen Tücher zum Spenden von Schatten waren aus Leinen verfertigt. Plinius (23–78 n. Chr.) erzählt uns darüber: „Der erste, der solche Tücher aus Leinwand ausspannte, war Lentulus Spinther bei den Apollinischen Spielen im Theater. Dann spannte der Diktator Cäsar über das ganze Forum, ferner über die Heilige Straße von seinem Hause bis an das Kapitol eine Leinwanddecke aus. Auch Marcellus, Schwestersohn des Augustus, hat das Forum mit einer Leinwanddecke überzogen. Neulich haben sogar himmelblaue, mit Sternen übersäte leinene Segeltücher im Amphitheater des Nero gehangen; die über den Höfen seines Hauses sind rot.“ Später wurde noch weit größerer Prunk mit diesen als *vela* bezeichneten Sonnentüchern getrieben.

Trotz allem Fortschreiten des Luxus, der große Mengen von Leinwand bedurfte, hat aber Italien südlich von Rom — und dieser Teil der Halbinsel war ja in den ersten Zeiten der römischen Weltherrschaft gerade der zunächst gebende und empfangende, derjenige, auf den gleichsam das Gesicht der Hauptstadt gerichtet war und über den der Weg in die wichtigsten Provinzen des römischen Reiches führte — auch in späterer Zeit nur verhältnismäßig sehr wenig Flachs angebaut. Der 149 v. Chr. gestorbene ältere Cato, der unversöhnliche Gegner des nach dem zweiten punischen Kriege (218–201 v. Chr.) wieder aufblühenden Karthago, erwähnt in seinem Buche über die Landwirtschaft nicht einmal den Flachs. Auch Columella, der römische Ackerbauschriftsteller des 1. Jahrhunderts n. Chr., legt dieser Kultur keinen Wert bei. Er erwähnt zwar den Flachs, aber er zählt ihn mit Bohnen, Linsen, Erbsen und anderen Arten von *legumina*, also Gemüsen, zur Gewinnung von Leinsamen zu Speisezwecken auf. Erst der im Jahre 79 n. Chr. beim Vesuvausbruche umgekommene ältere Plinius lenkt die Blicke seiner Landsleute auf die Asien und Ägypten seit langem bereichernde Leinkultur, für die sich auch Italien eignen würde. Aber in diesem Lande gab sich nur der ehemalig etrurische und keltische nördliche Teil eingehender mit dieser Kultur ab. So sagt Plinius in seiner Naturgeschichte: „Die Anwendung des Leins erstreckt sich über alle Länder und Meere, denn mit Hilfe leinener Segel schiffen wir von der sizilischen Meerenge in 6–9 Tagen nach Alexandrien, von Gades (Cadix in Spanien) in 7 Tagen nach Ostia (an der Tibermündung), aus Afrika dahin in 2 Tagen. Die Leinpflanze wächst aus einem ganz unbedeutendem Samen und muß, wenn sie dem Menschen dienen soll, erst bis zur Feinheit der Wolle verarbeitet werden. Damit weben die Ägypter, Gallier und Germanen leinene Segel."

Berühmt durch seinen Flachsbau war schon im 1. Jahrhundert n. Chr. Spanien, aus dem überaus feines Linnen besonders nach Rom ausgeführt wurde. Hier muß diese Kultur schon alt gewesen sein; denn der Geschichtschreiber Livius berichtet, daß die Iberer in der Schlacht bei Cannae (216 v. Chr.), jenem glänzenden Siege Hannibals, in dessen Gefolgschaft sie gegen die Römer kämpften, nach Landessitte farbig gesäumte Linnenröcke trugen. Nach Strabon trieben besonders die Emporiten eine ausgedehnte Leinwandindustrie, und trugen die wilden, räuberischen Lusitanier im heutigen Portugal Linnenharnische. Plinius rühmt die feinen Siebe aus Flachsfäden als ursprünglich spanische Erfindung und nennt die ferne Stadt Zoelae am Strande des Atlantischen Ozeans im Lande der rohen Asturer als Flachs bauend. Besonders berühmt für ihr feines Leinen war Saetabis und Tarraco (die heutigen Städte Xativa und Tarragona), wo das Produkt die phönikische Bezeichnung *carbasus* trug, die ihrerseits wiederum mit dem indischen Namen *karpasi* für Baumwolle zusammenhängt.

Der ältere Plinius (23–79 n. Chr.) gibt uns eine ausführliche Schilderung der Leinkultur bei den alten Römern: „Der Lein (*linum*) wird vorzugsweise auf sandiges, einmal gepflügtes Land gesät und wächst ungemein schnell. Im Frühjahr gesät wird er schon im Sommer gerauft. Das Reifen derselben erkennt man am Schwellen des Samens und am Gelbwerden der Pflanze. Nun wird er ausgerissen, in Bündel gebunden, die man mit der Hand umspannen kann. Diese Bündel werden 6 Tage lang an die Sonne gehängt, wobei der Samen ausfällt. Dieser hat Heilkräfte, wurde auch sonst jenseits des Padus (Po) in eine ländliche süße Speise getan; jetzt wird er nicht mehr gegessen, wohl aber bei Opfern. Nach der Weizenernte werden die Flachsstengel in Wasser gelegt, das von der Sonne durchwärmt ist, und durch ein Gewicht unter die Oberfläche gedrückt. Ob sie gehörig gerottet (*macerari*) sind, sieht man daran, daß sich der Bast (*membrana*) leicht ablösen läßt. Dann werden sie an der Sonne getrocknet und hernach auf einem Stein mit einem besonderen hölzernen Hammer geklopft. Die der Rinde am nächsten liegenden Schichten sind von geringem Wert und werden besonders zu Lichtdochten verwendet. Gleichwohl werden auch sie durch die eisernen Haken gekämmt (gehechelt), bis sie ganz entrindet sind. Das innere Mark (*medulla*) wird noch mehrfach nach Glanz, Weiße und Weichheit unterschieden. Den Flachs zu hecheln und zu sortieren ist eine Kunst; denn aus 50 Pfund Flachsbündeln müssen 15 Pfund reiner Flachsfäden gemacht werden. Auch das gesponnene Garn und das fertige Gewebe wird noch durch Eintauchen in Wasser und Klopfen veredelt. Das kumanische Garn aus Kampanien eignet sich trefflich zu Fisch- und Vogelfang, ja zum Fangen der Wildschweine in Netzen. Die Fäden der Ebergarne sind aus 150 einfachen Leinfäden zusammengesetzt. Gezupfte Leinwand, vorzüglich aus Segeln der Schiffe, wird vielfach in der Heilkunst gebraucht. — Man färbt auch Leinwand. Dies soll zu Alexanders (des Großen) Zeit zuerst geschehen sein. Seine Flotte fuhr (326 v. Chr.) mit farbigen Flaggen den Indus hinab. In der Schlacht bei Actium (31 v. Chr.) trug das Admiralsschiff, auf welchem sich Kleopatra und Antonius befanden, purpurfarbige Segel.“

Ganz Gallien bis zum äußersten Norden wird von Plinius als Flachs bauend und Leinwand webend geschildert. Die Anfänge der flämischen Leinenindustrie reichen wenigstens bis zum 1. Jahrhundert n. Chr. zurück, und daß auch die Gegend um Reims feine Leinwand erzeugte, das lehrt uns die italienische Sprache in dem Worte *renso* für eine von dort bezogene besonders gute Qualität. Selbst bis zu den Germanen jenseits des Rheins, fährt Plinius fort, ist diese Kunstfertigkeit gedrungen. „Das germanische Weib kennt kein schöneres Kleid als das linnene; dort sitzen sie in unterirdischen Räumen (Grubenwohnungen) und spinnen und weben.“ Ungefähr dasselbe sagt der Geschichtschreiber Tacitus (54–117 n. Chr.) in seiner Germania: „Die Frauen kleiden sich wie die Männer, nur daß sie sich häufiger als diese in linnene Tücher hüllen, die sie mit roter Farbe verzieren.“ Die Männer trugen also noch die Wollkleidung, selbst Felle, während die Frauen auf ihren Hackfeldern Flachs zogen und sich mit daraus hergestellten Linnenkleidern schmückten.

All dieser Flachs war der einjährige, von *Linum usitatissimum*, der im Gegensatz zum minder wertvollen mehrjährigen der Pfahlbauern erst sehr spät aus Westasien nach Mitteleuropa gelangte. Durch seine einjährige

Vegetationsdauer eignete er sich auch viel besser für die rauhen Gegenden Germaniens. Und zwar wurde diese Kulturpflanze wie im Griechischen *línon*, so im Lateinischen *linum* und von da bei allen Nordvölkern Lein bezeichnet. Nur in Westgermanien kam die mit dem Begriff Flechten zusammenhängende Bezeichnung Flachs für ihn auf.

Bei den Kelten und Germanen hat sich dann die vom Süden her durch die Römer vermittelte Sitte der linnenen Kleidung sehr rasch eingebürgert; ja, diese Völkerschaften beeinflußten sogar ihre vormaligen Lehrmeister in der Weise, daß sie ihnen neue Verwendungen des Linnens lehrten. So haben die Gallier zuerst mit Pferdehaaren oder Vogeldaunen gestopfte Leinwandsäcke als Polster und Kissen verwendet und sie in der Folge auch in Italien populär gemacht, wo man sich zum Sitzen und Liegen bis dahin bloßer Lagen von Decken und weichen Stoffen bedient hatte. Sie waren es ebenfalls, die durch alle Schichten der Bevölkerung zuerst das Hemd aus Leinen trugen, wofür sie den zuerst beim heiligen Hieronymus vorkommenden Namen *camisia* aufbrachten, woraus später das französische *chemise* für Hemd wurde. Vor ihnen hatten nur Frauen vornehmen Standes Leinwand unmittelbar am Körper getragen, und vom römischen Kaiser Alexander Severus, der von 222 an regierte und im Jahre 235 unweit Mainz von aufrührerischen Soldaten ermordet wurde, schreibt sein Biograph Lampridius, daß er weißes Linnen als Unterkleid liebte, weil es nichts Rauhes (wie die sonst getragene Wolle) habe. Einige Dezennien später schenkte Kaiser Aurelian seinem Volke weiße, mit Ärmeln versehene Tuniken, die in verschiedenen Provinzen angefertigt waren, darunter auch ungefärbte linnene aus Ägypten und Afrika.

Im Laufe der Völkerwanderung hat sich das linnene Kleid bei allen Germanenstämmen als gewöhnliche Volkstracht eingebürgert. Die Westgoten trugen über den Leinenhemden, die uns vom Berichterstatter Sidonius Apollinaris, der mit den Ältesten derselben im Namen des byzantinischen Kaisers verhandelte, als sehr schmutzig bezeichnet werden, Pelze, und die Franken neben den ledernen auch linnene Hosen. Von den Germanen kam dann der Flachsbau mit dem dem Lateinischen entnommenen Namen zu den Slawen. Wie die deutsche Hausfrau bis in die Neuzeit selbst gesponnenes Leinenzeug als ihren wertvollsten Schatz aufspeicherte, so bildete Leinwand in den Grenzgebieten der Germanen und Slawen das gewöhnliche Tauschmittel. Als solches wird sie aber auch in altnordischen Gesetzen genannt; in Skandinavien bildete sie neben dem einheimischen Wollstoff eine sehr gerne in Tausch genommene Wertsache. Endlich fand beim Weiterrücken der Kultur der Leinbau an der Ostsee und in Rußland eine neue Heimstätte, wo sie bis auf den heutigen Tag zunehmende Bedeutung erlangte.

Es kann nicht unsere Sache sein, die Bedeutung des Flachses durch das Mittelalter, wo jedermann wenigstens am Tage — nachts lag man nackt im

Bett — Leinenhemden trug, bis zur Jetztzeit zu illustrieren. Es genüge nur daran zu erinnern, welche große Bedeutung Leinenzeug, zumal die Brabanter und Venezianer Spitzen, im 17. und teilweise noch im 18. Jahrhundert genoß, bis schließlich auch hierin der ältere Lein durch die jüngere Baumwolle, die ihren Siegeszug durch die ganze Welt antrat, verdrängt wurde.

Der Lein gedeiht am besten in feuchtem, kühlem Klima; bei Trockenheit bleibt er kurz im Stengel. Die beste Qualität wächst auf humosem Lehmboden unter dem Einfluß des Seeklimas, so in den Ostseeprovinzen Rußlands, in Belgien, Holland und vor allem Irland. Gepflanzt wird er gewöhnlich nach frisch umgebrochenem Rotklee oder nach Getreide. Weil er dem Boden viel Nährsalze entzieht, versagt er nach sich selber. Er wird möglichst frühzeitig gesät und braucht zur Vollendung seines Wachstums 90–120 Tage. Sobald das untere Drittel der Stengel gelblich geworden ist wird er gerauft, auf dem Felde getrocknet, dann die Samenkapseln an einem eisernen Kamm abgeriffelt. Zur Gewinnung des Rohflachses werden die Stengel zur Zerstörung des Pflanzenleims, der den Bast, das eigentliche Fasermaterial verbindet, gerottet, d. h. in weichem, möglichst kalkfreiem Wasser einer gelinden Fäulnis unterworfen, bis sich der Bast leicht vom inneren Holz abstreifen läßt, was in 10–14 Tagen der Fall ist. Dann werden die sortierten Stengel mit der Brake gebrochen, um den holzigen Kern des Flachsstengels in kleine Stückchen zu zerlegen, die dann durch Schwingen mit Hilfe eines hölzernen Messers entfernt werden. Zuletzt werden noch die bandartig zusammenhängenden Fasern gehechelt, d. h. durch Eisenkämme gezogen, welche alle Unreinlichkeiten, sowie die kurzen und verwirrten Fasern zurückhalten. Diese heißen Werg oder Hede (alt- und mittelhochdeutsch *rîste*) und dienen zum Polstern oder auch zur Herstellung grober Gespinste und Gewebe. Die glatten, gleichmäßigen Strähne aber liefern den eigentlichen Flachs, der früher in vielen Häusern zu Leinengarn gesponnen wurde, eine Manipulation, die gegenwärtig fast ausschließlich durch Maschinen besorgt wird. Die Spinnmaschine, welche in ihren Grundzügen von Ayres konstruiert wurde, ist neben dem vom Engländer Cartwright im Jahre 1787 konstruierten mechanischen Webstuhl eine der wunderbarsten und nützlichsten Erfindungen des menschlichen Geistes. Sie zieht nicht nur den Faden aus, sondern dreht und wickelt ihn zugleich auf die Spule.

Der ausgehechelte Flachs hat Fasern von 30–60, höchstens 70 cm Länge, die durch den Rest des Pflanzenleims zusammengehalten werden. Sie bestehen aus festen, fast bis zum Verschwinden des Hohlraums verdickten sogenannten Bastzellen. Der beste Flachs mit den längsten Fasern ist lichtblond oder silbergrau mit Seidenglanz. Die Gesamtproduktion Europas wird auf 700 Millionen kg geschätzt; davon entfallen 500 Millionen kg auf Rußland und etwa 100 Millionen kg auf Deutschland und Österreich. Auch

Ägypten und Nordamerika erzeugen große Mengen desselben. Die Fabrikationsdistrikte für leinene Gewebe sind für Deutschland besonders in Schlesien und Westfalen (um Bielefeld) gelegen. Seit langem ist besonders das Brabanter Leinen in Form von Battist wegen seines überaus feinen Gewebes berühmt. Auch Irland liefert sehr gute Leinen, ebenso das nördliche Böhmen.

Sehr viel später als der Lein ist der Hanf (*Cannabis sativa*), ein naher Verwandter des Hopfens, in die Länder am Mittelmeer und nach Europa gelangt. Die alten Babylonier, Ägypter, Juden und Phönikier haben ihn noch nicht gekannt. Zuerst wird er in Indien zwischen 800 und 900 v. Chr. als angebaute Nutzpflanze unter dem Namen *bhanga* erwähnt, dann in dem um 500 v. Chr. verfaßten chinesischen Buche Schu-king. Seine Heimat ist Zentralasien, wo er in Turkestan bis zum Baikalsee, aber auch südlich vom Kaspischen Meer und in Südrußland stellenweise noch als Wildling gefunden wird. Dort irgendwo muß er von einem uns unbekannten Volksstamme zuerst als Nährpflanze zur Erlangung der ölreichen Samen, dann als Genußpflanze zur Gewinnung des Haschisch und zuletzt erst als Gespinstpflanze gezogen worden sein und sich langsam als Kulturpflanze allseitig ausgebreitet haben. Zu den mit ihren zahlreichen Herden nomadisierenden Skythen in Südrußland kam er als Genußmittel, indem diese sich nach dem Berichte des Vaters der Geschichte, Herodot (484–424 v. Chr.), in der Weise berauschten, daß sie in geschlossenen, kleinen Filzzelten (Jurten) Hanfsamen auf heiß gemachte Steine warfen und die sich dabei entwickelnden betäubenden Dämpfe einatmeten, bis sie, in Ekstase geratend, „vor Freude brüllend" daraus herausrannten. Von den Thrakern berichtet derselbe Autor, daß sie aus den Fasern dieser Pflanze Kleider webten. Damals, im 5. vorchristlichen Jahrhundert war diese Pflanze den Griechen noch unbekannt. Erst später erhielten sie dieselbe aus dem Balkan unter dem Namen *kánnabis*, der dann unverändert von den Römern übernommen wurde. Und die Balkanstämme, die ihn den Griechen vermittelten, gaben ihn dann auch nordwärts in die Donaugegenden und nach Germanien ab. In Albanien als *kanep*, bei den Tschechen und Slawen als *konop* bezeichnet, gelangte er als *hanaf* zu den Germanenstämmen. Aus diesem althochdeutschem Worte ist dann mittelhochdeutsch *hanef* und neuhochdeutsch Hanf geworden. Nach einer sehr ansprechenden Vermutung Schraders liegt die einfachste Form des Namens im tscheremissischen (einer Sprache des Kaukasus) *kene* Hanf vor, während der zweite Bestandteil *bis* oder *pis* in der syrjänischen und wotjakischen (sibirischen Stämmen) Benennung der Nessel *piš* seine Entsprechung finden würde, so daß also *cannabis* eigentlich „Hanfnessel" bedeuten würde.

Von Griechenland wanderte die Kenntnis und der Anbau des Hanfes erst in verhältnismäßig später Zeit nach Sizilien und Unteritalien und von da nach Mittel- und Norditalien. Der ums Jahr 200 n. Chr. in Alexandrien und Rom lebende Grieche Athenaios, der uns in seinen auf uns gekommenen 15 Büchern *Deipnosophistai* wichtige Nachrichten über Leben und Leistungen der alten Griechen hinterließ, berichtet von König Hieron II. von Syrakus (regierte von 269–215 v. Chr.), er habe ein ungeheures Prachtschiff bauen lassen, zu dem er von allen ihm bekannten Ländern je das Vorzüglichste in seiner Art kommen ließ. Pech und Hanf habe er vom Rhonefluß in Gallien bezogen. Dort muß also zu seiner Zeit der Hanf besonders gut gediehen sein. Zu den Kelten, die sich seiner Samen, wie wir aus anderer Quelle wissen, auch als Ölspender und Betäubungsmittel bedienten, was bei den Griechen und den von diesen damit beschenkten Römern durchaus nicht üblich war, wird er jedenfalls nicht durch griechische Vermittlung über die Kolonie Massalia, dem heutigen Marseille, sondern direkt von Osten her aus der Donaugegend gekommen sein.

Der ältere Cato (234–149 v. Chr.) nennt in seiner Schrift über den Landbau weder Flachs noch Hanf. Der erste römische Schriftsteller, der den Hanf erwähnt, indem er von einem hänfenen Strick spricht, ist der ums Jahr 100 v. Chr. lebende Satiriker Lucilius. Nach ihm erwähnt ihn der gelehrte Varro (116–27 v. Chr.) in seiner Schrift über den Landbau. Er schreibt darin: „Hanf, Lein, Simsen (*juncus*) und Spartgras (*spartum*) werden auf Feldern gezogen, um aus ihnen Stricke und Seile anzufertigen." Das seit dem zweiten punischen Kriege (218–201 v. Chr.) von Spanien her bei den Römern als Bastpflanze aufgekommene Spartgras (auch *Esparto*, von *Stipa tenacissima*), das bis auf den heutigen Tag viel von Südspanien und dem westlichen Nordafrika exportiert wird, schränkte den Anbau des Hanfes in Italien sehr ein. Doch wurde er in der Zeit der römischen Kaiser stellenweise angepflanzt und gedieh vortrefflich; denn der 79 n. Chr. beim Vesuvausbruch als Befehlshaber der bei Misenum stationierten Heimatflotte umgekommene ältere Plinius berichtet in seiner Naturgeschichte, daß in dem durch seine Fruchtbarkeit berühmten Landstrich um Reate im Sabinerland der Hanf baumhoch werde. Sein Anbau fand damals wie heute besonders in den Niederungsdistrikten Italiens und Siziliens statt.

Nach dem nördlichen Europa verbreitete sich die Hanfkultur ziemlich spät und nur strichweise, soweit das Klima milde und der Boden humusreich und feucht ist. Die Pflanze wächst in größeren weiblichen und kleineren männlichen Individuen. Merkwürdigerweise aber bezeichnet der Deutsche die letzteren als Fimmel oder Femell (vom lateinischen *femella* Weibchen) und die ersteren als Mäschel (vom lateinischen *masculus* Männchen), wohl von der Vorstellung ausgehend, daß das Kürzere und Schwächere weiblich und das Größere, Stärkere männlich sein müsse. Der Hanf liebt wärmeres Klima als der Flachs und ist gegen Kälte und Spätfröste sehr empfindlich. Da er aber nur eine Vegetationsdauer von 90–105 Tagen hat, so läßt er sich in Europa noch in den Küstenländern der Ostsee kultivieren. Am besten gedeiht er auf tiefgründigem Humusboden. Man sät ihn, wenn keine Fröste mehr zu befürchten sind, zieht die kürzeren männlichen Hanfpflanzen aus, sobald deren Blätter gelb werden, ebenso nach weiteren 4–6 Wochen die höheren weiblichen, wenn diese gelb zu werden beginnen. Die Gewinnung der zum Verspinnen oder zur Seilfabrikation usw. bestimmten Fasern erfolgt im allgemeinen in der beim Flachs angegebenen Weise durch Rotten, Brechen, Schwingen und Hecheln. Die 1 bis 2 m langen Hanffasern sind weißlich oder grau und weit gröber als die Flachsfasern; die darin enthaltenen einzelnen Bastzellen sind 1,5 bis 2,5 cm lang und sehr hygroskopisch. Die Hanfproduktion Europas und Nordamerikas beziffert sich auf etwa 500 Millionen kg. Davon entfallen auf Rußland 150, Italien 50, Österreich-Ungarn 87, Frankreich, Deutschland und Vereinigte Staaten je 70 Millionen kg. In Rußland, wo der Hanf wie in Italien südlich vom unteren Po zum Teil im Lande selbst zu Stricken, Tauen und Segeltuch verarbeitet wird, gewinnt man als ein Hauptprodukt der Hanfkultur das aus dem Samen gepreßte Hanföl, das allgemein besonders während der langen und strengen griechischen Fasten als Speisefett dient. Natürlich wird solches zu gewinnen in Italien verschmäht, da es an seinem Olivenöl ein besseres Speisefett besitzt.

Von ausländischen Faserstoffen, die ähnlich wie Hanf verwendet werden, ist zunächst der bengalische Hanf zu nennen, der von einer bis 2 m hohen, von Vorderindien bis Australien verbreiteten Leguminose mit lanzettförmigen, seidenhaarigen Blättern und schönen, großen, gelben Blüten (*Crotalaria juncea*) gewonnen wird. Aus deren Stengeln bereitet man auf dieselbe Art wie bei unserem Hanf eine blaßgelbliche, seidenglänzende Bastfaser. Sie wird deshalb seit alter Zeit fast überall in Südasien, besonders in Indien, auf Java und Borneo kultiviert.

Der gleichfalls zur Herstellung von Tauen und Stricken und anderen Geflechten verwendete Manilahanf stammt von der auf den Philippinen heimischen Faserbanane (*Musa textilis*), die in großer Menge in den vulkanischen Gegenden dieser Inselgruppe kultiviert wird. Die wildwachsenden Pflanzen liefern zwar auch, aber nur sehr wenig Faserstoff. Man hat diese nützliche Faserpflanze auch in anderen tropischen Gegenden anzubauen versucht, aber nur mit geringem Erfolg. So stammt diese Bastfaser, die nach dem Exporthafen Manila so heißt, fast ausschließlich aus den Philippinen. Die Faserbanane hat im dritten Jahre eine Höhe von 6 m und einen Stammdurchmesser von 18 cm erreicht und wird dann vor der Blüte geerntet. Die gefällten Stämme läßt man einige Tage liegen, um sie saftärmer zu machen und schneidet dann die Fasern nach kurzer Röstung der Schäfte durch Handarbeit heraus, indem man sie durch Eisenkämme hindurchzieht. Dadurch werden die 1–2 m langen verholzten Fasern, die aus kurzen, feinen Bastzellen bestehen, rein gewonnen. Sie kommen in bräunlichen bis gelblichweißen Strängen von seidenartigem Glanz in den Handel und dienen zur Anfertigung von Seilerwaren und zu vielen Luxusartikeln, die besonders geschätzt sind, wenn die Faser mit Seide verwebt wurde, was bei den Manilataschentüchern u. dgl. der Fall ist. Wegen ihrer Leichtigkeit und Haltbarkeit im Wasser werden aus ihnen auch Schiffstaue hergestellt, doch sind sie schwerer zu verarbeiten als der Hanf. Da der Manilahanf sehr billig ist, wird er von den Schiffern meist nur als Ballast verladen. Die Insel Manila allein soll jährlich über 31 Millionen kg davon ausführen. Ungefähr 14 Millionen kg gehen nach den Vereinigten Staaten, besonders nach New York, etwa 6 Millionen kg nach England und gegen 2,5 Millionen kg werden in Manila selbst zu Schiffstauen von 1–15 cm Umfang und bis 200 m Länge verarbeitet. Gröbere und zugleich geringere Sorten stammen von anderen Musaarten, besonders von der überall in den Tropen angebauten gewöhnlichen Banane, dem Pisang.

Der Mauritiushanf stammt von einer mächtigen, hohen Staude aus der Familie der Amaryllideen (Fourcroya gigantea), die im tropischen Mittelamerika heimisch ist und seit 1750 auf der Insel Mauritius, in neuester Zeit auch in Ostindien zur Fasergewinnung kultiviert wird. Die bis 2,5 m langen Blätter werden vom dritten Jahre an geerntet und werden mit der Hand oder mit Maschinen verarbeitet.

Der Familie der Liliengewächse gehört der neuseeländische Flachs (*Phormium tenax*) an, eine ausdauernde Pflanze, aus deren kurzem, dickem Wurzelstock 1–2 m lange, 2–4 cm breite, graugrüne, lederartige Blätter hervorsprießen. Sie wächst auf Neuseeland, der Insel Norfolk und in verschiedenen Teilen Australiens wild, wird aber hier wegen ihrer Fasern auch kultiviert. Seit alter Zeit dienen die Fasern der Blätter zu Seilen, gröberen Bekleidungsstoffen und sonstigen Geflechten, während der bittere Wurzelstock wie die Sarsaparille gegen Skrofulose und Syphilis verwendet wird. Erst durch den englischen Entdeckungsreisenden Cook wurde diese Faserpflanze nach 1769 bekannt. Die durch Verfaulenlassen der Blätter gewonnene Rohfaser ist etwa 1 m lang, gelblich, stellenweise weißlich und wird erst in Europa, und zwar fast ausschließlich in England, gereinigt und zu Flechtereien wie Tauen und gröberen Webereien, namentlich Segeltuch, verarbeitet. Diese sind biegsamer und leichter als diejenigen aus gewöhnlichem Hanf und werden selbst bei langem Liegen in Wasser kaum verändert.

Ebenso verhält es sich mit dem Sanseveriahanf, der aus den langen, dickfleischigen, graugrünen, mit dunkleren Bändern quer gestreiften Blättern einer in mehreren Arten im tropischen Afrika heimischen Lilie der Gattung Sanseveria gewonnen wird. Am häufigsten wird in Westafrika *Sanseveria guineensis*, in Ostafrika dagegen *S. cylindrica* und *ehrenbergi* ausgebeutet. In ihrer Heimat wachsen sie in großen Beständen wild, meist auf steinigen Steppen im Schatten von Gebüsch; um jedoch die Gewinnung zu erleichtern, werden sie an verschiedenen Orten der Tropen kultiviert. Dabei sind sie höchst anspruchslos, werden außer durch Samen meist durch Wurzelschößlinge, die in großer Zahl um die Pflanze herum aufschießen, vermehrt und erreichen ein hohes Alter, so daß eine Anlage erst nach vielen Jahren erneuert zu werden braucht. Die Aufbereitung der Faser geschieht in mühsamer Weise wie bei den vorgenannten Arten von Hand, könnte aber, wenn Pflanzungen in größerem Maßstabe angelegt würden, weit einfacher durch Maschinenbetrieb gewonnen werden. Die Kultur im großen würde sich sehr lohnen, da die Sanseveria-Bastfasern von hervorragender Güte liefern. Von Deutsch-Ostafrika wurden bis jetzt davon nur 154000 kg exportiert.

Tafel 95.

Anpflanzung von Manilahanf (*Musa textilis*) in Mindanao auf den Philippinen.

Zum Trocknen aufgehängter Manilahanf auf San Ramon auf der Insel Mindanao. (Beide nach einer in der Sammlung des botan. Instituts der Universität Wien befindlichen Photogr. von *Dr.* Hans Hallier.)

Tafel 96.

(Phot. Vincenti, Daressalam.)

Sisalagavenplantage in Deutsch-Ostafrika. Die der Blätter beraubten Pflanzen haben Blütenschosse getrieben, womit ihre Daseinszeit zu Ende ist.

In Mexiko, besonders auf der Halbinsel Yucatan, wird die in Mittelamerika heimische Sisalagave (*Agave rigida*) gebaut, so genannt nach der Hafenstadt Sisal in Yucatan, die lange Zeit der Hauptausfuhrort für den Sisalhanf war. Derselbe wird von den bis über 1 m langen, dicken, fleischigen Blättern der trockene Standorte wie ihre Verwandten liebenden Agave gewonnen. Diese gehört zu den Amaryllisgewächsen und entwickelt am Ende ihrer Vegetationszeit einen holzigen Schaft von 3–5 m Länge mit rispenförmigen Blüten. Nach dem Reifen der Früchte stirbt die Pflanze ab. Die Sisalagave wächst am besten in tropischen und subtropischen Gebieten mit nicht zu großer Feuchtigkeit und wird noch mit gutem Erfolg auf Boden angepflanzt, der für andere Kulturgewächse zu schlecht ist. Dort gedeiht sie ohne Pflege, nur muß anfänglich, solange die Pflanzen klein sind, das Unkraut niedergehalten werden. Die Fortpflanzung geschieht entweder durch Wurzelschößlinge, die vom dritten Jahre an als Triebe des Wurzelstocks reichlich aus dem Boden hervorbrechen und nur abgegraben und verpflanzt zu werden brauchen, oder durch zwiebelförmige Brutknospen, die sich ebenfalls in großer Zahl, bis zu 3000, an der Pflanze bilden, um abzufallen und ihre meist schon vorher gebildeten Wurzeln in die Erde zu versenken. Ist die Pflanze fünf Jahre alt, so können bis zu ihrem 15.-20. Jahre zwei- bis viermal jährlich die ausgewachsenen Blätter abgeschnitten werden. An diesen werden dann vermittelst einer Maschine die Fasern von den Fleischteilen des Blattes abgetrennt, gereinigt, getrocknet und gebleicht, um als Sisalhanf in den Handel zu gelangen. Dieser ist leicht, gelblich-weiß, glänzend, stärker und elastischer als Hanf, härter und weniger biegsam als Manilahanf, widersteht der Nässe, braucht also nicht geteert zu werden, und erlangt unter Wasser sogar eine erhöhte absolute Festigkeit. Er dient zur Herstellung von Tauen, Segeltuch, Packtüchern, Teppichen, Papier und als Indiafaser zum Polstern. Mexiko führt davon jährlich 500000 Ballen im Werte von 40 Millionen Mark aus. Seine Kultur ist neuerdings auch in den deutschen Kolonien, besonders Ostafrika, aber auch Neuguinea eingeführt worden. Diese führten schon 1907 für 2,2 Millionen Mark aus. Seitdem hat sich die Produktion noch wesentlich gehoben. Im Jahre 1908 wurden in Ostafrika allein die vorhandenen Sisalpflanzungen auf 10355 Hektar mit 24 Millionen Pflanzen geschätzt und kamen fast 3 Millionen kg Sisalhanf im Werte von über 2 Millionen Mark zur Ausfuhr.

Von einer verwandten Agave, der in Mexiko heimischen *Agave heteracantha*, die dort vom Volke *lechuguilla* genannt wird, stammt die im Lande selbst als *ixtli*, bei uns aber nach dem Hauptausfuhrhafen Tampico meist als Tampicofaser bezeichnete, zwar grobe und kurze, aber äußerst haltbare und starke Faser. Sie wird durch Abschaben der fleischigen Blätter, solange diese noch grün und saftig sind, gewonnen. Die Faserbündel werden dann ausgehoben, gewaschen, an der Sonne getrocknet, mit einem Holzkamme wie Frauenhaar gekämmt, in verschiedenen Längen zu Strähnen gebunden und in Ballen verpackt. Die Ausfuhr beträgt über 3 Millionen kg jährlich.

Im Gegensatz zu ihr steht die fast ausschließlich in Zentralamerika von verschiedenen Bromeliazeen aus der engsten Verwandtschaft der Ananas, besonders von *Bromelia karatas* gewonnene Pitafaser oder das Hondurasgras. Aus diesem sehr feinen und festen Faserstoff hat man früher den sogenannten Ananasbattisthergestellt, während man sich heute damit begnügt, ihn zu gröberem Flechtwerk zu verwenden. Die ihn liefernde waldbewohnende Faserpflanze wird nirgends eigentlich kultiviert. In Mexiko, wo sie auch vorkommt, besteht die ganze Pflege darin, daß im Walde das Unterholz abgebrannt wird, um den Schößlingen Platz zu machen, die nach ihrer Anpflanzung sich selbst überlassen bleiben. Die Besitzer stellen sich nur zur Ausbeutung ein und lichten vielleicht bei dieser Gelegenheit den Bestand aus, wenn er durch das Emporschießen von Schößlingen zu dicht geworden ist. Auch auf der Halbinsel Malakka und den Philippinen wird eine wilde Ananas, wie anderwärts die als Obst kultivierte eßbare Ananas zur Gewinnung von Fasermaterial benutzt.

Ein uralter, schon den alten Römern als *spartum* bekannter und von ihnen vielfach zu allerlei Flechtwerk verwendeter Faserstoff rührt vom sehr zähen Pfriemengras (*Stipa tenacissima*) her, das in den dürren, beinahe Wüstencharakter aufweisenden, außerordentlich regenarmen und lufttrockenen Steppen Algeriens, Marokkos und Südspaniens heimisch ist und von den dortigen Eingeborenen seit Urzeiten zu allerlei Flechtwerk benutzt wird. So werden heute noch wie im Altertum von der armen Bevölkerung daraus die als einziges Kleidungsstück dienenden Schürzen, wie auch die Sandalen, Tragtaschen und Stricke angefertigt, die von einer geradezu unverwüstlichen Dauerhaftigkeit sind. Die Römer lernten dieses außerordentlich feste Flechtmaterial von den Karthagern kennen, die es ausgiebig zu mancherlei Flechtwerk, auch zur Herstellung von Schiffstauen für ihre zahlreichen Handels- und Kriegsschiffe, verwendeten. Seit dem 2. punischen Kriege (218–201 v. Chr.) machten sie sich die im 1. punischen Kriege bei den Karthagern gemachten Erfahrungen mit diesen fast unzerstörbaren Tauen und Netzen zunutze. So berichtet der römische Geschichtschreiber Livius aus Padua (59 v. bis 17 n. Chr.) folgende Episode aus dem zweiten punischen Krieg, als Scipio gegen Hannibals Bruder Hasdrubal kämpfte, 210 v. Chr. Neu-Karthago und 206 das ganze von den Karthagern innegehabte Südostspanien eroberte: „Während die Römer in Italien gegen Hannibal kämpften, sandten sie eine Kriegsflotte nach Spanien; diese verwüstete die Gegend um Neu-Karthago und fand nicht weit von da zu Longuntica eine gewaltige Menge von getrocknetem Pfriemengras (*spartum*), das Hasdrubal dort für den Bedarf seiner Schiffe angehäuft hatte.

Die Römer nahmen von dieser Beute, soviel sie brauchen konnten, und verbrannten das übrige." Der ältere Cato, der unversöhnliche Gegner des nach dem zweiten punischen Kriege wieder aufblühenden Karthago (234–149 v. Chr.) sagt in seinem Buche über Landwirtschaft, der Landmann müsse aus *spartum* geflochtene Seile und Körbe haben, und der Gelehrte Varro (116–27 v. Chr.) meint: „Der Landwirt muß Hanf, Lein, Binsen und *spartum* pflanzen, um daraus Schnüre, Stricke und Seile zu drehen." Der aus Spanien gebürtige römische Ackerbauschriftsteller Columella um die Mitte des 1. Jahrhunderts n. Chr. schreibt: „Wenn die Klauen eines Ochsen an Entzündung leiden, so schützt man sie durch einen aus *spartum* geflochtenen Schuh (*solea spartea*)", ferner: „Bei der Olivenernte braucht man außer vielen andern Dingen Seile von Hanf und von *spartum*."

Das von den Spaniern *esparto*, von den muhammedanischen Nordafrikanern *halfa* genannte Pfriemengras mit sehr faserreichen, zähen Blättern gedeiht auf trockenem, kalkhaltigem Boden am besten; auf sehr sandigem Boden liefert es eine noch kräftigere, aber kürzere Faser. Es erhebt sich nicht über 1000 m, treibt im Binnenlande längere und weißere, aber dünnere und schwächere Fasern als an der Küste, wächst in Büscheln und pflanzt sich so leicht fort, daß auf dem Boden, von dem es einmal Besitz ergriffen hat, endlose Ernten eingeheimst werden können. Das ist die Ursache, weshalb diese Grasart trotz ihrer großen Wichtigkeit als Faserpflanze nirgends kultiviert wird. Man überläßt ihr einfach das Gelände, auf dem sie sich angesiedelt hat, und denkt nicht daran, ihr irgend welche Pflege angedeihen zu lassen. Die Blätter werden zur Zeit der Reife im Mai und Juni meist noch durch Ausreißen mit den Händen, indem man sie zum festeren Anpacken um einen Stock wickelt, geerntet, getrocknet und, in Bündel gebunden, in den Handel gebracht. Die wichtigste Bezugsquelle ist Algerien, das aus dem über 400 km langen und 170 km breiten, in den Departements Oran und Algier gelegenen sogenannten Halfameer jährlich über 100 Millionen kg im Werte von 10 Millionen Mark bezieht. Nach ihm kommt Spanien mit etwa 48 Millionen kg und hernach Tunis und Tripolis mit immer zunehmenden Massen. Die Hauptmenge gelangt zur Papierfabrikation nach England, ein großer Teil wird nach Frankreich, hauptsächlich Marseille, verschifft, um zu grobem Packtuch, Matten, Körben und Seilerartikeln Verwendung zu finden. Wie in Nordafrika, so gelangt dieses Rohmaterial auch in Spanien zu einer sehr vielseitigen Verarbeitung. Unter den hier daraus verfertigten Gegenständen sind namentlich die dünnen aber starken, in den Bergwerken verwendeten Seile, sowie die sehr dauerhaften Sandalen zu nennen, die nicht bloß im eigenen Lande überall von der ärmeren Bevölkerung getragen, sondern auch in Menge exportiert werden.

Kein eigentliches Gras, sondern ein grasartiges Nixenkraut (Najadazee) ist das in wenig tiefem Wasser an den Küsten von Europa, Kleinasien, Ostasien und Nordamerika in dichten Beständen, wiesenartig weite Flächen bedeckend, wachsende Seegras (*Zostera marina*). Nach heftigen Stürmen werden oft sehr große Massen von ihm, zum Teil mit den Wurzeln, ausgerissen, bei abstillender See ans Land geschwemmt und hier zu ganzen Haufen aufgetürmt oder zu Kugeln geformt. Wie so manche andere Meergewächse hat es lange fadenförmige Pollen (Blütenstaub), die im Meere umhertreiben, bis sie von den Narben angezogen und festgehalten werden. Getrocknet dient es an Stelle der teuren Pferdehaare zum Stopfen und Polstern von Matratzen, Betten, Möbeln usw., daneben wird es auch verbrannt und zur Gewinnung von Soda benutzt.

Als vegetabilisches Roßhaar, Baumhaar, Caragate oder Tillandsiafasern kommen die durch Rotten im Wasser ihrer Hautgewebe entkleideten silberweißen, fadenförmigen, 0,5–1 m langen Luftwurzeln der als Greisenbart bezeichneten Bromeliazee *Tillandsia usneoides* in Form von schwarzbraunen, dem Roßhaar ähnlichen Fasern von 1 mm Dicke in den Handel, um ebenfalls an Stelle von Roßhaar zum Stopfen von Matratzen und Polstern von Möbeln, wie auch zum Verpacken von Glaswaren benutzt zu werden. Dieses als Überpflanze auf Bäumen lebende Ananasgewächs kommt im ganzen warmen Amerika von Argentinien bis Carolina in den Vereinigten Staaten vor und bedeckt in den Wäldern oft in ungeheuren Mengen weithin die Baumäste, indem es seine dunkeln, roßhaarähnlichen Zweige wie Bartflechten um sie spinnt und die die Nahrung und das Wasser aus der Luft an sich reißenden Luftwurzeln tief herabhängen läßt. Letztere werden neuerdings in Menge gesammelt und kommen besonders aus den Südstaaten Nordamerikas als Louisianamoos in den Handel.

In Westindien und Brasilien wird von dem unserem Seidelbaste nahe verwandten Strauche *Funifera utilis*, der vielfach zur Fasergewinnung angepflanzt wird, der einem Spitzengewebe ähnliche rahmweiße, als Spitzenrinde bezeichnete Bast zum Flechten von Frauenhüten, Kragen und anderen Gegenständen verwendet, während derjenige des in Ostindien auf trockenen, felsigen Hügeln wachsenden Strauches *Marsdenia tenacissima* aus der Familie der Asklepiadazeen oder Seidenpflanzengewächse als Jiti oder Rajmahalhanf viel gebraucht wird. Er ist nicht so kräftig wie unser Hanf, übertrifft ihn aber an Elastizität bedeutend. Seine häufigste Verwendung ist die zu Fischnetzen, denn dieser Faserstoff besitzt eine sehr große Widerstandsfähigkeit gegen Feuchtigkeit.

Ein anderer, grober Faserstoff ist der als Dunchi bezeichnete Bast eines südasiatischen, bis 2,4 m hohen Strauches *Sesbania aculeata* aus der Familie der Leguminosen, der in Indien und China auf nassem Boden und ohne Sorgfalt, die er auch nicht beansprucht, kultiviert wird. Bisweilen kommt er auch unter dem in Bengalen üblichen Namen Jayanti in den Handel.

Der Bast des auf Tahiti *roa* genannten strauchartigen Nesselgewächses *Urtica argentea* liefert die blendend weißen, glänzenden, zu Seilerartikeln und Luxusgegenständen verarbeiteten Roafasern, während die ebenfalls überall in Ozeanien anzutreffenden Schraubenpalmen *Pandanus utilis* (ursprünglich in Madagaskar zu Hause) und *odoratissimus* (deren wohlriechende, schon in den ältesten indischen Sanskritgedichten unter dem Namen *kekata* erwähnten Blüten mit Öl ausgezogen ein in Indien sehr geschätztes Parfüm liefern) die sehr zähen, zur Anfertigung von Matten und Seilen verwendeten Pandanusfasern liefert.

Häufig wird in verschiedenen Gegenden Ostindiens die daselbst heimische einjährige Hanfrose *Hibiscus cannabinus* angepflanzt. Diese bis 2,4 m hohe strauchartige Eibischart mit stacheligem Stengel liefert in den tief gelappten, säuerlich, etwas herb und schleimig schmeckenden Blättern ein von den Eingeborenen häufig gegessenes Gemüse, aus den Samen wird Brenn- und Speiseöl gepreßt, während der braune, rauhe Bast der Stengel, der schon in der Sanskritliteratur als *nalika* erwähnt wird, als geschätztes Spinn- und Flechtmaterial dient. Es ist dies der als indischer oder Gambohanf, der auch als Jute von Madras in allerdings mangelhafter Zubereitung in den Handel gelangt. Er ist weich und geschmeidig, weiß mit einem Stich ins Graugelbe, und besteht aus wenig glänzenden, feinen und gröbern, 10 bis 90 cm langen, aber nicht sehr festen Fasern. Obschon mehr dem Flachs und den besseren Hanfsorten als der Jute ähnlich, wird er auch Bastardjute genannt und bisweilen der Jute beigemengt. Obgleich die Hanfrose das ganze Jahr hindurch wächst, wird sie doch nur in der kühlen Jahreszeit gesät. Drei Monate danach steht sie in Blüte und muß dann zur Gewinnung des Bastes geschnitten werden.

Ihm sehr ähnlich und nicht selten unter seinem Namen gehend ist der von einer nahe verwandten Eibischart, *Hibiscus sabdariffa*, gewonnene Rosellahanf, dessen Hauptproduktionsgebiet die Präsidentschaft Madras in Südindien ist. Deren Blätter dienen als Salat, während die fleischigen Blütenkelche von angenehm säuerlichem Geschmack in Ostindien zur Bereitung von Gelee und Torten, in Westindien, wohin die Nutzpflanze neuerdings gebracht wurde und ebenfalls ziemlich häufig angepflanzt wird, auch als Bestandteil von kühlenden Getränken benutzt wird.

Eine noch sehr viel wichtigere Pflanzenfaser Ostindiens als die ebengenannten ist die Jute, die ihren Namen von dem schon im Sanskrit als *djuta* erwähnten indischen *djut* d. h. Faser erhielt. Zuerst wurde dieser in Indien seit den ältesten Zeiten verwendete Faserstoff durch den Engländer *Dr.* Roxburgh bekannt, der im Jahre 1795 an die Direktion der ostindischen Handelsgesellschaft in London einen Ballen Faserstoff sandte, den er als „Jute“ der Eingeborenen bezeichnete. Aber erst im zweiten Viertel des 19. Jahrhunderts fand dieses neue Flechtmaterial in England Beachtung, nachdem man um 1830 in Dundee begonnen hatte, es in der Technik zu verwenden. Die Jute wird von einer mit unsern Linden verwandten einjährigen Pflanze (*Corchorus capsularis*) gewonnen, die im feuchtwarmen Klima Bengalens heimisch ist und dort in großer Menge zur Bastgewinnung angepflanzt wird. Für Bengalen und teilweise auch das benachbarte Assam spielt diese Gespinstpflanze fast dieselbe Rolle wie die Baumwolle in den Südstaaten der nordamerikanischen Union. Die Jutepflanze wird 1,5–4,6 m hoch und gelangt in zwei Spielarten mit hellgrünen oder rötlichen Stengeln und Blattrippen zum Anbau. An den 2–4 cm dicken Stengeln sitzen gezähnelte Blätter und weißlich-gelbe Blüten in Trauben geordnet, die runzelige, kirschengroße, kugelige bis zylindrische Kapseln liefern. Man gewinnt die sehr festen Fasern von den vier Monate nach der im März stattfindenden Saat geschnittenen Stengeln, indem man sie von den Seitentrieben, Blättern und Stengeln befreit und in langsam fließendem Wasser einer leichten Fäulnis unterwirft. Schon nach einigen Tagen kann dann der Bast von dem leicht brechenden Holz und der übrigen Rinde befreit werden. Die besten Sorten sind weißlichgelb bis silbergrau, von seidenähnlichem Glanz, beim Anfühlen glatt und weich. Die schlechten Sorten sind bräunlich, hart und holzig. Die Jutefasern werden dann vermittelst hydraulischer Pressen in Ballen von 180 kg zusammengepreßt, von denen Bengalen allein jährlich 5,6 Millionen Stücke ausführt. Über Bombay gingen 1890 1500 Millionen kg derselben im Werte von 160 Millionen Mark hauptsächlich nach England, um speziell in Dundee zu gröberen Stoffen wie Decken, Portieren, Sofaüberzügen, aber auch Hemden verarbeitet zu werden.

Vor wenig mehr als einem Jahrhundert trug die ärmere Bevölkerung Bengalens noch ausschließlich aus selbst verwebten Jutefasern hergestellte Kleider, die aber als etwas grob mit der Einführung billiger europäischer Baumwollwaren mehr und mehr an Beliebtheit einbüßten. Dafür stieg ihre Wertschätzung in Europa. Da nun infolgedessen der Jutebedarf hier immer mehr steigt und die Juteproduktion Bengalens trotz ihrer beständigen Steigerung nicht genügt, so ist man bemüht, die Kultur der Jutepflanze auch anderwärts, so in Deutsch-Ostafrika, einzuführen, wo das von der Pflanze verlangte, gleichmäßig warme, feuchte Klima vorhanden ist und bei rationellerem Anbau, als er in Nordindien gebräuchlich ist, sehr gute Resultate zu erwarten wären.

Bild 62. Die Jutepflanze (*Corchorus capsularis*).

Sehr nahe verwandt mit dieser Jutepflanze ist die in Südchina oder Hinterindien heimische *Corchorus olitorius*, ebenfalls eine einjährige, 1,5–3 m hohe Pflanze mit gelben Blüten, die sich frühzeitig als Gemüsepflanze in Indien verbreitete. Sie kam dann später durch die Perser nach Vorderasien und durch die Araber etwa zu Beginn der christlichen Zeitrechnung nach Syrien und Ägypten und wird jetzt noch im östlichen Mittelmeergebiet, wie auch in den Tropen der ganzen Welt als Gemüsepflanze gebaut, während die Kultur dieser Art als Faserpflanze auf Bengalen beschränkt blieb.

Bild 63. Die Ramiepflanze (*Boehmeria tenacissima*).

Ein ebenfalls sehr wichtiger südasiatischer Faserstoff ist die Ramie, im malaiischen Archipel so genannt. Unter diesem Namen lernten sie die Holländer in Java, wo sie schon lange in ziemlicher Menge produziert wird, kennen und vermittelten sie den übrigen Völkern Europas. In Indien heißt der Faserstoff *rhea* und in China *tschu-ma.* Die seidenglänzenden, geschmeidigen, auffallend starken Fasern wurden schon seit undenklichen Zeiten in Indien, Siam, Kambodscha, Cochinchina, Südchina, Japan und der ganzen südasiatischen Inselwelt zu allerlei Geweben, vom groben Segeltuch und Fischnetz bis zum eleganten, feinen als Kantonseide oder Seersucker in den Handel gelangenden Tuch, verarbeitet. Der erste Ballen davon kam 1810 nach England. Er wird von einer 1,9–2,3 m hohen, ausdauernden, nicht brennenden Nessel Ostasiens (*Boehmeria tenacissima*) gewonnen. Ein Wurzelstock der Pflanze treibt bis zu 15 Stengel aus mit ziemlich spärlichen, wolligen Blättern. Die Ernte erfolgt, sobald die Oberhaut der Stengel dunkelbraun geworden ist. Die Fortpflanzung geschieht durch Wurzelausläufer oder Stecklinge; die Pflege der in Reihen gestellten Pflanzen beschränkt sich auf Lockerung und Reinhaltung des Bodens von Unkraut. Sie wird hauptsächlich in China, Japan, den Philippinen, Indien und im Süden der Vereinigten Staaten angebaut. Das Rohmaterial für die besonders in Frankreich, dann auch in Deutschland (Emmendingen) und in der Schweiz etablierten europäischen Ramiespinnereien wird ausschließlich aus China bezogen.

Nicht minder häufig wird das von der nahe verwandten *Boehmeria nivea* gewonnene Chinagras in ganz Ostasien, Indien und den Sundainseln angepflanzt. Die durchschnittlich 1,5 m hohe Pflanze ist ebenfalls ausdauernd und wird durch Wurzelstöcke vermehrt; sie besitzt auf der Unterseite weißlich gefärbte Blätter. Unter günstigen Bedingungen in den Tropen sind die in Mehrzahl aus einem Wurzelstock hervorgehenden Stengel in 3–4 Monaten schnittreif und können daher zwei- bis dreimal im Jahre geerntet werden. Sie liefern einen gelblichen Bast, der gleicherweise einer leichten Verwesung unterworfen wird, bevor man ihn nach England, wohin er vorzugsweise gelangt, zu „Grasleinen“ verarbeitet, aus welchem man außerordentlich dauerhafte gröbere und feinere Gewebe herstellt. Chinas Ausfuhr davon beträgt durchschnittlich 11 Millionen kg jährlich, wovon Deutschland etwa 600000 kg im Wert von über 400000 Mark einführt.

Alle Nesseln enthalten sehr feste Bastzellen in ihren Stengeln, weshalb man sie früher, bevor man die besseren ausländischen Faserstoffe einführte, auch bei uns als Gespinstpflanzen schätzte und sogenanntes „Nesseltuch“ daraus herstellte. Einer der größten Gelehrten des Mittelalters, Albertus Magnus (eigentlich Graf von Bollstädt, 1193–1280), ist der erste, der die gemeine Brennessel (*Urtica urens*) als Gespinstpflanze erwähnt. Er nennt sie mit Flachs und Hanf zusammen, fügt aber hinzu, daß Nesselgewebe auf der Haut Jucken verursache, was flächsenes und hänfenes nicht tue. Neuerdings ist es nun einer Wiener Firma gelungen, auf einfache, billige Weise die Brennessel zu einer vorzüglichen Weberfaser zu verarbeiten. Aus 100 kg Nesseln werden 13 kg Fasern von sehr guter Qualität im Werte von 9 Kronen gewonnen. Da sie die Festigkeit der Bastfasern und die Geschmeidigkeit der

Baumwolle besitzen, kann dieses billige inländische Material, das aus dem an sonst für Kulturpflanzen unbenützbaren Orten wachsenden Unkraut gewonnen wird, ganz gut mit der ausländischen Ramie konkurrieren.

Gleicherweise wurde einst aus dem 1–1,25 m hohen Stengel der wildwachsenden Malve (*Malva officinalis*) oder weißen Pappel (mittelhochdeutsch *papele*) eine Gespinstfaser gewonnen, die nach dem Zeugnisse von Papias und Isidor, dem Bischof von Sevilla (gestorben 636), auch zur Herstellung von Kleidern verwendet wurde. Deren Blüten geben eine weinrote Farbe, und wenn daher der um 800 v. Chr. lebende Franke Angilbert von der Tochter Karls des Großen Gisala berichtet, sie habe in einem malvenen Kleide geprangt, so kann damit sowohl der Stoff, als die Farbe gemeint sein. Immerhin ist es wahrscheinlich, daß der Stoff des Gewandes aus Malvenfasern bestand.

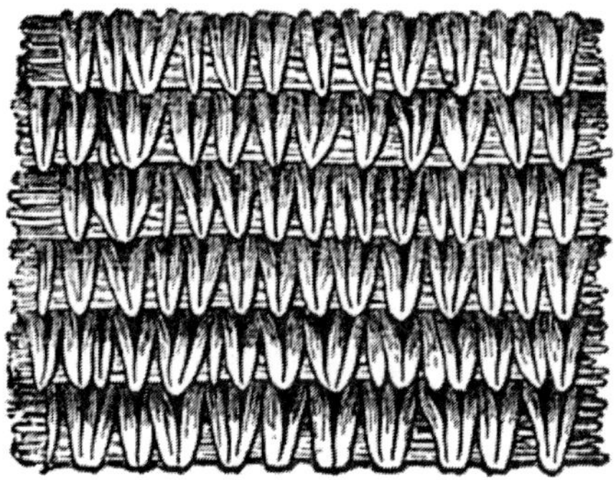

Bild 64. Stück einer aus Binsen geflochtenen Matte aus dem neolithischen Pfahlbau von Wangen am Bodensee. (⅔ natürl. Größe.)

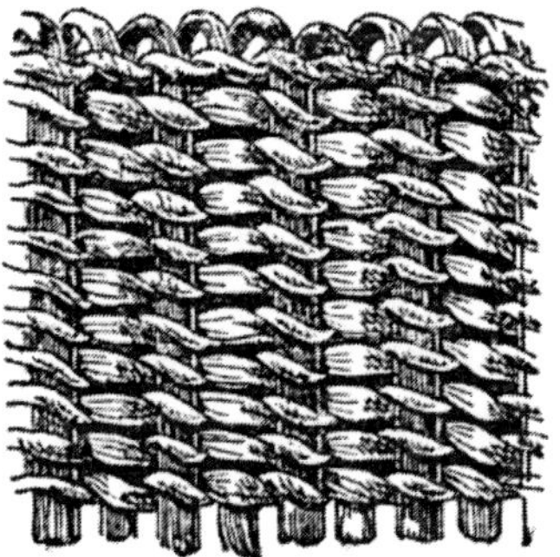

Bild 65. Geflecht aus schmalen Riemen von Baumbast aus dem neolithischen Pfahlbau von Wangen am Bodensee. (⅔ natürl. Größe.)

In vorgeschichtlicher Zeit und im frühen Altertum trug man auch bei uns in Europa aus Baumbast verfertigte Kleider. So berichtet der ums Jahr 50 n. Chr. lebende römische Geograph Pomponius Mela, der uns eine

Erdbeschreibung hinterließ, daß die Germanen teils Wollmäntel, teils solche aus Baumbast trugen. Und wenn diese Sitte auch nicht mehr aus späterer Zeit bezeugt ist, so hat doch die Sprache wenigstens unverstandene Erinnerungen an den alten Brauch bewahrt. Der Bast wurde vornehmlich von der Linde genommen, wie die noch spät vorkommende Doppelbedeutung des Wortes *lint* als Lindenbaum und Bast zugleich lehrt; und wenn altnordisch *lind* der Gürtel bedeutet, so ist dieser eben in den ältesten Zeiten aus Lindenbast hergestellt gewesen, wie gleicherweise eine noch späte Glosse (Erklärung eines dunkeln, veralteten Wortes) *limbus bast* auf alte Verwendung dieses Stoffes zu Kleiderbesatz und ein Zeitwort *basten*, d. h. schnüren, nähen, flicken, auf die Anwendung von Bastfaden in der Vorzeit deutet. Noch heute ist dieses Wort als basteln für sorgfältiges Verrichten von irgendwelcher feiner Handfertigkeit bei uns gebräuchlich. Zudem weisen auf die alte Technik des Bastflechtens, die uns schon bei den neolithischen Pfahlbauern der Schweiz in hoher Vollendung und in den mannigfaltigsten Produkten wie Mänteln, Matten, Körben usw. entgegentritt, zwei Wörter hin, die später gleichbedeutend mit weben wurden, aber ursprünglich nur das enge Zusammenfügen und Verschlingen der groben Baststränge gemeint haben können, nämlich dringen für das Drehen und feste Anlegen des Flechtmaterials, wie noch mehrere alte Belege verraten, später im Sinne zwischen Flechten, Wirken und Weben schwankend, und *briden* für Zwängen, Zusammenfassen, das im Mittelhochdeutschen aber sowohl für das Netzflechten, als für das Bortenwirken und Stoffweben gebraucht wurde.

Den Baumbast als Flechtmaterial hat später die Leinfaser, und diese dann zum größten Teil die Baumwolle verdrängt, welche heute das am meisten benutzte Gespinstmaterial ist und deshalb wegen ihrer ungeheuren Bedeutung für die heutige Menschheit in einem besonderen Abschnitt gewürdigt werden soll. Sie ist aber durchaus nicht die einzige technisch verwendete Pflanzenwolle. Eine solche liefern uns verschiedene Wollbäume, die in den tropischen Wäldern der ganzen Erde wachsen; sie kann aber wegen ihrer Sprödigkeit und der geringen Länge ihrer Fasern kaum versponnen werden und wird deshalb seit langem von den betreffenden Eingeborenen als Polstermaterial verwendet.

Die gebräuchlichste Pflanzenwolle außer der Baumwolle ist die Seidenbaumwolle, im Sudan Kapok genannt. Sie stammt vom Seidenwollbaum (*Ceiba pentandra*), der nicht nur in Afrika überall wächst, sondern auch in Brasilien, dann in ganz Südasien und Indonesien, vorkommt. Hier pflanzen ihn die Eingeborenen nicht, da sie ihren Bedarf an Seidenwolle von den wilden Beständen decken können. Dagegen wird der Kapokbaum außer in Ostafrika in besonders ausgedehntem Maße in Niederländisch-Indien, speziell Java, und neuerdings auch auf Neuguinea als

Nebenkultur auf Kaffee- und Teeplantagen, als Stützbaum für Pfeffer und Vanille oder als Schattenbaum zur Einfassung von Straßen an Wegrändern in etwa 5 m Abstand von den Europäern angepflanzt. Er ist ein fast im ganzen Tropengürtel verbreiteter großer Baum aus der Familie der Bombazeen mit starkem, geradem Stamme und breiten, oberirdischen Brettwurzeln, aber sehr weichem, von den Eingeborenen zu Kähnen ausgehöhltem Holz, dessen Rinde bei jungen Bäumen mit starken Stacheln besetzt ist, handförmig geteilten Blättern und in Büscheln angeordneten, ziemlich großen, weißen Blüten. Die Frucht ist eine 15 cm lange und 6 cm dicke, länglichrunde, gurkenähnliche, holzige, fünffächerige, braune Kapsel, welche in fünf Klappen aufspringt. Darin sind die Samen in kugelige Bäusche von weißen, seidenglänzenden Fasern eingebettet, welche sich beim Öffnen der Frucht ausbreiten und zu deren Verbreitung durch den Wind beitragen. Und zwar geht diese seidige Wolle nicht wie die der Baumwolle von den Samen, sondern von der inneren Fruchtwand aus, sie ist also keine Samenwolle, sondern ein Gewebe der Fruchtkapsel.

Da der Kapokbaum keinerlei Pflege beansprucht und in jedem Boden, im Tieflande, wie in Höhenlagen bis 1000 m gedeiht, so ist seine Kultur eine sehr einfache. Er verträgt reichliche Niederschläge und entwickelt sich, wo ihm solche geboten werden, besonders üppig; aber er nimmt auch mit spärlicherem Regenfall vorlieb und übersteht auch längere Trockenzeiten verhältnismäßig gut. Er kann leicht durch Stecklinge, wie auch durch Samen vermehrt werden und wächst sehr rasch. Im 4. Jahre wird er zuerst tragbar, bringt aber selten vor dem 6. Lebensjahre größere Erträgnisse. Ein großer Kapokbaum bringt jährlich 1000–1500 Wollkapseln zur Reife, die 1–1,5 kg reine Pflanzenwolle ergeben. Wenn die Wollkapseln sich zu öffnen beginnen, werden sie geerntet, indem sie mit langen Bambusstangen, an denen sich oben ein Häkchen befindet, gepflückt werden. Man läßt sie dann auf einer reinen Unterlage in der Sonne nachreifen, so daß sie sich ganz öffnen. Dann wird die Seidenbaumwolle zugleich mit den Samen durch Frauen und Kinder aus der Fruchtkapsel herausgenommen. Nachdem diese im Verlauf eines oder einiger Tage an der Sonne völlig ausgetrocknet ist, wird sie entkernt, was früher von Hand geschah, neuerdings aber durch Maschinen, wie sie zur Entkernung von Baumwolle dienen, besorgt wird. Das wichtigste Erzeugungsgebiet für Kapok ist Niederländisch-Indien, und zwar speziell Java, das jährlich etwa 5 Millionen kg in den Handel bringt. Der Hauptmarkt Europas dafür ist Amsterdam, wo das Kilogramm nicht unter 1 Mark zu haben ist.

Dem Kapok ähnlich, nur braun statt weiß, ist die Wolle der verwandten *Ochroma lagopus*, ebenfalls eines großen Baumes mit gelappten Blättern und an den Enden der Zweige stehenden großen Blüten. Die ganz analog gebauten Früchte sind 20 cm lang und 5 cm dick. Die Wolle dieser beiden

Bombazeenarten eignet sich wegen ihrer Glätte und Kürze nicht zum Spinnen, gibt aber ein ausgezeichnetes Polstermaterial für Möbel, Matratzen, Kissen u. dergl., wird aber auch, da äußerst leicht, zur Herstellung von Schwimmgürteln und Rettungsringen benutzt. Gepreßter Kapok trägt nämlich das 36fache seines Gewichtes. Neuerdings findet er auch in der Chirurgie statt Baumwolle Verwendung.

Die Samen vieler Pflanzen, z. B. des allbekannten Löwenzahns, sind mit einem Haarschopf versehen, um vom Winde möglichst weit weggetragen zu werden. Manche dieser Haarschöpfe bestehen aus langen, seidigen Haaren, die bisweilen als Pflanzenseide in den Handel kommen. In Westindien und Südamerika wird solche Seide von *Asclepias curassavica* gewonnen. Eine Strophantusart Senegals liefert eine rötlichgelbe, feine Seide. Die beste Pflanzenseide aber, die merkwürdigerweise am wenigsten zur Verwendung gelangt, wird in Indien aus den Samenhaaren von *Beaumontia grandiflora* gewonnen. Sie ist nicht nur rein weiß und prächtig glänzend, sondern auch beinahe so fest wie Baumwolle, während sich sonst die Pflanzenseide gerade durch ihre Brüchigkeit in Mißkredit setzt. Die einzelnen Samenhaare sind bis 5 cm lang und lassen sich leicht vom Samen abtrennen.

Während diese Seidenpflanze ungerechtfertigterweise so wenig beachtet wird, ist eine andere Seidenpflanze, die aus Nordamerika stammende *Asclepias syriaca*, eine unglückliche Liebe aller Produzenten, an die immer wieder fruchtlose Spinnversuche verwendet werden, obgleich die Unbrauchbarkeit der Faser zu Textilzwecken schon längst erwiesen ist. Die unselige Pflanze, die auch als Zierpflanze in unseren Gärten wächst, hat wohl ziemlich lange, schön glänzende Samenhaare in ihren Balgkapseln, aber deren Brüchigkeit ist so groß, daß die Faser für sich überhaupt nicht versponnen werden kann. Mit Baumwolle zusammen versponnen, fällt die trügerische Seide beim ersten Waschen aus dem Gewebe heraus. Nicht einmal zur Herstellung von Schießbaumwolle ist sie geeignet, da sie nicht schnell genug abbrennt und zudem noch viel zu viel Asche enthält.

Groben Pflanzenbast, den man für die Herstellung von Besen, Pinseln, Bürsten u. dgl. mehr verwendet, liefern eine ganze Anzahl von Palmen in der Piassavefaser. Es ist dies ein aus dem spanischen piaçaba verändertes Wort für die Fasern der südamerikanischen Piassavepalme (*Attalea funifera*), die zuerst in den Handel kamen; doch erhält man heute solche Piassave auch von anderen Palmenarten, wie von der westafrikanischen Weinpalme (*Raphia vinifera*), von der Palmyra- und der Kitulpalme auf Ceylon (*Borassus flabellifer* und *Caryota urens*) und von der madagassischen Palme *Dictyosperma fibrosum.* Sie besteht aus den oft mehr als 1 m langen, festen, bis bindfadendicken, rotbraunen oder dunkelfarbigen Strängen, welche in großer Zahl am Stamme dieser Palmen entspringen und entweder aufgerichtet sind oder mit ihren Enden herabhängen, wobei sie den betreffenden Palmstämmen ein überaus charakteristisches Aussehen verleihen. Diese höchst eigenartigen Gebilde sind nichts anderes, als die äußerst widerstandsfähigen Leitbündel (Blattadern) der Blattscheiden und Blattstiele, welche auch nach dem Absterben und der Verwesung der Blätter am Stamme erhalten bleiben.

Die südamerikanische Piassavepalme wird nirgends kultiviert, sondern die Faser wird ausschließlich von wildwachsenden Bäumen geerntet. Sie wächst in ganzen Hainen vorzugsweise auf sandigem Boden, ist stammlos, mit großen, dickstengeligen Blättern, an deren Basis die von den abgefallenen Blättern stehen gebliebenen, zerschlitzten, festen Leitbündel eine Hülle von groben Borsten bilden. Nach dem Ablösen wird die Masse zuerst einige Tage in Wasser aufgeweicht, bis das noch daran hängende weiche Gewebe abgefault ist; darauf werden die Fasern getrocknet, gereinigt, gehechelt, in bestimmte Länge geschnitten und nach der Qualität sortiert. Die Piassavepalmenbüsche liefern je 5–10 kg Fasern jährlich und bleiben bei schonender Behandlung bis 30 Jahre lang ertragsfähig. Die Piassave dient zur Herstellung von Besen, Bürsten und Seilerwaren. Zur Zeit der alten Kolonialherrschaft betrieb die portugiesische Regierung die Herstellung dieses Erzeugnisses des Landes Brasilien als Monopol, das für sie sehr einträglich war. Denn außer der Piassave erzeugt die Palme eine große Anzahl nußartiger Früchte, die dicht über dem Erdboden erscheinen und die Größe eines Truthuhneis erreichen. Diese sogenannte Coquilhonüsse finden zur Fabrikation von Knöpfen, Rosenkranzperlen, Zigarrenspitzen usw. Verwendung. Außerdem gewinnt man von ihnen ein wertvolles Schmieröl, das besonders für Uhren und ähnliche feine Mechanismen geeignet ist. Hauptexporthafen der Erzeugnisse der Piassavepalme ist Bahia nördlich von Rio de Janeiro, das jährlich etwa 140000 kg Fasern und 60000 kg Nüsse exportiert.

Den besonders von den Gärtnern als geschmeidiges und dennoch sehr starkes Material zum Binden ihrer Pfleglinge an Stützen verwendete Raphiabast gewinnt man von der an der ostafrikanischen Tropenküste und auf Madagaskar wachsenden *Raphia ruffia*. Es ist dies eine hohe Palme mit 10–15 m langen Blättern, deren Fiedern oft 2 m lang werden. Sie sind von mächtigen, mit den Epidermiszellen eng verwachsenen Bastrippen durchzogen, die sich mit der Epidermis (Oberhaut) in Streifen abziehen lassen. Man schneidet die jüngeren Blätter ab, wenn sie im Begriffe stehen sich zu entfalten, entfernt die Mittelrippen der Fiedern und zieht die Epidermis zuerst von der Unterseite, dann von der Oberseite ab. Die erhaltenen 7–9 mm breiten und 1–2 m langen sandfarbenen Streifen werden an der Sonne getrocknet. So erhält man einen hellgelben, zähen und geschmeidigen Bast von höchst bedeutender Zerreißungsfestigkeit, der zu allerlei Flechtwerk und in der Gärtnerei als Material zum Binden und Okulieren benutzt wird. Einzig gegen Feuchtigkeit ist er empfindlich. Den besten Raphiabast liefert Madagaskar. Er wird in solcher Menge von dieser Insel ausgeführt, daß man sich genötigt sah, die Ausfuhr durch ein Gesetz zu beschränken, um einer Ausrottung der Palme vorzubeugen. Die westafrikanischen Raphiaarten liefern zwar auch Raphiabast, doch zerfasert dieser leichter als der ostafrikanische.

Technisch noch wichtiger als die eben genannten Faserstoffe ist die im Handel als Coïr bezeichnete Kokosnußfaser, die aus den äußerst zähen und unverwüstlichen Leitbündeln besteht, welche in einer etwa zwei Finger dicken Schicht die sehr hartschalige eigentliche Kokosnuß mit drei Löchern an der Spitze umgiebt. Man gewinnt sie in allen Ländern, welche Kokospalmen ziehen, so vor allem an den Küsten Indiens und der indonesischen Inselwelt, als Nebenprodukt bei der Gewinnung der als Kopra bezeichneten getrockneten, fetthaltigen Kerne, indem man nach dem Öffnen der Nüsse die Faserschicht abschält und sie zur Isolierung der Fasern im Wasser einer leichten Fäulnis aussetzt, ein Prozeß, der zwischenhinein zur Beförderung der Ablösung derselben durch Klopfen mit hölzernen Hämmern unterbrochen wird. Merkwürdigerweise erhält man bei Anwendung von fließendem Wasser ein schöneres und helleres Material als in stehendem Wasser. Auch der Salzgehalt desselben hat einen Einfluß, indem die Fasern bei zunehmendem Salzgehalt dunkler rot werden. Tausend Kokosnüsse ergeben bis 60 kg feine, zu Stricken und Tauen und zur Herstellung von Matten, Läufern, Teppichen usw. verwendbare und bis 12 kg dicke, kürzere Fasern, aus denen man vorzugsweise Bürsten und Pinsel verfertigt. Dieser Coïr ist entschieden die für gröbere Geflechte wichtigste Pflanzenfaser, von der die Insel Ceylon allein etwa 70 Millionen kg jährlich ausführt. Obschon außerordentlich fest, ist er dennoch sehr leicht und gegen Wasser äußerst widerstandsfähig. Daraus verfertigte Taue und Stricke sehen zwar nicht so schön aus wie hänfene, nehmen auch keinen Teer an, aber sie schwimmen auf dem Wasser und sind fast unverwüstlich, weshalb sie sich namentlich zu Ankertauen sehr eignen. Für feinere Geflechte wird der Coïr an der Sonne oder durch schwefelige Säure gebleicht.

Die harte Steinschale der Kokosnuß, die nicht nur von den Eingeborenen zu allerlei Gefäßen und Schöpflöffeln, sondern wegen ihrer Festigkeit und Dauerhaftigkeit in der ganzen Kulturwelt eine ausgedehnte Verwendung für Drechsler- und ähnliche Arbeiten gefunden hat, verspricht in der Zukunft den Coïr noch an Bedeutung zu übertreffen. Auf der Suche nach einem Stoff, der besser und nachhaltiger als Wasser, das seine radioaktiven Eigenschaften außerordentlich schnell verliert, zur Aufspeicherung der Radiumemanation für ärztliche Zwecke dienen kann, hat vor zwei Jahren ein amerikanischer Gelehrter, Rutherford, gefunden, daß die aus der Kokosnuß hergestellte Kohle die gasförmige Ausstrahlung des Radiums, Thoriums oder Aktiniums ausgiebig aufzuschlucken und durch längere Zeit festzuhalten vermag. Auf diesem Ergebnis hat *Dr.* Shober in Philadelphia weitere Forschungen aufgebaut, die ergaben, daß Kokosnußkohle dreihundertmal so radioaktiv ist als das Wasser und diese Eigenschaft wenigstens zwei Wochen lang ganz beibehält. Die Herstellung der Radiumkokoskohle ist sehr einfach und wenig kostspielig, da bei deren Bestrahlung nichts von den kostbaren Radiumpräparaten verloren geht. Sie ist ein vollkommen neutraler Stoff, der bei der innerlichen Darreichung absolut harmlos und dennoch für manche Krankheitszustände sehr wirksam ist, so daß dieser Umstand, nunmehr auf einfache und billige Weise Radiumpräparate herzustellen, die Anwendung derselben in der Medizin ganz außerordentlich erleichtert.

Außer diesen erwähnten Bastarten dienen die getrockneten und zerschlitzten Blätter der verschiedensten Palmen- und Pandanusarten den Eingeborenen zu den mannigfaltigsten Flechtereien in Form von Matten, Körben usw. In ganz Südasien, Madagaskar und der Inselwelt des Stillen Ozeans finden wir besonders *Pandanus odoratissimus* teils wild, teils angebaut. Dieser palmenartige Strauch, dessen 3–5,5 m hoher Stamm stelzenartig auf zahlreichen Luftwurzeln ruht, hat seine 1 m langen, starren, schwertförmigen Blätter in schöner Schraubenlinie gestellt und trägt hängende, zapfenartige Blütenstände, die ihres Wohlgeruches wegen in den Wohnungen aufgehängt werden. Die mit einem Stein weichgeklopften Früchte geben einen aromatischen Saft und liefern auf vielen Inseln, gebacken, ein würziges Volksnahrungsmittel, das aber meist nur gegessen wird, wenn Mangel an Brotfrucht herrscht. Die Blütenknospen und der untere Teil der Blätter werden als Gemüse verspeist und aus den Fasern der Blätter werden Matten, Segel, Schürzen, Körbe u. dgl. mehr geflochten. Gleicherweise wird *Pandanus utilis* auf die mannigfaltigste Weise ausgenutzt; auch dessen mandelartige Fruchtkerne werden gegessen.

Wichtiger als sie ist für uns Europäer die südamerikanische strauchartige Panamapalme (*Carludovica palmata*), aus deren noch jungen, zusammengefalteten Blättern die nicht nur auf dem ganzen amerikanischen Festlande und in Westindien, sondern neuerdings auch bei uns so beliebten Panamahüte geflochten werden. Es ist dies eine bloß 2–3 m hoch werdende Palme, die in Kolumbien, Ekuador und Peru wild wächst und nicht kultiviert wird. Um ein möglichst weißes Material zu erzielen, werden die in den Wäldern gesammelten, unentfalteten Blätter zunächst kurz in heißes Wasser getaucht, dem der Saft einiger Zitronen beigemischt wurde, dann werden sie, nachdem sie aller Rippen und gröberen Fasern beraubt sind, zunächst im Schatten und dann in der Sonne getrocknet und mit dem Nagel des rechten Daumens in ganz schmale Streifen zerschlitzt, um zu Körbchen, Zigarrentaschen usw., besonders aber zu Hüten geflochten zu werden. Der überaus hohe Preis dieser sogenannten Panamahüte ergiebt sich nicht sowohl aus der Schwierigkeit, als aus der Langwierigkeit ihrer Herstellung. Bei täglich sechsstündiger Arbeitszeit braucht ein Arbeiter zum Flechten eines gewöhnlichen 4 Mark-Hutes 6–7 Tage. Ein Hut im Wert von 5 bis 12 Mark beansprucht bereits 14 Tage, ein feiner, etwa 100 Mark kostender sogar 6 Wochen Arbeitszeit. Am feinsten, leichtesten und schönsten gearbeitet sind diejenigen von Montecristi, die auch von allen die berühmtesten sind. Die gewöhnlichen derselben kosten 10–16, die halbfeinen 20–30 und die feinen 40–200 Mark, ja noch mehr. Von gleichfalls sehr guter Qualität sind die Hüte von Santa Elena, die zwar nicht so fein, aber durch regelmäßiges, festes Flechtwerk, fein geschlungenen Rand und rein weißes Material in hohem Maße ausgezeichnet sind. Da sie über Panama exportiert werden, nennt man sie so, obschon sie nicht dort hergestellt werden.

Weiter kommen für uns noch die Faserstoffe in Betracht, die der Papierfabrikation dienen. Wie die Mexikaner bei der Eroberung ihres Landes durch Fernando Cortez im Jahre 1519 außer Baumwolle die Fasern der Agave als Material für Kleidungsstoffe, Papier, Bindfaden und Stricken benutzten, so bedienten sich die Hindus zum Schreiben ihrer heiligen Bücher der Palmblätter und teilweise auch eines aus Birkenrinde verfertigten Papieres, während das uralte Kulturvolk der Chinesen anfänglich Tafeln aus Bambusrohr, später Seide und Papier aus der Rinde des Papiermaulbeerbaums und zuletzt aus Baumwollumpen angefertigtes Büttenpapier zum Schreiben gebrauchten. Der in China heimische, durch schöne, große Blätter ausgezeichnete Papiermaulbeerbaum (*Broussonetia papyrifera*) wird gegenwärtig in größtem Maßstabe auch in Japan, China und auf vielen Inseln des großen Ozeans nach Art der Weiden kultiviert, weil die Innenrinde der zweijährigen Zweige das Material zu den außerordentlich schönen, festen und haltbaren chinesischen und japanischen Papieren gewährt, deren Festigkeit gestattet, sie wie gewebte Zeuge zu Regenschirmen, Zimmerwänden, Taschentüchern usw., ja, mit Öl getränkt, sogar zu wasserdichten Kleidungsstücken und statt Fensterglas zu verwenden. Es ist dies ein Milchsaft führender Baum von 9–12,5 m Höhe mit süßlich schmeckenden, fleischigen Beeren, die überall in Ostasien gern gegessen werden.

Die alten Ägypter aber bedienten sich zur Herstellung ihres Papieres der Stengel der Papyrusstaude (*Cyperus papyrus*), die diesem Produkt überhaupt den Namen gab. Es ist dies eine ursprünglich im tropischen Afrika heimische Sumpfpflanze, deren dreikantige, fingerdicke Halme 5 m hoch werden und an ihrer Spitze eine Kugel von hunderten, strahlenförmig auseinanderschießenden, dünnen Zweigen mit den Blättern und Blütenrispchen tragen. Sie wächst in allen Flüssen des tropischen Afrika in ungeheuren Mengen und beteiligt sich an der Bildung der Pflanzenbarren, welche den Lauf der größeren Ströme zuweilen verstopfen und die so undurchdringlich sind, daß Reisende auf Dampfschiffen, die von ihnen eingeschlossen wurden, kaum mehr loskommen konnten und der Gefahr des Verhungerns ausgesetzt waren.

Einst wuchs der Papyrus im alten Ägypten in Menge wild und wurde bei dem zunehmenden Bedarfe seiner Stengel auch angebaut, besonders in den zahlreichen Kanälen, die das sonst dürre, weil regenarme Land durchzogen. Heute ist er aus diesem Lande gänzlich verschwunden und ist erst wieder in Nubien am Oberlaufe des Nils und seiner Zuflüsse zu treffen, wo er mit dem Ambatsch (*Herminiera elaphroxylon*), einem bis 7 m hohen Hülsenfrüchtler mit wundervollen Blüten, dessen Holz ungemein leicht und schwammig ist, so daß die Eingeborenen ihre floßartigen Fahrzeuge daraus verfertigen, und der Pistie (*Pistia stratiotes*), einer Wasserlinse von riesigen Ausmessungen, jene erwähnten undurchdringlichen Pflanzenbarren bildet.

Tafel 97.

Der Pineta genannte Pinienwald bei Ravenna.

Ein Papyrusdickicht am Flusse Anapo bei Syrakus auf Sizilien.

Tafel 98.

(Nach Phot. von W. Busse in „Karsten u. Schenck, Vegetationsbilder“.)

Ein Kapokbaum in Togo. Auf der Wiese junge Ölpalmen.

Die alten Ägypter bauten aus den Stengeln des Papyrus ebenfalls floßartige Fahrzeuge. In einem solchen fuhr nach der altägyptischen Sage die Göttin Isis über die Lotosblumen, weshalb auch die Krokodile einem jeden

Papyrusnachen mit heiliger Scheu ausweichen sollten. Wenn nun der jüdische Prophet Jesaias, der seit 740 v. Chr. in Jerusalem wirkte, ein „Wehe“ über das Volk, das in Fahrzeugen von Papyrusschilf fährt, ausruft, so ist das ein Beweis, daß diese altägyptische Sitte den Völkern des Altertums wohl bekannt war. Auch Stricke und Taue wurden damit hergestellt. So wird schon in der Odyssee ein Tau aus Papyrusbast (*býblos*) erwähnt, und der griechische Geschichtschreiber Herodot meldet uns, daß, als der persische König Xerxes, der seinem Vater Dareios 485 v. Chr. nachfolgte und vier Jahre darauf mit einem Heer von einer Million Mann und einer Flotte von 1200 Schiffen zur Unterjochung Griechenlands aufbrach und zur Übersiedelung seines Heeres nach Europa eine Schiffbrücke über den Hellespont schlagen ließ, zum Befestigen der Schiffe Leinen- und Papyrustaue verwendet wurden. Auch Körbe, Matten, Segel und andere Geflechte wurden in Ägypten aus Papyrus angefertigt, ebenso Sandalen, die zu benützen den ägyptischen Priestern ausschließlich erlaubt war. In einem Korbe aus Papyrus setzte jene Jüdin nach dem Berichte im Alten Testament ihr erstgeborenes Kind, das Mosesknäblein, in einem Papyrusdickicht am Nile aus, wo er von der ägyptischen Prinzessin aufgefunden und an Sohnes Statt angenommen wurde. In der Heilkunde brauchte man den Papyrusbast zum Anlegen von Bandagen und zum Trocknen und Erweitern von Fisteln.

Aus dem Mark der Pflanze stellte man Lampendochte her. Die Asche dieser Pflanze galt mit Wein eingenommen als Schlafmittel und sollte, in Wasser aufgeweicht, Schwielen heilen. Die fleischigen Grundachsen des Papyrus bildeten, wie wir früher sahen, ein wichtiges Volksnahrungsmittel. Mit den pinselartigen Blütendolden schmückte man die Tempel der Götter und flocht Kränze für deren heilige Bildsäulen, wie für die zu ehrenden Könige. Plutarch erzählt, daß, als der König Agesilaos von Sparta, einer der berühmtesten Feldherrn des Altertums, nach verschiedenen Siegen über die Perser und Thebaner 361 einen Zug nach Ägypten unternahm, er sich über einen ihm als Zeichen besonderer Verehrung überreichten Papyruskranz so gefreut habe, daß er sich beim Abschied vom Könige Ägyptens einen zweiten solchen erbat. Der um 200 n. Chr. in Alexandreia lebende Grieche Athenaios aus Naukratis in Ägypten verspottete allerdings diejenigen, die Rosen in einen Kranz von Papyrus einflechten; er fand dies ebenso lächerlich, als wenn jemand Rosen zu einem Kranze von Knoblauch verwenden wollte.

So zahlreich auch die Verwendung der Papyrusstaude im alten Ägypten war, so bestand doch späterhin ihre Hauptbedeutung darin, daß aus ihr das allgemein gebräuchliche Schreibmaterial gewonnen wurde. Heute noch lebt ihr Name in unserer Bezeichnung dafür: Papier fort. Dieses Schreibmaterial, dessen sich schon die Priester der ältesten ägyptischen Dynastien zum Aufschreiben ihrer Mitteilungen und Gebete in heiligen Schriftzeichen, den Hieroglyphen, bedienten, wurde in folgender Weise bereitet: Die schwammigen, dreikantigen Stengel wurden in meterlange Stücke geschnitten, der Länge nach gespalten und die einzelnen hautartigen Schichten von innen, wo die feinsten Fasern lagen, nach außen vermittelst einer Nadel in dünnen Streifen abgezogen, die zuerst ausgewaschen und dann mit Beigabe von etwas Klebstoff — meist Kleber — auf Bretter ausgebreitet wurden, und zwar schichtenweise zuerst neben- und dann übereinander. Hierauf wurde die Masse durch Schlagen mit Hämmern gepreßt, getrocknet und schließlich mit einer Muschel oder einem größeren Tierzahn geglättet. Selbst der beste, durch Benetzen und Ausbreiten an der Sonne gebleichte Papyrus war gelblich und gerippt, nicht glatt. Man erkannte an ihm deutlich die quer übereinander gelegten Fasern. Gewöhnlich wurde mit der aus Ölruß mit Wasser und arabischem Gummi hergestellten Tinte nur auf einer Seite geschrieben, da die Farbe durchschlug. Um den zerbrechlichen Stoff nicht zu knicken, wurde er gerollt und in einer Leinwandhülle aufbewahrt, die wohl auch mit Pech überzogen war, um den Inhalt vor Feuchtigkeit zu schützen.

Bild 66. Papyrusernte im alten Reich.
Darstellung aus dem Grabe des Ptah hotep (5. Dynastie. 2750–2625 v. Chr.)
(Nach Dümichen.)

Die Papierfabrikation ist in Ägypten eine uralte Kunst, die bereits im alten Reiche zu hoher Blüte gelangt war. Im Grabe des Ptah hotep aus der Zeit der 5. Dynastie (2750–2625 v. Chr.) finden wir eine interessante Darstellung der Papyrusernte. Am Nil, dessen Ufer mit einem prächtigen Flor von Lotosblüten mit Knospen und Blättern eingefaßt ist, durch den sich träge ein Krokodil bewegt, sehen wir wie die Papyrusstauden geschnitten und in dicken Bündeln auf den Rücken von Männern zur Bearbeitung fortgetragen werden. Aber erst aus römischer Zeit haben wir eine ausführliche Beschreibung der Papierbereitung daraus durch den älteren Plinius (23–79 n. Chr.), der verschiedene Sorten Papier (*charta*) beschreibt. „Das feinste Papier aus den innersten Schichten der Papyrusstengel", sagt er, „hieß in alter Zeit das hieratische und wurde nur zu heiligen Schriften gebraucht. Aus Schmeichelei nannte man es später Augustuspapier. Eine zweite, etwas weniger feine Sorte heißt nach des Augustus Gemahlin Livia das livianische Papier und erst die dritte heißt das hieratische Papier. Die nächstfolgende, aus noch weiter außen befindlichen Schichten der Papyrusstengel bereitete Sorte heißt die amphitheatrische. Aus dieser stellt Fannius in Rom ein so vortreffliches Papier her, daß das Erzeugnis seiner Fabrik fürstliches Papier heißt. Eine geringere Qualität aus noch weiter außen befindlichen Schichten der Papyrusstengel heißt die saitische nach der Stadt Sais (in Unterägypten), wo eine schlechte Papyrussorte verarbeitet wird. Das taniotische Papier kommt von den Schichten, die der Rinde noch näher liegen, hat seinen Namen von einer Stadt und wird nicht nach der Güte, sondern nach dem Gewichte verkauft. Das emporetische Papier taugt nicht zum Schreiben, sondern bloß zum Einwickeln des guten Papiers und anderer Waren. Die Breite der Papierbogen (*plagula*) ist sehr verschieden. Die besten sind 13 Finger breit, die hieratischen 11, die fannianischen 10, die amphitheatrischen 9, die saitischen sind noch schmäler. Das emporetische Papier (Packpapier) ist nicht über 6 Finger breit. Außerdem kommt beim Papier die Feinheit, Dichtigkeit, Weiße und Glätte in Anschlag. Zwanzig Papierbogen heißen im Handel ein *scapus*. — Das augusteische Papier widerstand, wie es anfangs zubereitet wurde, wegen seiner allzugroßen Feinheit dem Schreibrohr nicht genügend, ließ auch die Schrift durchscheinen, so daß sie auf der Rückseite an Lesbarkeit litt; es war auch so durchsichtig, daß es nicht gut aussah. Diesen Fehlern hat Kaiser Claudius (Sohn des Drusus, Stiefsohn des Augustus, 9 v. Chr. in Lyon geboren, ward 41 n. Chr. nach Caligulas Ermordung von den Prätorianern zum Kaiser ausgerufen, überließ sich ganz der Leitung seiner schlimmen Gemahlin Messalina und der Freigelassenen Pallas und Narcissus, war schwelgerisch und träge, doch Freund der Wissenschaften, errichtete große Bauten, wurde 54 durch seine zweite Gemahlin Agrippina mit einem Pilzgericht vergiftet) dadurch abgeholfen, daß er die erste Lage auf dem Brette aus Schichten zweiter Güte legen ließ und diese mit quergelegten Schichten erster Güte decken ließ. Er vergrößerte auch die Breite der Bogen." Außer der sehr feinen, weißen *charta claudia* und der ähnlichen noch glatteren *charta fannia* unterschied man später noch die *charta salutatrix* als viel begehrtes Briefpapier, dann die *charta macrocolla* mit Blättern in Form langer Streifen und die *charta nigra*, ein schwarzes Papier, auf welches die Schrift farbig aufgetragen wurde.

So versorgte Ägypten im Altertum das ganze ausgedehnte Römerreich mit seinem Papier, das selbst den Weg nach Gallien und Britannien fand. Da nun aber der Papyrus nicht alle Jahre gleich gut gedieh, gab es öfter erhebliche Preisschwankungen und bisweilen sogar Papierteuerungen. So schreibt derselbe Plinius: „Es gibt Jahre, in denen der Papyrus mißrät. Unter Tiberius (geb. 42 v. Chr., Stiefsohn des Augustus, durch Heirat der Kaiserstochter Julia im Jahre 12 v. Chr. Schwiegersohn des Augustus, wurde 4 n. Chr. von Augustus adoptiert und regierte, nachdem er im Jahre 14 nach des Augustus Tod vom Senat als Kaiser anerkannt worden war, bis 37, da er am 16. März auf seinem Schloß auf Kapri bereits im Todeskampf durch Macro mit Kissen erstickt wurde) trat so großer Mangel an Papier ein, daß eigene Beamte vom Senat mit der Verteilung desselben beauftragt wurden, weil sonst die ganze Verwaltung in Verwirrung gekommen wäre."

Welche Dimensionen der Anbau und Verbrauch der Papyrusstaude und die Papierfabrikation im alten Ägypten angenommen haben muß, kann man aus dem riesigen Nachlasse von Papyrusrollen und aus den Zeugnissen der Schriftsteller des Altertums entnehmen. Der Geschichtschreiber Diodor berichtet uns, daß schon Ramses II. der 19. Dynastie (1292–1225 v. Chr.) in Theben eine sehr umfangreiche Reichsbibliothek errichten ließ. Berühmt war im Altertum die von Ptolemaios Philadelphos (regierte 285–247 v. Chr.) außer dem Museion in Alexandrien errichtete Bibliothek, die es auf die erstaunliche Zahl von 400000 Papyrusrollen brachte und erst von den Arabern verbrannt wurde. Mit dieser alexandrinischen rivalisierte unter Eumenes II. (regierte 197–159 v. Chr.) und Attalos II. (folgte seinem Bruder 159 und starb als Verbündeter Roms 138 v. Chr.) diejenige von Pergamon in Kleinasien mit damals schon 200000 Bänden. Dies erregte die Eifersucht des ägyptischen Königs Ptolemaios VI. Philometor (der von 181–145 v. Chr. regierte) dermaßen, daß er ein Gesetz gegen die Ausfuhr des Papiers aus seinem Lande erließ. Dies nötigte dann Eumenes, das nötige Schreibmaterial aus besonders präparierten und mit einer Kreideschicht überzogenen Schaffellen herstellen zu lassen. Dieses gelangte als *charta pergamena*, d. h. pergamenisches Papier in den Handel, und daraus wurde dann später die Bezeichnung Pergament. Dieser äußerst dauerhafte Papierersatz spielte besonders im Mittelalter eine sehr wichtige Rolle und hat sich zum Aufdruck von Doktordiplomen bis auf den heutigen Tag im Gebrauch erhalten.

Die ägyptischen Papierfabriken, die unter Tiberius hoch besteuert wurden, waren sehr gut eingerichtet und arbeiteten schon nach dem Prinzip der Arbeitsteilung. Man unterschied da *glutinatores* (von *gluteum* Kleber), d. h. Leimer, *malleatores* (von *malleum* Hammer), d. h. Hämmerer usw. Während die Papyruspflanze bei den alten Ägyptern *natit* hieß, nannten sie die Griechen wahrscheinlich nach dem ägyptischen Wort *papuro*, d. h. königlich, *pápyros*. Für den Bast der Papyruspflanze diente die schon bei Homer und dann bei Herodot vorkommende Bezeichnung *býblos*, woraus dann *býblon* für Schriftrolle wurde. Aus dieser griechischen Bezeichnung machten die Römer, die die Schriftrollen aus Ägypten durch griechische Vermittlung erhielten, ihr *biblium* im Sinne von Buch, im Pluralis *biblia* lautend, und aus der Aufschrift *biblia sacra*, d. h. heilige Bücher, entstand dann unser Wort Bibel. Die einheimische alte Bezeichnung der Römer für das Schriftstück war *liber*, d. h. Bast, weil sie als ältestes Schreibmaterial „den Bast einiger Bäume“, wie sich Plinius ausdrückt, benutzten, später aber auch zum Privatgebrauch auf Leinwand und auf Wachs schrieben. Aus dem lateinischen *liber* im Sinne von Schriftstück ging dann die französische Bezeichnung *livre* für Buch hervor, während die deutsche Bezeichnung dafür von Buche herrührt, aus deren Holz die Stäbe genommen waren, in welche die alten Germanen die Runen einschnitten, die man zu allerlei Zauber und zur Erforschung der Zukunft benutzte. Die Buchenstäbe mit den verschiedenen Runen wurden dann gemischt und ein einzelner, der gelten sollte, daraus hervorgezogen. Das war dann der entscheidende Buchenstab, nach späterer Redeweise: der Buchstabe, und die Gesamtheit derselben das Buch.

Die blühende Papierindustrie Ägyptens wurde nun nicht, wie dies gewöhnlich behauptet wird, infolge der Eroberung durch die Araber vernichtet, sondern diese setzten sie zunächst fort und brachten die von ihnen aus Ägypten nach Syrien verpflanzte Papyrusstaude am Ende des 9. Jahrhunderts nach Sizilien, wo sie dieselbe in dem danach Papireto benannten Flüßchen bei Palermo ansiedelten, um sie ebenfalls zur Papierfabrikation zu verwenden. Dort wuchs sie reichlich bis zum Jahre 1591, in welchem auf Veranlassung des damaligen Vizekönigs die ganze Gegend wegen des vom Papireto ausgehenden Wechselfiebers trocken gelegt wurde und damit auch der Papyrushain verschwand. Noch jetzt heißt jene Örtlichkeit *piano del papireto*, d. h. Ebene des Papyrushains. Heute findet sich der Papyrus in größeren Beständen nur noch am Flüßchen Anapo bei Syrakus und im Süden und Osten jener Insel wild, häufig jedoch als Zierpflanze in den Gärten der Reichen kultiviert. Die Exemplare in den europäischen Gewächshäusern scheinen alle aus Sizilien zu stammen, wo die Stengel des Papyrus nur noch zum Kalfatern der Schiffe dienen.

Die Papyrusindustrie erlosch von selbst, als im Zeitalter der Kreuzzüge durch die Vermittlung der Araber das chinesische Büttenpapier nach Europa kam und man es hier selbst darzustellen vermochte. In China bediente man sich nämlich schon längere Zeit eines anderen Papieres als in Ägypten, indem schon im Jahre 123 v. Chr. der Ackerbauminister Tsai-lün aus dem Bast des Papiermaulbeerbaums, aus chinesischem Gras und sogar aus den Fasern des Bambusrohres Papier zu bereiten lehrte. Ums Jahr 610 n. Chr. kam diese Kunst nach Korea und Japan. Unter den chinesischen Kriegsgefangenen, die im Jahre 751 n. Chr. nach dem damals muhammedanischen Samarkand kamen, befanden sich auch solche, die sich auf die Papierfabrikation verstanden. Hier wurden sie zur Ausübung ihrer Kunst angehalten und fabrizierten Papier aus dem ihnen dazu zur Verfügung gestellten Material. Hier haben die Araber zum erstenmal leinene und baumwollene Lumpen, sogenannte Hadern, zur Papierfabrikation benutzt, indem sie dieselben nach einer Mazeration in Wasser in Mörsern zerstampften und zu Papier preßten. Später wurden dann an Stelle von Menschenhänden vom fließenden Wasser getriebene maschinelle Einrichtungen als sogenannte Papierstampfen von ihnen zu Hilfe genommen und in der Folge zu eigentlichen Papiermühlen ausgebaut.

Von Samarkand wanderte dieser von den Arabern aufgegriffene neue Fabrikationszweig über Buchara und Persien westwärts nach Bagdad, wo 794 ebenfalls die Papierbereitung eingeführt wurde. Die Bagdader Papierfabriken versorgten bald das ganze Morgenland mit ihren Erzeugnissen. Der

Residenzstadt eiferte bald Damaskus nach, das im 10. Jahrhundert mit anderen kunstgewerblichen Gegenständen, wie namentlich den nach jener Stadt benannten Damastgeweben, feinsten Brokaten, Linnen- und Seidenstoffen, dann den weltberühmten Damaszener Stahlwaren, vorzügliches Papier auf den Markt brachte und in Menge sogar nach dem Abendlande vertrieb. Unter diesem Papier gab es die verschiedensten Sorten von Schreibpapier, starkes und schwaches, glattes und geripptes, weißes und farbiges, daneben Seiden- und Packpapier. Neben diesem ungleich billigeren Schreibstoff — der Vorbedingung für die Verbreitung von Bildung, Literatur und Wissenschaft — mußten natürlich Papyrus und Pergament völlig zurücktreten. Letzteres erhielt sich nur in Gegenden, wohin die trefflichen arabischen Papiere nicht so leicht gelangen konnten, noch länger im Ansehen. Über Ägypten verbreitete sich die arabische Papierfabrikation aus Lumpen der nordafrikanischen Küste entlang nach dem von den Mauren beherrschten Spanien, wo sie im Jahre 1154 in Jativa bei Valencia ihren ersten Sitz in Europa aufschlug. Wahrscheinlich von Italien her, das das arabische Papier nach den Ländern nördlich der Alpen verhandelte und es mit der Zeit selbst zu fabrizieren lernte, kam die Papiermacherkunst zu Ende des 13. Jahrhunderts nach Deutschland, wo sich 1290 in Ravensburg, 1312 in Kaufbeuren, 1319 in Nürnberg, 1320 in Augsburg und 1380 in Basel die ersten Papiermühlen in Mitteleuropa nachweisen lassen. Eine außerordentliche Begünstigung erfuhr die Papiermacherei durch die Erfindung der Buchdruckerkunst durch den Mainzer Johann Gensfleisch zum Gutenberg und die durch den Wittenberger Augustinermönch Martin Luther begründete Kirchenreformation in Verbindung mit dem durch die Renaissance aufgekommenen allgemeinen geistigen Aufschwung. Da war es kein Wunder, daß das schöne, geschmeidige und glatte Leinenpapier den brüchigen, rauhen Papyrus und selbst das äußerst dauerhafte Pergament, das sich als Schreibmaterial noch länger als jenes erhielt, bald ganz zum Schwinden brachte. Und mit ihnen verschwand auch das bis dahin mit dem Papyrus aus Ägypten als Schreibfeder in Bündeln in den Handel gebrachte ägyptische Rohr, das als *kálamos* bei den Griechen und durch deren Vermittlung als *calamus* bei den Römern Jahrhunderte hindurch im Gebrauch war. Dieses Schreibrohr wurde aus der größten Grasart der Mittelmeerländer, dem Pfeilrohr (*Arundo donax*), das bis 3,6 m Höhe und 2,5 cm Dicke erreicht und im Altertum besonders zu Pfeilen benutzt wurde, in der Weise hergestellt, daß man die knotigen Halme zuschnitt und an der Spitze spaltete. Dieses Rohr war das einst bei allen Kulturvölkern am Mittelmeer allein gebräuchliche Schreibgerät und wurde hauptsächlich im Delta Ägyptens, außerdem auch in Sumpfgegenden Kleinasiens gewonnen. Erst in der römischen Kaiserzeit kam daneben auch eine aus gerolltem Kupferblech hergestellte Nachahmung dieses Schreibrohrs auf, von dem man je ein Exemplar in Herkulaneum, Mainz und Ungarn fand. Doch war dies jedenfalls mehr eine Kuriosität, die gegenüber dem leichten und weicher schreibenden Rohr nicht aufkommen konnte. Erst um die Mitte des 7. Jahrhunderts wurde bei den christlichen Kulturvölkern die bis dahin allgemein üblich gewesene Schilfrohrfeder durch die bedeutend elastischere und deshalb eine leichtere und besonders auch zierlichere und kunstvollere Schrift erlaubende Gänsefeder ersetzt. Diese erhielt sich im Gebrauch bis zu Anfang des vorigen Jahrhunderts, als die von dem Prager Aloys Senefelder 1796 aus einem Stück gehärtetem Stahl, nämlich einer Uhrfeder, zum Beschreiben seiner lithographischen Steine erfundene Stahlfeder von den Engländern fabrikmäßig hergestellt wurde. So entstand 1820 in Birmingham die erste Stahlfederfabrik, und seit 1826 stellte der Inhaber derselben, Josiah Mason, besondere Spezialmaschinen in den Dienst der neuen Industrie. Bei den muhammedanischen Völkern des Orients aber ist die altägyptische Rohrfeder, der *calamus* der Römer als *kelâm* (arabisch) bis auf den heutigen Tag als ausschließliches Schreibgerät in Ehren geblieben.

Bei dem im Lauf des 19. Jahrhunderts ins Ungeheure angewachsenen Papierverbrauch, der bei weitem nicht mehr aus Lumpen gedeckt zu werden vermochte, sah man sich gezwungen, zu den verschiedenartigsten Ersatzstoffen zu greifen, deren hauptsächlichste der Holzstoff des Holzes, besonders des weichen Nadelholzes, dann von Getreidestroh, Hülsenfrüchten, Heu, Binsen, Brennesseln, Disteln, Ginster und der verschiedensten Palmenblätter und Grasarten bilden, der in dem um die Mitte des 18. Jahrhunderts an Stelle der Papierstampfen aufgekommenen „Holländer" mit Zuhilfenahme chemischer Mittel gelöst wird. Es ist dies eine ursprünglich deutsche Erfindung, die in Holland zuerst in Aufnahme kam und sich von da aus auch in Deutschland Eingang verschaffte.

Auf die Herstellung von Papier aus Holz haben die Wespen, die daraus ihre leichten und dennoch soliden Nester bauen, den Menschen geführt. Als ein Engländer, *Dr.* Hill, die Papierfabrikanten darüber jammern hörte, daß sie Mühe haben, genügend Lumpen zusammenzubringen, und deshalb das Papier so teuer sei, zeigte er einem solchen ein Wespennest und meinte: „Warum folgen Sie nicht dem Beispiel der Wespen, die bei der Errichtung ihres Nestbaus Holz zerfasern und daraus einen Brei machen, den sie in dünnen Lagen mit Speichel zu Papier leimen und trocknen lassen?" Das führte zur Entdeckung des Holzpapiers. Am meisten wird dazu, weil am leichtesten zu beschaffen, das Nadelholz verwendet, das weit über die Hälfte der jährlich erzeugten 800 Millionen kg Papier liefert. Es wird hauptsächlich zu dem billigen Zeitungspapier verarbeitet, indem der zum Zerstören der Lignite und Harze mit Sulfitlauge gekochte Holzstoffbrei in der gegen das Ende des 18. Jahrhunderts erfundenen Zylindermaschine zu fortlaufendem, sogenanntem endlosem Papier ausgewalzt wird. Die Zeitungen Europas und Nordamerikas verbrauchen jährlich ganze Wälder von Fichten- und

Tannenholz. Da nun eine Einschränkung des Zeitungswesens unmöglich ist und andererseits die Nadelholzwaldungen nicht entsprechend ihrer technischen Verarbeitung zu Papier und anderen Erzeugnissen wachsen, so verwendet man neuerdings als Ersatz dafür die verschiedensten Stroharten, die leicht zu behandeln und zu bleichen sind und durchschnittlich 45–46 Prozent, Reisstroh sogar 50 Prozent Holzstoff enthalten. Nun reicht leider auch die jährlich erzeugte Strohmenge bei weitem nicht aus, um einen erheblichen Teil des Holzes in der Papierfabrikation zu ersetzen, um so mehr, da Stroh noch zu anderen Zwecken, als Viehfutter, Streu, Verpackungsmaterial usw. in größeren Mengen verbraucht wird. Nur haben diese Surrogate des älteren Hadernpapiers leider die Eigenschaft, unter dem Einfluß von Luft und Licht rasch zu vergilben und brüchig zu werden; indessen gelang es der Technik, durch besondere Behandlung mit allerlei Chemikalien aus Holz- oder Strohschliff diejenigen Stoffe, welche das Gelb- und Brüchigwerden beschleunigen, zu entfernen, ohne damit die Fasern zu zerstören.

Von anderen Holzstofflieferanten, die als Papierrohstoffe neuerdings eine zunehmende Bedeutung erlangt haben, sind das im westlichen Mittelmeergebiet auf trockenen, salzfreien Steppen massenhaft wachsende Pfriemen- oder Spartgras (*Stipa tenacissima*) zu nennen, das besonders von englischen Papierfabriken zur Herstellung besserer Papiere verwendet wird. Diese bereits von uns gewürdigte Grasart mit äußerst zähen und biegsamen, 40–70 cm langen, graugrünen, nach der Breitseite zusammengerollten Blättern, hat ihre heutige spanische Bezeichnung *esparto* aus dem lateinischen *spartum*, während der andere dafür gebräuchliche arabische Ausdruck *alfa* oder *halfa* der zwischen den beiden Ketten des Atlas eingeschlossenen Steppenregion im mittleren Algerien den Namen gab. Hier werden über 200 Millionen kg Pfriemengras geerntet, von denen 75 Millionen kg nach England ausgeführt werden. Ebendorthin geht auch die Produktion von Spanien und Tripolis von zusammen über 80 Millionen kg, von denen 100 kg durchschnittlich 10 Mark wert sind.

Ein wichtiges Rohmaterial der indischen und chinesischen Papierfabrikation bilden die bis zu 55 Prozent Holzstoff enthaltenden Bambusfasern, die aber für die europäischen und amerikanischen Papierfabriken ebensowenig in Betracht kommen können, wie der Bast des Papiermaulbeerbaums. Ein Papierstoff aber, der vielleicht in einiger Zeit für die amerikanische Papierindustrie größere Bedeutung erlangen dürfte, sind die als Bagasse bezeichneten ausgepreßten Stengel des Zuckerrohrs, die sehr reich an Holzstoff sind und beim ausgedehnten Anbau von Zuckerrohr in großen Mengen bei der Zuckergewinnung abfallen und nur zum Teil als Heizmaterial Verwendung finden. So wird bereits in mehreren amerikanischen Fabriken zurzeit Bagassepapier hergestellt.

Von den Tropenpflanzen, unter denen man schon ihres schnellen, üppigen Wachstums wegen den Ersatz für das Holz als Papierrohstoff in erster Linie wird suchen müssen, kommen eine Reihe von Grasarten wie das Bhabur-, Munj- und Cogongras und solche Stauden und Sträucher in Betracht, die heute schon ihre Fasern zur Herstellung von Seilen, Matten usw. liefern, wie die vorhin besprochenen verschiedenen Bananen und Agaven, der Majaguastrauch u. a. m. Aus den Resten der Seilfabrikate und aus den Abfällen bei der Hanfbereitung werden heute schon größere Mengen sehr haltbarer Papiere hergestellt, die als Manilapapiere in den Handel gelangen.

Auch die Torffasern hat man zur Papierfabrikation herangezogen und stellt daraus, besonders in Amerika, ein gutes und billiges Packpapier her, das wenig empfindlich gegen Feuchtigkeit ist. Zur Fabrikation von Druckpapier jedoch eignen sich die Torffasern nicht, da es bis jetzt nicht hat gelingen wollen, geeignete Bleichverfahren für sie zu finden. Trotzdem erscheint es bei der großen Menge des verfügbaren Torfes sehr wohl möglich, daß dieser mit der Zeit einen größeren Teil des Holzes als Papierrohstoff ersetzen dürfte, um so mehr, da in den letzten Jahren die Ausbeutung der Torflager, nicht zuletzt der deutschen, im Vordergrunde des Interesses steht.

Als neuester Papierrohstoff sind die Weinreben zu nennen, mit denen man zur Zeit in den französischen Weinbaugebieten Versuche macht, die bisher zufriedenstellende Resultate sowohl hinsichtlich der Ausbeute als auch in bezug auf das Bleichen ergaben. Eine solche Verwertung der bisher sozusagen wertlosen Reben wäre den notleidenden französischen Weinbauern wohl zu gönnen; große Mengen Holz würde man aber dadurch nicht sparen. Und da zur Zeit die Papierindustrie noch nicht Miene macht, sich des einen oder des anderen der oben angeführten Rohstoffe in wirklich ausgedehntem Maße zu bedienen und dadurch den Holzverbrauch einzuschränken, so wird sie noch auf eine Reihe von Jahren hinaus die Wälder verwüsten, bis die Holzpreise unerschwinglich geworden sind und man — dann freilich viel zu spät — eingesehen hat, daß unser Papierbedarf auch ohne die Verarbeitung des zu anderen Zwecken so notwendigen Nutzholzes gedeckt werden kann.

Das unter dem Namen „chinesisches Seidenpapier“ in China selbst viel gebrauchte, auch in Deutschland zum Abdruck von Holzschnitten, Lithographien und dergleichen benützte feine Papier, das durch seinen Seidenglanz, seine geringe Dicke und Weichheit ausgezeichnet ist, wird aus den Fasern der jüngeren Triebe des Bambus (meist vom gemeinen Bambus, *Bambusa arundinacea*) gewonnen, deren gelbe, knotige, einer inneren Höhlung ermangelnde Wurzelausläufer uns als Spazierstöcke dienen. Es gibt 42 Arten dieser ausdauernder holziger Gräser, die sich besonders im tropischen Asien, namentlich im malaiischen Gebiete, finden und hier förmliche Waldungen bilden. Einige Arten steigen im Himalaja bis 3800 m Meereshöhe empor. In

Amerika gedeihen beträchtlich weniger Bambusarten, von denen eine, die *Chusquea aristata*, in den Anden Perus bis 4700 m, d. h. an der Schneegrenze vorkommt. Auch in Asien gehen einzelne Arten weit über die Wendekreise hinaus, wie z. B. die auch bei uns als Zierpflanze im Freien aushaltende *Phyllostachys bambusoides*.

Von besonders wertvollen Vertretern dieser Pflanzengattung seien *Bambusa arundinacea* und *B. tulda* genannt, die in Ostindien und Hinterindien wesentlich an der Bildung der Dschungeldickichte teilnehmen und wegen ihrer hervorragenden Nützlichkeit für den Menschen auch weit über ihr Vaterland hinaus in den Tropen beider Hemisphären kultiviert werden. Ihre Stengel werden bis zu 25 m hoch und am Grunde 20–30 cm dick. *Bambusa brandini* erreicht eine Höhe von 38 m und *Dendrocalamus giganteus* sogar 40 m bei einem Stammumfang von 80 cm. Aus einem vielfach verästelten, mächtigen Wurzelstock wachsen sie stoßweise hervor, wobei an einem Bambushalm an drei aufeinander folgenden Tagen Zuwachslängen von 57, 3 und 48 cm gemessen wurden. Bei solchem raschen Wachstum kann ein Sproß von 20 m Höhe in wenigen Wochen ausgewachsen sein. Die jungen Triebe mächtiger Bambusen durchbrechen die Erde als teilweise mehr als armdicke, mit scheidenartigen Blättern dichtbedeckte Kegel. Indem sie Wasser zwischen ihren Blattscheiden hervorpressen, befeuchten und erweichen sie damit den Boden, was das rasche Hindurchstoßen erleichtert.

Die Bambusstengel bilden starre, tragkräftige und zugleich biegungsfeste Hohlzylinder, deren Holz außen herum reichlich mit Kieselsäure imprägniert ist und in denen die Festigkeit noch durch Einschaltung mehr oder weniger enggestellter Knoten gesteigert ist. Hier hat also die Natur eine Form des Trägers gewählt, die die geringste Materialaufwendung mit der größten Leistungsfähigkeit in sich vereinigt, ganz so wie sie der Mensch, durch theoretische Erwägungen geleitet, bei künstlich von ihm hergestellten Stützen, z. B. bei eisernen Hohlträgern, in Anwendung bringt. Erst in einer gewissen Höhe wachsen aus den allmählich verholzenden Halmen über den Knoten Seitenzweige hervor, die sich abermals quirlig verzweigen und die im Verhältnis zu ihrer Länge ziemlich breiten, deutlich gestielten Grasblätter tragen. Die schwankenden Enden der Seitenzweige und der sich nach oben verjüngenden Hauptachse tragen schwer an der Menge ihrer Blätter und neigen sich, in leichtem Bogen überhängend, herab, so daß das einzelne Bambusgebüsch einer vielstrahligen Fontäne gleicht und einen äußerst zierlichen Anblick gewährt. Übrigens gibt es auch einige schlaffe, kletternde Formen, die sich hoher Bäume als Stütze bedienen.

Merkwürdig sind die Blütenverhältnisse dieser Riesengräser. Bei einigen Arten erscheinen die Blüten alljährlich, während bei anderen nach einer zuweilen jahrzehntelangen vegetativen Periode — so hat man in Vorderindien beim gemeinen Bambus eine 32jährige Periode beobachtet —

ein mit allgemeinem Laubfall verbundenes einmaliges Blühen erfolgt, wobei die Individuen nach der Fruchtreife absterben. Dann aber blüht dieselbe Art meist auf weite Strecken zugleich. Die massenhafte Produktion der mehlreichen Samen, die gekocht eine im Geschmack an den Reis erinnernde, sehr geschätzte Nahrung für den Menschen bilden, hat dann häufig eine außerordentlich starke Vermehrung der Mäuse und Ratten zur Folge, die später, nach Aufzehrung der Bambusfrüchte über die benachbarten Felder herfallen und diese plündern. Bei solchen Bambusarten vergehen dann eine Reihe von Jahren, bis aus den Keimpflanzen wieder stattliche Bestände herangewachsen sind. Noch andere Bambusarten zeigen hinsichtlich ihres Blühens ein mittleres Verhalten, indem jährlich einzelne Halme des Stockes ihr Laub abwerfen, zur Blüte gelangen und nach der Fruchtbildung absterben.

Die Nutzbarkeit der Bambusen ist eine so große, daß sie nur mit derjenigen der Kokospalme verglichen werden kann. Ohne sie könnte man sich die Kultur der Malaien und anderer in den Tropen lebender Volksstämme gar nicht vorstellen. Nicht nur dienen die Samen als willkommene Speise, die auch zu Brot verbacken wird — wiederholt ist, so 1812, durch das Blühen der Bambuse eine Hungersnot in Indien abgewehrt worden —, auch die jungen, noch weichen Schößlinge werden gekocht oder in Essig eingemacht gegessen. Sie kommen als *Achia* in den Handel. Vornehmlich die Chinesen verwenden sie zur Bereitung eines beliebten Konfektes, das oft dem Ingwer zugesetzt wird. Junge Blätter dienen als Viehfutter. Aus den bei aller Härte und Zähigkeit dennoch leichten Halmen werden Häuser errichtet, welche wegen ihrer Luftigkeit im Sommer auch von den Europäern bevorzugt werden. Die Pfosten, Dielen, Sparren, Türen, Fenster und die Dachbedeckung bestehen aus runden oder gespaltenen und flach ausgebreiteten Bambusstämmen, die mit Stücken des alsbald zu besprechenden geschmeidigen, sehr zähen Rotangs verbunden werden. Brücken, Flösse, Zäune, Palisaden, Leitern, Wasserleitungen, Dachrinnen, Masten für Schiffe und vieles andere werden aus den Stämmen gemacht. Fast die ganze Hauptstadt von Siam, Bangkok, schwimmt auf Bambusflössen und aus Bambus sind deren Häuser errichtet. Aus demselben Material bestehen die Betten, Stühle und Tische, die Eß- und Trinkgeräte, chirurgischen Instrumente, Haarkämme und was sonst an Hausrat vorhanden ist. Auch mancherlei Waffen sind aus ihm verfertigt, wie Blasrohre, Lanzen, Wurfspeere und Pfeile, die große Leichtigkeit mit unvergleichlicher Härte verbinden. Zugleich damit trug einst der chinesische Soldat einen mit einem Überzug von gefirnißten Maulbeerpapier versehenen Sonnenschirm aus Bambus. Ferner werden die hohlen Stengelteile des Bambus zu Musikinstrumenten der verschiedensten Art verarbeitet, liefern selbst Resonanzböden und Saiten. Mit Harz gefüllt dienen sie als Kerzen, deren Hülle zugleich mit der Füllung in Flammen aufgeht. Die einzelnen Glieder des Rohres werden zu Wassereimern und verschiedenen Behältern, ja sogar zu Kochtöpfen verarbeitet. In solchen, die zwar verkohlen, aber vermöge ihrer starken Imprägnation mit Kieselsäure nicht verbrennen, kocht der Javaner an einem von trockenem Bambus genährten Feuer die ihm zur Nahrung dienenden spargelartigen, nur viel dickeren jungen Bambustriebe. Aus dünnen, schmalen Bambusstreifen flicht er Taue und Stricke, Vorhänge, Matten, Körbe, Tragkörbe, Hüte, Reusen zum Fischfang, fertigt er Krausen und Schmuck aller Art. Zerklopfter Bambussplint liefert ihm Pinsel, Geschabsel des Rohres dient zum Polstern der Möbel und Matratzen; ein Span von kegelförmigem Querschnitt, dessen scharfe Kante von der kieselsäurereichen und infolgedessen ungemein harten äußeren Schicht gebildet wird, gibt ein sehr scharfes Messer. Dieselbe äußere Schicht dient als Wetzstein für eiserne Werkzeuge. Weil die ganze Oberfläche des Stammes verkieselt ist, widersteht er allen äußeren Angriffen und erhält sich sehr lange nicht bloß an der Luft, sondern auch im Boden. Deshalb ist der Bambus ein so gutes und dauerhaftes Baumaterial. Einen merkwürdigen Eindruck macht es, wenn ein solches aus Bambus errichtetes Dorf in Brand gerät. Dabei erhitzt sich nämlich die Luft in den abgeschlossenen Hohlräumen im Innern der Stengel und sprengt dieselben mit gewaltigem Knall auseinander. Man glaubt aus der Ferne starken Kanonendonner zu hören, aus welchem die Eingeborenen der Molukken deutlich den Ruf „*bambu, bambu*" hören.

Daß ein so überaus wertvolles Produkt der Tropen auch für uns allerlei nützliche Gegenstände liefert, kann uns nicht verwundern. Wir Europäer schätzen die leichten Garten- und Balkonmöbel aus Bambus. Auf Jamaika wird der Bambus nur zur Erzeugung von Rohmaterial für die nordamerikanischen Papierfabriken angepflanzt. Die schlanken dünnen Ruten dienen als Pfefferrohr zu Pfeifenröhren, zu Angelruten, Stützen, um Pflanzen daran anzubinden, zu Spazierstöcken und Regenschirmstielen; meist wählt man dazu solche Gerten aus, an denen noch ein knopfförmiges Stück der Grundachse als Griff gelassen ist.

Tafel 99.

Zusammenstellung der von den verschiedenen Teilen der Kokospalme gewonnenen Produkte in einem Exportgeschäfte Ceylons.

Tafel 100.

(Phot. Vincenti, Daressalam.)

Eine Bambusgruppe in Deutsch-Ostafrika.

Tafel 101.

Ein Riesenbambus auf Ceylon mit jungen Sprossen.

Tafel 102.

Rotangpalmen im Botan. Garten zu Buitenzorg auf Java.
(Nach einer in der Sammlung des Botan. Instituts der Universität Wien befindlichen Photogr. von Heermann.)

Bei manchen Arten enthalten die Höhlungen der jüngeren, bei anderen der älteren Stengelglieder ein klares, teilweise süßes Wasser, das dem Reisenden einen angenehmen Trunk liefert. An den Knoten älterer Halme mancher Arten, wie beispielsweise des gemeinen Bambus, finden sich daneben eigentümliche Ausschwitzungen einer schmutzigweißen bis braunen, ja schwärzlichen Masse, die an der Luft verhärtet. Sie hat einen zuckerartigen Geschmack, weshalb man sie auch als Bambuszucker bezeichnet. Sie besteht zu 86 Prozent aus Kieselsäure und verwandelt sich beim Glühen, wobei die organische Masse zerstört wird, in reine Kieselerde in Form eines chalzedonähnlichen Körpers, der bald weiß und undurchsichtig, bald bläulich weiß, durchscheinend und farbenschillernd aussieht.

Bei der überaus großen Nützlichkeit des Bambus lag es für den Naturmenschen auf der Hand, dieser geheimnisvollen Ausschwitzung besondere Heilkräfte zuzuschreiben. Seit undenklichen Zeiten verwenden sie die Asiaten als kostbare Medizin und übermittelten sie als solche auch ihren Nachbarn. So kam sie zu den Persern, die sie in ihrer Sprache als *tovakschira*, d. h. Rindenmilch bezeichneten. Daraus bildeten die Araber, die sie auch schon sehr früh von jenen erhielten, das Wort Tabaschir, als welches es heute noch im ganzen Orient einen gesuchten Handelsartikel bildet. Schon die Ärzte der römischen Kaiserzeit wandten diese aus dem Orient mit dem Nimbus wunderbarer in ihr schlummernder Heilkräfte zu ihnen gelangende Droge, die ja an sich gerade so unlöslich wie reiner Kieselsand ist, gestützt auf orientalische Traditionen, viel an. Einen Weltruf gewann der Tabaschir aber erst durch die arabischen Ärzte im 10. und 11. Jahrhundert, so daß sein Ruhm selbst nach Europa drang. Im Morgenlande hat er bis zur Gegenwart seine Wertschätzung als hervorragendes Arzneimittel zu wahren gewußt. Aus den wertvollen Untersuchungen des Geographen Ritter und des Botanikers Ferdinand Kohn scheint nun mit Sicherheit hervorzugehen, daß diejenige Substanz, welche die alten Griechen mit *sákcharon* und nach ihnen die Römer mit *saccharum* bezeichneten, nicht Rohrzucker, sondern Tabaschir war. Nach Bopp bedeutet das Sanskrit-Stammwort *sarkara* nicht sowohl etwas Süßes, als etwas Festes, Zerdrückbares. Im alten Indien wurde das Tabaschir als *sakkar mambu*, d. h. süßer Bambusstein bezeichnet und erst die Araber haben dann die Bezeichnung *sakkar* als *sukkar* auf den später erfundenen, dem Tabaschir ähnlichen, kristallinischen Rohrzucker übertragen.

Ist der Bambus nach dem Prinzipe möglichster Biegungsfestigkeit gebaut, so repräsentiert der Rotang dasjenige maximaler Zugfestigkeit. Bei ihm bildet, ganz im Gegensatz zu den biegungsfesten Konstruktionen, das mechanisch leistungsfähigste Material die Achse und Hohlheit ist vollkommen ausgeschlossen. Es sind natürliche Taue von 150–200 m Länge, in denen auch innerlich die einzelnen mechanischen Elemente nicht parallel nebeneinander herlaufen, sondern durcheinander geflochten sind, wodurch die Zugfestigkeit bedeutend erhöht wird. Die Gebrauchsmöglichkeiten des Rotangs werden wie beim Bambus durch fast unbegrenzte Spaltbarkeit noch außerordentlich vermehrt. So ist er in seiner Heimat ebensosehr wie der Bambus mit den Lebensgewohnheiten der Bevölkerung derartig verwachsen, daß sie ihn in der Tat ebensowenig wie jenen würde entbehren können.

Der Rotang — richtiger *rotan* zu schreiben, wie das malaiische Wort lautet — hat wie der Bambus seine Heimat in Südasien und Indonesien, hauptsächlich im Verbreitungsgebiet der Malaien. Von den 200 Calamusarten des indischen Florengebiets finden sich die meisten auf der Halbinsel Malakka und den Sundainseln bis Neuguinea. Sie kommen noch in Nordaustralien vor, aber nur eine Art in Afrika. In der Neuen Welt fehlen sie ganz. Am Südfuß des Himalaja steigt eine Art (*Calamus montanus*) bis zu 2000 m Höhe. Sie stellen kletternde Palmen dar, die aber ihre bis 150 m und mehr langen, glatten, glänzenden, dünnen Stämme nicht um ihre Stützen herumwinden, wie es die Lianen tun, sondern mit eigentümlichen Haftapparaten in die Höhe streben. Häufig sind ihre Blattscheiden so stachelig, daß sie schon an den Stützen hängen bleiben; in anderen Fällen sind die Blattenden mit den oberen Fiedern zu bestachelten, peitschenförmigen Anhängen verlängert, die sich überall, wohin sie gelangen, festkrallen. Jedes höhere Blatt greift mit seiner leichtbeweglichen, vom Winde hin und hergeschaukelten, mit widerhakig gekrümmten Stacheln versehenen Geißel an höhere Baumzweige und auf diese Weise klettert der dünne Rotangstamm bis in die höchsten Baumwipfel, über denen die häufig außerordentlich zierlichen Blätter mit ihren Fangspitzen, die keine neuen Stützen mehr erfassen können, graziös im Winde hin und her schwanken. Da nun der im Boden hinkriechende Wurzelstock der Rotangpalmen zahlreiche Schößlinge treibt und außerdem jeder derselben reichlich haselnußgroße, umgekehrten Tannenzapfen gleichende Früchte von brauner, roter oder gelber Farbe hervorbringt, von denen ein großer Teil in nächster Nähe der Mutterpflanze keimt, so bildet der Rotang überall, wo er auftritt, undurchdringliche Dickichte von unzerreißbaren Tauen, starrend von Stacheln und Widerhaken, die jeden Eindringling an der Kleidung und am Körper unbarmherzig verwunden. Immer ist es ein sehr unangenehmes, schmerzhaftes Wagnis, in ein Rotangdickicht zu dringen, darin zu jagen oder zu sammeln.

In seiner Heimat dient er den Bewohnern als das hauptsächlichste Binde- und Flechtmaterial. Ohne weitere Bearbeitung liefert er vorzügliche Taue, die beim Hausbau das ausschließliche Bindemittel für alle Balken, Pfosten und Sparren aus Bambus oder Holz bilden. Infolge des Besitzes dieses vorzüglichen Bindematerials stellen die Malaien kaum je Stricke aus geflochtenen Pflanzenfasern her; höchstens etwa aus den geschmeidigeren Blattscheidenfasern der Zuckerpalme (*Arenga saccharifera*), die noch unverwüstlicher als selbst der Rotang sind. Mit Rotangtauen werden die auf Bambusflößen errichteten Häuser und Badeplätze an den Flußufern befestigt, die Hängebrücken und deren Geländer errichtet, die Palisaden befestigt. Durch Verflechten mehrerer dünner Rotangstämme werden Gurte, Körbe und ganze Wände geflochten; häufiger verwendet man nur die kieselsäurereichen, glänzenden äußeren Schichten als Flechtrohr, während man den weicheren inneren Kern, das Peddig- oder Markrohr, anderweitig verwendet oder wegwirft. Daraus stellen besonders die Chinesen Südostasiens die verschiedensten Möbel und Geräte her, mit denen sie einen schwunghaften Handel treiben. Die jungen Sprosse vieler Arten werden roh oder gekocht gegessen, das säuerliche Fruchtfleisch einiger Arten wie Tamarindenmus verzehrt.

Der Rotang wird niemals angebaut; da er in den sumpfigen Wäldern seiner Heimat in Menge wild wächst, vermag man daraus zur Genüge seinen Bedarf zu decken. Für den Export werden die 9–10jährigen, also völlig ausgereiften Stämme, die sich durch einen scharfen Schleim klebrig anfühlen, abgeschnitten und zur Entfernung der stacheligen Blätter zwischen enggestellten, geschärften Brettern oder Pflöcken hindurchgezogen. Dann schneidet man sie in 6–8 m lange Stücke, von denen 50–100 ein Bündel bilden, das in der Mitte noch einmal zusammengebogen wird. Der Hauptexporthafen dafür ist Singapur, daneben Batavia und Makassar. Er kommt zu uns als „spanisches Rohr“ oder „Stuhlrohr“, so genannt, weil besonders Rohrstühle aus ihm angefertigt werden. Früher benutzten die Korbmacher und Stuhlflechter nur die äußeren Schichten zum Flechten und warfen das Peddigrohr weg; neuerdings wird aber auch letzteres industriell verwertet. In den Fabriken wird das Flechtrohr auf maschinellem Wege vom Peddigrohr abgetrennt und außerdem auf chemischem Wege die Farbe des Rohrs verbessert. Wegen ihrer größeren Elastizität und Dauerhaftigkeit haben die früher verworfenen glanzlosen Peddigstreifen zum guten Teil die Korbweide verdrängt, die nur noch das Material zu groben Flechtwerken liefert. Man benutzt sie zum Überflechten von Gefäßen, zu Sieben, Körben, Matten, Modellbüsten für Schneider und Schneiderinnen und Luxusartikeln aller Art. Das Flechtrohr dient vorzugsweise zum Überziehen von Sitzen und Rücklehnen der sog. Joncmöbel, und die beim Glätten des Flechtrohrs und der Peddigstreifen sich ergebenden Abfälle dienen in der Putzmacherei und als Polster- und Scheuermaterial. Das Malakkarohr von *Calamus scipionum*, eine besonders starke Ware, die in 1–3 m langen Stäben in den Handel kommt, wird hauptsächlich zu Spazierstöcken verarbeitet, während das Sarawakrohr von *Calamus adspersus* vornehmlich Peitschenstöcke liefert. *Calamus draco* gibt die weißen und braunen Maniladrachenrohre, und aus den zur Zeit der Reife mit einem roten Harz bedeckten pflaumengroßen Früchten gewinnt man das dunkelrote, geruch- und geschmacklose Drachenblut, das neben dem schon im Altertume im Orient und in den Mittelmeerländern bekannten Drachenblut des Drachenbaumes von der Insel Sokotra am östlichen Zipfel von Afrika auch bei uns früher als

Arzneimittel benutzt wurde, jetzt aber, in Alkohol oder ätherischem oder fettem Öl gelöst, nur noch zur Färbung der Tischlerpolitur und von rotem Firnis und Lack dient. Die beste Sorte gewinnt man dadurch, daß die Früchte in Säcken so lange geschüttelt werden, bis das Harz abspringt, eine geringere dagegen durch Auskochen der Früchte mit Wasser, wobei sich das Harz an der Oberfläche sammelt. Ersteres wird dann zu Stangen und letzteres zu Kuchen geformt und in Kisten von 50–60 kg von Singapur aus, das jährlich etwa 30000 kg ausführt, in den Handel gebracht.

XXI.

Die Baumwolle.

Die Baumwolle ist nicht nur die wichtigste aller spinnbaren Fasern, sondern eine der wichtigsten Waren des Welthandels überhaupt, weshalb die Engländer für sie die Bezeichnung *king cotton*, d. h. König Baumwolle, aufgebracht haben. Wenn auch die wichtigen Nahrungsspender des Menschen, Weizen, Reis und Mais, in der Weltwirtschaft eine noch größere Rolle spielen — nimmt doch allein die Weizenkultur der Welt eine etwa fünfmal so große Fläche als diejenige der Baumwollstaude ein, und übertrifft auch der Wert des auf der Erde produzierten Weizens denjenigen der Baumwolle um das Vierfache —, so ist doch die Kultur dieser Gespinstpflanze, in deren Fruchtfasern sich etwa ⅘ der Menschheit, d. h. etwa 1200 Millionen, kleiden, von ganz außerordentlicher Bedeutung. Die jetzige jährliche Weltproduktion an Baumwolle entspricht nach O. Warburg in Berlin einem Wert von wenigstens 4½ Milliarden Mark, wozu noch für die Saat mindestens eine halbe Million Mark hinzukommt. Über 15 Millionen Menschen sind mit der Erzeugung von Baumwolle beschäftigt. Der Transport von 12 Millionen Ballen von den Plantagen über das Meer und von den Hafenplätzen in die Spinnereien kommt wenigstens auf 360 Millionen Mark und entspricht 2400 Dampfschifftransporten zu je 5000 Ballen. Rechnet man noch die Landtransporte der übrigen 8 Millionen Ballen hinzu, so ergibt es sich, daß schon der Transport der Baumwolle einem Wert von wenigstens einer halben Milliarde Mark jährlich entspricht. In den die Baumwolle verarbeitenden Spinnereien und Webereien, sowie den Nebenbetrieben stecken über 10 Millionen Mark, die verzinst werden müssen; dabei finden mehr als 4 Millionen Menschen Beschäftigung, deren Arbeitslohn über 3 Milliarden Mark jährlich beträgt. Rechnen wir nun die Gewinne all dieser Fabrikanlagen und der dabei beteiligten Menschen, sowie die Erträge der Bleichereien, Druckereien, Färbereien, dann der Betriebe zur Weiterverarbeitung der fertigen Stoffe, ferner der Schneider und Konfektionsarbeiter beiderlei Geschlechts, wie auch der Groß- und Kleinhändler, die alle von der Baumwolle leben und durch ihre Arbeit den Wert derselben erhöhen, hinzu, so gelangen wir zum Schluß, daß die von der Baumwolle jährlich geschaffenen Werte 10 Milliarden Mark weit übersteigen.

Diese für die Weltwirtschaft so ungemein wichtige Nutzpflanze, von der reichlich 25 Millionen Menschen in ihrer ganzen Existenz abhängen, ist ein zu den Malvengewächsen gehörender Strauch, der in manchen Arten sogar baumartig auftritt und dann eine Höhe bis zu 5 m erreicht. Unter den äußerst mannigfaltigen Formen, in denen diese Pflanze gezogen wird, unterscheidet man fünf schärfer charakterisierte Arten, von denen drei der Neuen und zwei der Alten Welt angehören.

Bei zweien derselben, nämlich der Baumwollstaude von Peru — eigentlich ist sie aber in Brasilien heimisch und wurde von den Stämmen der Inkas von dorther in Kulturpflege erhalten — (*Gossypium peruvianum*) und Barbados — der bekannten Insel der Kleinen Antillen — (*Gossypium barbadense*) läßt sich die meist als Stapel bezeichnete Baumwolle leicht von den Samen, denen sie die von der Pflanze angestrebte Flugfähigkeit erteilen soll, ablösen und ist bei ihnen ein Überzug von kurzen Haaren nicht vorhanden. Dabei sind die Samen der ersteren nierenförmig und hängen dicht und fest zusammen, während sie bei der letzteren, die hauptsächlich in den Küstengegenden gedeiht, birnförmig gestaltet sind und lose nebeneinander liegen. Daher wird erstere von den Engländern als *Kidney*, d. h. Nierenbaumwolle und letztere als *Sea Island*, d. h. Meerinselbaumwolle, bezeichnet.

In die zweite Gruppe mit schwierig sich von den Samen ablösender Baumwolle, die zudem einen Überzug von kurzen Haaren trägt, gehört als dritte, ebenfalls in wärmeren Gebieten Amerikas heimische Art die großblätterige, in höheren Lagen gebaute und deshalb englisch als Upland bezeichnete rauhe Baumwolle (*Gossypium hirsutum*). Letztere, die Upland, blüht reinweiß, während die andern vorhin genannten gelb blühen. Aber auch sie zeigt am Nachmittage gelbe Streifen, ist am nächsten Morgen fleischfarben geworden, verwelkt dann und fällt nachmittags ab. Ebenfalls gelbe Blüten wie die drei erstgenannten besitzt die in Indien heimische kleinblätterige krautige Baumwolle (*Gossypium herbaceum*), die durch die Araber nach Ägypten kam und heute in allen Baumwolle liefernden Ländern gebaut wird. Rotblühend dagegen ist die in Afrika heimische und vielfach noch im Innern dieses Kontinents wildwachsend gefundene, aber auch in Asien und Amerika kultivierte baumartige Baumwolle (*Gossypium arboreum*), deren wie bei den andern Arten gelappte Blätter in den Buchten Zwischenzipfel tragen. Mit ihr nahe verwandt ist jene Abart, welche einzig in der Gattung gelbe Wolle hervorbringt, die sogenannte Nangkingbaumwollstaude, die in China zu Hause ist und dort viel gebaut wird. Sie trägt ihren Namen *Gossypium religiosum* mit Unrecht; denn die in Indien in der Nähe der brahmanischen Tempel gezogene und als heilig geltende Art, aus deren Wolle die heilige Brahmanenschnur verfertigt wird, ist nicht diese, sondern die aus Afrika stammende baumartige Art (*G. arboreum*) mit purpurnen oder gelben Blüten, welche von Oberguinea bis Oberägypten und Abessinien wildwachsend angetroffen wird.

Alle diese Baumwollarten, von denen Sir George Watt in seiner im Jahre 1907 erschienenen Monographie mit den wichtigeren Kulturvarietäten nicht weniger als 42 Formen unterscheidet, sind im Laufe der Zeit auf das mannigfaltigste gekreuzt worden, so daß es überaus schwierig ist, nachträglich an den einzelnen Arten zu bestimmen, welchen Stammes ihre verschiedenen Ahnen gewesen sein mögen. Alle Arten sind ursprünglich ausdauernde Gewächse, auch die krautartige (*G. herbaceum*), die allein außerhalb des Tropengürtels meist zu einer einjährigen Pflanze wird. Sie zeigen einen ausgebreiteten Wuchs, indem der behaarte Stamm reich verästelt ist. Daran sitzen die langgestielten breiten, meist gelappten Blätter mit spitzen Blattzipfeln und großen, an ebenfalls langen Stielen in den Achseln der Blätter entstehenden Blüten, die blaß- bis dunkelgelb, oft am Grunde rotgefärbt oder mit purpurnem Mal versehen, einzig bei der baumförmigen Art dunkelrot und bei der Upland weiß sind. Die sehr zahlreichen Staubfäden sind zu einer Röhre verwachsen, welche außen die kleinen herzförmigen Staubbeutel trägt. Der von den Staubgefäßen fast ganz eingeschlossene Griffel ist an der Spitze keulig verdickt und trägt ebenso viele Narben als die Kapsel Fächer aufweist. Die Frucht wächst zu einer walnußgroßen Kapsel heran, die sich bei der Reife in drei bis fünf Klappen öffnet, um die hervorquellenden, von ihrer Wolle umhüllten schwärzlichen Samen dem Winde preiszugeben, der sie zur Verbreitung der Art verschleppen soll. Die wilden Baumwollarten haben meist eine gelbe bis bräunlichrote Wolle, während die Kultursorten durch Auslese von seiten des Menschen gewöhnlich eine blendend weiße Wolle besitzen. Von diesen zeigen aber manche Sorten Rückschläge ins Rötliche, so besonders die baumartige, in den Tempelgärten Indiens gezogene.

Bild 67. Eine blühende Baumwollpflanze (*Gossypium barbadense*)

Tafel 103.

(Phot. F. O. Koch.)

Baumwollpflanzung in Togo.

Tafel 104.

Japanische Baumwollspinnerin.

(*Copyright by Underwood & Underwood.*)

Mexikaner, aus den Fasern der Magueypflanze (Agave) Seile drehend.

An Ergiebigkeit der Baumwollfasern ist die westindische (*Gossypium barbadense*) in Form der Sea Island weitaus die beste und sollte, wo immer angängig, angepflanzt werden. Sie bringt um ein Viertel bis ein Drittel mehr und langstapeligere Wolle hervor als die krautige indische. Nächst dieser dürfte die Uplandspielart für den Anbau an zweiter Stelle in Frage kommen. Nur in kühleren Gegenden ist die indische krautartige Baumwolle die gegebene, weil sie klimahärter als die westindische ist. Je nach den Sorten liefern 500 bis 800 Fruchtkapseln etwa 1 kg Fasern, die aus fast reinem Zellstoff (Zellulose) bestehen und nur in der innern Höhlung einen schwachen Belag einer eingetrockneten Eiweißsubstanz als dem einstigen Plasma der Zelle aufweisen. Jede Faser entspricht einer langgestreckten Zelle, die bei der krautigen Baumwolle 2,0–2,8 cm, bei der peruanischen 3,4–3,6 cm, bei der von Barbados (Sea Island) in Ägypten 3,8 bis 4,0, auf dem amerikanischen Festlande in Florida 4,0–4,6, auf den dem Festlande vorgelagerten Inseln, z. B. Galveston, bis 5,2 cm Länge besitzt. Da die Faser an den letzteren Orten gleichzeitig einen seidenartigen Glanz gewinnt, so ist ersichtlich, daß das Klima, insbesondere die Luftfeuchtigkeit, in hervorragender Weise zur Erzeugung einer guten Baumwollfaser maßgebend ist. Je länger und feiner sie ist, um so leichter läßt sie sich verspinnen und um so wertvoller ist sie für die Verarbeitung.

In ganz Südasien sowie in China ist die Kultur der Baumwollstaude eine uralte. Dasselbe gilt teilweise auch von Ägypten; doch wurde früher daselbst nur die baumförmige oder eine Varietät derselben kultiviert. Erst seit dem

Anbau der Barbadosbaumwolle (Sea Island), der seit einigen Dezennien dort eingeführt wurde, hat die ägyptische Baumwolle einen hervorragenden Platz im Welthandel gewonnen, obwohl sie ja, wie wir oben sahen, die in Nordamerika selbst gezogene an Güte nicht erreicht. Auch in Peru stand bereits bei der Entdeckung und Eroberung dieses Landes durch die Spanier im Jahre 1532 die Baumwollkultur auf einer hohen Stufe. Diese Nutzpflanze wurde von den Indianern im staatlich wohlorganisierten Reiche der Inka-Ketschua in großem Maße angepflanzt und zur Herstellung von buntgefärbten, mit zahlreichen eckig stilisierten Zeichnungen und Mustern, wie auch Stickereien und Passementerien versehenen Baumwollstoffen und anderen Erzeugnissen, namentlich auch Hängematten, verwendet.

Von der Baumwollernte der ganzen Welt, die sich auf 3300 Millionen kg im Werte von etwa 2700 Millionen Mark beläuft, liefern die Südstaaten Nordamerikas nicht weniger als 62,5 Prozent. Ihnen folgen Ostindien mit 15 Prozent, China mit fast 8 Prozent und Ägypten mit 7,3 Prozent. Auch in Buchara, Persien, Brasilien und Japan wird ziemlich viel Baumwolle gewonnen. Afrika außer Ägypten liefert nur 2,1 Prozent der Welternte, und zwar sind daran die deutschen Kolonien, besonders Deutsch-Ostafrika und Togo, mit bloß 3007 Ballen zu 250 kg im Werte von 700000 Mark beteiligt. Das ist allerdings ein fast verschwindender Bruchteil der Gesamtsumme von etwa 400 Millionen Mark, die Deutschland jährlich für Baumwolle ausgibt. Bedenkt man aber, daß die Baumwollproduktion der deutschen Kolonien Afrikas in den letzten fünf Jahren eine vierzigfache Steigerung erfuhr, so steht zu erwarten, daß sich Deutschland hierin allmählich vom amerikanischen Markte emanzipieren und den eigenen Bedarf aus seinen Kolonien decken könne. Europa, das einst im Mittelalter, so weit die arabische Herrschaft reichte, Baumwolle kultivierte, pflanzt solche in geringem Maße noch in Ostrumelien auf der Balkanhalbinsel und in Griechenland, während Süditalien und Südspanien den Anbau derselben fast ganz aufgegeben haben.

Die weitaus erste Stelle in der Baumwollindustrie nimmt England ein, das etwa 20 kg Baumwolle auf den Kopf der Bevölkerung verbraucht, dann folgt Nordamerika mit ca. 14 kg und an dritter Stelle Deutschland mit etwa 8 kg auf den Kopf. Letzteres besitzt zur Zeit mit 9½ Millionen die größte Zahl von Baumwollspindeln auf dem europäischen Kontinent und verarbeitet jährlich etwa 1800000 Ballen = 800 Millionen kg im Werte von 400 Millionen Mark. Die wichtigsten Baumwollhäfen Europas sind Liverpool mit 3½ Millionen Ballen, dann Bremen mit 2 Millionen, Havre mit 820000, Manchester mit 500000, Genua mit 465000, Barcelona mit 282000, dann erst Hamburg mit 205000 Ballen jährlicher Einfuhr. Man sieht daraus, daß sich der europäische Kontinent in bezug auf den Baumwollhandel fast ganz von England befreit hat. England bezieht jetzt beinahe nur so viel, als es für den eigenen Verbrauch und denjenigen seiner Kolonien bedarf; dafür hat Bremen einen großen Teil des festländischen Handels an sich zu ziehen vermocht.

Man kann Baumwolle in allen Gegenden zwischen dem 36° nördlicher und 36° südlicher Breite ziehen, in denen eine verhältnismäßig hohe Sommertemperatur herrscht und keine heftigen Herbstregen eintreten; denn die Ernte der Wolle wird durch die letzteren nicht bloß geschädigt, sondern geradezu vernichtet. Es ist dies eine Tatsache, die sofort einleuchtet, wenn man bedenkt, daß die Kapseln in aufgesprungenem Zustande geerntet werden müssen. Am besten gedeiht die Baumwolle in Niederungen oder im Flachlande mit gleichmäßig warmem, nicht zu trockenem Klima. Viel Sonne am Tag und reichlicher Taufall während der Nacht sagen der Baumwollstaude am besten zu. Lange anhaltender Regen, namentlich bei kühler Temperatur, ist ihr in jedem Stadium der Entwicklung schädlich; vor der Blüte wirkt eine anhaltende Dürre ebenfalls schädlich. Das mit ihr zu bepflanzende Feld soll eine vor Winden gesicherte, sonnige Lage haben. Was die Beschaffenheit des Bodens anbelangt, so darf er nicht zu schwer, sondern muß durchlässig und sandig sein, also sind Lehmboden sowie eine dicke Humusschicht ihr nachteilig. Dagegen verlangt sie einen möglichst hohen Gehalt an Kieselsäure und muß regelmäßig mit Stallmist und der Asche der verbrannten Stauden oder Baumwollsamenmehl gedüngt werden.

Die Fortpflanzung der meist mehrjährigen Sorten, die 3–5 Jahre hindurch tragen, geschieht durch Samen. Der Anbau geschieht in dem uns nächsten Baumwollande, Ägypten, wo durch Kreuzung der ursprünglich allein vorhandenen Sudanbaumwolle von Dongola mit der langfaserigen, feinen Sea Island-Baumwolle von Nordamerika und stetige Auslese der besten Sorten ebenfalls eine sehr gute Qualität in den letzten 100 Jahren gezüchtet wurde, in folgender Weise. Die dort die Baumwollkultur betreibenden Fellachen oder Bauern pflügen zunächst die Felder mit ihrem von zwei Ochsen gezogenen altmodischen Hakenpflug und bewässern sie ausgiebig. So vorbereitet werden in sie im März mit einem spitzen Pflanzstock in Abständen von einem halben Meter 5–7 cm tiefe Löcher gemacht, in die je 7–10 Samen der zu pflanzenden Baumwollart zu liegen kommen, welche dann mit der Hand locker mit Erde bedeckt werden. Man legt nur deshalb so viel Samen in ein Loch, damit durch die vereinte Kraft der zahlreichen Sämlinge die durch die Sonnenhitze rasch verhärtende Kruste des Bodens leichter durchbrochen werden könne.

Nach anderthalb Wochen wird die eben keimende Saat leicht überflutet und hernach entfernt man die überflüssigen Pflänzchen bis auf die zwei kräftigsten in jedem Loche. Von da an werden die Baumwollfelder alle 2–3 Wochen berieselt, in der Zwischenzeit wird der Boden mit der Hacke gelockert und vom Unkraut befreit, später auch mit künstlichen

Düngemitteln versehen. Dabei wird nach Möglichkeit auf die Raupen zweier der Baumwollkultur besonders schädlicher Kleinschmetterlinge, die streckenweise bisweilen die ganze Ernte vernichten, Jagd gemacht, auch die übrigen Schädlinge tierischer und pflanzlicher Herkunft nach Möglichkeit zu vernichten gesucht.

100–120 Tage nach der Aussaat beginnt die Blütezeit der Stauden, während welcher die Baumwollfelder einen sehr hübschen Anblick gewähren. Zweieinhalb bis drei Monate danach reifen die Kapseln. Die Ernte findet Ende September oder Anfang Oktober, also fünf Monate nach der Aussaat, statt, wobei alt und jung mithilft. Mit großer Geschwindigkeit wird, ohne daß dabei die Pflanze beschädigt werden darf, die aus den aufgeplatzten Fruchtkapseln herausschauende Baumwolle mit Stehenlassen der holzigen Kapselwände herausgenommen und in den vorne sackartig aufgerafften hemdartigen Rock gelegt.

Gewöhnlich stehen 10–15 Pflücker unter einem Aufseher und erhalten je zwei Reihen Baumwollstauden zum Ablesen der Wolle zugewiesen. Sind ihre Taschen bald voll, so eilen sie auf ein gegebenes Kommando zu dem an der Zufahrtstraße gelegenen Sammelplatz, um ihre Gürtel zu lösen und die Baumwolle in auf die Erde ausgebreitete Säcke zu schütten. Während sie dann zum Weiterpflücken wiederum dem Felde zustreben, suchen Männer die schlechte Baumwolle sowie alle Verunreinigungen aus dem Haufen heraus und füllen zuletzt die gute Baumwolle in große Säcke, wo sie von einem in diese hineingestiegenen Manne mit den nackten Füßen zusammengepreßt wird. Schließlich werden die Säcke zugenäht und auf Wagen ins Lagerhaus geschafft.

Die Stauden läßt man dann vom Vieh abweiden und benutzt die übrigbleibenden Strünke in dem an Feuerungsmaterial so armen Lande als Feuerungsmaterial für die zahlreichen Dampfpumpen. In holzreichen Ländern dagegen werden sie später in den Boden gepflügt oder auch verbrannt und so als Dünger verwendet. Nur ausnahmsweise werden in Ägypten die Stauden bis auf eine Höhe von etwa 60 cm über dem Erdboden zurückgeschnitten, um von ihnen noch im nächsten Jahre eine etwas kleinere Ernte zu erhalten.

Ganz ähnlich wie im Niltal ist auch in den Südstaaten Nordamerikas und überall anderwärts die Baumwollkultur. Nur die Baumwollernte wird hier in anderer Weise vorgenommen. Es hat nämlich jeder Arbeiter einen Sack mit einem Tragband um die Schulter gehängt. Dieser reicht bis zur Erde, damit ihn der Arbeiter nicht zu tragen, sondern nur zu heben braucht, wenn er zur nächsten Staude will. Wenn der Sack voll ist, wird er auf den nächsten Weg gestellt, wo ihn der die Runde machende Wagen, der auch die leeren Säcke verteilt, aufnimmt. Beschmutzte, beschädigte oder fehlerhafte Baumwolle wird in eine besondere Tasche getan. Im Wirtschaftsgebäude muß die Baumwolle auf einem hölzernen Trockenboden getrocknet werden. Dann werden zunächst die zwei Drittel des Gewichts ausmachenden Samen durch besondere Maschinen von den Fasern getrennt — egreniert, wie der technische Ausdruck lautet. Von der Sorgfalt, mit der dieses Egrenieren vorgenommen wird, hängt ja die Reinheit der Baumwolle ab. Dies geschieht in einfachster Weise durch Auszupfen mit der Hand. Doch haben selbst die Neger eine Vorrichtung erfunden, vermittelst der das Entfernen der Samen rascher von statten geht. In europäischen Betrieben geschieht das Entkernen mit den Entkernungs- oder Ginmaschinen, die an den Mittelpunkten der Baumwollerzeugung, den Ginstationen, aufgestellt sind. Hernach wird die Baumwolle durch hydraulische Pressen in 450 kg schwere Ballen gepreßt, die dann in Säcke von Hanf oder Jute eingenäht und mit Bandeisen verschnürt in den Handel kommen. Der weitaus größte Teil derselben wird dann in Fabriken zu den verschiedensten Garnen und Stoffen verarbeitet und nur ein kleiner Teil dient, entfettet, zur Herstellung von Verbandwatte, Schießbaumwolle, Kollodium und Chardonnetseide, welch letztere zu einem neuen aussichtsreichen Industriezweige Veranlassung gegeben hat.

So lange die Baumwolle lediglich durch Handbetrieb zu Garnen und Geweben verarbeitet wurde, wie dies in Indien und im Orient, dann auch im Abendlande gegen das Ende des 18. Jahrhunderts der Fall war, waren die daraus hergestellten Kleider und anderen Gebrauchsgegenstände naturgemäß teuer und konnten nicht in allgemeinen Gebrauch gelangen. Erst als in England in der zweiten Hälfte des 18. Jahrhunderts die Spinnmaschinen und mechanischen Webstühle in Gebrauch kamen, wurde das Fabrikat billiger, so daß Baumwollstoffe auch in minder bemittelten Kreisen in allgemeinen Gebrauch kommen konnten. Nur sogenannte Nangkinfabrikate (von *Gossypium religiosum*) kommen noch aus Ostindien zu uns. Sonst wird der ganze Bedarf in Europa selbst erzeugt, und zwar ersetzen die 45 Millionen Spindeln Englands die Handarbeit von 230 Millionen Menschen und spinnen zusammen jährlich einen Faden, der 130mal die Entfernung der Sonne von der Erde durchspannen würde.

Ehe die Verarbeitung der Baumwolle zu Garn beginnt, wird sie zunächst mit größeren Mengen derselben Sorte gut gemischt, um Garne von möglichst gleichmäßiger Güte zu erzielen, dann bei 30° C. getrocknet, in einer Wolf genannten Maschine gelockert, gründlich gereinigt und, nachdem sie von der Schlag- oder Wattenmaschine in breite, zusammenhängende, flache Streifen (Watte) gebracht worden, von der Kratzmaschine in zarte, lockere Bänder verwandelt. Hierauf werden diese durch die Streckwalze gestreckt und geglättet, dann in der Vorspinnmaschine verfeinert und erst zu dicken, lockeren und durch weiteres Verspinnen zu feineren Fäden gedreht. Endlich werden sie auf der Spinnmaschine zu Garn versponnen, das so fein sein kann, daß ½ kg desselben 1672 km lang ist, d. h. von Leipzig bis Konstantinopel reichen würde. Nach der Feinheit des verwendeten Garns unterscheidet man Kattun (nach der arabischen Bezeichnung für Baumwolle), Indienne (so genannt, weil ursprünglich aus Ostindien stammend mit allerlei bedruckten Figuren), Kalikos (ebenfalls ein bedruckter Baumwollstoff, so genannt, weil er zuerst aus Kalikut bezogen wurde), Nangking (ein gelbliches oder rötliches Baumwollenzeug, nach dem früheren Bezugsort in China so genannt), Perkal (dichtes, leinwandartiges Baumwollgewebe, die gröberen gleichen den Kalikos, die feinsten dagegen sind dichter als Musselin), Musselin (feinstes, durchscheinendes Baumwollgewebe — glatt, gestreift, durchbrochen usw. — aus wenig gedrehtem Garn und deshalb mit zartem Flaum, nach der Stadt Mossul am Tigris so genannt, doch ist der ostindische noch immer besonders fein und zart), Jakonett (französisches, glattes Musselin, nach einem französischen Fabrikanten so geheißen), Gingan (das ursprünglich ostindische, glatte oder gestreifte Gewebe in Baumwolle mit Bast, auch in reiner Baumwolle oder Leinen nachahmt, vom javanischen *ginggan* vergehend, verbleichend), Tüll (netzartiges Zwirnzeug nach dem ersten Fabrikationsort desselben, der französischen Stadt Tulle, so genannt), Barchent (geköpertes Baumwollgewebe, ursprünglich mit leinener Kette, auf einer Seite rauh und wollig), Pikee (vom französischen *piqué* gesteppt, mit doppelter Kette gewebtes Baumwollgewebe mit erhöhtem Muster), Manchester (nach dem ersten Fabrikationsort so bezeichneter Baumwollensamt) usw.

Früher warf man die beim Egrenieren zurückgebliebenen Samen der Baumwollpflanze, soweit man sie nicht als Saatgut verwendete, als nutzlos weg. Bald aber fand man, daß sie zu 20–30 Prozent ein sehr wertvolles Öl enthalten, das man nun sorgfältig aus ihnen preßt. Ja, man würde heute die Pflanze lediglich als Ölpflanze kultivieren, wenn sie nicht auch noch die wertvolle Faser lieferte. Der noch die Hälfte des Gewichtes Eiweiß enthaltende Preßrückstand dient als wertvolles Viehfutter.

Über die Anfänge der Baumwollkultur ist wenig Sicheres bekannt. In der Alten Welt hat sie augenscheinlich in Indien ihren Ursprung genommen, wo zuerst die niedrige krautige Baumwolle vom Menschen in Pflege genommen wurde. Zu ihr kam dann später ebenfalls in Indien die baumförmige Art hinzu, von der in der Folge die heilige dreiteilige Brahmanenschnur, das Sinnbild der göttlichen Dreiheit, angefertigt wurde. Die indische Baumwolle, im Sanskrit *kârpâsi* genannt, wird zuerst in den zwischen 600 und 500 v. Chr. entstandenen jüngsten vedischen Schriften, den Sutras, und zwar schon in Verbindung mit Gewändern erwähnt. Sicher wurde sie schon damals in Indien in beträchtlichen Mengen zu Geweben verarbeitet. Von dort aus hat sich ihre Kultur über Hinterindien nach China verbreitet, wo zuerst der

Kaiser Wu-ti um 600 v. Chr. sich in wertvolle, jedenfalls aus den Kulturländern im Süden importierte Baumwollkleider hüllte. In der Folge wurde nach Einführung der Baumwollstaude die Baumwolle im Reiche der Mitte das am meisten benutzte Zeugmaterial, wenngleich auch noch viel Hanf und besonders Ramie oder chinesische Nessel zur Herstellung von Geweben verwendet wird. Indessen läßt sich eine eigentliche Kultur der Baumwolle in China nicht vor dem 11. Jahrhundert n. Chr. nachweisen, und manche Gelehrte nehmen an, daß sie sogar erst im 13. Jahrhundert durch die das Reich erobernden Tataren eingeführt wurde.

Die erste Kunde von der in Indien als Faserstoff zur Herstellung von leichten Gewändern benutzten Baumwolle verdanken wir dem Vater der Geschichtschreibung, dem Griechen Herodot (484–424 v. Chr.), der von 460–456 Ägypten, Syrien und Babylonien bereiste und in seinem in ionischem Dialekte verfaßten Werke über die Geschichte des Orients und Griechenlands nach der auf seiner asiatischen Reise in Erfahrung gebrachten Kunde berichtet: „In Indien gibt es wilde Bäume, welche als Frucht eine Wolle (*eírion*) tragen, die an Schönheit und Güte die Schafwolle übertrifft. Die Indier machen aus dieser Wolle ihre Kleider." Nach demselben Autor war das indische Hilfskorps des Xerxes bei seinem Zuge zur Eroberung Griechenlands im Jahre 492 in solch baumwollene Kleider gehüllt. Auch der Grieche Ktesias aus Knidos, der von 416–399 Arzt am persischen Hof in Susa war und eine wertvolle, leider nur in Auszügen erhaltene persische Geschichte schrieb, weiß von der Baumwolle als einer Gespinstpflanze Indiens zu berichten. Die Pflanze selbst und ihr Produkt lernten aber erst die Begleiter Alexanders des Großen auf ihrem Zuge nach Indien kennen. Die Leute am Indus trugen nämlich baumwollene Gewebe, und die Baumwolle trat den Makedoniern daselbst so häufig entgegen, daß sie dieselbe zum Ausstopfen von Kopfkissen und Pferdesätteln benutzten. Diese Begleiter Alexanders auf seinem Zuge nach Indien brachten eingehendere Mitteilungen darüber in die Mittelmeerländer, wo diese Gespinstpflanze bis dahin völlig unbekannt geblieben war; denn die alten Babylonier, Ägypter und Griechen hatten bis dahin außer der tierischen Wolle stets nur den Lein zur Herstellung von Stoffen verwendet. Der Aristotelesschüler Theophrast erwähnt in der zweiten Hälfte des 4. vorchristlichen Jahrhunderts, daß in Indien eine Gespinstpflanze *kárpasos* gedeihe, aus der hergestellte Stoffe die Begleiter Alexanders von dort mitbrachten. Dieser Begründer der Botanik schreibt in seiner Pflanzengeschichte: „Auf der Insel Tylos im Arabischen Meerbusen (heute Bachraim am Eingang des Persischen Golfes) sollen viele wolletragende Bäume (*déndra erióphora*) stehen, deren Blätter wie Weinblätter, nur kleiner sind. Statt der Früchte bringen sie geschlossene Behälter von Apfelgröße hervor. Werden diese reif, so nimmt man die darin befindliche Wolle und webt aus ihr sowohl geringe als auch sehr kostbare Gewänder. Solche Bäume wachsen auch in Indien und Arabien." Diesen Passus schrieb der ältere Plinius um die Mitte des ersten christlichen Jahrhunderts fast wörtlich ab mit der Bemerkung, daß diese Bäume *gossypini* (Einzahl *gossypinus*) heißen — woraus dann die Botaniker später die wissenschaftliche Bezeichnung *gossypium* schufen. Nach ihm soll es wie in Indien und Arabien auch in dem an Ägypten angrenzenden Negerlande wolletragende Bäume geben, „deren Kapseln etwa so groß wie Granatäpfel sind". Auch der römische Dichter Vergil, der Verfasser der berühmten, Augustus und seinem Geschlechte gewidmeten Äneis (70–15 v. Chr.) sagt in seinem Georgica benannten Lehrgedicht über den Landbau: „Im Negerlande gibt es Bäume, die weiche, weiße Wolle tragen." Der griechische Schriftsteller Flavius Arrianus (geb. um 100 n. Chr. zu Nicomedia in Bithynien, ward 136 unter Hadrian Präfekt von Kappadokien und starb unter Marcus Aurelius ums Jahr 176) schreibt in seiner indischen Geschichte: „Die Kleidung der Indier wird, wie Nearchos (der Flottenführer Alexanders des Großen, der nach dessen Feldzug nach Indien im Jahre 325 v. Chr. die Flotte vom Indus aus durch das Erythräische Meer in den Persischen Meerbusen führte und wie er in seinem „Paraplus" genannten Reisebericht darüber meldet, auf dieser Fahrt die Mündungen des Euphrat und Tigris fand) sagt, aus dem Lein gefertigt, der auf Bäumen wächst. Dieser Lein ist entweder reiner weiß als jeder andere Lein oder scheint wenigstens weißer, weil die Indier, die ihn tragen, schwarz sind."

Durch die Perserherrschaft wurde der Anbau und die Verwendung von Baumwolle als Gespinstmaterial in Vorderasien allgemeiner. Von Persien, besonders aber aus Indien führte man in der hellenistischen und mehr noch zur römischen Kaiserzeit über die Hafenstädte am Roten Meer und Alexandrien ziemliche Mengen fertiger Baumwollstoffe in die reichen Städte am Mittelmeer, zumal dem üppigen Rom, aus, wie uns der zu Ende des 2. Jahrhunderts n. Chr. in letzterer Stadt lebende Sophist Flavius Philostratos der Ältere berichtet. Außer in Persien, Syrien und Ägypten wurde nach der Schilderung des griechischen Geschichtschreibers und Geographen Pausanias in seiner zwischen 160 und 180 n. Chr. geschriebenen Periegesis oder Reisebeschreibung von Griechenland, Kleinasien, Syrien, Ägypten und Italien einzig in Elis, im westlichen Peloponnes, Baumwolle gepflanzt. „Eleia ist das einzige griechische Land, in der die Baumwolle (*býssos*) gedeiht. Die eleische Baumwolle ist ebenso zart wie die hebräische, aber nicht so gelb." Und Plinius (23–79 n. Chr.) sagt in seiner Naturgeschichte: „Das baumwollene Zeug (*býssinon*), welches in der Umgegend von Elis und in Achaia gewonnen wird, ist bei den Damen so beliebt, daß es früher dem Gewicht nach mit Gold in gleichem Werte stand." Doch hat sich damals die Baumwollkultur nicht weiter im römischen Reiche verbreitet, und das ganze Altertum hindurch kam weitaus das meiste an fertigen Baumwollstoffen als kostbare Handelsware aus dem Orient, besonders aus Indien, nach Europa.

Dies blieb auch so nach dem Untergange der römischen Weltherrschaft, als die eleische Baumwollindustrie zugrunde gegangen war.

In der Folge dehnten die Araber mit der Ausdehnung ihrer Herrschaft das Verbreitungsgebiet der Baumwolle weiter aus. Sie brachten die Kultur dieser Staude mit derjenigen des Zuckerrohrs im 8. Jahrhundert nach Nordafrika, im 9. nach Sizilien und im 10. nach Südspanien. In Andalusien beförderte besonders der Kalif Abdurrhaman II. (912–961) den Anbau dieser Gespinstpflanze. Obschon die Araber selbst viel, allerdings gewöhnliche Baumwollstoffe herstellten, bezogen sie die feinsten Baumwollstoffe immer noch aus Indien. Zwei Araber, die im 9. Jahrhundert Indien bereisten, erzählen, daß dort fast völlig durchsichtige Kleider hergestellt würden, so fein, daß ein ganzer Rock durch einen Fingerring hindurchgezogen werden könne. Tavernier berichtet, daß türkische Turbane aus 16 m feinstem, indischem Musselin zusammengewunden seien, doch nur vier Unzen (= 120 g) wögen. Die feinsten dieser Gewebe, zu Gantipuru und Datta in Indien gefertigt, sehe man nicht, wenn sie, auf eine Wiese ausgebreitet, vom Tau befeuchtet sind. Die Inder nennen sie „gewebten Wind."

So gebräuchlich im frühen Mittelalter Baumwollstoffe bei den Muhammedanern waren, so überaus selten waren sie bei den Abendländern anzutreffen. In seiner Geschichte der Franken hebt der Geschichtschreiber Gregor von Tours hervor, es sei im Jahre 580 ein Fremder zu Tours erschienen, der über einem ärmellosen Rock einen Mantel aus Baumwolle trug; und im Jahre 807 erregten Zelte, die der Kalif von Bagdad Harun al Raschid (d. h. H. der Gerechte) Karl dem Großen geschenkt hatte, große Bewunderung bei den Franken, nicht nur ihrer Größe und Buntheit wegen, sondern vor allem weil sie aus Baumwollenzeug hergestellt waren. Welchen Wert man bis tief ins Mittelalter der Baumwolle gab, beweist der Umstand, daß man ihr im Mittellatein den Namen der Seide oder eine Nebenform desselben, nämlich *bombix* oder *bombax* gab. Erst im 12. Jahrhundert kam im Volke der deutsche Name Baumwolle auf, so daß daraus geschlossen werden darf, daß damals weitere Kreise mit ihr rechneten. So wird im Gedicht „Erec" des Hartmann von Aue (lebte 1170 bis 1215, nahm an den Kreuzzügen von 1189 und 1197 teil und lernte wohl die Baumwollpflanze in Palästina oder Syrien kennen) ein Sattelkissen linde sam ein boumwol, d. h. weich wie Baumwolle bezeichnet, und im 13. Jahrhundert berichtet ein Autor lateinisch „von der bombaxwolle, welche jetzt beim Volke boumwolle heißt". Eine zu Anfang des 14. Jahrhunderts vorkommende, aber nur vereinzelte Bezeichnung *cottûn* im Marienleben des Walther von Rheinau, in welcher solcher neben „flachs, wolle und sîden" gefärbt als Gegenstand des Webens aufgezählt wird, geht auf das italienische *cotone* für Baumwolle (und zugleich Baumwollstaude) zurück, das aber selbst aus dem arabischen *kutn* für jene Gespinstpflanze und deren Produkt stammt. Ebendaher rühren auch das französische und englische *coton* und das spanische *algodon* (mit dem arabischen Artikel *al* — z. B. auch in Alkohol, Alchemie usw. zu erkennen — davor). Erst im 17. Jahrhundert wird jenes arabische Wort als Kattun mit der Verarbeitung der Baumwolle zu Geweben auch in Deutschland häufiger. Ein eigenartiges, aus Leinen und Baumwolle gemischtes Zeug wird mit einem ursprünglich Wollstoff bezeichnenden fremden Wort *barchât*, später *barchant* belegt; aus diesem wurde dann unser Barchent für geköpertes Baumwollgewebe mit oft leinener Kette.

Die Einführung der Baumwolle als Gespinstfaser neben dem altgebräuchlichen Lein hat dann in Europa wie in China die Kunst der Weberei beträchtlich gesteigert. Es konnten nun viel mannigfaltigere Stoffe hergestellt werden, wie Zwilich und Drilich (als Umdeutschung des lateinischen *bilix* und *trilix*, woraus später unsere Bezeichnungen Zwilch und Drilch entstanden) für zwei- oder dreifädig gewebtes Zeug, dann — seit dem 14. Jahrhundert — *damasch* für gemusterte Stoffe aus Seide, Baumwolle oder Leinen nach der Stadt Damaskus, wo solche zuerst von den Arabern hergestellt wurden. Mit der Herstellung des Damastes bürgerte sich auch in Europa jene Art von Weberei ein, welche es versteht, auch in gebleichtes Garn allerlei Muster zu weben, so daß sie nicht sowohl durch Farbe, als bloß durch verschiedene Fadenlage zeichnerisch hervorstechen.

Noch das ganze Mittelalter hindurch kamen arabische und indische Baumwollgewebe über Venedig und Genua, von wo sie durch Säumer über die Alpenpässe nach Norden gebracht wurden, nach Augsburg und Ulm, wo bedeutende Stapelplätze dafür waren. Später suchte man die Rohbaumwolle nach Europa zu bringen und hier zu verarbeiten. Und zwar war es das für die Herstellung aller Gewebe von den wollenen Tuchstoffen bis zum Leinengewebe hervorragend tüchtige Flandern, das diesen neuen Industriezweig zuerst einführte. So entstanden am Ende des 16. Jahrhunderts in Gent und Brügge die ersten von Christen hergestellten Gewebe mit fast reiner Baumwolle, die an Güte den arabischen und indischen bald gleichgekommen sein sollen.

Diese Kattune in Form von buntbedruckten Baumwollengeweben kamen dann zu Anfang der selbständigen Regierung Ludwigs XIV., die 1661 nach Mazarins Tode begann, in Frankreich in Mode. Zuerst wurden sie von den Schiffen der *Compagnie des Indes* von der Koromandelküste, wo Frankreich Kolonien besaß, nach Frankreich importiert, wo die heiteren Farben, die große dekorative Wirkung und der exotische Stempel dieser leichten Stoffe sie überall sehr beliebt machte. Man kleidete sich vielfach damit, ließ Morgenröcke und Möbelüberzüge daraus verfertigen, so daß die Ware trotz ihres hohen Preises reißenden Absatz fand. Da diese Stoffe selten waren, kamen einheimische Handwerker auf den Gedanken, aus dem Orient eingeführte weiße Baumwollengewebe in der Art der indischen Kattune zu bedrucken und machten damit sehr gute Geschäfte, da die Beliebtheit des Kattuns immer mehr stieg und zwischen 1670 und 1680 unter der vornehmen Welt geradezu eine Kattunmanie herrschte. Die Fabrikanten anderer Stoffe und ein Teil der Handwerker fühlten sich darob so beunruhigt, daß sie sich an den Minister Colbert wandten, der sich ihrer annahm und im Jahre 1681 die Fabrikation und den Verkauf dieser gefärbten Tücher strengstens verbot. Die Folge davon war die Entstehung großer Kattunfabriken in England und der Schweiz. Auch entstand ein wahrer Kampf zwischen den französischen Behörden und der kattunsüchtigen Frauenwelt, die sich an das Verbot nicht hielt. Von 1681–1716 versuchten mehr als 30 Erlasse die Pariserinnen zur Vernunft zu bringen; doch fruchtete alles nichts. Im Gegenteil, das Verbotene reizte, und trotz aller Beschlagnahme wurde Kattun nach Frankreich eingeführt. Dabei waren die Beamtenfrauen die ersten, die die verbotenen Stoffe trugen. Die seit 1748 als Geliebte Ludwigs XV. am Hofe lebende Madame Jeanne Antoinette Poisson, die zur Marquise von Pompadour erhoben wurde und bis zu ihrem Tode 1764 in Versailles einen großen Einfluß auf die Regierungsgeschäfte ausübte, stattete in ihrem Schloß Bellevue eine ganze Zimmerflucht mit diesem Stoffe aus. Bald berieten selbst die Minister über ihre Maßnahmen gegen den Kattun in Räumen, die mit Kattun ausgeschlagen waren! Da gab am 9. November 1759 die Regierung endlich nach: die Herstellung und der Verkauf des Kattuns wurde in Frankreich gestattet. Derselbe behauptete von nun an noch längere Zeit seine Herrschaft. Noch der sonst fortschrittlich gesinnte Kaiser Josef II. von Deutschland, der von 1765–1790 regierte, verbot das Tragen von Kattun in seinen Ländern wegen dessen hohen Preises. Seine Untertanen sollten sich an die altgewohnte Linnenkleidung halten.

In England, wo man zuerst unter Heinrich VIII. (regierte von 1509–1547) in Lancashire und unter dessen Sohn Eduard VI. (1547 bis 1553) auch in Manchester und Cheshire Baumwolle zu verarbeiten begann, verstand man sehr lange keine festen Ketten aus Baumwolle zu machen, sondern verwandte dazu Leinengarne. Erst 1772 brachte man dieses Kunststück zustande und vermochte von nun an reine Baumwollengarne anzufertigen. Als dann der Schotte James Watt 1769 die Dampfmaschine verbessert hatte, und gleichzeitig die Spinnmaschine und der mechanische Webstuhl erfunden worden waren, begann dem vermehrten Bedarf an Baumwolle entsprechend eine größere Zufuhr des Rohmaterials nach England, das schon 1782 mehr als 33000 Ballen aus Syrien, Makedonien und Cayenne einführte. Die Länder, welche heute für Baumwollausfuhr in erster Linie in Betracht kommen, produzierten damals nur für ihren eigenen Bedarf. Ja Ägypten konsumierte selbst so viel, daß es noch Baumwolle aus Cypern und Kleinasien kaufen mußte. Nur die Südstaaten Nordamerikas, in welchen die Baumwollkultur ums Jahr 1770 eingeführt wurde, erzeugten damals schon in zunehmendem

Maße Baumwolle, so im Jahre 1800 bereits 9 Millionen kg. Schon nach Beendigung der napoleonischen Kriege bezog England 85 Prozent seines Baumwollbedarfes aus Nordamerika. Die Produktion nahm dort immer mehr zu, so daß jenes Land 1860 4824000 Ballen zu 450 kg ausführte. Da brach 1861 der bis 1865 dauernde unheilvolle Bürgerkrieg aus, der die Kultur dieser Nutzpflanze hochgradig behinderte, so daß bald in der Baumwollindustrie, die von dort aus ihr Rohmaterial hauptsächlich bezog, ein förmlicher „Baumwollhunger" ausbrach. Die Folge war, daß sehr hohe Preise für den Rohstoff bezahlt wurden. Dies bewog die verschiedensten tropischen und subtropischen Länder, diese wertvolle Nutzpflanze in Kultur zu nehmen. Indien, das vor dem nordamerikanischen Bürgerkriege nur 9–26 Prozent der in England verarbeiteten Baumwolle lieferte, lieferte nun während desselben 50 Prozent des Bedarfes, während Nordamerika von 46–84 Prozent der Einfuhr auf 7 Prozent sank. Aber nach dem Kriege eroberten die Vereinigten Staaten nicht bloß ihre alte Position zurück, sondern übertrafen noch ihre früheren Leistungen bedeutend. Während die dortige Ernte im Dezennium vor dem Kriege 1300 Millionen kg jährlich betrug, stieg sie im Dezennium nach dem Kriege auf 20000 Millionen kg.

Dieser ungeheure Baumwollverbrauch war erst möglich, als die Spinn- und Webemaschinen eingeführt waren. Den Anstoß dazu gab im Jahre 1767 der englische Zimmermann Hargraves durch seine nach seiner Tochter Jenny bezeichnete Spinnmaschine, auf der viel mehr und besseres Garn als mit der Hand hergestellt zu werden vermochte. 1796 erfand dann der Engländer Arkwright seine Wasserspinnmaschine, so genannt, weil sie zuerst durch Wasser getrieben wurde. Beide Systeme vereinigte dann Crampton in seiner Mêlemaschine. Und so kam ein Fortschritt nach dem andern, bis besonders in England die heutige Baumwollspinnerei und -weberei ausgebildet wurde. Heute noch steht dieses Land mit 45 Millionen Spindeln an der Spitze der gesamten Baumwollindustrie der Welt, ihm folgen die Vereinigten Staaten von Nordamerika mit 16 Millionen Spindeln, dann kommen der Reihe nach Deutschland, Frankreich, Rußland, Ostindien, Österreich, Italien. Neuerdings macht Japan, wie allen Industrien, so auch hierin den Kulturstaaten starke Konkurrenz. Erst im Jahre 1875 wurde die Baumwollspinnmaschine dort heimisch, und schon 1894 arbeiteten 780000 Spindeln in jenem Lande.

Nach China kam die Baumwollstaude im 10. Jahrhundert, war aber noch im 11. Jahrhundert Gartengewächs. Erst vom 13. Jahrhundert an wurde sie im freien Felde angepflanzt, doch nie in der Ausdehnung, daß man auf die Einfuhr von Indien oder Burma hätte verzichten können. Gegen das Ende des 18. Jahrhunderts brach eine große Hungersnot in Südchina aus; da verordnete der Kaiser, daß der größte Teil des zum Anbau von Baumwolle verwendeten Landes dem Getreidebau zurückgegeben werden solle.

Wie die Portugiesen bei den Kaffern und Mungo Park bei den Negern in Senegambien und Guinea, so fanden Kolumbus, Cortez, Pizarro und Almagro den Gebrauch der Baumwolle überall in Amerika gebräuchlich.

Während in der Alten Welt die Flachskultur, die wir außer bei den neolithischen Pfahlbauern zuerst in Vorderasien, speziell Babylonien und dann Ägypten antreffen, dann auch die schon früh aus Indien nach Persien gebrachte Hanfkultur, sowie in China die Seidenzucht neben der Wollverwertung dem Baumwollbau lange voranging, scheint sich in Amerika die Webekunst und Färberei direkt an der Gespinstfaser der westindischen Baumwollpflanze entwickelt zu haben. Nicht nur finden wir die verschiedensten Gewebe und Fabrikate aus Baumwolle als Grabbeigaben in den Gräbern der alten amerikanischen Kulturvölker von Peru bis Mexiko, sondern die Berichte der Spanier zur Zeit der Entdeckung Amerikas bezeugen, daß wie auf den Antillen, so auch in ganz Mittel- und dem warmen Südamerika die Kultur und Verarbeitung der Baumwolle überall eingeführt war. So benutzten die Azteken, die Bewohner Mexikos zur Zeit der Conquista, außer der Baumwolle auch die Faser der Agave als Gespinstmaterial, während sie den Flachs nur zur Gewinnung seiner fetten Samen anbauten. Wie sie pflanzten auch die übrigen amerikanischen Kulturvölker, die Mayas in Yucatan, die Chibchas in Kolumbien und die Ketschuas im alten Peru die Baumwolle, um daraus Gewebe anzufertigen, die als gesuchte Handelsartikel weithin transportiert wurden. Um sie zu färben und auf ihnen die zierlichsten Muster zu malen, benutzten sie bereits den Indigo, die Cochenille und das Brasilholz. Baumwollzeuge dienten überall in Amerika an Stelle des Geldes als beliebtestes Tauschmittel; sogar schon Papier, ja selbst Panzerhemden wurden daraus verfertigt. Ebenso waren die Segel ihrer aus mehreren walzenförmigen, an den Enden zugespitzten Binsenbündeln hergestellten floßartigen Fahrzeuge aus Baumwolle gewebt. Mit diesen sogenannten *balsas* wagten sie sich handeltreibend der Küste entlang bis hinauf zur Mündung des Rio San Juan am 4. Grad nördlicher Breite. Wunderbare Erzeugnisse speziell der altperuanischen Webekunst sind uns in den Gräbern des Totenfeldes von Ancon bei Lima erhalten geblieben. In ihnen waren die Toten in Hockstellung, von Decken und Tüchern umhüllt und mit einem reichen Inventar von Beigaben zum Leben im Geisterreich ausgestattet, in brunnenartigen Vertiefungen mit Seitennischen bestattet. Außer prächtig gemusterten und gefärbten Geweben aus Lamawolle, Baumwolle oder Pflanzenfaser, fanden sich auch mannigfaltige Kleidungsstücke, bei denen an den querlaufenden Fäden bunte Federchen in hübschen Mustern geknüpft waren, nebst den Webegeräten, vermittelst welcher sie hergestellt waren.

Leider hat sich diese hochstehende Kultur nicht weiter entwickeln können, sondern sie ging unter den rohen Händen der goldgierigen christlichen

Konquistadoren bis auf kümmerliche Reste unter. Nur an ganz vereinzelten Stellen hat sich in abgelegenen Andentälern die alte, heimische Hausindustrie in der Verarbeitung der Baumwolle zu buntgemusterten Stoffen erhalten. Diese neuweltliche Baumwollkultur steht natürlich außer allem Zusammenhang mit der altweltlichen Ausbildung derselben. Beide haben sich vielmehr ganz selbständig aus den ihnen zu Gebote stehenden, eine natürliche Wolle als Ersatz der älteren Tierwolle darbietenden Pflanzen entwickelt.

Während die vorderasiatischen Gebiete unseren Vorfahren im Mittelalter schon die aufs kunstreichste hergestellten, hochgeschätzten Baumwollstoffe lieferten, die vielfach nach der Stadt Mossul am Tigris als Musseline bezeichnet wurden, waren diese über die Herkunft dieser Stoffe noch in vollständiger Unkenntnis befangen. Noch bis ins 17. Jahrhundert berichten uns die abendländischen Gelehrten in ihren Chroniken, daß der Baumwollstoff das Produkt der Wolle des tatarischen oder syrischen Pflanzenschafs, Barometz genannt, sei, dessen Früchte von der schönsten weißen Wolle bedeckte Lämmer enthalten. „Und daran wuchs“, schreibt Sir John Mandeville, ein englischer Ritter, der viele Länder bereiste, um deren Gebräuche und Wunder kennen zu lernen, „eine Art Früchte, als ob es Kürbisse wären; und wenn sie reif sind, kann man sie essen, und man findet darinnen ein kleines Tier mit Fleisch, Bein und Blut, als wie ein kleines Lamm, außen mit Wolle bedeckt; und man ißt beides, Frucht und Tier, und das ist ein großes Wunder. Und auch ich habe von dieser Frucht gegessen; aber obgleich es wunderbar ist, so weiß ich doch, daß Gott noch wunderbarer ist in seinen Werken.“

Andere wieder berichteten, dieser Barometz sei ein Lamm, das mit seinem Nabel auf dem Stamm der betreffenden Pflanze befestigt sei und sich von den ringsum wachsenden Gräsern ernähre; wenn aber das Futter aufgezehrt sei, so verwelke der Stamm und sterbe das Tier. So unglaublich schien unseren in größter Unwissenheit über alles, was jenseits der von ihnen bewohnten Länder geschah, dahinlebenden Vorfahren im Mittelalter die Möglichkeit des Vorkommens pflanzlicher Wolle, daß sie eben solche Märchen sich aufbinden ließen. Und dieses Märchen vom Schaf, das in Früchten auf Bäumen wachse, war noch lange nicht das Wunderbarste, das unsere biederen Ahnen damals glaubten und als verbürgte Wahrheit in ihren Chroniken aufzeichneten.

XXII.
Die Farb- und Gerbstoffpflanzen.

Die Kunst der Färberei hat sich im Anschluß an die Körperbemalung und Tätowierung entwickelt, die auch der vorgeschichtliche Europäer vor Zehntausenden von Jahren ausübte. Nebst Amulettschmuck sind Knollen von durch Eisengehalt rotem Ocker, der mit Tierfett vermischt zum Bemalen des Körpers diente, die ältesten nachweisbaren kosmetischen Gegenstände des Menschen. Dabei war es ja naheliegend, die Schmuckfarbe von der menschlichen Haut auf die geglättete Innenseite der zum Wärmeschutz umgehängten Tierfelle und später auch an die Außenseite der aus Leinfasern gewebten ältesten Kleidungsstoffe zu übertragen. So haben schon die neolithischen Pfahlbauern, und noch in erhöhtem Maße diejenigen der Bronzezeit, ihre neben den Fellen der erlegten Beutetiere getragenen Leinenkleider, wie wir aus der Verzierung ihrer gleicherweise bekleideten Idole aus gebranntem Ton schließen dürfen, mit einfachen linearen Ornamenten aus Erd- und Pflanzenfarben bedeckt. Neben Ruß und Roteisenstein dienten ihnen, nach den in ihren Kulturresten gefundenen Samen zu schließen, die Beeren des Attichs, einer Holunderart (*Sambucus ebulus*), zu einem hellen Blau, das Kraut des Wau (*Reseda luteola*) zu Gelb und vermutlich die Wurzeln der gemeinen Färberröte (*Rubia tinctorum*) zu einem schön leuchtenden Rot. Wahrscheinlich benutzten sie auch die aus den zerquetschten Blättern des Waids (*Isatis tinctoria*) gewonnene dunkelblaue bis schwarzgrüne Farbe, mit der sich nach dem Berichte Julius Cäsars die ihm bei seiner Landung in England im Jahre 55 v. Chr. entgegentretenden Britannier an Gesicht und Leib abschreckend bemalt hatten. Bei allen Naturvölkern werden dieselben Farbstoffe, die zur Hautbemalung dienen, trocken oder mit Wasser, seltener Fett oder Öl verrieben, auf ihre Fell- oder Zeugkleidung übertragen.

Die Chinesen, Inder, Perser, Babylonier, Syrer und Ägypter kannten und übten die Färberei seit uralter Zeit. Wie überall sonst dienten gefärbte Kleider auch bei ihnen als gesuchte und deshalb kostbare Gegenstände des Schmuckes und der persönlichen Auszeichnung. Schon in der Genesis wird erzählt, daß Israel seinem viel jüngeren Bruder Joseph einen „bunten Rock“ machte, um ihn zu erfreuen. In den Büchern Moses werden blau, purpurn und scharlachrot gefärbte Kleider als besonders kostbar erwähnt. Vorzugsweise wurde von den Phönikiern in Tyrus die Färberei und der Handel mit gefärbten Stoffen betrieben, und der aus dem Safte der zerquetschten, im Mittelländischen Meere lebenden Purpurschnecken (*Murex brandaris* und *M. trunculus*) gewonnene, vom Sonnenlichte nicht abschießende, sondern immer leuchtkräftiger werdende, dunkelviolettrote Purpur, der als Symbol priesterlicher und fürstlicher Würde galt, soll in jener phönikischen Stadt erfunden worden sein. Bereits die ältesten Ägypter verstanden ihre Leinenkleider, wie auch die aus demselben Material verfertigten Binden, mit denen sie ihre mumifizierten Toten einwickelten, kunstreich zu färben und unterschieden ihre Hauptgötter an den verschiedenen Farben ihrer heiligen Gewänder. Der römische Naturforscher Plinius der Ältere, um die Mitte des 1. christlichen Jahrhunderts, berichtet voll Bewunderung von dem eigentümlichen Verfahren der hochentwickelten ägyptischen Färberei, wonach das Zeug in die heiße Farbbrühe getaucht und einfarbig herausgezogen, später aber mit noch anderen Farben geschmückt wurde. Es scheint, als ob hier schon von Färberei mit Wachsdeckung in Verbindung mit nachfolgender Zeugdruckerei die Rede sei. Die Produkte des ägyptischen Kunstfleißes wurden weit verführt, und werden sowohl von jüdischen, als von griechischen Schriftstellern häufig erwähnt. Der Sitz der ägyptischen Linnenmanufaktur und -färberei war die alte Hauptstadt Memphis in Unterägypten, woselbst die bedeutendsten tyrischen Kleider- und Stoffhändler besondere Faktoreien und Färbereien besaßen. Auch die von ihnen in Tyrus selbst zu färbenden Zeuge, Gewänder und Teppiche bezogen sie zum großen Teil aus Ägypten, wie im Klagelied des im Jahre 598 v. Chr. mit dem König Jojachin von Juda von den Assyriern nach Mesopotamien abgeführten Propheten Hesekiel über die Zerstörung von Tyrus zu lesen ist.

Die alten Griechen scheinen auf kunstvoll gefärbte Kleider weniger gehalten zu haben; denn sie trugen, im Gegensatz zu den prunkliebenden Orientalen, meist ungefärbte Gewänder. Dies war wenigstens in der klassischen Zeit der Fall; aber noch im 7. und teilweise noch im 6. vorchristlichen Jahrhundert hatten auch sie, vom phönikischen Handelsimport beeinflußt, vielfach buntfarbige Gewänder getragen, mit denen sie in späterer Zeit nur noch die Statuen ihrer Götter bekleideten und die ihre Schauspieler als Abzeichen der alten Zeit trugen, wenn sie in den als gottesdienstliche Handlungen aufgefaßten öffentlichen Schauspielen die in längstvergangener Zeit lebenden Heroen darstellten, als ob sie noch unter den Sterblichen wandelten. In demselben Sinne brachten auch die attischen Jungfrauen der Stadtgöttin Pallas Athene an dem ihr geweihten Feste der Panathenäen ein kunstvoll farbig verziertes Obergewand, das *péplon*, zu einer Zeit dar, da sonst niemand mehr in Athen solch orientalisch bunte Kleider trug. Bei den Römern war eine rote Verbrämung des weißen, als Toga bezeichneten Obergewandes die Auszeichnung der noch nicht mannbaren Knaben und der Standespersonen. Die Ritter trugen den rotgestreiften Mantel, die *trabea*. Bei Trauer wurde die Toga schwarz gefärbt. Bei den Spielen im Zirkus unterschieden sich die verschiedenen Parteien durch die Farbe ihrer Anzüge und Plinius spricht von Grün, Orangerot, Grau und Weiß. Als Farbmaterial benutzte man im Altertum nach dem Pflanzenverzeichnis des Dioskurides und anderer Autoren Safran, Waid, Färberginster, Krapp, Alkanna, Galläpfel, die Samen des Granatapfels und einer ägyptischen Akazie, verschiedene Früchte und als Phykos bezeichnete Farbflechten. Da man außerdem Alaun, Eisen- und Kupfervitriol anwandte, muß das Beizen schon bekannt gewesen sein. Von allen diesen Farbpflanzen wurde aber außer Safran, der mehr als Gewürz diente, Wau, Waid und Krapp keine einzige von den Römern angebaut.

Auch bei den Kelten und Germanen der frühgeschichtlichen Zeit war die Kunst des Färbens ziemlich ausgebildet. So berichtet der römische Geschichtschreiber Tacitus (74–118 n. Chr.) von den deutschen Frauen, daß sie ihre Kleidung mit Rot zu verzieren pflegen. Aus Gallien führt er purpurrot färbendes Kraut an, womit er jedenfalls die zu jener Zeit auch in Germanien bekannte und angewandte gemeine Färberröte oder Krapppflanze meinte. Die Kultur dieser Pflanze wurde dann, wie wir bald sehen werden, im späteren Mittelalter in gewissen Landschaften Mitteleuropas sehr intensiv betrieben. Ebenso geschätzt war bei den frühgeschichtlichen Mitteleuropäern der zum Blaufärben benutzte Waid, der unter diesem Namen für Westgermanien bezeugt ist und im 6. Jahrhundert bei den Goten unter dem Namen *wizdila* gebräuchlich war. Auch die gelbfärbende Färberdistel wurde auf Wiesen und an feuchten Orten, wo sie wild wächst, gesammelt und von den Frauen zum Färben benutzt.

Die Entwicklung der Färberei wurde in Europa im 5. Jahrhundert durch die Wirren der Zeit der Völkerwanderung erstickt, blühte aber im Orient weiter, dessen bunte Textilstoffe von der tyrischen Blütezeit ab im ganzen Abendland hochgeachtet waren. Besonderen Ruf für ihre Produkte erlangten in ihm die Perser und Syrer, die gleich den Indern die kunstvollsten Webereien und Stickereien in den buntesten Farbenzusammenstellungen, wie sie nur die glanzvolle Beleuchtung unter dem südlichen Himmel eingab, schufen. Im Morgenlande übertrug sich auch die seit alter Zeit beobachtete Standesunterscheidung durch Farben der Gewänder auf die Muhammedaner, bei denen Grün die Auszeichnung der Familie des Propheten, der grüne Turban aber das Kennzeichen des Hadschi, d. h. desjenigen ist, der die vom Propheten vorgeschriebene Pilgerreise nach Mekka absolviert hat. Ähnlich wie in Indien heute noch den einzelnen Kasten, wie auch den verschiedenen Rangstufen innerhalb derselben genau vorgeschrieben ist, welche Farben und in welcher Zusammenstellung sie dieselben tragen dürfen. Die europäischen Fabrikanten kennen diese Gesetze ganz genau und haben eigene Musterbücher dafür.

In Indien steht die Kunst der Färberei auf derselben hohen Stufe wie vor tausend Jahren. Hier gibt man den Zeugen an den Stellen der Zeichnung, die anders gefärbt werden sollen, einen Überzug von Mastix, den weder kalte, noch warme Farbstofflösung aufzulösen vermag. Ist das Gewebe in der betreffenden Farblösung gefärbt, so braucht man nur den Mastix in Spiritus aufzulösen, unter dessen Hülle dann der Grund des Zeuges in seiner ursprünglichen Färbung zum Vorschein kommt. Die Malaien Indonesiens verfahren in ähnlicher Weise beim Färben ihrer Sarongs oder Lendentücher, ihrem oft einzigen, jedenfalls aber wichtigsten Kleidungsstück, dem sie die zierlichsten Muster zu geben wissen. Auf einem Kohlenfeuer wird eine bestimmte Wachsmischung flüssig gemacht, in einen pfeifenkopfähnlichen Behälter oben an einer dünnen Kupferröhre gegossen und fließt von da durch die Röhre ab, durch welche es vermittelst Fingerdruck auf das Zeug geleitet wird. Hier deckt es alle jene Stellen, welche nicht in der betreffenden Farbe koloriert werden sollen. Natürlich muß die Zeichnung von beiden Stellen gleichmäßig mit der Wachslösung bedeckt werden, damit die Farbe nicht von einer Seite eindringen könne. Nach dem Färben in kalter Farblösung wird das Wachs durch Kochen in heißem Wasser entfernt und dieselbe Prozedur für alle folgenden Farben vorgenommen, soviel solcher zur Anwendung gelangen. Mit dieser sogenannten Battikfärberei vermögen die Malaien besonders des östlichen Java die wunderbarsten Effekte zu erzielen und farbige Muster von staunenswerter Grazie zu erzeugen.

Auch die Bewohner der polynesischen Inseln färbten, ehe sie die europäischen Baumwollstoffe kennen lernten, ihre mit Holzklöppeln breit geschlagenen Lendentücher aus weichem Baumbast mit den verschiedensten einfachen Mustern. Unsere Museen bergen teilweise bemerkenswerte Proben dieser verzierten polynesischen Tapa. Noch sehr viel kunstvoller verstanden die alten Peruaner und Mexikaner vor der Zerstörung ihrer hohen Kultur durch die goldgierigen Spanier ihre Lama- und Baumwollgewebe, wie auch Lederarbeiten mit Farbmustern zu bemalen. Proben mexikanischer Gewebe, die Fernando Cortez an Karl V. nach Europa sandte, erregten durch ihre Schönheit nicht geringes Aufsehen. Und wer je das Berliner Völkermuseum besuchte, wird von den zahllosen hübschen Mustern überrascht sein, welche in den Umhüllungen und Beigaben der Mumien von Ancon und anderer Gräberfelder in Peru aus der Zeit der Inkas zutage gefördert wurden. Sie gefielen den modernen Europäern in so hohem Maße, daß diese schematisierten Muster auf zahllosen Erzeugnissen der heutigen Textilindustrie kopiert wurden und uns häufig, besonders an Tischdecken, entgegentreten. Auch die Indianerinnen Nordamerikas wußten einst Fasern und Schnüre zu färben, mit denen sie die Kleider und Mokassins, d. h. Schuhe aus weichem gegerbtem Leder, wie auch die Zeltdecken aus Büffelhaut schmückten. Heute noch üben die von der Kultur noch nicht zugrunde gerichteten Indianerstämme Alaskas, wie besonders die Thlinkiten und Bella-kula, ihre hochentwickelte Färbekunst auf Leder und Holz zur Freude der ethnographischen Sammlungen aus. Als Färbemittel gebrauchen die verschiedenen Indianerstämme Zinnobererde, Büffelbeeren, Blaubeeren, Gelbholz, Quercitron, Galläpfel usw.

Durch die Vermittlung der Kreuzzüge, die das Abendland in nähere Verbindung mit dem Morgenlande brachten, gelangte die Schönfärbekunst im 12. und 13. Jahrhundert wiederum nach Europa, abgesehen von Spanien, das in den Mauren treffliche Färbekünstler besaß. Zunächst wurde diese für das übrige Europa neue Kunst in Italien geübt, das ja durch seine Schiffahrt in regster Verbindung mit dem Oriente stand. Zuerst war es Florenz und dann Venedig, deren Färbereien bald den höchsten Ruhm im Abendlande erlangten. Ein Einwohner der erstgenannten Stadt hatte im 13. Jahrhundert das Geheimnis der Darstellung der blaufärbenden Orseille aus einer Flechte in Kleinasien erworben und brachte durch die Einführung derselben in die Praxis seiner Vaterstadt unermeßliche Vorteile. In Venedig erschien 1548 das erste Werk über Färberei von Giovanni Ventura Rosetti, das großes Aufsehen erregte und nicht wenig dazu beitrug, das Interesse an der Färberei in ganz Europa zu erwecken. Nördlich der Alpen gewann sie zuerst größere Bedeutung in Flandern, dessen Tuch- und Leinenweberei in hoher Blüte stand. Von hier aus verbreitete sich die Kunst der Schönfärberei allmählich über die anderen Länder Europas. In Deutschland war es der mächtige Bund der Hansa, der auch diesem Erwerbszweig große Aufmerksamkeit schenkte. Er ließ zuerst aus Italien, dann aus Flandern geschickte Färber als Lehrmeister der einheimischen kommen. Diese bildeten damals schon stattliche Zünfte, so in Augsburg 1390 und bald darauf auch in anderen schwäbischen Städten. Nach London ließ König Eduard III. von England ums Jahr 1373 Färber aus Flandern kommen, die das einheimische Gewerbe in die Höhe brachten, so daß die Zunft der Färber 100 Jahre später in London so stark vertreten war, daß sie eine eigene Kompagnie der städtischen Miliz bildete.

Von großem Einfluß auf die Entwicklung der Färberei war die Entdeckung von Amerika, indem dadurch nicht allein alle Verkehrsverhältnisse von Grund aus verändert wurden, sondern auch eine Menge wichtiger neuer Farbstoffe wie Rot- und Blauholz, Cochenille, Orlean und Quercitron in den Handel kamen. Nicht minder bewirkte die Auffindung des Seewegs nach Ostindien einen vermehrten und zugleich billigeren Bezug des bis dahin sehr kostbaren Indigo. Weil sich aber durch dessen Einfuhr die Waidbauern beeinträchtigt fühlten, so hatte der edle indische Farbstoff in Europa mit den größten Schwierigkeiten zu kämpfen. Auf Anstiften der einheimischen Waiderzeuger verbot ihn ein Edikt der Königin Elisabeth in ganz England; zugleich wurden die im Lande befindlichen Vorräte zerstört. Die Verwendung von Indigo wurde sogar mit Todesstrafe bedroht; erst im Jahre 1661 unter Karl II. wurde seine Einfuhr und Anwendung wieder gestattet.

Zu Anfang des 16. Jahrhunderts kam der Krappbau aus dem Orient nach Schlesien und Holland und 100 Jahre später auch nach Südfrankreich. Die Purpurfärberei mit der seit 1526 getrocknet als Cochenille von Mexiko in den Handel kommenden Schildlaus des Nopalkaktus nahm einen unerwarteten Aufschwung, als im Jahre 1650 der Holländer Cornelius Drebbel das Zinnsalz als Ersatz des Alauns einführte und auf Grund seiner Erfindung eine großartige Färberei besonders für Rot bei London errichtete. Ein Landsmann von ihm, Adrian Brauer, war es, der 1667 die Wollfärberei in England einführte. Nachdem man in der Mitte des 16. Jahrhunderts Indigo und Blauholz in England eingeführt hatte, eignete sich das Land erst mit Ende des 18. Jahrhunderts die Färberei mit Quercitron und Türkischrot, vorzugsweise auf Bankrofts Betreiben hin, an, dessen 1790 erschienenes Werk über Färberei die Grundlage der neueren Kunst bildete. In Frankreich begann sich die Färberei erst unter Ludwig XIV. zu heben, als der seit 1660 als Generalkontrolleur der Finanzen an der Spitze der Verwaltung stehende Staatsmann Colbert durch d'Albo eine tüchtige Färberordnung aufstellen ließ, die 1669 in Paris veröffentlicht und von den segensreichsten Folgen war. Und als später die französische Akademie diesem Zweige des Kunstgewerbes ihre Aufmerksamkeit zuwandte, und 1762 Joannes Althen, ein Armenier, das Geheimnis der Türkischrotfärberei zuerst nach Frankreich gebracht hatte, entwickelte sich die Färbekunst in diesem Lande so gewaltig, daß es darin bald an der Spitze aller übrigen Länder zu stehen kam.

Um 1700 entdeckte man in Berlin das Berlinerblau, und 1740 erfand Barth die Sächsischblaufärberei mit Indigosulfosäuren. Die neueste Zeit hat die Färberei durch das Studium des Verhaltens der Beizen gegen die Farbstoffe sehr gefördert; außerdem häuften sich die Entdeckungen aus dem Mineralreich, und in neuen Verbindungen der organischen Chemie lernte man die wertvollsten Rohmaterialien für glänzende Farben kennen. Erregte in dieser Beziehung schon das Murexid aus Harnsäure großes Aufsehen, so wurden alle bisherigen Erfolge seit 1859 durch die Entdeckung der Teerfarben, und zwar zunächst des Fuchsins, noch weit übertroffen. Diese beherrschen jetzt vollständig die Färberei und geben Farben in allen Nüancen von einer Leuchtkraft und vielfach auch Echtheit, wie sie vorher ganz unbekannt waren. Zudem wurden allerlei Verfahren gefunden, um einige der wichtigsten Pflanzenfarbstoffe wie Alizarin und Indigo künstlich herzustellen, so daß der Krappbau ganz und die Indigopflanzungen Indiens wenigstens zum größten Teile eingestellt wurden.

Wenden wir uns nun nach diesem kurzen Überblick über die Geschichte der Färberei zu den einzelnen Farbpflanzen, und zwar sei mit einer der ältesten und wichtigsten begonnen, welche die dem naiven Empfinden des primitiven Menschen am stärksten in die Augen stechende und deshalb am meisten zusagende Farbe, nämlich die rote, in großer Leuchtkraft liefert. Es ist dies der Krapp, oder die Färberröte (*Rubia tinctorum*), eine 60–90 cm hohe Staude mit dornig scharfen Stengeln und Blättern, gelben Blüten und schwarzen Früchten. Ihre technische Bedeutung verdankt sie dem kurzen, knorrigen Wurzelstock von 20–30 cm Länge und 5–12 mm Dicke, der außen von einer rotbraunen Rinde bedeckt, innen aber gelbrot ist. Die Pflanze gedeiht am besten auf humusreichem Boden und wird durch Ausläufer vermehrt, die man im März setzt. Im Herbst wird das Kraut, das ein gutes Viehfutter bildet, gemäht, wonach man die Stöcke zum Schutz gegen die Winterkälte mit Erde bedeckt. Die Ernte der Wurzeln geschieht erst im Spätherbst des dritten, im Morgenland sogar erst des fünften und sechsten Jahres. Nach der Entfernung der wenig wertvollen Oberhaut werden die Wurzeln zunächst getrocknet und kommen dann zerschnitten, meist aber gemahlen, als Krapp in den Handel. Er bildet ein grobes, safranfarbiges Pulver von eigentümlichem Geruch und säuerlichsüßem Geschmack, das begierig Feuchtigkeit aus der Luft an sich zieht und infolgedessen leicht zusammenbackt. Deshalb muß es sorgfältig vor Luft und Licht geschützt werden. Durch mehrjährige Aufbewahrung verbessert der Krapp seine Qualität, geht aber nach dem 5. bis 6. Jahre zurück. Außer den gewöhnlichen Pflanzenbestandteilen enthält er ein farbloses Glykosid, Ruberythrin, das sich unter dem Einfluß eigentümlicher Fermente langsam in Zucker und einen roten Farbstoff, das Alizarin, zersetzt. Daher kommt es, daß der Krapp beim Aufbewahren an Kraft des Färbevermögens gewinnt.

Seine Heimat hat der Krapp im Mittelmeergebiet bis Syrien und Persien, wo zunächst die Wurzeln der wilden Pflanze vom Menschen gesammelt und zum Färben benutzt wurden; doch wurde er im Orient und in Griechenland schön früh angebaut, ebenso von den Römern, die ihn den Völkern nördlich der Alpen vermittelten. Der griechische Arzt Dioskurides berichtet um die Mitte des 1. christlichen Jahrhunderts, daß das auch als Arzneimittel gebrauchte *erythródanon* angepflanzt werde und wild vorkomme; seine Wurzeln verwende man aber hauptsächlich zum Färben. Er sagt: „Der Krapp (*erythródanon*) auch *téuthrion*, *drákanos* und *kinnábaris*, bei den Römern *rubia passiva*, bei den Etruskern *lappa minor*, bei den Ägyptern aber *sophobí* genannt, hat eine rote Wurzel, die zum Färben dient. Es gibt eine wildwachsende und eine kultivierte Sorte, welche letztere beispielsweise in Ravenna angepflanzt wird. In Karien sät man den Krapp zwischen Ölbäumen. Sein Anbau bringt großen Gewinn. — Die Wurzel ist dünn, lang, rot, dient auch als Arznei." Sein Zeitgenosse Plinius schreibt in seiner Naturgeschichte: „Der Krapp (*rubia*, von *rubus* rot) ist zum Färben der Wolle und des Leders unentbehrlich und sein Anbau bringt viel Gewinn. Für vorzüglich gilt der bei Rom gezogene, doch wird er in fast allen Provinzen kultiviert. Man sät ihn wie die Kicherplatterbse (*ervilia*), doch wächst er auch wild. Er dient auch als Arznei." Der unter Cäsar und Augustus lebende Kriegsingenieur Vitruvius sagt in seinem Buche *de architectura* über ihn: „Um für Wandgemälde eine Purpurfarbe zu bekommen, färbt man Kreide mit Krapp (*rubia*) und Kermesbeeren (*hysginum*) von der Kermeseiche rot. Man bereitet auch andere Farben aus Blütenpflanzen. Um ein Ockergelb zu gewinnen, wirft man getrocknete Veilchen (*viola*) in ein Gefäß, gießt Wasser dazu und läßt die Mischung kochen. Ist sie wieder abgekühlt, so schüttet man sie in ein leinenes Tuch, drückt sie aus und tut das von Veilchen gefärbte Wasser in einen Mörser und reibt es mit eretrischer Kreide (Eretria, Stadt auf der Südwestküste von Euböa in Griechenland, wurde 490 v. Chr. durch die Perser zerstört, aber wieder aufgebaut) zusammen. Man macht auch eine schöne Purpurfarbe aus Heidelbeeren (*vaccinium*), indem man sie ebenso behandelt und Milch hinzufügt. Ein schönes Grün bekommt man, wenn man etwas Blaugefärbtes mit der gelben Farbe des Wau (*luteum*, d. h. gelben, von *Reseda luteola*) tränkt. Fehlt es an Indigo (*color indicus*, d. h. indischer Farbe), so wendet man Waid (*vitrum*, von *Isatis tinctoria*) an, einen Farbstoff, den die Griechen *hyalon* nennen."

In dem Verzeichnis der Pflanzen, die Karl der Große auf seinen Gütern angepflanzt haben wollte, wird die Färberröte unter dem fränkischen Namen *warentia* angeführt, doch verbreitete sich die Krappkultur erst einige Jahrhunderte später in Frankreich, wo sie in mittelalterlichen Akten öfter erwähnt wird. Sie erlosch dann wieder, so daß sie gegen das Ende des 16. Jahrhunderts fast nur noch in Holland betrieben wurde. Im Jahre 1760 ließ der französische Minister Bertin Samen des morgenländischen Krapps, der von *Rubia peregrina* abstammt und heute noch der farbstoffreichste und infolgedessen geschätzteste ist, nach Frankreich kommen und unter die Landleute verteilen. In der Grafschaft Avignon führte der bereits erwähnte Armenier Joannes Althen 1766 den bis dahin dort unbekannten Krappbau ein, der sich wenig später auch im Elsaß verbreitete. In Deutschland wurde wohl zuerst in Schlesien Krapp gebaut; wenigstens datiert eine Breslauer Röteordnung von 1574. In Böhmen, wo im 16. und 17. Jahrhundert der Krappbau ebenfalls blühte, wurde er durch den Dreißigjährigen Krieg zugrunde gerichtet; auch in Sachsen, Bayern und Baden ging er ganz zurück. In der Pfalz datiert er seit 1763. In den 1830er Jahren nahm er aber wieder einen großen Aufschwung und wurde besonders in Südfrankreich um Avignon, dann in Holland und im Elsaß betrieben, bis im Jahre 1860 die deutschen Chemiker Gräbe und Liebermann den Krappfarbstoff, das Alizarin, künstlich aus Anthracen, einem Teerprodukt, darstellten. Dadurch wurde der Krappbau an seiner Wurzel angegriffen und ging begreiflicherweise stark zurück, obschon Napoleon III. zum Schutze des südfranzösischen Krappbaus die Hosen und teilweise auch die Mützen des französischen Militärs mit dem Krappfarbstoff rot färben ließ. Jetzt wird hauptsächlich in Kleinasien, Ägypten und Ostindien, teilweise auch in Nordamerika und Australien Krapp gebaut. In Ostindien wird die einheimische *Rubia munjista* gepflanzt, woher der aus jenem Lande stammende Krapp als Munjit bezeichnet wird. In Westindien und Südamerika werden ebenfalls besondere Arten von Rubia kultiviert, deren Wurzeln zum Färben dienen. Heute wird der Krapp meist nur noch in technisch veralteten Färbereien benutzt. Durch Anwendung verschiedener Beizen können mit ihm, beziehungsweise dem künstlich hergestellten Alizarin, alle Nüancen von Rot und Violett und teilweise auch von Braun erzielt werden. Er dient mit dem Samen der syrischen Raute (*Peganum harmala*) zur Türkischrotfärberei und zum Rotfärben von Tinte und Lack.

Einen ebenfalls schon sehr lange zum Färben benutzten dunkelroten Farbstoff liefert die Wurzel der echten Alkanna oder Alhenna, des *kýpros* der Alten von *Lawsonia inermis*, einem in Ostafrika, Arabien, Ostindien, den Sundainseln und Nordaustralien wachsenden sehr ästigen, wild meist bedornten, in der Kulturpflege aber vielfach dornenlos gewordenen Strauch von 2–4 m Höhe mit 1–1,5 cm langen Blättern und gelblichweißen bis ziegelroten Blüten. Seit uralter Zeit wird er im Orient und in Nordafrika, neuerdings auch in Ostafrika kultiviert und findet sich jetzt ostwärts bis Südchina und westwärts bis Marokko und Senegambien angebaut. Die braunrote, etwas zusammenziehend schmeckende Wurzel kam früher nach Südeuropa in den Handel und ist heute noch in Persien und Indien als Heilmittel und zum Färben im Gebrauch. Sie wird, wie auch die Stengel, mit Wasser gekocht und gibt eine gelblichrötliche Flüssigkeit, welche auf weiteren Zusatz von Alkalien intensiver rot wird, bis eine fast karminrote Lösung entsteht. Die Blüten sind wegen ihres Wohlgeruchs sehr geschätzt und spielen bei den religiösen Akten der Buddhisten eine große Rolle, die Blätter aber werden, wie die Mumienfunde aus dem alten Ägypten beweisen, seit sehr langer Zeit im Niltal zum Gelbrotfärben der Nägel der Finger und Zehen, der Fingerspitzen, der Handflächen und Fußsohlen verwendet, womit die Frauen ihre Schönheit zu erhöhen glauben. Die Pflanze heißt im Altägyptischen *puker*, woraus durch Umstellung das koptische *kuper*, das hebräische *kopher* und das griechische *kýpros* entstand. In einigen altägyptischen Parfümerierezepten und als Bestandteil des heiligen Räucherpulvers *kyphi* wird *kuper* als Bestandteil angeführt. Und wie die Frauen im alten Ägypten, so bedienen sich die heutigen Bewohnerinnen des Niltals wie überhaupt die Araberinnen des von ihnen *fagu* oder *fagia* genannten Strauches in der oben genannten kosmetischen Weise. Zu diesem Zwecke werden die Blätter, die getrocknet und gepulvert unter dem Namen Henna in den Handel kommen, mit Kalkmilch verrieben und aufgetragen. Alternde Frauen färben sogar ihre weiß werdenden Haare, Männer ihren Bart und die Mähne ihrer Pferde damit orangerot. Diese unserem Geschmack wenig zusagende Verschönerung ihres Äußeren halten die Orientalinnen für ebenso notwendig, als das Bemalen der Augenlidränder und Stirnmitte mit Strichen des schwarzen *kuhl*, einer aus Ruß oder zerstoßenem Schwefelantimon hergestellten Paste, die bereits die Frauen im alten Ägypten benutzten, wie wir aus den Gräberfunden und alten Rezepten auf Papyri wissen. In Indien dient die Henna zum Schwarzfärben von Leder.

Denselben prachtvollen roten Farbstoff Alkannin wie die echte birgt die unechte Alkanna, die Wurzel der in der Türkei, in Kleinasien und besonders in Ungarn angepflanzten und in Ballen von etwa 100 kg zu uns in den Handel gelangenden Färberochsenzunge (*Anchusa tinctoria*), die zum Rotfärben von Haarölen, Pomaden, Polituren usw. dient, außerdem zum Färben von Leder und in Lyon zum Färben von Seide benutzt wird. Schon die alten Griechen und Römer bedienten sich ihrer zum Rotfärben und Schminken, wie auch als Arznei. So schreibt Theophrast im 4. vorchristlichen Jahrhundert: „Die Färberochsenzunge (*anchúsa*) hat eine rote Wurzel wie der Krapp, und färbt rot." Hesychios schreibt: „Sich anchusieren (*anchusízesthai*) heißt: die Wangen mit *anchusa* schminken," und der Arzt Dioskurides sagt, die Wurzel sei fingerdick, fast blutrot und werde als Arznei benutzt und in Salben getan. Sein Zeitgenosse Plinius schreibt: „Die fingerdicke Wurzel der *anchusa* färbt die Finger blutrot und bereitet die Wolle für kostbare Farben vor. Auch wird sie als Arznei gebraucht." Bei der Besprechung der Salben erwähnt er die *anchusa* neben dem von dem Drachenbaume (*Dracaena draco*) auf der ostafrikanischen Insel Sokotra stammenden Drachenblut (*cinnabaris*, d. h. Zinnober) als Farbstoff (*color*). Auch im Mittelalter und in die Neuzeit hinein war dieser Farbstoff gebräuchlich, bis er durch bessere verdrängt wurde.

Ein ähnliches Rot wie die Färberochsenzunge liefert der Färberkroton oder die Tournesolpflanze (*Chrozophora tinctoria*), eine einjährige Wolfsmilchart von den sandigen Küsten des Mittelmeergebiets und aus Arabien mit langgestielten, behaarten Blättern und hängenden Fruchtkapseln. Sie diente bei den Alten zum Vertreiben der Würmer und zum Wegätzen der Warzen; jetzt wird sie zur Herstellung der Bezetten oder Schminkläppchen benutzt. Es sind dies Leinwandläppchen, die in Südfrankreich mit dem Safte der Blüten und Früchte des Färberkrotons, jetzt aber meist mit dem Extrakte des Pernambukholzes so stark getränkt werden, daß sie leicht Farbstoff abgeben. Man verwendet die Bezetten zum Schminken, zum Färben von Backwerken, Likören, Gelees und namentlich in Holland zum Färben der 2–10 kg schweren runden Süßmilchkäse, die nach der Stadt Edam benannt werden, aber vorzugsweise in der Gegend von Hoorn und Alkmaar in Nordholland hergestellt werden. Der Färberkroton wird hier und da, so namentlich bei Montpellier, angepflanzt.

Weniger wichtig ist der rote Farbstoff der syrischen Raute (*Peganum harmala*), eines ausdauernden Gewächses mit 30–40 cm langem Stengel und ziemlich großen, weißen Blüten, das gesellig in den Steppen Spaniens, Nordafrikas und von Südrußland bis zur Dsungarei und Tibet wächst. Die Samen dienen in der Türkei als schweißtreibendes, Würmer vertreibendes und berauschendes Mittel, auch als Gewürz, besonders aber in Verbindung mit der pulverisierten Krappwurzel zur türkischen Rotfärberei. Aus ihnen wird das auch sonst vielfach zum Färben benutzte Harmalin oder Harmalarot gewonnen.

Von anderen roten Farben finden wir in der Alten Welt den unschädlichen Farbstoff der Kermesbeeren oder Scharlachkörner in Form von braunroten, erbsengroßen, mit rotem Safte angefüllten Hüllen der Kermesschildlaus (früher *Coccus*, jetzt *Lecanium ilicis*), die sich an der in Südeuropa wachsenden strauchartigen Kermeseiche (*Quercus coccifera*) finden. Sie werden von armen Leuten, besonders Hirten und Kindern, die sich zu diesem Zwecke die Nägel lang wachsen lassen, von den Zweigen abgekratzt und kommen besonders von Nauplia in Griechenland aus in den Handel, um speziell nach Marokko, Tunis und Alexandrien verschifft zu werden, wo dieselben in hohem Preise stehen, weil die Muhammedaner ihre Wolltücher, namentlich aber ihre von uns nach der Stadt Fez in Marokko als Fez bezeichneten Kopfbedeckungen rot färben. Bei uns dienten sie früher an Stelle der teueren Cochenille in der Färberei, namentlich zur Herstellung eines schlechten Karmins, des Kermesbeeren- oder Karminlacks, und in der Apotheke zur Bereitung des Kermes-Sirups und des Alkermes-Konfekts, Präparaten, mit denen die arabischen Ärzte im Mittelalter das Abendland bekannt machten. *Al* ist der arabische Artikel und *kermes* oder *kermas* heißt arabisch-persisch wurmerzeugt (von *kirm*, Wurm). Von diesem Kermes rührt das arabisch-persische *kirmasi* für Karminrot her, ein Ausdruck, der als Karmoisin (später in Karmin abgekürzt) ins Deutsche überging. Der Karmoisinlack wurde besonders in Persien zur Herstellung der berühmten roten Lackwaren benutzt und kam ebenfalls durch die Vermittlung der Araber zur Kenntnis der Völker des Abendlandes. Diese Kermesbeeren wurden schon bei den alten Griechen zum Färben verwendet und hießen bei ihnen *kókkos*. So schreibt Dioskurides: „Die Kermeseiche (*kókkos baphikê*) ist ein kleiner, ästiger Strauch, an welchem Körner (*kókkos*) wie Linsen (*phakós*) hängen, welche gesammelt und aufbewahrt werden. Die besten kommen aus Galatien und Armenien, geringere aus Asien (dem nordwestlichen Kleinasien, das bei den Römern die Provinz Asia bildete) und Kilikien, die geringsten aus Spanien. Außer zum Färben gebraucht man sie in der Heilkunde, mit Essig verrieben, äußerlich als zusammenziehendes Mittel." Wie wir von Vitruv im letzten Jahrhundert v. Chr. erfahren, hieß das Kermesbeerenrot bei den Römern *hysginum* und wurde viel zum Färben und Schminken, auch zum Rotmalen von Wänden und Wandgemälden benutzt. Noch heute sind in Griechenland ausgedehnte Landstrecken, namentlich Bergabhänge und für anderweitige Kultur unbrauchbare Berge dicht mit dem Gestrüpp der Kermeseichen besetzt, die zur Kermesgewinnung ausgebeutet werden.

Ein Surrogat dieser echten Kermesbeeren der Kermeseiche bilden die schwarzen Beeren der aus Nordamerika bei uns eingeführten und in

Südeuropa verwilderten gemeinen Kermesbeere (*Phytolacca decandra*), eines ausdauernden Krautes mit länglicheiförmigen, ganzrandigen Blättern. Mit dem roten Safte der Beeren färbt man in Frankreich und Portugal die Weine und in ganz Europa die Zuckerwaren, besonders Sirup rot; doch ist dieser Farbstoff weit weniger haltbar als derjenige der echten Kermesbeeren der Kermeseiche. Von Bordeaux verbreitete sich der Anbau dieser Pflanze seit 1770 nach Süddeutschland und Norditalien. Die jungen Blätter und Schößlinge werden gekocht als Gemüse gegessen. Ihr naher Verwandter, der Kermesbeerenspinat (*Phytolacca esculenta*) wird in seiner Heimat Südamerika wegen seines würzigen Wohlgeschmacks als Spinatpflanze kultiviert, verträgt aber unser Klima schlecht, so daß er kaum je bei uns eingebürgert werden dürfte.

Weitere, noch wertvollere rote Farbstoffe hat uns die Neue Welt in der Cochenille und dem Brasilholz geschenkt. Erstere besteht aus den getrockneten Weibchen der in ganz Mittelamerika heimischen, aber vorzugsweise in Mexiko auf Opuntien (Nopalkaktussen) gezüchteten Cochenilleschildlaus (*Coccus cacti*), die den modernen Karmin — früher nach den Kermesschildlauskörnern der Mittelmeerländer aus dem arabischen *kirmasi* Karmoisin genannt — liefern. Was die Kermeskörner der Kermeseiche den Kulturvölkern der Alten Welt, das war denjenigen der Neuen Welt, zumal den Azteken in Mexiko, die Cochenille, die ihnen vorzugsweise zum Rotfärben diente. Als die Spanier diesen prächtigen Farbstoff kennen lernten, waren sie so sehr von ihm entzückt, daß sie ihn sofort in ihrer Heimat einführten. Um diesen Farbstoff selbst zu produzieren, wurde die Cochenillekultur mit dem Nopalkaktus im 18. Jahrhundert von Mexiko aus nach Südspanien und 1853, als die Weinkultur durch die Traubenkrankheit fast ganz ruiniert war, auch nach den Kanarischen Inseln, besonders Teneriffa, verpflanzt, wo sie bald zum Hauptterzeugnis des Landes wurde. Von 1853 bis 57 wurden von Teneriffa über 2 Millionen kg und 1857 allein ¾ Millionen kg exportiert. Noch früher wurde diese Schildlaus mit ihrer Nährpflanze nach Java verbracht, von wo 1853 über 45000 kg Cochenille gewonnen wurden. Erst seitdem die auf künstlichem Wege aus Teerabkömmlingen hergestellten echteren und intensiver färbenden Anilinfarben, besonders das Fuchsin, in der Färberei aufkamen, wurde die Cochenillezucht völlig zurückgedrängt.

Ein anderer amerikanischer roter Farbstoff ist das Pernambuk- oder echte Brasilholz, das von einem baumartigen Hülsenfrüchtler (*Caesalpinia echinata*) mit kurzstacheligen Ästen, unpaarig gefiederten Blättern, kurzgestielten, gelb und rot gefleckten, wohlriechenden Blüten in fast rispiger Traube und dornigen Hülsen stammt. Seine indianische Bezeichnung brasil soll dem Lande Brasilien den Namen gegeben haben. Letzteres wird nämlich erst seit 1580 so genannt, während man das Brasilholz unter diesem Namen schon seit 1494 kannte. Früher hieß es auch „Königinholz“, weil seine Verwertung jahrhundertelang ein Monopol der portugiesischen Krone war. Der in ihm enthaltene Farbstoff, der sich auch im Limaholz aus Peru und Chile, im St. Martholz aus Zentralamerika und im Jamaikaholz von den Antillen findet, heißt Brasilin. Das echte Brasilholz kommt in armdicken, außen rotbraunen bis schwärzlichen, innen gelbroten Knüppeln meist über Pernambuco — daher der Name — in den Handel. Außer als Farbholz wird es auch in der Kunsttischlerei und Drechslerei benutzt.

Ein anderer schöner roter Farbstoff südamerikanischen Ursprungs ist das Chicarot oder Caracuru, das aus den Blättern der an den Ufern des Orinoko, Cassiquiare und anderer Flüsse Südamerikas wachsenden *Bignonia chica* gewonnen wird. Es ist dies ein Strauch mit doppelt gefiederten Blättern, die beim Trocknen rot werden, und violetten, hängenden Blüten. Werden die Blätter abgekocht, so scheidet sich in der erkalteten Lösung der zinnoberrote, beim Reiben goldgrün metallisch glänzende Farbstoff ab, der unlöslich in Wasser, schwer löslich in Alkohol, aber leicht löslich in Ölen und Alkalien ist. Er wird von den Indianern, die an den obengenannten Flüssen hausen, zum Bemalen der Haut, in Nordamerika aber zum Gelb- und Rotfärben von Wolle und Seide benutzt.

Nahe verwandt mit dem Brasilholzbaum ist der Campeche- oder Blauholzbaum (*Haematoxylon campechianum*), ein 10–12 m hoher Baum mit meist krummem Stamm, runzeliger, schwarzbrauner Rinde, vielfach hin- und hergebogenen Ästen, paarig gefiederten Blättern, kleinen hochgelben Blüten in einzelnen Trauben und lanzettlichen, meist einsamigen Hülsen. Er ist ursprünglich in Mexiko und Mittelamerika heimisch, von wo das Holz von meist wildwachsenden Bäumen vorzüglich aus der Campechebai — daher der Name — und Honduras in den Handel gelangt. Bald nach der Entdeckung Amerikas gelangte sein von den mittelamerikanischen Kulturvölkern zum Färben benutztes Holz aus den mexikanischen Häfen durch die Spanier nach Europa. Im Jahre 1570, zur Zeit der Königin Elisabeth, wurde es in England eingeführt; da man aber nicht echt damit zu färben verstand, verbot ein Parlamentsbeschluß vom Jahre 1581 streng seine Einfuhr und Verwendung. Dieses Verbot der Verwendung des als *logwood*, d. h. Stammholz, bezeichneten Blauholzes zum Färben wurde über ein Jahrhundert hindurch aufrechterhalten, obgleich es vielfach dadurch umgangen wurde, daß man es unter dem neuen Namen *blackwood*, d. h. Schwarzholz, einschmuggelte. Von Mittelamerika kam der es liefernde Baum im Jahre 1715 durch Barham nach Westindien, dann auch nach dem nördlichen Südamerika. Neuerdings wird er auch in den niederländischen Kolonien in Westindien gepflanzt. Das auswendig blauschwarze, innen rotbraune, schwere, harte Holz nimmt eine gute Politur an und dient daher außer zum Färben in der Kunsttischlerei zur Herstellung wertvoller Möbel.

Es enthält einen blauen Farbstoff, das Hämatoxylin, das sich in Alkalien mit violetter Farbe löst, auch zum Schwarzfärben und in der mikroskopischen Technik als vorzügliches Kernfärbungsmittel verwendet wird.

In der Alten Welt ist das älteste Blaufärbemittel der Waid (*Isatis tinctoria*), ein zweijähriger, 0,5–1 m hoch werdender Kreuzblütler mit gelben, in Trauben geordneten Blüten, der im mittleren und südlichen Europa sowie im Orient auf sonnigen Plätzen wild wächst. Die Blätter geben Indigblau und waren schon den Alten als Färbematerial bekannt, weshalb die sie liefernde Pflanze teilweise auch angebaut wurde. Der Waid bevorzugt lehmhaltigen Boden, auf dem er meist nur eine Höhe von 40–60 cm erlangt. Die Blätter wurden, so lange man bei uns den Waid anpflanzte, zwei- bis dreimal im Jahre abgebrochen und in den Waidmühlen zerstampft. Der so entstehende Brei wurde, meist von Kindern, zu kleinen Kugeln geformt und getrocknet. Später wurden die Ballen in Bottiche getan und mit Wasser übergossen, wodurch sie bald in Gärung gerieten und eine Temperatur von 15–20° C. zeigten. Von den Bottichen zog man die Flüssigkeit ab und setzte ihr Kalkwasser zu, worauf der nunmehr gelbe Farbstoff sich zu Boden setzte. Durch Hinzufügen von Salzsäure erhielt er erst die blaue Farbe, die dann unter starker Hitze getrocknet und in den Handel gebracht wurde. Ursprünglich ließ man aber das in der Lösung befindliche Indoxyl durch längeres Stehenlassen sich unter Freiwerden von Indigo zersetzen. Deshalb stampfte man die nicht nur zerquetschte, sondern völlig zerfallene Waidmasse in Fässer ein, in denen sie durch Fermentwirkung nach und nach immer reicher an Indigo wurde.

Schon die alten Kelten, Germanen und Slawen bedienten sich des Waides zum Blaufärben. Von den Kelten Britanniens berichtet uns Julius Cäsar in seiner Beschreibung von der Expedition nach England in seinem Werke über die Unterwerfung Galliens unter die römische Oberhoheit, sie seien ihm mit Waid (*vitrum*) blau gefärbt entgegengetreten und sähen dadurch in der Schlacht überaus wild aus. Auch die Griechen und Römer bedienten sich des Waides, den erstere *isátis* nannten. So spricht Dioskurides von dem Waid (*isátis*), „dessen sich die Färber bedienen“, er werde mehr als ellenhoch und seine Blätter würden auf Geschwülste, Geschwüre und Wunden gelegt. Die Römer nannten ihn, wie uns Plinius berichtet, nach seiner Bezeichnung im Gallischen *glastum*. Nach der uns erhaltenen Verordnung Karls des Großen über die Verwaltung der kaiserlichen Domänen aus dem Jahre 812 mußte er, wie der Krapp, als Abgabe bestimmter Dörfer in die königlichen Weiberhäuser zu Händen der dort mit Spinnen, Weben und Färben der für den königlichen Hofhalt bestimmten Gewänder beschäftigten Frauen geliefert werden. Der geringste Teil desselben wird von wildwachsenden Pflanzen gesammelt worden sein; da er bereits angebaut wurde, wird das meiste von kultivierten Waidpflanzen abgestammt haben. Diese hieß damals bei den Franken *wisdila, ewaisda* oder *waisdo.* Im Mittelalter wurde er allgemein in Mitteleuropa angebaut und bildete hier das wichtigste Blaufärbemittel. Die ersten Nachrichten über den Anbau des Waides in Schwaben stammen aus dem Jahre 1276. Noch früher aber scheint er in Sachsen gepflanzt worden zu sein; denn die Stadt Erfurt war schon im Jahre 1290 wegen ihres Waidbaues berühmt. Die Erfurter Waidhändler bildeten die Aristokratie der Stadt und waren so reich, daß sie im Jahre 1392 die Mittel zur Gründung und später auch für Erhaltung der einst weithin berühmten, erst 1816 eingegangenen Universität Erfurt aufbringen konnten, die also gewissermaßen aus den Erträgnissen der Waidkultur und des Waidhandels errichtet und unterhalten wurde. Daraus kann man schon ersehen, wie außerordentlich wichtig die Erzeugung und der Handel mit diesem Farbstoffe im Mittelalter war. Später erwarben neben Erfurt auch noch Gotha, Arnstadt, Langensalza und Tennstedt das Recht Waid zu bauen, und zu Anfang des 17. Jahrhunderts beschäftigten sich damit außer den Einwohnern dieser Städte noch diejenigen von mehr als 300 thüringischen Dörfern. Erst in der Neuzeit hat die große Wohlfeilheit des aus Indien eingeführten Indigos den Waid trotz aller zu seinem Schutze unternommener amtlicher Verfügungen so ziemlich außer Anwendung gebracht. Umsonst versuchte ihn auch der edeldenkende und um seine Untertanen besorgte Kaiser Josef II. im Deutschen Reiche wieder in Aufnahme zu bringen. Nur vorübergehend, während der verhängnisvollen Kontinentalsperre, legte man sich in Mitteleuropa wieder eifriger auf seinen Anbau, da damals auch der von den Engländern aus Indien gebrachte Indigo gesperrt war. Napoleon I. setzte sogar einen Preis von einer halben Million Franken auf die lukrative Gewinnung von Indigo aus Waid; doch hat ihn bis auf den heutigen Tag noch niemand gewonnen, denn auch bei der rationellsten Verarbeitung liefert 1 Zentner Waid kaum 130 g Indigo, während die gleich zu besprechende Indigopflanze 30mal mehr davon liefert. Immerhin wird der Anbau von Waid, der am besten auf trockenem Lehmboden gedeiht, gegenwärtig noch in beschränktem Maße in Thüringen, Böhmen, und Frankreich betrieben. Seine Samen liefern gepreßt ein dem Leinöl an Wert gleichkommendes fettes Öl.

Denselben blauen Farbstoff, wie ihn der Waid liefert, gewinnt man, wie gesagt, in weit ausgiebigerer Weise aus den Indigoarten, von denen die ostindische *Indigofera tinctoria* die wichtigste ist. Es ist dies eine bis 1,5 m hohe Staude aus der Familie der Schmetterlingsblütler mit zerstreut stehenden, gefiederten Blättern, kurzen Trauben, sehr kleinen, dunkelrosenroten und weißen Blüten und stielrunden, herabgebogenen Hülsenfrüchten. Ihr größtes Anbaugebiet ist Bengalen, neben dem die andern wenig bedeuten. Vor allem verlangt sie ein feuchtes, heißes Klima. In gut gedüngtem und gepflügtem Boden wird der Same in Reihen von 30–50 cm Abstand gesät und mit Erde leicht bedeckt. Nach drei Monaten werden die Pflanzen kurz vor dem Beginn der Blüte etwa 12 cm über dem Boden geschnitten und nach der Faktorei gebracht, wo heute noch wesentlich nach derselben Methode wie einst im Altertum der Farbstoff aus ihnen gewonnen wird. Beim Binden und Einfahren der Ernte, deren man in guten Lagen drei, manchmal sogar vier im Jahre erhält, ist darauf zu achten, daß die Pflanzen nicht zu sehr gepreßt werden. In Stücke zerschnitten werden sie in großen gemauerten Kufen mit Wasser übergossen; darin bleiben sie liegen, bis der Saft in kurzer Zeit in Gärung gerät und eine grünlichgelbe Farbe annimmt. In dieser als *nila* bezeichneten Lösung bildet sich alsbald eine Schaumschicht und ammoniakalischer Geruch macht sich geltend. Dabei beginnt sich der Prozeß zu vollziehen, der das in der Pflanze enthaltene farblose Glykosid Indikan in Zucker und Indigweiß spaltet und durch Oxydation des letzteren das Indigblau, eben den Farbstoff Indigo, entstehen läßt. Die in Ammoniak gelöste, Indigweiß enthaltende Flüssigkeit wird nun in andere Behälter abgezogen, worin sie durch anhaltendes Schlagen und Rühren mit Schaufeln in innigste Berührung mit dem Sauerstoff der atmosphärischen Luft gebracht wird. Dabei färbt sich der gelblichgrüne Saft blau, indem das Indigweiß durch Sauerstoffaufnahme zu Indigblau oxydiert wird. Letzteres ist unlöslich, scheidet sich aus und setzt sich bei ruhigem Stehen als schlammiger Niederschlag ab. Nach dem Ablaufenlassen der klar gewordenen Flüssigkeit wird der Niederschlag an der Sonne getrocknet und im halbtrockenen Zustande in backsteinartige Formen gepreßt; diese werden völlig getrocknet und sind dann versandfertig. 250 kg rohe Indigopflanzen ergeben 1 kg festen Farbstoff. Die Gesamtproduktion daran betrug im Jahre 1903 3,4 Millionen kg, davon fielen 2,7 Millionen kg auf Indien, 0,5 Millionen kg auf Holländisch-Indien und 0,2 Millionen kg auf Mittelamerika. Der Durchschnittswert per kg beträgt 10 Mark, während er noch vor zwei Jahrzehnten das Doppelte davon und mehr betrug. Der Preis ist so stark gesunken infolge der vom deutschen Chemiker A. von Baeyer erfundenen künstlichen Herstellung des Farbstoffs, so daß sich die Indigokultur nur noch sehr schlecht lohnt und selbst in Bengalen mehr und mehr zurückgeht.

Der Indigo ist einer der wichtigsten Farbstoffe, der auf Wolle, Leinen, Baumwolle und Seide das echteste Blau gibt und infolgedessen schon im hohen Altertum als Deckfarbe zum Malen und zum Färben der verschiedensten Stoffe benutzt wurde. Zuerst wurde er in seiner Heimat Indien gewonnen und von da auf dem Handelswege in die westlich davon gelegenen Länder gebracht. Im Alten Testament wird er einigemal genannt. Jedenfalls verwandten ihn die Juden so gut wie die Babylonier und Ägypter, die diesen geschätzten Farbstoff zum Blaufärben schon in früher Vorzeit durch den Tauschhandel aus Indien bezogen. Von dort her erhielten ihn auch die Griechen und Römer, die ihm den Namen *indikón* beziehungsweise *indicum*, den indischen (nämlich Farbstoff) gaben, woraus unsere

Bezeichnung Indigo hervorging. Plinius schreibt in seiner Naturgeschichte darüber: „Als Farbstoff steht das *indicum* in hohem Ansehen; es kommt aus Indien und besteht aus einer erdigen Masse. Wird es gerieben, so ist es schwarz; wird es aber in Wasser aufgelöst, so gibt es eine prächtige Mischung von Purpur und Blau. Das echte erkennt man daran, daß es auf brennende Kohlen gestreut eine herrlich purpurrote Flamme und einen nach Meerwasser riechenden Rauch gibt. (Tatsächlich entwickelt Indigo bei rascher Erhitzung einen purpurroten Dampf, verbrennt und hinterläßt nur wenig Asche.) Das Pfund *indicum* kostet 20 Denare (= 12 Mark)." Dieser Farbstoff wurde wie die übrigen Produkte Indiens über das Rote Meer und Alexandrien nach dem Römerreiche gebracht. Als dieses zusammenbrach, verhandelten die Araber den Völkern des Abendlandes diesen Farbstoff unter der indischen Benennung *nila* oder *anil*, was blau bedeutet. Davon heißt er heute noch in Spanien *anil* und bezeichnete die Wissenschaft der Chemie das bei der Destillation des Indigos mit Kali entstehende Produkt als Anilin. Erst die Araber haben dann im Mittelalter diese Farbstoffpflanze, die sie auf ihren Handelsfahrten nach Indien in jenem Lande kennen lernten, in Westasien anzubauen und daraus den Indigo selbst herzustellen unternommen. So wurde noch im Jahre 1320 Indigo bei Jericho angepflanzt; doch scheint dieser Anbau als unrentabel bald aufgegeben worden zu sein. Jedenfalls war es dieser an ein feuchtwarmes Klima gewöhnten Pflanze hier zu trocken und zu wenig warm.

Lange wußte man im Abendlande nicht, woraus dieser indische Farbstoff gewonnen werde. So rechnete ihn eine Halberstädter Bergwerksordnung aus dem Jahre 1705 zu den schürfbaren Mineralien; er hieß deshalb auch in Verbindung mit seiner Würfelgestalt „indischer Stein". Und doch hatte der bis nach China gereiste Venezianer Marco Polo nach seiner Rückkehr in die Vaterstadt im Jahre 1295 die Gewinnung desselben nach eigener Anschauung beschrieben. Die Italiener, die ihn von den Arabern erhalten hatten, waren auch die ersten Abendländer, die ihn anwandten. Erst nach der Entdeckung des Seeweges nach Ostindien durch Vasco da Gama kamen von 1516 an größere Mengen von Indigo nach Europa, und zwar nahm Portugal diesen Handel an sich, bis sich in der Mitte des 16. Jahrhunderts die Holländer seiner bemächtigten. Im Jahre 1631 brachten sieben holländische Schiffe 290173 kg Indigo im Werte von über fünf Tonnen Gold aus Batavia nach Amsterdam. Erst ungefähr ums Jahr 1600 begann man in Deutschland den Waidküpen etwas Indigo zuzusetzen, um deren Färbkraft für Blau zu erhöhen und zu beleben. Dieser kleine Zusatz vergrößerte sich mit der Verbilligung des Indigos fortwährend, bis schließlich der Waid gänzlich wegfiel. Doch spielte sich dieser Prozeß keineswegs glatt ab; denn wie bei der Einführung vieler anderer fremder Stoffe stemmte sich auch hier das Vorurteil und der Eigennutz der Waidbauern gegen die ausländische „Teufelsfarbe". So wurde nämlich der Indigo im ersten ihn streng verbietenden Frankfurter Reichspolizeierlaß von 1577 betitelt. Das Verbot, ihn zu verwenden, wurde wiederholt in Erinnerung gebracht, so noch 1654 unter Ferdinand III. In Sachsen war von 1650–1653 sogar die Todesstrafe auf seine Verwendung gesetzt, und in Nürnberg mußten die Färber alljährlich einen feierlichen Eid schwören, kein „Teufelsauge“ — so hieß dort der Indigo — zu benutzen. Zu dieser Verfolgung des Indigos mag zum Teil die Unkenntnis der Färber beigetragen haben, die ihn in Schwefelsäure gelöst anwandten und nachher nicht genügend neutralisierten, so daß manches Stück Zeug infolge davon verdarb. Erst 1740 gab der Deutsche Barth zu Großenhain in Sachsen ein gutes Verfahren für dessen Anwendung an, wodurch Mißerfolge ausgeschlossen blieben.

Auch in Frankreich und England war aus Rücksicht für den einheimischen Waidbau die Einfuhr und Verwendung von Indigo streng verboten, bis er in letzterem Lande 1661 und in ersterem 1669 unter Colbert wieder freigegeben wurde. Unbeschränkte Anwendung genoß er aber in Frankreich erst vom Jahre 1737 an, als den Färbern erlaubt wurde, jedes beliebige Färbemittel zu verwenden. Seit 1783 wurde der Anbau des Indigos durch die Engländer in Ostindien in Angriff genommen und bald zu großer Blüte gebracht, wofür sie in Europa willige Abnehmer fanden, da man dort diesen vorzüglichen Farbstoff immer mehr schätzen lernte. Noch vor einem Vierteljahrhundert betrug die für den Anbau des Indigos in Anspruch genommene Fläche in Bengalen allein 390000 Hektar Landes. Auch auf der Koromandelküste, auf Ceylon und Java wurde er im großen angepflanzt, ebenso in Ägypten, wo ihn Mehemed Ali in den 1820er Jahren einführte. Endlich bemühte sich auch Rußland, ihn in Transkaukasien heimisch zu machen.

Neuerdings hat aber der Anbau dieses wichtigsten und einträglichsten Ausfuhrartikels Indiens, das Jahrhunderte hindurch den Weltmarkt beherrschte und an dem vor allem England sich ungeheuer bereicherte, zum großen Leidwesen aller Indigopflanzer einen gewaltigen Stoß erlitten und ist nicht mehr konkurrenzfähig gegenüber dem künstlichen Indigo, den wir dem Scharfsinne deutscher Chemiker verdanken. Die erste Indigosynthese gelang 1870 Engler und Emmerling; 1880 vermochte Baeyer ihn auf verschiedene Art aus Zimtsäure herzustellen und 1890 gab Heumann sein Verfahren an, das in zehnjähriger Arbeit von der badischen Anilin- und Sodafabrik in Ludwigshafen bei Mannheim zu praktischer Brauchbarkeit ausgebildet wurde, so daß er heute den Markt vollständig beherrscht und wegen seiner größeren Billigkeit in Verbindung mit andern guten Eigenschaften, die erlauben, die mannigfaltigsten neuen Farbenvarietäten, wie rote, gelbe und grüne in den wunderbarsten Nuancen herzustellen, den natürlichen Indigo immer mehr verdrängt. So sank seit dessen Aufkommen in den letzten zehn Jahren die Ausfuhr des natürlichen Indigos im Werte von 75 Millionen auf ungefähr 10 Millionen Mark. Gleichzeitig stieg die Ausfuhr des künstlichen

Indigos aus Deutschland von 7,5 Millionen Mark im Jahre 1898 auf 38,6 Millionen Mark im Jahre 1908. Damit trat Deutschland das Erbe Indiens an und heimst statt jenes Landes Reichtum ein. Der beste Abnehmer für sein vorzügliches Kunstprodukt ist Japan, das 1908 für 10,7 Millionen Mark davon einführte. Ihm folgen China mit 7,3 Millionen und die Vereinigten Staaten mit 3,1 Millionen Mark. Selbst Großbritannien, das alle Anstrengungen machte, seinen Indigobau zu schützen, führte im Jahre 1908 für 2,7 Millionen Mark deutschen Indigo ein. Die Einfuhr des meist aus Indien bezogenen natürlichen Indigos, von dem Deutschland noch 1895 für 21 Millionen Mark bezog, sank schon 1903 auf 1,8 und 1908 gar auf 0,9 Millionen. So hat deutsche Intelligenz und Tatkraft statt einer Ausgabe von 20 Millionen eine Einnahme von 40 Millionen Mark jährlich bewirkt. Diese Tatsache kennzeichnet die überaus große wirtschaftliche Bedeutung des künstlichen Indigos für den deutschen Handel und die deutsche Volkswirtschaft.

Auch die alten Azteken in Mexiko, die Inkas in Peru und die übrigen zu höherer Kultur gelangten Indianerstämme Amerikas verwandten bereits vor der Ankunft der Europäer eine Art Indigo zum Blaufärben. Doch wurden nach der Entdeckung dieses Weltteils frühzeitig ostindische Indigopflanzen nach Amerika eingeführt, und zwar zunächst nach den Antillen, von wo der englische Gouverneur Lukas 1699 Samen an seine Tochter in Carolina sandte, die eine Pflanzenliebhaberin war und der es nach mehreren fehlgeschlagenen Versuchen gelang, das Gewächs zur Blüte und zur Reife zu bringen. Ihr Vater sandte später einen gelernten Indigoarbeiter, der die Gewinnung des Farbstoffs unternahm und dabei so gute Geschäfte machte, daß bald jedermann Indigo bauen wollte. In wenigen Jahren wurden nicht weniger als 100000 kg nach England gesandt, und vor dem Kriege im Jahre 1775, der am 4. Juli 1776 zur Loslösung der 13 nordamerikanischen Kolonien vom Mutterlande führte, betrug die Ausfuhr 550000 kg. Jetzt ist, wie gesagt, der Indigobau auf der ganzen Erde bedeutend zurückgegangen, seitdem die Badische Anilinfabrik in Ludwigshafen bei Mannheim zuerst den europäischen Markt mit künstlichem Indigo zu versehen begann. Denselben Farbstoff gewinnt man seit undenklicher Zeit in China aus dem dort heimischen Färberknöterich (*Polygonum tinctorium*), einer dem Buchweizen verwandten einjährigen Pflanze, die 1835 in Frankreich und 1838 in Deutschland eingeführt wurde. Obschon zahlreiche Versuche zur möglichst rationellen Gewinnung des Farbstoffs damit gemacht wurden, vermochte er dem echten Indigo keinerlei Konkurrenz zu machen, da 1000 kg seiner grünen Blätter nur etwa 7,5 kg Indigo geben.

Dem Indigo sehr nahe verwandt ist der von den im Mittelmeer lebenden kleinen Purpurschnecken der Gattungen Murex und Purpura gewonnene Purpurfarbstoff, der in chemisch reiner Form dem Indigo äußerlich zum

Verwechseln ähnliche, kupferglänzende, violette Kristalle bildet. Kürzlich hat Professor Friedländer in Wien 1,5 g davon aus dem farblosen, am Sonnenlicht erst dunkelviolett werdenden Saft einer bestimmten Drüse von 12000 Purpurschnecken gewonnen. Die chemische Analyse ergab, daß er seiner Zusammensetzung nach Dibromindigo ist, d. h. Indigo, in welchem zwei Wasserstoffatome durch zwei Bromatome ersetzt sind. Nun vermöchte man auch diesen im Altertum so überaus geschätzten, weil außerordentlich teuern Farbstoff synthetisch darzustellen und so billig im großen zu verwenden. Doch gibt dieser Purpur auf der Gewebefaser ein ziemlich unreines, rotstichiges Violett, das an Schönheit mit unsern modernen Farbstoffen keineswegs in Wettbewerb treten kann und auch in bezug auf die Echtheit seiner Färbungen den echten Teerfarben durchaus nicht überlegen ist. Wenn wir nun bedenken, wie im ganzen Altertum nur die Könige und Vornehmsten sich solche trotz allen Rühmens übrigens recht unscheinbar dunkle, fast schwarze, beim seitlichen Darüberblicken einen rotvioletten Schimmer aufweisende Purpurgewänder leisten konnten — kostete doch zu Diokletians Zeit im Jahre 301 das Pfund der besten Purpurwolle noch 950 Mark unseres Geldes — so geht daraus mit aller Deutlichkeit hervor, wie überaus gering die Ansprüche der Alten an die Leistungen ihrer Färber gewesen sein müssen und wie sehr wir moderne Menschen durch die Erfolge der heute so hoch entwickelten Farbenchemie verwöhnt sind.

Von den zum Gelbfärben Verwendung findenden Pflanzen sind als für Europa älteste der Wau oder das Gilbkraut (*Reseda luteola*), das schon die neolithischen Pfahlbauern benutzten und später die Römer unter der Bezeichnung *luteum*, d. h. das Gelbe, zur Farbstoffgewinnung anpflanzten, dann der Färberginster (*Genista tinctoria*) und die Färberscharte (*Serratula tinctoria*) zu nennen, die in großen Teilen Europas wild wachsen, aber auch in vielen Gegenden Deutschlands, Englands und Frankreichs kultiviert wurden, bis sie durch die Einführung der Quercitronrinde und des Gelbholzes aus Amerika verdrängt wurden. Erstere ist die Rinde der in mehreren Varietäten auftretenden und in den mittleren Vereinigten Staaten große Waldungen bildenden Färbereiche (*Quercus tinctoria*), die, von der Oberhaut befreit und zu Pulver zermahlen, als Quercitron in den Handel gelangt und einen der schönsten gelben Farbstoffe liefert, der in allen Zweigen der Färberei Verwendung findet. Seit 1818 hat man den Baum in Frankreich und bald hernach auch in Bayern angepflanzt. Das Färbevermögen seiner Rinde entdeckte Bancroft im Jahre 1784, und zwei Jahre darauf erhielt er auf eine Eingabe hin vom englischen Parlament ein Monopol für Einfuhr und Gebrauch dieses neuen Färbemittels auf eine Reihe von Jahren. Der Farbstoff des Quercitrons, das Quercitrin, findet sich auch im ungarischen

Gelbholz oder Fiset, der vom Färbersumach oder Perückenbaum (*Rhus cotinus*) herrührt, und den chinesischen Gelbkörnern, den unentwickelten Blütenknospen der *Sophora japonica*, die beide noch heute in der Färberei Verwendung finden. Das amerikanische Gelbholz dagegen stammt von dem auf den Antillen und in Brasilien heimischen Färbermaulbeerbaum (*Maclura tinctoria*), deren färbender Bestandteil, das Morin, in der Wollfärberei zu Grün und Braun, in der Baumwoll- und Seidenfärberei aber zu Gelb und Grün benutzt wird.

Eine sehr geschätzte gelbe oder rote Farbe liefert das Gummigutt, der eingetrocknete Milchsaft mehrerer hoher Bäume aus der Familie der Guttiferen, die in den feuchten Wäldern Südasiens wachsen. In Kambodscha, Siam und dem südlichen Cochinchina ist es die bis 15 m hohe *Garcinia hanburyi* und in Südindien und auf Ceylon die bis 18 m hohe *Garcinia morella*, die beide 10–12 cm lange, kurzgestielte, elliptische Blätter, kleine Blüten und kirschengroße Beeren tragen. Sind die Bäume 20–30 Jahre alt geworden, so macht man vor Eintritt der Regenzeit, d. h. von Februar bis April, spiralig verlaufende Einschnitte in den Stamm, durch welche die Ölgänge der Rinde angeschnitten werden. Der dabei austretende gelbe Milchsaft wird in unterhalb aufgestellten Bambusröhren aufgefangen, von denen ein Baum im Laufe von 3–4 Wochen bis 3 Bambusröhren von 50 cm Länge und 6–7 cm Dicke voll Saft liefert. Das bald eingedickte Harz wird schließlich in den Röhren durch Erwärmen am Feuer erhärtet, so daß man es in Stangenform aus den Hohlzylindern herausschieben oder die Hülle von ihm ablösen kann. Die erstgenannte Art liefert mehr Gummigutt als die zweite. Es ist eine außen grüngelbe, innen aber rotgelbe, sehr dichte Masse, die zerstoßen ein gesättigt gelbes Pulver bildet. Mit zwei Teilen Wasser verrieben, liefert es eine gelbe Emulsion, in ätzenden Alkalien dagegen löst es sich mit roter Farbe. Es schmeckt brennend scharf und übt eine äußerst heftige, abführende Wirkung aus, weshalb es arzneilich verwendet wird, so in den berüchtigten Morrisonpillen, die schon bedenkliche, hauptsächlich auf den Gehalt an Gummigutt zurückzuführende Vergiftungen herbeigeführt haben und deshalb als gefährlich gemieden werden sollten. Als solche medizinische Droge kam dieser eingetrocknete südasiatische Milchsaft überhaupt im Jahre 1603 zuerst nach Europa, und wurde 1605 in Frankfurt am Main für einen Gulden (im Werte von gegen zwei Mark) das Quentchen, d. h. 1,66 g verkauft; da es aber an Giftigkeit und stark reizender Wirkung dem Krotonöle verglichen werden kann, so wird es als Abführmittel kaum mehr verwendet. Dagegen wird es als Wasserfarbe zum Gelbmalen und zum Färben von Weingeistfirnissen viel gebraucht. Die Hauptmenge des Gummigutt wird in Kambodscha gewonnen und gelangt über Bangkok, Saigon und Singapur in den Handel. Letztere Stadt allein führt jährlich etwa 30000 kg im Werte von 150000 Mark aus. Von Kambodscha aus scheint auch seine Verwendung ausgegangen zu sein. Ein Chinese, der dieses Land von 1295–1297 bereiste, erwähnt diese von ihm *kiang-hwang* genannte Droge als Produkt desselben.

Von weiteren Pflanzen zum Gelbfärben, denen aber geringere Bedeutung als den vorgenannten zukommt, ist die Curcuma oder Gelbwurz (*Curcuma longa*) zu nennen, eine sonst meist als Gewürz gebrauchte indische Verwandte des Ingwers, deren Farbstoff Curcumin bei uns vornehmlich zum Gelbfärben von Zuckerwerk, Likören und Spielwaren, aber nur selten in der Zeugfärberei Verwendung findet, da es sich auf die Dauer nicht hält. Mit Alkalien gibt es braunrote Salze, weshalb mit einer wässerigen Lösung desselben getränkte Papierstreifen zum Nachweisen derselben dienen. In den Gelbbeeren, den Früchten mehrerer Wegdornarten Südeuropas (hauptsächlich von *Rhamnus infectoria* und *Rh. amygdalina*), findet sich der Farbstoff Rhamnin, der heute noch in der Färberei ziemlich ausgedehnte Verwendung findet. Die chinesischen Gelbschoten aber, die als *wong-schi* bezeichneten Früchte einiger Gardeniaarten, vorzugsweise von *Gardenia grandiflora*, werden in ihrem Heimatlande Ostasien, wie in China, so auch in Japan, zum Gelbfärben von Zeug, besonders Seide, benutzt, sind aber für den europäischen Handel belanglos. Ihr gelber Farbstoff ist mit demjenigen des Safrans, dem Crocin, identisch.

Für die alten Kulturvölker des Orients und der Gegenden am Mittelmeer war einst der Safran (*Crocus sativus*) der geschätzteste Farbstoff zum Gelbfärben von Gewändern, Schleiern und Schuhen. Die griechische Bezeichnung *krókos* für Safran rührt vom semitischen *karkôm* für Gelb her, das seinerseits mit dem indischen *kurkum* — beispielsweise auch in der von uns gebrauchten Bezeichnung Curcuma für die indische Gelbwurz enthalten — zusammenhängt. Nach den Berichten der griechischen und römischen Schriftsteller waren gelbe Krokus- wie Purpurgewänder die Lust der Orientalen und Kleinasiaten. Mit solchen schmückten sich nach dem römischen Dichter Vergil die Phryger; nebst safrangelben Schuhen und der Tiara gehörten sie zur kennzeichnenden Tracht der Perserkönige. Den Abglanz der geheiligten gelben Safranfarbe zeigen noch die ältesten, vom Orient beeinflußten mythischen Vorstellungen der Griechen, wonach die aus dem Morgenlande zu ihnen gekommenen Götter, wie Dionysos-Bacchus, und Göttinnen wie die orientalischen Könige und Königinnen das gelbe Safrankleid trugen. Der in Argos ansässige griechische Dichter Pindar (522–442 v. Chr.) läßt auch den Argonauten Jason mit einem safranfarbigen Gewande bekleidet sein, das er abwarf, als er sich anschickte, in Kolchis mit den feuerspeienden Stieren zu pflügen. Krokosfarbene Gewänder trugen dessen Gattin Medeia, Iphigeneia bei ihrer Opferung in Aulis nach Äschylos, die Königstochter Antigone in den Phönikierinnen des Euripides, die an den Fels geschmiedete Andromeda bei Aristophanes. Nach Vergils Äneis hatte Agamemnons Gattin Helena von ihrer Mutter Leda eine goldgestickte *palla*,

d. h. Frauenüberwurf und einen mit Krokos umsäumten Schleier zum Geschenk erhalten und mit nach Mykenä gebracht.

Die Bekanntschaft mit der Safranfarbe geht bei den Griechen bis in die Zeit der Ausbildung des Heroenmythus zurück. Sie lernten sie von den Vorderasiaten kennen, die ihrerseits — nach der vorhin mitgeteilten Geschichte der Verbreitung des Wortes für Gelb identisch mit Safran — die Verwendung dieses Farbstoffs vermutlich von den Indern kennen lernten. Von den Griechen lernten die Römer und Byzantiner und nach ihnen die Araber den intensiv gelbfärbenden Farbstoff des Safrans zum Färben verwenden. Heute ist er als Farbstoff zu teuer, eignet sich aber als völlig unschädlich zum Färben von Zuckerwerk, Kuchen und Likören. Reiche Araberinnen färben sich damit die Augenlider, Fingerspitzen und Zehen.

Das dem indischen *kurkum* entstammende orientalische *karkôm* für Gelb und zugleich den Spender der gelben Farbe, den Safran, hat auch der Färberdistel den lateinischen Namen *Carthamus* — *tinctorius* — verliehen. Dieses auch als Saflor bezeichnete einjährige, 1–1,3 m hohe, kahle Kraut aus der Familie der Kompositen besitzt länglich eiförmige, stachelig gezahnte Blätter und von grünen Hüllblättern umgebene zuerst gelbe, dann orangerote Blüten. Seine Heimat ist wohl das vorderasiatische Steppengebiet; doch läßt sich dies nicht mehr bestimmen, da die Pflanze nirgends mehr wild gefunden wird. Jedenfalls ist sie eine der ältesten Kulturpflanzen, die dem Menschen zum Rot- und Gelbfärben diente. Schon die Kleider ägyptischer Mumien aus dem dritten vorchristlichen Jahrtausend sind damit gefärbt, während China die Pflanze erst im 2. Jahrhundert v. Chr. erhielt. Das spricht wohl schon für ihre westasiatische Herkunft. Seither hat sie eine sehr weite Verbreitung gefunden und wird heute, außer in Bengalen, Persien und Ägypten, in China, Japan, Neusüdwales, Mittelamerika und Kolumbien, in geringem Umfang auch in Spanien, Frankreich, Italien, Ungarn und in einigen Gegenden Deutschlands kultiviert. Das wichtigste Produktionsland ist Indien, und zwar Bengalen, wo die 30–60 cm hohe Pflanze zur Gewinnung des Farbstoffs im großen angebaut wird. Die aus dem Blütenkörbchen im Juli und August bei trockenem Wetter gezupften, in einem Ofen unter leichter Pressung getrockneten und zuletzt in Kuchen gepreßten Blüten, die als Saflor in den Handel gelangen, liefern einen leuchtenden gelben und roten Farbstoff, der neben dem Indigo den wichtigsten Pflanzenfarbstoff darstellt. Ähnlich dem Safrangelb Crocin ist das in Wasser lösliche Saflorgelb, dem in geringer Menge ein harzartiger, nur in alkalischer Flüssigkeit löslicher roter Farbstoff, das Saflorrot oder Carthamin beigemengt ist. Letzteres wird aus dem mit Soda versetzten wässerigen Auszug durch Fällen mit Essigsäure gewonnen und ist ein dunkelbraunroter, in Alkohol leicht, in Wasser kaum und in Äther nicht löslicher Farbstoff, der leider nicht besonders dauerhaft, aber außerordentlich schön und von solcher Färbekraft ist, daß eine ganz geringe

Menge davon hinreicht, um eine große Fläche damit zu decken. Man kann damit in verschiedenen Nuancen von Rosa bis Dunkelrot färben; er gibt auch die feinste rote Schminke, welche als spanisches Rot bekannt ist und auf flachen Porzellantellerchen oder auf Blättern ausgebreitet in den Handel kommt. Die Saflorkuchen haben helle Fleischfarbe und riechen tabakartig. Als beste Sorten gelten der bengalische und der persische Saflor. Nach ihnen kommt der ägyptische, der ebenfalls von vorzüglicher Qualität und größtem Reichtum an Farbstoff ist und deshalb am meisten zu uns gelangt; man kann annehmen, daß jährlich etwa 1,5 Millionen kg davon in Form von gepreßten Scheiben in den Handel gelangen. Da der Farbstoff aber nicht sehr lichtbeständig ist, wird er mehr und mehr von den Teerfarben verdrängt. Im 17. Jahrhundert baute man im Elsaß und in Thüringen so viel Saflor, daß eine beträchtliche Ausfuhr besonders nach England stattfand. Im 18. Jahrhundert kam der Saflorbau durch den billigen und farbstoffreicheren levantischen Saflor in Verfall, zumal die deutsche Ware durch vielfache Verfälschungen in Verruf gekommen war. Aus den bitteren Samen gewinnt man in Indien, Ägypten und Algerien ein fettes Öl, das sich sehr gut als Brennöl, weniger dagegen als Speiseöl eignet. Nach Herodot gewannen schon die alten Ägypter Öl aus seinen Samen, die man gewöhnlich als „Papageienkörner" bezeichnet. Sie, wie auch die alten Babylonier, Syrier und Hebräer benutzten den Saflor zum Färben. In Johann Bauhins berühmtem Garten zu Boll in Württemberg wuchs der Saflor im Jahre 1495 als indische Zierpflanze. Im Laufe des 16. Jahrhunderts begann sein Anbau in Mitteleuropa, der aber heute infolge des Aufkommens der billigeren und schöneren Teerfarbstoffe völlig außer Gebrauch gekommen ist.

Einen gelbroten Farbstoff stellt der Orlean dar, der in Südamerika und Westindien aus der roten, fleischigen Oberhaut der Samen des Orleanbaumes (*Bixa orellana*) gewonnen wird. Dieser Farbstoff und die ihn liefernde Pflanze wird von den Tupiindianern *urucu*, von den Aruakindianern dagegen *bicha* geheißen, woraus der Name Bixa entstand, während er von den Brasilianern *orelhana* genannt wird, nach seinem hauptsächlichsten Fundort, dem gleicherweise benannten Maranhonfluß. Der im tropischen Südamerika heimische, 5–10 m hohe Baum mit großen, herzförmigen, gezahnten, immergrünen Blättern und endständigen Rispen von ansehnlichen, lebhaft blau gefärbten Blüten ist schon seit langer Zeit in allen Tropenländern bis nach Polynesien und Madagaskar hin verbreitet worden und vielfach verwildert. Seine zum Färben dienenden Fruchtschalen hat man mehrfach in peruanischen Gräbern gefunden, und noch heute bemalen die südamerikanischen Indianer mit dem durch Vermengung des fleischigen, roten Samenüberzuges mit Zitronensaft und Gummi oder Rizinusöl erhaltenen Farbstoff ihre Leiber als Zierde und zugleich Schutz gegen die blutsaugenden Moskitos. Blätter, Samen und Wurzeln werden in Südamerika und Asien als Volksheilmittel verwendet. Zur Gewinnung des Farbstoffs läßt man die zerriebenen Fruchtschalen in Wasser gären, gießt die Masse durch Siebe und entfernt das Wasser vom Niederschlag, den man über Feuer oder im Schatten trocknen läßt. Er bildet dann einen gleichförmigen, roten, veilchenartig riechenden, bitter schmeckenden Teig, der, um völliges Austrocknen zu verhindern und ihm zugleich einen lebhafteren Farbenton zu verleihen, vielfach mit Harn befeuchtet wird. Wasser entzieht dem Orlean gelbbraunes, auch in Alkohol, nicht aber in Äther lösliches Orellin, das mit Alaun gebeizte Stoffe gelb färbt. Im Rückstand bleibt der wichtigere Farbstoff Bixin, der dunkelrote Kristallblättchen bildet und in Alkohol und Äther leicht löslich ist und orangerot, in Alkalien und ätherischen Ölen dunkelgelb färbt. Kocht man Orlean mit Sodalösung und setzt dann Alaun oder ein Zinnsalz zu, so erhält man einen orangegelben Lack. Der Orlean wird in Cajenne, Guiana und Brasilien dargestellt und dient außer in der Kattundruckerei hauptsächlich in der Seidenfärberei, in England — dann allerdings ohne Harnzusatz — auch zum Färben des Chesterkäses und der Butter.

Um Seide und andere Gewebe echt grün zu färben, verwendet man das *Lokao* oder chinesische Grün, das man durch wässerigen Auszug aus der Rinde zweier Kreuzdornarten, *Rhamnus chlorophorus* und *Rhamnus utilis*, gewinnt. Diese beiden werden als *Hom-bi* und *Pa-bi* im ganzen mittleren und nördlichen China zur Farbstoffgewinnung kultiviert. Der aus ihnen gewonnene Farbstoff kommt in flachen, bläulichgrünen Scheibchen in den Handel. Aus den reifen Beeren eines andern Kreuzdorns (*Rhamnus catharticus*) stellt man das Saftgrün her, das mit Kalk oder Pottasche einen grünen Niederschlag gibt, der vollkommen ungiftig ist und besonders als Wasserfarbe benutzt wird.

Ein auffallender Farbstoff, der in saurer Lösung schön rot, in alkalischer dagegen intensiv blau ist, und daher in der Chemie als sogenannter Lackmus als Reagens oder Nachweisestoff für Säuren und Alkalien verwendet wird, stammt von verschiedenen Flechten mit strauchförmigem Thallus, die vorzugsweise an felsigen Meeresküsten wachsen. Ihre Verwendung zum Färben war schon im Altertume bekannt; so benutzten sie die Römer unter der allgemeinen Bezeichnung *fucus* — was eigentlich Seetang bedeutet — zur Darstellung des unechten Purpurs. Die Kenntnis ihrer technischen Verwendung ging aber in den Stürmen der Völkerwanderungszeit im Abendlande verloren, erhielt sich aber im Morgenlande, wo sie ein in Florenz ansässiger Deutscher namens Federigo (Friedrich) im 13. Jahrhundert kennen lernte. Von einer Handelsreise in die Levante brachte er Färberflechten mit und lehrte daraus vermittelst Harn eine schöne rote Farbe darstellen. Damit begründete er seinen großen eigenen Reichtum als Stammvater des später mit den Medici rivalisierenden florentinischen Adelsgeschlechtes der Rucellai, so genannt nach der für sie so bedeutungsvollen Färberflechte rucella, die heute im Italienischen *oricello* heißt, woraus das auch im Deutschen gebrauchte französische Wort *orseille* hervorging. Wie die Medici, deren Stammvater Arzt gewesen war und von ihm her den Namen und die drei Kugeln — eigentlich Pillen — im Wappen führten, so hielten es die Rucellai mit der Färberflechte, die sie zu Reichtum und Ehren gebracht hatte. Dieser von ihrem Ahnherrn eingeführten neuen Industrie verdankte aber nicht bloß dieses Geschlecht, sondere viele Städte Italiens, die den gesamten Handel mit Färberflechten aus der Levante und dem griechischen Archipel an sich gerissen hatten, ihren Reichtum, bis im Jahre 1402 der Normanne Béthencourt die Kanarischen Inseln entdeckte und auf ihnen gleichfalls den kostbaren Stoff fand. Später entdeckte man ihn auch auf den Azoren, auf Sardinien und Korsika, in den Pyrenäen, der Auvergne usw.

Die Orseille ist in Form von schwachen organischen Säuren in einer ganzen Reihe von Flechten vorhanden, unter welchen die *Roccella tinctoria* die gesuchteste ist. Sie liefert die levantische und kanarische Orseille, von der auf den Kanarischen Inseln allein jährlich etwa 130000 kg gesammelt werden und in den Handel gelangen; doch wird sie auch an den felsigen Küsten Südamerikas, des Kaps der Guten Hoffnung, Senegambiens und Ostindiens gesammelt. Im Gegensatz zu dieser Meerorseille wird die von der *Variolaria orcina* und *V. dealbata* in Europa gewonnene Orseille als Landorseille bezeichnet. Eine andere ebenfalls sehr farbstoffreiche Flechte ist *Roccella montagnei*, die an der ostafrikanischen Küste in den Ästuarien auf Mangrovebäumen wächst. Aus der Flechte *Lecanora tartarea*, die auf den Inseln nördlich von Schottland, den Orkneys und Hebriden, heimisch ist, wird der rote Indigo oder Persiko gewonnen, der im Jahre 1765 zuerst von Cuthbert dargestellt wurde. Durch Behandlung mit Alkalien — früher Harn, jetzt Ammoniak — wird der violettrote Farbstoff, das Orcein, frei, mit dem man Wolle und Seide rot oder violett färbt. Da er aber für sich allein nicht echt genug färbt, so wendet man ihn meist mit anderen Farbstoffen hauptsächlich zur Herstellung von braunen Nuancen an.

Ein schon im hohen Altertum im Orient gebräuchlicher Farbstoff ist das Drachenblut, ein von den am äußersten westlichen und östlichen Zipfel Afrikas, auf den Kanaren und der Insel Sokotra bis in die Gegenwart am Leben gebliebenen Drachenbäumen (*Dracaena draco* u. a.) aus der Familie der Lilienblütigen gewonnenes Harz. Es sind dies 16–18 m hohe Bäume, die wie die Dikotyledonen dauernd in die Dicke wachsen und zu äußerst auf den gabelig verzweigten Ästen und auf dem Gipfel des Stammes büschelig gehäufte, über 1 m lange, schwertförmige Blätter tragen. Sie können ein außerordentlich hohes Alter erreichen und lassen von selbst oder durch Einschnitte das dunkelrotbraune, spröde, geruch- und geschmacklose, an der Luft erhärtende Harz ausfließen, das gepulvert blutrot ist und sich in ätherischen und fetten Ölen wie auch in Alkalien zu einer roten Farbe auflöst. Es kommt entweder in Form von in Schilfblättern eingewickelten Kugeln oder in ebenfalls in Blättern eingewickelten Stangen in den Handel. Das kanarische Drachenblut machte früher einen bedeutenden Handelsartikel von Madeira aus und findet sich auch in den Gräbern der Guanchen genannten Ureinwohner der Kanaren, welche dasselbe wahrscheinlich zur Einbalsamierung ihrer Leichen benutzten. Jetzt wird es seiner zusammenziehenden Wirkung wegen vorzugsweise zu Zahnpulver und Zahntinkturen, zumal bei leicht blutendem Zahnfleisch benutzt, sowie zu Tischlerpolitur und verschiedenen Lacken. Von Sokotra erhielten es die alten Griechen unter der Bezeichnung indischer Zinnober. Der im 2. Jahrhundert n. Chr. in Kleinasien lebende griechische Schriftsteller Flavius Arrianus schreibt in seinem Bericht über die Umschiffung des Roten Meeres: „Der sogenannte indische Zinnober (*kinnábari*) wird auf der Insel des Dioskurides (Sokotra) von Bäumen, aus denen er tröpfelt, gesammelt." In derselben Weise, wie dieses Drachenblut, wird auch das ebenso genannte Harz, das auf den Philippinen von den Früchten der Drachenrotangpalme (*Calamus draco*) gewonnen wird, verwendet.

Außer den bisher genannten Pflanzen sind noch einige andere zu erwähnen, die wegen ihres Gehaltes an Katechin oder Gerbstoffen zum Schwarzfärben und zum Gerben verwendet werden. Unter dem Namen Katechu kommen die verschiedensten gerbstoffhaltigen Massen in den Handel, die teils aus den Früchten der Arekapalme (*Areca catechu*), teils aus den Zweigen und dem Kernholze einer Akazie (*Acacia catechu*), teils aus den Blättern der Gambirpflanze (*Uncaria gambir*) durch Auskochen mit Wasser gewonnen werden. Demnach unterscheidet man Palmen- oder Areka-Katechu, dunklen Akazien- oder Pegu-Katechu und gelben oder Gambir-Katechu.

Die in den Tropen häufig angebaute, ursprünglich in Südasien heimische Arekapalme ist ein äußerst zierlicher Baum von etwa 15 m Höhe mit sehr geradem, dünnem, weißem Stamm und etwas krauser Krone von dunkelgrünen Fiederblättern. Seine eiförmigen, etwa 4 cm langen Früchte enthalten ein ziemlich hartes, marmoriertes Nährgewebe, das, in Querscheiben geschnitten, mit Kalkmilch in ein scharf schmeckendes Blatt des Betelpfeffers gewickelt, in ganz Südasien und Indonesien zum sogenannten Betelkauen verwendet wird. Durch Kochen in Wasser wird aus den Arekanüssen der Areka-Katechu gewonnen.

Ebenfalls im südlichen Asien heimisch ist die in ganz Vorder- und Hinterindien, auf Ceylon und im tropischen Afrika von Abessinien bis zum Sambesi verbreitete Katechu-Akazie, ein 4–8 m hoher Baum aus der Familie der Hülsenfrüchtler mit brauner, rissiger Rinde, sehr verzweigter, schirmförmiger Krone, weißlich behaarten, dornigen Zweigen, zerstreut stehenden, paariggefiederten Blättern und gelben Blüten. In der Trockenzeit fällt sein Laub ab. Das in möglichst kleine Späne gehauene, vom hellgelben Splint befreite Kernholz wird etwa 12 Stunden lang in mit Wasser angefüllten irdenen Töpfen ausgekocht und der dunkelbraune Auszug dann in Schalen eingedickt, um zuletzt in Formen vollständig zu erhärten. Er kommt in Klumpen in den Handel, die vor dem Gebrauch durch Chemikalien und heißes Wasser wieder aufgelöst werden. Wie der Areka-Katechu wird er massenhaft in der Färberei gebraucht, sowohl als Beize, als auch zur Erzeugung von sehr dauerhaften schwarzen, braunen und grünen Farbenschattierungen und zum Gerben von weichem, geschmeidigem Leder.

Tafel 105.

(Copyright by F. O. Koch.)

Junger Blauholzbaum (*Haematoxylon campechianum*) angepflanzt in Kwai (Ostafrika).

(Copyright by F. O. Koch.)

Junger Rotholz- oder Brasilbaum (*Caesalpina sappan*).

Tafel 106.

Mangrovendickicht mit zahlreichen Stelzwurzeln am Kamerunfluß in Westafrika.

Bis jetzt sind nur die Katechubestände in Indien ausgenutzt worden, und zwar in dem Maße, daß die Gewinnung in den letzten Jahren sehr zurückging und nur für etwa 5 Millionen Mark exportiert wurde. Infolge davon hat die englische Regierung die Katechugewinnung aus den wildwachsenden Beständen geregelt und den Anbau des Baumes angeordnet. Dagegen sind die großen Katechubestände des tropischen Afrika noch vollständig unbenutzt geblieben. Besonders im Steppenwalde Deutsch-Ostafrikas kommt der Baum massenhaft vor und dürfte mit der Zeit zur Gewinnung von Katechu, der recht gute Preise erzielt, reizen.

In den Spalten des Stammes der Katechu-Akazie findet man nicht selten kristallinische Ablagerungen von Katechin oder Katechusäure, nach der Katechugerbsäure dem wichtigsten Bestandteil des Katechu, die unter dem Namen *khersal* in Indien als stopfendes Arzneimittel bei Diarrhoe Verwendung finden. Der von dieser Pflanze gewonnene Katechu wurde zuerst 1514 von Barbosa als Handelsartikel Südasiens erwähnt. Eine Beschreibung der Stammpflanze und der Darstellung des Katechu gab aber erst Sassetti im Jahre 1586, und bald darauf gelangte Katechu auch nach Europa. Um die Mitte des 17. Jahrhunderts erscheint er als eine sehr teuere Droge in deutschen Apothekertaxen, und 1680 schilderte Clayer den ungeheuren Verbrauch desselben in Ostasien hauptsächlich zum Betelkauen, dem dort sozusagen jedermann huldigt. Neben dem in Vorderindien gewonnenen Bombay-Katechu ist der aus Hinterindien stammende Pegu-Katechu der im Handel gewöhnlichste und für pharmazeutische Verwendungen neben dem Gambir allein zulässige. Er bildet unregelmäßige dunkelbraunrote Kuchen, wie der vorhergehend besprochene Areka-Katechu, und kommt in Matten oder Kisten verpackt in den Handel.

In mittelgroßen, graubraunen, porösen, leicht zerreiblichen, sehr leichten und daher auf Wasser schwimmenden Würfeln kommt der gelbe oder Gambir-Katechu in den Handel. Er bildet ein durch vielstündiges Kochen in Wasser und nachheriges Eindicken gewonnenes Extrakt aus den jungen Trieben von *Uncaria gambir*, einem kletternden Strauch Hinterindiens und der Sundainseln aus der Familie der Rubiazeen oder Krappgewächse, die besonders auf der Halbinsel Malakka, aber auch auf Java und Sumatra angebaut wird und über Singapur in den Handel gelangt. Drei- bis viermal im Jahre werden die jungen Zweige und Blätter des Gambirstrauchs zur Gewinnung des sehr reichlich Katechin (neben Katechugerbsäure) enthaltenden Gambirs abgeschnitten, zerkleinert, durch Kochen in Wasser extrahiert und, auf Sirupkonsistenz eingedickt, an der Luft noch völlig getrocknet. Der Gambir ist fast geruchlos, schmeckt bitter, ist in kaltem Wasser schwer, leicht dagegen in heißem Wasser löslich, färbt sich mit Eisenoxydsalzen grün und dann auf Zusatz von Alkali purpurn. Er wurde in

Europa gegen das Ende des 18. Jahrhunderts bekannt, hat aber erst seit den 1830er Jahren eine ungemein große Bedeutung in der Färberei und zum Gerben schweren Leders, wie auch zum Imprägnieren von Stoffen, die beim Gebrauch der Nässe ausgesetzt sind, wie Fischernetze, Zeltstoffe und Kofferüberzüge, erlangt. Auch gegen den Kesselstein in Dampfmaschinen findet er häufig Verwendung. Die Ausfuhr von Singapur, wo fast die gesamte Produktion zusammenkommt, beziffert sich auf jährlich etwa 40 Millionen kg im Werte von 19 Millionen Mark. Davon empfängt London allein gegen 15 Millionen kg, während Deutschland nur etwa 7 Millionen kg verbraucht.

Ebenfalls reich an Gerbstoff ist der in dunkelbraunroten bis schwärzlichen, in dünnen Splittern rubinrot durchscheinenden Stücken in den Handel gelangende Kino, der sich in Weingeist mit dunkelblutroter Farbe löst und wie Katechu und Gambir teilweise in der Medizin als adstringierendes Mittel, besonders aber technisch zum Färben und Gerben Anwendung findet. Meist kommt er als Malabar- oder Amboina-Kino zu uns und bildet den nach Einschnitten in den Stamm des Baumes *Pterocarpus marsupium*, eines Schmetterlingsblütlers, ausgeflossenen und dann eingetrockneten, rötlichen, gerbsäurehaltigen Saft, während der gleichfalls zu uns gelangende australische Kino aus dem in gleicher Weise gewonnenen Saft verschiedener Eukalyptusarten besteht. Kaum Bedeutung für uns hat der bengalische Kino, der aus dem eingedickten Saft der Rinde von *Butea frondosa* besteht, ebenso der westindische, der aus der Rinde von *Coccoloba uvifera* gewonnen wird, traubentragend wegen seiner Früchte genannt, die angenehm sauer schmecken und in Westindien und Südamerika, wo der Baum kultiviert wird, gerne mit Zucker gegessen werden; auch bereitet man aus ihnen erfrischende Getränke. Das schwere, geaderte Holz dieses mit wohlriechenden weißen Blüten in Trauben versehenen Baumes wird zur Herstellung feiner Möbel benutzt, und aus ihm durch chemische Umsetzung eine rote und violette Farbe gewonnen. Die wässerige rötlichbraune Lösung des Kino färbt sich nämlich mit Alkalien versetzt rotviolett und gibt mit Eisenchlorid einen dunkelgrünen Niederschlag, der mit Alkalien purpurn wird. Der westindische Kino ist seit 1757 gebräuchlich, während der Malabar-Kino erst seit 1811 bei uns eingeführt ist. Der am frühesten in Europa gebrauchte Kino war übrigens der afrikanische, von *Pterocarpus erinacea* gewonnen, der seit 1733 als zusammenziehendes Mittel im Arzneischatze geführt wird.

Als Myrobalanen kommen seit dem frühen Mittelalter, da uns die Araber ihre Kenntnis vermittelten, die 5 cm langen und 2,5 cm dicken, länglich birnförmigen, grünlich gelben oder gelbbraunen Früchte mehrerer ostindischer Bäume zu uns, die wegen ihres Gehaltes von 32–45 Prozent Gerbstoff ebenfalls zum Schwarzfärben und Gerben verwendet werden. Die meisten der in den Handel kommenden stammen von verschiedenen Vertretern der Gattung Terminalia, die in den regengrünen Wäldern von ganz Vorderindien, Ceylon, Hinterindien und dem indischen Archipel wachsen, von deren einer Art, *Terminalia catappa*, die mandelähnlichen Samen gegessen und auch zur Ölgewinnung benutzt werden, während die Rinde zum Gerben dient. Früher wurden noch als schwarze oder graue Myrobalanen die getrockneten Früchte eines ebenfalls in Ostindien wachsenden Strauches, *Phyllanthus emblica*, eines Wolfsmilchgewächses, in den Handel gebracht; jetzt aber werden meist die zuerst genannten nach Europa, und zwar vorzugsweise nach England importiert. Im Altertum verstand man unter Myrobalanen die Früchte der in Ägypten wildwachsenden *Balanites aegyptiaca*, die zum Salben benutzt wurden. Im Mittelalter übertrug man dann den Namen zuerst auf die in Syrien wachsenden gelben Pflaumen, unsere jetzigen Mirabellen, und dann erst auf die gelben Früchte, deren gerbstoffhaltige äußere braune Schicht gewöhnlich pulverisiert in den Handel gelangt.

Demselben Zwecke des Gerbens und Schwarzfärbens dienen die gerbstoffreichen Hülsenfrüchte eines in Westindien, Mexiko und dem nördlichen Südamerika, besonders in Kolumbien und Venezuela, heimischen, 6–8 m hohen Schmetterlingsblütlers, der *Caesalpinia coriaria*, die als Dividivi in den Handel gelangen. Sie sind gegen 8 cm lang und 2–3 cm breit und enthalten 20–30 Prozent Gerbstoff. Diese von den Indianern schon längst als Gerbmittel verwendeten Gerbschoten wurden zuerst im Jahre 1768 von den Spaniern nach Europa gebracht, kommen aber erst seit Anfang des 19. Jahrhunderts in größeren Mengen dahin. Kolumbien führt davon jährlich 4,2 und Venezuela 3,4 Millionen kg aus, von denen Deutschland über Hamburg etwa 5 Millionen kg im Werte von 1 Million einführt. Von einer anderen Caesalpinia-Art stammen die als falsche Dividivi bezeichneten Gelbschoten, während *Caesalpinia tinctoria* die in Chile und Peru zum Gelb- und Schwarzfärben gebrauchte Dividivi von Bogotá in Form von großen, flachen Hülsen mit roter oder hellbrauner Haut hervorbringt. Ebenso reich an Farbstoff sind die kurzen, breiten Hülsen von *Caesalpinia digyna*, die als Tarihülsen aus Vorderindien importiert werden.

Weiter finden zum Schwarzfärben und Gerben die als Bablach in den Handel kommenden unreif gesammelten Hülsenfrüchte verschiedener Akazienarten Verwendung. Die ostindische Sorte stammt von *Acacia arabica var. indica* in Form von 5–8 cm langen, flachen, dunkel- oder hellbraunen Schoten, die 14–20 Prozent Gerbstoff enthalten, die ägyptische dagegen rührt von *Acacia nilotica* her in Form von grünbraunen Hülsen mit ähnlichem Gerbstoffgehalt. Sie dienen zum Gelb-, Braun- und Schwarzfärben, zur Bereitung von Tinte und zum Gerben von leichterem Leder.

Ähnliche Verwendung findet der Sumach oder Schmack, der aus den getrockneten Blättern verschiedener Rhus-Arten und von *Coriaria myrtifolia* gewonnen wird. Die beste Sorte liefert der Gerbersumach (*Rhus coriaria*), dessen Blätter schon die Alten als Gerbmaterial benutzten, wie sie auch seine Beeren als Gewürz wie Myrtenbeeren oder Pfeffer gebrauchten, um die Speisen schmackhafter zu machen. Zuerst nennt ihn der athenische Gesetzgeber Solon zu Anfang des 6. vorchristlichen Jahrhunderts. Seit der Zeit der arabischen Herrschaft wird der trockene, steinige Standorte bevorzugende Strauch in Unteritalien und Sizilien in großem Maßstabe kultiviert. Aus dem arabischen *sommâq* ging der italienische Name *sommaco* hervor, woraus die deutsche Bezeichnung Sumach oder Schmack hervorging. Der Gerbersumach ist ausgewachsen ein 5–6 m hoher Strauch, dem man jährlich die beblätterten Schößlinge abschneidet, so daß er nur etwa 1,5 m hoch wird. Zur Sumachgewinnung läßt man dann die abgeschnittenen Zweige der kultivierten Pflanze an der Sonne trocknen, streift die dürren Blätter ab und mahlt sie. Dadurch erhält man ein grünliches Pulver von zusammenziehendem Geschmack und eigentümlichem Geruch, von dem Sizilien allein für mehr als 16 Millionen Mark jährlich ausführt. Es wird zum Schwarz- und Dunkelrotfärben und zum Gerben feiner, leichter Ledersorten verwendet, während die Früchte des Gerbersumachs, der bei uns auch als Zierstrauch kultiviert wird, im Orient noch heute als Gewürz an Speisen und zum Sauermachen von Essig dienen.

Bis zu 10 Prozent Gerbstoff — in der Wissenschaft als Gerbsäure oder Tannin bezeichnet — enthält die von verschiedenen Eichen (besonders *Quercus pedunculata* und *Q. sessiliflora*) abgeschälte Rinde, die an sich geruchlos ist, aber zerkleinert, mit Wasser und tierischer Haut in Berührung gebracht, den bekannten Lohgeruch entwickelt. Die beste Eichenrinde wird von jungen, höchstens 25 Jahre alten Bäumen gewonnen, die in einer besonderen Art von Niederwaldbetrieb gezogen werden. Dazu gehört ein mildes Klima innerhalb der Grenze des Rebbaus. In den Eichenschälwäldern Deutschlands werden nur Stiel- und Traubeneichen genutzt, und zwar gibt man letzteren den Vorzug. Auf 4500 Hektar gewinnt man nur 2,5–3 Millionen kg. Deutschland verbraucht davon jährlich etwa 500 Millionen kg, von denen 80–100 Millionen kg im Werte von 11 Millionen Mark aus dem Auslande, besonders aus Österreich und Frankreich, bezogen werden. Zur Herstellung guten Sohlleders gibt es kein besseres Material als dieses.

In Amerika dient die Rinde der bis 30 m hohen Kastanieneiche (*Quercus prinus*), die in den mittleren und südlichen Vereinigten Staaten wächst, zu demselben Zwecke. Man gewinnt sie von alten, wildgewachsenen Stämmen. Sie ist meist 2–3 cm dick und enthält bis 16 Prozent Gerbsäure. Man bereitet daraus einen Extrakt, der bis über 30 Prozent derselben enthält. In derselben Weise verwendet man die durchschnittlich nur 10 Prozent Gerbstoff enthaltende, aber als billiges Material gleichwohl angewandte, rotbraune Rinde der kanadischen Hemlocktanne (*Tsuga canadensis*), eines 25–30 m hohen Baumes des kälteren Nordamerika, der dem Grenzgebiet der Laub- und Tannenwaldregion angehört und selbst in nassen, kalten Sümpfen gedeiht. Man beutet in den Vereinigten Staaten etwa 4 Millionen Hektar von ihm bestandenen Waldes zur Gewinnung der Rinde aus. Die Hemlocktanne kam im Jahre 1736 durch Collinson nach Europa und wird in unseren Gartenanlagen als eine der schönsten Koniferen in mehreren Varietäten angepflanzt.

Als teilweiser Ersatz der verschiedenen Arten von Eichenrinde wird neuerdings in immer steigenden Mengen die sehr gerbstoffreiche Rinde der Mangrovenbäume aus den tropischen Küstengebieten in den Handel gebracht, von der Deutsch-Ostafrika beispielsweise jährlich für 40000 Mark ausführt. Diese Mangroven- oder Manglebäume (*Rhizophora mangle*, *Rh. mucronata* u. a.) umgürten in dichten Beständen die meisten flachen Küsten und Flußmündungen der Tropen. Es sind bis 15 m hohe Bäume, deren Stämme und Äste zahlreiche, vielfach bogenförmig gekrümmte Luftwurzeln entwickeln, mit denen sie sich gleichsam im lockeren Uferschlamm verankern, was sehr nötig ist, wenn man bedenkt, daß bei der steigenden Flut sich die Wellen oft stürmisch an die von ihnen eingenommenen Standorte herandrängen und ihren Schaum hoch über die im Winde gebogenen Wipfel aufspritzen lassen. Ihr Holz ist außerordentlich zähe und hart und findet deshalb als Nutzholz in verschiedenster Weise Verwendung. Die immergrünen, dicken, lederartigen Blätter sind durch starke Verdickung der Oberhaut in wirksamer Weise gegen übermäßigen Wasserverlust geschützt. Das scheint auf den ersten Blick unnötig, da die Pflanzen doch im Wasser stehen; bedenken wir aber, daß dieses Wasser salzhaltig ist und daß Kochsalz für alle Gewächse, wenn es in unbeschränkter Menge in den Körper derselben eingeführt wird, ein sehr stark wirkendes Gift ist, so begreifen wir diese Schutzeinrichtung vollkommen.

Eine andere, durch ihren Standort im Wasser bedingte Eigentümlichkeit der Mangroven sind die Pneumatophoren oder Atmungswurzeln, die von einem mächtigen Aërenchymmantel umhüllt sind und durch Lentillen genannte Spalten reichlich Kohlensäure ausscheiden und Sauerstoff einatmen, um so den Gasstoffwechsel der unter Wasser befindlichen Organe zu ermöglichen. Aus den paarweise gestellten weißen Blüten gehen längliche, einsamige, nicht aufspringende Früchte mit lederartiger Schale hervor, die auch wiederum die höchst zweckmäßige Einrichtung aufweisen, bereits am Baume zu keimen. Der Keimblattstamm verlängert sich dabei monatlich um etwa 4 cm und wächst durch die Frucht heraus, so daß der Keimling nach neun Monaten gegen 0,5 m, unter Umständen sogar 1 m Länge erreicht. Er ist unten am dicksten und etwa 80 g schwer. Diese langen, schweren, aus den Früchten heraushängenden Keimblattstöcke pendeln nun bei Luftströmung hin und her, endlich reißen die Gefäßbündel, durch welche noch immer die

Verbindung mit dem röhrenförmigen Teile des Keimblatts erhalten war, der Keimling fällt in die Tiefe und bohrt sich durch die Wucht des Sturzes mit seinem unteren, zur Ausbildung der Wurzel bestimmten Ende tief in den Schlamm ein. Sogar eine 0,5 m hohe Wasserschicht wird von ihm mit solcher Gewalt durchfahren, daß er in dem darunter befindlichen Schlamme aufrecht stehend stecken bleibt. Hier entwickeln sich im Laufe weniger Stunden Wurzeln, die den Keimling endgültig im Boden befestigen. Durch diese ingeniöse Einrichtung ist dafür gesorgt, daß die Nachkommenschaft im Schlammgebiet selbst Wurzel faßt, wo sie die günstigsten Existenzbedingungen findet, und nicht in der Frucht von den Wogen ans Ufer geschwemmt wird an Orte, die für die Weiterentwicklung höchst ungünstig sein könnten. Geschieht es nämlich, daß bei hoher Flut der Keimling die hohe Wasserschicht nicht mit genügender Kraft durchfährt, um sich in den Schlamm einzubohren, so führen ihn die Wogen weiter, um ihn ans Land zu werfen, wo es ihm gleichwohl oft noch gelingt Fuß zu fassen.

Abgesehen von ihrer als Gerbmaterial für Leder höchst wertvollen gerbstoffreichen Rinde sind die Mangrovendickichte, welche nur dadurch einigermaßen zugänglich sind, daß die netzförmig ausgebreiteten Stelzwurzeln der Bäume über den Wasserspiegel hervorragen und auf diese Weise einen Stützpunkt zum Überklettern bieten, von hoher Wichtigkeit als landerobernde Vegetationsformen, die immer weiter ins Meer hinaus vorschreiten und nach und nach bedeutende Gebiete an den Küsten in Land verwandeln. Die bogenförmig ausgespreizten Stelzwurzeln sammeln nämlich wie Reusen alles hineingeratene Pflanzenmaterial und sämtlichen Auswurf des Meeres an, halten es fest und verdichten den Untergrund des Sumpfwaldes schließlich so weit, daß er fest und gangbar wird. Diese für die seichten Küsten der Tropen so charakteristischen Mangrovenwälder sind durchaus an das Salzwasser des Meeres gebunden und steigen an den Mündungen der Flüsse nur so weit herauf, als das Wasser noch brackig ist. Im Bereiche des reinen Süßwassers verschwinden sie vollkommen. Leider sind diese Mangrovenbezirke durch das viele stehende Wasser gefürchtete Brutplätze der Moskitos, von denen die Anophelesarten die Überträgerinnen der Malaria sind.

Von weiteren gerbstoffhaltigen Drogen, die technisch außer der Gerberei besonders für die Färberei in Betracht kommen, sind die Galläpfel zu nennen, die bekanntlich durch den Stich bestimmter Gallwespenweibchen auf den Blättern und Knospen verschiedener Eichenarten entstehen, indem durch den Reiz der aus dem Ei hervorgegangenen Insektenlarve Wucherungen der betroffenen Stellen des Blattgewebes in Form von blasigen Austreibungen bewirkt werden. Unsere einheimischen Eichen (*Quercus pedunculata* und *Q. sessiliflora*) werden von einer Anzahl Gallwespen befallen, deren jede eine Galle von bestimmter Form hervorbringt. So erzeugt *Cynips scutellaris* die kirschgroßen, weichen, auswendig grün bis rot gefärbten kugeligen Gallen, die man so häufig an der Unterseite der Eichenblätter findet. Reicher an Gerbstoff als unsere einheimischen sind die großen ungarischen, die von *Cynips hungarica* an der Unterseite der Blätter von der Stieleiche (*Quercus pedunculata*), und die kleinen ungarischen Galläpfel, die von *Cynips kollari* gleichfalls an den Blättern der Stieleiche erzeugt werden. Während diese 25–30 Prozent Gerbstoff enthalten, steigt der Tanningehalt bei den kleinasiatischen, von *Cynips gallae tinctoriae* auf der Unterseite der Blätter von *Quercus infectoria* erzeugten auf 60 Prozent und mehr. Von diesen in ganz Vorderasien gefundenen Gallen sind die nördlich von Aleppo in Nordsyrien gesammelten die gehaltreichsten an Gerbsäure. Aus dem westlichen Gebiet kommen sie über Alexandrette nach Europa, aus dem östlichen dagegen gehen sie über Mossul nach Bombay und gelangen als indische Gallen in den Handel, um außer zum Färben zur Tintenbereitung und zur Gewinnung von Gerbsäure und zur Herstellung von Galläpfeltinktur zu dienen.

Kleinasiatische und griechische Galläpfel wurden schon zur Zeit des Hippokrates, des berühmtesten Arztes des Altertums (460–364 v. Chr.), medizinisch und technisch verwertet. Auch Theophrast (390–286 v. Chr.) erwähnt sie, und der ältere Plinius um die Mitte des 1. christlichen Jahrhunderts berichtet, daß man mit Galläpfelsaft getränktes Leinen zur Prüfung des Kupfervitriols auf seinen Gehalt an Eisenvitriol benutze. Auch später blieben die Galläpfel besonders in medizinischem Gebrauch, bis nach den Kreuzzügen solche aus Syrien und Kleinasien einen regelmäßigen Ausfuhrartikel jener Länder bildeten. In guten Jahren kommen allein von Aleppo 8–9000 Säcke im Werte von je 140–160 Mark in den Handel.

Die Knopperneiche (*Quercus vallonea*), die in Kleinasien und im kilikischen Taurus vorkommt, liefert in ihren Fruchtbechern die 20 bis 35 Prozent Gerbsäure enthaltenden kleinasiatischen oder Smyrnavalonen, während die Knoppern durch den Stich einer Gallwespe (*Cynips calycis*) in die jungen Früchte vorzugsweise der Stieleiche (*Quercus pedunculata*), seltener der Traubeneiche (*Quercus sessiliflora*) hervorgebrachte, auf der Oberfläche mit flügelartigen Höckern besetzte Gallen mit 24–35 Prozent Gerbstoff sind, die in der Färberei und, besonders in Österreich, auch noch zum Gerben des Sohlleders dienen. Sie kommen als levantinische Knoppern in den Handel. In der oft mit Mannazucker bedeckten besten Sorte von Smyrna beträgt der Gerbstoffgehalt 30–35 Prozent. Trotz ihres herben Geschmackes dienten die Früchte der Knopperneiche schon der armen Bevölkerung bei den alten Griechen als Nahrungsmittel, und auch jetzt noch werden sie in ihrer Heimat roh oder geröstet verspeist, während unsere einheimischen Eicheln heute nur noch als geschätztes Schweinefutter dienen. In Griechenland allein werden jährlich 5000–7400 Tonnen geerntet, die als vorzügliches Gerbmaterial besonders für Sohlleder, aber auch zum Schwarzfärben, z. B. von Seidenhüten, dienen.

Der Gerbprozeß, bei welchem die Gerbsäure Anwendung findet, ist nebenbei bemerkt ein in seinen Einzelheiten noch nicht völlig aufgeklärter Vorgang, der mit der Färberei einige Verwandtschaft besitzt. Dabei verwandelt der Gerbstoff unter Aufnahme von Sauerstoff aus der Luft die von der haartragenden Oberhaut und der fettdurchwachsenen Unterhaut befreite Lederhaut, die der Gerber auch wohl als Corium bezeichnet, zu einem vor jeglicher Fäulnis bewahrten Gebilde, dem Leder. So wichtig der Sauerstoff auch für den Gerbprozeß ist, so bewirkt er an sich noch keine Lederbildung des Coriums. Legt man ein Stück der letzteren, die aus einem festen Gefüge vielfach verschlungener Faserbündel besteht, in feuchtem Zustande in eine Sauerstoffatmosphäre oder übergießt sie in einem Becherglase mit reichlich Sauerstoff abgebenden Wasserstoffsuperoxyd, so wird noch kein Leder daraus; dies geschieht erst bei Gegenwart einer Gerbstofflösung.

Die älteste Methode der Lederfabrikation haben wir in der Sämisch- oder Ölgerberei vor uns. Die Jäger- und Nomadenstämme unserer Tage, welche, wie die Jäger der Urzeit, das Fell des erlegten Wildes auf der Fettseite mit dem Steine bearbeiten, um ihm seine Geschmeidigkeit auch nach dem Eintrocknen zu erhalten, stellen damit eine primitive Art sämisch gegerbtes Leder her. Etwas vollkommener ist das Gerbverfahren, das beispielsweise die Frauen der nordamerikanischen Indianer anwandten, um die Tierhaut in Leder zu verwandeln, d. h. in solcher Weise zu verändern, daß sie weder in Fäulnis übergeht, noch ausgetrocknet hart wird. Zu diesem Zwecke spannten sie die abgezogene Haut eines von den Männern erbeuteten Büffels oder sonst eines Wildes zwischen Holzpflöcke auf dem Boden aus und schabten mit einem geschärften Stein das anhaftende Fett und Fleisch, wie auch die Haare ab. Dann rieben sie die Haut mit dem Gehirn und Fett des Tieres ein und bearbeiteten sie tüchtig längere Zeit mit dem Schaber oder einem andern Stein, bis sie weich wurde wie sämisch gegerbtes Leder. Ähnlich wie sie verfahren andere primitive Völker der Gegenwart, die zum Einreiben der rohen Felle außer Gehirn auch Fett oder Öl verwenden. Noch heutzutage werden die in Kleienbeizen angeschwellten „Blößen", wie die in Leder zu verwandelnde Mittelschicht der Haut von den Gerbern genannt wird, mehrere Male mit Tran eingerieben; zwischendurch hängt man sie einige Zeit an der Luft auf und läßt sie zuletzt in Wärmekammern angären. Dabei nehmen die Fette Sauerstoff aus der Luft auf, es entstehen sauerstoffreiche Fettsäuren, sogenannte Oxyfettsäuren, die sich mit dem geschwellten Corium so fest verbinden, daß sie selbst durch Waschen mit Soda und Seife nicht mehr entfernt werden können.

Ein anderes, in der Alten und Neuen Welt gebräuchliches, ganz rationelles Verfahren, um das Fell vor Fäulnis zu bewahren, ist die Anwendung des Rauches. Die moderne Technik macht auch hiervon wenigstens insoweit Gebrauch, als ein großer Teil der aus Amerika zu uns kommenden rohen Rindshäute der vorläufigen Erhaltung halber etwas geräuchert wird — andere salzt man ein —, und daß man Felle und Bälge für Sammlungen mit Kreosot, also mit demjenigen Bestandteile des Rauches präpariert, der die Tierfaser gegen Fäulnis widerstandsfähig macht. Auch die Anwendung von Alaun, die Grundlage der Weißgerberei, muß schon lange bekannt sein, da schon die Römer neben dem lohgegerbten festen Leder, von ihnen *corium* genannt, ein weiches und geschmeidiges, mit Alaun bearbeitetes Leder unter dem Namen *aluta* kannten.

Neuen Datums ist die Chromgerberei, die ein sehr widerstandsfähiges Leder liefert, während die altgeübte Lohgerberei ein allerdings noch besseres Produkt erzeugt. Sie wurde schon im frühesten Altertum geübt und dazu in Europa vorzugsweise die bis 16 Prozent Gerbstoff aufweisende Eichenrinde als die tanninreichste von allen Rinden unserer Waldbäume verwendet. In Rußland, wo die Eichen fehlen, gerbt man von alters her mit den Rinden der Birken, Weiden und Erlen, wie in Nordamerika mit der Rinde der Hemlocktanne. Das auf diese Weise in Nordamerika erzielte rote Sohlleder wurde zuerst im Jahre 1844 nach England und bald über den ganzen europäischen Kontinent eingeführt, doch erwies sich dieses Hemlockleder trotz seiner Billigkeit nicht als dem einheimischen lohgegerbten Leder gleichwertig.

Schon die Ägypter des vierten vorchristlichen Jahrtausends übten die Gerberei mit gerbstoffhaltigen Brühen, die sie aus den Rinden der einheimischen Pflanzen herstellten. Auf den ältesten Wandbildern der Gräber des alten Reiches zu Beginn des dritten vorchristlichen Jahrtausends sehen wir dasselbe Gerbverfahren angewandt, das man heute noch betreibt. Im frühen Altertum waren die persischen und babylonischen Leder berühmt; man fertigte dort nicht bloß gröbere, sondern auch sehr feine und schön gefärbte Ware an. Mit Safran gelb gefärbte pantoffelartige Schuhe waren das Kennzeichen der Vornehmen. Diese altasiatische Industrie arbeitete selbst für Europa, wohin die schiffahrtkundigen Phönikier diese beliebte Handelsware brachten und gegen einheimische Produkte umtauschten. Gegen den Anfang der christlichen Zeitrechnung hatten die Juden fast ausschließlich den Lederhandel Syriens in Händen und versorgten mit dieser Ware Rom und die übrigen bedeutenderen Städte des römischen Reiches. Zur Zeit der arabischen Herrschaft kam im westlichen Afrika und in Spanien eine Luxusgerberei zur Blüte, für deren ausgezeichnete Produkte die Völker Mitteleuropas lange Zeit gute Käufer waren, bis man hier, zuerst in Frankreich, das Geheimnis der Fabrikation dieser besseren Ware ausgekundschaftet hatte und dann in der Neuzeit selbst zu fabrizieren anfing. Die Erinnerung an diese Verhältnisse ist in den Bezeichnungen der verschiedenen Ledersorten bis in die Gegenwart erhalten geblieben. So haben wir dem Namen nach noch heute Leder aus Marokko als Maroquin, aus der Stadt Safi in Marokko ausgeführtes Leder als Saffian und Leder aus Cordova in Südspanien als Corduan. Von jener südwestländischen Kunstgerberei aber hat man allen Grund anzunehmen, daß die Araber sie auf ihren Eroberungszügen in Asien kennen lernten und sie nachträglich bis an die Gestade des Atlantischen Ozeans verpflanzten. Daß Asien, wie überhaupt die Wiege der Kultur, so auch die einer Industrie wie der feineren Gerberei gewesen sein wird, läßt sich wohl sicher annehmen, und dafür spricht auch, daß eben in den östlichen Gegenden Europas, bei den Russen, Bulgaren, Ungarn, Türken usw., die Lederbereitung frühzeitig in ausgezeichneter Weise betrieben wurde. Wir lesen bereits bei Plinius, daß das indogermanische Volk der Kelten sein Leder vermittelst Birkenteer bereitete; daraus ergibt sich, daß die Juchtengerberei nichts Nationalrussisches ist, sondern schon von den Urindogermanen geübt wurde, von denen sie manche Zweige später wieder aufgaben.

Außer den bereits genannten Gerbstofflieferanten werden für die Lohgerberei des Leders noch verschiedene andere verwendet, von denen wir die wichtigsten kurz aufzählen wollen. Dahin gehört die Rinde der Aleppokiefer (*Pinus haleppensis*), eines 10–16 m hohen harzreichen Baumes des Mittelmeergebiets, der in der Region des Ölbaums im Meeressand wie auf verwittertem Felsboden gedeiht. Seit der Zeit Theophrasts im 4. vorchristlichen Jahrhundert bis heute wird sie zum Gerben benutzt und weithin exportiert. In Australien und Tasmanien wird zu diesem Zwecke die Rinde eines daselbst heimischen, 12 m hohen Schmetterlingsblütlers, *Acacia penninervis*, benutzt. Noch mehr, nämlich über 30 Prozent Gerbstoff, enthält die schwere, schwarzviolette Rinde der in Süd- und Ostaustralien häufig vorkommenden besten Gerberakazie, der *Acacia decurrens*, die dort in Schälwäldern mit einer Umtriebszeit von nur acht Jahren gewonnen wird. Ein ausgewachsener Baum von zehn Jahren liefert etwa einen Zentner Rinde von 44 Prozent Tanningehalt, die neuerdings auch gemahlen als Mimosarinde nach Europa ausgeführt wird. So bringt Australien allein von *Acacia decurrens* jährlich etwa 15 Millionen kg im Wert von 1,85 Millionen Mark in den Handel. Wie der Baum neuerdings auf Anregung der Regierung in seiner australischen Heimat in Kultur genommen wird, so wird er jetzt auch in Deutsch-Ostafrika in größerem Maße angepflanzt. Die Bäume brauchen 5–8 Jahre, bis sie die ersten Erträge liefern. Dann aber kann das Abschälen eines Teiles der Rinde in bestimmten Abständen eine Reihe von Jahren hindurch wiederholt werden.

Wie Australien in seinen verschiedenen Gerberakazien, so besitzt Neuseeland in der Rinde der 20–23 m hohen, sellerieblätterigen Tanekahafichte (*Phyllocladus trichomanoides*), einer weitläufigen Verwandten der Eibe, ein Material mit 28–39 Prozent eines außerordentlich wertvollen Gerbstoffs, das neuerdings in erhöhtem Maße exportiert wird, um zum Gerben feiner, weicher Ledersorten zu dienen. Daher zieht Grenoble, dieser berühmte Sitz der Glacéhandschuhfabrikation, den größten Teil der Ausfuhr desselben an sich. Südamerika dagegen hat einen sehr wichtigen Gerbstofflieferanten in dem harten, fleischroten Holz eines in den Wäldern Argentiniens und Paraguays häufig wachsenden hohen Baumes, des Quebracho — sprich kebratscho — (*Schinopsis lorentzii*). Dasselbe enthält bis 20 Prozent Gerbsäure und wird zur Extraktion derselben, da es sehr hart ist, mit kräftigen Maschinen zerkleinert. Die Rinde dieses Baumes mit bläulichgrünen Blättern und gelben Blüten wird medizinisch verwendet. Sie gelangte 1878 zum erstenmal nach Europa und wurde als Ersatz der Chinarinde gegen Fieber empfohlen. Sie wird besonders gegen Asthma angewandt.

Äußerst wichtige ostasiatische Gerbstofflieferanten sind auch die chinesischen Galläpfel, die seit dem Jahre 1846 aus China und seit 1860 aus Japan auf den europäischen Markt gelangen. Sie werden durch den Stich einer Blattlaus (*Aphis chinensis*) an den Blättern und Blattstielen des geflügelten Sumachs (*Rhus semialata*) hervorgebracht und stellen ursprünglich grüne, später graubraune, dünnwandige Blasen mit 59–77 Prozent Gerbstoffgehalt dar. Sie sind 3–10 cm lang und 1,5–4 cm dick und bergen im frischen Zustande im Innern zahlreiche junge Blattläuse. Um diese abzutöten, werden die Gallen in weitgeflochtenen Weidenkörben heißen Wasserdämpfen ausgesetzt. Man bedient sich ihrer zum Schwarz-, Braun- und Graufärben von Geweben und Leder und zur Bereitung schwarzer Tinte.

Unser Wort Tinte kommt vom romanischen, speziell italienischen *tinta* Farbe, das seinerseits aus dem lateinischen *tincta* gefärbtes (nämlich *aqua* Wasser) hervorging. Schon im hohen Altertum schrieb man mit schwarzer Tinte, die aus Ruß, arabischem Gummi und Wasser bereitet wurde, jedenfalls aber im ganzen sehr wenig haltbar war. Aus der römischen Kaiserzeit sind uns verschiedene Rezepte zur Bereitung solcher Tinte erhalten geblieben, so von Plinius: „Schwarze Tinte und Farbe (*atramentum*) wird aus Ruß von verbranntem Harz und Pech gemacht, und man hat zu diesem Zwecke auch geschlossene Kammern, in denen sich der Ruß sammelt. Die beste schwarze Tinte kommt von Kiefern. Sie wird übrigens mit dem Ruß aus Öfen und Bädern verfälscht. Man macht auch welche aus geglühter Weinhefe. Die berühmten Maler von Athen Polygnotus und Mikon machten ihre schwarze Farbe auch aus Weintrestern. Apelles erfand die schwarze Farbe aus verkohltem Elfenbein, und man nennt solche *elephantinon*. Es wird auch schwarze Farbe aus Indien gebracht, deren Zusammensetzung mir aber unbekannt ist. (Damit meint Plinius jedenfalls die über Indien zu den Römern gelangende chinesische Tusche.) Es wird auch welche aus feinem Ruß gemacht, der sich an ehernen Kesseln ansetzt, oder aus Kiefernkohle, die man in einem Mörser zerstößt. — Alle schwarze Farbe wird an der Sonne fertiggemacht, die Schreibtinte mit Zusatz von Gummi, die Malerfarbe mit Zusatz von Leim. Man macht sie mit Essig flüssig, damit sie sich nicht leicht wieder auswaschen läßt, und mischt eine Abkochung von Wermut darunter, damit die Mäuse nicht an sie gehen."

Außer der schwarzen waren auch farbige, besonders rote, allerdings ebenso leicht schimmelnde Tinten im Gebrauch, die alle in gleicher Weise mit dem zugespitzten und an der Spitze gespaltenen Schreibrohr *calamus* auf die Schreibrollen aus Papyrus oder Pergament aufgetragen wurden. Unsere Bezeichnung Rubrik kommt ja aus dem lateinischen *rubrum* das Rote, von der kurzen, seit der altägyptischen und römischen bis fast in unsere Zeit rotgeschriebenen Inhaltsangabe als Aufschrift bei Aktenstücken und am Eingang von amtlichen Verfügungen. Schon im 3. Jahrhundert n. Chr. begann man die Tinte in der heute noch gebräuchlichen Weise anzufertigen, indem man eine stark gerbstoffhaltige Galläpfelabkochung mit Eisenvitriol versetzte. Dadurch entstand ein feiner Niederschlag von gerbsaurem Eisenoxydul, der durch schleimige Verdickungsmittel, wie arabischer Gummi, später auch Dextrin, in Suspension erhalten wurde. Erst seit einem halben Jahrhundert kennt und benutzt man klare, filtrierbare Gallustinten, in denen das Eisen in gelöster gerbsaurer und gallussaurer Verbindung enthalten ist und sich erst nach dem Schreiben in unlöslicher Form auf dem Papier niederschlägt. Die erste derartig zubereitete Tinte, die heute noch als Vorbild der meisten im Handel befindlichen Gallustinten gelten kann, war die im Jahre 1855 von Leonhardi in Dresden erfundene Alizarintinte, so genannt, weil sie außer Indigo auch noch Krapp zugesetzt erhielt. Da man aber später erkannte, daß die Indigobeigabe an sich genügt, um der Tinte gehörige Schwärze zu verleihen, ließ man den Krappzusatz als überflüssig weg. Neuerdings ersetzt man die Indigolösung in zunehmendem Maße durch andere sauer reagierende Lösungen von Farbstoffen, besonders Anilinfarben.

Die Blauholztinten werden aus Blauholzextrakt unter Anwendung von doppeltchromsaurem Kali, Chromalaun und verschiedenen in der Färberei als Beizen gebrauchten Salzen und Säuren dargestellt. Gegenüber den Gallustinten haben sie den Nachteil, daß die Schriftzüge leichter vom Papier entfernt werden können; dagegen kommt ihnen der Vorteil einer vorzüglichen Kopierfähigkeit zu. Ihrer Billigkeit wegen benutzt man sie, z. B. in Form der Kaisertinte, häufig für Schulzwecke. Die Anilintinten sind halb- bis einprozentige Lösungen der entsprechenden, auf chemischem Wege dargestellten Farben in Wasser unter Zusatz von Oxalsäure und Zucker. In bezug auf Echtheit und Beständigkeit stehen sie den Gallus- und Blauholztinten bei weitem nach, besitzen aber große Kopierfähigkeit, die sich mit der Menge des darin gelösten Farbstoffs steigert. Vor der Anwendung der Anilinfarben stellte man die rote Tinte meist aus Pernambukholz oder aus der Kochenille gewonnenem Karmin, die blaue dagegen aus Indigokarmin oder Berlinerblau her.

Wie die Tinte der Abendländer im Altertum und Mittelalter aus Ruß, der durch Verbrennen von Öl oder Holz vorzugsweise von harzreichen Koniferen gewonnen wurde, wird auch die Tusche der Chinesen und Japaner, mit der sie vermittelst eines feinen Haarpinsels auf Papier meist vom Papiermaulbeerbaum schreiben, aus Ruß gewonnen, und zwar vornehmlich aus dem Ruße des Sesamöles, der mit dem bei allen Ostasiaten so beliebten Patschuli parfümiert wird, was ihm den typischen echten Geruch gibt. Dieses Parfüm, das auch zum Parfümieren der indischen Schale und anderer Erzeugnisse Ostindiens dient, ist der haltbarste unter allen Pflanzendüften und wird aus den durch einen reichen Gehalt an ätherischem Öl wohlriechenden Blättern des südindischen Halbstrauches *Pogostemon patschuli* in Bengalen gewonnen, wo er auch, wie auf Ceylon und Malakka, kultiviert und *patschapat* oder *patschuli* geheißen wird. Schon im Altertum gelangte die chinesische Tusche durch indische Vermittlung nach den Mittelmeerländern, wo sie bei den Griechen *indikón mélan* und bei den Römern *indicum nigrum*, d. h. schwarzes Indigo (eigentlich schwarze indische Farbe) hieß. Vitruvius bezeichnet es als kohlschwarz, auch Plinius erwähnt es in seiner Naturgeschichte an der vorhin von uns erwähnten Stelle, und der weitgereiste Grieche Arrian im 2. Jahrhundert n. Chr. sagt in seinem Bericht über die Umschiffung des Roten Meeres, daß es nebst seidenen Zeugen und seidenen Fäden von der Stadt Minnagara an der Indusmündung über Alexandrien in den Handel gelange.

Wie alle orientalischen Völker die Wohlgerüche über alles lieben und sich und ihre Waren nach Möglichkeit parfümieren, so sind sie auch besondere Freunde bunter Farben, die sie in der Kleidung und ganzen Lebensführung zur Geltung kommen lassen. Weniger angenehm für unseren Geschmack ist ihre mit diesem gesteigerten Farbenbedürfnisse zusammenhängende Freude am Schminken. Wie die Orientalinnen in ihren Frauengemächern, haben auch die vornehmen Frauen in ganz Vorderasien und Ägypten sich schon im höchsten Altertume geschminkt und ihre Haare, Handflächen und Fingernägel gefärbt. In den Grabkammern der alten Ägypter hat sich uns ein reiches Inventar von wohlriechenden Salben und Schminken mit allem übrigen Toilettenzubehör vornehmer Damen gefunden, das uns von der großen Bedeutung dieser Artikel Kunde gibt. Bei den Ägypterinnen war der zwerghafte, unterwachsene und bucklige Besa, ein durchaus nicht einheimischer, sondern aus dem asiatischen Orient mit der ganzen höheren Toilettenkunst eingeführter Gott, der Toilettengott, den wir sehr häufig auf Schminkbüchsen und anderen Toilettegegenständen abgebildet finden. Von ihnen und den vornehmen Asiatinnen Syriens, Phönikiens und Kleinasiens nahmen dann naturgemäß die wohlhabenden Griechinnen, und von diesen wiederum die Römerinnen der späteren Zeit diese von uns als Unsitte empfundene Gewohnheit des Färbens und Schminkens hauptsächlich des Gesichtes an. Aus vielen Stellen griechischer Schriftsteller geht hervor, daß es bei den griechischen Damen ganz allgemein Sitte war, das Gesicht zu schminken. Die dazu verwandte weiße Farbe war Bleiweiß, während das Rot von der Färberochsenzunge (*Anchusa tinctoria*), von der Pflanze *paidéros*, von Maulbeeren und von *phýkos* (einem Tang, zweifellos der Lackmusflechte) gewonnen wurde. So führt Athenaios eine Stelle des Dichters Eubulos in einem Stück, das Die Kranzverkäuferinnen heißt, an, in der es heißt: „Wie die blonden Augenbrauen mit Ruß oder Antimonsalbe, so werden die Wangen mit Bleiweiß und Maulbeersaft beschmiert; und geht nun die Dame im Sommer aus, so fließen von den Augen her zwei schwarze Tintenbäche auf die Wangen, von den Wangen aber rote Streifen auf den Hals, und die Haare der Stirne reiben sich am Bleiweiß grau.“ Gleicherweise sprechen römische Schriftsteller vom Schminken der römischen Damen, bei denen besonders roter Lackmus zum Färben der Wangen benutzt wurde. Aber alles Eifern dagegen war umsonst, die Sitte blieb bestehen. Schon der Athener Xenophon, der Schüler des Sokrates (440–355 v. Chr.) sagt: „Wenn ich eine Dame sehe, die sich dick mit Bleiweiß angestrichen hat, um weißer zu erscheinen als sie wirklich ist, und sich auch dick mit Färberochsenzunge angepinselt hat, um röter zu erscheinen als sie wirklich ist, und die Schuhe mit hohen Absätzen trägt, um größer zu erscheinen als sie wirklich ist, dann muß ich doch bemerken, daß dergleichen Betrug wohl mitunter Fremde täuschen kann, aber diejenigen gewiß nicht, welche die Dame näher zu beobachten Gelegenheit haben. Denn sie sieht früh morgens, bevor sie sich geschmückt hat, ganz anders aus, als wenn sie Toilette gemacht hat; und ist sie angepinselt, so verrät doch jeder Schweißtropfen, jede Träne, jeder Wassertropfen den Pinsel.“

Zu allen Zeiten hat der Mann „die Herrin des Liebreizes, der Anmut und der Liebe“, „die Palme der Liebe und Anmut für ihren Gatten“, „welche geschützt ward von ihrem Manne“, und wie sonst die Wendungen zur Kennzeichnung der Frau in den altägyptischen Grabdenkmälern lauten, gewähren lassen, wenn sie auch von ihrem Triebe nach Putz auf falsche Bahnen geleitet wurde. Denn wie vor 5000 Jahren gelten noch heute die Worte des Prinzen und Gaufürsten Ptah-hotep, der im alten Reich unter dem König Tet-kara der 5. Dynastie (2750–2625 v. Chr.) lebte und dessen im Papyrus Prisse, dem ältesten Moralbuche der Welt, uns erhaltenen Anstands-

, Sitten- und Weisheitslehren Jahrtausende hindurch als Richtschnur und Norm im Pharaonenlande dienten. Sie lauten: „Wenn du weise bist, sorge für dein Haus, liebe deine Frau in Züchten, nähre sie, kleide sie und schmücke sie, das ist die Lust ihrer Glieder. Gib ihr Wohlgerüche, erfreue sie, so lange du lebst; denn sie ist ein Gut, das seines Besitzers würdig sein soll. Sei kein Tyrann. Freundliches Wesen erreicht mehr als Gewalt. Munter ist alsdann ihr Atem und munter ihr Auge, das sie im Spiegel schaut. Gern mag sie wohnen in deinem Hause und mit Lust und Liebe darin arbeiten."

XXIII.
Der Kautschuk und die Guttapercha.

Wenn man den Stengel einer Wolfsmilch- oder einer andern Milchsaftpflanze abbricht, so erscheint an den Bruchflächen ein Tropfen dichten, weißen Milchsafts, der zahlreiche Stoffe wie Gummi, Zucker, Eiweiß, Gerbstoffe, verschiedene Salze und Alkaloide, ferner häufig Harze und Kautschuk in Form kleiner Körnchen und manchmal auch eigenartig gestaltete Stärkekörner enthält. Er befindet sich in einem System dünnwandiger Röhren und dient teils als Reservenährlösung, teils aber als wichtiges Schutzmittel für die Pflanze. Wird eine solche nämlich verletzt, so tritt der unter starkem Druck im Individuum gehaltene Milchsaft rasch in großen Mengen aus und bedeckt, an der Luft schnell erhärtend, die Wundfläche mit festem Verschluß, so daß keine Krankheitserreger in sie hineindringen können.

Begreiflicherweise hat diese Eigenschaft frühzeitig die Aufmerksamkeit des Menschen erregt, der ja zunächst alle Erzeugnisse der Schöpfung nur nach ihrem Gebrauchswert für sein eigenes Dasein zu beurteilen pflegt. So haben die Indianerstämme Brasiliens schon seit langer Zeit den rasch vertrocknenden, dicken Milchsaft eines stattlichen Baumes aus der Familie der Euphorbiazeen oder Wolfsmilchgewächse der von ihnen bewohnten Wälder technisch zur Herstellung von weichen und zugleich elastischen Flaschen und andern Gegenständen benutzt, indem sie einen Klumpen Lehm am Ende eines Stockes in die dickflüssig gewordene Milchsaftmasse tauchten, die sie nach dem Anschneiden der betreffenden Bäume mit Steinbeilen durch eine Rinne aus Schilfrohr in daruntergestellte Kalabassen, d. h. ausgehöhlte Flaschenkürbisse, geleitet hatten. War der federnde Harzüberzug erstarrt, so wurde der trockene Lehm ausgeklopft und zurück blieb eine als Wassergefäß benutzbare Flasche mit engem Hals, die sehr elastisch und unzerbrechlich war. Um nun den ganzen Prozeß zu beschleunigen, wurde die so gewonnene Form über einem Feuer getrocknet, dessen Rauch der ursprünglich hellbraunen Kautschukflasche eine dunkle Farbe verlieh. Solche kamen früher als „Negerköpfe" in den Handel und werden von Pará an der Mündung des Amazonenstroms heute noch in dieser Form ausgeführt. Auch Schuhe, in denen es sehr angenehm zu marschieren war und die die Füße trocken hielten, was in den morastigen Wäldern von nicht zu unterschätzender Bedeutung war, Spielbälle und Fackeln wurden aus diesem wegen seiner Federkraft im Deutschen zunächst Federharz genannten Stoff verfertigt. Die Indianer bezeichneten ihn als *kautschu* oder *kahutschu*, welch fremdartiger Name sich dann bald einbürgerte, und zwar zunächst bei den Franzosen als *caoutchouc* (mit unhörbarem *c* am Ende).

Es war nämlich der französische Gelehrte Charles Marie de la Condamine (in Paris 1701 geboren und 1774 ebendort verstorben), der Europa mit diesem neuartigen Stoffe bekannt machte, nachdem ihn allerdings schon der Spanier Gonzalo Fernandez d'Oviedo y Valdes in seiner 1536 erschienenen „Allgemeinen Geschichte Indiens" (d. h. Amerikas, das man zuerst für Indien ansah) erwähnt hatte bei Gelegenheit der Beschreibung des Ballspiels der Indianer. Er sagt von letzterem, es werde anders gespielt und auch der Ball sei aus einer andern Masse hergestellt als derjenige, dessen sich die Christen bedienen. Nach ihm beschrieb der Jesuit Charlevoix den „*batos*" genannten Ball der Indianer als eine Kugel aus einer festen, außerordentlich elastischen Masse. „Er springt höher als unsere Bälle, fällt auf den Boden und springt viel höher wieder auf, als die Hand ihn nach unten warf; er fällt nieder und springt von neuem, obgleich dieses Mal weniger hoch, und so nimmt die Höhe der Sprünge allmählich ab." Diesen eigenartigen Stoff bezeichnet der spanische Geschichtschreiber Antonio de Herrera Tordesillas zum erstenmal als Gummi; aber ihn nach seinem Ursprunge bekanntgemacht zu haben gebührt durchaus dem Franzosen la Condamine. Dieser Gelehrte hielt sich von 1736–1744 in Südamerika auf, zuerst als Teilnehmer an der von der französischen Akademie der Wissenschaften organisierten Gradmessung in Peru, nach welcher er dann Brasilien bereiste, wobei er diesen Rohstoff bei den Indianern kennen lernte. Er brachte Proben davon mit nach der Heimat und reichte 1751 darüber eine Denkschrift bei der Akademie der Wissenschaften zu Paris ein. Doch fanden seine Mitteilungen über die merkwürdigen Eigenschaften des elastischen Baumharzes aus Brasilien ebensowenig Beachtung wie die etwas späteren von Fresneau und Aublet du Petit-Thouar. Man betrachtete den Kautschuk als eine Kuriosität, mit der man nichts anzufangen wußte, und glaubte endlich seinen ganzen Nutzwert erschöpft zu haben, als man die Fähigkeit desselben entdeckte, Bleistiftstriche durch Reiben damit vom Papier zu entfernen. Zu diesem Zwecke ward er längere Zeit hindurch in geringen Mengen eingeführt; doch war er noch so teuer, daß ein würfelförmiges Stück von 12 mm Seitenlänge nicht weniger als 3 Mark kostete. In England erhielt er davon den Namen „*india rubber*", der ihm bis heute verblieb, während er in Deutschland die lateinische Bezeichnung „*Gummi elasticum*", auch schlichtweg nur Gummi bekam. Doch nannte man ihn hier in Anlehnung an das französische *caoutchouc* auch Kautschuk, wobei das k am Schlusse betont wurde.

In den Jahren 1761 und 1768 veröffentlichte der französische Chemiker Macquer seine chemischen Untersuchungen über den Kautschuk, der bei gewöhnlicher Temperatur einen höchst elastischen Stoff darstellt. Bei 0° verliert er jedoch diese Eigenschaft fast ganz, ohne indessen brüchig zu werden. Die gewöhnlichen Lösungsmittel wirken auf ihn gar nicht ein und selbst gegen starke chemische Agenzien verhält er sich sehr indifferent, nur konzentrierte Schwefel- und Salpetersäure zersetzen ihn. Bei

Temperaturerhöhung ändern sich seine chemischen und physikalischen Eigenschaften. Bei 50° wird er etwas weicher, bei 100° fängt er an stark zu kleben, bei 120° schmilzt er und geht bei 200° in eine braunschwarze, schmierige Masse über, welche durch Abkühlen nicht wieder in ihren früheren Zustand zurückkehrt. Noch weiter erhitzt, verbrennt er an der Luft mit rötlicher, stark rußender Flamme. Im Jahre 1791 stellte Grassart in Paris Röhren aus Kautschuk her, indem er Streifen desselben um Glasröhren wickelte und die Ränder durch Erwärmen verklebte. Doch wurden solche anfänglich kaum technisch benutzt. Noch im Jahre 1820 kannte man kaum eine andere Verwendung des Kautschuks als zum Auswischen von Bleistiftstrichen, wie solches nach dem Vorschlage des Chemikers Priestley seit dem Jahre 1770 geübt wurde, dann zu Verschlüssen und Röhrenverbindungen an chemischen Apparaten, zu elastischen Verbänden, luftdichten Firnissen und zum Wasserdichtmachen von Leder und Geweben nach dem Vorgange des Engländers Samuel Peal seit 1791. Um 1820 wurden in Paris die ersten Bougies und Katheter aus Kautschuk verfertigt. In jenem Jahre nahm der Engländer Hancock ein Patent auf elastische Gewebe mit Kautschukstreifen; gleichzeitig gelang es 1820 Stadler in Wien, den Kautschuk in Fäden zu ziehen und diese, übersponnen, zu elastischen Geweben zu verbinden, eine Industrie, die dann namentlich von Reithofer in Wien erfolgreich weiter entwickelt wurde. Damals begann auch Macintosh in Glasgow seine ersten Versuche zur Anfertigung wasserdichter Stoffe durch Auftragen von Kautschuklösung auf Gewebe. Er nahm 1823 ein Patent darauf, doch verschwanden die Übergewänder aus seinem wasserdichten Zeug bald wieder, weil sie in der Kälte hart und unelastisch wurden, in der Wärme dagegen leicht zusammenklebten. Im Jahre 1830 machte Thomas Hancock die ersten Versuche mit der Herstellung von Überschuhen aus Kautschuk, den sogenannten Gummischuhen. Doch vermochte diese Industrie erst von 1836 an einen Aufschwung zu nehmen, als es Chaffee in Roxburgh (Nordamerika) und Nickels in England gelang, Maschinen zu erfinden, welche den Kautschuk durch bloßes Kneten bei mäßiger Wärme in einen erweichten, fast unelastischen Körper umwandeln, der mit Leichtigkeit jede gewünschte Gestalt annimmt.

Trotz allen diesen Errungenschaften blieb der Kautschuk ein Stoff von nur untergeordneter industrieller Bedeutung, bis der Amerikaner Charles Goodyear zu Newhaven im Staate Connecticut 1839 das Vulkanisieren desselben erfand durch Imprägnieren mit Schwefel und Erhitzen. Dadurch wurden ihm die Nachteile des unangenehmen Geruchs und der Veränderung durch die Temperatur genommen und hatte man es in der Hand, durch geringen Zusatz von geschmolzenem Schwefel, mit dem sich der Kautschuk zu einer eigenen Masse verbindet, und kurzem starken Erhitzen bei allen Temperaturen weich bleibenden Gummi, durch stärkeren Zusatz von Schwefel in Verbindung mit langdauerndem Erhitzen dagegen als Ebonit bezeichneten Hartgummi von hornartiger Beschaffenheit zu erzeugen. Diese Erfindung erst ermöglichte eine unbeschränkte Anwendung des Kautschuks und verschaffte diesem Pflanzenprodukt eine ungeheure Bedeutung, die heute noch immer zunimmt. Den Anstoß zu diesem Aufschwung gab die Entdeckung des *Dr.* Lüdersdorff in Berlin, daß dem durch Terpentinöl aufgeweichten Kautschuk die nach dem Trocknen zurückbleibende Klebrigkeit genommen wird, wenn man ihm Schwefel beimischt. Auf diese Beobachtung baute Goodyear seine Erfindung auf, die er sofort nach amerikanischer Art im großen technisch verwertete, indem er alle möglichen Gebrauchsartikel daraus anfertigte. Im Jahre 1842 kamen die ersten vulkanisierten Kautschukartikel aus seiner Fabrik nach Europa, aber erst die Weltausstellung vom Jahre 1851 im Kristallpalast in London und noch mehr diejenige von 1855 zu Paris verschafften seinen äußerst mannigfaltigen Erzeugnissen allgemeine Anerkennung und Nachahmung in der ganzen Kulturwelt.

Welchen Aufschwung die Kautschukindustrie seither genommen hat, dessen sind wir alle Zeugen. Tatsächlich gibt es heute kaum einen Zweig der Industrie, der nicht in irgend einer Form Kautschuk verwendet, so daß man ohne Übertreibung sagen kann, dieser Stoff begleite den Menschen von der Wiege bis zum Grabe. Schon der Säugling saugt die ihm als Ersatz oder wenigstens als Ergänzung der Muttermilch verabreichte Tiermilch mit dem Gummisauger und streckt sich behaglich auf seiner weichen Gummiunterlage aus. Dann spielt er mit seiner Gummipuppe oder greift zum Gummiball. Mit einem Schwamm aus weichem Gummi wird er gewaschen und mit einem Kamm aus hartem Gummi wird er gekämmt, und so geht es das ganze Leben hindurch fort. Es ist ganz unmöglich, alle Gebrauchs-, Sport- und Luxusgegenstände aus Kautschuk, die der Kulturmensch der Gegenwart im täglichen Leben verwendet, auch nur aufzuzählen. Es sei hier beispielsweise nur an die Pneumatik der Fahrräder und Automobile erinnert, dann an die mancherlei Verwendung, die dieser Stoff in der Chirurgie, Orthopädie, Chemie, Elektrotechnik, Meteorologie, Luftschiffahrt usw. findet. Es ist im Laufe eines Menschenalters so weit gekommen, daß wir uns die moderne Kultur ohne Kautschuk und seine Derivate überhaupt nicht mehr vorstellen können. Entsprechend dem ins ungeahnte gesteigerten Bedarf ist auch die Gewinnung des so kostbaren Stoffs mit Riesenschritten vorwärtsgegangen. Während der Jahresverbrauch an Kautschuk im Jahre 1840 noch kaum 400000 kg betrug, ist er 1909 auf über 68 Millionen kg im Werte von etwa 500 Millionen Mark gestiegen. Davon lieferte Südamerika 42,8 Millionen kg, Afrika 23,4 Millionen kg und Asien und Polynesien 1,8 Millionen kg. Deutschlands Einfuhr an Kautschuk beträgt rund 153 Millionen Mark.

Der Kautschuk ist eine Substanz, die sich in Form mikroskopisch kleiner Kügelchen in geringem Maße bei den milchenden Pflanzen auch Mitteleuropas wie Mohn, Zichorie oder Wolfsmilch findet, während er in den Milchsäften zahlreicher Tropenpflanzen einen überwiegenden Bestandteil bildet, der sich beim Stehen des Saftes vielfach von selbst abscheidet. Er findet sich im Milchsaft der betreffenden Pflanzen in ähnlich feiner Verteilung wie die Butter in der Milch und sammelt sich beim Stehen desselben wie jene an der Oberfläche in Form eines Rahmes an. Das Zusammenballen der Kautschukkügelchen erfolgt, indem das Ganze durch den Rauch gewisser Nüsse und Hitze oder durch den Zusatz von Alkalien, Säuren oder Salzen zur Gerinnung gebracht wird. Hierbei gerinnen aber die Eiweißstoffe des Milchsaftes, nicht der Kautschuk, und dabei kleben die kleinen Kautschuktröpfchen zusammen, wie im Blute der gerinnende Faserstoff, das Fibrin, die Blutkörperchen zusammenballt. Infolgedessen ist der Kautschuk stets ausgiebig mit Eiweißstoffen durchsetzt und dadurch leicht geneigt, in Fäulnis überzugehen oder einen üblen Geruch anzunehmen. Durch Zentrifugieren kann er allein rein und geruchlos erhalten werden. Chemisch besteht er im wesentlichen aus einem zu den Polyterpenen ($C_{10}H_{16}$) gehörenden Kohlenwasserstoff, gemengt mit Harz, wenig ätherischem Öl, Wachs, Eiweiß und Fett. Seine chemische Beschaffenheit wechselt aber bei den verschiedenen Pflanzenfamilien, was schon aus der voneinander abweichenden Beschaffenheit der verschiedenen Handelssorten gefolgert werden kann. Diese Kohlenwasserstoffe stehen durch ihre Zusammensetzung den ätherischen Ölen, durch ihre Nichtflüssigkeit, ihr Verhalten gegen Lösungsmittel und ihre Zersetzungsprodukte den Harzen nahe.

Der älteste technisch zur Anwendung gelangte Kautschuk stammt vom brasilianischen Kautschukbaum (*Hevea brasiliensis*), der am Amazonenstrom und an dessen großen Zuflüssen, besonders in den ausgedehnten Wäldern an der rechten Seite des Stromes, am Madeira, Tapajoz und Purus wächst. Diese Flüsse werden allein der Kautschukgewinnung wegen auf weite Strecken hinauf mit Dampfern befahren. Der hohe, schlanke Baum erreicht eine freie Stammhöhe bis zu 15 m und trägt dann eine lockere, luftige Krone von langgestielten, dreizähligen Blättern, kleinen, unscheinbaren, rispig angeordneten, teils männlichen, teils weiblichen Blüten und dreifächerigen Kapseln, deren Fächer mit zwei Klappen aufspringen und je einen großen, länglichen, gescheckten Samen enthalten. Letzterer enthält ein dem Leinöl ähnliches fettes Öl und wie die Blätter Aceton und Blausäure. Beim Aufspringen der Kapseln wird der Samen eine Strecke weit fortgeschleudert und so durch den Urwald verbreitet. Mit diesem verwandte Heveaarten wachsen in Guiana und weiter südlich bis zum Rio Negro, der sich bei der Stadt Manaos in den Amazonenstrom ergießt, dann in Venezuela am Orinoko und seinen Zuflüssen bis zu den Anden von Peru und Bolivia. Sie bilden keine kompakten Wälder, sondern wachsen zerstreut zwischen anderen Bäumen, so daß man nur selten zwei oder drei Heveabäume nebeneinander findet. Sie sind auf die Niederungen beschränkt, in denen ein heißes, feuchtes Klima herrscht und eine ausgeprägte Regenzeit sich einstellt, infolge deren ihr Besiedelungsgebiet regelmäßig alle Jahre einmal überschwemmt wird.

Infolge unausgesetzter, rücksichtsloser Ausbeutung sind die Kautschukbäume in den zugänglicheren Partien der Flußläufe vielfach ausgerottet worden; doch ist das Gebiet, in dem sie wachsen, so groß, daß gleichwohl noch keine Erschöpfung der Produktion eingetreten ist, obschon das Amazonasgebiet allein jährlich bis 30 Millionen kg Parákautschuk, so genannt, weil er über Pará ausgeführt wird, produziert. Immerhin ist es auffallend, daß trotz der enormen Bedeutung des Kautschuks für das Amazonasgebiet der Baum in seiner Heimat kaum irgendwo kultiviert wird. Die wildwachsenden Bäume werden von den nach den flaschenartigen, als *seringas*, d. h. Spritzen, bezeichneten Rohformen des Kautschuks seringeros genannten Kautschuksammlern in der Weise angezapft, daß mit einem kleinen Beile *V*förmige Einschnitte in die Rinde geschlagen werden, unter deren Verbindungsstelle kleine Blechbecher angebracht werden, deren Seiten mit Ton verschmiert sind, damit nichts von dem reichlich aus den Wunden hervorquellenden Milchsaft daneben fließe und so verloren gehe. Jeder Einschnitt liefert innerhalb 1–3 Stunden durchschnittlich 30 *ccm* Milchsaft. Die Schnitte, die nur ganz oberflächlich geführt sein dürfen, damit der Holzkörper nicht verletzt werde, da sich sonst leicht Bohrkäfer in die betreffenden Wunden einnisten, werden von unten nach oben fortschreitend in Horizontalreihen angebracht. Dabei erträgt ein Baum von 1,25–2,5 m Stammumfang sehr gut 10–20 Einschnitte alle 2 oder 3 Tage, bis er endlich erschöpft ist und eine weitere Milchsaftabsonderung unterbleibt.

Tafel 107.

Kautschukbäume (*Hevea brasiliensis*) in Manaos am Amazonenstrom in Brasilien.

Das Einschneiden solcher zur Gewinnung des Kautschuksaftes.

Tafel 108.

Das Anzapfen von Kautschukbäumen (*Hevea brasiliensis*) vermittelst Spiralschnitt auf einer Plantage Ceylons.

Das Räuchern des vom Kautschukbaum gewonnenen Kautschuks.

Die der Kuhmilch ähnliche, trinkbare, nur etwas nach Ammoniak riechende Flüssigkeit wird dann aus den Blechbechern in ein größeres Gefäß gegossen und zur Beschleunigung der Gerinnung geräuchert. Man bringt zu diesem Zwecke die steinharten Früchte der sogenannten Shevonpalme (*Attalea excelsa*) oder Paránüsse, oder solche von *Maximiliana regia* und *Euterpe edulis* zum Glühen, was einen starken, ölhaltigen Rauch erzeugt. Dieser letztere wird dadurch zusammengehalten, daß man ein krugartiges, irdenes Gefäß mit enger Mündung darüber aufstellt. Der Seringero gießt nun mit einer Kürbisschale etwas vom dicklichen Milchsaft über ein Holz mit spatenähnlich verbreitertem Ende, läßt den Überschuß desselben in die darunter gestellte große Blechschale abtropfen und hält dann den hängengebliebenen Teil in den weißen Qualm, wobei er den Stock in fortwährender Drehung erhält. Durch die Wärme des Feuers und die bei der Verbrennung entstehenden kreosotartigen Bestandteile des Rauches nimmt die Milch in kaum 15 Minuten eine gelbe Farbe an und wird fest. Hierauf wird dasselbe Verfahren wiederholt und eine Schicht legt sich über die andere, bis man einen Klumpen von der Größe einer Kegelkugel erlangt hat, der etwa 15 kg wiegt. Dieser wird dann, nachdem er eine Nacht hindurch getrocknet hat, aufgeschnitten und vom Holze heruntergestreift, das zu dessen leichteren Lösung vorher mit einer dünnen Tonschicht bestrichen wurde, und kommt als seringa in den Handel. Er zeigt auf dem Querschnitt eine deutliche Schichtung, ist außen braun bis braunschwarz, aber schon in einer Tiefe von 1 cm bernsteingelb. Aus dem Reste des Milchsaftes, der in den Gefäßen haften bleibt und deshalb nicht zu Kugeln verarbeitet werden kann, stellt man kleine, formlose Stücke her, die unter dem Namen *barrocha* oder *sernamby de seringa* in den Handel kommen, aber nur zwei Drittel vom Preise des Kugelfeingummis erzielen. Dieser sogenannte Speckgummi, an dem man noch an der verschiedenen Farbe die einzelnen Schichten erkennen kann, ist äußerst elastisch und fest und übertrifft alle anderen Sorten des Kautschuks bei weitem an Güte.

Eine geringere Sorte ist der *caucho* (sprich kautscho), der in der Weise gewonnen wird, daß man die Bäume fällt und ihnen durch angebrachte Einschnitte den Milchsaft entzieht, den man in einem vorher fertiggestellten Erdloch oder in einem ausgehöhlten Holzklotz sammelt. Hierauf löst man in einer Blechschüssel ein Stück Seife auf, mischt das Seifenwasser mit dem zerstampften Kraut der *Betilla nigra*, einer dort überall vorkommenden Pflanze, und vermengt diese Mischung mit der Kautschukmilch, die sehr bald fest wird. So entsteht eine Art Block, den man mehrere Monate liegen läßt, bis das darin befindliche Wasser zum größten Teil verdunstet ist. Die Herstellung von *caucho* auf die beschriebene Weise wird weniger in Brasilien als in Peru betrieben. Seine Ausfuhr geht meist über die Anden nach Bolivia, wohin neuerdings auch der feinere Parágummi des hohen Ausgangszolles wegen, womit ihn Brasilien belastet, vielfach transportiert wird, um ihn aus den Hafenplätzen der Westküste Südamerikas zu exportieren.

Wegen der großen Bedeutung des von ihnen gewonnenen Kautschuks hat man die Heveabäume, deren höchste Ertragsfähigkeit, nebenbei bemerkt, erst mit dem 24. Jahre beginnt, auch anderwärts in den Tropen angepflanzt, so besonders auf Ceylon, Malakka und Java in über zehn Millionen Exemplaren. Es gelang auch, sie dort vollkommen einzubürgern, aber überall da, wo der Boden nicht recht naß gehalten werden konnte, war der Ertrag an Milchsaft ein so überraschend geringer, daß die mit großen Hoffnungen auf reichen Gewinn unternommenen Kulturen wieder aufgegeben wurden; die Bäume wurden gefällt und an ihrer Stelle pflanzte man andere Nutzpflanzen an. Da man auch in Südamerika nur im Überschwemmungsgebiet des Amazonenstroms reichlich guten Kautschuk gewinnt und sich mit der weiteren Entfernung von diesem nicht nur die Menge, sondern auch die Güte desselben verringert, obgleich die Bäume selbst vorzüglich gedeihen, so hätte dieser Umstand schon einen Fingerzeig dafür geben sollen, daß die Heveaarten eine ganz besondere Empfindlichkeit gegen Standort und Klima aufweisen, also nur da mit Erfolg angesiedelt werden können, wo regelmäßige Überschwemmungen den Boden sehr stark durchtränken. Von den deutschen Kolonien würde daher besonders das Küstengebiet von Kamerun mit seinen vielen Flußarmen und feuchten Niederungen einige Aussicht auf erfolgreiche Kautschukkultur mit Heveaarten darbieten.

Nun hat man glücklicherweise außer diesen auch weniger anspruchsvolle Kautschukpflanzen kennen gelernt, unter welchen an erster Stelle die ebenfalls Nordostbrasilien angehörende Euphorbiazee *Manihot glaziovii*, ein 8–15 m hoher Baum mit rötlichgrauer Rinde, von der sich silberweiße Querstreifen in derselben Weise wie bei der Birke ablösen, langgestielten, fingerförmig geteilten Blättern und unansehnlichen, gelbroten Blüten, von denen männliche und weibliche an denselben Blütenständen sitzen, zu nennen ist. Die Frucht ist eine 2–3 cm große, fast kugelige dreifächerige Kapsel, die mit drei Längsschlitzen aufspringt und in jedem Fach einen gescheckten, sehr hartschaligen Samen besitzt. Die Pflanze enthält in fast allen Teilen, den Milchsaft ausgenommen, Blausäure. Sie ist in der Provinz Ceara heimisch und wird deshalb auch Ceara-Kautschukbaum genannt. Sie bildet einen wichtigen Bestandteil der Certâoflora von Nordostbrasilien, einer den Stein- und Sandsteppen ähnlichen Formation, und wird ebenfalls neuerdings zu kultivieren begonnen. Sie läßt sich sehr leicht aus Samen und Stecklingen erziehen und wächst außerordentlich rasch. Diese guten Eigenschaften zeigten sich auch bei ihrer Überführung nach den Tropenländern der Alten Welt. Überall wo man den Baum anpflanzte, auf Ceylon, in Vorder- und Hinterindien, auf Java, in Ost- und Westafrika, gedieh er auch auf ganz geringwertigem Boden vortrefflich bis zu einer Meereshöhe von 1000 m, gab aber eine so geringe und minderwertige Ausbeute an Kautschuk, daß man an allen Orten mit feuchtem tropischen Klima seinen Anbau wieder aufgab. Nur in Gegenden mit einer halbjährigen Trockenzeit liefert er einigermaßen Milchsaft zur Kautschukgewinnung. Schon nach vier Jahren kann er angezapft werden und liefert dann, wenn dies behutsam, ohne grobe Verletzung des Holzes geschieht, eine Reihe von Jahren hindurch das Material zum sogenannten Cearakautschuk, dessen Marktpreis 6,50–7 Mark pro kg beträgt. Noch besser ist es aber, mit dem Anzapfen zu warten, bis der Baum 6–7 Jahre alt geworden ist, da er dann mehr aushält. Als 8–9jährig liefert er dann bei insgesamt 24 Anzapfungen im Jahre höchstens 6 kg Kautschuk, der aber geringwertiger als der echte Parákautschuk ist. Die Gerinnung seines Milchsaftes wird durch Hinzugießen von Alaunlösung, neuerdings auch mit Zitronensaft oder einer billigeren Säure bewirkt. Gegenwärtig wird dieser Kautschukbaum im trockenen, steinigen Gelände von Deutsch-Ostafrika im großen angebaut, doch sind die meisten der Bäume dort noch nicht alt genug, um ertragsfähig zu sein.

Ebenfalls in Nordostbrasilien heimisch und sehr anspruchslos an Boden und Klima ist der 5–7 m hohe Mangabeirabaum (*Hancornia speciosa*) aus der Familie der Apocynazeen mit schlaff herabhängenden Ästen, ziemlich großen Blüten und einer pflaumengroßen, gelben, rotgestreiften, beerenartigen Frucht. Sie ist in ihrer Heimat als *manguba* allgemein bekannt und wird hoch geschätzt, da der Fruchtbrei, in welchem die Samen liegen, sehr angenehm süß-säuerlich schmeckt und deshalb gerne gegessen wird. Der Baum wächst in den trockenen Gegenden Brasiliens von Rio de Janeiro bis Pernambuco, besonders in den *Campos cerrados* den Provinzen Bahia und Pernambuco, geht südlich bis S. Paulo und westwärts durch Matto Grosso bis zu den Grenzen Perus. Die gelernten Kautschuksammler zapfen zwar nur erntereiche Bäume sachgemäß an, die herumziehenden Sammler aber haben arg gehaust und die Bestände stark gelichtet. Der Staat S. Paulo hat daher zum Schutz und zur Aufmunterung der Anpflanzung dieser Bäume ein Gesetz erlassen, das weiteste Beachtung verdient. Seine Genügsamkeit in Verbindung mit früher Ergiebigkeit und verhältnismäßig hoher Ernte lassen ihn für die trockenen Gebiete von Deutsch-Ostafrika und des Hinterlandes von Westafrika geeignet erscheinen; jedenfalls dürfte er bessere Resultate geben als die anderen bisher genannten Kautschuklieferanten.

Ein Baumriese des mittel- und südamerikanischen Urwaldes ist die den Maulbeer- und Feigenbäumen verwandte *Castilloa elastica.* Einzelne Exemplare des Baumes sollen bis 50 m hoch werden, seine durchschnittliche Höhe ist aber 20–30 m. Die länglich herzförmigen, hellgrünen Blätter werden bis 30 cm lang und 18 cm breit. Die achselständigen Blütenstände weisen einzelne weibliche und gehäufte männliche Blüten auf, aus welch ersteren 3–5 cm breite, flache Früchte mit zahlreichen Einzelfrüchten hervorgehen. Eigentümlich ist, daß der Baum zwei Arten von Zweigen besitzt, von denen die einen, in der Jugend gebildeten, später abgeworfen werden. Der Baum wächst vom südlichen Mexiko bis Ecuador und dem nördlichen Peru, meist in Wäldern, aber auch auf den Grasflächen. Da nun die wilden Bestände durch den rücksichtslosen Raubbau, der beim Abzapfen des Milchsaftes meist getrieben wird, sich schon bedenklich vermindert haben, pflanzte man den Baum zuerst in Westindien und Zentralamerika, dann auch an zahlreichen anderen Orten der Tropen plantagenmäßig an. Er ist nämlich eine der sichersten und ergiebigsten Kautschukpflanzen und läßt sich überall da kultivieren, wo der Anbau von Kakao mit Erfolg betrieben werden kann. Da er dabei in betreff des Bodens nicht zu wählerisch ist und eine 3–4monatliche Trockenzeit verträgt, so sind Aussichten auf erfolgreiche Kultur in vielen Tropenländern vorhanden. Allerdings stehen angepflanzte Bäume in bezug auf die Menge und Beschaffenheit des Milchsaftes wildwachsenden nach, doch wird wohl diesem Übelstande bei mehr Erfahrung in der Pflege einigermaßen abgeholfen werden können. Auch sind die Versuche, den Baum als Schattenbaum für Kakao und Kaffee zu verwenden, beachtenswert. In den deutschen Kolonien scheint er in dem feuchtwarmen Küstenklima von Kamerun, Samoa und Neuguinea fortzukommen. In Kamerun haben allerdings die Kulturen unter einem Bohrkäfer stark zu leiden; auf Neuguinea lieferten dagegen die ersten Anzapfungen recht befriedigende Ergebnisse. Die Gerinnung des Milchsaftes wird in der Heimat dieses Kautschukbaumes meist durch

Hinzufügen von Saft der zerquetschten *Ipomaea bona nox*, eines sehr häufigen Unkrautes aus der Familie der Windengewächse, hervorgerufen. Die von den gewissenlosen Kautschuksammlern vielfach geübte, weil bequemste Art der Kautschukgewinnung besteht auch hier darin, daß die Bäume kurz über der Wurzel gefällt werden. Dabei gewinnt der Sammler eine fünfmal so große Menge Saft als durch das schonende Anzapfen, das den Baum erhält und eine spätere regelmäßige Wiederholung des Anschneidens möglich macht.

Der größte Teil des aus Kolumbien kommenden Kautschuks wird von einem andern hohen Waldbaum aus der Familie der Euphorbiazeen oder Wolfsmilchgewächse mit gestielten lanzettlichen Blättern, einfachen Blütenähren und von Fruchtfleisch umgebenen kugeligen Samen, *Sapium verum*, gewonnen, der vornehmlich in Höhen von 2–3000 m wächst. Auch andere Arten derselben Gattung, die in niederen Regionen heimisch sind, geben guten Kautschuk, während es zweifelhaft ist, ob *Sapium biglandulosum* in Mittel- und Südamerika, von der man zuerst die Herkunft des kolumbischen Kautschuks ableiten wollte, überhaupt ein brauchbares Produkt liefert.

Nächst Südamerika ist Afrika das an Kautschukpflanzen reichste Land, dessen Kautschukerzeugung in den letzten Jahren, zusammen mit der wirtschaftlichen Erschließung des Erdteils überhaupt, einen bedeutenden Aufschwung genommen hat. Unter diesen sind die verschiedenen Landolphia-Arten die weitaus wichtigsten. Es sind dies Schlinggewächse aus der Familie der Apocynazeen oder Hundsgiftgewächse mit holzigem Stengel, die sich vermittels Ranken an benachbarte Sträucher oder Bäume klammern und an diesen bis in die höchsten Baumwipfel emporklettern. Sie haben 10 und mehr cm lange, eiförmige Blätter, große, bis 3,5 cm lange trichterförmige Blüten mit aufrechten Zipfeln in dichten Blütenständen und kleinen Orangen gleichende, gelbe oder rote Beerenfrüchte, in deren gelbem, säuerlichem Fruchtfleisch die großen vieleckigen Samen eingebettet sind. Diese Früchte bilden eine Lieblingsspeise der Affen, werden aber auch vom Menschen gerne gegessen. Diese Landolphia-Arten, von denen jetzt 14 als gute Kautschuklieferanten bekannt geworden sind, kommen hauptsächlich in den Urwäldern West- und Mittelafrikas sehr verbreitet vor und bilden durch den aus ihnen gewonnenen Kautschuk den Reichtum, aber auch, wie man es durch die Mißwirtschaft im Kongostaat genugsam erfahren hat, zugleich, wie früher das weiße und schwarze Elfenbein, den Fluch des Landes. Manche Arten sind aber schon so weit vermindert, ja fast ausgerottet worden, daß man sich neuerdings dazu bequemen mußte, sie auch anzubauen, was allerdings seine Schwierigkeiten hat.

Der Kautschuk wird in der Weise aus ihnen gewonnen, daß man die dickeren Triebe der Lianen anschneidet, worauf der Saft ausfließt und mitunter schon an der Luft gerinnt. In den einzelnen Gegenden bedient man sich verschiedener Mittel, um ihn zum Gerinnen zu bringen; meist aber wird der saure Saft der Früchte derselben Schlingsträucher dazu verwendet. Schließlich formt man aus ihm kopfgroße Klumpen, die dann als solche in den Handel gelangen. Bei der Gewinnung des Kautschuks verfahren die Neger sehr unvernünftig, indem sie sich nicht die Mühe nehmen, die Liane anzuschneiden, sondern sie hauen sie einfach kurz über dem Erdboden ab und fangen den auslaufenden Saft auf. Dies ist natürlich die bequemste Art der Gewinnung desselben, die auch eine einmalige größere Ausbeute als das Anzapfen liefert; aber dabei geht die Pflanze zugrunde, und bei der großen Nachfrage und den hohen Preisen des Kautschuks liegt die Gefahr nahe, daß durch diesen Raubbau die ganzen Bestände an Kautschuklianen vernichtet werden. Die Kolonialregierungen suchen deshalb durch Belehrung der Schwarzen und Gesetze dieses verhängnisvolle Raubsystem möglichst einzuschränken und die Eingeborenen zu einer vernünftigen Behandlung der so wertvollen Kautschuklianen anzuleiten.

Den Landolphien nahe verwandt sind die Clitandra-Arten, ebenfalls in den Urwäldern der afrikanischen Tropen wachsende Klettergewächse, die man bis jetzt am häufigsten im Kongobecken und in Kamerun angetroffen hat. Erst in jüngster Zeit hat man ihren hohen Wert für die Kautschukgewinnung erkannt, und sie nehmen heute schon in dieser Industrie eine bedeutende Stellung ein. Der Milchsaft ist bei ihnen außerordentlich reichlich vorhanden, und zwar in derselben Güte wie bei den besseren Landolphia-Arten, wird auch in derselben Weise wie bei jenen gewonnen. In Togo und Kamerun werden versuchsweise neben den Landolphia- auch Clitandra-Arten auf einigen europäischen Pflanzungen angebaut. Von niederen, strauchartigen Apocynazeen derselben Gattung und von mehreren Carpodinus-Arten, die an mehr trockenen Stellen Westafrikas gefunden werden, gewinnt man den in den fingerdicken, weithin verästelten Rhizomen in verhältnismäßig großer Menge abgelagerten Kautschuk, der als Wurzelkautschuk aus dem nördlichen Kongogebiet und Angola in den Handel kommt. Zur Gewinnung desselben werden die Wurzelstöcke der krautigen, schmalblätterigen, etwa meterhohen Pflanzen zerschnitten, einige Tage der Sonne ausgesetzt, dann gegen zehn Tage in Wasser gelegt, hierauf mit Holzlatten geschlagen und schließlich gekocht. Das dabei gewonnene Produkt, dem von den Eingeborenen gewöhnlich Würfelform gegeben wird, ist sehr minderwertig und enthält oft bis zur Hälfte des Gewichts Rinden- und Holzstücke. In Ostafrika und Madagaskar liefert eine andere Apocynazee, *Mascarenhasia elastica*, die vielfach an sumpfigen Bachufern wächst, einen Kautschuk mittelmäßiger Qualität, der meist mit Landolphiakautschuk vermischt in den Handel kommt.

Als weit besserer Kautschuklieferant als diese genannten afrikanischen Arten wächst in denselben Gegenden Westafrikas von der Goldküste bis zum Kongo ein ebenfalls in die Familie der Apocynazeen gehörender 30 m hoher Baum, *Kickxia elastica*, mit grauer Rinde, lanzettlichen, lang zugespitzten, lederartigen, dunkelgrünen Blättern und gelblichen Blüten in dichten Trugdolden. Aus ihnen gehen die aus zwei Kapseln bestehenden, zahlreiche Samen enthaltenden, 15–20 cm langen Früchte hervor. Dieser Baum ist erst in neuerer Zeit als Kautschuklieferant entdeckt worden. Im Jahre 1894 brachten eingeborene Händler aus dem Lagosgebiet eine bis dahin unbekannte Kautschuksorte zum Verkauf an die Küstenplätze. Bei näherer Untersuchung erwies sich das neue Produkt als sehr wertvoll; es wurde gern gekauft, gut bezahlt und infolgedessen bald in großen Mengen von den Eingeborenen auf den Markt gebracht. Lange kannte man die Pflanze nicht, die diesen Kautschuk lieferte, bis im Jahre 1898 der Deutsche *Dr.* Paul Preuß am Mungofluß in Kamerun die Pflanze entdeckte und *Kickxia elastica* benannte. Von den Franzosen und Engländern wird sie aber nach einem auf der Goldküste einheimischen Namen gewöhnlich *Funtumia elastica* genannt. Der Baum ist sehr reich an stark kautschukhaltigem Milchsaft, der in zweierlei Weise gewonnen wird. Bei der ersten klettert der Eingeborene auf den Baum und schneidet von der Krone bis fast auf den Erdboden eine Rinne in die Rinde des Baumes, in welche in bestimmten Abständen schräglaufende Seitenrinnen einmünden. Der ausrinnende Milchsaft wird in einem Topf am Boden aufgefangen und nach dem Gerinnen zu Ballen geformt. Wird dieses Anzapfen vorsichtig gemacht, ohne daß man durch die Rinde hindurch in den Holzkörper einschneidet, so wächst der Baum weiter und kann im folgenden Jahre wieder angezapft werden. Bei der zweiten, allerdings bequemeren Methode wird der Baum gefällt und der aus ihm herauslaufende Saft gewonnen. Da durch diesen von den Schwarzen mit Vorliebe geübten Raubbau schon große Kickxiabestände vernichtet wurden, so daß ein erheblicher Rückgang der Kautschukgewinnung in den nächsten Jahren zu befürchten ist, hat man auch diesen Baum neuerdings in Plantagenkultur genommen. So finden sich heute in Kamerun und auf Neuguinea große, in Togo und Ostafrika kleine Anpflanzungen des Kickxiabaumes, dessen Kautschuk an Wert dem echten Parákautschuk nur wenig nachsteht. Da die Nachfrage nach ihm steigt, wird er neuerdings in größerem Maße auch im Kongostaat angepflanzt, weil er bedeutend schneller wächst und ertragsfähig wird als die Kautschuklianen, welch letztere durch die gewissenlose Raubwirtschaft der die Neger dazu mißbrauchenden Beamten schon bedenklich dezimiert sind. Während die ersten Anzapfungen der *Kickxia elastica* bereits nach 6–7 Jahren ohne irgend welchen nennenswerten Schaden für die Weiterentwicklung des Baumes vorgenommen werden können, tritt eine Verwertungsmöglichkeit der Lianen erst nach 20 Jahren ein. Man kommt daher vom Anbau der Lianen mehr und mehr zurück und pflanzt sie nur noch dort, wo die *Kickxia elastica* nicht fortkommen will. Der Milchsaft der *Kickxia africana* dagegen, auf den man wiederholt von England aus aufmerksam gemacht hat, ist nach eingehenden Untersuchungen von *Dr.* Traun, einer Autorität in der Kautschukindustrie, ein für die Technik völlig unbrauchbarer Rohstoff, der, gutem Kautschuk beigemischt, denselben nur entwertet. Es muß daher vor seiner Verwendung sehr gewarnt werden.

Ein in ganz Westafrika von Senegambien bis an den Kongo vorkommender Kautschukbaum ist auch *Ficus vogelii* aus der Familie der Morazeen oder Maulbeerbaumgewächse. Er besitzt auf stattlichem Stamm eine breit ausladende Krone von dunkelgrünen, stark glänzenden, großen Blättern, deretwegen er von den Eingeborenen gern als willkommener Schattenspender auf Dorfplätzen angepflanzt wird. Seine haselnußgroßen, runden, grünen Früchte bilden eine gesuchte Speise der Vögel und Affen. Der durch Einschnitte aus ihm gewonnene Milchsaft liefert einen nicht gerade hervorragenden, aber doch gut verkäuflichen Kautschuk, der besonders gern mit besseren Sorten gemischt in den Handel gebracht wird. Deshalb hat man neuerdings in Kamerun begonnen, den Baum in Kultur zu nehmen.

Tafel 109.

Ein der Kautschukgewinnung dienender indischer Gummibaum (*Ficus elastica*) mit zahlreichen Luftwurzeln auf Sumatra.

Tafel 110.

Allee in einer Anpflanzung von *Kixia elastica* in Westafrika.

Mit Spiralschnitt versehene *Castilloa elastica* in Stephansort auf Neuguinea.

Tafel 111.

Blick in eine Gummiwarenfabrik (A.-G. Metzeler & Cie. in München).

Tafel 112.

Figürchen aus roher Guttapercha, wie sie von den Eingeborenen von Brasilien geknetet werden.

Eine Pflanzung von Guttaperchabäumen (*Isonandra gutta*) auf Java.

Größere Bedeutung als er hatte bis jetzt sein südostasiatischer Verwandter, die auch bei uns als Zierpflanze gehaltene und unter dem Namen Gummibaum allgemein bekannte *Ficus elastica*, die in ihrer Heimat als die dort beste Kautschukpflanze kultiviert wird. Sie ist ein riesiger, bis 60 m hoher Baum, der in der Jugend meist als Überpflanze auf anderen Bäumen wächst, wohin seine Samen durch die Vögel und Affen verbracht werden. Später wird er ein Baumwürger und schließlich erst ein selbständiger Baum mit stark zerklüftetem Stamm, der von zahlreichen stammartigen Luftwurzeln gestützt wird. Diese Luftwurzeln erreichen oft die Länge von 25 m bei 1,5 m Umfang. Die Zweigenden sind mit tütenförmig eingerollten, schön roten oder weißen Nebenblättern bedeckt, die nach dem Abfallen eine Ringnarbe hinterlassen. Die Blätter sind an den Bäumen bedeutend kleiner als bei den als Zimmerpflanzen gehaltenen Exemplaren. Männliche, weibliche und Gallenblüten bedecken die Innenseite der Feigen, die gereift gelbgrün und ziemlich fleischig werden. Der Baum wächst vom östlichen Himalaja, von Sikkim über Assam durch das ganze westliche gebirgige Hinterindien, über Malakka und Sumatra bis Java und Borneo. Er bevorzugt den unteren Bergwald, steigt aber im Himalaja bis 1600 m hoch. Nirgends bildet er Wälder; er findet sich vielmehr zerstreut im Urwald, und in den kautschukreicheren Wäldern wachsen auf 1 Hektar nicht mehr als 1–2 Gummibäume. Seit einigen Jahrzehnten hat man in Assam, auf Java, Sumatra und Borneo, in neuerer Zeit mit bestem Erfolg auch auf Neuguinea, in Togo, Kamerun und Ostafrika Pflanzungen des Baumes angelegt, da infolge des Raubbaues die Produktion des Kautschuks aus wildwachsenden Bäumen stetig abnimmt und trotz den Bemühungen der Forstverwaltungen ein Schutz der Bäume schwer durchführbar ist. Ein ungünstiger Umstand für die Rentabilität solcher Pflanzungen ist die beträchtliche Anzahl von Jahren, die vergehen müssen, ehe man den Milchsaft in genügender Menge gewinnen kann. Die Anzapfung der Bäume geschieht wie bei den anderen Arten, indem man mit starken Messern oder Äxten Einschnitte in die Rinde macht, aus denen dann meist der geronnene Milchsaft herausgekratzt wird. Ein großer Baum mit einer Laubkrone von 45–50 m liefert bei einem einmaligen Anzapfen mehr als 2 kg Kautschuk, und diese Menge vermag er 40 und mehr Jahre hindurch jährlich zu geben. Das Produkt ist infolge von Verunreinigung häufig schwarz und klebrig und hat im Vergleich zum Parákautschuk einen geringen Wert, ist aber doch für mancherlei Erzeugnisse zu gebrauchen. Die Vermehrung des Baumes erfolgt fast stets durch etwa 1 m lange Stecklinge, die, in die Erde gesteckt, sich sehr schnell bewurzeln und rasch zu jungen Pflanzen heranwachsen, doch müssen sie ungefähr 15 m auseinander gepflanzt werden, weil sie später mächtige Kronen entwickeln und ihre weitausladenden Äste mit Luftwurzeln stützen.

Weiter sind noch *Willoughbya coriacea* und andere Arten der Gattung zu nennen, die als große, relativ dickstämmige Lianen des Urwaldes

Hinterindien und den malaiischen Archipel bewohnen und zur Gewinnung von Kautschuk angezapft werden. Sie haben ebenfalls lanzettliche, lederartige Blätter, dagegen achselständige Blüten mit flacher Blumenkrone in Rispen, aus denen große, innen saftige, kugelige Beeren mit harter Schale und schmackhaftem Fruchtfleisch hervorgehen. Sie winden sich vermittelst langer, fadenförmiger Ranken an Bäumen empor, sind aber niemals in Masse an einem Orte zu finden, was die Ausbeutung erschwert. Der größte Teil des von Borneo ausgeführten Kautschuks stammt von diesen Lianen. Auf Neuguinea gewinnen die Eingeborenen aus *Ficus rigo*, einem 15 m hohen Baum, einen guten Kautschuk. Da aber der Baum sich nur auf einem beschränkten Gebiet findet und von den Eingeborenen sehr unvernünftig behandelt wird, so dürfte er bald ausgerottet sein, wenn man ihn nicht vorher in Kultur nimmt. Nach seinen Eigenschaften verdient er ernste Beachtung für Kaiser-Wilhelms-Land.

Endlich sind in neuester Zeit noch zwei Kautschukproduzenten in Kultur genommen worden, die es verdienen kurz genannt zu werden. Der eine ist die in Venezuela und Guiana heimische Kautschukmistel, ein Schmarotzergewächs gleich unserer Mistel, die unter anderem auch auf dem Kaffeebaum gedeiht und sich daher dazu eignet, solche Kaffeeplantagen, die aus irgend einem Grunde nicht mehr recht ertragsfähig sind, wieder ertragsfähig zu machen. Der Kautschuk wird aus den alljährlich erzeugten Früchten gewonnen. Die andere ist eine den Guayulekautschuk liefernde Komposite Mexikos, die sich zum Anbau in trockenen Gebieten eignet. Sie bildet niedrige Halbsträucher, die abgeschnitten werden müssen, um einen Ertrag zu liefern. Doch ist ihr Anbau bis jetzt, so lange man andere ergiebigere Kautschuklieferanten besitzt, ein sehr beschränkter.

Im allgemeinen hat die Kautschukproduktion in neuester Zeit nicht in dem Maße zugenommen, wie es beim immer steigenden Bedarfe für die Industrie wünschenswert gewesen wäre; Asien nimmt darin im Durchschnitt eher ab als zu, Afrika erhält sich knapp auf der erreichten Höhe und selbst das Amazonengebiet scheint den Höhepunkt überschritten zu haben. Nun darf man allerdings damit rechnen, daß noch manche wichtige Kautschukpflanzen entdeckt werden, daß die zum Teil recht rohe Art der Gewinnung verbessert wird, daß es gelingen dürfte, die Ergiebigkeit zu steigern und auch aus bisher wenig beachteten Pflanzen guten Kautschuk zu gewinnen. Am meisten ist aber von der Ausbildung der Kulturen in großem Maßstab zu erwarten. Es müssen für die einzelnen Länder und Standorte die geeignetsten Kautschukpflanzen ausfindig gemacht werden, deren Milchsaft wenn immer möglich mit Zuhilfenahme von maschinellen Einrichtungen zu verarbeiten wäre, was die Qualität des Rohproduktes bedeutend verbessern würde.

Aus einem im April 1910 in der Times erschienenen Aufsatz: *Rubber developments in 1910* entnehmen wir, daß die Vereinigten Staaten den größten Teil des aus Südamerika auf den Markt gebrachten Kautschuks konsumieren. Im Jahre 1909 belief sich die Produktion an wildgewachsenem Kautschuk auf 64 Millionen kg; davon entfielen auf Brasilien 38 Millionen kg. Man könnte annehmen, daß die fortwährende und enorme Preissteigerung dieses Handelsartikels auch eine stetige Produktion desselben herbeiführen müßte. Aber Brasilien dürfte am Ende seiner Leistungsfähigkeit angelangt sein. Man wird kaum allzusehr fehl gehen, wenn man die Erzeugung von Urwaldkautschuk in den nächsten Jahren auf 66–72 Millionen kg berechnet; zählt man noch 27 Millionen kg aus Plantagen hinzu, so gelangt man zu einer Gesamtproduktion von annähernd 100 Millionen kg. Vorläufig ist sie allerdings noch wohl imstande, die Nachfrage zu decken; da aber diese weit rascher wächst als das Angebot, so werden sich beide binnen kurzem die Wage halten. Deshalb beginnen die großen Kautschukproduzenten ihr Augenmerk darauf zu richten, wie die Kontinuität der Erzeugung erhalten oder gar eine Vermehrung herbeigeführt werden könne. Es ist dies eine für die Weltwirtschaft sehr wichtige Frage, die aber nicht in Afrika, sondern der Hauptsache nach in der Neuen Welt gelöst werden muß. Nicht nur ist der afrikanische Kautschuk qualitativ durchaus minderwertig, sondern er ist durch die jahrzehntelang geübte Raubwirtschaft immer seltener geworden. Von den 70 Millionen kg Kautschuk des Jahres 1908 lieferte Afrika nur 14 Millionen kg und dieser Ertrag hat seither nicht in erwähnenswerter Weise zugenommen, wenn auch in jüngster Zeit englische Gesellschaften auf deutschem Kolonialgebiet größere Landerwerbungen zum ausgesprochenen Zweck der Kautschukgewinnung machten. Es ist geradezu ein Trost, zu vernehmen, daß vor allem das Kongobecken, in welchem die unglückliche Bevölkerung unter dem Zwang des vom hartherzigen Leopold II. eingeführten Systems der Gummierzeugung beinahe zugrunde gerichtet wurde, schon jetzt fast nicht mehr mitkonkurrieren kann. Denn wenn die Kautschukgewinnung am Kongo auf die Dauer nicht mehr rentiert und preisgegeben werden muß, so könnte noch derjenige Teil der schwarzen Bevölkerung, der den Anforderungen der großen Kautschukproduktionsgesellschaften noch nicht erlag, gerettet werden.

Auch in Brasilien fordert das ungesunde Klima der Urwälder am Amazonenstrom, in denen der wichtigste und ertragreichste Kautschuklieferant, die *Hevea brasiliensis*, die heute noch 60 Prozent der Gesamtproduktion liefert, wächst, zahlreiche Opfer, so daß dadurch der Wert der wildwachsenden Bestände von Kautschukbäumen beeinträchtigt wird. Deshalb beruht die Zukunft der Kautschukindustrie durchaus auf den Anpflanzungen dieses Baumes, der schon im 5. Jahre angezapft werden kann, während die *Castilloa elastica* dies erst im 7. bis 9. Jahre zu tun gestattet und zudem einen geringeren Ertrag liefert. Diese haben besonders in Malakka, auf Java, Sumatra und Ceylon bereits eine große Ausdehnung erlangt und sind recht einträglich, da der Plantagenkautschuk zurzeit besser als der wilde brasilianische bezahlt wird. Wenn er auch reiner und sauberer als dieser ist, kann sich gleichwohl dieses von nicht ausgewachsenen Bäumen stammende Produkt an innerem Wert nicht mit dem von den wilden, oft bis zu 30 Jahre alten brasilianischen Gummibäumen gewonnenen Erzeugnis messen. Auch weist die in den asiatischen Plantagen gezüchtete Hevea bereits eine gefährliche Krankheit auf, deren Ursache man noch nicht recht auf die Spur gekommen ist. Man ist geneigt anzunehmen, daß das südamerikanische Gewächs dem vulkanischen Boden von Java und Sumatra sich nicht anzupassen vermag. Mit großen Opfern suchen die Pflanzer nach einem Heilmittel dafür; denn ihre ganze Existenz hängt davon ab. Zudem hat die indische Regierung vom Juni 1910 an alle Arbeitsverträge der zahllosen aus Indien stammenden Kulis, die als Plantagenarbeiter auf Kautschukpflanzungen des malaiischen Archipels verdingt sind, aufgehoben, so daß bei der Schwierigkeit, aus der einheimischen malaiischen Bevölkerung die nötigen Arbeitskräfte zu erhalten, neue Heveaplantagen kaum angelegt werden können. Auch in Brasilien und Peru, wo neuerdings eine englisch-französische Finanzgruppe an den Ostabhängen der Anden in Gebieten, die für die Züchtung des Guttaperchabaumes geradezu ideale Vorbedingungen aufweisen, große Heveakulturen angelegt haben, bildet die Beschaffung der nötigen Arbeitskräfte einen Gegenstand der Besorgnis, da auf die trägen und sorglosen Eingeborenen nicht zu rechnen ist. Nun hat die japanische Regierung die Überführung japanischer Arbeiter, die sich durch Fleiß und Genügsamkeit auszeichnen, nach diesen südamerikanischen Kautschukplantagen in großen Massen gestattet, so daß dadurch die für alle Plantagen so wichtige Arbeiterfrage aufs beste gelöst zu sein scheint. Wenn sich dann nur keine Rassenfrage mit der Zeit daraus entwickelt. Schon in wenigen Jahren können aus diesen Heveakulturen allfällige Ausfälle in der Ernte des brasilianischen wilden Kautschuks gedeckt werden. Jedenfalls beruht die Entwicklung und Zukunft der modernen Kautschukindustrie in erster Linie in der sehr zukunftsreichen südamerikanischen Kautschukproduktion aus der *Hevea brasiliensis.*

Dem Kautschuk sehr nahe verwandt ist die Guttapercha — aus dem Malaiischen *getah-pertcha*, d. h. Milchsaft von Sumatra, entstanden — die im malaiischen Archipel aus dem Milchsaft einiger zur Familie der Sapotazeen gehörender Bäume gewonnen wird. Merkwürdigerweise war der Gebrauch dieses Pflanzenproduktes zu allen technischen Zwecken bei den Eingeborenen Malakkas und Indonesiens lange nicht so verbreitet, wie derjenige des Kautschuks unter den brasilianischen Indianerstämmen. Die Bekanntschaft der Kulturwelt mit demselben ist noch ziemlich jungen Datums. Zwar waren schon im Jahre 1830 Muster dieses Harzes aus Singapur an die Asiatische Gesellschaft nach London gesandt worden, sie fanden jedoch nicht die geringste Beachtung. Diese wurde erst erregt, als im Jahre 1843 der Engländer Montgomery dem Londoner Gewerbeverein Mitteilungen über diesen Stoff machte, den er als Stiel einer von Eingeborenen benutzten Axt, der sich im warmen Wasser erweichen und biegen ließ, kennen lernte. Kurze Zeit darauf legte der Spanier Joze d'Almeida der Asiatischen Gesellschaft in London eine Probe der Guttapercha vor; daraufhin gelangten 100 kg dieses Materials versuchsweise aus Singapur nach London. Die ausgezeichneten Eigenschaften desselben riefen aber sehr schnell eine bedeutende Nachfrage nach ihm hervor, so daß schon 1845 11000 kg nach England gebracht wurden. Die so schnell hervorgerufene Nachfrage hatte zur Folge, daß die Gewinnung der Guttapercha, die zunächst nur in den Sümpfen von Dschohor auf der Insel Singapur aus dem Guttaperchabaum (*Palaquium gutta*) von Malaien und Chinesen gesammelt wurde, bald gewaltige Dimensionen annahm. Aber durch die dabei geübte rücksichtslose Raubwirtschaft, der ganze Wälder des so wertvollen Baumes durch Umhauen zum Opfer fielen, wurde dieser Guttaperchalieferant auch in der weiteren Umgebung von Singapur ganz ausgerottet. Da sah sich die englische Guttaperchahandelsgesellschaft gezwungen, einen rationellen Betrieb einzuführen und nur noch das Anzapfen der Bäume wie beim Kautschuk zu dulden. An Stelle des inzwischen gänzlich ausgerotteten *Palaquium gutta*, eines bis 20 m hohen dickstämmigen Baumes mit glänzenden, lederartigen Blättern, gelben Blüten und Beerenfrüchten, von dem in den ersten vier Jahren der Guttaperchagewinnung über 300000 Exemplare gefällt wurden, traten andere Arten von Palaquium, sowie *Payena leeri*, welch letztere aber einen leicht faserig werdenden Stoff, der auch weniger elastisch ist, liefert. Ihr Milchsaft ist auch weißer als derjenige der Palaquium-Arten. Um Getah zu sammeln, ziehen die Eingeborenen Sumatras in Gruppen von 3–4 Personen in den Wald, meist in Begleitung eines Mannes, der es versteht, die Geister der zu fällenden Bäume zu beschwören. Haben sie solche gefunden, so werden sie gefällt, die Stämme horizontal gelegt und vermittels eines breiten Messers in Entfernungen von 30–50 cm auf der oberen Hälfte mit 2 cm breiten, um ein Drittel des Umfangs herumlaufenden Einschnitten versehen. Der hierbei herausfließende Saft wird nicht eingesammelt, da er für minderwertig gilt. Die breiten Einschnitte füllen sich aber bald mit einem dickeren Milchsaft, der alsbald mit einem hakenförmigen Werkzeug so gründlich als möglich aus den Rinnen herausgekratzt wird, wo er mit Rindenteilen und Holzsplittern vermischt zu Klumpen gerinnt. Nach Hause zurückgekehrt werfen die Getahsammler die Klumpen in Töpfe mit 70° C. heißem Wasser und kneten die schnell erweichende Masse so lange mit den Händen durch, bis alle Rinden- und Holzstücke entfernt sind, was aber selten vollständig gelingt. Dann formt man die Masse zu kugeligen oder rechteckigen Stücken und bringt sie zur Ausfuhr. Nach Burck liefert ein

Baum von 40 cm Stammumfang durchschnittlich 160 g Getah. In Borneo werden nach demselben Gewährsmanne jährlich gegen 26 Millionen Bäume gefällt, um den stets wachsenden Bedarf an Guttapercha zu decken. Es wäre dies aber nicht nötig, wenn man den Milchsaft in ähnlicher Weise gewänne wie den Kautschuk. Deshalb ist es erklärlich, daß die holländische Regierung ihre Aufmerksamkeit diesem Vernichtungswerke zugewandt hat, und da es sich undurchführbar erwies, das Einsammlungsverfahren der Eingeborenen zu verbessern, so begann sie damit, an verschiedenen Orten Kulturen von Guttaperchabäumen anzulegen, die recht gut gedeihen und für später Erfolg versprechen. Die durch Einschnitte erhaltene rohe Guttapercha, von den Malaien *getah-muntah* genannt, wird, bevor sie nach Europa geschickt wird, mit Wasser und etwas Zitronensaft oder Kokosnußöl gekocht, von Verunreinigungen befreit und in Formen von 10–20 kg gegossen.

Die Guttapercha des Handels ist in den besten Sorten fast weiß, sonst rötlich, oft ziemlich dunkel und marmoriert, auf dem Schnitt heller; sie fühlt sich fettig an und ist im Gegensatz zum Kautschuk bei gewöhnlicher Temperatur nur biegsam und wenig dehnbar, aber nicht elastisch. Sie wird aber bei 45° C. teigig, bei 65° weich und knetbar, läßt sich dann zu dünnen Blättern auswalzen und in Formen pressen, deren feinste Details sie nachher bewahrt. Bei 100° wird sie klebrig und bei 150° schmilzt sie bei teilweiser Zersetzung. Sie widersteht den meisten Lösungsmitteln und besteht aus 78–82 Prozent Gutta $(C_{10}H_{16})_n$ und drei Oxydationsprodukten dieses Kohlenwasserstoffes: Fluovil, Alban und dem sehr unbeständigen Guttan. Außerdem enthält sie Gerbstoffe, Salze und zuckerähnliche Stoffe. An der Luft und am Licht wird sie durch Sauerstoffaufnahme so verändert, daß sie, die vorher ein Nichtleiter der Elektrizität war, ein guter Leiter derselben wird. Man bewahrt sie deshalb am besten in Gruben auf, die mit Wasser gefüllt und vom Licht abgeschlossen sind. Auch im Erdboden hält sie sich sehr gut. So waren unterirdisch gelegte Telegraphenkabel nach mehr als 25 Jahren noch völlig unverändert, ebenso Seekabel, die in den Jahren 1850–69 gelegt worden waren. Gegen Schwefel verhält sich Guttapercha ähnlich wie Kautschuk, nur läßt sie sich schwieriger vulkanisieren. Ein Gemenge von 1 Teil Guttapercha und 2 Teilen Kautschuk steht in bezug auf seine Eigenschaften in der Mitte zwischen beiden Substanzen. Guttapercha wird technisch zu den verschiedensten Gegenständen verwendet, bei denen es auf Undurchdringlichkeit gegen Wasser, Widerstand gegen Alkohol, Laugen und Säuren ankommt und keine höhere Temperatur mitwirkt. Am meisten findet sie in der Elektrizität zur Isolierung der Leitungsdrähte in Kabeln usw. Verwendung. Bei oberirdischen elektrischen Leitungen werden die Drähte einfach mit dem dünn ausgewalzten Guttaperchapapier umwickelt, diese durch die Spiritusflamme zum Schmelzen gebracht und die Isolation ist fertig. Unersetzlich ist die Guttapercha — und darin liegt ihr Hauptwert — bei der Herstellung unterseeischer Kabel, während nämlich alle anderen

Isolatoren vom Seewasser angegriffen und endlich zerstört werden, ist sie der einzige Stoff, der sich nicht nur hält, sondern mit der Zeit eher härter und undurchdringlicher wird. Bis jetzt sind sowohl für den Kautschuk, als für die Guttapercha nur schlechte Surrogate bekannt, so daß es für die Industrie sehr wichtig ist, daß diese beiden Stoffe weiterhin in guter Qualität beschafft werden können. Hauptstapelplatz aller Sorten von Rohguttapercha ist Singapur. Zwei Drittel von dessen Ausfuhr, die von 1885–96 32 Millionen kg im Werte von 100 Millionen Mark betrug, gehen nach London und Liverpool; den Rest nehmen die Märkte von Hamburg, Rotterdam und Marseille auf.

In dieselbe Familie der Sapotazeen wie der Guttaperchabaum gehört auch der amerikanische Zapotill- oder Balatabaum (*Achras ballota*), ein Baum Guianas und sämtlicher Antillen, dessen beim Ausschneiden herausfließender Milchsaft zu einer der Guttapercha ähnlichen, lederartig zähen, schneidbaren und sehr elastischen Masse wird, die gegenwärtig unter dem einheimischen Namen Balata jährlich in Mengen von gegen 100000 kg namentlich von Berbice, dem östlichen Distrikt von Britisch-Guiana, aus in den europäischen Handel gelangt, um als Surrogat der Guttapercha namentlich zu Treibriemen, Schuhsohlen und -Absätzen, sowie zu chirurgischen Zwecken gebraucht zu werden. Der Stamm dient in seinem Vaterlande als Bauholz und kommt auch als Nutzholz unter der Bezeichnung *bully tree wood* oder *Balata rouge* in den Handel.

Sehr nahe verwandt mit ihm sind der Zapota- oder Breiapfelbaum (*Achras sapota*) und die Mammei-Sapote (*Lucuma mammosa*), die in Westindien und im nördlichen Südamerika heimisch sind. Der Milchsaft beider findet technische Verwendung und beide liefern zugleich eßbare Früchte. Die Mammei-Sapote liefert eine Art Guttapercha, die aber bisher wenig Verwendung fand. Größere Bedeutung kommt dem Zapota- oder Breiapfelbaum zu, dessen guttaperchaähnliches Produkt zur Fabrikation des bei den Bürgern der Vereinigten Staaten so überaus beliebten Kaugummis verwendet wird. Es ist dies der Chiclegummi, der durch Anzapfen des Zapotabaumes gewonnen wird. Die aus den Einschnitten der Rinde dieses Baumes hervortretende milchweiße Flüssigkeit wird über Feuer eingedickt und soll schließlich eine hellgraue Farbe annehmen. Für den Export gibt man dem Chiclegummi eine brotlaibähnliche Gestalt. Ein Gummisammler oder „Chiclero“ kann täglich bis zu 7,5 kg Chicle gewinnen und erhält für das Kilogramm 20–30 Cents (= 85–135 Pfennige). Um einen Teil des Eingangszolls nach den Vereinigten Staaten zu sparen, der zurzeit 20 Cents pro Kilogramm beträgt, läßt man den Chicle zuerst in Kanada reinigen und trocknen, wodurch er etwa die Hälfte seines ursprünglichen Gewichtes verliert. Bei der Weiterverarbeitung wird der Gummi noch mit allerlei Zutaten wie Zucker, Vanille und Pfefferminze versehen. Irgend welche medizinisch wirksame Stoffe sind in dem reinen

Chiclegummi nicht vorhanden, gleichwohl wirkt er schon auf mechanischem Wege konservierend auf die Zähne. Die Menge des nach den Vereinigten Staaten eingeführten Chicle belief sich im Jahre 1908/09 auf 2725019 kg im Werte von 1987112 Dollar, während die Einfuhr im Jahre 1885 erst 464979 kg betrug. Der Preis des Gummis, der vor dem Jahre 1888 nur 14–16 Cents pro Kilogramm betrug, ist heute auf 96 Cents gestiegen. Die Jahresproduktion der amerikanischen Fabriken wird auf 3 Milliarden Stück Kaugummi angegeben. Sicherlich ist nicht sowohl das Kauen, als vielmehr das damit verbundene Spucken, in welcher Fertigkeit die Yankees geradezu eine verblüffende Virtuosität erlangt haben, eine für Fremde wenig angenehme Gewohnheit dieses Volkes.

Der den Chiclegummi liefernde Zapotabaum, der teils wild wächst, teils angepflanzt wird, liefert daneben, wie gesagt, auch eine sehr geschätzte Frucht, den Breiapfel. Ferner wird sein Holz, das sehr schwer und hart und dem Mahagoni ähnlich ist, gerne zur Möbelfabrikation verwendet. In den alten mexikanischen Ruinen findet man ausgezeichnet erhaltene Türrahmen und Balken, wie auch Wandschnitzereien aus Zapotaholz als Beweis dafür, wie außerordentlich dauerhaft dieses ist.

XXIV.
Die Harze und Lacke.

Wie Milchsaft, Gummi und ätherische Öle, so sind Balsame, Gummiharze und Harze sehr häufig in Pflanzen enthalten und können auf verschiedene Weise daraus gewonnen werden. Die Milchsäfte und die daraus hervorgehenden Federharze wie Kautschuk und Guttapercha wurden im vorigen Abschnitte besprochen, während die Balsame und Gummiharze in den folgenden Abschnitten behandelt werden sollen. Sie sind mit größeren oder kleineren Mengen von ätherischen Ölen vermengte Schleime und Harze, die nach dem Ausfließen durch Verdunsten der ersteren mehr oder weniger rasch erhärten. Die ätherischen Öle, die ihnen meist einen starken Geruch verleihen, können durch Destillation mit Wasser aus ihnen ausgezogen werden, wobei Schleim und Harz zurückbleiben. Es sind Schutzstoffe der Pflanze zum Verschließen von Wunden und dadurch zur Abhaltung des Eindringens von irgend welchen Krankheitserregern bestimmt. Meist werden sie durch künstlich beigebrachte Verletzungen gewonnen. Zu den Balsamen gehören Mekka-, Peru-, Tolu-, Kopaiva-, Styrax- und Kanadabalsam, zu den Gummiharzen Styrax, Benzoë, Ammoniakum, *Asa foetida* oder Stinkasant, Euphorbium, Galbanum, Gummigutti, Sagapenum, Myrrhe und Weihrauch, die alle meist medizinisch Verwendung finden.

In der Pflanze sind auch die Harze mit flüchtigen ätherischen Ölen vermengt, als deren Oxydationsprodukte sie überhaupt entstehen. Sie unterscheiden sich von ihnen durch Sauerstoffgehalt und Nichtflüchtigkeit. Sie finden sich besonders in tropischen Pflanzen und bei uns in den Nadelhölzern; und zwar kommen sie in allen Pflanzenteilen vor, sind aber am reichlichsten in den Rinden, aus denen sie durch Einschnitte gewonnen werden. Sie sind meist gelb oder braun, durchscheinend, anfänglich weich, verhärten aber durch Verdunstung der in ihnen enthaltenen ätherischen Öle. Als solche nennt man sie Hartharze, weil sie bei gewöhnlicher Temperatur spröde und fest sind. Sie brennen mit rußender Flamme und geben bei trockener Destillation brennbare Gase und Öle ab. In ihren physikalischen Eigenschaften stehen sie den Fetten nahe, doch besitzen sie eine vollständig von jenen abweichende chemische Konstitution. Kein Harz ist ein chemisches Individuum, sondern ein Gemisch von Resinen, Resenen, Harzsäuren usw.

Die ätherischen Öle, aus denen die Harze durch Sauerstoffaufnahme und andere Veränderungen hervorgehen, sind meist sauerstofffrei, nur aus Kohlenstoff und Wasserstoff zusammengesetzt, daher leicht brennbar. Das wichtigste derselben ist das Terpentinöl, das aus dem Terpentin, einem durch Einschnitte in den Stamm von Nadelhölzern gewonnenen balsamartigen

Harzfluß durch Destillation vermittelst Wasserdämpfen gewonnen wird. In Deutschland dienen zur Terpentingewinnung verschiedene Kiefern und Fichten, so besonders *Pinus silvestris* und *Picea excelsa*; das südfranzösische Terpentin dagegen, das weniger Terpentinöl als das deutsche besitzt, wird von der Strandkiefer (*Pinus maritima*) gewonnen. Das Straßburger Terpentin wird von der Weißtanne (*Abies pectinata*), das venezianische in Südtirol von der Lärche (*Larix decidua*) gewonnen. In den Vereinigten Staaten von Amerika, die weitaus das meiste Terpentin erzeugen, wird es außer von verschiedenen Pinusarten namentlich von der Hemlockstanne (*Tsuga*), einem im östlichen Nordamerika sehr verbreiteten, bis 40 m hohem Baum von 1,3 m Durchmesser, vom Bau der Rottanne, gewonnen, während der verwandte Kanadabalsam ein in Kanada und den Nachbarländern aus der Balsamtanne (*Abies balsamei* und *fraseri*) erzielter Terpentin ist. Alle diese werden vorzugsweise im Frühjahr durch Eröffnen der Harzgänge der Rinde durch Schnitte oder Anbohrungen gewonnen und in darunter gestellten Gefäßen gesammelt. Die Menge wechselt zwischen 2 und 3,5 kg pro Baum und Ernte, kann aber bei alleinstehenden, starken Fichten, auf deren Erhaltung es weiter nicht ankommt, bis auf 40 kg getrieben werden, wonach allerdings ein so mißhandelter Baum gewöhnlich eingeht. Dieses gelblichweiße, honigdicke, starkklebende, balsamische Harz reagiert sauer, ist löslich in Alkohol, Äther und ätherischen Ölen, enthält 15–20 Prozent Terpentinöl, Harz, Harzsäuren, wenig Ameisen- und Bernsteinsäure. Durch Destillation des Terpentins mit Wasser wird daraus das klare, farblose, stark lichtbrechende Terpentinöl gewonnen, das an der Luft Sauerstoff aufnimmt und ihn teilweise in Ozon verwandelt, wodurch es bleichend wirkt, dickflüssig wird und zu einer durchsichtigen, harten Harzschicht eintrocknet. Es löst Harze, Kautschuk, Schwefel, Fette und dient zum Herstellen von Lacken und Firnissen, zum Verdünnen von Ölfarben, zum Entfernen von Fett- und Farbenflecken aus Kleidern, zum Bleichen von allerlei Geweben und Elfenbein, als Arzneimittel, als Schutz gegen Phosphorvergiftung in Zündhölzchenfabriken und zum Verfälschen ätherischer Öle. Der bei der Gewinnung des Terpentinöls aus dem Terpentin zurückbleibende entwässerte Rückstand ist das Kolophonium oder Geigenharz, das bei 130–135° schmilzt und, außer zum Bestreichen der Geigenbogen, zur Herstellung von Siegellack, Harzseifen, Harzöl, Firniß, Kitt, zum Löten, zum Leimen des Papiers, zu Blitzpulver usw. dient. Die Produktion der Vereinigten Staaten allein an Terpentinöl beträgt jährlich 70 Millionen kg im Wert von 32 Millionen Mark, und zwar wird über die Hälfte davon von Savannah im Staate Georgia exportiert, das der erste Weltmarkt für Terpentin ist. Die bedeutendsten europäischen Märkte sind London, Hamburg, Antwerpen, Bordeaux. Qualitativ ist die französische Sorte die beste; sie wird in der Technik vielfach der amerikanischen vorgezogen. An dritter Stelle kommt die Produktion Rußlands, die zum größten Teil im Lande selbst Verwendung findet.

Schon im Altertum kannte und verwendete man solches Terpentin. So schreibt der um die Mitte des 1. Jahrhunderts n. Chr. lebende griechische Arzt Dioskurides in seiner Arzneimittellehre: „Aus der Pinie (*pítys*) und Kiefer (*peúkē*) kommt ein flüssiges Harz, das aus Gallien und Etrurien in den Handel kommt, früher auch aus Kolophon — der ionischen Stadt an der Küste Lydiens — gebracht wurde und deswegen *kolophōnía* genannt wird. Es kommt auch vom Fuße der Alpen vom Baume, den die Leute dort *larix* (Lärche) nennen. An Farbe ist es verschieden; denn es gibt reinweißes, ölfarbiges, honigfarbiges, wie das vom Lärchenbaum. Auch die Zypresse gibt ein flüssiges Harz. — Trockenes Harz kommt von der Arve, der Weißtanne, der Schwarzkiefer, der Pinie. Von allen wählt man das, was am besten riecht, durchsichtig, weder zu trocken, noch zu naß ist, sondern wie Wachs ist und sich zerreiben läßt. Am besten ist das von Pinien und Weißtannen, das gut, fast wie Weihrauch riecht. Vorzüglich schätzt man das von der Insel Pityusa (d. h. Pinieninsel, jetzt Iviza), welche bei Spanien liegt. Es wird mit und ohne Wasser über einem Kohlenfeuer gekocht und zu wohlriechenden, erweichenden Pflastern benutzt. Ausgeglühtes Harz wird auch zu Pflastern, zu stärkenden Arzneien und zum Färben der Salben gebraucht. Durch Verbrennen des Harzes gewinnt man Ruß, wie aus dem Weihrauch. Er dient vorzugsweise zum Färben der Augenlider, wie auch zum Heilen von deren Krankheiten. Aus Ruß wird auch die schwarze Tinte (*to mélan*, eigentlich: das Schwarze) bereitet, mit der wir schreiben."

Unter Terpentin verstand man im Altertum das Harz der von den Griechen *therébinthos* genannten Terpentinpistazie (*Pistacia therebinthus*), eines südeuropäischen, dem Nußbaume ähnlichen Baumes, der heute besonders auf Chios und den benachbarten Inseln, dann auf Rhodos und Cypern zur Gewinnung des nach dem Anschneiden herausfließenden Terpentins kultiviert wird. Wir erhalten ihn hauptsächlich von den Kykladen, und zwar Chios, doch meist mit venezianischem Terpentin vom Lärchenbaume oder mit Straßburger Terpentin von der Weißtanne verfälscht. Außerdem liefert die Terpentinpistazie rundliche, durch Stiche der Pistazienblattlaus (*Aphis pistaciae*) hervorgerufene, oft innen mit gelben Harztropfen gefüllte, Pistazien- oder Terpentingalläpfel genannte Gallen, die, wie auch die Blätter des Baumes, zum Gerben und Rotfärben dienen. Diesen Baum und seine Produkte beschreibt schon der pflanzenkundige Grieche Theophrast (390 bis 286 v. Chr.) in seiner Pflanzengeschichte. „Die Terebinthe (*términthos*) wächst am Ida und in Makedonien klein und strauchartig; bei Damaskus in Syrien ist sie aber groß und schön. Es soll dort ein Berg sein, der ganz mit Terebinthen bestanden ist. Das Holz ist zäh, die Wurzeln sind stark und gehen tief. Die Blüte ist derjenigen des Ölbaumes ähnlich, aber rot. Außer der Frucht trägt der Baum auch Gallen, worin kleine Tierchen wohnen. In diesen steckt eine harzige Flüssigkeit, die man aber nicht sammelt. Das Harz gewinnt man aus dem Holze, die Frucht gibt nicht viel Harz." Von letzterem sagt der vorhin genannte Arzt Dioskurides, es werde aus dem steinigen Arabien gebracht, aber auch in Judäa, Syrien, Libyen, auf Cypern und den Kykladen gewonnen. Es sei das beste aller Harze; nach ihm folge an Güte das Mastixharz, dann dasjenige von Pinie und Tanne. „Es wird innerlich und in Pflastern viel angewandt. Man gibt dem durchsichtigen, farblosen, jedoch etwas bläulichen, wohlriechenden den Vorzug, auch muß es den echten Terpentingeruch haben."

Die Verwendung des Harzes der Terpentinpistazie ist in den Mittelmeerländern und im Morgenlande uralt. Die alten Ägypter nannten es *sunter* und bezogen es teils aus Syrien und Cypern, teils aus dem Lande Punt (Südarabien). Noch häufiger gebrauchten sie das Harz der ihr nahe verwandten Mastixpistazie (*Pistacia lentiscus*), das sie *fatti* nannten, während der Baum selbst bei ihnen *schub* hieß. Dieses Mastixharz, von dem man drei Sorten, nämlich ein schwarzes, rotes und weißes unterschied, diente in Ägypten seit den ältesten Zeiten zu Räucherungen in den Tempeln und als Heilmittel. Es war ein wichtiger Bestandteil der *kyphi* genannten und zu heiligen Räucherungen verwendeten Harzmischung und wird schon in Inschriften aus der Zeit Pepis I. (um 2600 v. Chr.) erwähnt; auch diente es zum Einbalsamieren der Leichen. Heute findet es im ganzen Orient seine Hauptverwendung als Kaumittel, um das Zahnfleisch fest und den Atem wohlriechend zu machen. Diese besonders bei den Frauen im Harem zur Kurzweil geübte Sitte muß ebenfalls schon uralt sein; denn nach ihr nannten die Griechen dieses Harz *mastíchē* (von *mastázein* kauen, *mástax* Mund, Bissen). So schreibt Dioskurides in seiner Arzneimittellehre: „Das Harz, das aus dem Mastixbaum (*schínos*) gewonnen wird, heißt *mastíchē* und macht gekaut den Atem angenehm und zieht das Zahnfleisch zusammen. Es wird auch zu Zahnpulvern benutzt und als Arznei gebraucht, wird auch in die Haut des Gesichtes gerieben, um ihr Glanz zu verleihen. Das beste und meiste liefert die Insel Chios; solches ist glänzend, hat die Farbe des tyrrhenischen Wachses, ist zerreiblich, wohlriechend. Das grüne ist schlechter. Die Verfälschung geschieht mit Weihrauch und Zapfenharz." Sein Zeitgenosse Plinius sagt in seiner Naturgeschichte: „Es gibt verschiedene Sorten von Mastix (*mastiche*); am höchsten wird der weiße von Chios geschätzt. Von ihm kostet das Pfund 20 Denare (12 Mark), während der dunkelfarbige nur 12 gilt. Der Mastix von Chios soll wie ein Gummi aus der Mastixpistazie (*lentiscus*) herausfließen und erhärten. Er, wie auch die Blätter des Baumes sind vielfach in arzneilichem Gebrauch. So weiß ich, daß der Arzt Demokrates der Considia, Tochter des Konsularen Marcus Servilius, geraten hat, Milch von Ziegen zu trinken, die mit *lentiscus* gefüttert wurden, und daß der Erfolg ein günstiger war."

Auch im Mittelalter war der Mastix ein wichtiges Arzneimittel. In Westeuropa war er im 9. Jahrhundert n. Chr. eine große Seltenheit, doch fand er bald darauf durch Vermittlung der arabischen Ärzte im Arzneischatze des Abendlandes Eingang. Im 16. Jahrhundert wurde er regelmäßig in den Apotheken geführt. Heute noch wird er hauptsächlich auf der Insel Chios, daneben in geringerer Menge auf Samos und Cypern gewonnen. Zu dem Zwecke wird der strauchartige Mastixbaum in großen Beständen kultiviert und aus ihm das Balsamharz, das sich in besonderen Behältern in der Rinde befindet, durch Einschnitte in Stamm und Zweige gewonnen. Diese werden von Mitte Juni an zwei Monate hindurch von der Basis des Stammes bis hinauf in die Äste in Form von geraden oder gekreuzten Schnitten gemacht, aus denen das Harz in Tropfen heraustritt, um entweder direkt am Baum, oder, wenn es herabtropft, auf untergelegten Blättern oder Steinplatten zu erhärten, was nach 2–3 Wochen der Fall ist. Dann wird es sorgfältig in mit Papier oder Baumwollenzeug ausgelegte Körbchen gesammelt. Ein Bäumchen liefert 4–5 kg. Von den in den Handel gelangenden etwa 300000 kg Mastix im Werte von einer halben Million Mark liefert die von den Türken *Sakîs ada*, d. h. Mastixinsel genannte Insel Chios den größten Teil, und zwar ist die beste Sorte die an den Zweigen von selbst ausgeschwitzte, die kleine, durchsichtige, anfänglich grünliche, später gelbliche Stücke bildet. Die Masse wird bei langsamem Kauen im Munde erweicht, schmilzt bei 108° und entwickelt dabei einen balsamischen Geruch. Außer als Kaumittel dient sie im Orient als Beigabe zu Konfitüren und zur Darstellung des sehr beliebten, feinen Likörs Raki oder Mastichi, den man mit Wasser vermischt trinkt, bei uns zu Räucher- und Zahnpulvern, Kitt und besonders Firnis.

In ähnlicher Weise wird das wohlriechende Elemiharz verwendet, das Theophrast als Gummi des äthiopischen Ölbaums erwähnt. Schon im 16. Jahrhundert fand es als *Resina elemnia* als Räucher- und Wundheilmittel, wie auch zu Salben bei uns ziemlich häufige Verwendung. Es ist dies ein Sammelname für mehrere Harze, die aus Ostindien zu uns kamen. Das am meisten gebrauchte ist das offizinelle Manilaelemi, das von dem auf den Philippinen, besonders der Insel Luzon, aber auch auf dem asiatischen Festland kultivierten *Canarium luzonicum* gewonnen wird, und zwar durch zweimal jährlich wiederholtes Anschneiden des Baumes. Um einen rascheren Erguß des Harzes zu erzielen, wird in der Nähe des Baumes ein Feuer angezündet. In frischem Zustande stellt es eine klare, wenig gefärbte Auflösung von Harzen in ätherischem Öl dar, aus der sich das Harz zum Teil in fester Form ausscheidet, so daß es undurchsichtig ist. Es riecht balsamisch und schmeckt gewürzhaft bitter. Die beste Sorte ist gelblich bis grünlichweiß, zähflüssig, klebrig und erhärtet beim längeren Aufbewahrtwerden. An Stelle dieser schwer in Europa zu beschaffenden Droge führte man nach der Entdeckung Amerikas verschiedene ähnliche wohlriechende Harze ebenfalls unter demselben Namen Elemi in Europa ein, so das grünlichgelbe, später durch Ausscheidung von festem Harz kreidig aussehende Harz der in Yukatan und Mexiko wachsenden *Amyris plumieri*, einer sehr nahen Verwandten des Weihrauchbaumes, dann dasjenige von Carana- und Protiumarten in Westindien, Venezuela und Nordbrasilien. Später haben auch Ost- und Westafrika von Boswelliaarten Elemi geliefert. Doch wird neuerdings wieder am häufigsten der Manilaelemi verwendet, den der Jesuit Camellus 1701 zuerst erwähnt.

Dem Elemi ähnlich ist das Gommartharz, das auf Martinique und Guadeloupe von *Bursera gummifera* gewonnen wird. Es ist außen weißlich, innen grünlich oder gelblich, geschichtet, riecht terpentinartig und wird zu Firnissen benutzt, ebenso zu lithographischen Umdruckfarben, zum Steifmachen der Hüte und zu Salben und Pflastern. In derselben Weise dient der Cayenneweihrauch von *Icica heptaphylla* und das Harz von Occumé vom Gabunfluß in Westafrika.

Viel wichtiger als diese ist das Dammarharz. Dammar ist ein malaiisches Wort, das Harzträne, Harz bedeutet. Das in den Handel gelangende Dammarharz ist das freiwillig in großen Mengen austretende und bald an der Luft erhärtende Harz von *Shorea wiesneri* und anderen Dipterocarpazeen, hohen, Wälder bildenden Bäumen Vorder- und Hinterindiens und der südasiatischen Inseln. Es stellt gelblichweiße, durchsichtige, außen bestäubte Körner oder unförmliche Massen verschiedener Größe dar, ist im Bruche glasglänzend, muschelig, etwas klebend, leicht zerreiblich, riecht angenehm balsamisch und löst sich vollständig in Alkohol, Äther, Chloroform, Benzol und Schwefelkohlenstoff. Es dient zu technischen und Beleuchtungszwecken, zur Herstellung von Heftpflaster und liefert einen Firnis, der zwar nicht so dauerhaft wie der Bernstein- oder Kopalfirnis ist, aber, weil billig, farblos, klar und glänzend, sich sehr gut zum Überziehen von Ölgemälden eignet. Die erste Aufzeichnung über das Dammarharz findet sich um 1670 bei Rumphius, einem 1627 geborenen Deutschen, der als holländischer Konsul auf Amboina wirkte. Es gelangt seit 1827 hauptsächlich von Sumatra in den Handel. Die echte Droge ist das *dammar putih* oder weiße Harz der Malaien, während das *dammar batu* oder Steinharz, eine Art Manilakopal, der früher für das Dammar des europäischen Handels gehalten wurde, von der mit dem Dammarbaum verwandten Dipterocarpazee *Vateria indica* stammt. Das *dammar item* oder schwarze Harz rührt vom ostindischen *Canarium strictum* und *C. rostratum* der Molukken her. Das *dammar mekong* oder gelbe Harz und das *dammar mata kutjing* oder Katzenaugenharz stammt von Hopeaarten der Halbinsel Malakka, während der *dammar dagieng* oder Rosendammar von *Resinodendron rassak*, der *dammar selo* vom indischen Jackbaum (*Artocarpus integrifolia*) besonders auf Malakka und das Saulharz von *Shorea robusta* auf Sumatra und Java gewonnen wird.

Tafel 113.

Gewinnung von Rohterpentin in den Fichtenwäldern von Nordkarolina.

Destillation des reinen Terpentins in den Wäldern von Nordkarolina. (Beide Bilder: *Copyright by Underwood & Underwood.*)

Tafel 114.

Die neuseeländische Kaurifichte (*Agathis australis*).

Kopalbäume (*Trachylobium verrucosum*) in Deutsch-Ostafrika.
(Nach „Karsten u. Schenck, Vegetationsbilder".)

Erst seit dem Mittelalter ist in Europa das nordafrikanische Sandarakharz bekannt, das man von Wacholderarten abstammend wähnte und deshalb auch Wacholderharz hieß, bis der Naturforscher und Arzt Broussonet (1761–1807) von Montpellier, der längere Zeit auf den Kanarischen Inseln lebte und dort Pflanzen sammelte, zu Ende des 18. Jahrhunderts die in den Gebirgen des nordwestlichen Afrika, besonders im Atlas und seinen Vorbergen, heimische Zypressenart *Callitris quadrivalvis* als den wirklichen

Erzeuger des von den Arabern Sandarak genannten Baumharzes entdeckte. Als solches kam es erst durch die arabischen Ärzte in Europa als innerliches und äußerliches Heilmittel, das auch zu Räucherungen und zur Herstellung von Pflastern und Salben diente, auf. Unter *sandarache* verstand man im Altertum das von uns Realgar genannte Schwefelarsen, während das von uns Sandarak geheißene Harz den Alten nicht bekannt war. Wohl kannten diese sehr wohl die ihn erzeugende Zypressenart, die die Griechen *kédros* und die Römer nach ihnen *citrus* nannten und deren Holz sie außer zu Schiffsbauten besonders in der Luxustischlerei zu kostbaren Möbeln und mottensicheren Kleiderkisten benutzten, aber daß ein Harz von ihr gewonnen werde, wird von keinem Schriftsteller derselben erwähnt. In der arabischen wie auch in der persischen Literatur des Mittelalters wird es als *sindarûs* oder *sandarûs* mehrfach erwähnt und dabei seine Ähnlichkeit mit dem Bernstein hervorgehoben.

In Europa hieß das Harz im Mittelalter *vernix* oder *bernix* — wie übrigens wohl auch der Bernstein —, was auf seine Verwendung zu Firnissen schließen läßt; denn das deutsche Wort Firnis ist wie auch das französische *vernis* und das englische *varnish* aus *vernix* hervorgegangen. Heute noch dient es außer in der Arzneikunde besonders zur Herstellung von Firnissen, Kitten und Lacken. Die Sandarakzypresse ist ein in Algerien forstlich gepflegter, meist 6 m hoher, sparrigästiger Baum oder Strauch, der teils freiwillig, teils aber durch Einschnitte in Stamm und Äste — durch letztere gewöhnlich geübte Manipulation wird eine viel größere Ausbeute erhalten — den in der Außenrinde enthaltenen Harzsaft herausfließen läßt. Getrocknet bildet es spröde, blaßgelbliche bis fast bräunliche, durchsichtige Körner, die beim Kauen nicht erweichen; es schmeckt balsamisch-harzig, etwas bitter, riecht beim Erwärmen balsamisch und etwas terpentinartig. Es wird mit Mastix, Kolophonium, Fichten- und Dammarharz verfälscht. Außer diesem hauptsächlich aus Marokko zu uns gelangenden echten Sandarak wird neuerdings in großer Menge ein ihm sehr ähnliches, nur in Weingeist reichlicher lösliches Harz von verschiedenen Callitrisarten als australischer oder tasmanischer Sandarak aus den Küstengebieten Australiens und Tasmaniens zu uns gebracht.

Bei dieser Gelegenheit wird es am Platze sein, einige Worte über den Firnis zu sagen, dessen Bezeichnung, wie gesagt, aus der mittelalterlichen Benennung des Sandaraks seinen Ursprung nahm. Man versteht darunter an der Luft schnell trocknende und eine glänzende, meist durchsichtige Decke auf den damit überzogenen Gegenständen bildende Flüssigkeit. Dabei unterscheidet man aus trocknenden Ölen bereitete fette Firnisse, dann durch Lösung von Harzen in diesen Ölen hergestellte Lackölfirnisse oder fette Lacke und endlich durch Lösung von Harzen in Terpentinöl oder Alkohol hergestellte Terpentinöl- und alkoholische Firnisse. Auch Äther, Kampferöl,

Holzgeist und Aceton werden als Lösungsmittel angewendet. Unter ihnen sind die fetten Firnisse weitaus am dauerhaftesten, widerstehen der Wärme und Feuchtigkeit am besten, trocknen aber am langsamsten. Sie bestehen aus trocknenden Ölen, besonders Lein- und Mohnöl, deren Fähigkeit an der Luft unter Aufnahme von Sauerstoff zu trocknen durch Behandlung mit sauerstoffabgebenden Stoffen wie Bleiglätte, Braunstein oder Bleizucker erhöht werden kann. So wird beispielsweise Leinölfirnis in der Weise hergestellt, daß man helles, kalt gepreßtes Leinöl unter Umrühren etwa 2 Stunden kocht, dann nach Hinzufügen von 3 Prozent Bleiglätte abermals 3 Stunden kocht. Hierauf läßt man die Flüssigkeit mehrere Monate lagern, bleicht sie auch in einem mit einer Glasplatte bedeckten Bleikasten in 10 cm hoher Schicht durch Sonnenlicht. Der weitaus feinste Firnis aber ist der Kopallack, wie auch der Bernsteinlack.

Unter dem Sammelnamen Kopal versteht man sehr verschiedene, schwer schmelzbare, bernsteinähnliche Baumharze, die nach den verschiedenen Verschiffungsplätzen unterschieden werden und teils rezent, zum größten Teil aber fossil sind, d. h. von vorweltlichen Harzbäumen getropft sind und in kleineren oder größeren Klumpen aus der Erde gegraben werden. Besonders Afrika ist reich an Kopalen, von denen man hauptsächlich den ostafrikanischen oder Sansibar- und Mosambikkopal und den westafrikanischen oder Kamerunkopal unterscheidet.

Der ostafrikanische Sansibar- und Mosambikkopal wird meist an der Küste zwischen 5 bis 15° südlicher Breite gegraben und stammt von der Leguminose *Trachylobium verrucosum*. Es ist dies ein bis 40 m hoher Baum mit mächtigem Stamm und weit ausgebreiteten Ästen, lederförmigen Blättern, ziemlich großen, roten Schmetterlingsblüten in Rispen und länglichen, warzigen, nicht aufspringenden Hülsenfrüchten. Er ist ein typischer Küstenbaum, der nur im Bereich der Seewinde gedeiht, auch an den Küsten Madagaskars wächst und neuerdings zur Harzgewinnung auf Ceylon und Java angepflanzt wird. Stamm und Äste sind vielfach mit einem klaren Harzüberzug reichlich bedeckt. Dieses Harz wird vom Baume abgelöst und kommt als Baumkopal in den Handel. Weitaus der meiste Kopal wird aber in einem 150–300 km breiten Küstenstreifen, wo der Baum einst unweit des Meeres gedieh und in der Folge spurlos bis auf das von ihm ausgeschwitzte unverwesliche Harz verschwand, aus der Erde gegraben. Dieser ist im rohen Zustande von einer mit Sand vermengten undurchsichtigen Verwitterungskruste bedeckt, im Innern jedoch vollständig klar und durchsichtig, von blaßgelber bis blaßrötlicher Farbe. Um diese Sand- und Verwitterungskruste zu entfernen, wird er mit Soda oder Pottaschenlauge gewaschen und zeigt dann eine facettierte Oberfläche, welche man allgemein als Gänsehaut bezeichnet. Er ist der härteste aller Kopale und kommt darin dem Bernstein fast gleich. Er dient zur Herstellung der besten Lacke und

Firnisse, die imstande sind, Wind und Wetter lange Zeit erfolgreich zu widerstehen. Die größten, schönsten und durchsichtigsten Stücke werden wie Bernstein zu Dreh- und Schnitzarbeiten verwendet. Übrigens unterscheidet man von diesem fossilen Kopal zwei Sorten: eine, die Chakazzi genannt wird, nur eine schwache Verwitterungskruste besitzt und eine geringe Härte aufweist, als Beweis dafür, daß sie erst verhältnismäßig kurze Zeit im Boden gelegen haben kann. Sie findet sich über dem Boden oder ganz oberflächlich im Boden an Stellen, wo der Baum noch vorkommt, zumeist aber im Rückgang begriffen ist. Der eigentliche, reife Kopal aber liegt tiefer im Boden, von Sand und Erde überlagert, an Stellen, wo weit und breit keine Kopalbäume mehr zu sehen sind, weil sich das Meer inzwischen weit zurückgezogen hat und infolgedessen die Lebensbedingungen für dieselben aufhörten günstige zu sein. Es ist schon längst auch aus andern Tatsachen festgestellt worden, daß die Ostküste Afrikas in langsamem Vorrücken begriffen ist und das Meer einst jene steppenartigen, öden Gegenden bespülte, in denen jetzt der Kopal gegraben wird. Wenn die auf den Nordostmonsun folgenden Regen die Erde aufgelockert haben, beginnen die Eingeborenen mit kleinen Hacken nach diesem fossilen Harze zu graben, von dem jetzt schon jährlich für über eine Million Mark über Sansibar ausgeführt wird. Bei geordnetem Betrieb könnte noch viel mehr davon gewonnen werden, was eine wichtige Einnahmequelle für das Deutsche Reich bedeuten würde, da fast die ganze Kopalgegend zur deutschen Kolonie gehört.

Auch die Küste von Westafrika weist von Sierra Leone bis nach Benguela hin an zahlreichen Orten fossilen Kopal auf. Er wird in Mergel, Sand oder Lehm in Tiefen bis zu 3 m gefunden und kommt neuerdings in viel größeren Mengen als der ostafrikanische in den Handel, ist aber von geringerer Qualität und wird nur mit 2 Mark per kg bezahlt, während jener beinahe das Dreifache davon gilt. Während der Kopal von Angola eine demjenigen von Sansibar ähnliche, nur größere Oberflächenfacettierung zeigt, auch in größeren, bis 2 kg schweren Klumpen ausgegraben wird, ist derjenige von Gabun oder Benguela von eigenartigen, tiefen Sprunglinien durchzogen, an denen er leicht erkannt werden kann. Diese sind dadurch entstanden, daß sich das Harz im Laufe der Zeit an der Peripherie stärker zusammenzieht als im Innern; wenn dies nur in geringem Maße geschieht, so bildet sich die für den Sansibarkopal charakteristische facettierte Oberfläche von kleinen, polygonalen Wärzchen. Seit einigen Jahren kommt auch aus Kamerun Kopal in den Handel, der für diese Kolonie von Bedeutung zu sein scheint. Er wird in faust- bis kindskopfgroßen, graugelben Stücken gefunden und ist meist von einer starken, gelblichweißen Verwitterungskruste bedeckt. Dies und seine außerordentliche Härte beweisen, daß wir es ebenfalls mit einem fossilen Baumharze zu tun haben. Rezent vom Baume gewonnenes Harz ist dort nicht bekannt; doch findet sich in Kamerun ein Kopalbaum, aber kein

Trachylobium, sondern eine andere, Copaifera genannte Leguminose. An einzelnen Stellen Nordkameruns findet sich dieses Harz in mächtigen Lagern im Boden und kann leicht gegraben werden. An Stellen, an denen es vermutet wird, legt man Probeschürfungen an und beutet dann das Gefundene aus. Doch wird hier wie überall sonst in Afrika die Kopalgewinnung bis jetzt recht nachlässig betrieben. In Jahren, da die Feldfrüchte gut geraten und der Neger genug zu essen hat, wird er nie daran denken, Kopal zu graben; denn solches verursacht Mühe, und jede Anstrengung sucht er nach Möglichkeit zu vermeiden. Merkwürdig ist, daß hier so wenig als in der ostafrikanischen Kolonie sich das deutsche Kapital bis jetzt um die Ausbeutung dieser Naturschätze bekümmerte.

Ist nun Afrika recht eigentlich das Land der Kopale zu nennen, so findet sich dieses Naturprodukt auch anderwärts, so als Brasilkopal an der Ostküste Südamerikas, als Manilakopal auf den Philippinen, Sundainseln und Molukken und als Kaurikopal auf der Nordinsel von Neuseeland. Der Brasilkopal ist die weichste Kopalart, findet sich niemals fossil, sondern stammt durchgehends von jetzt noch lebenden Bäumen. Am häufigsten kommt das von *Hymenae courbaril* stammende Harz in Form von knolligen, gelben bis dunkelgrünen Stücken mit einem ganz dünnen, kreidigen Überzug in den Handel. Wahrscheinlich liefern auch noch andere Arten von *Hymenae* in Südamerika Kopal. Der Manilakopal fließt in Massen aus dem Stamm einer stattlichen Fichte, *Agathis dammara*, hervor, vereinigt sich an den Wurzeln in Klumpen, wird häufig vom fließenden Wasser fortgeschwemmt und sammelt sich nicht selten am Ufer der Flüsse in großen Blöcken an. Er kommt in bis zu 40 kg schweren Stücken in den Handel. Die Oberfläche derselben ist meist etwas dunkler gefärbt als das Innere, doch fehlt eine eigentliche Verwitterungskruste. Die Farbe ist gewöhnlich bernsteingelb, seltener braun, der Geruch ist angenehm balsamisch, ähnlich demjenigen des Kaurikopals. Dieser Kaurikopal stammt von der neuseeländischen Kaurifichte (*Agathis australis*), die auf den nördlichsten Teil der Nordinsel beschränkt ist und hier nur an ihr besonders zusagenden Stellen vorkommt. Das ist um so bedauerlicher, da sie nicht nur ein sehr schöner, stattlicher, bei einem Stammdurchmesser von bis zu 7 m 50 m Höhe erreichender Baum mit zahlreichen Ästen und dunkeln Blättern ist, sondern auch treffliches Nutzholz und große Mengen Harz liefert. Dieses letztere fließt freiwillig aus dem Stamm und sammelt sich in großen Klumpen an den Wurzeln, findet sich aber auch am und im Boden an Stellen, wo ehemals Kauriwälder standen, massenhaft, oft in mehreren Lagen übereinander, vor, so daß das zumeist von dort angesiedelten Österreichern ausgeübte Gewerbe des Kopalgrabens ein sehr lohnendes ist. Diese Kopalgräber, fast ausschließlich Dalmatiner, wohnen meist in Auckland und ziehen mit einem dünnen Stahlspeer und einer gewöhnlichen Schaufel ausgerüstet auf die Suche nach dem Kaurikopal. Zunächst wird der Speer in die Erde gestoßen. Fühlt nun der Gräber, daß er auf einen Kaurikopalklumpen gestoßen ist, so beginnt er zu graben. Neuerdings werden auch weite Strecken umgegraben, ohne daß erst der Stahlspeer Anwendung findet. Die Klumpen schwanken von Nuß- bis Kindskopfgröße, doch hat man gelegentlich auch bis 46 kg schwere Massen gefunden. Als Zeichen, daß sie schon sehr lange im Boden gelegen haben, sind sie meist mit einer starken Verwitterungskruste überzogen. Im Gegensatz zur weißlichen Farbe des frisch aus dem Kauribaume geflossenen, auch viel weicheren Kopals ist diejenige des härteren fossilen, seiner Entstehungszeit nach meist ins Tertiär zurückreichenden Kopals hellgelb bis dunkelbraun; doch sind letztere Stücke, die meist aus sumpfigen Stellen gegraben werden, weniger beliebt. Die Masse ist hart, riecht intensiv balsamisch und schmeckt gewürzhaft. Als der neuseeländische Kaurikopal gegen das Ende der 1840er Jahre zuerst aufgefunden und nach London geschickt wurde, hatte man zunächst keine Verwendung dafür. Von den Amerikanern lernten dann die Engländer seine trefflichen Eigenschaften kennen und schätzen. So benutzten sie ihn bald außer zur Herstellung von Lacken und Firnissen zum Beschweren der Seide, bei der Linoleumfabrikation usw. Infolge der vermehrten Nachfrage wurde seine Gewinnung immer eifriger betrieben. Während sein Export noch im Jahre 1860 nur wenig über 100000 kg im Werte von 890000 Mark betrug, war er 1899 auf über 11 Millionen kg im Werte von 13 Millionen Mark gestiegen. In letzter Zeit ging die Produktion desselben etwas zurück; doch sind jetzt noch über 7000 Personen mit seiner Gewinnung beschäftigt. Ein ganz ähnliches, ebenfalls von einer Agathis stammendes fossiles Harz wird übrigens auch in Neu-Kaledonien gegraben und kommt ebenfalls als Kaurikopal in den Handel.

Zur Herstellung von Lacken und Firnissen wird der Kopal, um ihn löslich zu machen, geschmolzen. Ist er wieder erstarrt, so wird er gepulvert und längere Zeit der Luft ausgesetzt. Zur Bereitung von fettem Kopalfirnis mischt man den geschmolzenen Kopal sofort mit erhitztem Leinölfirnis, kocht, wenn der Lack weich werden soll, einige Zeit, setzt dann das ebenfalls erhitzte Terpentinöl hinzu und filtriert nach dem Erkalten durch graues Löschpapier. Elastischen Kopalfirnis erhält man aus 3 Teilen Kopal, 1,5 Teilen Leinölfirnis und 9 Teilen Terpentinöl. Doch wird letzteres erst zugesetzt, nachdem der Leinölfirnis mit dem Kopal 2–3 Stunden gekocht hat. Etwas mehr Leinöl macht den Lack noch elastischer; nimmt man aber nur 1,25 Teil Leinölfirnis und kocht nicht, so trocknet der Firnis schnell. In Chloroform oder Benzol gelöster Kopal wird als Kaltlack in der Photographie benutzt.

Für die Kulturgeschichte Europas von außerordentlicher Bedeutung ist der Bernstein, von den Franzosen und Engländern als gelbe Ambra bezeichnet — ein Produkt, über das alles Mögliche gefabelt wurde (die echte graue

Ambra, deutsch ursprünglich Amber, nach dem arabischen *anbar*, da die arabischen Ärzte zuerst diesen Stoff dem Abendlande übermittelten, genannt, findet sich in Stücken von bis zu 90 kg Gewicht, 1,5 m Länge und über 0,5 m Dicke bei Madagaskar, Java, Japan, Surinam, Brasilien im Meere schwimmend, bis seine Herkunft als Auswurfsstoff des bis 25 m Länge erreichenden Pottwals dadurch erkannt wurde, daß man ihn auch in den Gedärmen jenes Zahnwales fand. Der Amber ist eine graubraune, leichte, wachsartige, in der Hand erweichende Masse von sehr verschiedener, meist graubrauner Färbung und höchst angenehmem Geruch, löst sich in Alkohol und Äther, läßt sich in kochendem Wasser in eine ölige Flüssigkeit umwandeln und bei großer Hitze verflüchtigen. Er wurde früher als Aphrodisiacum, dann als Arzneimittel verwendet, dient heute nur noch als Parfüm in Räuchermitteln und wohlriechenden Ölen und Seifen). Der deutsche Ausdruck Bernstein, der noch im 16. und 17. Jahrhundert Börnstein (im angelsächsischen *burn* brennen ebenfalls enthalten) hieß, bedeutet Brennstein, weil dieser an der südlichen Ostseeküste in Ostpreußen vom stürmischen Meere meist in sogenanntem Bernsteinkraut (Tangen, besonders *Fucus vesiculosus* und *fastigiatus*) eingehüllt ans Ufer geworfene zitronengelbe bis weiße oder rotbraune, mehr oder weniger durchsichtige Stein ins Feuer geworfen mit rußender Flamme und Ausströmenlassen eines aromatischen Geruches verbrennt. Seine geheimnisvolle Herkunft auf den Wogen des Meeres in Verbindung mit der für einen Stein höchst merkwürdigen Eigenschaft, brennbar zu sein, machte ihn schon in sehr früher vorgeschichtlicher Zeit zuerst in seiner Heimat und dann weit darüber hinaus zu einem höchst wertvoll geachteten Amulette und zugleich, dank seiner schönen Farbe und prächtigen Politurfähigkeit, auch Schmuckstein. Von der jüngsten neolithischen Zeit an wurde er besonders zur Bronze- und ersten Eisenzeit durch Tauschhandel immer weiter nach Süden zu den reichen Völkern am Mittelmeer, den Etruskern, Mykenäern, Syrern und Ägyptern verbreitet, in deren Gräbern wir ihn in Perlenform zum Tragen an einem Bande um den Hals finden. Kein anderes Naturprodukt hat die Kultur Deutschlands in der jüngeren vorgeschichtlichen Zeit so mächtig beeinflußt als der Bernstein, der bald auf zwei durch zahlreiche Depotfunde von dagegen eingetauschten Artikeln, besonders Bronzewaffen, dann auch durch Beeinflussung ihrer Ornamentik und ihrer Töpfereiprodukte deutlich als solche charakterisierten Handelswegen nach Süden transportiert wurde. Der eine führte der Weser entlang, durchs Tal der Fulda nach dem Rheintal und von da über einige Alpenpässe nach Italien und gleichzeitig ins Rhonetal, der andere führte die Oder aufwärts durch das Tal der March ins Gebiet der Donau. Die Griechen nannten den Bernstein *élektron* — ein Ausdruck, aus welchem bekanntlich unsere Bezeichnung Elektrizität hervorging, weil man am Elektron, wenn er gerieben wurde, zuerst die später als elektrisch erkannten Eigenschaften entdeckte. Wie die vornehmen Mykenäer

Bernsteinschmuck trugen, den wir in ziemlicher Menge unter den Totenbeigaben ihrer reich mit kunstvoll aus Gold und Silber und einer wegen der Farbe ebenfalls als *élektron* bezeichneten Mischung beider Edelmetalle hergestellten Schätzen ausgestatteten Gräber finden, so trugen auch die Männer und Frauen der homerischen Zeit Bernsteinschmuck. Nach den ältesten auf uns gekommenen Nachrichten der Griechen sollen die diesen wertvollen Schmuckstein zu ihnen bringenden phönikischen Bernsteinhändler erzählt haben, daß im Nordwesten der Erdscheibe sich der Eridanos (als mythologischer Name später auf den Po bezogen) in den Okeanos (das die Erdscheibe umgebend gedachte Meer) ergieße, an dessen Mündung gewisse Bäume von der dort nahe vorbeifahrenden Sonne Bernstein ausschwitzen. Aus dieser Sage geht hervor, daß schon die alten Phönikier und die von ihnen weitgehend beeinflußten Griechen den Bernstein richtig als Baumharz erkannten. Dies war auch bei den Römern der Fall, die ihn *succinum* nannten, weil er aus dem Saft (*succus*) bestimmter Bäume, die Plinius geradezu als eine Art Pinien bezeichnet, entstanden sei.

Selbstverständlich hat es schon die Kulturvölker des Altertums aufs höchste interessiert, zu erfahren, was für eine Bewandtnis es mit dem aus unbekanntem Norden zu ihnen gelangenden Bernstein auf sich habe. Der erste, von dem wir wissen, daß er um die Säulen des Herkules (die Meerenge von Gibraltar) herum eine Entdeckungsreise nach dem Norden unternahm, um die Heimat des Bernsteins wie auch des Zinnes und köstlicher Felle zu erkunden, war der Grieche Pytheas aus Massalia (Marseille) zur Zeit Alexanders des Großen um 330 v. Chr. Über seine Reise nach Britannien, der Insel Thule (wohl eine der Shetlandinseln) und dem Bernsteinland (wahrscheinlich an der Nordseeküste Schleswigs) schrieb er dann nach seiner Rückkehr in die Vaterstadt einen Periplus, d. h. Umfahrt, benannten, uns in einzelnen Fragmenten erhaltenen Bericht, worin er erzählt, daß der Bernstein (*élektron*) auf der Insel Abalos im Okeanos gegenüber dem germanischen Volke der Guttonen von den Wellen angetrieben werde. Jedenfalls ist er nicht in die Ostsee, geschweige denn ins Samland gelangt, sondern wird den von ihm mitgeteilten Bescheid von den Bewohnern Nordfrieslands an der Westküste Schleswigs, zu denen er gelangte und bei denen er den Bernstein eintauschte, erhalten haben. Jedenfalls ist auch späterhin noch Bernstein von der friesischen Nordseeküste her zu den Völkern des Mittelmeeres gebracht worden, da der um 79 n. Chr. verstorbene Römer Plinius die von ihm Glessarien oder Elektriden genannten Bernsteininseln ins germanische Meer gegenüber Britannien verlegt.

Die erste sichere Andeutung der samländischen Küste im jetzigen Ostpreußen als Heimat des Bernsteins gibt uns der seit 30 v. Chr. 22 Jahre in Rom als Lehrer der Rhetorik lebende und sich daneben mit dem Studium der römischen Geschichte beschäftigende Grieche Dionysios von

Halikarnaß südlich von Milet an der Westküste Kleinasiens. Der römische Geschichtschreiber Cornelius Tacitus (54–117 n. Chr.), der uns die erste ethnographische Schilderung des alten Germaniens und seiner Bewohner gab, wußte, daß die Ästyer (Esthen) von der rechten Küste des suevischen Meeres (Ostsee) den Bernstein *glesum* (wohl später auf das ähnlich durchsichtige und glänzende Glas übertragen) nannten, daß sie ihn als Auswurf des Meeres sammelten und an die Römer verhandelten. Um mit den Bewohnern der Bernsteinküste direkt in Verbindung zu treten, sandte dann der von 54–68 regierende Kaiser Nero eine römische Expedition unter Anführung eines römischen Ritters an die Ostseeküste nach Norden, von wo sie mit diesem kostbaren Erzeugnis des Samlandes reich beladen heimkehrte.

Im Mittelalter fand ein ausgedehnter Bernsteinhandel besonders nach dem Oriente hin statt, wo er heute noch als Amulett zum Schutze vor Erkrankung und als Schmuckstein sehr geschätzt wird. In den ältesten Zeiten war das Auflesen des Bernsteins jedermann erlaubt. Erst die mittelalterlichen Bischöfe erkannten in dem *lapis ardeus* vulgo Börnstein ein geeignetes Steuerobjekt, das ihnen großen Gewinn brachte. Die erste Urkunde darüber datiert aus dem Jahre 1264. Nach ihnen beuteten die Deutschen Ritter das Bernsteinregal in größtem Maßstabe aus und verkauften den Bernstein an die Bernsteininnungen, die sich um 1300 in Lübeck und Brügge, 1450 in Stolp, Kolberg und Danzig und 1640 in Königsberg bildeten. Köln, Frankfurt am Main, Nürnberg und Venedig waren damals die Haupthandelsplätze für Bernstein. Später wurden mit großer Strenge waltende Bernsteingerichte eingesetzt, und die Strandbewohner mußten den Bernsteineid schwören, in welchem sie gelobten, allen gefundenen Bernstein an die Behörde abzuliefern, die sich das alleinige Recht am Bernstein anmaßte. Und diejenigen, die das anstrengende und gefährliche Amt hatten, den Bernstein aus dem Meere mit Netzen zu fischen, erhielten als einzige Entschädigung das für ihr Fischereigewerbe nötige Salz. Diese unnatürlichen Verhältnisse führten zur Verpachtung der Bernsteinnutzung an Danziger Kaufleute, die alsbald den Handel bis Indien und Persien ausdehnten und in vielen Städten Faktoreien einrichteten. Die guten Geschäfte, die sie dabei machten, veranlaßte die Regierung, die Sache wieder selbst in die Hand zu nehmen. Doch wechselten in der Folge noch vielfach Verpachtung und Selbstverwaltung miteinander ab. Erst zu Ende des 18. Jahrhunderts wurde der Bernsteineid abgeschafft, seit 1811 wurde das Recht der Bernsteingewinnung in Generalpacht gegeben und seit 1837 an den Meistbietenden verkauft.

Der Bernstein der preußischen Ostseeküste wurde später auch aus dem Meere gebaggert und wird seit 200 Jahren am Lande in großem Maßstabe gegraben. Er findet sich in der sogenannten Blauen Erde, einer durch Glaukonitkörnchen bläulich gefärbten, sandig-tonigen Bildung von 1,25–

6 m Mächtigkeit, zusammen mit Holzresten, Haifischzähnen, Meeresmuscheln usw. Diese Blaue Erde ist unteroligozänen Alters, doch findet sich der Bernstein in ihr auf sekundärer Lagerstätte; er muß also älter sein und wurde von einem damals durch das Meer zerstörten, gegen Skandinavien zu gelegenen Land hier eingeschwemmt. Mit welcher Gewalt heute noch besonders Nordweststürme Bernstein vom Meeresgrunde loslösen, um ihn, meist in Tange eingewickelt, mit den Wellen ans Land zu treiben, das beweist, daß in einer einzigen Herbstnacht 1862 in der Gegend von Palmnicken und Nodems nicht weniger als gegen 2000 kg Bernstein angeschwemmt wurden. Meist sind es nur kleine Stücke, und solche von 500 g kommen darunter nur selten vor. Das größte bis jetzt bekannt gewordene Stück Bernstein wog 6750 g und befindet sich im königlichen Mineralienkabinett in Berlin.

Wie schon der große Aristoteles (384–322 v. Chr.) richtig vermutete, ist der Bernstein ein von einem Baume geflossenes Harz. Diese Erkenntnis einiger Gelehrter des Altertums ging im Mittelalter wieder verloren und an ihre Stelle traten die vagsten Vermutungen, bis erst wieder Boch 1796 ihn für ein fossiles Pflanzenharz erklärte und Struve ihn 1811 von einem Nadelholze ableitete. Conventz wies dann nach, daß der Bernstein des Samlandes von einer Fichte, *Picea succinifera*, abstammt, deren Holz- und Rindenreste häufig im Bernstein eingeschlossen vorkommen. Wie bei den heutigen Kiefern und Fichten sogenannte Harzgallen mitten im Holz entstehen, so bildeten sich solche bei der Bernsteinfichte auch im Kambium. In ihrem Harzreichtum kann letztere mit der vorhin besprochenen neuseeländischen *Agathis australis* verglichen werden, deren Stamm und Äste dermaßen von Harz triefen, daß sie vielfach davon wie mit Eis in Krusten und Zapfen bedeckt sind. Das Harz der Bernsteinfichte wurde in solchen Massen ausgeschieden, daß es den Stamm herablief und sich um die Wurzeln sammelte, oder von den Zweigen tropfte und auf allerlei am Boden liegende Blätter fiel, deren Form es im Abdruck bewahrte. Dabei wurden zahlreiche Insekten und andere Tiere vom zähen Harz umflossen und in ganz idealer Weise durch die Jahrmillionen bis auf unsere Zeit konserviert. Die zahlreichen pflanzlichen Einschlüsse beweisen, daß der Bernsteinwald, der spätestens eozänen Alters ist und von manchen selbst in die oberste Kreide verlegt wird, außer Tannen und Fichten Lebensbäume (*Thuja*), Eichen, Palmen, Lorbeergewächse, Erikazeen, Farne, Flechten und Moose enthielt. Ungeheure Zeiträume hindurch standen diese Wälder und sammelte sich in ihnen der Bernstein an. Die Bäume selbst, die ihn ausgeschwitzt haben, sind mit allen andern Lebewesen schon längst zugrunde gegangen und nur das unverwesliche Harz derselben hat sich durch die ungeheuren Zeiträume, die uns von jener Periode trennen, erhalten.

Der Bernstein ist meist klar und gleichmäßig honiggelb, seltener gelblichweiß bis braun gefärbt; nur ausnahmsweise ist er mit Luftblasen erfüllt und schaumig. Er entwickelt beim Reiben einen eigentümlichen Geruch, wird dabei negativ elektrisch, schmilzt bei 287°, brennt mit rußender Flamme, wobei er einen angenehmen Geruch entwickelt, wird beim Erhitzen in Öl weich und biegsam und läßt sich dann in Formen pressen, dabei wird milchiger Bernstein durchsichtig. Früher wurde er hauptsächlich zu Amulettschmuck verarbeitet, wie heute noch aus ihm bestehende Perlenhalsbänder mit Vorliebe zahnenden Kindern zum vermeintlichen Erleichtern des Zahnens um den Hals gehängt werden. Gegenwärtig wird er meist zu Zigarren- und Pfeifenspitzen verarbeitet, während der Abfall und die kleinen Stücke zur Herstellung eines trefflichen Firnisses benutzt werden. Früher glaubte man bei uns wie heute noch in Rußland, daß er alle Krankheiten anziehe und so seinen Träger davor beschütze, weshalb Bernsteinhalsbänder sehr beliebt und geschätzt waren. Desgleichen sollten aus Bernstein verfertigte Schalen und Schüsseln jede Vergiftung der aus ihnen genossenen Speisen und Getränke verunmöglichen und aufheben, was besonders im alten Rom der Cäsaren für sehr wertvoll gelten mußte, da dort solche in gewissen Kreisen an der Tagesordnung waren. Gegenwärtig ist Bernstein namentlich in China und Japan als geschätztes Amulett gegen Krankheiten, in Marokko gegen die Gefahren des Krieges viel im Gebrauch. Im ganzen wird in Deutschland jährlich für 2165000 Mark Bernstein für Zigarren- und Pfeifenmundspitzen, für 145000 Mark für Halsperlen und für 190000 Mark für Firnis und Lack verbraucht. Plinius erzählt in seiner Naturgeschichte, daß er zu seiner Zeit besonders von den Kelten der Poniederung und der Südabhänge der Alpen als Schutzmittel gegen den Kropf getragen wurde. Schon in den vorgeschichtlichen Niederlassungen Oberitaliens findet er sich häufig, ist aber hier nicht der ostpreußische gelbe, sondern ein in der miozänen Molasse des Landes selbst, speziell der Emilia, gefundener rötlicher oder brauner Bernstein, der aber nur in erbsen- bis nußgroßen Stücken vorkommt. Bei der überaus großen Wertschätzung, die aller Bernstein seit der jüngeren Steinzeit bei sämtlichen europäischen Völkern genoß, ist es nicht zu verwundern, daß solcher bereits in vorgeschichtlicher Zeit auch aus dem Potal nach den danach lüsternen Ländern im östlichen Mittelmeergebiet gelangte, sonst hätten nicht, wie wir vorhin sahen, die phönikischen Kaufleute den ältesten Griechen angegeben, daß der Bernstein von den Ufern des Eridanos (= Po) komme, wo er durch die starke Hitze der dort in der Nähe vorbeifahrenden Sonne aus gewissen Bäumen ausgeschwitzt werde. Übrigens gibt es in den meisten Ländern Europas und anderwärts verschiedenerlei, meist tertiären Landbernstein, der eine mehr oder weniger starke Verwitterungskruste besitzt, wodurch er sich vom Seebernstein der Ostseeküste unterscheidet; doch ist er nirgends in solcher Massenhaftigkeit wie in der Blauen Erde der ostpreußischen Küste vorhanden, wird zudem meist nur in kleinen, gewöhnlich dunkel gefärbten

Stücken gefunden und hat infolgedessen auch keinerlei Bedeutung als Handelsartikel erlangt.

Ferner findet zur Bereitung von Firnis das Lackharz vielseitige Verwendung. Es ist dies ein in mehr oder weniger dicken Krusten, seltener auch Tropfen von Zweigen indischer und hinterindischer Sträucher und Bäume wie *Aleurites lactifera*, *Schleichera trijuga*, *Butea frondosa*, besonders aber Feigenarten wie *Ficus religiosa* und *indica* abgelesenes Harz, das durch die Weibchen der Lackschildlaus (*Coccus lacca*) hervorgebracht wird. Diese sammeln sich an den betreffenden Zweigen so massenhaft an, daß jene von ihnen geradezu rot bestäubt erscheinen. Nach ihrer Befruchtung stechen sie ihre lebende Unterlage an und scheiden durch Umwandlung des von ihnen aufgesaugten Saftes in ihrem Körper die Harzmasse als Exkret aus, die die Tierchen völlig umhüllt und oft auf die darunter befindlichen Zweige herabtropft. Unter dieser schützenden Umhüllung, in welcher der aufgebrauchte weibliche Organismus zugrunde geht und der Nachkommenschaft als Wiege dient, entwickeln sich die jungen Schildläuse, bis sie, reif geworden, dieselbe durchbohren und ausschlüpfen. Der Lack wird nun samt den Zweigen von den Bäumen abgebrochen und von jenen abgelöst, und zwar meist erst nach dem Ausschlüpfen der Schildläuse, um die Produktion nicht herabzusetzen. Früher wurde der undurchbohrte Lack, der noch die jungen Schildläuse und damit viel roten Farbstoff enthält, höher geschätzt als jetzt und speziell in Indien zur Gewinnung eines scharlachroten, dem Karmin der Cochenille an Leuchtkraft sehr nahe kommenden, zur Färbung von Baumwolle und Seide verwendeten Farbstoffs benutzt, der daselbst heute noch als Lacklack in den Handel kommt. Entzieht man der Masse den roten karminartigen Farbstoff mit schwacher Sodalösung, so entsteht der gelblichbraune Körnerlack, aus dem man durch Schmelzen und Auffangen der bei 140° geschmolzenen Masse auf Bananenblättern den Schellack in Form von glänzenden, braunroten, dünnen, flachen Stücken mit muscheligem Bruch gewinnt. Der Schellack schmilzt leicht, löst sich größtenteils in Weingeist und Äther, in Alkalien und gesättigter Boraxlösung; er kann auch durch Chlor gebleicht werden, wodurch er für die Herstellung von farblosen Firnissen besonders geeignet wird. Man gebraucht ihn namentlich zur Bereitung der Weingeistfirnisse, der Tischlerpolitur, des Siegellacks, verschiedener Kitte und in der Feuerwerkskunst, auch bildet er die Hauptmasse des Marineleims und der Elektrophorkuchen. In Borax aufgelöst dient er als Wasserfirnis zum Steifen und Wasserdichtmachen der Filzhüte, zum Firnissen von Papier und, mit feinem Ruß versetzt, als unauslöschliche Tinte.

In China und Japan dagegen wird der Lack durch Einschnitte in Stamm und Äste des zu den Terebinthen oder Balsamgewächsen gehörenden Firnissumachs (*Rhus vernicifera*) gewonnen. Es ist dies ein daselbst heimischer, zur Lackgewinnung vielfach auch angepflanzter äußerst giftiger Baum, dessen Ausdünstungen schon schädlich sind und dessen übelriechender Saft, auf die Haut gebracht, starke Entzündung derselben mit Bildung von schmerzhaften Geschwüren hervorruft. Er erreicht eine Höhe von 8–10 m und hat gestielte, eiförmige, zugespitzte, unten mit feinen Haaren bedeckte Blätter, die nicht giftig sind. In dem durch Einschnitte in die Rinde ausfließenden weißen Milchsaft ist das Lakkol enthalten, das durch ein Lakkase genanntes Ferment an der Luft in den glänzend schwarzen Lack umgewandelt wird. Aus diesem Produkt stellen die Ostasiaten, besonders die Japaner, durch Mischen mit dem Öle der *Bignonia tomentosa*, eines Kletterstrauches mit großen trompetenartigen Blüten, oder der *Perilla ocymoides*, mit Zusatz von Zinnober, wenn die Farbe eine rote sein soll, sonst ohne solchen, ihren berühmten Lackfirnis her. Schon im Mittelalter war bei ihnen dieser prächtige, fast unverwüstliche Firnis im Gebrauch, um mit ihm fast alle Holzgegenstände des täglichen Gebrauchs, Eß- und Trinkgeschirr, wie auch kleine und große Möbel, selbst ganze Tempel zu überziehen. Schon aus der Zeit des 12.-15. Jahrhunderts sind uns Namen berühmter Lackkünstler überliefert, und um 1700 hatte die Lackkunst besonders durch den Maler Ogata Korin ihren Höhepunkt erreicht. Die ersten japanischen Lackwaren gelangten in der zweiten Hälfte des 16. und zu Beginn des 17. Jahrhunderts durch die seit 1557 auf der Insel Macao an der Mündung des Perlflusses 133 km südöstlich von Kanton niedergelassenen Portugiesen und dann aus Manila, der Hauptstadt der durch die seit 1569 von den Spaniern besetzten Philippinen, nach Europa. War doch das durch die Reisebeschreibung des Venezianers Marco Polo aus dem 13. Jahrhundert als Zipangu im Abendlande bekannte Japan 1543 von den Portugiesen entdeckt und von ihnen der erste Handelsverkehr mit jenem kunstsinnigen Volke angebahnt worden. Sie brachten dann die Jesuiten ins Land, als deren berühmtester Missionar der heilige Franz Xaver zu nennen ist. Aber von 1617–1637 gab es dann Reibereien zwischen den Vertretern beider Nationen, die damit endigten, daß die zahlreichen unter den Japanern gewonnenen Christen wieder ausgerottet und die Portugiesen vertrieben wurden. Dafür erhielten die Holländer, die seit 1609 freien Zutritt und Erlaubnis zum Handeln erlangt hatten, eine allerdings recht beschränkte Möglichkeit der Ausfuhr japanischer Kunstgegenstände, unter denen außer Porzellan- und Metallgegenständen hauptsächlich Lackartikel eine wichtige Rolle spielten. Da diese letzteren bei den Vornehmen Europas großen Beifall fanden und viel begehrt wurden, suchten die Holländer sie bald auch nachzuahmen, was ihnen indessen nicht gelang. Eine ganze Sammlung japanischer Lackarbeiten besaß im 18. Jahrhundert die unglückliche Königin Marie Antoinette; diese ist jetzt im Louvre zu sehen.

Heute wird der Japanlack in folgender Weise gewonnen und benutzt. Zuerst wird der Milchsaft des im Japanischen *urushi-no-ki* genannten Lackbaums in der Weise gewonnen, daß man die Bäume einschneidet, den zwischen den

Schnittflächen sich ansammelnden, rasch trocknenden, zähen schmutzigweißen, an der Sonne erst braun und dann schwarz werdenden Saft auskratzt und sammelt. Der beste Lack wird im August gewonnen, und zwar aus dem Stamm; der von den Ästen herrührende ist härter und zäher. Er enthält 60–80 Prozent Lack- oder Urushinsäure ($C_{14}H_{18}O_2$), 3–6 Prozent Gummi, 1–3 Prozent Eiweiß, 10–30 Prozent Wasser und eine geringe Menge giftiger, flüchtiger Säure. Infolge des letzteren ist das Sammeln des Lackharzes eine gefährliche Beschäftigung und wird nur von der ärmsten Volksklasse geübt. Das Lackieren selbst ist viel weniger gefährlich und es beschäftigen sich damit zahlreiche Personen. Die Gefährlichkeit dieser Arbeit wird durch den Umstand vermindert, daß diejenigen, die eine heftigere Vergiftung damit durchmachten, eine solche nicht mehr zu befürchten haben.

Die japanische Industrie hütete bis vor kurzem sorgfältig das Geheimnis ihres Lackes vor den Augen der Europäer, und obschon die Holländer mit großem Eifer bestrebt waren, dasselbe zu erfahren, konnten sie doch die Qualität des japanischen Lackes nicht erreichen, der erst neuerdings als Rhus- oder Japanlack auf den europäischen Markt gelangt. In Japan ist seine Verwendung eine sehr allgemeine. Da diese vulkanische Insel kein so vorzügliches Kaolin und solchen Lehm wie das meist aus alten Sedimentformationen aufgebaute benachbarte China besitzt, kamen seine Bewohner schon früh dazu, ihre Gefäße statt aus gebranntem Ton und Porzellan wie die Chinesen aus Holz herzustellen und dieses durch einen Harzüberzug wasser-, feuer- und säuredicht zu machen. Dazu wurde außer dem Harz von Euphorbien und Anacardiazeen vor allem das Harz des Lackbaumes benutzt. Die alten Lackerzeugnisse, unter welchen 600–700jährige Arbeiten vorkommen, sind die besten und widerstandsfähigsten. Echte Lackgefäße werden auch von siedendem Wasser nicht beschädigt; auch Säuren und andere Ätzflüssigkeiten können ihnen nichts anhaben. Nur im Feuer geht der Lack zugrunde, wenn das seinen Grundstoff bildende Holz zu Kohle gebrannt ist. Das damit zu überziehende Holz wird zuerst geglättet, jede Fuge mit Papier oder Werg ausgefüllt und dann mit dünnem Bast oder Hanf überklebt, worauf die aus Ocker und Pappe bestehende Schicht kommt. Auf diese Grundierung werden je nach Art des Objektes und der Feinheit des gewünschten Überzuges 3–30 dünne Lackschichten aufgetragen. In die obere Schicht kommen die Farbstoffe, besonders Zinnober und Goldstaub, und schließlich der Glanzstrich. Die Hauptsache dabei ist, daß die einzelnen Lackschichten gut trocknen, was nicht in trockener, sondern in etwas feuchter Luft geschehen muß, weshalb auch der echte japanische Lack in alter Zeit in feuchten Gruben oder in der Nähe von Wässern auf schwimmenden Kähnen getrocknet und poliert wurde.

Die hochentwickelte japanische Lackindustrie hat nicht nur die Abendländer zur Nachahmung gereizt, sondern auch deren einheimische Firnisverwendung in weitgehendem Maße beeinflußt. Weniger war dies bei der indischen und persischen Lackfabrikation der Fall, die sich seit dem Altertum selbständig entwickelte. Die Produkte derselben stehen nicht auf der Höhe der japanischen Lackarbeiten und haben ein für unseren Geschmack zu buntes Aussehen. Sowohl Muster als Farben sind zweifellos von ihr der einheimischen Schalfabrikation entlehnt, die in diesen Ländern eine uralte einheimische Industrie ist, deren Produkte früher auch von den Damen des Abendlandes, besonders um die Mitte des letzten Jahrhunderts viel mehr als heute geschätzt wurden.

Wie die buntgemusterten Schale und Lackarbeiten ist der aus dem indischen Lacke hergestellte rote Siegellack ebenfalls eine Erfindung und ein Erzeugnis Ostindiens, das aus jenem Lande ums Jahr 1560 durch die Portugiesen nach Europa gebracht wurde und hier als „spanisches Wachs" bald weitere Verbreitung fand. Vorher hatte man hier allgemein auf Wachs — die Babylonier mit ihren hübsch aus Halbedelsteinen geschnittenen Siegelzylindern auch auf weichem, später gebranntem Ton — gesiegelt, und zwar durften bis zur Aufnahme des roten indischen Siegellacks nur Kaiser und Könige in rotem Wachs siegeln. Später wurde bei uns der rote indische Siegellack auf mancherlei Weise nachgeahmt.

Tafel 115.

Allee des kautschukliefernden indischen Feigenbaumes (*Ficus elastica*) im Botanischen Garten von Peradeniya auf Ceylon. Die Bäume sind mit schmalen, hohen Wurzelstützen, sogenannten Tafelwurzeln, zum Schutze gegen das Umgeworfenwerden durch Orkane ausgestattet.

Japanische Bronze- und Lackarbeiter.

Tafel 116.

Altchinesische Fruchtschale in geschnitzter Lackarbeit (Peking-Lack). Aus „Berichte des k. ethnographischen Museums in München 1909".

Durchmesser 45 cm bei 14 cm Höhe. Die dünne Holzwandung ist nach Ausgleichung aller Unebenheiten und Verbindungsnähte durch feines Werg und Papier mit Gaze überzogen; darüber liegt eine Schicht aus einer Mischung von Schmirgel- oder Sandsteinpulver und einem harzigen oder tierischen Bindemittel, die nach vollständiger Trocknung mit einem Polierstein sorgfältig geglättet ist. Auf diese Unterlage, die an kleinen Bruchstellen nachgeprüft werden kann, sind drei Lackschichten aufgetragen, die vom Künstler einzeln bearbeitet wurden. Den Grund bildet eine ledergelbe Schicht, der eine braungrüne Lage folgt, und über beide ist eine zinnoberrote Decke gelegt. Die in diese drei Lackschichten eingeschnittene Ornamentierung zeigt ein in der chines. Kunst gewohnheitsmäßig wiederkehrendes, auch von den Japanern übernommenes Dekorationsmotiv, nämlich den Drachen als symbolisierten Blitz in einer stilisierten Regenwolke.

Während der Lack in Indien außer zu Siegellack besonders zur Gewinnung des roten Farbstoffs benutzt wird, verwenden wir ihn zu den verschiedensten schützenden Überzügen namentlich auf Gegenständen von Holz oder Pappe (*papier mâché*). Der meiste Lack kommt aus den Gangesländern, Siam und Annam zu uns, und zwar ist der Hauptausfuhrhafen dafür Kalkutta.

Von nicht aus solchem indischen Lack hergestellten Firnisüberzügen, die technisch in Europa und allen Kulturländern von Bedeutung sind, ist der wichtigste der aus Zelluloid, d. h. nitrierter, mit einer alkoholischen Lösung von Kampfer und je nach Bedarf auch Farbstoffen und Rizinusöl versetzter Baumwolle oder Seidenpapier hergestellte Zaponlack, den man verwendet, um blanke metallische Flächen, die keiner erheblichen Wärme und keinen starken mechanischen Angriffen ausgesetzt sind, vor der Einwirkung von Luftgasen oder Säuren zu schützen. Außer der Elektrotechnik haben sich auch andere Industrien die Vorteile desselben zunutze gemacht. So ist z. B. heute fast alles Silber zum Schutze gegen Oxydierung in Zaponlack getaucht. Wenn man häufig gebrauchte silberne Geräte einige Zeit nachdem man sie gekauft hat besieht, bemerkt man, daß gewisse gelbliche Stellen des Lackes abgeblättert sind. Das ist eben der infolge des starken Gebrauchs abgegriffene Zaponlack.

XXV.
Die duftenden Pflanzenharze.

Wie sich der Mensch gerne zu festlichen Anlässen mit wohlriechendem Öle salbt und die Kleidungsstücke mit parfümiertem Wasser besprengt, so verwendet er seit Urzeiten gerne zu gottesdienstlichen Handlungen Räucherungen von duftenden Hölzern und Harzen, als deren vornehmstes der Weihrauch sich bis auf unsere aufgeklärte Zeit erhalten hat. Schon im vierten und fünften vorchristlichen Jahrtausend haben die alten Kulturvölker des Morgenlandes ihren Göttern teils in Verbindung mit blutigen oder unblutigen Opfern, teils mit Gebet und Gesang Weihrauch, Myrrhen und Galbanum geopfert, um sie durch den dabei ausströmenden Wohlgeruch zu erfreuen. Nach der Mitteilung des Vaters der Geschichtsforschung Herodot, verbrannten die Chaldäer beim Feste des Bel in Babylon alljährlich für tausend Talente, d. h. 4710000 Mark Weihrauch, und nach Plutarch brachten die Ägypter morgens, mittags und abends der Sonne ein Weihrauchopfer dar. Auch bei den Juden wurden morgens und abends auf dem vor dem Vorhange des Allerheiligsten in der Stiftshütte und später im Tempel stehenden, mit Gold überzogenen Räucheraltar allerlei wohlriechende Spezereien, vor allem auch Weihrauch, verbrannt. Bei den Griechen kam der Gebrauch des Weihrauchs zum Opfer durch Vermittlung der Phönikier etwa im 7. vorchristlichen Jahrhundert auf, bei den Römern erheblich später, in Verbindung mit Weinspenden, während vorher Met oder Milch der Herdentiere dazu gedient hatte. Die Christen betrachteten anfänglich solche Rauchopfer als heidnische Greuel; aber bereits im Verlaufe des 4. Jahrhunderts drangen sie auch in den christlichen Kultus ein, nur verbot man, diese Gott und den Heiligen allein zukommende Ehrung nach römischer Sitte auch den kaiserlichen Bildsäulen zukommen zu lassen.

Der Weihrauch und die anderen beim Verbrennen duftenden Pflanzenharze wurden im heidnischen wie im jüdischen und zuletzt im christlichen Kult in Metallgefäßen verbrannt, die an Ketten getragen und hin und her geschwungen wurden, um die Tempelräume mit Wohlgerüchen zu erfüllen. Solche bronzene Räucherpfannen (lateinisch *turibula incensoria*) wurden mehrfach in Pompeji gefunden und sind schon in altägyptischen Tempeldarstellungen abgebildet. In nichts ist ja der Mensch so konservativ als im Kult. Und damit der Gottheit dargebrachte Rauchopfer lassen sich bis in das früheste Altertum zurückverfolgen. Aus der biblischen Geschichte kennen wir sehr wohl den Wert, der auf solche Räucherharze gelegt wurde, und wissen aus der Weihnachtsgeschichte wie die Weisen aus dem Morgenlande, die dem Sterne nachgegangen waren, bis sie das Jesuskindlein in Bethlehem fanden, anbetend vor ihm niederfielen und ihre Schätze auftaten und ihm Gold, Weihrauch und Myrrhen als das Kostbarste, was es damals gab, schenkten.

Beim altisraelitischen Gottesdienst wurde neben Weihrauch und Myrrhe auch *chelbenah*, was (erhärtete) Milch bedeutet, lateinisch *galbanum*, geopfert, eine Droge, die der berühmte griechische Arzt Hippokrates, der große Aristotelesschüler Theophrastos und andere als *chalbánē* erwähnen. Es ist dies der am Stengel und an der Basis des persischen Doldengewächses *Ferula galbaniflua* freiwillig austretende erhärtete Milchsaft, der in Form von mehr oder weniger verklebten, außen grünlichbraunen Körnern, die oft zu einer gleichartigen Masse vereinigt sind, in den Handel gelangt. Er ist in der Kälte spröde, zwischen den Fingern knetbar, riecht stark aromatisch, schmeckt etwas bitter, terpentinartig und diente früher auch als Arzneimittel, indem man ihm eine gewisse Einwirkung auf das Uterinsystem zuschrieb. Heute wird er bei uns nur noch äußerlich als leicht hautreizendes Pflaster unter der Bezeichnung Mutterharz verwendet. Noch im Mittelalter war er eine nicht unwichtige Droge, die als ein Handelsartikel Venedigs mehrfach erwähnt wird und sich auch unter den Effekten des im Jahre 1360 in England gefangenen Königs Johann von Frankreich befand.

Wichtiger war den alten Kulturvölkern des Morgenlandes die aus Arabien stammende Myrrhe, ein in unregelmäßigen Körnern oder Knollen von Nuß- bis Faustgröße in den Handel gelangendes, gelbliches bis braunes, durchscheinendes Gummiharz verschiedener in Nordostafrika und Südarabien heimischer Terebinthenarten, von denen der echte Myrrhenbaum, *Commiphora* (d. h. Gummierzeuger) *myrrha*, der wichtigste ist. Von dem nur etwa 6–8 m hohen Baum fließt das Myrrhenharz von selbst nach austrocknenden Winden, die die Rinde zum Bersten bringen, nachdem sich das Holz durch vorausgegangene Regen mit Wasser gefüllt hat, aus in Form eines milchig trüben, gelblichen Saftes und erstarrt, allmählich dunkler werdend, zu einer eigentümlich balsamisch riechenden und gewürzhaft bitter schmeckenden Masse, die sich beim Erhitzen aufbläht und einen angenehmen Geruch verbreitet. Die Myrrhe enthält verschiedene ätherische Öle, Gummi und Harz und hat ihren Namen aus dem arabischen *murr*, was bitter bedeutet. Seit den ältesten Zeiten bildete sie neben dem Weihrauch einen wichtigen Bestandteil der Räucherungsmittel und wohlriechenden Salben, die im Orient bei allen gottesdienstlichen Handlungen zur Anwendung gelangten. Der griechische Geschichtschreiber Plutarch berichtet uns, daß die Priester im Tempel der Isis täglich dreimal räucherten, und zwar des Morgens mit Balsam, gegen Mittag mit Myrrhen (*bal*) und am Abend mit *kyphi*, einer Mischung von 16 und mehr verschiedenen Ingredienzen, bei deren Anfertigung auf die Heiligkeit der Zahl vier Rücksicht genommen werden mußte.

Das Kyphi ist ein in den hieroglyphischen Inschriften ungemein häufig erwähntes heiliges Räuchermittel. Das altägyptische Totenbuch nennt verschiedene Bestandteile desselben; außerdem haben uns griechische Schriftsteller so ausführliche Mitteilungen darüber hinterlassen, daß wir die wichtigsten Bestandteile desselben kennen. Allerdings stieg die Zahl der Ingredienzen, die anfänglich nur wenige betrugen, im Lauf der Jahrhunderte auf mehrere Dutzend. Deren Mischung wurde in den Tempeln selbst vorgenommen, und nach Plutarch las man den Salbenreibern und Räuchermittelmischern während ihrer Arbeit aus heiligen Schriften vor, damit ihre Gedanken dabei auf das Göttliche gerichtet seien. Aus den Inschriften an den Tempelwänden und dem Texte der Papyri erfahren wir von der harzigen Ausschwitzung eines nicht näher definierbaren arabischen Baumes aus der Familie der Myrrhenbäume, aus welcher die Salbenreiber der ägyptischen Tempel in besonderen Laboratorien (*asit*) ein Räuchermittel herstellten. Dann wird das Produkt des ebenfalls arabischen Tesepbaumes (vermutlich auch einer Commiphora-Art) häufig in den Kyphirezepten erwähnt, auch fand dessen Gummiharz wie die Myrrhe beim Einbalsamieren der Leichen Verwendung. Die wichtigsten Bestandteile des Kyphi aber waren verschiedene Weihrauch- und Myrrhenarten; daneben gelangte auch Mastixharz zur Anwendung, von dem man zur Zeit der Pharaonen schon drei Sorten, nämlich schwarzes, weißes und rotes unterschied.

Bei den alten Ägyptern dienten Myrrhen auch als Arznei, zum Würzen von Wein und zum Herstellen von wohlriechenden Salben, mit denen bei festlichen Anlässen vor allem das Haupthaar gesalbt wurde. Auf letztere nimmt das älteste uns aus der altägyptischen Literatur erhaltene Gedicht aus dem mittleren Reich (2160–1788 v. Chr.) Bezug, nämlich das „Lied des Harfners“, der den Schmausenden in den Häusern der Reichen während des Mahles vorsang und sie folgendermaßen zum Lebensgenusse aufforderte.

„Folge deinem Wunsch, dieweil du lebst,

Lege Myrrhen auf dein Haupt,

Kleide dich in feines Linnen

Getränkt mit köstlichen Wohlgerüchen,

Den echten Dingen der Götter.

Vermehre deine Wonne noch mehr,

Laß dein Herz nicht müde sein,

Folge deinem Wunsch und deinem Vergnügen

Und schaffe dir ein Schicksal auf Erden

Nach den Wünschen deines Herzens,
Bis jener Tag der Trauer zu dir kommt;
Denn Osiris erhört ihr Schreien nicht,
Und keinen Menschen ruft die Totenklage aus dem Grabe zurück.
Feiere den frohen Tag und ruhe nicht an ihm!
Denn siehe, niemand nimmt seine Güter mit sich,
Und noch keiner kehrte zurück, der dorthin gegangen ist."

Auch bei den Juden im Alten Testamente ist viel von Myrrhen zu gottesdienstlichen Räucherungen und als profanes Duftmittel bei festlichen Anlässen die Rede. Was alles an solchen Wohlgerüchen damals bekannt war, zählt uns der um 800 v. Chr. lebende Dichter des Hohen Liedes auf, wenn er in Kap. 4, 13 von der Geliebten sagt, ihr Körper dufte „wie Zypern mit Narden, Narden mit Safran, Kalmus und Kinnamom (Zimt), mit allerlei Bäumen des Weihrauchs, Myrrhen und Aloē (dem zu Räucherungen verwandten wohlriechenden Aloeholz), mit allen besten Würzen". Und in Kap. 5, 5: „Meine Hände troffen von Myrrhen(-salbe) und Myrrhen liefen über meine Finger." In Kap. 3, 10 spricht er zur Geliebten: „Der Geruch deiner Salben übertrifft alle Gewürze."

Von den Ägyptern und Vorderasiaten gelangte der Gebrauch der Myrrhe als gottesdienstliches Räucherwerk und Parfüm bei festlichen Anlässen zu den Griechen und Römern, die sie in ähnlicher Weise wie die Ägypter anwandten. Als geschätztes Heilmittel empfehlen sie die römischen Ärzte Scribonius Largus und Alexander Trallianus (im 6. Jahrhundert n. Chr.). Cornelius Celsus spricht von einer schwarzen, bei Augenkrankheiten angewandten Myrrhe. Auch im Dispensatorium des Valerius Cordus wird die Myrrhe angeführt. Die heilige Hildegard nennt im 12. Jahrhundert *mirrha* und empfiehlt sie gegen allerlei Erkrankungen. So hat sich die Myrrhe als geschätztes Heilmittel, wenn auch nicht als Räucherwerk, bis auf unsere Tage auch im Abendlande im Gebrauch erhalten.

Noch viel wichtiger als die Myrrhe war als Räuchermittel bei allen gottesdienstlichen Handlungen der Orientalen der Weihrauch, von welchem die Alten, wie auch von der Myrrhe, verschiedene, größtenteils nach den Orten der Herkunft benannte Arten unterschieden. Ihre Erzeuger sind verschiedene Boswellia-Arten, von denen *Boswellia carteri*, der echte Weihrauchbaum, von den Altägyptern *anti* genannt, der wichtigste war. Die Weihrauchbäume sind, wie die Myrrhenbäume, in Nordostafrika nahe dem Kap Guardafui und auf einem beschränkten Saum der mittleren, als Hadramaut bezeichneten Südostküste Arabiens heimisch. In deren Stämme werden zu Ende Februar oder Anfang März und dann noch zweimal jeweilen innerhalb Monatsfrist von den Eingeborenen tiefe Einschnitte gemacht, aus denen ein milchweißer Saft reichlich ausfließt, nach einiger Zeit erstarrt er zu gelben Körnern, die dann von den Stämmen abgelöst oder am Boden aufgelesen werden. Sie schmecken aromatisch, etwas bitter, erweichen im Mund und geben, auf glühende Kohlen gestreut, einen angenehmen balsamischen Geruch von sich. Wie dieser Geruch den Menschen angenehm war, so dachte man sich, werde er auch die Götter erfreuen. So verbrannte man schon im ältesten Ägypten zu Ehren der Himmlischen den Weihrauch (*anti*), den man als eine der größten Kostbarkeiten mit der Myrrhe und den Gewürzen Indiens aus dem südlichen Arabien bezog. Wegen dieser aufs höchste geschätzten Produkte wurde jenes Land von allen weiter westwärts wohnenden Völkern, denen es dieselben übermittelte, stark beneidet und glücklich gepriesen. Das Land Jemen in der Südwestecke Arabiens war ihnen das „Glückliche Arabien". Hier bestand in frühest nachweisbarer Zeit schon in der ersten Hälfte des zweiten vorchristlichen Jahrtausends das Reich von Machīn, das dann später von demjenigen von Saba vernichtet und abgelöst wurde. Von den Sabäern berichtet der griechische Geschichtschreiber Diodoros aus Sizilien, daher Siculus genannt, der zur Zeit Cäsars und Augustus' in 40 Büchern die bis zum Jahre 60 v. Chr. reichende Geschichte fast aller damals bekannten Völker schrieb: „Die Sabäer wohnen im Glücklichen Arabien, haben zahmes Vieh in unermeßlicher Menge und so viel Balsam, Kassia, Zimt, Kalmus, Weihrauch, Myrrhen, Palmen und andere wohlriechende Gewächse, daß das ganze Land von einem wahrhaft göttlichen Wohlgeruch durchzogen ist, den selbst die Seefahrer aus beträchtlicher Entfernung wahrnehmen; es ist ihnen dann zumute, als röchen sie die fabelhafte Ambrosia."

Der um 25 n. Chr. gestorbene griechische Geograph Strabon berichtet auf Grund eigener Anschauung auf Reisen und des Studiums älterer Geographen in seiner 17 Bücher umfassenden Geographika: „Im Lande der Sabäer, dem gesegnetsten Arabiens, wächst Myrrhe, Weihrauch, Zimt und Balsam. Sie holen auch Gewürze aus dem Negerlande, wohin sie mit ledernen Kähnen fahren. Ihr Vorrat an dergleichen Herrlichkeiten ist so groß, daß sie Zimt, Kassia und dergleichen wie Brennholz verbrennen und die reichsten von ihnen, die Gerrhäer, alle Geräte im Hause wie Ruhebetten, Dreifüße, Milchtöpfe, Teller usw. von Gold und Silber, und auch die Türen, Wände, Decken mit Elfenbein, Gold, Silber und Edelsteinen geziert haben."

Der griechische Philosoph Theophrast, Schüler des Aristoteles, schreibt in seiner Pflanzengeschichte schon im 4. Jahrhundert v. Chr.: „Weihrauch (*líbanos*), Myrrhe (*smýrnē*) und Balsam (*bálsamon*) kommen aus Arabien und werden durch Einschnitte gewonnen oder quellen von selbst aus den Bäumen hervor, die teils auf dem Gebirge wild wachsen, teils auf eigenen

Feldern am Fuß der Gebirge kultiviert werden. Der Weihrauchbaum soll nur etwa fünf Ellen hoch und sehr ästig sein. Seine Blätter sollen denjenigen des Birnbaums ähnlich, nur viel kleiner und sehr grün sein; die Rinde soll glatt wie beim Lorbeer sein. Der Myrrhenbaum ist noch kleiner, strauchartiger, der Stamm soll hart, an der Erde hin und her gebogen und dicker als ein Unterschenkel sein. Andere beschreiben diese Bäume anders. Seefahrer, welche das Gebirge gesehen haben, berichten, die Bäume seien dort durch Einschnitte verwundet, die Tropfen fielen teils herab, teils blieben sie am Baume kleben. Man breite aus Baumblättern geflochtene Matten darunter, oder stampfe den Boden fest. Der von den Matten stammende Weihrauch und die Myrrhe seien klar und durchscheinend, die vom Erdboden aufgelesenen weniger, und die von den Bäumen geschabten seien durch Rindenstücke verunreinigt.

Auf dem Gebirge der Sabäer fanden die Seefahrer keine Wächter, weil dort kein Einwohner dem andern stiehlt. Diesen Zustand benutzten die Fremden, sammelten große Massen dieser Stoffe und fuhren damit weg. Übrigens hörten sie, daß die Sabäer ihren Weihrauch und ihre Myrrhe in den Sonnentempel bringen, der von bewaffneten Wächtern beschützt wird. Dort tut ein jeder seine Ware auf einen Haufen und legt auf diesen ein Täfelchen, worauf der Preis angegeben ist. Kommen nun die Kaufleute, so sehen sie nur nach den Täfelchen. Billigen sie den Preis, so nehmen sie die Ware und legen das Geld hin.

Die Stücke Weihrauch, die in den Handel kommen, sind sehr verschieden und manche wohl so groß, daß sie die Hand füllen können. Von der Myrrhe hat man eine Sorte von natürlichen Tropfen, eine andere in künstlich gestalteten Stücken." Der griechische Schriftsteller Flavius Arrianus (um 100 n. Chr. zu Nikomedia in Bithynien geboren, ward 136 unter Hadrian Präfekt von Kappadokien und starb unter Marcus Aurelius) berichtet in der Geschichte der Feldzüge Alexanders des Großen nach den besten Quellen: „Als Alexander in die Wüste der Gedrosier (jetzt Mekrân in Beludschistan) kam, standen dort viele ungewöhnlich große Myrrhenbäume, die noch niemand ausgebeutet hatte. Die phönikischen Kaufleute, die dem Heere folgten, führten ganze Ladungen von Myrrhe weg." Und Plinius endlich sagt in seiner Naturgeschichte über dieses Pflanzenprodukt: „Die Myrrhe (*myrrha*) wächst an mehreren Stellen Arabiens, namentlich da, wo der Weihrauch wächst. Auch kommt eine geschätzte Sorte von Inseln, und die Sabäer holen sogar Myrrhen jenseits des Meeres bei den Troglodyten. Die Bäume sind dornig, wachsen teils wild, teils absichtlich gepflanzt; aus ihnen schwitzt die Myrrhe, kommt in Beutel gepackt zu uns, und die Salbenhändler sortieren sie dann nach dem Geruch und der Fettigkeit. Auch Indien liefert eine Myrrhensorte, aber eine schlechte."

Endlich schreibt der griechisch-ägyptische Großkaufmann Kosmas Indikopleustes (d. h. der Indienfahrer), ein Zeitgenosse des oströmischen Kaisers Justinian I. (483–565 n. Chr.), der mit seinem Freunde und Kollegen Menas von Alexandrien — beide gingen im höheren Alter ins Kloster — eine Reise nach Ostafrika und Indien machte: „Das Land, welches den Weihrauch hervorbringt, ist an der Südgrenze von Äthiopien gelegen, im Innern des Kontinents; aber der Okeanos reicht noch darüber hinaus. Daher ziehen die benachbarten Bewohner Barbarias nach dem Hochland, und im Handelsverkehr führen sie von dort die meisten Spezereien aus. Weihrauch, Kassia, Kalmus und vieles andere, und sie schaffen es auf dem Seewege nach Adule (dem heutigen Zeila in Massaua) und Glücklich-Arabien, nach Indien und Persien. Schon im Altertum pflegte das zu geschehen; denn die Königin von Saba, welche Christus die Königin von Mittag nennt, brachte Wohlgerüche und Kostbarkeiten zu Salomo, welche auf der afrikanischen Ostküste heimisch sind, ferner Ebenholz, Affen und Gold aus Äthiopien, da sie Äthiopien benachbart jenseits des Roten Meeres wohnte." Hier erweist sich allerdings der biedere Religiöse (denn er schrieb seinen Reisebericht erst als Mönch) nicht als völlig bibelfest, da er die Geschenke der Königin von Saba mit den Produkten zusammenwirft, die Salomo auf seinen wiederholt ausgeführten Expeditionen nach Ophir (im jetzigen Rhodesia) holen ließ. Später haben dann erst wieder arabische Geographen vom Weihrauchlande aus eigener Anschauung Zuverlässiges zu berichten gewußt.

Sehr groß war der Verbrauch des Weihrauchs zu gottesdienstlichen Räucherungen schon im alten Ägypten. Dabei wurden daselbst wie bei der Myrrhe verschiedene Sorten unterschieden, die je nach der Gottheit, der die Räucherung galt, verschieden gewählt wurden. So führt eine Inschrift des Tempellaboratoriums in Edfu aus der Zeit der Ptolemäer 14 Sorten Anti-Harz (Weihrauch) neben 8 Sorten Ab-Harz (eine Abart der Myrrhe) auf. Von den 14 Anti-Harzsorten bildeten 11 die erste und 3 die zweite Qualität. Alle hatten besondere Namen und sollten aus den Augen der betreffenden Gottheit, der sie geweiht waren, herausfließen. An den Festen der Gottheit, der sie entsprungen sein sollten und der sie deshalb geweiht waren, wurde nur die betreffende Sorte, und zwar in gewaltigen Mengen verbraucht. So steht im Osiristempel in Dendera geschrieben, man solle am Osirisfeste im Monat Choiak besonders mit der zweiten Sorte der ersten Qualität die Räucherbecken füllen; denn es heißt: „Es entsteht aus dem Auge des Osiris ein Anti-Harz in Wahrheit, herauskommend aus dem linken Auge; seine Farbe ist rötlich."

In Nachahmung dieser ägyptischen Sitte benutzten auch die alten Juden nach ihrem Auszuge aus Ägypten den Weihrauch zu ihren gottesdienstlichen Räucherungen, wie schon im 2. Buch Mose 30, 34 u. f. zu lesen ist. „Und der Herr (Jahve) sprach zu Mose (am Sinai um 1280 v. Chr.): Nimm zu dir

Spezerei, Balsam, Bdellium, Galbanum und reinen Weihrauch, von einem so viel als vom andern, und mache Räucherwerk daraus, nach der Apothekerkunst gemengt, daß es rein und heilig sei. Und sollst desselben tun vor das Zeugnis (nämlich die Bundeslade) in der Stiftshütte, wo ich mich dir offenbaren werde. Das soll euch das Allerheiligste sein. Und desgleichen Räucherwerk sollt ihr euch nicht machen, sondern es soll dir heilig sein dem Herrn. Wer ein solches machen wird, daß er damit räuchere, der soll ausgerottet werden von seinem Volke."

Infolge seiner überaus großen Wertschätzung und vollkommenen Unentbehrlichkeit bei den gottesdienstlichen Funktionen nicht nur bei den Ägyptern, sondern auch bei den Kulturvölkern Vorderasiens und am Mittelmeer war der Handel mit Weihrauch noch viel mehr als derjenige mit Myrrhe ein sehr wichtiger Faktor und brachte den Völkern, die sich mit seiner Erzeugung und seinem Transport abgaben, reichen Gewinn. Ja, man kann sagen, daß kaum ein anderes Pflanzenerzeugnis im Altertum einen derartigen Einfluß auf das Wirtschaftsleben und die ganze Kulturentwicklung der beteiligten Völker ausgeübt hat, wie die wohlriechenden Gummiharze Weihrauch und Myrrhe. Welchen Reichtum er den Völkern Glücklich-Arabiens brachte, haben wir bereits gesehen. Allerdings ist die Menge von Gold, die sie besaßen, im Lande selbst gewonnen worden. Dann aber brachte ihnen der Zwischenhandel mit den indischen und ostafrikanischen Waren reichen Gewinn. Wie uns griechische und römische Schriftsteller berichten, muß einst im südlichen Teil des Roten Meeres ein großer Verkehr von Handelsschiffen bestanden haben, die Waren aus Indien und Ostafrika holten. So sagt uns Arrians Bericht über die Umschiffung des Roten Meeres (*Periplus maris erythraei*) aus dem 2. Jahrhundert n. Chr., daß die Einwohner Glücklich-Arabiens aus Makrolus an der Küste Ostafrikas Weihrauch, Myrrhe, Kankamon (ein der Myrrhe ähnliches Gummiharz) und anderes Räucherwerk, von anderen Häfen derselben Küste aber Elfenbein, Hörner des Nashorns, Schildplatt und Sklaven bezogen, aus Indien aber erhielten sie Reis, Sesamöl, Zucker („*sacchari*"), Pfeffer, Baumwollgewebe, Seidenstoffe, Indigo, das ingwerartige Gewürz und Heilmittel Costus, Zimtkassia, Narde und Nardensalbe, das wohlriechende, ebenfalls zu Räucherungen dienende Gummiharz Bdellium, Onyx und andere Edelsteine, murrhinische Gefäße und Stahlwaren.

Von Südarabien aus wurden diese Produkte auf dem Landwege weiter expediert. Die Hauptkarawanenstraße dafür, die berühmte Weihrauchstraße des Altertums, führte zunächst nach Syrien, wo sie sich teilte, um einerseits nordostwärts nach Babylonien und südwestwärts nach Ägypten abzuzweigen. Sie verödete erst als zu Beginn der römischen Kaiserherrschaft die unternehmenden ägyptischen Kaufleute regelmäßig mit ihren Schiffen in den südarabischen Häfen erschienen und die verschiedenen stark begehrten

Handelsartikel an Ort und Stelle kauften. Die Folge davon war, daß die am Karawanenhandel beteiligten Stämme, ihres früheren reichen Verdienstes beraubt, teilweise nach Nordarabien auswanderten und sich dort fruchtbarere neue Niederlassungen erkämpften, oder als Söldner in die Dienste der Parther und Römer traten. Diese semitischen Stämme aus Südarabien werden im Alten Testament als Ismaeliten bezeichnet, d. h. als Nachkommen Ismaels, des Sohnes Abrahams und seiner Nebenfrau Hagar, die später von ihrem Manne samt dem Sohne verstoßen und in die Wüste geschickt wurde. Es sei beispielsweise nur an den Bericht in 1. Mose 37, 25 erinnert, in welchem die Söhne Jakobs hinter dem Rücken des Vaters ihren jüngsten Bruder Joseph an eine nach Ägypten ziehende Karawane verkauften: „Und sahen einen Haufen Ismaeliten kommen aus Gilead (dem Ostjordanland) mit ihren Kamelen, die trugen Würze, Balsam und Myrrhe und zogen hinab nach Ägypten."

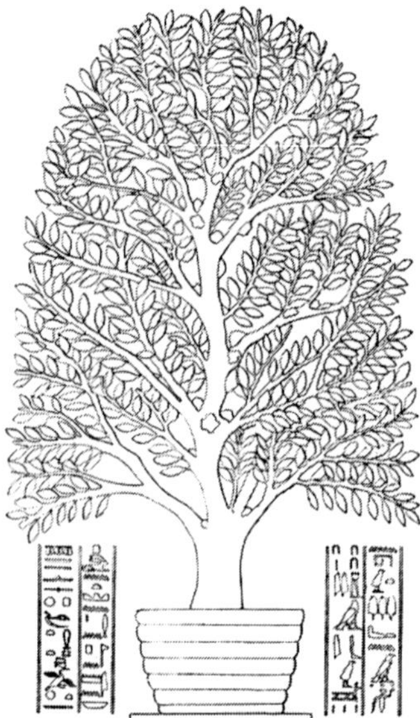

Bild 68. Darstellung eines Weihrauchbaums im Grabtempel der Königin Hatschepsut in Der el Bahri. (Nach Dümichen.)
Die Inschrift lautet: „Grünende Weihrauchbäume 31 Stück, herbeigeführt unter den Kostbarkeiten des Landes Punt für die Majestät des Gottes Amon, des Herrn der irdischen Throne. Niemals ist Ähnliches gesehen worden seit Erschaffung des Weltalls."

Dieser Handelsverkehr der Sabäer und Minäer, wie die Angehörigen des älteren Reiches von Machīn von den griechisch-römischen Schriftstellern bezeichnet werden, reicht in sehr hohes Altertum zurück. So bezogen schon die Ägypter der ältesten Dynastien Weihrauch, Myrrhe und die übrigen für ihre Gottesdienste gebrauchten Räucherharze von ihnen. Außerdem aber haben je und je mächtige Herrscher des Pharaonenlandes eigene Expeditionen zu Schiff nach Südarabien ausgesandt, um diese kostbaren und wichtigen Produkte in größeren Mengen zu holen. Das Land, das diese heiligen Gummiharze hervorbrachte, hieß bei den alten Ägyptern *taneter*, d. h. Gottesland. Es galt ihnen als die Heimat ihrer Götter, die nach allgemeinem Glauben einst dort wohnten und von dort her nach dem Niltal gelangt sein sollten. Die in den Inschriften gebräuchliche geographische Bezeichnung für dieses Land ist *Punt* (eigentlich *Pun*, da das *t* am Schlusse nur der weibliche Artikel ist; da aber dieser Name einmal eingeführt ist, so behalten wir ihn bei). Es umfaßte außer Südarabien die gegenüberliegende Küste von Afrika und wurde schon sehr früh von den Ägyptern selbst aufgesucht. Schon vor dem Jahre 3000 v. Chr., zur Zeit der Könige der 1. und 2. Dynastie, die sich als Grabstätten Pyramiden aus an der Sonne getrockneten Lehmziegeln errichteten, sandten die machtvollen Herrscher des Niltals, die in Memphis in Unterägypten residierten, ihre Schiffe, wie nach Syrien, um als wertvolles Bauholz für das holzarme Land Zedernstämme von den Abhängen des Libanon und andere Güter zu holen, so nach dem Lande Punt, um die wohlriechenden Harze, die man zum Räuchern und zu den im Leben des Orientalen so wichtigen Salben und Schminken brauchte, auf direktem Wege zu beschaffen. Genauere Nachrichten über solche Expeditionen erhalten wir durch die Denkmäler erst aus der Zeit des Königs Sahurê der 5. Dynastie, der von 2743 bis 2731 v. Chr. herrschte, und die sich bereits unter König Snofru (2930–2906) zu entwickeln beginnende älteste ägyptische Seemacht mächtig förderte. Wir erfahren von ihm, daß er eigene Schiffe nach Punt sandte, die 80000 Maß Weihrauch (*anti*), 6000 Gewichte Elektron (eine Legierung aus Gold und Silber) und 2600 Stäbe einer kostbaren Holzart, vielleicht Ebenholz, nach der Hauptstadt Memphis brachten. Kürzlich entdeckte Reliefs aus seinem Pyramidentempel schildern die Heimkehr dieser Flotte und diejenige einer anderen, die aus Phönikien mit semitischen Gefangenen und einheimischen Matrosen anlangte. Es ist dies die älteste Darstellung seetüchtiger Fahrzeuge und syrischer Semiten, die wir besitzen.

Während der 6. Dynastie (2625–2475 v. Chr.) waren die Gaufürsten von Elephantine die Erforscher der südlich und östlich von Ägypten gelegenen Länder und führen in ihren Grabinschriften den Titel „Karawanenführer, der seinem Herrn die Erzeugnisse der Fremdländer überbringt". Einer derselben, namens Harchuf, brachte dem König Phiops II. einen Zwerg aus dem Lande Punt mit, wofür er von jenem einen Anerkennungsbrief erhielt, auf den er so stolz war, daß er ihn auf der Vorderseite seines Grabes bei Assuan einmeißeln ließ als ein Zeichen der großen Gunst, die er beim Könige genoß. Von einer größeren Expedition nach dem Lande Punt erfahren wir erst wieder während der 18. Dynastie. Veranlaßt wurde sie von der energischen Tochter und Erbin Thutmosis I., Hatschepsut, die mit ihrem

Halbbruder Thutmosis II. verheiratet war und nach dessen Tode von 1516–1481 v. Chr. selbständig regierte. Um die oberste der drei Terrassen ihres Grabtempels in Der el Bahri westlich von Theben mit den Bäumen, die den Weihrauch, das heilige *anti*, hervorbrachten, zu schmücken, entsandte sie eine Expedition nach dem Gotteslande Punt, deren Einzelheiten sie in Inschriften und äußerst lebendigen szenischen Darstellungen an den Wänden eben jener Tempelhalle schildern ließ. Im neunten Jahre ihrer Regierung lief die aus fünf großen Seeschiffen bestehende Flotte durch einen Kanal im östlichen Delta ins Rote Meer aus und fuhr südwärts nach dem Lande Punt. Dort angekommen, wurde der ägyptische Admiral vom Fürsten Parihu, seiner Frau Ati, zwei Söhnen und einer Tochter aufs freundlichste aufgenommen. Nach dem Austausch der üblichen Geschenke und der Aufstellung der mitgebrachten Statuen der Königin und der beiden Hauptgötter Ägyptens, Amon und Ra, wurden die gewünschten Produkte des Landes Punt gegen die von zu Hause mitgebrachten Waren getauscht. Eine Darstellung mit der erklärenden Inschrift „Belasten der Transportschiffe“ zeigt uns das Einladen der Waren mit allen Details. Wir sehen darauf, wie ägyptische Matrosen bemüht sind, drei in Kübeln gepflanzte, blattlos gezeichnete, starkstämmige, knorrige Bäume, die ausdrücklich als *anti*, d. h. Weihrauchbäume, bezeichnet werden,[2] die Landungsbrücke hinauf auf das Verdeck des Schiffes zu tragen, wo bereits fünf andere solche Weihrauchbäume zwischen den aufgestapelten Schätzen sichtbar sind.

Die sechszeilige, hieroglyphische Inschrift erklärt den Vorgang in folgender Weise: „Das Belasten der Transportschiffe mit einer großen Menge von herrlichen Produkten Arabiens, mit allen kostbaren Hölzern des heiligen Landes, mit Haufen von Weihrauchharz, mit grünenden Weihrauchbäumen, mit Ebenholz, mit reinem Elfenbein, mit Gold und Silber aus dem Lande Amu, mit dem wohlriechenden Tesepholze, mit Kassiarinde (Zimtkassia), mit Ahamweihrauch (vom Balsambaum), mit Mestemschminke, mit Anäuaffen (*Cynocephalus hamadryas*), Kophaffen (*Cynocephalus babuinus*) und Tesemtieren, mit Fellen von Leoparden des Südens, mit Frauen und ihren Kindern. Niemals ist gemacht worden ein Transport gleich diesem von irgend einer Königin seit Erschaffung des Weltalls.“

Wie werden die Einwohner Thebens gestaunt haben, als diese seltsamen Dinge alle vom ägyptischen Befehlshaber „Ihrer Majestät“ überbracht wurden! Die Weihrauchbäume aber ließ sie, 31 an der Zahl, auf der obersten Terrasse ihres schönen Totentempels dem Gotte Amon zu Ehren aufstellen und rühmt sich in der Inschrift: „Ich habe ihm ein Punt gemacht in seinem Garten, wie er mir befohlen hatte..., es ist groß genug für ihn, um sich darin zu ergehen.“ Neuerdings hat man hinter diesem ihrem Totentempel, in welchem ihr und ihrem Vater der übliche Totendienst abgehalten wurde, ihr und nicht weit davon ihres Vaters Grab gefunden.

Die Beziehungen zum Lande Punt blieben auch unter ihren Nachfolgern der 18. und 19. Dynastie erhalten und öfter melden uns die Inschriften an den Tempelwänden von Expeditionen dahin. So lieferte der Handel mit Punt Thutmosis III., der 54 Jahre, und zwar wie astronomisch bestimmt wurde, vom 3. Mai 1501 bis zum 17. März 1447 v. Chr. regierte, regelmäßige und reiche Einkünfte. Auch Haremheb, der von 1350–1315 über Ägypten herrschende Begründer der 19. Dynastie, entsandte nach einer urkundlichen Inschrift an den Wänden seiner Grabkammer eine erfolgreiche Expedition nach Punt. Dies wiederholten seine großen Nachfolger, vor allen Sethos I. (1313–1292)

und Ramses II. (1292–1225 v. Chr.). Besonders unter letzterem muß ein reger Schiffsverkehr nicht nur im östlichen Mittelmeer, sondern auch durch den Süßwasserkanal der Landenge von Suez nach den Küsten des Roten Meeres stattgefunden haben. Aber nicht nur jene machtvollen Könige, sondern auch die reichen Priesterschaften der großen Tempel des Amon, Ra und Ptah besonders in der Reichshauptstadt Theben besaßen ihre eigenen Flotten auf dem Mittelmeer und im Roten Meere, welche, wie die Inschriften melden, „die Erzeugnisse von Phönikien, Syrien und Punt in die Schatzkammern des Gottes lieferten“. Es muß also damals die Schiffahrt in Ägypten in größerem Maßstab als je zuvor betrieben worden sein.

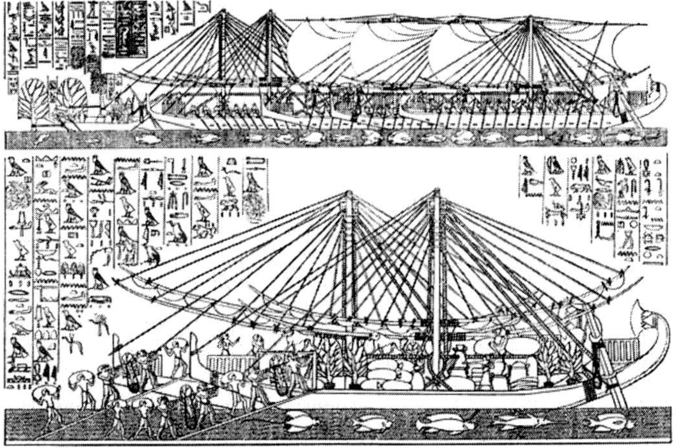

Bild 69 u. 70. Die Weihrauchexpedition der Königin Hatschepsut. Oben: Ankunft der Flotte im Lande Punt. Die Schiffe sind an am Ufer stehende Bäume gebunden worden. Unten: Die Schiffe werden mit Weihrauchbäumen, Weihrauch in Säcken, Affen und anderen Schätzen des Landes beladen. (Nach Dümichen.)

Später hat dann der dritte König von Israel, Salomo (993–953), unter dem die jüdische Königsmacht ihren höchsten äußeren Glanz erreichte, wohl in Nachahmung der ägyptischen Herrscher, ebenfalls eine Handelsexpedition nach Punt und darüber hinaus nach dem Goldlande Ophir, das wir neuesten Feststellungen zufolge in Rhodesia zu suchen haben, entsandt. Die von ihm in Ezeon-Geber im Lande der Edomiter am Ufer des Schilfmeeres erbauten Schiffe bemannte er mit der Schiffahrt kundigen Knechten des phönikischen Königs Hiram von Tyrus, seines Bundesgenossen. Jene Expedition brachte dem Salomo 420 Zentner Gold, und da sie sich so überaus rentabel erwies, ließ er sie mehrfach wiederholen. So heißt es in 1. Könige 26–28, wo ausführlich darüber berichtet wird: „Die Schiffe Salomos aber kamen in dreien Jahren einmal und brachten Gold, Silber, Elfenbein, Affen und Pfauen“ — letztere von indischen Kaufleuten eingetauscht. Auch die Königin von Saba „aus dem Lande Reich-Arabien“ — wahrscheinlich die Königin Bilkis der sabatäischen Inschriften — kam, wie in 1. Könige 10, 2 zu lesen ist, „gen Jerusalem mit sehr viel Volk mit Kamelen, die Spezerei trugen und viel Goldes und Edelgestein“. Es sind dies dieselben Dinge, die bis dahin die Minäer aus dem Lande Punt nach Ägypten und Syrien verhandelt hatten. Später ließ dann auch der ägyptische König Nekau der 26. Dynastie — der Pharao Necho der Bibel (612–596 v. Chr.) —, dessen Schiffe im Mittelmeere und im Roten Meere fuhren, und der den Kanal von Bubastis nach Suez wollte erneuern lassen, von ihm dienstbaren phönikischen Schiffsleuten ganz Afrika umfahren. Jedenfalls sind jene damals auch in das Innere, nach Rhodesia, gelangt, wo man in den Ruinen von Simbabwe allerlei phönikische und ägyptische Altertümer fand. Das war die letzte Umseglung Afrikas, von der wir wissen, vor derjenigen Vasco da Gamas im Jahre 1497; denn die um 460 v. Chr. unternommene Afrikafahrt des karthagisch-punischen Admirals Hanno die Westküste Afrikas entlang, wobei er die ersten Gorillas zu Gesicht bekam, endete vor der Umschiffung des Kaps der Guten Hoffnung.

Tafel 117.

Blick zum Terrassentempel der Königin Hatschepsut in der Gräberstadt Der el Bahri westlich von Theben, in welchem die im Text abgebildete und beschriebene Expedition nach dem Lande Punt zur Erlangung von Weihrauchbäumen dargestellt ist.

Ein Weihrauchbaum (*Boswellia carteri*) auf den Kalkbergen von Fartak in Südarabien. (Nach einer in der Sammlung des Bot. Instituts der Universität Wien befindlichen Photogr. von Prof. *Dr.* O. Simony.)

Tafel 118.

Ernte von Orangenblüten auf den Feldern der Parfümerie B. Court in Grasse.

Jasminernte der Parfümeriefabrik B. Court in Grasse.

Was den Schiffsverkehr der Ägypter nach Südarabien, dem Lande des Weihrauchs, anbetrifft, so war er wieder besonders lebhaft zur Ptolemäerzeit. Aber auch damals tat er den Handelsbeziehungen der Sabäer zum Norden keinen bedeutenden Eintrag. Nach wie vor blieben diese letzteren, wie uns eine Inschrift aus der Ptolemäerzeit beweist, die Weihrauchlieferanten aller großen Tempel Ägyptens. Der Reichtum der Sabäer war immer noch weltberühmt und ihre Unbezwingbarkeit bewährte sich selbst gegenüber dem Feldherrn des römischen Kaisers Augustus, der nach anfänglichen

Erfolgen von dem uneinnehmbaren Marib abziehen mußte. Noch heute zeugen die gewaltigen Ruinen, die 20 Stockwerke hohe Burg Gomdān in Sanaa, der Tempel von Marib, dessen 9,5 m hohe Mauern ellipsenförmig um eine natürliche Bodenerhöhung verlaufen und die große Talsperre von Marib, deren Bersten die Araber mit dem Untergange der Sabäermacht in Zusammenhang brachten, von der einstigen hohen Kultur jenes Reiches, das außer durch seine eigenen Produkte, vor allem Weihrauch und Myrrhe, durch seine Lage auf dem Wege von Indien nach Ägypten und den Ländern am Mittelmeer zum Handelsstaate prädestiniert war. Sein Machtbereich erstreckte sich bis nach Gaza am Mittelländischen Meere und überall dem Handelswege entlang besaß es befestigte Niederlassungen als Ablagen für den Handelsverkehr und Stützpunkte seiner Macht. Aus spätsabäischer Zeit sind Gold-, Silber- und Kupfermünzen der Herrscher, die zugleich oberste Priester ihres Volkes waren, auf uns gekommen. Sie bekunden eine starke Abhängigkeit von griechischen, später von römischen Vorbildern und zeigen uns die Könige zuerst in altarabischer Haartracht mit frei herabhängendem, langem Haar, später in geringelten, langen Strähnen und zuletzt im kurzen Haar der römischen Imperatoren.

Wie bei den Ägyptern war auch bei den Vorderasiaten, namentlich den Babyloniern, der Weihrauch ein bei den Gottesdiensten zu Räucherungen viel gebrauchter Handelsartikel. Herodot berichtet uns im 5. Jahrhundert v. Chr., daß die Araber alljährlich dem Perserkönige Dareios (um 500 v. Chr.) einen Tribut von tausend Talenten (= 26200 kg) Weihrauch abliefern mußten. Derselbe Autor sagt, daß die Weihrauchbäume in Arabien von vielen kleinen, geflügelten Schlangen bewacht werden. Wollen nun die Leute den Weihrauch holen, so müssen sie erst Styrax (griech. *stýrax*, der aus Stamm und Ästen des in Syrien und Arabien wachsenden Styraxbaumes, *Styrax officinalis*, gewonnene, zähflüssige, graubraune, aromatisch riechende Balsam) anbrennen, um die gefährlichen Tiere durch den Dampf zu vertreiben.

Welche Rolle dieses Räuchermittel auch bei den Juden spielte, ist uns aus dem Alten Testament genugsam bekannt. Den Propheten des Alten Bundes ist das um seiner kostbaren, wohlriechenden Harze wegen viel beneidete Glücklich-Arabien, das Land der Sabäer, der Inbegriff des Reichtums. So begreifen wir, daß Jesaias, der seit 740 v. Chr. in Jerusalem wirkte, da er seinem Volke alle Herrlichkeiten der Erde versprach, wenn es Jahve die Treue halte und ihm allein diene, ihm (in Kap. 60, Vers 6) verhieß: „Dann wird die Macht der Heiden zu dir kommen und die Menge der Kamele wird dich bedecken; sie werden aus Saba alle kommen und Gold und Weihrauch bringen und des Herrn Lob verkündigen.“ Und im Neuen Testament hat die sinnige, die Geburt des Heilandes mit den verschiedensten außergewöhnlichen Begebenheiten ausschmückende Sage als Beweis der besonderen Verehrung des Jesuskindleins die uns allen von Jugend auf bekannte Geschichte von den Weisen (eigentlich Magiern) aus dem Morgenlande erdichtet, die dem Sterne nach Bethlehem folgten, um das Kind anzubeten. Und das Kostbarste, was jene Zeit sich erdenken konnte, brachten sie dem Kindlein dar; so heißt es Matthäus 2, 16: „und sie taten ihre Schätze auf und schenkten ihm Gold, Weihrauch und Myrrhen".

Von den seefahrenden Phönikiern lernten die Griechen den Weihrauch und seine gottesdienstliche und profane Verwendung als Räuchermittel namentlich bei Begräbnissen und als Arzneimittel kennen. Das beweist schon die Übernahme der semitischen Bezeichnung desselben *lebonah*, d. h. weiß, in die griechische Sprache als *líbanos*, woraus dann später die Römer, als sie diese Droge von den süditalischen Griechen kennen lernten, *olibanum* machten. Später benutzten die Griechen auch die aus dem griechischen *thýein* opfern gebildete Bezeichnung *thýos*, woraus das lateinische *thus* für Weihrauch wurde. Auch den Griechen war, wie den Ägyptern und Vorderasiaten, der Weihrauch so sehr der Inbegriff alles Herrlichen, daß der Dichter Pindar (522–442 v. Chr.), der erhabenste Lyriker seines Volkes, in einer herrlichen Ode die Seelen der Abgeschiedenen auf den Gefilden der Seligen unter Weihrauchbäumen wandeln läßt, während sie noch bei Homer, der diese Droge überhaupt noch nicht gekannt zu haben scheint, in der Unterwelt auf Asphodeloswiesen (*Asphodelus ramosus*, einer in den Mittelmeerländern in Menge wachsenden Lilienart mit weißen Blütentrauben, deren scharfe Wurzelknollen als Arznei und ihres Reichtums an Stärkemehl wegen auch als Nahrung gegessen wurden, so auch, wie Porphyrius uns erzählt, vom Philosophen Pythagoras, der sie sehr liebte) wandelten und sich hier vornehmlich mit Spiel und Jagd die Zeit vertrieben. Der griechische Arzt Dioskurides (im 1. Jahrhundert n. Chr.) sagt in seiner Arzneimittellehre: „Der Weihrauch (*líbanos*) wächst in demjenigen Teile Arabiens, den man als das weihrauchtragende bezeichnet. Der beste ist der sogenannte männliche, auch *stagoniás* genannt, von Natur in walzigen Stücken. Er ist weiß, inwendig fettig und brennt, an die Flamme gebracht, schnell. Man wendet den Weihrauch und den aus verbranntem Weihrauch gewonnenen Ruß als Arznei an." In derselben Weise wurden übrigens auch nach demselben Autor die Myrrhe und der Myrrhenruß benutzt.

Der griechische Geschichtschreiber und Geograph Arrianus (ums Jahr 110 n. Chr. in Nikomedien geboren und unter Marcus Aurelius gestorben), der einzige Schriftsteller des Altertums, der eine genaue Kenntnis der arabischen Küste besaß, schreibt in seinem Buche über die Umschiffung des Roten Meeres: „An der Südküste Arabiens liegt der Handelsplatz Kane in der weihrauchtragenden Gegend. Landeinwärts von Kane liegt die Hauptstadt des Landes, Sabbatha, in der der König wohnt. Nach Kane wird der Weihrauch, der im Lande gewonnen wird, wie in ein gemeinschaftliches Magazin gebracht, was teils auf Kamelen, teils auf Fellbooten, teils auf eigentlichen Schiffen geschieht. Von Kane aus wird der Weihrauch weiter verhandelt. — Das Weihrauchland erstreckt sich von Kane weiter ostwärts an der Küste hin bis zum Vorgebirge Syagros und der sachalitischen Handelsstadt Moscha, ist bergig, sehr schwer zugänglich, hat eine dicke, neblige Luft. Die Weihrauchbäume sind nicht groß. Der Weihrauch quillt in Tropfen hervor und erstarrt an der Rinde, wie bei uns in Ägypten das Gummi (*kómmi*). Er wird von den Sklaven des Königs und verurteilten Verbrechern gesammelt. Die Gegend ist ungeheuer ungesund, selbst für Leute, die nur vorbeischiffen. Die Weihrauchsammler sind demnach einem sicheren Tode geweiht; dieser wird oft noch durch Nahrungsmangel beschleunigt. Auch auf dem Vorgebirge Syagros ist eine Burg mit einem Weihrauchmagazin und einem Hafen. — Östlich vom Vorgebirge Syagros liegt an der Südküste Arabiens im sachalitischen Gebiete die Hafenstadt Moscha, wohin der sachalitische Weihrauch gebracht wird, welcher von königlichen Beamten verhandelt wird. Der Weihrauch liegt hier auf einem großen Haufen, der gar nicht bewacht wird, indem die Götter selbst den Ort schützen. Denn nimmt ein Schiffer ohne Erlaubnis der königlichen Beamten auch nur ein Körnchen heimlich oder offen, so ist das Schiff, durch Göttermacht gebannt, nicht imstande, den Hafen zu verlassen.“

Arrian berichtet auch in seinem Buche über Indien, daß die Leute Alexanders (des Großen) an der Mündung des Euphrat das Dorf Diridotis fanden, wohin Kaufleute Weihrauch und anderes Räucherwerk aus Arabien brachten, und Plinius sagt in seiner Naturgeschichte: „Weihrauch und Myrrhe (*thus et myrrha*) sind Erzeugnisse Arabiens, doch wächst die Myrrhe auch im Lande der Troglodyten, der Weihrauch aber sonst nirgends, und nicht einmal in ganz Arabien, sondern nur in der Landschaft Saba, wo in einer gebirgigen Gegend die Weihrauchwälder stehen. Der Weihrauch wird von Saba aus auf einer schmalen Straße, welche durch das Land der Minäer geht, verführt. — Den Baum selbst kennen wir nicht, obgleich die römischen Waffen tief nach Arabien hinein vorgedrungen sind. Die griechischen Beschreibungen weichen sehr voneinander ab. — Als Alexander (der Große) noch ein Kind war und große Massen Weihrauch auf die Altäre warf, hatte ihm sein Erzieher Leonides gesagt, er möge erst dann soviel davon vertun, wenn er die Weihrauchländer erobert habe. Wie nun Alexander später Arabien erobert hatte, schickte er dem Leonides eine ganze Schiffsladung Weihrauch, damit er tüchtig räuchern könne. — In Rom kostet jetzt das Pfund des besten Weihrauchs 6 Denare (= 3 Mark), das der zweiten Sorte 5 Denare (= 2,50 Mark) und das der dritten Sorte 3 Denare (= 1,50 Mark). Jährlich wird jetzt eine ungeheure Menge von Weihrauch bei Leichenbegängnissen verbrannt, während man in alten Zeiten den Göttern nur etwas Mehl und Salz opferte, und gleichwohl waren sie damals gnädiger als sie jetzt sind.“ Derselbe Autor berichtet weiterhin, daß Kaiser Nero beim Leichenbegängnis seiner zweiten Gemahlin, Poppaea Sabina, die er nach

Verstoßung der achtbaren Oktavia durch schnöden Freundschaftsbruch in seinen Besitz gebracht hatte, aber, ihrer überdrüssig, sie im Jahre 65 durch Mißhandlung in hochschwangerem Zustande tötete, als Opfer für die Götter mehr Weihrauch verbrennen ließ, als nach der Berechnung Sachkundiger ganz Arabien in einem Jahre hervorzubringen vermöge. Allerdings waren die Eigenliebe und die Gefallsucht dieser Frau sehr groß. Obschon sie nicht mehr jung war, lebte sie nur der Pflege ihrer Körperschönheit, trug zur Erhaltung ihres zarten Teints eine Maske, die sie vor dem Sonnenbrande schützen sollte, und führte auf ihren Reisen und während des Sommeraufenthaltes stets 500 Eselinnen mit sich, um täglich in deren Milch baden und so, wie sie glaubte, die Weiße ihrer Haut erhalten zu können. Ferner berichtete Statius, daß, als der reiche Abascontius seine Gattin Priscilla bestatten ließ, im langen Leichenzuge, als zur Verbrennung bestimmt, alle Blumen, die Arabiens und Kilikiens Frühling erzeugt, auch die Blumen des Sabäerlandes, die Gewürze Indiens, Weihrauch und Balsam aus Palästina getragen wurden.

Außer als Räucherwerk spielte der Weihrauch bei den Griechen und Römern auch medizinisch eine wichtige Rolle. Schon die Hippokratiker bedienten sich seiner bei Asthma, Uterusleiden und äußerlich zu verschiedenen Salben. Diese Verwendung blieb das Mittelalter hindurch, wie auch die christliche Kirche von den antiken Kulten das Verbrennen von Weihrauch in besonderen Räuchergefäßen, die vielfach mit großer Kunst hergestellt wurden, übernahm und in den römisch- und griechisch-katholischen Abzweigungen bis auf den heutigen Tag beibehielt. Auch die katholisierende englische Hochkirche und die Sekte der Irvingianer bedient sich noch dieses uralten Rauchopfers bei ihren Gottesdiensten. Vom lateinischen *incensum*, d. h. das, was (bei den Gottesdiensten) verbrannt wird, hat der Weihrauch die Bezeichnung *encens* im Französischen und *incense* im Englischen. Auch hier bewahrheitet sich die immer wiederkehrende Tatsache, daß der Mensch in nichts so konservativ ist, als in Sachen der Religion.

Bedeutende Mengen von Weihrauch verbrauchen auch die Chinesen zu Opfern und bei Leichenbegängnissen. Sie erhielten ihn seit dem 10. Jahrhundert von den Arabern. Auch in Indien wird seit dem frühesten Altertum von einheimischen Commiphoraarten Weihrauch gewonnen und bei den Gottesdiensten als Brandopfer verbrannt. So wird er schon um 500 v. Chr. im *Ayur veda* Susrutas erwähnt. Dieser indische Weihrauch, der schon im Altertum neben dem arabischen und heute noch von den Muhammedanern mit Vorliebe verbraucht wird, stammt von *Boswellia thurifera*, einer vom Gangesgebiet bis zur Koromandelküste wachsenden, dem echten Weihrauchbaum sehr nahe verwandten Burserazee, die Colebrooke 1809 in Ostindien entdeckte. Diesen Baum haben wahrscheinlich schon die Griechen auf dem Alexanderzuge im Pandschab kennen gelernt. Jedenfalls wurde auch dieser Weihrauch später neben dem arabischen verwendet. Dioskurides bezeichnet ihn als *syagrium*; er sei bräunlich und werde mit der Zeit gelblich. Er werde absichtlich zu walzigen Stücken geformt. Außer ihm gebe es noch eine geringe dunkler gefärbte und eine geringe weiße Sorte. Verfälscht werde dieser wie auch der arabische Weihrauch mit Pinienharz und Gummi; doch sei der Betrug leicht zu merken, weil der Gummi nicht brennt, das Pinienharz sich in Rauch verwandelt, der Weihrauch aber klar brennt. Auch der Geruch gebe ein sicheres Merkmal, um den Unterschied festzustellen.

In derselben Weise diente auch das dunkelbraune bis grünliche Gummiharz der im nordwestlichen Indien und in Belutschistan einheimischen *Commiphora roxburghi* und das mehr gelbrote ostafrikanische von *Commiphora africana*. Beide wurden besonders zu Rauchopfern wie auch arzneilich viel verwendet und kamen als Bdellium in den Handel. Dieses Bdelliumharz wurde schon von den alten Ägyptern für sich allein oder mit Myrrhen, Weihrauch und Mastix (dem Harz von *Pistacia lentiscus*) in Form einer Kyphimischung zum Rauchopfer oder zur Herstellung von Arzneien verwendet. Auch die Juden, die es hebräisch *bdolah* nannten, benutzten es wie Myrrhe, ebenso die Griechen, die dieses Harz wie die übrigen Weihrauchharze durch Vermittlung der Phönikier kennen lernten. Durch die Griechen wurden dann die Römer damit bekannt gemacht. Plinius erwähnt es, und sein Zeitgenosse, der griechische Arzt Dioskurides, sagt von ihm: „Das *bdéllion* tröpfelt aus einem arabischen Baume. Das beste ist bitter, durchscheinend, wie Leim anzusehen, fett, in der Mitte leicht erweichend, ohne Beimischung von Holzteilen und andern Verunreinigungen. Auf glühende Kohlen gestreut gibt es einen angenehmen Geruch. Eine zweite Sorte ist schmutzig und schwarz, bildet größere Klumpen und kommt aus Indien. Es kommt auch eine Sorte von Petra (der alten Hauptstadt der Nabatäer in Nordwestarabien bei der Sinaihalbinsel); sie ist trocken, harzig, bläulich und ist von zweiter Güte. Man verfälscht das Bdellium mit (arabischem) Gummi; dann ist es aber nicht mehr so bitter und riecht beim Räuchern nicht so angenehm. Es wird innerlich und äußerlich angewendet." Außer Arrian, dessen Bericht über seine Umschiffung des Roten Meeres wir vorhin erwähnten, nennt es auch Vegetius als ein Produkt des fernen Morgenlandes.

Wie von Weihrauch und Myrrhe hat man in einigen altägyptischen Gräbern auch Überreste von Mekka- oder Gileadbalsam gefunden, die alle den Toten als Opfergabe mitgegeben wurden. Sein Erzeuger ist der arabische Balsambaum (*Commiphora opobalsamum*), ein 5–6 m hoher Baum mit papierdünner, ledergelber Rinde und rutenförmigen Ästen, die nur nach den Winterregen belaubt sind. Wie sein naher Verwandter, der echte Weihrauchbaum, ist er im Somalland in Nordostafrika und im südlichen

Arabien heimisch und wurde schon im Altertum nicht nur in Arabien, sondern auch in Syrien zur Gewinnung eines höchst wohlriechenden flüssigen Gummiharzes angepflanzt. Dieses ist der Balsam der alten Schriftsteller, der zwar auch zu gottesdienstlichen Räucherungen, besonders aber heute noch als hochgeschätzte Arznei Verwendung findet. Die beste, von selbst ausfließende oder durch Ritzen des Stammes und der Äste gewonnene Sorte ist dünnflüssig, blaßgelb, riecht dem Zitronenöl ähnlich und kommt nicht in den Handel, da sie von den vornehmen Orientalen ausschließlich für sich als Heilmittel und zu feinen Parfüms und Salben verwendet wird. Eher ist der weniger wohlriechende, gelbrötliche, trübe, dickflüssige Balsam im Orient zu kaufen, der dort seit dem Altertum zu rituellen Zwecken und als Arznei sehr begehrt ist.

Schon die alten Ägypter bedienten sich häufig seiner und nannten ihn *aham*. Auch die Juden benutzten es gern zu gottesdienstlichen und profanen Zwecken als Arzneimittel und zur Herstellung wohlriechender Salben. Ebenso kannten ihn die Schriftsteller des Altertums sehr wohl als Handelsartikel Arabiens. Der griechische Geograph Strabon (um 25 n. Chr. gestorben) schreibt, der Balsam (*bálsamon*) werde an der Küste des Sabäerlandes gewonnen, während ihn der römische Geschichtschreiber Tacitus (54–117 n. Chr.) nur in Judäa von mäßig großen Bäumen gewinnen läßt. Auch Theophrast und Plinius sagen, er gehe nur aus letzterem Lande hervor. Ersterer schreibt in seiner griechischen Pflanzengeschichte: „Der Balsam wird im syrischen Tieflande gewonnen, aber, wie man sagt, nur aus zwei großen Gärten. Der Baum soll die Größe eines Granatbaums und sehr viele Äste haben. Das Blatt soll ähnlich der Raute, nur mehr weiß und dabei immergrün sein. Die Frucht soll an Größe, Gestalt und Farbe derjenigen der Terebinthe gleichen. Ihr Geruch soll ganz herrlich und lieblicher sein als der Geruch der ausfließenden Tropfen. Um letztere zu gewinnen, soll man zur Zeit der größten Hitze mit eisernen Nägeln den Baumstamm und die Äste ritzen. Dann wird der Balsam bis zum Winter gesammelt. Der Ertrag ist aber gering; denn ein Mann sammelt den Tag über nur eine Muschel voll. Der Geruch ist ganz ausgezeichnet und so stark, daß wenig Balsam für einen großen Raum genügt. Übrigens wird kein reiner Balsam, sondern nur mit fremdartigen Zusätzen gemischter in den Handel gebracht. Auch die Zweige riechen sehr gut und werden teuer bezahlt, weswegen man den Baum oft beschneidet. Wilder Balsam soll nirgends vorkommen. Aus dem größeren Balsamgarten soll man 36 Pfund, aus dem kleineren 6 Pfund gewinnen." Und 350 Jahre später schrieb Plinius in seiner Naturgeschichte: „Allen andern Wohlgerüchen wird der Balsam (*balsamum*) vorgezogen, welchen nur Judäa erzeugt. Dort fand er sich nur in zwei königlichen Gärten. Die zwei Vespasiane (Vespasian und sein Sohn Titus, die den mit der Zerstörung Jerusalems und der Vernichtung des jüdischen Volkes als Nation im Jahre 70 n. Chr. endigenden Krieg in Judäa führten) haben dieses Bäumchen auch der

Stadt Rom gezeigt. Das Land, in welchem es wächst, gehört jetzt uns; es ist aber ganz anders beschaffen, als es römische und ausländische Schriftsteller beschrieben haben. Als die Römer Judäa eroberten, wollten die Juden den Balsambaum ausrotten; allein die Römer verteidigten ihn, und so entstand ein Kampf um einen Strauch. Jetzt wird er auf Staatskosten angepflanzt und ist zahlreicher und höher als je. Seine Höhe erreicht nicht ganz zwei Ellen. Man unterscheidet drei Sorten dieses Strauches. Der frisch aus gemachten Ritzen fließende Saft heißt Saftbalsam (*opobalsamum*) und sein Geruch ist ungemein lieblich. Die zarten Tröpfchen werden in Hörner gesammelt und dann in neue irdene Gefäße gegossen. Der Balsam gleicht anfangs einem dicken Öl und ist farblos, später wird er rötlich und hart. Jeder Strauch wird jetzt im Sommer dreimal geritzt und später abgeschnitten. Auch die Teile des abgeschnittenen Strauches kommen in den Handel und haben nach der Eroberung Judäas in weniger als fünf Jahren einen Ertrag von 80 Millionen Sestertien (etwa 12 Millionen Mark) gegeben. Der Balsam, den man aus den abgeschnittenen Stücken des Strauches kocht, heißt Holzbalsam (*xylobalsamum*) und wird unter Salben gekocht. — Die Verfälschung des reinen Balsams wird recht grob und großartig betrieben, so daß ein Gefäß reinen Saftes, welches vom kaiserlichen Schatzamte für 300 Denare (etwa 15 Mark) gekauft wird, dann durch Verfälschung vermehrt für 1000 Denare (50 Mark) verkauft wird." Der römische Geschichtschreiber Älius Lampridius meldet uns vom schwelgerischen Heliogabalus, der im Jahre 218 17jährig durch die Bemühungen seiner ehrgeizigen Großmutter Julia Maesa, der Schwägerin des Kaisers Septimius Severus, von den Legionen in Syrien zum Kaiser ausgerufen wurde und bis zu seiner Ermordung durch die Prätorianer im Jahre 222 regierte, als Ausdruck höchster Verschwendung, er habe sogar den kostbaren Balsam in Lampen gebrannt.

Im Mittelalter betrieben die Araber die Kultur des arabischen Balsambaums. Noch der Venezianer Prosper Alpino, der 1617 64jährig als Professor der Botanik in Padua starb, sah, als er Ägypten um 1590 besuchte, im Sultansgarten von Matarie, wenige Kilometer nordöstlich von Kairo, den echten Balsambaum angepflanzt. Er berichtet uns darüber in einem 1592 veröffentlichten eigenen Dialog. Seither wurde er erst wieder im letzten Jahrhundert von Europäern gesehen. Einst besaß dieser Balsam, den wir neben Myrrhe und Würze aller Art als Ladung der von Gilead im Ostjordanland nach Ägypten ziehenden Karawane der Ismaeliter erwähnt finden, an die Jakobs Söhne ihren später zu so hoher Stellung in Ägypten gelangten Bruder Joseph verkauften, eine große Bedeutung als Handelsartikel auch des Abendlandes. War er doch ursprünglich das heilige Salböl der christlichen Kirche, das zum sogenannten Chrisma — deshalb bei uns auch Chrisam genannt — benutzt wurde, wie ihn die morgenländischen Kulte bereits in gleicher Weise verwendeten. Erst als das den Balsam erzeugende Land Arabien und Syrien in die Hände der Muhammedaner fiel und dieser Handelsartikel infolge der gespannten Beziehungen mit den Christen immer seltener wurde und schließlich fast gar nicht mehr zu haben war, ist dann nach Entdeckung der Neuen Welt durch eine päpstliche Bulle im 16. Jahrhundert der aus dem nördlichen Südamerika bezogene Perubalsam zum heiligen Salböl befördert worden, als welches es seither ausschließlich dient. Übrigens werden auch die nach Verletzung der Rinde ausgeschwitzten Gummiharze einiger anderer amerikanischer Balsambäume als des Perubalsambaums, so besonders dasjenige des in Westindien und dem nördlichen Südamerika heimischen westindischen Elemibaumes (*Commiphora plumieri* — so genannt nach dem 1646 zu Marseille geborenen Franziskaner Charles Plumier, den Ludwig XIV. dreimal nach Amerika schickte, um besonders von Guiana aus Heilpflanzen nach Frankreich zu bringen; er starb, als er eine vierte Reise antreten wollte, im Hafen von Sta. Maria bei Cadix), auch aus der Familie der Burserazeen oder Balsambäume wie die Erzeuger der vorhin genannten wohlriechenden Gummiharze. Dessen ausgeschwitzter Balsamharz wird als westindisches Elemi bezeichnet, im Gegensatz zum viel länger bekannten ostindischen Elemi, das in Indien ebenfalls seit Urzeiten zu gottesdienstlichen Räucherungen, als Arzneimittel und zur Herstellung von wohlriechenden Salben dient. Ein dem westindischen Elemi sehr ähnliches wohlriechendes Gummiharz liefert auch der im nördlichen Südamerika heimische brasilische Elemibaum (*Commiphora ambrosiaca*), dessen nach Verletzungen aus der Rinde ausfließender Balsam, an der Luft erhärtet und in großen, unförmlichen, zusammengebackenen, blaßgelblichen Klumpen in den Handel gelangt. Es riecht eigentümlich aromatisch und dient außer zu Räucherungen auch zur Herstellung von Salben und Pflastern. In gleicher Weise wird das Caranna- oder Mararaharz von der am Orinoko wachsenden *Amyris caranna*, das die Eingeborenen Guianas von alters her bei Quetschungen und Wunden gebrauchen, und das von dem ebenfalls in Guiana wachsenden Baume *Amyris heptaphylla* gewonnene Conimaharz verwendet. Letzteres stellt eine Art Kopal dar und wird auch als solches zur Herstellung von Firnissen und Lacken benutzt.

Auch verschiedene solche wohlriechende Gummiharze bergende Hölzer werden zu gottesdienstlichen und medizinischen Räucherungen benutzt, so das Holz des orientalischen Balsambaums (*Commiphora opobalsamum*) und das ebenfalls balsamisch riechende Gafaholz von *Commiphora erythraea* auf den Dahlakinseln an der Küste der italienischen Kolonie Erythräa am Südufer des Roten Meeres. Letzteres wird besonders in der muhammedanischen Welt zu Räucherungen in den Moscheen und zum Beräuchern der Wassergeschirre benutzt.

Als Surrogat der teuren orientalischen Myrrhe diente den Griechen, wie wir von Dioskurides erfahren, zu Räucherungen und als Heilmittel die kleingeschnittene Wurzel der Pferdesellerie (*hipposélinon*), einer besonders in

Böotien wildwachsend gefundenen Pflanze (*Smyrnium olusatrum*), die getrocknet als böotische Myrrhe in den Handel gelangte. Am brauchbarsten sei sie, meint jener Arzt, wenn sie den angenehmen Geruch der echten Myrrhe habe.

Ein wertvolleres Räuchermittel, das auch zur Herstellung von Arzneien eine ziemliche Bedeutung besaß, war den Griechen wie den vorderasiatischen Völkern, von denen sie seine Verwendung kennen lernten, der Styrax, ein wohlriechendes Gummiharz, das bereits in den hieroglyphischen Texten als *minaki* erwähnt wird. Bei den regen Handelsverbindungen mit Syrien und Babylonien kann es uns nicht wundern, daß dieses wohlriechende Balsamharz aus Syrien, wo es im Altertum in ziemlicher Menge gewonnen wurde, schon frühe nach dem Niltal gelangte, um so mehr die Ägypter einen so ungemein großen Bedarf an solchen Räuchermitteln und wohlriechenden Drogen zur Herstellung von gottesdienstlichen Räucherungen und Salben und Arzneien hatten. Durch die Phönikier wurde dieses Gummiharz nach Griechenland gebracht, was nach Herodots Aussage noch zu seiner Zeit, im 5. vorchristlichen Jahrhundert, der Fall war. Die Hippokratiker bedienten sich seiner vielfach als Heilmittel, besonders bei den Frauen zur Beförderung der Menstruation. Der um 25 n. Chr. verstorbene griechische Geograph Strabon aus Amasia am Südrande des Schwarzen Meeres gibt als Vaterland des dieses Balsamharz liefernden Baumes Arabien und das Taurusgebirge in Nordsyrien an. Er sagt darüber: „Hoch auf dem Rücken des Taurusgebirges, bei der Stadt Selge, wächst der Styraxbaum (*stýrax*) in großer Menge. Von ihm kommen die Styraxlanzenschäfte, welche denen von der Kornelkirsche ähnlich sind. In den Stämmen dieser Bäume wohnt eine Art Holzwürmer. Diese bohren sich Gänge durch die Rinde und aus ihnen fällt dann das Wurmmehl, das sich unten um den Stamm sammelt. Danach tropft auch eine Flüssigkeit heraus, welche wie Gummi leicht zusammenbackt. Sie vermischt sich am Boden mit dem Wurmmehl und mit Erde; ein Teil aber bleibt am Stamme kleben und ist rein. Auch der am Boden liegende unreine Styrax wird gesammelt; er riecht besser als der reine, ist aber in anderer Hinsicht schwächer wirkend. Er wird besonders zum Räuchern gebraucht.“

Um die Mitte des 1. Jahrhunderts n. Chr. sagt der aus Kilikien stammende griechische Arzt Dioskurides von ihm: „Der Styrax (*stýrax*) tröpfelt aus einem Baume, der dem Quittenbaum ähnlich ist. Für den besten gilt der gelbe, fette, harzige, der weißliche Klümpchen enthält, recht lange wohlriechend bleibt und beim Erweichen eine honigartige Flüssigkeit ausschwitzt. So ist der syrische aus Gabale, ferner der aus Pisidien und Kilikien beschaffen. Der dunkelfarbige, zerreibliche, kleienartige taugt nichts. Selten ist der durchsichtige, gummi- und myrrhenartige Styrax. Man verfälscht den Styrax mit dem aus dem Baume kommenden Wurmmehl, dem man Honig, pulverisierte Schwertlilienwurzel und sonst allerlei beimischt. Es gibt auch

Leute, welche Wachs und Talg mit Gewürzen und Styrax an der heißen Sonne kneten, dann durch ein weites Sieb in kaltes Wasser treiben, wodurch wurmartige Stücke entstehen, die als Wurmstyrax verkauft werden und bei Unerfahrenen für echten Styrax gelten. — Der Styrax hilft gegen mancherlei Übel, man verbrennt ihn auch so, daß man viel Ruß gewinnt, den man ebenfalls braucht (namentlich für schwarze Tinte zum Schreiben). Von Syrien wird auch die Styraxsalbe in den Handel gebracht." Ähnlich drückt sich sein Zeitgenosse Plinius aus. Er sagt nämlich: „Syrien erzeugt in der oberhalb Phönikiens gelegenen Gegend den Styrax (*styrax*); auch wird der von Pisidien, Sidon, Cypern und Kilikien gerühmt, nicht aber der von Kreta. Der beste ist der braunrote, fettigzähe aus dem syrischen Amanus. Verfälscht wird der Styrax mit Zedernharz und Gummi, auch mit Honig und bittern Mandeln. Vom besten kostet das Pfund 17 Denare (etwa 10 Mark). Der Styrax wird innerlich und äußerlich gebraucht." Dieses Styrax ist das der Benzoe verwandte balsamisch riechende Gummiharz des Styraxbaumes (*Styrax officinale*), eines 4–7 m hohen, strauch- bis baumartigen Gewächses mit kurzgestielten, eiförmigen, unterseits weißfilzigen Blättern, endständigen Trauben wohlriechender Blüten und filzigen, grünen Steinfrüchten. Er wächst in Südeuropa, Kleinasien, Syrien, Cypern und Kreta.

An die Stelle dieses festen Styrax, der den alten Kulturvölkern allein bekannt war, ist seit dem 17. Jahrhundert der flüssige Styrax getreten, der aus dem unter der Rinde liegenden Splint des in Lykien und Karien wachsenden Amberbaums (*Liquidambar orientalis*) durch Kochen mit Wasser und Abpressen gewonnen wird. Das wiederum getrocknete Holz dient mit gepreßter Borke in der griechischen Kirche als Christholz neben Weihrauch zu rituellen Räucherungen und kam früher als Weihrauchrinde in den Handel.

Außer dem Holz des Amberbaums wurden im Altertum wie heute noch im Orient, besonders aber bei den verschiedenen südasiatischen Völkern, andere wohlriechende Hölzer zu Kultzwecken, beim Gottesdienst und bei feierlichen Opfern verbrannt. Unter ihnen sind das Sandelholz und das Aloeholz weitaus die wichtigsten. Ersteres ist das höchst aromatisch, rosenartig riechende, gelbe Kernholz oder Holz von älteren Stämmen des an der Malabarküste heimischen, aber in ganz Vorder- und Hinterindien, besonders auf den Sundainseln, angepflanzten Sandelbaumes (*Santalum album* — weiß genannt, weil das geruchlose Splintholz weiß ist). Die Hindus, Malaien und Chinesen benutzen das wohlriechende Holz zu mancherlei kostbaren Gerätschaften und zu Götzenbildern. Die Buddhisten schnitzen sich mit Vorliebe Rosenkränze daraus und die Chinesen bedienen sich des Holzes zugleich mit Weihrauch als Räuchermittel in den Tempeln und bei Leichenbegängnissen. Auch die wohlhabenden Inder und Araber räuchern in ihren Häusern mit demselben und lassen sich daraus Pfeifenrohre schneiden. Letzteres dagegen, das als Aloe gerühmte Räucherwerk des Alten Testaments, ist ein dunkelbraunes, sehr hartes und sprödes Holz, das von *Aquilaria agallocha*, einem Baume Hinterindiens stammt. Es enthält nur wenig wohlriechendes Harz; man schneidet daher die harzfreien Teile weg oder gräbt die Stämme in die Erde, wobei dann das ganze Holz gleichmäßig damit durchtränkt wird. Die Kulturvölker des Altertums schätzten es hoch und bezahlten es sehr teuer. Der um die Mitte des 1. Jahrhunderts n. Chr. lebende griechische Arzt Dioskurides nennt es in seiner Arzneimittellehre *agállochon* und sagt, es sei ein punktiertes, wohlriechendes Holz, das aus Indien und Arabien gebracht werde und zum Kauen diene, um dem Munde Wohlgeruch zu verleihen, auch zum Räuchern statt Weihrauch, und außerdem in manchen Fällen als Arznei benutzt werde. Nach dem Untergange des Römerreiches wurde es nur noch im üppigen Byzanz verwendet und kam erst wieder, als das Abendland zur Zeit der Kreuzzüge mit dem Morgenlande in Beziehungen trat, durch die Araber nach Europa. Es galt im Mittelalter als besonders heilkräftig, während es jetzt noch in Ostasien in der Parfümerie und zu Heilzwecken Verwendung findet. In seiner Heimat Hinterindien wird es regelmäßig in den Tempeln verbrannt. Napoleon I. benutzte es in seinen Palästen mit Vorliebe zu Räucherungen als Parfüm.

Endlich sind noch zwei nicht in den europäischen Handel gelangende Produkte zu nennen, die bei den ostasiatischen Kulturvölkern eine große Rolle spielen. Erstens der Sumatra- oder Borneokampfer, ein dem gewöhnlichen Laurineenkampfer ähnliches, zugleich aber etwas nach Patschuli riechendes festes ätherisches Öl von weißer Farbe und kristallinischem Aussehen, das in den Stämmen des hohen, auf Sumatra und Borneo wachsenden Kampferbaums oft in großen, mehrere Pfund schweren Stücken ausgeschieden wird, sonst das ganze Kernholz zur Konservierung und zum Schutze vor Insektenfraß und Pilzinvasion durchtränkt. Bevor der echte oder Laurineenkampfer aufkam, war er wie heute noch in China und Japan der allein als Räuchermittel bei gottesdienstlichen und andern feierlichen Handlungen verwendete, der dort auch zum Einbalsamieren der Leichen Vornehmer dient. Er ist sehr teuer und kam zu Beginn des Mittelalters als wertvolle Arznei und kostbares Räuchermittel nach Syrien, wo ihn der griechische Arzt Aetios aus Amida im 6. Jahrhundert als *kaphura* zuerst erwähnt. Ins Abendland kam er durch die Vermittlung der sich seiner häufig bedienenden arabischen Ärzte und wird um 1070 in Italien vom jüdischen Arzt Simon Seth und um 1150 von der gelehrten Hildegard, Äbtissin des Klosters Rupertsberg bei Bingen, erwähnt. Erst zu Beginn des 17. Jahrhunderts wurde er durch den weit billigeren ostasiatischen Laurineenkampfer ersetzt. Zweitens der in Cochinchina, Java und Amboina aus der Komposite *Blumea balsamifera* gewonnene Blumea- oder Ngaikampfer, der seiner Kostbarkeit wegen in seiner Heimat und in China nicht mehr zu Räucherungen, wohl aber als Arzneimittel und in letzterem Lande auch zum Parfümieren der feinen Schreibtusche verwendet wird.

[2] Wenn neuerdings der nordamerikanische Forscher Breasted in seiner eben deutsch im Verlag von Carl Curtius in Berlin *W* erschienenen, sonst sehr lesenswerten „Geschichte Ägyptens“ an dieser und an allen anderen Stellen das Wort *anti* mit Myrrhe, statt wie sämtliche übrigen Forscher mit Weihrauch übersetzt, so ist er darin vollkommen im Irrtum, wie mir der beste Kenner der Materie, Prof. G. Schweinfurth in Berlin-Schöneberg, auf eine persönliche Anfrage hin eingehend zu begründen die Freundlichkeit hatte.

XXVI.
Die pflanzlichen Wohlgerüche.

Die Hervorbringung von Duftstoffen ist eine ungemein verbreitete Erscheinung in der Pflanzenwelt. Von den niederen Pilzen bis hinauf zu den höchsten Blütenpflanzen wird dieser Weg mit Vorliebe eingeschlagen, um die verschiedenen Insekten zur Verschleppung der Sporen oder zur Befruchtung der Blüten durch Übertragung des Blütenstaubs herbeizulocken. Auch bei den Tieren steht die Ausbildung von Duftstoffen in engster Beziehung zur Fortpflanzung, und zwar wenden sie hier die Männchen zur Anlockung und geschlechtlichen Erregung der Weibchen an. Man denke außer vielen anderen nur an den Duftstoff der Schmetterlinge, des Bibers, des Moschustieres und der Zibetkatze, welch beide letzteren dem Menschen die stärksten überhaupt existierenden Parfüme lieferten. Daß Wohlgerüche auch auf den Menschen anregend und belebend wirken, ist eine längst festgestellte Tatsache, die neuerdings auch durch wissenschaftliche Versuche belegt wurde. So konnte man beispielsweise feststellen, daß ein Mann, der unter gewöhnlichen Bedingungen am Ergographen 1 kg mit dem Daumen hochzuheben vermochte, unter dem Banne des Geruches von Tuberosen 1 kg und 100 g hochhob. In ähnlicher Weise die Psyche anregend und dadurch die Muskelkraft und die körperliche Leistungsfähigkeit überhaupt steigernd wirken andere Wohlgerüche. Vor allem wird aber die geistige Tätigkeit, besonders die Phantasie durch gewisse Düfte angeregt, die bei den verschiedenen Menschen ganz verschieden bevorzugt werden. So liebte der große Dichter Friedrich Schiller beim Geruche faulender Äpfel, die er sich stets in der Schublade seines Schreibtisches hielt, Viktor Hugo dagegen bei demjenigen der wilden Winde zu dichten. Starke Düfte wie Moschus regen auf, und unangenehme Gerüche können empfindsame Menschen geradezu krank machen. So wurde der große Albrecht von Haller durch den Geruch von Käse, der Herzog von Epérnay durch denjenigen des Hasen geradezu ohnmächtig; Knoblauchgeruch entkräftete Heinrich III. von Frankreich, spornte dagegen Heinrich IV. zu den tollsten Streichen an.

In besonders nahen Beziehungen stehen Wohlgerüche zur Mystik und zum Geschlechtsleben. Im vorigen Abschnitt haben wir gesehen, wie das Verbrennen wohlriechender Harze und solche enthaltender Hölzer schon sehr früh in den Gottesdienst der orientalischen Kulturvölker eingeführt wurde, um durch die Geruchsorgane die Sinne zur leichteren suggestiven Aufnahme übersinnlicher Eindrücke in das für solche Dinge empfängliche Gemüt vorzubereiten und es so in Ekstase zu versetzen. Von den morgenländischen Religionen ging dieser Gebrauch auf die abendländischen über und spielt heute noch eine bedeutende Rolle im Kulte. Vom Verbrennen solch wohlriechender Drogen wie Weihrauch, Myrrhen und bei den alten Europäern namentlich von Holz und getrockneten Beeren des Wacholders, rührt auch der in den deutschen Sprachgebrauch übergegangene französische Ausdruck Parfüm her, der aus dem Lateinischen *per fumum* abzuleiten ist, was „durch den Rauch", d. h. durch die Verbrennung gewisser Substanzen erzeugter Wohlgeruch bedeutet.

Alles deutet darauf hin, daß sich das Weib zuerst der Wohlgerüche als sexuellen Reizmittels bediente und erst weit später dieselben zur Verdeckung eigener übler Gerüche verwendete. Es ist durchaus kein Zufall, daß bei allen Verführungsszenen im Alten Testament Parfüms erwähnt werden. So weit wir in der Geschichte zurückzugehen vermögen, finden wir wohlriechende Salben und Öle im Inventar vornehmer Frauen und Hetären, und zwar war schon im alten Reiche in Ägypten die Verwendung der Wohlgerüche so spezialisiert, daß für alle Körperteile besondere Parfüms zur Anwendung gelangten. Von den Orientalen, die bis auf den heutigen Tag große Liebhaber von Wohlgerüchen sind, so daß sie sogar das Konfekt nach unserm Empfinden übermäßig parfümieren, übernahmen die Griechen und Römer diese Vorliebe für Wohlgerüche. Als die Makedonier im Gefolge Alexanders des Großen nach der Niederlage des Dareios bei Gaugamela am 1. Oktober 331 v. Chr. die luxuriösen Zelte des persischen Großkönigs Dareios plünderten, waren sie nicht nur über die mancherlei darin befindlichen Kostbarkeiten, sondern vor allem auch über den unermeßlichen Reichtum an wohlriechenden Salben und köstlichen Gewürzen erstaunt. Doch bald lernten sie an diesen Produkten einer verfeinerten Kultur selbst große Freude haben, und so war bald auch in den reichen Griechenstädten der Luxus an Parfümen ein gewaltiger, so daß sich schließlich die Gesetzgeber genötigt sahen, dagegen einzuschreiten. Das von den Alten wegen der in dieser Stadt herrschenden Vorliebe für diese wohlriechende Blume als „veilchenduftend" bezeichnete Athen trieb in den drei letzten vorchristlichen Jahrhunderten die Parfümverschwendung so weit, daß für die verschiedenen Teile des Körpers besondere Salben im Gebrauch waren. Dort rieben die üppigen Frauen die Haare mit einem Parfüm aus Majoran ein, Kinn und Nacken dagegen mit einem solchen aus Thymian und die Arme mit einem aus Minze. In dem verweichlichten Rom der Cäsaren wurde die Verschwendung mit Wohlgerüchen auf die Spitze getrieben. Damals war das unter dem Konsulat des Licinius Crassus aufgebrachte Gesetz, das in Italien den Verkauf ausländischer Parfümerien verbot, schon längst als unhaltbar aufgegeben, und von weither bezog man die kostbarsten Essenzen, den Veilchenduft von Athen, Rosenöl aus Kyrene, Nardensalbe aus Assyrien, Hennablütenextrakt aus Ägypten usw. Die Verwendung der Parfüms stand ganz im Dienste der Liebesgöttin Venus, und der Handel mit den Wohlgerüchen wurde meist von Kurtisanen, Kupplerinnen und Bordellwirten ausgeübt.

Man macht sich keinen rechten Begriff von den Unsummen, die damals in Rom für Wohlgerüche und kostbare Salben ausgegeben wurden. Zahllos sind die von den alten griechischen und römischen Schriftstellern genannten Drogen, die zur Bereitung der täglich nach dem Bade zur Geschmeidigmachung des Körpers angewandten Salben verwendet wurden. Die hauptsächlichsten sind das Rosen-, Lilien-, Veilchen-, Narzissen-, Myrten-, Majoran-, Thymian-, Minzen-, Basilikum-, Iris-, Narden-, Kalmus-, Kardamom-, Balsamholz-, Zimt-, Kassia-, Malabathron- (von der ostasiatischen Kassienart *Cinnamomum dulce*), Safran-, Weihrauch-, Myrrhen- und Galbanumöl.

In seiner Naturgeschichte berichtet uns der beim Vesuvausbruch, der Pompeji und Herkulanum verschüttete, 79 n. Chr. umgekommene ältere Plinius, daß wohl die Perser die Erfinder der Salben seien; „denn diese schmieren sich bis zum Triefen damit ein. Das erste Salbenkästchen hat, so viel mir bekannt, Alexander nach der Besiegung des Darius unter den Sachen vorgefunden, die dieser König mit sich führte. Später hat sich der Gebrauch der Salben auch bei uns verbreitet. Man schätzt sie hoch, man glaubt, sie gehören zu den Annehmlichkeiten des Lebens, ja man geht so weit, daß man die Leute noch einsalbt, wenn sie tot sind."

Die Namen der Salben sind teils von ihrem Ursprung, teils von ihren Bestandteilen, teils aus anderer Veranlassung hergenommen. Bald hat man der einen, bald der andern den Preis zuerkannt, bald hat man die einzelnen Salben am liebsten aus dem einen, bald aus dem andern Lande bezogen. Sie bestehen aus einem mit einem Riechstoff imprägnierten Öl und sind vorzugsweise mit Drachenblut (dem blutroten Harz des Drachenblutbaumes von Sokotra, der bekannten Insel Ostafrikas) oder Färberochsenzunge gefärbt. Dabei bewirkt eine Beimengung von Harz oder Gummi, daß sich der Riechstoff nicht so schnell verflüchtigt. Verfälscht werden die Salben auf vielerlei Art.

Es gibt Leute, welche die Salben lieber dickflüssig als dünnflüssig haben, die sich also mit ihnen lieber beschmieren als begießen lassen. Marcus Otho hat sogar den Kaiser Nero dahin gebracht, daß er sich die Fußsohlen salben ließ, was doch wohl barer Unsinn ist. Man hörte auch von einem einfachen Bürger, der die Wände seiner Bäder salben ließ. Der Kaiser Cajus (Caligula) ließ die Badesessel salben, und später machte sich auch ein Sklave des Nero dieses kaiserliche Vergnügen. Die Liebhaberei für Salben hat sich sogar in die römischen Feldlager eingeschlichen, und an festlichen Tagen werden die Adler der Legionen und andere bestäubte, von Lanzenspitzen umstarrte Feldzeichen gesalbt.

Wann der Gebrauch der Salben sich unter den Römern verbreitet habe, wage ich nicht zu sagen. Jedenfalls ist es aber gewiß, daß im Jahre der Stadt 565 (188 v. Chr.), nach Besiegung des Antiochus (im Jahre 190) und Asiens, die Zensoren Publius Licinius Crassus und Lucius Julius Cäsar das Gesetz gaben, daß niemand ausländische Salben verkaufen dürfe. „Jetzt aber ist es längst so weit gekommen, daß gar manche sie sogar in die Getränke tun und sich so auch inwendig parfümieren. Es ist auch eine Tatsache, daß Lucius Plotius, Bruder des Konsuls und Zensors Lucius Plancus, als er von den Triumvirn geächtet war und sich im Salermitanischen verborgen hielt, durch seinen Salbengeruch verraten wurde. Wird ein solcher Mensch totgeschlagen, so erleidet die Welt eben keinen großen Verlust." Plinius kann sich also mit diesem übermäßigen Parfümgebrauch, der durch griechischen Einfluß aufkam, nicht recht befreunden. Anderthalb Jahrhunderte später weiß uns der in Naukratis in Ägypten geborene und im luxuriösen Alexandreia lebende Grieche Athenaios manch interessanten Zug von der Salbenmanie der üppigen Griechen jener reichen Handelsstadt zu erzählen. So sagt er, daß es bei den Reichen Sitte sei, nach der Mahlzeit Salben in goldenen Gefäßen herumzugeben und man sich den Spaß mache, einem schlafenden Gaste das Gesicht tüchtig damit einzuschmieren.

Um zu zeigen wie sich ein echter griechischer Stutzer salbt, führt dieser sehr belesene Grammatiker Athenaios eine Stelle aus der Alkestis des Dichters Antiphanes an, wo es heißt: „Wenn er sich gebadet, läßt er sich aus einem goldenen Becken Hände und Füße mit ägyptischer Salbe einreiben, mit phönikischer Salbe dagegen Wangen und Brust, mit Minzensalbe die Arme, mit Majoransalbe die Augenbrauen und das Haupthaar, mit Thymiansalbe Knie und Hals." Dann führt er eine Stelle aus dem Gedichte Prokris an, wo vorgeschrieben wird, wie dem Schoßhund der Prokris abgewartet werden soll. *A.*: „Mach dem Hündchen ein weiches Lager aus milesischer Wolle zurecht und lege eine hübsche Purpurdecke darüber." — *B.*: „Du lieber Gott!" — *A.*: „Koch ihm Weizengraupen mit Gänsemilch (wohl mit Honig gemischte Milch, worin Lebern eingeweicht sind)!" — *B.*: „Potz tausend!" — *A.*: „Salbe ihm die Füße mit megallischer Salbe!" —

Derselbe Autor berichtet: „König Antiochos Epiphanes (A. IV., syrischer König aus dem Stamm der Seleukiden, regierte 175–163 v. Chr., reizte durch grausame Tyrannei die Juden zum Aufstand unter den Makkabäern und machte einen erfolglosen Angriff auf Ägypten) pflegte sich in öffentlichen Bädern unter der Menge des badenden Volkes mit zu baden und ließ jedesmal ganze, mit den kostbarsten Salben gefüllte Fäßchen mitbringen. Bei dieser Gelegenheit sagte einmal jemand zu ihm: ‚Ihr Könige seid doch recht glücklich, daß ihr so herrliche Salben führt und einen so angenehmen Wohlgeruch verbreitet!' Der König gab keine Antwort, kam aber am anderen Tage wieder, brachte ein gewaltiges Gefäß mit, das mit der kostbaren

Myrrhensalbe, welche *stáktē* heißt, gefüllt war, und ließ es über dem Kopfe dessen, der ihn glücklich gepriesen hatte, ausgießen. Sobald dies geschehen war, sprangen alle, die sich im Badehause befanden, scharenweise auf, rannten herbei, um auch etwas von der Salbe zu erwischen und sich damit einzuschmieren. Auch der König rannte in derselben Art herbei, und wie nun der Boden schlüpfrig war und einer über den andern herfiel, so gab es ein laut schallendes Gelächter." Späterhin schreibt er: „Bei einem großen, feierlichen Aufzuge, den derselbe König bei Gelegenheit der Daphnischen Spiele abhielt, befanden sich auch 300 Weiber, welche aus goldenen Urnen Salben umherspritzten."

Auch bei öffentlichen Schaustellungen liebte man im üppigen Rom der Kaiserzeit, das Publikum mit Wohlgerüchen zu bespritzen; so schreibt der römische Philosoph und Tragödiendichter Lucius Annaeus Seneca (2–65 n. Chr.), besser als Erzieher und Leiter des jugendlichen Nero bekannt, in einer seiner Episteln: „Heutzutage hat man sogar die Erfindung gemacht, in verborgenen Röhren Wasser, das mit Safran gemischt ist, bis zu einer ungeheuren Höhe emporzupumpen, um die Leute im Theater damit zu bespritzen und zu parfümieren. Man hat die Kunst erfunden, das Theater plötzlich mit Wasser zu füllen und es so in einen Teich zu verwandeln, und wieder trocken zu legen; ebenso hat man die Kunst erfunden, bei Schmausereien dem Speisesaal bei jedem Gericht eine neue Decke zu geben."

Von Kaiser Hadrian, der von 117–138 regierte, schreibt der Geschichtschreiber Älius Spartianus: „Kaiser Hadrian teilte zu Ehren seiner Schwiegermutter Gewürze (*aroma*) unter das Volk aus und ließ zu Ehren (seines Vorgängers) Trajan über die Stufen des Theaters (wohlriechenden Mekka-) Balsam und (zur Parfümierung in Wein gelösten) Safran fließen." Zu dessen Zeit wurden auch die Statuen in den Theatern mit duftenden Essenzen aller Art, besonders auch dem sehr beliebten Safran gesalbt, von welchem nach dem griechischen Arzte Dioskurides Thessalos behauptete, er sei das einzige wirklich gut riechende Ding. Es gab damals auch hohle Bildsäulen aus Erz, die mit feinen Poren bedeckt waren, aus welchen man wohlriechende Essenzen herauszupressen vermochte, so daß die Luft ringsum mit Wohlgerüchen erfüllt war. Auch bei Gastmählern der Vornehmen war die Einrichtung getroffen, daß aus den Kuchen und dem Obst bei der geringsten Berührung wohlriechende Parfüms, mit Vorliebe in Wein gelöster Safran herausflossen. Und von Kaiser Heliogabalus (eigentlich Valerius Avitus Bassianus, wurde als Oberpriester des syrischen Gottes Elogabalus, dessen Namen er selbst annahm, auf Anstiften seiner Großmutter Julia Mäsa, der Schwägerin des Kaisers Septimius Severus, 218 17jährig von den syrischen Legionen zum Kaiser ausgerufen, zog 219 in Rom ein, wohin er den orgiastischen Dienst seines Gottes verpflanzte und ein schwelgerisches, wollüstiges Leben führte, bis er schon 222 von der Leibgarde, den Prätorianern, ermordet wurde) berichtet sein Biograph Älius Lampridius: „Kaiser Heliogabalus ließ die Polster, auf denen er mit seinen Gästen bei Tische lag, oder die Betten, auf denen er ruhte, mit Rosenblättern füllen, ließ die Säulenhallen mit Rosenblättern bestreuen und ging auf diesen spazieren, oder er gebrauchte statt der Rosen allerlei Blumen wie Lilien, Veilchen, Hyazinthen und Narzissen. Er badete nur in Teichen, deren Wasser mit edlen Essenzen oder mit Safran gemischt war. Die Polster, auf denen er gewöhnlich bei der Mahlzeit lag, waren mit Hasenhaar oder Rebhuhnfedern ausgestopft. — Einst lud Heliogabalus die vornehmsten Herren zu Gast und wies ihnen als Sitz Sofas an, die mit Safran gepolstert waren." Auch andere antike Schriftsteller melden allerlei von solchem, erst durch orientalische Einflüsse in das Rom der Cäsaren gekommenen extravaganten Luxus.

Nach dem Untergange der römischen Weltherrschaft beschränkte sich die Anwendung der feineren Parfümerien wesentlich auf das an Kultur höher stehende Morgenland und die Vornehmen von Byzanz, während das die Weltflucht predigende Christentum des Abendlandes solchem Luxus nicht gewogen war. Unter den Arabern, die, wie alle Orientalen, Wohlgerüche sehr lieben, wurde mit den Parfümen besonders von Rosen ein großer Luxus wenigstens unter den Vornehmen, die sich solches leisten konnten, getrieben. Und diese Liebhaberei verbreiteten sie überall in Nordafrika, Spanien und Sizilien, wo sie Fuß faßten. Hier war im Gegensatz zum asketischen Christentum überall eine Stätte frohen Lebensgenusses. Wie in Bagdad so wurden auch in Andalusien Blumengärten angelegt und heitere Feste gefeiert. Zur Zeit der Abbaditenherrschaft hatte Sevilla beispielsweise 400000 Einwohner und war ganz Andalusien durch die Fülle seiner reichbewässerten Kulturen ein Paradies, von dessen Herrlichkeiten sich als letzte Zeugen die auf Mandelbäume gepfropften Rosen erhielten. Als Beispiel des hier im Fürstenhause herrschenden Luxus sei erwähnt, daß, als einmal der Lieblingsgattin des als Dichter hervorragend begabten Abbaditenfürsten Muchtamid die Lust ankam, es den Weibern aus dem Volke nachzumachen, die sie mit bloßen Füßen Lehm treten sah, dieser duftende Spezereien zerreiben und auf den Boden des Saales ausstreuen ließ, so daß sie ihn ganz bedeckten. Alsdann ward Rosenwasser darauf gegossen, und mit Vergnügen wateten die vornehmen Damen in der schlammartigen Masse von Myrrhen, Weihrauch, Zimt, Ambra und Moschus. Erst durch den Einfluß der Kreuzzüge und der arabischen Ärzte kam auch im Abendlande die Anwendung von Wohlgerüchen bei den Wohlhabenden auf und drang während der Renaissance in breitere Volksschichten zunächst in den reichen Städten Italiens, später auch Mitteleuropas ein. Aus ihrer Heimat Florenz verpflanzte Katharina von Medici 1533 bei ihrer Vermählung mit Franz I.

Sohn, dem nachmaligen König Heinrich II., den übermäßigen Gebrauch von Parfümen an den französischen Hof, der dann unter Ludwig XIV. und XV. die Verwendung von Wohlgerüchen beinahe so weit trieb, als es die Vornehmen im kaiserlichen Rom getan hatten. Wie der Kaiser Nero seine Gemächer stets mit Rosenessenzen parfümiert haben wollte, liebte Ludwig XIV. in einer stark nach Orangenblüten duftenden Atmosphäre zu leben. Der allmächtige Minister Richelieu, der seit 1624 unter Ludwig XIII. die Geschicke Frankreichs leitete, verließ nur selten sein scharfparfümiertes Arbeitszimmer. Zu seiner Zeit war der Geruch faulender Äpfel sehr beliebt und man rieb deren zersetztes, mit Gewürznelken und Zimt gespicktes Fleisch mit Fett zusammen, um sich mit der so erhaltenen Masse die Haare zu parfümieren. Es ist dies die Pomade, die von den faulen Äpfeln *pommes* ihren Namen erhielt und deshalb eigentlich wie im Französischen Pommade geschrieben werden sollte. So üppig auch der französische Hof war, so war er in bezug auf Reinlichkeit kein Muster, und hier wurden die Parfüme zum großen Teil zum Verdecken der eigenen üblen Gerüche verwendet. Im Gegensatz zur Badfreundlichkeit des Mittelalters war jene Zeit sehr wasserscheu; bis zum König hinauf mied man als Nachwirkung der mittelalterlichen Askese nach Möglichkeit selbst das tägliche Waschen von Gesicht und Händen mit Wasser, befeuchtete vielmehr nur diese Körperteile bei der Toilette mit Parfümen, und war daneben äußerst sparsam mit dem Wechseln der Leibwäsche, die viele Wochen anbehalten wurde, bis man sich endlich zum Wechseln derselben entschloß. Besonders unter dem liederlichen Ludwig XV. wurde die Verschwendung in der Anwendung von Parfümen eine heillose, so daß dessen eine Mätresse, die Pompadour, jährlich dafür mehr als eine halbe Million Franken ausgab. Und zwar waren damals die stärksten Düfte die beliebtesten, so außer Peau d'Espagne besonders Moschus, Zibet, Ambra und sogar *Asa foetida* (Teufelsdreck). In den Räumen, in denen sich der König aufhielt, mußte jeden Tag mit den Parfümen gewechselt werden. Noch die Kaiserin Josephine überfüllte ihr Schlafzimmer mit Moschusduft, während der Kaiser Napoleon I. sich mit Kölnischem Wasser überschwemmte.

Heute verwenden selbst die Vornehmen nicht mehr solch übertriebene Parfümierung, die nur ein Zeichen stumpfer Geruchsnerven und unfeiner Art ist. Am meisten Parfümluxus treiben noch die elegant sein wollenden Frauen, deren Geruchsorgan, wie durch eingehende wissenschaftliche Versuche festgestellt wurde, überhaupt weniger fein empfindet als dasjenige der Männer, so daß ihnen ein Parfüm noch angenehm ist, das letzteren vielfach schon unangenehm stark erscheint. Aber wenn auch heute bedeutend weniger ausgiebig wie früher parfümiert wird, so ist dennoch der Verbrauch an Parfümen sehr viel größer als je in der parfümwütigsten Vergangenheit, weil derselbe sich nicht mehr auf die höchsten Kreise, die sich diesen Luxus erlauben konnten, beschränkt, sondern sich auf alle

Volkskreise gleichmäßig ausgedehnt hat, so daß die Herstellung derselben einen bedeutenden Industriezweig darstellt. Und zwar wird heute im Gegensatz zum Altertum nicht sowohl der Körper, als die getragene Leibwäsche und die Schränke und Behälter, in denen sie aufbewahrt wird, parfümiert, wobei jedes Individuum am besten sein eigenes, seiner Persönlichkeit entsprechendes Parfüm wählt und dann auch beibehält. Denn es ist entschieden als ein Fehler zu bezeichnen, daß man die Wohlgerüche alle Tage wechselt, wie es zwar auch manche Modeköniginnen tun, die immer das Parfüm gebrauchen, das nach ihrem Geschmack zur Farbe ihrer jeweiligen Toilette zu gehören scheint. Es ist ein Zeichen viel höherer Kultur und feinerer Sitte, wenn Damen unter allen Umständen den von ihnen als sympathisch empfundenen und deshalb gewählten Wohlgeruch immer, als unzertrennlich von ihrer Art und Person wählen, gleich der Rose, Lilie oder Nelke, die auch stets nur ihren spezifischen, ganz zu ihnen gehörenden und mit zur Kennzeichnung ihres Wesens dienenden Duft aufweisen. Am raffiniertesten wird der Parfümgebrauch in Frankreich getrieben, wo die eleganten Damen in die Säume ihrer Röcke und in die Achselseiten der Taillen schmale Streifen getrockneten Parfüms in Pulverform einnähen lassen, der bei jeder Bewegung des Rocksaumes und der Gestalt fein berauschend emporwirbelt. Dabei wird das Haar niemals parfümiert, da es bei jeder Person seinen eigenen Wohlgeruch hat, der sich nur bei der allergrößten, peinlichsten Reinlichkeit bei Anwendung vielfacher Waschung zeigt, und um so mehr hervortritt, je mehr das Haar gereinigt und gepflegt wird. So soll, um nur zwei Beispiele anzuführen, nach Ada von Gersdorff, das nun weiß werdende Blondhaar der deutschen Kaiserin Auguste Viktoria einen feinen, an Veilchenduft erinnernden Geruch aufweisen, während das einst dunkle, nun ebenfalls grau werdende Haar der Königinwitwe Margarita von Italien einen zarten Ambraduft aushauchen soll. Beide Fürstinnen parfümieren es niemals.

Europa verbraucht jährlich etwa 1 Million kg flüssiges Parfüm, 800000 kg Pomaden und Essenzen, außerdem aber ungeheure Mengen parfümierter Seifen, Puder, Räucherkerzen, Waschwässer usw. Die meisten Parfüms liefert Frankreich, das jährlich für über 12 Millionen Franken davon ins Ausland versendet, während Deutschland in demselben Zeitraum für gegen 2 Millionen Mark ein- und für 6½ Millionen Mark ausführt. Erst neuerdings ist auch England in den Wettbewerb mit jenen beiden Ländern getreten. In Frankreich ist die Südküste an der Riviera der Produktionsort der meisten Wohlgerüche, und zwar ist das Zentrum dieser Industrie das Städtchen Grasse, wenige Stunden westlich von Nizza, dann auch Cannes und Nizza selbst, wo gewaltige Kulturen wohlriechender Blumen angelegt sind, um dem Bedarfe der Parfümfabriken zu genügen. Diese verarbeiten jährlich ebenfalls über 1 Million kg der verschiedensten wohlriechenden Blumen und Kräuter und beschäftigen dabei etwa 15000 Menschen. Die Kunst der

Parfümgewinnung aus Blumen ist hier erst in der Neuzeit aufgekommen. Und zwar sind die zur Parfümgewinnung verwandten Stoffe des Pflanzenreichs fast stets ätherische Öle, die aus den Blüten, Blättern, Fruchtschalen oder anderen Teilen der betreffenden Pflanze durch Auspressen, durch Destillation mit Wasserdampf oder durch Zusammenbringen mit Fetten, die sie aufnehmen, gewonnen werden. Die Destillation mit Wasserdampf wird da angewendet, wo der Duftstoff, wie z. B. in den Blüten der Rose, quantitativ ein für allemal ausgebildet ist. Dadurch würde man nun bei anderen Blüten, wie Jasmin, Tuberose und dergleichen, die während ihrer Blütezeit immer nur ganz geringe Mengen Parfüm auf einmal bilden, da sie durch den Wasserdampf getötet werden, bloß minimale Mengen des Duftstoffes gewinnen. Hier wendet man das Zusammenbringen mit einem das Parfüm gierig aufsaugenden Körper wie Fett an. Bei diesem Prozeß, den die Franzosen Enfleurage bezeichnen, kommen die betreffenden wohlriechenden Blüten auf hölzernen Gestellen zwischen zwei Fettschichten zu liegen, an die sie ihren Riechstoff abgeben, indem das Parfüm der vom Fett durch Gaze getrennten Blüten durch darüber geleitete Luft auf dieses Medium übertragen wird. Das Fett — früher reines Tierfett, jetzt bevorzugt man das geruchlose Vaselin — wird dann durch Extraktion mit Äther von dem eingedrungenen ätherischen Öl befreit oder kommt direkt als Pomade in den Handel. Auch nach der Extraktion ist meist noch so viel Duftstoff im Fett enthalten, daß dieser Rückstand als Haarpomade verkauft werden kann. Aus 1000 kg Jasminblüten lassen sich durch Destillation 200 g ätherisches Öl entziehen; bei der Enfleurage aber gewinnt man aus demselben Quantum etwa 1800 g ätherisches Öl und überdies noch die vorgenannte Menge bei der schließlichen Destillation. Dies macht also zusammen 2 kg Duftstoff.

Tafel 119.

Ein Feld von zur Parfümgewinnung angepflanzten Tuberosen in Südfrankreich.

Rosenernte auf den Feldern der Parfümerie B. Court in Grasse (Südfrankreich).

Tafel 120.

Das Sortieren der Rosen zur Gewinnung von Rosenöl. (Parfümerie B. Court in Grasse.)

Das Extrahieren der ätherischen Öle im Wasserbad.
(Parfümerie B. Court in Grasse.)

Tafel 121.

Rosenernte der Firma Schimmel & Co. in Miltitz bei Leipzig.

Tafel 122.

Destillierraum für Rosenöl der Firma Schimmel & Co. in Miltitz bei Leipzig.

Je mehr Farbe und Gerbstoff eine Blüte ausbildet, um so weniger Riechstoff entwickelt sie. Weiße Blüten bilden, besonders wenn sie auf die Befruchtung durch in der Dämmerung fliegende Falter angewiesen sind, sehr starke Wohlgerüche aus, dann kommen die mehr auf den Besuch von Taginsekten eingerichteten gelben und roten und erst zuletzt die blauen Blüten. Grüne Blüten sind stets geruchlos, während bräunliche und schmutzigrote, faulendem Fleisch ähnlich gefärbte, zur Anlockung der die Befruchtung bei ihnen vollziehenden Aasfliegen jenen angenehme, für uns aber unangenehme indoloide Düfte entwickeln. Eine Überfülle von Licht erhöht wohl die Menge des Parfüms, vermindert aber dessen Feinheit; deshalb sind viele im Norden gezogene Duftstoffe an Qualität viel feiner als im Süden gewonnene. So übertrifft deutsches Rosenöl an Feinheit das bulgarische, das übrigens auch mit weniger Sorgfalt gewonnen wird, und Südengland bringt das wohlriechendste Lavendel- und Pfefferminzöl hervor.

Die meisten Pflanzen verdanken ihren Geruch einem komplizierten Gemisch verschiedener Verbindungen, und gerade die charakteristischsten darunter finden sich oft in äußerst geringer Menge, so daß die naturgetreue künstliche Nachahmung derselben zu den schwierigsten Aufgaben der chemischen Technik gehört. Seltener ist ein einzelner Stoff der alleinige oder wesentliche Geruchsträger, wie das Iron der Iris- oder Schwertlilienwurzel, das identisch ist mit dem Jonon in der Veilchenblüte — deshalb wird erstere im Volksmund auch Veilchenwurzel genannt —, das Vanillin in der Vanilleschote, das Kumarin in der Tonkabohne, im Waldmeister und Ruchgras, das Eugenol im Nelkenöl, der Zimtaldehyd im Kassia- oder Zimtöl. Eine Analyse des Blumenduftes ist deshalb meist ausnehmend schwierig, weil selbst Stoffe, die quantitativ nur in Spuren vorhanden sind, oft die gewichtigsten Faktoren im Konzert der verschiedenen Geruchskomponenten bilden. So sind Hauptbestandteile des höchst aromatisch riechenden Nelkenöls die schon längst bekannten beiden Duftstoffe Eugenol und Karyophyllen. Mischt man nun auch diese beiden Körper im richtigen Verhältnis, wie sie in den Gewürznelken enthalten sind, so hat diese Komposition durchaus noch nicht den Geruch des Nelkenöls. Da wurde im Laboratorium der größten deutschen Parfümfabrik, von Schimmel & Co. in Miltitz bei Leipzig, die Beobachtung gemacht, daß das allererste Destillat des ätherischen Öls ganz geringe Mengen eines äußerst intensiv und ganz anders riechenden Körpers enthielt. Setzte man nur wenige Tropfen von diesem dem Eugenol-Karyophyllengemisch zu, so erzielte man dann erst den charakteristischen Geruch des natürlichen Nelkenöls. Eine solche Substanz ist z. B. der Anthranilsäuremethylester, der dem Orangenblütenöl seinen Duft verleiht; mit seiner Hilfe kann man eine ganze Reihe noch anderer feiner Blumendüfte synthetisch erzeugen. Allerdings sind das alles mehr oder weniger glückliche Nachahmungen des Naturprodukts. Zu einem künstlichen Aufbau eines natürlichen Parfüms gelangt man meist nur dann, wenn der Geruchsträger ein einheitlicher Stoff ist. Eine solche Synthese gelang beim Vanillin aus Eugenol und beim Veilchenduft Jonon (identisch mit dem Iron der Schwertlilienwurzel) aus Geraniol, dem mit dem Rhodinol der Rose identischen ätherischen Öl des Geraniums und wohlriechender Grasarten. Ein Surrogat dagegen ist der künstliche Moschus, zu dessen Herstellung ein Zufall geführt hat. Als Bauer nämlich das Butyltoluol (das Toluol wird durch Destillation des Steinkohlenteers gewonnen) mit Salpetersäure behandelte und dabei in jenes drei Nitrogruppen einführte — dieselben Gruppen, die beispielsweise aus dem Glyzerin den gefürchteten Sprengstoff Nitroglyzerin hervorgehen lassen — erhielt er eine Substanz, die dem natürlichen, fast unerschwinglich teuren, der sexuellen Anreizung des Weibchens dienenden Sekret des männlichen Moschustieres täuschend ähnlich duftet.

Die Duftstoffe gehören den verschiedensten Körperklassen an. Die ätherischen Öle sind Verbindungen von Kohlenwasserstoffen und enthalten teilweise auch sauerstoffhaltige Körper. Viele scheiden beim Erkalten einen Stearopten genannten festen Körper von anderer Zusammensetzung als das flüssig bleibende Eläopten aus. Teilweise sind die Duftstoffe Alkohole, wie das Geraniol (identisch mit Rhodinol), das riechende Prinzip des kostbaren Rosenöls, oder das aus dem billigen Terpentinöl gewonnene Terpineol, das dem Fliederparfüm seinen charakteristischen Duft verleiht. Der Benzylalkohol ersetzt zusammen mit Benzylacetat den Wohlgeruch des Jasmins, der Zimtalkohol duftet nach Hyazinthen, das Menthol — auch ein Alkohol — gibt der Pfefferminze ihr würziges, erfrischendes Aroma. Von Aldehyden ist das Citral der Träger des Zitronengeruchs, Anisaldehyd derjenige des blühenden Weißdorns; auch das Vanillin der Vanille und das Piperonal des Heliotrops sind Aldehyde. Das Nitrobenzol ist das synthetische Bittermandelöl. Künstlich gewinnt man auch das Neroliöl genannte Öl der Orangenblüten, einen wesentlichen Bestandteil des Kölnischen Wassers. Eine wichtige Gruppe bilden auch die Ester, Verbindungen aus organischen Säuren und Alkoholen, weil sie nicht nur Geruchs-, sondern auch Geschmacksträger sind, und zwar vermitteln sie gewöhnlich Geschmack und Geruch von Obstsorten, wie Birne, Apfel, Ananas usw. Schon im Jahre 1850 erschienen sie als die ersten künstlich zusammengesetzten Parfüms im Handel, und zwar zuerst auf dem englischen Markt als *apple-oil* und *pear-oil.* Heute verwendet man sie meist für Limonaden, Fruchtbonbons und dergleichen mehr. Geruch und Geschmack stehen ja in engem Zusammenhang, und erst die Kombination von Geruchs- und Geschmackssinn vermittelt die Geschmacksabstufungen. Der leichteste Schnupfen hebt ja nicht nur die Geruchs-, sondern auch die Geschmacksempfindung mehr oder weniger auf.

Manche Duftstoffe riechen verdünnt und unverdünnt ganz gleich, so z. B. der Moschus; andere wieder duften nur in chemischer Reinheit sehr angenehm, während die geringste Verunreinigung einen widerwärtigen Mißgeruch bewirkt. Andere wieder, wie das Jonon, Vanillin und Kumarin, riechen in konzentrierter Form unangenehm scharf und kampferartig und erst in sehr großer Verdünnung lieblich. Die Gegenwart mancher Duftstoffe läßt andere selbst in den kleinsten Dosen stark hervortreten, so beispielsweise der Kampfer die im Schweiß enthaltenen Duftstoffe. Daher kommt es, daß, wenn jemand ein kürzlich erst aus dem kampferhaltigen Behälter geholtes Kleid anhat, er schon beim leichtesten Schwitzen einen unangenehm starken Schweißgeruch verbreitet. Wie sich einerseits das Geruchsorgan gegen bestimmte Düfte abstumpfen kann, so daß man sie vorübergehend oder dauernd nicht mehr riecht, so kann dasselbe andererseits auch durch Übung sehr verfeinert werden, was uns die Tee-, Hopfen- und Zigarrenhändler beweisen, die Unterschiede der von ihnen zu beurteilenden Ware herausriechen, die ein Ungeübter gar nicht herauszufinden vermag.

Man sollte meinen, das Vermögen, die Wohlgerüche zum Teil genau zu kopieren und auf künstlichem Wege vielfach in größerer Vollkommenheit darzustellen, habe die betreffenden Naturprodukte langsam verdrängen müssen. Dies ist aber durchaus nicht der Fall, sondern der Verbrauch der

Drogen selbst steigt vielmehr und beide, Natur- und Kunstprodukt, beherrschen nebeneinander den Markt, wie dies beispielsweise bei der Vanille der Fall ist. Da viele Laien unbegreiflicherweise eine unbezwingliche Scheu vor allen chemischen Kunstprodukten empfinden, wird auch trotz allen Triumphen der Chemie in Zukunft stets das Naturprodukt neben dem Kunstprodukt in Ehren gehalten werden und seine alte Stellung behaupten.

Das älteste durch Destillation gewonnene ätherische Öl ist das Rosenöl, das im 9. Jahrhundert n. Chr. zuerst in Persien durch Ärzte aus den herrlich duftenden Centifolien des Landes gewonnen wurde. Ihm folgten die Destillate von anderen wohlriechenden Pflanzenteilen, besonders Orangenblüten, Levkojen, Moschusweide, Pfefferminze und anderen. Bald war dieser neue Industriezweig an seinem ältesten Herd, in Schiras in Persien, so verbreitet, daß der Staat von den Darstellern solcher ätherischer Öle, unter denen das Rosenöl an Bedeutung weit vorausstand, eine Steuer erhob. Die Kunst der Destillation kam dann im 10. Jahrhundert durch die Araber nach Spanien und drang von da über Frankreich allmählich nach Deutschland vor, wo sie auch zum Extrahieren der verschiedensten ätherischen Öle benutzt wurde. In Mitteleuropa war die Rose zu selten, als daß es sich lohnte, aus ihr das Rosenöl darzustellen. Dazu benutzte man die Fülle der wohlriechenden orientalischen Rosen. In Südeuropa ist eine Haupterzeugungsstätte des Rosenöls Kasanlik am Südabhange des Balkans in Bulgarien, wo die rote Damaszenerrose in solchen Mengen an Hecken gezogen wird, daß trotz der höchst primitiven, unzureichenden Destillation der Rosenblätter in kupfernen Retorten über direktem Holzfeuer alljährlich an 3000 kg Rosenöl gewonnen werden. Bedenkt man nun, daß 5000–6000 kg Blumenblätter der Rose nötig sind, um 1 kg Rosenöl zu liefern, so kann man sich vorstellen, um was für Mengen von Rosen es sich dabei handelt, die alle innerhalb eines Monats gepflückt und bearbeitet werden müssen. Die aufbrechenden Blüten werden in den ersten Morgenstunden, während welcher der Ölgehalt am größten ist, gepflückt und sollen noch an demselben Tage destilliert werden. An schönen, sonnigen Tagen, wenn der Rosenflor in überreicher Menge sich entfaltet, kommt man mit dieser Arbeit kaum nach, so daß dann viele Blüten unbenutzt stehen bleiben und verblättern. Welch herrlichen Anblick diese blühenden Rosenhecken im Mai und Juni gewähren, kann man sich leicht vorstellen. Bei der ungeheuren Menge an Blüten, die erforderlich sind, um größere Mengen des Rosenöls zu erzeugen, ist es kein Wunder, daß 1 kg davon im Großhandel gegen 800 Mark kostet. Dieses von den Türken Athar, d. h. Äther genannte Rosenöl ist hellgelb, von sehr intensivem Rosengeruch und erstarrt bei 15–22° C. Infolge seiner Kostbarkeit ist es kaum je unverfälscht zu haben. Am meisten dient dazu das denselben Riechstoff in reichem Maße enthaltende und deshalb sehr ähnlich duftende ätherische Geraniumöl, das in Almeria in Spanien, dann in Algerien und seit 1887 besonders auf der Insel Réunion aus den Blättern des hochrote Blüten aufweisenden, bis 1,6 m Höhe erreichenden Rosengeraniums (*Pelargonium roseum*) gewonnen wird. Dieses wird wiederum mit dem indischen Lemongrasöl verfälscht, das aus dem in Südindien heimischen bläulichgrauen Lemongras (*Andropogon schoenanthus*) gewonnen wird. Wie mit diesen beiden ätherischen Ölen wird das Rosenöl auch mit dem überaus wohlriechenden, balsamartigen ätherischen Öle verfälscht, das aus dem Holz des in Argentinien und Paraguay wachsenden, 18 m hohen Guajakbaumes (*Bulnesia sarmienti*) gewonnen wird und eine Ausbeute von 5,4 Prozent liefert.

Meist wird von den bulgarischen Rosenölfabrikanten das billige ostindische, als Palmarosaöl bezeichnete Lemongrasöl zum Verfälschen benutzt, von dem jährlich an 1000 kg dort eingeführt werden. Demnach ist also nicht weniger als ein Drittel des bulgarischen „Rosenöls", von dem 1 kg im Großhandel, wie gesagt, gegen 800 Mark kostet, ostindisches Lemongras- oder Palmarosaöl, von dem 1 kg im Großhandel auf 23 Mark zu stehen kommt. Dabei wissen die schlauen Bulgaren mit der größten Raffiniertheit die Kontrolle des Staates zu umgehen und die beaufsichtigenden Beamten zu überlisten. Sie wissen dem Lemongrasöl durch längeres Stehenlassen an der Sonne seine Schärfe zu nehmen und ihm einen dem Rosenöl ähnlicheren Geruch zu verleihen und besprengen dann mit diesem Öl die frischgepflückten Rosenblüten schon auf dem Felde, so daß der im Destillierraum die Prüfung vornehmende Beamte nie andere als solche mit Lemongrasöl bespritzte Rosenblumenblätter zu Gesicht bekommt. Wer nun auch immer für schweres Geld erworbene kleine, längliche Glasfläschchen mit einigen Tropfen Inhalt aus der Türkei mit nach Hause bringt, kann sicher sein, kein reines Rosenöl gekauft zu haben; oft hat er nur Geranium- oder das noch billigere Lemongrasöl eingehandelt.

Mehr Garantie für reine Ware bieten die südfranzösischen Destillerien hauptsächlich in Grasse, ein tadelloses Produkt dagegen liefert die deutsche Firma Schimmel & Co. (Inhaber Gebrüder Fritzsche) in Miltitz bei Leipzig, die mit zielbewußter Energie die Rosenölgewinnung in die Hand genommen hat. Schon vor zehn Jahren hatte diese Firma 35 Hektare mit der roten, auch in Kasanlik angepflanzten Damaszenerrose angebaut, die über 260000 kg Blüten lieferten. Sie bringt jährlich etwa 100 kg Rosenöl in den Handel, welches an Reinheit und infolgedessen an Qualität das bulgarische Produkt weit übertrifft und deshalb im Großhandel das kg auf 1500 Mark zu stehen kommt. Doch liefert diese Firma auch ein künstliches Rosenöl zu 280 Mark als Engrospreis. Die von ihr benutzten Vakuumdestillationsapparate, die bis zu 45000 Liter zu fassen vermögen, entsprechen selbstverständlich den höchsten Anforderungen der Gegenwart, und die hohe technische Vervollkommnung bedingt bei gleichem Destillationsprinzip eine viel rationellere Ausnutzung des Rohmaterials und die Gewinnung eines in jeder Beziehung ausgezeichneten Produktes. Das Rosenöl selbst besteht aus einem duftlosen, wachsartigen, festen und einem flüssigen Körper, welch letzterer der eigentliche Duftträger ist und Rhodinol genannt wurde. Später stellte es sich heraus, daß es mit dem im Geraniumöl und Lemongrasöl enthaltenen Geraniol identisch ist, die Bulgaren also für ihre Verfälschung auf ein ätherisches Öl gestoßen sind, dessen wichtigster Bestandteil genau derselbe ist wie beim echten Rosenöl. Die große Verschiedenheit des Duftes ist auf geringfügige Beimengungen zurückzuführen, die trotz ihrer zurücktretenden Quantität den Charakter des Duftes bestimmen.

Da nun dem Altertum die Kunst der Destillation fehlte, die, wie gesagt, erst im 9. Jahrhundert n. Chr. von persischen Ärzten erfunden wurde, ist das, was die Alten unter Rosenöl verstanden, etwas ganz anderes, als was wir darunter verstehen. Ihr Rosenöl war eine Art Salbe (griechisch *mýron*), die wesentlich aus mit Rosenduft imprägniertem, fettem Öl, und zwar Olivenöl bestand. In seiner Arzneimittellehre teilt uns der um die Mitte des 1. Jahrhunderts n. Chr. lebende griechische Arzt Dioskurides ihre Zubereitung in folgenden Worten mit. „Rosenöl (*ródinon élaion*) wird so bereitet: Es werden 5 Pfund und 8 Unzen (lateinisch *uncia*, im Gewicht von 1/12 Medizinalpfund oder rund 30 g) *schoínos* (Lemongras oder wohlriechendes Bartgras, *Andropogon schoenanthus*, von dem Dioskurides an einer anderen Stelle sagt, daß es in Arabien, und zwar die beste im Lande der Nabatäer wachse, frisch, mit der Hand gerieben, einen Rosengeruch verbreite, gekostet auf der Zunge heftig brenne und vielfach als Arznei angewendet werde) klein geschnitten, in Wasser geweicht, in 20 Pfund und 5 Unzen Olivenöl gekocht und zuweilen umgerührt. Hierauf wird das Öl durchgeseiht und es werden ihm die Blumenblätter (*pétalon*) von 1000 Rosen zugesetzt; diese dürfen nicht naß sein, werden aber vorher mit wohlriechendem Honig gesalbt und im Öle einen Tag lang zu wiederholten Malen mit den Händen gedrückt und umgerührt. Hat sich nun etwas Hefeartiges zu Boden gesetzt, so kommt die Masse in einen mit Honig ausgestrichenen Mischkrug. Die Rosenblätter werden aus dem Öle genommen, ausgedrückt, in ein anderes Gefäß getan, mit 8 Pfund 3 Unzen eingedickten Öles übergossen und wiederum ausdrückt. Das letztere Verfahren gibt die geringere Sorte Rosenöl. Man kann das Verfahren noch zweimal wiederholen, wodurch man eine dritte und vierte Sorte Öl bekommt. Jedesmal wird aber das Gefäß erst mit Honig ausgestrichen. Will man alle diese Rosenölsorten recht stark machen, so wirft man in das zuerst gewonnene Öl wieder ebensoviel frische Rosenblumenblätter, rührt sie mit Händen, die mit Honig gesalbt sind, um, drückt sie aus und setzt dieselben dann auch noch ebenso zur zweiten, dritten und vierten Sorte. So kann man siebenmal neue Rosen ins Öl bringen, dann aber muß man aufhören. Auch die Presse wird übrigens mit Honig bestrichen, und endlich wird das Öl sorgfältig von dem Safte der Rosenblätter getrennt; denn bleibt von diesem nur das Geringste darin, so verdirbt das Öl. — Manche Leute zerstampfen die Rosen, stellen die Masse an die Sonne, werfen sie dann in Öl und stellen dieses an die Sonne. Manche dicken vorher das Öl mit einem Zusatz von Kalmus und langdornigem Ginster ein; andere tun, um ihm eine schöne (rote) Farbe zu verleihen, Färberochsenzunge (*anchúsa*) hinzu, oder, um die Haltbarkeit zu befördern, Salz. — Das Rosenöl wird innerlich und äußerlich vielfach gebraucht."

Seit der Gewinnung des echten Rosenöls im 9. Jahrhundert bildet es als persisches Athar einen sehr wichtigen Handelsartikel im ganzen Orient und gelangte von Persien aus bis nach Indien und China, wo es ebenfalls sehr geschätzt wurde. Seit der Mitte des 15. Jahrhunderts treten uns bestimmte Angaben über den Gebrauch dieses Rosenöls auch in Europa entgegen. Seit dem 17. Jahrhundert verbreitete sich die Rosenölindustrie von Persien aus weiter und gelangte damals auch nach Bulgarien, wo sie aber erst im 19. Jahrhundert die jetzige große Bedeutung erlangte. Die französische Rosenölindustrie begann um die Mitte des 19. Jahrhunderts, die deutsche erst 1883.

Wie auf Ceylon und Malakka das in Arabien und Ostindien wildwachsende, sehr gewürzhaft riechende und duftende Bartgras (*Andropogon schoenanthus*) als Lemongras zur Gewinnung des wohlriechenden Grasöles im großen angebaut wird, so ist dies in noch weit größerem Umfange mit dem in trockeneren Gegenden Südasiens verbreiteten Citronellgras (*Andropogon citratus*) der Fall, das sich von jenem durch seine rote Behaarung, die schmalen Blätter und die kurzen Blütenähren unterscheidet. Das 2–2,5 m hohe Gras wird aus Samen gezogen und gerade vor dem Blühen geschnitten. Bei sorgfältiger Kultur gibt es zwei bis drei Ernten im Jahr. In Südindien wird besonders auch das aus den Wurzelstöcken von *Andropogon muricatus* gewonnene Kuskus- oder, wie die Tamilen sagen, Votiveröl viel benutzt, aber in nicht sehr großen Mengen nach Europa ausgeführt. Dort wird auch viel Sandelholzöl aus dem in kleine Späne gehackten, rosenartig riechenden Kernholz des kleinen Sandelbaumes (*Santalum album*) destilliert, das in allerdings weniger ertragreicher Qualität auch auf den kleinen Sundainseln gewonnen und exportiert wird. In der Medizin dient es zur Behandlung der Gonorrhoe an Stelle des älteren Copaivabalsams. Das wohlriechende Holz dient zum Fournieren von Möbeln, zur Herstellung von allerlei kleinen Geräten, Götzenbildern und Rosenkränzen. Am meisten dient es — bei den Chinesen zugleich mit Weihrauch — als Räuchermittel in Tempeln und bei Begräbnissen; auch die wohlhabenden Araber räuchern mit demselben und lassen sich daraus wohlriechende Pfeifenrohre schnitzen.

Tafel 123.

Einbringen des Lavendels zur Destillation von Lavendelöl in Barrême (*Alpes maritimes*).

Tafel 124.

Vorbereitung zur Destillerie von Lavendelöl in Barrême (*Alpes maritimes*).

Ebenfalls bei den Chinesen als Parfüm und Medizin sehr beliebt ist die wohlriechende Wurzel der indischen Komposite *Saussurea lappa*, die von Kaschmir aus in bedeutenden Mengen über Kalkutta und Bombay dorthin exportiert wird. So importiert allein der Hafen Hankau jährlich für über 100000 Mark dieser Droge, die das ganze Mittelalter hindurch als Costuswurzel auch in Europa zu den stark begehrten Handelsartikeln aus dem Oriente gehörte. Auch im Morgenlande wurde sie viel gebraucht. Während diese aromatische Wurzel heute in der abendländischen Medizin keine Rolle mehr spielt, ist dies noch bei dem aus den gewürzhaft riechenden Blättern zweier nahe verwandter australischer Bäume destillierten Cajaputöl (vom malaiischen *caju puti*, d. h. weißer Baum, *Melaleuca leucadendron*) und beim Eucalyptusöl (von dem bis 130 m Höhe erreichenden, äußerst rasch wachsenden und daher zur Entsumpfung fieberreicher Gegenden benutzten *Eucalyptus globulus*) der Fall. Aus den Blättern einer anderen Myrtazee, *Amomis caryophyllacea*, wird in den kleinen Antillen, und zwar bis jetzt fast ausschließlich von wildwachsenden Bäumen, das Bayöl gewonnen, während aus den Früchten des hauptsächlich auf Jamaika kultivierten Pimentbaumes das Pimentöl hergestellt wird. Gleicherweise destilliert man aus den verschiedenen Gewürzen wie Zimt, Kassia, Gewürznelken, Muskatnuß, Cardamomen, Ingwer, Kalmus, Anis, Sternanis, Fenchel, Koriander usw. die betreffenden ätherischen Öle, die mancherlei Verwendung finden. Das gleiche ist mit den wohlriechenden Lippenblütlern der Fall, wie Pfefferminze, Fenchel, Melisse, Citronell, Krauseminze, Rosmarin, Lavendel, Thymian, Basilicum und Salbei, zu denen als eines der wichtigsten tropischen ätherischen Öle dasjenige eines Halbstrauchs von Indien, Ceylon und Malakka, *Pogostemon patschuli*, hinzukommt, das nach der bengalischen Benennung Patschuli heißt. Diese alle werden durch Destillation aus den Blättern und übrigen krautigen Pflanzenteilen gewonnen. Mit dem durchdringend riechenden Patschuli parfümieren die indischen Frauen ihre Kopfhaare, die Kaufleute die teuren Schale und den Tabak, die Chinesen ihre Tusche. Auch in Europa wird diese Essenz häufig zu Parfümerien verwendet, da der Duft derselben der haltbarste unter allen Pflanzengerüchen ist.

Mit dem Patschuliduft wurden übrigens die Europäer durch die damit parfümierten indischen Schale bekannt, die früher zu ganz enormen Preisen verkauft wurden. Einige französische Fabrikanten aber ahmten sie in so ausgezeichneter Weise nach, daß die Kaufleute das indische Fabrikat nur durch sein eigentümliches Parfüm zu unterscheiden vermochten. Natürlich boten die französischen Fabrikanten alles auf, um zu demselben Parfüm zu gelangen, damit kein Mensch mehr ihr Fabrikat vom indischen unterscheiden könne und sie dafür dieselben hohen Preise wie für jenes erhielten. Längere Zeit blieben ihre Bemühungen erfolglos, bis es endlich gelang, das Geheimnis zu lüften. Das getrocknete Patschulikraut kam nach Europa und der französische Schal war fortan auch durch die Nase nicht mehr vom echt indischen, durch Handarbeit hergestellten, zu unterscheiden.

Das in der Pflanze enthaltene Patschuliöl ist ein Beispiel dafür, wie der Naturprozeß, durch den der Duftstoff entsteht, erst künstlich eingeleitet werden muß. Die frisch gepflückten Blätter enthalten nämlich das Öl noch nicht; sie werden halbtrocken in den Schiffsraum verpackt und machen nun auf der Reise nach Europa eine Art Gärung durch, bei welcher erst der Duftstoff entsteht. Ganz ähnlich ist es mit der Entwickelung von anderen Duftstoffen, z. B. bei den Vanilleschoten, die in frischem Zustande keine Spur Vanillin enthalten. Erst durch einen künstlich eingeleiteten Gärungsprozeß kommt es zur Bildung dieses wohlriechenden Stoffes, der dann in feinen, weißen Kristallen die durch die Gärung schwarz gewordenen Schoten bedeckt. Ebenso entwickelt sich das gleich zu besprechende Kumarin der Tonkabohne, des Waldmeisters und verschiedener Grasarten erst nach dem Trocknen als Heu, wodurch erst jene Substanzen den bekannten, ihnen eigentümlichen betäubenden Duft erhalten.

Eines der feinsten und kostbarsten der flüchtigen Öle, dem in Südasien sogar der allererste Rang eingeräumt wird, ist das Ylang-Ylangöl, das aus den grünlichen Blüten des etwa 20 m hohen, auf den südasiatischen Inseln heimischen, von den Malaien als Kananga bezeichneten Baumes *Cananga odorata*, aus der Familie der Anonazeen, gewonnen wird. Es kommt fast ausschließlich aus den Philippinen über Manila in den Handel und wird aus den Blüten von kultivierten Bäumen, deren Duft sehr viel feiner als derjenige der wildwachsenden ist, hergestellt; das Öl der letzteren, das als Kanangaöl bezeichnet wird, kostet deshalb auch fast zwanzigmal weniger, nämlich bloß 25 Mark das kg, während das echte Ylang-Ylangöl von kultivierten Bäumen 480 Mark das kg im Großhandel kostet. Es ist lichtgelb, etwas leichter als Wasser und von großem Wohlgeruch. Durch die große Nachfrage und die sehr hohen dafür bezahlten Preise veranlaßt, wurde es seit Anfang der 1860er Jahre zuerst auf Luzon, dann auch auf Java dargestellt. Seit vier Jahren sind mit der Kultur des Kanangabaumes auch auf der französischen Insel Réunion bedeutende Erfolge erzielt worden, beträgt doch die Zahl der blütentragenden Bäume dort bereits etwa 200000. Der Baum nimmt zwar mit jedem Boden vorlieb, gibt aber den meisten Ertrag an Blüten auf gutem Boden. Auch müssen die Pflanzungen vor dem Winde geschützt werden, da die Zweige sich sonst durch Aneinanderreiben beschädigen. Nur die Bäume, die in geschützten Vertiefungen und auf kräftigem, feuchtem Boden gepflanzt wurden, haben sich als widerstandsfähig und nutzbringend erwiesen. Bei guter Pflege trägt die Pflanze schon nach 1½ Jahren die ersten Blüten, die aber noch arm an dem wohlriechenden Öl sind. Die erste volle Blüte pflegt vom vierten Jahre an einzutreten, steigert sich bis zum zehnten Jahre und bleibt dann eine ganze Reihe von Jahren auf demselben Ertrag. 10 kg Blüten von einem Baum entsprechen einer Mittelernte, doch kann ein solcher ausnahmsweise 50 bis 60 kg liefern. Durchschnittlich kann man pro Hektar 2000 kg Blüten rechnen, die 20 kg höchstwertigen Ylang-Ylangöles im Werte von 9600 Mark, oder 40 kg minderwertigen Ylang-Ylangöles liefern; es ist dies also eine mit Rücksicht auf die geringen Erzeugungskosten sehr rentable Kultur, die auch für die deutschen Kolonien sehr empfehlenswert wäre.

In Südasien werden schon lange die wohlriechenden Samenkörner einer strauchartigen Malve (*Hibiscus abelmoschus*) als Parfüm benutzt, z. B. zwischen die Wäsche gelegt. Sie riechen ähnlich wie Moschus und kommen deshalb als Moschuskörner in den Handel. Von Indien aus hat sich der Strauch, dessen unreife Früchte als beliebtes Gemüse gegessen werden, über die ganzen Tropen und Subtropen verbreitet und wird besonders in Westindien, speziell Martinique, im großen kultiviert. In den beiden letzten Jahrzehnten hat sich der Verbrauch des aus den Moschussamen gewonnenen ätherischen Öles außerordentlich gesteigert. Ihm im Geruche ähnlich ist das aus der bitteraromatischen Wurzel der in der zentralasiatischen Steppe heimischen Sumbulpflanze, eines Doldengewächses (*Ferula sumbul*), gewonnene andere Moschusöl, das ebenfalls ein Surrogat des echten Moschusöles bildet.

Der echte Moschus stammt bekanntlich von dem zwischen Nabel und Geschlechtsteilen liegenden, 30–50 g schweren Beutel des rehähnlichen, auf den Gebirgen Hinterasiens, besonders in Tibet und der Mongolei lebenden, 1,15 m langen Moschustieres (*Moschus moschiferus*), der mit einer bräunlichen, schmierigen Substanz von sehr durchdringendem Geruch gefüllt ist. Diese dient zur Anlockung und geschlechtlichen Erregung des Weibchens. Der beste Moschus kommt von der Provinz Jün-nan im südwestlichen China in kleinen, verlöteten Bleikästen zu 20–30 Stück in den Handel und kostet bis zu 3500 Mark das kg. In ähnlicher Weise wird auch das Zibet der männlichen Zibetkatze und das Bibergeil des Bibermännchens verwendet. Sie sind nebst der Ambra des Pottwales, die meist in größeren Knollen freischwimmend auf dem Meere angetroffen und gefischt wird, die einzigen aus dem Tierreiche gewonnenen Duftstoffe, denen in der Parfümerie eine große Bedeutung zukommt. Obschon wir hier nur die pflanzlichen Duftstoffe zu besprechen haben, müssen wir sie dennoch erwähnen, da sie zur Geltendmachung der pflanzlichen Duftstoffe sehr wichtig sind. So unangenehm sie konzentriert auf unser Geruchsorgan wirken, so angenehm sind sie stark in Alkohol verdünnt. Was sie für die Parfümerie so wichtig macht, ist nicht sowohl ihr eigenes Aroma, als vielmehr ihre Fähigkeit, die Geruchsentwicklung der ihnen beigemischten pflanzlichen Ingredienzen zu fördern und andererseits wieder zu fixieren, d. h. eine etwas zu rasche Verflüchtigung zu verhindern. Hierin werden sie am wirkungsvollsten von den künstlichen Riechstoffen unterstützt, dem zweiten großen Faktor in der Parfümeriefabrikation, den wir im wesentlichen der deutschen

Riechstoffchemie zu verdanken haben. Von ihnen war bereits die Rede, so daß wir hier nicht näher darauf einzutreten brauchen.

Wie das in den Orchideenblüten nicht seltene Vanillin, das jetzt auch künstlich hergestellt wird, sich in konzentrierter Form in den gegorenen Schoten der Vanillepflanze vorfindet, so ist das in der Pflanzenwelt als Duftstoff weitverbreitete Kumarin, das, wie gesagt, dem Waldmeister, dem Ruchgras und dem Heu den charakteristischen Geruch verleiht, in der südamerikanischen Tonkabohne in besonders hohem Maße angehäuft. Die sie hervorbringenden Tonkabäume (*Dipterix odorata*) sind 20–27 m hohe Schmetterlingsblütler, die in den Wäldern Guianas, Venezuelas und Nordbrasiliens heimisch sind. Von dort kommen die über mandelgroßen, glänzend schwarzen, runzeligen Samen in den Handel, die sich nach vorübergehendem Einlegen in Rum mit farblosen Kumarinkriställchen bedecken. Während sie wie die Vanilleschoten und das Kraut von Waldmeister und Ruchgras frisch fast geruchlos sind, duften sie jetzt stark nach Heu, indem sich wahrscheinlich das Kumarin, wie das Vanillin und ähnliche Duftstoffe, aus einer andern leicht zersetzlichen Substanz erst bildet. Es dient vielfach zur Parfümerie, als wohlriechende Beigabe zum Schnupftabak, zur Bereitung von Maitrankessenz und zur Imprägnierung von gewöhnlichen, geruchlosen Kirschbaumtrieben, die dann als Weichselrohr zur Herstellung von Pfeifenrohren, Spazierstöcken usw. dienen. In der Medizin wird damit der penetrante Geruch des Jodoforms gemildert.

Reichliche Verwendung finden auch die in den Blüten und Früchten der Agrumen, wie auch in den wohlriechenden Blüten der verschiedenen Gartenpflanzen, wie Veilchen, Reseda, Maiglöckchen, Heliotrop, Hyazinthen, Tuberosen, Jasmin, Akazien usw. enthaltenen ätherischen Öle. Die Stadt Grasse in Südfrankreich ist das Zentrum von deren Kultur und Gewinnung. Dabei werden die gepflückten Blüten mit geschmolzenem Fett übergossen und umgerührt, erstarrt 24 Stunden liegen gelassen. Dann wird das Fett wieder geschmolzen und dieser Prozeß wiederholt, bis das Fett mit dem Riechstoff gesättigt ist. Zur Erreichung dieses Resultates sind von manchen Blüten bis 6 kg auf 1 kg Fett erforderlich. Für die feinsten Gerüche verfährt man in der Weise, daß man große, starke Glastafeln 0,5 cm hoch mit ebensolchem reinem Fett — früher Schweineschmalz und Rindstalg, jetzt meist Vaselin — belegt und in diese die Blüten, deren Duft man auffangen will, mit dem Kelch nach oben steckt. Auf die Glastafel wird eine zweite, in derselben Art zugerichtete gelegt, welche, als Deckel dienend, den Geruch nicht entweichen läßt; darauf wird eine dritte wiederum mit Blüten besteckt, Glasseite auf Glasseite gelegt, die man ebenfalls mit einer Deckplatte versieht, und so fort. Nach 25–30 Tagen ist das Fett mit dem Dufte der täglich gewechselten Blüten gesättigt. Diese als Pomaden bezeichneten parfümierten Fette bilden die Grundlage der meisten Parfümartikel. Aus ihnen kann man durch Extraktion mit Weingeist den Riechstoff als Essenz erhalten und in einzelnen Fällen ihn auch als ätherisches Öl für sich abscheiden. Der Sprit gibt dem Parfüm die Frische, und sein Geruch hat etwas Belebendes. Um nun die verschiedenen, vielfach mit Phantasienamen belegten Parfümwässer zu erhalten, werden die Essenzen in mannigfaltiger, als Fabrikgeheimnis geheimgehaltener Weise gemischt und zur gegenseitigen Durchdringung der Duftstoffe oft längere Zeit in Holzfässern gelagert.

Mehr von historischem Interesse ist das uns allen aus der biblischen Geschichte bekannte Nardenöl, mit dem auch die Füße des Heilands von der Ehebrecherin gesalbt wurden und das im Altertum als kostbares Parfüm eine große Rolle spielte. Es wurde bei den Alten aus mehreren wohlriechenden Pflanzen, besonders aus der Familie der Baldriangewächse, gewonnen. Die echte kostbare Nardensalbe des Altertums wurde aus der im mittleren Himalaja wachsenden echten indischen Narde (*Nardostachys jatamansi*) bereitet. Ihre Wurzel schmeckt bitter gewürzhaft und war neben dem Opium ein wichtiger Bestandteil des aus etwa 60 verschiedenen Pflanzenstoffen mit Beigabe der widersinnigsten tierischen Substanzen, wie z. B. des Fleisches von Giftschlangen, hergestellten Theriaks, eines vom griechischen Leibarzte des Kaisers Nero, Andromachos, erfundenen berühmten Gegenmittels gegen den Biß giftiger Schlangen und alle tierischen Gifte überhaupt, das dieser einst mit einem in Versen abgefaßten Rezept dazu jenem Kaiser zu Füßen legte. Seither wurde jenes Mittel bis ins vergangene Jahrhundert, wie das ebenfalls in der römischen Kaiserzeit von einem andern griechischen Arzte, Menekrates, erfundene Diachylonpflaster, ein durch Kochen von Bleioxyd in Öl mit Zugabe von Gummiharzen und Harzen bereitetes Zugpflaster, das bis heute in sehr hohem Ansehen beim Volke blieb, stets feierlich in aller Öffentlichkeit unter dem Schall von Trompeten und Trommeln hergestellt. Noch im Jahre 1787 schmetterten die Pauken und Trompeten bei der gewichtigen Darstellung dieses Theriaks, zu dessen Herstellung die Vipern in Neapel noch unter den Bourbonen unter staatlicher Aufsicht gefangen wurden. Das bei den vornehmen alten Römern besonders zum Salben des Körpers nach dem Bade sehr beliebte wohlriechende indische Nardenöl ist heute noch in seiner Heimat Indien ein geschätztes Duft- und Heilmittel, weshalb die Nardenpflanze dort zu diesem Zwecke von alters her angebaut wird.

Das aus einer anderen Baldrianart, *Nardostachys grandiflora*, in Nepal gewonnene Öl riecht weniger angenehm, aber stärker als das aus der echten indischen Narde gewonnene. Die arabische Narde wurde wahrscheinlich aus dem wohlriechenden Nardenbartgras (*Andropogon nardus*) hergestellt, das wohl der griechische Schriftsteller Flavius Arrianus (um 100 n. Chr. zu Nikomedia in Bithynien geboren, ward 136 unter Hadrian Präfekt von

Kappadokien, starb unter Marc Aurel) in seiner Darstellung von Alexanders des Großen Feldzug nach Asien im Sinne hatte, als er schrieb: „Als Alexander durch eine Wüste gegen das Land der Gedrosier (eine iranische Landschaft, etwa dem heutigen Beludschistan entsprechend) vorrückte, fand er viele wohlriechende Nardenwurzeln, welche von den Phönikiern gesammelt, vom Heere aber in solcher Menge zertreten wurden, daß die ganze Gegend danach roch." Die italienische Narde dagegen wurde aus dem Lavendel, die kretische Narde aus *Valeriana italica* und *V. tuberosa* und die gallische oder keltische Narde aus *Valeriana celtica* und *V. saliunca* gewonnen, deren Wurzeln noch jetzt von Triest aus nach dem Orient ausgeführt werden, wo man sie zur Herstellung einer nach dem Bade zum Salben des Körpers beliebten Salbe benutzt. Letztere Baldrianart hat ihren Namen nach einer alten, schon vom griechischen Arzte Dioskurides im 1. Jahrhundert n. Chr. erwähnten ligurischen Bezeichnung erhalten. Dieser Autor schreibt nämlich in seiner Arzneimittellehre: „Die keltische Narde wächst auf den ligurischen Bergen, wo sie *saliunka* genannt wird. Es ist dies ein kleiner Strauch, der samt den Wurzeln gesammelt und in Bündelchen gebunden wird. Die Blätter sind länglich, gelblich, die Blüten quittengelb. Nur die Stämmchen und Wurzeln sind wohlriechend und im Gebrauch." Außerdem unterscheidet er eine indische und syrische Narde. „Letztere", fährt er fort, „hat ihren Namen nicht davon, daß sie wirklich in Syrien wächst, sondern nur deswegen, weil die Seite des Gebirges, auf welchem sie wächst, nach Syrien zu liegt, während die entgegengesetzte Seite sich nach Indien hinneigt. Letztere ist am besten frisch, leicht, gelb, von starkem Wohlgeruch. Die indische Narde dagegen, die nach dem Flusse Ganges *gangitis* heißt, ist kraftloser, da sie auf nassen Stellen wächst. — Aus diesen wird die Nardensalbe (*nárdinon mýron*) auf verschiedene Weise mit allerlei Zusätzen bereitet."

XXVII.
Die Arzneipflanzen.

So lange es Menschen gibt, haben sie allerlei Verletzungen und Krankheiten zu erleiden gehabt, gegen die sie Linderungs- und Heilmittel anzuwenden suchten. Diese entnahmen sie zumeist der sie umgebenden Pflanzenwelt, der sie Zauberkräfte mancherlei Art zuschrieben, die sie sich zu Nutzen machten. So entwickelte sich in engstem Zusammenhang mit der Ausübung von Zauberei die älteste Medizin der Naturvölker, deren Spuren sich noch zahlreich in unserem Volkstume nachweisen lassen. Und während fürsorgliche Frauen und mitleidige Stammesgenossen die erste und in leichteren Fällen einzige Handreichung taten, wurden in schwierigeren Fällen die erfahrenen Alten der Sippe zur Übernahme der Behandlung zugezogen. Auf solche Weise erhoben sich die Erfahrensten des Stammes, denen die Sippengenossen volles Vertrauen entgegenbrachten, zu Zauberpriestern und Ärzten in einer Person. Manche unter ihnen genossen nicht nur zeitlebens das größte Ansehen, sondern wurden nach ihrem Tode als machtvolle Geister göttlich verehrt.

Ein solcher vergöttlichter Weiser und Arzt seines Volkes war dem uralten Kulturvolke der Ägypter I-em-hotep („der in Frieden kommt"), meist gekürzt Imhotep genannt, der uns als der älteste mit Namen bekannte Arzt der Welt entgegentritt und später zum Gott der Heilkunde erhoben wurde. Als solcher war er der gute Arzt der vergöttlichten Menschengeister und der lebenden Menschen, dem man in Krankheitsfällen Opfer und Gelübde darbrachte, damit er die Krankheit zum Guten wende und Heilung eintreten lasse. Denn von jeher wurde der über die Anwendung eines Heilkrautes gesprochene Heilsegen für wichtiger und wirkungsvoller gehalten als seine guten Eigenschaften als solche, und über allem stand das durch Opfer erlangte Wohlwollen solcher im Geisterreiche waltender Heilgewaltiger. Daß nun dieser Heilgott der alten Ägypter eine wirkliche, im Volksbewußtsein durch die Jahrtausende lebendig gebliebene Persönlichkeit war, darüber kann durchaus kein Zweifel bestehen. Und tatsächlich haben die neuesten Forschungen der altägyptischen Literaturdenkmäler ergeben, daß der Gegenstand solch nachhaltiger Verehrung, dessen Name als der eines weisen Priesters und mächtigen Zauberers, eines geschickten Arztes und großen Baumeisters durch die ganze ägyptische Geschichte hindurch unvergessen blieb, ein Zeitgenosse des Königs Zoser war, mit dem Manetho, ein ägyptischer Priester aus Sebennytos, der unter Ptolemäus I. (305–285 v. Chr.) lebte und in griechischer Sprache eine leider bis auf die von Julius Africanus und Eusebius uns mitgeteilten Bruchstücke und den kurzen Auszug bei Josephus verloren gegangene Geschichte seines Landes schrieb, die dritte Dynastie beginnen läßt. Dieser König Zoser herrschte vor den Erbauern der großen Pyramiden bei Gise von etwa 2980 v. Chr. an und begründete die Vorherrschaft der unterägyptischen Stadt Memphis, die er zu seiner Residenz erhob. Seiner Regierungszeit gehören die ersten größeren Steinbauten des Niltals an, und unter ihm begannen die in zunächst staffelförmigen Pyramiden errichteten Königsgräber, statt aus ungebrannten, nur an der Sonne getrockneten Lehmziegeln wie zuvor, aus Steinquadern gebaut zu werden. Unter ihm hat nun als einflußreicher Beamter seines Hofes und sein Hauptratgeber Imhotep gelebt, der sich schon im Leben solchen Ansehens bei seinem Könige erfreute, daß er sein Grab dicht neben dem Grabe seines Königs in der Stufenpyramide von Sakkara bei Memphis erhielt. Nach einer alten Tradition hatte er den ehrenden Beinamen „Herr der Geheimlehre und der Zahlen“. Die Gelehrtesten seines Volkes, die Schreiber, hatten ihn zu ihrem Schutzherrn erwählt. Und wer unter ihnen fromm war, weihte ihm regelmäßig eine Spende aus dem Wasserbehälter seines Schreibzeugs, ehe er seine Arbeit begann. Noch nach Jahrhunderten kannte das Volk die ihm zugeschriebenen Sprichwörter, und 2500 Jahre nach seinem Tode war er zum Gott der Heilkunde geworden, in welchem die Griechen, die ihn Imuthes nannten, ihren eigenen Heilgott Asklepios zu erkennen glaubten. Als Gott wurde er auf einem Sessel sitzend abgebildet, mit einem einfachen Lendentuche und Hals- und Armbändern wie seine vornehmen Volksgenossen angetan, in der Rechten den Zauberstab mit dem Kopf des Schakals, also des Tieres, das als Wächter des Eingangs in die Unterwelt gedacht war, an der Spitze und in der Linken den Nilschlüssel, das Symbol des Lebens, haltend.

Die ursprüngliche und angesehenste ärztliche Gottheit der alten Ägypter war aber die Göttin Isis, der man nicht nur die Entstehung zahlreicher Krankheiten, sondern auch die Macht zuschrieb, sie wieder zu heilen. Ihre göttliche Wunder- und Heilkraft bewies sie dadurch, daß sie ihren von Seth (der personifizierten Dürre) erschlagenen Sohn Horus (die am Himmel aufsteigende junge Sonne) wieder zum Leben erweckte. Sie lehrte dann die Menschen die Krankheiten erkennen und heilen. Die Erfindung vieler Arzneimittel wurde auf sie zurückgeführt. Wegen der großen Erfahrung, welche sie in der Arzneikunde besaß, brachte man Kranke mit Vorliebe in ihren Tempel, damit sie während des Schlafes durch einen von ihr eingegebenen Traum erführen, welches Mittel sie zu ihrer Heilung anwenden sollten.

Als dritte medizinische Gottheit galt den alten Ägyptern der Gott Thot (von den Griechen mit ihrem Hermes identifiziert). Von ihm heißt es im ärztlichen Papyrus Ebers, so genannt, weil ihn der bekannte Schriftsteller Prof. Georg Ebers während seines Aufenthaltes in Theben-Luxor im Winter 1872/73 von einem dortigen Kopten erwarb — er befindet sich jetzt auf der Leipziger

Universitätsbibliothek und ist, trotzdem er zur Zeit der 18. Dynastie (1580–1350 v. Chr.) geschrieben wurde, noch so gut erhalten, als ob der Schreiber, der ihn beschrieb, erst sein Schreibrohr beiseite gelegt habe —, er sei derjenige, „der da die Bücher macht, die Erleuchtung schenkt den Schriftgelehrten und Ärzten, die sich in seiner Nachfolge befinden, um (die Menschen von ihrer Krankheit) zu erlösen.“ Er hieß eigentlich Tehuti und wurde schon zur Zeit der ersten Dynastie des Reichs um 3400 v. Chr. als Urheber und Beschützer des Schrifttums bezeichnet, als „Schreiber der Wahrheit“, „Herr der göttlichen Worte“, „Darreicher der Schriften“ usw. Beim Aburteilen der Seelen in der Unterwelt durch die Götter führte er Buch über die Wägung der Herzen. Er wurde ibisköpfig dargestellt, mit dem Henkelkreuz als dem Zeichen des Lebens in seiner Rechten und einer Papyrusrolle in der Linken. Der Mittelpunkt seiner Verehrung war die Hohe Schule von Sesennu (dem Hermopolis der Griechen), wo vornehmlich die Schreiber und Ärzte ausgebildet wurden. Der um 180 n. Chr. lebende griechische Sophist Claudius Älianus leitet in seinen 14 Büchern „Vermischte Erzählung“ den Namen dieses Gottes irrtümlicherweise von *thouod* Säule her, weil er als Erfinder aller Künste und Wissenschaften seine Weisheit in steinerne Säulen grub. Aus diesen hieroglyphischen Inschriften schöpften die Priester in den ältesten Zeiten ihr Wissen, merkten sich die dort verzeichneten Regeln der Arzneikunde und trugen sie nach Erfindung des Papiers in die 42 Rollen des Thot (von den Griechen entsprechend der Identifizierung des Thot mit ihrem Hermes hermetische Bücher genannt) ein.

Da die Krankheit bei den alten Ägyptern wie bei allen Völkern durch den Zorn der Götter herbeigeführt sein sollte und eine Versöhnung mit denselben nach der später aufgekommenen Lehre nur durch die Diener derselben bewerkstelligt werden konnte, so übten die Priester zugleich die Arzneikunde aus. Sie wurden in den verschiedenen Tempelschulen des Landes wie in den heiligen Schriften, so auch in der Arzneikunde unterrichtet und gingen dann zum Abschluß ihrer Studien nach Heliopolis, der berühmtesten medizinischen Hochschule von Ägypten, wo sie sich zu Spezialärzten für die verschiedenen Krankheiten des Menschen ausbildeten. Schon damals war die Heilkunde weitgehend spezialisiert, und es gab Augenärzte, die wegen dem schon damals verbreiteten Trachom sehr viel zu tun hatten und, nach einer Stelle im Papyrus Ebers, die von der „Öffnung des Gesichts in den Pupillen hinter den Augen“ handelt, offenbar schon Staroperationen ausführten, dann Kopfärzte, Ohrenärzte, Zahnärzte, die, wie man an den Kiefern mancher Mumien fand, bereits künstliche Zähne einzusetzen verstanden, Bauchärzte, Gliederärzte usw. Zahlreiche auf den Denkmälern abgebildete und in den Gräbern gefundene chirurgische Instrumente, wie Scheren, Lanzetten, Messer, Rasiermesser, Pinzetten, Sonden, Metallstäbchen zum Glühen, wie auch das Zubehör einer reichhaltigen Reiseapotheke beweisen, daß man schon im 3. Jahrtausend v. Chr. auch eine reiche chirurgische Tätigkeit entfaltete. Ferner sprechen vorzüglich geheilte Knochenbrüche an Mumien für eine große praktische Erfahrung im Einrichten von solchen und von Verrenkungen, wie auch für die Wundbehandlung im allgemeinen. Szenen, welche uns das Anlegen von Verbänden an diesem oder jenem Glied von Verwundeten und Kranken, das Darreichen von Arzneien, das Anlegen von Schröpfköpfen, die Vornahme verschiedener Operationen, wie Amputation und Kastration, veranschaulichen, finden sich auf verschiedenen Denkmälern. Zur durchgängig an den Knaben geübten Beschneidung, die wir beispielsweise auf einer Darstellung am Tempel des Chonsu in Karnak an den Kindern Ramses' II. der 19. Dynastie (1292–1225 v. Chr.) dargestellt finden, dienten wie zu andern chirurgischen Eingriffen des Kultes Messer aus Feuerstein. Solche wurden auch in den Riten zahlreicher anderer Völker noch lange nach Einführung der Metalle als Werkzeugmaterial wenigstens bei gottesdienstlichen Handlungen beibehalten.

Die altägyptischen Ärzte übten keinerlei Privatpraxis aus, sondern standen im Solde des Staates. Sie wohnten wie die übrigen Priester mit ihren Familien in eigenen Häusern, bildeten aber unter sich eine durch strenge Satzungen geordnete Korporation, die auch in der Ausübung ihrer Kunst sich gewissenhaft an die vorgeschriebenen medizinischen Regeln des Thot zu halten hatte. Befolgten sie dieselben und starb der Kranke, so waren sie aller Verantwortung enthoben, hielten sie sich aber nicht an die vorgeschriebene Norm und gingen sie eigene Wege in der Methodik der Behandlung, so wurden sie mit dem Tode bestraft, und zwar auch dann, wenn der Ausgang der Krankheit ein günstiger war. Jeder Kranke wurde umsonst auf Staatskosten behandelt, mußte aber bei seiner Erkrankung nicht in das Haus des Arztes, sondern in den Tempel schicken, um ärztliche Hilfe zu erbitten. Dabei hatte der Bote genau anzugeben, an welchem Übel der Betreffende erkrankt sei, worauf der Arzt des Heiligtums nach irgend einem der Spezialisten des Kollegiums sandte und ihn in das Haus des betreffenden Patienten beorderte. Wenn auch die ärztliche Behandlung vollständig umsonst war, da ja die Priester vom Staate besoldet wurden und zu ihrem Unterhalt besondere Ländereien und sonstige Einkünfte erhielten, so war es doch Sitte, daß die Patienten nach ihrer Genesung demjenigen Heiligtum, das ihnen den Arzt gesandt hatte, je nach Vermögen einfache oder ansehnlichere Geschenke darbrachten oder zum Unterhalt der in den Tempelhöfen gehaltenen heiligen Tiere beitrugen.

Bei allen Völkern des Altertums waren die ägyptischen Ärzte um ihrer großen Erfahrung und Geschicklichkeit in der Behandlung der verschiedenen Krankheiten willen berühmt. Und obschon bei den Römern zu Ende der

Republik und zu Beginn der Kaiserzeit die sehr angesehenen griechischen Ärzte eine überaus erfolgreiche Tätigkeit entfalteten, ließ man beispielsweise, wie uns Plinius berichtet, unter der Regierung des Kaisers Tiberius Claudius (41–54 n. Chr.) beim Ausbruch einer schrecklichen und furchtbar verheerend wirkenden Seuche ägyptische Ärzte nach Italien kommen, die mit ihren Kuren viel Geld verdienten.

Die als Ärzte die Heilkunde ausübenden Priester bildeten den niedersten Stand der Priesterschaft. Weit höher standen im Ansehen des Volkes die als Propheten bezeichneten Mitglieder des Priesterkollegiums, die nicht durch äußere Mittel, sondern durch Beschwörungen und Zaubermittel, wie auch durch Amulette allein mit Hilfe der Dämonen die Krankheiten zu bannen verstanden. So wurde auch bei diesem Volke, als es bereits sehr hoch in seiner Kultur gestiegen war, der beim Anwenden eines Mittels gesprochene Zaubersegen als noch viel wirksamer als die Arznei selbst betrachtet. Zu dieser Priesterkaste der Propheten gehörten auch alle die Weisen, Wahrsager und Zauberer, welche in den Büchern Moses, besonders im II. Kap. 7 und 8, als mächtige Zauberer mit ihren Beschwörungen Wundertaten vor dem Pharao verrichteten, aber von Mose, dem Jahve beistand, besiegt wurden. In den verschiedenen auf uns gekommenen ärztlichen Papyri wird jeweilen nicht nur die bei den verschiedenen Krankheiten anzuwendenden Heilmittel in genauer Rezeptierung, sondern auch die bei deren Anwendung auszusprechende Zauber- und Beschwörungsformel als das Allerwichtigste dabei sorgfältig angegeben. Schon bei ihrer Herstellung in den als asit bezeichneten, in besonderen Tempelräumen eingerichteten Laboratorien, an deren Wänden die heiligen Vorschriften zur Bereitung der Arzneien angegeben waren, mußten gewisse Zeremonien beobachtet und bestimmte Segen zu deren Wirksammachung gesprochen werden. Manche Kombinationen von Heilmitteln führte man direkt auf alte berühmte Heilkünstler oder gar Götter zurück. Die zahlreichen auf uns gekommenen Rezepte sind recht kurz gehalten und bestehen vielfach nur in Andeutungen, weil das einzelne als althergebracht und also allgemein bekannt vorausgesetzt wurde. Zur Herstellung der auf den medizinischen Papyri genannten Einreibungen, Salben, Umschläge, Pflaster, Tränke, Abkochungen, Speisemischungen, Klistiere usw., auf denen genau angegeben war, wann und wie sie zu applizieren oder einzunehmen waren, wurden allerlei pflanzliche und tierische Produkte, wie auch Mineralbestandteile zuerst sorgfältig mit der Wage gewogen und dann gemischt. Außer Natron, Brechweinstein, Antimon und Eisen bildeten zahlreiche pflanzliche Produkte nebst Wasser, Wein, Palmenwein, Essig, Honig, Menschen- und verschiedene Tiermilch, Blut, Galle, Fett und Exkremente der verschiedensten Tiere, auch Männer- und Frauenurin usw. eine wichtige Rolle. Die Mittel wurden für 4, 8, 9 oder 10 Tage verordnet. Die zahlreichen Rezepte zu Mitteln gegen Hautkrankheiten lassen darauf schließen, daß dieses Übel trotz aller Reinlichkeit damals im

Pharaonenreiche sehr häufig war. Als Beispiele lassen wir drei Rezepte folgen:

„Desgleichen ein Mittel zu bewirken das Harnen:

Honig
pulverisierte Johannisbrotschalen
pulverisierte Keuschbaumsamen

}

je 1 Teil. Daraus eine Kugel zu machen.

Arznei für Leibesöffnung:

Milch ⅓ tena
nequant-Pulver ¼ Drachme
Honig ¼ Drachme

}

zu kochen, umzuschütteln, zu essen.
Für vier Tage.

Weihrauch (*anti*)
Blut von der Eidechse
Blut von der Wanze

}

je 1 Teil. Gegen den Durst, das Stoßen, das
Stechen im Auge. Rupfe die Haare aus,
schmiere es darauf, um gesund zu machen.“

Wie wir durch Aristoteles erfahren, galt für jeden ägyptischen Arzt die gesetzliche Norm: die Entwicklung der Krankheit einige Tage zu beobachten und erst am vierten Tage mit einem entsprechenden Heilmittel wirksam einzugreifen. Die Kuren scheinen auch vielfach gelungen zu sein, so daß sich der Ruf der ägyptischen Ärzte weithin über die Mittelmeerländer verbreitete. Schon in Homers Odysse heißt es ja von Ägypten und seinen Bewohnern:

„„... Dort bringt die fruchtbare Erde

Mancherlei Säfte hervor, zu guter und schädlicher Mischung,

Dort ist jeder ein Arzt und übertrifft an Erfahrung

Alle Menschen ...“

Dieser Ausspruch hat insofern seine Berechtigung, als jeder Ägypter, um das Gesamtwohl des Volkes zu fördern, sich außer der täglichen äußerlichen Reinigung alle Monate einmal drei Tage hindurch durch Brech- und Abführmittel, Waschungen und Klistiere auch innerlich zu reinigen und gewisse diätetische Vorschriften zu beobachten hatte, da nach althergebrachter Annahme die meisten Krankheiten aus Unreinigkeiten des Magens, der Eingeweide und der Haut entstehen sollten. „Eben dieser Diät wegen“, sagt Herodot im 5. vorchristlichen Jahrhundert, „sind die Ägypter neben den Libyern das gesundeste Volk der Erde.“ Das Volk lebte sehr einfach und badete täglich, um alle Ansteckungsstoffe, namentlich den gefürchteten Aussatz, vom Körper fernzuhalten. Aus denselben Gründen trug man auch nicht wollene, sondern leinene Kleider und mied gewisse Speisen, wie Schweinefleisch, Seefische und Saubohnen. Selbst den Königen war für den täglichen Verbrauch ein bestimmtes Quantum von Speisen und Getränken vorgeschrieben, das nicht überschritten werden durfte.

Da die altägyptischen Ärzte aus religiöser Scheu vor dem Leichnam ihn nicht sezierten und die Einbalsamierer eine besondere Zunft bildeten, die außerhalb des Priesterkollegiums stand und sich im allgemeinen wohl keines besonders guten Rufes erfreute, da man ihnen schöne Frauenleichen erst am dritten oder vierten Tage nach dem Tode überließ, so herrschten bei den Ärzten höchst abenteuerliche Vorstellungen über den anatomischen Bau des menschlichen Körpers, auf die wir hier allerdings nicht eintreten können. Nur das eine sei erwähnt, daß man glaubte, das Herz nehme bis zum 50. Jahre jährlich um zwei Quentchen zu, um von da an jährlich um ebensoviel abzunehmen, so daß notgedrungen der Tod vor dem vollendeten hundertsten Lebensjahre erfolgen mußte.

Dieselbe Stellung wie der Heilgott Imhotep bei den Ägyptern nahm bei den alten Griechen der göttliche Asklepios ein, der etwa im 13. vorchristlichen Jahrhundert in Thessalien gelebt haben soll. Die ausschmückende Sage hat ihn zu einem Sohne des Lichtgottes Apollon und der Königstochter Koronis gemacht, der zu Trikka in Thessalien, der Wiege seiner Verehrung, geboren und nach dem frühen Tode seiner Mutter vom weisen Kentauren Cheiron erzogen wurde, der ihn besonders in der Heilkunst unterrichtete. Da er sogar Verstorbene erweckte, erschlug ihn dann nach der Sage Zeus mit dem Blitz, in der Befürchtung, die Menschen möchten durch ihn ganz dem Tode entzogen werden; nach anderer Überlieferung geschah dies auf die Beschwerde des Gottes der Unterwelt hin. Bei Homer und Pindar ist

Asklepios noch als einfacher Mensch gedacht, dessen Vergöttlichung eben begann. Seine Söhne Podaleirios und Machaon erscheinen in der Ilias als Ärzte im Heere der Griechen. Sie und ihre Nachkommen, die Asklepiaden, hatten sich durch einen feierlichen Eid verpflichten müssen, ihre Kunst nur den dazu Berechtigten und unter den herkömmlichen Bedingungen zu lehren. Bei ihrer Behandlung spielte die Inkubation (griechisch *enkoimésis* genannt) die größte Rolle. Sie bestand darin, daß der Kranke an geweihter Stätte — eben im Tempel des Heilgottes — auf dem Felle des von ihm geopferten Tieres schlief, um im Traume vom Heilgotte eine Offenbarung über das anzuwendende Mittel zu erlangen. Meist leiteten die Priester, die zugleich Ärzte waren, die Inkubation ein und legten die Träume der Kranken aus, oder träumten wohl auch selbst für diese. Das übliche Opfer der Genesenen war ein Hahn, den auch Sokrates nach seinem Tode (399 v. Chr.) durch das ihm auferlegte Trinken des Schierlingsbechers dem Heilgotte darzubringen befahl. Und zum Danke an den Gott hingen die Geheilten Votivtafeln mit dem Bericht über die von ihnen angewandte Kur im Tempel auf. Eine größere Anzahl derselben haben die neuesten Ausgrabungen zu Epidauros am äginetischen Meerbusen in der Argolis, wo in Griechenland der Hauptsitz seiner Verehrung war, zutage gefördert. Von diesem Orte aus verbreitete sich der Asklepioskult über ganz Griechenland, die ägäische Inselwelt und die Küste von Kleinasien, wo besonders in Kos, Knidos, Trikka, Pergamon und Athen sich einst vielbesuchte Heiligtümer von ihm befanden. Diese waren stets in gesunder Lage auf Anhöhen in heiligen Hainen, in der Nähe von Quellen und Heilwassern errichtet, und auch die von den Heilpriestern den Kranken befohlene Tempelkur bestand in auch nach unseren viel weiter geförderten Anschauungen recht zweckmäßigen hygienischen Verordnungen. So kann es uns nicht wundern, daß der Asklepiosdienst sich mit der griechischen Kolonisation weithin in den Ländern am Mittelmeer verbreitete. Das Symbol des Gottes, der von den Bildhauern bärtig, im Gesichtsausdruck dem Zeus ähnlich, nur milder und jugendlicher, dargestellt wurde, war die Schlange, und zwar die gelbliche Natter (*Coluber aesculapi*), die in seinen Tempeln gehalten und bei der Gründung neuer Kultstätten in diese übergeführt wurde. So gelangte die Äskulapschlange mit dem Dienst des in Italien Äskulap genannten Asklepios aus Epidauros nach Rom, als dort sein Kult im Jahre 293 v. Chr. bei einer Pest auf Befehl der sibyllinischen Bücher eingeführt wurde. In dieser Stadt stand der Tempel des Heilgottes auf der Tiberinsel. Mit den Römern kam dann diese Schlangenart, die sich in Südeuropa vornehmlich auf felsigem, spärlich mit Buschwerk bestandenem Boden aufhält und hier eine Länge von 1,5 m erreicht, an alle natürlichen Thermen nördlich der Alpen, wo Kranke Genesung suchten. Deshalb wird dieses in jeder Beziehung anmutige Tier heute noch überall, wo einst Römerbäder standen, z. B. in Schlangenbad, Baden bei Wien usw., gefunden.

Bei den alten Germanen wurde kein besonderer Heilgott verehrt. Wie bei allen Völkern auf primitiver Kulturstufe war bei ihnen die Heilkunst kein Privileg einer besonderen Kaste, sondern wurde von sämtlichen älteren und durch Erfahrung belehrten Volksgenossen, besonders weisen Frauen, denen man besondere Zauberkräfte zuschrieb, ausgeübt. Als Heilmittel wurden außer mineralischen und tierischen Produkten die Säfte der verschiedensten Pflanzen verwendet, wie dies heute noch bei allen Völkern der Erde geschieht. Hat man doch ausgerechnet, daß bei diesen gegenwärtig noch etwa 40000 Pflanzen in arzneilichem Gebrauche stehen. Die zufällige Entdeckung einer heilsamen Eigenschaft erweckte begreiflicherweise die Begierde nach weiteren solchen Offenbarungen der Natur, und wenn diese ausblieben, so bemächtigte sich die Phantasie des Wunsches und dichtete vielen Gewächsen Heilkräfte an, die diese gar nicht besaßen. So wurde aus geringem Wissen ein hoffendes Glauben und aus diesem ein üppiger Aberglaube. Man glaubte, daß alle durch Gestalt, Farbe und Entwicklungsweise ausgezeichneten Pflanzen besondere Kräfte haben müßten, so beispielsweise das Farnkraut, das keine Blüten aufwies und bei dem man auch keine Sämlinge fand. Dieses Kraut sollte in der an Zauber reichen Johannisnacht seinen Samen fallen lassen, der sofort tief in den Boden verschwinde und sich deshalb dem menschlichen Auge entziehe. Das in den halbdunkeln Klüften goldigschimmernde Leuchtmoos wurde als das Gold der Kobolde gedeutet, das wie die meisten Heilsäfte aus Kräutern nur durch Zauber gewonnen werden könne. Man glaubte, daß sich die geheimen inneren Kräfte der Pflanzen vielfach schon an besonderen Merkmalen der äußeren Erscheinung erkennen lassen. Das leberartig gestaltete Blatt des Leberblümchens (*Hepatica triloba*) sollte heilsam sein bei Leberkrankheiten, das ohrförmige Blatt der Haselwurz (*Asarum europaeum*) sollte gut sein gegen Gehörleiden, die am Stengel entlang laufenden Blätter des Beinwells (*Symphytum officinale*) sollten Knochenbrüche heilen, wie die um den Stengel herum verwachsenen Blätter des Hasenohrs (*Bupleurum rotundifolium*) Wunden zusammenschließen sollten.

Gegen alle möglichen Leiden wurde das Schellkraut (*Chelidonium majus*) verwendet, das seinen Namen vom Vermögen Warzen abzulösen und die Haut bei Krankheiten derselben abzuschälen — vom althochdeutschen *sceljan* schälen — erhielt. In Rußland wird es gegen Krebs gegeben und wurde von dorther erst kürzlich auch bei uns als Krebsheilmittel empfohlen. Sein dunkelgelber Milchsaft sollte Gelbsucht heilen und wurde von den Alchemisten des Mittelalters vorzugsweise zum Goldmachen verwendet, daher die Pflanze auch Goldwurz heißt. Wegen dieser seiner Fähigkeit, die zugleich das Vermögen der Herstellung des „Steines der Weisen“ in sich schloß, der nach dem damals allgemein verbreiteten Glauben seinem Besitzer ewige Jugend und unermeßliche Reichtümer brachte, da er alle vier Elemente: Feuer, Luft, Wasser und Erde enthalten sollte, hieß das Schellkraut bei den Alchemisten „*coeli donum*“, d. h. Himmelsgabe. Der botanische

Gattungsname *Chelidonium* ist aber nicht etwa daraus hervorgegangen, wie man vermuten könnte, sondern aus dem griechischen *chelidón* Schwalbe. Die Pflanze hatte nämlich schon im Volksglauben des Altertums mancherlei Beziehungen zu diesem Zugvogel. Sie blüht bei der Ankunft der Schwalben und welkt nach deren Wegzug. Aristoteles, der Vater der Naturgeschichte und Metaphysik (384–322 v. Chr.), der den Gelehrten des Mittelalters als absolute Autorität galt, sagt von ihr: die Schwalben hätten ihren erblindeten Jungen durch deren Milchsaft die Sehkraft wieder verschafft: dadurch seien überhaupt die Menschen auf die Heilwirkung der Pflanze aufmerksam geworden. Der 1590 als Leibarzt des Pfalzgrafen Johann Kasimir in Heidelberg gestorbene berühmte Arzt Tabernaemontanus (nach seinem Geburtsorte Bergzabern so genannt) gibt in seinem Kräuterbuch, an dem er — nebenbei bemerkt — 36 Jahre gearbeitet hat, etwa 30 Rezepte an, in denen das Schellkraut einen wesentlichen Bestandteil bildet; in einem derselben wird der Blütensaft mit Honig zu Sirup gesotten. Als Amulett sollte die Wurzel stets bei sich tragen, wer bei seinen Mitmenschen zu hohem Ansehen gelangen will. Und wer über den Ausgang einer schweren Krankheit Bescheid haben möchte, der braucht die Pflanze dem Kranken nur auf den Kopf zu legen; weint der Kranke dabei, so wird er genesen, singt er aber laut und hell, so muß er sterben.

Auch die Raute (*Ruta graveolens*) sollte mancherlei Zauber- und Heilkräfte in sich bergen, weshalb sie schon bei den Römern in hohem Ansehen stand. Aus ihr hergestellte Tränke sollten gegen die verschiedensten Krankheiten, besonders aber gegen Kolikschmerzen heilsam sein; gegen diese sollte schon ein über den Kesselbalken des Herdes aufgehängtes Stengelbündel der Raute helfen. Stücke der Pflanze um den Hals gehängt sollten Blatternkranken die Sehkraft erhalten; wer sich vor Schlangengift schützen wollte, der brauchte nur die Füße damit einzureiben. Der ums Jahr 180 n. Chr. lebende griechische Sophist Claudius Älianus erzählt in seinen Tiergeschichten: das Wiesel kenne diese Wirkung sehr wohl. Sobald es den Kampf mit Giftschlangen zu unternehmen beabsichtige, fresse es Rautenblätter und dann könnten ihm diese mit ihrem Gifte nichts anhaben. Besondere Bedeutung erlangte die Raute durch das Christentum. Es sollte die bösen Geister und das Ungeziefer vertreiben und, kreuzweise im Zimmer aufgehängt, gegen Alpdrücken schützen. Aus Rautenöl wurde der „Diebsessig“ hergestellt, der alle Ansteckungsstoffe unschädlich machen konnte und bis vor kurzem ein in Apotheken erhältliches Desinfektionsmittel bildete. Seinen Namen erhielt dieser Stoff von dem Umstande, daß ihn Diebe gewöhnlich brauchten, um zu Pestzeiten ungefährdet die Wohnungen der Kranken und Toten plündern zu können. Sie wurde und wird noch jetzt viel in Bauerngärten angepflanzt und so mancher Bauer im östlichen Deutschland genießt in jedem Frühjahr ein mit

Raute bestreutes Brot, um den Magen zu reinigen, das Jahr über guten Appetit zu haben und von Krankheiten verschont zu bleiben.

Noch mehr Zauber wurde mit dem Johanniskraut (*Hypericum perforatum*) getrieben, dessen Blätter durch das Vorhandensein von Öldrüsen durchsichtig punktiert erscheinen und dessen Blütenknospen einen an der Luft sich rot färbenden Saft enthalten, weshalb es auch Blutkraut genannt wurde. Nach der deutschen Sage war es zur Sommersonnenwende aus dem Blute des von einem Eber geritzten Gottes Odin hervorgesproßen, während die christliche Kirche das Kraut aus dem Blute Johannes des Täufers hervorgehen ließ. An der Johannisfeier wurden Häuser und Kirchen damit geschmückt, damit Leib, Seele und Besitztum vor Schaden bewahrt blieben. Man trug das Blutkraut immer bei sich, um vor Verwundung und Verhexung geschützt zu sein; gefolterte Hexen erhielten einen aus ihm und Distelsamen gekochten Trank „*Olebanum*", damit der Teufel ausfahre und sie bekennen sollten. Deshalb war der Teufel gegen das Kraut sehr erbost und wollte es vernichten. Zu diesem Zwecke ließ er sich viele Nadeln machen und zerstach damit die Blätter; doch verdorrte das Kraut nicht, aber seine Blätter zeigen die Nadelstiche noch heute. Will man erkennen, ob ein Hexenmeister zugegen sei, so legt man unter das Tischtuch von der Wurzel des Johanniskrauts, ohne daß jemand es merkt; sitzt nun ein Zauberkundiger mit zu Tisch, so wird es ihm sofort übel und er muß hinausgehen. Das Kraut dient auch zu Liebeszauber, wenn man es sich an die Brust steckt und der betreffenden Person, deren Liebe man sich zu erringen sucht, begegnen kann. Es kann aber auch Liebe vertreiben, wenn man es der betreffenden Person in die Schuhe oder in ein Kleid hineinpraktiziert.

Die Springwurz (*Euphorbia lathyris*) ist eine aus dem Mittelmeergebiet stammende Pflanze, deren Früchte bei der Reife mit starkem Geräusch aufspringen, wobei die Samen heftig herausgeschleudert und so verbreitet werden. Darin glaubte man die Kraft zu erkennen, wonach die Pflanze die Fähigkeit besitze, alles Geschlossene oder Feste aufzusprengen und Nägel, Pflöcke usw. auszuziehen. Schon Salomo soll den „Schamir" als felsenspaltendes Mittel beim Bau seines Tempels in Jerusalem benutzt haben. Er hatte sich ihn dadurch verschafft, daß er das Nest und die Brut eines „Urhahns" mit einem „Kristall" bedecken ließ; der Vogel holte nun den Schamir herbei und wollte damit den Stein wegsprengen, da liefen die Leute des Königs mit großem Geschrei herbei, und der Urhahn ließ vor Schreck die Wurzel fallen, die man dem Könige brachte. In Deutschland wuchs diese Springwurz nicht, man konnte sie sich nur in der Weise beschaffen, daß man das Nest eines Schwarzspechts mit einem Pflock verschloß, dann holte der Vogel die Springwurz herbei und hielt sie an den Pflock, wie der ältere Plinius nach Demokrit und Theophrast erzählen; in diesem Moment mußte man unter dem Nest einen roten Mantel ausbreiten und ein lautes Geschrei erheben, dann erschrak der Vogel und ließ die Springwurz zu Boden fallen. Der gelehrte Konrad von Megenberg (um 1309 auf dem Schlosse Megenberg in Franken, dessen Vogt sein Vater war, geboren und 1374 als Kanonikus am Dom zu Regensburg gestorben), der Verfasser der ersten Naturgeschichte in deutscher Sprache, bemerkt dazu, es sei nicht gut, wenn dieses Mittel allgemein bekannt würde, denn dann wäre kein Schloß mehr sicher. Diese Wirkung des Krautes galt als sehr weitgehend, indem bei Berührung mit demselben dem Gefesselten die Ketten und Bande, wie dem Zahnkranken die hohlen Zähne ausfallen sollten, das Pferd seine Hufeisen verliere usw. Außer dem Specht kennen auch Elster, Rabe, Wiedehopf und Schwalbe diese Eigenschaft des Krautes. Der Specht mit seiner Springwurz war im römischen Altertum das Symbol des Blitzes; wie dieser alles spalten und öffnen kann, so der Specht beziehungsweise die Springwurz. Auch in der germanischen Göttersage spielt sie eine gewisse Rolle. Als sich nämlich Gerda weigerte, Fros Weib zu werden, und selbst die Lockung durch die goldenen Äpfel nichts nutzten, so drohte man ihr mit der Springwurz, die sie schon zwingen werde. Deshalb wurde letztere auch Zähmezweig genannt. Sonst dienten die Samen als Purgierkörner und der Saft als Blutreinigungsmittel bei Flechten und anderen Hautausschlägen. Daher empfahl Karl der Große den Anbau des „Pillenkrautes".

Mit dem zauberkundigen jüdischen Könige Salomo hängt auch der Salomonssiegel (*Polygonatum anceps* und *P. multiflorum*) zusammen; dieser soll die Siegeleindrücken gleichenden Narben der vorjährigen Sprosse am wagrecht im Boden kriechenden Wurzelstock verursacht haben, um anzuzeigen, daß der Pflanze besondere Kräfte innewohnen. Er soll sie auch als Sprengmittel beim Tempelbau verwendet haben.

Einen ähnlichen unterirdischen Wurzelstock besitzt der Wurmfarn (*Polystichum filix mas*), der nur in der an Zauber reichen Johannisnacht mit goldenem Lichterglanz blüht. Es sind dies die Sporen, die aber nur mit Hilfe des Teufels erlangt werden können, die von großer Kraft gegen Verhexung, Irregehen und Erkrankung im allgemeinen sein und immerwährende Jugend, Glück, Reichtum und die Erfüllung aller Wünsche verleihen sollten. Wird der „Wünschelsame" in den Schuhen getragen, so sollte er unsichtbar machen.

Die Siegwurz oder der Allermannsharnisch verhilft zu Sieg und schützt gegen Zauberei und Krankheit, die dem Menschen auf niedriger Kulturstufe auch nur Folge von Verhexung ist. Und zwar unterschied das Volk zweierlei Art: die weibliche Siegwurz war *Gladiolus* (von *gladius* Schwert) *communis*. Schon die schwertförmigen Blätter sollten die Schutzwirkung anzeigen, und die von netzigen Fasern, den Resten der Blattgefäßbündel, bekleidete rundliche Knolle erschien wie ein Panzerhemd oder Harnisch. Die männliche Siegwurz dagegen war *Allium victorialis*. Ihre längliche Zwiebel hat ebenfalls eine netzfaserige Hülle; dem sie Tragenden sollen sieben Hämmer nichts anhaben können, daher wird sie auch „Siebenhämmerlein“ genannt. Um für alle Fälle die gewünschte Schutzwirkung zu besitzen, wurden die beiden Wurzeln als Mann und Frau zusammengetan. Noch bis in unsere Zeit verlangten die Bauern in Norddeutschland in den Apotheken „He un Se“, d. h. Er und Sie, und nagelten sie zum Schutze gegen Zauberei und Teufelsspuk an ihre Türen. Auch in der Schweiz hängt man *Allium victorialis* gegen Unwetter und Hexerei in der Wohnung auf; aufs Bett gelegt wirke es gegen Albdrücken und in ein Tuch eingebunden heile es Zahnschmerzen und Kopfweh. Der vorhin angeführte Arzt Tabernaemontanus sagt in seinem Kräuterbuch, daß die Bergknappen sie mit sich führen, um damit die Gespenster und bösen Geister zu vertreiben, von denen sie angefochten werden. Besonders aber ward sie von den Landsknechten hochgehalten, die sie als Amulett stets bei sich trugen, um hieb-, stich- und schußfest zu sein.

Das durch zwei hodenförmige, als Reservestoffbehälter dienende Knollen ausgezeichnete Knabenkraut (*Orchis maculata*) diente zu Liebeszauber und war als „Heiratswurz“ gesucht. Wird die Pflanze am Johannistage ausgerissen, so bleibt sie monatelang grün und hält alle Krankheit von den Bewohnern fern. Wird sie in die Kleider genäht, so erwirbt sie dem Träger derselben die Zuneigung der Menschen. Die handförmig geteilten Knollen des breitblätterigen Knabenkrautes aber dienten als „Teufelshand“ als Talisman gegen den bösen Blick, Verhexung und Krankheit, die natürlich wie alles Unerklärliche auch auf Zauberei zurückgeführt wurde. Wer sie bei sich trägt, hat Glück im Spiel und immer Geld im Beutel; nur darf man sie nicht im Hause aufbewahren, da sonst den Kühen die Milch schwindet. Sie ist aber nur dann eine Glückshand, wenn sie am Johannistage mittags oder nachts 12 Uhr ausgegraben wurde.

Besonders stark beschäftigte die Volksphantasie die so geheimnisvoll nie auf dem Boden, sondern stets nur auf Bäumen wachsende Mistel (*Viscum album*), die im Winter, während sonst alles abstirbt, weitergrünt; deshalb vermochte sie allein den Sonnengott Balder zu töten, als der tückische Loki den blinden Hödur bewog, einen aus Mistelholz geschnitzten Pfeil gegen ihn abzuschießen. Besonders zauberkräftig war die allerdings äußerst selten auf einer Eiche wachsend gefundene Mistel, die die allerschlimmsten Krankheiten heilte, alle Giftwirkung aufhob und allem Fruchtbarkeit verlieh. Schon bei den Kelten genoß sie das größte Ansehen. War eine solche Rarität entdeckt, so holten sie die Druiden in feierlichem Aufzuge am sechsten Tage nach dem Neumond. Zuerst wurden unter dem Baum allerlei Opfer dargebracht, dann schnitt der weißgekleidete Oberpriester die zauberkräftige Pflanze mit goldener Sichel ab und verbarg sie in seinem Mantel. Als Sühne für den Frevel wurden dann zwei weiße Stiere geopfert und bei dem darauf folgenden Opferschmause besondere Riten beobachtet. Die Mistel heißt noch heute in der Altmark „Heil allen Schaden". Am wirksamsten ist eine mit dem Pfeil vom Baume geschossene Mistel, die man, ehe sie zu Boden fällt, mit der linken Hand auffängt; dazu muß aber die Sonne im Zeichen des Schützen stehen und der Mond im abnehmenden Licht sein. Da die Zweige der Mistel immer gabelig sind, so erblickte man darin eine Wünschelrute, welche Türen zu verborgenen Schätzen öffnen und Diebe bannen sollte. Sie hilft gegen Albdrücken und verleiht Fruchtbarkeit. So wurde sie als segenspendendes Symbol am Julfest in der Halle aufgehängt und band man Zweige von ihr in der Christnacht an die Obstbäume, damit sie im kommenden Jahre recht reichlich Frucht tragen möchten.

Geheimnisvolle Kräfte barg nach altgermanischem Glauben auch der dem Donnar heilige Haselstrauch (*Corylus avellana*). Wurden Runen in einen Haselstock geschnitten und das richtige Zauberlied dazu gesungen, so war das für die verschiedensten Dinge gut: es machte unverwundbar, der fliegende Pfeil wurde dadurch im Fluge gehemmt, wunde Glieder wurden geheilt, Feuer, Sturm und Wellen gedämpft, der Sieg errungen, streitende Männer versöhnt, Gefangene gelöst und die Minne der Frauen errungen. Diese Macht ist wohl dem frühen Blühen der Hasel, vor allen anderen Pflanzen unserer Zone, zuzuschreiben. Daher war sie auch ein Sinnbild des Lebens und seiner Neuerstehung nach dem Winter, das Fruchtbarkeit verlieh. Hasel- und Holderzweig zusammengebunden, schützten vor dem wilden Heer, verscheuchten die Irrlichter, bewahrten vor Diebstahl und Verhexung, bannten Giftschlangen und entzauberten verhexte Gegenstände. Unter dem Haselstrauch, der eine Mistel trägt, wohnt der Haselwurm oder Schlangenkönig, eine weiße, gekrönte Schlange von fabelhafter Stärke, die durch den dicksten Eichbaum wie nichts hindurchfuhr. Um ihn einzufangen, mußte man den betreffenden Haselstrauch im Namen Gottes begrüßen, ihn ausgraben, den darunterliegenden Wurm durch Hersagen eines gewissen Zauberspruches „besprechen" und mit Beifuß bestreuen; das nahm ihm seine Kraft. Im Besitze des Haselwurmes kannte man alle geheimen Kräfte der Pflanzen, war gegen alle bösen Geister und alle Zauberei übelwollender Menschen gesichert, fand alle verborgenen Schätze, konnte durch alle Türen brechen, war unverwundbar und unsichtbar. Sogar der Böse mußte einem zu Willen sein. Aber in jeder Nacht zwischen 11 und 12 Uhr mußte der Haselwurm mit einem Ei und Raute gefüttert werden.

Auch der Wacholderstrauch (*Juniperus communis*) galt den alten Deutschen als mit wunderbaren Zauber- und Heilkräften begabt und spielte als solcher in Sitte und Sage eine große Rolle. Noch heute hält das Volk große Stücke auf den Kranawitt- oder Machandelbaum, dessen Beeren und aus dem Holz gewonnenes Öl seit dem Altertum als Volksheilmittel viel gebraucht werden. Wacholderreisig verwendeten die alten Germanen zu ihren Opfern und beim Verbrennen der Toten. Nach altem Volksglauben schützt der Rauch verbrannter Zweige vor Ansteckung und vertreibt böse Geister und Schlangen.

Eine Allerweltszauberpflanze war ferner der Alraun oder das Erd-, Gold- oder Galgenmännlein, so genannt, weil er unter dem Galgen aus dem Samen eines unschuldig gehängten jungen Diebes hervorgehen sollte. Doch ist die Erlangung desselben mit allerlei Gefahren verbunden. Der in der Wurzel hausend gedachte Geist schrie beim Herausgraben so entsetzlich, daß man vor Entsetzen starb; daher benutzte man bei deren Gewinnung einen schwarzen Hund, der aber bei diesem Geschäft das Leben einbüßte. Die Wurzel mußte an einem Freitag vor Sonnenaufgang ausgegraben werden, und zwar legte man sie zuerst ringsherum frei, schlug drei Kreuze, sprach einen Zauberspruch, band einen Strick daran und ließ sie durch den schwarzen Hund, an dem kein weißes Haar sein durfte, vermittelst des Schwanzes herausziehen, nachdem man sich vorher die Ohren sorgfältig mit Wachs verstopft hatte. Eben diese Gewinnungsart, die stets gleich geschildert wird, erzählte eine alte Frau in Göttingen *Dr.* Crome. Das dabei im Jahre 1820 unter dem Hochgericht auf dem Leineberge bei jener Stadt gewonnene „Alruneken“ habe den Mann, der es sich mit Hilfe des Teufels verschaffte, sehr reich gemacht. Solche Alraune verschafften nicht bloß Reichtum, sondern schützten vor allem Zauber, machten ihren Besitzer unsichtbar, öffneten die verschlossenen Türen, bewahrten vor Blitzschlag, gaben Glück zu jedem Tun, Gesundheit und kinderlosen Frauen Fruchtbarkeit. Sie mußten sehr heimlich gehalten, am besten in einem Holzkästchen verwahrt werden und wurden bloß beim Schätzeheben, Wahrsagen und sonstiger von ihnen verlangter Arbeit hervorgeholt. Man setzte ihnen bei jeder Mahlzeit etwas zu essen und zu trinken vor, wusch sie alle Freitage oder Sonnabende mit Wein oder Wasser, zog ihnen an Neumonden frische Kleider aus weißer oder roter Seide an. Starb ihr Besitzer, so wurde der Alraun auf den jüngsten Sohn vererbt; starb dieser aber vor dem Vater, so erhielt ihn der älteste Bruder. Er war der beste Talisman gegen Erkrankung, und da er sonst noch alle möglichen guten Eigenschaften aufwies, so wurde er geradezu mit Gold aufgewogen und ein schwunghafter Handel mit ihm getrieben.

Schon das früheste Altertum hat ihn gekannt und verehrt. Er wurde ursprünglich aus der fleischigen Pfahlwurzel einer im ganzen Mittelmeergebiet heimischen Nachtschattenart, der *Mandragora officinalis* mit grünlichgelben Blüten und gelben Beeren von 1,5 cm Durchmesser, gewonnen. Diese sollte der menschlichen Gestalt ähnlich sein, was schon Pythagoras bezeugt, und wurde deshalb als ein mit Zauberkraft wie alle Geister Verstorbener ausgestattetes Erdmännlein oder Erdweiblein — denn man unterschied auch hier zweierlei Geschlechter — angesehen. Aber ganz abgesehen von ihrer Zauberkraft, barg die Wurzel betäubende Stoffe, weshalb man sie im Altertum zur Schmerzlinderung vor chirurgischen Operationen gab. Noch im Mittelalter wurde ihr Saft mit demjenigen von Bilsenkraut und Mohn als Betäubungsmittel verabreicht. Im Abendlande, wo die echte Mandragora nicht mehr gedeiht, ersetzte man sie vielfach durch die rübenförmige Wurzel der Zaunrübe (*Bryonia dioica*), die an Zäunen und Hecken wächst. Ihr Saft dient seit alter Zeit als Abführmittel und sie selbst als Alraun, der zu mannigfaltiger Zauberei, namentlich aber zu Liebeszauber benutzt wurde. Noch heute ist auf dem Lande der Glaube verbreitet, daß, wenn ein Mädchen auf dem Gange zur Kirmeß ein Stückchen Wurzel der Zaunrübe in die Schuhe lege, ihr alle Burschen zufliegen werden. Der ältere Plinius berichtet, daß sie vor Raubtieren schütze und Knochensplitter aus Wunden ziehe, den Ertrag der Milch vermehre und das Verderben derselben verhindere. Die Jungfrau von Orleans soll einen Alraun besessen haben, daher ihre Erfolge. Der in der Bibel mehrfach erwähnte *dudaim*, von Luther mit „Lilien" übersetzt, wird vielfach als Alraun gedeutet, ist aber wahrscheinlicher die auch heute noch im Orient vielfach zu Liebeszauber benutzte Frucht von *Cucumis dudaim.*

Es würde uns zu weit führen, hier alle die zahllosen Pflanzen anzuführen, die bei unseren Vorfahren als Arznei und Zaubermittel gebraucht wurden, und wie bei ihnen war es bei den anderen Völkern. Das erkennen wir deutlich an der Herkunft des griechischen Wortes *phármakon*, das unserer Bezeichnung Pharmazie zugrunde liegt und sowohl Zauber- als Heilmittel heißt. Pharmakis bedeutet die Zauberin, und diese war bei den alten Griechen zugleich Ärztin, die mit eigener Hand die mancherlei ihr als heilkräftig bekannten Kräuter sammelte und daraus die verschiedenen Heiltränke bereitete. Erst sehr spät wandten sich die Männer berufsmäßig dem Sammeln und Verkaufen der pflanzlichen Rohstoffe zu. Die Griechen nannten sie Rhizotomen oder Wurzelschneider, und erst als sie nach und nach auch die Zubereitung und den Verkauf der von den Ärzten angewandten Arzneien übernahmen, wurden sie *pharmakopóles*, d. h. Arzneiverkäufer, genannt. Aus ihnen wurden dann die Pharmazeuten im Sinne von Arzneibereitern, die später auch Apotheker hießen nach der griechischen Bezeichnung *apothékē* Aufbewahrungsort (für Kräuter nämlich). Dieser von den Römern als *apotheca* übernommene Ausdruck bedeutete später überhaupt das Lager der Arzneipflanzen, weshalb es im Mittelalter als Krauthausz verdeutscht wurde. In der mittelalterlichen Klosterwirtschaft wurde unter dem Wort Apotheke der Raum für die Heilkräuter verstanden, der im 13. Jahrhundert auch auf städtische Kräuterläden, in denen meist getrocknete Heilpflanzen feilgehalten wurden, überging. Nun verstanden begreiflicherweise die darin waltenden Apotheker Hilfe suchenden Kranken auch verwickeltere Arzneien, die zu Hause nicht so leicht bereitet werden konnten, herzustellen, was gerne benutzt wurde. So wurden sie allmählich von Heilkräuterverkäufern zu Bereitern von aus den Heilkräutern hergestellten

Arzneien. Bei der Arzneibereitung war das Mischen der verschiedenen Stoffe das Wichtigste; der dafür im mittellateinischen gebrauchte Ausdruck *conficere* mengen führte dazu, das Produkt als *confectum* zu bezeichnen. Da nun die meisten Arzneistoffe des besseren Einnehmens wegen in Honig und später in Zucker eingebettet wurden, so bekam dann das Wort Konfekt mit der Zeit den Sinn einer künstlich bereiteten Süßware überhaupt, wobei der ursprüngliche Bezug auf Heilkraft mehr und mehr verschwand, so daß heute dieser Ausdruck nur Zuckerzeug bedeutet.

Nach dem Untergang der antiken Welt waren es in erster Linie die Araber gewesen, die von den Kulturvölkern des Altertums die Arzneikunde und Kenntnis der dabei angewandten Heilmittel übernahmen, um sie zur Zeit der Kreuzzüge den Abendländern zu vermitteln. Dabei lehrten sie diese auch allerlei neue Arzneiformen wie beispielsweise die Sirupe bereiten, die durchaus ein Geschenk arabischer Heilkunst sind. Aus dem arabischen *scharâb* Trank wurde das spanische *scharope*, das italienische *sciroppo*, *siropo*, das französische *sirop* und schließlich im 12. oder 13. Jahrhundert das deutsche Sirup. Es war dies ein dickflüssiger Trank, der sorgfältig aus allerlei Kräutern und Gewürzen mit Hilfe von Honig und später Zucker bereitet wurde. Häufig wurde er nach arabischem Muster mit Rosen- oder Veilchenwasser parfümiert. Sonst waren die wichtigsten Arzneiformen des Mittelalters die Elektuarien, im Deutschen zu *latweri* und zuletzt *latwerg* umgebildet. Es waren dies durch Kochen eingedickte Säfte verschiedener Heil- und Würzkräuter, die nach dem Wortlaute der ursprünglich griechischen Bezeichnung *ekleiktón* zerleckt werden sollten. Sie wurden entweder wie Salben in Büchsen, oder in Würfel geschnitten als Zeltelîn, oder in Stangenform gegossen, wie heute noch der eingedickte Lakritzensaft, aufbewahrt. Höchst selten gelangten Pulver und gar nie Pillen zur Anwendung, welch letztere erst in der Neuzeit in Aufnahme kamen.

Abgesehen von der arabischen Hochschule von Cordova, in der neben anderen Wissenschaften auch die Medizin und Alchemie reiche Pflege fanden, war Salerno in Unteritalien die älteste Pflegestätte der wissenschaftlich betriebenen Medizin in Europa. Im 12. Jahrhundert erließ König Roger von Neapel die erste Medizinalverfassung, die dann der seiner Zeit weit vorauseilende Kaiser Friedrich II. ausbaute und zu der er die erste Arzneitaxe hinzufügte. Erst sehr viel später wurde dann in Mitteleuropa die staatliche Überwachung über Zubereitung und Verkauf der Arzneimittel eingeführt, nachdem vom Beginne des 12. Jahrhunderts an sich in Frankreich, Deutschland usw. die Pharmazie von der Medizin getrennt hatte und reguläre Apotheken eingerichtet worden waren. Schon im 14. Jahrhundert erblühte eine freilich der Hauptsache nach alchemistische Literatur über die verschiedenen Präparate und Rohstoffe des Arzneischatzes, als deren vornehmste Träger Raimundus Lullus, Basilius

Valentius, Albertus Magnus und Roger Baco zu nennen sind. Erst ganz allmählich und besonders durch die immer bedeutendere Förderung von seiten der Chemie konnte die Arzneimittellehre eine einigermaßen rationelle Gestaltung annehmen und sich von dem ungeheuren Wust und Ballast befreien, den viele Jahrhunderte in ihr aufgehäuft hatten. Immer mehr wurde die einst ganz unglaublich zahlreiche Menge der in den Apotheken gehaltenen Arzneistoffe eingeschränkt, so daß heute weitaus die Mehrzahl der einst arzneilichen Pflanzen nur durch das Anhängsel „*officinalis*" hinter ihrem Namen als solche gekennzeichnet ist, jedoch keinerlei Verwendung mehr im Arzneischatze findet. Im folgenden sollen nun Herkunft und Verwendung nur der wichtigsten pflanzlichen Arzneimittel in Kürze besprochen werden.

Das Wort *droga* bedeutete ursprünglich einen wertvollen Arzneirohstoff vorwiegend aus der Gruppe der aromatischen Stoffe; doch scheint man bereits im 16. Jahrhundert den Begriff des Getrockneten damit verbunden zu haben. Sonst nannten die Lateiner des Mittelalters die arzneilichen Rohstoffe *simplicia* im Gegensatz zu den zusammengesetzten Arzneimitteln, die man als *composita* bezeichnete. Nach Tschirch ist heute noch in den holländischen Apotheken der Ausdruck *simplicia* für Drogen in Anwendung, und auch in Frankreich nennt man sie *médicaments simples.*

Solche Drogen waren um so geschätzter und teurer, je schwieriger sie zu beschaffen waren. Dabei spielte vielfach schon die Art der Gewinnung eine wichtige Rolle. Bis in die Neuzeit hinein waren nämlich nicht nur vom Volke, sondern auch von den Ärzten genau einzuhaltene Vorschriften bei der Herstellung von solchen gefordert. Wie bei den Menschen auf niederer Kulturstufe die bei der Einnahme einer Arznei gesprochene Zauberformel viel wichtiger als diese selbst ist, so achtete man auch bei uns bis vor noch nicht sehr langer Zeit genau auf die „Segen", die bei der Gewinnung gewisser Drogen und dann wiederum bei der Herstellung der einzelnen daraus bereiteten Medikamente gesprochen werden mußten, wenn sie wirksam sein sollten. So sind nicht nur in den mittelalterlichen Kräuterbüchern, sondern auch in den bis ins 19. Jahrhundert hinein von Ärzten, Apothekern, aber auch allen besseren Familien, besonders des Adels geführten Arzneibüchlein, in denen die verschiedensten, von Geschlecht zu Geschlecht vererbten Rezepte zur Bereitung von Arzneien sorgsam zu allgemeinem Nutzen gesammelt wurden, jeweilen auch gewissenhaft die bei der Bereitung und Anwendung der betreffenden Heiltränke zu sprechenden „Segen" notiert. Ließ man diese außer acht, so glaubte man, werde auch die Arznei trotz sorgfältigster Bereitung nicht die gewünschte Wirkung ausüben.

Wie für körperliche Krankheiten wurden Heiltränke aber auch für Liebes- und andern Zauber von den Laien so gut als von den Ärzten und Apothekern bereitet. Mit Vorliebe wurde das heilige Salböl und die Hostie, die heute noch vom Volke kraft der Weihung durch den Priester als mit besonderen Wunderkräften ausgestattet angesehen werden, zu solchem Liebeszauber, wie auch zu Krankheitszauber aller Art benutzt. Schon Kaiser Karl der Große verbot in einer Verordnung im Jahre 813 den Priestern bei schwerer Strafe, solches unter keinem Vorwand zu Heil- oder Zauberzwecken irgend welcher Art herzugeben. Und drei Jahrhunderte später beschwor Bruder Berthold namentlich die Bauern, weder mit dem Chrisma, noch gar mit der Hostie Zauberei zu treiben.

Auch ohne Beimengung von Pflanzenextrakten galt der Wein an sich schon als Heiltrank; er diente innerlich zum Kräftigen und Wiederbeleben der Körperfunktionen, und äußerlich zum Waschen der Wunden, bevor sie mit Öl getränkt wurden, wie dies ja schon im Altertum der Fall war. Es sei hier nur an die bekannte Geschichte vom barmherzigen Samariter erinnert. Mit Wein wurde unter anderm die im Mittelalter sehr oft genannte *potio Paulina*, der Trank des heiligen Paulus bereitet, wohl so genannt mit Anspielung darauf, daß der Apostel Paulus dem Thimotheus Wein gegen schwachen Magen und allerhand Krankheitsbeschwerden empfiehlt. Diese *potio Paulina* war eine Art Universalmittel, die alle Krankheiten des Kopfes, des Magens, der Brust, Schlagfluß, Lähmung und Pest heilen und den Mensch verjüngen und verschönen sollte; nur mußte sie häufig genossen werden, was sich aber nicht jedermann leisten konnte. Die letztere Vorschrift hat nach dem Berichte des Chronisten Thietmar von Merseburg (geboren 976 als Sohn des Grafen Siegfried von Walbeck, seit 1009 Bischof von Merseburg, gestorben 1019) der Markgraf Liuthar zu wörtlich befolgt; dadurch zog er sich durch den paulinischen Trank einen schweren Rausch zu und starb dabei plötzlich. Übrigens ist diese *potio Paulina* nichts anderes als der aus dem Altertum überkommene, überaus geschätzte Alantwein, der aus der Wurzel des Alantkrautes (*Inula helenium*) mit Zusatz von Honig durch ein umständliches Verfahren gewonnen wurde. Die Alantpflanze ist eine hohe Staude mit großen, rauhen Blättern und umfangreichen gelben, mit großen Strahlenblüten versehenen Köpfchen, die in ganz Südeuropa bis Persien heimisch ist. Sie wurde schon bei den Griechen und Römern kultiviert. Columella um die Mitte des 1. christlichen Jahrhunderts gibt uns ausführliche Anweisungen über deren Anbau. Nach ihm soll sie auf gut gedüngtem, tief gegrabenem Boden drei Fuß weit auseinandergesät und möglichst wenig versetzt werden, damit sie besser wachse. Sein Zeitgenosse, der ältere Plinius (gestorben 79 n. Chr. beim Vesuvausbruch, der Pompeji und Herkulanum verschüttete), sagt in seiner Naturgeschichte, der Alant sei an sich dem Magen nachteilig, werde aber durch Zusatz von Süßem sehr heilsam. „Man trocknet die Alantwurzel, stößt sie zu Pulver, tut dann eine Süßigkeit hinzu, oder man kocht sie mit einer Mischung von Essig und Wasser und gibt dazu noch eingekochten Weinmost, Honig, Rosinen und saftige Datteln. Man genießt sie auch mit Quitten, Spierlingsfrüchten (einer Art Mehlbeeren),

Pflaumen, wozu man auch wohl Pfeffer und Thymian hinzusetzt. In dieser Weise dient die Alantwurzel als Magenstärkung, und es ist bekannt, daß Julia, die Tochter des Kaisers Augustus, sie in dieser Weise täglich aß.“ Diese Wertschätzung blieb der Alantwurzel das ganze Mittelalter hindurch erhalten. Noch in dem 1604 gedruckten Hausbuch des deutschen Arztes Colerus wird dem Alantwein, dessen Zubereitung ausführlich geschildert wird, ganz dieselben Eigenschaften zugeschrieben, die im Mittelalter von der *potio Paulina* gerühmt wurden; er sollte wider alle Gifte dienen, Brust und Lunge säubern, das Herz stärken und erfreuen, den verschleimten Magen reinigen, die Verstopfung der Leber und Milz beseitigen, sowie alle kalte, phlegmatische Feuchtigkeit wegnehmen, den Weibern die monatliche Reinigung fördern, gegen den Husten dienen, der von der Erkältung der Brust kommt, den Gries und Stein austreiben, die Gebärmutter stärken, die natürliche Hitze und Kraft erhalten, fröhlich und lustig machen und noch manches andere. Helena habe in Ägypten den Alantwein machen lernen als einen bewährten Trank für alles Gift, Leid und Trauern. Schon Plinius berichtet, daß die Pflanze *helenium* genannt werde, weil sie aus den Tränen der schönen Gattin des Agamemnon, Helena, hervorgegangen sein soll. Seit alter Zeit wird sie als sehr heilkräftig auch in Deutschland kultiviert und findet sich namentlich um Gebirgsdörfer herum verwildert. Ihr dicker Wurzelstock ist noch heute offizinell, weshalb die Staude auch an einzelnen Orten auf Feldern gebaut wird.

Seit dem hohen Altertum werden die Blätter und Wurzeln der 1–1,25 m hohen Eibischstaude (*Althaea officinalis*) gegen Husten und als schleimige Beimengung zu Latwergen und Pillen verwendet. Bei den alten Griechen und Römern hieß sie *althaea*, bei Scribonius Largus *ebiscus* und *hibiscum*, zur Zeit Karls des Großen *mismalva* oder *ibischa*, welch letzterer Name sich bei der heiligen Hildegard im 12. Jahrhundert allein vorfindet und zum süddeutschen Ibsche, wie auch zum norddeutschen Eibisch wurde. Sie wächst auf feuchtem, am liebsten salzigem Boden in Süd-, aber auch Mitteleuropa bis zur Ostsee, im gemäßigten West- und Nordasien, in Nordamerika und Australien. Die 1–1,25 m hohe Staude besitzt filzige Stengel und Blätter, große fleischfarbene Blüten und wird zur Gewinnung des starken Rhizoms besonders bei Bamberg, Nürnberg und Schweinfurt im großen kultiviert. Diese wird im Herbst von der zweijährigen Pflanze gesammelt und frisch geschält, ist weißgelblich, riecht süßlich, schmeckt fade schleimig und enthält 35 Prozent Schleim, 37 Prozent Stärke, 10 Prozent Zucker und 2 Prozent Asparagin. Sie dient neben den schleimig schmeckenden Blättern zur Bereitung von Brusttee. Der mit Zucker gekochte wässerige Auszug der Wurzel wird zu Sirup und gummöser Paste, ohne Zucker dagegen bei der Appretur und sonst vielfach verwendet.

Uralt ist auch die Verwendung des Baldrians (*Valeriana officinalis*), der bekannten Staude mit kurzem, aufrechtem, bis 1 cm dickem, oft Ausläufer und zahlreiche dünne, stielrunde Nebenwurzeln treibendem Rhizom, 30–150 cm hohem, oben verästeltem Stengel und rispigen Dolden von fleischroten, wohlriechenden Blüten. Diese in ganz Nordeuropa, Nordasien und Japan wachsende Pflanze liefert in ihrer Wurzel ein sehr wichtiges Arzneimittel. Diese hat eine braune Außenrinde, riecht nach dem Trocknen eigentümlich kampferartig unangenehm — doch lieben bekanntlich die Katzen den Geruch sehr — und schmeckt gewürzhaft bitter. Sie enthält 0,5–1 Prozent ätherisches Baldrianöl, das bei der *kisso* genannten japanischen Abart mit schmäleren Blättern bis 6, ja 8 Prozent steigt. Bei den alten Griechen und Römern war sie unter dem Namen *phu* bekannt, der sich bis zum 15. Jahrhundert in der Literatur erhielt. Daneben kam seit dem 11. Jahrhundert der Name *valeriana* auf, der nach Linné von der deutschen, auch im Schwedischen gebräuchlichen Bezeichnung Baldrian, d. h. Baldrs (des Lichtgottes, der als Sohn Odins und Freyas als der reinste der Asen galt) Kraut abzuleiten ist, vielleicht aber nach dem römischen Arzte Plinius Valerianus so genannt wurde, oder nur mit dem lateinischen *valere* gesund sein zusammenhängt. Dieser Ausdruck ist aber vorzugsweise nur von den Ärzten gebraucht worden. Beim deutschen Landvolk war sie im Mittelalter unter dem Namen Denemarcha, noch früher Tenemarg bekannt, ein Ausdruck, der sich in einem Teil der Schweiz bis heute erhielt. Das Infus der Wurzel dient gegen Krämpfe und Hysterie, wie auch als Reizmittel bei schwachen Nerven.

Ein sehr altes deutsches Volksmittel ist die Bergwohlverleih oder Mutterwurz genannte *Arnica montana*, eine auf Bergwiesen Süd- und Mitteleuropas, in Norddeutschland dagegen in der Ebene wachsende Komposite mit 30–60 cm hohem, drüsig-kurzhaarigem Stengel und großen, goldgelben, aromatisch riechenden Blüten, die neben dem in der ganzen Pflanze enthaltenen Arnizin ein kamillenartig riechendes ätherisches Öl enthalten. Im schwach aromatisch riechenden und scharf gewürzhaft, etwas bitter schmeckenden Wurzelstock ist neben Arnizin, Inulin, Gerbstoff und Gummi zu 1 Prozent das in größeren Dosen Brechen erregende Arnikaöl enthalten. In gepulvertem Zustand erregt die Wurzel Niesen. Seit alter Zeit diente die gepulverte Wurzel, in Bier getrunken, gegen Blutungen, Durchfall, Fieber, Lähmung und Epilepsie, die im Juni und Juli gesammelten Blüten aber, mit Weingeist ausgezogen, als vielgerühmtes zerteilendes und Wundmittel. Die schon zu Ende des 16. Jahrhunderts von Joel in Greifswald empfohlene Heilpflanze wurde erst seit 1712 von den Ärzten häufiger verwendet. 1777 stellte Collin die Arnikablüten als Fiebermittel den Chinarinden gleich. Da die heilige Hildegard die Pflanze im 12. Jahrhundert als *wolfisgelegena* bezeichnet, muß der Name Wohlverleih auf *wolfsgele* (Wolfsgelb) zurückgeführt werden, der sich übrigens schon vom 10. Jahrhundert an nachweisen läßt. Das jüngere, von den gelehrten Botanikern erfundene Wort Arnika ist vom griechischen *arnákis* Lammpelz — wegen der drüsigen, weichhaarigen Blütenhülle — abzuleiten. Schon der gelehrte Basler Botaniker Kaspar Bauhin (1560–1624) bemerkt, daß der gemeine Mann die Pflanze Wohlverleih, der Arzt aber sie Arnica nenne.

Als Giftpflanze war die Herbstzeitlose (*Colchicum autumnale*, nach der Stadt Kolchis in Kleinasien, wo die Pflanze nach Dioskurides häufig vorkam, so geheißen) schon im Altertum und Mittelalter bekannt. Sie wurde auch Ephemeron genannt, weil man glaubte, daß derjenige, der eine Zwiebel derselben esse, noch an demselben Tage sterben müsse. Erst in der Neuzeit fand sie als Gichtmittel arzneiliche Verwendung. Zum erstenmal finden wir sie 1618 in der englischen Pharmakopoe erwähnt; in Deutschland aber kam sie erst 1763 durch Störck in Anwendung. Zeitlose heißt sie, weil sie sich an keine Zeit wie die übrigen Blütenpflanzen hält, im Herbst blüht und die Samen mit den Blättern erst im darauffolgenden Frühjahr treibt. Weil sie aber zuerst im Jahre die Frucht und erst im Herbste die Blüte zeitigt, nannten sie die Alten auch *filius ante patrem*, d. h. Sohn vor dem Vater. Statt der zuerst angewandten, frisch widrig rettigartig riechenden Knollen werden seit der Empfehlung von *Dr.* Williams in Ipswich im Jahre 1820 die weit haltbareren, im frischen Zustande weißlichen, aber beim Trocknen dunkelrotbraun werdenden Samen zur Gewinnung des Colchicins angewandt.

Neben der Herbstzeitlose haben wir in der Familie der Giftlilien den auf den Gebirgswiesen Europas und Nordasiens verbreiteten Germer (*Veratrum album*), auch fälschlich weiße Nießwurz genannt, zu erwähnen. Die eigentliche weiße Nießwurz (*Helleborus albus*) ist eine der sogenannten Christrose verwandte Hahnenfußart; beider Wurzelstock enthält das scharf giftige Veratrin und wurde unter dem gemeinschaftlichen Namen *hellėberos*, was eine Pflanze, deren Genuß tödlich wirkt, bedeutet, als eines der berühmtesten Arzneimittel des Altertums von den Griechen und durch die Vermittlung dieser auch bei den Römern verwendet. Letztere gebrauchten dafür den einheimischen Namen *veratrum*, das von *verare* wahrsprechen — das Niesen deutete ja nach ihrer Meinung die Bestätigung der Wahrheit an — abzuleiten ist. Schon der große Schüler des Aristoteles, Theophrast, unterschied erstere als weiße und letztere als schwarze *hellėboros*. Erstere sei selten, und die beste Art derselben wachse auf dem Oeta, letztere dagegen wachse allenthalben in Griechenland. Nach Dioskurides müssen die Wurzeln zur Zeit der Weizenernte ausgegraben werden, und zwar hat man dabei nach Plinius folgende Maßregeln zu beobachten: „Erst schneidet man um sie herum mit dem Schwert einen Kreis, dann blickt man nach Osten, fleht zu den Göttern, daß sie gütigst die Erlaubnis erteilen, sie zu nehmen, und beobachtet dabei den Flug des Adlers. Ein solcher befindet sich in der Regel in der Nähe; fliegt er näher heran, so ist dies ein Zeichen, daß derjenige, der die Wurzel geschnitten hat, noch in demselben Jahre sterben muß.“ Beide Wurzelarten wurden gegen die verschiedensten Krankheiten gegeben und sollten auch Wahnsinn und Epilepsie heilen. Heute werden die scharfen in ihnen enthaltenen Stoffe meist nur noch äußerlich bei Rheumatismus angewandt.

Den Alten nicht bekannt war der Stechapfel (*Datura stramonium*), der wahrscheinlich aus Persien stammt und durch Vermittlung der aus Nordindien stammenden Zigeuner erst im 16. Jahrhundert nach Deutschland gelangte, wo er jetzt überall an Wegen und auf Schutthaufen in der Nähe von Dörfern und Städten, wo einst die Vertreter jenes Wandervolkes rasteten, verwildert angetroffen wird. Er wurde von den Zigeunern wie die weißblütige *Datura metel* in Ostindien und Arabien zur Herstellung von Berauschungsmitteln mit Hanf, Opium, Gewürzen usw. verwendet. Ebenso bereiteten die alten Peruaner aus den Samen der strauchartigen *Datura sanguinea* mit großen, hängenden, halb roten, halb gelben Blüten einen *tonga* genannten berauschenden Trank, den einst die Priester des Sonnentempels zu Sogamossa, dem peruanischen Orakelsitz, tranken, um sich mit den Geistern der Verstorbenen in Verbindung zu setzen; deshalb wird sie heute noch in jenem Lande *yerba de huaca*, d. h. Gräberpflanze genannt. Als Arzneimittel gegen Krämpfe, Asthma und Rheumatismus werden die Blätter und Samen unseres Stechapfels erst seit 1762, da sie Störck in Wien empfahl, angewendet.

Tafel 125.

Der Baldrian.
(Nach der Natur phot. von H. Dopfer.)

Die Arnica.
(Nach der Natur phot. von H. Dopfer.)

Tafel 126.

Tollkirsche (*Atropa Belladonna*) in einer Waldlichtung bei Weidling nächst Wien. (Nach einer im Besitz des Botan. Institutes in Wien befindlichen Phot. von A. Ginzberger.)

Baumartig kultivierter Rizinus auf den Kanarischen Inseln. (Nach einer im Besitz des Botan. Institutes zu Wien befindlichen Phot. von G. Kraskovits.)

Ebenfalls irgendwo aus Westasien zwischen dem Kaspischen Meer und Afghanistan scheint das Bilsenkraut (*Hyoscyamus niger*) nach Europa eingeführt worden zu sein, und zwar schon im Altertum. Der aus Kilikien gebürtige griechische Arzt Dioskurides beschreibt vier Arten des Bilsenkrautes, die alle in Griechenland wachsen. Unter ihnen war die weiße Abart (*H. albus*) die gebräuchlichste und wurde schon von den Hippokratikern angewandt. Als dem Apollon geweihtes heiliges Kraut wurde es alljährlich von Kreta nach Rom gebracht und stand als Liebestrank neben der Mandragora in hohem Ansehen. Daß es Wahnsinn veranlassen könne, wußte schon Sokrates. Von der Beobachtung, daß Schweine nach dem Genusse des Krautes in Krämpfe verfallen, soll nach Helianus der Name *hyoskýamos*, d. h. Schweinebohne, herrühren, während Bilsenkraut das Kraut des keltischen Sonnengottes Beal bedeutet. Erst seit dem Jahre 1762, da eingehende Erfahrungen über die Wirkung des Bilsenkrautes bekanntgegeben wurden, fand es bei den wissenschaftlich gebildeten Ärzten als Beruhigungs- und Schlafmittel Anwendung.

Eine dritte Nachtschattenart ist die in Laubwäldern der Gebirgsgegenden Europas wachsende Tollkirsche (*Atropa belladonna*), die zuerst von deutschen Botanikern und Ärzten als Giftpflanze erwähnt wird. Erst im 16. Jahrhundert wurde sie in den Arzneischatz eingeführt und findet sich 1771 in der Württemberger Pharmakopoe angeführt. Die Bezeichnung Belladonna kam im 16. Jahrhundert in Italien auf, als die Frauen sich ihrer als kosmetischem Mittel zur Erweiterung der Pupillen bedienten, während ihr von Linné gewählter Artname von der unerbittlichen Parze Atropos, d. h. der Unabwendbaren herrührt. Das aus ihr gewonnene Alkaloid Atropin, das in der Augenheilkunde und als krampfstillendes Mittel eine große Rolle spielt, wurde 1831 von Mein zuerst isoliert. Einen ähnlichen Stoff stellten 1833 Geiger und Hesse aus dem Stechapfel dar, dessen Identität mit Atropin dann Planta nachwies. Zur Verarbeitung gelangen die in der Blütezeit im Juni und Juli gesammelten Blätter 2–4jähriger Pflanzen, die bei 30° C. rasch getrocknet werden, aber nicht über ein Jahr aufbewahrt werden dürfen. Die Blätter wilder Pflanzen enthalten etwas mehr Alkaloid als diejenigen kultivierter Pflanzen.

Auch die Geschichte des neuerdings als ausgezeichnetes Herzmittel zu so großem Ansehen gelangten rotblühenden Fingerhutes (*Digitalis purpurea*) läßt sich als innerlich angewandte Droge nur bis zum 16. Jahrhundert verfolgen; äußerlich wurde diese Pflanze teilweise schon im 10. Jahrhundert in Form von Umschlägen oder als Blätterdekokt gegen Geschwüre verwendet. Gegen Wassersucht brauchte sie zuerst der englische Arzt Withering (1741–1799) in Birmingham, und 1783 wurde sie in die Edinburger Pharmakopoe aufgenommen. Das Wort Digitalis, das zuerst der als Professor der Botanik in Tübingen verstorbene Bayer Leonhard Fuchs (1501–1566) 1542 aufbrachte, ist vom lateinischen *digitabulum* Fingerhut abzuleiten. Auch vom Fingerhut werden die sorgfältig im Schatten getrockneten, am besten zu Beginn der Blütezeit gesammelten Blätter wildwachsender Pflanzen verwendet.

Seit dem frühesten Altertum war der Eisenhut (*Aconitum napellus*) den Völkern gebirgiger Gegenden, in denen er mit Vorliebe wächst, als äußerst starkes Gift bekannt. So dienten die knollig aufgetriebenen Wurzeln, nach denen die Pflanze den Beinamen *napellus*, d. h. Rübchen hat, den alten Deutschen als Wolfswurz und den alten Griechen als *lykóktonon*, d. h. Wolftöter zum Vergiften wilder Raubtiere, besonders des die Herden umschleichenden Wolfes, wie diejenigen der noch giftigeren Art, *Aconitum ferox*, des Himalaja von den dortigen Bewohnern zum Vergiften der Pfeile benutzt wird. Nach dem griechischen Mythos soll schon die zauberkundige Medeia, Tochter des Königs Aetes von Kolchis, ein Gift daraus bereitet haben, womit sie nach der Verstoßung durch ihren Gatten Jason ihre Kinder tötete. Auch soll man nach einigen Angaben aus dem Altertum Verbrecher damit hingerichtet haben; ebenso diente sie noch im 16. Jahrhundert den Älplern zur Bereitung von Pfeilgift. Als Arzneimittel gegen Kopfweh und Wechselfieber wurde sie seit dem 17. Jahrhundert in den Apotheken geführt, kam aber erst durch die Empfehlung des Wiener Arztes A. Störck seit 1762 allgemeiner in Gebrauch. In den Handel gelangen die zu Ende der Blütezeit im Juli und August von wildwachsenden Pflanzen gesammelten und rasch an der Luft getrockneten Knollen. Sie enthalten bis 0,8 Prozent des 1833 von Geiger und Hesse entdeckten Alkaloids Akonitin, das zur Herabsetzung von

Temperatur und Puls im Fieber, wie auch zur Herabminderung von Schmerzen peripherer Nerven dient.

Äußerst beliebt als Volksheilmittel gegen alle möglichen Beschwerden ist die Kamille (*Matricaria chamomilla*) seit dem Altertum, da sie Hippokrates als *euánthemos*, d. h. gute Blume, Dioskurides als *anthemís* und *anthýllis* und Galenos als *anthemís* und *chamaimḗlon*, d. h. am Boden wachsender Apfel, empfehlend erwähnen. Aus letzterer Bezeichnung ging dann der Name Chamemilla hervor, der uns bei Till Lants zu Ende des 17. Jahrhunderts zuerst entgegentritt.

Als beliebtes Bittermittel ist seit dem Altertum die Wurzel des auf Bergwiesen wachsenden Enzians (*Gentiana lutea* u. a.) gebräuchlich, von der meistens ein wässeriger Extrakt zur Anwendung gelangte. Von den beiden Zeitgenossen Dioskurides und Plinius wird der Name *gentiana* auf den 167 v. Chr. verstorbenen König Genthius von Illyrien zurückgeführt, der sie als Mittel gegen die Pest empfohlen haben soll. Galenos und Cletius Abascantus benutzten sie gegen die Auszehrung, Origines gegen Blutspeien und Coelius Aurelianus gegen Spulwürmer. Nach Celsus und Scribonius Largus war die Wurzel auch als Antidot im Gebrauch und bis zur Einführung der Laminariastifte wurde sie von den Chirurgen auch als Quellstift benutzt. Seit dem Mittelalter wird auch ein gegen Kolik dienlicher Schnaps aus ihr gebrannt, der besonders bei den Älplern viel benutzt wird.

Die im mitteleuropäischen Gebirge und im nördlichen Europa bis Sibirien heimische Engelwurz (*Angelica officinalis*) dient in ihrer Heimat als beliebtes Gemüse und fand von altersher — so haben wir diesbezügliche Berichte aus dem 10. Jahrhundert — als appetitbeförderndes und krampfstillendes Mittel Verwendung. In Deutschland wurde sie im 14. und 15. Jahrhundert als Gewürzpflanze eingeführt und galt bald als ein Hauptmittel gegen die Pest, diente auch zur Bereitung des Angelikaschnapses, dessen Darstellung im Jahre 1500 von Brunschwig beschrieben wurde. Im 16. Jahrhundert finden wir die Pflanze des öfteren erwähnt und bereits an vielen Orten kultiviert; besonderen Ruf hatten zu jener Zeit die Angelikawurzeln aus den Gärten der Mönchsklöster von Freiburg im Breisgau. Obschon die Pflanze in den Mittelmeerländern nicht vorkommt und daher den Alten unbekannt war, glaubten die alten deutschen Ärzte und Botaniker in ihr das *Panas heracleum*, das Smyrnion, ja selbst das Silphium der alten Griechen vor sich zu haben, was natürlich völlig irrig war. Das destillierte Öl der graubraunen, scharf gewürzhaft und etwas bitter schmeckenden Wurzel wurde erst in der zweiten Hälfte des 16. Jahrhunderts gewonnen und wird zum erstenmal 1582 in der Arzneitaxe der Stadt Frankfurt und 1589 im *Dispensatorium noricum* aufgeführt.

Die wurmabtreibende Wirkung der Farnwurzel (von *Aspidium filix mas*) war schon dem Begründer der Botanik Theophrastos und den späteren griechischen Ärzten bekannt. In der ganzen römischen Kaiserzeit und im Mittelalter blieb die Wurzel des Wurmfarns gebräuchlich, findet sich aber nur hier und da in den medizinischen Schriften erwähnt. Erst zu Ende des 18. Jahrhunderts kam sie wieder mehr zu Ansehen und um 1775 bildete sie den Hauptbestandteil eines Geheimmittels, das von der französischen Regierung der Witwe des Arztes Nuffer in Murten abgekauft wurde, wie auch desjenigen Mittels, das Friedrich der Große von dem aus Neuchâtel stammenden Apotheker Daniel Matthieu in Berlin erwarb. Im Jahre 1825 führte der Genfer Apotheker J. Peschier das Ätherextrakt davon ein, das neuerdings von der Filmaron genannten wirksamen Substanz abgelöst wurde.

In Persien, Turkestan und Buchara, speziell der Kirgisensteppe, wächst die Komposite *Artemisia cina*, eine dem Wermut und Estragon sehr nahe verwandte Beifußart, der Wurmbeifuß, dessen in der zweiten Hälfte des Juli und im August unmittelbar vor dem Aufblühen gesammelten eigenartig aromatisch riechenden Blüten, den Zitwer- oder Wurmsamen liefern, dessen wurmabtreibende Wirkung schon im Altertum bekannt war. Nach Europa scheint die Droge erst durch die Kreuzzüge eingeführt worden zu sein. Der später übliche Name *semen santonici* wird auf eine Mitteilung des griechischen Arztes Dioskurides zurückgeführt, der von einer beim keltischen Stamme der Santonen im südlichen Gallien (Aquitanien) wachsenden Artemisiaart, dem Wermut (*Artemisia absinthium*), berichtet. Danach wurde das wirksame Prinzip des Wurmsamens, das heute fast nur noch verwendet wird, Santonin genannt. In der besten Ware ist es zu 2,5 Prozent enthalten und wird von an Ort und Stelle errichteten Fabriken in Taschkent und Tschimkent gewonnen. In russisch Turkestan werden durch die Kirgisen teils von wildwachsenden, neuerdings aber auch in zunehmendem Maße von kultivierten Pflanzen etwa 2,5 Millionen kg jährlich geerntet und zum größten Teil zur Extrahierung des Santonins verwendet.

Die Pfefferminze (*Mentha piperita*) ist eine der ältesten aus China nach Vorderasien und dann nach Europa gelangten Arzneipflanzen, deren aromatische, während der Blüte gesammelte Blätter gekocht als krampfstillendes Mittel gebraucht werden. In Ägypten findet sie sich schon ums Jahr 1550 v. Chr. in dem Papyrus Ebers erwähnt und wurde von Schweinfurth auch in einem Grabe in Abd-el-Quurnah aus der Zeit von 1200–600 v. Chr. unter den Totenbeigaben nachgewiesen. Auch die alten Griechen und Römer gebrauchten die Pflanze, die erstere *míntha*, letztere dagegen *menta* nannten und im Gegensatz zur wilden Wasserminze die zahme hießen. Im Mittelalter fehlte sie in keinem Arzneigärtchen. Um die Mitte des 18. Jahrhunderts wurde sie von den Ländern Europas zuerst in England zur Gewinnung des ätherischen Pfefferminzöles im Großen kultiviert, dann in

Frankreich, Deutschland, Rußland und seit 1816 besonders in den Vereinigten Staaten von Nordamerika. Die weitaus ältesten Pfefferminzkulturen, die schon vor dem Beginn der christlichen Zeitrechnung begonnen wurden, besitzen China und Japan, wo der kristallisierbare Mentholkampfer seit ebenso lange gewonnen und als Heilmittel im Gebrauche gewesen sein soll. Das bittere und deshalb fast ausschließlich zur Gewinnung von Menthol dienende japanische Pfefferminzöl soll von *Mentha arvensis* stammen. Die Jahresproduktion des Öles beträgt in Amerika 90000 kg, in Japan 70000 kg, in England 9000 kg, in Frankreich 3000 kg, in Deutschland 800 kg und in Italien 600 kg jährlich. Vielfach wird es mit Rizinusöl, Weingeist und Petroleum verfälscht. Das englische Öl enthält 58–66 Prozent Menthol.

Ebenfalls als Blähungen vertreibend werden seit dem Altertum die Blätter der Melisse (*Melissa officinalis*) bei Kolik und Diarrhoe verwendet, neuerdings hauptsächlich in Form des Öles. Sie, die ihren Namen vom griechischen *melíssa* Biene hat, weil der Duft des Krautes die Bienen anlockt, ist die *kalamínthē* und das *melissophýllon* der Griechen und das *apiastrum* (von *apis* Biene) der Römer. Im Mittelmeergebiet heimisch, ist sie ums Jahr 960 von den Arabern in Spanien kultiviert worden und kam früh in die Arzneigärten Mitteleuropas. Gleicherweise verhält es sich mit der ihr nahe verwandten Salbei (*Salvia officinalis*), die ebenfalls im Mittelmeergebiet heimisch ist und seit alter Zeit als eine der vorzüglichsten Heilpflanzen für die verschiedensten Zwecke gebraucht wird. Schon Karl der Große gebot dieses Kraut *salvia*, das von *salvare* heilen benannt ist, in seinen Gärten zu pflanzen, und die heilige Hildegard im 12. Jahrhundert rühmt die Heilkraft der von ihr als *selba* bezeichneten Salbei.

Denselben Zwecken diente seit dem Altertum der Rosmarin (*Rosmarinus officinalis*), ein 1–2 m hoher immergrüner Strauch mit stark aromatischen Blättern, die früher auch als Würze und beim Brauen des Bieres dienten. Columella rühmt den Rosmarin auch als gutes Bienenfutter, und Horaz berichtet in einer seiner Oden, daß mit ihm und Myrten die kleinen Götterbilder der Penaten bekränzt wurden. Nach Ovid bekränzte man sich auch bei Festen mit Rosmarin oder Veilchen oder Rosen. Auch Quendel (*Thymus serpyllum*) und Thymian (*Thymus vulgaris*) sind seit uralter Zeit benutzte Heil- und Gewürzkräuter, die beide gleichförmig von den alten griechischen und römischen Ärzten zum Vertreiben von Blähungen verwendet wurden. Der griechische Pflanzenkenner Theophrast, der Schüler des Aristoteles, berichtet, daß der von ihm als *hérpyllos* bezeichnete Quendel oder Feldthymian allenthalben auf den Bergen und Hügeln wachse, besonders in Thrakien gemein sei und eine treffliche Bienenspeise liefere. Ihm vor allem verdankte der Honig des Berges Hymettos südöstlich von Athen seinen Wohlgeschmack, der ihn deshalb weithin berühmt machte. Auch der dort gesammelte Quendel wurde vor anderem geschätzt. Wie Theophrast unterscheiden auch Dioskurides, Plinius und Columella neben dem wilden den von ihnen als *thýmos*, d. h. Kraft, Mut bezeichneten Gartenthymian, der dann durch die Klöster in Mitteleuropa verbreitet wurde. Weil der Thymian aus Italien nach Deutschland kam, wurde er als welscher oder römischer Quendel bezeichnet. Im 16. Jahrhundert wurde er hier allgemein angebaut und in den Apotheken geführt. Das aus ihm gewonnene gelbrote ätherische Öl findet sich 1589 im *Dispensatorium noricum* erwähnt, und 1719 fand Kaspar Neumann das Thymol, das innerlich als fäulnis- und gärungswidriges Mittel gegen Fieber und Eingeweidewürmer, wie auch als desodorierendes Mittel als Ersatz der ätzenden und giftigen Karbolsäure verwendet wird.

Seit alter Zeit ist in China das Mutterkorn (*Secale cornutum*, d. h. gehörnter Roggen) — französisch *ergot* —, das Sklerotium oder Dauermycelium des Pilzes *Claviceps purpurea* in den von ihm bald ganz aufgezehrten Fruchtknoten verschiedener Grasarten, besonders des Roggens, als Arzneimittel gegen Blutungen speziell der Gebärmutter im Gebrauch. Von griechischen Ärzten kannten Dioskurides und Galenos die Droge, deren medizinische Verwendung bei uns erst aus dem Ende des 16. Jahrhunderts datiert. 1588 verwendete Wendelin Thallius das Mutterkorn, das gemutertes, d. h. verändertes Korn bedeutet, als blutstillendes Mittel; aber erst zu Ende des 17. Jahrhunderts führte es R. J. Camerarius in Tübingen in der Geburtshilfe als die glatten Muskelfasern der Gebärmutter zum Zusammenziehen bringendes Mittel ein. Die genaue Kenntnis seiner Wirkung verdanken wir 1820 den Amerikanern Prescott und Stearns. 1853 erkannte Tulasne zuerst den Entwicklungsgang des Pilzes, 1863 vervollständigte Kuhn denselben und wies nach, daß die in langen Schläuchen erzeugten und deshalb als Askosporen bezeichneten Sporen auf der Blüte des Roggens wieder Mutterkorn erzeugen. Das hauptsächlich in Rußland, das den größten Teil der Handelsware liefert, dann in Galizien, weniger in Spanien, Portugal und in noch geringerem Maße bei uns ausschließlich vom Roggen, und zwar kurz vor dessen Fruchtreife gesammelte Mutterkorn enthält als wichtigste Bestandteile die Alkaloide Cornutin, Ergotinin und Ergotoxin. Unter Ergotin versteht man Mutterkornextrakte verschiedener Herstellungsweise, von denen das erste derartige 1842 von J. Bonjean in Chambéry (Savoyen) dargestellt wurde. Die im Mutterkorn enthaltene Sphacelinsäure (vom griechischen *sphákelos* Brand) wirkt gangränbildend und ist vorzugsweise die Ursache des Mutterkornbrandes, die seuchenartig als Kriebelkrankheit oder Kornstaupe besonders in Hungerjahren auftrat, wenn feuchte Witterung die Entwicklung des Mutterkornes begünstigte und damit verunreinigtes Mehl, zu Brot verbacken, die Hauptnahrung des Volkes bildete. Die erste sichere Nachricht über diese Krankheit findet sich aus dem Jahre 857 in den Annalen des Klosters Xanten. Dann trat sie besonders 922, 994, 1008, 1129 und in neuerer Zeit 1596, 1649 im Vogtland und 1736 in Hannover auf.

Kriebelkrankheit hieß sie, weil sich zuerst durch Zusammenziehung zahlreicher Blutgefäße der Extremitäten ein Kriebeln darin zeigte und diese erst hernach gefühllos wurden und abstarben.

Als Salepknollen oder Geilwurz wurden von jeher die als Hoden imponierenden Doppelknollen verschiedener Orchisarten als Nahrungsmittel und als die Geschlechtstätigkeit anregendes Mittel verwendet; denn das Altertum und das Mittelalter sahen in der Hodengestalt eine „Signatur", d. h. ein Hinweis darauf, daß sie vorzüglich auf die Geschlechtsorgane einwirken. Bei Dioskurides und Galen heißt der *Salep órchis* Hoden, woher die Pflanzengattung der Orchideen überhaupt ihren Namen erhielt. Das Wort Salep ist aus dem arabischen *chusjata ssalab* d. h. Fuchshoden verstümmelt. In Deutschland wird der aus dem Orient eingeführte Salep zuerst um 1480 als *radix satyri* in dem Drogenverzeichnis von Nördlingen erwähnt. Vom 16. Jahrhundert an sind in den Kräuterbüchern Abbildungen der betreffenden Pflanzen anzutreffen. Die Hauptmasse der bei uns hauptsächlich zur Bereitung von Schleim verwendeten Handelsware kommt über Smyrna, teilweise auch über Konstantinopel aus Kleinasien; so expediert Smyrna jährlich etwa 642500 kg der zur Blütezeit im Juni oder kurz danach gegrabenen, nach der Reinigung von anhängender Erde zwecks Abtötung zuerst in siedendem Wasser gebrühten und dann an der Luft getrockneten Orchisknollen. Ansehnliche Mengen werden übrigens auch bei uns gesammelt. In der Türkei und in Griechenland dient Salepschleim mit Honig vermischt als tägliches Morgengetränk und wird im Winter in besonderen Buden ausgeschenkt oder auch in Blechbüchsen auf den Straßen als Salepschleim ausgerufen und noch warm verkauft. Auch mit Fleischbrühe oder Schokolade gekocht gibt Salep eine treffliche, leichtverdauliche und deshalb besonders für Kranke angewandte Speise, mit der sich vornehme Haremsfrauen die im Morgenlande als besondere Schönheit angesehene Körperfülle zu erwerben suchen.

Seit Urzeiten ist als appetitanregendes Magenmittel der außer ätherischem Öl von grüner Farbe den glykosidischen Bitterstoff Absinthiin enthaltende Wermut (*Artemisia absinthium*) benutzt worden. Es ist dies eine zur Familie der Beifuße gehörende Komposite mit weißgrauen seidenhaarigen Blättern und gelben Blüten, die, wie deren Verwandte, namentlich der baumartige Beifuß (*Artemisia arborea*), schon im Papyrus Ebers (um 1600 v. Chr.) erwähnt wird; auch die Hippokratiker wandten diese, wie auch den verwandten Eberreiß (*Artemisia abrotanum*) als magenstärkendes und die Gelbsucht heilendes Mittel an. Wie das *apsínthion* der alten Griechen und Römer ist das althochdeutsche *wermuota* als ein Bittertrank charakterisiert, das auch als Wurmmittel besonders beim Vieh im Gebrauch war. In den ältesten medizinischen und botanischen Schriften Deutschlands wird der Wermut meist an hervorragender Stelle angeführt. Im 12. Jahrhundert finden wir ihn im Zürcher Arzneibuch, und im 13. Jahrhundert wurde das Kraut bis nach Island und Norwegen gebracht. Das ätherische Öl war Porta um 1570 bekannt; es dient als Erregungsmittel für die Nerven und ist der Hauptbestandteil des besonders in Frankreich sehr beliebten Likörs *Extrait d'absinthe*. Neuerdings ist dieser giftige Trank in der Schweiz verboten worden, so daß die Wermutpflanzer des Val de Travers im Kanton Neuchâtel sich künftighin eine andere Pflanze zu ihren Kulturen ausersehen müssen.

Ein in ähnlicher Weise die Verdauung anregendes Bittermittel ist das Tausendguldenkraut (*Erythraea centaurium*), eine auf Bergwiesen wachsende Enzianart, die nach dem in der Kräuterkunde sehr erfahrenen Lehrer des Herakles, Äskulap, Jason und anderer Heroen, dem Kentauren Cheiron, schon von den alten Griechen als *kentaúrion* bezeichnet wurde. Jener soll durch dieses Kraut eine Wunde an seinem Fuße geheilt haben, wie Achilleus, ein weiterer Schüler des Cheiron, damit nach der Ilias die Wunde des Eurypyles heilte. Es wird wie die Enzianwurzel verwendet, ist aber gegenwärtig fast außer Gebrauch gekommen, wie auch das einst vielbenutzte Kardobenediktenkraut (*Cnicus benedictus*). Diese in den Mittelmeerländern heimische Staude von distelförmigem Aussehen wurde schon bei den Alten unter dem Namen *hētéra knḗkos* arzneilich verwendet, kam dann durch die Mönche nach Mitteleuropa und wurde daselbst durch die Klöster verbreitet. Hier erhielt sie auch die Bezeichnung *carduus benedictus*, d. h. gesegnete Distel, weil man darin die von Theophrast als besonders wirksam gepriesene *akárna* beziehungsweise die *atráktylis* des Dioskurides vermutete, deren Blätter und Samen gegen Skorpionstich dienten. Wahrscheinlich sind aber diese mit *Carthamus lanatus* identisch. Das Kardobenediktenkraut, das noch vielfach in Gärten gezogen und u. a. bei Cölleda im Großen kultiviert wird, dient immer noch als Volksheilmittel und ist ein Bestandteil der Kölner Klosterpillen.

Uralte Volksheilmittel sind die Schafgarbe (*Achillea millefolium*), die schon von Plinius als Wundpflanze genannt wird, der Vogelknöterich (*Polygonum aviculare*), der als *sanguinaria* bei den Römern in hohem Ansehen stand und neuerdings seit 30 Jahren mit der Angabe, ein in Sibirien neuentdecktes Heilmittel zu sein, unter dem Namen Homeriana, Weidemanns russischer Knöterichtee usw. als unfehlbares Mittel gegen Schwindsucht mit großer Reklame vertrieben wird, der Dosten (*Origanum vulgare*), den bereits Theophrast und Dioskurides bei Lungen- und Leberleiden verwandten und der zur Zeit Luthers als der Ysop der Bibel galt, das auf den semitischen Sonnengott Adonai, d. h. Herr zurückgeführte Adonisröschen (*Adonis vernalis*), das Ovid aus dem Blute des sagenhaften Jünglings Adonis, des Geliebten der Aphrodite, hervorgehen läßt. Heute noch wird es mit Vorteil bei Wassersucht verwendet, da es das wertvolle Herzgift Adonidin, einen Ersatz für Digitalis, enthält. Ferner das Löffelkraut (*Cochlearia officinalis*), das seit der Empfehlung des brabantischen Arztes Joh. Wier im Jahre 1557 gegen Skorbut gebraucht wird, der Hohlzahn (*Galeopsis ochroleuca*), der seit dem Mittelalter einen Ruf als Heilmittel gegen Schwindsucht besitzt, das harntreibende Bruchkraut (*Herniaria glabra*) und das gleicherweise wirkende, schon von den alten griechischen Ärzten verwendete, neuerdings wieder durch Pfarrer Kneipp populär gewordene Zinnkraut oder der Schachtelhalm (*Equisetum arvense*), das Kraut des Maiglöckchens (*Convallaria majalis*), das von altersher vom russischen Volke gegen Wassersucht und Herzleiden angewandt wurde und, seit Marmé die der Digitalis ähnliche Wirkung des von Walz 1838 zuerst isolierten Glykosids Convallamarin im Jahre 1867 erkannte, in Form des wässerigen Extraktes als wertvolles Herzmittel auch bei uns oft an Stelle von Digitalis gegeben wird, da es im Gegensatz zu jenem keine kumulative Wirkung besitzt. Außer diesen wären noch viele andere einheimische Kräuter zu nennen, auf die wir hier nicht näher eintreten können. Selbst der als Hinrichtungsmittel beliebte giftige Schierling (*Conium maculatum*), das *kóneion* der alten Griechen, dessen Saft unter anderen auch Sokrates trinken mußte, als er im Jahre 399 v. Chr. als Verächter der Götter und Verführer der Jugend zum Tode verurteilt wurde, war bei den Hippokratikern als innerliches und äußerliches krampfstillendes und betäubendes Mittel sehr beliebt, wie früher bei uns gegen Zahnschmerz eine Abkochung der scharfen, die Speichelabsonderung befördernden Bertramwurzel (*Anacyclus officinalis*) gebraucht wurde.

Von einst viel gerühmten Wurzeldrogen sind noch zu nennen die Wurzeln des auf sonnigen Hügeln wachsenden Bibernell (*Pimpinella saxifraga* und *P. magna*), der sich schon in einem deutschen Manuskript des 8. Jahrhunderts als Bestandteil eines Universalmittels findet. Bei den alten Griechen und Römern hieß die Pflanze *kaúkalis* und diente als Zahnmittel, gegen Fieber und Steinbeschwerden. Aus dem deutschen *bibernella*, das uns bei der heiligen Hildegard im 12. Jahrhundert entgegentritt, ging dann die volkstümliche Bezeichnung *pimpinella* hervor, die den botanischen Namen lieferte. Die altdeutschen Ärzte gaben der *P. magna* den Vorzug, welche besonders als Mittel gegen die Pest hohen Ruf erlangte. Auch die Wurzel des Löwenzahns (*Taraxacum officinale*) war schon bei den Alten im Gebrauch als leichtes Abführmittel bei Magen- und Leberleiden. Durch die arabischen Ärzte wurde ihre Anwendung im Abendlande populär, wo sie noch heute als Blutreinigungsmittel zu den sogenannten Frühjahrskuren mit anderen abführenden Pflanzenprodukten dient.

Ein uraltes nordisches Heilmittel gegen Blasen- und Nierenleiden, das schon im 13. Jahrhundert erwähnt, seit der ersten Hälfte des 18. Jahrhunderts von französischen, italienischen und spanischen Ärzten benutzt wird und seit Anfang des 19. Jahrhunderts in Deutschland offizinell ist, sind die von April bis Juni von wildwachsenden Pflanzen gesammelten und getrockneten kleinen, lederigen, glatten Blätter der immergrünen Bärentraube (*Arctostaphylos uva ursi*), die 3,5 Prozent des mit dem Vacciniin der Heidelbeeren identischen glykosidischen Bitterstoffes Arbutin enthalten. Außerdem enthalten sie auch reichlich Gerbstoff, weshalb sie auch zum Färben und Gerben des Saffianleders gebraucht werden. Der die glänzenden Blätter erzeugende Strauch ist reich verzweigt, erhebt sich aber nur wenig über den Boden. Er wächst mit Vorliebe auf Heiden und an Felsen und erzeugt rötliche Blüten und rote Früchte, aus deren etwas mehligem Fruchtfleisch man im Norden Brot backen soll.

Weiter hat uns der arktische Norden die Renntierflechte oder das isländische Moos (*Cetraria islandica*) bescheert, die nicht bloß die wichtigste Nahrung der Renntiere bildet, sondern auch von den Menschen als Gemüse verzehrt und zu Brot verbacken wird. Sie enthält 70 Prozent durch Jod nicht gebläute Flechtenstärke Lichenin, 11 Prozent durch Jod gebläutes Dextrolichenin, die beide nährend und reizmildernd wirken, und 2–3 Prozent des Bitterstoffes Cetrarin, der zwar appetitanregend wirkt, aber vor dem Genusse durch den Menschen durch Mazeration mit schwach alkalischem Wasser völlig entfernt werden muß. 1542 findet sich bei Valerius Cordus eine Angabe, welche auf diese Droge schließen läßt, doch wurde sie mit Sicherheit erst seit 1666 durch Bartolin bekannt; 1671 empfahl sie Borrich als Abführmittel und 1683 Hjärne gegen Lungenleiden. Als Mittel für Lungenkranke fand sie erst durch die Empfehlung von Linné und Scopoli allgemeinere medizinische Anwendung; auch als blutbildendes Mittel wird sie mit Erfolg angewandt, da die Zahl der roten und weißen Blutkörperchen durch deren Genuß vermehrt wird. Sie wird in größeren Mengen aus Skandinavien, den Alpen, den Pyrenäen, dem Harz und dem Fichtelgebirge, nicht aber aus Island eingeführt.

Als uraltes, reizmilderndes und stopfendes Mittel war wohl zuerst in Westasien der als Opium bezeichnete, durch Einritzen der unreifen Fruchtkapseln des Schlafmohns (*Papaver somniferum*) gewonnene und durch Eintrocknen an der Luft durch Sauerstoffaufnahme eingedickte Milchsaft in Gebrauch. Von den Anwohnern der kleinasiatischen Küste lernten dann die alten Griechen den von ihnen *mḗkon* genannten Schlafmohn und seine betäubenden Eigenschaften kennen. Vielleicht war er schon in homerischer Zeit bekannt. Nicht nur wird in der Ilias die Pflanze *mḗkon* erwähnt, sondern in der Odyssee auch ein *nepénthes* genannter, die Erinnerung auslöschender Zaubertrank genannt, der möglicherweise aus Mohnsaft, vielleicht in Verbindung mit Hanfextrakt, bereitet wurde. Diese betäubende Wirkung des Mohnsaftes muß sehr früh auch ärztlich benutzt worden sein, obschon keine diesbezüglichen Mitteilungen auf uns gekommen sind. Den anfänglich *mēkṓnion* und erst viel später nach der griechischen Bezeichnung *opós* für Milchsaft als *ópion* bezeichnete eingedickte Mohnsaft, das Opium, hat der größte griechische Arzt Hippokrates (460–364 v. Chr.) nicht gekannt oder doch nicht benutzt, obschon er den Milchsaft der Blätter und Fruchtkapseln, wie die Fruchtkapseln selbst leer oder mit den Samen als Heilmittel anwandte. Wie die Hippokratiker, wendet auch der pflanzenkundige Schüler des Aristoteles, Theophrast (390–286 v. Chr.), die Bezeichnung *mēkṓnion* auf den betäubenden Milchsaft einer Wolfsmilchart (*Euphorbia peplus*) an. Erst die griechischen Ärzte Diokles von Karystos und Herakleides von Tarent sollen im 3. vorchristlichen Jahrhundert den eingedickten Mohnsaft als Medikament benutzt haben, und Nikander von Kolophon in Ionien lieferte um 200 v. Chr. eine Beschreibung der gefährlichen Wirkung desselben. Der um die Mitte des 1. Jahrhunderts n. Chr. in Rom lebende, aus Kilikien stammende griechische Arzt Dioskurides kennt diese Droge genau und berichtet bereits auch von deren Verfälschung. In dem von ihm auf uns gekommenen Arzneibuch heißt es: „Die Abkochung der Blätter und Köpfe des Mohns (*mḗkon*) macht schläfrig, was auch bei der Klatschrose (*rhoiá*) der Fall ist. Letztere hat ihren Namen *rhoiá* davon, daß Milchsaft (*opós*) aus ihr fließt (*rhei*). Der Milchsaft der Mohnarten, in der Größe einer Erve (*órobos*) — etwa einem kleinen Linsenkorn entsprechend — eingenommen, beschwichtigt Schmerzen, bringt Schlaf und fördert die Verdauung. In größerer Gabe ist er gefährlich, da er Schlafsucht und Tod bewirken kann. Der beste, durch Einschnitte mit dem Messer in die unreifen Mohnköpfe nach dem Trocknen des Taues gewonnene Mohnsaft (*opós*) ist dick, riecht stark, macht schon durch den Geruch schläfrig, schmeckt bitter, löst sich leicht in Wasser auf, ist glatt, weiß, weder rauh noch krümlig, schmilzt an der Sonne, brennt hell, wenn er von der Flamme berührt wird und behält seinen Geruch, auch wenn man ihn gelöscht hat. Man verfälscht ihn mit *glaucium* — dem Saft des großblütigen Schöllkrauts (*Chelidonium glaucium*), das in Italien und Griechenland wild wächst —, mit Gummi — und zwar arabischem Gummi — und dem Saft des wilden Salats (*thrídax*). Ist er mit *glaucium* verfälscht, so gibt er, mit Wasser vermengt, eine gelbe Farbe; enthält er Saft vom wilden Salat, so ist der Geruch schwach und rauher; Gummi dagegen macht ihn schwach und durchscheinend. Manche treiben den Unsinn so weit, daß sie ihn sogar mit Fett verfälschen."

Auch Plinius berichtet ausführlich über Gewinnung und Eigenschaften des von ihm *opion* genannten Opiums, das damals schon nach ihm hauptsächlich in Kleinasien gewonnen wurde. Er sagt ferner, daß nach Andreas, dem Leibarzt des Ptolemaeus Philopator (221 bis 205 v. Chr.), das Opium in Alexandrien verfälscht wurde. Im 6. Jahrhundert wird *Opium thebaicum* (aus Oberägypten) von Alexander Trallianus und im 7. Jahrhundert von Paulus Aetius genannt. Das ägyptische Opium rühmt der um 200 n. Chr. verstorbene griechische Arzt Galenos als das beste und kräftigste, auch spricht er von libyschem und selbst spanischem Opium. Der arabische Arzt

Avicenna (eigentlich Ibn Sina, 980–1037) spricht ebenfalls von ägyptischem Opium. Durch Araber soll bereits im 7. Jahrhundert Opium nach Persien, im 8. nach Indien und im Laufe des 10. nach China gekommen sein, wo es 973 in einem Arzneibuch erwähnt wird. Die ersten Nachrichten über in Indien selbst gewonnenes Opium verdanken wir Odoardo Barbosa, der solches 1516 auf dem Markte von Kalikut nebst kleinasiatischem antraf. Derselbe Portugiese, der nach der Entdeckung des Seeweges ums Kap der Guten Hoffnung nach Ostindien fuhr, gibt uns auch die frühesten Nachrichten über Versendung indischen Opiums nach China, wo allerdings der Schlafmohn schon seit dem 11. Jahrhundert zur Gewinnung von Opium angepflanzt wurde. Doch wurde er auch hier zunächst nur als Medizin benutzt und gelangte erst im 17. Jahrhundert in großem Umfange als Genußmittel zum Rauchen zur Anwendung. Dieser Gebrauch soll aus Formosa nach China gelangt sein, und Formosa soll sein Opium aus Java bezogen haben. In einem zwischen 1552 und 1578 verfaßten chinesischen Kräuterbuch wird die Gewinnung des Opiums und seine Verwendung, aber nur in der Medizin, beschrieben.

Die europäischen Ärzte des Mittelalters hielten das Opium für sehr gefährlich und wendeten es deshalb nur selten an, so daß sein Gebrauch gegenüber dem Altertum stark abnahm. Meist wurden nur die Mohnfrüchte verordnet, deren schlafbringende Wirkung man sehr wohl kannte. In Deutschland soll das aus dem Orient eingeführte Opium erst durch den weitgereisten Schwyzer Arzt Paracelsus (1493 bis 1541) unter der Bezeichnung *laudanum* eingeführt worden sein. In dem in regem Handelsverkehr mit dem Morgenlande stehenden Italien war es schon viel früher im Gebrauch; so erwähnt es 1290 Simon Jamensis, der Leibarzt des Papstes Nikolaus IV. Als Bestandteil des bereits erwähnten Theriaks wurde es in der Folge viel gebraucht. Die wissenschaftliche Grundlage für die Verwendung des Opiums in der Medizin legte der englische Arzt Sydenham (1624 bis 1689). Nachdem schon 1688 Ludwig und nach diesem Wedelius, Hofmann und andere die narkotischen Wirkungen des Opiums zum Gegenstand eingehender Untersuchungen gemacht hatten, gelang es erst 1803 Derosne aus dem Opium eine kristallisierbare Substanz, das Narkotin, herzustellen. 1804 stellte dann der Paderborner Apotheker Sertürner die Mekonsäure und 1806 das von ihm Morphin genannte „schlafmachende Prinzip“ dar. 1832 entdeckte Robiquet das Codein und fast zu derselben Zeit Dublanc das Mekonin, eine indifferente Verbindung. Heute kennen wir etwa 20 verschiedene Alkaloide als Bestandteile des hauptsächlich zur Anwendung gelangenden kleinasiatischen Opiums, unter denen das Morphin, das darin zu 10 bis 12 Prozent enthalten ist, die erste Rolle spielt. Nach ihm kommen an Wichtigkeit das darin zu 0,2–0,8 Prozent enthaltene Codein, das zu 4–10 Prozent enthaltene Narkotin, das zu 0,2–0,3 Prozent enthaltene Thebain, das zu 0,1–0,4 Prozent enthaltene Narcein usw. und schließlich 4 Prozent Mekonsäure.

Schon im Altertum benutzte man den Mohnsaft als Gegengift, und das Opium war eines der wichtigsten Bestandteile des Theriaks, eines Latwerges, das Neros Leibarzt Andromachos gegen den Biß giftiger Schlangen erfunden haben soll und das nach dem Arzte Claudios Galenos (133–200 n. Chr.) aus 70 Ingredienzen bestand. Dem Namen *thēriakón antídoton* (von *tḗr* Tier und *akéomai* abwehren), d. h. Tierbiß heilendes Gegenmittel, entsprechend war der Theriak eigentlich ein aus giftigen Tieren bereitetes Gegengift gegen Tiergift, dem Grundsatze der alten Heilkunde gemäß, daß das, was schädigt, auch heilen muß. Dazu kamen später auch zahlreiche Pflanzengifte und die heterogensten Stoffe hinzu und damit konnte es ebensogut gegen Pflanzen- und mineralische Gifte genommen werden. Seit dem 12. Jahrhundert finden wir das Mittel unter der volkstümlichen Bezeichnung *Trîak* oder *Trîakel* auch in Deutschland verbreitet. Der Verfasser der ersten in deutscher Sprache geschriebenen Naturgeschichte, Konrad von Megenberg (um 1309 auf dem Schlosse Megenberg bei Schweinfurt in Franken als der Sohn des Schloßvogtes geboren und 1374 als Kanonikus am Dom zu Regensburg gestorben), läßt ihn aus dem Fleisch der Schlange *tirus* und aus anderen ähnlichen Dingen bereitet werden und gegen jegliches Gift wirksam sein, mit Ausnahme desjenigen, das von jener Schlange selbst kommt. Schon vor dem 15. Jahrhundert gab es verschiedene Arten von Theriak, was daraus hervorgeht, daß damals die „*grosz tiriaca*“ als die allein echte, nach altbewährtem Rezept ausgeführte, den geringwertigen Surrogaten entgegengestellt wurde, die von herumziehenden Quacksalbern als Universalmedizin ebenfalls unter der reklamehaften Bezeichnung Theriak verkauft wurden. Letztere enthielten eine mehr oder weniger große Zahl heilkräftiger Stoffe in Honig gemischt. Der Hauptfabrikationsort für den echten Theriak war Venedig, wo er unter großem Pomp beim Schalle von Trompeten und Pauken öffentlich hergestellt wurde. Daneben bereitete man auch welchen in den heimischen Apotheken unter Aufsicht von Ärzten aus den erlesensten dazu gehörigen Sachen. Seine Anwendung geschah nicht nur innerlich, sondern auch äußerlich; so galt er in die Nase gestrichen als das beste Schutzmittel gegen Pestilenz.

Wie das Opium zum Stopfen bei Diarrhoe und seine Salze zur Herabsetzung von Hustenreiz und Schmerzen aller Art dienen, so steht seit dem Mittelalter die Faulbaumrinde (von *Rhamnus frangula*) als Abführmittel in Gebrauch. Diese hat vor dem Gebrauch mindestens ein Jahr zu lagern, da frische Rinde brechenerregend wirkt. Sie enthält als wirksames Prinzip das Glykosid Frangulin, das in frischen Rinden fehlt, dagegen reichlich in älteren vorhanden ist. Das Frangulin spaltet sich in Rhamnodulcit und

Frangulinsäure. Erst seit dem Jahre 1848 wird die Faulbaumrinde in Deutschland medizinisch verwendet.

Demselben Zwecke dient auch die als *Cascara sagrada* bezeichnete nordamerikanische Faulbaumrinde (von *Rhamnus purshiana*), die in ihrer Heimat schon längere Zeit als mildes Abführmittel im Gebrauche steht und 1878 von *Dr.* J. H. Bundy in Calusa (Kalifornien) gegen gewohnheitsmäßige Verstopfung empfohlen wurde. Nach Europa kam zuerst das Fluidextrakt und seit 1883 auch die Rinde, die infolge der unsinnigen Ausbeutung des im westlichen Nordamerika (Kalifornien, Oregon, Washington und Britisch-Kolumbien) heimischen Gewächses in letzter Zeit sehr selten und deshalb auch sehr teuer geworden ist.

Als mildes Abführmittel dient sonst bei uns das sehr viel billigere Rizinusöl, das von den Samen einer im tropischen Afrika heimischen und von da über die ganze Welt verbreiteten Wolfsmilchart (*Ricinus communis*) gewonnen wird. Dieses einjährige, sehr rasch zu gewaltiger Höhe aufschießende und deshalb bei uns, wo es in mehreren Varietäten, meist mit *Canna indica* zusammen, als Zierpflanze auf Rasen kultiviert wird, auch als „Wunderbaum" bezeichnete Kraut mit sehr großen, gelappten Blättern und ansehnlichen, getrennt geschlechtlichen Blüten ist überaus anpassungsfähig und läßt sogar noch in Christiania seine Samen reifen. In Indien, wo es schon im frühen Altertum als Ölpflanze eingeführt wurde, dienen seine Blätter der bengalischen Seidenraupe (vom Eria-Seidenspinner, *Saturnia cynthi*) als Futter, und in Italien wird es als *palma Christi* geschätzt. Die von Luther mit Kürbis übersetzte, aus einem kleinen Samenkorn zur schattenspendenden Staude herangewachsene Pflanze *kikajon* vor des Propheten Jonas (im 8. vorchristlichen Jahrhundert) Hütte, in deren Schatten er bei Ninive ruhte und die dann ein Wurm stach, so daß sie verdorrte, kann nichts anderes als eine Rizinuspflanze gewesen sein, die in der Tat gegen Verletzungen sehr empfindlich ist.

Ihrer eiförmigen, marmorierten, ölreichen Samen wegen wird die Rizinuspflanze schon seit sehr langer Zeit in Ägypten und Vorderasien angepflanzt. So fand man solche als Totenbeigaben schon in ägyptischen Gräbern aus der Zeit um 4000 v. Chr. Hier hieß die Pflanze *dekam* und deren Samen *kiki*, und das aus den letzteren gepreßte Öl wurde nach den Berichten von Herodot (484–427 v. Chr.) und Strabon (63 vor bis 20 n. Chr.) ausschließlich als Brennöl und zum Salben verwendet. Auch in Griechenland wurde die Pflanze, wie übrigens noch jetzt, unter dem Namen *kiki* angepflanzt. Weil die Samen einer gehörig mit Blut vollgesogenen Hundszecke (*Acarus ricinus*) täuschend ähnlich sehen, wurde die Pflanze nach diesen im Altgriechischen auch *króton* genannt, wie uns Dioskurides um die Mitte des 1. Jahrhunderts n. Chr. berichtet. Dieser Autor schreibt in seinem Arzneibuche: „Das Rizinusöl (*kíkinon élaion*) wird folgendermaßen gewonnen: Man nimmt die reifen Samen (*króton*) und trocknet sie in der Sonne, bis ihre Schale abfällt. Dann wirft man sie, von der Schale befreit, in einen Mörser, stößt sie sorgfältig, tut sie in einen mit Wasser gefüllten, verzinnten Kessel und kocht sie; so geben sie ihr Öl von sich, es schwimmt auf dem Wasser und wird abgeschöpft. Die Ägypter, die dessen mehr gebrauchen als wir, verfahren anders. Sie reinigen die Samen gut, mahlen sie dann in einer Mühle und pressen das Öl aus. Dieses Öl taugt nicht zur Speise, wohl aber für Lampen und Pflaster." Dagegen wandte dieser griechische Arzt die zerstoßenen Rizinussamen als Abführmittel an.

Durch die Kreuzzüge gelangte die Rizinusstaude als Zierpflanze in die Gärten Mitteleuropas, wo sie noch im 16. Jahrhundert gelegentlich anzutreffen war, doch geriet sie in der Folge bei uns in Vergessenheit. Erst um die Mitte des 18. Jahrhunderts wurde das Rizinusöl von Westindien aus, wo es reichlich erzeugt wurde, in Europa als Abführmittel eingeführt und fand hier bald in Ärztekreisen Anerkennung. Durch eine 1764 veröffentlichte Dissertation von *Dr.* Cauvane wurde es in weiteren Kreisen bekannt. 1788 fand es Aufnahme in der Londoner Pharmakopoe. Als offizinelle Handelsware ist in den Apotheken heute nur das aus den geschälten reifen Samen kalt gepreßte und mit Wasser ausgekochte Öl zulässig, das eine Ausbeute von 40–45 Prozent liefert. Es enthält im wesentlichen das Triricinolein, das Triglycerid der laxierend wirkenden Ricinolsäure, daneben Tripalmitin und geringe Mengen von Tristearin. In den Samen, den Preßrückständen und im unreinen Öle findet sich das außerordentlich giftige Ricin, welches durch Kochen des frisch gepreßten Öles mit Wasser ausgeschieden wird. Prof. Ehrlich in Frankfurt a. M. berechnete, daß 1 g Ricin genüge, um 1½ Million Meerschweinchen zu töten. Diese enorme Giftigkeit übersteigt bei weitem diejenige des Zyankaliums und Strychnins. Durch Einspritzung von immer größeren, nicht tödlichen Dosen von Ricin gelang es Ehrlich, in den betreffenden Tieren durch Bildung eines Gegengiftes eine so weitgehende Giftfestigkeit zu erzeugen, daß die tausend-, ja zehntausendfache Dosis unbeschadet ertragen wurde. Dieses im Blutserum der mit Ricin vorbehandelten Tiere kreisende Antitoxin vermag die roten Blutkörperchen normalen Blutes sehr rasch in eine gallertartig-klumpige Masse zu verwandeln, ganz analog dem bakteriellen Antitoxin, das die Bakterien seiner speziellen Art sofort zusammenballt, zur Agglutination bringt, während normales Blutserum diese Eigenschaft nicht besitzt. Das unreine Rizinusöl dient endlich als Brennöl und zur Seifenfabrikation. Vielfach kommt Verfälschung desselben mit gebleichtem Sesamöl vor.

Eine seit uralter Zeit in China als Abführmittel gebrauchte Pflanzenwurzel ist der echte Rhabarber (*Rheum officinale*), der als „große gelbe Wurzel" schon in einem angeblich von Kaiser Shen-nung um 2800 v. Chr. verfaßten Kräuterbuche erwähnt wird. Um die Wende der christlichen Zeitrechnung scheint diese Droge in den Mittelmeerländern bekannt geworden zu sein. Als erster erwähnt der griechische Arzt Dioskurides um die Mitte des 1. Jahrhunderts n. Chr. die Wurzel *rha*, nach dem Flusse Rha, der Wolga, aus welcher Gegend sie bezogen wurde, so genannt. Sein Zeitgenosse Plinius spricht von einer *rhacoma*, die wohl auch als Rhabarber zu deuten ist. Bei den späteren Autoren werden zweierlei Rhawurzeln nach ihrer Herkunft unterschieden, nämlich ein *rha ponticum*, d. h. eine pontische Wurzel, nach ihrem Bezug aus der Gegend des Schwarzen Meeres so geheißen, und ein *rha barbarum*, das von der Indusgegend über das Rote Meer und den alten Hafenort Barbarike zunächst nach Alexandrien eingeführt wurde. Aus dieser letzteren Bezeichnung, die allgemein im Sinne von „fremde, ausländische Wurzel" gebräuchlich wurde, entstand dann unser Wort Rhabarber, während die lateinische Bezeichnung *Rheum* aus dem *rhéon* des Galenos hervorging. Im 6. Jahrhundert verordnete der Arzt Alexander Trallianus das eine Mal *Rheum*, das andere Mal *Rheum barbarum* und *ponticum*. Darunter wurden, wie schon Scribonius Largus und Celsus vom *Rha barbarum* und vom *Rha ponticum* berichten, verschiedene Rhabarberpräparate verstanden, obschon diese Ausdrücke ursprünglich ein und dasselbe bezeichneten. Im 11. Jahrhundert wußten die arabischen Ärzte schon, daß der Rhabarber aus China komme. Der erste Europäer, der in die Rhabarbergegend gelangte, war der Venezianer Marco Polo, der nach seiner Rückkehr aus China im Jahre 1295 in seiner Reisebeschreibung über Rhabarberkulturen in Tangut berichtet. Von dort und aus dem Gebirge um den See Kuku-nor wurden die getrockneten Rhabarberwurzeln an die Chinesen verkauft, welche sie nach Si-ning am Hwang-ho, d. h. dem Gelben Flusse, brachten, das von jeher der Hauptstapelplatz dieser Droge gewesen zu sein scheint.

Im Mittelalter war der Rhabarber sehr kostbar und selten und wurde deshalb nur wenig gebraucht. Erst durch die Entdeckung des Seeweges nach Ostindien und dadurch, daß die Russen mit den Chinesen Handelsverbindungen anknüpften, wurde er wohlfeiler und gelangte aus diesem Grunde auch mehr zur Anwendung. Bis zum Ende des 17. Jahrhunderts wurde Rhabarber über Kanton und Macao verschifft, teilweise aber auch auf dem Landwege in die Länder im Westen gebracht. Dann suchten die Russen den Handel damit in ihre Hände zu bekommen. Im Jahre 1704 gelang es ihnen, denselben durch Verträge mit der chinesischen Regierung zu monopolisieren. Über die Grenzstadt Kiachta, wo die getrockneten Wurzeln Stück für Stück geprüft und die verdorbenen und unansehnlichen Stücke verbrannt wurden, gelangten sie in einer Schlittenkarawane einmal jährlich über Irkutsk nach Moskau. Hier wurden sie nochmals revidiert und die für brauchbar erkannten Stücke dem Handel übergeben. Dieser vorzügliche „moskowitische" oder „Kronrhabarber" war bis 1842 der einzige des Handels. In jenem Jahre öffneten nämlich die Chinesen außer Kanton und Macao weitere Häfen dem Fremdenverkehr, wodurch den chinesischen Rhabarberhändlern Gelegenheit gegeben wurde, sich der strengen Kontrolle der Russen in Kiachta zu entziehen und auch schlechtere Sorten zu verkaufen. Hierdurch und durch den Taipingaufstand von 1852–1858, der die Karawanen an der sibirischen Grenze sehr gefährdete, verringerte sich die Zufuhr über Kiachta immer mehr und hörte 1860 ganz auf; 1863 wurde der Rhabarberhof daselbst ganz aufgehoben. Seither gibt es keinen moskowitischen oder Kronrhabarber mehr im Handel. Was so bezeichnet wird, ist nach Art dasselbe, d. h. eine kantig beschnittene und durchbohrte, dunkelgefärbte, rotbrüchige Sorte, während der gewöhnliche chinesische Rhabarber weniger stark beschnitten und in der Qualität viel gemischter ist.

Die Stammpflanze des Rhabarbers blieb dem Abendlande unbekannt, bis im Jahre 1758 durch die Vermittlung eines tartarischen Rhabarberhändlers Samen einer Rheumart als die der echten Rhabarberpflanze von Kiachta nach St. Petersburg kamen. Carl von Linné beschrieb 1762 die hieraus gezogenen Pflanzen als *Rheum palmatum*. 1867 sandte der französische Konsul in Han-kau am Mittellauf des Blauen Flusses (Yang-tse-kiang), *Dr.* Dabry de Thiersant, lebende Wurzeln, die er durch Vermittlung eines Missionars in Sze-tschwan aus dem östlichen Tibet erhalten hatte, mit der Angabe nach Paris, daß sie von der echten, der Rhabarbergewinnung dienenden Pflanze stammten. Abkömmlinge aus diesen Wurzeln wurden dann von Baillon als *Rheum officinale*, eine neue Art, beschrieben, welche aber der vorigen nahe steht. Sie ist mit dem vom russischen Reisenden Przewalski auf seinen Reisen in der westlichen Mongolei und in Kan-su 1871–1873 in der Gegend von Kuku-nor und in der Berglandschaft Tangut, dem Zentrum der Verbreitung der besten Rhabarberpflanzen, gefundenen *Rheum palmatum tanguticum* der Lieferant des echten Rhabarbers. Das Hauptverbreitungsgebiet der 1,5–2,5 m hohen, breite, handförmige, dunkelgrüne Blätter und weiße Blüten aufweisenden offizinellen Rhabarberpflanze ist das Hochplateau von Osttibet und das westchinesische Gebirgsland zwischen dem Blauen und Gelben Fluß, das zu den Provinzen Sze-tschwan und Kan-su gehört. Die Hauptmasse des Rhabarbers kommt von *Rheum officinale* aus Osttibet und der chinesischen Provinz Sze-tschwan, nur ein geringer Teil nördlich davon aus der Provinz Kan-su von *Rh. palmatum tanguticum*; und zwar wird die beste Sorte von wildwachsenden Pflanzen gewonnen. Der wahrscheinlich nur in geringen Mengen angebaute Rhabarber gilt als minderwertig. Noch sehr viel geringer an wirksamer Substanz ist natürlich der in Europa gepflanzte echte Rhabarber, was leicht begreiflich ist, wenn man bedenkt, daß er in seiner Heimat in 3–4000 m Höhe gedeiht und bis 6300 m Höhe steigt. Zur Gewinnung der offizinellen Droge benutzt man mindestens 8–10 Jahre alte Pflanzen, deren Wurzelstöcke kurz vor der Blütezeit und wieder vor der Samenreife gegraben, vom oberen Teil und der Rinde befreit, in kleinere Stücke gespalten, durchbohrt und an Schnüre aufgezogen ziemlich oberflächlich, teils an der Luft, teils am Ofen getrocknet werden. Dann gelangen sie an die großen Häuser, die sie vollkommen putzen, sortieren und noch besser trocknen. Die Ware kommt dann in großen, außen mit gelbem oder rotem Papier überzogenen und mit chinesischen Schriftzeichen signierten, innen mit Zinkblech ausgeschlagenen Kisten aus der Provinz Schen-si dem Gelben Fluß entlang nach Tien-tsin und Peking, aus der Provinz Sze-tschwan mit dem Hauptstapelplatz Kwan-juön dem Blauen Fluß entlang nach Schang-hai und aus Tibet und Yün-nan zum Teil auch dem südlicheren Perlfluß entlang nach Kanton in den Handel. Die beste, orangegelbe Sorte stammt aus Schen-si und ist auch weitaus die teuerste; die andern, billigeren Sorten sind ockergelb und werden hauptsächlich von der großen Handelsstadt Han-kau am Mittellauf des Blauen Flusses aus ausgeführt, von wo der meiste Rhabarber über Schang-hai in den Welthandel gelangt.

Der Rhabarber enthält als primäre Bildungen der Pflanze zwei Gruppen von Glykosiden, nämlich die abführend wirkenden Anthraglykoside und deren Spaltungsprodukte, unter denen die Chrysophansäure, das Emodin und das Rhein die wichtigsten sind, und die nicht abführend, wohl aber zusammenziehend wirkenden Tannoglykoside und deren Spaltungsprodukte. Daher kommt es, daß kleine Dosen Rhabarber stopfend durch letztere und erst größere abführend durch erstere wirken, indem die Glykoside im Darm langsam gespalten werden. Dabei wird gleichzeitig die Absonderung der Galle angeregt.

Bild 71. Der Blütenstand der offizinellen Rhabarberpflanze (*Rheum officinale*).

Eine dem chinesischen Rhabarber ähnliche Wurzel liefert der in Südrußland und Sibirien heimische pontische Rhabarber (*Rheum rhaponticum*), den man, als er durch den Botanikprofessor Prosper Alpino in Padua bekannt wurde, lange Zeit für den echten Rhabarber hielt. Wahrscheinlich wird der größte Teil des *rha ponticum* der Alten aus ihm bestanden haben. Wenn auch schwächer als der chinesische Rhabarber wirkend, wird er nicht nur in seiner Heimat und im Morgenlande, besonders Persien, sondern auch seit der Mitte des 18. Jahrhunderts in England, Frankreich, Deutschland, Österreich und Ungarn im großen angepflanzt und in den Handel gebracht. Er wird namentlich in der Tierarzneikunde seiner größeren Billigkeit wegen viel verwendet. In England begann um 1800 der Apotheker Hayward in Hanbury bei Oxford seine Kultur in größerem Stile, die dann seit 1845 einen bedeutenden Aufschwung nahm. Die Hauptkulturen Frankreichs sind in den Departements Morbihan, Doubs und Isère. Ein Teil der wirksamen Bestandteile der echten Rhabarberwurzel fehlt in den von dieser Art gewonnenen Wurzeln, die auch dünner sind.

Nach der Entdeckung Amerikas hielten bekanntlich die Spanier dieses Land zuerst für den östlichen Teil Asiens und bemühten sich, außer dem Gold, das sie in dem vom Venezianer Marco Polo als sehr goldreich beschriebenen Lande Zipangu (Japan) zu finden hofften, auch die wichtigsten asiatischen Gewürze und Arzneidrogen zu bekommen, um sich an dem damit zu treibenden Handel zu bereichern. Unter den Drogen, die Kolumbus in seinen ersten Briefen in die Heimat erwähnt, befindet sich, so speziell in den Briefen vom 4. und 14. März 1493, auch Rhabarber. Dieser amerikanische Rhabarber hat sich als die knollenförmig angeschwollenen, abführend wirkenden Wurzeln verschiedener Windengewächse erwiesen, unter denen die schon lange vor der Ankunft der Spanier in Mexiko als Abführmittel verwendete Jalapenwurzel seit Anfang des 17. Jahrhunderts auch in den Arzneischatz Europas eingeführt wurde. Diese seit 1536 deutlicher erkannte Wurzel, die der Spanier Monardes zuerst in der Provinz Mechoacan in Mexiko kennen lernte und als Rhabarber von Mechoacan in jenem Jahre beschrieb, figurierte in den europäischen Drogenverzeichnissen des 17. und 18. Jahrhunderts als Mechoacannawurzel, bis sie zu Beginn des 19. Jahrhunderts nach dem mexikanischen Bezugsorte Jalapa von den Marseillern den Namen Jalapenwurzel erhielt. Die Mutterpflanze aber lernte man erst 1829 durch Cox in Philadelphia kennen. Sie kam dann 1830 zuerst nach Europa durch Schiede, der ihr den Namen *Convolvulus jalapa* gab. Heute wird sie aber meist nach Hayne als *Ipomoea purga* bezeichnet. Die Jalapenwinde ist eine am östlichen Abhang der mexikanischen Cordillere in Höhen von 1200–2400 m wildwachsende ausdauernde Schlingpflanze, die auch an manchen Orten der Tropen wie auf Jamaika, in Südamerika, auf Ceylon und in Ostindien kultiviert wird. Die walnuß- bis faustgroßen Knollen werden das ganze Jahr hindurch, besonders aber am Ende der

Regenzeit im Mai gesammelt, an der Sonne, in heißer Asche oder, in einem Netz aufgehängt, über freiem Feuer getrocknet. In letzterem Falle erhalten sie ein berußtes Aussehen und etwas Harz tritt aus. Um den Austrocknungsprozeß zu beschleunigen, werden die größeren Knollen durchschnitten; nur kleine läßt man ganz. Sie sind hart, fest und schwer, erscheinen außen dunkelbraun, runzelig, innen weißlichgrau, faserig, riechen eigenartig und schmecken anfangs süßlich, ekelhaft, dann scharf, im Rachen lange haftend. Haupthandelsplatz der nur von wildwachsenden Pflanzen gesammelten echten mexikanischen Jalapa ist der mexikanische Hafenort Vera Cruz, von wo die Droge in Ballen von 50 kg Gewicht exportiert wird. Als wichtigsten Bestandteil enthält sie das zuerst 1634 durch Ausziehen der Wurzelknolle mit Weingeist gewonnene, bis zu über 20, meist aber zu 10–13 Prozent darin enthaltene Jalapenharz, das aus 95 Prozent eines in Äther unlöslichen harzartigen Glykosids Convolvulin und zu 5 Prozent des in Äther löslichen Harzes Jalapin besteht. Aus ersterem werden im Darm die Convolvulin- und Purginsäure gespalten. In der Wirkung steht dieses Abführmittel in der Mitte zwischen Rhabarber und Aloe, indem es nicht so leicht verstopft, wie ersterer, und auch nicht so stark die Gedärme reizt, wie letztere.

Als drastisches Abführmittel wird das Gummiharz einer altweltlichen Windenart (*Convolvulus scammonia*) als Scammonium verwendet. Dieses hat seinen Namen vom griechischen *skámma*, das Gegrabene, und wurde schon im Altertum gebraucht, aber nach Dioskurides schon ebenso verfälscht wie heute. Von der im östlichen Mittelmeergebiet bis zum Kaukasus heimischen, in Kleinasien und Syrien stellenweise häufigen ausdauernden Pflanze wird der eingetrocknet bräunlichgelbe bis dunkelbraune Milchsaft aus der bloßgelegten Wurzel vermittelst Einschnittes gewonnen. Er schmeckt kratzend, bitter und riecht dem Jalapenharz ähnlich, besteht aus 10 Prozent Harz, und zwar zum großen Teil aus Jalapin, dann aus Zucker, Gummi und Gerbstoff. Im Mittelalter wurde er öfter unter der Bezeichnung Diagrydium arzneilich verwendet, kommt aber heute nur ganz ausnahmsweise zur Anwendung.

Häufiger wird das Podophyllin angewandt, das von einer an schattigen, feuchten Stellen der Laubwälder des atlantischen Nordamerika wachsenden staudigen Berberidee mit 5–9lappigen Blättern, großen, weißen, nickenden Blüten und eiförmigen, gelblichen, etwa einer kleinen Zitrone ähnlichen, vielsamigen Früchten mit säuerlichem, eßbarem Fruchtfleisch gewonnen wird, indem der weiße, kriechende Wurzelstock mit Alkohol ausgezogen und dieser spirituöse Auszug mit Wasser gefällt wird. Das so gewonnene Podophyllin stellt ein zitronengelbes bis orangebraunes amorphes, bitteres Pulver dar, das 12 Prozent Harz mit den abführenden Glykosiden

Podophyllotoxin und Pikropodophyllin enthält. Auch äußerlich wird die Droge als hautreizendes Mittel angewandt. Der Wurzelstock dieser Pflanze wurde von alters her von den Indianern zum Laxieren verwendet. Im Jahre 1820 wurde das daraus gewonnene Harz in die Pharmakopoe der Vereinigten Staaten, 1864 in diejenige Englands, später auch in das deutsche, österreichische und schweizerische Arzneibuch aufgenommen. Dem Wurzelstock dieses nordamerikanischen *Podophyllum peltatum* ist derjenige des *Podophyllum emodi* aus Kaschmir und dem Südabhang des Himalaja auch in der Wirkung sehr ähnlich. Auch er wird von den Eingeboren in derselben Weise gebraucht.

Uralt ist bei den Kulturvölkern Vorderasiens und des Mittelmeergebiets die Anwendung der Aloe als Abführ- und Wundheilmittel. Schon 2–3 Jahrtausende v. Chr. war sie in Ägypten und Babylonien im Gebrauch und wurde unter der semitischen Bezeichnung *halal*, was bitter bedeutet, aus den Küstenländern Ostafrikas eingeführt. Die Griechen und Römer lernten sie später unter dem Namen *aloe* kennen. Ähnlich wie der ältere Plinius sagt sein Zeitgenosse Dioskurides von ihr: „Die meiste Aloe wächst in Indien und von dort kommt auch ihr Saft in den Handel; welche wächst auch in Arabien und Kleinasien, wie auch auf einigen Inseln, z. B. Andros, doch wird ihr Saft an letztgenannten Orten nicht gesammelt, aber man legt die zerquetschten Blätter auf Wunden. Man unterscheidet zwei Arten von Aloe, eine sandige und eine leberfarbige. Beide werden mit Gummi verfälscht, was sich jedoch durch den Geschmack, den Mangel an Bitterkeit und durch den Geruch verrät, auch läßt sich der verfälschte nicht zwischen den Fingern zu feinem Staube zerreiben. Innerlich wird er vielfach als Arznei gebraucht, äußerlich aber in Pulverform auf Wunden gestreut." Im mittleren und nördlichen Europa war die Aloe seit dem 10. Jahrhundert im Gebrauch und wird zu dieser Zeit in angelsächsischen Arzneibüchern angeführt. In Deutschland hat besonders der gelehrte Dominikaner Albertus Magnus, Graf von Bollstädt (1193–1280), viel zu ihrer Einführung beigetragen.

Die Droge ist der eingekochte Milchsaft aus den Blättern verschiedener Aloearten aus dem tropischen und subtropischen Afrika, besonders dem Kapland. Die offizinelle Kap-Aloe wird fast ausschließlich von *Aloe ferox* gewonnen, welche im südlichen und südöstlichen Kapland öfters dichte Bestände bildet. Es ist dies eine Liliazee mit 1 bis 1,75 m hohem, meist einmal gegabeltem Stamm, bläulichgrünen, unterseits weißgefleckten, nicht nur am Rande, sondern meist auch an der Ober- und Unterseite stacheligen Blättern und einer großen Traube von purpurroten, an der Spitze grünlichen Blüten. Die beste Sorte von Aloe wird dadurch, und zwar meist von den Eingeborenen, gewonnen, daß man die abgeschnittenen fleischigen Blätter mit der Schnittfläche nach innen unten rings um eine über eine flache Bodenvertiefung ausgebreitete gegerbte Rindshaut derart aufstapelt, daß ein kuppelartiger Bau von etwa 1 m Höhe entsteht. Nach einigen Stunden werden die Blätter einfach beiseite gestoßen und der von selbst aus ihnen geflossene Saft in ein Gefäß gesammelt und abends über freiem Feuer eingekocht, wobei fleißig gerührt werden muß, um das Anbrennen desselben zu verhindern. Noch besser ist es, ihn langsam an der Sonne eintrocknen zu lassen. In letzterem Falle scheidet sich das Aloin des Saftes kristallinisch aus und es entsteht die, wie wir vorhin erfuhren, schon von Dioskurides und den andern Ärzten des Altertums unterschiedene matte, lederfarbene Aloe, während die eingekochte, durchsichtig, glänzend und statt rot bis hellbraun wie die vorige infolge von Überhitzung schwarz geworden ist. Eine geringere Sorte wird durch Auspressen, und die schlechteste durch Auskochen der Blätter gewonnen. Sie riecht eigentümlich und schmeckt widerlich bitter durch den in ihr enthaltenen Bitterstoff Aloin, der in Wasser löslich ist und stark abführend wirkt. Ferner sind darin 30–40 Prozent Aloeharz, 0,2 Prozent Aloe-Emodin und Spuren ätherischen Öles enthalten. Die durch Auskochen der Blätter gewonnene geringste Sorte wird ihrer Wohlfeilheit wegen nur von Tierärzten benutzt. Im 16. Jahrhundert gelangte die Kultur der *Aloe vulgaris* nach Südeuropa und durch die Spanier nach Westindien. Seit 1693 ist die Barbados-Aloe im englischen Handel, während die Kap-Aloe erst seit ihrer Gewinnung durch den Buren Peter de Wett aufkam. Aus der Barbados-Aloe stellte dann der Edinburger Apotheker Thomas Smith 1850 als erster das Aloin dar. Die heute meist von Curaçao stammende Barbados-Aloe wird in Kalabassen und diese dann in Fässer verpackt, während die gebräuchlichere Kap-Aloe zum Teil in Affenhäute, als dem billigsten Verpackungsmaterial, vernäht in Kisten in den Handel gelangt und so auf den Londoner und Hamburger Auktionen verkauft wird.

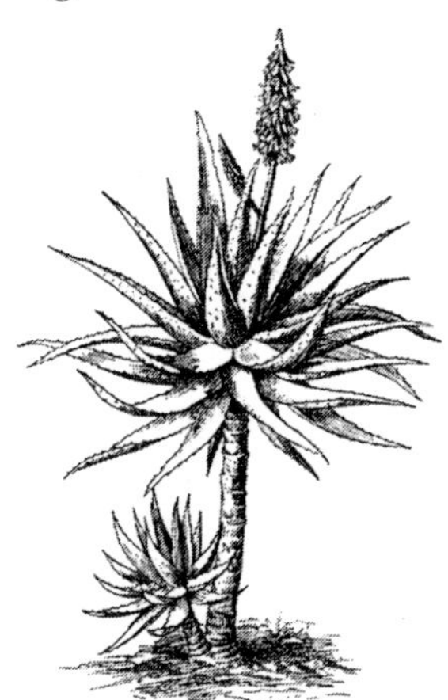

Bild 72. Die offizinelle Kap-Aloe (*Aloe ferox*).

Von einem unscheinbaren Hülsenfrüchtler, der *Cassia angustifolia*, einem im mittleren Nilgebiet von Assuan durch Dongola bis Kordofan heimischen,

30–60 cm hohen Strauch mit paariggefiederten Blättern, stammen die vom Volke als Abführmittel sehr beliebten Sennesblätter, die vom Juni bis Dezember gesammelt werden und getrocknet meist über England in den Handel kommen. Sie sind 1 bis 3 cm lang, eiförmig, lederig, mattgrün und enthalten außer Senna-Rhamnetin, Senna-Chrysophansäure und Cathartinsäure als eigentlichen abführenden Stoff das zu 0,8 Prozent darin enthaltene Senna-Emodin. Die alten Griechen und Römer kannten diese Droge noch nicht. Sie wurde erst seit dem 9. Jahrhundert durch arabische Ärzte unter der Bezeichnung *sannâ* in Europa bekannt, doch wurden im frühen Mittelalter die Fruchthülsen, und nicht die Blätter der Pflanze von den arabischen Ärzten verwendet; letztere kamen erst seit dem 11. Jahrhundert immer mehr in Gebrauch, während man in neuerer Zeit wiederum den Hülsen mehr Aufmerksamkeit zuwendet. Vom Jahre 1808–1828 war der Handel mit Sennesblättern in Ägypten unter Muhammed Ali monopolisiert und verpachtet. Als dadurch die Preise der Droge sehr in die Höhe stiegen, verpflanzten die Engländer den Anbau des Sennesstrauches nach Südindien und Ceylon, von wo heute die größte Menge unter der Bezeichnung Tinnevelly-Senna von Tuticorin aus über England in den Handel kommt, während zur Zeit des ägyptischen Monopols Triest der Hauptstapelplatz dafür war.

Als gelindes Abführmittel wird das säuerliche Fruchtmus einer anderen Leguminose, der indischen Tamarinde (*Tamarindus indica*), gebraucht. Dieser im tropischen Afrika von Abessinien und dem oberen Nilgebiet südwestlich bis zum Zambesi heimische Schmetterlingsblütler, der heute überall in den Tropen meist als Alleebaum kultiviert wird, stellt einen 25 m hohen, bis 8 m Stammumfang aufweisenden schattigen Baum dar mit paariggefiederten Blättern, gelblichen, purpurn geäderten Blüten und gestielten 15 cm langen und 2,5 cm breiten Fruchthülsen, die in zerbrechlicher, gelbbrauner, rauher Schale ein braunschwarzes Mus, und in diesem rundliche, viereckige, glänzend rotbraune Samen aufweisen. Für die trockenen, vegetationsarmen Binnenländer Afrikas sind die als beliebtes Obst und zur Herstellung von erfrischendem Mus und durstlöschenden Getränken benutzten Früchte von der größten Bedeutung. Auch das gelbliche, oft rot gestreifte, harte, sehr dauerhafte und von keinerlei Insekten, selbst nicht den Termiten, angegangene Stammholz ist als Werk- und Drechslerholz hochgeschätzt. Die alten Ägypter kannten den Baum als *nutem*, d. h. Schotenbaum, und wandten das angenehm säuerliche Mus seiner Früchte als abführende Arznei an. Die übrigen Kulturvölker des Altertums erwähnen die Frucht noch nicht, sondern erst die arabischen Schriftsteller des Mittelalters unter der Bezeichnung *tamar hindi*, d. h. indische Datteln, woraus dann unsere Benennung Tamarinde hervorging. Durch Vermittlung der arabischen Ärzte wurden die Tamarindenschoten und das daraus hergestellte Mus in die europäischen Apotheken eingeführt. Der erste europäische Arzt, der solches erwähnt und von dessen Anwendung als kühlendem Abführmittel bei Gallenkrankheiten spricht, ist Johannes Actuarius im 13. Jahrhundert. Bei den alten deutschen Ärzten findet sich dafür die Bezeichnung *siliqua arabica*, d. h. arabische Schote. Seit dem 15. Jahrhundert führen die deutschen Apotheken die Tamarinde, die aber niemals besondere Geltung erhielt. Erst in neuerer Zeit ist das in Bonbonform gebrachte Tamarindenmus von Frankreich aus als *tamar indien* zu Abführzwecken mehr und mehr eingeführt worden. Ihre Wirkung wird durch den Gehalt von 8 Prozent Weinstein und 15 Prozent Weinsäure bedingt. Ein ausgewachsener Baum liefert 180–200 kg Früchte, deren Mus überall in den Tropen gern als Kompott verspeist wird. Aus den Ländern am oberen Nil kam der Fruchtbaum schon sehr früh nach Indien, wo er im Ayur Veda Susrutas als *ambika* angeführt wird. Bereits 1570 traf ihn Hernandez in Mexiko, und 1648 von Markgraf in Brasilien angepflanzt.

Gleichzeitig mit der Tamarinde wurden die von arabischen und persischen Ärzten zuerst erwähnten getrockneten Früchte des ursprünglich ebenfalls im oberen Nilgebiet heimischen und von da über die Tropen beider Hemisphären verbreiteten, bis 18 m hohen und schöne Bäume bildenden Schmetterlingsblütlers *Cassia fistula* unter dem Namen Röhrenkassie in die europäischen Apotheken eingeführt. Actuarius im 13. Jahrhundert beschrieb sie als *Cassia nigra* und erst Mesue führt sie als *Cassia fistula* an. Das honigartig riechende, süßschmeckende, braune Mus, das aus den 30–60 cm langen, 1,5–3 cm dicken, schwarzen oder schwarzbraunen, zylindrischen, kurzgestielten, meist etwas gekrümmten Hülsenfrüchten mit glatter, holziger Schale gewonnen wird, enthält außer Gummi und Pektinstoffen über die Hälfte des Gewichtes Zucker und wird als mildes Abführmittel für sich oder als Bestandteil von Elektuarien benutzt. Die süßeste Ware kommt, wie das meiste Tamarindenmus, aus Ostindien in zylindrischen, aus derben Rohrspänen geflochtenen Körben in den Handel; daneben ist amerikanische und afrikanische Röhrenkassie auf dem Markt. In Indien benutzt man die jungen, unreifen Früchte, mit Zucker eingemacht, als Abführmittel. Die sehr gewürzhaft riechende Rinde des Baumes, die der Pflanze die sonst nur für eine Abart des Zimtbaums, die Zimtkassie, gebräuchliche Benennung *Cassia* verschaffte, ist sehr reich an Gerbstoff und wird deshalb vielfach zum Gerben benutzt.

Als drastisches Abführmittel bei Wassersucht diente früher noch mehr als heute der eingedickte schleimige, gelbe Saft eines in Süd- und Hinterindien wachsenden 15 m hohen Baumes, *Garcinia hanbury*, der als Gummigutti in den Handel kommt. Von den Eingeborenen wurde er schon längst arzneilich und technisch verwendet, als ihn die Europäer kennen lernten. Zuerst erwähnt ihn ein chinesischer Reisender, der von 1295–97 Kambodscha besuchte, unter dem Namen *kiang-hwang*. Die erste Probe davon brachte der holländische Admiral J. van Neck nach Europa; von ihm erhielt Clusius 1603 davon unter der malaiischen Bezeichnung *gutah jemon*, d. h. heilkräftiges Gummiharz. 1611 machte ein Bamberger Arzt, Michael Reuden, den ersten medizinischen Gebrauch davon. 1651 nahm Horstius das Mittel in seine *Pharmacopoea catholica* auf, und 1751 erkannte Neumann die Natur der Droge als ein Gummiharz. Von 20–30 Jahre alten Bäumen wird der gelbe Milchsaft durch spiralig um den Stamm verlaufende Schnitte vor Eintritt der Regenzeit, d. h. von Februar bis April gewonnen, in 50 cm langen und 6–7 cm dicken Bambusrohren durch Erwärmen am Feuer erhärtet und dann die stangenförmige rotgelbe Masse als Röhrengutti in den Handel gebracht. Er enthält durchschnittlich 77 Prozent Harz, etwas in Alkohol lösliches Gummiguttigelb und 12 Prozent Gummi. Die drastische Wirkung der berüchtigten Morisonpillen ist wesentlich auf ihren Gehalt an Gummigutti zurückzuführen, der in stärkeren Dosen leicht Vergiftungen hervorruft.

Ein anderes, schon in sehr kleinen Mengen außerordentlich heftig abführendes und, in die Haut eingerieben, in kurzer Zeit eine starke Hautentzündung mit Pustelbildung hervorrufendes Mittel ist das Krotonöl, das aus den zerstoßenen, geschälten, reifen Samen einer 6 m hohen, sehr nahe mit der Rizinusstaude verwandten Wolfsmilchpflanze, *Croton tiglium*, bei gelinder Wärme ausgepreßt wird und ein dickes, braungelbes, etwas unangenehm riechendes, zunächst milde, aber sehr bald scharf brennend schmeckendes Öl darstellt. Innerlich bringt schon ½ Tropfen mit Zucker verrieben nach einer halben Stunde eine Ausleerung hervor, während 1 Tropfen — übrigens die größte Gabe, welche innerlich als Heilmittel verabreicht werden darf — schon über ein Dutzend Ausleerungen mit starkem Drang hervorruft. Das wirksame Prinzip ist das krotonolsaure Triglycerid und das Krotonharz, auf welch letzterem die blasenziehende Eigenschaft des Öles beruht. So dient es auch als Bandwurmmittel und äußerlich zu ableitenden Salben bei Rheumatismus und Neuralgien. Die Bekanntschaft mit diesem Öle verdankt das Abendland den arabischen Ärzten. Ums Jahr 950 war es Serapion dem Älteren, und 50 Jahre später Avicenna (eigentlich Ibn Sina, dem Leibarzte mehrerer Sultane, gestorben 1037 in Hamadan) bekannt. 1578 lieferte D'Acosta eine genauere Beschreibung nicht nur des Öles, sondern auch der in Ostindien heimischen Stammpflanze, die außer hier und in Ceylon auf Java, den Philippinen und in China kultiviert wird.

Ein uraltes Abführmittel sind endlich die faustgroßen, runden, gelben Früchte der in großer Menge die Wüsten Nordafrikas und Westasiens bewohnenden Bittergurke (*Citrullus colocynthis*), die einst hauptsächlich den Straußen als Nahrung dienten und als Koloquinten arzneiliche Verwendung fanden. Sie finden sich bereits im Alten Testament erwähnt, und wie schon

Hippokrates, verwandte sie auch Dioskurides unter der Bezeichnung *kolokynthis*, d. h. Eingeweidebeweger, als Arznei. Besonders von den arabischen Ärzten wurde diese von ihnen *handal* genannte Droge viel verwandt und deshalb die Koloquinte schon im 10. Jahrhundert auf Cypern und in Spanien angepflanzt. Als Arzneimittel werden die Früchte in angelsächsischen Arzneibüchern des 11. Jahrhunderts angeführt. Gegen halbseitiges Kopfweh rühmte sie schon Alexander Trallianus im 6. Jahrhundert. Die getrockneten, geschälten Früchte kommen aus Spanien, Marokko, Syrien und neuerdings in komprimierter Form aus Persien und Ostindien in den Handel und enthalten besonders im Fruchtfleisch einen glykosidischen Bitterstoff, das Colocynthin, zu 0,6–2 Prozent. Die gerösteten Samen der Koloquinte werden übrigens von der ärmeren Bevölkerung der Sahara als willkommene Speise gegessen.

Eine schon im Altertum für den Arzneischatz wichtige Pflanze bildete das Süßholz. Es ist dies die ungeschälte Wurzel der in Südeuropa und im südwestlichen Asien bis Persien heimischen, bis 2 m hohen, ausdauernden Leguminose, *Glycyrrhiza glabra*, mit bis 20 cm langen Fiederblättern und violetten Blüten in Trauben. In den hippokratischen Schriften wird sie zwar nur einmal erwähnt, aber die späteren griechischen Ärzte benutzten sie als *glykýrrhiza*, d. h. Süßwurzel, häufig als schleimlösendes Mittel bei Husten. Bei den römischen Ärzten figurierte sie als *radix dulcis*, was ebenfalls süße Wurzel bedeutet. Noch Alexander Trallianus im 6. Jahrhundert benutzte sie viel gegen Brustbeschwerden. Unter den von Karl dem Großen in seinem *capitulare de villis* vom Jahre 812 zum Anbau empfohlenen Nutzpflanzen findet sie sich nicht, doch wird sie von der heiligen Hildegard, Äbtissin des Klosters Ruppertsberg bei Bingen (1098–1179), als *liquiricium* aufgeführt, woraus dann das deutsche Lakriz und das französische *réglisse* hervorging, alles natürlich Ableitungen des griechischen *glykýrrhiza*, das uns schon bei dem Schüler des Aristoteles, Theophrast (390–286 v. Chr.), entgegentritt. Die bis 2 cm dicke, gelbe Süßholzwurzel enthält als wesentlichsten Bestandteil das als Süßholzzucker bezeichnete Glycyrrhizin, ein an Kalk gebundenes Glykosid, das zu 6–8 Prozent darin enthalten ist. Im 15. Jahrhundert wurde von den Benediktinern in Bamberg die Kultur des Süßholzes in Deutschland eingeführt und meist von da aus die deutschen Apotheken mit dieser Droge versorgt. Seit dem 13. Jahrhundert wird es in Italien, vorzugsweise in Kalabrien und Sizilien, besonders aber in Spanien kultiviert, von wo es, im Winter ausgegraben und in Bündel von 30–35 kg Gewicht verpackt, in den Handel kommt. Auch aus Südfrankreich, Mähren und Syrien, wo die Pflanze im großen kultiviert wird, und aus der Umgebung von Smyrna, wo man sie von wildwachsenden Exemplaren sammelt, wird sie teils als solche, teils auf Lakrizensaft verarbeitet, exportiert. Der eingekochte Lakrizensaft war schon dem Dioskurides und Plinius bekannt; in Deutschland erwähnt ihn zuerst Konrad von Megenberg, der 1374 63jährig als Kanonikus am Dom zu Regensburg verstorbene Verfasser der ersten in deutscher Sprache geschriebenen Naturgeschichte. 1450 treffen wir ihn in der Arzneiliste der Stadt Frankfurt a. Main. Er wird durch Auskochen der zerquetschten minderwertigen Wurzeln in Wasser mit nachherigem Eindampfen gewonnen und dient außer als Geschmackskorrigens für Arzneien auch in der Bierbrauerei. Außer dem südeuropäischen und asiatischen Süßholz kommt eine geschälte, sogenannte russische Abart von der Varietät *Glycyrrhiza glandulifera* in großen, durch eiserne Bänder zusammengehaltenen Ballen von 80–100 kg in den Handel. Sie wird besonders bei Sarepta und den Inseln der Wolgamündungen im großen angebaut und ihre Wurzeln werden roh über Astrachan nach Moskau und St. Petersburg, wo sie erst geschält werden, ausgeführt. Ein anderer, meist von wildwachsenden Pflanzen an den Ufern des Ural gesammelter Teil kommt von Nishnij-Nowgorod aus auf den Markt. Diese eigenartig süß schmeckende Droge gilt als das beste Süßholz; auch bei ihm ist die Herbsternte reicher an Glycyrrhizin als die Sommerernte. Fast ebensogut in der Qualität ist das in großen Mengen in Sibirien, Turkestan und der Mongolei gesammelte und eine besondere Handelsmarke bildende chinesische Süßholz von *Glycyrrhiza uralensis*, das pharmakognostisch wesentliche Unterschiede vom russischen und spanischen zeigt.

Von einigen dem vorigen sehr nahe verwandten Schmetterlingsblütlern aus der Gattung *Astragalus* wird in Kleinasien, Syrien und Persien der als Bindemittel in der Technik und Arzneikunde viel gebrauchte Tragantgummi gewonnen. Er tritt als bei gutem Wetter innerhalb 3–4 Tagen erhärtender Schleim, bei feuchter Witterung durch entsprechende Volumzunahme freiwillig, beziehungsweise durch zufällige Verletzungen der Rinde durch Insekten oder weidende Tiere, in der Regel aber durch künstlich angebrachte Einschnitte aus Stamm und Ästen jener dornigen Büsche und wird in farblosen, gelblichweißen bis bräunlichen Blättern oder Körnern gesammelt. Die Sortierung in die verschiedenen Handelssorten geschieht meist in Smyrna oder Konstantinopel, von wo jährlich etwa ½ Million kg in den Handel gelangen. Besonders groß ist der Bedarf in der Kattundruckerei als Verdickungsmittel für Farben, in der Appretur von Seidenwaren und zum Glänzendmachen von Sohlleder. Er quillt in Wasser stark auf, gibt gepulvert mit 20 Teilen Wasser einen derben, vielfach auch zu Klistieren benutzten Schleim und enthält außer einem in Wasser löslichen Gummi hauptsächlich das in Wasser quellende, unlösliche Bassorin, ein Polysaccharid. Der Tragant war schon den alten Griechen und Römern als *tragacantha* bekannt und wurde von ihnen technisch und medizinisch benutzt. Theophrast nennt Kreta, den Peloponnes und Medien, d. h. das Gebirge im Nordwesten des heutigen Persien als die Heimat der ihn liefernden Pflanzen, und Dioskurides sagt, der beste sei durchsichtig, glatt, fast süß. Er wirke wie (arabischer) Gummi, werde in Augenheilmittel getan und gegen Brustleiden eingenommen. Sein

Zeitgenosse Plinius der Ältere nennt Medien und Achaja als Hauptbezugsgegenden der Droge und fügt bei, daß ein Pfund davon zu seiner Zeit drei Denare (etwa 90 Pfennige) kostete. Durch die arabischen Ärzte wurde dann das Abendland mit dem Tragantgummi bekannt. Zum ersten Male findet sich die Droge in Deutschland im 12. Jahrhundert erwähnt. Um 1340 berichtet der Italiener Pegolotti über *draganti* als Ausfuhrartikel von Satalia (Adalia im südlichen Kleinasien) neben dem Tragant aus Romania, dem heutigen Griechenland. Neuerdings wird als Surrogat des Tragants der Kuteragummi von der 6 m hohen Leguminose *Maximilianea gossypium*, mit großen, gestielten Blättern und gelben Blüten, in Vorderindien gewonnen. Außer in seiner Heimat wird er in Cochinchina, Senegambien und auf der Insel Mauritius angepflanzt und liefert den dem Tragantgummi ähnlichen, in Wasser auch nur teilweise löslichen Kuteragummi, der in derselben Weise wie der Tragant verwendet wird.

Ein seit dem frühesten Altertum sehr geschätzter Exportartikel Afrikas ist der arabische oder Akaziengummi, der hauptsächlich aus Stamm und Ästen der im Nordosten Afrikas, besonders im oberen Nilgebiet wachsenden, bis 6 m hoch werdenden Gummiakazie (*Acacia senegal*) von den Eingeborenen gesammelt wird, um nicht nur an die Fremden verkauft zu werden, sondern in erster Linie ihnen selbst als wichtiges Nahrungsmittel zu dienen. Diese Gummiakazie bildet in Senegambien und Kordofan, im Stromgebiet des Weißen Nil und des Atbara ausgedehnte Wälder und besteht aus stacheligen Sträuchern oder bis 6 m hohen Bäumen mit schirmartiger Krone, sehr hartem Holz, grauer, rissiger Rinde und dicken Lagen gelben bis purpurroten Bastes, kleinen, doppelgefiederten Blättern, schwarzen Stacheln, langen, gelben Blütenähren und linealischen Fruchthülsen mit dunkeln Samen. Wenn im Juli, August und September in dem sonst regenarmen Lande ausgiebige Regengüsse stattfinden und daraufhin heiße Witterung eintritt, so berstet durch die austrocknenden Ostwinde die Rinde der dann eben blattlosen und sich mit den schönen, gelben Blütenähren bedeckenden Gummiakazien, und aus der allmählich der „Vergummung“ anheimfallenden Innenrinde fließt in oft größerer Menge der farblose Gummischleim aus, der alsbald am Baume erhärtet. Mit dem Ausbrechen der Blätter hört dann die Gummibildung auf. Je länger nun z. B. am Senegal der austrocknende Wüsten-Ostwind weht, um so reichlicher ist die Ernte. Nach Busse soll aber dieser Gummifluß nicht freiwillig stattfinden, wie man bis jetzt allgemein glaubte, sondern sein Entstehen lediglich der Verletzung durch die Rinde (und das Holz) anbohrende Insekten, besonders Ameisen, verdanken. Jeder Gummiklumpen entspräche demnach einer kleinen Wunde, und zwar färbt sich der austretende Gummi um so mehr rotbraun, je tiefer die Wunde ist und je mehr sich infolgedessen gerbstoffartige Stoffe beimischen. Smith endlich führt das Ausfließen von Gummi auf die Tätigkeit eines von ihm als *Bacterium acaciae* bezeichneten winzigen Pilzes zurück, der stets auf denselben

Bäumen und an den Stellen, wo sich Gummi bildet, aufgefunden wird. Nach Louvel beginnt die Gummiabsonderung, sobald die Pflanze 7–8 Jahre alt ist, sie erreicht im 30. ihren Höhepunkt und dauert bis zum 40. an. Nur selten wird die Gummiakazie vom Menschen angeschnitten, um ihr wertvolles Produkt zu erhalten. Am reichlichsten fließt der Gummi in den Monaten Februar und März bis Mitte April, und zwar ist die Absonderung desselben in abnorm heißen Jahren am stärksten. Früher richteten gelegentlich Elefanten große Verwüstungen in den Gummiwäldern an, so daß der Ertrag geschmälert wurde. Die beste Sorte kommt aus Kordofan in den Handel; eine sehr gute Qualität liefert auch Südnubien und Abessinien. Weniger geschätzt dagegen ist der von anderen Akazienarten in Ost- und Südafrika, wie auch in Marokko und der Berberei gesammelte, mehr braune Gummi. Letzterer löst sich nicht vollständig wie der echte, helle arabische Gummi im doppelten Gewicht Wasser zu einem klebenden, aber nicht fadenziehenden, geruchlosen, gelblichen Schleim auf.

Tafel 127.

Anpflanzung von Süßholz (*Glycyrrhiza*) an der Save bei Bosnabrod in Bosnien. (Nach einer im Besitz des Botan. Institutes zu Wien befindlichen Photographie von L. Adamovic.)

In Europa wild wachsender Rhabarber (*Rheum undulatum*).

Tafel 128.

(Phot. von *Dr.* W. Beam.)

Anschlagen einer Gummiakazie (*Acacia verek*) in Kordofan.

(Phot. von *Dr.* W. Beam.)

Ausschwitzung von arabischem Gummi an einer angeschlagenen Gummiakazie in Kordofan.

Beim Einsammeln des Gummis ist vor allem darauf zu achten, daß nur immer ein und dieselbe Art gesammelt wird, oder aber die Sorten verschiedener Arten gleich an Ort und Stelle auseinander gehalten werden. Dies ist deshalb von großer Wichtigkeit, weil sich die verschiedenen Gummisorten in ganz verschiedenem Maße in Wasser lösen und es so leicht vorkommen kann, daß Gummisorten gemischt werden, von denen die eine ganz, die andere nur zu einem gewissen Teil löslich ist. Eine solche Mischsorte würde dadurch fast vollständig entwertet. Derartige minderwertige gemischte Sorten kommen meist fein gepulvert in den Handel, finden aber nur schwer Absatz, weil ein solcher auch stark verunreinigt zu sein pflegt. Es empfiehlt sich, nur möglichst helle und gleichmäßig gefärbte Stücke derselben Akazienart zu sammeln und die Sorten streng auseinander zu halten. Der beste Gummi ist farblos bis hellgelb, ziemlich durchsichtig und bildet runde oder längliche Körper mit glatter, teilweise rissiger Oberfläche. Die Härte entspricht ungefähr derjenigen des Steinsalzes. Der Hauptbestandteil desselben ist Arabin, eine Verbindung der Arabinsäure mit Kalk und kleinen Mengen Kali und Magnesia, ferner wenig Bassorin und Spuren von Zucker, Gerb- und Farbstoffen. Die Verwendung des Gummis ist eine äußerst mannigfaltige. In der Medizin dient er als reizmilderndes, schleimiges, einhüllendes Arzneimittel, besonders bei Magen- und Darmentzündung und bei Vergiftungen, dann als Konstituens bei Emulsionen, Latwergen, Pasten, Pastillen, Pillen usw., als Streupulver bei Wunden, speziell Brandwunden, zu Klistieren, im großen aber in Färbereien, Druckereien, Appreturanstalten für Seidenwaren und feine Spitzen, dann Tinten- und Zündholzfabriken usw. als Klebemittel. Allein Deutschland bedarf seiner im Werte von etwa 16 Millionen Mark jährlich. Frankreich importiert jährlich aus dem Senegal zwischen 2 und 5 Millionen kg nach Bordeaux; der größte Teil desselben wird im Lande selbst verarbeitet.

Schon die alten Ägypter bedienten sich des arabischen Gummis in der Malerei, wie auch in der Appretur und beim Färben von Linnenstoffen. Auf den ägyptischen Denkmälern aus den Jahren um 1500 v. Chr., die uns am Grabtempel der Königin Hatschepsut in Der el Bahri an der Westseite der einstigen Residenzstadt Theben erhalten sind, wird der Gummi als *kami en punt*, d. h. Gummi aus dem Lande Punt (der Südspitze Arabiens und der gegenüberliegenden Somaliküste) bezeichnet und neben Weihrauch als eine begehrte Droge jenes Landes angeführt. Der ägyptische *kami* kam als *kómmi* zu den Griechen. Der große Pflanzenkenner Theophrast sagt über ihn in seiner Pflanzengeschichte: „Die Akazie (*akántha*) in Ägypten liefert den Gummi (*kómmi*); er fließt von selbst aus, oder aus Wunden, die man absichtlich macht.“ Dioskurides nennt den ägyptischen Gummibaum *akakía* (woraus unser Akazie entstand) und sagt, daß der Gummi vielfach als Arznei verwendet werde. Dasselbe sagt Plinius von der Droge, die er *gummi* nennt. Der ägyptische Gummi sei weitaus die beste Sorte, habe eine dunkle Farbe und komme in wurmförmig gedrehten Stücken in den Handel. Schon der große Hippokrates benutzte den *kómmi* als Arzneimittel, und der weitgereiste Herodot kannte ihn als Bestandteil der Tinte. Nach dem um 25 n. Chr. gestorbenen griechischen Geographen Strabon aus Amasia am Pontos kam der Gummi besonders aus der Umgegend der ägyptischen Stadt Akanthos, deshalb treffe man in den alten Schriften, z. B. bei Cornelius Celsus, die Bezeichnung *gummi acanthinum*; doch seien auch die Benennungen *gummi thebaicum* und *g. alexandrinum* gebräuchlich. Der Name „arabischer Gummi“ — daher stammend, weil er über arabische Häfen ausgeführt und durch die Araber verbreitet wurde — tritt uns zuerst beim jüdischen Arzte Ibn Serapion im 11. Jahrhundert entgegen. Im Mittelalter wurde er im Abendlande nur sehr wenig angewendet und kam auch in sehr geringen Mengen nach Europa. Der Senegalgummi kam erst im 14. Jahrhundert durch die Portugiesen nach Europa, im 17. Jahrhundert begann seine Verwendung in Frankreich, aber erst vom Jahre 1832 an begann er zunächst in Frankreich den arabischen Gummi zu verdrängen. Als durch den Mahdistenaufstand der Sudan für den Gummiexport gesperrt wurde und infolge davon die Nilgummisorten sehr selten wurden, eroberte sich der Senegalgummi den

Weltmarkt und wird jetzt überall da angewendet, wo das viel billigere Dextrin, der durch Verkleisterung von Stärkemehl erhaltene Stärkegummi, nicht genommen werden kann.

Surrogate des arabischen oder Akaziengummis sind der indische oder Feroniagummi, der aus dem verwundeten Stamm des Elefantenapfelbaums (*Feronia elephantum*), eines großen Baumes in Ostindien bis Ceylon mit anisartig duftenden, unpaarigen Fiederblättern, rötlichgrünen Blüten und vielsamigen, apfelähnlichen Früchten mit harter Rinde und genießbarem Fleisch, träufelt und in großen, gelben bis braunen, durchsichtigen, in Wasser leicht löslichen Klumpen erstarrt. Er klebt stark, wird wie arabischer Gummi benutzt und ist diesem für Wasserfarben vorzuziehen. Ferner der in Westindien, besonders auf Martinique und Guadeloupe, und Brasilien gesammelte Cashawagummi, der aus Wunden des daselbst heimischen, jetzt überall in den Tropen kultivierten Akajoubaumes (*Anacardium occidentale*), eines Verwandten des Mahagoni, fließt. Es ist dies einer der schönsten Kulturbäume, der sich durch hohen, dicken Stamm und mächtige Laubkrone auszeichnet. Die Stiele der Früchte sind zu hühnereigroßen, birnförmigen, gelben, süßlichsauren Scheinfrüchten geworden, die ein sehr beliebtes Obst abgeben, während die als Anhängsel daraufsitzenden kleinen, nierenförmigen eigentlichen Früchte als westindische Elefantenläuse bezeichnete Steinfrüchte bilden, die auch eßbar sind und aus denen ein in der Medizin und Technik verwendetes Öl gepreßt wird.

Ein angenehm styraxartig riechendes Harz wird als *Ladanum* aus verschiedenen Arten von Cistrosen auf Cypern, Kreta, Naxos und in Spanien gewonnen. Schon von den alten griechischen Ärzten wurde es als erwärmendes und zusammenziehendes Mittel, innerlich bei chronischem Katarrh und äußerlich auf Wunden und Geschwüre, verwendet. Noch jetzt ist es im Orient sehr geschätzt und gilt dort als Schutzmittel gegen die Pest, während es bei uns nur etwa zu Räucherungen und als Parfüm dient. Ebenfalls bloß noch äußerliche Verwendung findet bei uns das Elemiharz, das durch Anschneiden verschiedener auf den Philippinen heimischer Kanariumarten, in Indien, Ostafrika, Venezuela und Brasilien von anderen Burserazeen gewonnen wird. In frischem Zustande stellt es eine klare, wenig gefärbte Auflösung von Harzen in ätherischen Ölen dar, aus der sich das Harz durch Verdunsten dieser letzteren ausscheidet. Der Geruch ist balsamisch, der Geschmack gewürzhaft, bitter. Es dient bei uns als Heilmittel auf Wunden, während die Eingeborenen es auch innerlich, namentlich gegen Kopfschmerz, und zu Räucherungen verwenden.

Zu scharfen Einreibungen und als Zusatz zu blasenziehenden Pflastern dient das Euphorbium, ein aus der geritzten Rinde einer nordafrikanischen, bis 2 m hohen, fleischigen, blattlosen Wolfsmilchart (*Euphorbia resinifera*) ausfließender und an der Pflanze selbst erhärtender Milchsaft, der hellgelbliche, zerreibliche Stücke bildet, die beim Erwärmen schwach weihrauchartig riechen und auf der Zunge scharf brennen. Die Einschnitte in den Stamm und die vierkantigen Zweige werden zur Fruchtzeit gemacht. Dieses Gummiharz wird ausschließlich im marokkanischen Atlas gesammelt und kommt über Mogador in den Handel. Schon im Altertum war es bekannt und wurde als scharfes Abführmittel von den griechischen Ärzten verordnet. Juba II., der Sohn Jubas I. von Numidien, der sich nach der Niederlage der Pompejaner bei Thapsus im Jahre 46 v. Chr. das Leben nahm, ein nach dem Sturze seines Vaters nach Rom gebrachter und dort erzogener, wissenschaftlich gebildeter Mann, dem später Augustus wieder einen Teil seines väterlichen Reiches verlieh, schrieb über diese Pflanze seiner Heimat, die er nach seinem Leibarzte Euphorbos benannt haben soll, eine kleine Schrift. Später ging die Kenntnis der Stammpflanze verloren, bis Berg im Jahre 1863 aus im Euphorbium enthaltenen Bruchstücken die schon 1804 von Jackson erwähnte Pflanze bestimmte. Die ersten Exemplare der Pflanze kamen 1870 in den großen botanischen Garten von Kew bei London. 1868 isolierte Flückiger das neben verschiedenen Harzen darin zu 34 Prozent enthaltene Euphorbon.

Ein anderes, ebenfalls kaum mehr innerlich, sondern als Bestandteil reizender und zerteilender Salben und Pflaster nur noch äußerlich gebrauchtes Gummiharz ist das Ammoniacum, der zur Zeit der Fruchtreife durch Stiche von Insekten ausfließende und an der Luft zu innen weißlichen, außen bräunlichen, eigentümlich unangenehm riechenden und scharf bitter schmeckenden erbsen- bis walnußgroßen Körnern erhärtende Milchsaft einer ausdauernden, bis 2,5 m hohen Umbellifere der mittleren und östlichen Gegenden Persiens und der Wüsten um den Aralsee, *Dorema ammoniacum*. Er erweicht in der Hand, gibt mit Wasser eine Emulsion, ist in Alkohol nicht vollständig löslich und enthält schwefelfreie Harze und Gummi. Das von den griechischen Ärzten des Altertums gegen mancherlei Krankheiten gegebene *hammoniacum* war noch nicht dieses persische, sondern ein von der nordafrikanischen *Ferula tingitana* aus Marokko gewonnenes Produkt. Nach Plinius, der es *hammoniaci lacrima*, d. h. Ammoniakträne, nennt, wächst es in den unterhalb des Negerlandes gelegenen Sandwüsten Afrikas. „Es kommt von einem Baume, der beim Orakel des Jupiter Hammon vorkommt, heißt auch *metopion* und quillt wie anderes Harz oder Gummi in Tropfen hervor. Es gibt zwei Sorten desselben; die beste ist zerbrechlich, die andere fett und harzig und heißt auch *phýrama*. Das Pfund des besten kostet 40 As (etwa 1 Mark und 60 Pfennige). Es erwärmt, zerteilt, löst auf und dient gegen allerlei Leiden." Den Namen hat die Droge natürlich von der Oase des Jupiter Ammon, von der sie einst bezogen wurde, und so dürfte Don unrecht haben, der sie, da sie von den alten Autoren bisweilen auch *armoniacum* geschrieben wird, nur als verdrehtes *armeniacum* aufgefaßt wissen möchte. Schon im 2. Jahrhundert n. Chr. wurde sie allmählich durch das persische Gummiharz verdrängt, das im 9. Jahrhundert von persischen, im 10. und 11. Jahrhundert auch von arabischen Ärzten genannt wird, aber erst im 14. Jahrhundert in Deutschland bekannt wurde. Die Stammpflanze wurde 1829 von Don beschrieben und benannt.

Von einem andern Doldenblütler Irans, *Ferula persica*, wird das knoblauchartig riechende Sagapenum gewonnen, das im Orient und in Indien als Gewürz und Heilmittel heute noch Verwendung findet. Dieses Gummiharz wurde schon in der römischen Kaiserzeit von den griechischen Ärzten verwendet. Dioskurides beschreibt es in folgender Weise: „Das *sagápēnon* ist der Saft einer unserer Ferula ähnlichen Pflanze und kommt aus Medien. Das beste ist durchscheinend, außen gelblich, innen weiß; der Geruch hält die Mitte zwischen dem *sílphion* (Teufelsdreck) und *gálbanon*. Der Geschmack ist scharf."

Ein der Ammoniakpflanze ähnlicher Doldenblütler Griechenlands und Kleinasiens, *Ferula opopanax* oder *Opopanax cheironium*, eine schon von Theophrast nach dem kräuterkundigen Kentauren Cheiron in Thessalien als *pánakes cheirónion* bezeichnete Heilpflanze, liefert durch Einschnitte in die fleischige Wurzel das heute wenigstens bei uns nicht mehr gebräuchliche Gummiharz Opopanax (zu deutsch: Saft der Panaxpflanze, d. h. der allheilenden Kraftwurzel). Im Altertum wurde es arzneilich viel verwendet. Dioskurides, der die Pflanze vermutlich nach dem damaligen Hauptbezugsorte der daraus gewonnenen Droge, der Heraklesstadt in Bithynien am Schwarzen Meer, *Herakleia pontica*, einer bis zu den mithridatischen Kriegen (der letzte — dritte — derselben dauerte von 74–63 v. Chr.) sehr blühenden Hafenstadt Kleinasiens, *pánakes herakleíon* nennt, sagt in seiner Arzneikunde von ihr: „Das *pánakes herakleíon*, aus welchem ein Saft gewonnen wird, den man *opopánax* nennt und gegen viele Übel gebraucht, wächst vorzüglich in Böotien und dem arkadischen Psophis, wird aber auch, da der Saft mit Gewinn verkauft werden kann, in Gärten gezogen. Übrigens wächst die Pflanze auch in Makedonien und dem libyschen Kyrene."

Im Gegensatz zu diesem hat sich auch bei uns bis auf den heutigen Tag ein anderes Gummiharz als wichtiges Arzneimittel und teilweise auch sehr beliebtes Gewürz im Gebrauch erhalten, nämlich die Asa foetida, im Deutschen wegen ihres abscheulichen knoblauchartigen Geruchs als Teufelsdreck bezeichnet. Die ihn liefernde Pflanze war schon dem Hippokrates als medisches (im Gegensatz zum kyrenischen) Silphion bekannt. Später sagt Dioskurides von ihm: „Der vom medischen und syrischen *sílphion* kommende festgewordene Saft hat einen durchdringenden Geruch und wird gegen sehr viele Leiden angewandt." Dieser eingetrocknete Milchsaft, den Plinius aus Persien, Armenien und Medien kommen läßt, *laser* nennt und dem eingedickten Safte des *silphium* von Kyrene gleichend bezeichnet, ist das Gummiharz des Stinkasantes (*Ferula asa foetida*), einer bis 2,5 m hohen Staude aus der Familie der Umbelliferen, die in Persien, Afghanistan, dem oberen Indusgebiet, besonders in den ausgedehnten Steppen und Wüsten zwischen dem persischen Meerbusen und dem Aralsee heimisch ist und bei Herat und anderswo auch kultiviert wird. Bei der geringsten Verletzung tritt der Milchsaft aus der Rinde der Wurzel aus. Er wird in der Weise gewonnen, daß die betreffenden Sammler, gewöhnlich Hirten, zur Zeit, da die Blätter zu welken beginnen, etwa Mitte April, den oberen Teil der Wurzel bloßlegen, rings um sie die abgeschnittenen Blätter, Stengel und andere Pflanzen als Schutz der Wurzel vor Wind und Sonne anhäufen, von dem mit einem dichten Schopfe von Blattresten versehenen Wurzelbeginne eine dünne Scheibe abschneiden und die auf der Wundfläche angesammelte dünne Milch abkratzen. Diese Prozedur wird nach jedesmaliger Ruhepause von einigen Tagen noch zweimal wiederholt. Nachdem die Wurzel nun wieder 8–10 Tage unberührt geblieben, liefert sie 2–3 Monate hindurch einen dicken Milchsaft, der die gute *Asa foetida* bildet. Von einer Wurzel wird bis zu 1 kg derselben gewonnen. Der frisch weiße Gummiharzsaft wird außen herum durch die Einwirkung der Luft bald rot, violett und schließlich gelbbraun und kommt in losen oder verklebten Körnern und Klumpen in den Handel. Er ist bei gewöhnlicher Temperatur wie Wachs schneidbar, erweicht bei geringer Erwärmung zu einer klebenden Masse, riecht höchst unangenehm knoblauchartig, schmeckt widerlich scharf bitter und aromatisch, gibt mit drei Teilen Wasser verrieben eine weißliche Emulsion und besteht zu 61 Prozent aus dem in Äther löslichen Ferulaester des Asaresinotannols, aus 30 Prozent Gummi, 7 Prozent ätherischem Öl, 1,5 Prozent freier Ferulasäure und Spuren von Vanillin. Bei uns dient er als Beruhigungsmittel bei Krampfkolik, Hysterie und Nervosität, als Stopfmittel gegen Diarrhöen beim Pferd und sonst vielfach in der Tierarzneikunde. In Indien, Persien und dem ganzen Morgenlande ist er zudem ein sehr beliebtes Speisegewürz, das bis vor nicht sehr langer Zeit auch in der feineren Küche Europas sehr beliebt war. War es doch in Frankreich, wo er noch unter dem *ancien régime* in Mode gekommen war, bei jedem Gastmahl der Vornehmen Sitte, die Suppenteller vorher mit einem Stück Stinkasant abzureiben, um die Suppe dadurch wohlschmeckender zu machen. Überall im Orient gilt er als die Verdauung befördernd; besonders wird stets das gebratene Hammelfleisch damit bestrichen, um ihm den beliebten durchdringenden Knoblauchgeruch zu verleihen. Im Orient schon lange im Gebrauch, wurde er durch die arabischen Ärzte dem Abendlande bekannt. Die von der arabischen Arzneiwissenschaft weitgehend beeinflußte Medizinschule von Salerno in Unteritalien bediente sich seiner schon im 11. Jahrhundert. Auch nach Deutschland kam die Droge sehr früh. Vom 12. Jahrhundert an bildete sie einen Einfuhrartikel des italienischen Handels. Heute kommt die beste

Sorte durch Karawanen von Persien nach Bombay und von dort zu Schiff nach Europa.

Einst auch in der Arzneikunde besonders des Orients vielgebrauchte Gummiharze sind der Weihrauch und die Myrrhe. Ersterer wird im südöstlichen Arabien, in Nordostafrika und Indien aus verschiedenen Boswellia-Arten durch im Frühjahr ausgeführte tiefe Einschnitte in den Stamm der mäßig hohen Bäume in Form eines reichlich ausfließenden milchweißen Saftes gewonnen und erstarrt nach einiger Zeit zu gelben Körnern, die von den Stämmen abgelöst oder am Boden aufgelesen werden. Seit dem frühen Altertum war er nicht nur zu rituellen Räucherungen, sondern auch als Medizin hoch geschätzt. Die Hippokratiker bedienten sich seiner bei Asthma, Gebärmutterleiden und äußerlich zur Herstellung von Salben.

Fast ebenso alt ist der medizinische Gebrauch der Myrrhe, die ebenfalls schon im Papyrus Ebers erwähnt wird und nach Herodot im alten Ägypten vorzugsweise zum Einbalsamieren der Leichen und als Räuchermittel im Kulte verwendet wurde. Zu letzterem Zwecke wurde sie dann bei den gottesdienstlichen Handlungen aller vom Morgenlande beeinflußter Religionen in derselben Weise wie der Weihrauch benutzt. Schon im Alten Testament wird sie als kostbares Erzeugnis des „glücklichen" im Sinne von fruchtbaren Südarabien erwähnt, das uns später der griechische Geograph Agatharchidas in seiner Schrift über das Rote Meer in folgender Weise schildert: „Die Sabäer sind das größte und in jeder Hinsicht glücklichste Volk Arabiens. Ihr Land bringt alles hervor, was zur Annehmlichkeit des Lebens gehört. Die Herden sind zahllos; das ganze Land duftet von dem herrlichen, unvergleichlichen Geruch, den dort die in Menge wachsenden Gewürze wie Balsam, Kassia, Myrrhe, Weihrauch, Zimt, Kalmus und Palmen aushauchen. Der Wohlgeruch, der aus den Wäldern kommt, läßt sich mit Worten nicht beschreiben."

Die Myrrhe stammt von verschiedenen Commiphora-Arten, und zwar die beste von *Commiphora abessinica*, einem 6–8 m hohen Bäumchen der Berge von Abessinien, Erythraea und Südarabien. Der entweder freiwillig aus Rissen der Rinde oder durch Einschnitte austretende Saft ist anfangs milchig trübe, gelblich, trocknet aber bald an der Luft ein, wobei er sich dunkler färbt. Er kommt in Form von nuß- bis faustgroßen unregelmäßigen Knollen oder löcherigen Klumpen in den Handel. Am häufigsten ist die von den Somalis gesammelte Myrrhe von *Commiphora playfairi*, die in Kisten von 50–100 kg von Aden aus direkt, oder über Bombay, wo die Ware sortiert wird, nach Europa gelangt. Wie die alten Ägypter benutzten auch die Hippokratiker die Droge äußerlich und innerlich. In seiner Arzneimittellehre schreibt Dioskurides über sie: „Die Myrrhe besteht aus Tropfen, die von selbst oder aus absichtlich gemachten Wunden eines arabischen Baumes fließen. Es gibt verschiedene, mit verschiedenen Namen bezeichnete Sorten. Aus den fettigen preßt man das wohlriechende Myrrhenöl. Die beste Myrrhe kommt aus dem Lande der Troglodyten, ist durchscheinend, grünlich, schmeckt beißend. Die Myrrhe wird oft verfälscht, namentlich durch Gummi. Die echte, frische ist zerreiblich, leicht, überall gleichfarbig, doch zerbrochen inwendig weiß gefleckt; sie besteht aus kleinen Stücken, ist bitter, riecht gut, schmeckt scharf. Sie erwärmt, macht schläfrig, bindet, trocknet, zieht zusammen, wird innerlich und äußerlich gebraucht.“ Cornelius Celsus spricht von einer schwarzen, bei Augenkrankheiten angewendeten Myrrhe. Im Arzneischatz von Scribonius Largus, Valerius Cordus und Alexander Trallianus aus dem 6. Jahrhundert spielt dieses Gummiharz eine nicht unwichtige Rolle; auch die heilige Hildegard im 12. Jahrhundert empfiehlt die Mirrha. Innerlich wird sie als austrocknendes Mittel, häufiger aber äußerlich als Antiseptikum in Form von Mundwässern, Salben und Pflastern verwendet. Sie besteht aus ätherischen Ölen, Harzen und Gummi. Häufig wird ihr Bdellium beigemischt, ein ähnlich riechendes, bitter schmeckendes, ebenfalls beim Kauen erweichendes, dunkelbraunes bis grünliches Gummiharz, das im nordwestlichen Indien und in Beludschistan von *Commiphora roxburghi* gewonnen und in Indien arzneilich verwendet wird. Das ostafrikanische Bdellium von *Commiphora africana* ist mehr gelbrot und findet sich unter dem Senegalgummi. Es war schon im alten Ägypten gebräuchlich, wird von Plinius, Arrianus, Vegetius und anderen genannt und diente, was im Orient heute noch der Fall ist, zu Salben, Pflastern und Räucherwerk.

Eine dickflüssige, starkriechende Mischung von Harzen mit ätherischen Ölen stellen die Balsame dar, die ebenfalls freiwillig oder nach Verwundungen aus Stamm und Ästen mehrerer Pflanzenarten ausfließen, oder durch Auskochen und Auspressen aromatischer Pflanzenteile gewonnen werden. Sie riechen stark aromatisch, verlieren an der Luft den größten Teil ihres Gehaltes an aromatischen, ätherischen Ölen, trocknen ein und verharzen. Bei der Destillation mit Wasser geben sie die ätherischen Öle ab und hinterlassen Harz. Ursprünglich verstand man unter Balsam ausschließlich den von *Commiphora opobalsamum*, dem Balsambaum der Alten, gewonnenen Mekka- oder Gileadbalsam, übertrug aber den Namen später auf verschiedene andere dickflüssige Pflanzensäfte von aromatischem Geruch.

Der eigentliche, freiwillig oder durch Einschnitte in den Stamm des 5–6 m hohen, in Nordostafrika und dem südwestlichen Arabien wachsenden Balsambäumchens (*Commiphora opobalsamum*) ausfließende, trübe, blaßgelbe, wohlriechende, aromatisch erwärmend schmeckende Mekkabalsam kommt überhaupt nicht in den europäischen Handel, sondern nur der durch Auskochen der Zweige mit Wasser gewonnene dickflüssige, gelbliche, etwas trübe, aber weniger angenehm riechende und bitterlich schmeckende Balsam, der allmählich verharzt, 10 Prozent ätherische Öle enthält, ähnlich wie der Kopaivabalsam wirkt, aber ausschließlich in der Parfümerie benutzt wird. Früher wurde er, wie auch die kleinen, meist rötlichen, geruch- und geschmacklosen eiförmigen Steinfrüchte des Balsambäumchens viel arzneilich benutzt. Der griechische Geschichtschreiber Diodorus Siculus schreibt um 50 v. Chr.: „In einem Tale Syriens wächst der Balsam und liefert bedeutenden Gewinn, weil er außer dort nirgends in der ganzen Welt gefunden wird und doch von den Ärzten sehr gesucht ist." Und der 25 n. Chr. verstorbene weitgereiste griechische Geograph Strabon sagt: „Außer an der Küste des Sabäerlandes wird in der Nähe von Jericho, in einer gut bewässerten Gegend, der Balsam aus einem Strauche gewonnen, in dessen Rinde man Einschnitte macht. Den ausfließenden schleimigen Saft fängt man in Gefäßen auf. Er heilt Kopfschmerzen wunderbar schnell, tut den Augen wohl und ist um so teurer, weil er hier allein, und zwar in Gärten, gewonnen wird." Plinius berichtet uns, daß er wegen seines hohen Preises viel verfälscht werde, und daß außer dem feinen, wohlriechenden, durch dreimaliges Ritzen im Laufe des Sommers ausfließenden Saftbalsam (*opobalsamum*) der geringere, durch Auskochen von abgeschnittenen Stücken des Strauches in Wasser gewonnene Holzbalsam (*xylobalsamum*) in den Handel komme; letzterer werde hauptsächlich unter Salben gekocht. Auch Dioskurides und Tacitus berichten ausführlicher über ihn.

An Stelle dieses sehr seltenen und teuren Balsams, der seit der Zeit, da das Morgenland in die Hände der Muhammedaner gefallen war, nur schwierig zu haben war, wurde nach der Entdeckung der Neuen Welt der schon vor der spanischen Invasion von den Indianern benutzte Perubalsam im 16. Jahrhundert durch eine päpstliche Verordnung zum offiziellen Chrisma der katholischen Kirche erhoben. Bei der Eroberung Zentralamerikas durch die Spanier im Jahre 1530 wurde dieser Balsam dort als Wundheilmittel im Gebrauch vorgefunden. Er kam dann mit anderen Waren durch den peruanischen Hafenplatz Callao nach Spanien und erhielt so den Namen *balsamum peruvianum*, obschon er niemals in Peru, sondern weiter nördlich in Südamerika bis Mexiko gewonnen wird. In 300–700 m über dem Meer gelegenen Bergwäldern eines als Costa del Balsamo, d. h. Balsamküste benannten schmalen Küstenstriches der zentralamerikanischen Republik San Salvador wächst die Stammpflanze, *Myroxylon pereirae*, in Form eines bis 20 m hohen immergrünen Baumes aus der Familie der Schmetterlingsblütler mit kurzem, sich schon 2–3 m über der Erde in wenige aufstrebende Äste teilendem Stamm, unpaariggefiederten Blättern, lockeren Blütentrauben und bis 10 cm langen, 3 cm breiten Hülsen, in denen die ansehnlichen Samen zwischen zwei mit dickflüssigem, schwachgelblichem Balsam gefüllten Hohlräumen liegt. Aus letzteren wird der weiße Perubalsam gepreßt, der nicht in den Handel gelangt, aromatisch nach Vanille riecht und bitter aromatisch schmeckt. Der dunkelbraune, klare, in dünner Schicht rubinrot durchscheinende, dickflüssige, nicht fadenziehende, offizinelle Perubalsam wird aus den zwischen Rinde und Holz gelegenen Balsambehältern durch stellenweise Entrindung der Basis des Stammes zu Ende der Regenzeit in der Weise gewonnen, daß die entrindeten Stellen zuerst während 4–5 Minuten durch Daranhalten von Fackeln geschwelt werden. Dann legt man auf die entblößte Holzfläche, an der der Balsam als anfänglich hellgelber, dicker Saft heraussickert, Zeuglappen, aus denen, wenn sie damit getränkt sind, der Balsam durch Pressen und Auskochen mit Wasser gewonnen wird. Eine geringere, dickflüssigere Sorte wird durch Auskochen der losgelösten Rinde gewonnen. Dieses Verfahren wird mehrmals während vier Wochen wiederholt, so daß ein Baum vom 10. Jahre an 30 Jahre hindurch jährlich etwa 2,5 kg Balsam liefert. Die Bäume besitzen eine erstaunliche Lebenskraft und gehen selbst bei übertriebener Anzapfung kaum je ein, wenn nur die Wunden durch Überstreichen mit Lehm gegen das Eindringen von Pilzen und Insekten geschützt werden. Der wichtigste Bestandteil des Perubalsams ist das Cinnamein oder Perubalsamöl, das zu 62–64 Prozent nebst freier Zimtsäure und Vanillin, auch Peruviol, einem honigartig riechenden Alkohol, darin enthalten ist. Er wird in der Medizin äußerlich und innerlich in der verschiedensten Weise verwendet und spielt auch in der Parfümerie eine sehr wichtige Rolle. 1565 beschrieb ihn zuerst Monardes (1493–1578) und 1576 erhielt Philipp II. einen genauen Bericht über dessen Gewinnung durch Don Diego. Anfangs kosteten 30 g hundert Dukaten. Erst zu Ende des 16. Jahrhunderts, so beispielsweise 1582 in der Arzneitaxe von Worms, findet er sich unter seinem jetzigen Namen in den deutschen Apotheken. Im Jahre 1861 wurde der Perubalsambaum, der, wie Cortez 1522 an Kaiser Karl V. berichtete, schon im alten Mexiko in den berühmten königlichen Gärten von Hoaxtepec bei der Hauptstadt Mexiko nebst anderen Arzneipflanzen kultiviert wurde, auch in den Tropen der Alten Welt, nämlich auf Ceylon und Java, eingeführt.

Von einem dem vorigen sehr nahe verwandten Baum Südamerikas, der besonders im unteren Stromgebiet des Magdalena in Kolumbien, auch unweit der Stadt Tolu in Venezuela und westlich von diesen Gegenden in den Wäldern zwischen den Cauca und dem Sinu heimisch ist, *Myroxylon toluifera*, wird der Tolubalsam gewonnen, indem der Stamm an zahlreichen Stellen *V*-förmig eingeschnitten, an der Basis des Einschnittes angebohrt und der heraussickernde Balsam in kleinen, vor der Öffnung befestigten Gefäßen aufgefangen wird. Er wird dann, in Schläuche von rohen Häuten gesammelt, an die Küstenplätze geschafft und hier in Blechbüchsen eingefüllt. Im frischen Zustande ist er braungelb, dickflüssig, in dünnen Schichten durchsichtig. Später erhärtet er zu einer braunroten, in der Hand erweichenden Masse, welche erwärmt einen vanille- und benzoëartigen Wohlgeruch ausströmt und einen aromatischen, säuerlichen, nur wenig scharfen Geschmack besitzt. Er besteht aus 80 Prozent eines harzartigen

Esters von Zimt- und Benzoësäure nebst diesen Säuren in freiem Zustande und wird als Arznei innerlich und äußerlich, besonders aber in der Parfümerie angewandt. Monardes erwähnt seine Herkunft aus der Provinz Tolu zwischen Cartagena und Nomen Dei; 1581 brachte ihn Clusius von London mit nach Wien. Er kam mit dem Perubalsam durch die Spanier nach Europa und war schon im 17. Jahrhundert in England und Deutschland verbreitet.

Ebenfalls von einer stattlichen, bis 30 m und mehr hohen Leguminose Südamerikas mit paariggefiederten, lederigen, durchscheinend punktierten Blättern stammt der Kopaivabalsam, der seit alter Zeit von den Indianern als Wundbalsam angewandt wurde, bis ihn im Jahre 1600 ein portugiesischer Mönch in Brasilien entdeckte. Seit dem ersten Drittel des 17. Jahrhunderts steht er in Europa im Gebrauch; 1636 ist er als *Balsamum copaeyvae* in der Amsterdamer Pharmakopoe angeführt. Er kommt in großen Mengen aus dem ganzen nördlichen Südamerika in den Handel. Die Stammpflanze ist meist *Copaiba officinalis*; deren Holzkörper ist von bis zu 2 cm mächtigen Kanälen durchzogen, die besonders in ihrem unteren Ende so stark mit dem flüssigen Harzsafte erfüllt sind, daß der Stamm oft mit lautem Knall berstet und lange Sprünge entstehen, aus denen dann der Balsam austritt. Es wurde festgestellt, daß diese durch eine nachträgliche Auflösung von Zellgewebe entstandenen Harzgänge bis zu 50 kg Harzsaft enthalten können. Die Harzsammler verlassen sich aber nicht auf diesen freiwilligen Erguß des Harzes, sondern schlagen etwa 60 cm über dem Erdboden mit der Axt tiefe Löcher bis ins Kernholz, wo sich die Balsamgänge befinden. Darauf wird eine Rinne in das Loch gesteckt und der klare, ziemlich dicke, gelbbräunliche, eigentümlich aromatisch riechende Balsam fließt in dicken Tropfen aus. Bisweilen pausiert der Erguß einige Zeit; nach einiger Zeit wird dann ein gurgelndes Geräusch hörbar und alsbald findet wieder ein lebhafter Balsamerguß statt. Als beste Sorte wird der dicke Maracaibo-Balsam betrachtet, der 60 Prozent ätherisches Öl und den Rest Harzsäuren enthält. Er befördert die Absonderung der Schleimhäute und dient außer bei chronischem Lungenkatarrh besonders bei gonorrhoischer Harnröhren- und Blasenentzündung.

Demselben Zwecke diente viel früher der Kubebenpfeffer, ein altes indisches und arabisches Gewürz, das aus den vor der vollständigen Reife gesammelten und durch Trocknen geschrumpften, balsamisch riechenden, aromatisch scharf bitter, aber nicht brennend schmeckenden Früchten von *Piper cubeba* besteht, einer im malaiischen Archipel heimischen, bis 6 m hohen Kletterpflanze, die auch auf Java, Sumatra, Westindien und Sierra Leone, meist an den Schattenbäumen der Kaffeeplantagen emporrankend, kultiviert wird. Sie enthalten außer Cubebin und Kubebenharzsäure ein hauptsächlich Kubebenkampfer enthaltendes ätherisches Öl. Ihre harntreibende Wirkung wird schon vom arabischen Arzte Ibn Sina (Avicenna) um 1006 angegeben. Vom 12. und 13. Jahrhundert an wurden sie durch Vermittlung der arabischen Ärzte auch in Europa angewandt, gerieten aber später wieder in Vergessenheit, bis 1818 ein englischer Arzt, der ihre Verwendung gegen Gonorrhoe bei den Malaien kennen lernte, sie wieder empfahl. Sie haben ihren Namen aus dem arabischen *kababeh* und wurden schon von Marco Polo beschrieben, der sie auf seinen Reisen auf Sumatra und Java kennen lernte. Wissenschaftlich bestimmt wurde die Pflanze erst durch Karl von Linnés Sohn im Jahre 1781. Kubebenöl war 1582 auf der Frankfurter Messe zu haben, und die Kubeben sind 1609 im Inventar der Ratsapotheke in Braunschweig angeführt. Das Cubebin wurde 1839 von Soubeiron und Capitaine zuerst dargestellt.

Ganz neuen Datums ist die Verwendung des gegen dieselben Affektionen gegebenen Sandelholzöls, das aus dem Kernholz des in den trockenen Teilen Vorderindiens in 600–1000 m Höhe im Gebirge wachsenden, 6–10 m hohen, dichtbelaubten, immergrünen Sandelbaumes (*Santalum album*) gewonnen wird. Der Baum, der jetzt außer in fast ganz Indien besonders auf den Sandelholz-Inseln des indischen Archipels (Sumba, Timor, Flores, Sumbava, Lombok, Bali usw.) kultiviert wird, gibt, wenn er ausgewachsen im Alter von 20–40 Jahren gefällt wird, durch langsame Destillation des verkleinerten Holzes mit Wasserdampf das 80 Prozent Santalol enthaltende dicke, farblose oder blaßgelbliche Sandelöl, das Chapoteaut zuerst untersuchte.

Während das Altertum nur den vom 4–7 m hohen Styraxbaume in Kleinasien und Syrien gewonnenen festen Styrax kannte und vielfach als Medizin verwandte, wird seit dem 6. Jahrhundert daneben auch der heute ausschließlich verwendete flüssige Styrax oder Styraxbalsam aus dem Splint des in Lykien und Karien in Schälwäldern kultivierten Amberbaumes (*Liquidambar orientalis*) durch Auskochen der Rinde mit Wasser und Abpressen gewonnen. Der bis zu 20 m, meist aber nur 10–14 m hohe, platanenartige Baum hat ein sehr engbegrenztes Verbreitungsgebiet und liefert aus dem Vilajet Aidin, wo der Ort Mughla den Mittelpunkt der Styraxgewinnung bildet, jährlich etwa 40000 kg (aus einem Gebiet von 600 qkm). Er bildet eine graue, undurchsichtige, zähflüssige, eigenartig nach Benzoë und Perubalsam riechende, aromatisch und etwas bitter schmeckende Masse, welche außer 36 Prozent Harz Zimtsäureester, Styracin, Cinnamein und Benzoësäure enthält. Der Styraxbalsam wird außer als billigerer Ersatz des teuren Perubalsams zu innerlichem und äußerlichem Gebrauche in der Medizin, besonders in der Parfümerie gebraucht.

Der ausschließlich im amerikanischen Handel befindliche Styraxbalsam der Neuen Welt wird aus dem 9–12 m hohen, in Mittelamerika und als Charakterbaum im ganzen atlantischen Nordamerika wachsenden amerikanischen Amberbaum (*Liquidambar styraciflua*) mit tief gelappten Blättern durch Auskochen des Holzes alter Stämme gewonnen. Neuerdings wird dieser Baum vielfach auch bei uns als Zierbaum angepflanzt und erträgt sehr gut unsere Winter, wenn er einmal eine bestimmte Höhe erreicht hat.

Als ebensolches krankhaftes Produkt wie der Styraxbalsam fließt aus dem Stamme verwundeter Benzoëbäume (*Styrax benzoin*) in Siam und auf Sumatra das anfangs milchige, an der Luft zu einer rötlichgelben, aromatischen Masse erhärtende Benzoëharz aus, das einen balsamischen, reizenden Geschmack hat und beim Kauen an den Zähnen haftet. Und zwar geben ältere Bäume eine dunklere Benzoë als jüngere. Die beste Sorte kommt aus dem äußersten Nordosten der Shanstaaten am linken Ufer des Mekong. Dort in Siam wird die Rinde des mittelhohen Baumes durch Längsschnitte und Losheben der Rinde so bearbeitet, daß sich das Harz während zweier Monate zwischen Holz und Rinde ergießt und sich hier ansammelt. Auf Sumatra schneidet man viermal im Jahre die Rinde jüngerer Bäume durch gerade oder schräge Längsschnitte an und sammelt den heraustretenden weißen, alsbald erhärtenden Milchsaft nach einiger Zeit, um ihn in Form von größeren, zuweilen verklebten Körnern von muscheligem Bruche in den Handel zu bringen. Er enthält bis über 20 Prozent freie Benzoësäure und 70–80 Prozent Benzoëharz und dient als schleimlösendes Mittel bei chronischen Katarrhen, als gelind reizendes Mittel bei torpiden Geschwüren, zu Räucherungen, Zahnwässern und besonders reichlich in der Kosmetik. Die erste aus Sumatra stammende Benzoë wurde 1461 unter anderen Kostbarkeiten dem Dogen von Venedig vom Sultan von Ägypten als Geschenk gesandt. Die arabischen Ärzte machten deren Verwendung zuerst im Abendlande bekannt. 1521 wird sie unter den in Venedig verkauften Drogen aufgeführt und 1571 als *Asa dulcis* in der Eßlinger Arzneitaxe erwähnt. Die Siam-Benzoë kommt erst seit 1853 nach Europa.

Seit alter Zeit wird in ganz Ostasien der eingedickte wässerige Extrakt verschiedener gerbstoffreicher Hölzer als Katechu beim Betelkauen und als Arznei verwendet. Der Ausdruck bedeutet im Indischen Baumsaft und wird von den Eingeborenen meist nur als Kat bezeichnet. Diese Droge läßt sich erst seit 1514 als Kacho in der europäischen Literatur nachweisen und wird seit der Mitte des 17. Jahrhunderts in deutschen Apotheken gehalten. Damals, als sie aufkam, war sie einer der teuersten Stoffe der Arzneitaxe und wurde, wie schon der Name *terra japonica* sagt, für eine Mineralsubstanz gehalten. Erst seit 1827 erscheint sie in bedeutenderen Mengen auf dem europäischen Markt, und zwar als Pegu-Katechu, der besonders aus der Provinz Pegu in Britisch-Birma über Rangun in den Handel gelangt. Erst später kam der Gambir-Katechu auf, der über Singapur nach London und Hamburg verschifft wird. Die ersten bestimmten Daten über diese Droge stammen aus dem Jahre 1780. Der Pegu-Katechu wird von der Katechu-Akazie (*Acacia catechu*), einem 4–8 m hohen Baum Vorder- und Hinterindiens, wie auch des tropischen Afrika in der Weise gewonnen, daß das in kleine Stücke zerhackte Kernholz derselben etwa 12 Stunden lang mit Wasser in irdenen Töpfen ausgekocht wird. Der dunkelbraune Auszug wird dann in Schalen so weit eingedampft, daß er nach dem Ausgießen in der Form erstarrt. Je nachlässiger das Eindampfen und Trocknen betrieben wird, um so dunkler wird er. Er schmeckt zusammenziehend bitter und enthält bis 54 Prozent Katechugerbsäure und 17 Prozent Katechin oder Katechusäure. Der gelbe Gambir-Katechu dagegen wird aus den jungen Trieben und Blättern von *Uncaria gambir*, einem kletternden Strauch Hinterindiens und der Sundainseln aus der Familie der Rubiazeen oder Krappgewächse, der an den Küsten der Halbinsel von Malakka, auf Sumatra, Java und neuerdings auch auf Ceylon kultiviert wird, ebenfalls durch Auskochen in Wasser, aber meist in gußeisernen Pfannen gewonnen und nach dem Eindampfen gleicherweise in Formen, meist flachen Holzkästen, getrocknet. Er ist gelb bis hellbraun, wird hauptsächlich von den Eingeborenen zum Kauen mit gelöschtem Kalk, einem Stückchen Arekanuß und einem Blatt des Betelpfeffers benutzt und enthält bis 47 Prozent Katechugerbsäure und 20 Prozent Katechin, daneben weniger Umsetzungsprodukte des letzteren als der Pegu-Katechu. Beide dienen als zusammenziehende, stopfende Mittel, daneben besonders der Gambir-Katechu in der Technik zum Gerben und Färben.

Ähnlich dem Katechu, aber weniger in der Medizin, dafür besonders in der Gerberei und Färberei verwandt, ist der Kino, eine dunkelrotbraune bis schwärzliche, in dünnen Splittern rubinrot durchscheinende Masse von stark zusammenziehendem Geschmack und den Speichel rot färbend, die durch Einschnitte in die Rinde verschiedener tropischer Bäume gewonnen wird. Unter diesem Namen kam zuerst um 1733 der eingetrocknete rote Saft des westafrikanischen Baumes *Pterocarpus erinaceus*, eines Schmetterlingsblütlers aus Senegambien, über London in den Handel. Im Jahre 1811 wurde dieser Name auf den Saft des nahe mit diesem verwandten indischen *Pterocarpus marsupium* übertragen, der an der Malabarküste wächst und dort von den Eingeborenen in der Weise angezapft wird, daß etwas über dem Boden rinnenförmige Einschnitte in die Rinde gemacht werden, aus denen ein zäher, roter Saft ausfließt, der aufgefangen oder, am Stamme erhärtet, gesammelt und an der Sonne vollends getrocknet wird. In demselben Jahre 1811 wurde unter demselben Namen der dem vorigen sehr ähnliche Saft verschiedener Eukalyptusarten Australiens in England eingeführt, ebenso neuerdings aus Hinterindien der von *Pterocarpus indicus* und *wallichii*, aus Bengalen der von *Butea frondosa* und aus Westindien der von *Coccoloba uvifera*.

Der Malabarkino enthält außer Kinoin und Kinorot bis 85 Prozent Kinogerbsäure.

Tafel 129.

(Stich von Ph. Gallo nach Joh. Stradanus.)

Darstellung der medizinischen Anwendung des Guajakholzes gegen die als Franzosenkrankheit bezeichnete Syphilis.

Der Botanische Garten zu Leiden.
(Nach einem in der graphischen Sammlung zu München befindlichen Stiche.)

Tafel 130.

Ein Kampferbaum im Botan. Garten zu Tokio in Japan.
(Nach einer in der Sammlung des Botan. Institutes der Universität Wien befindlichen Photogr. von H. Hallier.)

Stinkasant (*Asa foetida*).
(Nach einer Photographie aus dem Botanischen Garten zu München.)

Ihm ähnlich, nur leichter zerbrechlich und schneller in Wasser auflösbar ist der Extrakt der peruanischen Ratanhiawurzel, die außer Ratanhiarot bis über

40 Prozent Ratanhiagerbsäure enthält und gleicherweise als Adstringens in der Medizin, wie auch zum Gerben verwendet wird. Ratanhia nannten die Indianer des altperuanischen Quitschastammes die relativ große Wurzel eines in Peru wie in dem angrenzenden Brasilien und Bolivien auf sandigen Abhängen der Kordilleren in 1000–2500 m Höhe wachsenden Halbstrauchs aus der zu den Leguminosen gehörenden Familie der Caesalpinieen, die sie seit langer Zeit als Heilmittel verwandten. Sie benutzten sie auch als ein das Gebiß konservierendes Mittel zum Reinigen der Zähne, wie alle Naturvölker Wurzeln oder Zweige bestimmter Holzarten zum meist fleißig von ihnen geübten Zahnputzen in Anwendung bringen. Als solches Zahnputzmittel lernte der spanische Botaniker Ruiz die Ratanhiawurzel bei den Frauen von Huanuco und Lima kennen und brachte sie nach Spanien, von wo sich ihre Anwendung bald über Frankreich, England und Deutschland verbreitete. Obschon bereits 1805 Wildenow in Deutschland die Aufmerksamkeit der Ärzte auf diese neue Droge lenkte, wurde sie doch erst um 1818 durch die Empfehlungen von Jobst, von Klein und anderen bei uns allgemeiner. Als beste Ware kommt von Payta und Callao in Peru aus die von wildwachsenden Pflanzen gegrabene und getrocknete Wurzel in bis 60 cm langen und bis 1,5 cm dicken Stücken, neuerdings auch der in der Heimat der Pflanze selbst aus der frischen Wurzel durch Auskochen in Wasser gewonnene Extrakt in unförmlichen braunroten, außen matten, innen aber glänzenden Stücken in den Handel, um innerlich bei Diarrhoen, Nierenblutungen, äußerlich zu Mund- und Gurgelwässern zu dienen.

Von Süd-, aber auch Mittelamerika kam im 16. Jahrhundert ebenfalls die Sarsaparillwurzel von verschiedenen Smilaxarten aus der Familie der Liliengewächse als sehr geschätztes Heilmittel nach Europa, um hier als Mittel gegen die von den spanischen Soldaten von Amerika her eingeschleppte und bald ganz außerordentliche Verbreitung findende Syphilis das bis dahin hauptsächlich gebrauchte Guajakholz zu verdrängen. Das Wort stammt vom spanischen *zarza parilla*, d. h. stachelige Schlingrebe, galt ursprünglich der in Südeuropa heimischen *Smilax aspera* und wurde später auf die amerikanische Pflanze übertragen, deren Wurzel zuerst der Spanier Pedro de Cieza de Leon, der von 1535–1550 in Südamerika weilte und sie in der Provinz Guajakil in Ekuador kennen lernte, als Heilmittel empfahl. Bald darauf ist auch sein Landsmann Monardes (1493–1578) in Mexiko mit ihr bekannt geworden und lernte etwas später eine bessere Sorte aus Honduras kennen, die heute die allein offizinelle bei uns ist. Er wußte schon anzuführen, daß die Wurzeln der Sarsaparille sehr weit in die Erde gehen und daß man oft mannstief graben muß, um sie zu erlangen. Sie werden fast ausschließlich von wildwachsenden Pflanzen gesammelt, und zwar hauptsächlich im Hinterland der Westküste von Guatemala. Die Pflanze bevorzugt feuchtes, flaches, etwas sumpfiges, den Überschwemmungen der Flüsse ausgesetztes Waldland und läßt ihre stacheligen, verworren durcheinander wachsenden Stengel an den Bäumen emporklettern. In der trockenen Jahreszeit Januar bis Mai werden die Wurzeln ausgegraben, gut gewaschen und an der Sonne getrocknet. Sie gehen von mächtigen Rhizomen aus, sind bei einer Dicke von 7–8 mm bis 2 m lang, gelbbraun, längsfaltig und zeigen auf dem Querschnitt eine mächtig entwickelte, wie das zentrale Mark meist weiße, seltener blaßrötliche Rinde und einen gelblichen Holzring. Sie sind fast geruchlos, schmecken zuerst schleimig, dann kratzend und enthalten drei Sapotoxine: Parillin, Smilasaponin und Sarsasaponin, welch letzteres am stärksten abführend und als solches angeblich blutreinigend wirkt. Aus dieser Droge wurde das einst weltberühmte Zittmannsche Dekokt gegen Syphilis bereitet, das aber heute kaum mehr zur Verwendung gelangt, da wir in den Quecksilberpräparaten und neuerdings in einem Arsenderivat viel wirksamere und angenehmer einzunehmende Mittel haben.

Bevor diese Droge aufkam, galt zu Anfang des 16. Jahrhunderts auch in Europa wie in Amerika, wo sie schon längst von den Indianern in diesem Sinne gebraucht wurde, das harzdurchtränkte Guajakholz als bestes Mittel gegen die Syphilis. Es stammt hauptsächlich von der Zygophyllazee *Guajacum officinale*, einem bis 12 m hohen Baum des nördlichen Südamerika und der Antillen mit intensiv blauen Blüten und kommt in Form von oft mehrere Zentner schweren, vom gelblichweißen Splint befreiten Stücken von dunkelgrünlichbraunem Kernholz in den Handel. Außer verschiedenen Harzen, Guajak- und Guajakonsäure enthält es Saponinsäure und Saponin, welch letzteres die hauptsächlich wirksame Substanz ist, aber noch reichlicher als im Kernholz im Splint und am allerreichlichsten in der Rinde vorhanden ist, so daß eigentlich letztere vor ersterem weit den Vorzug verdiente. Guajak ist die hispanisierte indianische Bezeichnung der Pflanze, die Fernandez de Oviedo 1526 zuerst beschrieb und von der er angab, daß 1508 die erste Sendung des Holzes nach Spanien gelangte, um gegen die dort herrschende Syphilis zu dienen. Bald breitete sich ihr Ruhm über ganz Europa aus. Schon 1517 rühmte sich in Deutschland der kaiserliche Leibarzt Leopold Poll, 3000 Menschen mit dem Guajakholze von dieser damals äußerst bösartig auftretenden Krankheit, die alle Volksschichten erfaßt hatte, geheilt zu haben. Auch der 1523 auf der Insel Ufenau im Zürcher See an den Folgen dieser ansteckenden Krankheit verstorbene Ulrich von Hutten machte vier Jahre vor seinem Tode angeblich mit Erfolg eine Guajakkur in Augsburg durch, über die er in seiner Schrift „*De Guajaci medicina et morbo gallico liber unus*" Mitteilung macht. 1525 beschaffte der Rat der Stadt Straßburg 107 kg des Holzes für eine energische Behandlung der an der Lustseuche erkrankten Bürger. In seiner zeitgenössischen Chronik berichtet der Franzose Guiffrey von seinem Könige Franz I., daß dieser selbst mehrere Jahre nacheinander unter Führung eines zuverlässigen Kapitäns eine Gallion — es waren dies die größten Segelschiffe des Mittelalters, die besonders zur

Kriegführung dienten und stark armiert waren, im Gegensatz zu den kleinen Karavellen, mit denen beispielsweise Kolumbus vom spanischen Seehafen Palos ausfuhr, um nach Indien zu segeln, wobei er, ohne es zu wissen, Amerika entdeckte — nach Brasilien sandte, um jeweilen eine Ladung Guajakholz zur Behandlung seiner eigenen und seiner Hofleute Syphilis zu holen. Nur einmal, im Jahre 1543, habe er bei einem Aufenthalt in La Rochelle von normannischen Korsaren eine von ihnen erbeutete Schiffsladung gekauft, in der sich unter anderem auch „*du gayet ou palme sainte*" gefunden habe.

Im Jahre 1545 beschrieb Brasavela in seiner in Venedig erschienenen Drogenkunde bereits drei Sorten des Holzes, worunter auch das von der westindischen Insel San Juan, dem heutigen Puerto Rico, stammende *Palo santo* oder *Lignum sanctum*, d. h. heiliges Holz von *Guajacum sanctum*, das heute von den Bahamainseln und aus Florida in den europäischen Handel gelangt, um vornehmlich zur Tischlerei und Drechslerei zu dienen. In der Folge wurde letztere Sorte, so schon 1582 auf der Messe in Frankfurt am Main, als *Guajacum parvum*, d. h. kleiner Guajak von dem von *G. officinale* stammenden *Guajacum magnum*, dem großen Guajak, unterschieden. 1573 fand der Augsburger Arzt Leonhard Rauwolf auf dem Basar der syrischen Stadt Aleppo Guajakholz neben Chinawurzel als Heilmittel gegen Syphilis feilgeboten. Die Arzneitaxe von Wittenberg brachte 1599 *Lignum* und *Cortex Guajacis* (Holz und Rinde). Ein Jahrhundert hielt der Ruf dieser Droge als Heilmittel gegen die Syphilis an, um dann, wie gesagt, von der Sarsaparillwurzel verdrängt zu werden. Als man als Hauptbestandteil des Holzes das darin enthaltene Harz erkannte, benutzte man von der Mitte des 17. Jahrhunderts an vielfach an dessen Stelle das Guajakharz, das seltener freiwillig ausfließt, sondern meist durch Einschnitte in den Stamm mit nachherigem Schwelen gewonnen wird. Als solches kommt es in haselnuß- bis walnußgroßen, dunkelrotbraunen, außen schmutzig grünlich bestäubten Körnern in den Handel, während das durch Auskochen des zerkleinerten Kernholzes hergestellte Präparat in unregelmäßigen, mehr schwarzgrünen Massen verkauft wird. Letzteres schmeckt unangenehmer und länger anhaltend kratzend als das vorige und dient heute nur noch als Reagens für Fermente und von Blut.

Ebenfalls gegen Syphilis wurde eine Zeitlang das mittelamerikanische Quassiaholz verwendet, das schon zu Beginn des 18. Jahrhunderts von den aus Afrika importierten Negersklaven unter dem Namen *quasci* in Surinam gegen die bösartigen epidemischen Fieber des Landes gebraucht wurde. Nach Fermins Angaben sollen bereits 1714 die großen scharlachroten Blüten des Baumes noch vor dem Holz als geschätztes Magenmittel von den Eingeborenen benutzt worden sein. Nach Albrecht von Hallers Zeugnis besaß der Drogist Seba in Amsterdam schon 1730 das Quassiaholz, und 1742 soll es bereits ein ganz gemeines Medikament gewesen sein. Das gelblichweiße, dichte, geruchlose Quassienholz stammt von einem kleinen, auf den Antillen und im nördlichen Südamerika heimischen Baum aus der Familie der Simarubazeen mit gefiederten Blättern und länglichen, schwarzen Steinfrüchten, dem Karl von Linné 1763 nach der Bitterkeit seines Holzes den wissenschaftlichen Namen *Quassia amara* gab. Er wird außer in seiner Heimat auch in einigen Tropenländern der Alten Welt kultiviert und liefert das echte oder surinamsche Quassiaholz, während das leichtere, weniger dichte Jamaika-Quassiaholz von der verwandten, viel höheren und stattlicheren, in Westindien, besonders Jamaika, heimischen *Picrasma excelsa* stammt. Beide schmecken stark bitter, und zwar ersteres durch den Gehalt des von Winkler 1834 zuerst dargestellten Bitterstoffs Quassiin, letzteres dagegen durch das ähnliche Picrasmin; der ihn enthaltende wässerige Auszug dient, wie in seiner Heimat, so auch bei uns als appetitanregendes Mittel. Er besitzt schwach narkotische Eigenschaften und diente früher als Bittermittel in der Bierbrauerei, ebenso als Fliegengift.

In gleicher Weise früher als Heilmittel gegen Syphilis, während heute hauptsächlich noch als Blutreinigungsmittel verwendet, wurden die im Herbst ausgegrabenen, bis 20 cm dicken, ästigen, holzigen Wurzeln der im östlichen Nordamerika, besonders in Florida, Virginien, Karolina und Pennsylvanien heimischen Lorbeerart *Sassafras officinalis*. Als die Spanier 1512 unter Juan Ponce de Leon Florida entdeckten, das sie, wie schon Kolumbus die südlicher davon gelegenen Länder, nicht für eine neue Welt, sondern für einen Teil des asiatischen Gewürzlandes Indien hielten, weshalb diese Gebiete auch den Namen India erhielten, der erst später zur Unterscheidung vom eigentlichen Indien in Westindien präzisiert wurde, hielten sie die bis 30 m hohen diözischen Sassafrasbäume anfangs für den von ihnen so sehnlichst erwünschten Zimt. Und der sie begleitende Mönch Monardes, der später diese Entdeckungsreise beschrieb, sagt, daß das Holz auch wirklich nach Zimt gerochen habe, was durchaus nicht der Fall ist. Was man zu finden hofft, das bildet man sich schließlich ein gefunden zu haben! Noch in späterer Zeit bezeichneten die Portugiesen die Sassafrasrinde in Fortsetzung ihres holden Wahnes, es mit der Zimtrinde, die übrigens von einer nahe verwandten Lorbeerart stammt, zu tun zu haben, als *canela*. Die Pflanze, deren Holz schon von den Indianern Floridas als Fiebermittel benutzt wurde, erhielt dann später, als sie einsahen, daß sie nicht die Zimtpflanze sei, von den Spaniern die Bezeichnung Sassafras vom spanischen *salsafras* = Saxifraga, weil man ihr dieselbe Wirkung, Blasensteine zu zerkleinern, zuschrieb, wie dem Steinbrech. Nach dem fenchelartigen Geruch und süßlich aromatischen Geschmack erhielt die bereits um die Mitte des 16. Jahrhunderts von Spanien aus über ganz Europa ausgebreitete holzige Wurzel des Sassafras in Deutschland die Bezeichnung Fenchelholz. Bei den Indianern Floridas hieß das Holz *pavanne*, deshalb wird es in deutschen

Apotheken, z. B. 1582 in Frankfurt a. M. und 1587 in Hamburg, als *Lignum Pavanum seu Floridum* oder *Lignum Sassafras* aufgeführt. Schon 1598 kannte man einen *Spiritus ligni Sassafras*. Der Holzteil und mehr noch die Rinde der Wurzel enthalten bis 9 Prozent eines frisch destilliert farblosen, später aber durch Aufnahme von Sauerstoff aus der Luft gelb bis braun werdenden ätherischen Öles, das 80 Prozent Safrol, 10 Prozent Phellandren, 6,8 Prozent Rechtskampfer, weiter Eugenol, Cadinen usw. enthält. In den Vereinigten Staaten von Nordamerika wird aus dem Wurzelholz mit der Rinde ein dort viel verwendetes Fluidextrakt hergestellt, während das daraus destillierte ätherische Öl sehr beliebt zum Aromatisieren von Seifen, Getränken und Tabak ist.

Sehr viel wichtiger für die Arzneikunde und namentlich die Technik als diese nordamerikanische Lorbeerart ist die gleichfalls dem Zimt sehr nahe verwandte ostasiatische Art, der Kampferbaum (*Cinnamomum camphora*), dessen Produkt, der Kampfer, ein altes chinesisches Heilmittel ist. Aber nicht dieses ostasiatische, sondern ein ähnliches südasiatisches Produkt, der Sumatra- oder Borneokampfer, der in den Stämmen eines hohen Baumes Sumatras und Borneos aus der Familie der Dipterocarpazeen (*Dryobalanops camphora*), der auch der ostindische Kopalbaum (*Vateria indica*) angehört, in eigenen Behältern in oft mehreren Pfund schweren Stücken abgesetzt wird, war schon im Altertum in ganz Südasien als Heilmittel verbreitet und beliebt. Dieser südasiatische Kampfer war als wertvolle Arznei auch in China und Japan bekannt, wo er heute fast ausschließlich verbraucht und viel höher geschätzt wird als der bei uns von dort her in den Handel kommende Laurineenkampfer. Unter der Sanskritbezeichnung *kapura*, d. h. weiß, gebrauchten ihn die alten Inder. Nach der Zeit der Völkerwanderung war er von Indien aus nach Westasien gelangt, wo ihn der griechische Arzt Aëtios aus Amida in Mesopotamien im 6. Jahrhundert unter dem Namen *kaphura* als kostbares Arzneimittel erwähnt. Auch den Arabern zur Zeit Muhammeds war er bekannt; denn er wird im Koran als ein Kühlungsmittel der Getränke der Seligen im Paradiese erwähnt. Mit der von ihnen *kamfur* genannten Droge machten dann die arabischen Ärzte das Abendland bekannt, wo der Dipterocarpazeenkampfer im 11. Jahrhundert in Italien und im 12. Jahrhundert in Deutschland als Mittel gegen Gicht und Rheumatismus verwendet wurde. So erwähnen ihn um 1070 der jüdische Arzt Simon Seth und um 1150 die gelehrte Äbtissin Hildegard im Kloster Rupertsberg bei Bingen. 1293 lernte der venezianische Kaufmann Marco Polo auf seiner mit Vater und Onkel unternommenen Rückreise von China auf Borneo und Sumatra den dort heimischen Kampferbaum selbst kennen, wie er in seinem Reisebericht erzählt. Zur Zeit des Paracelsus (1493–1541) war der davon gewonnene Kampfer in Deutschland allgemein als Arzneimittel im Gebrauch.

Erst zu Beginn des 17. Jahrhunderts kam in Europa der ostasiatische Kampfer an Stelle des teueren Sumatra- und Borneokampfers auf, indem inzwischen die Chinesen, von der Gewinnung jenes durch Fällen, Spalten und Auslesen der Dryobalanopsbäume veranlaßt, dieselbe Droge von einem einheimischen Baume, eben dem echten Kampferbaum, zu gewinnen trachteten, was denn auch gelang. Dieser echte Kampferbaum ist ein an der chinesischen Küste von Cochinchina bis zur Mündung des Jang-tse-kiang und den vorgelagerten Inseln bis Südjapan wachsender, 8–10 m hoher, lindenähnlicher Baum mit brauner, runzliger Rinde und knorrigen Ästen. Er hat immergrüne, eirunde, glänzende Blätter, kleine, weiße, in Rispen stehende Blüten und dunkelrote, erbsengroße Beeren mit pfefferähnlichem Samen. Alle Teile des Baumes, besonders aber die Wurzeln, riechen und schmecken stark kampferartig. Er verlangt ein warmes Klima und möglichst feuchte Luft. Besonders auf Formosa und in ganz Südjapan wird er zur Gewinnung von Kampfer benutzt und deshalb in ausgedehnten Waldungen gezogen. Junge Bäume sind für die Kampferausbeutung wertlos. Je älter sie aber werden und je dichter ihr Holz wird, um so höher steigt in ihnen der Kampfergehalt, bis er etwa im 100. Jahr ein Maximum erreicht hat. Schon 40–50jährige Bäume werden zur Kampfergewinnung gefällt. Dabei wurde das Holz, besonders des Stammes, gespalten und ursprünglich wie beim Sumatra- und Borneokampferbaum das in Spalten und Klüften ausgeschiedene feste ätherische Öl ausgekratzt. Bald aber ging man dazu über, das in kleine Späne geschnittene und zudem durch Klopfen faserig gemachte Holz einer Destillation mit Wasserdämpfen zu unterwerfen, um den Kampfer zu gewinnen. Da dieses feste ätherische Öl am reichlichsten in den Wurzeln und unteren Teilen des Stammes enthalten ist, werden lediglich diese Teile, außer den Wurzeln noch der Stamm bis etwa in 3 m Höhe, der meist auf sehr primitive Weise ausgeführten Destillation unterworfen, wobei der Rohkampfer in Gestalt blaßrötlicher, körniger Massen mit 20 Prozent flüssigem Kampferöl gewonnen wird. Als solcher kommt er von Formosa in mit Bleiblech ausgeschlagenen Kisten von 50–60 kg Gewicht verpackt, von Japan dagegen in Bambusröhren oder Tubbs genannten Holzbottichen von 80 kg in den Handel und wird in Europa und Amerika, neuerdings auch schon in Japan und Hongkong, in eigenen Kampferraffinerien durch weitere Sublimation gereinigt.

Der Kampfer, seiner chemischen Beschaffenheit nach ein Keton von der Formel $C_{10}H_{16}O$, bildet sich im lebenden Kampferbaum aus einem ursprünglich im Holz vorhandenen flüchtigen, farblosen Öl, dem Kampferöl, das in frühzeitig in allen Teilen des Baumes angelegten Ölzellen gebildet wird und sich später durch Sauerstoffaufnahme — oft erst jahrelang nach Entstehung des Sekretes — in Kampfer umwandelt, der dann vorzugsweise in den Spalten und Höhlungen des unteren Teiles des Stammes zur Ausscheidung gelangt. Das vom rohen Kampfer vor dem Raffinieren ausgepreßte und durch Zentrifugieren entfernte flüssige, früher als wertlos beseitigte Kampferöl wird neuerdings auf Safrol verarbeitet. Der raffinierte Kampfer, der in 1–5 kg schweren, konvex-konkaven, in der Mitte durchlöcherten Kuchen in den Handel gelangt, stellt eine weiße, durchscheinende, kristallinisch-körnige, fettig anzufühlende, bei gewöhnlicher Temperatur allmählich ohne Rückstand sich verflüchtigende Masse von durchdringendem Geruch und brennend scharfem, hinterher kühlendem Geschmack dar, das in der Medizin äußerlich als die Haut reizendes, ableitendes, schmerzlinderndes Mittel bei rheumatischen Leiden, innerlich in kleinen Dosen zur Beruhigung, in größeren zur Anregung und Belebung des Nervensystems, der Atmung und Blutzirkulation, besonders aber in der Technik als Mottengift und in sehr großem Maße zur Herstellung von Zelluloid und rauchschwachem Pulver verwendet wird. Japan und Formosa führen jährlich über 4 Millionen kg Kampfer aus, von denen etwa 32 Prozent nach Deutschland, 31 Prozent nach Amerika, 22 Prozent nach Frankreich, 13 Prozent nach England und 2 Prozent nach Indien gehen. Zum eigenen Kampferöl bezieht Japan noch viel von Formosa, um ihn bei der Lackbereitung zu verwenden. Bei der großen Wichtigkeit, die dem Kampfer zukommt, werden zurzeit ausgedehnte Anpflanzungen von Kampferbäumen von seiten der japanischen und chinesischen Regierungen gemacht. Schon jetzt liefert die südchinesische Provinz Fo-kien über 120000 kg Kampfer jährlich. Auch werden später Madagaskar, Ceylon, Deutsch-Ostafrika, Ägypten, Algerien und der Süden der Vereinigten Staaten von Nordamerika sich an der Produktion beteiligen, wenn die dort angelegten, sehr gut fortkommenden Kulturen des Kampferbaumes zur Ausbeutung reif sein werden. Die neuerdings gehegte Hoffnung, den Kampfer auch aus den Blättern des Baumes gewinnen zu können, ist bis jetzt nur wenig erfüllt worden.

Außer den bereits erwähnten hat die Neue Welt noch eine ganze Menge wichtiger Drogen aus dem Pflanzenreiche geliefert, so die Ipecacuanha- oder Brechwurzel, die heute noch in reichlichem Maße Verwendung findet. Sie besteht aus der unterirdisch kriechenden Achse eines niederen Halbstrauchs aus der Familie der Rubiazeen oder Krappgewächse (*Cephaëlis Ipecacuanha*) mit nur 10–30 cm hoch aufsteigenden Stengeln, länglichovalen Blättern, weißen Blüten und erbsengroßen, blauen Beeren. Sie wächst in den feuchten, schattenreichen Wäldern Südbrasiliens wild und wird neuerdings auch auf der Halbinsel Malakka im Schatten einzelner Bäume kultiviert, um über Singapur in den Handel zu gelangen. Die beliebteste Sorte wird mit Ausnahme der Regenzeit das ganze Jahr hindurch in der südbrasilianischen Provinz Matto Grosso gesammelt, indem man den ziemlich oberflächlich horizontal unter der Erde verlaufenden, höchstens 5 mm dicken, knotigen Stamm aushebt, aber die an den Knoten entspringenden, größtenteils zu Stärkemehl aufspeichernden Reservestoffbehältern gewordenen Wurzeln abschneidet, um sie im Boden zu belassen oder, falls sie mit herauskamen, wieder einzupflanzen. Sie bilden dann Adventivknospen, aus denen nach 3–4 Jahren ein neuer Bestand ausbeutungsfähiger Pflanzen hervorgeht. Die in Abständen von 1 mm von ungleichen, rundlichen Wülsten, den Narben der einst hier entsprungenen zahlreichen Seitenwurzeln, versehenen unterirdischen Stammstücke werden so rasch als möglich getrocknet, am Tage der Sonne ausgesetzt und nachts durch Bedecken vor dem Tau beschützt, und sind nach 2–3 Tagen versandfähig. In sogenannten Seronnen von 40–42 kg Gewicht werden sie von den Eingeborenen oft Tagereisen weit auf den Köpfen aus dem Innern an die Küste getragen und gelangen über Rio de Janeiro nach London zum Verkauf. In 15 cm langen Stücken, noch häufiger aber fein geschnitten kommen sie in die Apotheken, um hier meist zur Herstellung der bekannten Ipecacuanha-Aufgüsse verwendet zu werden. Das wirksame Prinzip ist das 1817 von Pelletier und Magendie gefundene Emetin neben Cephaëlin und Psychrotin. Es ist zu 4 Prozent fast nur in der graubraunen Rinde und nur in Spuren im Holzkörper vorhanden. Das offizinelle Ipecacuanha-Pulver soll 2 Prozent dieser Alkaloide enthalten.

Diese brechenerregende und expektorierend wirkende Droge hat eine sehr interessante Geschichte, die es wohl verdient, hier in Kürze mitgeteilt zu werden. Der Name Ipecacuanha, den uns die Portugiesen vermittelten, stammt aus der Tupisprache und ist aus *i* (klein), *pe* (am Wege), *caá* (Kraut), *guéne* (brechenerregend) zusammengesetzt, bedeutet also „kleines Kraut, das am Wege wächst und Brechen erregt". Die Tupi- und andern Indianer Brasiliens verwandten sie als Brechmittel. Da sie aber außer ihr noch andere Wurzeln als solches benutzten und mit dem Worte „*pe-caá-guéne*" — zusammengezogen in *pecacuém* — bezeichneten, erhielt sie zur Unterscheidung von den größeren die Benennung *i* (klein), also *I-pe-caá-guéne.* Der portugiesische Volksname der Droge ist aber nicht Ipecacuanha, sondern Poaya. Zum erstenmal wird sie 1590 vom portugiesischen Mönch Michael Tristram, der von 1570–1600 in Brasilien lebte, unter dem Namen Igpecaya oder Pigaya erwähnt; aber erst 1648 wurde sie durch den holländischen Arzt Wilhelm Piso in Europa genauer bekannt. Auf einer von 1636–1641 unter Führung des Grafen Moritz von Nassau-Siegen unternommenen Forschungsreise durch Brasilien lernte er sie kennen und gab dann nach seiner Heimkehr die erste Beschreibung und Abbildung der Pflanze, die er Ipecacuanha nennt. Gleichwohl war man über die botanische Stellung der Pflanze noch lange im unklaren. Réjus hielt sie für eine Art Einbeere (*Paris*), Moriceau für eine Art Geißblatt (*Lonicera*) und der große Karl von Linné für eine Art Veilchen, weshalb er sie *Viola Ipecacuanha* nannte. Erst der portugiesische Marinearzt *Dr.* Bernardino Antonio Gomez gab 1801 die nötige Berichtigung über die von ihm in Brasilien kennen gelernte Stammpflanze. 1804 beschrieb Wildenow die Pflanze als *Cephaëlis ipecacuanha*; später zog der Aargauer Müller das Genus *Cephaëlis* zu *Psychotria.*

Größere Aufmerksamkeit erregte die Droge erst zu Ende des 17. Jahrhunderts. 1672 brachte sie der Arzt Le Gras nach einem dreimaligen Aufenthalte in Brasilien von dort mit; von ihm erhielt sie der Apotheker Claquenelle, ebenso Lemery. Dann brachte der Arzt Daliveau aus Montpellier, der die Pflanze in Brasilien gesehen und dort auch ihre Verwendung kennen gelernt hatte, Nachrichten über sie mit nach Europa. 1680 bekam *Dr.* Afforti von dem aus Brasilien zurückgekehrten und nach schwerer Erkrankung von ihm geheilten Kaufmann Garnier zum Dank eine Portion Ipecacuanha unter dem Namen der brasilischen Ruhrwurzel. Afforti beachtete dieselbe nicht, gab aber davon dem Studenten Joh. Adrian Helvetius, der damit nach seiner Etablierung in Reims 1684 sehr gute Kuren bei Ruhr machte. Er erregte damit weithin in Frankreich Aufsehen, so daß ihm Ludwig XIV. sein als Geheimnis behandeltes Mittel um 1000 Louisdor abkaufte und ihm dazu noch ein Privilegium des Alleinverkaufs erteilte. In Deutschland lenkte besonders Leibnitz die Aufmerksamkeit auf das neue Mittel, über das er in den Verhandlungen der Leopoldinischen Sozietät der Naturforscher im Jahre 1696 eine Abhandlung: *De novo antidysenterico americano* veröffentlichte. Zwei Jahre später nahm sich Valentini der Droge im besonderen an, doch ging es noch längere Zeit, bis sie allgemeinere Verwendung fand. Bis weit in die zweite Hälfte des 18. Jahrhunderts war sie in den Apotheken noch recht selten und dementsprechend teuer. So kostete das Pfund nach Valentini 1704 30 Gulden und das Lot (10 g) in Mülhausen 8 Pfennige. 1887 kamen dann die ersten Proben aus den seit 1866, anfangs allerdings ohne Erfolg in Indien, besonders um Kalkutta, angelegten Kulturen auf den Londoner Markt und erwiesen sich als der brasilianischen Droge ebenbürtig. Von der von Hooker aus dem botanischen Garten von Kew bei London gesandten Stammpflanze waren 1872 nur noch 12 Pflanzen als Nachkommen vorhanden. Eine Vermehrung durch Stecklinge hatte größeren Erfolg; so erzielte man auf diese Weise von 300 in den Jahren 1871 und 1872 in Sikkim vorhandenen Exemplaren bereits 1873 6000 Stück. Doch hatte die Kultur der Ipecacuanha auch hier erst rechten Erfolg, als man begann, den Bedürfnissen der Pflanze nach Feuchtigkeit und Schatten Rechnung zu tragen.

Bei der Gesuchtheit der Droge kann es uns nicht wundern, daß sie sehr oft mit falscher Ipecacuanha vermischt und so gefälscht wird. Von solcher kommt die in Kolumbien wachsende *Cephaëlis acuminata* der echten am nächsten. Ihr unterirdisch kriechender Stamm ist rötlichbraun und bis 8 mm dick. Man bezeichnet diese Sorte als Cartagena-Ipecacuanha, weil sie vom gleichnamigen Hafen in Kolumbien exportiert wird. Erheblich schwächer wirkend ist die aus dem nördlichen Südamerika stammende dünnere, hellgraue bis graubraune „mehlige Ipecacuanha“, so genannt, weil die mit nur schwachen Einkerbungen versehene sehr dicke Rinde im Durchschnitt mehlig weiß ist. Sie stammt von *Richardsonia scabra.* Größer und stärker als die echte Rioware, aber sehr arm an Emetin, ist die bis 8 mm dicke, außen graubraun bis grauschwarze „schwarze Ipecacuanha“, die von der in Venezuela, Peru und Kolumbien (dem vormaligen Neu-Granada) wachsenden *Psychotria emetica* herrührt. Ganz emetinfrei ist die stark verästelte und mit spärlichen Einschnürungen versehene grauweiße oder hellbraungelbe „weiße Ipecacuanha“, die von der brasilischen Veilchenart *Jonidium ipecacuanha* stammt, ebenso die von *Viola itoubou*, von *Polygala violacea* in Venezuela, von *Chamaelirium luteum* und *Heteropteris pauciflora* in Brasilien und andern. Ganz schwach emetinhaltig ist dagegen die mit sehr dünner Rinde und ohne Einschnürungen versehene Trinidad-Ipecacuanha von *Cephaëlis tomentosa.*

Ebenfalls durch die Portugiesen zuerst in Europa bekanntgeworden ist die außer als appetitanregendes Mittel auch wie die Ipecacuanha gegen Ruhr verwendete Colombowurzel, die von der in den Wäldern der ostafrikanischen Küstenländer heimischen *Jatrorrhiza palmata* stammt. Heute wird sie außer in Mozambique, wo sie die Portugiesen bei ihrer Niederlassung von den Eingeborenen als stopfende Arznei kennen lernten, in Deutsch-Ostafrika, auf Madagaskar, den Maskarenen, Seychellen und Ceylon kultiviert. Die dem kurzen Wurzelstock entspringenden rübenförmig verdickten, bis 30 cm langen und bis 8 cm dicken, fleischigen Wurzeln der zu den Menispermazeen gehörenden ausdauernden, strauchartigen Pflanze werden im März gegraben, gewaschen, in 2 cm dicke Scheiben geschnitten, auf Schnüre gezogen und im Schatten getrocknet. In von Matten umhüllten Ballen von etwa 50 kg Gewicht kommen sie aus Mozambique, Sansibar oder Bombay nach Hamburg und London in den Handel. Sie sind im Durchschnitt gelb und enthalten außer reichlich Stärkemehl und Gummi, die dem daraus hergestellten Dekokt eine schleimige Konsistenz geben, drei Alkaloide und zwei Bitterstoffe. Der Name Colombo hat keinerlei Beziehung zur gleichnamigen Stadt auf Ceylon, sondern rührt von der Bezeichnung *kalumb* her, die ihr die Kaffern gaben. Zuerst empfahl der toskanische Arzt Francesco Redi 1675 die Calumba als giftwidriges Mittel. Als solches hat sie sich nun nicht bewährt, wohl aber als tonisches Bittermittel und zum Stopfen bei Durchfällen. Ihre Abstammung und Heimat wurde geheim gehalten, bis Philipp Commerson 1770 die sie liefernde Pflanze im Garten des Gouverneurs Poivre auf Isle de France (jetzt Mauritius genannt) kultiviert fand. Erst seit sie der Arzt Gaubius in Leiden im Jahre 1771 angelegentlich empfahl, wird sie häufiger medizinisch verwendet. Die sogenannte amerikanische Colombowurzel von der Gentianee *Frasera carolinensis* aus Ohio, Carolina und Pennsylvanien enthält nur Gerbsäure und ist minderwertig. Am meisten wird die Droge durch die mit Ocker gelb gefärbte Wurzel der Zaunrübe (*Bryonia alba* und *dioica*) verfälscht.

Von einem im atlantischen Nordamerika, namentlich Virginien, Florida und Alabama heimischen immergrünen klimmenden Strauch (*Gelsemium sempervirens*) aus der Familie der Loganiazeen, die sehr stark giftige Vertreter, wie den das Strychnin liefernden Brechnußbaum, den Curarebaum, aus dem die Indianer in Guiana und Venezuela ihr berüchtigtes Pfeilgift, den schlingenden Upasstrauch, aus dessen Wurzelrinde die Malaien Javas ihr nicht minder gefährliches Pfeilgift Upas herstellen, und den vom Jesuiten Camelli 1699 nach dem Stifter des Jesuitenordens, Ignatius Loyola, Ignatiusstrauch benannten Schlingstrauch der Philippinen, der die äußerst giftigen Ignatiusbohnen liefert, aufweist, stammt die Gelsemiumwurzel. Gelsemium ist der ältere Name des Jasminum — hergeleitet vom arabischen *jasmin* —, der dieser Pflanze wegen ihrer Ähnlichkeit mit diesem orientalischen Strauche gegeben wurde. Das Rhizom kommt meist in kleine Stücke zerschnitten in den Handel und enthält vier Alkaloide, die als schmerzbetäubendes Mittel bei Neuralgien, Zahnschmerz, Rheumatismus und Brustfellschmerzen dienen. Die Indianer brauchten sie zum Vergiften der Fische. Diese bei uns weniger angewandte Droge dient in Nordamerika seit langer Zeit als Volksmittel gegen Fieber und Neuralgien. Die Wirkung besteht in Schwächung der Motilität und Herabsetzung der Sensibilität; in größeren Gaben verursacht die Droge Schwindel, erweiterte Pupillen und Doppeltsehen, allgemeine Muskelschwäche und schließlich Tod durch Atmungslähmung.

Der getrocknete Wurzelstock der kanadischen Gelbwurz (*Hydrastis canadensis*) liefert die neuerdings auch bei uns wie in ihrer Heimat vielgebrauchte Hydrastis, die schon lange vor Ankunft der Europäer von den nordamerikanischen Indianern teils zu medizinischen Zwecken, besonders bei Entzündungen der Augen, des Mundes und des Halses, teils zum Färben des Gesichtes und der Kleidungsstücke benutzt wurde. In derselben Weise wurde das Rhizom noch jahrhundertelang nach der Entdeckung Amerikas als *golden seal*, d. h. goldene Siegelwurz, als Aufguß oder Tinktur weiter gebraucht, bis es 1860 in die Pharmakopoe der Vereinigten Staaten aufgenommen wurde, nachdem es schon seit 1833 allgemeiner als Arznei verwendet und seit 1847 in größeren Mengen in den Handel gebracht worden war. Die Verwendung in Europa datiert erst seit 1883. 1851 entdeckte Durand das wichtigste der darin enthaltenen Alkaloide, das Hydrastin, das bis zu 4,8 Prozent darin enthalten ist und sich im Körper in Hydrastinin und Opiansäure spaltet. Hydrastis wirkt gefäßverengend und darum Blutungen stillend. Besonders gegen Gebärmutterblutungen wird es viel verwendet, außerdem auch bei chronischem Magenkatarrh und äußerlich bei Augenentzündungen. Die sie liefernde Pflanze ist eine in den feuchten Wäldern Kanadas und besonders der nordöstlichen Vereinigten Staaten heimische ausdauernde Schattenpflanze aus der Familie der Ranunculazeen mit 2–3 handförmig gelappten Blättern und grünlichweißen Blüten, die wegen des erhöhten Verbrauchs im wilden Zustande fast nicht mehr vorkommt und zurzeit in den Staaten südlich von New York an schattigen Hügeln und in Waldlichtungen in größerer Menge angepflanzt wird. Die Wurzelstöcke sollen nur von der dreijährigen Pflanze im Herbst nach der Samenreife gesammelt, gereinigt und, auf große Tücher ausgebreitet, an der Luft getrocknet werden. In Ballen oder Säcke verpackt kommen sie meist über Cincinnati zum Versand. Vielfach werden sie mit den Wurzelstöcken der in den dortigen Waldungen heimischen *Aristolochia serpentaria* und anderer ausdauernder Kräuter verfälscht.

Ebenfalls in Nordamerika heimisch ist die nach dem Stamme der Seneka-Indianer oder Irokesen benannte Senegawurzel, die von einer nördlich vom Tennesseeflusse vom Atlantischen Ozean bis zum Felsengebirge vorkommenden ausdauernden Kreuzblumenart (*Polygala senega*) gewonnen wird. Schon von den Indianern wurde sie als Mittel gegen den Biß der Klapperschlange verwendet. 1736 wurde sie deshalb von dem in Virginien ansässigen schottischen Arzte John Tennent als *Senega rattle snake root* (S.-Klapperschlangenwurzel) in den Arzneischatz eingeführt. Schon 1734 gab der Nürnberger Arzt Jakob Treu eine Abbildung der Stammpflanze. Noch im Jahre 1779 war nach Murray die Droge in Deutschland nur in wenigen Apotheken vorrätig. 1804 stellte dann Gehlen das bis zu 5 Prozent darin enthaltene, dem Saponin ähnliche, in kaltem Wasser unlösliche Alkaloid Senegin dar, das neben dem sauren Glykosid, der Polygalasäure und zwei neutralen Glykosiden darin vorkommt. Die Wirkung der Droge ist eine schleimlösende, schweißtreibende und leicht abführende. Wie die folgende wird sie auch als Waschmittel benutzt.

Denselben Zwecken dient die gleicherweise meist als Abkochung verordnete Quillaia- oder Seifenrinde, die von dem immergrünen, in Chile, Peru und Bolivien heimischen Seifenbaume (*Quillaia saponaria*) gewonnen wird. Den in seiner Heimat gebräuchlichen Namen Quilla hat er vom spanischen Worte *quillái*, das „waschen" bedeutet; denn seine Rinde wurde seit langer Zeit im Lande zum Waschen benutzt. Als Wasch- oder Panamarinde kam sie zuerst von Panama aus zu Anfang der 1850er Jahre nach England und Frankreich, einige Jahre später auch nach Deutschland. Seit dieser Zeit hat sie, da sie die Farben nicht angreift, technisch statt Seife in den Wäschereien eine große Bedeutung erlangt. Sie ist außen grob längsgestreift, oft rissig, weißlich oder hellbraun, innen glatt und bräunlich, hat einen kratzend bitteren, schleimigen Geschmack und enthält außer bis 10 Prozent Saponin die der Polygalasäure sehr nahestehende Quillaiasäure, Sapotoxin und Lactosin. Sie wird als Ersatz der Senega bei chronischem Lungenkatarrh in Form einer beim Schütteln stark schäumenden Abkochung gegeben; auch kommt ein als Saponin bezeichnetes Extrakt derselben in den Handel. Die Rinde selbst wird jetzt direkt von Chile und Peru nach Hamburg und Havre gebracht, die die

Hauptstapelplätze dafür sind. Jährlich kommen davon über 3 Millionen kg im Werte von einer halben Million Pesos (fast ebensoviel Mark) allein aus Chile in den Handel. Auch das mittelharte Holz ist dort geschätzt und wird zu feineren Geräten, besonders zu den im Lande gebräuchlichen schuhartigen, hölzernen Steigbügeln, die mit reichgemusterten Ornamenten in Kerbschnittmanier verziert sind, verwendet. Der Quillái ist eine bis 10 m Höhe erreichende Rosazee, deren bis gegen 2 m dicker Stamm, unbeschadet des Wohlbefindens der Pflanze, öfter im Innern vermorscht. Er ist nicht besonders dicht verzweigt und seine Äste gehen stark auseinander. Er hat elliptische, glänzende, lederharte, hellgrüne Blätter und zu kleinen Trauben vereinigte weiße Blüten. Er steigt über 2000 m ins Gebirge hinauf, doch wird ihm leider von den Rindensammlern (*cascarilleros*), denen man mit ihren schwarzbraunen Lasten oft begegnet, arg zu Leibe gegangen. Früher entrindeten sie die Bäume meist nur so weit, als sie reichen konnten, während sie jetzt mit Hilfe von Leitern die Entrindung bis weit in das Astwerk hinein vornehmen.

Ebenfalls aus Südamerika stammt die erst seit 1871 durch Garcia Morena, den damaligen Präsidenten von Ekuador, nach Europa gesandte und hier bald als angebliches Heilmittel gegen Magenkrebs sehr überschätzte und sehr teuer bezahlte Condurangorinde, d. h. Geierrinde. Schon lange steht sie in ihrer Heimat gegen Schlangenbiß und krebsartige Krankheiten bei den Indianern im Gebrauch. Ihre Stammpflanze ist eine an den Westabhängen der Kordilleren zwischen Ekuador und Peru in 1500 m und mehr Höhe wachsenden Liane (*Marsdenia condurango*) aus der Familie der Asklepiadazeen mit gegenständigen, breiten, samtartig behaarten Blättern, paarigen Rispen kleiner Blüten und dicken, glatten Fruchtkapseln. Ihre Rinde ist graubraun, schmeckt bitterlich, schwach kratzend, riecht aromatisch und enthält als wichtigsten Bestandteil ein als Condurangin bezeichnetes Gemisch von fünf Glykosiden, das appetitanregend wirkt. Deshalb wird die Rinde auch heute noch gerne als Stomachikum gegeben.

Sehr viel wichtiger als sie ist eine andere südamerikanische, ebenfalls aus dem Andengebiet stammende Rinde, die Chinarinde, die weitaus die wichtigste Droge ist, die uns der neue Weltteil geschenkt hat; ja sie kann geradezu als das wichtigste Heilmittel aus dem Pflanzenreiche bezeichnet werden, da sie beziehungsweise das aus ihr gewonnene Chinin allein imstande ist, die weitaus verbreitetste und bösartigste aller Krankheiten, besonders der warmen Länder, die Malaria, an der bisher viele Hunderttausende von Menschen jährlich zugrunde gingen, zu heilen, und dadurch der Weiterverbreitung dieser schrecklichen Krankheit durch die Anópheles-Stechmücken zu wehren. In Berücksichtigung der ungeheuren Bedeutung, die diesem Arzneimittel zur Ausrottung der die schönsten und fruchtbarsten Gebiete der Tropen für Weiße bisher fast unbewohnbar machenden

Infektionskrankheit zukommt, wollen wir etwas eingehender auf die Geschichte dieser Droge eingehen.

Zunächst ist festzustellen, daß die Bezeichnung China durchaus nichts mit dem ostasiatischen Reiche der Mitte zu tun hat, sondern der alten Inkasprache Perus angehört, in der es als *quina* (sprich *kina*) Rinde bedeutet. Und zwar bezeichneten die Eingeborenen damit eine bestimmte, von stattlichen Bäumen der Ostabhänge des nördlichen Teiles von Peru und südlichen Gebietes von Ekuador in über 1000 m Meereshöhe gewonnene, frisch blaßgelbe, durch Trocknen und Lagern aber braun werdende Rinde, die sie gegen Fieber verwendeten. Im Gegensatz zu anderen Rinden, die sie als Heilmittel verwandten, bezeichneten sie die Chinarinde durch Verdoppelung des Wortes *quina* als *quinaquina* im Sinne von etwa guter Rinde. Als dann die verhaßten fremden Eindringlinge, die Spanier, die so grausam gegen das Herrscherhaus der Inkas verfuhren, das Land besetzten, wurde ihnen zunächst das Geheimnis, das übrigens nur in einem beschränkten Gebiet der engeren Heimat des Fieberrindenbaumes, nämlich in der Gegend von Loxa im südlichsten Teil von Ekuador, bekannt war, nicht verraten. Erst 1630 wurde die Chinarinde durch die Vermittlung eines Jesuiten, der sich durch seine Leutseligkeit das Vertrauen und die Liebe der Eingeborenen zu erwerben wußte, den Spaniern im Innern von Peru bekannt. Der erste Weiße, der damit vom Wechselfieber soll geheilt worden sein, war der Corregidor oder Oberrichter — eine Art vom König eingesetzter Verwalter — der Stadt Loxa, Don Juan Lopez de Canizares. Die *cascara* (Rinde) *de quinaquina de Uritusingu* empfahl er bei seinen Bekannten weiter und durch seine Vermittlung wurde im Jahre 1638 die Gemahlin des Vizekönigs von Peru, Gräfin Anna de Chinchon (sprich Tschintschon), damit von einem hartnäckigen Wechselfieber geheilt. Ihr zu Ehren wurde dann 1742 der Fieberrindenbaum durch Karl von Linné Cinchona — eigentlich sollte es Chinchona heißen — genannt. Nach ihrer Genesung ließ die Gräfin größere Mengen der so vortrefflich das Fieber bekämpfenden Rinde aus Loxa kommen und verteilte sie bei den ihr bekannten Malariakranken der Stadt Lima. So kam dieses neue Heilmittel als „Gräfinnenpulver" *polvo de la condesa* zunächst in Perus Hauptstadt in Gebrauch. 1640 brachte Juan de Vega, der Leibarzt des Grafen Chinchon, das erste Pfund der Rinde nach Sevilla in Spanien.

Tafel 131.

(Phot. Vincenti, Daressalam.)

Ein Saatbeet für junge Chinabäume in Deutsch-Ostafrika.

Tafel 132.

Ein Kussobaum in der Landschaft Schoa in Abessinien.
(Nach Photogr. von F. Rosen in „Karsten u. Schenck, Vegetationsbilder".)

Chinabäume (*Cinchona succirubra*) auf Lembang in Java.

In der Folge waren es besonders die Jesuiten, die sich des einträglichen Handels mit der Chinarinde bemächtigten, weshalb sie in Spanien als Jesuitenpulver, *polvo de los jesuitos*, bekannt wurde. Bis zum Jahre 1811 war ja der ganze Handel mit den spanischen Kolonien durch das Mutterland monopolisiert. In Sevilla befand sich die berühmte, 1503 gegründete *casa de contractacion de Indias*, eine zugleich verwaltende und richterliche Funktionen ausübende Behörde, die dem 1511 eingesetzten Rate von Indien unterstellt war und die oberste Aufsichtsbehörde für den amerikanischen Handel bildete. Kein Schiff durfte nach Amerika absegeln oder, von dorther kommend, in Europa landen, ohne von den Beamten der *casa* besichtigt und mit der erforderlichen Erlaubnis versehen worden zu sein. Jeder spanische Kapitän, er mochte auslaufen wo er wollte, durfte seine Rückfahrt aus Amerika nur über Sevilla nehmen. Im Jahre 1529 erhielten auch verschiedene andere Städte die Erlaubnis, Schiffe nach den Kolonien zu senden, aber den Rückweg mußten alle über Sevilla nehmen, um die Revision durch die Beamten der *casa* zu bestehen. Dieses ungeheure, aber für den Handel äußerst hemmende Vorrecht besaß Sevilla bis zum Jahre 1720, in welchem Cadix an seine Stelle trat, weil im Laufe der Zeit der Guadalquivir durch Versandung so verflacht war, daß ihn größere Schiffe nicht mehr befahren konnten.

Durch die Monopolisierung und den hohen Eingangszoll kam die pulverisiert eingeführte Chinarinde, die sich in Spanien bald großer

Beliebtheit als Heilmittel gegen die Malaria zu erfreuen hatte, sehr hoch zu stehen, so daß sich nur die Reichen ihrer bedienen konnten. Kostete doch noch lange nach 1650 das Pfund derselben nicht weniger als 400 Mark. Schon 1642 empfahl sie Barba, Professor der Medizin in Valladolid. 25 Jahre später war sie in den größeren Städten Europas bekannt und geschätzt. Zu dieser raschen Verbreitung der *quinaquina* trug namentlich die rührige Tätigkeit des Generalprokurators des Ordens Jesu, des Kardinals de Lugo, viel bei, der in Rom den ersten Stapelplatz des aus Südamerika neu eingeführten Heilmittels errichtete. Auf seiner Durchreise empfahl er das Mittel in Paris dem höchst einflußreichen Kardinal Mazarin gegen die Malaria, an der Ludwig XIV. litt. Und als dieser davon geheilt wurde, wollte bald jedermann, dessen Geldbeutel sich diesen Luxus leisten konnte, von der so wunderbar schnell vom Fieber befreienden pulverisierten Rinde Gebrauch machen. 1653 war sie in Antwerpen, 1655 in London, 1663 in Königsberg, 1669 in Leipzig und Frankfurt am Main zu kaufen, doch kostete ein Quentchen=1,66 g 50 Kreuzer, d. h. den zwölffachen Preis des Opiums und den fünfundzwanzigfachen des Kampfers. Als Geheimmittel konnte sie noch 1679 der englische Arzt Robert Talbot ausnutzen, der in jenem Jahr dieses Fieber vertreibende Arcanum Ludwig XIV. für 2000 Louisdor und eine Leibrente verkaufte.

Die erste rohe Beschreibung und eine allerdings sehr unvollkommene Abbildung der Pflanze gab Blegny. Genauere Angaben über die Herkunft und Gewinnung der Droge verdanken wir dem Franzosen La Condamine, der von 1736–1744 Peru bereiste, 1737 bei Loxa die *Cinchona officinalis* sammelte und 1740 eine ausführliche Beschreibung nebst Abbildung der Pariser Akademie der Wissenschaften vorlegen ließ. 1739 fand dann J. de Jussieu ebenfalls bei Loxa die später als *Cinchona pubescens* bezeichnete Art. 1760 wurde der Botaniker Mutis und 1777 Ruiz und Pavon vom spanischen Ministerium mit der genaueren Erforschung des Chinabaums beauftragt. Ersterer beobachtete um die peruanische Stadt Bogota herum 4 verschiedene Cinchonaarten und letztere, die nach eingehendem Studium von Peru und Chile erst 1788 nach Spanien zurückkehrten, beschrieben 1793 deren nicht weniger als 11 Arten. 1810 stellte der Apotheker Gomez in Lissabon eine amorphe Masse aus der Chinarinde dar, in welcher 1827 die beiden Franzosen Pelletier und Caventou die zwei Alkaloide Chinin und Cinchonin nachwiesen. Seit dieser Zeit wurden aus den Chinarinden noch eine Anzahl anderer Alkaloide neben Säuren, einem bittern Glykosid Chinovin und dem Chinarot dargestellt.

Die Chinarinde wird von verschiedenen nahe miteinander verwandten prächtigen immergrünen Bäumen der zu den Rubiazeen oder Krappgewächsen gehörenden Gattung Cinchona gewonnen. Die ursprünglich allein verwendete gelbe Chinarinde von Loxa stammt von der hauptsächlich in Ekuador wachsenden *Cinchona officinalis*, deren in Bolivia heimische Varietät *C. ledgeriana* heute besonders auf Java, Ceylon und in Britisch Indien kultiviert wird. Sonst wird zur Gewinnung von Chinin zurzeit namentlich auch die in Peru und Bolivia heimische *C. calisaya* gepflanzt, die die gelbe Königsrinde — so genannt weil sie als die beste erkannte Art früher für den spanischen Hof in Madrid bestimmt war — in starken Platten oder Röhren mit dunkler, tiefrissiger Borke liefert. Außerdem ist die von Ruiz und Pavon beschriebene, in Nordperu und dem südlichen Ekuador wachsende *C. succirubra* (d. h. rotsaftige Cinchona) mit rötlicher Rinde sehr beliebt, ebenso die von denselben Autoren geschilderte *C. micrantha* (d. h. kleinblütige Cinchona), deren schön gelbe Rinde als Huanacorinde in den Handel gelangt.

Die bei weitem alkaloidreichste Chinarinde liefert die in den bolivianischen Provinzen Enquisivi, Yungas, Larecaja und Caupolican und in der südperuanischen Provinz Carabaya zwischen 1500 und 1800 m Seehöhe wachsende *C. ledgeriana*, so genannt, weil zuerst am Rio Mamore in Bolivia mit Hilfe des Indianers Manuel Juera Mamani durch den Engländer Charles Ledger 1865 gesammelte Samen von Bolivia der englischen und holländischen Regierung gesandt wurden, welch letztere sie auf Java anpflanzen ließ, während erstere damit Kulturen in Ceylon und Indien beschickte. Dieser dickstämmige, hohe Chinabaum mit ausgebreiteter, reichbelaubter Krone hat schmalelliptische, unterseits rote, fast lederartige, kahle Blätter, kleine, gelbliche, nickende Blüten in Rispen und kreisförmige, braune Fruchtkapseln, die zahlreiche kleine, geflügelte Samen enthalten. Ebenfalls bis über 25 m hoch, bei einem Stammdurchmesser von fast einem Meter an seinem Grunde, wird der Erzeuger der gelben Königsrinde *C. calisaya* mit 8–15 cm langen, eiförmigen Blättern mit rötlichen Blattstielen und Mittelrippen und beinahe doldentraubigen Blütenrispen von fleischroten, weichhaarigen, wohlriechenden Blüten. Große, saftiggrüne, kurz behaarte, breitelliptische Blätter und große Rispen 2 cm langer, innen kurz behaarter, rosenroter, ähnlich den Syringen duftenden Blüten mit fünfzipfliger Blumenkrone besitzt der rotsaftige Chinabaum, *C. succirubra*. Beim Austritt aus der Knospe sind die jungen Blätter purpurrot gefärbt, und an dieser Farbe gibt sich der die übrigen Waldbäume meist überragende Chinabaum oft weithin zu erkennen.

Die Rinden der vorzugsweise die Ostabhänge der Anden des nördlichen Südamerika zwischen 10° nördlicher und 19° südlicher Breite (die besten Arten gedeihen von 7° nördlicher bis 15° südlicher Breite) in 1000–3400 m Höhe bewohnenden Chinaarten wurden von besonderen, Cascarilleros genannten Sammlern aus den Wäldern geholt. Unter einem Majordomo zogen sie in die Chinagebiete und säuberten zunächst an den von ihnen entdeckten Bäumen mit einem säbelartigen Messer, dem *machete*, die Stämme von allen Lianen und Überpflanzen. Dann entfernten sie die wertlose Borke und schnitten Längs- und Querrisse in die Rinde, um diese in großen Stücken abzulösen. Zuletzt wurde der Baum gefällt, um auch die dickeren Äste und dünneren Zweige von der Rinde zu befreien, die möglichst rasch an Ort und Stelle meist über einem gelinden Feuer getrocknet wurde. Zu diesem Zwecke wurden leichte Hütten errichtet, auf deren Boden ein möglichst rauchloses Feuer aus trockenem Holz unter Hürden von Palmblattstielen, auf denen die häufig zu wendenden Rinden aufgeschichtet waren, entzündet wurde. Dabei mußte zu starkes Feuer vermieden werden, weil durch eine hohe Temperatur die wirksamen Bestandteile der Rinde zersetzt werden. Nach spätestens vier Wochen waren auch die dickeren Rindenstücke genügend getrocknet, um als haltbare Ware in den Handel zu gelangen.

Obschon in späterer Zeit den Cascarilleros vorgeschrieben war, dort, wo sie einen Chinabaum gefällt hatten, einige Stecklinge der Pflanze in den Boden zu stecken, so nahm doch mit der Zeit der Betrag der jährlichen Ernte dermaßen ab, daß man mit Sorgen der Zukunft entgegensah; denn bei dem nicht eigentlich massenhaften Auftreten der Cinchonen und ihrer rücksichtslosen Ausbeutung erwuchs die berechtigte Befürchtung der gänzlichen Ausrottung dieser kostbaren Bäume. Zuerst machte der Deutsche Wedell die Kulturmenschheit auf den Schaden des fortgesetzten Raubbaues aufmerksam, und der Straßburger Botaniker Fée wies bald darauf auf die Wichtigkeit der Kultur der Chinabäume, um zur wirksamen Bekämpfung der Malaria das aus ihrer Rinde gewonnene Chinin zu einem möglichst billigen Preise in den Handel bringen zu können. Zwischen 1830 und 1849 beschäftigten sich holländische Botaniker wiederholt mit dem Gedanken der Kultur der Chinabäume in den Hochtälern der südamerikanischen Anden. Dieser Anregung ist es zweifellos zuzuschreiben, daß Jesuiten in der peruanischen Stadt Cuzko, der einstigen Residenz der Inkas, 1849 junge Chinapflanzen nach Zweigniederlassungen ihres Ordens in Algier sandten. Hier aber gediehen die Kinder des Hochgebirges nicht, und auch 1850 und nochmals 1866 bewerkstelligte Nachsendungen aus Peru blieben erfolglos.

Nachdem auch La Condamines Bemühungen, lebende Cinchonen nach Europa zu bringen, mißglückt waren, gelang es dem vorhin genannten Wedell, wenigstens Samen herbeizuschaffen, die in Paris keimten. Damit auf der Insel Réunion vorgenommene Akklimatisationsversuche brachten aber keinen nennenswerten Erfolg. Glücklicher bei der Übertragung der so wichtigen Arzneipflanze waren die Holländer, die das Gelingen des für die Menschheit so überaus wichtigen Problems der Ansiedelung von Chinabäumen in ihren indischen Kolonien in erster Linie den unablässigen Bemühungen des holländischen Ministers Pahud, namentlich von der Zeit an, da er Generalgouverneur von Java wurde, zu verdanken haben. Auf Veranlassung des deutschen Botanikers Miquel, des Bruders des einstigen preußischen Finanzministers, wurde 1852 der Deutsche J. K. Haßkarl zur

Gewinnung des erforderlichen Kulturmaterials nach Peru gesandt. Oftmals vom Tode bedroht, gelang es ihm nach Überwindung großer Gefahren und zahlloser Schwierigkeiten 1854 in 21 Wardschen Kulturkästen eine Menge von jungen Chinapflanzen nach Java einzuschiffen. Auch in Europa wurden mittlerweile in den botanischen Gärten von Paris und Leiden Chinapflanzen aus Samen gezüchtet, die ebenfalls ihren Weg nach Java nahmen. Dort führte von 1855 an der in holländischen Diensten stehende Deutsche Franz Wilhelm Junghuhn (1819–1864) die Bepflanzung mit Chinabäumen in großem Maße durch, so daß er den Bestand von 149 Pflanzen auf über 1 Million erhöhte. Im Jahre 1876 besaßen die Holländer auf Java bereits über 2 Millionen Cinchonen und seither haben die Chinaanpflanzungen auf jener Insel eine solche Ausdehnung gewonnen, daß sie heute etwa 80 Prozent der gesamten Weltproduktion von über 10 Millionen kg Chinarinde liefern.

Erst in weitem Abstand folgt auf Java Ostindien mit einer jährlichen Produktion von nicht ganz 1½ Millionen kg Chinarinde, an welchem Betrage Ceylon bloß mit einem Sechstel beteiligt ist. Die Anregung zu diesem Unternehmen gab Royle der englisch-ostindischen Handelsgesellschaft, wobei er die Nilagiris oder Blauen Berge an der Malabarküste als besonders geeignet für die Kultur dieses südamerikanischen Gebirgsbaumes empfahl. Die ersten Versuche damit hatten einen wenig befriedigenden Erfolg. Erst als der mit den Verhältnissen in Peru und Bolivia vertraute Markham durchsetzte, daß man den in Ekuador sammelnden Botaniker Spruce mit der Gewinnung des Samens der rotsaftigen Art beauftragte, blühte die Chinakultur in Indien seit 1859, besonders durch Spruces Begleiter, den Gärtner Croß, gefördert, sehr schnell auf. Die Hauptplantagen wurden nun in Utakamund auf den Blauen Bergen und seit 1861 auf Ceylon zum Teil in einer Höhe von 2600 m angelegt. Hier sowohl, wie in Java, vermochte man nach und nach bessere Vermehrungsarten ausfindig zu machen und besonders chininreiche Arten heranzuzüchten. 1867 kamen die ersten in Indien gewachsenen Rinden auf den Londoner Markt und 1870 die ersten javanischen Rinden nach Amsterdam. Der indische Export stieg dann dermaßen, daß im Jahre 1886 Ceylon allein gegen 7 Millionen kg nach London lieferte. Da aber sank der Preis des Chinins so sehr, daß die Chinaplantagenbesitzer Ceylons es vorzogen, die Chinabäume, deren im Jahre 1882 noch 90 Millionen sollen gestanden haben, abschlagen zu lassen und das betreffende Land zur Teekultur zu verwenden. Noch im Mai 1870 kostete das Kilogramm schwefelsaures Chinin 545 Mark, dann sank der Preis, zuweilen wieder etwas ansteigend, im Juni 1889 auf 31 Mark. An diesem starken Preisabschlag war nicht sowohl die große Produktion von Chinarinde schuld, als vor allem die durch die Auffindung zahlreicher, das Fieber herabsetzender chemischer Stoffe, wie Antipyrin, Antifebrin usw., bewirkte Ersetzung des Chinins durch Surrogate. Einzig als Spezifikum gegen Malaria und teilweise als Heilmittel gegen Keuchhusten ist das Chinin heute noch allein in Frage kommend und deshalb von ungeheurem Werte für die Menschheit, so daß die Kultur des Chinarindenbaumes nach wie vor von der größten Wichtigkeit für die Weltwirtschaft ist. So hat man den Chinarindenbaum seit 1865 erfolgreich auf Réunion, Mauritius, Madagaskar, Teneriffe und seit 1900 und 1902 von Java aus auch in Kamerun angepflanzt. Der anfänglich (1868) gute Resultate aufweisende Anbau auf St. Helena ging infolge Vernachlässigung zugrunde. In Dardschiling in Sikkim, wo der Chinabaum 1862 eingeführt wurde, wie auch in Neuseeland und Australien, wohin der Anbau desselben 1862 beziehungsweise 1866 gelangte, hat die Cinchonenkultur keinerlei Bedeutung erlangt. Die Bäume lieben ein wechselvolles, feuchtes Klima und eine mittlere Temperatur von 12–20° C. Diese klimatischen Verhältnisse finden sie in den Tropen besonders in einer Höhe von 1600–2400 m. Dort wachsen sie, dem Charakter jener Gebiete entsprechend, meist zerstreut, höchstens da und dort zu kleinen Gruppen vereinigt.

Veranlaßt durch die große Konkurrenz der südasiatischen Kulturen sind neuerdings auch im Heimatlande der Cinchonen, von Kolumbia bis nach Bolivia, Chinaanpflanzungen angelegt worden und wird der rationellen Gewinnung der Rinde erhöhte Aufmerksamkeit geschenkt. In allen Plantagen nutzt man die Kulturbäume viel planmäßiger aus als früher die wildwachsenden Bäume. Dabei beobachtet man ein doppeltes Verfahren. Entweder richtet man den Niederwaldbetrieb ein, indem man die Bäume 6–8 Jahre alt werden läßt und sie dann etwa 15 cm über dem Boden abschlägt. Hierauf entsteht ein kräftiger Stockausschlag, mit dem man nach 5–8 Jahren in gleicher Weise verfährt. Oder man zieht den lebenden Bäumen etwa 4 cm breite Rindenstreifen der Länge nach ab. Die Wunden werden dann sorgfältig mit einem Schutzmittel — meist Moos oder Lehm — bedeckt, unter welchem eine merkwürdigerweise noch alkaloidreichere Rinde erzeugt wird. Eine weitere Art der Gewinnung besteht im Abschälen der Rinde mit scharfen Schabeisen bis auf das Kambium, das dann neue Rinde erzeugt. Deutschland mit seinen vier sehr bedeutenden Chininfabriken bezieht die Hauptmasse der Chinarinde aus Java über Amsterdam und nur einen kleinen Teil über London und aus Peru direkt, um aus ihr Chinin zu gewinnen. Doch wird neuerdings das meiste Chinin auf Java und in Indien in inmitten der Pflanzungen gelegenen Fabriken gewonnen, so daß die Einfuhr der Rinde nach Europa immer mehr zurückgeht und keinen Maßstab mehr für den Konsum abgibt. Deutschlands Einfuhr betrug im Jahre 1906 3678000 kg im Wert von 4781000 Mark.

Ältere Rinden weisen einen höheren Alkaloidgehalt auf als jüngere, Stammrinden mehr als Zweigrinden, und zwar bei kultivierten Pflanzen in weit höherem Maße als bei wildgewachsenen. In jungen Organen sind die Alkaloide im Zellsaft gelöst, in älteren in festem, amorphem Zustand in der

Zelle, oft in gerbsaurer Verbindung, abgelagert. Oxalsauren Kalk führende Zellen enthalten niemals Alkaloide. Im parenchymatischen Gewebe der Mittelrinde findet man bei den in ihrer Heimat wildgewachsenen Pflanzen nur etwa 2 Prozent Alkaloide, während es die kultivierten Bäume Javas auf 10–17 Prozent daran bringen. In europäischen Gewächshäusern, also unter ungünstigen Bedingungen erzeugte Rinden enthalten dagegen gar kein Chinin, das sonst bis zu 13 Prozent darin enthalten sein kann. Daneben sind in den alkaloidreichsten Rinden bis 4 Prozent Chinidin, bis 8 Prozent Cinchonidin, bis 8 Prozent Chinasäure, 2–3 Prozent Chinagerbsäure und 2 Prozent des bittern Glykosids Chinovin enthalten. Das wichtigste Alkaloid, das Chinin, besitzt antipyretische und antiseptische Wirkung und ist ein spezifisches Gift für die im Blute der Malariakranken kreisenden ungeschlechtlichen Plasmodien besonders der Tertiana und Quartana, weniger greift es die Erreger des bösartigen tropischen Fiebers an und ist nur gegen die Geschlechtsformen der letzteren ganz unwirksam.

Solange früher die offizinellen Chinarinden in Südamerika von wildwachsenden Pflanzen gewonnen wurden, waren meist durch wertlose Rinden verwandter Gattungen vorgenommene Verfälschungen häufig. Jetzt kommen solche nur noch selten vor, da bloß Rinden kultivierter Pflanzen Südasiens von den Arzneiverordnungen zugelassen werden. Im allgemeinen kommt das Chinin allein den Chinabäumen zu. Einzig die den Cinchonen verwandte, in Venezuela und Kolumbia wachsende *Remijia purdieana* enthält auch Chinin, und zwar bis zu 2 Prozent.

Ebenfalls als Fiebermittel und Stomachicum wie die Chinarinde wird die von einer bis 6 m hohen, in Westindien, besonders den Bahamainseln und Kuba, heimischen Wolfsmilchart, *Croton eluteria*, gewonnene Cascarillrinde verwendet. Cascarilla heißt im Spanischen kleine Rinde. Anfänglich (1640) hielt man diese schon damals gegen Ruhr und Fieber angewandte Rinde für eine kleine Form der Chinarinde; daher jener Name. Zu Ende des 17. Jahrhunderts wurde sie in Deutschland als *China nova* oder *Cortex eluterii* bekannt. Sie kommt in röhrenförmigen Bruchstücken von graugelber bis brauner Farbe, eigenartig aromatischem Geruch und unangenehm bitterem Geschmack in den Handel und enthält außer dem Bitterstoff Cascarillin 15 Prozent Harz, Gerbstoff und ätherisches Öl.

Noch weniger wichtig als sie ist die einst als Ruhrmittel benutzte Simarubarinde, die von *Simaruba officinalis*, einem stattlichen, in Französisch-Guiana und Nordbrasilien heimischen Baum gewonnen wird. Heute kaum mehr gebraucht, kam die Rinde 1713 als Mittel gegen blutige Diarrhoen aus Cayenne nach Paris; 1718 wurde sie daselbst gegen die damals epidemisch herrschende Ruhr angewandt. 1723 brachte Barrère eine größere Menge der Droge nach Europa und gab 1741 eine genauere Beschreibung der Stammpflanze. Die früheste Nachricht über letztere scheint von

Desmarchais aus dem Jahre 1728 zu stammen, wobei er schon von *Simaruba* oder *bois amer* spricht. 1775 gab dann der Apotheker Aublet eine weitere eingehende Beschreibung der Pflanze unter dem Namen *Simaruba amara.* Der jamaikanische Baum wurde 1772 von Wright entdeckt und ein Jahr später von ihm als *Quassia simaruba* beschrieben. Die gelbbraune, geruchlose, stark bitter und etwas schleimig schmeckende Rinde der dicken Wurzeln, die meist über Ciudad Bolivar am Orinoko, der vormals Angostura (weil an einem Engpaß gelegen) genannten Hauptstadt von Venezuela, in den Handel gelangt, enthält ein benzoëartig riechendes Öl, Harz, Gerbstoff und einen kristallisierbaren Bitterstoff.

Ebenso wie diese heute außer Gebrauch gekommen ist die nach demselben Verschiffungsort als Angosturarinde bezeichnete stark bittere Wurzelrinde des im nördlichen Südamerika heimischen, 20–25 m hohen, immergrünen Baumes *Galipea officinalis* (nach dem Indianerstamme der Galiponen so genannt) aus der Familie der Terebinthineen oder Balsamgewächse, die früher als Heilmittel gegen Wechselfieber berühmt war. Im Gegensatz zu dieser echten bezeichnete man die Rinde des in Südasien heimischen Brechnußbaumes (*Strychnos nux vomica*) als falsche Angosturarinde. Sie ist schwärzlich aschgrau, schmeckt sehr bitter und wurde zu Ende des 18. und zu Beginn des 19. Jahrhunderts der außer als Fiebermittel auch als Heilmittel gegen Ruhr angewandten echten Angosturarinde beigemischt.

Heute werden von dem in ganz Indien, Siam, Kochinchina und Nordaustralien heimischen niederen Baum mit orangeähnlichen, etwa 4–5 cm langen, graugelben Früchten nur die in einem sehr trockenen, gallertartig weichen Fruchtfleisch eingebetteten scheibenförmigen, am Rande verdickten, 2,5 cm breiten und 0,5 cm dicken, graugrünlichen, mit seidenglänzenden, in radialer Ausstrahlung angedrückten Haaren dicht besetzten Samen als Krähenaugen oder Brechnüsse medizinisch verwendet. Sie enthalten bis zu 5 Prozent der sehr giftigen Alkaloide Strychnin und Brucin, beide annähernd zu gleichen Teilen, doch ist das Strychnin meist in etwas geringerer Menge vorhanden. Sie sind in der Pflanze an die Igasur- oder Strychnossäure gebunden. Weitere Bestandteile sind Eiweiß, Zucker, Fett, Gerbsäure und in geringen Mengen ein Loganin genanntes Glykosid. Wenn auch die giftigen Glykoside im hornigen Nährgewebe der Samen in größter Menge vorhanden sind, so ist doch die ganze Pflanze damit getränkt; gleichwohl soll der Inhalt der Früchte von Vögeln unbeschadet genossen werden. Die Giftwirkung beruht vorzugsweise auf dem Strychnin, das tetanische Krämpfe bewirkt und zuerst die Atmungsmuskeln, dann auch die übrigen, mit vorwiegender Beteiligung der Strecker, in Starrheit versetzt, so daß rasch der Tod durch Erstickung eintritt. In kleinen Dosen erhöht es den Tonus der Muskeln und Nerven; deshalb wird es mit gutem Erfolg bei Lahmheit der Muskeln, namentlich der Darmmuskulatur, gegeben.

Die reifen, von wildwachsenden Bäumen gesammelten und getrockneten Samen kommen meist aus Indien nach London auf den Markt. Aus ihnen stellt man außer Extrakten und Tinkturen das Strychnin dar, mit dem man die schädlichen Raubtiere vermittelst Köder vergiftet. In Südasien war die Giftwirkung der Brechnüsse schon längst bekannt; auch wurden sie dort in früherer Zeit zur Herstellung eines Pfeilgiftes, daneben auch als Betäubungsmittel benutzt. So sollen sie nach Royle im *Ayur veda* Charakas als Narkotikum des indischen Arzneischatzes erwähnt werden. In Europa wurden sie durch Vermittlung der Araber gegen Ende des 15. Jahrhunderts in den Arzneischatz eingeführt; als solche führt sie Brunfels 1531 unter dem Namen *nux vomica* an. Zuerst finden wir sie um 1500 als *Kraen Eugeln* im Inventar der Apotheke zu Zwickau angeführt. 1520 und 1521 werden sie als *nux vomica* neben *nux indica* (Kokosnuß) in der Arzneitaxe von Annaberg erwähnt. 1561 gab Valerius Cordus eine sehr gute Beschreibung der Samen, die er irrtümlich für Früchte hielt. Auch Bauhin und Gesner berichten von ihnen; doch waren sie noch im 17. Jahrhundert wenig verbreitet und kaum je als Arznei gebraucht. Als solche fanden sie erst von 1770 an Verwendung. Das in ihnen und in anderen Strychnosarten enthaltene Strychnin wurde nicht zuerst in ihnen, sondern 1819 und 1824 von Caventou in den einst ebenfalls offizinellen Ignatiusbohnen nachgewiesen. Dieselben stammen von einem ebenfalls zur Familie der Loganiazeen gehörenden Schlingstrauch der Philippinen (*Strychnos ignatii*), den der Jesuit Camelli 1699 als erster Europäer kennen lernte und nach dem Stifter seines Ordens, Ignatius Loyala, Ignatiusstrauch nannte, und enthalten fast dieselben Bestandteile wie die Brechnüsse. Früher wurden sie besonders gegen Wechselfieber und Epilepsie gebraucht. Ein naher Verwandter desselben ist der sich an den hohen Waldbäumen der Insel Java emporschlingende, 25–32 m lange Upasstrauch (*Strychnos tieuté*), aus dessen Wurzelrinde die Eingeborenen durch Auskochen mit Wasser und nachherigem Eindicken zu Sirupkonsistenz ihr überaus gefürchtetes Pfeilgift herstellen, das ebenfalls Strychnin als Hauptbestandteil enthält und sehr rasch den Tod des damit getroffenen Tieres herbeiführt.

Gleicherweise bereiten die Indianer Venezuelas aus der Rinde des sich um andere Urwaldbäume schlingenden Curarestrauches (*Strychnos crevauxii*, nach dem 1882 als Forschungsreisender in Südamerika ermordeten französischen Arzte Crevaux so genannt) ihr nicht minder wirksames Pfeilgift, das die Enden der motorischen Nerven lähmt, die Tiere so bei erhaltenem Bewußtsein lähmt und durch Lähmung der Atmungsmuskeln rasch den Tod herbeiführt. Deshalb wird es vielfach bei physiologischen Untersuchungen benutzt, wobei man die Tiere, wenn nötig, durch künstliche Atmung am Leben erhält; doch ist dies bei kleineren Dosen durchaus nicht nötig.

Im Gegensatz zu diesem Curarin, das die motorischen Muskeln lähmt, steht das Strophantin, das die Zusammenziehbarkeit der Muskeln, besonders des Herzmuskels steigert, und deshalb bei Schwächezuständen des Herzens vielfach als Ersatz der langsamer wirkenden und die Verdauungsorgane mehr angreifenden Digitalis gegeben wird. Als eines der stärksten Herzgifte, die es gibt, wird es in seiner Heimat, Westafrika, vielfach auch als Pfeilgift benutzt. Sein Erzeuger ist ein holziger Kletterstrauch Oberguineas aus der Familie der Apocynazeen oder Hundsgiftgewächse — zu denen u. a. auch unser Oleander gehört — (*Strophantus hispidus*), der sich an den höchsten Bäumen des Urwalds emporwindet und kreuzgegenständige, breitelliptische, rauhhaarige Blätter, gelbe Blüten mit lang herabhängenden Blumenblattspitzen und 30 cm lange, an beiden Enden zugespitzten Kürbissen mit tief gefurchter Oberfläche ähnliche Fruchtkapseln — meist zwei nebeneinander — besitzt, die bis 200 Samen enthalten. Letztere sind bis 15 mm lang und 3,5 mm breit, braun und etwas filzig behaart und dienen den Eingeborenen vorzugsweise zur Gewinnung von Pfeilgift, während eine Abkochung der Wurzeln und der Rinde innerlich gegen Malaria und Dysenterie und äußerlich zur Behandlung von Geschwüren aller Art, auch des Guineawurms, dient.

Wie *Strophantus hispidus* von Senegambien bis Oberguinea wird in Niederguinea und im ganzen Kongogebiet der gleicherweise kletternde *Strophantus gratus* bei allen Negerdörfern in Halbkultur angetroffen. Seine Balgfrüchte werden kurz vor der Reifezeit gesammelt und bilden ein nicht unwichtiges Handelsprodukt im Verkehr der Eingeborenenstämme, indem diese aus den leuchtend gelben, unbehaarten, außerordentlich stark bitter schmeckenden Samen ein sehr wirksames Pfeilgift herstellen. In gleicher Weise werden in Ostafrika die graugrünen, weißseidig behaarten Samen von *Strophantus kombe* benutzt, die heute in den deutschen Apotheken ausschließlich offizinell sind. Die sie erzeugende Liane wächst hauptsächlich am Sambesi und wird ebenfalls vielfach von den Eingeborenen in Halbkultur um ihre Dörfer gehalten. Schon David Livingstone machte auf seinen Forschungsreisen von 1858–1864 auf das ostafrikanische Pfeilgift *kombe* und auf die den Herzschlag verlangsamende Wirkung desselben aufmerksam. 1861 ermittelte dann der englische Konsul in Zanzibar, John Kirk, daß dieses Kombegift aus Strophantussamen bereitet wird. Fagge und Stevens, später Fraser, untersuchten dieses vom Sambesi erhaltene Kombegift und letzterer stellte 1872 das Strophantin dar, dessen physiologische Wirkung er auch klarlegte. Zugleich erkannte er die Identität dieses Giftes mit dem 1864 von Pélikan untersuchten westafrikanischen Pfeilgift *inée* oder *onage* (von den Samen von *Strophantus gratus*) aus Gabun. 1867 waren die Samen als neues Herzgift auf der Pariser Weltausstellung ausgestellt. Schon 1802 beschrieb A. de Candolle den *Strophantus hispidus* aus Sierra Leone.

Von weiteren Apocynazeen, die als wichtige Giftpflanzen bei den Eingeborenen eine große Rolle spielen, ist der Odallam und die Tanghinpflanze zu erwähnen. An den Küsten des Indischen Ozeans bis Neuguinea wächst ersterer (*Cerbera odallam*) als häufige Strandpflanze. Seine dicken, fleischigen Äste tragen ziemlich große, breitlanzettliche Blätter und endigen in einer Rispe stark duftender, weißer Blüten. Die Früchte sind faustgroße, dunkelgrün gefärbte Steinfrüchte, in deren fleischiger Schale ein äußerst zähes Netz eingebettet ist, das mit seinem Geflecht das Eindringen von Meerwasser zu den Samen verhindern soll; denn die Früchte sind für den Transport mit den Meeresströmungen eingerichtet. Auf diese Weise wird die Pflanze über alle Küsten des Indischen Ozeans verbreitet.

Noch viel giftiger als er ist die berüchtigte Tanghinpflanze (*Tanghinia venenifera*) von Madagaskar, deren Früchte bei den Gottesurteilen des dort lebenden Malaienstammes der Hova Verwendung finden. Derjenige, der im Verdacht steht, ein Verbrechen begangen zu haben, muß von der Frucht genießen. Ist er schuldig, so geht er daran zugrunde; ist er aber unschuldig, so erbricht er sie und kommt mit dem Leben davon. Natürlich ist dabei die Hand der Zauberpriester im Spiele, die solchen, die sie retten wollen, zugleich ein Brechmittel verabreichen.

In der europäischen Medizin haben diese beiden Drogen noch keine Verwendung gefunden, wohl aber eine andere, die bei den Gottesurteilen der Neger Westafrikas eine nicht unwichtige Rolle spielt, nämlich die Kalabarbohne. Ihr Erzeuger ist die vom Kap Palmas bis Kamerun heimische, neuerdings auch in Indien und Brasilien eingeführte, mehr als 15 m emporsteigende Leguminose *Physostigma venenosum* mit holzigem Stamm von 4 cm Dicke, gefiederten Blättern, achselständigen, hängenden Trauben von großen, purpurroten Blüten und etwa 14 cm langen, leicht zusammengedrückten Hülsen, die 1–3 nierenförmige, schokoladenbraune, glatte Samen mit einer tiefen, von erhabenen Rändern umgebenen Rinne enthalten. Diese sind sehr giftig, wenn auch beinahe geruch- und geschmacklos. Wer von den Eingeborenen der Zauberei beschuldigt wird, muß davon genießen. Stirbt er daran, so ist er schuldig, bricht er es aus, so ist er unschuldig. Letzteres hängt natürlich auch wieder davon ab, ob ihm die allmächtigen Fetischpriester wohlwollen oder nicht. Ist ersteres der Fall, so bekommt er im geheimen ein Brechmittel mit seiner Dosis Gift eingeführt, das bald seine Wirkung tut und den Schützling des Fetisches rettet. Die Pflanze wurde 1840 durch Daniell bekannt, 1859 beschrieb sie Balfour, und wenige Jahre später entdeckte Fraser ihre eigentümliche arzneiliche Wirkung. Diese beruht auf dem Gehalt an dem Alkaloid Physostigmin = Eserin, das farb-, geruch- und geschmacklose Kristalle bildet und direkt lähmend auf das Zentralnervensystem, zuerst das Gehirn und dann das Rückenmark, wirkt. Da es schon in minimalen Dosen eine starke Zusammenziehung der Pupillen bewirkt, benutzen es die Augenärzte, um die nach Atropineinträufelung entstandene Pupillenerweiterung zu beseitigen, auch als Heilmittel bei Augenkrankheiten. Daneben wird es bei Erschlaffung des Darmes mit Kotstauung und gasiger Auftreibung des Leibes, bei Starrkrampf, Neuralgien, Epilepsie usw. gegeben. Neben Physostigmin ist in den Kalabarbohnen noch das dem Strychnin ähnlich wirkende Alkaloid Calabrin und ein indifferentes Physosterin enthalten.

Von einer nahen Verwandten dieser stammt die als Ersatz der Chinarinde gegen Fieber 1878 nach Europa eingeführte Rinde des in Argentinien heimischen Quebracho (sprich kebratscho) (*Aspidosperma quebracho*). Es ist dies ein Baum oder Strauch aus der Familie der meist ziemlich giftige Vertreter aufweisenden Apocynazeen oder Hundsgiftgewächse mit sehr hartem Holz, dünnen, hängenden Zweigen, kleinen, stachlich zugespitzten, bräunlichgrünen Blättern, gelben Blüten und großen, holzigen, rundlichen Fruchtkapseln. Die Quebrachorinde enthält sechs verschiedene Alkaloide, die der Zusammensetzung nach einigen Chinarindenalkaloiden ähneln. Heute wird sie nur noch gegen Asthma gebraucht.

Häufigere Verwendung in der Arzneikunde finden die Blätter der südamerikanischen Rutazee *Pilocarpus pinnatifolius* und anderer verwandter Arten. Diese Rautengewächse aus der Verwandtschaft der Zitronen-, Orangen- und Quassiabäume ist ein in Brasilien heimischer, etwa 3 m hoher Strauch mit dicht rotgelb behaarten Zweigen, lederigen, kurzgestielten, unpaariggefiederten, großen, unterseits kurzhaarigen Blättern, dichten Trauben mit kleinen grünen Blüten und einsamigen Kapseln. Die Blätter dieser Art, wie auch von *Pilocarpus jaborandi* in Nordbrasilien, von *P. selloanus* und *P. trachylophus* in Südbrasilien und verschiedener anderer Arten wurden von den Indianern zum Schweißtreiben bei Krankheiten, wie auch als Gegengift bei Schlangenbissen unter dem Namen Jaborandi verwendet. Die erste Kunde über diese Droge findet sich in der 1648 erschienenen *Historia naturalis Brasiliae* von Piso und Marcgraf; doch machte sie erst der brasilianische Arzt S. Continho in Pernambuco 1873 bekannt. Er bediente sich derselben als schweißtreibendem Mittel und sandte in jenem Jahre Proben der Blätter zur Prüfung nach Paris. Diese riechen beim Zerreiben aromatisch, schmecken scharf und enthalten als hauptsächlich wirksame Substanz das 1875 gleichzeitig von Hardy und Gerrard isolierte Pilocarpin, das die gesteigerte Absonderung von Schweiß-, Speichel- und sonstigen Drüsen bewirkt, neben Pilocarpidin, Isopilocarpin, dem atropinartig wirkenden Jaborin und Gerbstoff. Das Jaborin des Handels ist ein Gemisch dieser letzteren mit einer Spur Pilocarpin. Der Gehalt an freien Alkaloiden beträgt in den Jaborandiblättern durchschnittlich 0,75 Prozent. Nur infolge Beimengung minderwertiger Sorten wird er geringer. Als Surrogat werden verschiedene andere Blätter von ähnlicher Wirkung verwendet, auf die wir hier nicht eintreten wollen.

Weit größere Bedeutung haben in der modernen Medizin die gleichfalls in Südamerika heimischen Kokablätter erlangt, aus denen das zur Schmerzbetäubung und zur Anregung der seelischen und motorischen Zentren der Großhirnrinde in so reichem Maße dienende Cocain gewonnen wird. Seit Urzeiten werden sie von den Indianern der Westküste Südamerikas als *koka*, d. h. Pflanze (also Pflanze *par excellence*) — von den Spaniern *coca* geschrieben — als Anregungsmittel und zur Vertreibung der Müdigkeit während der Ruhepausen zusammen mit etwas ungelöschtem Kalk oder der Asche von *Chenopodium quinoa*, einer dort viel angepflanzten Nährfrucht aus der Familie der Melden, gekaut. Dadurch wird eine reichliche Absonderung grünen Speichels bewirkt, daneben aber ein Gefühl der Leichtigkeit, eine lebhafte, freudige Aufregung bewirkt, die es ermöglicht, ohne spürbare Ermüdung schwerbeladen die anstrengendsten Märsche über die höchsten Pässe der Anden zu bewältigen. Mäßig genossen haben die Kokablätter keine schädliche Wirkung, nur in größeren Mengen und gewohnheitsmäßig gebraucht, wirken sie lähmend und rufen einen als Kokakachexie bezeichneten Zustand hervor, der sich durch Abmagerung, Verfall der Körperkräfte und Herabsetzung aller geistigen Tätigkeit bekundet.

Daß nun die Peruaner schon sehr lange vor der Entdeckung ihres Landes durch die Europäer eine für sie so wichtige Pflanze für heilig hielten und sie um ihre Ansiedlungen herum kultivierten, kann uns nicht wundern. Ihre Blätter waren im ganzen Lande sehr begehrt und galten als beliebtestes Tauschmittel an Stelle des Geldes. Bei der Eroberung Perus unter Francisco Pizarro 1532–1533 lernten die Spanier dieses Genußmittel kennen, wandten es aber selbst nicht an; vielmehr verboten sie auf Veranlassung der christlichen Priester die Kultur der Pflanze. Nach wenigen Jahren aber gestatteten sie dieselbe wieder; denn der Anbau dieser Pflanze war seit den ältesten Zeiten eine der Hauptarbeiten der Eingeborenen. So kommt es, daß die ursprünglich wilde Form derselben im Lande fast nicht mehr gefunden wird. Der 1,5 m hoch werdende Kokastrauch mit bis 8 cm langen und halb so breiten, oben oliven- und unten graugrünen, eiförmigen, lederartigen, kahlen Blättern wird außer in Peru und Ekuador vorzugsweise in Kolumbia an den östlichen Abhängen der Anden in einer Höhe von 1000–2000 m in ausgedehnten, *cocales* genannten Plantagen angepflanzt. Alle 2–3 Monate werden die reifen Blätter, die einen Stich ins Gelbliche zeigen, bei trockenem Wetter gesammelt und sofort getrocknet, um dann fest in Wollsäcke eingepreßt versandt zu werden. Da sie aber durch längeren Transport bis zur Hälfte ihres Gehaltes an wirksamer Substanz einbüßen, werden sie vielfach schon an Ort und Stelle verarbeitet, wobei 1 kg trockene Blätter 2 g Cocain geben. So nannte Niemann 1860 das höchstens bis zu 1 Prozent in den Kokablättern enthaltene wirksame Alkaloid, das Gädicke 1855 zuerst entdeckt und Erythroxylin genannt hatte. 1884 erst führten Freund und Koller das Cocain als die damit bepinselten Schleimhäute unempfindlich machendes Mittel in die Heilkunde ein. Bald wurde es auch innerlich als Anästhetikum der Magenschleimhaut und die seelischen und motorischen Funktionen des Gehirns anregendes Mittel gegeben und führte auch wie das Morphin vielfach zu Mißbrauch.

Mit dem beginnenden starken Verbrauch der Droge in der ganzen Kulturwelt wurde der in den östlichen Andengebieten Perus und Bolivias in den nie vom Frost heimgesuchten warmen Hochtälern bis dahin ausschließlich von den Indianern kultivierte Kokastrauch (*Erythroxylon coca*) nach Westindien, Ostindien, Ceylon, Java, Australien, Zansibar und Kamerun gebracht und dort im großen angepflanzt. Diese Länder versorgen nun auch den Weltmarkt mit ihren Produkten. Am üppigsten gedeiht der Strauch in feuchten Lagen; doch gewinnen seine Blätter in trockenen Lagen an Güte, deshalb werden nur solche zum Anbau ausgewählt. Schon nach 2½ Jahren geben sie vier Ernten im Jahr und bleiben bis zum 40. Jahr ertragsfähig. Die ersten Nachrichten von dieser Pflanze datieren von 1499. Im Jahre 1570 machte dann der spanische Arzt Nicolaus Monardes nach seiner Rückkehr aus Südamerika die Wirkung des Kauens der Kokablätter, die von über acht Millionen Menschen im Andengebiet täglich geübt wird, in Sevilla bekannt, und Joseph de Jussieu sandte 1750 die erste Kokapflanze aus Peru nach Europa, wo sie im *Jardin des plantes* Aufnahme fand.

Ein narkotisches, krampfstillendes Harz liefert der indische Hanf (*Cannabis indica*). Es ist dies eine Varietät des in Westasien heimischen gewöhnlichen Hanfes (*Cannabis sativa*), die nur im warmen Ostindien dieses Harz reichlich erzeugt und hier in erster Linie zur Gewinnung desselben gepflanzt wird. Erst in gebirgigen, kälteren Distrikten, wie z. B. im Himalaja, wo die Pflanze ihr narkotisches Harz nicht mehr produziert, wird sie, wie bei uns, zur Gewinnung ihrer Faser angebaut. Das schon unter 50° C. schmelzende Harz wird besonders von den weiblichen Blütenständen der bis 2 m hoch werdenden Pflanze ausgeschwitzt und durch eingeborene Arbeiter in der Weise gewonnen, daß sie, in der Regel nackt und nur ausnahmsweise mit einem Lederanzuge bekleidet, durch die Hanfpflanzungen hindurchgehen, wobei sich das Harz an ihnen festsetzt. In Persien dagegen wird es meist dadurch erhalten, daß man die in Blüte stehenden Spitzen und die Blätter der Pflanze stundenlang kräftig auf rauhen, groben, wollenen Teppichen reibt, so daß sich das Harz auf der Oberfläche des Teppichs ablagert, von wo es mit einem Messer abgeschabt und zu Kuchen geformt wird. Die Stücke, wie sie auf den Märkten Zentralasiens verkauft werden, stellen dicke Tafeln von außen dunkelbrauner, innen grünlicher bis bräunlicher Farbe und fester

Konsistenz dar. Dies ist der Haschisch, ein persisches Wort, das Kraut bedeutet, weil früher an seiner Stelle die harzreichen Blütenteile selbst, sei es zum Rauchen, sei es als innerlich genommenes Medikament, zur Anwendung gelangten. Der Haschisch enthält bis 37 Prozent Harz und ätherisches Öl, daneben 3,3 Prozent Cannabinol (ein giftiges rotes Öl aus der Reihe der Phenole), das die hauptsächlich wirksame Substanz darstellt. Die Droge muß sehr vorsichtig aufbewahrt werden und verliert mit dem Alter bedeutend an Wirksamkeit. In Südasien war die narkotische Wirkung des Hanfharzes schon im 8. Jahrhundert v. Chr. bekannt; die Handelsnamen lassen sich alle auf Indien zurückführen. Als Berauschungsmittel ist es in Vorderasien erst durch die Muhammedaner eingebürgert worden. In Deutschland kam die Droge erst im 17. Jahrhundert zur medizinischen Verwendung, und wissenschaftliche Versuche über die Wirkung desselben wurden in der Mitte des 19. Jahrhunderts auf Veranlassung von O'Shaughnessy in Kalkutta angestellt.

Sehr nahe mit dem Hanf verwandt ist der Hopfen (*Humulus lupulus*), dessen Fruchtzapfen außer Harz und einem ätherischen Öl, ein von Griesmayer zuerst Lupulin, später aber, um Verwechslungen zu vermeiden, Humulin genanntes Alkaloid von narkotischer, krampfstillender Wirkung enthalten. Deshalb dienen sie außer in der Bierbrauerei auch in der Medizin, seitdem sie 1813 der französische Apotheker Planche als Heilmittel empfahl. 1821 destillierten dann Payen und Chevalier zuerst das ätherische Hopfenöl. Später kam dann von Amerika her die Bezeichnung Lupulin für die Fruchtzapfen der allein kultivierten weiblichen Pflanze auf. Die Droge wird nur von in Kultur stehenden Pflanzen gesammelt und gut getrocknet, vor Licht und Luft geschützt aufbewahrt, hält sich aber auch so nicht über ein Jahr in voller Wirkung.

Mit dem Oleander und dem westafrikanischen Strophantus zu den Apocynazeen oder Hundsgiftgewächsen gehörig ist der kanadische Hanf (*Apocynum cannabinum*), dessen Wurzel seit langer Zeit von den Indianern als Medikament verwendet wurde. Von ihnen lernten die Weißen in Nordamerika sie kennen. Das neuerdings aus den Vereinigten Staaten in größerer Menge besonders nach Rußland importierte, daraus hergestellte Fluidextrakt enthält das nach Art der Digitalis auf das Herz wirkende Glykosid Apocynin. Das Mittel verdient auch bei uns öfter zur Anwendung zu gelangen, da ihm eine sehr gute Wirkung auf das erkrankte Herz nachgerühmt wird.

Ebenfalls schon lange von den Indianern Nordamerikas medizinisch, besonders als Wundmittel, benutzt wurde die nach ihrer Ähnlichkeit mit unserer Haselnuß von den Weißen als Zauberhasel bezeichnete Hamamelis von Virginien (*Hamamelis virginiana*). Dieser bis 7 m hohe Strauch ist ein Hauptbestandteil der Wälder der atlantischen Staaten der nordamerikanischen Union, der besonders viel zur bunten herbstlichen Verfärbung der Wälder beiträgt. Seine holzige Kapseln darstellenden Früchte öffnen sich mit solcher Gewalt, daß die Samen bis 4 m weit fortgeschleudert werden. Das alkoholische Fluidextrakt aus der Rinde enthält neben einem glykosidischen Gerbstoff und Fett etwa 8 Prozent Hamamelitannin und wird als tonisches und adstringierendes Mittel gegen Diarrhöen und Blutungen angewandt. Auch äußerlich wird dieses Hazeline genannte Präparat als blutstillendes Mittel und gegen Hämorrhoiden gegeben, daneben das aus der Hamamelis gewonnene Fett zu der höchst angenehmen Hazelinecrême verarbeitet.

Als Tonikum und Sedativum des Uterus bei habituellem Abort ist auch bei uns seit etwa 40 Jahren das aus Nordamerika eingeführte Fluidextrakt der Rinde des amerikanischen Schneeballenbaums (*Viburnum prunifolium*) im Gebrauch. Es ist dies ein in den östlichen und mittleren südlichen Staaten der Union bis zum Mississippi, aber auch in Kanada, wenn auch dort kleiner an Wuchs, heimischer 3–5 m hoher Strauch oder Baum, der neuerdings auch bei uns als Zierstrauch gepflanzt wird. Das flüssige Extrakt der Wurzel-, Stamm- und Zweigrinden enthält neben verschiedenen Pflanzensäuren und Gerbsäure ein bitterschmeckendes, gelbbraunes Harz, welch letzteres in derselben Beschaffenheit auch in unserem einheimischen Schneeball (*Viburnum opulus*) enthalten ist, weshalb dessen Rinde in derselben Weise arzneilich verwendet wird.

Ein im südlichen Teile der brasilianischen Provinz Bahia häufiger Baum mit violetten Blüten aus der Familie der Schmetterlingsblütler ist der Ararobabaum (*Andira araroba*), der in kleineren und größeren Hohlräumen des 1–2 m dicken Stammes eine zerreibliche, fast erdige, gelbbräunliche, stark abfärbende Masse ausscheidet, deren Anwendung als Heilmittel die in Brasilien eingewanderten Portugiesen von den Indianern kennen lernten. Von dort brachten sie die Droge nach ihrer ostindischen Besitzung Goa, wo sie hauptsächlich gegen parasitäre Hautkrankheiten Anwendung fand. Dort lernte Kemp im Jahre 1864 das Mittel kennen und machte in der Folge die europäischen Ärzte darauf aufmerksam. Da stellte Silva Lima 1875 fest, daß die *araroba* der brasilianischen Eingeborenen, die, weil von Bahia aus verschifft, als *Polvo de Bahia* in den Handel gelangte, mit dem *Polvo de Goa* aus Ostindien identisch sei, und fast gleichzeitig wies Attfield Chrysophansäure in derselben nach. 1878 erkannten Liebermann und Seidler als Hauptbestandteil der Droge (nämlich 90 Prozent) das Chrysarobin, das sich bei Gegenwart von Luft und Alkalien zu Chrysophansäure oxydiert; daneben sind noch 10 Prozent in Benzol lösliche harzartige Substanzen darin enthalten. 1879 beschrieb Aguiar die Stammpflanze als *Andira araroba*. Das gelbbraune Ararobapulver wird aus ihr in der Weise gewonnen, daß man die Bäume fällt, ihren Holzkörper in Blöcke zersägt, spaltet und die mit der gesuchten Masse gefüllten Hohlräume auskratzt. Die rohe Ware gelangt seit 1875 aus Brasilien direkt, statt wie früher aus Bahia über Goa, in den europäischen Handel und wird in Europa von den darin enthaltenen Holzsplittern und Rindenteilen gereinigt. Besonders zur Behandlung der Psoriasis genannten Schuppenflechte hat sich das daraus gewonnene Chrysarobin als außerordentlich nützlich erwiesen.

Neuerdings kommen aus Mittelchile die Früchte des Bóldo (*Boldoa fragrans*) als besonders gegen Leber- und Gallensteinleiden empfohlenes Mittel nach Europa. Es ist dies ein immergrüner, stark duftender, dicht belaubter kleiner Baum oder Strauch, der ziemlich häufig wild angetroffen und nicht kultiviert wird.

In mannigfaltigster Weise wird innerlich und äußerlich in der Medizin das Terpentinöl verwendet, das von verschiedenen Fichtenarten gewonnen wird. Beim Verwunden der Stämme derselben fließt eine gelblichweiße, honigdicke, klebende, Terpentin genannte balsamartige Masse aus, aus der dann durch Destillation mittels Wasserdämpfen das neben wenig Harzen und Pflanzensäuren hauptsächlich Pinen, Dipenten und polymere Terpene enthaltende ätherische Terpentinöl gewonnen wird. Von Bedeutung für den Handel sind nur die nordamerikanischen, aus *Pinus australis* (teilweise aber auch aus der Hemlockfichte, *Tsuga canadensis*) gewonnenen, etwas nach Kolophonium riechenden Terpentinöle und das noch bessere, von der Strandfichte *Pinus pinaster* gewonnene, nach Wacholder riechende französische Terpentinöl. An dritter Stelle kommt die Produktion Rußlands, die, wie die französische, zum größten Teil im Lande selbst Verwendung findet. Die Produktion der Vereinigten Staaten Nordamerikas beträgt jährlich nicht weniger als 470000 Fässer zu 50 Gallonen (etwa 150 kg) = 70 Millionen kg Öl im Werte von 32 Millionen Mark, die mehr als zur Hälfte über Savannah, den bedeutendsten Handelsplatz Georgias exportiert werden. Die bedeutendsten europäischen Märkte dafür sind London, Hamburg und Antwerpen.

Schon im klassischen Altertum war aus dem Harz verschiedener Fichten gewonnenes ätherisches Öl meist unter dem Namen Zedernöl in technischem und arzneilichem Gebrauch, während man unter Terpentinöl (*terebínthinon élaion*), wie uns der um die Mitte des 1. Jahrhunderts n. Chr. lebende griechische Arzt Dioskurides berichtet, das aus den Früchten der in den Mittelmeerländern heimischen Terebinthe oder Terpentinpistazie (*Pistacia therebinthus*) — griechisch *terébinthos* — gepreßte, später auch durch Einschnitte in den Stamm des betreffenden Baumes gewonnene ätherische Öl verstand. Auch in China und Japan hat auf Grund der frühen und hohen Entwicklung der Lackindustrie die Gewinnung destillierter Koniferenöle schon in früher Zeit stattgefunden. Aber mit der altweltlichen hat sich die nordamerikanische Terpentinölindustrie erst seit dem Anfang des 18. Jahrhunderts entwickelt.

Wie das Terpentinöl findet auch der durch trockene Destillation aus dem Holze der Stämme und Zweige von Koniferen, vornehmlich *Pinus silvestris*, gewonnene *Holzteer* in der Arzneikunde innerlich als sekretionsbeschränkendes Mittel und äußerlich bei Hautkrankheiten vielfach Verwendung. Er bildet eine dickflüssige, braunschwarze Masse von eigentümlichem brenzlichem Geruche und widerlich bitterem, brennendem Geschmacke und enthält außer indifferenten Ölen und Pflanzensäuren Paraffin, Kreosot, Brenzkatechin, Guajakol, Phenol oder Karbolsäure, Kresol, Benzol, Toluol, Naphthalin und andere wertvolle Stoffe, die teilweise daraus isoliert werden, um als solche gegeben werden zu können. Der meiste Holzteer wird im waldreichen Nordeuropa entweder in besonderen Teerschwelereien oder als Nebenprodukt der Holzkohlenbereitung und der Holzessigfabrikation gewonnen. Schon im Altertum kannte man dieses Produkt, das die Römer *pix liquida* nannten. Plinius beschreibt ausführlich dessen Gewinnung und Verwendung.

Ärmer an harzartigen Stoffen, dafür aber reicher an brenzlichen Ölen als der Koniferenteer ist der aus dem Holz der Rotbuche (*Fagus silvatica*) destillierte Buchenteer, aus welchem das bis zu 25 Prozent in ihm enthaltene Kreosot gewonnen wird, und der hauptsächlich in Rußland und Polen aus dem Holz von verschiedenen Birkenarten, besonders *Betula verrucosa*, *pubescens* und *alba*, destillierte Birkenteer von an Juchtenleder (das auch damit behandelt wird) erinnerndem Geruch. Eigentümlich naphthalinartig riecht dagegen der durch trockene Destillation der Steinkohlen bei der Leuchtgasfabrikation erhaltene Steinkohlenteer, der allerdings im Gegensatz zu den vorigen kaum in der Medizin Verwendung findet, aber das Rohprodukt sehr zahlreicher aus ihm gewonnener chemischer Stoffe bildet und daher für die chemische Industrie von der größten Bedeutung ist.

Von Pflanzenstoffen, die zur Vertreibung von Bandwürmern dienen, ist teilweise schon im Altertum neben der allerdings gebräuchlicheren Wurzel des Wurmfarns (*Aspidium filix mas*), die wir bereits besprachen, der Saft der Granatäpfel gebräuchlich gewesen. Schon der ältere Cato (234–149 v. Chr.) empfiehlt ihn dagegen. Auch die sonst zum Gerben dienenden Fruchtschalen des Granatbaumes (*Punica granatum*) waren im Mittelalter offizinell. Die Rinde von Stamm und Wurzel desselben hat erst Buchanan 1807 als Bandwurmmittel empfohlen, nachdem er diese Verwendung bei den Hindus in Indien kennen gelernt hatte. 1878 entdeckte dann der französische Apotheker Tancret die Alkaloide der Rinde, unter denen das Pelletierin das wichtigste ist. Außerdem enthält sie 22–28 Prozent Gerbsäure, dient daher technisch zum Gerben des Marokkoleders (französisch *marrocain* genannt). Die meiste Granatrinde kommt aus Algier und Südfrankreich in den deutschen Handel und wird in der Regel nur von den als Obstbäume nicht mehr verwendbaren Exemplaren geerntet. Sie wird als Pulver, Dekokt oder Extrakt verwendet.

Ein seit uralter Zeit in Abessinien, wo infolge des beständigen Essens von rohem Fleisch, besonders Rindfleisch, fast jedermann an Bandwürmern leidet und regelmäßig von Zeit zu Zeit das Mittel einnimmt, gebräuchliches Anthelmintikum sind die getrockneten, abgeblühten weiblichen Blütenstände des Kusso genannten Baumes (*Hagenia abyssinica*). Es ist dies ein in den gebirgigen Teilen Abessiniens, am Kilimandscharo und im Usambaragebirge in Deutsch-Ostafrika wachsender, bis 20 m hoher Baum mit zottig behaarten Zweigen, gefiederten Blättern, großen Rispen reich mit Drüsen besetzter weißer Blüten und eiförmigen Nüßchen. Die bis 30 cm langen, bereits abgeblühten weiblichen Rispen, bei denen die ausgewachsenen Kelchblätter dunkelpurpurrot geworden sind, bilden das offizinelle Kusso oder Koso, das in Bündeln von etwa 50 cm Länge verpackt, mit gespaltenen Halmen des gegliederten Zypergrases umwickelt, über die an Riffen reiche Meerenge von Bab-el-mandeb, d. h. wegen der vielen dort gescheiterten Schiffe „Tor der Tränen" genannt, nach Aden gebracht wird, um dann von dort aus in Säcken von 15 kg nach Triest, Livorno und Bombay in den Handel zu gelangen. Der kräftige, charakteristische, unangenehme Geruch und die verhältnismäßig lebhaftrote Farbe sind Zeichen für die Güte der Droge, während alte, unwirksame Ware braun und schwachriechend ist. Der Geschmack ist anfangs schleimig, dann unangenehm bitter und zusammenziehend. Die Blüten enthalten neben 24 Prozent Gerbstoff als hauptsächlich wirksamen Stoff das Kosotoxin, außerdem Kosidin, Kosoin und Protokosin. Der erste Europäer, der den Baum auf seiner Entdeckungsreise nach den Nilquellen 1769 bis 1771 in Abessinien beobachtete und den Gebrauch der Blüten von seiten der Eingeborenen gegen Eingeweidewürmer sah, war der Engländer James Bruce. Er beschrieb ihn unter dem Namen *Bankesia abyssinica.* Getrocknete Zweige mit Blättern und Blüten des Baumes brachte 1822 der französische Arzt Brayer nach Paris. Danach wurde die Pflanze von Knuth, der die ältere Brucesche Bezeichnung nicht kannte, *Brayera anthelminthica* genannt. 1834 wurde die Droge in Deutschland eingeführt, gelangte aber erst seit 1852 in größeren Mengen durch Jabot zu sehr teuren Preisen in den Handel. Frische Kussoblüten befördern ebenso rasch als das Extrakt der Wurmfarnwurzel und der Granatrinde die drei hauptsächlich in Betracht kommenden Tänien-Arten aus dem Darm, in welchem sie schmarotzen.

In Ostindien und Indonesien werden vielfach die gepulverten gerbstoffreichen Arekanüsse, von *Areca catechu*, die sonst von jedermann mit einem Blatte des Betelpfeffers und etwas gelöschtem Kalk als Genußmittel gekaut werden, mit Kaffee oder heißer Milch vermischt, zum Abtreiben von

Würmern verwendet. Noch beliebter, weil viel wirksamer, ist dort der von den etwa 1 cm großen Früchten des kleinen, immergrünen Kamálabaumes (*Mallotus philippinensis*) abgeriebene drüsighaarige Überzug, der als ein leichtes, feines, weiches, ungleichförmiges, nicht klebendes braunrotes Pulver ohne Geruch und Geschmack in den Handel kommt. Der zu den Euphorbiazeen oder Wolfsmilchgewächsen gehörende kleine Baum oder Strauch mit abwechselnden, gestielten, ovalen, zugespitzten, unterseits filzig behaarten und mit roten Drüsen besetzten Blättern, innen rotdrüsigen Blüten in achselständigen Blütenständen und mit scharlachroten Drüsen dicht besetzten kirschgroßen Kapseln wächst in mehreren Varietäten in ganz Südasien, der malaischen Inselwelt, Neuguinea und Nordaustralien und liefert in den Früchten ein zum Brennen und als Abführmittel benutztes fettes Öl. Der als Kamála in den Handel gelangende drüsige Überzug der Früchte dient in Indien außer als Bandwurmmittel auch seit alter Zeit zum Färben von Seide und gibt ein schönes Orangebraun. Siedendes Wasser wird von ihm nur schwach gelb gefärbt; Eisenchlorid färbt diesen Auszug braun, Alkalien dagegen färben ihn dunkelrot. Die wirksame Substanz im Kamála ist außer 80 Prozent Harz das von Anderson in gelben Nadeln isolierte Rottlerin und ein gelber, kristallisierbarer Farbstoff. Im *hortus malabaricus* hat Rheede 1678 den Kamálabaum zuerst abgebildet. Die anthelminthische Wirkung des Drüsenüberzuges seiner Früchte wurde erst 1841 von Irvine in Kalkutta empfohlen. 1864 wurde es in die englische Pharmakopoe, 1871 auch in die deutsche aufgenommen. Man sammelt die Handelsware in Indien fast ausschließlich von wildwachsenden Bäumen. Man pflückt die Früchte im März, schüttelt sie in Sieben und reibt den Rest der Drüsen vollends ab. Zu einer Bandwurmkur genügen 6–10 g davon. Vor dem Kusso hat es den Vorzug, weniger leicht Übelkeit und Erbrechen zu erregen und zugleich abführend zu wirken. Auch gegen Hautkrankheiten wird es benutzt.

In Südarabien und den gegenüberliegenden afrikanischen Ländern wird seit alter Zeit ein als Wurrus bezeichnetes, dem Kamála ähnliches Präparat als Bandwurmmittel benutzt. Es sind die kleinen Drüsen der jungen Hülsen eines Schmetterlingsblütlers (*Crotalaria erythrocarpa*), die dem Kamála analoge Substanzen enthalten und Seide goldgelb färben, und zwar noch intensiver als Kamála.

Als Volksmittel gegen Bandwurm sind endlich noch die Samen des aus Amerika bei uns eingeführten Riesenkürbis (*Cucurbita maxima*) zu erwähnen, die zu 60–80 Stück, zerstoßen und mit Wasser verrieben, als Emulsion getrunken werden.

Im Klistier gegen Eingeweidewürmer, besonders aber äußerlich in Form von Pulver oder Tinktur gegen Läuse werden die aus Mittelamerika stammenden Sabadillsamen oder Läusekörner benutzt. Sie werden von einem stattlichen, bis 2 m hohen Zwiebelgewächs aus der Familie der Liliazeen (*Sabadilla officinarum*) hervorgebracht, das in ganz Mittelamerika und Venezuela heimisch ist und an den Küsten des Golfes von Mexiko auch kultiviert wird. Die Handelsware wird vorzugsweise in Venezuela meist von wildwachsenden Pflanzen gesammelt und kommt über Caracas beziehungsweise La Guayra, dem Hafen von Caracas, an erster Stelle nach Hamburg. Sie sind bis 8 mm dick, länglich, unregelmäßig kantig und von einer dünnen, glänzend braunschwarzen Samenschale umgeben. Sie enthalten etwa 4 Prozent Alkaloide, die das offizinelle, käufliche Veratrin bilden. Dieses ist kein einheitlicher Körper, sondern ein inniges Gemenge mehrerer Alkaloide, nämlich vorwiegend Cevadin und Veratrin, außerdem Cevadillin, Sabadin, dem zum Teil an Cevadinsäure und Veratrumsäure gebundenen Sabadinin und Veratramarin. Die wichtigste Anwendung der Sabadillsamen ist die Gewinnung des Veratrins, das bei Neuralgien, Rheumatismus und Lähmungen als Irritans meist in Salbenform eingerieben wird.

Die Spanier lernten um 1570 als erste Europäer den Sabadillsamen als Mittel gegen Läuse bei den Azteken Mexikos kennen. 1572 erhielt bereits der Arzt Nikolaus Monardes in Sevilla ein Muster davon zugeschickt. Dieser und der später lebende Hernandez, der eine Abbildung der Pflanze 1651 veröffentlichte, verglichen die Pflanze ihres Blütenstandes wegen mit der Gerste, spanisch *cebada*, und nannten sie im Gegensatz zu jener mit dem Diminutiv *cebadilla*, woraus dann später *sabadilla* wurde. Lemery bezeichnet die Pflanze direkt als eine Art Gerste. Im Jahre 1726 bildete der Sabadillsamen einen wichtigen Bestandteil des französischen „Kapuzinerpulvers" und kam in der Folge auch unvermischt zur Vertilgung von Ungeziefer in allgemeinen Gebrauch. Für den vom Apotheker Wilhelm Meißner in Halle 1818 in den Läusesamen aufgefundenen basischen Körper Sabadillin gebrauchte der Entdecker 1821 zum erstenmal den Ausdruck „Alkaloid", der dann zur Bezeichnung aller Pflanzenbasen in Aufnahme kam. Die beiden französischen Apotheker Pelletier und Caventou stellten 1819 zum erstenmal den von ihnen Veratrin genannten Stoff dar. Die Stammpflanze wurde nämlich zu dieser Zeit mit der wissenschaftlichen Bezeichnung *Veratrum officinale* belegt.

Schon im Altertum wurde der Senf sowohl als Gewürz, als auch als Arzneimittel innerlich und äußerlich gebraucht. Die Griechen nannten ihn *sinēpi* oder *nápy*, eine Bezeichnung, die dann die Römer mit der Pflanze von ihnen übernahmen. Wahrscheinlich wurde im Altertum vorzugsweise der schwarze Senf (*Brassica nigra*) angebaut, der heute noch in Südeuropa bevorzugt wird. Wenigstens verlangt der um die Mitte des 1. Jahrhunderts n. Chr. lebende griechische Arzt Dioskurides als Merkmal eines guten Senfes, daß er gestoßen grün aussehe, womit nur der schwarze Senf gemeint sein kann. Auch Palladius im 4. Jahrhundert n. Chr. spricht sich in demselben Sinne aus. Die Hippokratiker wandten ihn besonders bei Brustkrankheiten zur Beförderung des Auswurfs an. Dioskurides sagt von ihm, er erwärme und ziehe, wenn er gegessen wird, den Schleim an sich. Gepulvert geschnupft errege er Nießen. Er werde außer innerlich auch äußerlich als Reizmittel verwendet. In Wasser erweichte, dann zerriebene und mit Olivenöl gemischte Senfsamen reibe man in schmerzende Stellen ein. Scribonius Largus und Alexander Trallianus (im 6. Jahrhundert) empfehlen den Senf als Heilmittel. Auch im Mittelalter wurde er als solches verwendet. 1607 wird Senfmehl in der Apothekertaxe der Stadt Schweinfurt angeführt. 1608 meldet der Italiener Porta, daß das aus den Samen gepreßte fette Öl flüssiger und schärfer erhalten werde, wenn die Samen vorher in Wasser erweicht würden. Die Notwendigkeit des Wassers zur Senfölbildung wies zuerst Glaser 1825 nach, und 1840 fanden Boutron und Frémy, daß dabei ein Ferment wirke. Heute wissen wir, daß in den Senfsamen außer Sinapin und Sinapinsäure das aus myronsaurem Kalium bestehende Glykosid Sinigrin enthalten ist, das unter dem Einfluß des ebenfalls darin enthaltenen Fermentes Myrosin bei Gegenwart von Wasser (unter Aufnahme eines Molekels desselben) Allylsenföl, Traubenzucker und Kaliumhydrosulfat und als Nebenprodukte Allylcyanid, Schwefelkohlenstoff und freien Schwefel liefert. Meist wird das Senfmehl als Senfteig und Senfpapier zur Ableitung von allerlei Schmerzen und Entzündungen innerer Organe äußerlich angewendet, wobei eine hauptsächlich durch das Allylsenföl hervorgerufene Rötung der Haut eintritt.

Auch die 6 Prozent Schleim enthaltenden Leinsamen wurden schon im Altertum innerlich als reizmilderndes, einhüllendes Mittel bei Darmkatarrh mit Diarrhöe und Blasenentzündung und äußerlich zu Kataplasmen verwendet. Als solches benutzten sie sowohl die Hippokratiker als die Ärzte der römischen Kaiserzeit. Im 12. Jahrhundert empfahl sie die heilige Hildegard von Rupertsberg bei Bingen zu Umschlägen. Zu letzteren ist das entölte Leinsamenmehl besser als das ölhaltige, da es mehr Wasser als jenes bindet.

Die 22 Prozent Schleim enthaltenden Quittenkerne wurden erst von den Arabern medizinisch benutzt; von diesen lernten die europäischen Ärzte deren Verwendung als einhüllendes Mittel und Beigabe zu Augenwässern. Heute werden sie nur noch selten dafür gebraucht.

Als reizmilderndes, einhüllendes Mittel bei Husten wird seit 1837 in Deutschland der durch Graefe nach Berlin gelangte krause Knorpeltang (*Chondrus crispus*) verwendet. Dieser wächst überall an der felsigen Küste des nördlichen Atlantischen Ozeans und dient den armen Küstenbewohnern Irlands als Nahrungsmittel und Volksheilmittel. Von der irischen Bezeichnung Carraigeen, d. h. Felsenmoos, rührt die bei uns dafür gebräuchliche Bezeichnung Carrageen her. In Dublin wurde es 1831 als Ersatz des teuren arabischen Gummis angewandt. Außer dem Norden und Nordwesten Irlands liefert die Küste von Massachusetts in den Vereinigten Staaten die größte Menge der Droge in Form der getrockneten, höchstens handgroßen, gelappten Vegetationskörper dieser Meeresalge teilweise mit *Gigartina mamillosa* vermischt. Andere Meeresalgen dürfen nur in sehr geringer Menge darin vorhanden sein. Die im frischen Zustande schwarzrot, violettrot bis grünrot gefärbten Algen werden in Fässern mit Süßwasser ausgewaschen, an der Sonne gebleicht und getrocknet. Der rote, Phycoerythrin genannte Farbstoff zersetzt sich in den toten Pflanzen und läßt sich mit Wasser ausziehen. Die getrocknete Droge ist bräunlich- bis weißgelb, steifknorpelig, durchscheinend und entwickelt, mit kaltem Wasser aufgequollen, den charakteristischen Meeresgeruch. Sie schmeckt schleimig-fade und enthält neben 6,3 Eiweißstoffen 80 Prozent Carrageenschleim, der in der lebenden Pflanze den Zweck hat, sie während der Ebbe durch Zurückhalten von reichlich Wasser vor dem Austrocknen zu bewahren. Außer in der Medizin und als leichtverdauliches Nahrungsmittel finden die Carrageen auch in der Technik als Klär- und Klebemittel, als Bindemittel bei Wasserfarben usw. viel Verwendung. Die 18 Prozent Asche, die sie beim Verbrennen zurücklassen, enthält reichlich Chloride und Sulfate, weniger Jodide und Bromide. Letztere sind reichlicher in der Asche anderer Meeresalgen enthalten, so vor allem im Blasentang (*Fucus vesiculosus*) und seinen Verwandten, die als Kelp oder Varek an den Küsten der Bretagne und Irlands gesammelt und getrocknet werden, um nach ihrer Verbrennung daraus durch Destillation mit Braunstein und Schwefelsäure das im Meerwasser nur in Spuren vorhandene Jod zu gewinnen.

In derselben Weise wie die Carrageen dient eine im Indischen und Stillen Ozean weitverbreitete Rotalge (*Eucheuma spinosum*) besonders an den Küsten Chinas und Japans als Volksnahrungsmittel. Sie enthält als Hauptbestandteil eine pektinartige Gelose und kam im Jahre 1840 unter dem Namen Agar-agar als Heilmittel nach Europa. Sie dient in der Appretur, Konditorei und Küche. Für die Heilkunde ist sie insofern sehr wichtig, weil aus ihr die Gallerte gewonnen, die zur Herstellung von festen Kulturböden zur Reinzucht von Bakterien in der Bakteriologie eine so große Bedeutung erlangt hat, weil sie im Brutschrank bei viel höherer Temperatur als die gewöhnliche Gelatine tierischen Ursprungs noch in festem Zustande verharrt. Deshalb ist sie zur Kultur aller nur bei Bluttemperatur gedeihender Bakterien unumgänglich nötig. Wie sie enthält auch die an denselben Meeresküsten wachsende *Gracilaria lichenoides* nicht unbedeutende Mengen von Nährstoffen und wird daher ebenfalls sowohl direkt als Speise genossen als zu Agar-agar verarbeitet.

In etwas höheren Wasserschichten als die Rottange siedeln sich an den Meeresküsten die Brauntange an, die die Leitpflanzen der oberen, zwischen Ebbe- und Flutgrenze gelegenen Litoralzone darstellten. Vermöge ihrer durch den braunen Farbstoff Phycophäin, der das Chlorophyll oder Blattgrün verdeckt, hervorgerufenen Braunfärbung vermögen sie sogar direkte Besonnung zu ertragen, ohne Schaden zu leiden. Außerdem entwickeln sie zum Schutze ihres Thallus oder Vegetationskörpers allerlei Haarbildungen, die ihn „wie eine Wolke" umgeben. Zu ihnen gesellen sich noch einige Rottange, die aber hier zum Schutze gegen das grelle Sonnenlicht meist bräunlich oder schwärzlich gefärbt sind. Solche Brauntange der Uferzone sind die Laminaria-Arten, von denen die in den Polarmeeren verbreitete *Lammaria digitata var. cloustoni*, der gelappte Fingertang, die offizinellen *Stipites laminariae* liefert. Aus dem stammartigen Teile des Thallus werden die in der Chirurgie und Frauenheilkunde früher mehr als heute gebrauchten Laminariastifte hergestellt, die zum Erweitern von Kanälen, besonders des Uterushalses, dienen. Beim Eintrocknen der Alge sind sie stark zusammengeschrumpft und dünn, quellen aber infolge ihres großen Schleimgehaltes bei späterem Feuchtigkeitszutritt stark auf und schaffen so eine ausgiebige Erweiterung der Kanäle, in die sie eingelegt werden. Nur weil sie sich nicht sicher sterilisieren lassen, sind sie neuerdings mehr und mehr außer Gebrauch gekommen.

Gleicherweise verhält es sich mit den blutstillenden Spreuhaaren von den Stengeln verschiedener meist baumartiger Farne aus der Gattung Cibotium, die in ihrer Heimat Südasien von alters her zur Blutstillung auf Wunden gelegt wurden. Sie bilden sehr weiche, seidig-wollige, goldgelbe oder gelbbraune, fast metallisch schimmernde Massen und kommen als Penghawar-Djambi (nach der Provinz Djambi auf Sumatra so genannt) in den Handel. In Europa wurden sie erst gegen die Mitte des vorigen Jahrhunderts bekannt. Sie enthalten außer ihrer auf die Kapillarität zurückzuführenden Hauptwirkung Gerbstoff, Harz, Wachs und Humussäure. Infolge der Endosmose füllen sich die Hohlräume zwischen den einzelnen Härchen augenblicklich mit dem austretenden Blut und bewirken so eine Gerinnung desselben. Früher wurden sie besonders gegen Nasenbluten viel verwendet. Dies ist in ganz Südasien heute noch der Fall, außerdem dienen sie vielfach zur Ausfüllung von Kissen und Matratzen, da sie ein sehr weiches Polster liefern.

Endlich haben wir noch der Bärlappsamen zu gedenken, die als austrocknendes Streupulver bei Wunden (dasselbe ballt sich nicht zusammen und wird vom Wundsaft so wenig als vom Wasser benetzt), zum Bestreuen der Pillen, damit sie nicht zusammenkleben, zu Feuerwerk und als Blitzpulver reiche Verwendung finden. Es sind dies die auf ungeschlechtlichem Wege in besonderen Gehäusen der fruchtenden Blätter von Wasserfarnen der Gattung *Lycopodium* entstandenen Sporen, die einst als Erdschwefel, Druden- oder Hexenmehl zu allerlei abergläubischen Kuren Verwendung fanden; auch wurden sie samt dem sie erzeugenden Kraut als harntreibendes Mittel bei Blasenleiden benutzt. Gegenüber der Mannigfaltigkeit und Größe der Bärlappgewächse der paläozoischen Zeit, die besonders in der Karbonperiode in den Sigillarien und Lepidodendren Riesen von 30–40 m Höhe hervorbrachten, sind die heute noch lebenden Vertreter winzige Kräutlein, die hauptsächlich in den Tropengebieten der Erde verbreitet sind; doch kommen mehrere Arten auch bei uns vor und sind besonders im Gebirge stellenweise sehr häufig. Der gewöhnliche Lieferant des Bärlappsamens ist *Lycopodium clavatum*, der „genagelte" Bärlapp, nach den langen, nagelförmigen Blättern so genannt. Im Deutschen Reich, in der Schweiz und dem für uns als Hauptproduktionsland mit in Betracht kommenden Rußland werden die endständigen, dachziegelartig sich deckenden Fruchtblätter mit den an deren Innenseite befindlichen nierenförmigen, zweiklappig aufspringenden Sporangien im Juli und August kurz vor der Sporenreife geschnitten, an der Sonne getrocknet, ausgeklopft und zum Ausscheiden von Verunreinigungen gesiebt. In manchen Teilen Europas finden auch *L. annotinum* und *complanatum*, seltener auch *L. alpinum* und *innundatum* Verwendung zur Gewinnung der Sporen, die blaßgelb, sehr beweglich und leicht sind und sich fettig anfühlen. Die verschiedenen Lycopodiumarten waren den alten Botanikern als „Erdmos" bekannt. 1587 führte Dodonäus für *L. clavatum* die Bezeichnung *pes lupi* (= griechisch *lykopodion*) Wolfsfuß — wegen der weichhaarigen Zweigspitzen — ein. Bock bildete die Pflanze unter dem Namen „Beerlapp", d. h. Bärenfuß — nach der Form der Zweigspitzen — ab. 1649 finden wir *Lycopodium* als Puder zum Bestreuen von Wunden medizinisch verwendet, und seit 1664 wird es als *Lycopodium* in den Apothekertaxen angeführt.

XXVIII.
Die Geschichte des Ziergartens.

Die ersten Gärten der Menschheit waren begreiflicherweise rohe, ausschließlich für die Küche berechnete Nutzgärten, aus denen sich erst auf einer beträchtlichen Höhe der Kultur eigentliche Ziergärten entwickeln konnten, die nicht mehr nur praktischen Zwecken, sondern vielmehr zur Befriedigung ästhetischen Lebensgenusses dienten. Solche sind wohl zweifellos an den Urstätten menschlicher Kultur in Zentralasien zuerst geschaffen worden. Beim kurzköpfigen, uralaltaischen Volke von Sumer und Akkad, das den Grund zur altbabylonischen Kultur in Mesopotamien legte, werden sie vor 6000 und mehr Jahren ebensogut vorhanden gewesen sein, wie bei den ältesten Chinesen, bei denen sich schon 3000 Jahre vor unserer Zeitrechnung Ziergärten um die königliche Residenz und um die Landhäuser der Vornehmen vermuten lassen. Gemäß den verfeinerten Lebensgewohnheiten dieses uralten, aus Zentralasien stammenden Kulturvolkes schufen sich dessen Herrscher und Fürsten in ihren geräumigen Gärten ideale Landschaften, die in bunter Abwechslung allerlei Szenerien in verkleinertem Maßstabe vorführten. Die älteste Beschreibung solcher chinesischer Ziergärten verdanken wir dem Engländer William Chambers, der in China gewesen war und in den Jahren 1757 und 1772 zwei Bücher über chinesische Gebäude und chinesische Gärten herausgab, die seinerzeit in Europa außerordentliches Aufsehen erregten und hier zur Nachahmung wenigstens der letzteren reizten, woraus dann der neue englische Landschaftsgarten hervorging. Nach seiner Beschreibung gab es in diesen chinesischen Gärten bald sanft gerundete, bald felsige Berge von wenigen Metern Höhe, von denen sich Wasserläufe in schäumenden Kaskaden herabstürzten, um sich durch liebliche, baumbestandene und grasige Ebenen zu winden und in mit Wasserpflanzen und Getier aller Art belebten Seen zu sammeln. Brücken in allen möglichen Formen, geschweift und eben, gerade oder im Zickzack, führten von einem Ufer zum andern oder auf blumenbedeckte, kleine Felseninseln. An den Ufern der Teiche, in den Ebenen zwischen Blumenpflanzungen und im Schatten von majestätischen Baumgruppen, auf den Gipfeln der Berge und Felsen standen die mannigfaltigsten, bunt bemalten und lackierten Lusthäuschen, deren Dachecken mit zierlichen Glöckchen behängt waren. Der ganze Garten war mit Leben erfüllt; im Gebüsch erscholl der liebliche Gesang der Nachtigallen und anderer Sänger aus der Vogelwelt, das Girren der Turteltauben, das Rufen der Pfauen, Gold- und Silberfasanen, Hühner verschiedenster Art, Wachteln usw., während von den Teichen das Geschnatter der Enten und Gänse erklang.

Ebenso lieblich wie diese waren die Parkgärten Japans, die in Nachahmung der chinesischen, der Bevölkerungsdichte und dem damit zusammenhängenden Raummangel des Landes entsprechend, in Verbindung mit einer hoch ausgebildeten Liebe und Kenntnis der Natur eine gleichsam potenzierte Ausbildung des chinesischen Gartenstils aufwiesen und heute noch aufweisen. Alles im japanischen Garten ist noch weiter ins Kleine und Feine reduziert und, um auf dem beschränktesten Raum einen Park mit allem Zubehör errichten zu können, lernte man die sonst groß werdenden Bäume in Zwergformen ziehen, so daß es möglich wurde, selbst hundertjährige Exemplare in Töpfen zu halten.

Das Land, von dessen Gärten wir die ältesten geschichtlichen Urkunden und ausführliche bildliche Darstellungen an den Wänden der Grabkammern der Vornehmen besitzen, ist Ägypten. Um die Häuser, die, wie überall im Morgenlande, aus einem rechteckigen, von Gemächern umgebenen Hofe bestanden, zogen sich Reihen schattenspendender Bäume. Nach einer Richtung verlängerten sie sich und umschlossen ein rechteckiges Wasserbecken, das Lotosblumen und Teichrosen barg und zahlreichen Fischen und mannigfaltigen Wasservögeln zum Aufenthalte diente. Vielfach war es so ausgedehnt, daß es mit buntgeschmückten Gondeln befahren werden konnte. Der Regenmangel des Landes erzeugte das Bedürfnis, diese vornehmlich aus Sykomoren, Dattelpalmen, Zypressen und Platanen bestehenden Baumgärten ausgiebig zu bewässern, indem man das Wasser der aus dem Nil gespeisten Kanäle durch dieselben hindurch in die Bassins leitete. Buntbemalte Lusthäuser luden zur Rast ein, und im Schatten der Reblauben, Feigenbäume und anderer Obstbaumsorten lustwandelte der reiche Ägypter, der sich solchen Luxus leisten konnte, in seinen Mußestunden mit seiner Familie und seinen Freunden. Hier saß er beim Brettspiel oder hörte auf die Musik der Harfen, Flöten und Lauten und sah dem langsamen, feierlichen Tanze der Frauen zu, während seine Kinder unter den Bäumen mit ihren Bällen und Puppen spielten. Eine Menge von Dienern und Sklaven wartete der Befehle des Herrn in Haus und Garten. Ein Verwalter führte die Aufsicht über Haus und Grundstück, während ein Obergärtner die Sklaven in der Pflege des Gartens anleitete.

Ein solcher von schattenspendenden Bäumen bestandener Garten galt den alten Ägyptern als der Inbegriff des Reichtums und behaglichen Lebens. In einem in Bulak aufbewahrten Papyrus spricht der alte Schreiber zu einem begüterten Vornehmen: „Du hast dir ein bewässertes Grundstück angelegt, du hast dein Gartenland mit Hecken umgeben, Sykomoren hast du in Reihen gepflanzt, wohl sie ordnend auf dem ganzen Gebiete bei deinem Hause. Du füllst deine Hand mit allen Blumen, welche dein Auge erschaut..." Und den Blumengärten wurde von den Ägyptern wie den Gemüse- und Obstgärten große Aufmerksamkeit geschenkt. So sehen wir einen solchen in einem

Königsgrabe in Theben dargestellt. Alle Blumenbeete sind darin halbmondförmig angelegt und die Blumen darin in dem Beetrande parallel geschweiften Reihen gepflanzt. Jedes Beet trägt andere Blumen, die wir jedoch nicht recht zu bestimmen vermögen.

Auf einem Gemälde des Grabes Amenhoteps III. aus der 18. Dynastie (1411–1375) in Theben sehen wir eine Villa des Pharao mit Türmen, Obelisken und einem tempelartigen Bau. Davor erstreckt sich ein prächtiger Blumen- und Obstgarten, in der Mitte von einem Kanal durchzogen und von einem Teich bewässert. In ihm wachsen Lotus und Papyrus, und um ihn ragen verästelte Sykomoren. Die von ihren Dienerinnen umgebene Herrin des Hauses empfängt hier eben Damenbesuch und reicht einer der Geladenen einen schön gebundenen Blumenstrauß in Gestalt eines Füllhorns dar. Auf einem andern Wandgemälde in Theben blicken wir in Haus und Garten eines reichen Ägypters. Da bemerken wir unter anderem eine Frau, welche sich einen Ölzweig gepflückt hat und unter Granat- und Feigenbäumen dahinwandelt; eine andere tritt eben zur Pforte ein. Sie führt an ihrer Hand zwei Kinder, die sich mit Rebenranken geschmückt haben. Eine Dienerin trägt ihnen das Spielzeug und ein Rebmesser nach, vermutlich um Trauben, die in Fülle am Spaliere prangen, zum leckeren Mahle zu schneiden.

Damit die Seele, der *ka*, des Verstorbenen sich im kühlen Schatten laubreicher Bäume ergehen und an Farbe und Duft der Blumen erfreuen könne, legte man vor den Gräbern kleine Gärten mit Wasserbassins an, die aus benachbarten Kanälen gespeist wurden. Oft liest man auf Grabstelen des neuen Reiches (1580–1205 v. Chr.) die Formel: „Möge ich wandeln am Ufer meines Teiches Tag für Tag ewiglich; möge meine Seele sitzen auf den Zweigen der Bäume in meinem Grabgarten, den ich mir bereitet habe; möge ich mich erfrischen tagtäglich unter meiner Sykomore.“ Eine dieser Epoche angehörende Stele aus Theben, die sich nun im Museum von Bulak befindet, bringt eine Illustration zu diesen Worten. Auf der annähernd perspektivisch gehaltenen Darstellung des Grabgartens bemerken wir links, am Fuße einer Bergkette gelegen, drei Totentempelchen. Seitwärts kniet mit in Anbetung erhobenen Händen der Selige, der aus seiner Grabkammer herausgegangen ist, um im Garten zu lustwandeln. In demselben stehen neben einer Sykomore zwei sehr naturgetreu gezeichnete Dattelpalmen mit schweren Fruchtgehängen, unter welchen auf einem Opfertisch Brote als Totenspeise liegen. Der Grabgarten des zur Zeit der 18. Dynastie (1580–1530 v. Chr.) lebenden vornehmen Anna in der Totenstadt von Theben enthielt nach dem auf uns gekommenen Verzeichnis 90 Sykomoren, 170 Dattelbäume, 3 Mimosen, 5 Granatbäume, 2 Behennußbäume usw. und 12 Reben. Nach dieser bedeutenden Zahl von Bäumen muß er also ziemlich groß gewesen sein.

Zu den vornehmsten Geschenken der ägyptischen Könige an ihre Gottheiten, denen sie ihren Dank für Siege und sonstiges Wohlergehen abstatten wollten, gehörten außer den prächtigen Tempeln, deren Wände allseitig mit buntfarbigen Darstellungen aus dem Leben des Spenders geschmückt waren, auch dementsprechende Gartenanlagen, die das Heiligtum umgaben. So heißt es in der Schenkungsurkunde des Königs Ramses III. (20. Dynastie, 1198–1167 v. Chr.) von den Gaben an den Sonnengott in Heliopolis: „Ich machte dir große Gärten, versehen mit ihren Bäumen, mit Reben und Ölbäumen. Ich versah sie mit Gärtnern, zahlreichen Leuten, um reines, bestes Öl zu bereiten und damit die Lampen in deinem prächtigen Tempel anzuzünden. Ich machte dir Baumplätze und Gehölze mit Bäumen, Dattelpalmen, auch Weiher, versehen mit Lotusblumen, Binsen, Gräsern und Beeten mit süßen, wohlriechenden Blumen jedes Landes für dein schönes Antlitz...“

Besonders groß und prunkvoll mit hübschen Anlagen und Alleen von Schattenbäumen geschmückt waren zur Zeit des neuen Reiches (1580–1205 v. Chr.) die Gärten um den Reichstempel, den großen Amonstempel in der Hauptstadt Theben. Von dem prachtvollen Vorhof desselben in Luxor, der alten südlichen Vorstadt von Theben, den die Baumeister Amenhoteps III. (1411–1375 v. Chr.) mit unerhörter Kühnheit aus zwei Reihen mächtiger, wohlproportionierter Säulen mit Kapitellen in Form von aufbrechenden Papyrusknospen angelegt hatten, erstreckten sie sich bis zum glänzenden Pylon, den derselbe König vor dem Tempel von Karnak errichtet hatte. Mitten durch sie hindurch führte eine Doppelreihe von steinernen Widdern, flankiert von Dattelpalmen, von einem Tempel zum andern. Die Gesamtwirkung jener herrlichen Schöpfung muß außerordentlich imposant gewesen sein. Die leuchtenden Farben der bunt bemalten Architektur mit den vergoldeten Säulen und Toren und den mit Silber ausgelegten Fußböden, darüber die an ihrer Spitze mit rot leuchtendem Kupfer verkleideten Obelisken, hoch sich erhebend über die nickenden Wipfel der grünen Palmen und des halb tropischen Blätterwerks, das wie ein Rahmen das Ganze einfaßte und auf der Oberfläche des Tempelsees sich spiegelte — alles dies muß einen prächtigen Eindruck gemacht haben, von dem die düstern Ruinen heute kaum eine Ahnung mehr geben.

Diese prunkvolle Anlage hat weit über ein Jahrtausend bestanden und wurde von späteren Pharaonen vergrößert. So erfahren wir, daß noch Ramses III. der 20. Dynastie, der von 1198–1167 v. Chr. regierte, in seiner Residenzstadt Theben einen weiteren prächtigen Bezirk und Garten für den Gott Amon errichten ließ, der nach einer uns erhaltenen schriftlichen Urkunde nahezu 8000 Sklaven zu seiner Bedienung erhielt. Schon diese große Zahl von

Angestellten läßt auf die Größe der Anlage schließen. Übrigens hatten alle größeren Tempelanlagen Ägyptens wie ihren Teich zum Baden, so auch ihren Garten zum Lustwandeln für den betreffenden Gott und seine Diener. Speziell von Ramses III. wird uns auch durch Inschriften bekundet, daß er nicht nur in seiner Residenz- und Hauptstadt Theben, sondern auch im ganzen Reiche zahlreiche Bäume pflanzen ließ, die in einem Lande, dem die natürlichen Wälder fehlten, erquickenden Schatten boten.

Viel weniger als von diesen Gärten der Ägypter wissen wir von denjenigen der alten Babylonier, die unter ähnlichen klimatischen Bedingungen Ruheplätze unter schattenspendenden Bäumen in von Wasser durchströmten Gärten liebten. Sehr stark von diesen gewöhnlichen Lustgärten Babyloniens wich eine besonders auffallende Anlage ab, von der uns etwas eingehender von einigen Schriftstellern des Altertums berichtet wird. Es sind dies die als eines der Weltwunder angestaunten „hängenden Gärten", die einst am Ufer des Euphrat bei der Stadt Babylon errichtet wurden, wie die Sage erzählt, von der assyrischen Königin Semiramis, die zahlreiche Züge der babylonischen Liebesgöttin Ischtar trägt, aber gleichwohl eine historisch greifbare Persönlichkeit darstellt, nämlich die auf den königlichen Inschriftsteinen von Assur Scha-ammu-ramat genannte „Frau des Palastes Samsiadads, des Königs der Welt, Königs von Assyrien, Mutter des (um 800 v. Chr. regierenden) Adad-nirari, des Königs der Welt, Königs von Assyrien". Sie war eine Babylonierin und muß als tatkräftige Herrscherin in den Kämpfen der Assyrer gegen das Reich Urartu, das die Stadt Van in seinem Mittelpunkt hatte und sich bis zum Urmiasee erstreckte, eine bedeutende Rolle gespielt haben. Auch scheint auf ihre Mitwirkung hin im Jahre 787 unter ihrem Sohne Adad-nirari der Gott Nebo von Babylonien nach Assyrien eingeführt, d. h. beide Reiche staatsrechtlich vereinigt worden zu sein. Ihr Enkel wurde dann Unterkönig von Babylon. Daß dann später die Meder, die sich um 600 v. Chr. des Quellgebiets des Euphrat und Tigris bemächtigten, sie als Reichsgründerin von Assyrien betrachteten, das doch zu ihrer Zeit schon 800 Jahre bestand, und ihr zahlreiche Züge der Liebes- und Kriegsgöttin Ischtar andichteten, beweist, daß die Erinnerung an sie in Armenien noch lange Zeit nach ihrem Tode lebendig blieb. Vollends sagenhaft wurde sie später bei den Persern. Das erfahren wir aus dem Bericht, den Ktesias, der griechische Leibarzt des persischen Großkönigs Artaxerxes II., um 400 v. Chr. in seiner Erzählung von der Königin Semiramis von ihrem Leben gab. Jedenfalls hat sie durchaus nichts mit den später so eng an ihren Namen geknüpften „hängenden Gärten" Babylons zu tun.

Der tatsächliche Erbauer dieses Wunderwerkes war einer jener gewaltigen, mit unerhörter Machtfülle ausgestatteten Herrscher des Landes, nach dem Berichte des Berosus, der zu Beginn des 3. vorchristlichen Jahrhunderts

Belpriester in Babylon war und in griechischer Sprache ein Buch, betitelt: „Babylonisches und Chaldäisches", schrieb, Nebukadnezar, der von 604–561 als Mehrer des Reichs und Verschönerer seiner Hauptstadt Babylon herrschte und gewaltige Kanalbauten anlegen ließ. Der griechische Geschichtschreiber Diodoros berichtet in seiner zur Zeit Cäsars und Augustus' geschriebenen „historischen Bibliothek", daß dieser machtvolle Assyrerkönig, der seine Herrschaft bis an die Grenzen Ägyptens ausdehnte und im Jahre 586 Jerusalem zerstörte, diese hängenden Gärten für seine Gemahlin Amyitis errichtet habe, die, im Berglande Medien geboren, in der Euphratebene sich nach den Bergen und Wäldern ihrer Heimat sehnte. Sie bestanden aus einer 50 m und mehr hohen, bis 400 m breiten Pyramide mit mehreren übereinander getürmten Terrassen, die auf dicken, in geringen Abständen errichteten Backsteinmauern ruhten. Sie waren mit einer hohen Erdschicht bedeckt, in die nicht bloß Blumen und Ziersträucher, sondern große Bäume gepflanzt waren, die mächtig emporwuchsen und der ganzen Anlage das Aussehen eines bewaldeten Berges gaben. Pumpwerke führten aus dem Euphrat Wasser auf die oberste der Terrassen, um von hier in Röhren und Rinnen durch die ganze Gartenanlage zu deren Bewässerung zu strömen und auch noch die Bäder zu speisen, die mit allerhand anderen Gemächern und Grotten in die Seitenwände der Terrassen eingebaut waren. Die Wurzeln der Bäume mögen schließlich das Mauerwerk zersprengt und den Einsturz des ganzen wunderbaren Baues herbeigeführt haben, dessen Ruinen man heute noch am Euphrat erkennen zu können glaubt.

Über die Terrassengärten der Meder und Perser sind uns von den Griechen allerlei Berichte erhalten. Sie waren an steilen Bergabhängen angelegt, wo sich die Herstellung solcher von Mauern gestützter ebener Gärten in Terrassen von selbst ergab. Sie waren mit Treppen verbunden und von Wasserläufen durchzogen, die stellenweise anmutige Fälle bildeten und mit Wasserpflanzen erfüllte Becken, die auch Springbrunnen besaßen, speisten. Zwischen Reihen von schattenspendenden Bäumen, die von Singvögeln aller Art bewohnt waren, müssen Beete von märchenhafter Pracht der Rosen, Lilien, Safran und anderer Blumen gestanden haben. Im Mittelpunkt der Anlage standen schloßartige Häuser mit Säulenhallen, nach denen alle Wege führten. Außer solchen Gärten besaßen die Könige und Großen des Reiches ausgedehnte Jagdgebiete in Gestalt von eingehegten Parken, die von zahlreichem Wild belebt waren. Vom persischen dafür gebrauchten Worte *pardes*, das Park bedeutet, stammt die griechische Bezeichnung *parádeisos* und das deutsche Paradies für den in ähnlich wunderbarer Weise mit Bäumen bestandenen und von der mannigfaltigsten Tierwelt belebten Garten Eden, in welchem nach der jüdischen Schöpfungssage Gott die ersten Menschen aus Erde geschaffen haben soll. Nach den Schilderungen der Griechen müssen die Paradiese der Perserkönige Dareios und Kyros vollkommen parkartig ausgesehen haben. Sie lagen den gut unterhaltenen Poststraßen des

Reiches entlang, auf denen ein regelmäßiger königlicher Postdienst mit allen erst später unter den Römern und dann erst wieder in der Neuzeit eingeführten Bequemlichkeiten eingerichtet war, und beherbergten wohnlich eingerichtete Jagdhäuser, Scheunen und Stallungen für den König und sein zahlreiches Gefolge samt deren Pferden. In seiner Biographie des Alkibiades (um 450 in Athen geboren, veranlaßte seine Vaterstadt 415 zum verhängnisvollen Zug nach Syrakus, der über 8000 Athenern das Leben kostete, und wurde nach bewegtem Leben 404 in einem Schloß in Phrygien ermordet) sagt uns Plutarch: „Der persische Satrap Tissaphernes, zu welchem Alkibiades (im Jahre 412) geflohen, ehrte diesen so sehr, daß er sogar seinem schönsten Parke, der mit Springbrunnen, anmutigen Wiesen und mit königlicher Pracht ausgeschmückten Anlagen geziert war, den Namen Alkibiades gab, den der Park seitdem behalten hat."

Die von den Griechen als für sie etwas ganz Neues und Unerhörtes angestaunte Pracht dieser orientalischen Gärten steht völlig im Einklang mit der weichlichen Genußsucht ihrer Erbauer, die ihr Leben inmitten ihres Harems in üppigen Palästen und Gärten verträumten. Demgegenüber ist es bezeichnend, daß wir bis in die Zeit Alexanders des Großen, der im Juni 323 unerwartet in seinem 34. Lebensjahr in Babylon starb, nichts von Gärten der Griechen erfahren. In ihren kleinen städtischen Gemeinwesen nahm die Teilnahme am öffentlichen Leben, an der Politik und an den nationalen Wettkämpfen ihr ganzes Interesse in Anspruch. Ihre Tage verlebten sie meist außerhalb des Hauses, auf dem Marktplatz, wo es immer etwas Neues zu verhandeln gab, und nur soweit ihr Gewerbe sie dort festhielt, waren sie in ihrer schmucklos einfach eingerichteten Wohnung anzutreffen. Für die träge Ruhe des Gartengenusses der Morgenländer hatten sie weder Zeit noch Verständnis. Was uns der Künder altgriechischen Lebens, Homer, vom Garten zu erzählen weiß, läßt nur auf Obst- und Gemüsegärten schließen, von deren kunstmäßiger Anlage keine Rede ist. Wohl lagen die Tempel der olympischen Götter in Gärten, aber es waren dies keine Ziergärten, sondern des Schattens wegen angelegte heilige Haine, in denen vielfach Bildsäulen und andere Votivgegenstände aufgestellt wurden. Auch die Säulenhallen der Gymnasien, in denen die Knaben und Jünglinge vor allem in der körperlichen Ausbildung erzogen wurden und später auch die Philosophen ihre Schüler zu regelmäßigen Vorträgen versammelten, scheinen nur von Baumalleen umgeben gewesen zu sein. Was der Grieche an Blumen zur Ausschmückung der Tafel bei Gastmählern bedurfte, wurde in Nutzgärten gezogen und auf dem Markte zum Kauf feilgeboten. Einzig zwei Gärten werden uns im Athen der klassischen Zeit genannt, die als öffentliche Versammlungs- und Erholungsorte für das Volk dienten und in welchen den Männern, die sich um den Staat verdient gemacht hatten, Denkmäler errichtet wurden. Der eine befand sich in nächster Nähe der Akademie, dem Lehrorte Platons, und war in der zweiten Hälfte des 5. vorchristlichen Jahrhunderts unter dem

Staatsmann Kimon angelegt worden. Der andere lag am Lykeion, wo Aristoteles lehrte. Beide waren durch gerade Wege und Alleen regelmäßig eingeteilt, enthielten außer den Plätzen für die körperlichen Übungen schattige Alleen und Haine von Platanen, Terebinthen, Ulmen, Ölbäumen usw. zwischen grünen Rasenplätzen und waren mit Altären und Statuen geschmückt.

Viel später berichtet uns der griechische Geschichtschreiber und Geograph Pausanias, der zwischen 160 und 180 n. Chr. in seiner Periegesis eine wertvolle Schilderung der von ihm bereisten Länder gab: „Zu Athen hatte Apollon einen wunderschönen Hain, der aus Bäumen, die man in Gärten zu ziehen pflegt, und aus allen möglichen Pflanzen bestand, welche auch, ohne Frucht zu tragen, angenehm duften und lieblich anzusehen sind." Ein anderer Grieche, mit dem romanisierten Namen Longus, schildert uns seinen, allerdings mehr praktischen Zwecken dienenden Garten folgendermaßen: „Ich habe einen Garten, den ich mit eigener Hand besorge, und der zu jeder Jahreszeit seinen Ertrag liefert: im Frühling Rosen, Lilien, Hyazinthen und beiderlei Veilchen (nämlich Blauveilchen und Weißveilchen oder Levkojen), im Sommer Mohn, den weidenblättrigen Birnbaum und alle Äpfelarten."

Weniger bescheiden als in Griechenland mögen die Gärten in den reichen Handelsstädten Kleinasiens gewesen sein, wo der orientalische Einfluß den schon zuvor vorhandenen einfachen Hausgarten in den letzten Jahrhunderten der vorchristlichen Zeitrechnung immer größer und üppiger, mit zahlreichem Blumenflor und schattigen Ruheplätzen ausgestaltete. Dieser von künstlerischem Standpunkt, wie alles, was die Griechen unternahmen, eingerichtete Garten trug mancherlei vom Orient übernommene Blumen und Zierpflanzen, war aber im übrigen recht einfach. So lernten ihn die Römer in Unteritalien kennen und ahmten ihn bald nach. In dem Maße als das Bürgertum Roms wohlhabender wurde, ward das vordem vom Rauch des Herdfeuers geschwärzte Atrium zu einem als Empfangsraum benutzten weiten Vorraum umgewandelt, der in seiner Mitte unter der Lichtöffnung ein kleines Wasserbassin zur Aufnahme des vom Dach zusammengelaufenen Regenwassers aufwies. Im hinteren Hausteil gruppierten sich die Gemächer um einen offenen, meist von Säulenhallen umgebenen Hof, das Peristyl, das, wie wir aus den Funden von Pompeji wissen, häufig sehr große Abmessungen hatte und mit der Zeit ganz in einen Garten verwandelt wurde. Regelmäßig gestaltete Rasenflächen und Blumenbeete zerlegten ihn in mehrere Rechtecke, die von niedrig gehaltenen Buchshecken eingesäumt waren und außer Rosenstöcken einzelne Sträucher von Lorbeer und Myrte trugen. In der Hofmitte befand sich gewöhnlich ein Wasserbecken, und zwischen den Säulen der ringsum laufenden Halle liebte man in der späteren Kaiserzeit aus dem Morgenlande eingeführte

Zedratzitronen in großen Tonkübeln aufzustellen, wie zur Zeit Ludwigs XIV. in Holzkübeln gepflanzte und in besonderen Orangerien überwinterte Pomeranzenbäume die Alleen der Prunkgärten einfaßten. Die Wände des Peristyls trugen meist bunte Malereien, die dem Ganzen ein vornehmes Gepräge verliehen, und aus dem Grün der Vegetation leuchteten farbige Statuetten hervor. Plätschernde Springbrunnen verbreiteten im Sommer angenehme Kühlung und im Gezweig der in Alleen gestellten Bäume trieben Vögel ihr munteres Spiel.

Besonders in Syrien verwendete man nach Plinius viel Fleiß auf die Gärten, zumal die Gemüsegärten, so daß ein griechisches Sprichwort sagt: „Die Syrer haben vielerlei Kohl." Auch ihre Obst- und Ziergärten müssen sehr sorgfältig gepflegt worden sein. Daß später die Römer mit Vorliebe syrische Sklaven, die in der höheren Gärtnerei, im Veredeln, Pfropfen, Vermehren und zweckmäßigen Beschneiden der Obstbäume einen besonderen Ruf im Altertum genossen und in aller Gartentechnik Meister waren, zum Besorgen ihrer eigenen Gärten und Obstkulturen benutzten, davon war bereits bei der Besprechung der Fruchtbäume die Rede. Ein ungenannter Grieche der hellenistischen Zeit gibt uns in den Geoponiká, einer wahrscheinlich ums Jahr 912 n. Chr. veranstalteten Sammlung von Auszügen aus guten alten griechischen Schriften über Land und Gartenwirtschaft, folgende Ratschläge zur Anlegung eines Ziergartens: „Der Garten (*parádeisos*) muß so liegen, daß man ihn von der Villa aus sehen, sich an seinem Anblick laben und die durch den Blumenduft gewürzte und dadurch gesündere Luft atmen kann. Er muß von einer Mauer oder anderen Umzäunung eingefaßt sein. Die Pflanzen selbst dürfen nicht unordentlich gemischt gepflanzt werden, als wenn gerade die Verschiedenheit angenehm ins Auge fiele, sondern sie müssen nach den verschiedenen Arten getrennt stehen, damit nicht die kleinen von den großen gedrängt oder der Nahrung beraubt werden. Die Räume zwischen den Bäumen müssen mit Rosen oder Lilien oder Veilchen oder Safran ausgefüllt sein. Diese gewähren einen lieblichen Anblick, Wohlgeruch, sind auch sonst zu brauchen, vermehren auch die Einkünfte und geben den Bienen Nahrung. Die Bäume müssen von Bäumen stammen, die in voller Kraft stehen; doch muß man im voraus wissen, daß die aus Samen gezogenen in der Regel schlechter sind als die von Ablegern stammenden. Noch besser als diese sind aber die veredelten, nicht bloß in betreff der Schönheit der Früchte, sondern auch an Fruchtbarkeit und baldigem Ertrag."

Als die Römer sich den ihnen bekannten Erdkreis unterjochten, kamen sie in ihren östlichen Provinzen mit der hellenistischen und asiatischen Kultur in enge Berührung. Die Folge davon war, daß die Vornehmen dieses einst rauhen, Ackerbau treibenden und Krieg führenden Volkes es in der luxuriösen Lebensführung ihren asiatischen Vorbildern gleich zu tun strebten. Mit dem Reichtum und den Kunstschätzen, die sie aus den eroberten östlichen Provinzen heimbrachten, überführten sie auch mit der Kenntnis orientalischer Sitten die dort altgewohnte Kunst, das Leben fern vom ermüdenden Treiben der Stadt in gartenmäßig verschönter Natur zu genießen. So füllte sich kurz vor und während der Kaiserzeit nicht nur die nähere Umgebung Roms, sondern ganz Italien mit prächtigen Gärten nach den Vorbildern des Ostens. In ihnen bildete die Villa, das große Landhaus, den Mittelpunkt, von dem die Anlagen des Gartens gleichsam ausstrahlten. Im Gegensatz zum Stadthaus, das auf engem Raum stets in der hergebrachten Weise mit Atrium und Peristyl errichtet wurde, pflegte man in der Villa den besonderen Liebhabereien des Erbauers Rechnung zu tragen und als Fortsetzung der Wohnung in die Natur hinaus ausgedehnte Gartenanlagen mit Frucht- und Zierbäumen zu errichten.

Einer der ersten vornehmen Römer, der orientalischen Gartenluxus in Rom trieb, war Lucius Licinius Lucullus, der Besieger der Könige Mithridates von Pontus und Tigranes von Armenien, der nach seiner Abberufung aus Kleinasien im Jahre 64 v. Chr., den Staatsgeschäften fern, seinen Liebhabereien lebte. Wie er aus Kerasos im Pontusgebiet den Kirschbaum nach Italien brachte, war er einer der ersten, der in der Baumzucht und Blumenkultur gewandte orientalische Gärtner nach der Heimat überführte, um hier solch schöne Gärten, wie er sie in den Kulturzentren des Ostens gesehen hatte, für sich erstehen zu lassen. Der griechische Schriftsteller Plutarch (50–120 n. Chr.) nennt die einst von Lucullus eingerichteten Gärten, von denen der bedeutendste auf dem heutigen Monte Pincio sich befand, geradezu märchenhaft. Zwischen Alleen von Obstbäumen lagen blühende Blumenbeete. Von Hecken versteckt befanden sich darin Mästereien für feines Geflügel und Teiche mit feinen Speisefischen. Daß dieser Römer den Freuden der Tafel huldigte, ist ja bekannt genug, so daß die Bezeichnung lucullische Mahlzeiten bald in Rom das Nonplusultra von Üppigkeit bezeichnete, was gewiß zu jener Zeit des aufkommenden Luxus etwas besagen wollte.

Die üppige Lebenshaltung dieses Lucullus läßt uns bereits den unerhörten Luxus mancher Reicher in der Kaiserzeit ahnen. Plutarch kennzeichnet uns sein Treiben mit folgenden Worten: „Nachdem Lucullus ein berühmter Staatsmann und Feldherr geworden und ungeheure Reichtümer gewonnen hatte, verwendete er diese auf Lustbarkeiten, Schmausereien, Maskeraden, Fackeltänze, prunkende Gebäude, prachtvolle Alleen und Bäder, auf Gemälde, Bildsäulen und andere solche Dinge, namentlich aber auf seine Gärten, so daß noch zu unserer Zeit (2 Menschenalter nach des Lucullus Tod), wo doch die Pracht und Verschwendung aufs höchste gestiegen ist, die lucullischen Gärten unter den kaiserlichen für die allerprächtigsten gelten. — Er ließ auch am Meere und bei Neapel gewaltige Bauten aufführen, die größten Berge durchstechen, Kanäle und Seen, in die das Meereswasser geleitet wurde, rings um seine Häuser graben, ließ auf dem Meere selbst Paläste bauen, so daß ihn der Stoiker Tubero den römischen Xerxes nannte. Bei Tusculum hatte er eine Menge Villen, sie hatten hohe Warten mit weit in die Ferne reichender Aussicht und zahlreiche schöne Alleen und Pavillons. Dabei hatte er die Einrichtung getroffen, daß er, wie er selbst äußerte, gleich einem Kranich oder Storche zu jeder Jahreszeit eine andere Wohnung beziehen konnte."

Schon zu des Lucullus Zeit, zu Ende der römischen Republik, umspannte ein reicher Kranz der schönsten Villen mit ausgedehnten Gärten die Umgebung Roms. Nicht bloß die Abhänge des Sabinergebirges, sondern auch die Campagna di Roma besaß ausgedehnte Villen, wie diejenigen des Cicero, Quintilius, Pompejus, der Valerier, Voconier und Claudier. Sie waren meist nach dem Muster eines Soldatenlagers angelegt und das Hauptgebäude hieß auch *Praetorium*, d. h. Feldherrnhaus. Ihr Reichtum an Teichen, Fontänen, Pflanzen, seltenen Tieren, Luxusgegenständen aller Art und architektonischen Nachahmungen griechischer und orientalischer Vorbilder muß geradezu erstaunlich gewesen sein. Einzelne Villen der Campagna hatten so große Gärten, daß diese von zwei bis drei der öffentlichen Heerstraßen durchschnitten wurden. Der Luxus stieg noch im Laufe der Kaiserzeit, während welcher ein prunkvoller Garten mit schönen Gebäuden, Tempeln und Bildsäulen sich an den andern reihte.

Einen guten Begriff der Anlage solcher Villen geben uns zwei Beschreibungen aus Briefen des jüngeren Plinius, des Schwester- und Adoptivsohnes des im Jahre 79 n. Chr. beim Vesuvausbruch umgekommenen älteren dieses Namens, der von 62–114 lebte und 103 Prokonsul in Bithynien und Pontus war, von wo aus er dem ihm befreundeten Kaiser Trajan Mitteilung von der bis dahin kaum gekannten Sekte der Christen machte. Er beschreibt seine beiden eigenen Villen, von denen die eine bei Ostia an der Tibermündung am Meere lag und nach der Fülle von Lorbeergebüsch *Laurentinum* hieß, während die andere sich in den Bergen Toskanas, also im Lande der Tusker befand, deshalb *Tuscum* hieß und ihrer kühlen Gebirgslage wegen im Sommer bewohnt wurde. Die erstere beschreibt er in einem Briefe an seinen Freund Gallus folgendermaßen: „Meine laurentische Villa, mein lieber Gallus, macht mir sehr viel Freude. Von dem einen Speisesaal hat man weithin die Aussicht aufs Meer, auf das Ufer und die reizendsten Villen. Ein anderer Speisesaal liegt dagegen so, daß man in ihm vom Meere nichts sieht und selbst bei tosendem Sturm das Brausen der Wogen kaum hört. Dieser Saal hat aber die Aussicht auf den Garten und den ihn umgebenden Weg für Wagen und Sänften. Derselbe ist mit Buchs und stellenweise mit Rosmarin eingefaßt. Denn der Buchs gedeiht nur da üppig, wo er von Häusern geschützt wird; wo er dagegen freisteht und vom Winde getroffen wird, verdorrt er. An der einen Seite des Weges zieht sich eine schattige Rebenpflanzung hin, in der man auch mit bloßen Füßen weich und bequem gehen kann. Der Garten ist dicht mit Maulbeer- und Feigenbäumen bepflanzt, denen dieser Boden ganz besonders zusagt, während andere Bäume nicht sonderlich gedeihen. Mitten im Garten steht ein Speisesaal, von dem man landeinwärts eine herrliche Aussicht hat. Man sieht auch von hier nach der Villa und einem Wirtschaftsgarten. An das Gebäude stößt ein bedeckter Gang, der an beiden Seiten Fenster hat, welche bei heiterem, ruhigem Wetter alle geöffnet werden, bei windigem aber nur auf der Seite, wo es windstill ist. Vor dem Gange ist eine von Veilchen duftende Terrasse."

Letztere dagegen schildert er in einem andern Briefe folgendermaßen: „Mein tuskisches Landgut, lieber Apollinaris, liegt in einer sehr gesunden Lage am Fuß des Apennins. Im Winter ist zwar die Luft so rauh und kalt, daß Myrten, Ölbäume und andere Gewächse, die eine anhaltende Wärme verlangen, absterben; doch gedeiht der Lorbeer ganz vortrefflich und leidet zuweilen vom Frost, jedoch nicht mehr als bei Rom. Der Sommer ist dagegen sehr mild und die Luft fast immer von sanften Winden bewegt. Die ganze Gegend ist höchst reizend. Stelle dir ein ungeheures Amphitheater vor, wie nur die Natur es schaffen kann. Eine sich weithin dehnende Ebene wird von Bergen umringt; die Berge tragen auf ihrem Rücken hohe, alte Wälder, in denen die Jagd reiche Beute gewährt. Am Gebirgshang entlang zieht sich ein Schlagwald und zwischen diesem erheben sich Hügel mit gutem, urbarem Boden. Der Wand entlang erstreckt sich eine ununterbrochene Reihe von Weinbergen, die unten von Buschwerk eingefaßt sind; dann kommen Wiesen und tiefgründige Felder. Die Wiesen sind dicht mit Blumen wie mit lauter Edelsteinen übersät. Der Klee und die übrigen Kräuter sind stets saftig; denn das Ganze wird durch nie versiegende Bäche bewässert. Gleichwohl ist es nirgends sumpfig. Mitten durch die Fluren fließt der Tiber und führt auf Schiffen die Erzeugnisse des Bodens zur Stadt.

Meine Villa liegt am Fuße eines sanft ansteigenden Hügels. Vor der Hauptfront derselben zieht sich eine Säulenhalle hin und vor dieser eine Terrasse mit vielen, von Buchs eingefaßten Beeten. Weiter unten kommt eine größere Rabatte und auf beiden Seiten derselben stehen Buchsbäume, die so geschnitten sind, daß sie Gestalten von verschiedenen Tieren vorstellen. Noch tiefer, da, wo der Boden eben ist, wächst weicher, zarter Akanthus. Rings herum zieht sich ein Heckengang mit niedrigem und mannigfach geschnittenem Gebüsch. Gleich daran stößt eine Allee in Gestalt eines Zirkus mit niedrig gehaltenem und in verschiedene Gestalten geschnittenem Buchs. Das Ganze ist von einer Mauer umgeben, die treppenförmig gezogener Buchs dem Auge entzieht. In einiger Entfernung liegt ein Wiesenplan, von Natur ebensoschön wie die eben beschriebenen

Kunstanlagen; weiterhin erstrecken sich Felder und viele andere Wiesen und Gehölze.

Von dem Speisesaal aus übersieht man die Terrasse, die Wiese, das Feld und den Wald. Es ist eine Rennbahn, ein Säulengang und weiter rückwärts ein Sommerhaus vorhanden, das einen kleinen, von vier Platanen beschatteten Platz einschließt. Auf ihm springt aus einem Marmorbecken ein Brunnen, der die Platanen und den unter ihnen befindlichen Grasplatz besprengt und erfrischt. Weiter unten im Garten sprudelt eine kleine Quelle hervor, welche in ein Becken fließt und lieblich murmelt. Es ist auch ein Teich im Garten, dessen Wasser sich in ein Marmorbecken stürzt und sich dabei in lauter Schaum auflöst.

Die Rennbahn, welche zu der Villa gehört, dehnt sich weithin aus, ist von Platanen umgeben, in der Mitte aber ganz frei. Die Platanen sind von Epheu umrankt, also unten von fremdem Laub grün, oben von eigenem. Der Epheu windet sich girlandenartig von einer Platane zur andern. Unten steht Buchs zwischen den Platanen; er ist nach außen von Lorbeer eingefaßt, dessen Schatten mit dem der Platanen zusammenfällt. Die Rennbahn läuft eine Strecke gradaus, bricht am Ende im Halbkreis ab, ist dort von Zypressen eingefaßt, durch deren dichteren Schatten kühl und finster. In den innern Kreisen und Gängen dagegen wechselt kühler Schatten mit Sonnenschein, und dort steht auch das Rosengebüsch. Aus diesen sich mannigfaltig krümmenden Gängen kommt man wieder auf gerade Wege, deren mehrere, von Buchs eingefaßt, nebeneinander laufen. Dort findet sich auch ein kleiner Grasplatz, dort in tausend Gestalten geschnittener Buchs und hier und da ist er selbst so geschnitten, daß er Buchstaben bildet, welche den Namen des Herrn und den des Gärtners darstellen. Dazwischen stehen kleine, zu Pyramiden geschnittene Obstbäume. Dieser schöne Platz ist auch mit niedrig gehaltenen Platanen geschmückt; hinter ihm steht glatter, sich ringelnder Akanthus (d. h. kultivierter *Acanthus mollis* im Gegensatz zum wildwachsenden *A. spinosus*, dem stachligen A.) und auf diesen folgen wieder verschiedene Gestalten und Namen.

Am Ende des Ganzen steht eine halbkreisförmige Bank von weißem Marmor, beschattet von Weinreben, die sich um vier Säulen aus karystischem Marmor schlingen. In der Bank sind Röhren angebracht, und aus diesen fließt Wasser; dasselbe strömt in ein niedliches Marmorbassin, das immer voll bleibt, ohne überzufließen. Will man auf der Bank speisen, so werden die Schüsseln und schweren Gerichte auf den breiten Rand des Beckens gestellt. Die leichteren schwimmen auf Schiffchen oder künstlich gebauten Schwimmvögeln und können so zu jedem Gaste gelangen. Dem Marmorbassin gegenüber steht ein Springbrunnen, dessen Wasser in die Höhe getrieben, dann aber in Röhren aufgefangen und weitergeleitet wird.

Nicht weit von der Bank steht ein Pavillon, um den sich bis aufs Dach hinauf Reben freundlich emporranken. Man ruht hier wie im Walde, ist aber in voller Sicherheit vor Regen. Auch hier ist ein Springbrunnen, dessen Wasser gleich weiter fließt. Hier und da findet man Marmorbänke, welche den Müden zu sanfter Ruhe einladen. An jedem Ruheplatz ist ein kleiner Brunnen, und die Einrichtung überhaupt so getroffen, daß der ganze Garten bewässert werden kann.“

In den Gärten der vornehmen Römer sorgte man vor allem für reichlichen Zufluß von Wasser, um allenthalben Kühlung zu spenden, rauschende Sturzbäche zu bilden, große, mit buntbemalten Marmorfiguren geschmückte Bassins zu füllen und Springbrunnen und andere Brunnen zu speisen. Hier ließ eine Nymphe Wasser aus einer Urne in ein Becken laufen, dort entquoll es dem Schnabel einer von einem Knaben gebändigten Gans als Springbrunnen. In seiner berühmten *Villa tiburtina*, die sich Kaiser Hadrian bei Tibur im Sabinergebirge erbaut hatte, war sogar ein großer künstlicher See mit kunstvoll gezimmerten Miniaturschiffen, auf dem sich der Kaiser Seeschlachten vorführen ließ. So zahlreich und kompliziert waren in manchen dieser Gärten die Wasserkünste, daß außer den zahlreichen Gärtnern ein eigener Wassertechniker, der *aquarius*, für ihre Instandhaltung angestellt werden mußte. Oft war auch ein Tiergarten damit verbunden, indem in eingehegten Räumen allerlei zahme Tiere, besonders Ziervögel, und in marmornen Becken Fische der verschiedensten Art gehalten wurden. Durch Tacitus kennen wir den Park am „Goldenen Hause“ des Kaisers Nero, der von beispielloser Pracht war, nicht bloß in bezug auf den architektonischen und den plastischen Schmuck, sondern auch was die zauberhaften Blumengärten und mannigfaltigsten Wasserkünste betrifft.

Wie Vespasians üppiger Sohn Domitian, der nach seines älteren Bruders Titus Tode am 13. September 81 den Thron der Cäsaren bestieg, um am 18. September 96 unter den Schwertstreichen des Prokurators Stephanus, des Gardeoffiziers Cornelius und mehrerer Gladiatoren aus sieben Wunden blutend sein durch gräuliche Schandtaten und übermäßige Grausamkeit verwirktes Leben auszuhauchen, die prunkvollste und ausgedehnteste aller Kaiserbauten auf dem Palatin mit Riesensälen in einem Walde von Säulen aus den kostbarsten Steinarten erbauen ließ, so ließ er sich ein an Pracht mit seinem Schlosse wetteiferndes Lustschloß auf dem Albanergebirge errichten. Es erhob sich in vier Terrassen, die ganze Ebene um Rom beherrschend, und umschloß in seinen ausgedehnten Gärten auch ein Theater und ein Amphitheater, in welchen zahllose Feste, besonders zu Ehren Minervas, gefeiert wurden.

An Ausdehnung und Mannigfaltigkeit der Bauten wurde diese Villenanlage Domitians noch weit durch die gewaltige, einen Umfang von 12 römischen Meilen aufweisende Villa Hadrians in Tibur überboten, deren großer künstlicher See vorhin erwähnt wurde. In seinem Landsitze, an dem er vom Jahre 118 bis zu seinem Tode 138 bauen ließ, suchte er die Erinnerungen seines rastlosen Wanderlebens durch die herrlichen Schöpfungen der griechischen Welt festzuhalten. Zwischen prächtigen Gartenanlagen erhoben sich über das Areal zerstreut zwischen Bergen und Tälern mit Wäldern, Wasserfällen und Grotten ein Hippodrom und ein Theater, eine griechische und eine lateinische Bibliothek. Großartige Prunksäle für festliche Empfänge wechselten mit einfacheren Bauten des täglichen Lebens, durch den erfreuenden Ausblick in mannigfache Gärten belebt. Im Hintergrunde scheinen die beiden berühmten Stätten attischer Philosophie, das Lykeion und die Akademie gelegen zu haben, schattige Haine mit Ruheplätzen, der Erinnerung an die großen Meister geweiht. Von ihnen gelangte man zu einem Prytaneion, einem kleinen Kuppelbau, das Solons alten Bau auf dem Markte in Athen wiederholte. In gleich spielendem Sinne hieß ein Bau die Poikile wie das athenische Vorbild, das nach den farbigen Wandgemälden die „Bunte“ hieß und vermutlich eine Gemäldesammlung barg. Zwischen ihnen lag die Canopus genannte Anlage, wo sich der Kaiser in den Frohsinn des namentlich von den lebenslustigen Griechen aus Alexandreia besuchten ägyptischen Badeortes zurückversetzen konnte bei dem Anblick eines mit ägyptischen Denkmälern geschmückten Wasserlaufs. An einer andern Stelle war das den Musen geweihte idyllische Tempetal — eine Nachahmung des thrakischen Vorbildes —, dann der heitere Hain des Elysiums neben dem düstern der Unterwelt zu sehen. Dazwischen sprangen wundervolle Wasserwerke, die von Flußläufen aus dem nahen Sabinergebirge gespeist wurden und den Kaiser, den Segner der griechischen Welt, der mit beispielloser Freigebigkeit den Griechenstädten Wasserleitungen und Wasserwerke wunderbarster Art erbaut hatte, an seine Tätigkeit als Kulturbringer im Osten des Reiches erinnern sollten.

Einen schwachen Abglanz dieser altrömischen Kaiserherrlichkeiten bewahrte das die Ansprüche des Imperiums an sich reißende Byzanz, bis auch dieses in greisenhafter Entartung dahinzuwelken begann. Nach dem endlichen Untergange der Weltherrschaft Roms verschwand in den Wirren und der Not der Zeit allmählich alle diese bis dahin beispiellose Pracht im Abendlande, wo die durch die Völkerwanderung mobil gewordenen Barbarenstämme die Schöpfungen der Römer wohl anstaunten, aber kein Verständnis für sie hatten, geschweige denn sie mit Sachverständnis übernehmen und weiterbilden konnten. Die politischen und zugleich auch geistigen Erben der Römer waren zunächst die Araber, denen im Laufe des frühen Mittelalters der größte Teil des römischen Weltreiches, nämlich Vorderasien, Afrika, Südspanien und Sizilien, zufiel. Aus den einstigen umherschweifenden Hirtenstämmen waren seßhafte Stadtbewohner geworden, die in den von ihnen eroberten alten Kulturländern die feinere Lebensführung der unterjochten Völker verständnisvoll übernahmen und ihren persönlichen Bedürfnissen anpaßten. So wurden die Villen und Gärten ihrer Vorgänger, die sie überall auf ihrem Siegeszuge vorfanden, für sie Vorbilder, nach denen sie ihre Städte mit einem Kranze üppiger Gärten umgaben, wie sie heute noch beispielsweise die Stadt Damaskus aufweist, eingeschlossen von hohen Mauern, wie es die Abgeschlossenheit des häuslichen Lebens ihrer Bewohner verlangte. Es waren regelmäßige Anlagen, mit breiten, geraden Hauptwegen und rechteckigen Feldern, auf denen im bunten Wechsel ein reicher Blumenflor mit lauschigen Plätzen von Schattenbäumen und farbigen Kiosken sich fanden. Auf abschüssigem Boden senkte sich der Garten in Terrassen, die mit Treppengängen verbunden waren. Mit raffiniertem Geschick war die Bewässerung, namentlich in wasserarmen Gegenden, durchgeführt. Offene Kanäle und unterirdisch geführte Ton- oder Kupferröhren durchzogen den Boden, jeden der Bäume des Gartens besonders speisend. Unter diesen spielte naturgemäß die Dattelpalme aus alter Anhänglichkeit die größte Rolle.

Im Garten des maurischen Sommerpalastes von Generalife (arabisch *dschenat al arif*, d. h. Garten des Baumeisters) in der Nähe der Alhambra (arabisch *kelât al hamrah*, d. h. die rote Burg) bei Granada aus dem 13. Jahrhundert führt ein in Marmor gefaßter Kanal das Wasser aus weiter Entfernung vom Gebirge in den hoch gelegenen Garten. In ununterbrochenen Kaskaden stürzt es in ihm hinab, um schließlich in ein Becken mit einem hohen Springbrunnen zu fließen, von wo es dem Garten in kleinen Rinnsalen zur Tränkung der Pflanzen zuströmt. Überaus groß war der Blumenreichtum dieser Gärten. Eine arabische Inschrift an einem der zierlichen Kioske dieses Gartens von Generalife sagt: „Dein Garten ist geziert mit Blumen, die von ihren Stengeln die süßesten Düfte aushauchen. Frische Luft durchstreicht den Zitronenbaum und verbreitet den Wohlgeruch seiner Blüten weit umher. Rund um mich her verbreitest du Harmonie, Blumen und Grün." Begreiflicherweise war der Eindruck, den die abendländischen Kreuzfahrer von solchen arabischen Gärten des Morgenlandes erhielten, ein sehr starker und nachhaltiger. „Darinne stund manig zederbaum mit eßten laubes riche" heißt es von einem sarazenischen Garten in einem Gedicht des Minnesängers Heinrich von Veldeke aus dem Jahre 1180, und man empfindet die große Bewunderung der Beschauer, wenn in solchen Springbrunnen von „grunem mermelstein" und die das dazu nötige Wasser herbeiführenden Leitungen „mit funffzig hoen swybogen" beschrieben werden.

Es ist immerhin wenig, was wir von den arabischen Gärten des Mittelalters wissen. Schlösser von märchenhafter Pracht mit den prunkvollsten Gärten müssen nach den Schilderungen der arabischen Schriftsteller aus jener Zeit die Kalifen aus dem Geschlechte der Abbasiden in Bagdad, der damals größten und in bezug auf Industrie und Wissenschaft bedeutendsten aller arabischen Städte, besessen haben. Von dem damals hier getriebenen Luxus meldet uns ein Gesandter des griechischen Kaisers in Byzanz, der im Jahre 917 mit einer Botschaft an den Fürsten der Gläubigen von Mosul aus den Tigris hinunterfuhr. Die Truppen bildeten vom Stadttor an im Paradeanzug Spalier und saßen auf silbernen und goldenen Sätteln. Das Schloß wimmelte von Hunderten von Kammerherrn nebst Tausenden weißer und schwarzer Diener. 38000 der kostbarsten Teppiche waren überall aufgehängt und 22000 waren zum Beschauen ausgestellt. Im kostbaren, mit Arkaden aus Marmor geschmückten Stall standen tausend Pferde, von denen jedes von einem kostbar gekleideten Bereiter am Zaum gehalten wurde. Im Tiergarten sah der Gesandte unter anderem vier prächtig aufgezäumte Elefanten und hundert Löwen. Dann führte man ihn zu einem zwischen zwei Wäldchen gebauten Pavillon. Darin war ein mit Zinn belegter Teich, 30 Ellen lang und 20 Ellen breit, der wie Silber glänzte. Darauf ruhten vier leichte, vergoldete und mit gestickter Leinwand ausgeschlagene Kähne. Um den Teich herum standen 400 Palmen, den unansehnlichen Stamm mit kostbarem indischen Tiekholz bekleidet, das von vergoldeten Reifen zusammengehalten wurde. Am besten aber gefiel dem Gesandten das „Baumhaus"; darin stand ein aus Silber und Gold verfertigter Baum, dessen Blätter im Winde zitterten. In den Zweigen saßen künstliche Vögel, welche sangen und girrten. In allen Teilen des auf das kostbarste ausgestatteten Schlosses boten Diener und Sklaven in Schnee gekühltes Wasser, Fruchtsäfte und Reisbier herum. Zuletzt kam man vor den Kalifen, der in schwarzen, goldgestickten Kleidern auf einem schwarzen Thron von Ebenholz saß, auf dem Haupte die edelsteingeschmückte Mitra. Vor ihm standen fünf Söhne, drei zur Rechten und zwei zur Linken. Die Audienz nahm den üblichen Verlauf. Nachher schickte man dem Gesandten 50 Beutel mit je 4000 Mark in sein Absteigequartier. Der Ehrenadjutant erhielt Ehrenkleider, da es noch keine Orden gab.

Den von prunkvollen Gärten umgebenen Schlössern liebte man schöne Namen zu geben, wie „das Liebesgestirn", „die Braut", „der König", „die Krone", „der Liebende", „der Geliebte". Außen erschienen sie ziemlich einfach, waren aber innen um so luxuriöser eingerichtet. Von den üppigen Sitten der hier Wohnenden zeugt die eine Tatsache, daß, als dem Statthalter Chumarnje vom Arzte Massage verordnet wurde, er, um dem Daumen des Masseurs zu entgehen, den Teich seines Gartens mit Quecksilber füllen und eine seidene, an goldenen Bolzen straffgespannte Matte darauflegen ließ. Darauf wurde er die ganze Nacht hindurch geschaukelt und so auf das Zarteste massiert.

Über die Privatgärten aus Bagdads Blütezeit sagt uns der Orientalist A. Mez, dem wir auch obige Angaben verdanken: „Einen großen Garten am Hause konnten sich nur die Allerreichsten leisten, die Wohlhabenden hatten ihn draußen vor den Toren. Da es keinen Rasen gab und der Palmstamm als häßlich empfunden wurde, so mußte man mit der Mischung von Blumen und Wasser auskommen; dazwischen stand als Gartenbaum die köstliche, ernste Zypresse. Blumenkönigin war auch hier die Rose, danach kam die Narzisse. Gern wurde das helle Rot der Rosen mit dem dunkeln der Anemonen zusammengestellt."

„Rosen stehen um Anemonen herum in deinem herrlichen Garten,

Als ob Menschengesichter ringsum in eine Feuersbrunst starrten."

(Sanaubari in Schabuschtis Klosterbuch, Handschrift Berlin, Folio 96 *b*.)

Dann das Veilchen „im Trauerkleide", Jasmin, weißer Mohn, Granaten, Minze, Nelken, Lilien, Myrten und ein paar orientalische Spezialitäten: Churram, Sausam und Behâr. Auf dem Teiche lag „wie große Goldstücke" der Lotos. Also kein Vergleich mit der ostasiatischen und amerikanischen Pracht, über welche der heutige Blumenfreund verfügt; sogar die Tulpe fehlte. In diese bunte Welt wurde eine Loggia oder ein Pavillon mit Kuppelhut hineingebaut; dorthin lud man die Freunde ein, aß und trank, labte das Auge an Schänke und Schänkin, am Tanz von Knaben und Mädchen, das Ohr am Singen der Vögel, an kunstreichem Saitenspiel und Gesang. Man freute sich der Aussicht, wenn nachts der Vollmond am Horizont lag „wie Gold auf blauen Hyazinthen", oder bleich und dünn der junge Mond „wie, was man sich vom Nagel abschneidet", wenn die Zypressen als hochgeschürzte junge Mädchen im Windeswehen spielten. Hier zechte man gerne nachts beim Schall von Zithernlaute, Flöte und Pauke. Das Gemach war mit Blumen bestreut. Die Zecher trugen Blumenkränze auf dem Haupt und warfen sich Blumengrüße zu. Sie erwarteten vom Wein und der Musik, daß „ihre Seele flog"; dann „tanzten" sie, hüpften auf einem Bein, seufzten oder rannten mit dem Kopf gegen die Mauer, — letztere Übung sah man auch an der Inbrunst der Frommen gern.

Tafel 133.

Ein japanischer Tempelgarten in Kyoto.

Ein altrömischer Hausgarten. (Das nach den Funden wieder hergestellte Peristyl im Hause der Vettier in Pompeji).

Tafel 134.

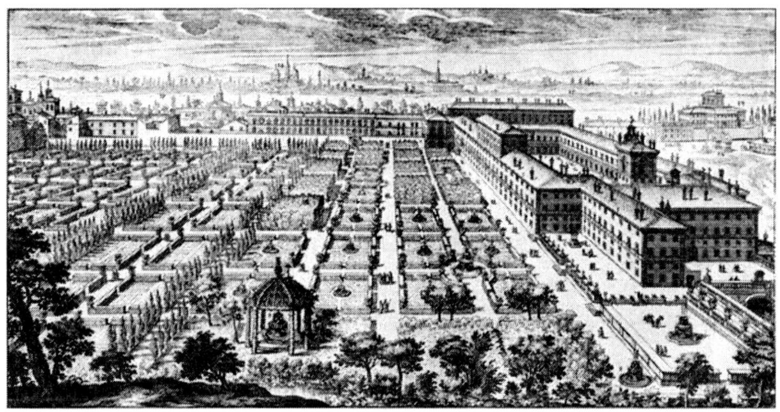

Der päpstliche Garten des Quirinal in Rom gegen das Ende des 17. Jahrhunderts. (Nach dem Kupferstichwerk von G. B. Falda „*Li giardini di Roma*“ 1683.)

Tafel 135.

Die ursprüngliche Gartenanlage der Villa d’Este in Tivoli. (Nach einem Stich von J. B. Piranesi).

Tafel 136.

Gartenanlage von Schloß Linderhof in Südbayern.

Derselbe Autor schildert uns einen vornehmen ägyptischen Garten des Mittelalters nach der Beschreibung eines Zeitgenossen: „Im Garten stand ein Pavillon auf vier Marmorsäulen an einem Teich, drum herum Zitronenbäume, denen man die Früchte ließ, bis sie abfielen. Vier Pumpen füllten den Teich, dessen Wasser oft gewechselt wurde. Darauf lag ein Kahn aus ziseliertem Erz. Singvögel, Tauben und Pfauen tummelten sich herum. Die Wege waren mit feinen, bunten Matten belegt, als Tore dienten Ketten aus Eisen. Der Rosengarten lag besonders. Dort wurde beim Rosenfest aus Girlanden ein Rosenschloß erbaut, in dem gegessen und gesungen wurde. Auch Parke von großen Bäumen hatte man, aber ohne Rasen. Und nirgends Wald! Dadurch sind dem Araber fünf Sechstel unserer Romantik abgeschnitten und auch der romanischen; denn selbst Ariosts Abenteuer spielen in Waldluft. Das romantische Land der Muslims ist die Wüste."

Im ganzen zeigen die muhammedanischen Hausgärten eine nicht weiter überraschende Ähnlichkeit mit denjenigen der Römer, denen sie nachgebildet waren. Indem der Orientale sein Haus in Nachahmung des römischen, in welchem sich das häusliche Leben ebenfalls von der Außenwelt abgekehrt abspielte, um innere von Säulen umgebene Höfe aufbaute, wurden diese die Grundlage des Hausgartens, in welchem die Familie sich an der frischen Luft erging. In der Mitte befand sich wie beim römischen Hausgarten ein Brunnenbecken mit meist springendem Wasserstrahl, ringsherum regelmäßige Rasenflächen mit Blumenbeeten und Ziersträuchern, die Wege mit Marmorplatten belegt. Solche Höfe zeigt uns heute noch das im 13. Jahrhundert erbaute maurische Königsschloß der Alhambra bei Granada, allerdings ohne die ursprüngliche Bepflanzung. Das durch seine äußerst zierliche und geschmackvolle Architektur und Bemalung ausgezeichnete, in Abbildungen allgemein bekannte Schloß besteht aus einer ganzen Reihe solcher rechteckiger Gartenhöfe, deren größter der Hof der Alberca, auch *Patio de los arrayanes*, d. h. Myrtenhof, genannt ist. In ihm befindet sich eine der drei im 16. Jahrhundert im Innern der Alhambra gefundenen berühmten Vasen aus emaillierter Fayence. Der Länge nach durchschneidet ihn ein schmales, marmornes Wasserbecken, das zwei Springbrunnen miteinander verbindet. Östlich davon befindet sich der berühmteste dieser Höfe, der Löwenhof, so genannt, weil in seiner Mitte eine von zwölf recht mangelhaft geratenen steinernen Löwen getragene Doppelschale aus Alabaster sich findet, die von einem Springbrunnen gekrönt wird. Das von diesem abfließende Wasser ergießt sich durch die Löwenmäuler in ein unteres Bassin, um von da weitergeleitet zu werden.

Wie die mittelalterliche Kirche des Abendlandes die getreue Nachfolgerin der christlich-römischen war, so führten die Klöster des Mittelalters das aus der Römerzeit übernommene Erbe in bescheidener Weise fort. Auch ihnen bot das römische Haus ein willkommenes Vorbild zu einer nach außen abgeschlossenen Wohnung. Dem Peristyle desselben entsprach der Kreuzgang, und der von diesem eingeschlossene Hof hatte anfänglich eine ganz ähnliche Teilung wie der Löwenhof der Alhambra, wie der zu Anfang des 9. Jahrhunderts gezeichnete Plan für einen Neubau des Klosters St. Gallen deutlich erkennen läßt. Die späteren Klöster schmückten diese Höfe oft mit zierlichen offenen Brunnenhäusern und legten diese unmittelbar an den Kreuzgang, so daß man vom Refektorium oder Speisesaal aus einen reizvollen Durchblick durch das Brunnenhäuschen auf die Büsche und Blüten des Hofes genoß.

Abgesehen von diesem Klosterhofgarten scheint nichts von der römischen Gartenkunst auf die nordischen Völker im Mittelalter übergegangen zu sein, obwohl die Römer auch in ihren nordischen Provinzen, in Gallien, Germanien und Britannien, ebenso wie in den übrigen Teilen des Reichs, ihre Villen und Villengärten besaßen, die als Vorbilder hätten dienen können. Die Wirren der Völkerwanderung ließen solches nicht zu, und auch als ruhigere Zeiten kamen, verhinderten die politischen und sozialen Zustände die Ausbildung einer Gartenkunst, trotz des lebendigen Gefühls für die Schönheit der Blumen, das in den Dichtungen des späteren Mittelalters zum Ausdrucke kommt. Der Bürger saß in den unruhigen, von Kriegslärm durchtosten Zeiten in der ihm Sicherheit des Lebens und Eigentums gewährenden eng ummauerten Stadt, der Adelige auf hohem, eingeschränktem Burgsitz. Hinter den Mauern der Befestigungen hatte der eine so wenig wie der andere Raum für ein Gartenleben, wie es die vornehmen Römer geführt hatten, ganz abgesehen von dem Fehlen einer Kultur, die das Bedürfnis nach einem solchen Leben hervorgebracht hätte. Das Einzige, was von römischer Gartenkultur in diesen Ländern zurückblieb, waren der Weinstock, die verschiedenen Obstbäume, Gemüse und Blumen, die von den einstigen Herren aus Italien mitgebracht worden waren.

Nach und nach erwachten die Geister aus der dumpfen Enge der geistigen Beschränktheit, in der sie das ganze Mittelalter hindurch verharrt hatten. Langsam erwachte die Freude an dem bis dahin für sündliche Fleischeslust gehaltenen Naturgenuß, das ästhetische Vergnügen an schönen Landschaftsbildern, an zierlichen Pflanzen, an der Form und Farbe ihrer Blüten. Aus dem praktische Zwecke verfolgenden Arzneigarten wurde am Bauernhause das rein idealen Zwecken der Freude an schönen Farben und Formen dienende Blumengärtchen. Gleicherweise fand dieser Prozeß in den Gärten zwischen den Höfen der Bürgerhäuser und vor den Stadtmauern, wie bei den Adeligen an der Burgmauer statt. Gleichzeitig erwachte die Freude an schönen Bäumen; namentlich die Linde stand neben der Eiche und der Eberesche in hohem Ansehen, wie im Orient die Platane als Schattenbaum bevorzugt wurde. Um die Linde waren Bänke errichtet, die zum Ruhen einluden, und der umgebende Rasen war mit „geschachzabelten und gevierten", d. h. in schachbrettartig, mit Vierecken gemusterten Blumenbeeten ausgestattet, die dem Auge Freude gewährten. Dazwischen fanden sich allerlei Gemüse und Arzneikräuter. War der Besitzer reich, so schmückte ein Vogelhaus den Garten und wurden seltene Tiere in Käfigen gehalten. Manchmal war in einer lauschigen Ecke noch eine dichte Geißblattlaube vorhanden, in die Liebende sich mit Vorliebe zurückzogen, um ihrem jungen Glücke zu leben.

Mit der Befestigung der politischen Zustände und dem allmählich durch den regen Handel mit dem Morgenlande beförderten Wohlstand, der die Vorbedingung einer die Gartenkunst übenden vornehmen Lebenshaltung bildet, erwachte in den leitenden Kreisen der Stadtrepubliken und Tyrannenstaaten Italiens, durch die noch von den Gelehrten und den Vertretern der Kirche gesprochene lateinische Sprache und die Menge der noch vorhandenen Erinnerungen und Denkmäler begünstigt, in der Renaissance die Wiedergeburt antiken Denkens und Lebens. War schon am Ausgange des Mittelalters namentlich in den Dichtungen der Minnesänger das Naturgefühl wieder so weit zum Durchbruche gekommen, daß die einfachsten Erscheinungen in der Natur, wie das Erwachen des Frühlings, das Knospen und Blühen der Bäume, das wohltuende Grün des Grases und der Blätter in Wald und Feld, der liebliche Gesang der Vögel, wieder als etwas Schönes empfunden wurden, so entstand in den Italienern mit der Renaissance zum erstenmal in der Menschheitsgeschichte die selbst den

Gebildetsten des Altertums versagte Fähigkeit, die Gestalt der Landschaft als Ganzes in ihrer mehr oder weniger ausgesprochenen Lieblichkeit oder Grandiosität zu erfassen. Sie kommt in der Malerei vom 15. Jahrhundert bereits zum Ausdruck, indem die Landschaft nicht mehr nur mit dem Bestreben, einen Schein der Wirklichkeit hervorzubringen, sondern schon mit der Absicht, ihr einen besonderen poetischen Gehalt unterzulegen, dargestellt wird. Dieses modern empfindende Naturgefühl kommt auch in der italienischen Literatur dieser Zeit zum Ausbruch. So genießt der 1405 zu Pienza in Toskana geborene Äneas Sylvius de Piccolomini, der von 1458–1464 als Pius II. auf dem päpstlichen Throne saß, mit Entzücken das Panorama, das sich ihm vom höchsten Gipfel des Albanergebirges, vom Monte Cavo aus, darbot, oder die Schönheit des Hügellandes um Siena mit seinen Villen und Klöstern auf den Höhen.

Bild 73. Anlage eines italienischen Renaissancegartens mit Architektur. (Nach J. B. Ferrarii „*De florum cultura*“ 1633.)

Aus dem wachsenden Verständnisse für die landschaftliche Schönheit erwuchs dem gebildeten Italiener eine Vorliebe für das Landleben, die um so stärker zum Ausdruck kam, je größere politische und polizeiliche Sicherheit die einzelnen Städte und Staaten gewährten. Dabei waren von Sizilien und Unteritalien ausgehende Einflüsse, die auf arabischen Einfluß zurückzuführen sind, nicht zu verkennen. Wie die Normannen manche Feinheiten der arabischen Sitten angenommen und an ihre Nachbarn, die Italiener des Festlandes weitergegeben hatten, verbreitete sich die Freude an hübsch eingerichteten Gärten langsam über die italienische Halbinsel. Und so füllte sich denn bald wieder die Umgegend gewisser Städte, hauptsächlich Florenz, später auch Rom, mit den Landhäusern der durch Handel und Industrie reich gewordenen Städter. Damit war die Wiederanknüpfung an die noch vorhandenen Reste einer der köstlichsten Schöpfungen des alten Römertums gegeben, um so mehr, als inzwischen auch die Architektur bei den zahlreichen Überbleibseln der altrömischen Baukunst in die Schule gegangen war und einen neuen Baustil hervorgebracht hatte, eben den der italienischen Renaissance. Denn der italienische Garten der Renaissance, der nun entstand, war eine Schöpfung der Architektur, wie es wahrscheinlich der altrömische Garten auch gewesen war. Die ihn schufen, waren Architekten, jene Künstler der Renaissance, die nicht bloß Baumeister, sondern Universalkünstler waren, die alle bildenden Künste beherrschten und dadurch allen ihren Bauschöpfungen den Stempel völlig einheitlicher Kunstwerke aufprägten. So kam es, daß der Garten in der italienischen Renaissance nicht eine Kunstgattung für sich darstellte, sondern stets Teil eines Kunstwerks war, indem Villa und Garten als ein einheitliches Ganzes aufgefaßt wurden. Mit der Aufgabe, einen Palast, eine Villa zu bauen, übernahm der Architekt zugleich die Aufgabe, auch den dazu gehörenden Garten zu schaffen. Und da in dieser Verbindung von Haus und Garten für die künstlerische Lösung der Aufgabe das Haus mit seiner Lage und der Anordnung seiner Teile notwendigerweise die Richtschnur abgab, so hatte sich die Einteilung des Gartens der des Hauses unterzuordnen. Das Haus aber wurde von diesen Architekten in der Anordnung der Räume, wie im ganzen Aufbau strenger Symmetrie unterworfen; die Folge davon war, daß diese Gesetze auch auf den Garten übertragen wurden.

Da nun Italien durchweg ein gebirgiges Land ist, und für die Lage der Villen in erster Linie die Schönheit der Aussicht bestimmend war, sie also meistens an den Abhängen errichtet wurden, so mußte der Garten terrassiert werden, was an sich schon wesentlich dazu beitrug, ihn zu einem architektonischen Kunstwerk zu gestalten. Die Anlage solcher Terrassen aber erforderte das Aufführen von Mauern und Brüstungen, und untereinander mußten die Terrassen durch Treppenanlagen verbunden werden. So wurden die Terrassenanlagen mit ihren Brüstungsgeländern und ihren Freitreppen zu dem Hauptelemente bei der architektonischen Gestaltung, das den Charakter dieser italienischen Gärten bestimmte. Der regelmäßigen Anlage des Ganzen entsprechend, wobei die Mittelachse des Gebäudes sich in den Garten fortsetzte, traten auch die schmückenden Pflanzengruppen und Blumenbeete in architektonischen Formen auf und mußte sich der Pflanzenwuchs der Schere beugen. Die Blumen wuchsen in geometrisch geformten Beeten, und dazwischen stellte man die zahlreichen wieder ausgegrabenen, der Farbe beraubten, antiken Statuen oder Nachahmungen derselben zum Schmucke als willkommene Abwechslung für das Auge auf. Wenn immer möglich, durfte zur Belebung des Ganzen auch das strömende Wasser nicht fehlen. In rauschenden Kaskaden strömte es von oben herab, um, unten angelangt, in Springbrunnen wieder aufzusteigen und sich schließlich in weiten, gemauerten Bassins zu sammeln. Eine der ältesten solcher Anlagen war diejenige der Villa Rucellai in Florenz, die die durch die Einführung der Orseilleflechte aus dem Orient in die Färberei des

Abendlandes reich gewordenen Nachkommen des im 13. Jahrhundert in der aufstrebenden Stadt ansässig gewordenen Deutschen Federigo, d. h. Friedrich, sich bauten. In ihr waren zur Staffage zahllose antike Trümmer aufgestellt, an denen der junge Michelangelo Studien als Zeichner und Bildhauer machte.

Als später in der Architektur ein anderer Geschmack aufkam und die noch maßvolle Hochrenaissance in die weniger ruhigen Formen des Barock überging, nahmen die Wasseranlagen in den Gärten derart überhand, daß sie in vielen Fällen durchaus den Eindruck beherrschten. Da konnte man bald der Wasserkünste nicht genug bekommen. Zahllose Springbrunnen in ganzen Alleen — in der Villa d'Este in Tivoli bei Rom z. B. zählte man deren an 1000 — schleuderten ihre Wasser in die Höhe, und die reiche, in Marmorfiguren wieder auflebende Welt der heidnischen Götter und Halbgötter, die als plastischer Schmuck sich nicht nur auf den Terrassen, den Treppen und ihren Balustraden erhob, sondern auch die Springbrunnen und Wasserbecken belebte, spie ebenfalls in oft recht geschmackloser Weise Wasser. Brunnen entsprangen den Treppen, sprudelten aus den Wänden der Terrassen hervor und selbst die Kaskaden, die sogenannten Wassertreppen, wurden von ihnen unterbrochen. Die Bergwände wurden ausgehöhlt und die Grotten, die man hier bildete, füllte man mit allerlei Wassereffekten. Schließlich arteten die Wasserkünste in Spielereien aus. Man ließ in den Grotten Wasser in hohle Röhren fallen und trieb dadurch die Luft hinaus in eine Pfeife, die tönte. Aus einer Anzahl solcher Pfeifen stellte man ganze Wasserorgeln her. Berühmt war in dieser Beziehung der Garten der vom Neapolitaner Pierro Ligorio für den Kardinal Hippolyto von Este erbauten Villa d'Este in Tivoli, in welchem zwischen den architektonischen Prospekten nicht bloß Äolsharfen, sondern auch vom Wasser getriebene Musikwerke für den Kardinal und seine Freunde ihre Melodien erschallen ließen. Der Vogelbrunnen in baumbeschatteter Grotte ahmte allerlei Vogelstimmen nach, bis das plötzliche Erscheinen einer großen, künstlichen Eule den kleinen Vögeln Schweigen gebot. Außerdem wurde das Wasser zu allerhand schlechten Scherzen gegen uneingeweihte Besucher benutzt, die unvermutet bespritzt wurden, wenn sie in den Grotten oder auf den beim Herumspazieren begangenen Wegen auf bestimmte Stellen des Fußbodens traten. Betrügerische Sitze waren angebracht; setzte man sich auf sie nieder, so spritzte ein Wasserstrahl unter den Füßen des Sitzenden hervor. In manchen Grotten standen Bildsäulen, die sich bei Berührung einer bestimmten Stelle umdrehten und den harmlosen Zuschauer mit Wasser begossen, und andere dergleichen Späße mehr.

Eine weitere, noch bedenklichere Ausartung betraf den Pflanzenwuchs. Die meisten Schmuckbäume des italienischen Gartens, vor allem die Pinie und Zypresse, welch letztere in ihrer aufstrebenden, scharf umrissenen Form etwas durchaus architektonisches hat, das keiner Nachhilfe bedurfte, dann die immergrüne Eiche, der Orangenbaum, der Lorbeer, ferner die Gesträucher, wie Myrten, Azaleen, Rhododendren und andere, haben von vornherein so bestimmte, feste Umrißlinien, daß die Versuchung, ihre Kronen zu beschneiden, durchaus fern lag. Anders war es schon mit den Hecken, mit denen die verschiedenen Teile des Gartens umschlossen waren. In den älteren Gärten waren die Flächen zwischen den Hauptrichtungslinien, die durch die Achsen der Villa bestimmt wurden, meist in quadratische oder doch wenigstens rechteckige Felder aufgeteilt, wobei die Kreuzungspunkte der Wege durch Baumgruppen, Springbrunnen oder Lauben geziert waren, während Alleen von Zypressen, den wichtigsten Bäumen des italienischen Gartens, die Hauptwege begleiteten. Die einzelnen Felder dieses Parterres, deren Begrenzung mit der Zeit von der einfachen, geradlinigen Linienführung zu gewundenen, selbst verschnörkelten Formen überging, waren in ihrem Innern mit saftig grünem Rasen, mit blühenden Gesträuchern und Blumen aller Art erfüllt. Da begann man statt der natürlich gewachsenen Formen allerlei aus Buchs und Eibe geschnittene Figuren, wie sie schon die Römer der Kaiserzeit geliebt hatten, zur Ausschmückung zu verwenden. Manche der Felder wurden auch als sogenannte Labyrinthe ausgebildet, d. h. zwischen mit der Schere zu grünen Wänden beschnittenen Hecken führten verschlungene Wege zu einem Platze im Mittelpunkt des Labyrinths, den man auffinden mußte, wobei man in allerhand Sackgassen geriet. Alle diese Buchs- und Eibenhecken reizten begreiflicherweise dazu, außer den geradlinig beschnittenen auch andere Formen herzustellen, z. B. die Endpunkte der Hecken durch Halbkugeln oder Kugeln auszuzeichnen oder den Heckenrändern statt einer geraden eine geschwungene obere Begrenzung zu geben. Solche Gärten aus dem 16. Jahrhundert finden wir noch andeutungsweise im heutigen Italien, z. B. in der berühmten, jetzt leider stark verfallenen Villa Aldobrandini in Frascati bei Rom, in den Giardini Giusti in Verona und Boboli hinter dem Palazzo Pitti in Florenz. In ihnen sind allerdings die einst in strengen Formen gehaltenen Gewächse der Schere entwachsen und haben riesige Dimensionen angenommen, die das einstige Aussehen nicht mehr wiedergeben, heute aber nach unserem Geschmack großartiger und schöner wirken.

Italien galt damals für tonangebend in Geschmack und Sitten der großen Welt. So konnte es nicht fehlen, daß die französischen Könige wie die deutschen Kirchenfürsten seinen Gartenbau nachahmten. Claude Mollet, der Gärtner Heinrichs IV. von Frankreich, errichtete in dieser Weise die Gartenanlagen der Schlösser von Blois, Fontainebleau und St. Germain en Laye. Zwischen den geradlinigen Alleen waren kunstvolle als *parterres en broderie* bezeichnete Blumenbeete errichtet, zwischen denen die Kavaliere und Damen des Hofes lustwandelten. Aus verschiedenfarbigen Pflänzchen mühsam hergestellte Buchstaben und Sinnsprüche erfreuten die Besucher.

Aus Hainbuchen und Weißdorn schnitt man Tiergestalten, Menschen und Schiffe, zwischen welchen weiße Marmorstatuen eine wohltuende Abwechslung boten. Und während die Gärten der Renaissance sich auf die nähere Umgebung der sie schmückenden Paläste beschränkt hatten, ging man mehr und mehr zu dem weiten, ausgedehnten Garten des folgenden Barock über.

Die Gärten der Barockzeit, wie sie uns in Italien in der Villa Borghese und in der Villa Pamphili Doria in Rom, leider stark verballhornisiert, entgegentreten, zeigen alle mehr oder weniger entwickelt schon Vorboten des freien Landschaftstils in Gestalt von in rein natürlichen Formen gehaltenen Waldpartien, die auf begrenztem Raum möglichst viel Naturschönheit künstlich vereinigen. Nach diesem Muster entstand in Frankreich allmählich der nach dem Architekten und Gartenkünstler Le Nôtre benannte regelmäßige Gartenstil zur Zeit Ludwigs XIV., der vorbildlich für ganz Europa wurde. Le Nôtre war 1613 als Sohn des Palast- und Gartenintendanten der Tuilerien geboren und mag sich schon früh mit Gartenangelegenheiten beschäftigt haben. Doch wurde er zunächst Maler und ging als solcher nach Italien, wo er besonders in Rom die dortigen Gärten kennen lernte. Die Eindrücke, die er hier vom Zusammenwirken von Haus und Garten als einheitlichem Kunstwerk und von der Wirkung und verschiedenen Verwendung des Wassers erhielt, sind zweifellos bestimmend für sein späteres Schaffen gewesen. Als Ludwig XIV. an Stelle des von Heinrich IV. angelegten und von Ludwig XIII. erweiterten Jagdschlosses im Walde von Versailles mit einem Aufwand von insgesamt mehr als einer Milliarde alter Franken eine üppig ausgestaltete neue Residenz baute, berief er Le Nôtre zur Anlage des gewaltigen, das Schloß umgebenden Gartens und fand in ihm den geeigneten Mann zur Verwirklichung seiner großartigen Pläne. Bis an das Ende seines langen Lebens — er starb 87jährig im Jahre 1700 — blieb er im Dienste des Königs, der ihm stets seine volle Gunst zuwandte, und schuf die Gärten der übrigen Königsschlösser der französischen Krone um. Er hat das große Verdienst, aus dem bis dahin nur regelmäßigen französischen Garten einen architektonischen geschaffen zu haben. Nicht, daß er dazu etwas Neues hätte erfinden müssen, er wandelte vielmehr nur um, was schon vorhanden war, unter dem Eindrucke dessen, was er in Italien gesehen hatte. Er verband Haus und Garten zu einem künstlerischen Ganzen und tat das in einer Weise, die dem nach theatralischen Effekten verlangenden Geiste seiner Zeit durchaus angemessen war.

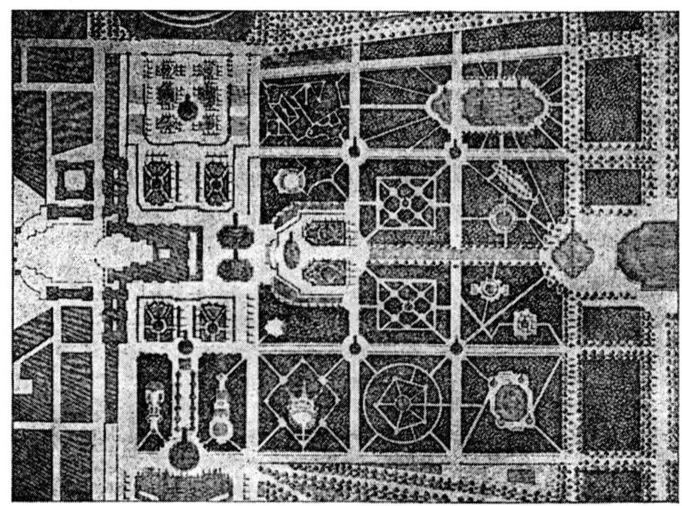

Bild 74. „Wahrer Grundriß des weltberühmten kgl. Lustgartens zu Versailles."
(Nach einem Stich von M. Diesel.)

Vor ihm hatte sich die Gartenkunst Europas nördlich der Alpen unberührt von derjenigen der Renaissance entwickelt. Hier war man noch viel ärmer als dort und fühlte sich außerhalb der ummauerten Städte und Burgen nicht sicher genug, um den vorhandenen kleinen Ziergarten hinaus in die Landschaft zu verlegen. Und als auch die wirtschaftlichen und politischen Zustände sich hier so weit gebessert hatten, daß man an ein Landhausleben wie in Italien denken konnte, so blieb die Gartenanlage wie sie im Mittelalter gewesen war, eine „geschachzabelte und gevierte", d. h. eine schachbrettartig regelmäßig aufgeteilte, ebene Anlage. So sehen wir diese Gärten, von denen kaum etwas erhalten ist, noch in den Kupferstichwerken des 17. Jahrhunderts als eintönige, regelmäßige Anlagen, deren meist gleich große quadratische Felder mit geschnittenen Hecken umgeben waren. Die Wege waren oft mit Laubengängen aus Gitterwerk überdacht, die zu zierlichen Pavillons führten. Auch Springbrunnen und Skulpturen fehlten nicht, ebenso waren mit Vorliebe verwickelte Gänge in Form von zu senkrechten Wänden geschnittenen Buchs- und Eibenhecken als Labyrinthe vorhanden, die den Besucher nach langer Irrfahrt endlich zu einem Platze im Mittelpunkt der Anlage führte; doch war bei ihnen von einer einheitlichen Kunstwirkung, zusammen mit dem Hause, keine Rede, wie sie im italienischen Garten so eindrucksvoll durchgeführt war, ganz abgesehen davon, daß diese kleinen Anlagen sich in der Ebene befanden und schon deshalb für einen architektonischen Aufbau, wie im italienischen Garten, keine Keime in sich trugen.

Schon zu Ende des 16. Jahrhunderts begann unter italienischem Einflusse ein neuer großzügiger Geist in die Gartenanlagen der französischen Königsschlösser zu kommen. Man brachte wie in Italien die Linien des Hauptgebäudes, des Schlosses, mit dem Garten in Verbindung und schuf damit einen weiten Durchblick, eine Perspektive; auch legte man um das Schloß einen freien Platz, um dadurch das Gebäude als den Mittelpunkt der ganzen Anlage hervorzuheben. Durch diese Neuerungen, die Claude Mollet, der Gärtner Ludwigs XIII., an den königlichen Gärten von Fontainebleau in Verbindung mit der Anlage großer Wasserbecken mit Springbrunnen zuerst in Frankreich einführte, erhielt der Garten einen Zug ins Großartige und begann sich damit dem Glanze der französischen Kultur anzupassen, die im 17. Jahrhundert diejenige der Nachbarländer, namentlich Deutschlands, das währenddem unter den Schrecknissen des Dreißigjährigen Krieges zu leiden hatte, weit überragte. Ihren Höhepunkt erreichte diese Zeit unter der Regierung des Sonnenkönigs, Ludwigs XIV., und die Gärten, die in der zweiten Hälfte des 17. Jahrhunderts für ihn und die Ersten des Landes angelegt wurden, spiegeln deutlich die Eigentümlichkeiten des französischen Hoflebens dieser Periode wieder mit der Gemessenheit und Steifheit seines Zeremoniells und seiner theatralischen Grandezza, die ihren bezeichnenden Ausdruck in den schwülstigen Allongeperücken und den die Gestalt erhöhenden Stöckelschuhen fand.

Aus dem Geiste dieser vornehm tuenden Zeit heraus bildete André Le Nôtre den regelmäßigen französischen Garten zum architektonischen um. Das Haus, das Schloß, war der Brennpunkt seines Gartens und sollte möglichst von allen Hauptpunkten der ausgedehnten Anlage sichtbar sein; andererseits sollte vom Schloß aus der ganze Garten überblickt werden können. Um dies leichter zu ermöglichen, wurde es auch in der Ebene auf eine erhöhte Terrasse von gewaltigen Dimensionen gebaut, wodurch es frei aus dem Garten herausgehoben wurde. Dasselbe Ziel verfolgte die Hervorhebung der Mittelperspektive auf das Schloß und vom Schlosse aus. Die von der Mitte des Schlosses ausgehende Hauptallee durchschnitt den Garten seiner ganzen Länge nach und war mit hohen geschnittenen Baumwänden eingefaßt. Längliche Wasserbecken in derselben Richtung unterbrachen sie. In dieser Perspektive schweifte nun der Blick über eine Fülle von Wasserbecken mit Springbrunnen in die Ferne, und umgekehrt bot sich vom Ende des Gartens, ja von weither gesehen, das Schloß auf seiner Terrasse eindrucksvoll dar. Außer dieser Mittelperspektive wurden überall, kreuz und quer durch den Garten, andere Durchblicke angelegt und damit das eintönige Schema der schachbrettartigen Aufteilung der Fläche durchbrochen. Um möglichst Abwechslung zu bringen, wurde jede dieser Nebenperspektiven, deren meist mehrere strahlenförmig von einem Punkte ausgingen, mit einem *point de vue*, einer Fontäne, einer Statue, einem kleinen Gartenhäuschen oder etwas Ähnlichem ausgestattet. Die abgelegenen Gartenpartien wurden von hohen

Heckenwänden, meist geschnittenen Hainbuchen, umgeben und ihr Inneres mit Baumwuchs erfüllt, was den Eindruck hervorrief, als seien alle den Garten durchquerenden Perspektiven mit hohen grünen Kulissen umstellt. Zwischen diesen stilisierten Anlagen waren, damit neben der strengen Form auch die spielende Phantasie ihr Recht bewahre, allerlei Labyrinthe und Irrgänge, Grotten, Naturtheater und verschieden ausgestattete Plätze mit Lusthäusern aus Gitterwänden oder Springbrunnen und plastischen Gruppen jeder Art zerstreut. Der ganze Garten war nach italienischem Muster mit Statuen der antiken Götter- und Halbgötterwelt belebt, die frei oder in nischenartigen Vertiefungen der Heckenwände aufgestellt waren und mit ihrem Weiß das eintönige Grün des Hintergrundes unterbrachen. Noch mehr als im italienischen Garten war das Wasser zur Mitwirkung herangezogen. War es dort das lebendige, in Kaskaden herabrauschende und in Fontänen aufsprudelnde Wasser gewesen, so waren es hier ausgedehnte Wasserbecken, die an sich schon durch die Masse wirkten, gleichfalls belebt von Springbrunnen, welche aus plastischen Gruppen hervorschossen, und hintereinanderstehenden Wasserstürzen.

Als ein Hauptstück des Gartens breitete sich unmittelbar vor dem Schlosse das Blumenparterre in Gestalt von Blumenteppichen aus, wie es schon der ältere französische Garten, gleich demjenigen der italienischen Renaissance, besaß. Um ihre Zeichnung gehörig zur Geltung zu bringen, beschränkte man sich ebenso wie in Italien nicht auf Blumen, die nicht ausreichten, als die Muster feiner und zierlicher wurden, sondern man verwendete dazu Rasen und geschnittenen Buchs und füllte die Zwischenräume zwischen den einzelnen Figuren mit gefärbtem Sand, mit Ziegelmehl oder Kohlenstaub. In der Mitte der Blumenbeete waren die hohen Ziergewächse, wie Sonnenblumen und Malven, gruppiert und wurden von immer niedrigeren eingefaßt. Für den Frühling wurden Tulpen, Hyazinthen und Narzissen in schachbrettförmiger Anordnung auf die Beete gepflanzt, um nach dem Verblühen durch anderen Blumenflor abgelöst zu werden. Selten fehlte auch die Orangerie, die meist ein besonderes Parterre an geschützter Stelle bildete, an welche sich die zum Überwintern nötigen Kalthäuser anschlossen. Hier standen in Reihen südliche Gewächse in Kübeln, wie Orangen, Zitronen, Myrten und Lorbeer. Aber ihre Verwendung war durchaus nicht auf die Orangerie beschränkt, sie begleiteten vielmehr auch die Linien des Parterres und umgaben die Wasserbecken. In diesen großartigen Anlagen, die durchaus keine bürgerlichen Hausgärten waren, sondern den Bedürfnissen von Königen und Herren mit großer Hofhaltung entsprachen, dienten als Schauplätze glänzender Feste, ihre Boskets und *cabinets de verdure* waren der Ort für die arkadischen Schäferspiele der Hofgesellschaft. Ihre Kosten waren derart, daß sie nur entstehen konnten, wo den Launen eines absoluten Herrn unbeschränkte Mittel zur Verfügung standen, die durch rücksichtslose Besteuerung der Untertanen beschafft wurden.

Nächst Versailles war einer der schönsten von Le Nôtre angelegten Gärten derjenige von Marly, von dessen wundervollen Wasserwerken uns alte Kupferstiche ein gutes Bild geben. Der Garten von Groß-Trianon war kleiner und einfacher. Auch den Garten von St. Cloud baute Le Nôtre um und legte an der ziemlich steilen Talwand der Seine die berühmten Wasserwerke an. Der Garten von Chantilly kam an Ausdehnung demjenigen von Versailles gleich; er hatte einen Kanal von 3 km Länge, der 80 m breit war, während derjenige von Versailles bei 1600 m Länge nur 60 m Breite besaß. Auch die Gärten von St. Germain, Meudon und Fontainebleau baute er um und machte die Pläne zu zahlreichen auswärtigen Gärten; denn wie das Zeremoniell und die Sitten der Versailler Hofhaltung überall in Europa Nachahmung fanden, so war auch der Versailler Garten das vielbewunderte Muster für die übrigen Höfe, die es in allem dem „Sonnenkönige" gleichtun wollten. Gärten dieser Art schossen sozusagen wie Pilze aus dem Boden hervor. Wir lernen sie wie die französischen am besten durch die Kupferstiche kennen, in denen die berühmtesten Gärten der damaligen Zeit abgebildet und beschrieben wurden. Da ist z. B. in England der Garten von Hamptoncourt, in Rußland derjenige von Peterhof, in Schweden derjenige von Drottningholm bei Stockholm. Die meisten Nachahmer fand aber der französische Garten, wie andere französische Dinge auch, in Deutschland, wo alle die zahllosen größeren und kleineren, bis zu den kleinsten Höfen, die sich, so gut oder so schlecht es ging, nach französischem Muster einzurichten suchten, eine Nachahmung des Versailler Gartens zur Erhöhung ihres Glanzes für unbedingt notwendig hielten. Von den vielen deutschen Anlagen dieser Art sind vor allem die Gärten von Schönbrunn bei Wien, Nymphenburg und Schleißheim bei München, Schwetzingen bei Heidelberg, Wilhelmshöhe bei Kassel, dessen Kaskadenanlage allerdings eine Nachahmung derjenigen der Villa Aldobrandini in Frascati bei Rom ist, dann in Hannover, Charlottenburg usw. zu nennen. Auch die geistlichen Fürsten wollten nicht hinter den weltlichen zurückbleiben; davon zeugen die Gärten der Fürstbischöfe von Salzburg (Hellbrunn und Mirabellgarten), Olmütz zu Kremster, Würzburg und Mainz. Einer der spätesten französischen Gärten war auch die jetzt ganz veränderte Schöpfung Friedrichs des Großen in Sanssouci, die bezeichnend für die Vorliebe des großen Königs für alles Französische ist.

Le Nôtres Nachfolger suchten den Mangel großer Verhältnisse in ihren Anlagen durch die Bereicherung der Einzelheiten zu ersetzen. Die als Fortsetzung der Räume des Hauses gedachten, von glatt geschnittenen, hohen Laubwänden umschlossenen Gartenräume des klassischen Le Nôtreschen Stils erschienen ihnen langweilig, und so gaben sie den langen Heckenwänden die bewegten Formen der Steinarchitektur, was sehr unnatürlich aussah. Man versah sie mit Säulen, Pfeilern und Gesimsen, man schnitt Tür- und Fensteröffnungen in sie hinein, bekrönte sie mit Kugeln und Obelisken, alles aus dem lebendigen Grün geschnitten. Die Laubengänge bildete man in Form von Kreuzgewölben oder gab ihnen aus Laubwerk geschnittene Dächer. Damit nicht genug, ahmte man schließlich ganze Gebäude, ja selbst Ruinen aus Heckenwerk nach. Mit dieser Unnatur hielt die künstliche Behandlung der Buchs- und Eibenpflanzungen Schritt, indem man von der Wiedergabe einfacher stereometrischer Körper zu derjenigen von Tier- und Menschenfiguren, ja zu ganzen aus solchen Figuren gebildeten bewegten Szenen überging. Je kleiner der Garten war, um so mehr ging er in solchen Künsteleien auf und um so unnatürlicher erschien er.

Die unausbleibliche Reaktion gegen diese Ausartung einer in ihren Anfängen groß und ernst angelegten Kunstweise ging von England aus. In diesem Lande, das durch seine Inselnatur vor den kriegerischen Einfällen der Nachbarn geschützt war und sich schon seit dem 14. Jahrhundert geordneter sozialer Zustände erfreute, hatte die Kulturentwicklung keine Unterbrechung erfahren, und der zunehmende Seehandel brachte dauernden Wohlstand und teilweise sogar bedeutenden Reichtum weiter Kreise. Zu einer Zeit, da auf dem mitteleuropäischen Festlande Adel und Bürger noch hinter ihren Mauern saßen, konnte der englische Lord schon seine Burg, den *keep*, verlassen und sich ein bequemes Haus inmitten seines Gutsbezirkes bauen. Namentlich in dem glücklichen Zeitalter der Königin Elisabeth von 1558 bis 1603 füllte sich das Land, das seit der Eroberung durch die Normannen im 11. Jahrhundert das Übergewicht über die Städte erlangt hatte, mit prächtigen Landsitzen, deren Gärten sich allerdings im großen und ganzen nicht allzusehr von den gleichzeitigen in Frankreich und Deutschland unterschieden. Die Einteilung in rechteckige Felder, die Laubengänge und Irrgärten, die Wasserbecken und Springbrunnen waren wie diejenigen der mitteleuropäischen Gärten. Dagegen spielte bei ihm die terrassenförmige Anlage eine größere Rolle, vielleicht als eine Folge der hügeligen englischen Landschaft, vielleicht aber auch auf italienische Einflüsse zurückzuführen. Ferner hatte der englische Garten eine ausgeprägte Vorliebe für beschnittene Buchs- und Eibenpflanzungen, die wohl durch die Kenntnis des hierin gleichgearteten holländischen Gartens verstärkt wurde, zumal zur Zeit der Königin Elisabeth eine starke holländische Einwanderung stattfand. Dieser Einfluß wurde naturgemäß mit dem Erscheinen Wilhelms von Oranien in England und während seiner Regierung verstärkt.

Der holländische Garten war recht eigentlich, vermöge der Natur des Landes, ein Garten der Ebene mit schachbrettartiger Einteilung der von geradegeschnittenen Hecken umgebenen Felder. Da nun die kleinen Landsitze, die sie aufwiesen, sich meist an den die holländischen Provinzen in großer Zahl durchschneidenden Kanälen hinzogen, waren sie von dorther reich mit geradlinigen Wasseradern durchzogen, ohne Kaskaden und hohe Fontänen aufzuweisen. Selbst für die wenigen und spärlich fließenden

Springbrunnen war man auf Maschinen angewiesen, die durch Wind- oder Pferdekraft in Bewegung gesetzt werden mußten. Schon durch die meist geringe Größe der Gärten begünstigt, waren alle seine Teile in kleinem Maßstabe gehalten, wodurch etwas Kleinliches, Langweiliges, jeden großen Zuges, wie er z. B. durch Terrassenanlagen in die Gärten hätte hineingelegt werden können, Bares in sie hineingelangte. Die peinliche Ordnung und Sauberkeit seiner Wohnung übertrug der Holländer in seinen Garten, dessen Baum- und Strauchwerk stets unter der Schere gehalten, ja mit Vorliebe zum Ausschneiden künstlicher Figuren benutzt wurde. Manchmal wurden sogar die Baumstämme weiß angestrichen, um sie schöner und sauberer erscheinen zu lassen. Die häufige Verwendung von künstlich gezogenen Zwergobstbäumen in Kübeln und Töpfen, wie die Aufstellung von Muscheln, Korallenstücken, Porzellanfiguren und anderen solchen Dingen, die der lebhafte Handel des aufblühenden Landes in Menge aus fremden Ländern herbeibrachte, war ein Ausfluß derselben Neigung. Was aber den holländischen Garten vor allem auszeichnete, das war sein reicher Blumenflor. Es war wohl eben jener Hang zum Kleinen und Zierlichen, der sich in der Freude des Holländers an der Schönheit und Farbenpracht der einzelnen Blume äußerte, namentlich der Tulpen und Hyazinthen, die in immer neuen Farbenvariationen und Formen zu ziehen der die Gartenkunst völlig beherrschende Ehrgeiz der Holländer wurde.

Tafel 137.

Der Rundtempel Monopteros im Englischen Garten in München.

Tafel 138.

Der chinesische Turm im Englischen Garten in München.

Tafel 139.

Die Wasserfälle im Englischen Garten in München.

Tafel 140.

Ein Tempelteich bei Tokio mit der blaublütigen heiligen Lotosblume aus Indien (*Nelumbium speciosum*).

Trotz seiner Absonderlichkeiten übte der holländische Garten im 16. und 17. Jahrhundert einen nicht geringen Einfluß auf die Gartenkunst der übrigen Länder Mitteleuropas, namentlich auch auf England und Deutschland aus. Es mag das wohl mit daran gelegen haben, daß holländische Gärtner einen guten Ruf genossen, den sie sich in der Baum- und Blumenzucht ihrer Heimat erworben hatten. Wir merken diesen Einfluß heute noch in manchen absonderlichen Zieraten kleiner Gärten, an der Verwendung von Muscheln und ähnlichen Dingen zum Einfassen von Beeten, an glänzenden Glaskugeln und beschnittenen Bäumen und Sträuchern. Als dann der französische Garten Le Nôtres sich dem holländischen und englischen Geschmack unterwarf, da begegnete diese Vorliebe seinem beschnittenen Buschwerk, und bald wurden darin wahre Orgien gefeiert, aus den Bäumen und Sträuchern die bizarrsten Formen zu schneiden, nicht bloß Nachbildungen von Tier- und Menschengestalten, sondern auch die mannigfaltigsten frei erfundenen phantastischen Gebilde. Schon zu Beginn des 17. Jahrhunderts hatte der geniale Reformator auf dem Gebiete der Wissenschaften und zugleich Staatsmann Francis Bacon (1561–1626) — seit 1619 Lordkanzler und Baron von Verulam in einer Schrift „*Essay on the gardens*“ sich gegen die geschmacklosen, aus Buchs und Eibe geschnittenen Figuren ausgesprochen, die nur für Kinder paßten, und hatte Grundsätze aufgestellt, nach denen der

Garten anzuordnen sei. Derselbe solle aus drei Teilen bestehen, von denen die beiden ersten nicht wesentlich von dem damals Üblichen abwichen, während der dritte Teil eine Wildnis sein sollte. Es war dies also schon ein deutlicher Anklang an den späteren Landschaftsgarten. In der Folge erhoben sich immer mehr Stimmen gegen den herrschenden Gartengeschmack. Sie trafen zusammen mit den Vorboten jener sentimental romantischen Epoche, die auf das verschnörkelte, im Zeremoniell erstarrte Zeitalter Ludwigs XIV. folgte. In England leitete Milton mit seinem „verlorenen Paradies“ (zuerst gedruckt 1667), in Frankreich Rousseau mit seinem „Emile“ (1761), in Deutschland Albrecht von Haller, Kleist und Geßner mit ihren Naturdichtungen diese Periode ein, alle predigten die Rückkehr zur Natur. Von diesem Standpunkte aus ging man dem herrschenden französischen Garten zu Leibe, in welchem man in seinem damaligen englischen Zustande allerdings ein Muster von Unnatur erblicken konnte. Der englische Dichter Pope (1688–1744) verspottete seine Baum- und Wasserkünsteleien; er und der englische Philosoph Addison (1672–1719) waren unter den Ersten, die in der Praxis völlig mit dem herrschenden Gartengeschmack brachen. Letzterer legte seinen eigenen Garten nach dem philosophisch von ihm begründeten Grundsatze: „Nachahmung der Natur“ an. Nach seiner eigenen Beschreibung sollte sein Garten den Eindruck einer von selbst entstandenen Wildnis machen. Küchengewächse und Blumen standen durcheinander wie wildwachsend auf den Gartenplätzen; Feld- und Gartengewächse, Obst- und andere Bäume wuchsen gemischt und eine Quelle war als Bach in vielen Windungen und Verzweigungen durch den Garten geleitet.

Bei dieser absonderlichen Art der Naturnachahmung kam nichts Vernünftiges heraus. Den ersten Schritt zu einer neuen Gartenkunst tat im zweiten Viertel des 18. Jahrhunderts William Kent, der als Landschaftsmaler sein Auge für die besonderen Reize der englischen Natur geschärft hatte. Diese Naturschönheiten im Garten darzustellen, also ein künstlerisch schönes Landschaftsbild mit dem Wechsel grüner, vom Wasser belebter Wiesenflächen mit Baumgruppen und Gehölzen zu schaffen, war sein Ziel. Dadurch mußte jede gerade Linie aus dem Garten verschwinden, und um ihn mit der Umgebung zu verbinden und in Einklang zu bringen, fielen auch die umgrenzenden Mauern und wurden durch Gräben ersetzt. So sollte unter allen Umständen die Täuschung aufrechterhalten werden, daß man sich nicht in einem Gebilde von Menschenhand, sondern in der freien Natur befinde. Diese an sich gesunde Richtung artete nun bald zur widerlichen Manier aus, als der phantasielose und nicht das geringste Verständnis für malerische Naturschönheit besitzende Gärtner des Königs in Hamptoncourt, Brown, sie in seiner Art in die Praxis umsetzte. Als gesuchter Landschaftsgärtner gestaltete er um die Mitte des 18. Jahrhunderts mit seinen Schülern die alten Gartenanlagen Englands der Reihe nach um, durch seine armselige, handwerksmäßige Manier jene verwüstend und ihren reizvollen alten

Baumwuchs zerstörend. Spott und Ärger über dieses Treiben konnten nicht ausbleiben. Der vielgereiste Architekt William Chambers klagte, wie die Axt oft an einem Tage das Wachstum eines Jahrhunderts vernichte, wie tausende ehrwürdiger Bäume, ja ganze Wälder weggeschlagen würden, um schlechtem Grase und einigen amerikanischen Kräutern Platz zu machen. Er beschreibt sehr anschaulich die neuen Anlagen: wenn man sie betreten habe, erblicke man ein weites grünes Feld, worauf in geringen Abständen Bäume wachsen, umgeben mit einer verworrenen Einfassung von Gesträuchen und Bäumen. Ein in regelmäßiger *S*-Form geschlängelter Fußweg winde sich zwischen Einfassungen von Gebüsch hindurch. Auf der andern Seite des Gartens erblicke man genau dasselbe, was man vorher gesehen habe. Nirgends biete sich Schatten, und wenn der Wanderer ermüdet und aus Mangel an Erquickung sich entschließe, nichts mehr zu sehen, so bleibe ihm doch nur die Wahl, den Weg weiter bis zum Ausgange zu verfolgen oder umzukehren und den langweiligen Weg noch einmal zu machen.

William Chambers war in China gewesen und seine in den Jahren 1757 und 1772 herausgegebenen zwei Bücher über chinesische Gebäude und Gärten erregten nicht nur in England, sondern auch in Frankreich und Deutschland, wo sie in Übersetzungen erschienen, ungeheures Aufsehen. Ohnehin fanden damals, unter der Herrschaft des Rokoko, Erzeugnisse und Formen des chinesischen Kunstgewerbes in Europa weite Verbreitung. Gegenüber der Eintönigkeit des damaligen Landschaftsgartens konnten die Schilderungen, die Chambers in seinen Büchern vom chinesischen Garten gab, ihren Eindruck nicht verfehlen. Dieser letztere war im Gegensatz zum neuen englischen Garten sehr abwechslungsreich und bildete eine Vereinigung aller möglichen landschaftlichen Szenerien, wie zu Eingang geschildert wurde. Nach seinem Vorbilde errichtete man Berge, türmte Felsen auf, über die das Wasser in rauschenden Fällen herabstürzte, bildete Inseln, die man mit Brücken verband, baute griechische Tempel, chinesische Pagoden, ägyptische Pyramiden, türkische Moscheen mit Minarets. Um alles recht natürlich zu machen, kostümierte man die Dienerschaft so, wie es der Stil der einzelnen Gebäude verlangte. Da die führenden Geister der Zeit, wie Rousseau, die Rückkehr zum einfachsten Leben, zum Urzustande der Menschheit predigten, so errichtete man auch ländliche Gebäude und vor allem mit Baumrinde bekleidete Einsiedeleien, die Eremitagen, die den rechten Hintergrund für die Schäferspiele hergeben sollten, mit denen man in seidenen Hirtengewändern und mit bebänderten Hirtenstäben dem Rufe nach Natürlichkeit Folge zu leisten glaubte.

Das Ganze fand reichliche Nahrung an einem besonderen Zuge der Zeit, an der Empfindsamkeit, an dem Verlangen nach Rührung, an der Sucht, große Gefühle zu haben, wovon die ganze damalige Zeit erfüllt war. Man denke nur an Werthers Leiden von Goethe. Auch der Garten sollte bestimmte

Empfindungen wecken, sollte nach dem Prinzip der Abwechslung mit seinen einzelnen Teilen verschieden auf die menschliche Seele wirken. In Deutschland wurde das alles mit bekannter Gründlichkeit in ein System gebracht. Der Kieler Philosoph Hirschfeld gab in den Jahren 1777–1782 ein fünfbändiges Werk: Theorie der Gartenkunst heraus. Er dachte sich den Garten als eine Anstalt, Bewegungen der Seele zu erregen wie Vergnügen, Wonne, Schwermut, Erstaunen, Andacht, Ehrfurcht, Ruhe, Frieden, und demgemäß unterschied er in ihm Teile, die solche seelische Empfindungen auslösen sollten. Dem Anmutigen und Heitern sollte das Erhabene oder Melancholische, dem Lieblichen und Sanften das Wilde oder Romantische folgen. Eine Überraschung sollte die andere ablösen und dadurch den Eindruck der Szenerien steigern. Dazu hatte man auch noch andere Mittel, die zur Anwendung gelangten. Man erbaute Tempel, die der Freundschaft, der Liebe, der Einsamkeit, der Tugend gewidmet waren. Um menschliche Großtaten auf sich einwirken zu lassen, errichtete man berühmten Männern, Helden, Dichtern, Gelehrten, Philosophen im Garten Monumente. Die Schauer der Wehmut, denen man sich nur allzugern hingab, weckte man an einsamen Stellen des Gartens durch Grabdenkmäler, durch den Genius des Todes mit gesenkter Fackel, durch epheubewachsene Sarkophage und von Trauerweiden beschattete Urnen. Da man gleichwohl das Gefühl hatte, daß alles dies nicht ausreiche, um den gewünschten Effekt zu erzielen, suchte man die nötige Stimmung durch Inschriften zu erzeugen. Überall waren gereimte oder ungereimte Sprüche, meist Zitate aus lateinischen und einheimischen Dichtungen, angebracht, in denen die Natur mit bestimmten seelischen Erregungen in Einklang gebracht wurde.

Den Klassizismus löste die Periode der Romantik ab, und neue Grundsätze wurden für den Bau der Gärten aufgestellt. Besonders brachte der englische Gärtner Repton von 1794 an den Gartenbau auf einen besseren Weg, indem er die Forderung aufstellte, daß der Boden, auf dem der Garten angelegt werden soll, nach seiner natürlichen Beschaffenheit zu benützen sei, womit er die künstlichen Berge, Seen und dergleichen verwarf. Auch trennte er die nächste Umgebung des Hauses, den *pleasureground*, von der weiteren Umgebung, dem Park, und forderte für ersteren eine architektonische Ausbildung unter Wiedereinführung der blumengeschmückten Terrasse. Mit Repton schließt die Entwicklung des englischen Landschaftsgartens ab; er fand keine größeren Nachfolger, und seine Grundsätze blieben während des ganzen 19. Jahrhunderts herrschend. Wer heute dieses Land bereist, wird in manchen Gegenden, wo die Landwirtschaft fast völlig durch die großen Landsitze zurückgedrängt ist, den Eindruck bekommen, als ob das ganze Land ein großer Park sei, so dicht reihen sich die einzelnen Anlagen aneinander. Immer ist es dasselbe Bild: Wiesen, Waldstücke, Baumgruppen und Einzelbäume, dazwischen die sanftgewundenen Bäche und Flüsse. Diese in verschönertem Bilde sich zeigende typische englische Landschaft suchte man seit dem Beginne des 19. Jahrhunderts auf dem Kontinente nachzuahmen, auch da, wo der Charakter der Gegend ein ganz anderer war, also bei Befolgung der englischen Grundsätze ein durchaus anderes Bild sich hätte ergeben müssen. Ein Landschaftsgarten in der Lüneburger Heide z. B. würde einen ganz andern Charakter zeigen müssen, als ein Landschaftsgarten im Harz. In diesen Fehler verfielen auch die ersten Nachahmer des Reptonschen Gartens in Deutschland zu Beginn des 19. Jahrhunderts, so von Sckell, dessen Hauptwerk der englische Garten in München ist. Erst Fürst von Pückler (1785–1871) betrat in Deutschland den richtigen Weg. Unter dem Eindruck der großen englischen Anlagen, die er selbst studiert hatte, schuf er in den Jahren 1816–1845 den Park der ihm gehörenden Standesherrschaft Muskau in Schlesien um und gab 1834 eine Schrift über Landschaftsgärtnerei heraus, worin er seine Anschauung begründete. Er unterscheidet vor allem scharf zwischen dem Garten, der nach der Weise der älteren Gartenkunst eine Fortsetzung des Hauses sein sollte, und dem Park in der weiteren Umgebung des Hauses, der stets dem Charakter des Landes und des Klimas angepaßt sein müsse. Nach diesen Grundsätzen schuf er aus Muskau eine mustergültige Anlage, einen Park, der aus wirklichen, natürlichen Wäldern, Wiesen, Gewässern, Hügeln und Tälern besteht. Unter seiner Mitwirkung entstanden in der Folge eine große Anzahl fürstlicher Gärten, die heute zu unsern schönsten Anlagen zählen, so z. B. diejenigen von Babelsberg und Potsdam.

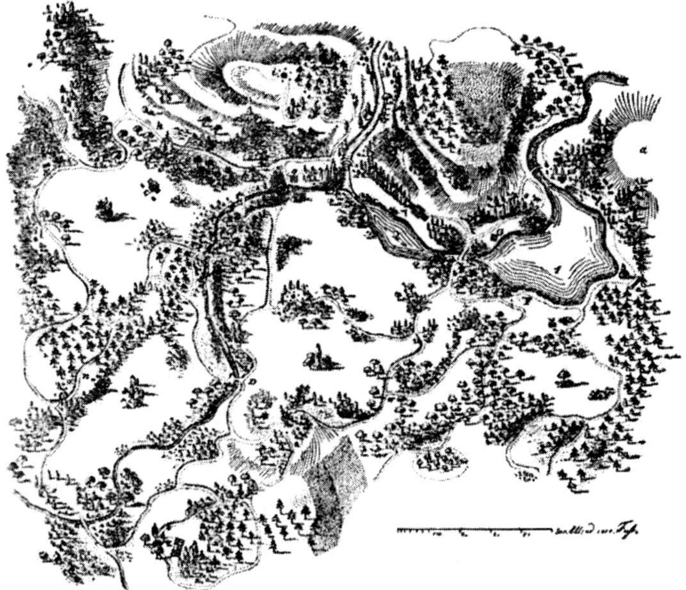

Bild 75. Plan einer englischen Gartenanlage. (Nach einem Stich von 1802.)

Fast gleichzeitig mit ihm war als ausübender Gartenkünstler der spätere Generaldirektor der königlich preußischen Gärten Peter Joseph Lenné tätig. In den Jahren von 1816–1866 schuf er ganz in dem vom Fürsten Pückler geforderten Sinne um Potsdam herum die Schloßgärten von Babelsberg, Klein-Glienicke und Sanssouci. Inmitten dieser reich verschönerten Landschaft aber legte er 1825 im Vereine mit dem großen Architekten Schinkel den Garten der lieblichen Villa Charlottenhof an, die dem damaligen Kronprinzen, dem nachmaligen Könige Friedrich Wilhelm IV., gehörte. Schinkel hatte das Haus nach Art einer altrömischen Villa entworfen, und dem mußte sich der Garten anpassen. So entstand denn hier ein überaus reizvoller Garten mit Terrassen, regelmäßig geordneten Blumenbeeten, Laubengängen, Fontänen und Teichen. Nach der Beschreibung des jüngeren Plinius, die wir zu Eingang gaben, wurde sogar ein römischer Hippodrom angelegt. Die schon bei Lenné hervortretende Neigung zum regelmäßigen architektonischen Garten entwickelten seine Nachfolger weiter, wie z. B. der regelmäßige Königsplatz am Tiergarten in Berlin beweist. Sie erwachte aber auch an andern Orten Deutschlands, so in München, wo im Jahre 1862 von Effner das ausgedehnte Parterre im französischen Garten des Schleißheimer Schlosses im Auftrage Ludwigs I. wieder herstellte. Im Garten des Schlosses Linderhof in den bayrischen Voralpen schuf dann Ludwig II. eine Anlage ganz italienischen Charakters mit Terrassen, die sich vom Schlosse zu einem großen, in Marmor gefaßten Wasserbecken senken, dessen Wasser in Kaskaden und Fontänen, begleitet von Marmortreppen, hinter dem Schlosse von der Berglehne herabströmt.

Zu einem Abschluß und zur theoretischen Begründung des neuen Gartenbaustils, dem heute mehr oder weniger alle Gartenkünstler folgen, brachte es erst der frühere königliche Hofgärtner in Sanssouci und spätere städtische Gartenbaudirektor von Berlin, Gustav Meyer, dessen berühmteste Schöpfungen der Marlygarten bei der Friedrichskirche in Potsdam, der Friedrichs- und der Humboldtshain bei Berlin, der Bremer Stadtpark usw. sind. Wie der Hausgarten zum Privatpark, so verhält sich zum Stadtpark der öffentliche gartenmäßig geschmückte Platz im Innern der Stadt. Auch er, der ganz von Häusern umgeben ist, hat sich nach der neueren künstlerischen Anschauung den Gesetzen der Architektur zu unterwerfen; doch kommen hier vor allem die Verkehrsrücksichten in Betracht, denen sich die Anlage anzupassen hat. Ihn schmücken vor allem Teppichbeete und Gruppen von Zierpflanzen, deren die moderne Gartenkunst eine Menge besitzt.

Dadurch, daß man erkannt hat, welch große Bedeutung sowohl in ethischer, als sanitarischer Beziehung der Gartenkunst zukommt, hat man vor allem die durch die Beseitigung der Bollwerke um die Städte zur Bepflanzung freigewordenen Plätze zur Herstellung von Gartenanlagen benutzt, die den

Erholung suchenden Städtern einen angenehmen Aufenthalt darbieten. In den neueren Stadtteilen sucht man von vornherein schattige Alleen und durch die Gärtnerkunst geschmückte Anlagen zu schaffen, die mit ihrem frischen Grün und den bunten Farben der in ihnen gepflanzten Blumen dem Auge eine wohltuende Abwechslung im Einerlei der Häusermassen verschaffen. Und wie im öffentlichen Leben, so ist auch in die Häuslichkeit der minder Bemittelten die Freude an Pflanzengrün und Blütenschmuck immer mehr eingedrungen, besonders seitdem der Jugend in der Schule die Liebe und das Verständnis zur Pflanze zugleich mit einer Anleitung zu deren Pflege und Aufzucht vermittelt wird. Um aber auch einen Wettstreit unter den Erwachsenen hervorzurufen, durchwandern in vielen Städten die Mitglieder gewisser Kommissionen die Straßen, um den am schönsten geschmückten Balkonen und Fenstern Preise und Belobungen zu erteilen.

In den Großstädten sucht man immer mehr auf die Dächer der Häuser ein Stückchen Natur zu bringen, indem man Blumen auf ihnen ansiedelt und ganze Gärten darauf schafft. Schon in den großen Städten des Altertums haben sich die ärmeren Leute, denen kein Stückchen Land zum Bepflanzen zuteil geworden war, mit solchen Dachgärten beholfen, wie uns die alten Schriftsteller berichten. Besonders liebte man Reblauben, *pergulae* genannt, anzulegen, welche die Terrasse oder den Garten an der Wohnung anmutig beschatteten. Selbst größere Bäume wurden in großen Tonkübeln in solcher Menge gezogen, daß bei manchen Autoren von förmlichen Lusthainen auf den Dächern der großen Städte des Altertums die Rede ist. Durch Pumpen hinaufgeleitetes Wasser sprang aus dem marmornen Becken eines Springbrunnens, floß dann vielfach in geräumige Fischbehälter und diente, rund um das Haus geleitet, zur Sicherung desselben bei Feuersgefahr. Und wer zu arm für solchen Aufwand war, dem mußten wie bei uns einige in den Fenstern seiner Wohnung in irdenen Töpfen gezogene Blütenpflanzen genügen. Der sarkastische, unter Nero aus Bilbilis in Spanien nach Rom gekommene und ums Jahr 102 verstorbene römische Epigrammdichter Martialis ließ in einem uns erhaltenen Gedichte einen seiner Gönner wissen: „Der Garten, lieber Lupus, den du mir unter der Stadt geschenkt hast, ist sehr klein, fast kleiner als das Gärtchen in meinem Fenster." Und daß dieser Schmeichler und Günstling verschiedener Kaiser lange Zeit kärglich genug lebte, bezeugt eine Stelle aus einem anderen seiner Poeme, worin er sagt: „Mein Stübchen, guter Freund, ist im Winter eisig kalt und hat nicht einmal einen ganzen Fensterladen; selbst Boreas (der Nordwind) würde sich für eine solche Wohnung bedanken. Besser als ich sind deine Obstkulturen daran; diese stehen hinter Scheiben von Marienglas (Glimmer), und freundlich scheint von Süden die Sonne hinein."

Wie einst die prachtliebenden Tyrannen der reichen griechischen Handelsstadt Siziliens Syrakus, wollten auch die prunksüchtigen Kaiser des weltbeherrschenden alten Rom Gärten sogar auf ihren großen Lustschiffen haben. So ließ schon der spätere Bundesgenosse der Römer, Hieron II., der von 269–215 v. Chr. über Syrakus herrschte, auf seinem Prachtschiff einen ganzen schwimmenden Garten mit Lusthäusern, Pergolen, Blumenrabatten, Schwimmbassins und Ringplatz anlegen. Diesen Luxus suchten die römischen Kaiser noch zu übertrumpfen. So berichtet uns der Geheimschreiber des Kaisers Hadrian, Suetonius (70–145 n. Chr.), von dem nach den Soldatenstiefelchen, die er als Kind im Lager trug, Caligula genannten dritten römischen Kaiser, Gajus Cäsar, Sohn des Germanikus und der Agrippina, der von 37–41 n. Chr. herrschte, daß er sich Schiffe mit zehn Reihen von Ruderbänken übereinander bauen ließ. Dieselben waren auf das Köstlichste eingerichtet und mit Kunstgegenständen aus Gold und Edelsteinen reich geschmückt. Die Segel waren buntfarbig, und große Bäder aus Marmor, Säulenhallen und prunkvolle Speisesäle waren vorhanden. Weinstöcke und Obstbäume aller Art standen in Menge auf dem Verdeck. Unter diesen lagerte sich der Kaiser mit seinem Gefolge und fuhr unter schallender Musik den Küsten Kampaniens entlang. Bekanntlich sind neuerdings prächtige Überreste zweier solcher luxuriös eingerichteter altrömischer Kaiserschiffe von 76 beziehungsweise 64 m Länge, die den prunkvollen Festen dieses Kaisers und vielleicht auch schon seines Vorgängers Tiberius als Hintergrund dienten, aus dem Nemisee nördlich von Rom gefischt worden. Schon sie geben uns einen Begriff von der kostbaren Einrichtung dieser Riesenschiffe, zu deren Hebung man eine zeitweilige Trockenlegung des Sees plant, da man zahlreiche wertvolle Kunstgegenstände in ihnen zu finden hofft.

XXIX.
Die Zierblumen.

Schon auf niederer Kulturstufe muß sich der Mensch an den bunten Farben und am Wohlgeruche der Blumen mancherlei Art erfreut haben, die ihm je und je auf seinen Wanderungen entgegentraten. Wenn sie ihm auch nicht Nutzen gewähren konnten, es sei denn als Arznei, so befriedigten sie wenigstens sein erwachendes ästhetisches Empfinden. Deshalb pflückte er sie gelegentlich, um sich damit zu schmücken. So bekränzen sich die leichtlebigen Bewohner der Samoainseln nicht bloß zu festlichen Anlässen, sondern tagtäglich Haupt und Brust mit Girlanden wohlriechender Blumen, was einen sehr hübschen Anblick gewährt. Begreiflicherweise mußten solche Stämme sehr bald darauf verfallen, solche Blütenpflanzen in der Nähe ihrer Wohnungen zu ziehen, damit sie jederzeit den begehrten Schmuck zur Verfügung hatten.

Von den ältesten Blumengärten der Menschheit wissen wir nichts; denn, ganz abgesehen davon, daß damals die Schrift noch nicht erfunden war, hätte es niemand der Mühe wert erachtet, uns davon Kunde zu geben. Das erste Volk, von dem wir Kunde haben, daß es sich gewisser Blumen erfreute und diese teilweise auch anpflanzte, um sie in genügender Menge zur Hand zu haben, war das uralte Kulturvolk der Ägypter, das der weißen und blauen Seerose des Nils (*Nymphaea lotus* und *coerulea*) ein besonderes Interesse, ja als Kinder des lebenspendenden, heiligen Stromes geradezu Verehrung entgegenbrachte. Nil und weiße Seerose — von den alten Ägyptern *suschin*, von den Griechen jedoch *lōtós* geheißen — gehörten nach seinem Empfinden zusammen wie Mutter und Kind, eines ohne das andere undenkbar. Wenn der heilige Strom nach den starken Regen in seinem äquatorialen Quellgebiet anzuschwellen begann, erwachte der im Schlamme desselben wurzelnde Lotos zu neuem Leben; wenn der Strom das Land weithin mit seinem Fruchtbarkeit spendenden Naß überschwemmte, stand die Pflanze in voller Blüte, und wenn er langsam zu sinken begann, so reiften ihre Früchte heran, deren Samen der Bevölkerung eine willkommene Speise darboten und als Nahrungsmittel eine wichtige Rolle spielten. So berichtet uns der Vater der griechischen Geschichtschreibung, Herodot aus Halikarnaß an der kleinasiatischen Küste (484–424 v. Chr.), der Ägypten selbst bereiste, von der weißen Seerose: „Im Nil wachsen, wenn er die Felder überschwemmt, viele Lilien (*krínon*), welche die Ägypter *lōtós* heißen. Deren mohnkapselartigen Früchte sammeln die Leute, dörren sie an der Sonne, zermahlen dann deren Samen und backen mit Hilfe des Feuers Brot daraus. Auch die Wurzel ist eßbar und schmeckt nicht übel; sie ist rundlich und von der Größe einer Quitte. Außer diesem Lotos haben die Ägypter noch andere im Wasser wachsende Lilien, deren Frucht einer Wespenwabe gleicht, worin

Samen, so groß wie Olivenkerne, in Menge sitzen; man ißt sie frisch und gedörrt." Mit diesen letzteren meint Herodot die erst kurz vor seiner Zeit in Ägypten eingeführte rosenrote indische Seerose (*Nelumbium speciosum*), deren Blüten wenigstens ein Drittel größer als diejenigen unserer weißen Seerose sind und einen angenehmen Anisduft aushauchen. Sie ist in Indien heimisch, wo sie als *padma* in Sage und Kult der Inder dieselbe Rolle, wie der heilige Lotos bei den Ägyptern spielt. Auf ihr, die der zweite Gott der indischen Göttertrias (Trimurti), Wischnu, als er auf der Milchstraße das Universum durchschwamm, um die Welt zu erschaffen, als Symbol der entstehenden Erde aus seinem Nabel hervorgehen ließ, ist dessen Gemahlin Lakschmi, die Göttin der Liebe, die Tochter des Weltmeers und der Nacht, schwimmend gedacht. In der eben erschlossenen Blüte sitzt sie in ihrem unvergleichlichen Liebreiz, wie später der zum Gott erhobene Königssohn Siddharta aus dem Geschlecht der Sakja — daher auch Sakjamuni, d. h. Einsiedler der Sakja genannt, besser aber unter dem Ehrennamen Buddha „der Erleuchtete" bekannt (623–543 v. Chr.) — in ihr sinnend als der Weisheit Fülle von seinen zahlreichen Anhängern, den Buddhisten, dargestellt wurde. Deshalb rufen ihn seine Anhänger tagtäglich unter der stehenden Formel: *om mani padme hum*, d. h. „du Juwel in der Lotosblume" an, ein Gebet, das in zahllosen Tempeln, wie auf den Gebetsmühlen der Tibeter geschrieben steht und in dem sich die Religion der gedankenlosen Menge niedergeschlagen hat. Auf einem schwimmenden Blatte der *padma* ist auch Brahma, der erste Gott der indischen Götterdreiheit, der Ursprung aller Wesen, zu dem sie auch zurückkehren, in der für die Inder charakteristischen Weise mit gekreuzten Beinen sitzend gedacht. Diese heilige Pflanze ist dem Inder das Symbol des sich stets erneuernden Lebens, das sichtbare Zeichen der ungeschwächten Schöpfungskraft der Götter, der Inbegriff alles Schönen und Lieblichen; mit ihren Blättern und Blüten schmückt er heute noch wie vor Jahrtausenden die Tempel und Altäre seiner Gottheiten.

Dieser heilige indische Lotos, deren der Brause einer Gießkanne ähnliche Früchte in ihren nach oben zu offenen Fächern vom Volke grün oder getrocknet gerne verspeiste Samen von der Größe von Olivenkernen enthalten, gelangte in der ersten Hälfte des letzten vorchristlichen Jahrhunderts aus dem Gebiet des Ganges und Indus nach Persien und eroberte sich erst ums Jahr 500 v. Chr. das Heimatrecht in den Gewässern Ägyptens. Hier wurde er in der hellenistisch-römischen Zeit als Zier- und Nutzpflanze im ganzen Lande viel angebaut, war aber schon im 10. Jahrhundert n. Chr. wieder aus dem Lande verschwunden. Er war also dem alten Ägypten fremd, und die weiße einheimische Seerose (*Nymphaea lotos*), die heute noch mit der himmelblauen Verwandten in den Wässern des Niltals wächst und zur Zeit der Nilüberschwemmung ihre hübschen Blüten entfaltet, nach deren Zahl der Fellache den kommenden Jahressegen abschätzt, war die heilige Pflanze der Ägypter, das Symbol des Nils selbst und zugleich das hieroglyphische Wortbild für das ganze Land Kemi, d. h. Ägypten. Ihre Blüte galt als Sinnbild der Lebensfülle und des Überflusses, war das Zeichen der Zahl 1000, mit welcher der Ägypter den Begriff der Menge und des Segens verband. Sie war den Gottheiten Osiris, Isis, deren Sohn Horus, wie auch Hathor, der von den Griechen mit ihrer Aphrodite identifizierten Göttin der Liebe und des Lebensgenusses, heilig und wurde von diesen als Diadem getragen. Osiris, der ägyptische Gott der schaffenden Kraft des Lichts und der gleicherweise Leben spendenden Feuchtigkeit, das allverehrte Prinzip des Guten und Schönen, der von seinem Bruder Seth, dem Dämon des Dürre und Mißwachs erzeugenden Glutwindes der Wüste, getötet wurde, um dann in der Unterwelt über die Geister der Verstorbenen zu herrschen, war auf einem Lotosblatt thronend gedacht. Er wie seine Gemahlin Isis, das weibliche, empfangende und gebärende Prinzip, waren mit Lotosblumen geschmückt. Letztere wird mit Vorliebe, den Nilschlüssel, das Zeichen der erschlossenen Fruchtbarkeit, in der Rechten, in einem Papyrusnachen über die prangenden Blütenkelche der heiligen Pflanze gleitend dargestellt, während ihr Sohn Horus (ägyptisch Har), der die dem Leben feindliche Dunkelheit und Dürre überwindende Lichtgott, der Rächer seines Vaters Osiris an dessen Mörder Seth, sich beim Schwinden der Nacht in einer halbgeöffneten Lotosblüte als das Symbol der neu aufwachenden Sonne aus den Fluten des Weltmeers erhebt. Wie er, seine Eltern und seine Amme Hathor, die Göttin des Ehesegens und Freundin der Kinderwelt, waren auch die ägyptischen Königinnen mit den Blüten der heiligen Lotospflanze als ihrer schönsten Zier geschmückt.

Keine andere Pflanze, selbst nicht der in seiner Wurzelknolle ebenfalls eine angenehme Speise darbietende Papyrus, auch ein Geschenk des Nils und in der Hieroglyphik das Zeichen des Nordens, wo er in den Sümpfen des Deltas in Menge wuchs, spielte im täglichen Leben des Ägypters als Zier- und Opferblume eine so wichtige Rolle und hat seine ganze Kunst, die Architektur, Skulptur und Malerei so weitgehend beeinflußt, wie der heilige Lotos. Auf allen Darstellungen aus dem Leben der alten Ägypter begegnen wir ihm, wo auch immer sich jemand auf oder am Wasser beschäftigt, wo Opfertische gedeckt sind, wo Gesellschaften gegeben werden. Wenn reichgeschmückte vornehme Damen beisammensitzen und Sängern oder Lautenspielern zuhören oder Tänzerinnen zusehen, stehen Blumenvasen mit Lotosblüten auf den Tischen und halten sie Lotosblüten in den Händen. Von flüchtigen Skizzen bis aufs Feinste ausgeführte Darstellungen wechseln die Lotosbilder durch die mehrtausendjährige Geschichte Altägyptens. Und zwar war bis zum alten Reich ums Jahr 3000 v. Chr. speziell die weiße Lotosblume die heilige, die auch zur Verzierung der Tempel bei Festen, wie auch zum Schmücken der Sarkophage in Girlanden benutzt wurde. Von da an gewann der blaue Lotos — von den Ägyptern *sarpat* genannt — die Überhand über den weißen und war im mittleren und neuen Reiche die fast ausschließlich benutzte, bis erst wieder zur Ptolemäer- und Kaiserzeit (333 vor bis 362 n. Chr.) die weiße Lotosblume einigermaßen zu Ehren kam. Wie bei uns seit alter Zeit die Rose, so war die Blüte des Lotos im alten Ägypten die Königin der Blumen, die man überall antraf, die auf allen Märkten zu kaufen war und an deren Farbe und zimtartigem Duft man sich in frohen Tagen erfreute. Sie war auch das bevorzugte Geschenk der Liebenden und wurde als Amulett aus Holz oder gebranntem Ton auf der Brust getragen. Wie eintretenden Gästen als Zeichen des Willkomms eine einzelne Blüte oder ein Strauß derselben von Dienern oder Dienerinnen überreicht wurde, so prangte sie im schwarzen Haar der sorgfältig frisierten Dame. Im neuen Reiche (1580–1205 v. Chr.) war es in feinen Kreisen Sitte, zu Gastmählern Geladenen einen Kranz aus Lotosblüten um den Hals zu hängen und ihr Haupt mit Blumengewinden zu zieren, aus denen eine halberschlossene Lotosblüte über die Stirne herabhing.

Bild 76–78. Altägyptische Darstellungen von Lotosblumen.
Links ein Diener mit abgeschnittenen Blütenstengeln, in der Mitte und rechts Vasen mit Lotosblüten. (Nach Lepsius und Woenig.)

Bei keinem Opfer fehlte die heilige Pflanze, das Attribut der höchsten Gottheiten. Weizenähren oder Lotosblüten in den Händen sehen wir die mächtigen Herrscher sich den Götterbildern opfernd nahen und die Götter sich gegenseitig beschenken. Und einst selbst eine „reine, in den Strahlen der Sonne leuchtende, heilige Lotosblume im Garten des Sonnengottes Ra" zu werden, war, wie in den Totengebeten steht, der sehnlichste Wunsch eines jeden Ägypters. Mehrere der in der Totenstadt westlich von Theben aufgefundenen Königsmumien fanden sich noch mit Kranzresten geschmückt, in denen sie vorherrscht. So war die noch im Tode Ehrfurcht gebietende Mumie des großen Ramses II. der 19. Dynastie (1292–1225 v. Chr.) mit Gewinden aus Blättern des von alters her der Isis geheiligten Baumes *Mimusops schimperi*, des „Lebensbaumes" mit in Form und Farbe den

Hagebutten nicht unähnlichen Früchten mit dünnem Überzug von mehligem, wohlschmeckendem Fruchtfleisch, abwechselnd mit den blauen Blumenblättern des Lotos verflochten. Und zwar wurden diese Blumengewinde dem beigegebenen Totenbuche zufolge bei einer zur Zeit der 21. oder 22. Dynastie (1090 bis 745 v. Chr.) vorgenommenen prunkvollen neuen Bestattung um die Mumie des großen Toten geschlungen.

Von anderen altägyptischen Gartenblumen sind uns nur spärliche Reste erhalten geblieben. So fanden sich in einem die Brust der Mumie des Königs Amenhotep II. aus der 18. Dynastie (1580–1547 v. Chr.) bedeckenden Blumengewinde Reste des arabischen Jasmins, der feigenblätterigen Malve und einer blauen Ritterspornart, die in Westasien heimisch sind und im Niltal in Gärten gezogen worden sein müssen. Zwischen ihnen hingen gelbe Blütentrauben der im Lande selbst wachsenden Nilakazie und eines andern Schmetterlingsblütlers (*Sesbania aegyptiaca*) mit rotgelben Blüten. In den Weidenlaubgewinden der Prinzessin Nsi-Chonsu, der Tochter des Tont-hont-huti der 22. Dynastie (945–745 v. Chr.) fanden sich neben Blüten der asiatischen Kornblume diejenigen einer in Ägypten nur im April blühenden Komposite, eines Bitterkrautes, die uns sogar von der Jahreszeit der Schmückung dieser Leiche genaue Kunde geben. In einem Grabe der 20. Dynastie (1200–1090 v. Chr.) lagen die Blüten und vollständig geschwärzten Blätter der Pfefferminze. Mehrfach haben sich auch bei Mumien dieser und späterer Perioden Überreste der hochgelben Blüte einer Komposite, der kretischen Wucherblume, neben denjenigen des rotblühenden Schotenweiderichs gefunden.

Neben Girlanden sind auch Blumensträuße in größerer Zahl in den Katakomben der Totenstadt von Theben gefunden worden. Sie lagen in den Sarkophagen auf den Mumien, zwischen diese und die innere Sargwand eingezwängt. Diese Sträuße, aus Feld- und Gartenblumen, Wedeln der Dattelpalme (altägyptisch *utu* genannt) und verschiedenartigen Laubblättern gefertigt, sind länglich, ähren- oder zapfenförmig und kurz oder lang gestielt. Sie wurden in der Weise hergestellt, daß man die Blumen und Blätter um einen kürzeren oder längeren Stab mit Baststreifen umwickelte. Auch die Holzstiele der Sträuße waren häufig kunstvoll mit Bast umflochten. Noch heutigentags werden die Blumensträuße in Ägypten, wie im ganzen Orient, auf diese Weise gebunden.

Wie zierlich geflochtene Hals- und Brustkränze trugen die alten Ägypter, wie wir aus zahlreichen Darstellungen von Festen und Gelagen besonders auf den Köpfen der Sängerinnen und Tänzerinnen bemerken, auch mancherlei Stirnkränze. Zu allen Festen und Gelagen gehörten im alten Ägypten nicht nur eine Ausschmückung der betreffenden Räume mit blumengezierten Girlanden und auf den Tischen aufgestellten Blumen in zierlichen Alabastervasen oder Krügen von gebranntem Ton mit einem bis drei engen

Hälsen, in denen auf den bildlichen Darstellungen noch die hineingesteckten Blumen zu erkennen sind, sondern vor allem auch Blumengewinde um Haupt, Hals und Brust, mit denen der Gastgeber seine Gäste schmückte. Eine Korridorinschrift am großen Tempel der Hathor in Denderah, welche die ausgelassene Techufeier zu Ehren der Göttin zum Gegenstand hat, lautet: „Die Erde ist in Freude. Die Einwohner von Denderah sind trunken von Wein, ein Kranz von Blumen ist auf ihren Häuptern.“ Überhaupt sind die alten Ägypter nicht die düstern, vom Gedanken an den Tod beherrschten Menschen gewesen, als die wir sie wegen der weitgehenden Fürsorge für das Leben nach dem Tode zu betrachten gewohnt sind. Sie waren vielmehr ein recht lebenslustiges Volk, als welches sie uns bereits Herodot, der älteste griechische Geschichtschreiber (484–424 v. Chr.), aus eigener Anschauung schildert. Feste wurden viel gefeiert, und an ihnen ging es sehr hoch her. Der Bedarf an Kränzen war demnach ein großer und das Kranzwinden galt im Lande als geachtete Kunst, die gut lohnte. Der römische Schriftsteller Plinius (23–79 n. Chr.) erwähnt unter den von den ägyptischen Kranzwindern mit Vorliebe benutzten Blumen den brennend roten alexandrinischen Amarant, dessen hahnenkammartig ausgebreitete Blumenähre jedenfalls eine prächtige Zierde für Kränze abgab.

Eingehendere Nachrichten über die Bedeutung der Kränze im Altertum haben uns verschiedene griechische Schriftsteller überliefert. So berichtet der um 200 n. Chr. in Alexandreia und Rom lebende griechische Grammatiker Athenaios aus Naukratis in Ägypten in seiner Schrift Deipnosophistai: „Es ist eine alte Sitte, den Gästen vor dem Nachtisch Kränze und Salben herumzugeben. — Hellanikos erzählt, daß Amasis, welcher ursprünglich ein Mensch aus gemeinem Stande war (er stürzte den König Hophra, regierte von 570–526 v. Chr., begünstigte den Verkehr mit den Griechen, denen er die Stadt Naukratis überließ, und war ein Freund des Tyrannen Polykrates von Samos), durch einen Kranz König von Ägypten geworden sei. Er hatte nämlich den Kranz aus den prächtigsten Frühlingsblumen geflochten und dem damaligen Könige Ägyptens, Patarmis, gesandt, als dieser seinen Geburtstag feierte. Dieser freute sich sehr über den herrlichen Kranz, lud den Amasis zur Tafel, behandelte ihn seitdem als Freund und sandte ihn einstmals mit einem Heer gegen rebellische Truppen. Diese wählten aber den Amasis als König.“

Dieser Autor bespricht eingehend die verschiedenen Arten von Kränzen, die man zu seiner Zeit trug, aus Lotosklee, wie ihn schon der jonische Lyriker Anakreon (550–478 v. Chr.) schildert, aus Dill, wie ihn die griechische Dichterin Sappho aus Mytilene auf Lesbos (um 600 v. Chr.) beschreibt, aus andern wohlriechenden Kräutern, wie Majoran, Thymian, Salbei, Seifenkraut, dann aus Lorbeer, Myrte und verschiedenen wohlriechenden

Blumen. „Im schönen Alexandreia gibt es auch Kränze, die man (zu Ehren des schönen Lieblings des Kaisers Hadrian, Antinoos aus Bithynien, der sich im Jahre 130 als Opfer für den Kaiser unweit Besa in den Nil stürzte und ertrank, worauf der Kaiser sein Andenken vielfach feierte und auch ein Sternbild in der Milchstraße dicht beim Adler nach ihm benannte) Antinoeios nennt; sie werden aus der ägyptischen Seerose (*lōtós*) angefertigt. Diese Blume wächst in Sümpfen und zeigt sich in der Mitte des Sommers. Sie kommt in zwei Farben vor, entweder rosa, und dann nennt man den Kranz eigentlich *Antinoéios stéphanos*, oder himmelblau, und dann heißt der Kranz *lṓtinos stéphanos*." — Ein ägyptischer Dichter namens Pankrates hatte den Einfall, dem römischen Kaiser Hadrian (76–138 n. Chr.), als er in Alexandreia war, die rosenfarbene Seerose zu zeigen, sie für ein Wunder auszugeben und zu sagen, sie sei aus dem Blute des maurusischen Löwen entsprossen, den Hadrian in Libyen, nicht sehr weit von Alexandreia, auf einer Jagd mit eigener Hand erlegt hatte. Dieser Löwe war ein ungeheures Tier und hatte lange so arg in Libyen gehaust, daß ein Teil des Landes von den Bewohnern hatte verlassen werden müssen. Hadrian fand seinen Spaß an der Erfindung des Pankrates und befahl, daß er auf Staatskosten im Museion leben solle. — In dem von Pankrates dem Hadrian übergebenen Gedicht kam auch folgende Stelle vor: „Ehe die Blume des Antinoos (der Lotos) von der Erde erzeugt war, dienten behaarter Feldthymian, weiße Lilie, purpurrote Hyazinthe und Blätter des weißen Schwalbenkrauts nebst Rosen, die sich beim Zephyr des Frühlings öffnen, zu Kränzen."

Athenaios fügt dem hinzu, daß es auch Sitte sei, die Türen derjenigen, die man liebt, mit Kränzen zu schmücken. Homer habe den Gebrauch von Kränzen noch nicht erwähnt, er müsse bei den Griechen erst späteren Ursprungs sein. Später sei er sehr häufig getragen worden. Anakreon spreche von Myrtenkränzen, die mit Rosen durchzogen waren, und Theopompos erzählt im dritten Buch seiner Hellenika, die Ägypter hätten dem Agesilaos, als er in ihr Land kam, unter andern Geschenken auch Papyros zu Kränzen geschickt. Die Sybariten stellten oft öffentliche Schmausereien an und ehrten diejenigen, die die größten Beiträge dazu lieferten, mit goldenen Kränzen; ja sie bekränzten auch diejenigen Köche, die die Speise am delikatesten zubereiteten. — „Bei dem großen Feste, das Ptolemaios Philadelphos (der Gründer des Museions und der Bibliothek in Alexandreia, regierte 285–247 v. Chr.) zu Alexandreia in der Mitte des Winters gab, war sein Prachtzelt von Lorbeer, Myrte und andern Bäumen umschattet und der ganze Boden mit Blumen aller Art bestreut. Ägypten bringt nämlich sowohl durch sein mildes Klima, als durch die Kunst seiner Gärtner zu jeder Jahreszeit Blumen im Überfluß hervor, so daß man z. B. Rosen, Levkojen usw. zu jeder Zeit in beliebiger Menge haben kann. Bei dieser Gelegenheit war in einer Jahreszeit, da in einer andern Stadt kaum zu einem Kranze Blumen aufzutreiben gewesen wären, bei diesem Feste in Alexandreia Überfluß an Blumenkränzen für die ungeheure Menge der Festgäste, und der Boden war so dick mit Blumen bestreut, daß er wirklich einer göttlichen Wiese glich. Bei dem feierlichen Umzug, der bei dieser Gelegenheit abgehalten wurde, kam auch alles zur Schau, was sich auf die Geschichte der einzelnen Gottheiten bezog. Im Gefolge des Bacchos erschienen 40 Satyrn, um deren Lampen von Gold strahlende Efeublätter gewunden waren. Viktorienbilder trugen Räucherpfannen von 6 Ellen Länge, die mit Efeuranken und goldenen Zweigen umgeben waren. Ein Altar von 6 Ellen folgte, geschmückt mit goldenem Efeulaub und einem Kranze von goldenem Weinlaub. Dem Altare folgten 120 Knaben, in Purpur gekleidet und Weihrauch, Myrrhe und Safran in goldenen Gefäßen tragend. Nach ihnen kamen 40 Satyrn, die mit goldenen Efeukränzen geschmückt waren und einen großen, aus goldenen Reb- und Efeuranken bestehenden Kranz trugen. Ihnen folgte ein ausgezeichnet großes und stattliches, reich mit Gold geschmücktes Weib, das in der einen Hand einen Kranz aus Myxa, in der andern einen Stab aus Dattelpalmenholz trug. Hinter ihr gingen wieder Viktorien mit Räucherpfannen, die mit goldenen Efeugirlanden geschmückt waren, und Satyrn mit goldenen Efeukränzen einher. Ihnen folgte ein von 180 Menschen gezogener Wagen, der die Bildsäule des Bacchos trug; diese goß aus einem goldenen Becher Wein und hatte neben sich ein großes Weingefäß und eine Räucherpfanne mit zwei Schalen, die mit Zimtkassia und Safran gefüllt waren. Über dem Bacchos wölbte sich eine Laube, die aus Efeu, Weinrebe und allerlei Bäumen gebildet war. Rings hingen auch Kränze, Bänder und mit Efeu und Reblaub umwundene Stäbe. Hinter diesem Wagen gingen Bacchantinnen einher mit fliegendem Haar, mit Schlangen oder Eichenlaub, Reben- und Efeuzweigen bekränzt. Dann folgte ein von 300 Mann gezogener Wagen, 20 Ellen lang und 16 breit; auf ihm stand eine mit Trauben gefüllte Kelter, die 24 Ellen lang und 14 Ellen breit war. 60 Satyrn traten die Trauben und sangen unter Flötenspiel ein Kelterlied; dabei floß der Most auf den ganzen Weg hin. Der nachfolgende von 60 Mann gezogene Wagen war 25 Ellen lang und 14 Ellen breit, und trug einen ungeheuren, aus Pantherfellen genähten Schlauch, aus welchem auf den ganzen Weg allmählich auslaufender Wein floß usw. usw."

Das Tragen von goldenen Kränzen galt im Altertum als besonders feierlich und wird uns ziemlich häufig angegeben. So erzählt Athenaios an einer andern Stelle: „Bei einem feierlichen Umzuge, den der König von Syrien, Antiochos der Tolle (im 2. Jahrhundert v. Chr.) hielt, befanden sich 3000 leicht bewaffnete, in Purpur gekleidete, mit goldenen Kränzen geschmückte Kilikier, 2000 Reiter in Purpurkleidern, von denen die meisten goldene Kränze trugen, und hinter den Soldaten folgten 800 Jünglinge mit goldenen Kränzen."

Im gewöhnlichen Leben waren Kränze von allerlei bunten und wohlriechenden Blumen die gebräuchlichsten. Dabei sagt uns das

Onomastikon des Pollux: „Die Blumen, welche man zu Kränzen verwendet, sind Rosen, Veilchen, Lilien, Minze, Anemonen, Feldthymian, Safran, Hyazinthen, gelbe Strohblumen, rotgelbe Taglilie, grauer Thymian, Königskerze, Nadelkerbel, Narzissen, Steinklee, Hundskamille, Kamille und andere Blumen, die entweder schön oder wohlriechend sind.“ So sagt ein nicht genannter Dichter: „Hier schicke ich dir einen Kranz, den ich mit eigenen Händen aus schönen Blumen gewunden habe, aus Lilien, Rosen, Anemonen, Narzissen und blauen Veilchen.“ Ein anderer singt: „Ich will Levkojen, zarte Myrten, Narzissen und leuchtende Lilien winden, ich will süßduftenden Safran, purpurrote Hyazinthen und liebliche Rosen winden, und damit das lockige Haar der Heliodora bekränzen.“

Die Sitte, sich bei Festen zu bekränzen, übernahmen dann die Römer von den Griechen. Der ältere Plinius (23–79 n. Chr.) schreibt darüber in seiner Naturgeschichte. „Anfangs kannte das römische Volk nur Kränze, die durch Kriegstaten erworben wurden; jetzt aber hat es mehr Arten von Kränzen als alle andern Völker zusammen. Und zwar werden zumeist Blumen dazu verwendet, die die Natur nur für Tage erschuf. Einst hat das römische Volk nur einen Scipio, der den Beinamen Serapio führte, mit Blumen geehrt. Er starb als Tribun und war beim Volke sehr beliebt. Da er kein Vermögen hinterließ, so besorgte das Volk auf eigene Kosten das Begräbnis, indem jeder das Seinige dazu beitrug, und warf ihm überall, wo der Leichenzug vorbeiging, Blumen zu. Während in Athen Jünglinge noch vor der Mittagsstunde die Versammlungen weiser Männer mit einem Kranze auf dem Kopfe besuchten, herrschte in solchen Dingen bei den Römern stets große Strenge. So wurde beispielsweise im zweiten punischen Kriege (218–201 v. Chr.) der Geldwechsler Lucius Fulvius kraft eines Senatsbeschlusses ins Gefängnis geführt und erst am Ende des Krieges wieder in Freiheit gesetzt, als er sich unterfing, bei hellem Tage aus seiner Bude mit einem Rosenkranze auf dem Kopfe auf das Forum hinauszusehen. Auch den Publius Munatius ließen die Triumvirn fesseln und ins Gefängnis abführen, als er von der Bildsäule des Marsyas einen Blumenkranz nahm und sich aufsetzte. Er bat zwar die Tribunen, ihm beizustehen; doch taten diese keinen Einspruch. — Unter allen Kränzen aus Blumen haben diejenigen aus Rosen den größten Vorzug, und zwar legt man denen den höchsten Wert bei, die nur aus zusammengehefteten Rosenblättern bestehen. Heute aber nimmt man den Stoff zu Kränzen aus Indien oder aus Ländern, die jenseits von Indien liegen. Für die herrlichsten gelten die aus Nardenblättern, oder die mit bunten, von wohlriechenden Salben triefenden Seidenstoffen durchflochtenen. So weit geht jetzt die Verschwendung der Weiber!“

„In Sicyon wetteiferte die Kranzflechterin Glycera durch immer schönere natürliche Kränze mit dem Maler Pausias, der ihre Kränze malte, so daß Natur und Kunst sich gegenseitig zu übertreffen suchten. Auf dem berühmten Gemälde, das Die Kranzflechterin (*stephanoplocos*) heißt, und noch heutigentags vorhanden ist, hat er die Glycera gemalt. Dies geschah nach der hundertsten Olympiade (um 380 v. Chr.). — Wie man nun einmal angefangen hatte, Blumen in die Kränze zu flechten, wurden auch die Winterkränze Mode, deren Blumen, weil dann die Jahreszeit keine natürlichen liefert, aus künstlich gefärbten Hornspänen bestehen. In Rom schlich sich auch allmählich für die Kränze, wegen ihres zarten Wesens, der Name *corolla*, und dann der Name *corollarium* für Kränze aus vergoldetem oder versilbertem Kupferblech ein. — Zuerst ließ sich der reiche Crassus (der wegen seines ungeheuren Reichtums von 30 Millionen Mark den Beinamen *dives* „der Reiche" führende Triumvir, geboren 115 v. Chr., besiegte als Prätor 72 den Sklavenaufstand unter Spartacus, ward 70 mit Pompejus Konsul, schloß sich dann an Cäsar an und bildete 60 mit diesem und Pompejus das 1. Triumvirat, ward 55 zum zweitenmal Konsul, ging als Prokonsul nach Syrien und ward 53 nach der Niederlage bei Carrhae gegen die Parther hinterlistig getötet) die Blätter aus Gold nachbilden und verschenkte die daraus verfertigten Kränze bei den Spielen, die er gab. Es kamen dann noch zur Erhöhung der Schönheit der Kränze Bänder hinzu; an den etruskischen durften nur goldene Bänder angebracht werden. Lange Zeit hindurch waren sie einfach; erst Publius Claudius Pulcher ließ sie in getriebener Arbeit darstellen und brachte sogar am Baste, womit die Kränze gewunden waren, Goldblättchen an."

„Zwei griechische Ärzte, Mnesitheos und Kallimachos, haben eigens über die Kränze geschrieben, die dem Kopfe und somit der Gesundheit schaden. Bei Wein und Fröhlichkeit kann der Blumenduft schaden, ohne daß man daran denkt. — Daß aber auch absichtlich durch die Kränze, die man bei Gastmählern zu tragen pflegt, Unheil gestiftet werden kann, ersieht man aus folgendem Beispiel: Vor der Schlacht bei Actium (Stadt und Vorgebirge Aktion an der Westküste Griechenlands, südlich vom Eingang des Ambrakischen Golfes, wo Octavianus — der spätere Augustus — am 2. September 31 v. Chr. durch seinen Seesieg über Antonius und Kleopatra die Alleinherrschaft gewann) begann Antonius den Verdacht zu fassen, Kleopatra möchte einmal den Versuch machen, ihn durch Gift aus dem Wege zu räumen, und genoß nichts mehr, bevor es von andern gekostet war. Dies merkte nun die Königin. Bei einer lustigen Mahlzeit setzte sie sich einen Kranz auf, dessen Blumen sie mit Gift bestrichen hatte, und tat im Laufe des muntern Gesprächs den Vorschlag, die Blumen des Kranzes zu zerpflücken und mitzutrinken. Antonius ahnte nichts Böses, ließ die Blumen in seinen Becher werfen, setzte an und wollte trinken. Da hielt Kleopatra schnell die Hand vor und sagte: „Sieh, Antonius, du denkst dich dadurch zu schützen, daß du alle deine Speisen und Getränke erst kosten lässest; aber das würde dir alles nicht helfen, wenn ich nicht wüßte, daß ich ohne dich nicht leben kann." Sie ließ nun, um zu beweisen, wie sie über Tod und Leben gebiete, einen Menschen aus dem Gefängnis kommen und befahl ihm, aus dem Becher zu trinken. Er tat's und sank auf der Stelle nieder."

Derselbe Plinius sagt, daß in alten Zeiten nur Göttern Kränze gegeben worden seien; später sollen auch die Opfernden zu Ehren der Götter Kränze auf ihr Haupt gesetzt und zugleich die Opfertiere bekränzt haben. Dann seien sie auch bei den heiligen Kampfspielen in Gebrauch gekommen, wurden aber eigentlich nicht dem Sieger, sondern dessen Vaterland zugesprochen. Solche Siegeskränze pflege man als Weihgeschenke in den Tempeln aufzuhängen. — Der ums Jahr 1000 n. Chr. lebende Suidas gibt dem Empfinden der antiken Welt Ausdruck, wenn er sagt: „Den Toten gab man einen Kranz, weil sie den Kampf des Lebens bestanden hatten." In diesem Sinne erzählt Valerius Maximus vom karthagischen Feldherrn Hannibal, er habe den römischen Feldherrn Marcus Marcellus, als er im Lande der Bruttier kämpfend gefallen war, mit einem Lorbeerkranze schmücken und standesgemäß begraben lassen. Auch der Scheiterhaufen, auf dem die Leiche verbrannt wurde, pflegte mit Blumen, Weihrauch und anderem kostbarem Räucherwerk und wohlriechenden Essenzen bestreut zu werden. War der Leichnam verbrannt, so löschte man die glimmende Asche mit Wein, füllte sie in eine Urne und stellte sie in einem Grabmal an der Heerstraße auf.

In der Biographie des Feldherrn des Achäischen Bundes, Philopömen, der 183 v. Chr., als er von den Messeniern gefangen genommen wurde, den Giftbecher trinken mußte, sagt Plutarch, daß bei dessen Beerdigung der Sohn des achäischen Feldherrn, Polybios, die Aschenurne trug, die aber vor der Menge der Bänder und Kränze kaum zu sehen war. In den Grabschriften der Heroen des um 309 in Burdigala (Bordeaux) geborenen und nach 393 verstorbenen römischen Dichters Ausonius, der Christ und Erzieher des Kaisers Gratian war, wird der Besucher aufgefordert: „Besprenge die Gebeine mit Wein und lieblich duftendem Nardenöl, füge purpurfarbige Rosen und Balsam hinzu." Der Dichter Properz (45–22 v. Chr.) singt in einer seiner Elegien: „Wäre ich gestorben und legte jemand meine Gebeine in zarte Rosenblätter, so würde mir die Erde leicht sein." Sein Zeitgenosse Tibull (43 vor bis 20 n. Chr.) aber meint: „In schwarzem Trauergewande mögen sie meine Gebeine sammeln, sie mit Wein und dann mit Milch abwaschen, sie mit Tüchern wieder abtrocknen, in ein Marmorgefäß tun und die Zwischenräume mit morgenländischen Gewürzen füllen." Gerade diese letztere Sitte muß bei den Vornehmen Roms zu Beginn der Kaiserzeit sehr beliebt gewesen sein. So beschwört der produktivste und phantasiereichste aller römischen Dichter, Ovid, der im Jahre 7 n. Chr. 50jährig von Augustus wegen einer Skandalaffäre mit dessen Tochter Julia nach Tomi am Schwarzen Meer verbannt wurde und 17 daselbst starb, seinen besten Freund mit den Worten: „Bin ich tot, so lege meine Gebeine mit Blättern und Pulver von *amomum* (den aus Indien bezogenen Kardamomen) in eine kleine Urne und bestatte sie in der Vorstadt Roms.“

Auch die Gräber wurden in der Antike mit Vorliebe durch Blumen geschmückt. Schon Sophokles (497–406 v. Chr.) läßt in seiner Elektra sagen: „Als ich an das alte Grab des Vaters kam, sah ich, daß auf die Mitte frische Milch gegossen und der Rand rings mit Blumen aller Art belegt war.“ In der Äneis Vergils (70–19 v. Chr.) läßt der Dichter den Äneas, als er das Grab seines Vaters Anchises wieder besuchte, zwei Becher Wein, dann zwei mit frischer Milch und zwei mit heiligem Blute ausgießen und purpurfarbige Blumen darauf streuen; und an einer andern Stelle jenes Epos, das den Ahnherrn des julischen Geschlechts verherrlichen sollte, heißt es: „Streut mit vollen Händen Lilien und purpurne Blüten auf das Grab!“ Tibull sagt in einer seiner Elegien: „Bist du gut gewesen, so werden Tränen bei deiner Bestattung fließen und werden deine alten Freunde jährlich deinen Grabeshügel mit Blumengirlanden schmücken und sagen: „Schlummre sanft den Todesschlummer!“ Selbst von dem Scheusal Nero weiß sein Biograph Suetonius zu melden, daß es doch Leute gab, die noch viele Jahre lang sein Grab mit Blumen schmückten.“

Bei diesem zweifellos großen Bedarf an Blumen, der uns nach den Berichten der Schriftsteller des Altertums im ganzen Bereich der hellenisch-römischen Kultur entgegentritt, ist es sehr merkwürdig, daß so überaus selten von Blumengärten, die doch überall in der Nähe der Städte vorhanden gewesen sein müssen, die Rede ist. Nur der prosaische Cato (234–149 v. Chr.) rät in seiner Schrift über den Landbau: „Wer einen Garten bei der Stadt hat, der ziehe Kranzblumen aller Art.“ Schon der Vater der griechischen Botanik, der Schüler des großen Aristoteles, Theophrast (390–286 v. Chr.), zog in seinem durch die Freigebigkeit seines Kollegen Demetrios Phalereus, der von 318 bis 307 Athen verwaltete und für kurze Zeit dessen Blüte herstellte, unterhaltenen Garten in Athen auch allerlei Blumen, wie Veilchen, Nelken und Klebnelken, von denen er sagt, daß sie zur Ausschmückung von Kränzen verwendet werden. Und der ältere Plinius weiß uns zu melden: „Um die Pflanzen kennen zu lernen, bin ich bei Antonius Castor in die Lehre gegangen, der zu unserer Zeit in dieser Wissenschaft das größte Ansehen genoß. Ich besuchte ihn sehr oft in seinem Gärtchen, in welchem er die meisten Pflanzen zog. Dabei war er schon über hundert Jahre alt, hatte nie eine Krankheit gehabt und durch sein hohes Alter weder an seinem Gedächtnisse, noch an seiner körperlichen Munterkeit eine Abnahme erfahren.“

Wie wir aus einigen literarischen Angaben und Darstellungen auf Vasen wissen, pflegten die Griechen der klassischen Zeit mit Erde gefüllte, meist mit Henkeln versehene irdene Töpfe mit allerlei rasch aufsprießenden

Pflänzchen zu besäen. Wenn sie dann grün bewachsen waren, trug man sie am Adonisfeste im feierlichen Zuge daher. Mit diesen rasch dahinwelkenden „Adonisgärtlein" wollte man den frühen Tod des Jünglings andeuten, der ein Sinnbild des südlichen Sommers darstellte, in welchem alles Grün unter der Glut der erbarmungslosen Sonne allzuschnell dahinstirbt. Dieser Adonis war eigentlich ein syrischer Naturgott, ein Abbild der nach kurzer Blüte immer wieder ersterbenden Vegetation. Nach griechischem Mythos war er der Sohn des Kypriers Kinyras und dessen Tochter Myrrha und wurde aus einem Myrrhenbaum geboren, in welchen letztere verwandelt worden war. Er erwuchs zu einem wunderschönen Jüngling, in den Aphrodite, die Liebesgöttin, und Persephone, die Beherrscherin der Unterwelt, die mit Bewilligung ihres Vaters Zeus zwei Drittel des Jahres bei ihrer Mutter Demeter, der Erdgöttin, auf der Oberwelt zubringen durfte, sich gleicherweise verliebten. Als er dann auf der Jagd von einem Eber getötet wurde, stritten beide Göttinnen um seinen Besitz. Da entschied Vater Zeus, daß er abwechselnd bei der ersteren auf der Oberwelt und bei der letzteren in der Unterwelt leben sollte.

Wie schon bei den ältesten Ägyptern und Babyloniern wurden auch bei den Griechen und Römern allerlei fremdländische, gegen die klimatischen Verhältnisse empfindliche Pflanzen in Töpfen gezogen, die man über die kälteste Zeit zum Schutze in die Häuser stellen konnte. So schreibt Theophrast in seiner Pflanzengeschichte: „Die Stabwurz (*abrótonon*) wird öfters in Blumentöpfe (*óstrakon*) gepflanzt wie die Adonisgärten im Sommer." In späterer Zeit baute man zum Zwecke des Überwinterns gegen Kälte empfindlicher Pflanzen eigentliche, mit Glimmerplatten statt wie bei uns mit Glas gedeckte Treibhäuser. So berichtet uns der witzige Epigrammendichter Martial, 40–102 n. Chr., daß man hinter Scheiben von „durchsichtigem Edelstein" feinere Obstsorten vor der Winterkälte schütze; er dagegen habe in seinem Stübchen nicht einmal einen ganzen Fensterladen und müsse dann beim eisigen Nordwind nicht übel frieren. Und in der wahrscheinlich ums Jahr 912 n. Chr. veranstalteten, Geoponika genannten Sammlung von Auszügen guter alter griechischer Schriften über die Land- und Gartenwirtschaft steht zu lesen: „Frühzeitige Rosen nennt man diejenigen, die in Körben oder Töpfen gezogen und wie Kürbisse oder Gurken behandelt werden (d. h. im Winter bei kaltem Wetter in sonnigen, mit Glimmer gedeckten Räumen geschützt, bei mildem aber ins Freie getragen werden). Im Freien stehende treibt man, wenn man will, dadurch, daß man zwei Hände breit um sie herum einen Graben zieht und täglich zweimal Wasser in diesen gießt."

Als in den Wirren der Völkerwanderung die antike Kultur zu Grunde gegangen war und nur noch in Byzanz eine länger dauernde, den Arabern, nicht aber den Christen des Abendlandes zugute kommende Nachblüte erlebte, ging auch die künstliche Zucht und das Treiben von Blumen in Europa verloren. Erst mit dem Erwachen der Geister in der Neuzeit kam sie, vom Morgenlande beeinflußt, bei uns in Flor. Der erste, der die Treiberei von Blumen in größerem Maßstabe in Mitteleuropa ausübte und zur Modesache bei den Vornehmen erhob, war der berühmte Gärtner Ludwigs XIV., La Quintinie, der dafür sorgte, daß sein Herr und Gebieter, der ein großer Blumenfreund war, stets in den Räumen seines Schlosses irgend welche Blütenpflanzen, besonders Rosen, Tulpen, Hyazinthen, Narzissen und Anemonen besaß. In der Folge ist dieser Zweig der gärtnerischen Tätigkeit in hohem Maße gepflegt und mit allem Raffinement ausgebildet worden.

Mit dieser gärtnerischen Kunstfertigkeit hängt auch die Einführung neuer Blumenarten und die Züchtung neuer Sorten aus denselben und den schon vorhandenen zusammen. Diese Zucht neuer Zierblumen ist im wesentlichen eine Errungenschaft der zweiten Hälfte des 19. Jahrhunderts. Sie ist der Ausfluß des Strebens der Handelsgärtner, immer neue Formen hervorzubringen, um damit bei dem danach lüsternen Publikum ein gutes Geschäft machen zu können. Für gewisse seltene Formen und Neuheiten werden von den reichen Blumenfreunden tatsächlich Unsummen bezahlt, und der große Gewinn treibt die Züchter zu fortgesetzten Anstrengungen an, etwas Seltenes oder noch nie Dagewesenes auf den Markt zu bringen. Das Hauptmittel dabei bildet das Warmhaus, das die Kultur von Blumen und Ziergewächsen von der örtlichen Lage unabhängig macht und die Vereinigung aller möglichen Pflanzen gestattet, mit denen dann experimentiert wird.

Am häufigsten tritt in der Kultur, zunächst schon durch die bessere Ernährung bedingt, eine Vergrößerung der Blüte ein. Solche Riesenformen kehren aber bei der Weiterkultur, wenn sie nicht sehr kräftig ernährt werden, leicht zur Stammform zurück. Nicht selten sind Änderungen der Farbe, doch beschränken sie sich gewöhnlich auf einen bestimmten Farbenkreis. So variiert Blau (durch Hinzutreten einer Säure zu dem betreffenden Farbstoff) in Violett oder Rosa und schließlich Weiß, Blutrot in Rosa oder Weiß, Zinnoberrot in Orange und Gelb, Violett in Blau und Weiß, seltener in Rosa, Gelb fast nur in Weiß, Weiß meist gar nicht oder allenfalls in Zartrosa oder Zartblau. Neben den Farbenvariationen treten gefüllte Formen auf, indem sich Staubblätter in Blumenblätter verwandeln. Diese beiden Veränderungen der Farbe und die Füllung oder Petalodie (von *pétalon* Blumenblatt) der Blumen hängen nun ebenfalls vielfach mit Ernährungsursachen zusammen. So füllen sich beispielsweise vielfach die Blüten der Levkojen, wenn man die betreffenden Pflanzen eine Zeitlang kümmerlich ernährt. In den weitaus meisten Fällen aber lassen sich solche Veränderungen nicht erzwingen, sondern treten spontan, ohne für uns erkennbare Ursache auf. Der Mensch muß sie abwarten und entdecken; dann aber kann er großen Gewinn daraus ziehen. Da solche neue Varietäten ihre besonderen neuen Eigentümlichkeiten auf ihre Nachkommen vererben, hat der Mensch nichts anderes zu tun, als diese, wenn er sie zufällig fand, weiter zu züchten. Dieses merkwürdige, für uns völlig unerklärliche Auftreten neuer, bis dahin nicht existierender Formen bezeichnet man als Mutationen oder Sprungvariationen. Das älteste, historisch beglaubigte Beispiel einer solchen Sprungvariation ist das schlitzblättrige Schillkraut, das jetzt schon über 300 Jahre bekannt ist. Eine der jüngsten dagegen ist die Erdbeere ohne Ausläufer. Vilmorin fand sie in einem einzigen Exemplar unter einer Aussaat der gewöhnlichen Erdbeere. Solche neue Formen sind je und je aufgetreten, nur nahm man davon keine Notiz, bis in der Gegenwart die Wissenschaft die allgemeine Aufmerksamkeit auf diese Tatsache lenkte. In dieser Beziehung waren die Beobachtungen des holländischen Botanikers Hugo de Vries bahnbrechend, die er an solchen neuen Sprungvarietäten einer aus Nordamerika bei uns eingeführten gelbblühenden Nachtkerzenart (*Oenothera lamarckiana*) machte. Über diese und andere bisher an Mutationen festgestellten Beobachtungen und die daraus zu ziehenden Schlüsse habe ich eingehend auf S. 464–471 des zweiten Bandes meiner gemeinverständlichen Entwicklungsgeschichte des Naturganzen, betitelt „Vom Nebelfleck zum Menschen“[3], berichtet, so daß ich Interessenten darauf verweise.

Solche Sprungvarietäten und seltene, neue, wilde Arten nun hat der Pflanzenzüchter unter Beobachtung gewisser Vorsichtsmaßregeln zu kultivieren, bis er eine für den Verkauf genügende Menge Samen, Wurzelknollen oder Zwiebeln besitzt. Dieses Ziel ist dann meist in 4–5 Jahren erreicht. In der Regel ist aber seine Aufgabe durchaus nicht so einfach. Er muß in vielen Fällen erst ungünstige Eigenschaften der neuen Arten ausmerzen und durch andere, bessere ersetzen. In anderen Fällen ist es überhaupt nur eine einzige Eigenschaft, durch die sich die neue Art auszeichnet, dann gilt es, diese auf die schon bekannten alten Sorten zu übertragen. Dies geschieht durch Kreuzung oder Hybridisation, wie der technische Ausdruck lautet. Das Ergebnis ist eine Nachkommenschaft von Bastarden oder Hybriden, die wie die Kinder verschieden gearteter Eltern die Mischung der mütterlichen und väterlichen Eigenschaften in verschiedenem Grade zeigen. In der ersten Generation sind sie noch einförmig. Der ganze Reichtum der Formenfülle bricht erst bei weiteren Kreuzungen hervor. Der Züchter setzt die Kreuzung so lange fort, bis die von ihm gewünschte Kombination von Eigenschaften erreicht ist. Ist dies geschehen, so sucht man sie samenbeständig zu machen. Dies gelingt oft durch wiederholte Inzucht. Je länger die Inzucht fortgesetzt wird, um so größer wird die Samenbeständigkeit. Dieser Weg muß bei den Pflanzen, die nur einmal blühen und Frucht tragen und dann absterben, in den meisten Fällen eingeschlagen werden. Bei allen Pflanzen, die erst nach mehreren Jahren zur Blüte gelangen, also sehr vielen Stauden und Holzgewächsen, wählt man die vegetative Vermehrung. Jede aus einem Steckling oder Edelreis der neuen Form erwachsene Pflanze zeigt genau dieselben Eigenschaften wie die Mutterpflanze, von der sie stammt. Hierauf beruht die Vermehrung unserer meisten Obstarten, der Kartoffeln, Georginen, Canna-, Coleusarten usw. Manche Pflanzen, wie Blattbegonien, Gloxinien, Peperonien u. dergl., lassen sich auch ganz einfach durch abgeschnittene Blätter vermehren, die im Boden alsbald Wurzel fassen.

Noch viel mehr als der höchst zufälligen und selten eintretenden Mutation verdanken wir es der planmäßigen Hybridisation, daß wir heute über eine solch ungeahnte Menge von Zierblumen, die noch nie in der Vorzeit existiert haben, sondern erst in unserer Zeit aus oft sehr unscheinbaren, einheimischen oder ausländischen Stammformen hervorgezaubert wurden, besitzen. Wir werden im folgenden sehen, wie überaus bescheiden und begrenzt der Besitz an Zierpflanzen bei den Kulturvölkern des Altertums war, und wie unermeßlich dagegen die Blumenfülle ist, über die wir heute verfügen. Alle Weltteile haben ihren Tribut geliefert, um unsere Gärten und Gewächshäuser damit zu füllen und unser Auge mit deren Farben- und Formenreichtum, wie unsere Nase mit ihren teilweise herrlichen Düften zu erfreuen.

Beginnen wir nun mit der Betrachtung und kulturgeschichtlichen Würdigung der wichtigsten Zierpflanzen des Menschen, unter denen schon im Altertum die Rose als die vornehmste galt. Wie wir dies heute noch tun, betrachteten die alten Kulturvölker Vorderasiens, wie auch die Griechen und Römer, die Rose als die Königin der Blumen. Dieser Anschauung gibt Achilles Tatius beredten Ausdruck, wenn er sagt: „Wenn Zeus der Blumenwelt eine Königin hätte geben wollen, so hätte er die Rose dazu gemacht; denn sie ist die Zierde der Erde, der Stolz der Pflanzenwelt, die Krone der Blumen, der Purpur der Wiesen, der Abglanz des Schönen. Sie ist der Liebe voll und steht im Dienste der Aphrodite; sie prangt mit duftenden Blüten und wiegt sich auf beweglichem Laube, das sich des fächelnden Zephyrs erfreut.“ Sie war aber nicht blos das Symbol der Liebesgöttin und ihr geweiht, sondern soll nach alter griechischer Sage direkt von deren Blut die rote Farbe erhalten haben. So sagt uns ein ungenannter griechischer Dichter in den Geoponika: „Die Rose, so erzählt man, war ursprünglich weiß und geruchlos. Einst ritzte Aphrodite ihren Fuß an einem Rosenstachel und von dem hervorquellenden Blute der Göttin nahm die Rose ihre rote Farbe und den Wohlgeruch an.“

Diese also von der Liebesgöttin selbst gefärbte Blumenkönigin kam mit der weißen Lilie erst nach dem ersten Viertel des letzten vorchristlichen Jahrtausends von Westasien her nach Griechenland. Die griechischen Bezeichnungen *vródon* und *leírion* dafür sind Entlehnungen der Sprache Irans.

Und wie die Namen, so stammen auch die Pflanzen selbst aus dem Hochlande von Persien, wo aus einer nahe Verwandten der in Südeuropa wachsenden wohlriechenden Provencerose (*Rosa gallica*) mit fünf weißen bis rosenroten Blumenblättern durch Umwandlung fast aller Staubblätter in Blumenblätter die als Centifolie, d. h. Hundertblumenblättrige, bezeichnete gefüllte Form hervorging. Weil diese Füllung auf Kosten der Möglichkeit Samen tragen zu können geschah, so können diese Edelrosen nicht gesät werden, sondern müssen auf vegetativem Wege vermehrt und fortgepflanzt werden. Dies geschieht meist durch Okulieren, d. h. Einsetzen einer Knospe („Auge") der edeln Pflanze auf einen Wildling. Als hochstämmige Wildlinge dienen in erster Linie die ein- oder zweijährigen Stämmchen der einheimischen Hundsrose (*Rosa canina*), die selbst zur Züchtung von Edelrosen nicht verwendet wird.

Jedenfalls waren aber die Centifolien der Alten noch lange nicht in dem Maße gefüllt, wie sie es heute sind. Gleichwohl haben sie dieselben in hohem Maße entzückt. In den homerischen Epen erscheinen sie mit der Lilie als der Inbegriff des Wunderbaren und Göttlichen. Die Pflanzen selbst scheint der Dichter derselben überhaupt noch nicht gekannt zu haben; er nennt sie, oder besser gesagt, gewisse Eigenschaften von ihnen, wenn er etwas unbestimmt Herrliches ausdrücken will. So bezeichnet er die Morgenröte als rosenfingerig, und Aphrodite salbt den Leichnam des ihr sympathischen Hektor mit rosenduftendem, d. h. besonders herrlich duftendem Öl. Ajax soll eine lilienzarte Haut besitzen, die Hektor mit seinem Speer durchbohren will. Auch bei dem im 8. vorchristlichen Jahrhundert in Böotien lebenden griechischen Dichter Hesiod war es nicht anders. In seiner Theogonie spricht er von zwei rosenarmigen Töchtern des Meergottes Nereus und bezeichnet die Stimmen der Musen und Zikaden als Lilienstimmen, aber was Rosen und Lilien tatsächlich sind, ist ihm völlig dunkel geblieben. Wie hätte er auch diese Blumen kennen sollen, wenn noch in einem von der Forschung in die Mitte des 7. vorchristlichen Jahrhunderts gesetzten Hymnus des alteleusinischen Demeterdienstes erzählt wird, wie Persephone, die Tochter des Zeus und der Erdgöttin Demeter, auf der Wiese mit ihren Gespielinnen gespielt und außer Veilchen, Krokos, Hyazinthen und Schwertlilien auch Rosen (nicht vom Strauch gebrochen und nicht mit Stacheln bewehrt, wie wirkliche Rosen, sondern Phantasierosen) gepflückt habe und die Wunderblume Narkissos „— ein Wunder zu sehen für Menschen und Götter — die sich mit hundert Häuptern aus der Wurzel erhebt, deren Duft Himmel, Meer und Erde erfreut" (also ebenfalls nicht die wirkliche, sondern eine Phantasienarzisse, die, wie der Name bezeugt, der mit dem Wort Narkose zusammenhängt, eine exotische Blume mit berauschendem Dufte bezeichnen sollte). An einer späteren Stelle desselben Hymnus erzählt Persephone ihrer Mutter, wie sie auf einer reizenden Wiese gespielt und „Kelche der Rosen und Lilien — ein Wunder zu schauen" gepflückt habe. Dieser Zusatz des Wunderbaren erhebt ja an sich schon diese Blumen ins Fabelhafte, Unglaubliche, noch nie Geschaute.

In einem Fragment des um ein Menschenalter älteren griechischen Lyrikers Archilochos von Paros (um 700 v. Chr.), der aber weiter in der Welt herumgekommen zu sein scheint als der Verfasser jener eleusinischen Tempelpoesie und außer den Ägäischen Inseln auch Thrakien und Lydien kannte, tritt uns erst unverkennbar die Kenntnis des Rosenstrauches entgegen, dessen schöne Blüte (*rodḗs te kalón anthós*) der Dichter neben dem Myrtenzweig als Schmuck des Mädchens, ohne Zweifel seiner Geliebten, der Neobule, erwähnt. Hundert Jahre später war die Rose ein Liebling der Dichterin Sappho aus Mitylene auf der Insel Lesbos (um 600 v. Chr.), von der sie häufig gepriesen und als Gleichnis schöner Mädchen herangezogen wurde. Nach ihr hat der lebensfrohe Lyriker Anakreon aus Teos in Ionien (550–478 v. Chr.), der in Samos und Athen lebte, sie vielfach in seinen Gedichten verherrlicht. Er sagt von dieser Blume: „Mit schönblühenden Rosen bekränzt wollen wir trinken. Die Rose ist die herrlichste Blume; sie ist bei den Göttern beliebt; mit ihr bekränzt sich der Sohn Kytherens (der Liebesgott Eros — bei den Römern Amor genannt), wenn er mit den Grazien tanzt. So will auch ich mit Rosen bekränzt tanzen."

Von da an finden wir die Rose neben der Lilie als beliebten Blumenschmuck eingebürgert und bei keinem griechischen Feste fehlend. Zweifellos war sie aus der Landschaft Phrygien im mittleren Kleinasien über Thrakien und Makedonien nach Griechenland eingewandert. Das nyseische Gefilde, auf dem Persephone nach dem homerischen Hymnus Rosen und Lilien pflückt, ist nach den Angaben in der Ilias in Thrakien zu denken, und der Name einer ihrer Gespielinnen, Rhodope, ist zugleich derjenige des thrakischen Gebirges, in welches jene Nymphe verwandelt sein sollte. Und Herodot aus der dorischen Stadt Halikarnassos an der kleinasiatischen Küste südlich von Milet (484–424 v. Chr.) sagt: „In einer Landschaft Makedoniens liegen die sogenannten Gärten des Midas, des Sohnes des Gordios (eines phrygischen Königs und der Kybele, dem Dionysos den Wunsch gewährte, daß alles, was er berühre, sich in Gold verwandle, von welcher lästigen Wohltat er sich dann durch ein Bad im Flusse Paktolos befreite, der seitdem Gold führt). In diesem Garten wachsen die Rosen wild, jede hat 60 Blätter, und sie riechen besser als andere Rosen." Gleicherweise drückt sich der bei Athenaios erwähnte alexandrinische Dichter Nikander im zweiten Buche seiner Georgika aus, wenn er sagt: „Midas von Odonien (einer Landschaft in Thrakien) erzog, nachdem er die Herrschaft von Asis (in Kleinasien) verlassen, zuerst in den Gärten von Emathia (einer Landschaft in Makedonien) die Rosen, die mit 60 Blumenblättern umsäumt sind." Schon diese bei ihm und Herodot hervorgehobene altbabylonische Zahl 60 weist auf die Herkunft dieses Mythos aus Asien, woher mit dem Dienst der

Aphrodite und des Gottes des Natursegens Dionysos auch die ihnen geweihte Blume zu den Griechen kam.

Noch der pflanzenkundige Schüler des großen Aristoteles, Theophrast (390–286 v. Chr.), schreibt in seiner Pflanzengeschichte, daß die meisten reichgefüllten Rosen, die er bereits *hekatonphylla*, d. h. hundertblätterig — identisch mit dem römischen *centifolia* — nennt, in der Gegend von Philippi in Makedonien wachsen. An der diesbezüglichen Stelle teilt er uns sein ganzes Wissen über diese Pflanze mit: „Es gibt verschiedene Arten von Rosen (*ródon*); sie haben mehr oder weniger Blumenblätter (*phýllon*), sind mehr oder weniger rauh oder glatt, an Farbe und Wohlgeruch verschieden. Die meisten sind fünfblätterig; es gibt aber auch zwölf- bis zwanzigblätterige, ja die Zahl der Blumenblätter soll bis auf hundert steigen, und solche nennt man *hekatonphylla.* Die meisten Hekatonphyllen wachsen um Philippi, wohin man sie vom (benachbarten) Pangaiosgebirge, woselbst sie in Menge vorkommen, verpflanzt hat. — Im allgemeinen richtet sich bei den Rosen die Schönheit der Farben und der Wohlgeruch nach dem Standort; jedoch kann auf demselben Boden der Geruch verschieden sein. Den besten Geruch haben die Rosen von Kyrene (in Nordafrika zwischen Tripolis und Ägypten); daher wird dort die kostbarste Rosensalbe (*mýron*) gemacht. Man kann den Rosenstrauch (*rodōniá*) auch durch Samen vermehren; dieser liegt unter der Blüte in der Frucht (*mélōn*, eigentlich Apfel) und ist mit Wolle umgeben. Da aber das Wachstum aus den Samen sehr langsam vor sich geht, so pflegt man die Rosen durch Stecklinge zu vermehren. Übrigens trägt der Rosenstrauch schönere Blumen, wenn man ihn abgebrannt oder abgeschnitten hat; dagegen treibt er wilde Schößlinge, wenn man ihn nach Belieben wachsen läßt. Auch durch oftmaliges Verpflanzen werden seine Blumen schöner. Die wilden (*ágrios*) Rosen haben rauhere Zweige und Blätter, weniger stark gefärbte und kleinere Blüten.“

Die ältesten Babylonier haben so wenig wie die übrigen vorderasiatischen Völker und die Ägypter der älteren Zeit die Rose gekannt. Erst bei den jüngeren Assyriern tritt sie uns als viel gebrauchtes Ornament, nämlich stilisiert als Rosette, entgegen, und bei den jüngern Babyloniern, wie sie uns der griechische Geschichtschreiber Herodot aus eigener Anschauung um die Mitte des 5. vorchristlichen Jahrhunderts schildert, hatte sie auch erst durch Vermittlung ihrer persisch-medischen Überwinder Eingang gefunden. So schreibt er im ersten Buche seines Geschichtswerks: „Jeder Babylonier trägt auf seinem Stock das Bild entweder eines Apfels oder einer Rose oder einer Lilie oder eines Adlers oder irgend eines andern Gegenstandes.“ Auch die alten Hebräer zur Zeit Salomos (993–953 v. Chr.), der in seinen wohlgepflegten Gärten eine Menge aus dem Auslande eingeführter neuer Kulturpflanzen ziehen ließ und sich an seinem prunkhaften Hofe gern mit einer so schönen Blume geschmückt hätte, wenn er es hätte tun können, kannten die Rose, dieses herrliche Geschenk Irans, noch nicht. Wenn Luther, der Auslegung der Rabbinen folgend, das hebräische *susan* mit Rose übersetzt, so ist dies ein heute vollständig klargelegter Irrtum; es bedeutet vielmehr Lilie, und zwar nicht sowohl die weiße, sondern die farbige Feuerlilie oder noch wahrscheinlicher eine überall in Palästina wildwachsende, ebenfalls glockenförmige Blüten besitzende Kaiserkrone. Dahin sind die Stellen zu berichtigen, wie z. B. bei dem (im 8. Jahrhundert v. Chr. lebenden) Hosea, wo es in den bisher gebräuchlichen Bibelübersetzungen heißt: „Ich will Israel wie ein Tau sein, daß er soll blühen wie eine Rose", oder an mehreren Stellen des nicht lange nach der Salomonischen Zeit gedichteten Hohen Liedes, wie: „Ich bin eine Blume zu Saron und eine Rose im Tal", oder: „wie eine Rose unter den Dornen, so ist meine Freundin unter den Töchtern" usw. Erst den Verfassern der schon in die griechische Zeit fallenden Apokryphen war die Rose bekannt. Nach allem scheint diese Zierpflanze von dem im Jahre 536 aus dem Exil in Babylon, wohin sie Nebukadnezar nach der Zerstörung Jerusalems 586 geführt hatte, auf Grund der vom Perserkönige Kyros erteilten Erlaubnis nach Palästina zurückgekehrten, etwa 42000 Juden nach Syrien gebracht worden zu sein. Demgemäß wird sie zuerst in den nach dieser Zeit verfaßten Büchern der Weisheit und Jesus Sirach erwähnt.

Auch nirgends in den altägyptischen Inschriften und Papyri wird die Rose angeführt. Auch Herodot, der Ägypten aus eigener Anschauung kannte, erwähnt wohl die Lotosblume, die er als Lilie des Nils bezeichnet, aber nicht die Rose als Zierpflanze Ägyptens. Erst etwa ums Jahr 600 v. Chr. kam die Rose wahrscheinlich von Syrien her und nicht durch Griechen, die allerdings der Handel schon damals zu den Nilmündungen führte, wo ihnen dann König Amasis II. (570 bis 526 v. Chr.), der Freund des Polykrates von Samos, die Stadt Naukratis überließ, nach dem Niltal, wo sie in der Folge besonders in der Landschaft Arsinoe, dem heutigen Fajum, viel angepflanzt wurde. Zur Zeit der Herrschaft der Ptolemäer (323–30 v. Chr.) und der Römer war diese Landschaft bei allen Völkern des Mittelmeerbeckens wegen ihrer Wein- und Rosengärten berühmt. Schon Theophrast berichtet, daß die Rosen und Veilchen Ägyptens, die wie alle Blumen des Landes, außer der Myrte, geruchlos sein sollten, um zwei Monate früher blühen als in Griechenland. Diesen Umstand benutzten die üppigen Einwohner Roms zur Kaiserzeit, um sich zu einer Zeit, da es noch keine blühenden Rosen im eigenen Lande gab, welche von dort kommen zu lassen. So sagt Martial (40–102 n. Chr.), der unter Nero aus seinem Vaterlande Spanien nach Rom kam, in einem seiner Epigramme: „Im Winter schickt der Nil Rosen nach Rom, aber mehr und schönere sendet Paestum (die griechische Pflanzstadt Poseidonia in Unteritalien, dessen verhältnismäßig noch gut erhaltener Poseidontempel aus Abbildungen genugsam bekannt ist)." Diesen Tatsachen entsprechend hat man erst in den der griechisch-römischen Periode angehörenden Gräbern der Nekropole von Hawara im Fajum Überreste der Rose gefunden, für die es auch keine einheimische ägyptische Bezeichnung gab. In demotischen Texten findet sich dafür der Name *uartu*, der semitischer Herkunft zu sein scheint, da er sich als *uard* im Arabischen wiederfindet. Dies würde für einen Import der Rose durch semitische und nicht griechische Vermittlung sprechen. Bekanntlich hat der Ägyptologe Georg Ebers diese Bezeichnung der Rose als Name der Heldin seines Romanes Uarda benutzt.

Nach Unteritalien kam die orientalische Gartenrose schon früh mit den ihre Kolonien daselbst gründenden Griechen. In ihrer Gesellschaft befand sich jedenfalls auch die morgenländische weiße Lilie, deren griechischer Name *leirion* in das lateinische *lilium*, und der griechische Pluralis *róda* in *rosa* verwandelt wurde. Im späteren Italien hat diese heilige Blume der Aphrodite-Venus bei den Festen der Vornehmen eine sehr bedeutende Rolle gespielt. Schon der Redner Cicero (106–43 v. Chr.) nennt die Rose da, wo er ein Leben voll Üppigkeit bezeichnen will. Und es war in der Tat orientalische Ausschweifung, wenn, wie Athenaios (um 200 n. Chr.) uns berichtet, Kleopatra in Kilikien, wohin sie dem Marcus Antonius, um ihn für sich zu gewinnen, entgegengezogen war, diesen in Speisezimmern bewirtete, deren Boden eine Elle hoch mit Rosen bedeckt war. Damit man sich nicht in ihnen mit den Füßen verfing, war über sie ein feines Netz gezogen. Die Kosten für diese kleine Überraschung betrugen ein Talent, d. h. 4500 Mark. Derselbe Athenaios berichtet von dem im 4. Jahrhundert v. Chr. über Syrakus herrschenden grausamen Tyrannen Dionysios, daß er die Fußböden seines Palastes mit Feldthymian und Rosen bedecken ließ und sich dann darauf herumwälzte, um in Wohlgerüchen zu schwelgen. Es war eine Nachahmung der üppigen Sitten bithynischer Fürsten, wenn sich der römische Beamte Gajus Verres, der von 73–71 v. Chr. Statthalter von Sizilien war und während seiner dortigen Amtsführung nicht weniger als 40 Millionen Sesterzien, d. h. 6 Millionen Mark erpreßte, weswegen er im Jahre 70 angeklagt wurde, wobei Cicero als Anwalt der Bewohner Siziliens seine berühmten Verrinischen Reden hielt, den für die Begriffe der Römer der damaligen Zeit ganz unerhörten Luxus leistete, mit Rosen bekränzt in seiner Sänfte auf Rosenkissen zu ruhen und dabei ein mit Rosen gefülltes Netzchen an die Nase zu halten. Die diesbezügliche Stelle in der Rede Ciceros gegen Verres lautet wörtlich: „Als unser Feldherr Verres seine Residenz in Syrakus aufgeschlagen hatte, ließ er sich, sobald es Rosen gab, in einer Sänfte herumtragen, in welcher das Polster mit Rosen ausgestopft war; dabei hatte er einen Kranz von Rosen auf dem Kopfe und einen andern solchen um den Hals, und vor die Nase hielt er sich ein aus ganz zarten Leinfäden gestricktes, engmaschiges, mit Rosen gefülltes Netzchen.“

Solche Verschwendung wurde noch bei weitem von den an Größenwahn leidenden Cäsaren Roms übertrumpft. Berichtet doch Spartianus von dem römischen Kaiser Aelius Verus, dem Adoptivsohn des Antoninus Pius, der 161 von Mark Aurel zum Mitregenten erhoben wurde und 169 zu Altinum in Venetien starb, er habe auf einem Bett geschlafen, das mit Rosenblättern gefüllt war, denen das Weiße, also der Nagel, genommen worden war. „Seine Decke bestand aus Lilien und sein Körper war mit persischen Salben parfümiert. Von ebenso gereinigten Rosenblättern und von Lilien ließ er oft die Polster machen, worauf beim Schmause die Gäste lagen, desgleichen auch die Tische selbst." Es handelt sich also hier um mit Rosen- und Lilienblättern gefüllte Kissen, die gelegentlich auch von anderen üppigen Kaisern benutzt wurden, wenn es sich um besonderen Pomp bei festlichen Anlässen handelte. So berichtet uns der Geschichtschreiber Aelius Lampridius in seiner Biographie des Kaisers Heliogabalus (der auf Anstiften seiner Großmutter Julia Maesa, der Schwägerin des Kaisers Septimius Severus, 218 17jährig als Oberpriester des Gottes Elagabal, dessen Namen er annahm — er hieß eigentlich Avitus Bassianus — in Emesa in Syrien von den syrischen Legionen zum Kaiser ausgerufen wurde, 219 in Rom einzog, wohin er den orgiastischen Dienst seines syrischen Gottes verpflanzte und wo er schwelgerisch und wollüstig lebte, bis er 222 von den Prätorianern ermordet wurde): „Kaiser Heliogabalus speiste öfter auf Kissen, die mit Rosen(blättern) gefüllt waren, hatte mit Rosen(blättern) ausgestopfte Betten und spazierte in Säulenhallen, deren Boden mit Rosen bedeckt war. Er wechselte auch mit der Blume und gebrauchte statt der Rosen Lilien, Veilchen, Hyazinthen oder Narzissen. Er füllte auch Bassins mit Rosen- oder Wermutwein, badete sich darin, trank sich dabei an dem Wein, worin er saß, voll und lud zugleich das Volk ein mitzutrinken."

Von Kaiser Gallienus (253 Mitregent seines Vaters Valerianus, von 260 an Alleinherrscher, bis er 268 in Mailand ermordet wurde) berichtet uns Trebellius Pollio: „Kaiser Gallienus baute öfter im Frühjahr ganze Villen von Rosen und Burgen aus Obst, bewahrte Trauben drei Jahre lang auf, traktierte seine Freunde mit Melonen und setzte ihnen in Monaten, in welchen eigentlich keine zu haben waren, frische Feigen und andere Obstarten vor."

Sich mit Rosen zu umgeben galt bei den Machthabern des Altertums als ein Zeichen fürstlichen Prunkes. So berichtet Florus von dem syrischen Könige Antiochos III., dem Großen, der seine Herrschaft über Kleinasien auszudehnen suchte und infolge davon 192 mit den Römern in Krieg geriet und nach zwei unglücklich verlaufenen Schlachten 190 ganz Kleinasien diesseits des Taurus an jene abtreten mußte: „Als Antiochus, König von Syrien, gegen die Römer Krieg führte, hatte er sich zur Winterszeit auf Euboea gelagert; seine Zelte bestanden aus Gold und Seide, von allen Seiten waren Rosen herbeigeschafft und Flötenspieler sorgten für gute Unterhaltung." In diesem Bericht und in anderen ähnlichen Inhalts besteht das Luxuriöse gerade darin, im Winter Rosen haben zu wollen, wenn sonst niemand welche hatte. Dazu wurden sie entweder in mit Marienglas gedeckten Kästen getrieben, wie uns dies Martial in einem Epigramm für Rosen und Lilien mitteilt und auch Palladius im 4. Jahrhundert n. Chr. noch erwähnt, oder aus wärmeren Gegenden, besonders Nordafrika, bezogen. Auch Süditalien, wo, wie in Paestum nach der Angabe des Dichters Vergil in seiner Georgica die Rosen zweimal Blüten trugen, lieferte solchen Leuten, die sich nach der Bezeichnung des Seneca, des Erziehers und Leiters des jugendlichen Nero (2–65 n. Chr.), in einer seiner Episteln „durch naturwidrige Mittel im Winter Rosen zu verschaffen suchen“, das Gewünschte. Hier wurden die Rosen nach der Angabe des Plinius (23–79 n. Chr.) in der Weise vorzeitig zum Blühen gebracht, daß man „einen Fuß von der Wurzel des Stockes entfernt einen Graben zog und in diesen warmes Wasser goß“. Dasselbe empfiehlt auch drei Jahrhunderte später Palladius, der rät, zweimal täglich warmes Wasser hineinzugießen. Auf solche Weise war es den Herren der Welt möglich, wie der jüngere Claudius Mamertinus in seinem *Panegyricus Juliani*, d. h. der Lobschrift über den Kaiser Julianus Apostata (361–363), sagt, an den Tafeln bei ihren Gastmählern „wunderbare Vögel und Fische aus fernen Meeren, Obstsorten, die zu ganz anderer Zeit reifen, Schnee im Sommer, Rosen im Winter beim Schmause zu verbrauchen“. Daß solche Extravaganzen nicht billig zu stehen kamen, ist sehr wohl begreiflich. Doch in Rom, das so viele andere Völker ausgeraubt hatte, gab es genug sehr reiche Leute, die sich diese Vergnügungen leisten konnten. So berichtet der römische Geschichtschreiber Suetonius (70–140 n. Chr.), der einstige Geheimschreiber des Kaisers Hadrian, daß bei einer Festlichkeit, die ein Freund des Kaisers Nero (geboren 37, regierte von 54–68 n. Chr.) mitten im Winter gab, die Beschaffung der Rosen allein die Kleinigkeit von 4 Millionen Sesterzien = 600000 Mark kostete.

Diese nun einmal zum Lebensgenuß gehörende schöne Blume zierte auch die Liebenden, um so mehr, weil sie das Sinnbild der Liebesgöttin selbst war. Wie die Reichen beim Schmause in Rosen lagen, schenkte der Liebende seiner Geliebten die Blume Aphrodites. Schon beim römischen Komödiendichter Plautus (254–184 v. Chr.) treffen wir als liebkosende Anrede den Ausdruck *rosa*, *mea rosa*, meine Rose. Wie das Haupt der Tänzerin, der Flötenspielerin und des weinschenkenden Knaben von einem Rosenkranze umwunden war, bekränzte der Trinkende sich selbst und seinen Becher mit der Dionysos selbst geheiligten Blumenzier. Von Anakreon im 6. vorchristlichen Jahrhundert an tönt uns bei den Lyrikern immer wieder als Ausdruck ausgelassener Lebensfreude die Aufforderung entgegen: Laßt uns mit schönblühenden Rosen bekränzen und trinken! Vom Griechen lernte der Römer, so daß bald auch bei ihm Sinnentaumel und Rosen zusammengehörten. So singt Martial: „Wenn der Sorgenlöser rast, wenn die Rose herrscht, wenn die Haare feucht sind vom Taumel, dann...“ Und wie Dionysos, der Gott des Natursegens, zugleich auch der Führer und

Herrscher der Abgeschiedenen war, so schmückte man auch die Toten und deren Gräber mit Rosen. Wie der Lorbeer Ruhm, so bedeutete die Rose Liebe und Verehrung, und beides wollten die Einwohner von Cremona dem Kaiser Vitellius bezeugen, als er, nachdem sein Heer bei jener Stadt im Herbst 69 von den Legionen Vespasians geschlagen worden war, das Schlachtfeld besichtigte. „Da", so sagt uns der Geschichtschreiber Tacitus, „bestreuten die Cremonenser seinen Weg mit Lorbeer und Rosen, errichteten ihm Altäre und brachten ihm Opfer dar."

Auch zu wohlriechenden Essenzen und Salben fand die Rose vielfach Verwendung. So findet Plinius, daß kein Land so passend sei zur Bereitung wohlriechender Salben, als Ägypten und dann Campanien wegen seines Überflusses an Rosen. Derselbe Autor gibt an, daß aus Rosen das Rosenöl (*oleum rhodinum*) bereitet werde, worunter aber nicht das von uns verstandene Produkt zu verstehen ist; denn die Kunst der Destillation war dem Altertum noch unbekannt. Palladius im 4. Jahrhundert n. Chr. sagt uns, wie solches bereitet wurde: „Um Rosenöl (*oleum roseum*) zu bekommen, braucht man auf 1 Pfund Olivenöl 1 Unze gereinigte Rosenblätter und hängt die Mischung 7 Tage lang in Sonnen- und Mondenschein." Sehr beliebt war auch der Rosenhonig und der Rosenwein, deren Herstellung uns derselbe Autor in folgender Weise schildert: „Rosenhonig (*rhodomeli*) entsteht, wenn man Rosensaft mit Honig mischt und die Masse 40 Tage an die Sonne hängt. — Der Rosenwein (*vinum rosatum*) ist ein Wein, in welchem 30 Tage lang Rosenblätter gelegen haben und der alsdann einen Zusatz von Honig erhält." Plinius aber rät den Rosenwein in der Weise zu bereiten, „daß man zerstoßene Rosenblätter in einem Leinwandsäckchen drei Monate in Most liegen läßt. Man preßt auch die Blumenblätter entweder für sich samt den Nägeln (*unguis*, d. h. den farblosen Blumenblattstielen), oder man legt sie, nachdem man die Nägel abgeschnitten hat, in Öl oder Wein, läßt sie so an der Sonne stehen und sondert sie dann durch Pressen von der Flüssigkeit. Einige fügen auch Salz bei. Man nimmt auch recht gut riechenden Blumenblättern die Nägel, zerreibt sie, preßt sie in dichter Leinwand aus und kocht den Saft bei gelindem Feuer bis zur Honigdicke ein." Auch Rosenplätzchen (*rodís*), die uns der griechische Arzt Dioskurides um die Mitte des 1. Jahrhunderts n. Chr. erwähnt, waren beliebt, und sein 150 Jahre später in dem üppigen Alexandreia lebender Volksgenosse Athenaios empfiehlt als Leckerbissen: „Es gibt eine herrlich duftende Speise, welche *rodoniá* heißt. Um sie zu bereiten, mischt man Rosenblätter, die im Mörser zerrieben sind, Gehirn von Hühnern und Schweinen, Eidotter, Olivenöl, Fischsülze, Pfeffer, Wein, reibt alles gut durcheinander und kocht bei gelindem Feuer."

Plinius schreibt der Rose zusammenziehende und kühlende Eigenschaften zu. Er sagt von ihr in seiner Naturgeschichte: „Von den Blumen unserer Gärten werden fast nur Rosen und Veilchen zu Kränzen verwendet. Aber noch mehr Rosen als zu Kränzen werden zu anderen Zwecken gebraucht. Man legt sie in Öl, was schon zur Zeit Trojas geschehen ist; man verbraucht sie zu Salben; auch werden sie zu Pflastern und Augenmitteln verwendet; sie würzen die Speisen und solche Würze schadet nicht. Unsere Gärtner geben den Rosen aus Praeneste (in Latium) und aus Campanien den Vorzug; andere rühmen die milesischen (von Milet an der kleinasiatischen Küste), welche die glühendste Farbe, aber nicht über 12 Blumenblätter haben. Überhaupt unterscheidet man die Rosen nach der Menge der Blumenblätter, nach Farbe und Geruch und danach, daß sie mehr rauh oder glatt sind. Die kleinste Zahl der Blumenblätter ist 5; es gibt aber auch welche mit mehr, und selbst eine mit 100 Blumenblättern (*centifolia*), sie wächst in Campanien und bei Philippi (in Mazedonien), zeichnet sich aber nicht durch Wohlgeruch aus. Caepio, der unter Kaiser Tiberius schrieb, daß man die Centifolie nicht zu Kränzen verwende, sie höchstens an den Enden solcher anbringe, da sie sich weder durch ihren Geruch, noch durch Schönheit empfehle. Die in der Cyrenaika (zwischen Tripolis und Ägypten) heimischen Rosen riechen am besten und geben daher die beste Salbe. Die Rosen zu Karthago und in Spanien blühen den ganzen Winter hindurch. Nur eine Rosenart wird gepfropft, nämlich die blasse, stachelige mit 5 Blumenblättern." Und Palladius empfiehlt: „Um Rosenknospen lange frisch zu erhalten, macht man in ein grünes, stehendes Pfeilrohr (*canna* = *Arundo donax*) von der Seite einen Spalt, schiebt die Knospe hinein und läßt das Rohr sich wieder schließen. Zur Zeit, da man die Knospe wieder haben will, schneidet man das Rohr durch. Manche tun auch Rosen in einen weder ausgepichten, noch glasierten Topf, schließen ihn gut und vergraben ihn unter freiem Himmel."

Bei solchem großen Bedarf an Rosen ist es begreiflich, daß die Rosen sehr häufig neben anderen Blumen in den Gärten der Griechen und Römer gezogen wurden und vielfach von stationären und wandernden Blumenhändlern feilgeboten wurden. Schon Varro empfiehlt in der republikanischen Zeit Roms als vorteilhaft für solche, die in der Nähe der Stadt ein Grundstück besitzen, Veilchen- und Rosengärten (*violaria ac rosaria*) anzulegen. Wie solche zu behandeln seien, erklärt Palladius. „Im Februar werden die Rosenbeete (*rosarium*) angelegt, und zwar durch Stecklinge (*virgultum*) oder durch Samen. Nicht die gelben Blütenteile (also die Staubbeutel) mitten in der Rose sind die Samen, diese stecken vielmehr in den birnförmigen Beeren, deren Reife man daran erkennt, daß sie braun und weich werden. Alte Rosenbeete werden im Februar behackt und alle dürren Zweige an den Sträuchern werden dann abgeschnitten. An leere Stellen pflanzt man aus Stecklingen gezogene junge Stöcke. — An warmen Stellen kann man die Rosenbeete auch im November anlegen. Hat man nicht Reiser genug, um Stecklinge zu machen, so schneidet man Zweige ab, legt sie wie Ableger (*propago*) in die Erde und hilft mit Dünger und Wasser nach." Und in den Geoponika rät ein griechischer Autor: „Will man Rosen haben, die früh blühen, so setzt man sie in Blumentöpfe, stellt diese in der kalten Jahreszeit bei Kälte in ein sonniges Zimmer, bei Sonnenschein und warmem Wetter aber ins Freie, wie man es mit den Kürbissen und Gurken macht. Hält man Rosen, die sich eben öffnen, in Schwefeldampf, so werden sie augenblicklich weiß.“

Wie die Rose das Sinnbild der blühenden Jugend, der Liebe und Fruchtbarkeit war, so galt sie den Römern auch, weil die zahlreichen Blumenblätter das Innere verhüllen, als Zeichen der Verschwiegenheit und wurde deshalb in den Speisesälen über der Tafel aufgehängt und bei Trinkgelagen in Kränzen um die Becher gewunden, um vor Plauderhaftigkeit in der Weinseligkeit zu warnen. Eine Nachahmung dieses altrömischen Brauches war es, wenn der mönchisch strenge Papst Hadrian VI. (1522–1523), der auf die Abstellung der kirchlichen Mißbräuche und Zurückführung des römischen Hofs auf apostolische Einfachheit bedacht war, als Symbol der Verschwiegenheit Rosen an den Beichtstühlen anbringen ließ. Der bekannte Ausdruck: *sub rosa* (unter der Rose, d. h. im Vertrauen) hat hierin den Grund seiner Entstehung.

Bei der Christianisierung des sich zersetzenden Römerreiches zog mit dem Eindringen der neuen Religion die sogenannte Arkandisziplin, d. h. Geheimlehre, welche die von den heidnischen Mysterien herübergenommene Praxis, Taufe, Abendmahl, Salbung, Glaubensbekenntnis und Herrengebet vor den Nichtgetauften geheim zu halten gebot, auch die Rose in ihren symbolisierenden Kreis, indem sie das rote Blut Christi und rote Rosen in Wechselbeziehung zueinander treten ließ, wie verschiedene Katakombenbilder andeuten. Rosen und Rosenkränze wurden zu Symbolen des Martyriums und dienten den die Gedenktage solcher Feiernden zum Ausschmücken der Martyrergräber. Da mit der Erklärung des Christentums als Staatsreligion durch Konstantin im Jahre 323 die heidnischen Kulte unter christlichem Gewande weiterbestanden, so ging die Rose von dem Dienste der Isis mit dem Horusknaben auf dem Arm in denjenigen der gleicherweiser dargestellten und verehrten Maria mit dem Jesusknaben auf dem Arm über. Als Himmelskönigin wurde Maria durch die Rose symbolisiert (*rosa mystica*) und diese Blume — einst der Aphrodite-Isis heilig — wurde die Marienblume *par excellence*, mit der man die Marienbilder im Marienmonat, dem Mai, vorzugsweise schmückte und über die sich die Dichter des Mittelalters in überschwenglichen Allegorien ergingen. In vielen Legenden wird sie gefeiert und dient öfter als Veranlassung zur Gründung einer Kirche oder Kapelle. Man denke nur an die berühmte Sage, die sich an den uralten Rosenstock von Hildesheim knüpft. In anderen Fällen wird sie als Liebeszeichen der Himmelskönigin vom Himmel auf die Erde gesandt, und dieser zu Ehren wird auch die bei Buddhisten und Muhammedanern gebräuchliche Gebetschnur, als deren Vorgänger sich christliche Mönche und Einsiedler zum Abzählen ihrer Gebete und Psalmen loser kleiner Steinchen bedienten, Rosenkranz genannt.

Im Mittelalter, wo so viele Kulturen zugrunde gingen, blieben doch Rose und Lilie als besonders der Himmelsmutter geweihte und mit ihr in Zusammenhang gebrachte Blumen, die zudem verhältnismäßig leicht zu ziehen waren, in den Gärten Mitteleuropas gewöhnlich. Die Dichter dieser Zeit, denen keine große Auswahl solcher Blumen für ihre Schilderungen zu Gebote standen, sprechen öfter von diesen beiden Edelblumen, die die himmlische Anmut und Reinheit der heiligen Jungfrau darstellen sollten. Und wie gotische Kirchen sich mit steinernen mystischen Rosen schmückten, so pflegte auf den Bildern der Verkündigung der Erzengel Gabriel den schlanken Lilienstengel zu tragen, deren weiße Blüten aber charakteristischerweise nur Blumenkelche ohne Staubfäden — zur Versinnbildlichung der unbefleckten Empfängnis — aufweisen.

Auch in die Wappensprache jener infolge des starken Vorherrschens der Analphabeten bildlich denkenden Zeit gingen beide Blumen über. Wie drei Lilien, die angeblich aus Lanzenspitzen hervorgegangen sein sollten, seit 1150 das königliche Wappen und das Sinnbild des legitimen Königtums Frankreich waren, die auch der Jeanne d'Arc, der Jungfrau von Orleans, bei ihrer Erhebung in den Adelstand durch Karl VII. am 17. Juli 1492 verliehen wurden, so bildete im 15. Jahrhundert die rote und die weiße Rose das Abzeichen der Parteigänger der Häuser Lancaster und York in den Wirren, die bei der Schwäche des Königtums in England wüteten.

Auch auf Münzen erscheint die Rose nicht selten; ferner gewann sie als geheimnisvolles Symbol der mittelalterlichen Bauhütten eine große Bedeutung, die sich bei den Freimaurern bis auf den heutigen Tag erhielt. In den Kelchblättern der Rosenknospe ist nämlich deutlich das Pentagramm oder der Drudenfuß, das wahrscheinlich von den alten Ägyptern übernommene geheime Erkennungszeichen der Pythagoräer, das auch bei den Kelten als Druidenfuß ein heiliges Zeichen war und auf alten gallischen Münzen nicht selten abgebildet ist, in der spiraligen Aufeinanderfolge der einzelnen Blätter zu erkennen. Die geometrischen Proportionen desselben bezeichneten die Jünger der Baukunst seit dem hohen Altertum als göttliche Proportionen oder goldenen Schnitt, weil alle ästhetisch schöne Baukunst von den altägyptischen Tempeln bis zu den gotischen Domen des Mittelalters bewußt oder unbewußt in deren Gesetzen wurzelt. Am häufigsten sind sie im Grundriß des Hauptschiffes und in der Fassadengliederung zu erkennen.

Wie bei den Kulturvölkern des Altertums wurden auch bei den Deutschen und den anderen europäischen Völkern des Mittelalters als Frühlingsfeier

Rosenfeste in sogenannten Rosengärten gefeiert; es waren dies von Rosenhecken umgebene Plätze, in denen die Festfeiernden mit Rosen geschmückt zusammenkamen. Solche Rosengärten gab es bei allen größeren Städten, in Worms sogar zwei. Und da später statt *rosa* mehrfach die Bezeichnung *flos campi* benutzt wird, so läßt sich daraus schließen, daß sich die Rosengärten allgemein als mit Blumen eingefaßte Plätze zur Abhaltung von Volksfesten umschreiben lassen. Schon der altdeutsche Sänger sagt: „Diu rôse ist diu schoenste under aller blüete“, daher ist auch jener höchst anspruchslosen Zeit der Rosengarten der schönste unter allen Gärten, mit dem die herrlichsten Dinge verglichen werden. Bei dieser großen Beliebtheit und Volkstümlichkeit der Rosengärten ist es kein Wunder, daß sie dann auch in Sage und Dichtung eine nicht unwichtige Rolle spielten. Es sei hier nur an den zu Ende des 13. Jahrhunderts von einem ritterlichen Sänger gedichteten „Kleinen Rosengarten“, der die Kämpfe Dietrichs von Bern (des Ostgotenkönigs Theoderich des Großen, der 489 Odoaker bei Verona besiegte und deshalb in der Sage als Dietrich von Bern weiterlebt) mit dem Zwergkönig Laurin und dessen Zaubergarten schildert, und an den von demselben Verfasser stammenden „Rosengarten von Worms“ erinnert, welch letzterer, der neben Rosen auch andere schöne Blumen trug, vom Nibelungenhelden Siegfried mit elf anderen Helden für die von ihm in Liebe umworbene Kriemhild, der Tochter des Königs Giebich von Worms, bewacht wurde. Auch bei den festlichen Veranstaltungen der Ritterzeit, besonders des 14. Jahrhunderts, spielte die Rose mit anderen Blumen eine große Rolle. In diesem kriegerischen Zeitalter wurden mit Vorliebe, wie wir auch auf zeitgenössischen Malereien und Elfenbeinschnitzereien sehen, von festlich geschmückten Damen eine für diesen besondern Zweck erbaute sogenannte Minneburg verteidigt, die dann von den Herren eingenommen werden mußte. Als Wurfgeschosse dienten allerlei Blumen, besonders Rosen, dann kleine Früchte, Kuchen und andere Leckereien, statt siedenden Wassers wurden Parfüms herabgegossen, bis endlich die Ritter unter einem Blumenregen die Burg erstürmten und die Damen gefangen nahmen.

Die bei den Römern noch in spätester Zeit gefeierten Rosenfeste, *rosaria* oder *rosalia* genannt, bei welchen man an verschiedenen Tagen des Mai und Juni die Gräber mit Rosen schmückte und gemeinsame Mahlzeiten abhielt, bei denen den Teilnehmern Rosen als die Gabe der Jahreszeit verabreicht wurden, erhielten sich in Illyrien und auf der Donauhalbinsel als *rusalia* weiter, und aus diesem mit Pfingsten in Zusammenhang gebrachten Frühlingsfest entwickelte sich bei den Serben, Slowenen, Weiß- und Kleinrussen, in ähnlicher Weise auch bei den Walachen und Albanesen das fröhliche Naturfest *rusalija*. Bei diesem wurde dann in Mißverstehung des ursprünglichen Sinnes des von *rosa* her genannten Festes die Sage von Russalky geheißenen überirdischen weiblichen Wesen abgeleitet, die um diese Zeit Feld und Wald beleben und Fruchtbarkeit spenden sollen.

Mit diesem römischen Rosenfeste hängt auch die im Frühling, am vierten Fastensonntage, dem Sonntage Lätare, vom Papst in feierlichem weißem Gewande in Gegenwart des Kardinalkollegiums in einer mit Rosen geschmückten Kapelle am Altare geweihte goldene Rose, die hernach als segenbringend an Fürsten und Fürstinnen, auch Kirchen und Städte verschenkt wurde. Er tauchte sie zuerst in Balsam, bestreute sie dann mit Weihrauch, besprengte sie mit Weihwasser und betete indessen zu Christus als der Blume des Feldes und zu Maria als der Lilie des Tales. Als besondere Auszeichnung erhielt unter anderen auch Kurfürst Friedrich der Weise von Sachsen kurz vor der Einführung der Reformation, ebenso in jüngster Zeit die wahnsinnige Kaiserin Charlotte von Mexiko und die bei aller Lasterhaftigkeit höchst bigotte Königin Isabella II. von Spanien die goldene Rose. Nachrichten über diesen Gebrauch, der auf altrömische Vorstellungen von der Bedeutung der Rose als Symbol des Lebens und der Vergänglichkeit zurückgeht, gehen bis ins 11. Jahrhundert, in die Zeit Leos XI., zurück. Dann werden in der katholischen Kirche als weiterer Überrest der altrömischen *rosalia* bis auf den heutigen Tag am Pfingstsonntage, den *pascha rosata* (italienisch *domenica de rosa*), Rosen von der Höhe der Kirche auf den Boden herabgelassen.

Bei solch großer Bedeutung, die der Rose in Volkssitte und Religion zukam, kann es uns nicht wundern, daß ihre von den Römern durch Vermittlung der Klöster übernommene Kultur auch in den trüben Zeiten des Mittelalters in Europa erhalten blieb und mancherorts sogar die Kunst des Treibens derselben geübt wurde. So berichtet uns der Chronist Johann von Beka von einem am 6. Januar 1249 vom gelehrten Dominikaner Albertus, wegen seiner ausgedehnten Gelehrsamkeit Magnus, der Große, zubenannt (1193–1280), in Köln Wilhelm von Holland gegebenen großen Bankett, an welchem „durch wahrhaft magische Kunst" — wie sich der erstaunte Berichterstatter ausdrückt — blühende Rosen zu sehen waren. Wenn diese Blume auch späterhin bei allen Völkern Europas die wohlverdiente Wertschätzung genoß, so spielt sie doch im Leben des an bunten Farben und Wohlgerüchen sich ganz besonders erfreuenden Orientalen eine noch viel wichtigere Rolle. Speziell in ihrer alten Heimat Persien blüht sie beinahe das ganze Jahr hindurch in köstlicher Fülle und in herrlich duftenden gefüllten Sorten, die bei den auch dort noch seit alter Zeit gefeierten Frühlingsfesten eine wichtige Rolle spielen. Wie haben die persischen Dichter seit dem Firdûsi, d. h. der Himmlische, genannten Abul Kâsim Mançûr (940–1020) bis heute die Rose als Königin der Blumen immer wieder gefeiert und die Liebe zwischen ihr und der Nachtigall (einer Bülbül genannten Kurzfußdrossel aus der Gattung *Pycnonotus* und nicht unsere einheimische Nachtigall) besungen. Welche Wichtigkeit kommt ihr nicht zur Herstellung des dort allgemein beliebten Rosenzuckerwerks und der köstlichen Rosenessenz zu, welch letztere persische Ärzte im 9. Jahrhundert zuerst destillierten. Ersteres, das wie im ganzen Orient, so auch in der Türkei und in Griechenland durch Einlegen der wohlriechenden Rosenblätter in Zucker gewonnen wird, ist der volkstümlichste Leckerbissen, während mit Honig gekochte Rosenblätter in Limonaden das beliebteste Volksgetränk der muhammedanischen Welt bilden.

Der Gesandte des deutschen Kaisers Ferdinand II. am türkischen Hofe in Konstantinopel, Ghislenius Busbequius, erzählt im ersten, 1554 geschriebenen Briefe aus jener Stadt, die Türken dulden nicht, daß ein Rosenblatt auf der Erde liege, denn sie glauben, die Rose sei aus den Schweißtropfen hervorgegangen, die Muhammed auf seiner nächtlichen Himmelfahrt vergoß — also die alte, nur islamisierte und ins Prosaische übertragene Adonissage! Auf dem angeblichen Grabe des von den schiitischen Persern verehrten 4. Kalifen Ali ben Abu Taleb, dem treuesten Gefährten Muhammeds und Gemahl seiner Tochter Fatime, der 656 nach Othmans Ermordung zum Beherrscher der Gläubigen erhoben, aber 661 in Kufa ermordet wurde, bei Messar in der Nähe des heutigen Belch — früher Bactra — sah der Reisende Vambéry die wunderwirkenden roten, angeblich aus dessen Blut hervorgesprossenen Rosen (*güli surch*), die ihm in der Tat an Geruch und Farbe alle andern zu übertreffen schienen und die, weil sie nach der islamitischen Lokalsage nirgends anderswo gedeihen sollen, auch nirgends angepflanzt werden.

Diese aus Persien stammende und im Altertum über die Mittelmeerländer verbreitete Centifolie, von der bisher ausschließlich die Rede war, ist diejenige Unterart der in Südeuropa und Westasien heimischen Provencerose (*Rosa gallica*), die hier im Altertum und Mittelalter ausschließlich bekannt war. Nun wurde in der Folge die Centifolie vielfach mit der Provencerose gekreuzt und ergab die ältesten Rosenhybriden der Ziergärten des Menschen. Eine uralte Gartenrose ging auch durch Kreuzung der Centifolie mit der Hundsrose hervor; es ist dies die Damascenerrose, die uns wohl schon im Altertum als zweimal blühend gerühmte Rose von Paestum entgegentritt. Wie die Centifolie 1332 aus Persien zunächst nach Südeuropa gelangte, so brachte der französische Ritter Robert von Brie schon vorher, zur Zeit der Kreuzzüge, die Damascenerrose nach seinem Schloß Provins in der Champagne, wo sie kultiviert und durch Ableger weiter verbreitet wurde.

Alle diese Rosen der älteren Gärten empfehlen sich durch Widerstandskraft und Frosthärte von selbst, blühen aber nur einmal im Jahre. Diesem Übelstand wurde erst in der Neuzeit abgeholfen durch das Aufkommen der „Remontant"-Rosen, die auf verschiedene, sehr lange Zeit blühende ostasiatische Arten zurückzuführen sind. Durch die Einführung dieser hochkultivierten prächtigen ostasiatischen Rosenarten nahm erst die Rosenkultur den großen Aufschwung, der diese Pflanze heute noch mehr als früher zum bevorzugten Liebling zahlreicher Blumenfreunde machte. Und zwar ist die indische Rose (*Rosa indica*) die Ursprungsform der prächtigen ostasiatischen Rosen, die besonders in China und Japan seit sehr alter Zeit kultiviert werden, frühe nach Indien kamen und um 1698 aus China auch in unsere Gärten gelangten. Zu ihnen gehören die Bengalrosen, die Teerosen und die Monatsrosen. Letztere werden meist niedrig gehalten und sind zur Einfassung von Rabatten, wie auch in Töpfen gezogen als Stubenpflanzen beliebt und besitzen mehr flatterige, weniger gefüllte, hellrosa Blüten. Bemerkenswerte Formen unter ihnen sind die Hermosa und die Zwergröschen. Eine echte Edelrose ist die von *Rosa chinensis* abstammende Teerose, deren Kreuzung mit der Provencerose die Bourbonenrose, die *Gloire de Dijon* und *Malmaison* (nach der Besitzung der rosenfreundlichen Gattin Napoleons I., Josephine, so genannt), wie auch die *La France*, die bevorzugte Rose der deutschen Kaiserin, hervorgehen ließ. Letztere, die erst 1868 in den Handel gelangte, will, wie so manche andere, nur durch Ableger auf ungeschlechtlichem Wege sich fortpflanzende Form, schon jetzt nicht mehr recht gedeihen. Alle diese prächtigen Rosen, zu denen auch die angenehm duftende, gelbblühende Marschall Niel gehört, besitzen die vorzügliche Eigenschaft, zu „remontieren", d. h. nicht die Periode des Blühens auf eine kurze Zeit zu beschränken, sondern ihre prächtigen Blüten Wochen und Monate hindurch unausgesetzt zu entfalten. Sie verdanken diese Eigenschaft der Einwirkung der indischen Rose, welche überhaupt keiner Winterruhe bedarf und deshalb auch zur Kultur in den Tropen empfohlen werden kann. Da aber die Stammart ein Kind der Tropen ist, so müssen diese gegen Kälte empfindlichen Rosensorten im Winter sorgfältig vor dem Erfrieren geschützt werden.

Schon in England, aber noch viel häufiger in Südeuropa, besonders der Riviera, begegnet uns die in Südwestchina (Yün-nan) heimische kletternde, stachellose Banksrose (*Rosa banksiae*) mit halbgefüllten hellgelben oder weißen Blüten und kleinen Früchten. In unsern Gewächshäusern ist es nicht möglich, sie in so prächtiger Entfaltung wie beispielsweise an der Riviera zu erhalten. Auch die eigentlichen Kletterrosen mit kleinen weißen oder rosenroten Blüten in Büscheln sind in China und Japan heimisch. Zu ihnen gehört vor allem die japanische Büschelrose (*Rosa multiflora*), die mit ihren pyramidenförmigen, reichblühenden Rispen in vielen Farben und Formen unsere Lauben und Hauswände zieren. Die in dunkelroten, kleinblütigen Büscheln blühende *Crimson Rambler* dagegen stammt von der Prärierose des östlichen Nordamerika. Sie dauert auch in unserem Klima gut aus und ist eine sehr anspruchslose, reichblühende Pflanze, die deshalb sehr häufig bei uns angetroffen wird. Von Abessinien bis Yünnan in Südwestchina heimisch ist die in den Mittelmeerländern verwilderte Bisamrose (*Rosa moschata*) mit weißen, angenehm nach Moschus duftenden, kleinen Blüten in großen Endrispen. Sie wird neuerdings auch bei uns kultiviert, muß aber gegen Kälte geschützt werden. Ähnlich wie die schwarze Johannisbeere leicht nach

Wanzen riechen dagegen die dottergelben Blüten der von Kleinasien bis Afghanistan heimischen, ebenfalls im Mittelmeergebiet häufig verwilderten gelben Rose (*Rosa lutea*), die mit den ostasiatischen Teerosen in keinerlei verwandtschaftlicher Beziehung steht. Eine ähnliche Blütenfülle und denselben Duft entwickelt die wahrscheinlich nur als eine Abart dieser aufzufassende zweifarbige Kapuzinerrose (*Rosa bicolor*), deren Blumenblätter außen gelb, innen aber scharlachrot gefärbt sind. Die Zimtrose (*Rosa cinnamomea*) mit rosa bis karminroten Blüten und braunroten Zweigen ist auf den Gebirgen Mittel- und Südeuropas heimisch, während die auch bei uns als Fruchtstrauch kultivierte „Kaiserin des Nordens" mit rundlichplatten, großen, roten Früchten in Nordasien zu Hause ist. Es ist dies ein Abkömmling der durch ihre Frosthärte ausgezeichneten chinesischen Runzelrose (*Rosa rugosa*), die sich durch kräftiges, etwas runzliges Laubwerk auszeichnet, von dem sich die großen dunkelpurpurroten Blüten ebenso prächtig abheben, wie im Herbste die hochroten, kleinen Äpfeln nahekommenden Früchte, deren Kelchblätter nicht einschrumpfen, sondern frisch und grün stehen bleiben. Japan eigentümlich ist die Chamäleonrose, so genannt, weil sie ihre Farbe wechselt. Im Schatten ist sie weiß, im Lichte dagegen rot. Bei Nacht nimmt sie eine wachsartig weiße Farbe an. Dies geschieht nicht auf einmal, sondern die Blüten wechseln durch einen blauen Ton schnell zum blassen Rosa, um schließlich wachsweiß zu werden. Bringt man die Rose dann wieder an das helle Sonnenlicht, so nimmt sie sehr rasch wieder ihre Scharlach- oder Päonienfarbe an. Die reizende Moosrose aber ist ein Abkömmling der Centifolie, wie die französische oder Essigrose mit gefüllten und halbgefüllten, wohlriechenden, roten Blüten, die man zur Herstellung von Rosenbonbons und Rosenlikör verwendet, ein solcher der Provencerose ist. Wie man bei uns gelegentlich die Marschall Niel-Rose wegen ihres feinen Duftes zur Herstellung von Bowle benutzt, so wird die herrlich duftende morgenländische Centifolie zur Herstellung des kühlenden Scherbets, d. h. arabisch Trank, wovon das italienische *sorbetto* stammt, verwendet. Ihr gehören auch die Ölrosen von Kasanlik an, aus denen das Rosenöl dargestellt wird. Aus zerstampften Rosenblättern fertigt man in der Türkei mit Zusatz von Gummi schwarze Perlen an, und schwach eingesalzene Rosenblätter finden in der Schnupftabakfabrikation Verwendung.

Im Winter versorgt uns die Riviera mit Rosen, wie mit andern Blumen. So führt Deutschland von dort jährlich für 3 Millionen Mark ein, führt aber andererseits für 15 Millionen Mark veredelte Rosenpflanzen aus. Überhaupt hat die Rosenzucht für die Gärtnerei eine sehr große Bedeutung. Die Rosen variieren ungemein leicht und bis 1850 hat man Neuheiten unter denselben fast nur durch Sammeln und Vermehren der spontan entstandenen Sprungvarietäten gewonnen. Eine solche ist beispielsweise die aus der Centifolie hervorgegangene Moosrose und die Bourbonrose. Bei allen

Pflanzen entstehen solche neue Formen unvermittelt und zufällig. Der Mensch kann sie nicht erzeugen, nur entdecken. Er kann dann allerdings nachträglich durch Kreuzung mit einer verwandten Art, die gewisse, der Sprungvarietät abgehende Vorzüge besitzt, diese seinen Wünschen entsprechend zu vervollkommnen suchen. Die Kreuzung setzt er so lange fort, bis die gewünschte Kombination von Eigenschaften bei seinen Pfleglingen eingetreten ist. Auf solche Weise sind die meisten Neuheiten geschaffen worden, deren die Rosenzüchter in ihren Katalogen insgesamt etwa 4000 aufzählen.

Noch der 1560 in Basel geborene und von 1588 bis zu seinem Tode 1624 als Professor der Botanik und Medizin daselbst wirkende gelehrte Pflanzenkenner und Schöpfer der binären Nomenklatur, Kaspar Bauhin, unterschied außer 19 wilden bloß 17 zahme Rosenarten. In solch ungeahnter Fülle hat sich also seither unser Besitztum an Kulturrosen, besonders seit der Einführung der ostasiatischen hochgezüchteten Sorten, vermehrt. Und zwar kam zuerst 1780 die Bengalrose von niedrigem Wuchs aus Kanton zu uns, dann 1807 die Banksrose aus Japan und China und erst 1825 die hochstämmige Teerose ebenfalls von dorther. Die neue Zeit vermehrte dieses Material durch Einführung weiterer neuer Sorten und durch systematische Kreuzung. In Frankreich erreichte die Rosenkultur durch Kaiserin Josephine in den Gärten ihres Schlosses Malmaison und den wissenschaftlichen Begleiter Alexanders von Humboldt auf seiner berühmten südamerikanischen Reise, den Botaniker Bonpland, seit 1800 ihre höchste Entwicklung. In England geschah dies durch verschiedene Privatpersonen, besonders in der Grafschaft Hertford. In Deutschland war die Rosensammlung des kurfürstlichen Gartens in Kassel berühmt; auch die Rosenau bei Koburg und die Pfaueninsel bei Potsdam wiesen bedeutende Rosenkulturen auf. Die bedeutendste Rosensammlung findet sich zurzeit im Schloßgarten zu Friedrichshof bei Kronberg im Taunus, in denjenigen des Schlosses Monrepos bei Geisenheim am Rhein und des Schlosses Königstein unweit von Homburg vor der Höhe.

Die Vermehrung der Edelrosen geschieht in der Weise, daß man ein Auge auf einen Wildling der Hundsrose (*Rosa canina*) überträgt, und zwar am Wurzelhals, wenn man Buschrosen ziehen will, sonst aber auf einem niedrigen, mittelhohen oder hohen Stamm. Auch durch Ableger, Wurzelschnittlinge, Ausläufer und Stecklinge werden die Rosen vermehrt. Sie können unter Umständen ein Leben von mehreren hundert Jahren erreichen. So galt der mit seinen Ausläufern 6,5 m hohe und 7,5 m breite Rosenstrauch auf dem Friedhof an der Außenmauer der Apsis des Domes von Hildesheim schon im 17. Jahrhundert als uralt. Nach Alexander von Humboldts „Ansichten der Natur“ wird dieses Rosenstocks vermutlich schon im 11. Jahrhundert Erwähnung getan, und zwar durch die

Haushaltungsregister des Doms, in denen Ausgaben für die Pflege eines Rosenstocks verzeichnet sind. Er ist über der Erde 50 cm dick. Im Garten der Marineverwaltung von Toulon steht ein von Bonpland eingesandter, 1813 gepflanzter Banksrosenstock, der heute über dem Boden 90 cm Umfang hat und mit seinen Zweigen eine 25 m breite und 6–8 m hohe Mauer bedeckt und während seiner Blütezeit im April und Mai oft 25000 Blüten zu gleicher Zeit aufweist. Der größte Rosenstock Europas befindet sich aber im Wehrleschen Garten in Freiburg im Breisgau. Dieser, ein Wildstamm, wurde von seinem Besitzer im Jahre 1881 mit einer Teerose okuliert. Diese Veredlung machte gleich gute Fortschritte und trug im folgenden Jahre bereits 27 Blüten. Vor einem Jahrzehnt hatte der Baum einen Flächenraum von 88 qm erreicht und trug 7400 Blüten. Ein Jahr später entwickelte er 8000 Blüten; zwei Jahre später nahm er schon einen Flächenraum von 89 qm ein und besaß über 10000 Blüten. Heute wird diese Zahl noch weit überschritten. Der 1,10 m hohe Stamm besitzt einen Umfang von 34 cm. Das an Draht gezogene Zweigwerk bildet eine große Laube.

Auch in China, das uns so herrliche Kulturrosen lieferte, wurde die Rose seit dem hohen Altertum aus den einheimischen Wildlingen als bevorzugte Gartenblume gezogen. Die Chinesen exportieren große Mengen Rosenwasser, machen auch Riechkissen und Rosenbutter. In den Gärten des chinesischen Kaisers werden Rosen in solcher Menge gezogen, daß die daraus gewonnene Essenz jährlich gegen 100000 Mark einträgt. Aber nur die kaiserliche Familie und die Mandarinen dürfen sich dieses Parfüms bedienen.

Nächst der Rose ist die weiße Lilie (*Lilium candidum*) eine der vornehmsten und geschätztesten Zierpflanzen. Diese auf 1 m hohem Stengel 5–20 reinweiße Blüten mit 5 langgestielten, in große gelbe Antheren endigende Staubfäden tragende Pflanze wächst im östlichen Mittelmeergebiet bis Persien und zum nördlichen Kaukasus wild, verwildert auch sehr leicht und wurde ebenfalls in Westasien zuerst vom Menschen in den Gärten kultiviert. Sie wird schon in den ältesten auf uns gekommenen Gesängen der Perser und Syrier hoch gefeiert und galt wegen der schneeweißen Farbe ihrer Blüten als das Sinnbild der Unschuld und Reinheit. Wir sahen bereits, daß die im Alten Testament als *schuschan* bezeichnete Blütenpflanze nicht die Rose, sondern eine Lilienart, und zwar nicht sowohl die weiße, als eine farbige Lilie, wahrscheinlich die ebenfalls glockige Blüten aufweisende Kaiserkrone bedeutet. Mit dieser Bezeichnung einer auf dem Felde wildwachsenden Lilie hängt auch der Name der persischen Hauptstadt Susa zusammen; und zwar bedeutete dieses persische *susan* höchstwahrscheinlich die weiße Lilie, nach der die Stadt genannt wurde. Spricht doch noch der griechische Arzt Dioskurides im 1. Jahrhundert n. Chr. von einer Liliensalbe (*chrísma leírinon*), „die auch die von Susa stammende (*súsinon*) genannt wird", und meint damit bestimmt eine aus der weißen Lilie hergestellte wohlriechende Salbe. Wenn nun in der Bibelübersetzung Luthers steht, daß die Baumeister den Säulen und deren Kapitälen die Gestalt von Lilienstengeln mit deren Blüten gaben, so ist dies dahin zu berichtigen, daß damit die auch von den Griechen als Lilie (*leírion*) bezeichnete weiße Lotosblume, die heilige Blume des Nils, verstanden war, die die phönikischen Baumeister in Nachahmung der ägyptischen Vorbilder an den Stützen des reich mit Gebälk aus Zedernholz vom Libanon ausgestatteten Tempels Jahves in Jerusalem darstellten.

Tafel 141.

Die Wasserrose des Amazonenstromes (*victoria regia*) im Botanischen Garten von Buitenzorg auf Java.

Der „tausendjährige“ Rosenstock am Hildesheimer Dom.

Tafel 142.

Eine Tulpenanpflanzung in Hillegom (Holland).

Eine Hyazinthenanpflanzung in Hillegom (Holland).

Bei den alten Griechen erwähnt schon Homer die weiße Lilie als *leírion* mit dem schmückenden Beiwort *tháuma idésthai*, d. h. ein Wunder zu sehen, und nennt die als besonders schön weiß zu bezeichnende Haut des Helden Ajax als *leírios*, d. h. weiß wie die Lilie. Wie die orientalische gefüllte rote Rose der Liebesgöttin Aphrodite-Venus, so war die hehre weiße Lilie bei den Griechen und den später von jenen hochgradig beeinflußten Römern der Hera-Juno, der Gattin des höchsten der Götter, Zeus-Jupiter, heilig. Ein in den Geoponika uns überlieferter griechischer Mythos tut uns kund, daß diese Blume aus der Milch der Himmelsfürstin hervorgegangen sei. Es heißt dort nämlich: „Als Alkmene (die Tochter des Königs Elektryon von Mykene und Gemahlin des Amphitryon, Enkels des Perseus und Sohnes des Alkaios, Königs von Tiryns) den Herakles — den sie von Zeus empfing — geboren hatte, welcher eigentlich sterblich war, wollte ihm Zeus (sein Vater) die Unsterblichkeit verleihen und legte ihn zu diesem Zwecke heimlich an die Brust der schlafenden Hera. Der Knabe trank sich da tüchtig satt, aber wie er abließ, floß noch Milch in Strömen aus, und was davon an den Himmel kam, bildete dort die Milchstraße, was aber auf die Erde lief, das brachte die Lilie hervor, die demnach die milchweiße Farbe trägt."

Im alten Griechenland wurde im Gegensatz zur einheimischen wilden Lilie, die *krínon* hieß, die aus dem Orient dahin gelangte weiße Lilie als *leírion* bezeichnet. Der griechische Komödiendichter Aristophanes (455–387 v. Chr.) erwähnt aus ersterer hergestellte Kränze, letztere dagegen beschreibt Theophrast in seiner Pflanzengeschichte. Von den Griechen Unteritaliens lernten dann die Römer die weiße Gartenlilie des Orients kennen, wobei sie das griechische *leírion* sich als *lilium* mundgerecht machten. In einer der

Eklogen Virgils (70–19 v. Chr.) trägt der altitalische Wald- und Feldgott Silvanus einen Kranz von (vermutlich bunten wilden) Lilien, und an einer Stelle der Aeneis summen die Bienen um weiße Lilien (*candidum lilium*). Bei Columella werden weiße Lilien für die Bienen in Gärten gezogen, und in einer Elegie läßt Properz (45–22 v. Chr) das Wohlwollen der Nymphen durch weiße Lilien gewinnen. Plinius schreibt über sie: „Fast so edel wie die Rose ist die Lilie, die ebenso zur Herstellung von Salbe und Öl benutzt wird; letztere heißt *lirinon*. Die Lilie beginnt in der Zeit zu blühen, da die Rosen in voller Blüte stehen, und gewährt dann, zwischen ihnen stehend, einen herrlichen Anblick. Der Stengel, auf dem die Blume steht, hat oft drei Ellen Höhe, die Blume selbst aber steht auf einem schwachen Stiele, der nicht imstande ist, sie aufrecht zu tragen. Sie ist blendend weiß, auswendig gestreift, am Grunde schmal, nach außen allmählich becherförmig erweitert, mit zurückgebogenen Rändern. Der Stempel (*pilum*) ist dünn, die Staubgefäße (*stamina*) haben die Farbe des Safrans (*crocus*). Der Geruch des Kelches (*calyx*) ist von demjenigen der Staubgefäße etwas verschieden: bei Bereitung der Salbe und des Öles werden aber auch die Blätter nicht verachtet."

Wie die Lilie nach griechischem Vorbild der Juno heilig war, galt sie den Römern auch als Sinnbild der Hoffnung und in der Kaiserzeit als Emblem des Thronfolgers. Auf einigen römischen Münzen, die solchen Thronfolgern galten, findet sich auf der Rückseite eine Lilie abgebildet mit der Umschrift: *spes populi romani* (Hoffnung des römischen Volkes). Die ältere antike Auffassung, die in dieser reinweißen Blume ein Symbol der Reinheit und Unschuld sah, übernahm dann die christliche Kirche, die die schöne, feierliche Blume der Himmelskönigin Maria als Sinnbild ihrer reinen, unbefleckten Empfängnis in die Hand gab. Später bemächtigte sich der Aberglaube dieser Blume und ließ sie aus den Gräbern unschuldig Hingerichteter hervorwachsen. Allgemein herrschte im Mittelalter der Glaube, daß der Mönch, der eine Lilie in seinem Chorstuhle fand, drei Tage hernach sterben müsse. Ein hochbegabter Abt der Benediktinerabtei Corvey an der Weser wurde, wie eine Chronik meldet, durch einen solchen Fund in so gewaltigen Schrecken versetzt, daß er den Tod davontrug. Sein Nachfolger bekannte sich in seiner letzten Beichte schuldig, die Lilie selbst hingelegt zu haben, um sich die angesehene Stellung seines Opfers zu verschaffen.

Wie in der Geschichte Englands die rote und weiße Rose, so spielte in Frankreichs Geschichte die Lilie eine bedeutende Rolle. Nach der Legende überreichte ein Engel dem Frankenkönig Chlodwig aus dem Geschlechte der Merovinger, der 16jährig seinem Vater Childerich als König der salischen Franken im heutigen Belgien folgte, 486 durch den Sieg bei Soissons über den römischen Statthalter Syagrius das Seinegebiet eroberte und 496 die

Alamannen schlug, als er darauf mit 3000 Franken in Reims zum Christentume übertrat, einen Lilienstengel. Später waren — seit 1150 nachweisbar — vermutlich aus Lanzenspitzen zu stilisierten Blumen umgewandelte Lilien das königliche Wappen Frankreichs, das von da an durch die ganze Geschichte Frankreichs als Symbol des legitimen Königtums eine wichtige Rolle spielte, und zwar waren es seit Karl VI. (1380–1422) deren in der Regel drei, während vorher ihre Zahl unbestimmt gewesen war. Nicht nur in Wappen und Siegel, auch auf Szepter, Kronenreifen, in Stickereien auf den Gewändern der Könige und auf Wappenröcken der Herolde erschienen die berühmten *fleurs de lis*. Und nach dem Aussterben der Kapetinger mit Karl IV. im Jahre 1328 hielt die Seitenlinie der Valois bis zur Hinrichtung Ludwigs XVI. und dann von 1815–1830 die Bourbonen die drei Lilien als königliches Abzeichen bei.

Daß eine solche schon in ihrem stolzen Aussehen wahrhaft königliche Blume auch sonst ohne sinnbildliche Bedeutung dekorativ eine große Rolle spielte und auf allerlei Geweben, besonders Tapeten, nachgebildet wurde, ist selbstverständlich. Außerdem wurden von mehreren Regenten auch Lilienorden gestiftet, so z. B. um 1413 von Ferdinand, König von Arragonien, 1546 vom Papste Paul III. (Alexander Farnese, geb. 1468, regierte von 1534–1549, bestätigte den Jesuitenorden, ordnete 1542 eine allgemeine Inquisition zur Unterdrückung des Protestantismus an, eröffnete 1445 das bis 1563 dauernde Konzil von Trient, war ein Gönner der Künstler und Literaten), und zuletzt 1814 von dem nach dem Sturze Napoleons I. zum Könige erhobenen Ludwig XVIII. Die Anhänger der mit ihm zur Herrschaft gelangenden Bourbonen trugen die Lilien als Protest gegen das Veilchen, womit sich die Getreuen des gestürzten Korsen kenntlich machten.

Wie im Altertum war auch im Mittelalter die Lilie neben der Rose der Stolz der europäischen Gärten; während aber letztere in der Neuzeit seit der Einführung der edlen ostasiatischen Schwestern durch Kreuzung und Variation eine große Fülle verschiedener Sorten bildete, hat sich die Lilie unverändert in ihrem alten Adel erhalten und bildet den vornehmsten Repräsentanten der Zierblumen des ländlichen Gartens, während sie in den Städten eher zurücktrat und erst neuerdings wieder neben ihren seither eingeführten farbenprächtigen ostasiatischen Schwestern einige Bedeutung erlangte. Schon im Altertum hören wir einige Stimmen, die von bunten Lilien reden. So sagt Dioskurides im 1. Jahrhundert n. Chr.: „Manche behaupten, es gebe auch purpurfarbige Lilien," damit soll wohl eine Abart der weißen Lilie verstanden sein, die er selbst noch nie sah. Wie eine solche erzeugt werden könne, sagen uns die Geoponika, in denen es heißt: „Florentinus behauptet, man könne die Lilien rot färben, wenn man zwischen die Schuppen der Zwiebel die Farbe streue, welche *cinnabari* heißt (damit ist das Drachenblut genannte dunkelrote Harz des Drachenbaums der Insel Sokotra gemeint). Mit anderen Farben kann man die Lilie anders färben.“ Ein anderes Rezept dazu gibt ein anderer griechischer Schriftsteller in diesem Sammelwerke: „Will man Lilien von Purpurfarbe haben, so reißt man 10 oder 12 blühende Lilienstengel aus und hängt sie in Rauch. Aus ihnen wachsen kleine, zwiebelförmige Wurzeln hervor. Ist dann die Zeit des Pflanzens da, so legt man den Stengel in Hefe von rotem Wein, bis sie durch und durch rot sind. Nun pflanzt man sie in Erde und begießt sie gehörig mit Hefe. Die aus solchen Stengeln wachsenden Lilien blühen rot.“ Dieses phantastische Verfahren gibt dann Plinius als erwiesene Tatsache wieder. Palladius (um 380 v. Chr.) schreibt: „Im Februar bringt man die Lilienzwiebeln in die Erde, oder behackt sie, wenn sie schon darin sind, mit großer Sorgfalt, damit die jungen Zwiebeln nicht verletzt werden. Diese kann man später von der Mutterzwiebel ablösen, verpflanzen und auf solche Weise neue Lilienbeete (*lilietum*) erzielen.“ Nach Dioskurides wurden Lilienblätter auf Schlangenbiß- und Brandwunden und mit Essig auf Quetschwunden gelegt und die gebratene und mit allerlei anderen Stoffen vermischte Wurzel zu Heilzwecken verschiedener Art benutzt; daneben war das Lilienöl als Arznei berühmt und erhielt sich bis in die Gegenwart beim Volke in Ansehen. Ein Rezept dazu gibt uns Palladius: „Um Lilienöl (*oleum liliaceum*) zu bereiten, gießt man 1 Pfund Olivenöl auf 10 Lilienblüten, die sich in einem Glase befinden, und stellt dieses 40 Tage an die Sonne.“ Ein Konservierungsmittel für Lilien teilt uns ein Grieche in der Geoponika mit: „Um Lilien das ganze Jahr hindurch frisch zu erhalten, verfährt man folgendermaßen: Man pflückt die Blüten, ehe sie sich öffnen, samt den Blütenstielen und legt sie in neue, irdene, nicht ausgepichte Töpfe, deckt diese zu, und so bleiben die Blüten das ganze Jahr frisch. So oft man welche brauchen will, nimmt man sie heraus, setzt sie der Sonne aus, und sie öffnen sich, sobald sie warm werden.“

Im frühen Mittelalter wurde die Lilie, wie auch die Rose, mehr als Arzneipflanze zur medizinischen Verwendung, denn als Zierpflanze in den Gärten Mitteleuropas angepflanzt. Das besondere Lob der Schönheit, das ihr der 849 verstorbene fränkische Mönch Walahfrid Strabo spendet, als er sie im Klostergarten wachsen sah, beweist aber, daß neben der Nützlichkeit auch die Freude an deren Schönheit für die Kultur dieser Pflanze maßgebend war. Im späteren Mittelalter bedienten sich die Ritter gerne der Gilgen oder Ilgen, wie damals die Lilien im deutschen Sprachgebiet genannt wurden, als Zier, und auch beim Volke waren sie beliebt, bis im Laufe der Neuzeit nach und nach das Interesse an ihnen abnahm und sie infolgedessen nur noch selten angepflanzt wurden. Erst in unserer Zeit ist wiederum eine erhöhte Wertschätzung dieser prächtigen Zierpflanze, die nicht bloß den schlichten Bauerngärten, sondern auch den schönen Parkanlagen der Vornehmen sehr wohl ansteht, eingetreten. Dazu trug ganz wesentlich die Einführung der nicht minder schönen ostasiatischen Lilien bei. Eine erste Auswahl solcher brachte der 1796 in Würzburg geborene und 1866 in München gestorbene

Arzt Philipp Franz von Siebold, der 1822 als Sanitätsoffizier in holländischen Diensten nach Batavia ging und von 1823–1830 und abermals von 1859–1862 sich in Japan aufhielt, aus letzterem Lande nach Europa. Unter diesen ist vor allem die auch als Königin aller Lilien bezeichnete japanische Goldlilie (*Lilium auratum*) zu nennen, die wie die weiße westasiatische Lilie 1 m hoch wird und bis 26 cm große, perlweiße, wohlriechende Blüten mit rotbraun bis purpurn punktierten und dem Mittelnerv entlang, goldgelb gebänderten Blumenblättern besitzt. Auch sie wird heute wie die weiße Lilie in mehreren Varietäten bei uns kultiviert. Ebenso die prächtige Lilie (*Lilium speciosum*) aus Japan mit 0,6–1 m hohem Stengel, eirunden Blättern und sehr großen, überhängenden, mit zurückgeschlagenen rosenroten Blumenblättern gezierten, nach Vanille riechenden Blüten und die getigerte Lilie (*Lilium tigrinum*) aus China und Japan, die an der Spitze des 2 m hohen Stengels zahlreiche feuerrote, schwarzpunktierte Blüten in pyramidenförmiger Rispe trägt. Von den feuchten Bergwäldern des Himalaja in 2000–3000 m Höhe stammt die Riesenlilie (*Lilium giganteum*) mit 2–3,6 m hohem Stengel, gestielten, herzförmigen Blättern und weißlichgrünen, innen schwach purpurgeflammten, höchst wohlriechenden Blüten, während die dem einheimischen Türkenbund sehr nahe stehende *Lilium superbum* mit 2 m hohem Stengel und scharlachroten Blüten aus Nordamerika zu uns kam. Von Sibirien erhielten wir die Prachtlilie (*Lilium pomponium* — seitdem Plinius eine gewisse Birnensorte nach einem gewissen Pomponius benannte, pflegte man überhaupt schöne Früchte und auch Blumen pomponisch zu nennen) mit einfarbigen, mennig- bis scharlachroten Blüten. Ihr in bezug auf Gestalt und Farbe der Blüte sehr ähnlich ist die im Orient und in Kleinasien heimische Scharlachlilie (*Lilium chalcedonicum*), die Frank-Leunis für die eigentliche *krínon* Theophrasts und die *hēmerokallís* des Dioskurides hält. Jedenfalls scheinen die alten Griechen sie gekannt und gelegentlich auch in ihren Gärten angepflanzt zu haben. Neben allen diesen werden aber auch bescheidenere Lilienarten bei uns angepflanzt, so die aus dem Piemont zu uns gekommene Feuerlilie (*Lilium croceum*) und der in Laubwäldern Mitteleuropas wachsende Türkenbund (*Lilium martagon*) — so genannt weil seine Blüte mit den zurückgeschlagenen Blumenblattzipfeln an einen türkischen Turban erinnert. Alle diese verschiedenen Zierlilien werden bei uns besonders in Südfrankreich und den englischen Scillyinseln im Ärmelkanal, in Nordamerika hauptsächlich in Südkarolina und auf den Bermudasinseln im großen kultiviert, um von dort aus die Zwiebeln in den Handel zu bringen. Noch viel mehr als hier werden aber die schönen farbigen Zierlilien in Japan angepflanzt, von wo aus jährlich über 5 Millionen Zwiebeln derselben ausgeführt werden.

Eine der schönsten Zierpflanzen Ostindiens, speziell Malabars, ist die auch bei uns in Gewächshäusern gezogene rankende Prachtlilie (*Gloriosa superba*), während die aus Südrußland und der Tartarei eingeführte Zahnlilie

(*Erythronium dens canis*) — so genannt, weil die Zwiebeln in 3–4 Zähne gespalten sind — auch bei uns eine nicht selten angetroffene Gartenzierpflanze ist. Die Zwiebeln der letzteren Art dienen den Tartaren als Nahrungsmittel und *Aphrodisiacum*, werden in Rußland auch als Mittel gegen Eingeweidewürmer und Fallsucht verwendet.

In Persien, Afghanistan und Kaschmir heimisch ist die häufig in unseren Gärten angetroffene Kaiserkrone (*Fritillaria imperialis*, ersteres Wort stammt von *fritillus*, Knobelbecher, aus dem die Würfel geworfen werden), die zu Anfang des 16. Jahrhunderts von Persien nach Konstantinopel und 1570 durch Vermittlung des deutschen Gesandten am türkischen Hofe Gislenius Busbequius in die kaiserlichen Gärten zu Wien eingeführt wurde, von wo aus sie sich bald in fast allen Gärten Mitteleuropas einbürgerte. Sie wird bis 1,2 m hoch und trägt unter einem Schopfe grüner Blätter hängende gelblich- bis bräunlichrote Blüten in Büscheln. Sie wird in vielen Varietäten mit gelben, orangefarbenen bis feuerroten Blüten kultiviert und blüht im ersten Frühling, wenn noch wenig andere Blüten zu finden sind. Die Zwiebeln werden alle drei Jahre verpflanzt. Sie sind stärkemehlreich, riechen höchst unangenehm, sind sehr scharf, selbst giftig, und wurden früher auch arzneilich benutzt. Sie sind nach dem Kochen genießbar, indem dadurch der scharfe Stoff sich verflüchtigt. Seit einiger Zeit wird sie besonders in Frankreich zur Stärkegewinnung kultiviert. Von 1 Hektar soll man 6300 kg Stärkemehl erhalten. Der reichlich von den Blüten zur Anlockung der die Befruchtung besorgenden Insekten ausgeschiedene Honigsaft soll brechenerregend wirken. Die ihr nah verwandte schwarze Lilie (*Fritillaria kamtschatcensis*) mit schwarzpurpurnen Blüten wächst in Ostsibirien, Kamtschatka, Japan und dem westlichen Nordamerika. Für die Bewohner Ostsibiriens und Kamtschatkas sind ihre rundlichen, stärkemehlreichen Zwiebeln ein wichtiges Nahrungsmittel. Zu dem Zwecke werden sie den Sommer über mühsam auf den Grasfluren eingesammelt, weil die Pflanze nie gesellig wächst; jedoch gewährt ihnen dabei die Tätigkeit der Kamtschatkaratten oder Sammelmäuse (*Hypudaeus oeconomus*) große Erleichterung, weil sie in ihren Vorratskammern vorzüglich diese Zwiebeln als Winterproviant anhäufen, die dann der Mensch für sich in Anspruch nimmt.

Als letzte Verwandte ist noch die Brettspiel- oder Schachblume, in Norddeutschland Kibitzei genannt (*Fritillaria meleagris* — letzteres Wort heißt Perlhuhn, wegen der ähnlich gescheckten Zeichnung der Blüte), zu nennen, die in Mitteleuropa bis Norwegen und Südrußland sehr zerstreut auf feuchten Wiesen wächst. Die 30–40 cm hoch werdende Pflanze treibt 1–2 hängende Blüten mit roten und weißlichen viereckigen Flecken und wird in verschiedenen Varietäten: weiß, gelb, gefleckt, rot, purpurrot, schwarz, braungefleckt und aschgrau als Zierpflanze gezogen. Schon Kaspar Bauhin (1560–1624), der von seiner Doktorpromotion im Jahre 1581 an als

Botaniker in seiner Vaterstadt Basel wirkte und von 1614 an an Stelle des verstorbenen Felix Platter als Stadtarzt und Professor der Anatomie und Botanik daselbst amtete, kannte früh- und spätblühende Spielarten der Schachblume. Diese muß also schon recht früh in die Gärten übergesiedelt und in Kulturpflege genommen worden sein.

In dieselbe Familie der Liliazeen gehören auch die Tulpen, die ihren Namen vom türkischen *tulbend*, d. h. Turban, erhielten. So nannten die Türken die Gartentulpe, die wir von ihnen bekamen. Von den etwa 50 Arten, die von Mittel- und Südeuropa bis Japan am zahlreichsten wildwachsend angetroffen werden, ist bei uns die 25 bis 50 cm hohe gelbe Tulpe (*Tulipa silvestris*) heimisch, die früher auf Waldwiesen häufig war und jetzt vielfach in Obstgärten und Weinbergen in Menge angetroffen wird. Sie hat als Kulturpflanze keinerlei Bedeutung erlangt, wohl aber die Gartentulpe, die ein durch Kultur veredelter Abkömmling der in den Steppen am Kaspischen Meer, im Gebiet des Don und in der Krim heimischen *Tulipa suaveolens* mit sehr kurzem Stengel und roten, am oberen Ende gelben, wohlriechenden Blüten ist. Unsere Gartentulpe (*Tulipa gesneriana*, so genannt weil sie vom Züricher Naturforscher Konrad Gesner 1559 zuerst beschrieben wurde) ist aber keine einheitliche Art, sondern ein Sammelbegriff für zahlreiche in den Gärten kultivierte Tulpensorten der verschiedensten, zum größten Teil unbekannten Herkunft. Dem vorhin bei der Einführung der Kaiserkrone in die Gärten Mitteleuropas erwähnten Gislenius Busbequius, dem Gesandten Kaiser Ferdinands I. am türkischen Hofe in Konstantinopel, verdanken wir die Einführung der türkischen Gartentulpe — wohl der *Tulipa suaveolens* — im Abendlande. Im Frühjahr 1554 sah er auf einem Ritte zwischen Adrianopel und Konstantinopel die von den Türken in mehreren Arten in Gärten kultivierte rotgelbe Tulpe zusammen mit Narzissen und Hyazinthen blühen. Sie gefiel ihm so gut, daß er sich alsbald Samen von ihr zu verschaffen suchte. Dies gelang ihm auch nach einiger Mühe, und diesen sandte er nun an einen Freund in Deutschland, dessen Name uns unbekannt ist. Auch dessen Wohnort kennen wir nicht; wir wissen nur, daß der Züricher Naturforscher und Arzt Konrad Gesner (1516–1565) die damals neu in Europa eingeführte Zierpflanze im April 1559 in Augsburg blühen sah und sie als erster Abendländer beschrieb. Im Jahre 1573 erhielt sie der Botaniker Clusius (Charles de l'Ecluse, geb. 1526 in Arras, 1573–1587 Hofbotaniker in Wien, von 1593 bis zu seinem Tode 1609 Professor in Leiden) und kultivierte sie als große Rarität in den kaiserlichen Gärten Wiens. Auch von Leiden aus war er für die Verbreitung dieser schönen neuen Blumenart sehr tätig. Diese war aber schon lange vor ihm nach den Niederlanden gekommen; denn wir wissen, daß sie schon ums Jahr 1570 in Mecheln blühte und damals bei den Holländern freudige Bewunderung gefunden hatte. 1577 kam sie nach England und eroberte sich im Laufe der nächsten Jahrzehnte ganz Mittel- und Westeuropa.

Bevor wir uns weiter mit dem Triumphzuge der Gartentulpe durch das Abendland beschäftigen, ist es am Platze, hier einige Worte über die Türken, die sie uns mit der Kaiserkrone und den Hyazinthen verschafften, und ihre Freude an Blumen zu sagen. Schon der französische Reisende Belon spricht mit Bewunderung von den Gärten, die er 1558 in der Türkei sah. Er sagt darüber: „Es gibt kein Volk, das mehr die Blumen als Zierde liebt und sie höher schätzt, als die Türken; dabei würdigen sie weniger deren Geruch, als besonders deren Formen und Farben. Sie tragen mehrere Arten derselben in den Falten ihres Turbans mit sich, ja, die Handwerker haben bei der Arbeit Blumen von verschiedenen Farben in Wassergefäßen vor sich stehen. Das Gartenwesen ist bei ihnen so gut als bei uns in großem Ansehen und sie scheuen keine Kosten, sich fremde Bäume und Pflanzen zu verschaffen, besonders solche, die schöne Blüten besitzen." Ähnlich drückt sich Gislenius Busbequius aus, der von 1550 an als deutscher Gesandter in Konstantinopel weilte, und fügt dem hinzu, daß die Türken häufig Blumen verschenken und, obwohl geizig in andern Dingen, viel Geld dafür ausgeben. Außer Rosen, Flieder, Veilchen, Anemonen, Lilien und Hyazinthen zögen sie mit Vorliebe Tulpen. In jedem Frühjahre feierten sie ein Tulpen- oder Lampenfest, indem sie den Tulpenflor abends mit verschieden gefärbten Lampions beleuchteten. Einmal habe ein Großvezier den Einfall gehabt, lebende Schildkröten zu Trägern seiner Lampen zu verwenden; diese wandelnden Leuchter zwischen den blühenden Tulpen- und Hyazinthenbeeten müssen allerdings dem Feste einen eigenartigen Reiz verliehen haben.

Das türkische Erbe der Tulpen- und Hyazinthenverehrung traten die Holländer an, die außer der Freude am Kleinen, Zierlichen besonders die Farbenpracht der einzelnen Blüten schätzten. Und das Bestreben, diese in immer neuen Farben und Formen zu züchten, beherrschte bei ihnen vollständig die Gartenkunst. Diese sonst so nüchternen und ruhig abwägenden Leute wurden bald von einer geradezu leidenschaftlichen Begeisterung für diese schönen türkischen Ziergewächse ergriffen. Schon lange vorher waren sie ja große Blumenfreunde gewesen. Der französische Botaniker Lobel — nach welchem die schönen Lobelien den Namen erhielten — betont in der Vorrede seiner 1576 erschienenen *Histoire des plantes* die Liebhaberei der Vlämen für die Blumen schon während der Kreuzzüge und zur Zeit der reichen, prunkliebenden burgundischen Herzöge. Als dann die Holländer deren Erbe antraten, brachten sie von ihren ausgedehnten Handelsreisen aus der Levante und beiden Indien verschiedene Blumensorten mit nach Hause und zogen sie mit Erfolg in ihren Gewächshäusern. Lobel urteilt, daß sie besser als irgend eine andere Nation die exotischen Pflanzen zu behandeln wüßten, so daß man in ihren Gärten mehr seltene Gewächse finde als im ganzen übrigen Europa. Leider seien dann durch die Bürgerkriege und den Kampf der protestantisch gewordenen Bewohner gegen das sie bedrückende katholische Haus Habsburg viele der schönsten Gärten zerstört und die Blumenkultur vielfach vernachlässigt worden.

Vorbildlich wirkte später in Holland der 1577 angelegte botanische Garten der Universitätsstadt Leiden, in welchem als erstem in Europa 1599 ein Gewächshaus für ausländische Pflanzen angelegt wurde. Im Jahre 1633 enthielt das Pflanzenverzeichnis des dortigen botanischen Gartens bereits 1104 Arten. Damals beschäftigten sich Magistratspersonen, Gelehrte und wohlhabende Bürger der verschiedensten Berufszweige mit Vorliebe damit, durch Einführung neuer Pflanzen die Botanik und besonders die Blumenzucht zu fördern. Kein Kauffahrteischiff verließ, wie ein damaliger Gelehrter bemerkt, einen holländischen Hafen, dessen Kapitän nicht dazu verpflichtet wurde, von allen Orten, an denen er landete, Samen, Wurzelknollen und, wenn möglich, auch lebende Pflanzen mit nach Holland zu bringen. Die angesehensten Bürger Hollands zeichneten sich besonders durch oft recht kostspielige Bepflanzung ihrer Gärten mit ausländischen Gewächsen aus, und es war ihnen eine Freude, Ableger davon dem botanischen Garten in Leiden zu schenken. Dieser Garten enthielt, als der berühmte Hermann Boerhave (geb. 1668 in Voorhout bei Leiden, seit 1709 Professor der Medizin und Botanik, später auch der Chemie in Leiden bis zu seinem 1738 erfolgten Tode) dort als Lehrer wirkte und alles tat, um ihn zu mehren, bereits 6000 Pflanzenarten. Dieser Gelehrte gab zuerst den Fenstern der Treibhäuser eine schiefe Lage, indem so, wie er sagte, die größte Menge von Sonnenstrahlen Einlaß finden konnte. In diesem für ganz Europa als Vorbild dienenden Garten wurden übrigens zuerst zu Anfang des 18. Jahrhunderts Pelargonien (Geranien) vom Kap der Guten Hoffnung und andere ausländische Zierpflanzen, die bald die Gunst auch der Laien erlangten, eingeführt und zu Zierpflanzen mit größeren Blüten gezüchtet.

Als zu Anfang des 17. Jahrhunderts in Holland zuerst aus den orientalischen Gartentulpen gefüllte gezogen wurden, brach eine neue Ära in der niederländischen Blumenzucht an. Im Jahre 1629 zählte der Engländer Parkinson bereits 140 Spielarten von Tulpen auf, die dort kultiviert wurden. Bald brach in Holland eine eigentliche Tulpomanie aus, deren Hauptsitz das diese Zierpflanze vor allem züchtende Harlem war und hier in den Jahren 1634–1640 ihren Gipfel erreichte. Diese Tulpenliebhabersucht, die auf einmal in Tulpenzwiebeln das höchste, kostbarste Gut der Erde sah, ergriff Hoch und Niedrig, Arm und Reich. Fabelhafte Preise wurden für neu auftauchende Spielarten bezahlt, so daß ein wahrer Taumel die sonst so kaltblütigen Holländer ergriff. Jedermann spekulierte in Tulpen und ganze Vermögen wechselten ihre Besitzer. Durch die Tulpe Van Eyck wurde ein blutarmer Handelsgehilfe zum mehrfachen Millionär. Eine einzige blühbare Zwiebel der Sorte *Semper Augustus* brachte dem glücklichen Besitzer 13000 und eine solche von Admiral Erckhuizen 6000 holländische Gulden ein, während eine solche von Admiral Lietkens bis 5000 Gulden eintrug. Eine Zwiebel der Marke *Vive le roi* wurde gegen 2 Lasten Weizen, 4 Lasten Roggen, 4 fette Ochsen, 8 Ferkel, 12 Schafe, 2 Oxthoft (= 450 Liter) Wein, 4 Tonnen Achtguldenbier, 2 Tonnen Butter, 1000 Pfund Käse, 1 Bündel Kleider und einen goldenen Becher eingetauscht. Im Jahre 1637 wurden nach Hirschfeld laut vorgelegtem Register in der kleinen Stadt Alkmar zugunsten des Waisenstifts 120 Tulpen mit ihren Brutknollen für 9000 Gulden verkauft und ein einziges Exemplar der Sorte „Vizekönig" trug 4203 Gulden ein. In Anbetracht des damaligen Geldwertes sind das ungeheure Summen; denn zu jener Zeit galt ein Gulden in Holland so viel, daß man damit 1 Bushel (= 36 Liter) Weizen kaufen konnte. Ganze Vermögen wurden in Tulpen angelegt, so daß manche Reiche in ihren Tulpenbeeten mehr als 500 klassifizierte Varietäten besaßen. Erst als die Behörde 1637 ein Gesetz gegen das schwindelhafte Gebaren vieler Tulpenhändler erließ, verlor sich nach und nach dieses Tulpenfieber und wurde die Zucht dieser Zierblume, von der man später über 1000 Spielarten unterschied, in normale, gesunde Bahnen gelenkt.

Unsere Gartentulpen entstammen also mehreren Kreuzungsprodukten, die allerdings nicht näher bekannt sind. Der wichtigste Grundstamm derselben bildet jedenfalls die vorgenannte, in den Steppen Südrußlands und Westasiens heimische *Tulipa suaveolens*, von der auch direkt mehrere Varietäten, zum Teil mit gefüllten Blüten gezüchtet wurden. Eine der beliebtesten Formen derselben ist die bekannte *Duc van Toll*. Andere, im Orient wildwachsende Arten gelangten durch Kauffahrer nach Italien und Südfrankreich, wo sie sich teilweise einbürgerten und verwilderten, unter ihnen vor allem *Tulipa clusiana*, die 1606 von Konstantinopel nach Florenz kam und von hier nach Südfrankreich weitergegeben wurde. Von ihr und von der aus der Türkei eingeführten *Tulipa turcica*, wie auch von der in Südfrankreich, Italien und Kleinasien gedeihenden *Tulipa praecox* zog man die verschiedensten Varietäten. Von *Tulipa turcica* speziell stammen die monströsen Perroquetten oder Papageitulpen mit sehr großen Blumen von schöner gelber und roter Farbe mit weit abstehenden, zerrissenen und gefransten Blumenblättern. Auch die *Tulipa greigi* aus Turkestan mit bräunlich gefleckten Blättern und purpur- oder scharlachroten, am Grunde schwarzen Blumenblättern ist mehrfach zur Kreuzung herbeigezogen worden. Durch Hybridisation dieser Wildlinge mit den bereits vorhandenen Arten von Gartentulpen und der letzteren wieder unter sich sind seit 1800 die verschiedenen, in der Färbung von Violett- bis Blutrot durch alle Schattierung von Gelb ins Weiße spielenden, ein- oder mehrfarbigen bis gefleckten „Neutulpen" entstanden. Unter diesen unterscheidet man gegenwärtig als Hauptvarietäten Früh- und Spätsorten. Erstere, die Frühtulpen, mit kürzerem Stengel, blühen an einem warmen Standorte schon im April oder noch früher und lassen sich gut treiben. Unter den Spät- oder

Landtulpen — so genannt, weil ihre Zwiebeln kaum je in Töpfe, sondern direkt ins Gartenland gepflanzt werden — unterscheidet man einfarbige oder Muttertulpen (*couleurs*), buntfarbige oder gebrochene (*parangons*), und unter diesen wiederum Bizarden mit gelbem und Flamandes mit weißem Blütengrund. Violette Flamandes heißen mit einem holländischen Namen *bijbloemen*, rote dagegen nach den Franzosen *roses*. Die gefüllt blühenden Varietäten werden von den Blumisten den einfachen Sorten nachgesetzt und meist zu Teppichbeeten und Gruppen benutzt. Die Kultur der Tulpen stimmt im wesentlichen mit derjenigen der Hyazinthen, die alsbald besprochen werden soll, überein. Die zur Erlangung neuer Spielarten aus Samen gezogenen Tulpen blühen meist erst im 7. Jahre, während die aus Zwiebeln gezogenen dies im 3., ja teilweise schon im 2. Jahre tun.

Südeuropäische Gartenzierpflanzen sind die gelbe Taglilie (*Haemerocallis flava*) mit reingelber Blumenkrone, wie auch deren Abarten, die *H. fulva* mit rotgelben und *H. alba* mit weißen Blüten. Schon Theophrast und Dioskurides nennen sie unter der Bezeichnung *hēmerocallís* und sagen, daß namentlich ihre Zwiebel arzneilich gebraucht werde. Noch viel mehr war dies im Altertum mit der Meerzwiebel (*Scilla maritima*) der Fall, die nach diesen beiden Autoren roh und noch häufiger, in Teig oder Lehm gehüllt, auf glühenden Kohlen gebraten oder in Wasser oder Honig gekocht als Medizin gegessen wurde. Außerdem diente sie zur Schärfung des Essigs. Plinius beschreibt in seiner Naturgeschichte ausführlich die Herstellung des Meerzwiebelessigs, der auch als Arznei genossen wurde. Er sagt von ihm: „Er macht die Augen hell, ist bei Magenschmerz und Seitenstechen heilsam, wenn man alle zwei Tage davon einnimmt. Übrigens ist er so stark, daß man von ihm auf kurze Zeit halb ohnmächtig werden kann, wenn man davon trinkt." Dieses an den Küsten des Mittelländischen wie auch des Atlantischen Meeres wachsende Zwiebelgewächs wurde schon von den alten Ägyptern arzneilich verwendet und hieß bei ihnen *askili*, woraus später das arabische *askil* hervorging, während die Griechen es *skílla* und die Römer nach ihnen *scilla* nannten. Im Altertum pflanzte man diese Zwiebelart auf Gräber und hing sie als Amulett vor die Türe, um vor Zauber und namentlich Vergiftung geschützt zu sein. In Arkadien pflegten die Landleute die Bilder des Wald- und Weidegottes Pan bei dessen Festen mit Meerzwiebel zu bewerfen. In welch hohem Ansehen diese Pflanze im Altertume als Arzneimittel stand, beweist auch die Stelle des Plinius, worin gesagt wird: „Unter den Zwiebeln (*bulbus*) steht die Meerzwiebel (*scilla*), obgleich sie nur als Heilmittel und zur Schärfung des Essigs dient, in höchstem Ansehen. Sie zeichnet sich durch Größe und scharfen Geschmack aus und wächst vorzugsweise auf den balearischen Inseln, auf Ebusus (der Insel Iviza) und in Spanien. Der Philosoph Pythagoras hat ein Buch über diese Pflanze geschrieben, in welchem er ihre Heilkräfte zusammenstellt." Später wurde sie besonders durch die Klöster verbreitet; auch Karl der Große hieß sie in seinen Gärten anpflanzen. Das ganze Mittelalter hindurch bis in die Gegenwart wurde sie bei uns in Töpfen gezogen, um als geschätztes Heilmittel zu dienen. Es gibt wohl kaum ein besseres Bauernhaus, in welchem sie nicht zu finden wäre. Hier fristet sie mit ihren faust- bis kindskopfgroßen Zwiebeln zwischen den blühenden Geranien und Nelken auf den Gesimsen vor den Fenstern ein beschauliches Dasein. Durch ihre harntreibende Wirkung findet sie besonders bei der Behandlung von Wassersucht Verwendung, während die zerquetschten und dann schleimigen Blätter auf Wunden gelegt werden. Von ihren näheren Verwandten hat einzig die an bewaldeten Orten Süddeutschlands häufige, in Norddeutschland dagegen seltene *Scilla bifolia* wegen ihrer schönen blauen bis violetten Blüten besonders zur Einfassung von Blumenbeeten in unsern Gärten Eingang gefunden.

Eine weit größere Rolle als diese bescheidene Frühlingsbotin spielt in der modernen Blumenzucht die Gartenhyazinthe (*Hyacinthus orientalis*), die wie die Tulpe von den Türken aus den Gärten von Bagdad und Aleppo nach Konstantinopel gebracht wurde und von da um die Mitte des 16. Jahrhunderts nach Mitteleuropa gelangte. Die Stammform derselben ist in den Steppen Westasiens heimisch und gelangte schon im Altertum nach Kleinasien und Griechenland, wo sie verwilderte. Bei den alten Griechen bedeutete sie die Blume der Trauer, die ihren Namen nach der Sage von einem schönen spartanischen Jünglinge, dem Sohne des Königs Amyklas von Lakonien, einem Lieblinge Apollons, erhielt, der sich mit ihm gerne in Wettkämpfe einließ. Zephyros (der Westwind) gönnte dem jungen Manne nicht die Gunst des Gottes, die er vielmehr gerne besessen hätte, und beim Diskuswerfen lenkte er die schwere Scheibe aus Erz so, daß sie den Kopf des Hyakinthos traf und ihn tötete. Darüber war Apollon sehr betrübt. Wohl verstand er sich auf die Heilkunst, aber über den Tod war ihm keine Macht gegeben. Um wenigstens das Andenken an seinen Liebling der Nachwelt zu erhalten, ließ er aus dessen Blut die würzig duftende Hyazinthe erstehen, deren dunkelblaue Farbe Trauer bedeutet. Später war die *hyákinthos* auch der Demeter ein Zeichen der Klage und der Trauer um ihre vom Gotte der Unterwelt geraubte Tochter Proserpina. Doch wird sie bei den alten Schriftstellern kaum je genannt. Der Grieche Pollux erwähnt sie einmal in seinem Onomastikon als eine zu Kränzen verwendete Blume, mit der sich vornehmlich junge Mädchen als Zeichen der Trauer beim Verluste ihrer Gespielin bei deren Hochzeit schmückten. Und der Römer Columella nennt die *hyacinthus* als die Blaue, in der Farbe des Himmels Leuchtende, von der er auch eine weiße Abart als die schneeige (*niveus*) erwähnt. Jedenfalls wurde sie im Altertum nur ausnahmsweise als Gartenpflanze, höchstens etwa auf Gräbern wegen des ihr anhaftenden Beigeschmacks der Trauer, kultiviert. Dem Morgenlande verdanken wir ihre Zucht. Von den Arabern erhielten sie die Türken, die sie gerne in ihren Gärten anpflanzten. Um die Mitte des 16. Jahrhunderts gelangte sie aus Konstantinopel nach dem Abendlande, wo sie noch weiter veredelt wurde und die violenblaue Farbe der Blumenblätter in Purpur, Karmin, Rosa, Dunkelblau bis fast Schwarz, ferner in Weiß, Gelb und selbst Orange verwandelte. In Holland, wo sie besondere Pflege gefunden hatte, verdrängte sie sogar mit der Zeit ihre Schwester, die vormals so vergötterte Tulpe. Besonders in Harlem wurde sie im großen gezogen und aus ihr durch immer weitergeführte Kreuzung neue Spielarten geschaffen, die für teures Geld ihren Besitzer wechselten. Außer einfachen erzielte man auch zwei- und dreifach gefüllte Hyazinthen von großartiger Pracht. Sie galten für wenigstens so wertvoll als die schönen und seltenen Tulpensorten, und wenn eine neu auftauchende Varietät ihren Namen erhalten sollte, gab es ein feierliches Tauffest, zu dem außer den Verwandten und Nachbarn auch die Bewohner der Umgegend eingeladen wurden und bei dem es hoch herging. Man konnte sich solches leisten; denn trotz der hohen Spesen war das Geschäft infolge der sehr hohen für neue Arten bezahlten Preise sehr einträglich.

Die erste Konkurrenz erwuchs der holländischen Hyazinthenkultur in Berlin, dessen Sandboden diese Zucht in hohem Maße begünstigte. Der aus Frankreich eingewanderte Kunstgärtner David veranstaltete hier 1740 die erste bedeutendere Tulpenausstellung und brachte dadurch diese Blume in der Hauptstadt Preußens in Mode. Die in der napoleonischen Zeit über Mitteleuropa hereinbrechenden kriegerischen und politischen Ereignisse lenkten aber die Aufmerksamkeit des Publikums wieder davon ab, doch erwachte sie nach den Freiheitskriegen von neuem. Die Nachkommen Davids, seine Söhne Peter und David, unterhielten in der Kommandantenstraße in Berlin prächtige Hyazinthenkulturen, die zu den meistbesuchten Sehenswürdigkeiten Berlins gehörten. Den Höhepunkt erreichte hier die Hyazinthenzucht im Jahre 1830. Vor dem Schlesischen Tor breitete sich ein 24 Morgen umfassendes Blumenparadies aus, in welchem unter anderen Zwiebelgewächsen 4½ Millionen Hyazinthen gezogen wurden. Ungezählte Scharen Neugieriger kamen zur Zeit der Blüte herbei, um dieses wirklich sehenswerte Farbenwunder zu bestaunen.

Bis zum Jahre 1860 war sonst die Kultur der für den Handel gezogenen Tulpen- und Hyazinthenzwiebeln fast ganz auf das Gebiet von Harlem in Holland konzentriert. Hier wachsen diese schönen, genügsamen Kinder der westasiatischen Steppe vorzüglich im Sandboden unmittelbar hinter den Dünen. Jeder Gärtner spezialisiert sich begreiflicherweise für eine gewisse Zahl von Typen, wodurch eine große Regelmäßigkeit in der Produktion der Zwiebeln gewährleistet wird. Unbestritten werden vor allem die Hyazinthen aus Harlem bezogen, wo man über 300 Spielarten derselben züchtet. Man zählt gegenwärtig in Holland mehr als 2000 Blumenzwiebelzüchter und etwa 150 Exporthäuser, die diese als Winterflor in Töpfen oder als erste Bepflanzung der Gartenbeete sehr geschätzte Handelsware nach allen

Weltteilen versenden. Jedes Frühjahr gibt es öffentliche Versteigerungen in den Hyazinthen- und Tulpenfeldern selbst. Außerdem wird wöchentlich einmal eine Spezialbörse dafür in Harlem abgehalten. Die Blumenzwiebelkulturen nehmen eine Oberfläche von etwa 3500 Hektaren ein und der Wert der während der Saison exportierten Blumenzwiebeln erreicht 16 Millionen Mark, was einem Bruttoertrag von beinahe 4800 Mark pro Hektar der Kultur entspricht. 40 Prozent des Produkts wandern nach England; Deutschland und Österreich nehmen 25 Prozent, die Vereinigten Staaten 18, die Nordländer, vor allem Dänemark, Schweden und Norwegen 9, Frankreich und die übrigen latinischen Länder kaum 5 Prozent davon.

Die Vermehrung der holländischen Blumenzwiebeln, also der Hyazinthen und Tulpen, erfolgt auf ungeschlechtlichem Wege durch Pflanzen der Brutzwiebeln, von denen erstere mehrere, letztere dagegen meist nur eine produzieren. Die Vermehrung durch Samen erfolgt, weil sehr langsam vor sich gehend, nur, um die alten Varietäten zu regenerieren oder neue zu erzielen. Während eine unverletzte Hyazinthenzwiebel nur eine kleine Zahl Brutzwiebeln — zwischen 1–6 oder höchstens 8, oft aber auch gar keine — bildet, liefert eine verletzte um die Verletzungsstellen herum deren zahlreiche. Deshalb macht man zur Vermehrung der Blumenzwiebeln gewöhnlich vier Schnitte durch den untern Teil derselben oder höhlt ihn aus. Letzteres Verfahren liefert nämlich weitaus am meisten Brutzwiebeln, während man vermittelst des Kreuzschnittes durch den Zwiebelboden weniger, dafür aber, weil sie besser ernährt werden, größere erhält, die sich rascher entwickeln und schneller zum Blühen gelangen, nämlich meist schon ein Jahr nach der Verletzung der Mutterzwiebel. Diese Operation wird meist im Juni vorgenommen, wenn die Zwiebeln, die im Frühling blühten, aus dem Boden herausgenommen werden, um erst wieder im Herbst ausgepflanzt zu werden. Früher trocknete man sie einfach an der Sonne; jetzt aber setzt man sie nach dem Einschneiden ihres Bodens der Luft aus, nachdem man sie mit Asche oder Kalk bestäubt hat, wodurch die Wunden alsbald heilen. Sie werden an einem luftigen Orte aufbewahrt und bilden an den Schnittstellen bis zu 40 Brutzwiebeln. Im Oktober oder November pflanzt man die Zwiebeln mit den Brutzwiebeln wie die gewöhnlichen Hyazinthenzwiebeln in Erde, die das Jahr vorher mit Kuhmist gedüngt wurde. Viele dieser Brutzwiebeln bilden im folgenden Jahre Blätter. Im Juni werden sie mit den Mutterzwiebeln dem Boden entnommen, von letzteren abgelöst und von der anhaftenden Erde gereinigt, getrocknet und an einem luftigen Orte aufbewahrt. Im Oktober werden sie wieder wie gewöhnliche Zwiebeln gepflanzt. Erst nach dem dritten Pflanzen erreichen sie eine genügende Größe, um im folgenden Jahre blühen zu können. Als solche kommen sie dann zum Verkauf.

Von den Verwandten der Gartenhyazinthe werden auch die auf Kulturboden wie Äckern und Weinbergen bei uns wildwachsenden perlblütige und Trauben-Bisamhyazinthe (*Muscari botryoides* und *racemosum*) mit nach Moschus beziehungsweise Pflaumenduft riechenden, einfachen blauen Traubenblüten gelegentlich als Zierpflanzen in den Gärten kultiviert. Noch beliebter als diese, weil schöner blühend, ist die aus China stammende eiblätterige Funkie (*Funkia ovata*), mit gestielten, breiteiförmigen Blättern und hellrosenroten Blüten. Ihr nahe steht die aus Südasien, besonders Ceylon und Java stammende Tuberose (*Polyanthes tuberosa*) — Tuberose, d. h. die Knollenwurzelige (von *tubera* Knollen) genannt —, deren 10–20 in langgestielter, endständiger Traube stehenden wohlriechenden, weißen Blüten besonders in Südfrankreich, wie übrigens auch die Hyazinthen, zur Parfümgewinnung gepflanzt werden. In Amerika, wohin sie früh gelangte, ist sie zum Liebling besonders der Bewohner Perus geworden, die mit ihr vorzugsweise die Altäre in den Kirchen schmücken, während die Damen sich mit Sträußen von ihr versehen, um möglichst oft daran riechen zu können.

Als Topfzierpflanze ist bei uns auch die der vorigen ähnliche doldenblütige Schmucklilie oder blaue Liebesblume (*Agapanthus umbellatus*) — von *agápē* Liebe und *ánthos* Blume — mit reicher Dolde von blauen Blüten auf 0,6 bis 1 m hohem Schafte vom Kap der Guten Hoffnung beliebt, während das wohlriechende Maiglöckchen (*Convallaria majalis*) mit seiner zierlichen Traube überhängender, weißer Blüten zu unseren beliebtesten Frühlingsgartenpflanzen gehört. Als sehr frühblühende Pflanze wird sie besonders in Berlin wie der Flieder getrieben und die blühbaren Keime überallhin in die Blumengeschäfte versandt. Ihre getrockneten Blüten bilden den Hauptbestandteil des Nießpulvers und geben mit den gepulverten Samen der Roßkastanie den bekannten „Schneeberger“ Schnupftabak, so genannt, weil er zu Schneeberg im Königreich Sachsen zuerst bereitet wurde.

Auch der in Südeuropa heimische ästige Asphodill (*Asphodelus ramosus*) wird wie sein Verwandter, der gelbe Asphodill (*A. luteus*) in manchen Gärten gezogen. Ersterer, der an der Küste überall auf Wiesen üppig wächst, wurde als Sinnbild der Trauer von den alten Griechen auf die Gräber gesetzt und seine Wurzelknollen, die nach Porphyrius auch der Philosoph Pythagoras gerne gegessen haben soll, für die bevorzugte Speise der Geister der Abgeschiedenen gehalten. Nach verschiedenen Stellen in der Odyssee wandeln nach homerischer Anschauung die Geister der Verstorbenen in der Unterwelt auf Asphodillwiesen (*asphodēlós leimṓn*), auf denen von ihnen auch große Jagden abgehalten werden sollen. Plinius sagt von ihm: „Der *asphodelus* soll ein vorzügliches Mittel gegen Vergiftungsversuche sein, wenn man ihn vor dem Tore der Villa pflanzt. Man ißt den Samen und die Wurzel, nachdem man sie geröstet hat, was bei der letzteren in der Asche geschieht, worauf man Salz und Öl hinzufügt und sie auch noch mit Feigen zusammenstampft;

es ist dies ein Gericht, das Hesiodus (der im 8. Jahrhundert v. Chr. in Böotien lebende griechische Dichter) für vorzüglich wohlschmeckend hält. Seine Wurzel gleicht einer mittelgroßen Kohlrübe (*napus*), und keine Pflanze hat mehr Knollen (*bulbus*), denn es sind deren oft 80 zu gleicher Zeit vorhanden. Es ist eine Erfahrungstatsache, daß mit Gerstengrütze gekochte Asphodelusknollen abgezehrten und schwindsüchtigen Leuten sehr gut bekommen und daß sie, mit Mehl zusammengeknetet, ein sehr gesundes Brot geben. Nikander braucht Stengel, Samen und Knollen gegen den Biß von Schlangen und Skorpionen, legt sie auch als Schutzmittel gegen die genannten Tiere unter das Kopfkissen. In Kampanien gehen die Schnecken dem Stengel dieser Pflanze eifrig nach und saugen ihn aus. Man heilt übrigens mit *asphodelus* eine Menge Krankheiten, verjagt und tötet auch die Mäuse damit, indem man mit ihm deren Löcher verstopft.“ Nach Hesiod dienten die Wurzelknollen des Asphodill trotz ihres scharfen Geschmackes den alten Pelasgern als Speise und lieferten in Verbindung mit Malven ein „köstliches Gericht“ (wörtlich eine königliche Speise), während Theophrast (im 4. Jahrhundert v. Chr.) sagt, daß sie nur von Armen gegessen werden. Der Asphodill diente im Altertum auch als Schutzmittel gegen Zauberei und wurde bei den mittelalterlichen Ärzten zu einem der sieben Kräuter der Planeten erhoben, auf welche besonders Saturn einen Einfluß ausüben und ihm die Eigenschaft erteilen sollte, jeden, der ein Stück der Pflanze bei sich trage, vor bösen Geistern zu schützen. Noch heute dienen die Wurzeln zur Bereitung eines nahrhaften Mehles, das aus dem Orient, wo die Pflanze sehr gemein ist, in den Handel gebracht wird. Wegen des reichen Gehaltes an einer schleimigen, klebenden Substanz verwenden die Buchbinder, Schuster und Sattler Toskanas und anderer Gegenden Italiens die gepulverten Wurzeln als Kleister. Die goldgelbe, deshalb auch Goldwurz genannte Wurzelknolle des gelben Asphodills diente früher äußerlich als Amulett und innerlich als harntreibendes Mittel, während sie neuerdings besonders in Algerien zur Zuckerfabrikation und Schnapsbereitung dient. Auf den Höhen des Libanons dagegen wächst der *Asphodelus kotschyi* (nach dem österreichischen, 1866 in Wien verstorbenen Botaniker Theodor Kotschy, der Syrien bereiste und sie zuerst beschrieb, so genannt), dessen stärkemehl- und gummireichen Wurzeln als *nurtoak* im Orient an Stelle von Salep (Orchideenwurzelknollen) häufig Verwendung finden. Der deutsche Reisende Strelack ernährte sich und seine Begleiter auf der zweiten Reise durch Syrien vier Tage lang damit und brachte 1863 gegen 11000 kg derselben mit nach Deutschland, um das daraus gewonnene Mehl als neues, billiges Nahrungsmittel in den Handel zu bringen.

Als Dekorationspflanze für Treppenaufgänge, Säulenhallen und in Blumenbeeten dient die Flachslilie, der neuseeländische Flachs (*Phormium tenax*), so genannt, weil ihre Blätter zur Gewinnung einer äußerst zähen Faser gewonnen werden. Sie wurde von Solander und J. Banks, den Begleitern von

James Cook auf dessen erster Reise um die Welt (1768–1771), in Neuseeland entdeckt, wo sie weite Strecken bedeckt. Ihre Wurzelknolle ist wegen des Gehaltes an einem sehr bittern Stoff nicht eßbar und dient den Maorimüttern dazu, ihre Brustwarzen damit einzureiben, wenn sie ihre Kinder entwöhnen wollen.

Beliebte Treibhauszierpflanzen sind dagegen die wegen ihrer zwischen Palmen und Lilien in der Mitte stehenden Tracht als Palmlilien bezeichneten Yuccas, die sämtlich amerikanischen Ursprungs sind. Namentlich wird die 1–1,3 m hohe, schöne Palmlilie (*Yucca gloriosa*) aus Peru in verschiedenen Formen mit oft bunten Blättern in großen Töpfen gezogen. Sie treibt umfangreiche, rispige Ähren von prächtigen, hängenden, weißen Blüten. Ihre Wurzelknollen werden von den Indianern zu Mehl zerrieben und zu Brot verbacken; die Blätter dagegen liefern einen Faserstoff. Wichtiger ist derjenige der in Virginien heimischen fadigen Palmlilie (*Yucca filamentosa*). Deren Blattfäden werden in ihrer Heimat zur Herstellung von Geweben und Stricken benutzt. Gleicherweise verwendet man die der in Westindien und Mexiko heimischen aloeblätterigen Prachtlilie (*Yucca aloifolia*), deren Blüten als Gemüse verzehrt werden und deren Blätter in Mexiko zur Herstellung von Papier dienen, während aus der Blattoberhaut künstliche Blumen verfertigt werden. Alle Yuccaarten werden durch bestimmte kleine, meist weißlich gefärbte Motten in der Weise befruchtet, daß sie den Pollen in die ausgehöhlte Narbe der Blüte stopfen, damit die aus den daraufgelegten Eiern sich entwickelnden Räupchen die zur Erhaltung der Art nötige Nahrung finden. Wenn sie auch später einen Teil der sich entwickelnden Samen verzehren, so hat dies nichts zu bedeuten, da die Pflanze auch so über genügend Sämlinge verfügt, so daß der Dienst dieses Tierchens, ohne den sie aussterben müßte, nicht zu teuer belohnt ist. Weil diese kleinen Motten in Europa fehlen, tragen die bei uns gezogenen Yuccaarten, auch wenn sie noch so schön blühen, niemals Samen.

Im Altertum spielte auch die rauhe Stechwinde (*Smilax aspera*) — rauh, wegen der Stacheln an Stengeln und Blättern genannt — als Arznei- und Zierpflanze eine gewisse Rolle, während eine amerikanische Verwandte die offizinelle Sarsaparillwurzel liefert. Diese südeuropäische Schlingpflanze, welche in Italien und Griechenland bis 16 m hoch, namentlich an den Platanen hinaufklettert, besitzt wohlriechende, weiße Blüten, die bei den alten Griechen mit Efeu zusammen bei den Dionysosfesten zu Kränzen gewunden wurden. Nach alter Sage sollte das Gewächs durch Verwandlung der Nymphe Smilax entstanden sein, welche aus unerwiderter Liebe zu dem Jüngling Krokos starb. Theophrast beschreibt sie ausführlich als *smílax*, Dioskurides sagt: „Der rauhe Smilax (*smílax tracheía*) wird als ein wichtiges Mittel gegen Gifte gebraucht," und Plinius schreibt über sie: „Der *smilax* stammt ursprünglich aus Kilikien, ist in Griechenland häufig, hat kleine, nicht ausgeschnittene, übrigens denen des Efeu ähnliche Blätter. Die Blüten sind weiß und riechen wie Lilien. Er ist bei allen Opfern und Kränzen ein Unglückszeichen, weil er Trauer bedeuten soll, indem ein unglückliches Mädchen namens Smilax in diesen Strauch verwandelt wurde. Der großen Masse des Volkes ist dieser Umstand nicht bekannt; es entheiligt daher seine Feste oft dadurch, daß es ihn statt des Efeus verwendet, wiewohl doch eigentlich jedermann wissen sollte, daß die Dichter dem Vater Bacchus und dem Silenus (nach griechischer Sage Sohn des Hermes oder Pan, Erzieher und Gefährte des Bakchos, wird in der Kunst als dickbäuchiger Alter mit Glatzkopf, Stumpfnase und Ziegenohren mit einem Weinschlauch dargestellt) Efeukränze zuschrieben. Aus dem Holze des *smilax* macht man auch Schreibtäfelchen; dieses hat die Eigentümlichkeit, daß es, ans Ohr gehalten, einen leisen Ton von sich gibt." An einer andern Stelle sagt dieser Autor: „Werden Blätter zu Kränzen verwendet, so sind es vorzugsweise diejenigen des *smilax* und des Efeus." Noch jetzt sind weit mehr als die Blüten die kugeligen, roten Früchte dieser Stechwinde in Griechenland eine Zierde fast aller Blumensträuße und dienen den jungen Damen, in die Haare geflochten, als schöner Kopfputz.

Als Arznei dagegen diente bei den alten Griechen und Römern der stechende Mäusedorn (*Ruscus aculeatus*), ein 30–60 cm hoher, immergrüner Strauch mit blattförmigen, in einen Stachel auslaufenden grünen Zweigen, auf deren Mitte die 3–5 grünlichen Blüten stehen. Während aus dieser Pflanze in Italien häufig Besen gemacht werden, wird sie bei uns nicht selten als Zierpflanze in Gärten gepflanzt. Früher war sie als harntreibendes Mittel gebräuchlich. Theophrast erwähnt sie als alexandrinischer Lorbeer und Dioskurides, wegen ihrer Ähnlichkeit mit dem Myrtenstrauch, als wilde Myrte (*myrsínē agría*). Er sagt von ihr: „Sie dient als Arznei, auch verspeist man die jungen Sprossen als Gemüse; sie schmecken etwas bitter." Plinius aber schreibt von ihr: „Der alexandrinische Lorbeer wächst in größter Menge am Ida und bei Heraklea am Pontus, aber nur auf dem Gebirge. Er dient der Kunstgärtnerei und zum Kranzflechten; die Wurzel dient als Heilmittel."

Auch der in den Mittelmeerländern wildwachsende gemeine Tamus (*Tamus communis*) mit kugeligen, roten Früchten war bei den Alten offizinell. Dioskurides bezeichnet ihn als „wilde Rebe" und sagt von ihm: „Wurzel und Früchte dienen als Arznei, die jungen Sprossen als Speise." Soweit die Liliazeen.

Unter den Amaryllideen sind das Schneeglöckchen (*Galanthus nivalis*), das auf Bergwiesen Süddeutschlands wild wächst und bisweilen verwildert auch in Obstgärten angetroffen wird, und die Frühlingsknotenblume (*Leucojum vernum*, — ersteres Wort kommt aus dem Griechischen *leukón ion*, d. h. weißes Veilchen), die in schattigen Laubwäldern Süd- und Mitteldeutschlands, sehr selten in Norddeutschland angetroffen wird, beliebte

Frühlingsgartenzierpflanzen. Ihre Zwiebeln sind brechenerregend und giftig, während die viel giftigeren der nahe verwandten südafrikanischen *Buphone toxicaria* den Buschmännern einen Bestandteil ihres gefürchteten Pfeilgiftes liefern.

Was die Lilien für die Alte Welt bedeuten, das sind gewissermaßen die Amaryllisarten der Neuen. Diese Pflanzenfamilie hat ihren Namen von der vom römischen Dichter Vergil (70–19 v. Chr.) in seinen Hirtengedichten besungenen Hirtin oder Nymphe Amaryllis, einer griechischen Bezeichnung, die die Glänzende, Leuchtende bedeutet. Diese amerikanischen Lilien verdienen denn auch in der Tat wegen ihrer schönen Blüten diesen sie auszeichnenden Namen. Unter ihnen ist besonders *Amaryllis formosissima* zu nennen, die in ihrem Vaterlande Südamerika oft ganze Ebenen bedeckt und zur Zeit der Blüte einen wundervollen Anblick gewährt. Wegen ihrer großen, gelbroten, aber duftlosen Blüten wird sie nebst den übrigen Arten und zahlreichen, sehr verschieden gefärbten Bastarden häufig bei uns in Töpfen kultiviert. Durch mannigfache Kreuzungen der Wildlinge wurden von englischen, deutschen, holländischen und amerikanischen Gärtnern wahre Wunderblumen gezüchtet. Die hauptsächlichste Stammutter der modernen, im Herbste blühenden Sorten ist die schon im Jahre 1777 von den Ufern der Batafogobai nach Europa eingeführten *Amaryllis reticulata*, während die im Winter und Frühling blühenden Sorten von anderen Arten abstammen. Die aus Westindien stammende *Amaryllis belladonna* mit sehr giftiger Zwiebel hat Dolden von zart rosafarbigen Blüten, während die gerade zu Weihnachten blühende *Amaryllis tettaui* feuerrote Blüten besitzt. Die übrigen, zu Ausgang des Winters und im Frühling blühenden Formen wechseln vom zartesten Rosa bis zum dunkelsten Rot. Weiße Formen sind sehr selten und werden, obschon sie noch unvollkommen in der Form sind, beinahe mit Gold aufgewogen. Zu den schönsten Zwiebelgewächsen aus der Gattung der Amaryllideen gehören auch die Eucharisarten, von denen *Eucharis amazonica* und *candida* bei uns vielfach gezogen werden.

Häufig gezogene Gartenzierpflanzen sind ferner die Narzissen, von denen die gelbe oder gemeine Narzisse (*Narcissus pseudonarcissus*) mit langer, glockiger, am Rande welliger, goldgelber Krone an der blaßgelben Blüte — die *jonquille* der Franzosen — auf Bergwiesen wild wächst und manchenorts verwildert ist. Auf Bergwiesen Griechenlands, Norditaliens und der Schweiz — z. B. am Nordufer des Genfersees bei Les Avants — wächst dagegen die echte Narzisse (*Narcissus poeticus*) mit weißer Blüte und sehr kurzer, schüsselförmiger Krone mit feingekerbtem, scharlachrotem Rande in Menge wild, während die ebenfalls höchst wohlriechende Tazette (*Narcissus tazetta*) in Griechenland, an der Riviera und in Südspanien in feuchten Niederungen und die späte Narzisse (*Narcissus serotinus*) in mittleren Lagen Südeuropas heimisch ist. Beide letztgenannte Arten tragen mehrere Blüten auf einem

Stengel, sind weiß und höchst wohlriechend; letztere unterscheidet sich von der ersteren wesentlich dadurch, daß sie regelmäßig im Herbste blüht. Tazetta ist das Verkleinerungswort des italienischen *tazza* für Tasse, Schale und wurde dieser Narzissenart wegen der Ähnlichkeit ihrer Blüte mit einem Täßchen gegeben. Sie wurde durch Clusius (1526–1609) 1565 am Fuße des Berges von Gibraltar und die Jonquille mit gelben Blüten und langer, gelber Krone ebenfalls von ihm auf den Wiesen bei Cadix und Sevilla gefunden und dann in unsere Gärten eingeführt. In Südfrankreich bereitet man aus den wohlriechenden Blüten der Narzissen und Tazetten feine Parfüms.

Unter Narzisse verstanden die alten Griechen und Römer die echte und die späte Narzisse. *Nárkissos* hieß nach der griechischen, uns in den Geoponika und durch Ovids Metamorphosen erhaltenen Sage ein schöner Jüngling, der sich durstend an einer Quelle lagerte, dabei im Wasserspiegel sein Bild sah, von dessen Schönheit bezaubert er es umarmen wollte, dabei ins Wasser fiel und ertrank. Die mitleidigen Götter sollen ihn dafür in jene schöne Blume verwandelt haben. Theophrast meint offenbar die späte Narzisse, wenn er schreibt: „Der *nárkissos* wird von vielen auch *leírion* (Lilie) genannt. Er trägt wie die Lilie eine weiße Blume auf dem Stengel und erzeugt in einer häutigen Hülle eine große, schwarze, längliche Frucht. Fällt diese ab, so wächst aus ihr eine neue Pflanze; man sammelt sie aber auch absichtlich zum Kultivieren oder pflanzt die Wurzel. Diese ist fleischig, rund und groß. Die Blüte erscheint erst spät, nach dem Aufgang des Arkturos und zur Zeit der Herbst-Nachtgleiche." Auch Vergil spricht von ihr, wenn er in seiner Georgica sagt: „Gern möchte ich die üppig prangenden Gärten besingen, die zweimal im Jahre blühenden Rosenbeete (*rosarium*) in Paestum, die bewässerten Endivien (*intybum*), den am Ufer grünenden Sellerie (*apium*), die sich im Grase dahinschlängelnde Gurke (*cucumis*) mit ihren schwellenden Früchten, die spät in reichlicher Fülle blühende Narzisse, die gebogenen Acanthusblätter, den bleichen Efeu, die den Strand liebenden Myrten."

Dioskurides dagegen meint mit seiner Beschreibung offenbar die echte Narzisse, von der er sagt, daß sie am schönsten auf den Gebirgen wachse und wohlriechend sei. Die gekochte zwiebelartige Wurzel bewirke Erbrechen, werde aber mit Honig zusammengerieben auf Brandwunden gelegt und sonst als Arznei gebraucht. Das aus ihr für den arzneilichen Gebrauch mit Kalmus, Myrrhe und wohlriechendem Wein hergestellte Narzissenöl werde zu arzneilichem Gebrauche bereitet, verursache aber Kopfweh. — Wegen des roten Saums der Blütenkrone wurde diese Narzisse von Vergil als *purpureus narcissus* und von Plinius als *purpureum lilium* bezeichnet. Letzterer schreibt in seiner Naturgeschichte: „Es gibt auch purpurfarbige Lilien, deren Stengel zuweilen doppelt, deren Wurzel eine einzige große Zwiebel ist; man nennt sie *narcissus*. Die eine Art hat eine weiße Blüte mit purpurfarbigem Becher (*calyx*). Sie unterscheidet sich dadurch von den eigentlichen Lilien, daß sie nur an der Wurzel Blätter hat. Die besten Narzissen wachsen auf den Gebirgen Lykiens. Bei einer dritten Art ist alles ebenso, nur der Becher ist krautartig. (?) Alle blühen spät, nämlich nach dem Aufgang des Arkturus und während der Herbst-Nachtgleiche." Letztere Behauptung hat er kurzweg dem Theophrast nachgeschrieben, der dies nur von der späten Narzisse aussagt. Ein Grieche bemerkt in den Geoponika, daß die Narzisse aus der Zwiebel gezogen werde.

Unter den Irideen oder Schwertliliengewächsen sind vor allem die Schwertlilien selbst zu nennen. Unter ihnen haben wir die überall in stehenden Gewässern Europas wildwachsende, 0,6–1 m hohe gelbe Schwertlilie (*Iris pseudacorus*, d. h. falscher Acorus, weil sie vor der Blütezeit mit dem Kalmus Ähnlichkeit hat). Sie hat große, gelbe Blüten und einen kurzen, innen rötlichen, ausdauernden Wurzelstock mit scharfem Saft, der früher als falscher Kalmus oder Gilgenwurzel (Gilge ist die im Mittelalter gebräuchliche Bezeichnung für Lilie) benutzt wurde. Dann die bis 1 m hohe blaue oder deutsche Schwertlilie (*Iris germanica*) mit dunkelblauen Blüten. Sie hat ihre Heimat im Mittelmeergebiet und wurde jedenfalls schon von den Römern über die Alpen gebracht, wuchs vermutlich auch in den Gärtlein der mittelalterlichen Burgen, und ist nicht nur an Orten, wo solche standen, sondern auch sonst an sonnigen Abhängen und felsigen Örtlichkeiten, an denen es ihr warm genug ist, völlig verwildert. Sie zählt von alters her zu den beliebtesten Gartenpflanzen, ist bei aller Anspruchslosigkeit äußerst dankbar und hat sich infolgedessen überall leicht eingebürgert. Auch in England wurde sie vor dem Jahre 1597 angepflanzt. Sie hat mit der Zeit zahlreiche Spielarten mit dunkelvioletten, bläulichweißen, hellgelben und andern Blumenblättern hervorgehen lassen und findet vielfach zur Ausschmückung von Böschungen Verwendung.

Tafel 143.

Beet verschiedenfarbiger Schwertlilien in einem japanischen Garten bei Tokio.

Eine Chrysanthemum-Ausstellung im kaiserl. Palast in Tokio.

Tafel 144.

Unter einer blühenden japanischen Glycine.

Mit Blumen geschmückte japanische Sänfte.

Ebenfalls in Südeuropa wie auch im Orient heimisch ist die bleiche Schwertlilie (*Iris pallida*) mit blaßvioletten, wohlriechenden Blüten und die florentinische Schwertlilie (*Iris florentina*) mit weißen, an der Basis braun geaderten, wohlriechenden Blüten. Der knollige Wurzelstock dieser drei Arten kommt als angenehm duftende „Veilchenwurzel“ in den Handel. Zu dessen Gewinnung werden besonders die blaue und bleiche Schwertlilie in

Italien, speziell in Toskana um Florenz herum, auf Hügeln oder an Bergabhängen zwischen Weinbergen kultiviert. Nach drei Jahren wird der fleischige Wurzelstock geschnitten, geschält, gereinigt und an der Sonne getrocknet. Dadurch bekommt der frisch widerlich riechende und scharf bitter schmeckende Wurzelstock einen angenehmen veilchenartigen Geruch und milden Geschmack. Sein riechendes Prinzip Iron ist identisch mit dem Jonon der Veilchenblüten. Es ist also der Name Veilchenwurzel sehr wohl angebracht. Sie diente früher als Amulett gegen die Pest, während man jetzt aus ihr Rosenkränze und kleine Schmucksachen schnitzt, Stäbchen zum Daraufbeißen für zahnende Kinder schneidet und sie zur Herstellung von Zahnpulver, Brusttee, Pulver zum Bestreuen von Pillen und Aromatisieren von Haarpudern verwendet. Im Orient dient der gepulverte Wurzelstock zum Schminken, indem die darin enthaltenen spitzigen Kristallnadeln von kleesaurem Kalk beim Reiben die Haut für kurze Zeit entzündlich röten. Aus den Abfällen der Wurzel destilliert man ein ätherisches Öl.

Schon bei den alten Griechen und Römern fand die Veilchenwurzel arzneiliche Verwendung. Theophrast sagt von ihr: „Es gibt eine wohlriechende *íris*, die in Illyrien besser ist als in Makedonien; in Thrakien und kälteren Ländern hat sie gar keinen Geruch. — Die Heilpflanzenverkäufer und Wurzelgräber geben die Vorschrift, man solle beim Ausgraben der wilden Iris einen aus Mehl von Sommerweizen und Honig gebackenen Kuchen der Erde zur Belohnung geben; man solle ferner drei Kreise mit einem zweischneidigen Schwerte beschreiben, das zuerst abgeschnittene Stück der Wurzel in die Höhe halten und dann erst das übrige ausgraben." Dioskurides teilt mit, daß die Pflanze den sonst dem personifizierten Regenbogen zukommenden Namen Iris von der Vielfarbigkeit ihrer Blüten erhielt, „die entweder weiß oder blaßgelb oder quittengelb oder purpurfarbig oder blau sind. Die wohlriechenden Wurzeln werden zerschnitten, im Schatten getrocknet und, an Fäden aufgereiht, aufbewahrt. Die beste Iriswurzel kommt aus Illyrien und Makedonien, und von dieser sind diejenigen die besten, die dicht, zäh, blaßgelb, sehr wohlriechend und von brennendem Geschmack sind, auch müssen sie, während sie gestampft werden, Nießen erregen. Die libysche ist kraftloser, weiß, von bitterem Geschmack. Alle werden, wenn sie altern, von Würmern durchfressen, riechen aber dann noch besser; man gebraucht sie gegen vielerlei Leiden." Auch Plinius bespricht die Iris in seiner Naturgeschichte ausführlich und sagt, die beste Iriswurzel wachse in Illyrien, nicht an der Küste, sondern im Innern; ihr nahe komme die makedonische und zuletzt komme die afrikanische, die die größte ist und am bittersten schmeckt. „Auch die pisidische ist brauchbar. Leute, welche Iriswurzeln sammeln, begießen sie drei Monate vorher mit Honigwasser, um durch diese Opfer die Erde zu versöhnen. Dann ziehen sie um die Iris mit der Spitze eines Schwertes einen dreifachen Kreis und, haben sie dieselbe herausgenommen, so heben sie sie sogleich zum Himmel empor. Sie ist von Natur hitzig und erzeugt beim Anfassen eine Art Brandflecken. Früher wurde das beste Irisöl (*irinum*) auf der Insel Leukas und in Elis bereitet, wo man die Iris seit langer Zeit zu diesem Zwecke anpflanzt. Jetzt bekommt man auch vortreffliches aus Pamphylien, Kilikien und aus dem Norden. — Man bindet den Kindern zum Schutz gegen Krankheit eine Iriswurzel um, vorzüglich, wenn sie Zähne bekommen oder am Husten leiden; auch kaut man die Wurzel, um den Geruch des Atems zu verbessern, braucht sie ferner gegen viele Übel. Beim Sammeln wird die Vorschrift beobachtet, daß man sie mit der linken Hand ausreißt und dabei sagt, welchen Menschen und welche Krankheit man damit heilen will. Die Kräutersammler verfahren übrigens beim Sammeln der Iris und einiger anderer Pflanzen, z. B. des Wegerichs (*plantago*), ganz heimtückisch. Sie behalten nämlich einen Teil der Pflanze zurück und graben ihn wieder am Fundorte ein, wenn sie schlecht bezahlt werden, gewiß, um so die Krankheit, welche durch die Pflanze geheilt wurde, wieder zum Ausbruch zu bringen." Endlich wird in den Geoponika gesagt: „Die illyrische Iris wird vom Januar bis zum April in Gärten gezogen, indem man Wurzelsprossen von alten Stämmen trennt und einpflanzt."

Neben diesen werden noch viele andere Arten von Schwertlilien in unseren Gärten gezogen, so die ebenfalls aus den Mittelmeerländern zu uns gekommene bunte Schwertlilie (*Iris variegata*) mit gelben, dunkelviolett geaderten Blüten, die englische Schwertlilie (*Iris anglica*) mit wohlriechenden, weißen Blüten, an deren Grunde sich blaue oder purpurrote Flammen und Flecken befinden, die ähnlich gezeichnete, nur noch farbenreichere spanische Schwertlilie (*Iris hispanica*), die Zwergschwertlilie (*Iris pumila*) mit niedrigem Stengel und dunkelvioletten Blüten, die in zahlreichen Varietäten besonders zur Einfassung von Blumenbeeten verwendet werden. Ferner die sibirische Schwertlilie (*Iris sibirica*) mit schmalen Blättern und hellblauen, violett geaderten Blüten, die auch in mehreren Varietäten besonders in feuchtem Boden kultiviert wird. Gleichfalls viel Wasser verlangt die prächtige, große Blüten besitzende *Iris laevigata* aus Sibirien und Japan und die *Iris kämpferi* aus Japan, die eine besondere Ähnlichkeit mit unserer gelben Schwertlilie aufweist. Beide wurden in verschiedenen Varietäten bei uns eingeführt und können, da sie auch bei uns winterhart sind, zur Einfassung von Teichen und Wasserläufen sehr empfohlen werden. Im Jahre 1830 kam aus Persien die düstere, fast schwarzblühende *Iris susiana* und später aus dem Kaukasus die *Iris iberica* zu uns. Alle diese Schwertlilienarten lieben die Sonne, die für ihr reichliches Blühen unerläßlich ist. Neben den bunteren Schwestern behauptet immer noch die mit am reichsten blühende, in ihren Ansprüchen äußerst bescheidene deutsche Schwertlilie eine wichtige Stellung unter dem Schwertlilienflor. In den alten Sorten ziert sie die prunkvollen Herrschaftsgärten so gut wie die bescheidenen Bauerngärtchen, in denen sie neben Rose und weißer Lilie zum althergebrachten eisernen Bestande gehört.

Besonders schön macht sie sich in einer größeren Gruppe im grünen Rasen oder am Gebüschrande.

An die Irisarten schließen sich als deren nächste Verwandte die Gladiolen an, von denen die meisten Arten in Südafrika heimisch sind. Ihr wichtigster südeuropäischer Vertreter ist die Siegwurz (*Gladiolus communis*), die 1 m hoch wird mit purpurroten, weißen oder fleischfarbigen Blüten. Siegwurz heißt sie, weil ihr süßlicher, schwach veilchenartig riechender Zwiebelknollen unter dem Namen Siegwurz oder Allermannsharnisch zum Heilen von Wunden und besonders als Amulett gegen Verwundung besonders von den Soldaten getragen wurde. Die wichtigsten, der abgeschnitten zu Bucketts und als Einzelpflanzen in Vasen höchst beliebten modernen bunten Spielarten stammen von *Gladiolus cardinalis* mit scharlachroten Blüten und *Gladiolus psittacinus* mit scharlachroten und gelben Blüten. Beide stammen aus Südafrika und ergaben durch Kreuzung eine große Zahl von Hybriden. Eine solche, besonders reichblühende und farbenprächtige Varietät sind die von Van Houten in Gent gezüchteten Genter Gladiolen, die zunächst, als von wärmeliebenden Eltern stammend, noch nicht bei uns winterhart waren, bis sie es durch Kreuzung mit einer von William Bull 1870 eingeführten winterharten Varietät aus Natal wurden. Sie waren aber gleichwohl wegen verschiedener Schönheitsfehler noch minderwertig und konnten deshalb nicht direkt als Zierpflanzen verwendet werden. Dies war erst möglich, als Lemoine in Nancy durch Kreuzung dieser Hybriden mit der schönen südafrikanischen *Gladiolus sandersi*, die nicht nur winterharten, sondern auch buntgefärbten Nancyer Gladiolen mit auffallend großen, punktierten Blumenblättern züchtete. Sie können nun im freien Lande kultiviert werden, ohne daß ihre Knollen herausgenommen und wie noch diejenigen der Genter Gladiolen in frostfreiem Raume überwintert werden müssen.

Der eßbare Schwertel (*Gladiolus edulis*) in Südafrika hat eine fast zusammengesetzte Blütenähre mit schönen Blüten und eßbaren Zwiebelknollen. Die Zwiebeln des als Feldunkraut unter Getreide in Südeuropa häufig anzutreffenden *Gladiolus segetum* mit 4 cm langen purpurroten, rachenförmigen Blüten — dem *Xíphion* der alten Griechen und dem *gladiolus* der alten Römer, beides „Schwertchen" wegen der schwertförmigen Gestalt der aufrechtstehenden Blätter bedeutend — diente im Altertum als Arznei und wurde zu Theophrasts Zeit mit Mehl verbacken gegessen. Plinius sagt von ihr: „Man gräbt sie vor der Ernte aus und trocknet sie zum Arzneigebrauch im Schatten."

Wegen ihren bunten Farben als Gartenzierpflanzen sehr beliebte Frühlingsblumen sind die in über 30 Spielarten gezogenen Crocusarten, die zumeist Abkömmlinge des auf Bergwiesen Südeuropas wildwachsenden Frühlingssafrans (*Crocus vernus*) sind. Schon bei Homer wird der Crocus erwähnt, indem es in der Ilias heißt: „Als Zeus sich auf dem Berge Ida lagerte, ließ die Erde unter ihm frisches Gras, betauten *lotós*-Klee, *krókos* und *hyákinthos* dicht und weich emporwachsen." Varro schreibt: „Im Herbste pflanzt man im Garten Lilien und Crocus", und Vergil in seiner Georgika: „Abends kehren die arbeitssamen Bienen zum Stocke zurück; ihre Beine sind belastet mit Pollen vom Thymian, auch suchen sie Nahrung am Erdbeerbaum (*arbutus*) an den grauen Weiden (*salix*), an *casia* (wahrscheinlich einer Daphne-[Seidelbast-]Art), rötlichem Crocus, fetten Linden (*tilia*), rostbraunen Hyazinthen." Columella schreibt in seinem Buche über Landbau: „In den Gärten suchen die Bienen Nahrung an weißen Lilien, auch pflanzt man für sie Zwiebelknollen von korykischem und sizilischem Crocus (Safran)." Auf der Balkanhalbinsel, wo meist *Crocus sativus*, der Safran, zur Gewinnung der Blütennarben kultiviert wird, werden seine Knollen roh und geröstet gegessen, wie in den Steppen Westasiens diejenigen der dort wildwachsenden weißen Lilie. Solche eßbare Zwiebeln haben auch *Ixia bulbifera* und *I. crocata*, schönblühende Verwandte des Crocus, von denen bei uns über 20 Arten, meist vom Kap der Guten Hoffnung, in den mannigfachsten Farben kultiviert werden, dann der bermudische Schweinsrüssel (*Sisyrinchium bermudianum*), eine beliebte Gartenpflanze von den Bermudasinseln mit violettblauen, im Schlunde gelben Blüten und *Haemodorum panniculatum* Australiens, dessen blutrote, scharfe Zwiebeln von den Eingeborenen geröstet gerne verspeist werden. Endlich ist noch als letzte der Amaryllideen die rote Tigerlilie Mexikos zu nennen, die nach dem gelehrten Jesuiten Giov. Battista Ferrari (1584–1653), der auch mehreres über Botanik schrieb, *Ferraria tigrina* genannt wurde. Wegen ihrer prachtvollen, innen scharlachroten, schwarzrot getigerten oder marmorierten Blüten wird sie nicht selten in Gewächshäusern gezogen.

Unter den Liliazeen sind noch die in 16 Arten im Kapland, in Ostafrika und in Madagaskar heimischen Tritomaarten zu nennen, von denen mehrere wegen ihren schönen Blütenähren bei uns als Zierpflanzen kultiviert werden, zum Teil auch im freien Lande aushalten. Besonders die über 1 m hohe *Tritoma uvaria* mit 30 cm langer Ähre scharlachroter, zuletzt gelber Blüten wird in vielen Varietäten kultiviert. Ebenso schöne Gartenzierpflanzen haben die Tradescantien geliefert. Es sind dies auf Amerika beschränkte krautartige Pflanzen mit oft rispig zusammengestellten Blüten in kurzen Trugdolden, von denen besonders häufig die *Tradescantia virginica* aus den südlichen Vereinigten Staaten und aus Mexiko mit violettblauen Blüten, weil winterhart, in unseren Gärten angetroffen wird. Viel empfindlicher ist *Tr. discolor* aus Brasilien mit weißen Blüten, die als Topfpflanze im Zimmer gezogen wird. Als Ampelpflanzen dienen dagegen *T. guianensis* mit langen, hängenden Zweigen und selten erscheinenden weißen Blüten und die ihr ähnliche, nur etwas empfindlichere *T. zebrina* mit braunen, silberigweiß gestreiften Blättern.

Ebenfalls aus dem tropischen und subtropischen Amerika kamen die verschiedenen Cannaarten als beliebte Blattdekorationspflanzen, die in Töpfen im Kalthause überwintern und im Frühjahr zu Gruppen ins freie Land gesetzt werden, zu uns. Die älteste, schon im Jahre 1570 in Europa eingeführte und am meisten gepflanzte Art ist die 1,5–2,5 m hohe *Canna indica* mit roten Blüten, deren erbsengroße, schwarze, harte Samen zu Rosenkränzen und Halsbändern benutzt werden. Zu ihr kamen erst im 19. Jahrhundert auch gelbe und buntgefärbte Arten, von denen der Blumenzüchter Crozy in Lyon (Depart. Hyères) die wichtigsten seit dem Jahre 1875 einführte. Diese wurden untereinander gekreuzt, so daß eine Menge von Spielarten vorhanden sind. Die Wurzelstöcke müssen frostfrei überwintert werden. Im Garten gedeihen sie besonders in sehr nahrhafter, lockerer Erde auf einer meterhohen Unterlage von Pferdemist bei reichlicher Bewässerung. Aus dem Wurzelstock der westindischen, in Peru Adeira genannten *Canna edulis*, die im nördlichen Südamerika, besonders Brasilien, aber auch sonst in den Tropen kultiviert wird, bereitet man das westindische Arrowroot. Auch von anderen Arten wird der Wurzelstock als Gemüse gegessen. Mit den verschiedenen Cannaarten wird meist die Rizinusstaude und werden einige kleine Bananen, wie die seit 1829 aus Südchina in unsere Gewächshäuser eingeführte *Musa cavendishi* (so genannt nach dem Londoner Chemiker Henry Cavendish, 1731 bis 1810, der 1777 das Wasserstoffgas entdeckte) in Gruppen angepflanzt. Nur wenig über 1 m hoch wird die von Südafrika in unsere Warmhäuser eingeführte *Strelitzia reginae* mit eigentümlich vogelartigen, blaugelben Blüten.

Dann werden von den drei am Kap der Guten Hoffnung heimischen Arten der Amaryllideengattung *Clivia*, Zwiebelgewächsen mit langen, rinnenförmigen Blättern und glocken- oder röhrenförmigen Blüten, in Dolden auf starken Schäften, *Clivia miniata* mit mennigroten Blüten und *C. nobilis* mit scharlachroten Blüten, beide in mehreren Varietäten im Gewächshaus wie im Zimmer kultiviert.

Als weitaus aristokratischste Mitglieder sind endlich unter den Monokotylen die Orchideen zu nennen, die in bezug auf Mannigfaltigkeit und absonderliche Gestaltung und Färbung der Blüten im Pflanzenreich ganz einzigartig dastehen. Sie erhielten ihren Namen vom griechischen *órchis*, was Hoden bedeutet, weil die damit zunächst bezeichneten Erdorchideen der Gattung *Orchis* an dieses Organ erinnernde doppelte Wurzelknollen besitzen, von denen die eine jeweilen für das nächstfolgende Jahr angelegt wird. Schon im Altertum wurden diese Knollen vom Menschen gesammelt und gegessen. Wegen ihrer hodenartigen Gestalt glaubte man, daß ihr Genuß die sexuelle Potenz beeinflusse. So schreibt schon Theophrast im 4. vorchristlichen Jahrhundert: „Die *órchis* hat zwei Wurzelknollen, einen großen und einen kleinen; der große soll sexuell kräftig machen, wenn man ihn in Milch von einer auf den Bergen weidenden Ziege kocht, der kleine soll aber die Kraft mindern." Dioskurides im 1. Jahrhundert n. Chr. schreibt: „Die *órchis* hat ihre Blätter an der Erde um den Stengel; dieser wird eine Spanne hoch und trägt purpurrote Blüten. Die Wurzel ist knollig, länglich, doppelt, olivenförmig; die eine steht höher, die andere tiefer. Diese ist voll, jene weich und runzlig. Sie werden zum Verspeisen gekocht. Die Pflanze wächst in steinigem und sandigem Boden." Noch heute werden die Knollen von verschiedenen Orchisarten gesammelt und getrocknet, um als Salep oder Geilwurz in den Handel zu kommen. Das Wort Salep ist aus der arabischen Bezeichnung für diese Doppelknollen *chusjata sslalab*, d. h. Fuchshoden verstümmelt. Bei allen polygamen Orientalen steht diese Speise als angeblich die sexuellen Funktionen beförderndes Mittel in hohem Ansehen und wird von vielen derselben mit Honig gekocht regelmäßig zum Frühstück gegessen.

Von Erdorchideen finden wir am häufigsten verschiedene der in schattigen Bergwäldern Asiens, Europas und Nordamerikas auf kalkreichem Humusboden wachsenden Frauenschuharten in Gärten angepflanzt. So zumeist den europäischen Frauenschuh (*Cypripedium calceolus*), der bis nach Ostsibirien vorkommt und in Deutschland besonders in Buchenwäldern auf Kalkboden vorkommt. Von anderen, noch prächtigeren Arten, die als dankbar blühende und leicht zu erhaltende Zierpflanzen im Zimmer kultiviert werden, sind zu nennen *Cypripedium venustum* aus Neapel mit hellgefleckten Blättern, schönen rötlichgrünen, purpurrötlichen und blaßbraun gezeichneten Blüten und *C. barbatum* in Südindien und auf Java mit schwärzlichgrün, netzartig gezeichneten Blättern und schönen, violett und weißgefärbten Blüten.

Gleich den Erdorchideen legen auch die als Überpflanzen (Epiphyten) auf Bäumen der dichten, feuchten Wälder der Tropen lebenden Baumorchideen, die ihre Nahrung und die zum Wachstum nötige Feuchtigkeit vermittelst mehr oder weniger langer, weißer Luftwurzeln aus der umgebenden Luft schöpfen, solche Reservestoffbehälter an. Wie sie durch ihren buntfarbigen Blütenschmuck in Gesellschaft mit den leuchtenden Blüten der Schlingpflanzen dem Urwald der heißen Landstriche ihren besonderen Reiz verleihen, haben sie sich durch ihre aparte Schönheit die Liebe vieler vornehmer Blumenfreunde erworben und sind besonders beim Geburts- und Geldadel Englands zu eigentlichen Modepflanzen geworden, für deren Kultur besondere Gewächshäuser erstellt werden. Auch werden einzelne seltene Arten um ein Vielfaches ihres Gewichtes mit Gold aufgewogen. Um diese verführerische Blumenkönigin der von Malaria durchseuchten, von reißenden Tieren und feindlich gesinnten Menschen bevölkerten Baumwildnis der Tropen zu erlangen, sind schon unzählige, von den großen Orchideenimporteuren ausgesandte Europäer in den Tod gegangen. Das gefährliche Geschäft des Orchideensammelns im Urwald hat für die kühnen

Menschen, die sich damit abgeben, einen besonderen Reiz, sonst würden sie nicht ihr Leben wagen; außerdem ist es eine sehr lohnende Arbeit und ein höchst einträgliches Geschäft. Da ein solcher Mann seinen Auftraggeber nahezu 60000 Mark jährlich kostet, und damit dessen Arbeit noch nicht einmal bezahlt ist, kann es uns nicht wundern, daß es nur wenige Orchideenimporteure gibt. Die vier bedeutendsten derselben leben in St. Albans in England, in New Jersey in den Vereinigten Staaten, in Paris und in Berlin. Die englische Firma besitzt ungefähr 15 Sammler in den dafür einträglichsten Gebieten, nämlich in Mexiko, Venezuela, Guatemala, Honduras, Nicaragua, Columbia, Brasilien, Bolivia, Peru, Neuguinea, Holländisch-Indien, besonders Java und Sumatra, dann Borneo, Birma, Assam und in den Gegenden am Fuße des Himalaja.

Wenn auch die Orchideen über die ganze Erde verbreitet sind, so nimmt ihre Zahl nach dem Äquator hin bedeutend zu, und der heißen Zone gehören alle Baumorchideen mit den mannigfaltigsten, größten und schönsten Blüten an. Bis in die Neuzeit kannten die Europäer nur die Erdorchideen mit weniger auffallenden Blüten. Schon die Väter der Botanik beschäftigten sich eingehend mit ihnen, und manche Tierähnlichkeit der schon unter ihnen auftretenden bizarren Blüten verführte zu dem wunderlichsten Aberglauben. Mit der Entdeckung Indiens und der Neuen Welt traten erst die tropischen Orchideen in den Gesichtskreis der diese Länder zu Handelszwecken aufsuchenden Europäer. Da diese Pflanzen keinen praktischen Nutzen gewährten, nahmen die Krieger und Kaufleute, die die Tropenländer zuerst betraten, keinerlei Notiz von ihnen. Als erster erwähnte der große französische Arzt und Botaniker Clusius (Charles de l'Ecluse, 1526 in Arras in Nordfrankreich geboren und 1609 als Botanikprofessor in Leiden in den Niederlanden gestorben) die Frucht der Vanille, als dem einzigen dem Menschen Nutzen gewährenden Produkt der Orchideen im Jahre 1605. Erst am Ausgange des 17. Jahrhunderts kamen Beschreibungen und Abbildungen tropischer Baumorchideen nach Europa. Karl von Linné, der Begründer der modernen Botanik (1707–1778), kannte 1764 nur insgesamt 102, meist der gemäßigten Zone angehörende Orchideenarten und nur 30 Baumorchideen. Der Berliner Botaniker Karl Ludwig Willdenow (1765–1812), der bedeutendste Systematiker seiner Zeit, beschrieb 1805 391 Arten mit 140 Epiphyten. In seinem 1830–1840 erschienenen Hauptwerk beschrieb der Engländer Lindley bereits gegen 2000 Arten, unter denen sich fast 1000 Baumorchideen befanden, und 1880 schätzte de Puydt die Zahl aller bekannten Orchideen auf 6000! So sehr hat sich unser Gesichtskreis in diesem Gebiet erweitert. Dennoch kennen wir noch lange nicht alle überhaupt auf der Welt existierenden Orchideenarten, von denen sich viele ganz hoch im Astwerk der Tropenbäume verstecken, so daß man sie erst erlangt, wenn man aufs Geratewohl Bäume fällt und sie von den höchsten Ästen jener ablöst.

Tafel 145.

Gruppe verschiedener Orchideen, zusammengestellt von der Orchideengärtnerei von Otto Beyrodt in Marienfelde b. Berlin.

Tafel 146.

Blumenstand am Viktualienmarkt in München.

Was die Kultur der tropischen Orchideen betrifft, so gelang es erst am Ausgange des 18. Jahrhunderts einige Epidendronarten in einem europäischen Treibhause zu ziehen. Im Jahre 1813 kultivierte man in dem weltberühmten botanischen Garten von Kew bei London nicht mehr als 40 Orchideenarten. In den 1830er Jahren befanden sich Orchideen in Privatgärten Hamburgs und Dresdens, und 1851 kultivierte man im Garten des Grafen Thun schon gegen 500 tropische Arten derselben. Bald wurden an den verschiedensten Orten eigene Orchideenhäuser gebaut, und vor etwa 40 Jahren begann das Populärwerden dieser Zucht bei den Vornehmen besonders Englands. Gegenwärtig schätzt man die Zahl der kultivierten Orchideenarten auf etwa 2000. Dabei hat die Liebhaberei für diese eigenartig zierlichen Blütenpflanzen eine erstaunliche Höhe erreicht und werden einzelne derselben mit Zehntausenden von Mark bezahlt.

Unglaublich mannigfaltig ist wie die ganze Form, so auch die Gestalt und Farbe der verschiedenen Orchideenblüten. Manche der letzteren sehen aus wie gewisse Insekten, Kraken, Vögel, besonders Pinguine, dann kleine Gnomen usw.

In Mittelamerika wächst die San Espiridoorchidee, die ihren Namen und eine sich daran anschließende fast abgöttische Verehrung bei den bigotten Spaniern in ihrer Heimat davon erhielt, daß ihre zierliche Blüte an eine herabschwebende weiße Taube erinnert, in Gestalt welcher der heilige Geist sich auf Christus bei seiner Taufe im Jordan herabgesenkt haben soll. Von den winzigsten, zu lang herabhängenden Trauben vereinigten Blüten gibt es alle Übergänge zu solchen, die so groß sind wie zwei zusammengelegte Männerhände, von weißen, einfachen bis zu den in den leuchtendsten, buntesten Farben gefärbten, von duftlosen bis zu solchen, die weithin einen fast betäubenden Wohlgeruch aushauchen. Dabei sind die Orchideenblüten noch mehr als diejenigen der anderen Blütenpflanzen dem Besuche ganz spezieller Insekten angepaßt; und daß solche Besucher sie an ihren oft sehr versteckten Standorten finden und die Befruchtung der Blüten vornehmen können, sind sie mit einer im übrigen Pflanzenreich meist beispiellosen Dauerhaftigkeit der vielfach sehr dicken, mit wachsglänzender Oberfläche versehenen Blüten begabt, so daß sie unter Umständen viele Wochen warten können, bis endlich das zur Vornahme der Befruchtung erwartete Insekt erscheint und dieselbe vornimmt. Gerade diese Dauerhaftigkeit ihrer wunderbaren Blüten macht sie zu besonderen Lieblingen aller Blumenfreunde, die sich den Luxus einer solchen Kultur leisten können.

Der hohe Preis der für viele dieser Orchideen bezahlt wird, findet sehr leicht seine Erklärung in der oft äußerst schwierigen und mit Lebensgefahr verbundenen Beschaffung derselben; denn kaum eine andere Beschäftigung bringt so viel Mühen und Abenteuer mit sich als diejenige eines Orchideensammlers. Nur gesunde, intelligente, kühne und dabei im Verkehr mit den Eingeborenen höchst diplomatisch handelnde, sprach- und lebensgewandte Männer eignen sich zu diesem schweren, aber schönen und gutbezahlten Beruf. Die besten unter ihnen sind die Deutschen, die alle nach einem gewissen, bewährten System arbeiten und an Ort und Stelle zahlreiche Eingeborene in ihren Dienst nehmen, ohne die sie nur wenig ausrichten würden. Es ist eine überaus schwierige Sache, den Standort seltener Orchideen, die sich so hoch in den Wipfeln angesiedelt haben, daß man sie vom Boden aus überhaupt nicht zu sehen vermag, auszukundschaften. Und ist dies endlich gelungen, so beginnt erst die Mühe des Sammlers; denn, um sie zu erlangen, muß er oft mächtige Urwaldstämme mit der Axt umhauen lassen, bis er endlich zum heißerstrebten Ziele gelangt.

So wurde festgestellt, daß für drei Exemplare des schönen, durchaus nicht seltenen *Odontoglossum* mindestens ein solcher Baum mühsam gefällt werden muß. Wieviel Urwaldriesen haben schon ihr Leben lassen müssen, um die zahlreichen Orchideensorten von oft sehr beschränkter Verbreitung in unsere Orchideenhäuser zu liefern! Und sind endlich die Orchideen glücklich erlangt, so heißt es, sie durch kunstgerechtes, vorsichtiges Trocknen überhaupt versandfähig machen. Diese Prozedur nimmt oft viele Wochen in Anspruch. Wenn dadurch alle austreibbare Feuchtigkeit aus ihnen entwichen ist, werden sie in luftdurchlässige Behälter gepackt und müssen auf den Köpfen von Menschen oft viele Tagereisen weit über reißende Ströme und bodenlose Sümpfe, durch gefährliche Dschungeln und schwer passierbare Gebirge mühsam transportiert werden, bis sie auf die Eisenbahn gebracht und dann in Schiffe verladen werden, und so die Reise nach ihrem Bestimmungsorte antreten können. Wie vor Feuchtigkeit müssen sie gleicherweise auch vor zu großer Hitze und vor Licht geschützt werden. Und hat man auch alle diese Bedingungen sorgsam erfüllt, so ist es gleichwohl möglich, daß schließlich die meisten oder gar alle Exemplare unterwegs Schaden gelitten haben und zugrunde gegangen sind, so daß alle Arbeit und alle Auslagen umsonst waren. Für solche Verluste kann der Sammler natürlich nicht verantwortlich gemacht werden; sie gehören eben zum selbstverständlichen Geschäftsrisiko, der oft viele Tausende von Mark beträgt und deshalb diese wunderbaren Erzeugnisse der Tropen so teuer macht.

Wie manche durch ihre Größe ausgezeichnete Diamanten, haben gewisse Orchideen ihre eigene, vielfach höchst interessante Geschichte aufzuweisen, die über ganze Menschenschicksale entschied und nicht selten den Kühnen, die sie für die Bewunderung der Kultureuropäer zu erobern suchten, den Tod brachte. Manche derselben sind an ganz bestimmte Standorte und Höhenlagen, andere wieder an kleinere Bezirke des Vorkommens gebunden, sterben leicht vollständig aus und verschwinden vom Schauplatz, und an ihrer Stelle erscheinen dann plötzlich zum Erstaunen der Blumenfreunde neue, bis dahin gänzlich unbekannte Orchideenarten.

Ein Kenner, Oliver Bartlett, schreibt in bezug auf die Gewinnung solcher seltener Orchideenarten: „Vor einigen Jahren bot eine Firma in St. Albans ihrem Vertreter in Kalkutta die Summe von 1000 Pfund (also 20000 Mark) für die Beschaffung eines blühenden Exemplars von *Cypripedium fairrieanum*, von welchem ein Forscher eine einzelne Art zufällig entdeckt hatte. Diesen hatte ein wilder Volksstamm auf dem abgeschlossenen Gebiet von Bhutan ergriffen und gezwungen, an ihren Kämpfen teilzunehmen, bei denen er schließlich den Tod fand. Noch tragischer ist das Ende des berühmten französischen Orchideensammlers Leon Humblot. Er ging vor einigen Jahren mit seinem Bruder und sechs französischen Landsleuten nach Madagaskar. Sie alle waren engagiert, um Insekten aller Art, Schmetterlinge, Vögel und Orchideen zu sammeln. Humblot, der eine völlig unbekannte Gegend durchforschte, hatte das Unglück, eine Ladung Vogelschrot in ein Götzenbild der Eingeborenen zu schießen, worauf die erzürnten Priester des Stammes ihn mit Öl begossen, anzündeten und lebendig verbrannten."

Eine weniger tragische Geschichte weist die berühmte *Cattleya skinneri* auf, die eine hervorragend schöne, fleckenlose Blüte aufweist. Ihre Heimat ist Costarica, wo sie ursprünglich von Jesuitenpatres entdeckt wurde, die sie schleunigst auf die Dächer ihrer Kirchen verpflanzten; diese bedeckt sie nun zur Zeit der Blüte mit ihren reizenden, schneeigen Blüten.

Auch die *Cattleya labiata* hat ihre Geschichte. Sie war die erste ihrer Art, die, wie man vermutete, aus dem brasilianischen Organgebirge bei Rio de Janeiro stammend, in Europa eingeführt wurde. Plötzlich ging die Kenntnis ihres Standortes verloren, und da keine neuen Exemplare eingeführt werden konnten, wurde sie, selbst unter der geschicktesten Pflege, ganz außerordentlich selten. Verschiedene kostspielige Expeditionen wurden nach Brasilien und den angrenzenden Ländern gesandt, doch wurden nur andere wertvolle Cattleyas, nicht aber sie entdeckt. So fanden z. B. Arnold die *Cattleya gaskelliana* im schwer zugänglichen Carribogebirge und Seydl die herrliche *Cattleya laurentiana*. Jahre danach sandte der Forscher Bungeroth eine Pflanze in die Heimat, die er als eine neue Abart mit dem Namen *Cattleya warroqueana* bezeichnete, und die sich dann schließlich als die langgesuchte *Cattleya labiata* erwies.

Ein deutscher Orchideensammler, der dem Ufer des gewaltigen Flyflusses in Neuguinea entlang ging, stieß plötzlich auf eine papuanische Begräbnisstätte, auf welcher die gewaltige, hochrotblühende Orchidee mit dem Übernamen „Elefantenmotte" in üppiger Fülle zwischen Knochen und Schädeln wucherte. Als er sich daran machte, einige derselben auszugraben, widersetzten sich die ihn begleitenden Eingeborenen aufs energischste gegen solches nach ihrem Glauben frevelhaftes und gefährliches Vorhaben. Erst nach langen Unterhandlungen und durch Geschenke an Baumwollstoff, Kupferdraht und Perlen vermochte er die abergläubischen Eingeborenen dazu zu bringen, ihn ungestört gewähren zu lassen. Als diese Orchideen in London zur Versteigerung kamen, war ein Exemplar derselben am meisten begehrt, das mit seinen prächtigen Blüten aus der Augenhöhle eines menschlichen Schädels herauswuchs. Diese Orchidee wurde für 120 Pfund (= 2400 Mark) verkauft.

Den Wert neu eingetroffener Orchideen kann auch der beste Kenner nicht genau beurteilen. So durchstreifte eines Tages ein gewisser Herr Harvey, ein begüterter Advokat aus Liverpool, die Treibhäuser von Herrn Frederick Sander, als er plötzlich auf ein Exemplar der *Laelia anceps* stieß, welche das Merkzeichen auf der Knolle viel höher trug, als dies sonst üblich ist. Da Herr Harvey schon viel von den „Launen" der Orchideen gesehen und gehört hatte, kaufte er die Pflanze sofort für 48 Schilling (ebensoviel Mark), und in einer der späteren Saisons verkaufte er sie wiederum an Herrn Sander um den Preis von 200 Pfund Sterling (= 4000 Mark). Sie hatte Blüten getrieben, die einzig in ihrer Art waren.

Ein anderes Mal erhielt Herr Sander eine große Anzahl von *Cypripedium insigne* und bemerkte unter den Pflanzen eine, die statt der typischen braunen Blütenstengel solche von hellgelber Farbe aufwies. Er stellte die Pflanze besonders, und als sie zum Blühen kam, trieb sie Blumen von einem herrlichen Goldgelb — es war eine neue Spielart einer sehr kostbaren Sorte.

Wenn eine solche Abart einzig in ihrer Art und als das Produkt einer von der Natur selbst herbeigeführten Kreuzung dasteht, so wird sie niemals ergiebig sein; denn die Blüten können nicht, wie dies sonst üblich ist, mit dem Blütenstaub anderer Blüten befruchtet werden, und das einzige Mittel, sie zu vermehren, besteht darin, das Original zu teilen.

Für eine einzige Orchidee sind schon 2080 englische Pfund (gleich 41600 Mark) angeboten und abgelehnt worden, und 100 Pfund (gleich 2000 Mark) sind für einen mikroskopisch kleinen Fleck Blütenstaub zum Bastardieren bezahlt worden. In Privatgeschäften wurden von wohlhabenden Amateuren 1200 Pfund Sterling (24000 Mark) für ein Exemplar einer besonderen Gattung und 700 Pfund Sterling (14000 Mark) für ein Duplikat oder eine geteilte Pflanze bezahlt.

In den großen Treibhäusern bemüht man sich soviel wie möglich die Bedingungen zu erfüllen, die zum Gedeihen der einzelnen Spielarten unerläßlich sind. So muß man beispielsweise ein Gewächshaus, in welchem

Orchideen aus dem heißen Borneo kultiviert werden, fast noch einmal so warm halten als ein anderes, in welchem Orchideen aus den Hochtälern Mexikos und den luftigen Abhängen der Kordilleren Südamerikas untergebracht sind. In einem dritten Treibhaus muß die Luft mit Tabakrauch erfüllt sein. Ein großer europäischer Händler empfängt jährlich 2 Millionen Pflanzen; dabei ist man so unsicher in bezug auf ihr Fortkommen, daß sie auf der Versteigerung meist ohne Garantie verkauft werden. Selbstverständlich sind so kostbare Pflanzen auf die mannigfaltigste Weise miteinander gekreuzt worden und haben sehr wertvolle Blendlinge ergeben. Man hat schon Bastarde von ihnen erzielt, in welchen drei verschiedene Gattungen vertreten sind. Darin hat sich der bereits erwähnte deutsche Gärtner Friedrich Sander, der in St. Albans bei London und in Brügge in Belgien gärtnerische Riesenbetriebe besitzt und seiner reichen Orchideengeschäfte wegen in England allgemein als Orchideenkönig bekannt ist, hervorgetan. So hat er u. a. zwei durch seinen Sammler Godseff in Neuguinea und Neukaledonien gesammelte Acalyphaarten miteinander gekreuzt und damit wunderbar schöne Hybriden erzielt, deren erste schon im April 1898 auf der großen internationalen Gartenbauausstellung zu Gent in Belgien allgemeines Aufsehen erregte. Die Blüten haben bis 50 cm lange Schwänze, sind zuerst grünlichweiß und gehen dann in Rosa und Orangerot, bei manchen auch in Gelb über. Sie sind, wie übrigens viele andere Orchideen, besonders auch dadurch wertvoll, daß ihre Blütezeit sehr lange währt.

Von den Ranunkelgewächsen sind von den bei uns einheimischen nur wenige als Zierpflanzen in unsere Gärten aufgenommen worden. Unter ihnen ist die auf Wiesen auch in Deutschland wachsende Trollblume (*Trollius europaeus*) mit großen, geschlossenen, gelben Blüten zu nennen, die wie ihre nordasiatische Verwandte (*T. asiaticus*) und andere Arten als Zierpflanzen in Gärten kultiviert wird. Die weitaus schönste der altweltlichen Ranunkeln ist die in Südeuropa heimische Pfingstrose (*Paeonia officinalis*) mit unterirdischem, knollig verdicktem Wurzelstock, 30–60 cm hohem Stengel und 5 cm im Durchmesser haltenden karminroten Blüten. Sie wird in zahlreichen Varietäten von Purpur bis Weiß meist in gefüllten Formen in Gärten kultiviert. Wurzel und Samen wurden früher arzneilich benutzt. Die Blumenblätter verwendet man wegen ihrer Farbe zu Räucherungen. Im Altertum galt sie als Schutzmittel gegen die Neckereien der Faune, d. h. der als „Wohlwollenden" bezeichneten guten Geister der Fluren und Felder, die nach dem Volksglauben namentlich dem Vieh Fruchtbarkeit und Schutz gegen die Wölfe verliehen. Sie wurde von den alten Griechen *paiōnía* und von den Römern, die sie durch jene kennen lernten, *paeonia* genannt. Noch mehr als ihre wurden aber von ihnen die Wurzeln der in den Mittelmeerländern heimischen korallensamigen Pfingstrose (*Paeonia corallina*) arzneilich besonders gegen Gicht gebraucht, weshalb die rosenrot blühende Pflanze auch Gichtrose genannt wird. Bei deren Gewinnung mußten gewisse Riten geübt werden. Gegen die gebräuchlichste, das Ausgraben bei Nacht, wendet sich schon der pflanzenkundige Grieche Theophrast im 4. Jahrhundert v. Chr. indem er sagt: „Es wird aber wohl ohne Grund vorgeschrieben, man solle die Päonie (*paiōnía*), welche auch *glykysídē* heißt, bei Nacht ausgraben; denn wenn man bei Tage danach grübe und dabei von einem Specht gesehen würde, so erlitte man Unglück." Ihre roten Samen wurden als Amulett getragen und sollten, auf Fäden gereiht und um den Hals befestigt, Kindern das Zahnen erleichtern, weshalb sie beim Volke Zahnkorallen heißen. Neben der offizinellen Pfingstrose Südeuropas werden auch die schmalblättrige Pfingstrose (*Paeonia tenuifolia*) aus Südrußland mit tiefroten Blüten und die weißblühende Pfingstrose (*P. albiflora*) aus Südsibirien, dem Himalaja und Japan, wie auch die 1–2 m hohe baumartige Pfingstrose (*P. moutan* — letzteres ist ihr chinesischer Name) mit 5–10blätteriger Blumenkrone in zahlreichen, auch gefüllten Varietäten bei uns als Zierpflanzen kultiviert. Letztere, die in China und Japan hochgezüchtet wurde, eignet sich besonders zu Einzelpflanzungen in Rasen, verlangt aber Winterschutz. Ihre stechend aromatische Wurzelrinde wird in Japan arzneilich viel gebraucht.

Scharf giftig ist der blaue oder echte Eisenhut oder Sturmhut (*Aconitum napellus*), so genannt nach der helmartigen Form seiner hübschen Blüten. Anderswo heißt er Mönchskappe, in Norwegen Tor- oder Tyrhialm, d. h. Helm der Kriegsgötter Tor oder Tyr. *Akṓniton*, d. h. auf felsigem Boden (im Gebirge) wachsende Pflanze, nannten sie die Griechen, und nach den Metamorphosen des römischen Dichters Ovid (43 v. bis 7 n. Chr.) soll sie aus dem Geifer des Höllenhundes Cerberus entstanden sein, als dieser von Herkules aus der Unterwelt heraufgeschleppt wurde. Ihre giftige Wurzel wurde schon im Altertum zum Vertilgen von Raubtieren, denen sie im Köder gegeben wurde, benutzt, daneben auch als Arzneimittel gegen Gicht, Rheumatismus und Lungenkrankheiten gegeben. Als offizinelle Pflanze kam sie dann im Mittelalter in die Bauerngärten und hat sich hier das Bürgerrecht erworben. Ebenso verhält es sich mit dem Rittersporn, dessen südeuropäische, blau oder weißblühende Abart (*Delphinium staphisagria*), die *staphís agría* der Griechen, ebenfalls arzneiliche Verwendung fand. Ihre scharfschmeckenden, schwarzgelblichen Samen dienten gepulvert und mit Olivenöl vermischt, wie uns der griechische Arzt Dioskurides berichtet, zum Vertilgen von Läusen und Krätze. Deshalb wurden sie von den Römern *pedicularia* (von *pediculus* Laus) und bei uns Läuserittersporn genannt. Meist werden in unseren Gärten der in den Gebirgen Mitteleuropas wachsende hohe Rittersporn (*Delphinium intermedium*), dann der aus dem Orient stammende Gartenrittersporn (*D. ajacis*, nach dem homerischen Helden Ajax so genannt, weil die Pflanze aus dessen Blut hervorgewachsen sein soll, nachdem er sich aus Unmut, im Streite mit Odysseus besiegt worden zu sein, selbst den Tod gab) und der aus Nordamerika zu uns gebrachte dreifingerige Rittersporn (*D. exaltatum*) kultiviert.

Beliebte Gartenzierpflanzen sind auch die einheimische gemeine Akelei mit blauen und die kanadische Akelei mit scharlachroten Blüten (*Aquilegia vulgaris* und *canadensis*). Letztere stammt aus den östlichen Vereinigten Staaten und Kanada. Beide werden auch in gefüllten Spielarten gezogen. Ihrem Safte wohnen betäubende Eigenschaften inne; doch werden sie nicht medizinisch verwendet. Dies ist jedoch beim Schwarzkümmel (*Nigella sativa*) der Fall, der aus Südeuropa als Heilpflanze zu uns kam und nach den Verordnungen Karls des Großen in den Gärten seiner Meierhöfe angebaut werden sollte. Wie damals wurden schon im Altertum seine wohlschmeckenden Samen ins Brot geknetet. Die Pflanze hieß bei den Griechen *melánthion* und bei den Römern *git* und wurde gegen mancherlei Übel gebraucht. Gleicherweise stammt aus den Mittelmeerländern die ihr nahe verwandte Jungfer im Grünen oder Gretel im Busch (*Nigella damascena*), die häufig in Bauerngärten gefunden wird, wie auch die verschiedenen Adonisröschen (*Adonis flammea* u. a.). Oft auch finden sich in Stadtgärten zur Einfassung der Blumenbeete oder an Felspartien die blauen, selten roten oder weißen Leberblümchen (*Hepatica triloba*), die den Vorzug haben, zu unsern ersten Frühlingsboten zu gehören. Wegen ihrer leberförmigen Blätter wurde die Pflanze früher als Heilmittel gegen Leberleiden verwendet.

Von den eigentlichen Anemonen ist vor allem die Gartenanemone (*Anemone coronaria*) zu nennen, die in Südeuropa und im Orient heimisch ist und große, dunkelrote oder weiße Blüten besitzt. Schon der griechische Arzt Dioskurides unterschied die wilde *anemṓnē* von der zahmen, in Gärten gepflanzten und sagt, letztere habe scharlachrote Blüten, während die wilde weiße oder purpurrote Blüten besitze. „Beide dienen als Arznei." Dem fügt sein Zeitgenosse Plinius bei, daß die Anemonen (*anemone*) außerdem zu Kränzen dienen, wie auch die Adonisröschen (*adonion*, von *Adonis autumnalis*). In der Gegenwart werden die Gartenanemonen in zahlreichen Varietäten mit großen dunkelroten, blauen oder weißen Blüten, namentlich in Holland als Zierpflanzen kultiviert. Ihr Wurzelstock wird nach dem Verblühen aus der Erde genommen und bis zum Frühjahr trocken aufbewahrt. Ebenfalls als Zierpflanzen geschätzt sind: die Sternanemone (*Anemone hortensis*) aus Istrien und Italien, die *Anemone fulgens* mit scharlachroten Blüten aus dem Mittelmeergebiet, die Pfauenanemone aus Südfrankreich mit großen, aus 10–12 lanzettförmigen, spitzen, schmalen, feurig karminroten Blumenblättern bestehenden Blüten, dann von ausländischen die japanische Anemone mit rosa und weißen Blüten, deren bekanntester Abkömmling die prächtige Honorine Joubert ist, und besonders die großblütigen, in satten Farben von Rot bis Violett und Weiß prangenden Himalajaanemonen, die die Zierde unserer Gärten bilden und leicht zu ziehen sind.

An die Ranunkeln schließen sich die Mohnblütigen an, unter denen neben Klatschrose und Schlafmohn in den mannigfaltigsten Farben und mit gefüllten Blüten besonders der morgenländische Mohn (*Papaver orientale*) als Zierpflanze unserer Gärten kultiviert wird. Letzterer trägt auf dem bis 1 m hohen, borstigen Stengel nur eine bis 13 cm im Durchmesser haltende scharlachrote, oft im Grunde mit schwarzblauem Kreuze bezeichnete Blüte. Bescheidener als sie sind die ebenfalls als Zierpflanzen kultivierten Nachtviolen, die eigentliche Nachtviole (*Hesperis tristis*) mit schmutziggelben, purpurrot geaderten Blüten, die abends herrlich duften — sie wird in Südeuropa wegen der als treffliches Viehfutter dienenden Blätter und ölreichen Samen angebaut — und die Gartennachtviole oder Matronale (*H. matronalis*) — von den Gärtnern auch *Viola matronalis*, d. h. Frauenveilchen, genannt —, deren rote, lila oder weiße, wohlriechende Blüten häufig gefüllt sind. Vielfach ist sie aus den Gärten entwichen und verwildert.

Diesen nahe verwandt sind die Levkojen, die ihren Namen vom griechischen *leukóion*, d. h. Weißveilchen (*leukós* weiß und *íon* Veilchen), ableiten. Unter dieser Bezeichnung verstanden die alten Griechen die an den Mittelmeerküsten wild wachsende Winterlevkoje (*Matthiola* — nach dem 1500 in Siena geborenen und 1577 in Trient gestorbenen kaiserlichen Leibarzt in Wien Peter Andreas Matthiolus so genannt — *incana*, d. h. die weißlichgraue), die wegen ihrer wohlriechenden Blüten geschätzt wurde. Theophrast im 4. Jahrhundert v. Chr. sagt von ihr: „Die Leukoje (*leukóion*) erscheint von den schöneren Blumen zuerst, und zwar schon im Winter, wenn die Luft mild ist. Sie dauert gewöhnlich drei Jahre, wird im Alter kleiner und bringt dann weißere Blumen hervor." Vergil (70–19 v. Chr.) bezeichnet sie in einer seiner Eclogen als *paliens viola*, d. h. bleiche Viole, und Dioskurides im 1. Jahrhundert n. Chr. sagt von ihr: „Die Levkoje ist allgemein bekannt, sie hat verschieden gefärbte, weiße, gelbe, blaue und purpurrote Blüten. Die gelbblütige ist als Arznei im Gebrauch." Ebenso mannigfaltig gefärbt sind die Blüten der etwas größeren, gleichfalls in Südeuropa heimischen Sommerlevkoje (*Matthiola annua*), die einjährig ist und wegen ihrer schönen, wohlriechenden Blüten eine der beliebtesten Topfpflanzen bildet. Außer Sommer- und Winterlevkojen in mehreren Klassen unterscheidet man auch mehrjährige Levkojen, von denen manche Sorten mehr als zwei Jahre dauern und strauchartig werden, dabei jedoch an Schönheit verlieren. Man zieht sie deshalb jedes Jahr neu heran und behandelt sie wie zweijährige. Die Levkojenkultur ist ein wichtiger Zweig der Handelsgärtnerei und wird besonders in Erfurt stark betrieben.

Die gelbe Viole (*viola*) der Alten, von der die antiken Dichter, so besonders Ovid und Vergil, häufig sprechen, die in besonderen Feldern (*violaria*) kultiviert wurde und zu Kränzen gewunden auf den Markt kam, ist unser Goldlack (*Cheiranthus cheiri* — letzteres Wort, das auch in der ersten Hälfte des Gattungsnamens enthalten ist, ist die arabische Bezeichnung der Pflanze, die „Kraut mit wohlriechenden Blüten“ bedeutet). Die Stammpflanze findet man an steinigen Stellen der Küsten Griechenlands häufig wild. Sie wurde wegen ihrer wohlriechenden Blüten sehr frühe in die Gärten herübergenommen und bildet bis auf den heutigen Tag eine beim gemeinen Volke sehr beliebte Zierpflanze. Ursprünglich nur mit braunen und violetten Blüten begabt, hat man aus ihr sehr verschieden gefärbte Varietäten, auch mit gefüllten Blüten, erzielt. Mit den Levkojen wurde sie auf eine sehr hohe Stufe blumistischer Vollkommenheit gebracht und nimmt unter allen Sommerblumen eine sehr wichtige Stellung ein. Auch sie wird besonders in Erfurt angepflanzt.

Zum Unterschied vom weißen Veilchen, der Levkoje, nannten die alten Griechen das wohlriechende Veilchen (*Viola odorata*) schwarzes Veilchen (*mélan íon*). In den Geoponika sagt ein griechischer Autor: „Das Veilchen (*íon*) hat seinen Namen Ion daher bekommen, daß die Erde es zu Ehren der von Zeus geliebten Jungfrau Io erschuf.“ Bei den Hellenen war es das Symbol der jährlich wieder auflebenden Erde und der jungen Freundschaft. Nach der Sage wurde die Tochter des Atlas, als sie sich vor Apollon verbarg, in ein Veilchen verwandelt. Mit Veilchen und Rosmarin wurden im Mai die Bildnisse der Hausgötter geschmückt und verzierten die Bacchantinnen ihre Thyrsosstäbe. Unter allen Griechen hatten die Athener eine besondere Vorliebe für diese Blume. Mit Veilchen bekränzten sie sich und mit Veilchenwasser parfümierten sie sich; deshalb hieß die Stadt bei den Alten „das veilchenduftende Athen“. Um dem großen Bedarf zu genügen, wurden Veilchen in der Umgebung Athens im großen kultiviert. Theophrast (im 4. Jahrhundert v. Chr.) sagt: „Das Veilchen blüht, wenn es gut gepflegt wird, das ganze Jahr hindurch.“ Der Komödiendichter Aristophanes (455–387 v. Chr.) sagt an einer Stelle seiner Acharner: „Früher nannte man die Athener veilchenbekränzt (*iostéphanos*).“ Außer Varro (116–27 v. Chr.) spricht Vergil (70–19 v. Chr.) von Veilchenbeeten (*violarium*), und letzterer sagt, sie müssen naß gehalten werden. Columella im 1. Jahrhundert n. Chr. schreibt: „Veilchen (*viola*) werden auf gut gedüngtem und gegrabenem Boden gezogen. Man setzt Pflanzen vom vorigen Jahre in fußweite Gruben vor Anfang März. Übrigens sät man den Veilchensamen entweder im Frühjahr oder im Herbst.“ Sein Zeitgenosse Plinius sagt in seiner Naturgeschichte: „Das purpurne Veilchen (*viola purpurea*) wächst an sonnigen und magern Stellen wild, wird aber auch in Gärten aus Pflanzen gezogen. Man setzt Veilchenkränze gegen Rausch und Schwere des Kopfes auf.“ Wie in den reichen Griechenstädten, wurde auch im Rom der Cäsaren gelegentlich ein großer Luxus wie mit anderen, so auch mit diesen Blumen getrieben. So berichtet Älius Lampridius in seiner Biographie des Heliogabalus (geb. 201, regierte 218–222): „Kaiser Heliogabalus ließ manchmal zum Spaß über Gäste, die bei ihm schmausten, Veilchen (*viola*) und andere Blumen in solcher

Menge schütten, daß mehrere sich aus der Masse nicht herausarbeiten konnten und erstickten."

Im Mittelalter wurde das bescheidene Veilchen zwar gelegentlich von Dichtern erwähnt, doch spielte es als Gartenpflanze eine sehr unbedeutende Rolle. In der Neuzeit hat besonders Napoleons I. erste Gattin Josephine es als ihre Lieblingsblume und ihren bevorzugten Schmuck zu Ehren gezogen. Bei ihrer Hochzeit im Jahre 1796 mit dem genialen, um 6 Jahre jüngeren Korsen, genügte ihr ein Veilchenstrauß, und mit Veilchen war ihr Hochzeitsrock bestickt. Zu jeder Wiederkehr dieses glücklichen Tages wünschte sie sich Veilchen als Festgeschenk aus ihres Mannes Hand, und selbst im Donner der Schlachten vergaß dieser nicht, für die Erfüllung dieses Wunsches zu sorgen, auch dann, als er die Kaiserkrone trug. Als jedoch 1809 das bittere Wort der Scheidung ausgesprochen war und die zu solch unerhörtem Glanze emporgestiegene Tochter des einstigen Kapitäns von Martinique aus Staatsraison der österreichischen Prinzessin Marie Luise weichen mußte, blieben die Veilchen von Bonapartes Hand aus. Und als die gedemütigte Frau am 29. Mai 1814 in Malmaison starb, lag auf ihrem Sarge im Gartensaal unter Rosen und Zypressen ein frischer Veilchenstrauß auf weißseidenem Kissen. 60 Jahre später schmückte Josephinens Lieblingsblume, die inzwischen zum Sinnbild der Napoleoniden geworden war, in unzähligen prachtvollen Sträußen und Kränzen ein anderes Totenlager in Cambdenhouse zu Chiselhurst als letztes Lebewohl, das dem dritten Napoleon von seinen Anhängern aus Frankreich nachgerufen wurde. Das Veilchen war auch ein Liebling Goethes, der sich im Frühjahr auf seinen Spaziergängen in Weimars Umgebung gern mit ihm schmückte. Stets trug der Dichterfürst Veilchensamen bei sich, um ihn zu Seiten des Wegs auszustreuen; und die Erde erwies sich dankbar für die Gabe des Poeten und ließ den bescheidenen Frühlingsboten überall, wo er gestreut ward, aufsprießen, damit sich die Vorübergehenden an ihm erfreuen konnten. Zu der einfachen Sorte gewann man im Laufe des 19. Jahrhunderts auch gefüllte und immerblühende Arten, ebenso solche mit roten und weißen Blüten. Auch praktischen Zwecken wurden sie dienstbar gemacht. Man benutzt sie zur Bereitung von Veilchensirup, Creme, Gelee, Gefrorenem, feinem Backwerk, auch werden sie überzuckert gegessen und in der Parfümerie verwendet. Doch wird das meiste Veilchenparfüm nicht aus ihnen, sondern aus der Veilchenwurzel — der früher besprochenen Schwertlilie — gewonnen.

Aus dem zwei- bis dreifarbigen Ackerveilchen (*Viola bicolor* und *tricolor*), das auf Äckern und Brachen gemein ist, hat die Kunst zuerst der englischen Gärtner die äußerst mannigfaltig gefärbten, großblütigen, fast das ganze Jahr hindurch blühenden Stiefmütterchen oder *Pensées* gezogen, die mit ihren zahllosen Spielarten einen nicht unbedeutenden Handelsartikel der

Kunstgärtner bilden. Das dreifarbige wilde Stiefmütterchen (*Viola tricolor*) mit mannigfach variierenden Blüten, bei denen alle oder nur die oberen Blumenblätter violett oder blaßblau und die übrigen oder alle gelb sind, findet sich in ganz Europa, Nordafrika, Kleinasien, Sibirien und Nordamerika. Seine Kultur als Gartenzierpflanze kam erst im 19. Jahrhundert in England auf. Man kultiviert jetzt sehr großblütige Varietäten, auch Bastarde mit *Viola altaica*, *Viola lutea*, dem gelben Veilchen, das auf Galmeiboden variiert, und *Viola cornuta* als beliebte Gartenstiefmütterchen und unterscheidet grundfarbige, gestreifte, weißrandige, goldrandige, fünffleckige (Odier), Cassier-, Riesen- oder Trimardeau-*Pensées*. Diese Samtveilchen spielen in England und Frankreich dieselbe Rolle wie das Vergißmeinnicht in Deutschland und dienen besonders zum Schmucke der Gräber. Alle diese hochkultivierten, großblütigen Formen hat natürlich weder das Altertum, noch das Mittelalter gekannt; es sind ganz moderne Neuschöpfungen der Gärtnerkunst, die uns beweisen, wie Großes durch Zuchtwahl und Kreuzung geleistet werden kann. Die im Umriß dreieckige Blume der Stammpflanze mit leuchtend gelbem, von schwarzen Strahlen durchzogenem Saftmal galt im Mittelalter als Symbol der Dreieinigkeit. Seit dem 16. Jahrhundert wird das Kraut des wilden Stiefmütterchens bei Hautausschlägen verwendet, sei es zu Umschlägen, sei es innerlich als Tee. Da es nachgewiesenermaßen Salizylsäure enthält, ist dies durchaus zweckmäßig und recht wirksam.

Eine neuerdings in Mode gekommene Warmhaus- und Zimmerpflanze, die wie die Gloxinien kultiviert wird und sich leicht durch Blattstecklinge fortpflanzen läßt, ist das zu den Gesnerazeen gehörende Usambaraveilchen (*Saintpaulia ionantha*), eine in Felsspalten der Usambaraberge in Deutsch-Ostafrika wachsende, ausdauernde, niedrige Pflanze mit dicken, fleischigen Blättern und blauvioletten Blüten mit dottergelben Staubgefäßen. Von den eigentlichen Gesnerien — nach dem schweizerischen Naturforscher Konrad Gesner in Zürich (1516 bis 1565) so genannt — mit knolligen Wurzelstöcken, gezahnten Blättern und meist sehr schönen, scharlachroten, röhrenförmigen, fünflappigen Blüten, sämtlich im tropischen Südamerika, besonders in Brasilien heimisch, werden verschiedene, so vor allem *Gesnera magnifica* und *cardinalis* in mehreren Varietäten, in Warmhäusern und auch im Zimmer kultiviert. Ebenso werden von der Gesnerazeengattung *Achimenes* mit 25 Arten mit meist roten bis violetten Blüten im tropischen Amerika mehrere, wie besonders *A. grandiflora* mit purpurnen oder violetten Blüten, *A. mexicana* mit großen blauen oder purpurroten Blüten, *A. amabilis* und *tubiflora* mit violetten Blüten bei uns in Warmhäusern ähnlich den ihnen nahe verwandten Gloxinien kultiviert. Durch Kreuzungen sind aus ihnen verschiedene dankbare Gartenpflanzen erzielt worden.

Den Gesnerazeen nahe stehen die Akanthazeen oder Bärenklaugewächse, von denen der südeuropäische echte Bärenklau (*Acanthus mollis*) dadurch bekannt ist, daß die malerische Form seiner 50 cm langen und 16–26 cm breiten, buchtiggelappten und gezähnten Blätter dem genialen griechischen Bildhauer Kallimachos das Motiv zum Schmucke des korinthischen Kapitäls gaben. Er wurde schon im Altertum zur Einfassung der Gartenbeete benutzt. Vergil sagt: „Der Akanthus bildet eine Zierde der Gärten;" ähnlich drückt sich der ältere Plinius aus, der dazu bemerkt, er werde an den Rand erhabener Beete gepflanzt. Wurzel und Blätter dienten als Arznei. Eine in den Tropen der Alten Welt, namentlich in Afrika, heimische Gattung der Akanthazeen sind die Thunbergien, von denen viele Arten mit violetten oder blauen Blüten bei uns in Warmhäusern kultiviert werden. *Thunbergia alata* aus Südostafrika dagegen kann einjährig in freiem Lande kultiviert werden. Sie klettert 1,5 m hoch und hat gelbe, schwarzgefleckte Blüten.

Unter den Resedagewächsen ist außer dem an Ackerrändern und auf Schutthalden verbreiteten gelben Wau (*Reseda lutea*) der Färberwau (*Reseda luteola*) mit kleinen, gelblichweißen Blüten in Mitteleuropa heimisch. Letzterer wurde schon von den neolithischen Pfahlbauern zum Gelbfärben benutzt und zu diesem Zwecke im Altertum und Mittelalter angepflanzt. Heute wird er zu diesem Zwecke nur noch in England und Holland kultiviert. Der als Topf- und Gartenzierpflanze häufig kultivierte wohlriechende Wau oder die Gartenreseda (*Reseda odorata*) ist ein Import aus Nordafrika. Sie erschien plötzlich um die Mitte des 18. Jahrhunderts und verbreitete sich innerhalb weniger Dezennien durch ganz Europa und überall, wohin europäische Kultur vorgedrungen ist. Die Zeichen ihrer großen Beliebtheit finden sich in der französischen Bezeichnung *mignonette*, das als *miglionet* ins Italienische, als *miñoneta* ins Spanische und auch ins Englische überging. Ihre so geheimnisvolle Herkunft wurde erst 1887 durch die botanische Forschungsreise von Taubert nach der Cyrenaica, der sie dort wildwachsend fand, aufgeklärt. Wegen ihres Wohlgeruches wurde sie teilweise schon von den alten Ägyptern, besonders aber von den dort heimischen Arabern zu Totenkränzen benutzt. Der französische Arzt N. Granger, der 1733 nach dem Orient ging und 1737 in Basra starb, sandte Samen der wohlriechenden Reseda, die er in der Cyrenaica gesammelt hatte, an die Direktion des *Jardin du roi*, des heutigen *Jardin des plantes* in Paris. Von jenem Garten aus, wo sie zuerst in Europa gepflanzt wurde, verbreitete sie sich über die botanischen Gärten Europas. 1753 war sie aber noch nicht nach Upsala gelangt, sonst hätte sie Carl von Linné in der ersten Ausgabe seiner *Species plantarum* erwähnt. Allmählich fand sie auch in Privatgärten Aufnahme und erlangte trotz ihrer Unansehnlichkeit wegen des lieblichen Geruches ihrer Blüten, der langen Blütezeit und der leichten Kultur weite Verbreitung. Es existieren von ihr zahlreiche, wenn auch wenig vom Typus abweichende Spielarten. Bei der Destillation liefern die Resedenblüten 0,002 Prozent dunkles, festes ätherisches Öl. Für praktische Zwecke destilliert man 1 kg Geraniol (Geraniumöl) mit 500 kg frischen Resedenblüten und bringt das Produkt als Resedageraniol in den Handel.

Die in allen Teilen durch einen reichen Gehalt an ätherischem Öl starkriechende Gartenraute (*Ruta graveolens*) wurde schon im Altertum als beliebtes Gewürz und magenstärkendes, Blähungen vertreibendes Heilmittel gepflanzt. Der Geruch des Krautes ist den Katzen und Ratten zuwider. Sie hieß schon bei den Griechen *rúta* und bei den Römern im Gegensatz zur wilden Raute *ruta hortensis*, d. h. Gartenraute. Der griechische Arzt Dioskurides schreibt in seiner Arzneimittellehre: „Die Bergraute und überhaupt die wilde Raute wirkt viel heftiger als die Gartenraute, ist deshalb zum Essen unbrauchbar, kann, in Menge genossen, sogar töten. Am besten ist diejenige Gartenraute, die neben Feigen wächst. Die Gartenraute wird als Gewürz und auch sehr vielfach als Arznei verwendet." Durch Vermittlung der Klöster kam dann diese Heilpflanze in die Bauerngärten nördlich der Alpen, wo sie sich teilweise bis auf unsere Tage erhielt und stellenweise auch verwilderte.

Während die zahlreichen einheimischen und ausländischen Geraniumarten oder Storchschnabelgewächse nur ganz ausnahmsweise in besonders großblütigen Arten zu Gartenzierpflanzen erhoben wurden, war dies in hohem Maße bei den vom Kap der Guten Hoffnung zu uns gekommenen Pelargonien oder Kranichschnäbeln der Fall. Fast alle 175 Arten derselben sind auf Südafrika beschränkt. Da viele derselben durch prächtige Blüten, wohlriechende, schöngezeichnete Blätter, den anhaltenden Blütenreichtum und leichte Kultur ausgezeichnet sind, ist es kein Wunder, daß sie zu Anfang des 19. Jahrhunderts allgemein beliebte Modeblumen wurden, die meist in Töpfen gezogen wurden. Später wurden sie meist wieder von Kakteen, Camellien und anderen Neuheiten verdrängt, sind aber seit einigen Dezennien durch zahllose, besonders von England eingeführte großblütige Spielarten und Hybriden wieder beliebter geworden. In den Bauernhäusern haben sie sich mit den Nelken die alte Gunst bewahrt. Die strauchartigen unter ihnen sind sehr leicht zu kultivieren, während die krautartigen mit Knollenwurzel eine sorgfältige Behandlung erheischen.

Die Mutterpflanze unserer meist rotblühenden Pelargonien, die vom Volke gewöhnlich als Geranien bezeichnet werden, ist das in Südafrika heimische, in Südspanien verwilderte *Pelargonium inquinans* mit strauchigem, dickem, fleischigem Stengel, kreisrund nierenförmigen, etwas gekerbten, gleich dem Stengel filzig schmierigen Blättern und leuchtend scharlachroten Blüten in langgestielten Dolden. Neben ihm ist auch das als „Brennende Liebe" bezeichnete *Pelargonium zonale* mit langgestielten Dolden mit rosaroten Blüten die Mutterpflanze vieler Gartenpelargonien. Das Zitronengeranium (*Pelargonium odoratissimum*) mit kleinen, weißen Blüten und das Rosengeranium (*P. roseum*), eine Abart des raspelblätterigen Geraniums (*P. radula*), die 1,6 m hoch wird und hellrote Blüten besitzt, werden besonders in Frankreich, Spanien, Algerien und auf der Insel Réunion zur Gewinnung des angenehm rosenartig riechenden, farblosen bis grünlichen ätherischen Geraniumöls im großen kultiviert. Das darin wirksame Prinzip, das Geraniol, ist, wie früher gesagt, identisch mit dem Rhodinol, dem ätherischen Öl der Rosen. Es dient außer zu Parfüms — auch zum Parfümieren des Schnupftabaks — hauptsächlich als Surrogat und zum Verfälschen des Rosenöls, wird aber selbst wieder mit dem ätherischen Lemongrasöl von *Andropogon schoenanthus* u. a. verfälscht.

Vom blumistischen Standpunkte aus unterscheidet man: 1. Die sehr großblumigen englischen Pelargonien, die meist von *P. grandiflorum* und *P. quinquevulnerum* abstammen. Sie sind teilweise auch französischen Ursprungs und umfassen außerdem die für die Topfkultur sehr geeigneten Odierpelargonien (nach ihrem Züchter, dem Franzosen Odier, so genannt) mit 40–60 cm hohem, holzigem Stamm und großen, fünffleckigen Blumen. Ihnen ähnlich sind die Diadempelargonien. 2. Die Fancy- (vom englischen *fancy*, Einbildungskraft, Phantasie) oder Phantasiepelargonien von niedrigem Wuchs, mit zahlreichen zierlichen Blumen von unregelmäßiger Form, aber lebhafter Zeichnung. Sie wurden meist in Frankreich gezüchtet. 3. Die Scharlachpelargonien, die aus den erwähnten *P. zonale* und *inquinans* gezüchtet wurden. Sie sind meist von robustem Wuchs, mit einförmigen, nur mit einem Auge versehenen oder anders gerandeten, roten, rosenroten, lachsroten oder weißen Blüten, einfach, gefüllt und buntblätterig. Zu ihnen gehören die Nosegay- oder Straußpelargonien mit sehr großen Blütendolden. Die Mutterpflanze der Efeupelargonien (oder Efeugeranien), von denen einige mit niederliegenden Stengeln als Ampel- und Balkonpflanzen kultiviert werden, ist das strauchige, fast 1 m hohe *Pelargonium peltatum* mit ziemlich großen, blaßroten, auch weiß und roten Blüten. Die ersten Pelargonien wurden 1690 vom Kap nach Europa gebracht. Ihre Kultur zur Gewinnung von ätherischem Öl begann 1847 in Frankreich und wurde später in Algerien eingeführt. In Spanien kultiviert man sie besonders um Valencia und Almeria. Seit Ende der 1880er Jahre liefert die französische Insel Réunion nächst Algerien das meiste Geraniumöl. Die knollige Wurzel des ebenfalls südafrikanischen *Pelargonium triste* ist eßbar.

Tafel 147.

Anlegung eines Nutz- und Ziergartens durch die Schuljugend in der Gartenstadt Port Sunlight (Südengland).
(Nach Berlepsch-Valendas, Die Gartenstadt München-Perlach.)

Tafel 148.

Gärten von Arbeiterwohnhäusern in Port Sunlight.

Tafel 149.

Blumengarten in Verbindung mit einem Gemüsegarten in Port Sunlight.

Tafel 150.

Der Garten von Tafel 147 drei Monate nach seiner Anlegung.

Ebenso werden die knolligen Wurzeln der mittelamerikanischen Sauerkleearten *Oxalis tuberosa* und *esculenta* gegessen. Zu diesem Zwecke werden diese Pflanzen in ihrer Heimat angebaut, wie auch der dickstengelige Sauerklee (*Oxalis crassicaulis*), dessen in Aussehen und Geschmack unsern Kartoffeln ähnliche Wurzelknollen verspeist werden, während die Blätter als Salat dienen. Die dicken Stengel sind reich an oxalsaurem Kalk, der aus dem ausgepreßten Safte derselben in Kristallen aufschießt. Die ganze Pflanze dient auch zu Rabatteneinfassungen. Gleicherweise enthält das Kraut des gemeinen Sauerklees (*Oxalis acetosella*) viel Oxalsäure, das früher daraus gewonnen wurde und als Sauerkleesalz in den Handel kam. Zu 1 kg desselben waren 150 kg Blätter nötig. Neuerdings wird dieses künstlich hergestellt. Die Blätter des Sauerklees werden indessen wie Sauerampfer zu Salat benutzt. Sie standen früher als heraldische Pflanze im Wappen der Irländer. Als *shamrock* wurde die Pflanze von englischen Dichtern häufig besungen. Alljährlich am 17. März, am Tage des heiligen Patricius (Patrik), des Schutzpatrons von Irland, wird ein Sauerkleeblatt von jedem patriotischen Irländer im Knopfloch oder am Hut getragen, da jener Schutzheilige des Landes durch dieses Sinnbild den Iren das Geheimnis der heiligen Dreifaltigkeit erklärt haben soll. Mit der Ausrottung der Wälder auf dieser Insel wurde auch der nur in Wäldern wachsende Sauerklee ausgerottet und der kriechende Klee (*Trifolium repens*) erschien durch die Kultur. Deshalb werden nun die Blätter dieser Pflanze an Stelle derjenigen des Sauerklees als *shamrock* getragen und vielfach für das echte Nationalabzeichen der Irländer gehalten.

Von den Malvengewächsen sind die Moschus- und Rosenmalve (*Malva moschata* und *alcea*), beide mit rosenroten, erstere ausnahmsweise auch mit weißen Blüten, zu Gartenzierpflanzen erhoben worden. Die wilde oder Roßmalve (*Malva silvestris*), auch Käsepappel genannt, mit hellpurpurnen, dunkler gestreiften Blüten, die beim Kochen ihres Krautes eine schleimige Lösung liefert, wird seit dem frühen Altertum äußerlich zu erweichenden Umschlägen und innerlich zu Gurgelwässern und als beruhigendes Mittel gebraucht. Außerdem wird sie auch als Gemüse angepflanzt. Schon der griechische Dichter Hesiod erwähnt sie unter der Bezeichnung *maláchē* als eßbar. Dioskurides im 1. Jahrhundert n. Chr. sagt in seiner Arzneimittellehre: „Die im Garten gezogene Malve (*maláchē*) paßt besser zur Speise als die wilde. Man braucht die Pflanze auch äußerlich und innerlich als Heilmittel." Palladius (um 380 n. Chr.), der sie, wie schon der ältere Plinius, *malva* nennt, rät, sie im Oktober zu säen und sagt, daß man sie auch im Februar säen könne. Sie liebe einen fetten, feuchten, gedüngten Boden. „Haben die Pflänzchen 4–5 Blätter, so versetzt man sie; denn ist sie größer, so wächst sie nicht leicht an. Sie schmeckt übrigens besser, wenn sie nicht versetzt wird. Man kann sie dadurch zwingen, nicht emporzuschießen, daß man auf ihre

Spitze ein Steinchen oder Erdklümpchen legt. Sie gedeiht am besten, wenn sie fleißig gehackt wird, wobei man aber ihre Wurzeln nicht berühren darf."

Von der in Syrien heimischen krausen Malve (*Malva crispa*) wird der Bast des Stengels als Gespinstmaterial gebraucht, ebenso von der ostindischen Hanfrose (*Hibiscus cannabinus*), einer einjährigen, krautigen Pflanze, welche in ihrer Heimat seit alter Zeit in ausgedehntem Maße kultiviert wird und den weißlichen, geschmeidigen, weichen, dem Flachs ähnlichen Gambohanf liefert. Auch der veränderliche Eibisch (*Hibiscus mutabilis*), dessen schöne Blüten morgens beim Aufblühen weiß, mittags rosenrot und abends beim Verblühen purpurrot sind, liefert einen guten Bast. Blätter und Blüten werden in China und Ostindien als Heilmittel benutzt. Die Pflanze wird in Südspanien kultiviert.

Ebenfalls strauchartig ist der chinesische Roseneibisch (*Hibiscus rosa chinensis*), der gleich dem vorigen in Ostindien und China als schöne Zierpflanze kultiviert wird. Seine großen, stark variierenden Blüten dienen dazu, Kopfhaare, Augenbrauen und auch Schuhe schön schwarz zu färben. Auch sein Bast wird technisch verwendet. Der syrische Eibisch (*Hibiscus syriacus*), ein Strauch von 1,5–3 m Höhe mit 8 cm breiten, violetten, roten oder weißen, im Grunde schwarzroten Blüten, ist bei uns eine beliebte, im Freien unter Bedeckung überwinternde Zierpflanze. Winterhärter ist der noch häufiger in Gärten angetroffene, aus Südeuropa stammende Stundeneibisch (*Hibiscus trionum*), dessen zarte Blüten sich zu bestimmten Tageszeiten öffnen und nur wenige Stunden offen bleiben. Wegen dieser Eigentümlichkeit wird er auch Stundenblume oder Wetterrose genannt.

Der arzneilich von uns gebrauchte gemeine Eibisch (*Althaea officinalis*) mit bis 1,25 m hohem, aufrechtem Stengel, beiderseits weichfilzigen Blättern und weißen, ins Rötliche spielenden Blüten wächst auf feuchten Wiesen, besonders auf Salzboden, wild und wird in Mitteldeutschland im großen kultiviert. Er stand wegen seiner Heilkraft seit den ältesten Zeiten bei den europäischen Völkern in hohem Ansehen. Schon der griechische Pflanzenkenner Theophrast im 4. Jahrhundert v. Chr. erwähnt ihn als *althaía*, Vergil (70–19 v. Chr.) in einer seiner Eclogen als *hibiscus*. Der griechische Arzt Dioskurides schreibt von ihm: „Die *althaía* heißt auch *ibískos*, ihre Blätter sind rund, flaumig; die Blüte ist rosa, der Stamm zwei Ellen hoch, die Wurzel schleimig, inwendig weiß. Die Pflanze leistet, innerlich und äußerlich angewendet, treffliche Dienste und heißt eben deswegen *althaía* (von *althaínein* heilen)." Noch heute sind Blätter und Blüten, besonders aber die Wurzel wegen ihres Schleims offizinell.

Ein beliebtes Hausmittel bei Bronchitis mit Husten zur leichteren Lösung des Schleims und Beförderung des Auswurfs ist die aus einer Abkochung der Eibischwurzel mit Eiweiß, arabischem Gummi und Zucker hergestellte

Eibischpaste oder weiße Lakritze. Bei Landleuten ist auch die gelbe Eibischsalbe als Heilmittel sehr beliebt. Eine aus dem Orient in unsere Gärten gekommene und als beliebte Zierpflanze in den mannigfaltigsten Farben darin kultivierte Malvenart ist die 2,5 bis 3,8 m hohe Stockmalve oder Stockrose (*Althaea rosea*) mit einer langen, aufrechten Ähre von ursprünglich roten bis weißen Blüten. Letztere enthalten sehr viel Schleim und werden, wie diejenigen des gemeinen Eibischs, zu schleimlösenden Medizinen gebraucht. Besonders aber dienen die Blumenblätter der als schwarze Malve bezeichneten schwärzlich blühenden Spielart zum Färben, speziell zum Rotfärben des Weins. Jetzt geschieht dies noch mehr als mit dem Safte der Heidelbeeren; deshalb sind sie von den Weinhändlern sehr gesucht. Aus diesem Grunde breitet sich die Kultur der schwarzen Malve immer mehr aus. Besonders groß ist ihr Verbrauch zum Färben von Zuckerwaren in der Türkei. Die Bastfasern der Stengel können zur Papierfabrikation verwendet werden.

Zu den Malven gehören auch die Staudenpappeln (*Lavatera*), deren 20 Arten meist im Mittelmeergebiet heimisch sind. Mehrere derselben dienen als Zierpflanzen, so *Lavatera olbia*, ein schöner 2–2,5 m hoher Halbstrauch mit purpur- bis rosaroten Blüten, der auf den Inseln Südfrankreichs zur Umzäunung der Gärten benutzt wird, bei uns aber im Kalthaus überwintert werden muß; dann die schöne, 1,25–2 m hohe Sommerpappel (*Lavatera trimestris*) mit rosenroten, dunkler geäderten oder weißen Blüten und die ausdauernde *Lavatera arborea* mit 4 cm im Durchmesser haltenden purpurroten Blüten. Sie wächst in den Mittelmeerländern und auf den Kanaren und eignet sich zur Anpflanzung auf Rasenplätzen; doch muß sie bei uns im Kalthaus überwintert werden.

Außer als Küchengewächs findet sich wegen seiner großen Blätter sehr häufig *Rheum undulatum*, der Rhabarber mit am Rande welligen Blättern, als Zierpflanze in Anlagen angebaut. Die saftigen, dicken Blattstiele geben mit Zucker gekocht ein treffliches Kompott. In Schlesien wie in England wird die Pflanze auch zur Weinbereitung angepflanzt. Nahe verwandt damit ist der Amarant oder die Samtblume. Von ihnen sind beliebte Gartenzierpflanzen: der aus Persien stammende rote Fuchsschwanz (*Amarantus caudatus*), der oft über und über rot ist, mit sehr langer, schlaff überhängender, hellroter Blütenähre. Dann der aus Ostindien zu uns gekommene dreifarbige Fuchsschwanz (*Amarantus tricolor*) mit grün, gelb und hochrot gefärbten Blättern. Der mehlreiche Fuchsschwanz (*A. frumentaceus*) liefert ein stärkemehlreiches, als wichtiges Nahrungsmittel verbackenes Samenmehl und wird deshalb in Ostindien im großen angebaut. In Brasilien dagegen dient als Gemüse und in Westindien als Heilmittel *Amarantus melancholicus*, dessen rote Spielart als Dekorationspflanze in Gärten sehr beliebt ist. Nicht minder häufig treffen wir in Gärten den in Mittelamerika heimischen blutroten Fuchsschwanz (*A. sanguineus*) mit sehr langer, aufrechter, blutroter Rispenähre. Seit der Mitte des 18. Jahrhunderts ist der auf bebautem Boden und auf Schutt angetroffene rauhhaarige Fuchsschwanz (*A. retroflexus*) aus Amerika zu uns eingewandert.

Von den Glockenblumen (*Campanula*) wird der einjährige Frauenspiegel (*C. speculum*) in mehreren Varietäten als Zierpflanze kultiviert. Von den zweijährigen zieht man ebenso das Marienveilchen (*C. media*) aus Südeuropa mit großen, blauen, auch rosaroten und weißen, traubig oder rispig angeordneten Blüten, nicht selten mit mehreren Kronen, auch kronenartigem Kelch und eßbarer Wurzel, und *C. pyramidalis* aus den Mittelmeerländern mit noch größeren Blüten in straußförmiger Rispe. Von den ausdauernden Arten eignet sich die von den Gebirgen Mitteleuropas stammende rasenartige *C. caespitosa* mit hellblauen Blüten in Trauben zur Verschönerung künstlicher Felsenpartien und zu Einfassungen, ebenso die aus europäischen Gebirgen genommene zierliche *C. pusilla* mit überhängenden, hellblauen Blüten. Auch die in fast ganz Europa, wie auch in Sibirien heimische *C. persicifolia* mit wenigen, aber schönen, großen, blauen Blüten wird als Zierpflanze gezogen, während die zweijährige *C. rapunculus* aus den Wäldern Europas wegen ihrer fleischigen, wohlschmeckenden Wurzel in Frankreich und England als Gemüse gepflanzt wird.

Sehr zahlreiche Zierpflanzen für Garten- und Topfkultur hat die Familie der Nelken geliefert, deren wilde Vertreter die Poesie unserer Wiesen bilden. Sie sind vorzugsweise in der gemäßigten, ja teilweise in der kalten Zone und in höheren Gebirgsregionen heimisch. Bei den Kulturvölkern des Altertums spielten sie als Gartenpflanzen keinerlei Rolle. Der Gattungsname *Dianthus* (verkürzt aus dem Griechischen *Diós ánthos* Zeusblume), den Karl von Linné den Nelken im engeren Sinne verlieh, war schon den Alten bekannt. So spricht der Grieche Theophrast im 4. Jahrhundert v. Chr. von ihr als einer zu Kränzen beliebten Blume, und der Grammatiker Athenaios um 200 n. Chr. überliefert uns ein Fragment des Dichters Nikandros, in welchem von der wohlriechenden Zeusblume (*enôdēs Diós ánthos*) die Rede ist. Damit dürfte wohl die strauchartige Baumnelke (*Dianthus arboreus*), welche an den felsigen Küsten des Ägäischen Meeres wild wächst, gemeint sein.

Jedenfalls haben die Griechen und Römer unsere klassische Gartennelke (*Dianthus caryophyllaceus* — letzteres Wort bedeutet Nußblatt) nicht gekannt. Die Stammpflanze derselben ist im Mittelmeergebiet heimisch, wächst an felsigen Stellen und hat einzeln stehende, höchst angenehm gewürzhaft riechende Blüten und treibt zahlreiche ästige, verlängerte Stengel. Sie variiert in der Färbung der Blüten ganz außerordentlich und wurde in der Neuzeit in allen nur erdenkbaren Farbenvarietäten gezüchtet. Diese heute so außerordentlich beliebte Zierblume wurde im muhammedanischen Orient zur Kulturpflanze erhoben und kam im 13. Jahrhundert durch Kreuzfahrer von dort nach Mitteleuropa. In einer noch wenig hochgezüchteten, fünfblättrigen Form finden wir sie in der Hand des „Mannes mit der Nelke“ von Jan van Eyck (zwischen 1430 und 1440 in Brügge gemalt, jetzt in Berlin) als eine für die damalige Zeit moderne Blume dargestellt, während sie in dem ebenfalls in Berlin befindlichen, 1532 entstandenen Ölgemälde des deutschen Kaufmanns Georg Gisse im Stahlhof in London von Hans Holbein dem Jüngeren, wo deren drei in einer durchsichtigen Glasvase mit zwei Henkeln stehen, schon in mehreren Nuancen von Rot in teilweise gefüllten Exemplaren zu sehen sind. In dem noch später entstandenen Porträt des englischen Edelmannes Simon George aus Cornwall von demselben Maler (jetzt im Städtischen Museum zu Frankfurt a. M.) ist in der rechten Hand des mit hübschem Barett geschmückten Mannes eine ungefüllte rote Nelke mit fünf ziemlich großen Blumenblättern dargestellt. Damals müssen die einfachen, ungefüllten Nelken in dunkleren und helleren Tönungen von Rot die fast ausschließlich in Europa gezogenen Nelken gewesen sein.

In Frankreich begann die Nelkenzucht schon seit der Zeit Ludwigs IX. des Heiligen (geb. 1215, folgte seinem Vater 1226 unter der Vormundschaft seiner Mutter Blanca von Kastilien, unternahm 1248 einen Kreuzzug, von dem er gegen ein Lösegeld von 100000 Mark Silber von den Sarazenen in Ägypten mit seinen Brüdern Karl und Alfons 1254 nach Frankreich zurückkehrte, unternahm im Juli 1270 einen Zug gegen Tunis, auf welchem er am 25. August 1270 im Lager von Tunis starb). Aber erst im 17. Jahrhundert war die Kultur dieser Gartenpflanze in Mitteleuropa zu einiger Blüte gelangt. Der erste, von dem wir wissen, daß er die Gartennelke leidenschaftlich liebte, war Ludwig II. von Bourbon, Prinz von Condé, der große Condé genannt (1621–1668), einer der hervorragendsten französischen Feldherren in den Kriegen des 17. Jahrhunderts. Ihm zu Ehren trugen seine Soldaten, die er in der Schlacht bei Rocroi am 19. Mai 1645 zu ruhmreichem Siege über die Spanier, und am 3. August desselben Jahres zum Sieg über den bayerischen General Mercy bei Allersheim geführt hatte, die Nelke als Sinnbild der Tapferkeit und Unerschrockenheit. Zur Zeit der großen französischen Revolution von 1793 war die rote Gartennelke, von der bisher allein die Rede war und die wohl bis dahin allein gezüchtet wurde, das Emblem der in stolzer Todesverachtung das Schaffot besteigenden Royalisten. Wie sie heute die Blume des Volkes ist, war sie damals noch die Blume der Aristokratie, wie in Frankreich, so auch in England und den übrigen Kulturstaaten Europas. Bei den Briten heißt der ganze Farbenbegriff Rot nach der roten Nelke *pink*. Erst später wurde sie beim Volke populär und wurde bei ihm die Blume der Liebe. Zuletzt spielte sie eine vorübergehende Rolle als Erkennungsmittel der Anhänger des revanchelustigen französischen Generals Boulanger, der dann, als er seinen ehrgeizigen Plan scheitern sah, sich in Belgien am Grabe seiner einstigen Geliebten erschoß.

Mit Vorliebe trägt der Torrero die rote Nelke als Kampfesschmuck und weiht sie nach erlangtem Sieg über seinen spitzgehörnten Feind der Dame seines Herzens. Wenn die junge Spanierin in Begleitung ihrer Duenna, d. h. Hüterin, nach der Messe aus der Kirche tritt, richtet sich der erste Blick ihres verstohlen draußen auf sie wartenden Amorosos auf die Nelke, die auf einen Moment unter der graziös gelüfteten Mantilla sichtbar wird. Die Farbe der Nelke bezeichnet ihm die Stunde, zu der er die Angebetete ungestört sprechen kann. Auch bei anderen Romanen wird ihr solch stumme Liebesbotschaft anvertraut, wie der Hyazinthe bei den Türkinnen. Die Italienerin weiht vor dem Muttergottesbilde am Kreuzweg den für ihren Geliebten bestimmten Nelkenstrauß durch inbrünstiges Gebet und steckt ihn jenem als Schutz- und Gedenkzeichen zu, bevor er mit den beladenen Maultieren den gefahrvollen Weg über das Gebirge antritt. Auch der rote Nelkenstrauß am Hute des „Jagers“ gibt von der guten Aufnahme bei seinem „Dearndel“ Bescheid. Diese selbst trägt Sonntags beim Kirchgang eines ihrer blutroten „Nagerle“ auf ihrem „Betbüchel“ als schönste Zier. Von Bauernhaus zu Bauernhaus und von Pfarre zu Pfarre werden Nelkensenker getauscht und wird so die schöne Blume, der besondere Liebling der Landbevölkerung, überallhin verbreitet. In den Alpen heißt es, man soll die Nelken beim Glockenklang säen, dann werden sie reich gefüllt. Überall ist sie neben den als Geranien bezeichneten, in allen Farbennuancen von Rot leuchtenden Pelargonien in Töpfen auf den Fenstersimsen der Bauernhäuser zu finden und ist hier gleichsam das Symbol des glücklichen Zusammenlebens und häuslichen Friedens. Und je höher man ins Gebirge steigt, um so herrlicher leuchten die bunten Farben dieser Wunderblume. So sind die Engadiner Nelken wegen der Intensität ihres Kolorits und der Größe ihrer Blüten weltberühmt; auch die Blüten von 14: 9 cm Durchmesser aufweisenden, meist lachsrosa gefärbten Harznelken erfreuen sich besonderer Beliebtheit.

Das Wort Nelke ist aus Nägelein, Nägelken — wie sie heute noch beim Volke heißt — verkürzt. Ursprünglich bezeichnete man damit die Gewürznägelein wegen ihrer Ähnlichkeit mit Nägeln; und als die Blume aus dem Oriente bei uns eingeführt wurde, übertrug man diesen Namen auf die ähnliche Nagelgestalt und nicht minder aromatischen Geruch aufweisende Blütenpflanze. Gegen die Mitte des 19. Jahrhunderts machte der Lyoner Gärtner Léon Lille die Nelkenkultur zu seiner Spezialität und von da an wurde die Zucht dieser schönen Blume auch von zahlreichen anderen Gärtnern mit besonderem Eifer betrieben, so daß es heute gegen 2000 Varietäten der Nelke gibt. Am beliebtesten sind die Remontantnelken, d. h. solche, die nach dem Hauptflor an neugebildeten Trieben nochmals blühen.

Ebenfalls als Gartenzierpflanze sehr geschätzt ist die leider duftlose chinesische Nelke (*Dianthus chinensis*), eine, wie schon der Name sagt, aus China zu uns gekommene, hochgezüchtete, ein- oder zweijährige Pflanze mit prachtvollen, bis 8 cm im Durchmesser haltenden, in allen Nuancen von Rot, Purpur, Schwarzrot und Weiß leuchtenden, außerordentlich zierlich gezeichneten, sowohl einfachen als gefüllten Blüten. Die schönste derselben ist die von einem russischen Gärtner eingeführte *D. heddewigi* (*Dianthus chinensis imperialis*), eine ungefüllte Art mit fünf ganz zerschlissenen, karminroten Blumenblättern mit weißen Saftmalen und schwärzlicher Zone. Die in Südosteuropa heimische, ausdauernde Federnelke (*D. plumarius*) mit 2–5 sehr wohlriechenden, weißen oder blaßroten Blüten, die auch in gefüllten Spielarten vorkommen, wird häufig zur Einfassung von Blumenbeeten benutzt. Auch die Studenten- oder Bartnelke (*D. barbatus*), eine rosenrot blühende süddeutsche Alpenpflanze, und ihre Spielart mit breiteren Blättern (*D. latifolius*) sind beliebte Gartenzierpflanzen. Nur ausnahmsweise kultiviert werden dagegen die auf feuchten Waldwiesen ziemlich selten angetroffene Prachtfedernelke (*D. superbus*) mit fein zerschlitzten, blaßlila oder blaß rosenroten Blumenblättern, die nach dem botanischen Schriftsteller und Reisenden Joh. Franz Suegier genannte *Dianthus seguieri* in Süd- und Mitteldeutschland und die zu Ehren der beiden Naturforscher Joh. Karthauser († 1777) und Friedrich Karthauser († 1796) getaufte Karthäusernelke (*D. carthusianorum*), die ebenfalls blutrot, nur mit drei dunkleren Purpurstreifen durchzogen ist. Einige dieser Nelken, besonders die Gartennelke, dienten früher als Heilmittel.

Von den 10 Arten Lichtnelken (*Lychnis*, nach der Theophrastischen Bezeichnung *lychnís* d. h. Leuchte), die in der Alten Welt, vornehmlich in Sibirien, wachsen, ist die 50–80 cm hoch werdende „brennende Liebe" oder Feuernelke (*Lychnis chalcedonica*) mit scharlachroten Blüten und zweiteiligen Blumenblättern aus Westsibirien, Mittel- und Südrußland zu nennen. Sie wird auch in Varietäten mit fleischfarbenen und weißen, auch gefüllten Blüten bei uns als Rabattpflanze gezogen. Ihre Wurzel enthält Saponin und wird wie die Seifenwurzel zum Waschen gebraucht. Auch die Kranzlichtnelke (*L. coronaria*) mit an die Kornrade erinnernden purpurroten Blüten und ungeteilten Blättern aus Südosteuropa wird bei uns häufig als Zierpflanze kultiviert. Ebenso dienen die 20–30 cm hohe *L. fulgens* aus Sibirien mit lebhaft roten, vierteiligen Blumenblättern, *L. haageana* aus Japan, wohl nur eine Kulturform der vorigen, mit orangeroten, rosenroten oder weißen Blüten, *L. grandiflora* aus Japan mit sehr großen, scharlachroten, ungeteilten Blumenblättern und *L. sieboldi*, ebenfalls aus Japan, mit noch größeren, weißen Blüten als auch bei uns sehr geschätzte Gartenzierpflanzen.

Von Abendlichtnelken (*Melandryum*) werden *M. album* mit weißen, seltener rötlichen Blüten aus Mittel- und Nordeuropa, wie auch Sibirien und die im arktischen Gebiete wachsende *M. rubrum* mit hellpurpurnen Blüten, auch in gefüllten Formen als Zierpflanzen kultiviert. Ebenso wird von Pechnelken (*Viscaria*) besonders *V. viscosa* aus Mittel-, Nordeuropa, dem Kaukasus und Westsibirien mit roten Blüten in mehreren Varietäten, auch gefüllt, gezogen. Von den Klebnelken der Gattung *Silene* werden besonders das einjährige Marienröschen (*S. armeria*) aus Mitteleuropa, das aber auch nach Nordamerika, Brasilien und Ostindien verschleppt wurde, mit karminroten Blüten in großen Doldentrauben, dann die im Mittelmeergebiet heimische *S. pendula* mit rosaroten Blüten in mehreren Varietäten als Zierpflanzen kultiviert. Sie dienen namentlich auch zu Einfassungen auf Teppichbeeten und Felsgruppen. Für letztere eignet sich besonders die niedrige, rotblühende, arktische und hochalpine stengellose Klebnelke (*S. acaulis*). Endlich werden auch verschiedene Arten der Gattung *Statice*, deutsch Strandnelken genannt, weil sie meist in Küstengegenden oder Salzsteppen heimisch sind, aus Süd- und Osteuropa, von den Kanarischen Inseln und aus Mittelasien als Zierpflanzen kultiviert. Ihre ährigen oder traubigen Blütenstände dienen in der Blumenbinderei, werden auch getrocknet für Dauersträuße benutzt.

Bei den alten Griechen und Römern wurde das Seifenkraut (*Saponaria officinalis*) an Stelle der fehlenden Seife verwendet und zu diesem Zwecke auch kultiviert. Es enthält besonders in den Wurzeln das Glykosid Saponin, das in Wasser wie Seife schäumt. Die Griechen nannten es *strúthion*. Theophrast sagt von ihm, es habe eine schöne, aber geruchlose Blume. Columella gibt an, daß die Schafe vor der Schur mit der Wurzel desselben gewaschen wurden, und Dioskurides meint: „Das Seifenkraut, das die Walker zur Reinigung der Wolle gebrauchen, ist allgemein bekannt. Seine Wurzel besitzt Schärfe und Heilkraft.“ Sein Zeitgenosse Plinius sagt: „Das Seifenkraut (*herba lanaria*) hat eine große Wurzel, die man in Stücke schneidet und zum Waschen der Wolle benutzt; diese wird dadurch außerordentlich weiß und weich. Man kultiviert sie eigens zu diesem Zwecke.“ Ihre Wichtigkeit verlor sich, als die in Germanien erfundene Seife den Römern bekannt wurde und ihre Stelle einnahm.

Die fleischigen Portulakarten mit gelben oder roten Blüten, die sehr kurze Zeit blühen und sich dann wie eine Gallerte auflösen, haben vielsamige Fruchtkapseln, die sich mit einem Deckelchen (*portula*, Türchen) öffnen. Daher der Name. Die mehr als 20 Arten derselben wachsen in den Tropen und Subtropen der Alten, besonders aber der Neuen Welt. Der in den Mittelmeerländern heimische gemeine Portulak (*Portulaca oleracea*) mit kleinen, gelben oder gelblichweißen Blüten wird in Gärten in mehreren Spielarten als *P. sativa* kultiviert. Die jungen, sehr saftigen Blätter werden als Zutat zu Salat oder Suppenkraut gegessen, auch mit Essig eingemacht.

Früher wurden Kraut und Same arzneilich benutzt. Die Pflanze hieß bei den Griechen *andráchnē*. Dioskurides sagt von ihr, sie werde als Speise genossen und gegen alle Übel gebraucht. Mehrere Arten werden als Zierpflanzen angebaut, so besonders die einjährige *Portulaca grandiflora* aus Brasilien mit hellpurpur- oder karminroten, weißen oder gelben, auch gefüllten Blüten. Sie ist unter dem Namen „Portulakröschen" bekannt.

Verschiedene Mauerpfefferarten der Gattung *Sedum* werden in Gärten kultiviert, so vor allem der weiße Mauerpfeffer (*Sedum album*) aus den Mittelmeergegenden, dessen Kraut früher medizinisch verwendet wurde. Jetzt noch dienen die zarten Blätter als Salat und Suppenwürze. Dasselbe geschieht mit dem großen Gartentripmadam (*S. anacampseros*) mit purpurroten oder weißen Blüten. Die Stengel dieser Pflanze werden in Spalten der Häuser gesteckt und dienen als Orakel für das Glück und die Lebensdauer junger Ehepaare oder der Familienglieder. Auch der Felsenpfeffer (*S. reflexum*) wird hier und da kultiviert und in derselben Weise benutzt. Die an sonnigen Plätzen Südeuropas bis Kleinasiens wachsende Schmerwurzel (*S. maximum*) mit 30–60 cm hohem, aufrechtem Stengel mit weißen, grünlichgelben oder roten Blüten wird noch heute arzneilich gebraucht. Zahlreiche ausländische Arten werden als Zierpflanzen kultiviert, so vor allem die prächtige, 1830 von v. Siebold aus Japan eingeführte *S. sieboldi*. *Sedum japonicum* mit blaugrünen, rotgesäumten Blättern und roten Blüten verwendet man als Ampelpflanze oder zur Einfassung in Gärten. Auch das in Sibirien heimische *Sedum crassifolium* mit roten Blüten in gedrängter Rispe, dessen Blätter von den Kalmücken als Teesurrogat gebraucht werden, wird bei uns häufig in Gärten gezogen.

Wie der scharfe Mauerpfeffer (*Sedum acre*) als kleines *aeízōon* (d. h. immerlebend), wurde die gemeine Hauswurz (*Sempervivum tectorum*) als großes *aeízōon* schon im Altertum auf Dächern zur Abhaltung des Blitzes gepflanzt. Daneben wurde sie nach Plinius als Zierpflanze auch in irdenen Töpfen gezogen und ihr aus den zerquetschten Blättern gewonnener Saft nach Dioskurides als kühlendes, zusammenziehendes Mittel auf Brandwunden gelegt. Karl der Große befahl die Anpflanzung der Hauswurz auf seinen Gütern. So wurde sie, auch mit Hilfe der Klöster, in Mitteleuropa populär und spielte bis in die Gegenwart in der ländlichen Arzneikunde eine wichtige Rolle, indem der aus ihr gepreßte Saft gegen Halsentzündungen, wunde Brustwarzen, Bienenstiche und Brandwunden verwendet wurde. Zur Hexensalbe mußten die Blätter des „Donnerkrautes" am Donnerstage gepflückt werden.

Von den Steinbrechen (*Saxifraga*) dient die in den Pyrenäen und in Irland heimische *Saxifraga umbrosa* mit weiß, gelb und rot punktierten Blüten in länglichen Rispen ebenfalls zur Einfassung in Gärten, während die aus China und Japan stammende *S. sarmentosa* mit rotbehaarten Blättern und weißen oder blaßroten Blüten sich als Zierpflanze häufig in Zimmern und Gewächshäusern findet.

Die Primeln oder Schlüsselblumen sind meist Hochgebirgsbewohner. Die Mehrzahl der etwa 140 Arten wächst in Europa und Asien, wenige kommen in Nordamerika vor und bilden auch hier den ersten Frühlingsschmuck der Bergwiesen, weshalb sie überhaupt ihren Namen erhielten. *Primula*, das Verkleinerungswort des weiblichen *prima*, bedeutet nämlich der kleine Erstling. Diese Bezeichnung bekam die Pflanze, weil sie mit dem Veilchen als erster Bote des Lenzes erscheint und als solcher die Gemüter der aus der winterlichen Enge in die ergrünenden Fluren Hinausziehenden doppelt erfreut. Im Deutschen erhielt sie den Namen Schlüsselblume, weil sie als die erste Frühlingsblume den Himmel gleichsam erschließt. Als Heilmittel war seit dem Altertum besonders die arzneiliche Schlüsselblume (*Primula officinalis*) mit gelben Blüten sehr hochgeschätzt. Daraus bereiteter Tee galt als sehr nervenstärkend und heilsam gegen Krämpfe, Nervenzufälle und Gemütsverstimmung. Schon die später heilig gesprochene Hildegard, Äbtissin des Klosters Rupertsberg bei Bingen im 12. Jahrhundert, pries den *hymelsloszel* (Himmelschlüssel) wegen seiner Heilkraft. Außer solcher sollte er aber auch noch das Vermögen besitzen, den Zugang zu verborgenen Schätzen zu erschließen. Er hieß deshalb auch Marien- oder Petersschlüssel. Bis in unsere Zeit wurden wenigstens die Blüten arzneilich und die Wurzel als Niesmittel gebraucht. Mit ihr wurde auch die gelbblühende *Primula elatior* von den Wiesen und Rainen in die Gärten verpflanzt und in Kulturpflege genommen. Beide Pflanzen werden jetzt in mehreren gelb, rot, braun, auch gefüllt blühenden Varietäten als Zierpflanzen kultiviert, ebenso die Hybriden oder Bastarde derselben mit *Primula acaulis*. Letztere mit sehr kurzgestielter Dolde und fünf safrangelben Flecken auf dem flachen Saum der hellgelben Blumenblätter wächst im Mittelmeergebiet und in Mitteleuropa. Bei manchen Varietäten entwickelt sich der Kelch in der Form und Farbe der Blumenkrone, so daß zwei gleiche Blumen ineinander zu stecken scheinen.

Noch beliebter als die Primeln waren im vergangenen Jahrhundert, während welchem sie sehr viel gepflanzte, spielartenreiche Modeblumen waren, die in der Gegenwart stark an Beliebtheit eingebüßt haben, die Aurikeln, die ihren Namen von der ohrförmigen Gestalt ihrer Blätter erhielten. Früher hieß man sie *auricula ursi*, d. h. Bärenöhrchen. Die Ausgangsform der Gartenaurikeln ist die auf Torfboden und an Felsen der Voralpen und Alpen, wie auch des Schwarzwalds wachsende *Primula auricula* mit mehlig bestäubten Blättern und schwefelgelben, wohlriechenden Blüten mit flachem Saum. Diese traf der Botaniker und Arzt Clusius (Charles de l'Ecluse, 1526 bis 1609), damals Hofbotaniker in Wien im Jahre 1582 im Gschnitztal südlich von Innsbruck und nahm sie mit sich nach Wien und 1593 bei seinem Wegzuge nach Leiden. Zugleich mit ihr führte Clusius die rotblühende *Primula pubescens*, die als ein

Bastard der vorigen mit *Primula hirsuta* anzusehen ist und bei Innsbruck wächst, in die Gärten ein. In der Mitte des 17. Jahrhunderts wurden beide Primelarten besonders in Belgien, Holland, England und Deutschland in mehreren Farbenvarietäten mit Vorliebe gezogen. In der Folge aber verschwand die beständigere *P. auricula* wieder vollständig aus den Gärten und *P. pubescens* war ausschließlich der Ausgangspunkt der mächtig aufblühenden Aurikelzucht, die in den letzten Jahrzehnten des 17. Jahrhunderts ihren Höhepunkt erreichte. Unter den über 1000 Spielarten unterscheidet man einfarbige, zweifarbige (Dublettenaurikeln), mehrfarbige (Bizardaurikeln) und verschiedenfarbige Aurikeln (Picottaurikeln). Eine holländische Art heißt *Luiker*, d. h. Lütticher. Englische Sorten werden als „gepuderte“ unterschieden, weil sie eine starke Bestäubung der Oberfläche mit Wachskügelchen aufweisen.

Wichtiger als die einheimischen sind aber gegenwärtig die ostasiatischen Aurikeln, vor allem die *Primula chinensis* aus Südchina mit Dolden sehr großer, hell lilafarbiger, rosenroter oder weißer Blüten. Obschon sie erst im Jahre 1824 von China nach England kam, zählt sie heute sehr viele Spielarten mit weißen und roten, einfachen und gefüllten Blüten. Sie ist als Zimmer- und Gewächshauspflanze gleich wertvoll, blüht das ganze Jahr hindurch und liefert gutes Material für Buketts, was sehr wichtig ist. Besonders die weißen, gefüllten Blüten sind für die Blumenbinderei von großer Bedeutung. Ebenso stammt die sehr reichblühende *Primula obconica* aus China; sie ist dadurch allgemeiner bekannt geworden, daß die Drüsenhaare an der Oberfläche der Blätter eine gelblichgrüne Flüssigkeit ausscheiden, die bei Berührung der Pflanze empfindliche Hautentzündung mit beträchtlich gestörtem Allgemeinbefinden verursacht. Es scheint bei gewissen Individuen eine besondere Disposition vorhanden zu sein; oft tritt die Erkrankung erst mehrere Stunden oder Tage nach der Berührung der Pflanze ein. Auch *Primula cortusoides* aus dem Osthimalaja und aus Jün-nan, wie auch *Pr. japonica* werden in mehreren Spielarten in unseren Gärten kultiviert. Nicht minder geschätzte Winterblüher als die chinesische lieferte die nach ihr eingeführte Himalajaprimel, die mit den ostasiatischen und europäischen Arten mehrfach gekreuzt wurde. Gelegentlich werden auch der blaue Speik (*Primula glutinosa*) mit violetten, wohlriechenden Blüten mit abstehendem Saum, der in den Zentralalpen auf Urgestein zu finden ist, und die zierliche, im hohen Norden heimische, als Relikt der Eiszeit auf feuchten Alpenwiesen und auf Torfboden des norddeutschen Tieflandes — aber auch in der Magelhaensstraße — angetroffene mehlig bestäubte Primel (*Primula farinosa*) mit fleischroten oder violetten Blüten mit gelbem Schlunde in Töpfen angepflanzt oder in Gärten gehalten. Gelegentlich geschieht dies auch mit der Alpensoldanelle (*Soldanella alpina*) mit ihren zierlichen bläulichen oder violetten Blütenglöckchen mit gefranstem Saume.

Eine weitere, sehr geschätzte Zierpflanze der Alpen und Voralpen ist das Alpenveilchen (*Cyclamen europaeum*), wegen seiner plattkuchenförmigen, fleischigen Knolle auch Erdscheibe genannt. Letztere schmeckt in frischem Zustande brennend scharf und enthält das Alkaloid Cyclamin, das, in den Magen gebracht, heftiges Erbrechen bewirkt und ins Blut eingespritzt tötet. Früher wurden die Wurzelknollen als drastisches Purgiermittel benutzt; sie verlieren aber durch Kochen oder Braten in Asche ihre Schärfe und werden deshalb von den Russen gegessen. Die Wildschweine sollen sie gerne und ohne Nachteil fressen, deshalb wird das Cyclamen auch Saubrot genannt. Das im einheimischen Gebirge wachsende südeuropäische Cyclamen war unter dem Namen *kykláminon* schon bei den alten Griechen bekannt und seine Wurzelknolle wurde als Heilmittel und zu Zauberei benutzt. Plinius, der sie selbst in Anlehnung an die griechische Bezeichnung *cyclaminon* nennt, sagt, sie werde von den Römern Erdknollen (*tuber terrae*) genannt, wachse im Schatten, habe purpurrote Blüten und eine breite, einer Rübe ähnliche Wurzel mit schwarzer Rinde. Sie diene gegen Schlangenbiß. „Sie sollte bei allen Häusern gezogen werden, wenn es wahr ist, daß da, wo sie steht, kein Zaubermittel wirkt, weswegen sie auch Amulett (*amuletum*) heißt. Wein, worin sie liegt, soll sogleich berauschen. Die Wurzel wird zerschnitten und getrocknet oder bis zur Honigdicke eingekocht und aufbewahrt." Wie die einheimische Art wird auch das persische Alpenveilchen (*Cyclamen persicum*) aus Vorderasien mit weißen, im Schlunde roten Blüten viel in Töpfen gezogen und ist durch Kulturpflege zu Formen mit sehr großen Blättern und Blüten in allen Nuancen von Rot neben Weiß gezüchtet worden. Dadurch, daß es im Winter zum Blühen gebracht werden kann und lange Zeit hindurch im Flor steht, ist es eine der am häufigsten angetroffenen Topfpflanzen der Städter geworden. Durch Kreuzung des bunt gezeichneten efeublätterigen Alpenveilchens mit kleinen Blüten mit dem persischen Alpenveilchen mit weit schöneren, größeren Blüten wurden Hybriden erzeugt, die die hübschen Blätter der ersteren neben den schönen Blüten der letzteren aufweisen.

Ebenfalls als Blatt- und Zierpflanzen sehr beliebt und deshalb häufig in Töpfen kultiviert angetroffen werden die Begonien oder Schiefblätter. Von den über 400 Vertretern der in den Tropen wachsenden Familie haben sehr viele prachtvoll gefärbte Blätter, wachsen sehr schnell und lassen sich sehr leicht aus Stecklingen ziehen. Legt man nämlich ein von ihnen abgeschnittenes Blatt auf feuchte Erde, so wachsen aus allen Stellen, an denen die Blattnerven verletzt wurden, junge Pflänzchen hervor. Unter den vielen bei uns in Gewächshäusern und als Zimmerpflanzen gezogenen Arten unterscheidet man 1. Blattbegonien, die wegen ihrer prachtvoll gefärbten, teilweise sehr bunten Blätter gehalten werden. Sie sind seit dem Anfang der 1850er Jahre höchst beliebt geworden und stammen hauptsächlich von dem ostindischen Königsschiefblatt (*Begonium rex*), dessen große, dunkelgrüne Blätter ein breites Silberband mit gleichgefärbten Flecken aufweisen. Es wurde mit anderen Formen aus den Tropen der Alten Welt gekreuzt und ergab zahlreiche schöne Spielarten. 2. Blüten- oder Knollenbegonien, die sämtlich aus Südamerika stammen und in bezug auf Effekt, Blütenfülle und Blütendauer mit den außerordentlich effektvollen Scharlachpelargonien wetteifern. Die wichtigsten Stammformen sind *Begonia boliviensis* mit leuchtendroten Blüten aus Bolivia, *B. veitchi* und *davisi* aus Peru und *B. froebeli* aus Venezuela. Die Blüten der durch Kreuzung dieser untereinander erhaltenen Blendlinge variieren von Weiß und sattem Gelb bis zum dunkelsten Rot, auch gibt es gefüllte Formen. Von den immergrünen, strauch- oder halbstrauchartigen Begonien werden mehrere Arten besonders aus Brasilien wegen ihrer Monate hindurch und mehrfach im Winter erscheinenden Blüten kultiviert.

Südamerika lieferte uns auch die häufig als Zierpflanze, besonders als Schlingpflanze zur Bekleidung von Lauben gezogene vielblumige Feuerbohne (*Phaseolus multiflorus*), die weiße oder hochrote Blüten und eßbare Samen hervorbringt. Beliebte Gartenzierpflanzen liefern auch die verschiedenen Wicken, vor allem die in Südeuropa heimische wohlriechende Wicke (*Lathyrus odoratus*) mit sehr großen, rot und violetten oder rot und weißen, wohlriechenden Blüten. Sie blüht fast den ganzen Sommer hindurch und eignet sich vorzüglich zur Verzierung niedriger Geländer. Dann die nordafrikanische Wicke (*Lathyrus tingitanus*) mit großen, einfarbigen, violetten oder dunkelpurpurnen Blüten, die griechische Wicke (*L. climenum*) aus Griechenland und Kleinasien mit blauen Blüten, an denen nur die Fahne rot ist, die Bukettwicke (*L. latifolius*) mit einer Traube von großen, purpur- bis rosenroten Blüten, die großblütige Wicke (*L. grandiflorus*) mit besonders großen, aber schwach wohlriechenden, purpurroten Blüten, beide aus Südeuropa. Alle diese werden in mehreren Varietäten kultiviert.

Die Gattung der Winden (*Convolvulus*) mit trichterförmigen Blüten ist in den Gärten besonders durch die nichtwindende dreifarbige Winde (*C. tricolor*) aus dem Mittelmeergebiet mit himmelblauen, im Grunde gelben, in der Mitte weißen Blüten, dann durch *C. mauretanicus* mit ebenfalls himmelblauen und durch *C. dahurica* mit rosenroten Blüten vertreten. Verwandt damit sind die schlingenden *Mina lobata* und *M. lex* aus Mexiko mit gelb und rot gefärbten Blüten in langgestielten, gabeligen Blütenständen, die ebenfalls bei uns als Zierpflanzen kultiviert werden.

Ebensolche windende Kräuter sind die in 24 Arten ausschließlich im wärmeren Mittel- und Südamerika heimischen Wunderblumen (*Mirabilis*) mit großen, in der Nacht geöffneten Blüten. Unter ihnen werden die 60–120 cm hohe *Mirabilis longiflora* mit sehr langohrigen, weißen, am Schlund purpurnen, sehr wohlriechenden Blüten aus den Bergen Mexikos und die ebendort heimische *M. jalapa*, die falsche Jalape, mit schönen roten, gelben oder weißen, oder auch in diesen Farben gestreiften und gesprenkelten, geruchlosen Blüten in zahlreichen Varietäten bei uns kultiviert. Die Wurzel wirkt abführend und wurde früher wie die offizinelle Jalape verwendet.

Zur Gattung der Boretschgewächse gehört außerdem der als Gewürz und geschätzte Bienenweide in nicht nur dunkel- bis hellblauen, sondern auch roten und weißen Formen gezogene gemeine Boretsch (*Borago officinalis*), das in der gemäßigten Zone der Alten Welt in 30 Arten wachsende Vergißmeinnicht oder Mäuseohr (*Myosotis*); unter diesen ist das bei uns auf feuchten Wiesen und an Bächen wachsende gemeine Vergißmeinnicht (*Myosotis palustris*) mit in der Knospe rötlichen, später himmelblauen Blüten mit gelbem Schlund ein sehr beliebtes, auch in Gärten angepflanztes Blümchen. Neben ihm werden die zweijährige, mitteleuropäische *M. silvatica* mit der Abart *M. alpestris* mit rauhhaarigen Stengeln und himmelblauen Blüten und noch manche andere kultiviert. Das strahlendste Blau haben die Blüten von *M. azorica*. Blendlinge von ihr mit *M. alpestris* sind die *M. semperflorens* mit sehr langer Blütezeit und andere Formen, wie „Elise Fonrobert". Ebenso werden von Hundszungen der Gattung *Cynoglossum* purpurrote, himmelblaue und weiße Arten in Gärten gezogen.

In der Bukett- und Kranzbinderei, besonders für Gräberschmuck viel verwendet werden die Immortellen, wie der französische Name sagt „unvergängliche" Blumen, aus der Familie der Kompositen oder Korbblütler mit trockenhäutigen Blumenhüllblättern, die lange Zeit nach dem Abschneiden ihre Form und ihr frisches Aussehen bewahren. Im Deutschen bezeichnet man sie meist als Strohblumen, weil sie trocken wie Stroh erscheinen. Durch diese völlig trockenhäutigen Hüllblätter sind sie wie das ihnen sehr nahestehende, neuerdings ebenfalls als Zierpflanze kultivierte Edelweiß (*Gnaphalium leontopodium*) und andere filzige Kräuter, mit diesem die Wärme schlecht leitenden Überzug gegen zu starke Verdunstung an ihren von heißer Sonne beschienenen felsigen Standorten geschützt. Die wichtigste derselben ist die in ganz Südeuropa auf sonnigen, trockenen Felsabhängen wachsende gemeine oder gelbe Strohblume oder Gold-Immortelle (*Helichrysum stoechas*) mit am Rande — ebenfalls zum Schutze gegen zu starke Verdunstung — zurückgerollten, gerieben wohlriechenden Blättern und goldgelben Blüten. Wegen letzteren nannten sie die alten Griechen *helichrýsos*, d. h. Sonnengold. Sie, wie auch die Römer, verwandten sie vielfach zum Winden von sehr dauerhaften Kränzen und als Arznei. Der griechische Arzt Dioskurides (im 1. Jahrhundert n. Chr.) schreibt: „Die Gold-Immortelle (*helíchrysos*) wird auch *chrysánthemon* (d. h. Goldblume) und *amáranton* (d. h. die Unverwelkliche) genannt und dient zur Bekränzung von Götterbildern. Sie wächst an trockenen, felsigen Stellen und hat trockenen Trauben ähnliche, goldgelbe, runde Blüten. Man gebraucht sie als Arznei, legt sie auch zwischen die Kleider, um diese vor fressendem Gewürm zu schützen." Ähnlich meldet sein Zeitgenosse, der ältere Plinius: „Die goldglänzenden, büschelweise hängenden Blüten der Gold-Immortelle (*helichrysos*) welken nie und dienen zur Bekränzung der Götterbilder. Namentlich hat Ptolemäus, König von Ägypten, diese sehr sorgfältig damit geschmückt." 400 Jahre vor ihm schrieb Theophrast. „Es gibt Quacksalber, welche behaupten, man erlange einen guten Ruf, wenn man sich mit der Gold-Immortelle bekränzt und sich dabei mit Salbe aus einem Gefäß von gediegenem Gold einreibt. Jene Pflanze hat aber eine goldfarbene Blume, ein weißliches Blatt, einen weißlichen, harten Stengel und eine oberflächliche, dünne Wurzel." In seinen Idyllen sagt der um 280 v. Chr. lebende Dichter Theokrit aus Syrakus, der bedeutendste Dichter der alexandrinischen Periode, ein Meister der dann von Bion und Moschos und später von Vergil nachgeahmten bukolischen Poesie, d. h. der poetischen Darstellung des Hirtenslebens: „Der Becher ist mit Efeu und Gold-Immortellen bekränzt", und „Ihr Haar war goldiger als Gold-Immortellen, ihre Brust glänzender als der Mond". Auch der Dichter Nikander spricht von ihr.

Zu dieser einen, im Altertum ausschließlich gebräuchlichen Strohblume (*Helichrysum orientale*) kamen in neuerer Zeit eine Menge anderer hinzu, so die auf den Inseln des indischen Archipels heimische französische Immortelle, so genannt, weil sie besonders in der Provence, dann in Erfurt kultiviert wird. Man gebraucht diese Strohblume wie alle übrigen, auch gefärbt. Ebenso benutzt man die Malmaison-Immortelle (*Helichrysum bracteatum*) und *H. macranthum* mit größeren Blüten. Beide stammen aus Australien und werden vielfach kultiviert.

Zu den Immortellen rechnet man außerdem die südeuropäische Papierblume (*Xeranthemum annuum*) mit weißen und violetten Blüten, welch letztere mit Säuren lebhaft rot gebeizt werden; dann das australische *Acroclinium roseum* mit rosenroten und weißen und die ebenfalls australische *Rodanthe manglesii* mit karminroten Blumenblättern und gelber Scheibe. Ferner das vom Kap der Guten Hoffnung stammende *Helipterum speciosissimum* mit weiß und braunen, und *H. corymbiflorum* mit roten Blüten, die weißköpfige, geflügelte Sandimmortelle aus Australien und die ostindische *Gomphrena globosa* mit roten (rote Immortelle) und weißen Blüten. Weiter wird auch *Anaphalis margaritacea* mit weißfilzigem Stengel, unterseits filzigen, lineallanzettlichen Blättern und weißen Blüten als virginische Immortelle zu Trockenbuketts benutzt. Endlich werden auch die verschiedensten Disteln, vor allem die Silberdistel (*Carlina acaulis*) und die Karden (*Dipsacus*) als Trockenblumen verwendet.

Sehr groß ist die Zahl der Kompositen, die zu Gartenzierpflanzen erhoben wurden. Die wichtigsten derselben sind: die aus Südeuropa stammende rote und weiße Spornblume (*Centranthus*), die samtartig schwarzrote Knopfblume (*Scabiosa atropurpurea*), die neben der violetten *S. columbaria* und purpurnen *S. lucida* kultiviert wird, dann die ebenfalls aus Südeuropa zu uns gekommene goldgelbe Ringelblume (*Calendula officinalis*), deren Kraut zum Gelbfärben der Butter und deren Blüten zur Verfälschung des Safrans dienen. Auch von den Kreuzkräutern (*Senecio*) werden verschiedene Arten als Gartenzierpflanzen kultiviert, so *Senecio cruentus* mit purpurnen Strahlen- und gleichgefärbten oder gelben Scheibenblüten von den Kanarien in zahlreichen Varietäten mit großen, sehr verschiedenfarbigen Blüten als Zimmerpflanze, dann *S. elegans* mit weißen oder roten Blüten aus Afrika ebenfalls in mehreren Varietäten, *S. kämpferi* aus Japan und *S. giesebrechti* als sehr dekorativer hoher Strauch aus Mexiko für das Kalthaus.

Großer Beliebtheit erfreuen sich die sehr nahe mit diesen verwandten Cinerarien oder Aschenkräuter, die wegen der Aschenfarbe der Unterseite der Blätter mancher Arten so genannt werden. Die Bastardcinerarien der Gärtner haben unten meist weißfilzige Blätter und bunte, purpurne, violette und weiße Blüten. Wegen der Schönheit und Farbenfülle der letzteren gehören sie zu den beliebtesten Topfzierpflanzen. Beliebt sind auch die auf steinigen, sonnigen Plätzen wachsenden Katzenpfötchen (*Antennaria*) mit weißen oder purpurroten Blüten, ferner die stattliche Sonnenblume (*Helianthus annnus*), welche 1569 aus ihrer Heimat Mexiko nach Europa kam, und vor allem die ebendaher stammende verschiedenfarbige Dahlie. Diese nach dem schwedischen Botaniker *Dr.* Dahl, der 1787 zu Abo starb, so benannte, aber von Willdenow nach der älteren, von Thunberg dem berühmten Reisenden und Botanikprofessor Georgi in St. Petersburg zu Ehren gegebene Benennung (*Georgina variabilis*) in Georgine umgetaufte Zierpflanze mit knollig verdickter Wurzel, 1,5–1,8 m hohem Stengel und seltener einfachen, meist gefüllten Blüten wurde zuerst ums Jahr 1784 durch Vincent Cervantes, Professor und Direktor des botanischen Gartens in Mexiko, an den spanischen Mönch und Vorsteher des botanischen Gartens Cavanilles nach Madrid gesandt. Dieser beschrieb sie 1791 als *Dahlia pinnata* (mit gefiederten Blättern). Da aber der Name Dahlia von Thunberg bereits an eine andere Pflanze vergeben war, nannte man sie nach dem Vorschlage von Willdenow Georgina. Von Spanien aus verbreitete sich die prächtig blühende Gartenpflanze nach allen Kulturländern der Alten Welt, kam 1787 nach England, 1804 durch Alexander von Humboldt, der Samen aus Mexiko nach Berlin sandte, nach Deutschland, wo im Berliner Botanischen Garten zahlreiche Farbenvarietäten aus ihr gezüchtet wurden. Doch kannte man die Georginen um 1800 schon in Dresden. Die erste gefüllte Georgine zog 1808 der Garteninspektor Hartwig in Karlsruhe, und 1824 begann Deegen in Köstritz seine erfolgreichen Kulturen.

Weil die Georgine im Herbst bis zum Eintritt des ersten Frostes, der allerdings das Laub derselben zum Absterben bringt, so daß sie schwärzlich, wie verbrüht erscheint, ihre zahlreichen prächtigen Blüten entfaltet, zu einer Zeit also, da die meisten anderen Gartenblumen bereits verblüht haben, ist sie eine Lieblingspflanze unserer Gärten geworden, mit der man in manchen Gegenden einen großen Kultus treibt, indem man zur Zeit ihrer Blüte Georginenfeste arrangiert, bei denen die Lokale mit den abgeschnittenen Blüten ausgeschmückt und aus den verschiedenen Farben große Tableaus zusammengestellt werden. Von den 9 Arten, die sämtlich auf der mexikanischen Hochebene heimisch sind, ist *Georgina variabilis* die Stammpflanze von über 2000 Varietäten. Bis zur Mitte des 19. Jahrhunderts war man bemüht, möglichst volle, prall gefüllte Blumen in den verschiedensten Farben zu erzielen. Man unterschied nach der Form der Blüten: anemonenblütige mit großen Strahlenblüten und kleinen, in Form einer Halbkugel geordneten Scheibenblüten — heute werden sie nur noch selten gezogen —, dann kugelblütige mit zahlreichen, gleichgeformten, sich nach hinten zurücklegenden Blüten, flachblütige mit gleichgeformten, flach ausgebreiteten, in der Regel zurückgebogenen Blumenblättern, röhrenblütige mit röhrigen und ohrblütige mit ohrförmigen Blumenblättern. Sie treten in allen Farbennuancen vom zartesten Weiß bis zum intensivsten Gelb und zum dunkelsten Schwarzpurpur auf. Die Liliputgeorginen haben sehr kleine, reizend geformte Blüten, die Zwerggeorginen sind von niedrigem, zwerghaftem Wuchs und zur Topfkultur geeignet. Seit Anfang der 1870er Jahre sind wieder einfach blühende Spielarten unter dem Namen Dahlien in mannigfachen Farben und Zeichnungen beliebt geworden, daneben auch die Kaktusdahlien, deren Blüten von dem streng symmetrischen Bau der älteren gefüllten Dahlien wesentlich abweichen und sich durch spitze, strahlige, nadelartige, gewundene, namentlich aber gelockte Blüten auszeichnen. Sie haben seit einigen Jahren die alten Georginensorten fast vollständig verdrängt. Diese Abart der Georginen stellt eine typische, durch Mutation plötzlich von selbst entstandene Sprungvarietät dar. Der alte Georginenzüchter van den Berg in Jutphaas (Holland) verdankt sie einem Zufall. Er hatte sich von einem Geschäftsfreund in Mexiko eine größere Sendung mexikanischer Knollen, Wurzelstöcke und Zwiebeln kommen lassen. Die Sendung war aber unterwegs bis auf eine einzige Knolle verdorben. Nur diese trieb aus — es war die Kaktusdahlie mit Blüten, die in dieser Form in Mexiko selbst ganz unbekannt ist.

In bezug auf Größe und Form der Knollen, der Belaubung und namentlich der Blüten, die wie bei allen anderen Kompositen dadurch gefüllt werden, daß auch die Scheibenblüten wie die Strahlenblüten eine farbige, zungenförmige Blumenkrone ausbilden, weichen die verschiedenen Georginen so sehr untereinander ab, daß man kaum irgendwo in Gärten die typische Form auffinden kann. Die zahllosen, mit dem Untergange der

Knollen wieder verschwindenden Spielarten entstanden und entstehen durch künstliche Befruchtung und namentlich durch Samenzucht, die alljährlich neue Varietäten liefert, die nie den vorjährigen ganz gleich sind. Die gegen Kälte sehr empfindlichen Knollen müssen vor dem Eintritt des Frostes aus der Erde genommen und im Keller überwintert werden. Im Frühjahr, sobald keine Nachtfröste mehr zu fürchten sind, werden sie 5 cm tief ausgepflanzt. Die Vermehrung geschieht durch Teilung der Knollen oder durch Stecklinge, die man von den mit überflüssigen Keimen versehenen Knollen ablöst, sobald sie etwa 10 cm lang geworden sind. Neue Spielarten erzielt man aus Samen, den man von den ersten Blüten besonders schöner Varietäten sammelt. Die Wurzelknollen enthalten reichlich Inulin, eine dem Stärkemehl ähnliche Substanz der Kompositenwurzeln, die sich in heißem Wasser löst, beim Erkalten wieder ausscheidet und, mit Schwefelsäure zusammengebracht, Zucker gibt. Aus diesem Grunde dienen die Dahlienknollen in ihrer Heimat Mexiko als geschätztes Nahrungsmittel.

Sehr zahlreiche Zierpflanzen hat die artenreiche Familie der Astern geliefert, deren Blüten neben den Georginen den Schmuck unserer Gärten zur Herbstzeit, da sonst wenig andere Blumen mehr zu sehen sind, bilden. Von den über 200 meist der nördlichen Erdhälfte, und zwar vorzugsweise Nordamerika angehörenden Asterarten sind verschiedene vom Menschen in Pflege genommen worden und haben sich im Laufe der Zeit zu prächtigen Kulturpflanzen entwickelt. So finden wir nicht nur die auf sonnigen, felsigen Hügeln Süd- und Mitteleuropas wildwachsende blaue Aster (*Aster amellus*), sondern auch die in Nordasien und den höheren Gebirgen Mitteleuropas heimische violette Aster (*Aster alpinus*) seit langem in Gärten angepflanzt. Von ersterer spricht bereits der römische Dichter Vergil in augusteischer Zeit, indem er in seiner Georgica sagt: „Auf den Wiesen steht die Blume *amellus*, welche in dichter Menge wächst. Sie ist goldgelb und von dunkelvioletten Blumenblättchen umgeben, hat einen scharfen Geschmack und dient zu Kränzen. Ihre in Wein gekochte Wurzel dient als Arznei für kranke Bienen." Letzteres sagt auch Columella und fügt hinzu, daß die Blumen des *amellus* den Bienen angenehm seien. Die Griechen — so Dioskurides — nannten sie *astḗr*, und in Anlehnung daran spricht auch Plinius in seiner Naturgeschichte von ihr als *aster*. Außer diesen beiden sind auch die am Meeresstrand und auf Salzboden gedeihende lilafarbene Strandaster (*Aster tripolium*) mit gelber Blütenscheibe und mehrere andere ausdauernde Arten namentlich Nordamerikas als Herbstastern in Gärten beliebt und teilweise auch verwildert. Mit prächtigen, verschiedenfarbigen Strahlenblüten versehen sind die in China und Japan heimischen Gartenastern (von *Callistephus chinensis*), die sich von unseren Astern durch stark laubblätterige äußere Hüllblätter unterscheiden und in etwa 60 gefüllten Formen in 6700 Farbenvarietäten als die wichtigsten aller einjährigen Gartenpflanzen kultiviert werden. Die ersten Vertreter dieser hauptsächlich vom uralten Kulturvolke der Chinesen hochgezüchteten Formen, die von jenen mit Vorliebe auf den Kunstgegenständen aus Porzellan und Seide dargestellt werden, kamen zu Ende des 18. Jahrhunderts durch den Jesuiten d'Incarville aus China nach Frankreich, um von hier aus durch Europa verbreitet zu werden. Sie sind bei uns die weitaus verbreitetsten Astern.

Sehr nahe Verwandte der Astern, die vielfach zu ihnen gerechnet werden, sind die Wucherblumen, die in den Goldastern oder Chrysanthemen höchst wertvolle und neuerdings auch bei uns sich zunehmender Beliebtheit erfreuende Zierblumen hervorgebracht haben. Ihr bescheidenster Vertreter ist die ausdauernde große Gänseblume oder Marienblume (*Chrysanthemum leucanthemum*) mit weißen Strahlen- und gelben Scheibenblüten, die in Europa auf Wiesen und Rainen gemein ist und schon früh in die Gärten verpflanzt wurde. Mit den Europäern wanderte sie in andere Erdteile und bürgerte sich in Nordamerika, wie auch in Neuseeland ein. Ihre zarten Sprosse werden in Italien als Salat gegessen; ihre Blüten dagegen werden wie diejenigen der ihr nahe verwandten Bertramwurz oder Mutterkrautkamille (*Chrysanthemum parthenium*) arzneilich verwendet. Beide werden in vielen Varietäten als Zierpflanzen kultiviert, letztere besonders auch in Formen mit goldgelben Blättern zur Bepflanzung von Teppichbeeten. Andere Arten dieser Familie liefern das Insektenpulver, so besonders die beiden mit rosa- oder fleischfarbenen Strahlenblüten versehenen *Chrysanthemum roseum* und *marschalli* im Kaukasus, in Armenien und Nordpersien. Das ebenfalls in Persien heimische *Chrysanthemum cinerariaefolium* mit sehr kleinen, gelben Scheibenblüten und weißgelblichen Strahlenblüten wird, wie auch das dalmatinische *Chrysanthemum roseum* in zahlreichen Spielarten bei uns kultiviert; ebenso das nordafrikanische *Chrysanthemum carinatum* mit schwarzroten bis braunvioletten Scheiben- und weißen Strahlenblüten. Sie variiert in den mannigfaltigsten Farben und stellt eine der ausgezeichnetsten Florblüten dar. Ebenso ist das südeuropäische *Chrysanthemum coronarium* mit gelber Blütenscheibe und gelbem Strahl bei uns eine beliebte Gartenzierpflanze. Auch die Strauch-Marguerite der Kanaren (*Chrysanthemum frutescens*) wird in hohen und zwerghaften Formen, weiß- und gelbblühend bei uns im Kalthaus kultiviert und im Winter in großer Menge aus dem Süden eingeführt.

Nicht nur als Zierpflanze, sondern auch als Küchengewürz und Arzneimittel gegen Würmer wird die in Südeuropa heimische Frauenminze (*Chrysanthemum balsamita*) mit balsamisch riechenden Blättern und gelben Blüten in unseren Gärten angepflanzt. Schon von Karl dem Großen wurde sie als *Costus hortensis*, d. h. Gartenkostus, zum Anbau empfohlen und ihres würzigen Geruches wegen im Mittelalter an Stelle des Hopfens als Bierwürze verwendet. Jetzt dient sie vielfach auch zur Herstellung von Totenkränzen und anderem Gräberschmuck. Blumistisch sehr viel wertvoller ist das ausdauernde Herbstchrysanthemum, die indische Goldaster (*Chrysanthemum indicum*), die noch mehr als bei den Südasiaten bei den Ostasiaten, zumal den Japanern, zur nationalen Lieblingsblume wurde. Schon lange vor dem Beginn der christlichen Zeitrechnung wurde sie im Lande der aufgehenden Sonne in den zahlreichsten Farbenvarietäten mit weißen, gelben, orangefarbenen, braunen, roten, schwarzpurpurnen und zweifarbigen Blüten kultiviert. Dabei unterscheidet man einfache Sorten, röhrenblütige, zungengefüllte, anemonenblütige und Pomponchrysanthemen. Sowohl in ihrer Stammform, dem einfachen Herbstchrysanthemum (japanisch *nogiku*), als seinen hochgezüchteten Kulturvarietäten (japanisch *kiku*) spielt es wie heute, so bereits in den ersten Jahrhunderten unserer Zeitrechnung in der Poesie und Malerei der Japaner eine sehr große Rolle. Nach der Aussage der Japaner erreichte diese Blumenzüchtung im 16. Jahrhundert ihren Höhepunkt. Ein aus jener Zeit stammendes Gemälde aus dem Besitze der Familie Takatsukasa, auf welchem ein Chrysanthemumgarten in Kioto dargestellt ist, erregte auf der letzten Pariser Weltausstellung vom Jahre 1900 allgemeine Bewunderung. Noch heute werden im ganzen Inselreich diese Blumen in tausenden von Spielarten in den mannigfaltigsten künstlichen Formen und Zusammenstellungen, die menschliche und Tiergestalten bis zu 10 m Höhe, ja historische und dramatische Begebenheiten, Darstellungen aus Märchen usw. wiedergeben, gezüchtet, und am 9. September feiert das ganze Volk das Fest der Kiku, die zum Sinnbilde langen Lebens wurde.

Die meisten Varietäten dieser Zierpflanze in seinem Garten zu besitzen, kann sich außer dem japanischen Kaiser angeblich noch der sehr reiche Graf Okuma in Tokio rühmen. Sonst sehen es die Liebhaber der Kiku, deren Zahl Legion ist, darauf ab, eine ihnen besonders zusagende Form in möglichst eigenartiger Ausbildung zu erlangen. Als Beispiel für die Mühe, die auf die Zucht neuer Rassen verwendet wird, soll hier erwähnt werden, daß der Züchter Hayashi jedes Jahr 30000 Chrysanthemen der Sorte *ennichi-giku*, bei der es darauf ankommt, möglichst bizarr gestaltete Blüten zu erzielen, kultiviert, unter denen sich höchstens 5 Exemplare finden, die seinen Anforderungen entsprechen und zur Nachzucht verwendet werden. Zu möglichster Größe herangezüchtet ist das Riesenchrysanthemum Zukuri, das über tausend Blumen tragen kann; das Gegenstück dazu bildet die Zwergpflanze *bonsai-zukuri*. *Hironishi* ist eine ungefüllte Rasse, deren Blumen nur 16 Blumenblätter enthalten dürfen. Es ist dies die Kaiserblume, von der das Chrysanthemumwappen der kaiserlichen Familie abgeleitet ist. Die *ipon-zukuri* ist eine Rasse mit nur einer Achse und nur einer Blüte.

Schon im Jahre 1688 kultivierte man in Holland 6 aus Ostasien eingeführte Spielarten von Chrysanthemen, aber erst hundert Jahre später fand die Pflanze größere Verbreitung in Europa und wird seit 1826, wo dies in Toulon zuerst geschah, auch bei uns aus Samen gezüchtet. In neuerer Zeit wurde sie namentlich in England, dann auch in Deutschland zu großer Vollkommenheit gebracht; doch werden noch immer viele Varietäten aus Japan und China eingeführt. Obwohl wir es hierin noch lange nicht mit den Japanern aufnehmen können, so besitzen wir bereits eine Menge von Spielarten derselben mit weißen, gelben, orangefarbenen, braunen, roten, schwärzlich purpurfarbigen, auch zweifarbigen Blüten mit den verschiedensten Formen der Blumenkrone und ihrer einzelnen Blätter. Alle diese wunderbaren Abänderungen erzielen die Züchter teils durch künstliche Auslese, teils durch Hybridation oder Kreuzung und durch zufällig auftretende Mutationen. Die wunderbaren, riesigen Blumen, die neuerdings auf Ausstellungen und in Schaufenstern der Blumenläden unser Staunen erregen, gehören nicht, wie man glauben könnte, einer besonderen Art an, sondern es sind anormale Blütenstände, „Überblumen“, die durch eine eigene Kulturmethode erzeugt werden. Man bringt die Chrysanthemen zu diesem Zwecke in ein Kalthaus, wo sie ganz dicht am Fenster aufgestellt werden. An jeder Pflanze läßt man nur wenige Blätter und schneidet die Blütenknospen gleich nach ihrem Erscheinen bis auf eine einzige ab. Unter der Einwirkung der sehr starken Düngung nimmt dann diese, mehr als sonst üblich ernährte Blume einen riesigen Umfang an, der mitunter sogar demjenigen eines Menschenkopfes gleichkommt. Dabei hängen die stark verlängerten Blumenblätter, die zu lang sind, um sich selbst aufrecht halten zu können, in graziösen Linien herunter und verleihen diesen Blüten einen absonderlichen Ausdruck, der sehr dem modernen Geschmacke entspricht. Das Straußenfederchrysanthemum mit bewimperten Blättern ist wie die Kaktusdahlie eine vor einigen Jahren in einem einzigen Exemplare beim Blumenzüchter Alphonse Hardy aufgetretene Sprungvarietät, die sich infolge ihres absonderlichen Aussehens rasch einbürgerte.

Von weiteren bemerkenswerten Kompositen, die als Gartenzierpflanzen kultiviert werden, ist die Flockenblume (*Centaurea*) zu nennen, deren 470 Arten meist im Mittelmeergebiet heimisch sind. Unsere blaue Kornblume oder Cyane — vom griechischen *kýanos* blau so genannt — (*Centaurea cyanus*) ist ein Sommergewächs aus Sizilien, das mit dem Klatschmohn (*Papaver rhoeas*) als Ackerunkraut wahrscheinlich schon zur Pfahlbauzeit mit dem Getreide nach Mitteleuropa verbreitet wurde. Diese einstige Lieblingsblume Kaiser Wilhelms I., die als solche bei dessen Lebzeiten sich besonderer Gunst in ganz Deutschland erfreute, wird heute in Arten mit mannigfach gefärbten Blüten als Zierpflanze in Gärten kultiviert. Auch die auf Kalkbergen und Gebirgswiesen wachsende Bergflockenblume (*Centaurea montana*) mit größeren himmelblauen, in der Mitte purpurrötlichen Blüten und die 2 m und darüber hoch werdende *Centaurea atropurpurea* werden als Zierpflanzen gezogen. Aus dem Orient und dem östlichen Mittelmeergebiet kam die Bisamflockenblume (*Centaurea moschata*) mit großen, weißen oder violett gefärbten, schwach nach Bisam (Moschus) riechenden Blüten zu uns, ebenso die *Centaurea orientalis*, während die *Centaurea ragusina* mit fein zerschlitztem, weißfilzigem Laub und gelben Blüten aus Dalmatien stammt. Die niedrige, ebenfalls weißfilzige *Centaurea candidissima* wird gerne zu Teppichbeeten verwendet, während die *Centaurea macrocephala* mit 90 cm hohem Stengel und goldgelben Blüten von 9 cm Durchmesser mehr als Einzelpflanze auf Rasen kultiviert wird.

Aus dem südlichen Nordamerika kam die schöne Zinnie (*Zinnia elegans*) als prächtige einjährige Gartenzierpflanze zu uns. Ihren Namen erhielt sie nach Joh. Gottfried Zinn (1727–1759), der zu Schwabach bei Nürnberg geboren wurde und als Professor der Medizin in Göttingen starb. Er gab eine Beschreibung der um jene Universitätsstadt wachsenden Pflanzen heraus. Die 12 Arten *Zinnia* wachsen in Mexiko, Arizona und Texas. Die *Zinnia elegans* wird 60–80 cm hoch, hat gegenständige Blätter, große Blütenköpfe mit kleinen, gelben Scheibenblüten und großen, gelben Strahlenblüten. Sie wird in vielen Varietäten mit goldgelben, purpur- und scharlachroten, rosa, reinweißen, gestreiften, einfachen, gefüllten und krausen Blüten bis zu Riesenformen kultiviert. Ebenso *Z. haageana* und ein Bastard zwischen beiden, *Z. darwini*, von dem wieder mehrere Spielarten gezüchtet wurden.

Ebenfalls aus Nordamerika stammt das zweifarbige Schöngesicht (*Calliopsis bicolor*), das in unseren Gärten wegen seiner goldgelben bis braunen Strahlenblüten als schönblühende Zierpflanze allgemein beliebt ist. Desgleichen verhält es sich mit der nordamerikanischen geschlitzten Rudbeckie (*Rudbeckia laciniosa*) mit bräunlicher Scheibe und abstehenden, gelben Strahlenblüten. Sie wurde von Karl von Linné nach dessen Lehrer und Freund Hans Rudbeck, Professor der Botanik in Upsala in Schweden, wo er 1660 geboren wurde und 1740 starb, genannt. Auch *Silphium perfoliatum* mit gelben Blüten ist eine aus Nordamerika stammende Gartenzierpflanze, die teilweise verwildert ist, wie die von ebendorther stammende Meerambrosie (*Ambrosia maritima*). Letztere erhielt von Linné diesen Namen wegen ihres angenehmen Geruchs, der an die Ambrosia, die Nahrung der unsterblichen Götter, erinnern sollte, erstere dagegen von dem berühmten Heilmittel und Gemüse *sílphion*, das die Griechen aus Kyrene in Nordafrika bezogen und das eine mit dem Stinkasant verwandte Doldenpflanze und keine Komposite wie diese war.

Von den etwa 100 im wärmeren Amerika, besonders zahlreich in Mittelamerika, wachsenden Steviaarten werden ebenfalls mehrere, so die purpurrote *Stevia purpurea*, die weiße *S. serrata* und die fleischfarbige *S. ivaefolia* bei uns in Gärten kultiviert und liefern ein beliebtes Material für die Blumenbinderei. Von den fast ausschließlich nordamerikanischen Goldruten (*Solidago*) wird besonders die kanadische Goldrute (*Solidago canadensis*), die in ihrer Heimat gegen den Biß der Klapperschlangen gebraucht wird und deshalb Klapperschlangenkraut heißt, nebst einigen anderen Arten als Zierpflanze kultiviert, findet sich aber auch mehrfach bei uns verwildert.

Aus dem wärmeren Amerika, wo sie in 20 Arten vertreten sind, stammen auch die Toten- oder Samtblumen (*Tagetes*) mit zierlichen Köpfchen von gelben und orangefarbenen Blüten. Besonders *Tagetes patula* und *T. erecta*, die beide einander sehr ähnlich sind und stark aromatisch riechen, werden in mehreren Varietäten als Gartenpflanzen kultiviert. Man kennt sie in Europa seit dem 16. Jahrhundert. Sehr schöne Gartenpflanzen sind auch *T. signata* und *T. lucida*.

Selbst das überall auf unsern Wiesen wachsende gemeine Gänseblümchen oder Tausendschönchen (*Bellis perennis*) mit gelben Scheiben- und weißen oder roten Zungenblüten, das früher namentlich vom Landvolke als Heilmittel gegen Auszehrung gebraucht wurde, ist vom Menschen in Kulturpflege genommen worden und wird besonders in der rotblühenden einfachen oder gefüllten Spielart mit teilweise sehr großen Blüten zur Einfassung von Gartenbeeten und als Topfpflanze in Blumenfenstern gezogen. Seinen deutschen Namen erhielt es davon, daß es besonders häufig auf Feldern wächst, auf denen Gänse zur Weide getrieben werden, und weil es gerne von diesen gefressen wird. Tausendschönchen heißt es nach dem lateinischen *bellis*, das von *bellus* schön herrührt und etwa mit Schönchen übersetzt werden darf. Schon der ältere Plinius (23–29 n. Chr.) erwähnt es in seiner Naturgeschichte und schreibt von ihm: „Das Gänseblümchen (*bellis*) wächst auf Wiesen; die Blüte ist weiß und spielt ins Rötliche."

Eine der ältesten und wichtigsten Arzneipflanzen, die heute noch keinem Bauerngarten fehlt, ist die echte Kamille (*Matricaria chamomilla*) mit gelber Blütenscheibe und weißem Strahl. Sie hat ihren griechischen Namen *chamaimélon* (von *chamai* niedrig und *mélon* Apfel), woraus dann das lateinische *chamomilla* entstand, nach dem älteren Plinius vom apfelartigen Geruch ihrer Blüten. Letztere werden getrocknet in den Apotheken, wie auch in fast allen Haushaltungen gehalten, um in Krankheitsfällen Verwendung zu finden. Sie besitzen einen angenehmen, etwas kampferähnlichen Geruch, den sie dem himmelblau gefärbten, ätherischen Kamillenöl verdanken, dem krampfwidrige, beruhigende Eigenschaften innewohnen. Außerdem enthalten sie Salizylsäure, wodurch sie antiseptisch wirken. Ausschließlich Zierblume ist dagegen die *Matricaria coccinea* mit scharlachroten Blüten.

Endlich werden noch von Kompositen verschiedene Kugeldisteln, so *Echinops sphaerocephalus* mit weißen und *E. ritro* mit blauen, metallisch glänzenden Blütenköpfen aus Südeuropa und Vorderasien, wie auch allerlei Gaillardien kultiviert. Von den 12 Arten der letzteren sind 11 in Nordamerika und 1 in Südamerika heimisch. Von *Gaillardia pulchella* wird die *var. pieta* in mehreren Formen als Zierpflanze kultiviert. Sie ist 1–2jährig, 40–50 cm hoch, mit in ihrer größeren Hälfte purpurroten, an der Spitze goldgelben, dreizähnigen Strahlenblüten und schwarzpurpurnen Scheibenblüten. *Gaillardia aristata* in Nordamerika ist ausdauernd und eignet sich für Rabatten.

Von den zahlreichen Wolfsmilchgewächsen wird die im Mittelmeergebiet heimische, 60–90 cm hohe kreuzblättrige Wolfsmilch (*Euphorbia lathyris*) mit sehr großer Blütendolde viel in Gärten kultiviert. Schon Karl der Große befahl sie in den Gärten der kaiserlichen Domänen anzupflanzen. Dann wurde sie besonders von den Mönchen in den Klostergärten als wichtiges Heilmittel gezogen. Ihre Samen wurden nämlich im Mittelalter allgemein und werden im südlichen Frankreich vom Volke heute noch unter dem Namen Purgierkörner als Abführmittel gebraucht neben der Wurzel der Zypressenwolfsmilch (*Euphorbia cyparissias*), die den Namen Bauernrhabarber führt. Letztere wird in Südfrankreich und Rußland noch heute häufig angewendet. Als eigentliche Zierpflanzen sind dagegen in unsere Gärten eingeführt worden: *Euphorbia fulgens*, ein in Mexiko heimischer Strauch mit leuchtendroten Blüten, *E. pulcherrima* aus Mexiko und Mittelamerika mit später etwas verholzten Stengeln und unscheinbaren Blüten, die von einer bis 25 cm im Durchmesser haltenden Rosette scharlachroter Brakteen (Deckblätter) umschlossen sind, sowie *E. splendens* aus Madagaskar mit lederigen, glatten Blättern und scharlachroten Blüten.

Aus Ostindien kam die Gartenbalsamine (*Impatiens balsamina*) zu uns, die in den verschiedenfarbigsten Spielarten als Zwerg-, Rosen- und Camellienbalsamine kultiviert wird. Aus Zentralafrika dagegen wurden die *Impatiens holsti* und die noch reicher blühende *Impatiens sultani* eingeführt, die häufig neben dem ebendorther bezogenen Usambaraveilchen in den Blumenläden anzutreffen sind. Aus Südafrika kam das meist als Kalla bezeichnete Aronsgewächs mit bis 1 m langen, herzförmigen Blättern und großer, weißer, tütenförmiger Blütenscheide zu uns, die als *Richardia* oder, nach dem 1797 zu Dolce bei Verona geborenen späteren Physikprofessor Francesco Zantedeschi, der verschiedene botanische Arbeiten verfaßte, als *Zantedeschia aethiopica* bezeichnet wird. Die Benennung Kalla stammt von Plinius, der zwei ganz verschiedene Pflanzen, die man als gefleckten Aronstab und Färberochsenzunge deutet, *calla* oder *calsa* nannte. Wegen ihrer schönen Blätter und Blüten ist die Kalla bei uns häufig auf Blumentischen als Topfzierpflanze anzutreffen, wie auch der aus Mittelamerika stammende, viel kleinere Blütenschweif (*Anthurium*) mit dunkelgrünen Blättern und scharlachroter Kolbenscheide, der *Dr.* Scherzer zu Ehren, welcher sie im Hochland von Guatemala gesammelt hatte, den Beinamen *scherzerianum* erhielt. Außer dieser mittelamerikanischen Art, welche außer in Guatemala auch in Costarica gefunden wird, werden von den etwa 200 Arten dieses Aronsgewächses aus dem tropischen Amerika verschiedene andere in unsern

Gewächshäusern kultiviert, so *Anthurium leuconeuron*, *magnificum*, *andreanum* und *pedato-radiatum*. Durch Bastardierung wurden mehrere neue Arten erhalten, die prächtige, teilweise bei guter Pflege auch im Zimmer gedeihende Blattpflanzen bilden.

Eine beliebte Zimmerpflanze ist auch die zur Familie der Asklepiadazeen gehörende kletternde Wachsblume oder Asklepia (*Hoya carnosa*) aus Ostindien und China mit glänzenden, fleischigen Blättern und großen Dolden blaßrötlicher, oben samtartig filziger, sehr wohlriechender Blüten, die förmlich vom ausgeschiedenen Nektar tropfen. Als zarteste aller Schlingpflanzen wird aber in Gärten zu verschiedenen Bekleidungen der aus Nordamerika stammende klimmende Erdrauch, *Fumaria* — oder (nach dem nordamerikanischen Namen) *Adlumia* — *cirrosa* gezogen, während die ebenfalls aus der Neuen Welt zu uns gekommene *Cobaea scandens* mit anfänglich grünen, dann violetten, glockenförmigen Blumen als reichblühendes einjähriges Schlinggewächs sehr häufig angetroffen wird. Sie bildet in ihrer Heimat Mexiko prächtige Girlanden von einem Strauch oder Baum zum andern. Ebenfalls aus Mexiko erhielten wir die rot- oder violettblühende Maurandia semperflorens, die gleicherweise zur Bekleidung von Lauben und Wänden gezogen wird. Demselben Zwecke dient die dieser sehr ähnliche rotblühende Kletterpflanze aus Mexiko *Lophospermum scandens*. Eine der schönsten Ampelpflanzen dagegen ist die aus Ostasien stammende einjährige *Torenia asiatica* mit lang herabhängenden Stengeln.

Schon 1753 wurde von Karl von Linné der aus Nordchina zu uns gekommene Doppelsporn (*Dicentra spectabilis*) als *Fumaria spectabilis* beschrieben, aber erst etwa 1848 in unsere Gärten verpflanzt. Diese 0,5–0,6 m hohe Gartenzierpflanze mit rosenroten, herzförmigen, hängenden Blüten in schlanken Trauben erfreute sich bald großer Beliebtheit und wurde mit verschiedenen, von ihrer Form hergenommenen Namen, wie Jungfernherz, flammendes oder hängendes Herz, bezeichnet. Ihre zweite botanische Benennung *Diclytra* ist durch einen Druckfehler aus *Dielytra*, was „mit doppelter Hülle" — wegen der Form der Blüte — bedeutet, entstanden. Sie gedeiht auch in Sibirien. Die 14 übrigen Arten der Gattung wachsen in Mittel-, Nord- und Ostasien, wie auch in Nordamerika. Aus letzterem Lande kamen die dunkelrosarote *Dexinia purpurea* und *D. formosa* zu uns. Beide halten im Freien aus, während die gelbblühende *Dexinia chrysantha* aus Kalifornien frostfrei überwintert werden muß.

Ein wunderhübsches, außer zur Verdeckung von Mauern auch als allerliebste Ampelpflanze gezogenes Pflänzchen ist das Zymbelkraut (*Linaria cymbalaria*) — wegen der zymbelförmigen Form der Blätter so genannt. Es ist aus Südeuropa bei uns eingewandert, wie auch das dort auf Felsen und altem Gemäuer wachsende große Löwenmaul (*Antirrhinum majus*) mit dichten Trauben heller oder dunkler purpurroter, seltener weißer Blüten mit meist gelbem Gaumen. Es wird in zahlreichen Spielarten in den verschiedensten Farbenschattierungen, auch als Zwergform in unsern Gärten gezogen und gelangte mit den europäischen Auswanderern nach Nordamerika, wo es heute an vielen Orten verwildert angetroffen wird. Auch verschiedene Arten von Fingerhut (*Digitalis*) haben ihren Weg in unsere Gärten gefunden, so der purpurrötliche, blaßgelbe und weiße.

Aus Amerika kamen die der letzteren verwandten Gauklerblumen (*Mimulus* — Diminitivum des griechischen *mímos* Gaukler, Gebärdekünstler, wegen der Form der Blumenkrone so genannt) zu uns und sind sehr geschätzte Zierpflanzen. Die wichtigsten sind: *Mimulus cardinalis* aus Kalifornien mit dunkelrot gefleckten oder gestreiften, über der Unterlippe gelbgebarteten Blumen, *Mimulus luteus*, vom südwestlichen Nordamerika bis nach Chile vorkommend, mit 3 cm langen, reingelben, bisweilen im Schlund und auf den Lappen des Saums purpurrot punktierten oder gefleckten Blüten, *M. moschatus* aus Oregon, Peru und Chile mit gelben, auf dem Gaumen gebarteten, fein braun punktierten, nach Moschus riechenden Blumen. Außer diesen werden noch andere Arten in vielen Varietäten und Blendlingen als Garten- und Zimmerpflanzen kultiviert. Unter dem Namen *Mimulus duplex* finden sich in Gärten Varietäten verschiedener Arten mit blumenkronenartigem Kelch, z. B. *M. cupreus calycanthemus*, d. h. die kupferne, kelchblumige Gauklerblume.

Auch die Salbeiarten haben verschiedene Zierpflanzen geliefert. Schon seit dem Altertum wurde die als Arzneipflanze und Küchengewürz in Südeuropa auf sonnigen Bergen wildwachsende Gartensalbei (*Salvia officinalis*) in Gärten angepflanzt. Es ist dies ein bis 1 m hoher Halbstrauch mit angenehm riechenden, grauweißlichen Blättern und blauen, auch roten und weißen Blüten. Aus in Dalmatien gezogenen Pflanzen gewinnt man ein gelbliches, ätherisches Öl, das verschieden verwendet wird. Die Römer, die sie *salvia*, d. h. Heilkraut nannten und arzneilich wie auch die Griechen verwendeten, brachten sie über die Alpen.

In den Verordnungen Karls des Großen über die in seinen Gärten zu kultivierenden Pflanzen findet sich auch die Salbei, die das ganze Mittelalter hindurch und teilweise heute noch als Küchengewürz, zu Gurgelwasser und gegen Nachtschweiße eine wichtige Rolle spielte. Stark betäubend riecht die ihr nahe verwandte Muskatellersalbei (*Salvia sclarea*), ein in Südeuropa und im Orient heimisches zweijähriges Gewächs mit bläulichweißen Blüten zwischen weißen Deckblättern, das bei uns häufig in Gärten gezogen wird und in Westdeutschland hier und da verwildert ist. Man setzt Kraut und Blätter dem Wein zu, um ihm Muskatellergeschmack zu geben. Mit Zucker und Hefe der Gärung unterworfen, gewinnt man aus ihm in England den *clary wine*. Stark gewürzhaft riecht auch die im östlichen Mittelmeergebiet heimische *Salvia pomifera*, ein Strauch mit graufilzigen Blättern und auf der

Unterlippe weißgefleckten Blüten. Infolge des Stiches einer Gallwespe entstehen an ihren jungen Trieben graue, runde, fleischige Auswüchse von 5 cm Durchmesser, die sehr angenehm gewürzhaft schmecken. Auch geben die Stengel mit Blättern und Blüten einen in Griechenland beliebten Tee. Viele andere Arten, wie *Salvia coccinea* aus Florida mit scharlachroten Blüten in sechsblumigen Quirlen, *S. cyaniflora* mit dunkelkornblumenblauen, quirlständigen Blüten in fast fußlangen Ähren, *S. fulgens* mit scharlachroten, 5 cm langen Blüten, beide aus dem Süden der Union, *S. patens* aus Mexiko, *S. splendens* aus Brasilien mit leuchtend ponceauroten Blüten und Brakteen in langen Ähren, *S. argentea* vom Parnaß mit großen, langwollig weißbehaarten, auf dem Boden liegenden Blättern u. a. werden bei uns als Zierpflanzen kultiviert.

Hübsche Zierpflanzen lieferte die in 90 Arten im tropischen und subtropischen Afrika heimische Labiatenfamilie *Coleus*. Von ihr werden eine große Zahl buntblätteriger Spielarten kultiviert, die sich besonders von *C. scutellarioides* in Ostindien und dessen Formen *pectinatus*, *verschaffelti*, *blumei*, *atropurpurea* u. a. ableiten. Manche Sorten derselben lassen sich nur in Gewächshäusern und Zimmern ziehen, andere dagegen können im Sommer ausgepflanzt werden.

Weiter sind von den Lippenblütigen die aus Chile stammende buchtige Trompetenzunge (*Salpiglossis sinuata*) zu nennen. Diese bis 1,3 m hohe Zierpflanze mit schönen Blüten wird in zahlreichen Spielarten in Töpfen gezogen und in Gruppen ins freie Land verpflanzt. Nordamerikanischen Ursprungs sind die ausdauernde *Pentastemon grandiflorus* mit verschieden gefärbten, schönen Blüten in traubigen Rispen und die glatte Schildblume mit roten oder weißen, in dichten Ähren stehenden Blumen. Die Wurzel der letzteren wirkt abführend und wird in ihrer Heimat, wie die sehr bittern Blätter, als Heilmittel gebraucht.

In Asien und Europa heimisch sind die häufig als Zierpflanzen in Gärten gezogenen Wollkräuter, unter denen die großblumige oder gemeine und die kleinblumige oder echte Königskerze (*Verbascum thapsiforme* und *V. thapsus*) die gebräuchlichsten sind. Unter *thápsos* oder *thápsia* verstanden die alten Griechen eine zum Gelbfärben benutzte Doldenpflanze (*Thapsia garganica*), während die Königskerze bei ihnen *phlómos* hieß. Der ältere Plinius sagt in seiner Naturgeschichte: „Die Königskerze (*verbascum*) heißt bei den Griechen *phlómos*. Geschwollene Drüsen heilt man so damit, daß man sie, samt der Wurzel zerstoßen, mit Wein benetzt und in das Blatt gewickelt in Asche warm macht und sie noch warm auflegt. Es gibt Leute, die versichern aus eigener Erfahrung, dieses Mittel wirke am besten, wenn eine Jungfrau es nüchtern dem Nüchternen auflege, es mit der oberen Handfläche berühre und dabei sage: ‚Apollo sagt, jedes Übel werde gehemmt, dem eine Jungfrau entgegentritt.' Sie muß sodann die Hand umwenden, dreimal so sprechen, und beide müssen dreimal ausspucken." Auch sein Zeitgenosse Dioskurides, der eine weiße und schwarze Königskerze (*phlómos*) unterscheidet, sagt, daß sie gegen verschiedene Krankheiten gebraucht werde. Die alten Griechen benutzten die wolligen Blätter mehrerer Arten als Lampendocht oder tauchten die ganze Pflanze in Pech, um sie als Fackel zu gebrauchen; daher der Name *phlómos*. Der Flaum der Blätter, der aus baumförmig verzweigten Haaren besteht, diente früher als Zunder. Im Volksglauben der Deutschen war die Königskerze das Symbol der Königswürde. Die Jungfrau Maria wird vielfach ihren Blütenstand, gewöhnlich Himmelbrand genannt, in der Hand haltend dargestellt. Ihre süßlich-schleimig schmeckenden Blüten bilden heute noch einen wichtigen Zusatz zu allen Brustteearten und werden vom Volke zu Tee angebrüht gegen Bronchitis und leichte Fieberanfälle gebraucht. Gleicherweise werden die Blätter des großen Wegerichs (*Plantago major*), aus denen man Hustenzeltchen fabriziert, gegen Luftröhrenkatarrh verwendet. Von dem auf Sandboden in Deutschland wachsenden Sandwegerich (*Plantago arenaria*) werden die Samenschalen wegen ihres großen Schleimgehalts von Wäscherinnen zum Stärken von Wäsche, wie auch in der Färberei und Kattundruckerei und zur Appretur von Lodenstoffen benutzt.

Auch mehrere Arten von Ehrenpreis (*Veronica*), Sommergewächse, Stauden und immergrüne Kalthaussträucher, letztere von exotischer Herkunft, werden als Zierpflanzen kultiviert. Die Gattung hat ihren Namen von der frommen Frau (angeblich mit dem griechischen Namen Berenike, woraus die mittelalterlichen Lateiner, die diese Sage ausbildeten, Veronika machten) in Jerusalem, die Jesus auf seinem Todesgang ihr Kopftuch zum Abtrocknen von Schweiß und Blut darreichte und zum Lohn dafür auf dem zurückgereichten Tuch den Abdruck seines Antlitzes erhielt.

Als alte Arzneipflanze wird auch das an allen Teilen stark gewürzhaft riechende und schmeckende Liebstöckel (*Levisticum officinale*) mit grünlichgelben Doldenblüten in Bauerngärten angepflanzt. Es stammt aus den Gebirgen Südeuropas, wird bis 2 m hoch und wurde schon im Altertum in Gärten gezogen. Es hieß bei den alten Römern *ligusticum*, woraus sich die deutsche Bezeichnung Liebstöckel bildete. Plinius sagt von ihm: „Das *ligusticum* wächst in Ligurien und hat davon den Namen. Übrigens wird es überall in Gärten gezogen, heißt auch *panax* (d. h. Allheilmittel)." Außerdem wurde es in Südeuropa als Einmachgewürz benutzt. Columella im 1. Jahrhundert n. Chr. sagt von ihm, daß es nebst andern gewürzhaften Kräutern für die Küche eingemacht werde. Karl der Große empfahl dessen Anbau in den kaiserlichen Gärten. Im Mittelalter wurde es häufig angewandt und war damals in allen Gewürz- und Arzneigärten angepflanzt, ist aber heute ziemlich außer Gebrauch gekommen.

Ein ähnliches Küchengewürz und Arzneimittel war den Alten das Bohnenkraut (*Satureja hortensis*), das bei den Griechen *thýmbra*, bei den Römern *satureja* hieß. Es wurde und wird ebenfalls in Gärten gezogen und schmeckt dann milder als die wildwachsende Pflanze. Auch dieses Kraut ließ Karl der Große in seinen Gärten anpflanzen. Vom Mittelalter bis heute spielte es als Bohnenkraut beim Einmachen von Gartenbohnen eine gewisse Rolle. Wichtiger ist die Gartenmelisse (*Melissa officinalis*), die ebenfalls aus Südeuropa zu uns kam und, seit sie durch die Mönche in die mitteleuropäischen Gärten eingeführt wurde, wegen des angenehmen Geruchs der ganzen Pflanze als Zier- und Heilpflanze überall angebaut wird. Aus ihr wird das in der Wirkung dem Pfefferminzöl ähnliche ätherische Melissenöl und Melissenwasser gewonnen; außerdem ist sie der Hauptbestandteil der *species resolventes*, d. h. des zerteilenden Tees, und des früher berühmten, von den Karmelitermönchen als Geheimnis ausgegebenen Karmeliterwassers. Auch sie wurde von den alten Griechen und Römern arzneilich gebraucht; da aber unsere Gartenmelisse nur auf den Gebirgen Südeuropas vorkommt, gebrauchten sie gewöhnlich die in den Ebenen wachsende *Melissa altissima.* Sie hieß bei den Griechen *melissóphyllon* und bei den Römern *apiastrum.* Ebenso wurde der an felsigen Stellen Südeuropas wachsende Ysop (*Hyssopus officinalis*) arzneilich gebraucht. Columella sagt, daß man aus ihm auch einen Würzwein mache. Heute noch wird diese an allen Teilen stark gewürzhaft riechende Pflanze in Bauerngärten angepflanzt.

Ein auch bei uns allgemein kultivierter, einst hochgeschätzter Strauch ist der in Südeuropa heimische, 1–1,3 m hohe, immergrüne gemeine Rosmarin (*Rosmarinus officinalis*) mit schmalen, lederigen, am Rande zurückgerollten, unterseits weißfilzigen, stark balsamisch-kampferartig riechenden Blättern und blauen Lippenblüten. Die Pflanze wächst in Griechenland und Italien wild, wird aber auch in Gärten gehalten. Bei den alten Griechen hieß sie *libanōtís* (von *líbanos* Weihrauch, wegen des aromatischen Geruches ihrer Blätter) und wurden mit Rosen und Veilchen viel zu Kränzen benutzt; die Römer dagegen nannten sie *ros marinus* oder *ros maris*, was wahrscheinlich aus dem griechischen *róps* (niedriges Gesträuch) und *mýrinos* (balsamisch) abzuleiten ist. Nach Dioskurides wurde der Rosmarin auch als Arznei verwendet; er soll nach ihm erwärmende Eigenschaften haben. Ein Grieche erzählt in den Geoponika über die Entstehung dieses wohlriechenden Strauches: „Es lebte einmal ein Jüngling namens Libanos, der die Götter fromm verehrte, und den neidische Menschen eben deswegen töteten. Da aber brachte die Erde zur Ehre der Götter eine Pflanze hervor, welche nach dem Namen des Ermordeten *dendrolíbanon* (Baumweihrauch, wie der Rosmarin außer *libanōtís* von den Griechen genannt wurde) genannt wird. Die Götter freuen sich mehr, wenn man ihnen einen Kranz von diesem Baumweihrauch (Rosmarin) weiht, als wenn man ihnen einen solchen von

Gold aufsetzt.“ Außer den Götterbildern pflegten bei den Römern auch die Bildsäulen der Laren mit Rosmarin bekränzt zu werden. Karl der Große empfahl, ihn in seinen Gärten zu pflanzen. Noch heute tragen nach uralter Sitte die Landleute, die diese Pflanze stets in ihren Gärten ziehen, bei Leichenbegängnissen statt der älteren Zitrone einen Rosmarinzweig in der Hand. Schöne, aus Nordamerika zu uns gebrachte, höchst aromatisch duftende, großblütige Verwandte des Rosmarins sind die in Gärten kultivierten Monardaarten (*M. dydima* und *M. fistulosa*), die man in ihrem Vaterlande auch als Heilmittel gebraucht. Ihren Namen erhielten sie von dem mehrfach erwähnten spanischen Arzt Nikolaus Monardes in Sevilla (1493–1578).

Eine uralte Heilpflanze der europäischen Völker, die früher als Universalmittel gegen viele Krankheiten galt, ist die ebenfalls zu den Lippenblütlern gehörende gemeine Verbene (*Verbena officinalis*) mit blauen Blüten in rispigen Ähren. Sie wächst häufig an Wegen und Dorfstraßen und galt schon den alten Ägyptern, die sie als der Heilgöttin Isis geweihte Pflanze betrachteten, für heilig. Unter *verbena*, das sich bei den alten römischen Schriftstellern häufig findet, verstanden die alten Römer allgemein ein bei sakralen Handlungen wie Opfern, Bündnissen und Kriegserklärungen gebrauchtes Kraut. Der alte Grammatiker Acro sagt uns darüber: „Verbenen sind alle Pflanzen, die bei festlichen Gelegenheiten zur Bekränzung der Altäre gebraucht werden. Das Wort hat ursprünglich *herbenae* (von *herba* Kraut) geheißen, ist aber durch veränderte Aussprache des *h* in *verbenae* übergegangen, wie man auch statt *Heneti Veneti* (Venetier) und statt *hesperus vesperus* (Abendstern) sagt.“ In diesem Sinne sagt Horaz (65–8 v. Chr.) in der neunten Ode des vierten Buches: „Mein Altar ist mit Verbenen geschmückt, und ein Lamm soll geopfert werden.“ Ähnlich schreibt Vergil (70–19 v. Chr.) in seiner achten Ecloge: „Verbrenne Verbenen und Weihrauch!“ Dazu bemerkt der um 380 n. Chr. lebende Servius: „Verbenen sind immergrüne, wohlriechende Zweige. Andere sagen, es seien überhaupt zu heiligen Handlungen dienende Zweige. Noch andere meinen, darunter seien vornehmlich Ölzweige zu verstehen; andere beziehen es auf den Rosmarin. Immer kommts aber darauf hinaus, daß es grüne Zweige sind.“ An einer anderen Stelle sagt derselbe Servius zu Vergils Äneide Buch 12, Vers 120, wo erzählt wird, Äneas habe mit Turnus ein feierliches Bündnis schließen wollen und dabei seien die daran Beteiligten mit *verbena* bekränzt gewesen: „Verbena bedeutet an sich ein heiliges Kraut (*herba sacra*), namentlich, wie viele glauben, den Rosmarin (*rosmarinus*), den man (mit der griechischen Bezeichnung) *libanotis* nennt, wenn es nämlich von der heiligen Stelle des Kapitols genommen wurde, und die Fetialen und der *pater patratus* (beides Bezeichnungen für die im Namen des Staats dergleichen Verhandlungen führenden Priester) sich damit bekränzten, wenn sie Bündnisse schließen oder Krieg ankündigen wollten.“ Statt *verbena* wird öfter auch der Ausdruck *sagmina* gebraucht. So erzählt Livius in I, 24, 4, daß der römische Fetial Marcus Valerius bei Abschließung des Bündnisses zwischen dem Könige Tullus (Hostilius, 3. römischen König, regierte von 672–640 v. Chr.) und den Albanern „*sagmina*, nämlich reine Kräuter" aus der Burg geholt habe, und daß der Fetial alsdannn den Spurius Fusius zu seinem Gehilfen (*pater patratus*, wörtlich gevaterter Vater) erwählte, indem er dessen Haupt und Haar mit der *verbena* berührte. Der ältere Plinius sagt: „Von jeher haben sich die Römer der *sagmina* bedient, wo es sich um religiöse Feierlichkeiten handelte, durch die dem Staate aufgeholfen werden sollte, zugleich auch bedienten sie sich bei Opfern und Gesandtschaften der *verbenae*. Jedenfalls bedeuten beide Wörter dasselbe, nämlich ein samt dem daran haftenden Erdballen auf der Burg (dem Kapitol) ausgerissenes Kraut, und immer hieß einer der an die Feinde geschickten Gesandten *verbenarius*." Und Festus gibt über *sagmen* folgende Erklärung ab: „*Sagmina* heißen die *verbenae*, d. h. reinen Pflanzen, welche an einem heiligen Orte vom Konsul, Prätor oder von abreisenden Gesandten, welche ein Bündnis schließen oder Krieg verkünden wollen, geholt waren." Nach Stellen aus Vergil und Horaz wurden Verbenen auch bei der Venus dargebrachten Opfern gebraucht.

Zum Unterschied zu der heiligen *verbena* benennt Plinius unsere gemeine Verbene (*Verbena officinalis*), die beim Volk — wohl wegen ihrer starken vermeintlichen Wirkung als Heil- und Zauberkraut — Eisenkraut heißt, als *verbenaca*, während sie die Griechen als *peristereón hýptios* oder heilige Pflanze (*hierá botánē*) oder Zeusohr (*Diós ēlakátē*), *erigénion*, *chamailýkon*, *sideritís*, *kurítis*, *persephónion*, *kallésis*, *hippársion* oder *dēmétrias* bezeichneten. Schon diese zahlreichen Benennungen beweisen uns die hohe Achtung, die das Eisenkraut bei den Kulturvölkern am Mittelmeer genoß. Auch bei den Kelten galt das Eisenkraut als heilig und wurde unter feierlichem Ritual beim Opfer dargebracht. Als Zierpflanzen sind von den 80 meist amerikanischen Arten zu nennen: *Verbena chamaedrifolia*, ein Halbstrauch mit leuchtend scharlachroten Blüten aus Argentinien und Südbrasilien, der 1829 durch Pater Feuille in die europäischen Gärten eingeführt wurde, dann *Verbena teucrioides* aus Brasilien mit weißen oder rötlichen, wohlriechenden Blüten. Ihre Blendlinge mit der vorigen Art bezeichnet man als *Verbena hybrida*. Sie sind es, die in unseren Gärten als Zierpflanzen gezogen werden und wichtige Florblumen darstellen. Sie haben ähnlich den Aurikeln ein weißes Auge und werden in allen Farben kultiviert. Auch Kreuzungen dieser mit der argentinischen *Verbena tenera* sind wichtig. Die gestreiften italienischen Spielarten stammen aus Kreuzungen von *Verbena pulchella* mit *V. incisa*, die beide ebenfalls aus Argentinien zu uns kamen. Die Gartenverbenen sind ungemein veränderlich, doch hat man unter ihnen auch zahlreiche samenbeständige Farbenvarietäten.

Verwandt mit diesen Gartenverbenen ist die ebenfalls südamerikanische *Aloysia citriodora*, ein 0,6–1,2 m hoher Strauch mit nach Zitronen riechenden Blättern, die in seiner Heimat als Heilmittel gebraucht werden. Bei uns wird er wegen derselben in Töpfen gezogen. Ebenso ist die ihr verwandte duftende Volkmarie (so genannt nach dem Präsidenten der Kaiserlichen Akademie, dem Naturforscher Joh. Georg Volkmar aus Nürnberg, 1616–1693) (*Clerodendron fragrans*), eine etwas filzige Topfpflanze aus Japan mit fast herzförmigen, gezähnten Blättern, wegen der weißlichen oder rötlichen, wohlriechenden Blüten bei uns als Zimmerpflanze beliebt.

Nahe verwandt mit dem Oleander, der im nächsten Abschnitte besprochen werden soll, ist das in den Laubwäldern Europas bis nach Norddeutschland wildwachsende kleine Immergrün (*Vinca minor*), dessen zahlreiche nichtblühende Stengel niedergestreckt und reich beblättert sind und Wurzeln schlagen, während die blühenden aufrecht stehen. Die Blüten sind langgestreckt, blau, bei einigen Spielarten weiß, violett, rot, purpurn, einfach oder gefüllt. Noch schöner ist das in allen Teilen größere Immergrün (*V. major*) mit kürzern Blütenstielen und hellblauen Blumen. Eine seiner Spielarten hat goldgelb gezeichnete Blätter, eine Varietät, die es übrigens auch vom kleinen Immergrün gibt. Beide Arten benutzt man vorzugsweise zur Ausschmückung schattiger und feuchter Stellen des Gartens, wo aus Lichtmangel keine anderen Pflanzen gedeihen, außerdem als Schmuck von Gräbern. Alle diese Arten blühen schon vom März an bis zum Juni und oft noch einmal im Herbst. Man vermehrt sie durch Teilung der Stöcke und durch Ausläufer, die sich häufig schon bewurzelt finden. Eine meist in Gewächshäusern kultivierte, ausdauernde Art der Antillen ist *Vinca rosea* mit langröhrigen, dunkelrosenroten, im Schlunde purpurnen Blumen.

Ein südasiatischer Strauch ist der in Gärten Südeuropas häufig kultivierte Jasmin (*Jasminum grandiflorum*), der seinen Namen vom persischen *jâasman* oder *jasmin* hat. Seine langen, biegsamen Äste sind als Pfeifenröhren, namentlich in der Türkei, sehr beliebt. Die wohlriechenden weißen Blüten waren früher als Arznei gebräuchlich, werden jetzt aber nur noch als Parfüm, sowie zur Bereitung des in der Parfümerie geschätzten ätherischen Jasminöls gebraucht, indem man sie mit dem zu Pomade beliebten Behenöl von *Moringa oleifera* übergießt. Ein im Orient, in Süd- und Ostasien häufig angepflanzter Zierstrauch ist der in Ostindien heimische arabische Jasmin oder Sambac (*Jasminum sambac*), dessen blaße Blüten wie bei allen Nachtblumen erst nach Sonnenuntergang einen starken Wohlgeruch aushauchen, weshalb sie als Opfer und zum Ausstreuen in Tempeln, wie auch zum Parfümieren des chinesischen Tees dienen. Aus ihnen wird aber ebenfalls ein ätherisches Jasminöl und ein dem Rosenwasser ähnliches Wasser dargestellt. Mit den orangefarbenen Blumenkronröhren färbt man in Ostindien statt des Safrans Speisen und andere Gegenstände gelb. In derselben Weise werden die gelben Blüten des ihm verwandten ostindischen Trauerstrauchs (*Nyctanthes arbor tristis*) verwendet.

Als wilder Jasmin oder wohlriechender Pfeifenstrauch wird der aus China und Japan zu uns gekommene *Philadelphus coronarius* mit starkriechenden, einfachen und gefüllten, grünlichweißen Blüten und gefüllten Blättern kultiviert und ist auch stellenweise um Dörfer herum verwildert. Seine geraden Schosse dienen zu Pfeifenröhren und die Blüten zum Extrahieren des Parfüms. Auch *Philadelphus satsumi* aus Japan, *P. latifolius*, *pubescens* und *gordonianus* aus Nordamerika werden in unsern Parks gezogen. Dem wohlriechenden Pfeifenstrauch ähnliche Blüten hat der sehr ästige, 1 bis 2 m hohe japanische Zierstrauch, die rauhblätterige Deutzie (so genannt nach dem Amsterdamer Ratsherrn Joh. Deutz, dem Förderer von Thunbergs botanischen Reisen), *Deutzia scabra*, die in unsern Anlagen zu finden ist, während die dieser ähnliche, aber kleinere zierliche Deutzie (*D. gracilis*) als frühblühende Topfpflanze bei uns beliebt ist.

Ebenfalls in Japan und im nördlichen China heimisch ist die mit den vorigen verwandte Hortensie (*Hydrangea hortensis*), ein bis 1 m hoher Strauch mit ursprünglich rosenroten Blüten in oft 30 cm im Durchmesser haltenden Trugdolden. Die „gefüllte", d. h. nur mit großen, unfruchtbaren Blüten versehene Abart wurde 1788 in den berühmten, 1730 gegründeten botanischen Garten in Kew bei London eingeführt und erhielt ihren Namen vom englischen Botaniker Commerson, der sie 1767 in China entdeckte, nach seiner Freundin, Frau Hortense Lapeaute, die ihren Gemahl, der als Astronom mit ihm zusammen an der Bougainvilleschen Expedition teilnahm, begleitete. Die einfachblühende Form mit fruchtbaren Blüten wurde erst in neuester Zeit eingeführt. Die rotblühende Form kann man durch Zusatz von Eisen und Alaun in eine blaublühende verwandeln. Zu diesem Zwecke setzt man dem Wasser, mit dem man die in Töpfen gezogene Pflanze begießt, 5 g Eisen-Ammoniakalaun auf 1 Liter Wasser oder etwas Eisenvitriol bei. Die Gärtner pflegen der Erde schon beim Einpflanzen im August etwas Eisenfeilspäne — etwa 15 g auf 1 Liter Erde — beizugeben. Am besten dient hierzu eisenhaltige Erlenbruch- oder Sumpfmoorerde; in solcher entwickelt die Hortensie beständig blaue Blüten. Sie findet sich auch in Japan und entsteht bei uns zuweilen von selbst. *Hydrangea paniculata*, ein Strauch mit weißlichen, später rötlichen, unfruchtbaren Blüten, wächst in Japan und auf Sachalin und wird bei uns besonders in großblumigen Varietäten als winterharter Zierstrauch angepflanzt, wie auch die weißblütige nordamerikanische baumartige Hortensie (*Hydrangea arborescens*), die in Virginien zu Hause ist und 3 m hoch wird. Die Blätter von *H. thunbergi* dienen den Japanern zum Tee, der von ihnen wegen des Wohlgeschmacks Himmelstee genannt wird.

Die Erikazeen mit etwa 420 Arten wachsen in Europa besonders im Mittelmeergebiet, am reichsten aber im Kapland, und zwar fast ausschließlich in der Nähe der Westküste. Von den einheimischen Arten werden außer dem Alpenheidekraut, der fleischroten Heide (*Erica carnea*), auch einige Verwandte derselben in Gärten gezogen. Den Namen erhielt die Pflanzengattung vom griechischen *ereíkē*, womit von den Alten die südeuropäische baumartige Heide (*Erica arborea*) wegen ihrer brüchigen Äste (von *ereíkein* brechen) bezeichnet wurde. Dioskurides schreibt in seiner Arzneimittellehre: „Die Baumheide (*ereíkê*) ist ein buschiger Baum, der Tamariske ähnlich, aber weit kleiner. Aus ihren Blüten holen die Bienen einen Honig, der gar nicht beliebt ist." Sein Zeitgenosse, der ältere Plinius, sagt: „Erice nennen die Griechen einen Strauch, der der Tamariske ähnlich, wie Rosmarin gefärbt ist, fast ebensolche Blätter hat und die Schlangen verscheuchen soll." Diese Baumheide wird 10 m hoch, hat kleine, fast kugelige, in Trauben vereinigte, wohlriechende Blüten, überzieht in manchen Gegenden Griechenlands weite Strecken und liefert namentlich den Bienen in Attika eine Hauptnahrung; doch hat der von diesen Pflanzen gesammelte Honig (*eríka-méli*, Heidehonig) einen eigentümlichen Geruch zum Unterschied des beliebten und teuren, schon im Altertum berühmten Honig des Berges Hymettos, der vorzüglich von *Rosmarinus* und *Thymus capitatus* von Bienen gesammelt wird. Das fleisch- bis ziegelrote maserwüchsige Wurzelholz der auf den Kanaren bis 20 m hoch werdenden Baumheide, das besonders aus Spanien, Südfrankreich und Korsika ausgeführt wird, wird zu Schnitz- und Dreharbeiten, besonders aber zu Pfeifenköpfen verwendet. Außer den einheimischen werden neuerdings besonders viele Erika-Arten vom Kap der Guten Hoffnung als Zierpflanzen kultiviert. Sie fordern eine besondere Behandlung in den sogenannten „Kaphäusern" und zeichnen sich durch große Zierlichkeit aus. Ihre mannigfach geformten Blüten zeigen das reinste Weiß, zartes Rosa, feuriges Rot, Purpur, seltener Gelb und Grün. Winterharte europäische Arten, wie die Sumpfheide (*Erica tetralix*) und *E. ciliaris* aus Südwesteuropa, besonders aber *Erica carnea* aus Südeuropa, ein zeitiger Frühjahrsblüher mit weißen oder roten Blüten, kultiviert man im Garten am Rande von Gebüschen, als Einfassungen und auf Moorbeeten. In Australien und Ozeanien sind die Erika-Arten durch die Epakridazeen vertreten, von denen ebenfalls zahlreiche zur Zierde in unseren Gärten gezogen werden. Manche von ihnen haben eßbare Früchte, von denen die der *Styphelia sapida* am meisten geschätzt werden.

Zu den Erikazeen gehören auch die Rhododendren oder Alpenrosen. Wörtlich übersetzt heißt das griechische *rhododéndron* Rosenbaum, wegen der rosenroten Blüten. Im Altertume verstand man unter dieser Bezeichnung den ebenfalls rotblütigen Oleander (*Nerium oleander*). Öfter findet man in unseren Gärten die rostblätterige Alpenrose (*Rhododendron ferrugineum*), die Königin der Alpenpflanzen, angesiedelt. Als Schneerose ist sie schon viel besungen worden und dient den Älplern als beliebter Schmuck. Auch zieren damit die Bergwanderer ihre Hüte. Häufiger als sie werden ausländische Arten als Zierpflanzen in Gärten und Gewächshäusern kultiviert, so vor allem die aus den Bergen Kleinasiens zu uns gekommene pontische Alpenrose (*Rh. ponticum*) mit mattvioletten Blüten, die kaukasische Alpenrose (*Rh. caucasicum*) mit großen, blaßgelben Blüten aus dem Kaukasus, die goldblütige Alpenrose (*Rh. chrysanthum*) mit goldgelben Blüten aus Sibirien. Sehr zahlreiche baumartige Rhododendren wachsen an den Abhängen des Himalaja, so die baumartige Alpenrose (*Rh. arboreum*), die in Höhen von 1600–3300 m vorkommt und in ihrer Heimat, von Kaschmir bis Nepal, 6–9 m hoch wird. Sie hat große, dunkelrote Blüten, wird aber in verschiedenen Abänderungen in den Gärten gezogen. Die Unterfläche der Blätter dieser Art ist mit einer süßen, zuckerartigen Masse überzogen, die bisweilen in durchsichtigen Tropfen hinabhängt und von den Gebirgsbewohnern Indiens gegessen wird. Die eigentliche Alpenrose des Himalaja ist aber *Rh. dalhousianum* (der Lady Dalhouse zu Ehren benannt), die wohlriechende, weiße oder rosafarbene Blüten von 13 cm Umfang mit dem feinsten Aroma erzeugt, welche ohne Unterbrechung 2–3 Monate aufeinander folgen. Sie findet sich im Sikkim-Himalaja in einer Höhe von 1600–2600 m, während *Rh. nivale* daselbst nur an der Grenze des ewigen Schnees gedeiht. Aus Nordamerika stammen *Rhododendron maximum*, die der pontischen gleicht, aber höher wird, mit zart fleischroten bis fast weißen, innen gelb und grün gefleckten Blüten und *Rh. catawbiense* mit dunkelroten Blüten. Alle diese Arten wurden untereinander gekreuzt und haben sehr viele Blendlinge geliefert, die teilweise wundervolle Blüten aufweisen und den Stolz unserer Gewächshäuser bilden.

Ähnlich verhält es sich mit den den Rhododendren verwandten Azaleen, so genannt nach dem griechischen *azaléos* trocken, dürr, weil sie meist an dürren Orten wachsen. Auch sie sind wie jene sämtlich Hochgebirgspflanzen, die in zahlreichen Spielarten und Kreuzungsprodukten mit den Rhododendren einen wichtigen Teil unseres Frühlingsflors ausmachen. Die 40 Arten derselben wachsen in Nordamerika, Ostasien und eine einzige im Kaukasus. Die prachtvollsten Sorten kamen ums Jahr 1800 aus China zu uns, unter welchen *Azalea indica* mit roten Blüten, die dort seit alter Zeit als beliebte Zierpflanze kultiviert wird, die Stammmutter der meisten Spielarten ist und in zahlreichen Varietäten und Blendlingen in unsern Kalthäusern kultiviert wird. Sie ist wahrscheinlich auf vier Arten zurückzuführen und wird in bezug auf Blütenreichtum, Glanz und Farbenpracht der Blumen von keiner anderen Pflanzengattung übertroffen. Alle von der indischen Art abstammenden Azaleen haben meist 10 Staubgefäße und bleibende Blätter, weshalb sie auch zur Familie der Rhododendren gezählt werden. Alle übrigen, die pontischen, japanischen und amerikanischen Arten haben nur 5 Staubgefäße und abfallende Blätter. Die ersteren erfrieren bei uns im Freien, können also nur in Kalthäusern gezogen werden, während letztere unsere Winter im allgemeinen ertragen und mit nur leichtem Schutz im Freien ausdauern. Am frühesten, nämlich schon seit 1793, wurde bei uns die in den Gebirgen des nördlichen Kleinasien heimische pontische Azalee (*A. pontica*) eingeführt. Es ist dies ein 1–2 m hoher Strauch mit großen, goldgelben, wohlriechenden Blüten. Der Nektar ihrer Blüten ist sehr stark narkotisch, so daß der von ihm gesammelte Honig betäubt und selbst Raserei zur Folge hat, wie schon die zehntausend Griechen, die unter Xenophons Führung im Jahre 400 v. Chr. den berühmten Rückzug aus Mesopotamien über das armenische Hochland nach Trapezunt am Schwarzen Meere machten, an sich erfuhren. Außer ihr werden bei uns im Freien meist die amerikanischen Arten: *Azalea punicea*, *mucronata*, *amoena*, *calendulacea*, *arborescens* und *viscosa*, wie auch deren Kreuzungsprodukte gezogen.

Ein anderer, wegen seiner wundervollen Blüten bei uns als Topfpflanze, aber schon in wärmeren Lagen Norditaliens und Südfrankreichs im Freien gezogener Zierstrauch, der aus Ostasien zu uns kam, ist die Camellie oder japanische Rose. Diese mit den Teegewächsen die Familie der Ternströmiazeen (nach dem Schweden C. Ternström, der China durchforschen wollte, aber 1745 vor Erreichung dieses Zieles starb, so genannt) bildende Pflanze erhielt nach dem Abbé Berlese in Paris, dem Verfasser einer Monographie der Camellien, ihren Namen von Karl von Linné nach dem Jesuiten Georg Josef Kamell (*Camellius*), der als gelernter Apotheker in Manilla auf den Philippinen 1639 allerlei Pflanzen, die medizinisch von Wichtigkeit sein könnten, sammelte. Die Camellien sind dem Teestrauche ähnliche Sträucher im Himalaja, in Cochinchina, China und Japan. Die prächtigste Art ist die *Camellia* (oder *Thea*) *japonica*, ein 12–15 m hoher Strauch mit lederartigen, immergrünen Blättern und reichlich erscheinenden, endständigen, stiellosen, großen, roten Blüten, die sich leicht füllen. Sie wird in Japan in Hecken und in China als Zierpflanze angebaut. Aus ihren braunen Samen wird dort ein dem Olivenöl ähnliches Öl gepreßt, das als Heilmittel und zum Hausgebrauch benutzt wird. Sie wurde 1739 von Lord Petre von Japan nach England gebracht und hier mit der erst gegen das Ende des 18. Jahrhunderts in Europa eingeführten chinesischen Art vielfach gekreuzt. Man zieht heute von ihr mehrere hundert prachtvolle Varietäten mit roten, rosenroten, weißen und weißgestreiften, gesprenkelten oder gefleckten Blüten. Sie blühen bei uns in Gewächshäusern von Februar bis April, doch bringt man viele Sorten durch künstliches Antreiben schon im Oktober und November zur Blüte. Bei sorgfältiger Pflege gedeiht sie auch im Zimmer, erträgt aber sehr schlecht einen Wechsel des Standortes, da in solchem Falle die Blüten regelmäßig abfallen. Die in China und Japan einheimische, in letzterem Lande *sasankua* genannte kleinere, zartere Verwandte, *Camellia sasankua* mit stumpferen, weicheren Blättern und kleineren Blüten, wird in ihrer Heimat häufig kultiviert. Nicht nur werden ihre wohlriechenden, weißen Blüten vielfach dem chinesischen Tee beigemengt, um ihn zu parfümieren, sondern auch die getrockneten Blätter unter die Teeblätter gemischt, desgleichen für sich allein als Tee benutzt. Mit einer Abkochung derselben waschen die Japanerinnen ihr Haar, und aus den Samen gewinnt man ein geschätztes, wohlriechendes Öl. In Nepal wird *Camellia kissi* mit stark wohlriechenden Blüten ebenfalls als Teesurrogat verwendet und liefert aus den Samen ein gutes Öl. Nach den japanischen Camellien gelangte dann auch aus China die reichblühende *Camellia reticulata* mit breiten Blättern und großen Blüten zu uns und lieferte durch Kreuzung mit jenen zahlreiche Blendlinge mit schönen, bunten Blüten.

Unter den Nachtschattengewächsen sind einige Stechapfelarten als Zierpflanzen von Bedeutung, so die *Datura metel* mit nachts sich öffnenden zarten, weißen, fast wie Lilien riechenden Blüten. Sie wächst im Mittelmeergebiet, in Afrika und Südasien und wird in Indien, Persien und Arabien zur Bereitung von Berauschungsmitteln mit Haschisch, Opium und Gewürzen verwendet. *Datura fastuosa* (d. h. die schöne, stolze) mit großen, weißen, bisweilen außen violetten, auch gefüllten, wohlriechenden Blüten in Ost- und Südasien, dem malaiischen Archipel und dem tropischen Afrika wird in Indien und China wie der Stechapfel bei uns benutzt und als Zierpflanze kultiviert. Sie wird auch bei uns in Töpfen gezogen, muß aber frostfrei überwintert werden. Gleicherweise ist dies mit *Datura suaveolens* (d. h. der angenehm riechenden) und der 3–4 m hohen *D. arborea* (d. h. der baumartigen) der Fall, die beide in Chile und Peru heimisch sind und große, hängende, weiße, besonders gegen Abend wohlriechende Blüten besitzen. Ebensolche hängende, große, aber statt weiße von der Basis bis zur Mitte gelbe, in der oberen Hälfte jedoch mattrote, mit blutroten Streifen durchzogene Blüten weist die ebenfalls strauch- oder baumartige *D. sanguinea* in Peru auf. Aus deren Blüten bereiteten sich die Peruaner, wie wir bereits erfuhren, einen berauschenden Trank, den einst die Priester des Sonnentempels in Sagamossa, dem peruanischen Orakelsitze, tranken, um sich mit den Geistern der Verstorbenen in Verbindung zu setzen. Deshalb wird die Pflanze heute noch von den Peruanern *yerba de huaca*, d. h. Gräberpflanze, genannt. Von Nachtschattengewächsen werden auch manche Arten des Tabaks als Zierpflanzen kultiviert, so *Nicotiana tabacum var. purpurea latissima* und die 3 m hoch werdende *N. glauca* aus Mexiko, ferner *N. longiflora* und *affinis*, letztere mit großen, wohlriechenden Blüten, beide aus Chile, die gewaltige *N. tomentosa* aus Peru und die *N. wigandioides* mit 1 m langen und 60 cm breiten Blättern aus Venezuela.

Ebenfalls südamerikanischer Herkunft sind die bei uns als Gartenzierpflanzen so beliebten Fuchsien, die nach dem von Karl V. geadelten Schwaben Leonhard Fuchs (1501–1565) so genannt wurden. Dieser war zuerst Schullehrer in seinem Geburtsorte Wemding in Schwaben, erwarb sich dann als Arzt und Botaniker großen Ruf und starb als Professor der Medizin in Tübingen. Neben Otto Brunsfeld und Hieronymus Bock (genannt Tragus) war er der Begründer der vaterländischen Pflanzenkunde und gab die damals besten Pflanzenabbildungen heraus. Sein in Basel gedrucktes New Kreuterbuch besaß einst großes Ansehen, so daß es noch 1643 neu aufgelegt wurde. Die Fuchsien sind Sträucher oder kleine Bäume mit vorherrschend roten Blüten mit gefärbtem Kelch, vier Blumenblättern und kleinen, fleischigen, vielsamigen, dunklen Beeren. Über 60 Arten derselben finden sich in den Gebirgen von Mexiko bis zum Süden von Chile in Höhen von 1000–3000 m, wenige auf den Antillen, in Guiana und Brasilien, auch in Neuseeland. Der französische Botaniker Charles Plumier beschrieb 1703 die erste Fuchsia, die als *F. coccinea* 1788 in die europäischen Gärten eingeführt wurde. Seit dem Anfang des 19. Jahrhunderts sind mehrere Arten in Kultur, und gegenwärtig zählt man mehr als 800 Hybriden und Spielarten derselben. Die hauptsächlichsten Stammeltern der jetzigen Fuchsien sind außer *F. coccinea* mit dünnen, purpurrötlichen Ästen, kleinen Blüten mit scharlachrotem Kelch, violettblauer Blumenkrone und lang hervorragenden Staubfäden *F. fulgens* mit mennigroten, *F. globosa* mit prächtigen, scharlachroten und *F. gracilis* mit kleineren, aber sehr zahlreichen, karminroten Blüten — alle drei aus Mexiko — und *F. corymbiflora* aus Peru mit 13 cm langen Blüten mit karminrotem Kelch und scharlachroter Blumenkrone. Lange Zeit war die Größe der Blume die geschätzteste Eigenschaft dieser beinahe prächtigsten Blütenpflanzen der Gewächshäuser, dann kamen die Sorten mit weißlicher Kelchröhre und gefärbter Blumenkrone, später gestreiftblumige Sorten, darauf gefüllte und fast gleichzeitig Fuchsien mit sehr dunkler Blumenkrone und zurückgeschlagenen Kelchblättern, endlich die Sorten mit roten Kelchen und weißer Blumenkrone auf. Bemerkenswert sind noch *F. serratifolia* aus Peru mit dunkelroten Ästen und roten Blüten, die in unserem Winter — dem Sommer ihrer Heimat — erscheinen, und *F. microphylla* aus Mexiko mit sehr kleinen Blättern und Blüten. Die Beeren mehrerer Arten werden in Südamerika, mit Zucker eingemacht, gegessen, von andern dient das Holz zum Schwarzfärben. Die Fuchsien wachsen leicht und willig, blühen sehr reichlich und gedeihen am besten, wenn man sie an einem luftigen, kühlen, nur eben frostfreien, wenn möglich etwas hellen Raum bei spärlichster Bewässerung überwintert.

Nahe verwandt mit den Fuchsien sind die Weidenröschen (*Epilobium*), deren großblütige Formen als Zierpflanzen in den Gärten gezogen werden, wie auch die bis 1 m hohe gemeine Nachtkerze (*Oenothera biennis*), deren schwefelgelbe Blüten sich abends öffnen und am folgenden Morgen welken. Sie wächst bei uns auch wild auf feuchtem Sandboden an Flußufern, stammt aus Virginien in Nordamerika und soll sich seit 1614 von Padua aus über Europa als Zierpflanze verbreitet haben. Durch große, wohlriechende, gelbe, abends zwischen 7 und 8 Uhr sich erschließende Blüten ist *Oenothera grandiflora* ausgezeichnet, die wie die vorige auch kultiviert wird, um deren rötliche, in der Farbe Schinken ähnliche Wurzeln in Scheiben geschnitten im Winter wie Sellerie als Salat oder auch mit Fleischbrühe als Gemüse zu essen.

Wie in Peru und Chile die leuchtend rotgelben Amaryllideen, sind dort auch die meist violett getüpfelten Gauklerblumen (*Mimulus*), von denen bereits die Rede war, zu Hause. Von dort stammen auch die Pantoffelblumen (*Calceolaria*), deren prächtig gelbe oder orangefarbene Blütenbüschel die Felsabhänge an den Füßen der Kordilleren schmücken. Sie gehören mit dem Fingerhut in die Familie der Scrophulariazeen und weisen 134 Arten vorzugsweise auf den Anden Südamerikas, in Peru und Chile, einzelne bis Mexiko und zwei in Neuseeland auf. In Chile speziell sind sie in fast 70 Arten bekannt und haben sich den verschiedenartigsten Lebensverhältnissen in Gebirg und Ebene angepaßt. O. Bürger schreibt über sie: „Die weithin leuchtenden großen, vollen Blütenbüschel der in Peru und Chile beheimateten Pantoffelblumen (*Calceolaria*) tragen wie wenig andere Pflanzen zum Schmuck der chilenischen Landschaft bei: am Rande der Bäche, an den Felsen und Hängen, welche die Wege begleiten, auf den heißen Steinhalden oder auch zwischen dem trockenen Geröll der Flußläufe, wo kaum ein Halm sprießt, haben sie Wurzel gefaßt. Und es ist ein farbenfreudiges Geschlecht. Freilich in der großen Mehrzahl bevorzugen sie Gelb oder Orange, aber andere glänzen mit purpurnen und noch andere mit weißen Pantöffelchen, wie aus Atlas. Bei den Eingeborenen sind sie sehr beliebt und sie sammeln große Sträuße der *topatopa* oder *capachito*, wie sie in ihrer Sprache heißen, um das Zimmer damit zu schmücken. Leider verwelken sie aber sehr rasch."

Ebenfalls im tropischen Amerika heimisch sind die Gloxinien, deren wundervolle, farbenprächtige Blüten die Zierde unserer Gewächshäuser bilden. Diese Gattung aus der Familie der Gesnerazeen hat ihren Namen nach dem Straßburger Botaniker P. B. Gloxin, der 1785 botanische Beobachtungen veröffentlichte, und besteht aus ausdauernden Kräutern mit knollenartigem Wurzelstock, saftigem Stengel, gegenständigen, einfachen Blättern, einzeln oder gebüschelt stehenden, großen, langgestielten, glockenförmigen Blüten mit ausgebreitetem, ungleich fünflappigem Saum. Die sechs Arten sind von Mexiko bis Brasilien und Peru zu Hause. Von ihnen werden vorzugsweise die *Gloxinia speciosa* von Brasilien und Hybriden von dieser und *Gloxinia maculata* mit aufrechten, horizontalen oder hängenden, vielfach im Innern getüpfelten blauen, roten oder weißen Blüten aus Brasilien kultiviert. Diese prachtvollsten aller Florblumen gedeihen aber auch gut im Zimmer. Zum Winter ziehen sie ein und die Knollen können trocken aufbewahrt werden. Jedes Blatt entwickelt an dem der Quere nach abgeschnittenen Blattstiel, aber auch, wenn man es auf Erde befestigt, an allen durchschnittenen Blattnerven Knöllchen, so daß man von einem großen Blatt deren fünfzig erzeugen kann. Übrigens werden unter dem Namen Gloxinien auch zahlreiche Formen und Farbenspielarten der brasilischen *Sinningia speciosa*, auch Kreuzungen derselben mit den eigentlichen Gloxinien, bei uns kultiviert.

Gleicherweise südamerikanischen Ursprungs sind die Petunien, nach *petun*, der brasilianischen Bezeichnung für den nahe mit ihnen verwandten Tabak, mit dem man diese Pflanzenart wegen der Ähnlichkeit der Blätter verwechselte, so genannt. Diese Gattung der Solanazeen oder Nachtschattengewächse umfaßt mit klebrigen Drüsenhaaren besetzte niedere Kräuter mit großen, vielfarbigen Blüten und vielsamigen Kapseln. Die 14 Arten kommen ausschließlich in Südamerika, speziell in Südbrasilien und Argentinien vor und wurden erst seit 1824 in Europa bekannt. Durch Kreuzung von *Petunia nyctaginiflora*, einem Sommergewächs im Gebiete des La Platastromes mit weißen, und von *Petunia violacea*, einem Sommergewächs in Argentinien, Montevideo und Chile mit leuchtend dunkelkarminroten, im Schlund schwarzvioletten, gestreiften Blüten hat man eine Menge schöner, auch gefüllter Varietäten und Blendlinge (*Petunia hybrida*, *P. grandiflora*) erzeugt, die sich vorzüglich zur Bepflanzung von Gruppen auf Rasenflächen, auch zur Kultur in Töpfen eignen und häufig zu sehen sind.

Weiter hat uns Südamerika mit der spanischen oder Kapuzinerkresse (*Tropaeolum*) beschenkt. Von den 35 ausschließlich dort vorkommenden Arten dieser Gattung brachten die Spanier zuerst *Tropaeolum minus* 1575 aus Peru nach Spanien, während die größere Art, *Tropaeolum majus*, erst 1684 von dorther nach der Iberischen Halbinsel kam, von wo aus sie schon 1686 nach England gelangte. Alte Berichte tun uns kund, wie groß das Entzücken der Blumenfreunde jener Zeit über die Einführung dieser schönen, reich blühenden und anspruchslosen einjährigen Staudenpflanzen war. Besonders *Tropaeolum majus* findet sich jetzt als eine der gemeinsten Florblumen in zahlreichen Varietäten in unseren Gärten. Am meist kletternden Stengel finden sich bei ihr schildförmige Blätter und große, gelbe, orange- bis purpurbraune Blüten, die geruchlos sind. Doch riecht und schmeckt die ganze Pflanze durch ein ätherisches Öl kressenartig, was ihr zu ihrem Namen verhalf. Sie wird als Salat gegessen; die Blütenknospen und die unreifen Früchte werden auch in Essig und Salz eingelegt und wie Kapern gebraucht. Daher wird sie oft „unechte Kaper" genannt. Durch Kreuzung dieser Art mit dem ähnlichen *Tropaeolum minus* werden zahlreiche Varietäten, auch Zwergformen, gewonnen. *Tropaeolum tuberosum* mit knolligem Wurzelstock und vierlappigen Blättern wird in ihrer Heimat Peru der genießbaren Knollen wegen kultiviert und gedeiht auch bei uns. *Tropaeolum lobbianum* aus Kolumbien mit leuchtend kapuzinerroten Blüten klettert 3–4 m hoch, dauert in Gewächshäusern aus und blüht dort auch im Winter. *Tropaeolum pentaphyllum* aus Montevideo hat scharlachrote Blüten mit spitzen, grünen

Kelchzipfeln und hält bei uns im Freien aus. Die kletternde Kanarienvogelrebe (*Tropaeolum aduncum*) mit schwefelgelben Blüten und zerschlitzten Blumenblättern eignet sich besonders zur Bekleidung hoher Wände.

Wie die Kapuzinerkresse stammt auch die Feuerbohne (*Phaseolus multiflorus*) mit feuerroten bis weißen Blüten aus Peru, wo sie schon von den Inkas zur Gewinnung der Samen als Speise kultiviert wurde. Wie die Samen der gemeinen Schminkbohne fanden sie sich als Totenbeigabe in den Gräbern der Peruaner. Bei uns wird sie nicht sowohl als Nutz-, sondern vorwiegend als Zierpflanze kultiviert und dient vorzugsweise zum Hinaufspinnen und zum Bekleiden von Lauben. Der französische Arzt und Botaniker Clusius (Charles de l'Ecluse, geb. 1526 in Arras, 1573–1587 Hofbotaniker in Wien, seit 1593 Professor der Botanik in Leiden, wo er 1609 starb) sah die Feuerbohne mit purpurnen Blüten zuerst 1564 in einem Kloster zu Lissabon und bekam dort auch Feuerbohnensamen aus Brasilien zum Geschenk. Diese brachte er nach der Rückkehr in seiner Heimat zum Wachsen; sie blühten blaßrot. Die daraus erzielten Samen schenkte er an Freunde weiter, die sie wiederum als interessante Novität in ihren Gärten pflanzten. So verbreitete sich diese schönblühende Kletterpflanze wie die übrigen südamerikanischen Eßbohnenarten als „welsche" (spanische) oder „Stangenbohnen" immer weiter unter den Völkern Europas.

Rein amerikanische Bäume und Sträucher mit ansehnlichen Blüten in rispigen Blütenständen sind die Jasmintrompeten (*Tecoma*), eine Gattung der Bignoniazeen, die von Mexiko bis Argentinien, zumeist aber in Brasilien heimisch ist. Ihnen nahe verwandt sind die beiden kletternden Campsisarten, von denen *C. radicans* mit scharlachroten Blüten den östlichen Vereinigten Staaten von Illinois bis Florida und *C. grandiflora* mit größeren, mattfarbigen Blüten aus Japan bei uns an warmen Mauern angepflanzt werden. In Mittel- und Südamerika, besonders auf den Berghöhen Chiles und Perus wachsen die 81 Arten Loasa, von denen *L. lateritia* mit gelbroten Blüten aus Chile bei uns in Gärten, an Lauben usw. kultiviert wird. *L. urens* mit gelben Blüten stammt aus Peru, ist einjährig und wird in ähnlicher Weise verwendet. Im westlichen Nord- und Südamerika dagegen, besonders in Kalifornien, sind die in etwa 20 Arten vorkommenden Godetien heimisch. Es sind einjährige Pflanzen mit großen, roten oder weißen Blüten in beblätterten Trauben oder Ähren. Mehrere Arten derselben, wie besonders *Godetia amoena*, *romanzowii* und *whitneyi* werden in verschiedenen Varietäten als Zierpflanzen kultiviert.

In Peru und Ekuador ist der Vanillenheliotrop (*Heliotropium peruvianum*) heimisch, ein bis 2 m hoher Zierstrauch, der wegen des köstlichen Vanillegeruchs seiner Blüten sehr beliebt ist und in mehreren Spielarten mit weißen, hell- oder dunkelblauen Blüten kultiviert wird. In Südfrankreich bereitet man aus seinen Blüten die für die Parfümerie wichtige

Heliotropessenz, doch wird der Heliotropgeruch sehr oft auch durch Mischung von Vanille mit Orangenblüten, Rosen und Bittermandelöl, ebenso mit Piperonal nachgeahmt. Außer ihm wird das ebenfalls südamerikanische *Heliotropium corymbosum* mit größeren Blättern und dunkleren, narzissenhaft duftenden Blüten in unseren Gärten kultiviert. Der mit dem Vanillenheliotrop sehr nahe verwandte, ebenfalls in Südamerika heimische Strauch *Tournefortia heliotropioides* dagegen wird in Treibhäusern gezogen.

Ebenfalls südamerikanischer Herkunft sind die Passionsblumen (*Passiflora*), die in etwa 250 Arten in ihrer Heimat den Schmuck der Wälder bilden. Sie klettern dort von Baum zu Baum und entfalten dabei ihre schönen, vielfach wohlriechenden Blüten, die meist angenehm schmeckende Früchte hervorgehen lassen. Die erste Passionsblume, die nach Europa kam, war die fleischfarbige *Passiflora incarnata*, die ein Jesuit 1609 nach Bologna brachte. Im Jahre 1625 kam sie nebst der weißen *P. coerulea* mit blauem Fadenkranz unter dem Namen „amerikanische Clematis“ nach Rom. In einem 1633 erschienenen Buch: *de florum cultura* gab ihr der 1653 in Siena verstorbene Jesuit J. B. Ferrari den Namen *Passiflora*, indem er die Blütenteile der *P. coerulea* mit den Marterwerkzeugen Christi verglich. Die drei Narben sollten die Nägel, mit der die Kreuzigung vorgenommen wurde, der rotbesprengte Fadenkranz die Dornenkrone, der gestielte Fruchtknoten den Kelch, die fünf Staubbeutel die Wunden, die dreilappigen Blätter die Lanze, die Ranken die Geißeln, die weiße Farbe der Blumenblätter die Unschuld des Erlösers darstellen. Daß die fromme Einbildungskraft in den verschiedenen Teilen der seltsamen Blüte die Attribute des Leidens Christi dargestellt fand, machte diese Zierpflanze im katholischen Südeuropa, wo sie gut fortkam, bald so populär, daß sie hier, wie in ihrer Heimat Peru und Brasilien, viel gepflanzt wurde, um so mehr, da sie 5 cm lange, eiförmige, orangegelbe, eßbare Beeren lieferte. Als eigentliche Fruchtpflanze wird in Südamerika die vierkantige Passionsblume (*P. quadrangularis*) wie der Weinstock an Spalieren gezogen. Ihre 11 cm im Durchmesser haltenden, vanilleartig riechenden Blüten mit weißen, purpurn und violett gescheckten Blumenblättern lassen gänseeigroße, rötliche Früchte hervorgehen, deren breiiges, süßliches Fruchtmark gerne gegessen, als Heilmittel und zur Herstellung von wohlschmeckenden Getränken verwendet wird. Wegen der Ähnlichkeit der Früchte mit Granaten wird diese, wie überhaupt alle Passionsblumen, im Spanischen *granadilla* genannt. Noch größere, ebenfalls häufig gegessene purpurne Früchte hat die eßbare Granadilla (*P. edulis*) in Peru.

Ausschließlich amerikanisch sind auch die den Myrten verwandten 157 Cupheaarten, von denen mehrere bei uns als Zierpflanzen kultiviert werden. Aus Mexiko stammen die 0,5 m hohe *Cuphea silenoides*, eine der schönsten Gartenpflanzen, und *C. platycentra* mit scharlachroten, röhrenförmigen

Blüten. Von dorther stammt auch die unseren Steinbrechen verwandte *Echeveria metallica* mit sehr großen, runden, schön metallisch gefärbten Blüten, die in Gärten zu Einfassungen und Teppichbeeten sehr beliebt ist, wie auch *Cotyledon gibbiflora* und *secunda* mit prächtigen, roten Blüten. Ihnen nahe verwandt sind die als Topfzierpflanzen bei uns gehaltenen *Crassula coccinea* mit großen, scharlachroten, wohlriechenden Blüten, und *C. arborescens*, beide vom Kap der Guten Hoffnung.

Von Kalifornien bis Mexiko wachsen in 10 Arten die zu den Mohngewächsen gehörenden Eschscholzien, so genannt nach dem 1793 in Dorpat geborenen und 1831 als Professor der Medizin gestorbenen Joh. Friedr. Eschscholtz, der 1815 und 1823 Kotzebue als Arzt auf dessen Entdeckungsreisen begleitete. Diese dem Mohn verwandten Pflanzen sind durch einen verwachsenblätterigen Kelch ausgezeichnet, der, über seinem Grunde umschnitten, in Form einer geschnäbelten Mütze abfällt. Häufig findet man in unseren Gärten die 30 cm hohe *E. californica* mit großen, glänzendgelben, im Grunde orangefarbigen Blüten; sie ist sehr dankbar, vom Sommer bis in den Herbst blühend und ausdauernd, erfriert zwar bei uns, sät sich aber von selbst aus und verbreitet sich dabei sehr leicht. Sie enthält mehrere Alkaloide und wird in ihrer Heimat als schlafmachendes und schmerzstillendes Mittel benutzt.

Eine Amerikanerin ist auch die bei uns beliebte Flammenblume (*Phlox*, wegen der leuchtenden Blüten so, d. h. Flammenfeuer, genannt). Von den 30 nordamerikanischen Arten werden mehrere wegen ihrer schönen, vorherrschend roten Blüten in zahlreichen Spielarten und Blendlingen als eine Hauptzierde unserer Gärten kultiviert. *Phlox drummondi* (nach dem englischen Naturforscher James L. Drummond, der 1826 Nordamerika bereiste und 1835 auf Kuba starb, so genannt) aus Texas mit lilafarbigen, am Schlunde dunkelpurpurrot gefleckten, auch hell- und dunkelpurpurroten oder rosenroten und weißen Blüten ist einjährig, und wurde 1835 von Drummond im Garten von Kew bei London eingeführt, von wo aus sie bald nach dem Kontinent verbreitet wurde und hier überall willige Aufnahme fand, da sie reich blüht, ausdauernd und winterhart ist. Dieselben Vorzüge besitzt der 1 m hohe Staudenphlox (*Ph. paniculata*) aus Nordamerika mit ursprünglich hellilafarbenen Blüten in großen Doldentrauben. Er wird wie die ebenso hohe *Ph. divaricata* und die übrigen Phloxarten in vielen Varietäten in den prächtigsten Farben und Zeichnungen, auch in wohlriechenden Formen gezogen. Unter ihnen eignen sich die niedrigen *Phlox procumbens* und *reptans* besonders zu Einfassungen.

Eine einjährige, 30–60 cm hohe Zierpflanze unserer Gärten aus dem westlichen Nordamerika, die auch bei uns verwilderte, ist die großblütige

Collomie (*Collomia grandiflora*) mit rötlichen Blüten. Eine ebenso beliebte nordamerikanische Zierpflanze ist das ausgezeichnete Hainschönchen (*Nemophila insignis*) mit kornblumenblauen, seltener weißen Blüten aus Kalifornien, während die ihr nahe verwandte himmelblaue Wasserwinde (*Hydrolea azurea*) eine hübsche, kleine Treibhauspflanze aus Mexiko ist.

Verwandt mit dem südamerikanischen Chinabaum sind die Bouvardien, kleinwüchsige Sträucher oder Kräuter mit präsentiertellerförmigen, weißen, gelbroten oder roten, besonders am Abend sehr wohlriechenden Blüten. Mehrere von den in Mexiko und Mittelamerika heimischen Arten werden als Garten- und Zimmerpflanzen kultiviert, so besonders die langblütige Bouvardia (*B. longiflora*) mit langen, weißen, abends herrlich duftenden Blüten, die in ihrer Heimat Zentralamerika als Flor de San Juan (d. h. Johannesblume) sehr beliebt ist.

Aronsgewächse des tropischen Südamerika sind die Caladiumarten, von denen *Caladium bicolor* aus dem Gebiet des Amazonenstromes mit pfeilförmigen Blättern, die einen großen rötlichen Fleck in der Mitte aufweisen, und *C. picturatum* nebst deren Hybriden die zahlreichen buntblätterigen Caladien lieferten, die als Zierpflanzen in Warmhäusern gezogen werden. Im entwickelten Zustande halten sie bei guter Pflege einige Zeit im Zimmer aus. Alle 10 Arten haben scharfschmeckende Blätter und Knollen, wegen der letzteren werden manche Arten in ihrer Heimat als Nährpflanzen kultiviert. Besonders zahlreich ist auch die Pfeffergattung *Peperomia* in Amerika vertreten. Von *P. scandens* von Peru bis zu den Antillen, *P. elliptica* auf den Maskarenen, östlich von Madagaskar, und *P. maculosa* in Peru und auf San Domingo werden die scharfschmeckenden Blätter wie Betel gekaut. Mehrere Arten, wie *P. marmorata* und *P. arifolia*, kultiviert man als Blattpflanzen im Warmhaus und Zimmer.

Eine ausschließlich amerikanische Pflanzengruppe sind endlich auch die Kakteen, dickfleischige Gewächse, die wegen ihrer wunderlichen Gestalt und schönen Blumen sich in der Gegenwart bei uns besonderer Beliebtheit erfreuen. Sie sind Produkte der Anpassung der Pflanze an die regenarme Wüste, Erzeugnisse der heißglühenden Sonne in einem fast niederschlagsfreien Gebiet, wo mit jedem Tropfen Wasser gegeizt werden muß. Ihr ganzer Leib besteht aus dem zu einem Wasserreservoir verdickten Stengel, an welchem die Blätter zu spitzen Stacheln geworden sind, die manchmal sich auch zu weißen, lufthaltigen Haaren verdünnen wie beim Greisenhaupt. Neben der wechselvollen, an Monstruositäten reichen Körperform liegt ein Hauptreiz der Kakteen in ihren wundervollen Blüten, die es an Schönheit mit jeder andern im Pflanzenreiche aufnehmen können. Während manche Kakteen nur selten und erst im hohen Alter blühen, zeichnen sich andere durch einen stattlichen Blütenflor aus. Besonders große und schöne Blumen treffen wir bei den Säulenkakteen, namentlich bei denjenigen, die am Gestein emporklettern; unter ihnen ist ja die „Königin der Nacht“ durch ihre herrlichen, fein duftenden, leider nur eine Nacht über offenen Blüten berühmt. Auch die zarten, köstlichen Blüten der andern Kakteen, die bei den Säulenkakteen, Fackeldisteln und Igelkakteen meist weiß, bei andern gelb und bei den Phyllokakteen in allen Nuancen von Rot gefärbt sind, dauern oft nur wenige Stunden und im besten Falle einige Tage, im Gegensatz zu den oft viele Wochen ausdauernden Orchideenblüten. Bei einzelnen Arten, wie etwa bei *Echinopsis eyriesii*, ist der Vorgang des Blühens ein so kurzer, daß sich das Entfalten und Verwelken der Blüten geradezu mit den Augen verfolgen läßt. Doch haben es die Kakteenzüchter in neuerer Zeit verstanden, durch Kreuzbefruchtung von rasch verblühenden Arten mit den länger blühenden Phyllokakteen herrliche Bastarde, sogenannte Hybriden, zu erlangen, die zu den hervorragendsten Blütenpflanzen überhaupt gehören, so z. B. den herrlichen *Phyllocactus pfersdorffii*.

Weil durchweg alle Kakteen in Verbindung mit großer Anspruchslosigkeit eine außerordentliche Lebensfähigkeit besitzen, eignen sie sich ganz besonders zur Zimmerkultur, wie sie bei uns gewöhnlich betrieben wird. Deshalb werden in Europa zahlreiche Vertreter der etwa 900 ausschließlich dem warmen Amerika angehörenden Arten gezogen, da sie bei aller Leichtigkeit der Kultur durch ihre interessanten exotischen Formen und die prächtigen Blüten erfreuen. Wenn sie auch als Kinder des Lichts die Sonne lieben und große Hitze ertragen, aber auch erhebliche Mengen des oft genug verweigerten Wassers verlangen, so ist es falsch, in ihnen Pflanzen zu sehen, die zu ihrem Gedeihen unbedingt eine Backofentemperatur nötig haben. Ja, umfangreiche ältere Exemplare mancher Arten haben sich bei uns so eingewöhnt, daß sie im Winter ungedeckt im Freien aushalten, ohne Schaden zu nehmen. Von wirklichen Kulturschwierigkeiten ist übrigens bei den Kakteen kaum die Rede. Sie lassen sich mühelos durch Stecklinge, wie auch durch Samen vermehren. Sind sie in letzterem Falle einmal dem Keimlingsstadium entwachsen, dann sind selten noch Verluste zu befürchten. Allerdings muß in der Kultur derselben bei uns die Wasserzufuhr regelmäßiger als in ihrer Heimat erfolgen. Zudem nimmt man an ihnen vielfach Pfropfung und Veredelung vor, um langsam wachsende Pflanzen zu kräftigerer Entwicklung zu bringen und selten blühende Arten zur Entfaltung ihrer Blumen zu veranlassen. Stets aber müssen sie die schöne, frostfreie Jahreszeit im Freien zubringen, wenn sie gut gedeihen sollen, und bedürfen der künstlichen Befruchtung, um keimfähige Samen hervorzubringen, da bei uns die Insekten fehlen, die in ihrer Heimat die künstliche Übertragung des Blütenstaubes auf die Narben vollziehen. Unter den Krankheiten der Kakteen ist die Kaktusfäule am verderblichsten. Als Schutzmittel dagegen muß man für reichliche Zuführung von Luft und Licht und für angemessene Bewässerung sorgen.

Das Endziel der Kakteenpflege ist für uns die Erzielung von schönen Blüten. Und man kann unbedenklich sagen, daß dieses Bestreben lohnend ist; denn an Schönheit der Form, Größe und Farbenpracht vermögen, wie gesagt, die Kakteenblüten mit allen Blüten des Pflanzenreichs zu wetteifern. Die Nuancen der meist radförmigen oder trichterförmigen Blüten sind durchweg leuchtend und überaus kräftig, dabei doch niemals grell und scharf. Reinweiß, Schwefelgelb, Hochgelb, Dunkelrosa, Scharlachrot und Orange herrscht vor. Dabei sind durch Kreuzung zahlreiche Zwischenformen entstanden. So erscheinen mehrere Farben der Skala an ein und derselben Blüte, aber niemals hart nebeneinander gesetzt, sondern in Flammenform oder in zarter Verreibung und Tönung ineinander übergehend. Die Prunkhaftesten und dabei doch wieder zartesten in der Farbe sind die Blattkakteen, jene Epiphyllum- und Phyllokaktusarten, die in den deutschen Häusern gewöhnlich um Weihnachten ihre Blüten entfalten.

Der Deutsche mit seinem lebhaften Sinn für das Farbenfrohe, Leuchtende, sah in diesen Blattkakteen, von denen besonders die Phyllokaktus in etwa 12 Arten aus Mittel- und Südamerika, speziell aus Brasilien bei uns eingeführt wurden, sogleich einen neuen geeigneten Schmuck seiner Fenster, neben den von ihm bis dahin bevorzugten Geranien, Begonien und großblütigen, gefüllten Nelken. Dieser Blumenliebe, namentlich der Landbewohner, haben wir es zu danken, wenn wir bei unsern sommerlichen Wanderungen durch die Dörfer neben jenen älteren auch diese in reichem Maße antreffen.

Da man nun mit Recht vermuten kann, daß sich die Bauernfrauen mit ihrer Kakteenpflege wohl kaum so viel Mühe geben, wie ihre Gatten und Brüder beim Kartoffelbau, so läßt sich schon hieraus unschwer schließen, daß die Pflege der akklimatisierten Amerikaner nicht allzuschwer sein kann. Auch hier gilt, wie übrigens bei allen Blütenpflanzen, durch vielfache Experimente begründete Regel, daß möglichste Vernachlässigung und Schlechtgehaltenwerden der Stöcke sie eher zu reichlichem Blühen bringt als sorgfältige Pflege und Hegung.

Die Gärtnereien haben die Sache von der praktischen Seite aufgefaßt. Wiederum waren es namentlich die Phyllokakteen, die in Kreuzungen und neuen Formen die Farbenskala fast erschöpften, — allerdings ohne jemals Blau hervorzubringen. „John Baker“, „Franceschi“, „Jules Simon“, „Wrayi“ usw. gehen vom prachtvollsten Gelb und Rot bis zum Kompromiß beider Farben, bis zur Halbblutorangefarbe von „Victoria“. Die Erzeugung dieser neuen Arten ist ein ganz besonderes Kapitel gärtnerischer Kunst, und man ist sehr auf dem Holzweg mit der Annahme, daß solche praktisch verwertbare Kreuzung nur ein Kinderspiel sei. Häufig kommt erst nach hundert Fehlschlägen ein Erfolg und auch dann oft nur ein halber.

Merkwürdig bei diesen Blattkakteen ist, daß sie ähnlich wie die Camellien mit ihren Blüten gewissermaßen eine Art sensiblen Empfindens zeigen. Rückt man nämlich ein mit Blütenknospen bedecktes Epiphyllum vom Fenster ab und gibt ihm nur eine leichte Drehung, so kann man in neun von zehn Fällen darauf rechnen, daß der Blütenansatz binnen wenigen Tagen abfällt, womit leider die Herrlichkeit für ein volles Jahr vorbei ist. In ihrer Heimat sind diese Blattkakteen nicht am Boden, sondern als Epiphyten auf Bäumen wachsende Überpflanzen, die mit ihren hübschen Blüten im Verein mit den in nicht minder leuchtenden Farben prangenden Lianenblüten den schönsten Schmuck der Urwaldbäume des tropischen Amerika bilden.

[3] Band II, „Das Leben der Erde“ behandelnd, mit 380 Abbildungen im Text und 21 Vollbildern, 1908, im Verlag von Ernst Reinhardt, München, erschienen.

XXX.
Die Zierbäume und Ziersträucher.

Die ältesten Baumbestände unserer Parks reichen in die Zeit zurück, da die herrschaftlichen Landsitze ganz Mitteleuropas nach dem Beispiele des Gartens von Versailles mit geraden Baumalleen durchzogen waren. Damals mußten sich die Bäume der Schere beugen und ihre Kronen in regelmäßige, geometrische Formen, meist Vierecke oder Kugeln, bringen lassen. Gegen diese Unnatur erfolgte nun, wie wir im Abschnitt über die Geschichte des Ziergartens erfuhren, von England aus durch den Einfluß ostasiatischer Gartenkunst eine Reaktion, die im „englischen Garten" die Rückkehr zu den Formen der natürlichen Landschaft sah. Während bis dahin die Baum- und Straucharten dem heimischen Bestande entnommen worden waren, ging man zugleich dazu über, auch einige südeuropäische Vertreter der Pflanzenwelt, vor allem Platane, Roßkastanie, Flieder und Goldregen in den Parkanlagen anzusiedeln. Dazu kamen mit der Zeit zahlreiche amerikanische Gäste aus einem ausgedehnten Waldgebiet mit vielen sehr schönen Formen mit dem mitteleuropäischen ähnlichen Klima. Bereits im Jahre 1636 waren gegen 50 kanadisch-virginische Bäume und Sträucher aus den französischen Kolonialgebieten Nordamerikas im Pariser *Jardin des plantes* angesiedelt. Und bei den regelmäßigen Verbindungen mit jenen konnte es nicht fehlen, daß die kleinen und großen Parkbesitzer immer mehr der fremden, interessanten Typen zusammenzubringen suchten. Für Deutschland gewannen die Anlagen in Harbke und Tegel in der Mark Brandenburg eine führende Stellung. Hier hatte man, von vorzugsweise praktischen Gesichtspunkten ausgehend, um der überhandnehmenden Holznot zu steuern, die Verwendung der fremden Bäume im heimischen Forstbetrieb versucht. Dabei zog man aus den Erfahrungen Nutzen, die Freiherr von Wangenheim als Offizier des 1776 vom Kurfürsten Friedrich II. von Hessen-Kassel an die Engländer zum Kampfe gegen die nordamerikanische Union verkauften hessischen Feldjägerkorps — im ganzen waren es 22000 Mann, für die jener elende Monarch zur Bestreitung seiner Mätressenwirtschaft 21276778 Taler „Blutgeld" einstrich — bis zum Jahre 1784 an Ort und Stelle zu sammeln Gelegenheit hatte. In jener Zeit entstanden die Pflanzungen fremder Baumarten, die heute durch ihre Größe in den Parks von Wilhelmshöhe bei Kassel, von Schwetzingen bei Heidelberg, Wörlitz bei Dessau im Anhaltischen und anderwärts unsere Bewunderung erregen. Dem 19. Jahrhundert blieb es vorbehalten, die Baumschätze des westlichen, pazifischen Teiles von Nordamerika aufzuschließen und endlich auch die wertvollen Bestandteile der ostasiatischen Baumvegetation sich anzueignen. So wurden in den letzten Jahrzehnten besonders japanische und mandschurische Arten in stets steigender Zahl bei uns eingeführt.

Alle in unsern Parkanlagen angesiedelten Bäume stammen aus einem der großen Waldgebiete der nördlichen gemäßigten Zone, also Mitteleuropa vom Kaukasus bis zu den Gebirgen Spaniens, vom atlantischen und von diesem wesentlich verschiedenen pazifischen Teile von Nordamerika und Ostasien. Die übrigen Teile der Erde und vor allem die ganze südliche Erdhälfte haben nur ganz wenige und unbedeutende Arten geliefert. Sprechen wir aber von der Einführung fremder Baumarten nach Deutschland, so dürfen wir nicht vergessen, daß auch von den heimischen Arten nicht wenige importiert sind. So ist die Lärche nur in den Alpen heimisch und wurde von da nach den Niederungen gebracht. Auch die Weißtanne ist im größten Teile Norddeutschlands erst künstlich angesiedelt worden, und der Buchs tritt nach seiner natürlichen Verbreitung nur am Hörnli bei Basel und an der oberen Mosel auf deutsches Gebiet über. Die Stechpalme gedeiht bloß im Bereiche des atlantischen Klimas.

Natürlich müssen bei der Einbürgerung fremder Arten vor allem die klimatischen Verhältnisse in Berücksichtigung gezogen werden, wobei vor allem die Länge und Intensität des winterlichen Frostes, die frühe oder späte Jahreszeit, in welcher die zum Austreiben der Blätter oder Sprosse nötigen Temperaturen erreicht werden, dann die Höhe der sommerlichen Temperaturen während der Vegetationsmonate und schließlich die Regenmengen während derselben maßgebend sind.

Mit die wichtigsten Zierbäume unserer Parks sind die Nadelhölzer, unter denen die Tannen und Fichten am häufigsten angetroffen werden. Neben der Weißtanne (*Abies pectinata*) ist die 14 Tage später austreibende, durch ihre schöne, im Freistande länger aushaltende Beastung ausgezeichnete, nach ihrem Entdecker benannte Nordmannstanne (*Abies nordmanniana*) aus dem Kaukasus zu nennen. Dann die kilikische Weißtanne (*A. cilicica*) aus dem Taurus, die weniger frostempfindlich ist als die griechische und spanische Tanne (*A. cephalonica* und *pinsapo*), welche nur in frostfreien, geschützten Lagen gedeihen und durch ihren regelmäßigen Wuchs das Auge erfreuen. Eine der schönsten nordamerikanischen Arten ist die mattgrüne, durch ihre Frosthärte und ihre Raschwüchsigkeit in der Jugend beliebte Koloradotanne (*A. concolor*). Gleichfalls sehr lange, aber unten hellere Nadeln als oben besitzt die ebenfalls bei uns eingeführte kalifornische Küstentanne (*A. grandis*), die in ihrer Heimat 90 m hoch wird und damit die höchste aller Tannen ist. Sehr viel niedriger, manchmal nur strauchartig sind die Balsamtannen, die den für die Mikroskopie wichtigen Kanadabalsam liefern. Besonders trifft man die atlantische Balsamtanne (*A. balsamea*) als Parkbaum nicht selten, während die ostasiatischen Tannen bis jetzt nur wenig Eingang in unsere Gärten fanden. Die bei uns am häufigsten angetroffene Vertreterin der in Nordamerika und in Ostasien heimischen Hemlockstannen der der *Abies* nahe verwandten Gattung *Tsuga* ist die kanadische Schierlingstanne (*Tsuga canadensis*). Dichter benadelt und raschwüchsiger, aber gegen Frost weniger widerstandsfähig ist die westliche Schierlingstanne (*T. mertensiana*). Eine der schönsten und forstlich wertvollsten Errungenschaften aber ist die in ihrem Aussehen der Fichte ähnliche, nach dem schottischen Botaniker Douglas benannte Douglastanne (*Pseudotsuga douglasii*), deren Nadeln beim Trocknen nicht abfallen, darin also den Tannen gleichen, während die Fruchtzapfen sich nicht entblättern wie bei diesen, sondern wie bei den Fichten als Ganzes abfallen. Ihre Rinde ist von zahlreichen Harzbeulen blasig aufgetrieben. Dieser wichtigste Waldbaum Nordamerikas ist grün und zeichnet sich durch große Raschwüchsigkeit gegenüber der blaugefärbten Kolorado-Douglasie (*P. glauca*) aus, die aber frosthärter ist. Im Süden ihres Verbreitungsgebietes ist letztere geradezu bläulichweiß, so daß sie mit der ebenfalls im Felsengebirge heimischen blauen Form der Stechfichte (*Picea pungens var. glauca*) als Zierbaum in Wettbewerb tritt.

Zahlreicher und für unsere Parks von größerer Bedeutung sind die Fichten, unter denen die gemeine Fichte oder Rottanne (*Picea excelsa*) die verbreitetste ist. Sie ist mit Unrecht wegen ihrer steifen Langweiligkeit verschrien, da sie in zahllosen Spielarten, wie Hänge-, Trauer-, Schlangen-, Säulen- und Zwergfichten, auftritt. Sie kann bis 60 m hoch werden und bei einem Alter von 700–800 Jahren einen Stammdurchmesser von 2 m erlangen. An sehr trockenen Standorten bildet sie Kümmerformen, die durch niedrigen, langsamen Wuchs und kurze Benadlung ausgezeichnet sind. Zweige solcher ähneln dann der aus Kleinasien stammenden Sapindusfichte (*P. orientalis*), die von allen Fichtenarten die kleinsten, höchstens 1 cm langen Nadeln besitzt. Sie wird 30 m hoch und bildet im Taurus und Kaukasus ausgedehnte Bestände. An den Zweigen und Zapfen scheidet sie häufig als Sapindustränen bezeichnete Harztropfen aus. Von europäischen Formen sind noch die von Skandinavien durch ganz Nordasien heimische Altaifichte (*P. obovata*) und die auf den Bergen des Balkans heimische, dort *omorika* genannte Omorikafichte (*P. omorica*) zu nennen. Letztere hat einen sehr schlanken Wuchs, wird bis 40 m hoch und zeichnet sich ganz besonders durch ihre merkwürdig geringe Empfindlichkeit gegen Beschädigung durch die giftigen Gase, speziell die schweflige Säure, des Steinkohlenrauchs aus, was sie für alle Parks um unsere schlotreichen Städte mit ihren zahlreichen Fabrikanlagen doppelt wertvoll macht.

Als Zierhölzer so wichtig wie als Nutzhölzer sind die amerikanischen Fichten, von denen die blaugrün erscheinende, bis 50 m hohe Weißfichte (*P. alba*) aus dem östlichen Nordamerika von Kanada bis Nordkarolina und die etwa 25 m hohe, dunkelgrüne Schwarzfichte (*P. nigra*) mit schwärzlicher Rinde, die im östlichen Nordamerika ausgedehnte Wälder bildet, um 1700 nach Europa gelangten. Etwas später, nämlich erst seit 1755 hier eingeführt, ist die bis 20 m hohe frischgrüne Rotfichte (*P. rubra*) mit rötlichem Holz, die im nordöstlichen Nordamerika heimisch ist und an der Hudsonsbai in buschigen Zwergformen die nördliche Grenze des Baumwuchses erreicht. Leichter an den scharfstechenden, sparrig abstehenden, blauen oder silbergrauen Nadeln kenntlich ist die erst 1863 ebenfalls aus Nordamerika zu uns gebrachte Stechfichte (*P. pungens*). Sie wächst im Felsengebirge zwischen 2000 und 2800 m Höhe und hat sich als zweifellos schönste unserer Koniferen besonders in der als Blaufichte (*var. glauca*) bezeichneten Varietät mit durch einen Wachsüberzug als Verdunstungsschutz bläulichweißen Nadeln sehr rasch in unsern Gärten verbreitet. Derselben prächtigen Färbung wegen wird auch die als Silberfichte (*var. argentea*) bezeichnete Varietät der Engelmannsfichte (*P. engelmanni*) als Zierbaum unserer Gärten geschätzt. Seltener wird in unseren Parks die im pazifischen Nordamerika — auch auf der Insel Sitka im Territorium von Alaska — heimische Sitkafichte (*P. sitchensis*) angetroffen. Endlich ist auch seit 1861 die außerordentlich schöne, bis 40 m hoch werdende *Picea alcockiana* mit dunkelgrünen, unterseits bläulichgrünen Nadeln, die wie alle vorigen ein sehr gutes Nutzholz liefert, aus Japan bei uns eingeführt worden.

Während bei den bisher besprochenen Koniferengattungen die Nadeln stets einzeln an den Zweigen sitzen, ist dies bei den Kiefern (*Pinus*) nur in den allerersten Lebensjahren des Baumes der Fall. Alle späteren Zweige, die weiterwachsenden Langtriebe, tragen nur häutige Schuppen, in deren Achseln die langen Nadeln zu 2–5 an fast ganz zurückgebildeten Kurztrieben sitzen. In der heimischen Baumwelt sind die zweinadeligen Kiefern vor allem durch die bis 40 m hohe gemeine Kiefer oder Föhre (*Pinus silvestris*) vertreten. Diese besitzt unter den europäischen Nadelholzgewächsen die weiteste Verbreitung und gedeiht am besten auf tiefgründigem, humosem Sandboden. Dann durch die in Südeuropa verbreitete Schwarzkiefer (*P. laricio*), die in den österreichischen Alpen in der Abart der österreichischen Kiefer (*P. nigricans*) vertreten ist, und die subalpine Knieholzkiefer oder Legföhre (*P. montana*), die in den Alpen von 1400–2000 m Höhe weite Flächen bedeckt und einen energischen Schutz gegen Lawinen und Erdrutsche bildet. Dagegen stehen je 5 Nadeln beisammen bei der im Hochgebirge heimischen Arve oder Zirbelkiefer (*P. cembra*) und bei der aus Nordamerika zu uns gelangten Weymouthskiefer (*P. strobus*), einem Baume mit grauer, glatter Rinde und regelmäßiger, kegelförmiger Krone. Sie bildet im atlantischen Nordamerika große Wälder und erhielt ihren Namen daher, daß sie im Jahre 1705 durch Lord Weymouth aus den Neuenglandstaaten nach Europa gebracht wurde. Dank ihrer weichen, seidenglänzenden Benadlung ist sie jetzt überall bei uns als Zierbaum sehr beliebt. Im pazifischen Teil Nordamerikas ist sie durch die ihr sehr ähnliche, aber in unseren Gärten nur selten angetroffene Gebirgsstrobus (*P. monticola*) vertreten. Ihr sehr ähnlich ist die im Himalaja heimische Tränenkiefer (*P. excelsa*) so genannt, weil deren Zweigspitzen und besonders die großen, bis

25 cm langen Zapfen meist mit tränenartigen Harztropfen besetzt sind. Mit ihr trifft man in Gärten weiterhin die vielfach nur als örtliche Varietät der vorigen angesehene rumelische Strobus (*P. peuce*) mit kürzeren, steifen Nadeln und kürzeren Zapfen an. Außerdem finden wir nicht selten die größte Kiefernart, nämlich die kalifornische Zuckerkiefer (*P. lambertiana*) mit 40 cm langen Zapfen und die nur wenig von ihr unterschiedene Goyokiefer (*P. pentaphylla*) in unsern Parks angepflanzt. Sonst kommen von den etwa 80 bekannten Kiefernarten nur noch wenige für unsere Gärten in Betracht, so die nordamerikanischen Strauchkiefer (*P. banksiana*), die wegen ihrer großen Anspruchslosigkeit an den Boden eine der wichtigsten forstlichen Einführungen und aus dem gleichen Grund auch für den Park, besonders bei Neuanlagen auf Schutt und Ödland, sehr wertvoll ist. Dreinadlige Kiefern sind in den Parks selten anzutreffen. Unter ihnen ist die nur in milden Lagen fortkommende Gelbkiefer (*P. ponderosa*) aus dem pazifischen Nordamerika wegen ihres üppigen Wuchses und der prächtigen, bis 25 cm langen Nadeln auch bei uns sehr geschätzt.

Wie unter den Kiefern die vorgenannte Arve, ein an der Waldgrenze in den Alpen wachsende, aber stark im Rückgang begriffene Nadelholzart, wegen ihrer dichten Benadlung und ihres regelmäßigen Jugendwachstums ein sehr beliebter Zierbaum unserer Gärten wurde, ist die gleichfalls aus den Alpen stammende Lärche (*Larix europaea*), trotzdem auch sie ein echter Gebirgsbaum ist, in den Parks der Niederungen angesiedelt worden und gedeiht hier ganz gut. Sie liebt einen steinigen, tiefgründigen Boden und gedeiht nicht auf zu nassem oder trockenem Boden. Aber erst in einem rauhen Klima entfaltet sie ihre ganze Schönheit. Von den acht anderen Lärchenarten, die bei uns im Freien aushalten, ist ihrer dekorativen Wirkung wegen die aus Japan kommende zartschuppige oder Hondolärche (*L. leptolepis*) besonders beliebt. Infolge eines zarten Wachsüberzuges zur Einschränkung der Wasserverdunstung erscheinen ihre Nadeln blaugrün und gehen im Herbst in Violett über; ihre jungen Triebe sind rotbraun, während sie bei der europäischen Lärche graugelb sind. Nur in der Blütezeit ist ohne weiteres die im Amurgebiet und im Kamtschatka heimische sibirische Lärche (*L. dahurica*) zu erkennen, und zwar an der grünen Farbe ihrer weiblichen Blüten, die bei allen anderen Arten karminrot gefärbt sind. Die 30 m hohe zierliche *Larix pendula* aus dem atlantischen und die 40–80 m hohe schlanke *Larix occidentalis* aus dem pazifischen Gebiete von Nordamerika werden nur ganz ausnahmsweise bei uns angepflanzt.

Mit den Cedern zusammen tragen die Lärchen nur einzelne Nadeln an ihren Trieben; dann erst bilden sich an diesen Langtrieben seitlich knopfige Kurztriebe, an denen die Nadeln zu Büscheln gedrängt stehen. Während die Nadeln aber bei den Lärchen weich und zart sind, da sie nur ein Jahr auszudauern brauchen, weil diese Baumart regelmäßig im Herbst ihre dann schön goldgelb gefärbten Nadeln abwirft, sind sie bei den Cedern, weil bleibend, starr und stechend. Von den drei immergrünen Cederarten steht die Libanonceder (*Cedrus libani*) den Lärchen am nächsten und unterscheidet sich von ihnen außer durch die bleibenden Nadeln durch ihre äußere Erscheinung und die kugelige, aufrechte Zapfenform. Sie trägt in der Jugend einen überhängenden Wipfel, bildet aber im Alter eine prächtig aufgebaute schirmförmige Krone. Dieser Baum, der einst auf allen Gebirgen Syriens und Kleinasiens prächtige Bestände bildete, ist jetzt in seiner Heimat fast ausgerottet, gedeiht aber als Parkbaum in Deutschland nur in sehr milden, luftfeuchten Lagen. Eher noch als sie gedeiht bei uns die im nordafrikanischen Atlasgebirge heimische Atlasceder (*Cedrus atlantica*), die sich leicht an ihrem stets aufrechten Gipfel erkennen läßt. Schwer dagegen kommt bei uns die in Nepal und sonst am Südabhang des Himalajagebirges heimische Himalaja- oder Deodarceder (*Cedrus deodara*, letzteres ist die indische Bezeichnung, die Gottesbaum bedeutet) von pyramidenförmiger Tracht mit nicht hängenden Zweigen bei uns fort.

Mißbräuchlicherweise werden auch anders geartete Nadelhölzer als Cedern bezeichnet, so die in ihrer Heimat *sugi* genannte japanische Kryptomerie (*Cryptomeria japonica*), die, seitdem sie Fortune 1844 in Europa einführte, hier und da in unseren Gärten kultiviert wird und auch unsere Winter im Freien aushält. Obschon sie mit den echten Cedern keinerlei Ähnlichkeit besitzt, ihre Benadlung viel eher an die im Zimmer in Töpfen oder im Warmhaus häufig gezogene Norfolk-Araukarie (*Araucaria excelsa*) erinnert, ist sie bei uns als „japanische Ceder“ im Handel. Sie ist das wichtigste, in vielen Formen gezogene Nutzholz Japans, das in prächtigen alten Exemplaren die heiligen Haine und die Tempel ziert und, wie in ihrer Heimat, so auch in unseren Gärten meist durch Stecklinge vermehrt wird.

Das Gegenstück zu diesem altertümlichen Nadelholz Ostasiens bildet in Kalifornien die nicht minder altmodische Riesensequoie oder die zu Ehren des britischen Feldherrn Arthur Wellesley, Herzog von Wellington (1769–1852), Wellingtonie genannte *Sequoia gigantea.* Beide sind, wie auch die immergrüne Sequoie (*S. sempervirens*) im Gebirge Kaliforniens und die im südlichen atlantischen Nordamerika heimische Sumpf- oder Eibencypresse (*Taxodium distichum*) Reste einer im Tertiär weitverbreiteten Nadelholzgattung, die heute bis auf diese wenigen Vertreter ausgestorben ist. Die in einem kleinen Bezirke in Calaveras County in Kalifornien in 1500 m Höhe auf der Sierra Nevada wachsenden Riesensequoien wurden 1850 vom britischen Botaniker Lobb bekanntgemacht. Sie erreichen bei einem Durchmesser von 10 m am Fuß des Stammes eine Höhe von 120 m und sind nach den australischen Eukalypten die höchsten Bäume der Erde, die ein Alter von 4000 Jahre erreichen können. Um die letzten ihres Stammes vor Vernichtung zu schützen, ist das Gebiet, auf dem sie wachsen, zum unantastbaren Nationalpark erklärt worden. Die kleinen, eiförmigen Zapfen enthalten fast nie keimfähige Samen. Deshalb erfolgt ihre Vermehrung wie diejenige der japanischen Kryptomerien in der Regel durch Stecklinge. In unseren Parkanlagen begegnen wir ihnen als streng kegelförmig gewachsenen Bäumen mit unten dickem, nach oben hin aber rasch sich verschmälerndem Stamm. Die pfriemenähnlichen Nadeln erinnern ganz an diejenigen der Kryptomerien, stehen aber allseitig um den Trieb, während sie bei jenen sich in fünf Zeilen darum herum ordnen. Bei der auch bei uns angepflanzten virginischen Sumpfcypresse stehen die zarten, eibenähnlichen Nadeln an den Langtrieben einzeln, an den Kurztrieben dagegen kammartig in zwei dichte Reihen geordnet. Das auffallendste aber ist, daß im Herbst mit den Nadeln zugleich auch die Kurztriebe abgeworfen werden. Die Sumpfcypresse, die in ihrer Heimat in den Sümpfen wächst und darin zur Atmungsmöglichkeit der Wurzeln eigentümlich geknickte, über das Wasser emporragende Pneumatophoren bildet, verlangt bei uns im kälteren Klima einen trockeneren Standort, um der Frostgefahr zu entgehen, und bildet in diesem Falle natürlich auch keine geknickten Atemwurzeln, wie sie es in ihrer Heimat tut. Erreicht auch dieser Baum an seinen natürlichen Standorten mit einem Stammumfang von 10 m bei einer Höhe von 36 m ein ebenfalls mehrtausendjähriges Alter, so wird er darin von der mexikanischen Eibencypresse (*Taxodium mexicanum*), die nicht auf sumpfigem, sondern mäßig feuchtem Boden wächst, noch übertroffen. So ist in Tule bei Oaxaca in Mexiko noch ein Mitglied dieser Pflanzenfamilie am Leben, dem A. Decandolle ein Alter von 6000 Jahren beimißt. Jedenfalls ist dieser auf beifolgender Tafel nach einer Originalaufnahme wiedergegebene Baum, dessen Stamm 1 m hoch über dem Boden gemessen 31 m Umfang besitzt, während die 35 m hohe Krone fast 100 m umspannt, das älteste Glied der heutigen Schöpfung und erscheint schon dadurch ehrwürdig. Hat er doch alles erlebt, was wir kurzlebige Menschen die Weltgeschichte nennen. Als die mächtigen Pharaonen der 4. Dynastie ihre gewaltigen Grabdenkmäler in Form der steinernen Pyramiden von Gise bauten, besaß dieser Methusalem unter den Pflanzen bereits das respektable Alter von 1300 Jahren. Als die Neolithiker Mitteleuropas von Süden her mit den ersten Metallschmucksachen und -Geräten bekanntgemacht wurden, war er schon über 2000 Jahre alt. Und wenn wir alle, die wir heute uns des Lebens freuen, nicht mehr sein werden, so wird dieser noch sehr lebenskräftige Pflanzengreis weiterblühen und gedeihen. Was hat er nicht schon alles erlebt und was wird er noch alles erleben, bis auch er einst zugrunde geht!

Die echte Cypresse (*Cupressus sempervirens*), deren charakteristische Gestalt sich jedem Italienfahrer unauslöschlich eingeprägt hat, vermag mit alleiniger Ausnahme der besonders mild gelegenen Bodenseeinsel Mainau und ihrer Umgebung nirgends in Deutschland jahrelang ungeschädigt im Freien auszuhalten. Dieses außerordentlich stimmungsvolle, für die heutigen

Mittelmeerländer geradezu charakteristische Kind des warmen Südens ist ein 20 und mehr Meter hoher Baum von spitz kegelförmigem Wuchs, der aber auch in einer Abart mit sich seitwärts ausbreitenden Ästen vorkommt, mit dunkelgrünen Blättern und 2–3 cm langen Fruchtzapfen. Es ist die bekannteste der 12 Cypressenarten, die im Mittelmeergebiet, im gemäßigten Asien, in Nordamerika und Mexiko zu Hause sind. Die Cypresse ist von den Bergen des nördlichen Persien und dem Libanon bis nach Griechenland heimisch und findet sich meist in Höhen von 600 bis 1400 m über dem Meer. Dabei soll sie ein Alter von über 2000 Jahren erreichen können und erzeugt ein harzreiches, außerordentlich dauerhaftes Holz, das mancherlei Verwendung findet. Sie hieß bei den Assyriern *burâsu*, bei den Phönikiern *berût*, und wahrscheinlich davon abgeleitet, bei den Griechen *kypárissos*. Überall bei den Semiten war sie seit Alters der heilige Baum der Astarte-Aphrodite, so daß diese gelegentlich auch *baalat berût*, d. h. Göttin der Cypresse, genannt wird. Mit der Verbreitung des Astartekultes durch die Phönikier gelangte sie mit der Taube, die das heilige Tier der Göttin war, immer weiter westlich überall dahin, wo jene Kolonien gründeten.

Durchaus falsch ist die übrigens sehr ansprechende Darlegung von Victor Hehn, wonach die Cypresse von einem Ursitz auf dem Gebirge von Busi westlich von Herat in Afghanistan, wie ihn Alexander von Humboldt annimmt, im Gefolge des iranischen Lichtdienstes weiter nach Westen verbreitet worden sein soll. In ihrer schlanken, obeliskenartigen Gestalt soll die Zendreligion das Bild der heiligen, zum Himmel aufstrebenden Flamme gesehen haben, und deshalb soll sie vor den Feuertempeln und in den Höfen der Paläste gepflanzt worden sein. Ebensowenig hat sie der Insel Cypern den Namen gegeben. Ihre Beziehungen zur orientalischen Göttin der Fruchtbarkeit sind sehr viel älter als ihre Verehrung bei den feueranbetenden Persern.

Aus ihrem duftenden, der Zeit und dem Wurmfraß widerstehenden Holze — schon Theophrast (im 4. Jahrhundert v. Chr.) nennt es: von Natur unverwüstlich — schnitzte man mit Vorliebe nicht nur Götterbilder von außerordentlicher Dauer, sondern verfertigte allerlei Hausgerät und baute daraus vor allem Schiffe. Schon in Homers Odyssee wird der Baum genannt, indem erwähnt wird, daß um die Grotte der Kalypso Erlen, Schwarzpappeln und wohlriechende Cypressen standen, und weiterhin: als Odysseus als Bettler verkleidet nach seiner Heimatinsel Ithaka zurückkehrte, setzte er sich auf die eschene Türschwelle und lehnte sich an die cypressene Türstütze. Zahlreich waren die *Xóana*, d. h. die aus Holz geschnitzten ältesten Götterbilder in den griechischen Heiligtümern — bevor die noch dauerhafteren aus Stein, besonders Marmor, aufkamen — und auch die Türen in denselben aus Cypressenholz. Aus Cypressenholz bestand auch die älteste Athletenstatue, die Pausanias im 2. Jahrhundert n. Chr. im Olympia noch stehen sah. Sie stellte den vor dem Jahre 540 v. Chr. lebenden Ägineten Praxidamas dar, war von jenem in den heiligen Hain der Altis gestiftet worden und hatte sich besser erhalten, als eine andere, etwas spätere, die aus Feigenholz gearbeitet war. Ebenso bildeten die Römer ihre ältesten Götterbilder mit Vorliebe aus Cypressenholz.

Tafel 151.

Die mexikanische Eibenzypresse (*Taxodium mexicanum*) von Tule bei Oaxaca in Mexiko, das wohl älteste Glied unserer heutigen Schöpfung. (Nach Photogramm von W. G. Bremer in Oaxaca.)

Tafel 152.

Eine alte Eibe in der Nähe von Paterzell bei Weilheim in Oberbayern in einem Bestand von etwa 400 großen Exemplaren.

Tafel 153.

Zwei Zypressen inmitten von mit Mauern umgebenen Olivenhainen bei Rovigno in Istrien.

Hain von Steineichen, bekannt als „*Bosco sacro*“, in der römischen Campagna.

Tafel 154.

Pyramidenpappeln als Zierbäume vor der Villa Stuck in München.

Wie die Phönikier haben auch die alten Griechen ihre Schiffe vorzugsweise aus dem unverwüstlichen Cypressenholz gebaut, wie Plato sagt: „Es ist ein rechtes Glück, wenn ein Staat weder Cypressen, noch anderes zum Schiffsbau taugliches Holz hat, weil die Schiffahrt keinen Segen bringt.“ Und der griechische Geschichtschreiber Diodor berichtet vom König Antigonos, dem „Einäugigen“, dem Feldherrn Alexanders des Großen (384–301 v. Chr., erhielt 323 bei der Teilung von dessen Reich Großphrygien, Lykien und Pamphylien, führte aus Ehrgeiz und Eroberungslust viele Kriege gegen die übrigen Diadochen, in denen er Kleinasien und Syrien eroberte, nahm 306 mit seinem Sohn Demetrios Poliorketes, d. h. dem „Städtebelagerer“, den Königstitel an und verlor in der Schlacht bei Ipsos in Phrygien gegen Kassandros, Lysimachos und Seleukos Reich und Leben), er habe zur Bekämpfung seiner über große Flotten gebietenden Gegner, den einstigen Mitfeldherrn Alexanders, 8000 Mann mit dem Fällen von Cedern, Pinien und Cypressen auf dem Libanon beschäftigt. Tausend Paar Lasttiere sollen das Holz zur Küste getragen haben, wo von werkkundigen Zimmerleuten Schiffe daraus gebaut wurden. Auch Gedenktafeln und Särge wurden mit Vorliebe aus dem dauerhaften Cypressenholz verfertigt. So sagt Plato, daß die Landlose der Bürger in den Tempeln auf cypressenen Gedenktafeln für die Nachwelt verzeichnet werden sollten, und schreibt der griechische

Geschichtschreiber Thukydides. „Bei den Athenern ist es Sitte, die Gebeine der in einer Schlacht Gefallenen erst öffentlich zur Schau zu stellen und sie dann in Särgen zu begraben, die aus Cypressenholz gemacht sind.“ Nach demselben Autor umschlossen cypressene Schreine, je einer für eine Phyle (Stamm, d. h. durch Abstammung von einem Stammvater verbundenen Teil eines Volkes, deren es seit Kleisthenes, dem Haupt der Alkmäoniden, 510 v. Chr., 10 gab, welche wiederum in Demen eingeteilt waren), die in die Erde zu bergenden Gebeine bei jener 430 zu Athen gefeierten öffentlichen Bestattung der für das Vaterland Gefallenen zu Beginn des peloponnesischen Krieges, bei welcher Perikles, der schon das Jahr darauf von der Pest hinweggerafft wurde, seine berühmte Rede zur Verherrlichung Athens hielt. Und was vor dem Zerstörtwerden durch Insekten und deren Larven beschützt werden sollte, das wurde bei den Griechen, wie auch später bei den Römern in cypressene Kästchen eingeschlossen, so bei Horaz die Manuskripte der von ihm gedichteten Lieder.

Wo immer der Kult der phönikischen Astarte Eingang fand, da wurden Cypressenhaine vor deren Heiligtümern errichtet. So kam die Cypresse durch die Vermittlung der süditalischen Griechen zu den Römern. Plinius schreibt in seiner Naturgeschichte über sie: „Die Cypresse ist ein ausländischer Baum, der anfangs nur mit großer Mühe gezogen wurde.“ Cato, der sie die Tarentinische nennt, weil sie von dorther in das römische Gebiet gekommen ist, spricht über sie weitläufiger als über alle andern Bäume. Ihr Vaterland ist Kreta. Dort entsteht überall, wo jemand den Boden auflockert, durch Naturkraft ein Cypressenwald. (Ihre kleinen Samen haben auf jeder Seite einen als Fallschirm dienenden häutigen Rand, womit sie leicht vom Winde in die Weite getragen und so in der Ferne angesät werden.) Auf den Gebirgen Kretas, dem Ida und den Weißen Bergen, wächst sie auch da, wo der Boden nicht bearbeitet ist, neben dem ewigen Schnee, was allerdings wunderbar ist, da sie viel Wärme verlangt und in bezug auf den Boden sehr spröde tut. Sie wächst sehr langsam, gewährt nicht den geringsten Nutzen (nämlich an Früchten), hat widerliche (d. h. nicht wohlschmeckende) Früchte, bittere Blätter, einen betäubenden Geruch, keinen angenehmen Schatten (weil er infolge der Höhe des Baumes nur schmal ist), lockeres Holz. Die Cypresse ist dem Gott Dis (Gott der Unterwelt) geweiht und wird deshalb (in Gestalt von in Kübeln gepflanzten Exemplaren) an die Türe der Häuser gestellt, in welchen sich ein Sterbefall ereignet hat. Ihr säulenförmiger Wuchs empfiehlt sie zur Abwechslung mit Pinienalleen; jetzt beschneidet man sie auch so, daß sie mauerdichte Zäune gibt, auch bringt man sie durch Beschneiden dahin, daß sie Jagden, Flotten und andere Bilder vorstellt, welche mit ihren zarten, kurzen, immergrünen Blättern bekleidet sind.

Es gibt zwei Arten von Cypressen: Die eine, die man die weibliche nennt, wächst dicht und säulenförmig (es ist dies die zu Eingang erwähnte *var.*

pyramidalis von *Cupressus sempervirens*), die andere heißt die männliche und breitet ihre Äste seitwärts aus (*var. horizontalis*), sie wird beschnitten und dient auch als Stütze für Weinstöcke. Beiden Arten schneidet man auch die Seitenäste weg und zieht sie auf diese Weise zu Stangen und Pfählen, welche, wenn der Stamm 13jährig ist, Stück für Stück einen Denar (= 60 Pfennige) kosten. Es geht daraus hervor, daß ein solcher Cypressenwald sehr einträglich ist; daher nannten die Alten solche Pflanzungen die „Aussteuer ihrer Töchter“. Noch heutigen Tags heißt übrigens die Cypresse nach Fee wegen dieses Brauches auf Kreta „Aussteuer der Tochter“ und wird in größerer Anzahl bei der Geburt eines Kindes gepflanzt, wie man in Frankreich bei solchem Anlasse einige hundert Pappeln pflanzt und sie zu dessen Gunsten verkauft, wenn es erwachsen ist, oder in der Südsee einige Brotfruchtbäume setzt, die das alleinige Eigentum des neuen Familienmitgliedes bilden. Auch bei uns pflanzt mancher Bauer jedem seiner Kinder bei deren Geburt einen oder einige Obstbäume, deren Ertrag ausschließlich dem betreffenden Individuum gehört.

Auch die Grenzen der Grundstücke wurden mit Vorliebe durch solche nur wenig Schatten verbreitende Cypressen bepflanzt. So schreibt der gelehrte Varro (116–27 v. Chr.): „Die Grenze der Grundstücke (*fundus*) werden oft durch Bäume bezeichnet, damit kein Streit entsteht. Manche Leute pflanzen zu diesem Zwecke Pinien, was meine Frau im Sabinerlande tun ließ, andere Cypressen, wie ich auf meinen Gütern am Fuße des Vesuv, andere Ulmen, wie häufig im Crustumenischen zu sehen ist.“

Als den Gottheiten der Unterwelt geweihter Baum wurde die Cypresse zunächst bei den vornehmen Römern, wie heute noch im Orient und in Südeuropa von Griechenland bis Spanien, als Totenbaum auf die Gräber gepflanzt. So war sie bei den Dichtern der augusteischen Zeit der typische Baum der Trauer, mit dessen Zweigen Leichenaltar und Scheiterhaufen besteckt wurden. So läßt Vergil in der Aeneis auf dem Grabe des Polydorus einen großen Erdhügel aufschütten, mit dunklen Florbinden umwundene Altäre bauen und daneben schwarze Cypressen pflanzen. Weiterhin läßt er bei der Bestattung des Misenus von den Trojanern einen ungeheuren Scheiterhaufen aus harzigem Kien- und Eichenholz bauen, dessen Seiten mit schwarzem (Cypressen-)Laube bedecken und davor als Zeichen der Trauer Cypressen aufstellen. Dazu sagen Festus und Servius gleicherweise: es sei römische Sitte, Cypressen oder Cypressenzweige vor die Haustüre der Toten zu stellen, weil diese Bäume absterben, sobald sie gefällt sind, so wie der Mensch, wenn er einmal gestorben ist, nicht wieder zum Leben gelangt. Auch Lucanus sagt: „Die Cypresse ist das Zeichen der Trauer“, und Statius schreibt in seiner Thebais: „Das Lager des Toten wird aus Zweigen der traurigen Cypresse geflochten. Auf das Geflecht wird eine Lage Stroh gelegt, auf diese eine Lage von Grasgirlanden, dann eine Schicht bunter, dem Flammentode gewidmeter Blumen und diese werden mit morgenländischem Weihrauch und Zimt (*cinnamum*) belegt." Bei Horaz wird die „trauerverkündende Cypresse" als Totenbaum gerne im Gegensatz zum Genuß der heiteren Gegenwart gestellt. In einer seiner Oden heißt es: „Im Tode mußt du alles, was dir auf Erden teuer ist, verlassen und von den Bäumen, die du gepflegt, folgt dir nur die verhaßte Cypresse."

In den Metamorphosen des Ovid wird die Entstehung der Cypresse in folgender Weise erklärt: Ein Knabe, den Apollo liebte, hatte das Unglück, unversehens einen den Nymphen geheiligten, prächtigen Hirsch zu töten; untröstlich darüber, flehte er die Götter an, ihn wenigstens in Ewigkeit trauern zu lassen. Deshalb wurde er durch das Mitleid der Götter in einen Cypressenbaum verwandelt, der den schlanken Wipfel hoch zum Himmel erhebt, von den Göttern betrauert und zugleich das Unglück der Menschen betrauernd. Daß später alles, was irgendwie mit der Cypresse zusammenhing und von ihr abstammte, die vornehmen Römer an den Tod erinnerte und ihnen deshalb unangenehm war, beweist auch die Erzählung des Geschichtschreibers Älius Spartianus in seiner Biographie des römischen Kaisers Lucius Septimius Severus (der, 193 von den pannonischen Legionen zum Cäsar ausgerufen und vom Senat anerkannt, die Prätorianer auflöste, 195 den Gegenkaiser Pescennius Niger bei Kyzikos, 196 den andern Gegenkaiser Clodius Albinus bei Lyon schlug, gegen die Parther zu Felde zog, 203 nach Rom zurückkehrte, 208 nach Britannien ging und 211 in Eboracum — der Stadt York in England — starb): „Dem Kaiser Severus begegnete kurz vor seinem Tode ein Neger, der zugleich als Soldat und als Hanswurst diente, mit einem Cypressenkranze auf dem Kopfe. Der Kaiser erschrak über die böse Bedeutung, die in der schwarzen Farbe des Menschen und in der Cypresse lag, und befahl, den Menschen sogleich aus seiner Nähe zu entfernen."

Trotz aller Pflege von seiten des Menschen gedeiht die Cypresse auch in Italien lange nicht so, wie in ihrer orientalischen Heimat. Als nie recht eingebürgerter Fremdling bildet sie in diesem Lande keine eigentlichen Haine, sondern steht meist einsam oder in kleinen Gruppen, mit Vorliebe auf den Friedhöfen; nicht selten wird sie als Alleebaum gepflanzt, wobei sie auch dann ihr düsteres und zugleich feierliches Gepräge nicht verleugnen kann. Wie in der Ebene von Neapel der Blick besonders häufig auf Pinien fällt, so im Arnotale auf Cypressen, die der sonst heiteren Landschaft einen düsteren Akzent verleihen. Wer aber den Baum in seiner feierlichen Schönheit bewundern will, der muß nach dem Orient gehen, wo er die schönsten und höchsten Exemplare auf den alten Friedhöfen der Türken findet, so schon in Skutari, der asiatischen Seite von Konstantinopel, aber noch viel majestätischer in Smyrna oder Brussa. Schon Plinius und Dioskurides, beide im 1. Jahrhundert n. Chr., sagen, daß die verschiedenen

Teile der Cypressen als Heilmittel benutzt wurden. Auch bei den arabischen Ärzten war dies der Fall, und in duftende Cypressenwälder schickten sie die Brustkranken, damit diese durch den harzigen Geruch der dort eingeatmeten Luft Genesung fänden.

Von anderen Cypressenarten, die auch in Südeuropa gepflanzt werden, verdienen noch Erwähnung: die blaugrüne Cypresse (*Cupressus pendula*) aus Mexiko, die eine ziemlich durchsichtige, hell blaugrüne Pyramide bildet, dann die gleicherweise aus höheren Lagen Mexikos stammende Weihrauchcypresse (*C. thurifera*), ein hoher Baum mit abstehenden Haupt- und Nebenästen. Sie gleicht erwachsen einem Lebensbaum (*Thuja*), hat grüne Fruchtzapfen und schwitzt ein wohlriechendes, in ihrer Heimat wie Weihrauch zu Räucherungen benutztes Harz aus. Dann die Trauercypresse (*C. pendula*), ein ziemlich hoher Baum mit ausgebreiteter Krone, überhängenden Ästen und mehrkugeligen Zapfen aus China: er wird dort und auch in Nordostindien auf Gräber gepflanzt und kam 1848 nach Europa.

Fälschlicherweise wird bei uns oft der gemeine Lebensbaum (*Thuja occidentalis*) Cypresse genannt. Dieses nordostamerikanische Nadelholz, dessen flache, unterseits hellgrüne Zweige im Winter infolge einer teilweisen Umwandlung des Chlorophylls oder Blattgrüns eine braungelbe Mißfärbung annehmen, kam schon 1566 nach Europa, und zwar zuerst nach Frankreich, als der moralisch schwache Karl IX. von 1560–1574 das Land beherrschte. Es hat sich vollständig bei uns eingelebt und wird sehr häufig in Anlagen gepflanzt. Auch im Walde werden neuerdings Lebensbäume zu pflanzen versucht, doch ist dies mehr mit der pazifischen Art, dem in seiner Heimat 50 m Höhe erreichenden Riesenlebensbaum (*Thuja gigantea*) der Fall, dessen aromatisch riechende, unterseits hellgrau gefärbte Zweige sich im Winter nur wenig verfärben. In Anlagen finden wir außerdem die nordamerikanische *Thuja plicata* und die den Lebensbäumen nahe verwandte, im Wuchse nur schlanker, cypressenartiger gestaltete kalifornische Heyderie (*Libocedrus decurrens*), deren gewöhnliche, auch in der lateinischen Benennung — von *líbos* Flüssigkeit, Wasser und *kédros* Ceder — sich bekundender Name „Flußceder“ als irreführend besser nicht gebraucht wird.

Schon seit längerer Zeit in Gärten und Friedhöfen verbreitet ist auch der chinesische Lebensbaum (*Biota orientalis* — vom griechischen *biotḗ* Leben, weil immergrün), dessen Zweige unterseits kleine helle Flecken tragen. Der Baum ist sofort daran zu erkennen, daß seine Zweige durchweg steil aufgerichtet stehen; deshalb, weil sie nicht ausgebreitet liegen, sind sie nur sehr undeutlich in eine dunklere Ober- und in eine hellere Unterseite geschieden. Auch die blaubereiften, aus sechs dicken Fruchtschuppen gebildeten Zapfen sind dadurch charakterisiert, daß sie außen eine rinnenartige Öldrüse tragen, während sie bei den nordamerikanischen Lebensbäumen kugelig erhöht sind.

Auch die Halb- oder Lebensbaumcypressen (*Chamaecyparis*) werden von den Gärtnern fälschlicherweise als Cypressen bezeichnet. Tragen sie auch eine ähnliche Benadlung, so können sie gleichwohl in der Schönheit des Wuchses nicht mit den echten Cypressen wetteifern. Im Unterschied von diesen sind die Zweige der Halbcypressen nicht gleichseitig vierkantig, sondern flach, mit deutlich verschiedener, meist auch anders gefärbter Ober- und Unterseite. Die verbreitetste, nicht nur in unseren Anlagen, sondern auch im deutschen Walde eine ziemliche Rolle spielende Art, ist die aus dem pazifischen Nordamerika zu uns gebrachte, nach dem schottischen Gärtner Lawson benannte Lawsoncypresse (*Ch. lawsoniana*), die an ihrem stark überhängenden Gipfeltriebe sofort von den anderen Arten zu unterscheiden ist. Weit verbreitet ist auch die auf beiden Seiten der Zweige fast gleichmäßig dunkelgrüne, an der Nutkabucht in Nordwestamerika heimische Nutkacypresse (*Ch. nutkaensis*), ebenso zwei japanische Arten: die durch schräg abstehende, scharfspitzige Kantenblätter ausgezeichnete Sawaracypresse (*Ch. pisifera*), die in mehreren Formen gezüchtet wird, und die durch einwärtsgebogene, stumpfe Kantenblätter charakterisierte stumpfblättrige Halbcypresse (*Ch. obtusa*). Alle diese Halbcypressen mit erwachsen schuppenartiger Belaubung tragen in ihrer Jugend weiche, pfriemenartige Nadeln. Nun gelang es der gärtnerischen Zucht, solche Jugendzweige als Stecklinge zu verwerten, und daraus Pflanzen heranzuziehen, die auch im Alter nur nadelförmige Primärblätter tragen. Solche Formen mit dauernd beibehaltenem Jugendkleid, die früher als besondere Gattung *Retinispora* angesehen wurden, sind heute noch unter diesem irrigen Namen im Handel. So ist *Retinispora plumosa* einfach die das Jugendkleid beibehaltende Form der Sawacypresse (*Ch. pisifera*).

Aus der großen Zahl der cypressenartigen, oft schwer zu unterscheidenden Nadelhölzer ist noch eine durch ihre oben glänzendgrüne, unten aber bläulichweiße Färbung der Triebe gekennzeichnete Art zu nennen, nämlich die in Japan große Wälder bildende Hiba (*Thujopsis dolabrata*), die, weil vollkommen winterhart und gegen Beschattung wenig empfindlich, sogar für den deutschen Wald empfohlen wird. Sie liefert ein sehr dauerhaftes Holz.

Von allen bisher genannten Nadelhölzern trennt die Wacholderarten der fleischige Bau der Zapfen, deren Schuppen bei der Reife völlig verwachsen und deshalb ganz den Eindruck einer Beere machen. Von den etwa 30 Arten der nördlichen Halbkugel sind in unseren Parkanlagen nur wenige zu finden, da die meisten bei uns nur in ganz milden Lagen zu gedeihen vermögen. Aber auch unsere einheimische Art, der gemeine Wacholder (*Juniperus communis*), der in den Sagen und in der Volksheilkunde unserer heidnischen Vorfahren eine so große Rolle spielte, ist selten in Kultur zu treffen. Am häufigsten findet sich noch der im Hochgebirge und im Polargebiet wachsende Zwergwacholder (*J. nana*), der mit seinen zur Ausnützung der durch

Sonnenbestrahlung erzeugten Bodenwärme und zum Schutz durch Schnee niederliegenden Ästen und den dichtgedrängten, weicheren und kürzeren Nadeln gern als Gartenschmuck verwendet wird. Ebenso wird der ähnlich auf der Erde liegende nordamerikanische Wacholder (*J. prostrata*), dann der schuppige Wacholder (*J. squamata*) vom Himalaja und *J. sphaerica* mit kugeligen Beeren aus China gelegentlich in unseren Gärten kultiviert.

Bisweilen findet sich in unseren Anlagen auch der in Südeuropa heimische Baumwacholder (*J. excelsa*), der nebst dem im östlichen Mittelmeergebiet, besonders in Syrien und Phönikien heimischen, in der Erscheinung der Cypresse ähnlichen, ebenfalls baumartigen Cedernwacholder (*J. phoenicea*) die Ceder der Alten bildete, deren rötliches, wohlriechendes Holz als „der Verwesung widerstehend", wie schon Theophrast im 4. Jahrhundert v. Chr. sagt, mit Vorliebe als Werkholz benutzt wurde, während sie den gemeinen Wacholder als „kleine Ceder" (*kédros mikrâ*) bezeichneten. Nach Homers Ilias war das Bettgestell des Königs der Troer, Priamos, aus solchem Wacholderholz gefertigt (*kédrinos*) und duftete lieblich. Nach der Odyssee aber brannte in der Wohnung der Nymphe Kalypso, Tochter des Atlas, die den auf die von ihr bewohnte Insel Ogygia verschlagenen Odysseus 7 Jahre lang festhielt, ein Feuer von Baumwacholder (*kédros*) und Lebensbaum (*thýon* von *thýein* opfern, weil sein Holz beim Opfer verbrannt wurde) und verbreitete weithin über die Insel Wohlgeruch. Rings um die Wohnung der Nymphe standen Erlen (*klḗthrē*), Schwarzpappeln (*aígeiros*) und wohlriechende Cypressen (kypárissos). Auf den Bäumen nisteten Käuzchen (*skṓps*), Falken (*írēx*) und Rabenkrähen (*korṓnē*). In Vergils Äneis erleuchtete die in der Odyssee als Tochter des Sonnengottes Helios und der Okeanide (Meerjungfrau) Perseis genannte, auf der Insel Aeaea hausende Zauberin Kirke, die die Gefährten des Odysseus in Schweine verwandelt hatte, nachts ihren stolzen Palast mit wohlriechendem Wacholderholz (*odorata cedrus*). Nach demselben Epos standen in der alten Burg des Königs Latinus in Latium (in Mittelitalien am Tyrrhenischen Meer zwischen den Flüssen Tiber und Liris — jetzt Garigliano — gelegen) der Reihe nach die aus Wacholderholz (*cedrus*) geschnitzten Bilder der Ahnen. Nach Plinius wuchsen die besten Cedernwacholder (*cedrus*) auf Kreta, in Syrien und in Afrika. „Das Holz (*materia*), das mit Cedernwacholderöl (*cedri oleum*) getränkt ist, wird weder von Würmern, noch von Fäulnis angegriffen. Der Baumwacholder (*juniperus*) hat dieselben guten Eigenschaften wie der *cedrus*. Er wird in Spanien und insbesondere im Lande der Vaccäer sehr groß und sein Kernholz ist noch dichter als dasjenige des *cedrus*. Sein Holz hat ewige Dauer; deshalb macht man aus ihm gerne Götterbilder. So z. B. ist der zu Rom in einem Tempel aufgestellte sosianische Apollo, der von Seleucia (in Syrien) gebracht wurde, aus Cedernholz (*cedrinus est*, in diesem Fall ist jedenfalls das echte Cedernholz der Libanonceder gemeint). — Aus den Beeren des

Baumwacholders bereiteter Wein (*vinum e junipero*) wird von Ärzten denjenigen als besonders wohltuend empfohlen, welche durch Waffenübungen oder Reiten ermüdet sind." Noch heute werden die aromatisch riechenden Beeren dieses mittelländischen Wacholders, wie im Orient diejenigen des Bauchwacholders, statt unserer schwarzen Wacholderbeeren, in Apotheken wie im Haushalte gebraucht. Der griechische Arzt Galenos im 2. Jahrhundert n. Chr. sagt von ihnen: „Die Wacholderbeeren heißen *arkeuthís*, haben einige Schärfe, sind etwas süß, haben auch etwas Zusammenziehendes und Gewürzhaftes. Sie erwärmen, reinigen Leber und Nieren, verdünnen die dicken, zähen Säfte und werden deshalb den Gesundheitsmitteln zugesetzt. Viel Nahrung gewähren sie dem Körper nicht. In allzu großer Menge fallen sie dem Magen beschwerlich und verursachen Kopfschmerzen." Plinius sagt, man gebe sie gegen Blähungen, Fieber und Husten, lege sie auch auf Geschwülste und salbe sich mit Öl, in welchem sie zerrieben wurden, um vor Schlangenbiß sicher zu sein. Ein sicheres Mittel, um Schlangen zu vertreiben, sei, Sägemehl von Baumwacholder an die Orte zu streuen, wo sich welche befinden. Daß dieses Mittel probat ist, wollen wir schon glauben; denn wir wissen, daß die Schlangen ein empfindliches Geruchsorgan besitzen und dieser starkriechenden Masse wie allen intensiven Gerüchen aus dem Wege gehen. So ist es ein vielerprobtes Mittel der Neger an der schlangenreichen Küste von Liberia, sich beim Passieren von daran besonders reichen Strecken vor dem Gebissenwerden durch diese Reptilien zu schützen, indem sie sich Füße und Unterschenkel mit Knoblauch einreiben.

Von dem in den östlichen Mittelmeergegenden heimischen Weihrauchwacholder (*J. thurifera*) wird das Harz als schlechter oder arabischer Weihrauch in den Handel gebracht und aus dessen Holz, wie auch aus demjenigen des verwandten lykischen Wacholders (*J. lycia*) in Kleinasien, ein in der Tierarzneikunde gebräuchliches Wacholderholz- oder Kadeöl destilliert. In unseren Parks werden diese Arten kaum angetroffen. Dagegen wird von alters her wegen seiner offizinellen Eigenschaften der an den Nord- und Südabhängen der Alpen und Pyrenäen heimische strauchartige Sade- oder Sevenbaum (*J. sabina*) gezogen. Schon der griechische Arzt Dioskurides im 1. Jahrhundert n. Chr. erwähnt ihn als *bradý* (von *bradýs* langsam, weil er sehr langsam in die Höhe wächst). Er kommt in Griechenland zur Seltenheit auf den nördlichen, höheren Gebirgen vor, hieß bei den Italienern im Mittelalter *sabina*, woher er den wissenschaftlichen Beinamen erhielt. Früher wurden am Feste von Marie-Krautweihen an manchen Orten nebst anderen grünen Pflanzen auch Sevenzweige geweiht, die das abergläubige Volk zur Abhaltung des Teufels und der Hexen in den Wohnungen aufhing und für heilsam gegen alle möglichen Übel hielt. Es wird auch eine buntblätterige Abart als Zierpflanze gezogen, doch soll dieser Strauch wegen seiner großen

Giftigkeit, die schon Todesfälle bewirkte, und weil er als Abtreibungsmittel gerne benützt wird, nicht in öffentlichen Anlagen gehalten werden.

Den seinigen sehr ähnlich, nur nicht so unangenehm harzig riechend, sind die Zweige des virginischen Wacholders oder Sadebaums (*J. virginiana*), der um 1664 aus dem östlichen Nordamerika in Deutschland als Zierbaum eingeführt wurde. Während er bei uns niedergedrückt, strauchartig bleibt, bildet er in seiner Heimat stattliche Bäume, deren wohlriechendes, rotbraunes Holz trotz seiner Leichtigkeit sehr dauerhaft ist und kaum je vom Wurmfraß leidet. Es wird deshalb zu Schiffsplanken, Schindeln und allerlei Möbeln, besonders aber zu Zigarrenkisten und zur Umkleidung von Bleistiften benutzt. Der Bleistiftfabrikant Faber in Stein bei Nürnberg führt jährlich viele tausend Kubikmeter davon ein und pflanzt auch den Baum für sich bei Fürth in größerem Maßstab. Ebenso wird er im Braunschweigischen mit Erfolg angepflanzt. Außer dem virginischen liefert auch der auf den Bermudasinseln heimische *Juniperus bermudiana* einen großen Teil des amerikanischen Bleistiftholzes, das als „rotes Cedernholz" in den Handel gelangt.

Noch mehr als die fleischige Frucht des Wacholders weicht die prächtig rote, seltener gelbe Scheinbeere der Eibe (*Taxus*) von der sonst üblichen Zapfenform der Koniferenfrucht ab; doch weisen die einzeln stehenden, vorn spitzen Nadeln auf ihre Familienzusammengehörigkeit mit jenen. Die 6–9 m hoch werdende gemeine Eibe (*Taxus baccata*) findet sich in Gebirgswäldern Europas, Asiens und Nordamerikas, ist aber im deutschen Walde fast ausgestorben. In Park und Garten dagegen, wo sie unter Schutz steht, ist sie eine der bekanntesten Erscheinungen. Sie wächst sehr langsam, leidet nicht unter starker Beschattung und besitzt ein für Nadelhölzer ganz erstaunliches Ausschlagsvermögen, so daß sie sich leicht durch Stecklinge vermehren und zu Hecken und Figuren nach Belieben zuschneiden läßt. Allerdings enthalten ihre Nadeln, wie auch die hellvioletten Samen ein giftiges Alkaloid, das Taxin, das besonders für Pferde, aber auch für Ziegen und Schafe gefährlich ist. Der Samenmantel dagegen wird von den Amseln und anderen Vögeln gerne verzehrt; dabei besorgen diese die Weiterverbreitung der Samen, die erst in zwei oder drei Jahren keimen. Die Eibe ist das einzige Nadelholz, das vollständig harzfrei ist. Männliche und weibliche Blüten wachsen bei ihr meist getrennt auf verschiedenen Individuen; doch kommt es nicht selten vor, daß ein Stock, der jahrelang nur einerlei Blüten trug, plötzlich beiderlei Blüten hervorbringt. In alten Exemplaren wird die Eibe baumförmig und erreicht dann eine Höhe von 10–15 m. Bei dem geringen Dickenwachstum deuten so große Eibenbäume, die dann Stämme von 1 m Durchmesser aufweisen, auf ein Alter von über 1000 Jahren. Im Park von Hamptoncourt bei London kennt man solche Bäume, deren Alter von über 1000 Jahren historisch beglaubigt ist. Ein

Eibenbaum bei Katholisch-Hennersdorf in Schlesien wird auf 1400 Jahre geschätzt und gilt für den ältesten Baum Deutschlands. Noch älter ist die Eibe auf dem Friedhofe zu Braburn in England, die man — jedenfalls übertrieben — für 3000jährig ausgibt. Größere Eibenbestände sind außer auf der Tucheler Heide, wo gegen 1000 Bäume grünen, nur noch im bayrischen Allgäu vorhanden. Kleinere Haine von ebenfalls sehr alten Eiben findet man bei Treseburg im Bodetal im Harz, dann auf dem Veronikaberge bei Ilmenau, in einem Forstrevier der rauhen Röhn bei Dermbach im Großherzogtum Weimar, wo gegen 400 sehr alte Bäume vorhanden sind. In Süddeutschland ist neuerdings auf einen Eibenhain in der Nähe von Paterzell bei Weilheim südlich von München mit teilweise über 1000jährigen, bis 18 m hohen Exemplaren durch *Dr.* F. Kollmann aufmerksam gemacht worden.

In den Mittelmeerländern wächst die Eibe als Strauch nur spärlich auf höheren Gebirgen. Sie galt den Alten als ein Baum des Todes, so daß sogar schon ein längerer Aufenthalt unter ihrem Schatten für lebensgefährlich angesehen wurde. Deshalb warnt Dioskurides, in ihrem Schatten zu schlafen. Lucanus und Silius Italicus nennen die Eibe als einen den Göttern der Unterwelt geweihten Baum; deshalb bekränzte man sich mit ihr als Zeichen der Trauer. Die Griechen nannten sie smílax, die Römer dagegen *taxus.* Zahlreiche Völker, so schon die neolithischen Pfahlbauern an den Ufern der Schweizerseen, bedienten sich der Eibenzweige zur Herstellung von Bogen und zu anderen außerordentlich dauerhaften Geräten. Im Mittelalter verfertigte man besonders die Armbrustbogen daraus. Schwarz gebeizt ist ihr rötlichbraunes Holz kaum vom Ebenholze zu unterscheiden. Nach Plinius sollten aus Eibenholz verfertigte Weinbecher den Tod bringen, wie man in Gallien bemerkt habe. Cäsar schreibt in seinem Berichte über den Krieg in Gallien: „Als Cäsar den Ambiorix besiegt hatte, tötete sich Kativolcus, der über die eine Hälfte der Eburonen regierte, durch das Gift der Eibe. Dieser Baum ist in Gallien und Germanien häufig." Nach demselben Autor sollen manche Volksstämme der Gallier mit Eibensaft vergiftete Lanzenspitzen benutzt haben. Heute noch wird eine Abkochung aus Zweigen von ihm, wie aus solchen des Sadebaums, beim Volke zum Fruchtabtreiben verwendet.

Von Ostasien, besonders Japan, kamen die den Eiben ähnlichen, nach den zu 2–3 in Köpfchen zusammenstehenden weiblichen Blüten als Kopfeiben (*Cephalotaxus*) bezeichnete Ziersträucher zu uns. Sie gedeihen aber nur in milden Lagen. Die gebräuchlichsten Arten derselben sind *C. harringtonia*, zu Ehren des Earl von Harrington in Elvaston-Castle, der sie zuerst anpflanzte, so bezeichnet, und *C. fortunei.* Ebenfalls ostasiatischen Ursprungs ist der häufig in unseren Parkanlagen zu treffende Gingkobaum (*Gingko biloba* nach Linné, neuerdings aber gewöhnlich als *Salisburia* — nach Richard Anton Salisbury — *adiantifolia* bezeichnet). Er wird in Japan *ginkyo* geheißen und wurde um 1750 von dorther in Europa eingeführt. Nach Belaubung,

Verzweigung und Ausschlagsfähigkeit würde man ihn für ein Laubholz halten; der Bau des harzfreien Holzes aber und der Blüten weist ihn zu den eibenartigen Nadelhölzern, während die höchst merkwürdige Befruchtung der letzteren, von der im 2. Band meiner gemeinverständlichen Entwicklungsgeschichte des Naturganzen nach den neuesten Forschungsergebnissen: Vom Nebelfleck zum Menschen[4] auf Seite 258 eingehend die Rede war, große Ähnlichkeit mit derjenigen der Palmfarne hat. Ist er doch neben diesen der einzige unter allen Gymnospermen, der noch Spermatozoïden wie die niederen Farne erzeugt. Und an einen Farn, das Frauenhaar (*Adiantum capillus veneris*) erinnert auch der fächerförmige Bau und die Nervatur der Blätter, die an den nichtblühenden Zweigen zweilappig sind und im Herbste sämtlich abgeworfen werden, und zwar an den weiblichen Bäumen — der Gingko ist nämlich zweihäusig — später als an den männlichen. Die Blätter der blühenden Zweige sind ungeteilt, die der Stockausschläge dagegen mehrspaltig-viellappig. Der Baum entspricht also der bei den Laubhölzern in weitem Umfang geltenden Regel, wonach die Blätter der Blütenzweige einfacher, die der Stockausschläge dagegen größer und reicher gegliedert sind als die übrigen Blätter. Die männlichen Blüten sind gestielte Kätzchen, welche zahlreiche Staubblätter mit je zwei an der Spitze sitzenden Pollensäckchen tragen. Die weiblichen Blüten sind länger gestielt und weisen am Ende meist zwei becherförmige Fruchtblätter auf, die mit je einer aufrechten Samenanlage besetzt sind. Die einer gelben oder grünlichen, großen Kirsche ähnliche Frucht besitzt einen von einem umfangreichen, harzreichen Fruchtfleisch umschlossenen zweikantigen, steinharten Kern, dessen Samen geröstet in China als Nahrungsmittel dient.

Bild 79. I Zweig mit Blättern und Blüten des männlichen Gingkobaumes (*Salisburia adiantifolia*), III ein einzelnes Staubblatt mit zwei Pollenfächern, II weiblicher Blütenstand mit einigen jungen Früchten.

In seiner Heimat China und Japan ist der Gingko ein heiliger Baum, der fast nur in den Hainen um die Tempel angepflanzt wird. Wild wird er nur noch an wenigen Stellen in den Bergen der gegenüber der Insel Formosa gelegenen chinesischen Provinz Fo-kien gefunden. Er ist der letzte noch erhaltene Vertreter einer Pflanzengattung, die zur mittleren Tertiärzeit auch in Europa lebte und sich seit dem Beginne der mesozoischen Zeit kaum mehr veränderte. Was die Brückenechse (*Hatteria*) in der Zoologie, das ist der Gingko in der Botanik — ein höchst interessantes lebendes Fossil!

Wie die Brückenechse eine Brücke zwischen den Alt- und Neuechsen bildet, so führt der altertümliche Gingko ganz unmerklich von den altmodischen Nadelhölzern hinüber zu den Laubbäumen, als deren ersten Vertreter wir die Buche (*Fagus*) besprechen wollen. Von der gemeinen oder Rotbuche (*Fagus silvatica*) werden in den Gartenanlagen mehrere Varietäten kultiviert, unter denen die Blutbuche (*var. purpurea*) mit dunkelbraunroten Blättern die bekannteste ist und prächtige Kontraste hervorbringt. Von besonderem Interesse ist der bei der Blutbuche zuerst gelungene Nachweis, daß eine solche zufällig entstandene Bildungsabweichung, wie das rote Laub, eine samenbeständige, vererbliche Eigenschaft sein kann. Als Heckenpflanze wertvoll ist die Weißbuche (*Carpinus betulus*), die auch auf schlechtem Boden und im Schatten gedeiht. Durch ihre große Ausschlagsfähigkeit ist sie wie geschaffen für regelmäßiges Beschneiden und schützt ihre Umgebung im Winter gegen Wind und Schnee, indem ihr dürres Laub zum großen Teil erst im Frühjahr abfällt. Neben ihr wird auch nicht selten die ihr sehr ähnliche südeuropäische Hopfenbuche (*Ostrya carpinifolia*) kultiviert, so genannt, weil die Fruchthüllen sackartig die Nüßchen umschließen, so daß das Ganze an eine Hopfenfrucht erinnert.

Auch die Eiche (*Quercus*) ist ein beliebter Gartenbaum. Außer den einheimischen Arten ist besonders die ungarische Eiche (*Q. hungarica*) und die ebenfalls südeuropäische Zerreiche (*Q. cerris*) wegen ihres schöngeformten Laubes beliebt. Durch ihre prächtigrote Herbstfärbung sind einige bei uns eingeführte nordamerikanische Arten ausgezeichnet, so vor allem die Roteiche (*Q. rubra*) mit spitzgelappten Blättern, die in ihren Blättern kaum mehr eine Verwandtschaft mit den Blattformen der einheimischen Eichen aufweist.

Nicht selten trifft man als Parkbaum die Edelkastanie (*Castanea vesca*), die bei uns keine Früchte mehr zeitigt. Von weiteren Kätzchenblütlern ist der Nußbaum (*Juglans regia*) zu nennen, der prächtige Kronen bildet; doch tritt sein Zierwert gegenüber seiner Bedeutung als Fruchtbaum sehr zurück. Dies trifft bei den nordamerikanischen Arten nicht zu, von denen der Schwarznußbaum (*J. nigra*) schon 1629 in Europa angepflanzt wurde. Seine sehr harten, schwarzen Nüsse stecken in einer fast runden, gelblichgrünen Hülle. Sie sind sehr ölreich, werden aber kaum je gegessen. Mehr in die Länge gezogene schwarze Nüsse besitzt in klebrig behaarter grüner Schale die ebenfalls nordamerikanische Graunuß (*J. cinerea*), die klimatisch noch härter als die übrigen Nußarten ist, aber einen etwas geringeren Holzwert besitzt. Wenig Verbreitung haben dagegen bei uns die Hickoryarten gefunden, von denen die weiße Hickorynuß (*Hicoria ovata*) noch die bekannteste ist; sie ist aber besonders in der Jugend sehr frostempfindlich und gedeiht nur an sehr geschützten Standorten.

Mit der heimischen Haselnuß (*Corylus avellana*) wird auch die stattliche türkische Haselnuß oder Baumhasel (*C. colurna*) aus Kleinasien und die von ebendort stammende Lambertsnuß (*C. tubulosa*), deren Früchte in der röhrenförmigen Hülle fast verschwinden, in verschiedenen Zierformen gezogen. Das bald schlitzblättrige, bald dunkelpurpurne Laub macht die Hasel zum Schmuckstrauch, dem der große Vorzug zukommt, auch im Schatten anderer Bäume als Unterholz prächtig zu gedeihen.

Von weiteren Kätzchenblütlern sind die Erlen und Birken zu nennen. Den ersteren kommt, abgesehen von einigen Formen der Rot- oder Schwarzerle (*Alnus glutinosa*), für Park und Garten nur eine untergeordnete Bedeutung zu. Die Birken dagegen, vor allem die durch ihren prächtigen, weißen Stamm und ihre zierlichen, herabhängenden Zweige ausgezeichnete Weißbirke (*Betula verrucosa*), die nicht nur ihrer hübschen Erscheinung wegen, sondern auch weil sie sehr genügsam und raschwüchsig ist, verdienen die weiteste Verbreitung auch in kleineren Hausgärten. Von fremden Arten ragt durch ihre schöne Kronenbildung die nordamerikanische Papierbirke (*B. papyracea*) hervor, aus deren leicht ablösbarer Borkenhaut in ihrer Heimat eine Art Papier gemacht wird. Ihr ähnlich ist die europäische Hänge- oder Trauerbirke (*B. pendula*), die ebenfalls sehr hübsch ist und äußerst dekorativ wirkt.

An Schnellwüchsigkeit werden die Birken von Weiden und Pappeln übertroffen, die denn auch wichtige Gartenbäume liefern. Von den mannigfachen Weidenarten ist die Weißweide (*Salix alba*) häufig anzutreffen; auf den Friedhöfen dagegen hat sich die Trauerweide (*S. babylonica*) als Sinnbild der Trauer eingebürgert. Dieser 3–7 m hohe Baum mit überhängenden Ästen und Zweigen stammt aus Japan und China und kam vor 200 Jahren nach dem Orient und von da zu uns. Doch besitzen wir von ihm nur weibliche Bäume, weil alle unsere Exemplare von einem und demselben weiblichen Steckreise abstammen, das zu Beginn des 18. Jahrhunderts aus dem Orient nach Europa gebracht wurde. Die Trauerweide wächst nicht in Babylonien und ist nicht der Baum, unter welchem die Juden während ihrer babylonischen Gefangenschaft ihre Harfen aufhingen und trauerten. Dieser im 137. Psalm als *garab* bezeichnete Baum war vielmehr eine Pappel (*Populus euphratica*). Berühmt ist die ebenfalls weibliche Trauerweide, die das Grab Napoleons I. auf St. Helena beschattete.

Ein prächtiger Zierbaum unserer Gärten ist die in Südeuropa und Westasien heimische Silberpappel (*Populus alba*), die wegen ihrer silberweißen, filzig behaarten Blätter so genannt wird. Unangenehm kann sie nur dadurch werden, daß sie nach der Fruchtreife die in weiße Flugwolle gehüllten Samen weithin verbreitet. Doch läßt sich dieser Nachteil dadurch umgehen, daß man nur männliche Exemplare derselben pflanzt. Ebenso schnellwüchsig ist die an feuchten Waldrändern und Bachufern in ganz Europa heimische Schwarzpappel (*P. nigra*), die ihre mächtigen Äste weithin ausstreckt, während die an denselben Standorten wachsende Zitterpappel oder Espe (*P. tremula*) nur ein zierlich feines Astwerk entwickelt. Vielleicht ein Bastard dieser beiden ist die aus dem Orient zu uns gekommene graue Pappel (*P. canescens*), die ebenfalls als Zierbaum beliebt ist. Wahrscheinlich nur eine besondere Wuchsform der Schwarzpappel ist die zur Zeit Napoleons I. überall als Straßeneinfassung gepflanzte Pyramidenpappel (*P. pyramidalis*), die nicht von den Ufern des Mississippi, wie es in allen Lehrbüchern steht, sondern aus Persien zu Ende des 17. Jahrhunderts zuerst in einem Exemplar nach Warschau kam. Zu Beginn des 18. Jahrhunderts gelangte der Baum nach Oberitalien. Um 1740 wurde ein männliches Exemplar aus der Lombardei in den Garten nach Wörlitz gebracht, von wo aus die Pyramidenpappel sich in weitere fürstliche Anlagen Deutschlands verbreitete. Da alle andern Exemplare in Mitteleuropa Ableger dieses einen Baumes sind, ist es kein Wunder, daß sie ausnahmslos männlich sind und die Art infolge der ausschließlichen Fortpflanzung durch Steckreiser schon bedeutend an Lebensenergie eingebüßt hat. Dieser in Zentralasien heimische und in Nordindien von alters her angepflanzte Baum wurde seit seiner Einführung in Mitteleuropa vor etwa hundert Jahren überall den Flüssen und Straßen entlang als volkstümlichster Alleebaum kultiviert, bis zu Ausgang des 19. Jahrhunderts der Wechsel der Mode seine Herrschaft brach. Daß er an den Landstraßen Obst- und andern Bäumen weichen mußte, dazu trug vor allem der Umstand bei, daß er außerordentlich flache, über 35 m weit streichende Wurzeln bildet, die die angrenzenden Felder stark aussogen und nicht selten auch die Schotterdecken der Straßen in Unordnung brachten. Außerdem erreicht er kein hohes Alter, wird bald häßlich wipfeldürr und bot allerlei Ungeziefer Unterschlupf, wahrscheinlich alles nur Folgen der Schwächung der Pflanze durch die fortwährende vegetative Vermehrung. In ganz Deutschland kennt man nur acht nachträglich eingeführte weibliche Pyramidenpappeln, die sich zur Bildung von Samen zur Fortpflanzung auf geschlechtlichem Wege zur Rassenaufbesserung eignen würden.

Von den verschiedenen fremden Pappelarten übertrifft die in mehreren Formen eingeführte kanadische Pappel (*P. canadensis*) an Raschwüchsigkeit alle einheimischen Holzarten. Sie ähnelt außerordentlich der Schwarzpappel, hat nur zum Unterschiede von ihr mehr in die Höhe strebende Äste und dreieckige, am Grunde gerade abgeschnittene Blätter. Sie bildet eine längliche Krone, erreicht auf gutem Boden schon in 30 Jahren eine Höhe von 30 m und wurde im 18. Jahrhundert aus Nordamerika nach Frankreich gebracht, von wo aus sie sich schnell durch ganz Europa verbreitete. Da sie viel höheren Holzertrag als die Schwarzpappel gewährt, hat sie letztere bei uns stark zurückgedrängt. Schon wegen ihrer Raschwüchsigkeit ist sie für Alleen und Parkanlagen sehr zu empfehlen.

Aus dem Orient kam die nach ihrer an die Weiden erinnernden Blattform so genannte schmalblätterige Ölweide (*Elaeagnus angustifolia*) zu uns. Dieser 3–6,5 m hohe Baumstrauch wird seiner lanzettlichen, unterseits silberweißen Blätter wegen ziemlich häufig in unsern Parkanlagen angepflanzt. Die unscheinbaren, inwendig gelblichen, stark duftenden Blüten sind eine gute Bienenweide und die süßlichen, mehligen Früchte können gegessen werden und werden deshalb in Griechenland und Vorderasien gesammelt. Infolge ihrer dekorativen Erscheinung sind auch die noch hellere nordamerikanische Silberölweide (*E. argentea*) und die doldige Ölweide (*E. umbellata*) aus Japan als Ziersträucher sehr beliebt. Das gleiche ist mit den verwandten graublätterigen Shepherdien (nach John Shepherd, der in den 1820er Jahren Inspektor des botanischen Gartens zu Liverpool war, so genannt) der Fall. Es sind dies *Shepherdia canadensis* und *argentea*, welche beide aus Nordamerika stammen. In dieselbe Familie gehört auch der an der Ost- und Nordsee und auf den Flußgebieten des Alpenvorlandes heimische Sanddorn (*Hippophaë rhamnoides*), ein bis 3 m hoher, sparrig verästelter Strauch mit schmalen, unten ebenfalls silberweißen Blättern und goldgelben, braunpunktierten, beerenähnlichen Früchten, der undurchdringliche Hecken liefert und zur Befestigung von Dünen und Dämmen benutzt wird. Das schöne Holz dient zu Drechslerarbeiten, Blätter und Holz dienen zum Gelb- und Braunfärben. Die sauer schmeckenden Beeren werden in nördlichen Ländern an Fischbrühen gegessen, auch bereiten sich die Finnländer ein Mus daraus.

Aus Südeuropa kam der Bocksdorn oder dornige Jasmin (*Lycium europaeum*) zu uns. Es ist dies ein bis 2,5 m hoher Strauch mit überhängenden Zweigen, die wie beim Sanddorn in Dornen auslaufen. Er hat nachtschattenartige, rotviolette Blüten, wie der ihm ähnliche, ebenfalls im Mittelmeergebiet heimische gemeine Bocksdorn (*L. barbarum*), nur daß seine Staubfäden nicht wie bei diesem hervorragen. Beide werden als Ziersträucher zu Hecken und niederen Wandverkleidungen verwendet und sind in manchen Gegenden Deutschlands so sehr verwildert, daß es schwer fällt, sie dort nicht für einheimisch zu halten. Ebenfalls ein Südeuropäer, der schon in Südtirol wildwachsend angetroffen wird und überall in unsern Anlagen gefunden wird, ist der Judasbaum (*Cercis siliquastrum*) — so geheißen, weil sich der Sage nach der Verräter Judas, genannt Ischariot, d. h. Mann von Kariot, daran gehängt haben soll — dessen schlanke Zweige sich im Mai mit den büscheligen, rosaroten, wohlriechenden Schmetterlingsblüten schmücken, kurz nachdem sich die einfachen, rundlichen Blätter entfaltet haben. Die 10–16 cm langen, braunen Hülsenfrüchte, die man auch als falsches

Johannisbrot bezeichnet, bleiben bis tief in den Winter hinein an den Zweigen hängen. Sie werden nicht gegessen, wohl aber die angenehm scharf schmeckenden Blüten, die man gerne als Würze verwendet. Der Baum ist im Morgenlande sehr gemein.

Nahe mit ihm verwandt ist die dreidornige Gleditschie (*Gleditschia triacanthos*) — nach dem 1714 zu Leipzig geborenen und 1786 zu Berlin als Aufseher des botanischen Gartens gestorbenen Joh. Theodor Gleditsch so genannt — ein in unseren Anlagen kultivierter, 9–12 m hoher Baum mit paarig gefiederten Blättern und kleinen, grünlichen, in kurzen Ähren stehenden Blüten. Sie ist stark bedornt, indem sich regelmäßig oberhalb der Blattachseln besondere Nebensprossen in Form brauner Dornen mit zwei Nebendornen bilden. Bei manchen Bäumen sind Äste und Stamm förmlich mit solchen gespickt, während neben ihnen eine Form ohne alle Dornenbildung als für den Garten angenehmer gezogen wird. Aus dessen scharfbewehrten Zweigen soll die Dornenkrone Christi bestanden haben, weswegen der Baum auch Christusdorn genannt wird. Doch ist der Baum in Nordamerika zu Hause und kam erst im 18. Jahrhundert in die Alte Welt. Da er rasch wächst und nur geringe Ansprüche an den Boden stellt, findet er neuerdings vielfach auch als Straßenbaum Verwendung. Daneben wird eine Form mit hängenden Zweigen in unseren Anlagen kultiviert. Das süßliche Mark der großen, braunen, leicht gedrehten, flachen Hülsen dient der Jugend als Leckerbissen, während man es in Nordamerika als Arzneimittel verwendet und einen süßen Met daraus bereitet.

Seltener trifft man den ebenfalls nordamerikanischen, 6–10 m hohen, Schusserbaum (*Gymnocladus canadensis*), dessen Samen so rund sind, daß sie mit den Schussen oder Gluckern, den kleinen Spielkugeln, der Kinder verwechselt werden können. Er besitzt doppeltgefiederte Blätter und blüht in weißen Trauben. Die Rinde dient in seiner Heimat zum Waschen, da sie Seifenstoff enthält, und aus den Samen bereitet man in Kentucky ein Kaffeesurrogat.

Ebenfalls bei uns als Gartenzierbaum, auch in einer Form mit hängenden Ästen, wird die ostasiatische *Sophora japonica* gepflanzt. Es ist dies ein der gemeinen Robinie ähnlicher Baum Chinas und Japans mit einfachen Fiederblättern, licht gelbgrünen Schmetterlingsblüten, aus denen in seiner Heimat eine gelbe Farbe zum Färben gewonnen wird, und perlschnurartigen Hülsen, die ihm den deutschen Namen Schnurbaum verschafften. Nahe verwandt mit ihm ist die ebenfalls als Zierbaum unserer Anlagen gezogene gelbe Vergilie (*Cladrastis lutea*) — nach dem römischen Dichter Publius Vergilius Maro so genannt — aus Nordamerika mit unpaarig gefiederten Blättern und in Trauben stehenden gelben Blüten.

Überall bei uns wegen des schnellen Wachstums und der jasminähnlich riechenden, honigreichen, weißen Schmetterlingsblüten in langgestielten Trauben als Zierpflanze in Anlagen, aber auch als Nutzbaum auf Eisenbahndämmen und Schutthalden, die sie mit seinem ausgedehnten Wurzelsystem festzuhalten vermag, wird die gemeine Robinie oder falsche Akazie (*Robinia pseudacacia*) gezogen. Sie erhielt ihren Namen vom Gärtner Heinrichs IV. und dessen Nachfolgers Ludwig XIII., Jean Robin, der diesen Baum im Jahre 1600 aus Virginien nach Frankreich brachte. Ein später, 1635, von seinem Sohne Vespasian Robin gepflanztes Exemplar steht jetzt noch im botanischen Garten in Paris in voller Kraft. Zu Beginn des 18. Jahrhunderts kam dieser nordamerikanische Fremdling nach Deutschland, wo sich besonders Friedrich der Große (regierte von 1740–1786) für seine Verbreitung verwendete. Doch erfüllte er nicht die auf ihn als Nutzbaum gesetzte Hoffnung, obschon sein gelbliches, oft rötlich geadertes, ziemlich hartes Holz zähe, sehr widerstandsfähig und leicht polierbar ist und zu feinen Tischler- und Drechslerarbeiten dient. Zudem ist der bis 25 m hohe Baum sehr genügsam, wenig empfindlich und zur Befestigung von Dämmen und Flußufern sehr geeignet. Das Holz liefert eine ebenso schöne gelbe Farbe als das Quercitronholz, die Rinde dient zum Gerben, die durch je ein scharfes Dornenpaar in den Achseln geschützten Blätter kann man als Viehfutter verwenden und die Samen geben ein fettes Öl. Unter den verschiedenen, durch Kultur entstandenen Spielarten des vom Volke auch als „Silberregen" bezeichneten Baumes ist die unbewehrte Robinie (*R. inermis*) mit fast glatten Ästen und die Kugelrobinie (*R. umbraculifera*) mit kurzen, unter der Blättermasse zusammengedrängten Zweigen hervorzuheben. Der falsche Name Akazie hat sich so sehr für diese Baumart eingebürgert, daß sie meist unter diesem bekannt ist. Und doch hat sie mit den echten Akazien fast keine Ähnlichkeit. Diese in warmen Gegenden lebenden artenreichen Bäume, die u. a. den arabischen Gummi und den Katechu liefern, kommen bei uns im Freien nicht fort, werden aber im Gewächshaus und als Zimmerpflanzen in manchen Arten gezogen. Im Vorfrühling werden die mit goldgelben, kugeligen Blüten geschmückten Zweige verschiedener australischer Akazienarten in Menge von der Riviera bei uns eingeführt, aber — um den Wirrwarr noch größer zu machen — als „Mimosen" verkauft. Die richtige Mimose oder Sinnpflanze (*Mimosa pudica*) ist ein in Brasilien heimischer Schmetterlingsblütler, dessen zarte, gefiederte Blättchen so überaus empfindlich sind, daß sie bei der geringsten Berührung zusammenklappen, wobei die Blattstiele sich senken. Es ist dies also eine Stellung, die sie bei den ersten sie treffenden Regentropfen und im Schlafe zum Schutz gegen den Tau einnehmen. Erst wenn die Pflanze sich völlig beruhigt hat, richten sich die Blattstiele wieder auf und legen sich die Fiederblättchen auseinander. Diese zierliche, krautartige Pflanze ist in vielen Gegenden der Tropen, so namentlich in Ostindien verwildert und zu einem förmlichen Unkraut geworden, dessen man sich kaum mehr zu erwehren vermag.

Unter den echten Akazien ist die wahrscheinlich aus Westindien stammende, jetzt in den wärmeren Gegenden aller Weltteile gepflanzte *Acacia farnesiana* zu nennen, die bei uns als Topfpflanze kultiviert wird, in Südeuropa jedoch im Freien gedeiht und häufig in den Gärten Italiens, Griechenlands und Spaniens anzutreffen ist. Dieser dornige Strauch mit doppeltgefiederten Blättern und gelben, langgestielten Blütenköpfchen wird wegen des köstlichen veilchenartigen Duftes der letzteren auch in Südfrankreich und an der Riviera gezogen, um die fälschlich als Kassienblüten bezeichneten Blüten in der Bukettbinderei und Parfümerie zu benutzen. Ihren Namen hat sie davon, daß sie in Europa zuerst im Garten der Villa Farnese in Rom angepflanzt wurde.

Wie bei der Mimose sind übrigens auch bei der gemeinen Robinie die Blätter in gewisser Beziehung reizbar. Ihre gewöhnlich, um das Licht möglichst auszunutzen, flach ausgebreiteten Fiederblättchen stellen sich bei zu starker Beleuchtung senkrecht, mit der Kante gegen das Licht, so daß die Verdunstung in denselben herabgesetzt wird. Bei kühler Witterung und abends, wenn die Sonne untergegangen ist, senken sie sich nach unten und legen sich gewißermaßen, um sich gegenseitig zu erwärmen, leicht gegeneinander. Steigt bei andauernder Hitze der Wasserverbrauch in bedrohlichem Maße, so wirft der Baum, wie übrigens noch verschiedene andere Pflanzen unter solchen Umständen zur Verringerung der Transpirationsfläche, einen Teil seiner Blätter ab. Gleich ihr kamen ebenfalls aus Nordamerika, und zwar Südkarolina, die bis 25 m hohe klebrige Robinie (*R. viscosa*) mit klebrigen Drüsenhaaren an Zweigen und Hülsen und rötlichen Blüten, und die borstige Robinie (*R. hispida*), deren Äste und Zweige dicht mit braunen Stachelborsten überzogen sind, mit größeren rosaroten Blüten, zu uns.

Wichtiger noch als die Robinien sind für unsere Gärten der Goldregen (*Cytisus laburnum*), ein mitunter baumartig werdender Strauch, der in Südfrankreich und längs des Südfußes der Alpen bis nach Ungarn wild wächst. Er ist unstreitig einer unserer schönsten Blütensträucher und wird deshalb allgemein in den Gärten und öffentlichen Anlagen angepflanzt, obschon er in fast allen Teilen, namentlich aber in den kugeligen schwarzen Samen ein Cytisin genanntes, Erbrechen erregendes und stark die Gedärme reizendes, abführendes Alkaloid enthält, das in großen Dosen selbst den Tod herbeiführen kann. Deshalb sollten Kinder unbedingt auf die Giftigkeit des Strauches aufmerksam gemacht werden. Die geruchlosen, goldgelben, hängenden Blütentrauben gleichen in der Form denjenigen der gemeinen Robinie, dagegen sind die Blätter nicht gefiedert, sondern kleeartig dreigeteilt. Das dunkelbraun bis schwarz gefärbte Kernholz wird an Stelle von Ebenholz verwendet und deshalb falsches Ebenholz genannt.

In Norditalien, Kärnten und Kroatien wächst der purpurne Goldregen (*Cytisus purpureus*) als ein niedriger Strauch mit meist unbehaarten Blättern und seitenständigen roten Blüten. Auch er wird als Zierstrauch kultiviert und ist, besonders auf den Stamm des eigentlichen Goldregens gepfropft, ein schöner Kronbaum. An einem solchen Pfropflinge fand der Pflanzenzüchter Adam in Vitry bei Paris an der Verwachsungsstelle beider einen Trieb, der ein richtiger vegetativer Bastard war und ohne ein Produkt geschlechtlicher Kreuzung zu sein, in allen seinen Merkmalen die Mitte zwischen seinen Eltern hielt. Das Entstehen solcher Pfropfbastarde ist eine sehr seltene Erscheinung und verdient deshalb hier genannt zu werden.

Wie der Goldregen sind verschiedene seiner Verwandten, so die süd- und mitteleuropäischen Geißklee- und Ginsterarten, in den Garten geholt worden. Der Geißklee- oder Bohnenstrauch (*C. arboreus*) wurde in seiner Heimat am Mittelmeer seiner dreizähligen, kleeähnlichen, ein treffliches Futter für Ziegen, Schafe und Rinder bildenden Blätter wegen schon im Altertum kultiviert. Nach den römischen Autoren sollte er besonders auf die Milchabsonderung günstig wirken, so daß selbst säugende menschliche Mütter gerne eine Abkochung seiner Blätter mit Wein vermischt zur Förderung der Milchabsonderung genossen. Der Ackerbauschriftsteller Columella und der gelehrte Naturkundige Plinius um die Mitte des 1. Jahrhunderts n. Chr. verwundern sich beide darüber, weshalb diese für die Viehzucht so nützliche Futterpflanze nicht noch häufiger in Italien gepflanzt werde. Acht Monate lang liefere der Baum den Tieren grünes Futter und den Rest des Jahres noch gute Nahrung in getrockneter Gestalt. Nicht bloß dem eigentlichen Vieh, auch den Hühnern sei er zuträglich und seine Blüten bildeten eine treffliche Bienenweide. Dabei mache seine Kultur nur geringe Kosten, da er sich mit dem magersten Boden begnüge und lange Trockenzeiten ertrage. Man köpfte ihn und zog ihn niedrig, benutzte also vorzugsweise den immer erneuten Stockausschlag. In der modernen Landwirtschaft der Mittelmeerländer bildet der Strauch keine Rolle mehr, ist aber wie der dieselben Landstriche Südeuropas bewohnende kopfblütige Bohnenstrauch (*Cytisus capitatus*) eine geschätzte Zierde unserer Gärten geworden.

Ein vereinzelt schon in Süddeutschland wildwachsender Schmetterlingsblütler ist der nicht sowohl durch seine wenig zahlreichen braungelben Blüten, als vielmehr durch seine an Fischblasen erinnernden häutigen Hülsen auffallende, 3–5 m hohe gemeine Blasenstrauch (*Colutea arborescens*). Die Hülse, an deren Innenwand die Samen hängen, wird nämlich durch die von der Pflanze ausgeschiedene sauerstoffreiche Luft zu einer Blase prall aufgetrieben, die nach der Reife vom Wind entführt wird, bis sie, allmählich zerreißend, die Samen entläßt und so für die Ausbreitung der Art sorgt. Die Knaben pflegen sie mit starkem Knall zu zerdrücken. Die jungen Triebe färben gelb, die Blätter führen wie die Sennesblätter ab und dienen deshalb auch zu deren Verfälschung. Als Gartenzierstrauch kam aus Vorderasien der etwas kleinere, nur 1,5–3 m hohe blutrote Blasenstrauch mit Trauben schmutzig blutroter Blüten und an der Spitze klaffenden Fruchtblasen zu uns, während der verwandte, 2–3 m hohe silberweiße Salzstrauch (*Halimodendron argenteum*) mit seidenhaarigen Fiederblättern und schönen, fleischroten bis lilafarbenen Blüten wegen der letzteren aus den Salzsteppen am Irtisch in Westsibirien in unseren Anlagen angesiedelt wurde. Ebenso kamen aus Sibirien der strauchartige und der baumartige Erbsenbaum (*Caragana frutescens* und *arborescens*) zu uns. Der erstere wird bis 2 m, der letztere bis 5 m hoch. Beide haben gelbe Blüten und werden, weil anspruchslos, häufig gepflanzt und besonders zu Hecken verwendet. Aus den Blättern kann man eine blaue Farbe gewinnen, und die erbsenartigen Samen sind als Geflügelfutter verwendbar. Von ihnen gibt es auch eine hängende und eine buntblätterige Varietät.

Ab und zu trifft man in Ziergärten auch noch andere schmetterlingsblütige Sträucher, doch hat sich keiner derselben auch nur annähernd eine solche Beliebtheit erworben, wie der über 7 m lange Schlingstrauch Chinas, die unter dem Namen Glycine bekannte *Wistaria chinensis*, die jetzt den Namen *Kraunhia floribunda* führt. An nach Süden gerichteten, einigermaßen geschützten Wänden hält sie sogar den norddeutschen Winter im Freien aus und schmückt im Frühjahr die von ihr bekleideten Hausfassaden und Lauben mit der Pracht ihrer blaßvioletten, duftenden Blüten. Von dieser, kletternde Sträucher umfassenden Leguminosengattung mit unpaarig gefiederten Blättern und ziemlich langgestielten blauen, selten weißen Blüten in endständigen nickenden oder hängenden, lockeren Trauben und langen, gestielten Hülsen gibt es vier Arten in China, Japan und dem östlichen Nordamerika. Die bei uns meist gepflanzte chinesische Glycine stammt aus der Mongolei und China, wurde dort und dann besonders in Japan viel zur Zierde kultiviert und kam von dort zu uns. Sie besitzt in der Jugend seidenartig behaarte Blätter und klettert bis 30 m hoch. *Kraunhia frutescens* aus Virginia, Illinois und Louisiana ist in allen Teilen kleiner als die vorige, blüht später und besitzt wohlriechende Blüten. Sie ist empfindlicher gegen Kälte als vorige Art und wird in mehreren Varietäten kultiviert. Eine Varietät, *Kr. magnifica*, blüht noch reicher als die Stammart und hat bläulichviolette Blüten mit gelbem Fleck.

Früher sehr beliebte kletternde Sträucher mit meist matt gefärbten, aber in der Abenddämmerung weithin einen herrlichen Duft aushauchenden Blüten sind die Loniceren aus der Gattung der Geißblattgewächse. Von den über 100 Arten sind fast alle auf der Nordhalbkugel heimisch, und zwar am zahlreichsten im östlichen Asien und im Gebiet des Himalaja. Das gemeine oder nördliche Geißblatt (*Lonicera periclymenum*) ist ein Schlingstrauch Südeuropas, Westasiens und Nordafrikas mit meist außen roten, innen gelben Blüten und roten Beeren. Es ist in Blattform und Blütenfarbe sehr veränderlich und wird in Gärten zum Überziehen von Lauben und Wänden usw. benutzt. In Südeuropa bis zum Kaukasus wächst das südliche Geißblatt (*L. caprifolium*) mit in der Farbe wechselnden, 5 cm langen Blüten. Auch das nordamerikanische immergrüne Geißblatt (*L. sempervirens*) mit glänzend dunkelgrünen Blättern und prachtvoll scharlachroten Blüten mit sehr langer Röhre wird häufig bei uns kultiviert. *Lonicera brachypoda* aus Japan wird besonders in der Abart mit goldgelb geaderten Blättern zum Beziehen kleiner Beete und Gitter, auch als Ampelpflanze gezogen.

Die nichtwindenden Geißblattarten bezeichnet man gewöhnlich als Heckenkirschen, weil die paarig verwachsenden roten Früchte einigermaßen an Kirschen erinnern. Unter ihnen werden als Ziersträucher kultiviert: die bis 2,5 m hohe gemeine Heckenkirsche oder Beinweide (*Lonicera xylosteum*), mit eirunden, behaarten, besonders auf der Unterseite graugrünen Blättern, weißen, sich später gelb färbenden Blüten und roten Beeren, dann die tatarische Heckenkirsche (*L. tatarica*), ein 2,5–3 m hoher buschiger Strauch mit unbehaarten, hellgrünen Blättern, schönen rosenroten Blüten und roten Beeren aus Mittel- und Südrußland und Sibirien, ferner *L. nigra* mit rötlichweißen Blüten und schwarzen Beeren, und *L. alpigena* mit purpurnen Blüten und roten Beeren, beide aus den Gebirgen Mitteleuropas. Auch die kanadische Heckenkirsche (*L. canadensis*) und die durch große, schönfarbige Blüten ausgezeichnete *L. ledebouri* findet man nicht selten in Ziergärten kultiviert. Doch ist die Anpflanzung von Loniceren in der Nähe von Obstgärten nicht ratsam, weil in ihren Früchten die Larve der Kirschfliege lebt. Von der gemeinen Heckenkirsche wird das knochenharte Holz (Beinholz) zu Peitschenstöcken, Pfeifenröhren, früher auch zu Ladestöcken und Stricknadeln verarbeitet.

Eine nahe Verwandte der Geißblattarten ist die als Zierstrauch häufig angepflanzte, 1 m hohe *Diervillea canadensis* mit eiförmigen, zugespitzten, gesägten Blättern und traubigen, gelben, im Juni hervorbrechenden Blüten. Sie hat ihren Namen davon, daß sie der französische Arzt Dierville, ein Freund des Botanikers Tournefort, diesem 1708 von Kanada aus nach Paris sandte. Vom April und Mai an bis in den August blühen dagegen die bis 1,3 m hohen Weigelien, deren rotblühende Formen meist auf die nordchinesische Weigelie (*Diervillea florida*) zurückzuführen sind. Die nach dem Greifswalder Botanikprofessor Chr. Ehrenfried Weigel (1748–1831) genannten Sträucher haben längliche Blätter und meist rosarote, angenehm duftende, kelchförmige Blüten, derentwegen sie bei uns eingeführt wurde und häufig in Gärten anzutreffen ist.

Verwandt mit ihnen ist die Schneebeere (*Symphoricarpus racemosus*) ein allgemein bekannter nordamerikanischer Zierstrauch von 1,5 m Höhe, mit unscheinbaren, fleischroten Blüten und kirschgroßen, weißen Beeren, welche in dichten Knäueln den ganzen Winter über an den Zweigen stehen bleiben. Da die eiförmigen Blätter viel Schatten ertragen und der Strauch sehr leicht gedeiht, wird er häufig zur Ausfüllung von Lücken und dunkeln Ecken verwendet.

Eine ähnliche Genügsamkeit in bezug auf Licht und Boden zeigt der ebenso häufig angepflanzte einheimische schwarze Holunder (*Sambucus nigra*), der mit dem ihm nahe verwandten gemeinen Schneeball (*Viburnum opulus*) und dem wolligen Schneeball (*V. lantana*) als Zierstrauch in unsere Gärten wanderte. Ebenso ist der in den Mittelmeerländern heimische *Laurus tinus*, der Gärtner- oder Bastardlorbeer (*V. tinus*) bei uns als Topfpflanze allgemein beliebt. Während bei der wilden Form des Schneeballs nur der äußerste Kranz der Blütendolde aus sterilen Schaublüten zur Anlockung der Insekten besteht, wird bei ihrer Kulturform die ganze Blütendolde aus geschlechtslosen, blassen Schaublüten gebildet, so daß der Blütenstand sich schneeballähnlich präsentiert, was dem Strauche den Namen gab. Die roten oder schwarzen Beeren dieser Sträucher sind eine beliebte Speise der Vögel, die für die Verbreitung der Art sorgen.

Aus Ostasien und Nordamerika kamen die Pfeifensträucher (*Philadelphus*) zu uns. Von diesen ist der im 16. Jahrhundert aus China und Japan bei uns eingeführte wohlriechende Pfeifenstrauch oder wilde Jasmin (*Ph. coronarius*) mit starkriechenden, teils einfachen, teils gefüllten weißen Blüten in Büscheln, die am häufigsten angetroffene Art. Auch *Ph. satsumi* ist verbreitet, doch sind diese ostasiatischen Arten in neuerer Zeit mehr durch nordamerikanische Arten, wie *Ph. latifolius pubescens* und *gordonianus* verdrängt worden. Den Namen Pfeifenstrauch führen sie von den schlanken, geraden Schößlingen, aus denen man durch Entfernung des Markes Pfeifenröhren macht. Wegen des starken Blütendufts wird der wohlriechende Pfeifenstrauch teilweise auch zur Parfümgewinnung angepflanzt.

Nahe verwandt mit ihnen sind die nach dem Amsterdamer Ratsherrn Johann Deutz, der botanische Forschungsreisen förderte, genannten Deutzien mit ähnlichen, nur etwas kleineren und geruchlosen Blüten. Diese Ziersträucher sind japanischen Ursprungs und gehören zu den dankbarsten Sommerblühern unserer Gärten. Durch Kreuzung sind aus ihnen verschiedene Gartenformen, meist mit gefüllten Blüten, gezogen worden. Die gewöhnlichste ist die 1–2 m hohe gekerbte Deutzie (*D. crenata*), deren rauhe Blätter zum Polieren dienen, und die häufig als frühblühende

Topfpflanze gezogene, kleinere zierliche Deutzie (*D. gracilis*), die schon im Mai über und über mit aufrecht gestellten weißen Blütentrauben bedeckt ist.

Noch frühere Blüher sind die ihnen verwandtschaftlich nahestehenden Johannisbeeren (*Ribes*), unter denen zwei nordamerikanische Formen als Ziersträucher die bescheideneren einheimischen Arten verdrängten. Es sind dies die blutrot und goldgelb blühende Johannisbeere (*R. sanguineum* und *aureum*). Von ersterer, die 1787 vom schottischen Botaniker Menzies an der amerikanischen Nordwestküste entdeckt wurde, aber erst 1826 in Gärten Europas Aufnahme fand, hängen die schon im April noch vor der Entwicklung der Blätter hervorbrechenden purpurroten Blütentrauben, während die goldgelben geruchlosen oder wohlriechenden Blütentrauben der letzteren, die 1806 westlich vom Felsengebirge in Nordamerika entdeckt und 1812 in unsere Gärten verpflanzt wurde, mehr aufrecht gestellt sind. Sie hat insofern große Bedeutung erlangt, als sie die Pfropfunterlage für die hochstämmig gezogenen Stachel- und Johannisbeersträucher liefert. Beide Arten haben durch Kreuzung einen interessanten Bastard hervorgebracht.

Einen ähnlichen traubigen Blüten- beziehungsweise Fruchtstand wie die Johannisbeeren haben die Sauerdornarten (*Berberis*). Vom gemeinen Sauerdorn (*B. vulgaris*) gibt es mehrere Gartenformen, die sich teilweise durch weißbuntes oder dunkelrotes Laubwerk auszeichnen. Da aber unser Sauerdorn auf seinen Blättern die Zwischenform eines gefürchteten Getreiderostpilzes beherbergt, vermeidet man, ihn in der Nachbarschaft von Getreidefeldern anzupflanzen. Daher trifft man an seiner Stelle vielfach ausländische, teilweise immergrüne Arten.

Glänzende, dunkle, immergrüne Blätter haben auch die nach dem amerikanischen Botaniker Bernhard Mac Mahon genannten, aus Nordamerika in unsere Gärten gelangten Mahonien, von denen *M. aquifolium* mit der Stechpalme ähnlichen Blättern, gelben Blüten und schwarzpurpurnen, blaubereiften Beeren die verbreitetste ist. Ebenso häufig begegnen wir dem ebenfalls aus Nordamerika zu uns gekommenen Gewürzstrauch *Calycanthus floridus*, einer 2–2,5 m hohen Gartenzierpflanze mit braunroten, besonders beim Welken starkriechenden Blüten, aus denen bei uns nur selten Früchte hervorgehen. Aus Ostasien bezogen wir den seltener zu findenden *Calycanthus occidentalis.*

Diese auch in Wurzel und Rinde aromatisch-kampferartig duftenden Sträucher sind die nächsten Verwandten der Lorbeergewächse, unter denen der 5–6,5 m hohe, immergrüne edle Lorbeer (*Laurus nobilis*) seines schönen Laubes wegen als Kalthauspflanze nicht selten gezogen wird. Dieser in Südeuropa häufig kultivierte Baumstrauch ist in den Mittelmeerländern heimisch und wurde nicht erst in geschichtlicher Zeit aus Vorderasien hierher verpflanzt, wie V. Hehn irrtümlicherweise annahm. Seine ästige

Krone trägt glänzendgrüne, lederartige Blätter, gelblichweiße Blüten und bläulichschwarze, eiförmige, einsamige Früchte. Letztere schmecken aromatisch bitter und werden in der Volksmedizin zur Stärkung des Magens, als Räuchermittel und in der Veterinärpraxis verwendet. Durch Auskochen und Pressen gewinnt man aus ihnen das grüne, stark gewürzhaft riechende, bei gewöhnlicher Temperatur schmalzartige Lorbeeröl, das man zum Salben bei Entzündung und zum Vertreiben der Fliegen benutzt. Ebenso werden die gewürzhaft riechenden und schmeckenden Blätter seit dem höchsten Altertum arzneilich verwendet, dienen gegenwärtig aber nur als Küchengewürz, zu Essigen und Likören und zum Verpacken von Lakritzenstangen. Sie kommen aus Italien, Frankreich und Spanien in den Handel. In den Mittelmeerländern wird der Lorbeer vielfach kultiviert und findet sich als Zierpflanze auch bei uns, muß aber im Kalthaus überwintert werden.

Wegen des scharfaromatischen Geruchs seiner Blätter und Früchte wurde er frühe schon als eine mit besonderen Kräften begabte Pflanze angesehen. Der Duft seiner Zweige sollte vor ansteckenden Krankheiten und Verzauberung schützen. So suchte, wie berichtet wird, der furchtsame Kaiser Commodus, der von 180 bis 192 n. Chr. regierte und schließlich am 31. Dezember jenes Jahres auf Anstiften seiner Geliebten Marcia erdrosselt wurde, in einem Lorbeerhaine Rettung, wenn die Pest im Anzuge war. Kränze von Lorbeer legte man Wahnsinnigen um Schläfe und Hals, in der Annahme, sie dadurch besänftigen zu können. Lorbeerfrüchte und -Blätter genossen die Priester, wenn sie weissagen sollten, und Lorbeerzweige trugen die Propheten, wenn sie eine Stadt betraten. Der Lorbeer sühnte das vergossene Blut; deshalb reinigten die römischen Legionen gleich nach dem Siege sich, ihre Waffen und Feldzeichen mit Lorbeer. Dadurch wurde der Lorbeerzweig zur Trophäe, zum Symbol des Sieges und zum Verkünder der glücklich vollbrachten Waffentat. Der Lorbeerkranz schmückte die Stirne der siegenden Helden und mit ihm wurden die Fasces, d. h. das zum Auspeitschen dienende Rutenbündel der ihn begleitenden Lictoren oder öffentlichen Diener der mit der Macht des Imperiums bekleideten höchsten Magistrate umwunden. Lorbeergeschmückt (*laureatus* vom lat. *laurea* Lorbeer) folgten die Soldaten dem Wagen des triumphierenden Feldherrn bei seinem Einzuge in Rom, um gleichsam von Mord und Totschlag gereinigt in die Stadt einzuziehen. Später erklärte man, die Ursache, weshalb der Triumphierende sich mit Lorbeer schmücke, liege darin, daß der Lorbeer seinen Namen vom lateinischen *laus* Ruhm habe und einst *laudus* hieß, was natürlich unrichtig ist.

Von der römischen Zeit an blieb der Lorbeer stets ein Abzeichen des Ruhmes bis in unsere Tage, da junge Doktoren mit beerentragenden Lorbeerzweigen geschmückt wurden, woher das Wort Baccalaureus sich ableitet. Die reinigende Kraft des Lorbeers veranlaßte dessen Verwendung zu Räucherungen wie auch zu Weihwedeln. Im Altertum besprengte sich der Strenggläubige beim Eintritt wie beim Ausgang aus dem Tempel mit dem Lorbeerzweig, der zuvor in Weihwasser getaucht worden war; gern nahm er auch beim Herausgehen ein Lorbeerblatt vom Sprengwedel in den Mund. Die römisch-katholische Kirche übernahm dann allerdings diesen Gebrauch nicht aus dem römischen Heidentum, sondern bevorzugte als Sprengwedel einen Strauß des dem Majoran verwandten Lippenblütlers Ysop (*Origanum smyrnaeum*), eines im östlichen Mittelmeergebiet häufig angetroffenen Halbstrauches, den sie zu demselben Zwecke von den Juden übernahm. Sonst gilt bei uns als Ysop ein anderer, durch reichen Gehalt an ätherischem Öl aromatisch riechender halbstrauchartiger Lippenblütler (*Hyssopus officinalis*) aus Südeuropa, der teils als Zierpflanze, teils als Gewürzkraut häufig auch in Deutschland kultiviert wird und hin und wieder an sonnigen Schutthalden, namentlich in der Umgebung alter Burgen, verwildert angetroffen wird. Das Kraut wurde arzneilich namentlich gegen Magenleiden verwendet, weshalb die Pflanze heute noch besonders in Bauerngärten häufig angepflanzt gefunden wird.

Der von den Griechen *dáphnē* genannte Lorbeerbaum war, weil er durch den Duft seiner Blätter Moder und Verwesung verscheuchen sollte, dem Apollon geweiht, der aus einer Personifikation der die Seuche sendenden und daher auch von dieser befreienden Sonnenglut allmählich zum Gott der Sühne für sittliche Befleckung und Erkrankung geworden war. Die Sage meldet, daß, als der Sohn Agamemnons, Orestes, um sich vom Blut der von ihm mit ihrem Buhlen Ägisthos in Mykenä erschlagenen Mutter Klytaimnestra zu sühnen, sich mit seinem Freunde Pylades auf Apollons Geheiß nach Taurien begab, das Bild der Artemis zu holen, und dort von seiner als Priesterin waltenden Schwester Iphigeneia nach Landesbrauch mit seinem Freunde geopfert werden sollte, er von ihr erkannt und gerettet wurde. An seiner Stelle sei dann ein anderes Sühnopfer der Göttin dargebracht worden, und, als die Reste desselben im Boden vergraben wurden, sei aus ihnen der Lorbeerbaum hervorgesproßt. Apollon soll, als er nach der Erlegung des die Gegend um Delphi am Fuße des Berges Parnaß hausenden Drachen Python selbst der Sühne bedurfte, auf Befehl des Zeus sich im Tal Tempe gebadet, sich mit Lorbeer bekränzt und auch einen Lorbeerzweig in seine Rechte genommen haben und sei so nach Delphi gezogen, wo er das dortige Orakel übernahm. In der Folge hat sich der Lorbeer mit dem Kult des Apollon als diesem Gotte heilige Pflanze überallhin verbreitet, wo jenem reinigenden, sühnenden Gotte Heiligtümer errichtet wurden. Bei allen gottesdienstlichen Handlungen des Apollonkultes wurden Zweige von ihm symbolisch verwendet, und er verlieh dem im Dienste des Gottes stehenden Seher die Kraft, Verborgenes zu schauen und den um ein Orakel Bittenden die Zukunft zu enthüllen. So ward der Lorbeer auch das Abzeichen des im

Dienste des Gottes zur Begleitung der Leier seine Lieder singenden Sängers und, da der Gott der Anführer der neun Musen war, auch aller mit diesen zusammenhängenden Künste. Und wie zur *Corona triumphalis* geflochtene Lorbeerzweige die Stirne des Siegers schmückten, so zierte der Lorbeerkranz auch den im Dienste der Musen sich auszeichnenden Dichter oder Künstler.

Der Lorbeer brennt, nach Plinius, nur widerwillig und zeigt dies durch sein Knistern an. Der feuerabwehrenden Kraft des Lorbeers wurde es zugeschrieben, daß bei dem großen Brande Roms unter den Konsuln Spurius Postumius und Piso, als die Regia in Flammen stand, das *Sacrarium*, d. h. der Tempel des Apollo, unversehrt blieb, weil ein Lorbeer vor ihm stand. Dann aber war es gerade das Lorbeerholz wegen seiner Härte, das nach Theophrastos und demselben Plinius als Quirl zum Erzeugen des Feuers durch Reiben diente, während als Unterlage, auf der gerieben wurde, das weiche Holz des Efeus oder des Wegdorns (*Rhamnus*) benutzt wurde. Ein reines Feuer zu den Opfern der Griechen und Römer durfte nur der Reibung zweier wie dieser glückbringender Hölzer entstammen, während man in späterer Zeit es vorzog, das reine Feuer zum Gottesdienste mit Hilfe von Brenngläsern, vielfach aus Bergkristall, oder von metallischen Hohlspiegeln zu gewinnen. Der Lorbeer sollte auch die Blitze abwehren. Um vor dieser Gefahr beschützt zu sein, bekränzte sich der abergläubische Kaiser Tiberius, der Schwiegersohn und seit dem Jahre 4 n. Chr. auch Adoptivsohn des Augustus, der nach dessen Tode im Jahre 14 zur Herrschaft gelangte und bis zum Jahre 37 n. Chr. regierte, wie der Geschichtschreiber Suetonius berichtet, mit Lorbeer, wenn ein Gewitter am Himmel nahte. Solche Vorstellungen wurden durch die vielfach gemachten Erfahrungen geweckt, daß nicht alle Bäume gleichmäßig vom Blitze getroffen werden. Auch bei uns schlägt der Blitz fast niemals in Walnußbäume und Buchen, am häufigsten aber in Eichen, welch letztere deshalb von den alten Germanen dem Donnergotte geheiligt waren. Es hängt dies mit der elektrischen Leitungsfähigkeit des Holzkörpers zusammen, das bei den einzelnen Baumarten eine ganz verschiedene ist. Ionesco hat auf Grund von genauen Untersuchungen festgestellt, daß tatsächlich Bäume, die zur Jahreszeit der Gewitter verhältnismäßig viel fettes Öl, wie auch der Lorbeer, in ihrem Holzkörper führen, dem Blitzschlag am wenigsten ausgesetzt sind. Abgestorbene Äste an einem Baume erhöhen für denselben die Blitzgefahr.

Wie der Lorbeer dem Apollon, so war die gemeine Myrte (*Myrtus communis*) bei den Griechen als Symbol der Jugend und Schönheit der Liebesgöttin Aphrodite geweiht und wurde um ihre Heiligtümer herum angepflanzt und bei ihren Festen und den Eleusinien vielfach als Schmuck getragen. Schon von den alten Persern wurde sie bei gottesdienstlichen Handlungen benutzt und galt deshalb bei ihnen als heilige Pflanze. Sie ist ein immergrüner, 2–4 m hoher Strauch oder kleines Bäumchen mit lanzettförmigen, wohlriechenden

Blättern, weißen, seltener auch rötlichen oder gefüllten Blüten und schwarzen, aromatischen Beeren, die früher, bevor man den Pfeffer kannte, als Gewürz und Arznei dienten. Bei den Römern gab es einen mit diesen Beeren bereiteten Leckerbissen, der *myrtatum* hieß; vielfach wurde, wie Columella berichtet, damit gewürzter Wein getrunken. Die Myrte ist im ganzen Mittelmeergebiet heimisch und wächst hier mit Vorliebe auf sumpfigem Boden. Der griechischen Sage zufolge soll sie, die von den Hellenen *myrsínē* genannt wurde, in Attika entstanden sein. Hier liebte einst Aphrodite eine schöne und mutige Jungfrau, und als diese starb, schuf die Göttin zu ihrem Andenken die Myrte. Seither ist sie das Ehrenabzeichen jungfräulicher Bräute bei ihrem Hochzeitsfeste, ein Brauch, der sich bis auf unsere Tage erhielt.

Schon im Altertum wurden auch Myrtenwunder mit der Aphrodite, wie im Mittelalter Rosenwunder mit der Gottesmutter Maria in Zusammenhang gebracht. So schreibt der um 200 n. Chr. in Alexandreia und Rom lebende griechische Grammatiker Athenaios aus Naukratis in Ägypten in seinen *Deipnosophistai*, in denen er uns wichtige Nachrichten über das Leben und die Sitten der alten Griechen überlieferte: „In dem Buche des aus Naukratis stammenden Polycharmos, das von der Aphrodite handelt, habe ich über den sogenannten Naukratitenkranz Aufschluß erhalten. Dort heißt es: In der 23. Olympiade (im 7. Jahrhundert v. Chr. um 686) reiste Herostratos, Bürger von Naukratis, in die Fremde, kam weit umher und kaufte zu Paphos auf Cypern ein Bild der Aphrodite, das eine Spanne hoch und uralt war, um es mit nach Naukratis zu nehmen. Auf der Rückreise, als das Schiff in die Nähe Ägyptens kam, trat plötzlich ein solches Unwetter ein, daß man das Land nicht mehr sehen konnte, und keiner von der Bemannung des Schiffes wußte, wo er war. In der Not nahmen sie alle ihre Zuflucht zum kleinen Bilde der Aphrodite und flehten um Rettung. Da ließ die Göttin plötzlich auf dem ganzen Schiff Myrten emporwachsen, und das Schiff füllte sich mit Wohlgeruch, während die Mannschaft eben noch in Verzweiflung gewesen war, an Seekrankheit stark gelitten und entsetzlich gespieen hatte. Mit einem Male hörte das Erbrechen auf, die Sonne zeigte sich wieder, und das Schiff gelangte glücklich nach Naukratis. Dort sprang Herostratos mit dem Bilde der Göttin und mit Zweigen von Myrten ans Land, opferte der Aphrodite, berief seine Verwandten und Freunde in den Tempel selbst zum Gastmahl, gab jedem Gaste einen Myrtenkranz und nannte einen solchen: Naukratitenkranz." Der jonische Dichter Anakreon, der in Samos und Athen lebte (550–478 v. Chr.), spricht von mit Rosen durchflochtenen Myrtenkränzen, die man bereits zu seiner Zeit zu Ehren der Aphrodite trug.

Wie der Lorbeerkranz bei den Römern als Sühne für einen blutigen Sieg getragen wurde, so zogen in Rom mit dem Myrtenkranze geschmückt diejenigen Feldherrn ein, denen statt eines Triumphes eine Ovation zukam.

Dies war der Fall, wenn der Sieg mit wenig Blutvergießen oder über verächtliche Feinde, wie Sklaven und Seeräuber, erfochten wurde. Als Marcus Crassus im Jahre 71 v. Chr. die unter Spartacus fechtenden Sklaven, die durch zahlreiche Zuzüge, besonders aus Fechterschulen, ein Heer von 120000 Mann zusammenbrachten, besiegt und die den Kampf Überlebenden sämtlich gekreuzigt hatte, erlangte er als besondere Gunst vom Senat die Erlaubnis, bei seiner Ovation einen Lorbeerkranz statt des Myrtenkranzes zu tragen. Marcus Valerius dagegen trug infolge eines Gelübdes bei seinem Triumph in Rom neben dem Lorbeer- auch einen Myrtenkranz. Und zwar wurde wie zu Vermählungen, so auch zu Ovationen die kleinblätterige, kultivierte Myrte verwendet, während man die großblätterige als die gewöhnliche Form der wildwachsenden Pflanze zu Kränzen und Girlanden für Verstorbene verwendete, weshalb sie auch Totenmyrte hieß. Die erbsengroßen Beeren der kleinblätterigen peruanischen Myrte sind zuckersüß und wohlschmeckend und werden ebenso gegessen wie die schmackhaften Beeren der Lumamyrte in Chile und Peru. Die Beeren und Blüten der zentralamerikanischen *Myrtus caryophyllus* kommen als mexikanisches Piment in den Handel.

Im Südwesten Mitteleuropas sind die Stechpalme (*Ilex aquifolium*) und der Buchs (*Buxus sempervirens*) zu Hause. Beide erreichen in Deutschland selten große Stärke. Der erstere ist besonders im Winter, wenn die leuchtend roten Beeren reif sind, ein so dekorativer Strauch, daß es sehr begreiflich ist, wenn er in verschiedenen Spielarten in unseren Gärten gezogen wird. Letzterer ist in einer stets beschnittenen Zwergform zur Einfassung der Wege in Gärten sehr beliebt. In Südeuropa dagegen wächst der Buchs zu einem 6–8 m hohen Baum, dessen äußerst schweres, hartes Holz seit der neolithischen Zeit zu Kämmen, Flöten, Kreiseln, Büchsen usw. verarbeitet wurde. Unser Wort Büchse heißt: aus Buchsholz hergestellt. Das deutsche Buchs kommt vom lateinischen *buxus*, das seinerseits wieder vom griechischen *pýxos* sich ableitet. *Pýxis* hieß bei den alten Griechen Büchse (aus Buchsbaum). Schon bei Homer wird in der Ilias erzählt, daß das Joch der Maultiere des troischen Königs Priamos aus Buchsholz (*pýxinon zygón*) hergestellt und mit schönen Ringen geziert gewesen sei. Der römische Dichter Ovid (43 vor bis 7 n. Chr.) spricht vom Triller der Buchsflöte und vom Buchskamme, mit dem das Haar gekämmt werde, während Vergil (70–19 v. Chr.) vom flott unter den Peitschenhieben herumtanzenden Kreisel aus Buchsholz (*volubile buxum*) redet. Auch Claudianus spricht von der Buchsflöte, die ein Sterbelied stöhne, wenn er sie blase, und Columella sagt, daß bei der Käsebereitung der geronnene Käsestoff in eine Form aus Buchsholz gespannt werde. Der ältere Plinius nennt das Buchsholz als wegen seiner Härte hochgeschätzt, aber schlecht brennend und nur geringwertige Kohlen gebend. Der auf den Pyrenäen häufig wachsende Baum werde auf Korsika am dicksten, aber seine Blüten machen dort den Honig bitter. Er sei in den Gärten veredelt worden, lasse sich zu dichten Wänden ziehen und gut beschneiden. Martialis und Firmicus sprechen wie der jüngere Plinius vom Buchsbaum, der in den römischen Gärten zu den verschiedensten Gestalten, besonders von großen Tieren, beschnitten wurde. Noch heute wird das harte Holz als das brauchbarste Material zu Holzschnitten, zu Blasinstrumenten, wie Flöten und Klarinetten, wie auch zu Dosen und Kämmen verarbeitet. Die Blätter wurden früher als gelindes Abführmittel gebraucht.

Verwandt mit dem Buchs sind die Rauschbeeren (*Empetrum*), von denen der nur 0,3–0,5 m hohe schwarze oder Alpenrausch (*E. nigrum*) eins der vorzüglichsten torfbildenden Gewächse ist und vielfach zur Einfassung von sogenannten Moorbeeten in Gärten Verwendung findet. Dieser hochnordische Strauch wächst als Relikt der Eiszeit auf Moor- und Torfboden Norddeutschlands und der höheren Gebirge bis Grönland und steigt in den Alpen bis 2300 m Höhe. Den Namen hat er davon, daß die saftigen, aber sauer schmeckenden Beeren im Übermaß genossen berauschen und Schwindel erregen sollen. Von den Nordvölkern werden sie roh und als Mus gerne gegessen und dienen auch zur Bereitung eines Getränks.

Von den Kreuzdornarten (*Rhamnus*) kam der immergrüne Wegdorn (*Rh. alaternus*, mit letzterem Namen nennt ihn der ältere Plinius, indem seine Blätter und Beeren im Altertum als Heilmittel dienten) aus Südeuropa in unsere Gärten, während der einheimische gemeine Wegdorn (*Rh. carthartica*) zu Hecken benutzt wird, den Bienen Nahrung und den Menschen ein treffliches, hartes Holz zu Drechsler- und Tischlerarbeiten liefert. Die noch grünen Früchte dienen zum Gelbfärben, die reifen schwarzen dagegen, wie auch diejenigen des Faulbaums (*Rh. frangula*), als Abführmittel. Von letzterem ist die innere Rinde als Laxans offizinell, während das Holz zu Schuhstiften, feinen Drechsler- und Tischlerwaren dient und die beste Kohle zu Schießpulver bildet. Die Samenkerne liefern ein gutes Brennöl. Der bis 2,5 m hohe Faulbaum ist ein beliebter Zierstrauch in Anlagen, wo man außerdem auch die höchstens 2 m hohe *Rh. alpina* von den Alpen und süddeutschen Gebirgen, sowie die ähnliche, aber größere *Rh. grandifolia* aus Persien und dem Kaukasus kultiviert. In Italien wird der im Orient und in Südeuropa heimische gemeine Stechdorn (*Paliurus aculeatus*) seiner starken Dornen wegen häufig zu Hecken, bei uns aber wie die verwandte Säckelblume (*Ceanothus americanus*) aus den Vereinigten Staaten als Gartenzierstrauch angepflanzt. Aus den Zweigen des nur in Palästina im Jordantale und am Toten Meer heimischen Judendorns (*Zizyphus spina Christi*) — von den Arabern *nebeg* genannt — soll die Dornenkrone Christi geflochten gewesen sein.

Der Stechpalme steht auch die wirtelblütige Winterbeere (*Prinus verticillatus*), ein 1–2 m hoher Strauch aus Virginien mit in Wirteln gestellten, weißlichen

Blüten nahe. Er wird wie die ebenfalls nordamerikanische *P. glabra* besonders an feuchten Standorten unserer Lustgärten gepflanzt. Als Gebüschpflanzen unserer Parks finden wir außer den einheimischen Arten: dem gemeinen Spindelbaum oder Pfaffenhütchen (*Evonymus europaeus*) Mitteleuropas, dem größeren, bis 5 m hohen breitblätterigen Spindelbaum (*E. latifolius*) aus den süddeutschen Kalk- und Voralpen und dem nur bis 2 m hohen warzigen Spindelbaum (*E. verrucosus*) — so genannt, weil seine Äste dicht mit Korkwarzen besetzt sind — aus den Gebirgswäldern des östlichen Deutschland besonders auch den japanischen Spindelbaum (*E. japonicus*) mit immergrünen, elliptischen Blättern angepflanzt. Alle haben schön rot bis gelb gefärbte, heftig abführende und Brechen erregende Früchte und ein hellgelbes, zu Drechslerwaren und Schnitzwerk, zu Schusternägeln und besonders Zahnstochern beliebtes Holz, das verkohlt auch zur Herstellung von Schießpulver dient und die beste Zeichenkohle liefert. Besonders dient solchen Zwecken der gemeine Spindelbaum, der auch zu Hecken gezogen wird, und von dem eine Varietät mit hängenden Zweigen als Zierstrauch dient. Dem Spindelbaum sehr nahe steht die in Gebirgswäldern Süddeutschlands heimische gemeine Pimpernuß (*Staphylea pinnata*), ein 3–6 m hoher Strauch mit gefiederten Blättern und weißlichen, hängenden Blütentrauben, die ebenfalls bei uns in Anlagen kultiviert wird. Das feste Holz dient gleicherweise zu Drechslerarbeiten, die Früchte wirken gelinde abführend und die Samen enthalten ein gutes Brennöl. Sehr nahe damit verwandt ist der nordamerikanische kletternde Baumwürger (*Celastrus scandens*), ein 2–5 m hoher Schlingstrauch, der als Zierpflanze in unseren Gärten vornehmlich zu Lauben und Wandbekleidungen dient.

Ebenfalls aus Nordamerika kam die als „wilder Wein“ allgemein bekannte Jungfernrebe (*Ampelopsis quinquefolia*) zu uns, deren fünfzähliges Laubwerk mit seiner prächtigen, blutroten Herbstfärbung in unserer einheimischen Pflanzenwelt einzigartig dasteht und deshalb sehr häufig zur Bekleidung von Mauern und schattigen Lauben benutzt wird. Zu seiner Befestigung an der Unterlage dienen zu verholzenden Ranken ausgebildete Seitenzweige, deren Aufgabe darin besteht, geeignete Stützen aufzusuchen, zu umwickeln und dann durch korkzieherartige Einrollung den Hauptzweig nachzuziehen. Vermag aber eine solche Pflanze, etwa an einem glatten Baumstamm, keinen Stützpunkt zu finden, so findet in der Weise eine Anpassung statt, daß sich die Tastspitzen der Ranken zu Saugscheiben verbreitern, die an der glattesten Unterlage sich anzupressen und fest zu haften vermögen. Solche Haftscheiben werden von manchen Arten des wilden Weins sogar regelmäßig gebildet. Solche „selbstklimmende“ Formen sind zur Bekleidung von Hauswänden und Mauern ganz besonders geeignet. Als solche findet besonders die aus Ostasien zu uns gekommene, ebenfalls im Spätherbst, vor dem Blätterfall, herrlich rot sich färbende dreispitzige Jungfernrebe (*A.*

tricuspidata) — auch in der Abart *A. veitchi* — mit dreigelappten Blättern neuerdings weite Verbreitung.

An die Jungfernreben schließen sich als einheimische Lianen die zu den Hahnenfußgewächsen gehörenden Waldreben (*Clematis*) an, die in verschiedenen importierten großblütigen Formen prächtige Gartenzierpflanzen zur Bekleidung von Wänden und zum Überziehen von Lauben bilden. Während die mitteleuropäische gemeine Waldrebe (*Cl. vitalba*) ganz bescheidene grüngelbe Blüten hat, besitzen schon die südeuropäischen Arten viel größere und farbenprächtigere Blüten. Von ihnen hat die italienische Waldrebe (*Cl. viticella*), die in vielen Varietäten zur Bekleidung von Lauben und Wänden bei uns gepflanzt wird, einzeln stehende, langgestielte, blauviolette Blüten, die in einer Abart purpurrot sind, während eine andere, ebenfalls im Mittelmeergebiet heimische Art fast weiße, nur schwach riechende Blüten aufweist. Die glockenblütige Waldrebe (*Cl. viorna*) ist in Nordamerika bis Mexiko heimisch, rankt 3–4 m empor und besitzt außen purpurviolette, innen grünlichgelbe, 2,6 cm lange glockenförmige Blüten, während die als Schlingstrauch nicht minder beliebte *Clematis coccinea* aus Texas eine Unterart derselben mit zinnoberroten glockenförmigen Blüten darstellt. Ebenfalls nordamerikanischen Ursprungs sind die bis zu 2 m hoch rankende *Clematis flammula*, die von Juli bis Oktober ihre milchweißen, nach Orangenduft riechenden Blüten entfaltet, die ebenso hohe, von Juli bis in den Herbst hinein große weiße, rote, violette und blaue Blüten entwickelnde *Cl. jackmanni* und die bis 15 cm große, halbgefüllte weiße, leicht lila gefärbte, angenehm duftende Blüten entfaltende *Cl. fortunei*. 3–4 m hoch ranken die ebenfalls nordamerikanische *Cl. campaniflora*, die von Juli bis August bläuliche bis lilaweiße überhängende glockenförmige Blüten entwickelt, die japanische *Cl. lanuginosa* mit großen herzförmigen Blättern und hellblauen Blüten von 16 cm Durchmesser und die ebenfalls aus Japan stammende *Cl. patens* mit schönen blauen Blüten von 8 cm Durchmesser. Während alle vorgenannten bei uns des Winterschutzes bedürfen, hält letztere den Winter Süddeutschlands sehr wohl im Freien aus. Alle diese Arten wie auch die japanische *Cl. florida* hat man untereinander und mit der italienischen Waldrebe (*Cl. viticella*) gekreuzt und damit viele neue Formen mit sehr großen, prachtvoll gefärbten Blüten gewonnen.

Durch ihre Genügsamkeit und Winterhärte ausgezeichnet ist die ebenfalls als Gartenzierpflanze zur Bekleidung von Lauben beliebte gemeine Alpenrebe (*Atragene alpina*), die in den süddeutschen Alpen und Voralpen heimisch ist und nur kleine violette oder weiße Blüten aufweist.

Ein ebenfalls sehr beliebter windender Zierstrauch unserer Gärten ist der aus dem südlichen Nordamerika zu uns gekommene und zur Bekleidung von Lauben häufig angewandte Pfeifenstrauch (*Aristolochia sipho*), ein naher Verwandter unserer an Zäunen und in Gärten als Unkraut aus Südeuropa eingewanderten gemeinen Osterluzei (*A. clematitis*). Sie trägt große, runde, schattenspendende Blätter und wie Tabakspfeifen gekrümmte bräunlichgrüne Fallenblüten, die durch ihren Aasgeruch kleine Fliegen zur Befruchtung anlocken und sie erst wieder entlassen, wenn sie sich mit dem nach der Befruchtung der Stempelblüten ausstäubenden Pollen beladen haben. Sie ist verwandt mit den in Warmhäusern gezogenen Nepenthazeen oder Kannensträuchern aus dem tropischen Südasien und Indonesien, die mit verdauendem Saft gefüllte Fallgruben an den entsprechend umgewandelten Spitzen der Blätter besitzen und die darin erbeuteten Insekten wie die Tiere in ihrem Magen verdauen.

Ein mit gruppenweise zusammengestellten kurzen, zu Haftorganen sich umbildenden Luftwurzeln bis 16 m hoch kletternder immergrüner Strauch ist der häufig in Europa und Asien an Bäumen und Mauern in bis zu armdicken Stämmen emporsteigende Efeu (*Hedera helix*), in alten Schriften wegen seiner immergrünen Blätter auch Ewigheu genannt. Daraus oder aus dem daneben gebräuchlichen Eibenheu hat sich das deutsche Efeu gebildet. Bei den alten Griechen hieß die Pflanze *kissós*, bei den Römern *hedera* und diente, als dem Gotte des Weins und des Natursegens, Dionysos-Bacchus, geweiht, zu Kränzen bei Festgelagen und zur Umwindung des mit einem Pinienzapfen gekrönten Thyrsosstabes. Um den reichen Bedarf danach zu decken, wurde der Efeu im Altertum gepflanzt, und zwar rät Columella hochwachsenden Efeu (*orthocissus*) und gemeinen Efeu (*edera*) in der letzten Hälfte des Februar zu pflanzen. Alle Teile der Pflanze, auch das nur in südlichen Gegenden ausfließende Harz, wurden arzneilich benutzt. Der ältere Plinius wundert sich über die ihr erwiesenen Ehre, daß man sie als beliebtestes Kranzmaterial verwende, „da sie den Bäumen schadet, Grabmäler und Mauern sprengt und den Schlangen einen kühlen Zufluchtsort bietet." Diese noch heute weitverbreitete Meinung ist aber unrichtig, da durch den Efeu niemals gesunde Mauern zerstört werden können, er vielmehr die Unterlage vor Verwitterung schützt. Nur da, wo sich seine Stämmchen durch bereits bestehende Fugen drängen, vermag er, wie alle Holzpflanzen, im Laufe der Zeit durch sein geradezu unwiderstehliches Dickenwachstum Steine auseinander zu sprengen. Der eigentlich dem Dionysos geweihte heilige Efeu war ursprünglich der im Orient heimische und mit dem Kulte des Gottes nach Südeuropa gelangte goldfrüchtige Efeu (*H. chrysocarpa*), ein sonst wie der gemeine Efeu benutzter Strauch, der sich statt durch bereifte, schwarze, wie unser Efeu, durch goldgelbe Beeren auszeichnet und vornehmlich zur Bekränzung der Dichter diente. Auch bei ihnen blühen nur ältere Stämme.

Nahe Verwandte des Efeus sind die Aralien, von denen die in China heimische *Aralia edulis* dort und in Japan kultiviert wird, um die Wurzel und jungen Stengel als angenehmes Gemüse zu essen. Die japanische Aralie (*A.*

japonica) ist eine der schönsten Freiland-Dekorationspflanzen, muß aber Winters eingebunden werden. Auch *A. spinosa* ist ein hervorragendes Blattziergewächs, das im Warmhause kultiviert und Sommers im Freien gehalten wird. Ebenso *A. papyrifera*, ein 2–4 m hoher Strauch Chinas, dessen bis 17 cm dicker Stamm in seinem spiralig in dünne Blättchen geschnittenen Mark das samtweiche Reispapier liefert, das erst 1804 von *Dr.* Livingstone von China nach England gebracht wurde.

Wegen ihrer noch vor dem Hervorbrechen der Blätter erscheinenden großen weißen, außen rot überhauchten Blüten sind die Magnolien sehr beliebte Gartenzierbäume. Sie haben ihren Namen nach dem Botanikprofessor Pierre Magnol in Montpellier (1638–1745). Die Stammformen der am meisten gezüchteten Arten sind hauptsächlich zwei ostasiatische Arten, die angenehm duftende, rein weiße *Magnolia yulan* und die geruchlose, rote *Magnolia obovata.* Später erst kamen die nordamerikanischen Magnolien zu uns, die aber weniger beliebt als die vorgenannten sind, obschon sie frosthärter sind, weil sich ihre Blüten erst nach dem Aufbrechen der großen ovalen Blätter entfalten. Doch ist ihr vorzügliches Holz für die Möbelindustrie von einiger Bedeutung. Neuerdings wird sogar eine Art, die japanische Ho-Magnolie (*M. hypoleuca*), als Nutzholz zur Anpflanzung im deutschen Walde empfohlen.

Nahe verwandt mit den Magnolien ist der ebenfalls seines Holzes wegen wichtige nordamerikanische Tulpenbaum (*Liriodendron tulipifera*), der, wie die mächtigen Stämme unserer Parks beweisen, schon früh — und zwar aus Virginien — zu uns kam. Die tulpenähnlichen rotgelben Glockenblüten treten erst an älteren Exemplaren auf und sind daher meist weniger bekannt als die auffallend geformten Blätter. Letztere tragen an den Aderwinkeln ihrer Unterseite in der Art der von unsern Linden her bekannten Milbenhäuschen,[5] deren zahlreiche Bewohner nächtlicherweile die Reinigung der Blattoberfläche besorgen.

Sehr häufig begegnet man in unseren Ziergärten der 1796 in Europa eingeführten strauchartigen japanischen Scheinquitte (*Chaenomeles japonica*), deren büschelweise vereinigte scharlachrote Blüten im ersten Frühjahr zwischen dem spärlichen Grün der häufig bedornten Zweige hervorschauen. Bei uns bilden sich die Früchte nur in heißen Sommern aus und sind ungenießbar, während sie in Japan zu Konfekt eingekocht, zur Herstellung von Gelee und einer Art Likör benutzt werden. Andere Arten von als Zierbäume zu uns gebrachten wilden Quitten blühen blaßrot oder mennigfarben. Noch entzückender ist der aus China zu uns gekommene dreilappige Pfirsich (*Prunus triloba*), der auch Mandelaprikose oder Röschenmandel genannt wird. An schlanken, fast unverzweigten Ruten des meist in hohen Stämmchen gezogenen Strauches erscheinen zuerst in dichten Reihen die zart rosafarbenen, meist gefüllten und daher kleinen

Röschen vergleichbaren Blüten und erst nach deren Verblühen die länglichen, gesägten Blätter. Selten trifft man bei uns die echte Mandel (*Amygdalus communis*), die nur in besonders geschützten Lagen ihre Früchte reifen läßt. Häufig dagegen ist die von Ungarn bis Südsibirien heimische Zwergmandel (*A. nana*), ein kleiner Strauch mit lanzettlichen, feingesägten Blättern und dicht an den vorjährigen Zweigen gedrängten, kleinen Rosablüten, denen zuliebe sie vielfach in Gärten gepflanzt wird.

Auch unsere beiden als Obstbäume gezüchteten Kirschenarten, die Süß- und Sauerkirsche (*Prunus avium* und *P. cerasus*) haben in Formen mit weißen, gefüllten Blüten prächtige Zierbäume für unsere Parks geliefert. Dabei können die Blumenblätter teilweise vergrünen, d. h. wieder das Aussehen von Laubblättern annehmen, aus denen sie sich ja stammesgeschichtlich entwickelt haben. Weniger der weißen, rosaüberhauchten Blüten, als ihres schönen Laubwerkes wegen wird eine rotblätterige Form der Kirschpflaume (*P. cerasifera var. pissardi*) bei uns gepflanzt. Während die Blätter der gewöhnlichen Kirschbaumarten nur bei der Entwicklung im Frühjahr zum Zwecke der Wärmesteigerung und als Schutz gegen zu grelle Besonnung durch Einlagerung des in saurer Lösung roten Anthocyans prächtig braunrot gefärbt sind, behalten diejenigen dieser Art diese Verfärbung den ganzen Sommer über. Solche einmal entstandene Varietäten werden auf vegetativem Wege durch Pfropfung vermehrt, können aber gelegentlich, wie besonders bei der Blutbuche beobachtet wurde, auch durch Samen weitergezüchtet werden, indem der Samen eines rotblätterigen Baums zu einem großen Teile rotblätterige Pflänzlinge liefert.

Wie die einheimische Traubenkirsche und Steinweichsel (*P. padus* und *P. mahaleb*) wird neuerdings vielfach auch die aus Virginien in Nordamerika bei uns eingeführte spätblühende Traubenkirsche (*P. serotina*) kultiviert. Sie unterscheidet sich von unserer einheimischen Form durch lorbeerähnliche, glänzende Belaubung und aufrechte Blütentrauben. Außer der bereits erwähnten flammendrot blühenden Scheinquitte hat uns Ostasien in seinem Blütenapfel (*Malus floribunda*) und dessen Verwandten einige der schönsten Blütensträucher des Frühjahrs geschenkt. Europa selbst bietet in verschiedenen Formen der Mehlbeeren (*Sorbus aria* und *suecica*), vor allem aber in deren Bastardbildungen mit Vogelbeere (*S. aucuparia*) und Elsbeere (*S. torminalis*) hübsche Zierbäume. Die Vogelbeere oder gemeine Eberesche, die sich im Herbst mit den von den Vögeln bevorzugten prächtigroten Früchtebüscheln schmückt, ist wegen ihres schönen Aussehens und raschen Wuchses in Parks und als Alleebaum sehr beliebt und wird auch in einer Varietät mit hängenden Ästen als Trauerbaum gezogen. Das weißlich oder bräunlich geaderte, gegen den Kern zu oft dunkler geflammte, ziemlich harte, feine Holz nimmt gute Politur an und ist deshalb von Tischlern und Drechslern gesucht. Mit Vogelbeerzweigen besteckte man früher am

Walpurgisabend (1. Mai) die Stalltüren, um Hexen abzuhalten. Auch peitschte man am nächsten Morgen die Kühe mit diesen Zweigen, damit sie reichlicher Milch gäben. In Mecklenburg war das Quitzern, d. h. das Schlagen mit den Zweigen des als Quitz bezeichneten Mehlbeerbaums, noch im 18. Jahrhundert Sitte. Dabei mußte der Gequitzte dem, der ihn quitzte, ein Geschenk geben.

Auch die beiden Weißdornarten (*Crataegus oxyacantha* und *C. monogyna*) sind sowohl in der wilden Form, zu Hecken und Einfriedigungen zugeschnitten, als besonders mit gefüllten roten Blüten als Hochstamm gezogen in Park und Garten beliebt. Dieser rotblühende Weißdorn wird häufig als „Rotdorn" bezeichnet. Von Rot- und Weißdorn hat man in den Gärten eine Varietät mit hängenden Zweigen und eine solche mit gescheckten Blättern gezüchtet. Von den zahlreichen fremden Arten ist besonders der aus dem östlichen Nordamerika zu uns gekommene scharlachfrüchtige Weißdorn (*C. coccinea*) mit großen, rundlich gesägten Blättern beliebt, ebenso der virginische Hahnensporn-Weißdorn (*C. crusgalli*) und die gleichfalls von Kanada bis Karolina gemeinen *C. glandulosa*, *prunifolia*, *rotundifolia*, *salicifolia*, *punctata*, *grandiflora* u. a., während *C. sanguinea* aus Sibirien, *C. nigra* aus Ungarn und *C. melanocarpa* aus dem Orient zu uns kamen. Ebenfalls wird der mit mispelgroßen, glänzend roten oder gelben, eßbaren Früchten versehene und deshalb in Vorderasien und in den Mittelmeerländern häufig kultivierte Azarol-Weißdorn (*C. azarolus*) mit weißen Blüten häufig in unsern Gärten als Zierpflanze gezogen. Alle Weißdornarten haben nach ihrem Weichwerden im Oktober nicht nur von den Vögeln begehrte, sondern auch von den Kindern gerne gegessene, inwendig gelbe, mehlige Früchte und ein hartes, von Drechslern gesuchtes Holz. Da aber viele Insekten auf ihnen leben, die gerne von ihnen auf die Obstbäume übergehen, so sollten sie nicht in der Nähe der letzteren gepflanzt werden.

Außer der süddeutschen gemeinen Zwerg- oder Steinmispel (*Cotoneaster vulgaris*) und der filzigen Steinmispel (*C. tomentosa*), beide mit rosenroten Blüten und prächtigroten Früchten, werden auch die aus Nordeuropa und Sibirien bei uns eingeführte schwarzfrüchtige Zwergmispel (*C. nigra*), die aus dem Orient stammende doldentraubige Zwergmispel (*C. racemiflora*) mit roten Früchten, der bei uns im Winter schutzbedürftige südeuropäische immergrüne Feuerdorn (*C. pyracantha* — nach der schon von Dioskurides genannten Bezeichnung *pyrákantha*, d. h. Feuerdorn) mit weißen Blüten und den Winter über hängenbleibenden feuerroten Früchten, wie auch die immergrüne, rotfrüchtige rundblätterige Zwergmispel (*C. rotundifolia*) aus dem Himalaja in unsern Gärten und Anlagen als Ziersträucher gepflanzt. Weiße Blüten, wie alle zuletzt genannten, haben auch die gleicherweise wie jene in unsern Parks gezogenen Felsenmispeln (*Aronia*), von denen die laubarme gemeine Felsenmispel (*A. rotundifolia*) mit haselnußgroßen, schwarzblauen, rundlichen Früchten und die kanadische Felsenmispel (*A. canadensis*) angenehm schmeckende Früchte liefern, welche besonders in Frankreich als *amélanches* häufig gegessen werden.

Von den Rosenblütlern sind ferner die meist weiß, seltener rot blühenden Spiersträucher (*Spiraea*) zu nennen, von denen gegen 50 Arten und zahllose Kreuzungen dieser anspruchslosen Sträucher bei uns angepflanzt werden, obschon sich ihre Blüten weder durch Farbenpracht, noch durch Wohlgeruch auszeichnen. Als Gartenzierpflanzen und zu Hecken beliebt sind der 1–2 m hohe rosenrot, aber auch weiß blühende weidenblättrige Spierstrauch (*Spiraea salicifolia*), und der weißblühende gamanderblätterige Spierstrauch (*S. chamaedryfolia*), beide aus Sibirien, dann der hainbuchenblätterige (*S. carpinifolia*), der schneeballblätterige (*S. opulifolia*), der doldentraubige (*S. corymbosa*), der rotblühende filzblätterige (*S. tomentosa*), alle aus dem östlichen Nordamerika, der Douglasische (*S. douglasii*) aus dem westlichen Nordamerika, der hübsche pflaumenblätterige (*S. prunifolia*) mit roten und der dreilappige und prächtige Spierstrauch (*S. trilobata* und *callosa*) aus Ostasien, speziell Japan, beide mit weißen Blüten. Die meisten dieser Formen trifft man nicht selten verwildert auch außerhalb der Gärten an.

Statt der einfachen, meist gezähnten Blätter der Spiräen besitzen die Fiederspieren (*Sorbaria*) gefiederte Blätter. Die am häufigsten angepflanzte Form derselben ist die 2–2,6 m hohe vogelbeerblätterige Fiederspiere (*S. sorbifolia*) mit bis 30 cm langer pyramidaler Rispe von weißen Blüten aus Sibirien und Nordchina. Ebenfalls aus Ostasien kam die bis 2 m hohe japanische Kerrie (*Kerria japonica*) — zu Ehren des englischen Gärtners Kerr so genannt, der zu Anfang des vorigen Jahrhunderts nach China und Japan reiste und viele Pflanzen von da in Europa einführte — als Zierstrauch zu uns und wird wegen ihrer schönen, goldgelben, fast immer gefüllten, vom Frühling bis zum Herbst fortblühenden Blüten und der geringen Pflege, die sie verlangt, fast überall in den Gärten angepflanzt. Da die Blüten nach Form und Farbe sehr an diejenige der Hahnenfüße (*Ranunculus*) erinnern, wird das Ziergewächs auch als Ranunkelstrauch oder japanische Honigrose bezeichnet. Nahe mit diesen verwandt ist die auch bei uns als Rasenzierstrauch kultivierte, nach dem deutschen Arzte Arnold Gillen, der 1627 ein lateinisches Botanikbuch in Kassel herausgab, genannte dreiblätterige Gillenie (*Gillenia trifoliata*) aus dem östlichen Nordamerika.

Von ebendort stammt der bei uns häufig in Anlagen zu treffende und schon fast verwilderte, bis 5 m hohe *Hirschkolben-Sumach* oder nordamerikanische Essigbaum (*Rhus typhina*), so genannt, weil seine sauren roten Früchte zur Verstärkung des Essigs dienen. Seine weitreichenden, mit ihrem braunen Filz an ein im Bast stehendes Hirschgeweih erinnernden Schößlinge und Wurzelausläufer sind außerordentlich zäh und schlagen immer wieder aus. Das schöngefiederte, sattgrüne Laub nimmt im Herbste wie dasjenige der gleichfalls aus dem östlichen Nordamerika stammenden Jungfernrebe und zahlreicher anderer Pflanzen jenes Erdteils eine prachtvolle rote Färbung an. Das Holz dient als Nutzholz, und in seiner Heimat werden die Blätter zum Gerben benutzt. Ebenfalls in Nordamerika heimisch ist der glatte Sumach (*Rh. glabra*), dessen Fiedern unterseits nicht fein behaart, sondern glatt sind. Seine Rinde wird in den Vereinigten Staaten zum Gerben benutzt. Ihm ähnlich, aber in allen Teilen kleiner, ist der in den Mittelmeerländern heimische Gerber-Sumach (*Rh. coriaria*), dessen zu Pulver zerkleinerte Zweige und Blätter unter dem Namen Schmack in den Handel gelangen und zum Gerben der Häute und Schwarzfärben dienen. In Spanien wird damit das Saffian- und Korduanleder bereitet, dessen Herstellung die christlichen Spanier von den Arabern übernahmen. Schon die alten Griechen, namentlich die Bewohner von Megara, gerbten mit seinem Holze Leder und färbten Wolle goldgelb. Außerdem benützten sie die säuerlich schmeckenden, ebenfalls gerbstoffhaltigen Beeren zum Stopfen bei Durchfall und als Gewürz, besonders zu Fleischspeisen.

Seiner Giftigkeit wegen gefürchtet und dennoch nicht selten zur Bekleidung von Lauben angepflanzt wird der Giftsumach (*Rh. toxicodendron*). Er ist ein ebenfalls aus Nordamerika stammender Kletterstrauch mit dreizähligen Blättern und kleinen, grünlichen Blütenrispen. Alle Teile desselben enthalten einen gelblichweißen, an der Luft schwarz werdenden Milchsaft, der bei der Berührung eine Hautentzündung hervorruft, bei empfindlichen Personen sogar Schwindel- und Krampfanfälle erzeugt. Ähnlich giftig ist der gleichfalls an der Luft schwarzwerdende Saft des früher besprochenen ostasiatischen Firnis-Sumachs (*Rh. vernificera*), aus dem die Japaner ihren berühmten Lack herstellen. Aus den Früchten des in China und Japan heimischen Wachs-Sumachs (*Rh. succedanea*) wird das in großen Mengen aus Japan exportierte Japanwachs hergestellt, während vom ebenfalls in Ostasien heimischen geflügelten Sumach (*Rh. semialata*) die durch Blattläuse (*Aphis chinensis*) erzeugten, langgezogenen, blasenförmigen Gallen gewonnen werden. Von diesen, als Gerbmaterial wichtigen, chinesischen Galläpfel erfuhren wir bereits, daß sie seit der Mitte des vorigen Jahrhunderts einen wichtigen Handelsartikel bilden und in Menge aus China ausgeführt werden. Auch diese Sumachart ist in unsere Gärten eingeführt worden und an den eleganten, großen Blättern zu erkennen, deren Spindel etwas geflügelt ist.

Viel gepflanzt wird bei uns auch der in Südeuropa und im Orient bis nach China heimische Perückenstrauch (*Rh. cotinus*), dessen lockere Rispen von grüngelben Blüten zur Fruchtzeit die Blütenstiele außerordentlich verlängern und aus den unfruchtbaren Blüten zahlreiche rotbraune Wollfäden hervorsprossen lassen, so daß der Fruchtstand wie eine wildzerzauste Perücke auf dem Strauche sitzt. Theophrast nennt ihn *kokkygéa* und Plinius in Anlehnung an die griechische Bezeichnung *coccygia*. Die gerbstoffreiche

Rinde und die Blätter dienten schon im Altertum zum Gerben und das Holz zum Gelbfärben von Leder zu Gürteln und Schuhen. Noch heute wird es als ungarisches Gelbholz oder Fisetholz zum Fournieren und Gelbfärben gebraucht.

Nahe verwandt mit den Sumacharten ist der ostindische Tintenbaum (*Semecarpus anacardium*), welcher in seinen Früchten die ostindischen Elefantenläuse liefert, die unreif zur Herstellung einer unverlöschlichen schwarzen Tinte und eines Firnis, reif dagegen zur Heilung von Hautkrankheiten benutzt werden. In der ganzen Gattung sind scharfe Stoffe sehr verbreitet und zum Teil von so gefährlicher Wirkung, daß man z. B. sich während des Regens fürchtet, unter einen Baum von *Semecarpus heterophylla* zu treten, weil die davon abfließenden Tropfen auf der Haut Entzündung hervorrufen. Am allerbösartigsten in dieser Beziehung ist der an den Flußmündungen des malaiischen Archipels nicht seltene Renghasbaum (*Gluta rhengas*), der Arbeitern, die ihn zu fällen versuchen, mit seinem Safte geradezu lebensgefährliche Geschwüre verursacht, so daß ihn in seiner Heimat kein Mensch anrührt, geschweige denn verletzt.

Mit den verschiedenen Sumacharten, speziell dem amerikanischen Essigbaum, wird vielfach wegen der Ähnlichkeit der Blätter der ebenfalls in unseren Parkanlagen als Schattenbaum angepflanzte südchinesische Götterbaum (*Ailanthus glandulosa*) verwechselt. In seiner Heimat heißt er wegen der Höhe von 16–19 m Götter- oder Himmelsbaum. Er wäre einer unserer wertvollsten Parkbäume, wenn er nicht gar zu leicht das Opfer strenger Winter würde. Die Pflanze besitzt ein außerordentlich rasches Wachstum und läßt sich, so lange sie jung ist, in rohem, frisch aufgeschlossenem Boden leicht versetzen, ist also für Neuanlagen von Gärten wie geschaffen. Dabei sind die großen, rotüberlaufenen Fruchtstände im Herbst ein prächtiger Schmuck, so unscheinbar auch die gelbgrünen, im Juli in dichten Rispen erscheinenden Blüten sind. Neben den gewöhnlichen zwitterigen Bäumen gibt es auch getrenntgeschlechtige, so daß nicht alle blühenden Bäume auch Früchte tragen können. Die ölreichen Samen sitzen in der Mitte eines schraubig gedrehten, zungenförmigen Flugblattes und werden durch den Wind verbreitet. In China lebt auf diesem Baume die Raupe des prächtigen, großen Ailanthus-Spinners (*Saturnia cynthia*), welche in zwei Ernten jährlich so viel Seidenmaterial liefert, daß es dort seit Jahrhunderten zur Herstellung von Kleidern vewendet wird. Die Raupe ernährt sich von den bis 1 m langen gefiederten Blättern und wurde zur Seidengewinnung mit seinem Nährbaum auch in Südfrankreich und Algerien eingeführt. Ab und zu kann der Schmetterling auch bei uns angetroffen werden.

Ein ebenfalls sehr schöner, 10–15 m hoher, sehr rasch wachsender, aber wegen seiner Empfindlichkeit gegen Frost nur an geschützten Stellen vorkommender und auch da nur selten blühender ostasiatischer Baum ist der japanische Kaiserbaum (*Pawlonia imperialis* — nach Anna Pawlona, der Tochter des russischen Kaisers Paul I. und Gemahlin Wilhelms II., Königs der Niederlande, so genannt). Er besitzt große, langgestielte, ganzrandige, behaarte Blätter und aufrecht gestellte Rispen von großen, hell blauvioletten, angenehm duftenden Blüten. Drei kleeförmig geordnete Blätter desselben bilden das japanische Kaiserwappen. Das leichte Holz findet vielfache Verwendung, und aus dem Samen gewinnt man ein Öl, das in Japan zur Herstellung gewisser durchsichtiger Papiersorten dient.

Dem ostasiatischen Ailanthus sehr nahe verwandt ist der aus dem südlichen Nordamerika stammende und bei uns als Gartenzierstrauch beliebte gemeine Lederbaum (*Ptelea trifoliata*). Dieser bis 5 m hohe Strauch mit dreizähligen Blättern, die beim Reiben unangenehm riechen, bildet kreisrunde Flügelfrüchte aus, die an diejenigen der Flatterulme erinnern.

Wegen noch größerer Frostempfindlichkeit bei uns in Töpfen kultiviert und den Winter über im Keller oder Kalthaus aufgestellt wird der in allen Teilen einen bitteren, giftigen Saft enthaltende Oleander oder Rosenlorbeerbaum (*Nerium oleander*). Diese, dem Immergrün (*Vinca*) nahe verwandte, beliebte Schmuckpflanze unserer Wohnungen und Gärten ist ein in den warmen Mittelmeerländern wildwachsender, sehr leicht durch Stecklinge zu vermehrender baumartiger Strauch, der von seiner in die Augen fallenden Eigenschaft, die Wasserläufe und kiesigen Rinnen oder Schluchten, in denen sich nur vorübergehend die Wildbäche nach heftigem Regen gegen das Meer hinabwälzen, zu begleiten und einzufassen, von den Griechen den Namen *nérion*, von *nerós* fließend — es sei hier nur an Nereus, den Wassergott, und die Nereiden, die Göttinnen des flüssigen Elements erinnert —, erhielt. Diese Bezeichnung übernahmen dann die Römer. Trotz dieses bevorzugten Standortes ist aber der Oleander durchaus keine eigentliche Wasserpflanze und ersteigt auch die steinigen Halden der Berge, an denen oft Nebel lagern. Merkwürdig ist, daß die Alten bis auf Plinius und Dioskurides die so charakteristische Pflanze der südlichen Landschaft nicht nannten, so daß V. Hehn auf die falsche Vermutung kam, der Oleander sei in der Zeit zwischen Theophrast († 286 v. Chr.) und dem Ende der römischen Republik (das auf den 2. September 31 v. Chr. durch den Sieg von Cäsar Octavianus, seit 27 v. Chr. Augustus beigenannt, über Antonius und Kleopatra fällt) vermutlich aus dem pontischen Gebirge zuerst nach Griechenland und von da später auch nach Rom gekommen. Es ist dies offenbar eine Verwechslung mit der pontischen Alpenrose (*Rhodondendron ponticum*), denn der von den Griechen auch als *rhododéndron*, d. h. Rosenbaum oder *rhododáphnē*, d. h. Rosenlorbeer, bezeichnete Oleander kommt im pontischen Gebirge überhaupt nicht wild vor.

In der römischen Kaiserzeit war der Rosenlorbeer bei den Ärzten und dem Volke in Italien so bekannt und als Gift gefürchtet wie heute, wo er in Süditalien *amazzo l'asino*, d. h. Eselmörder, heißt. Der aus Kilikien gebürtige Arzt Dioskurides sagt in seiner Arzneimittellehre: „Der bekannte Strauch *nérion* oder *rhododáphnē* oder *rhododéndron*, der längere und dickere Blätter hat als der Mandelbaum — hier folgt die weitere Beschreibung — wächst in Paradiesen (vom persischen *pardes*, d. h. Park) und in Ufergegenden und an den Flüssen. Seine Blüten und Blätter wirken schädlich auf Hunde, Esel, Maultiere und die meisten Vierfüßler; den Menschen aber sind sie, mit Wein getrunken, heilsam gegen den Biß von Tieren, besonders wenn man Raute hinzumengt. Kleinere Tiere aber, wie Ziegen und Schafe, sterben, wenn sie einen Aufguß davon trinken." Palladius, der im 4. Jahrhundert n. Chr. ein noch im Mittelalter vielfach benutztes Werk über den Landbau in 14 Büchern schrieb, erwähnt ihn als Mittel die Mäuse damit zu vertilgen, indem man deren Gänge und Löcher mit Blättern dieses Baumes verstopft.

Während der Oleander in Südeuropa eine Höhe von 5, ja selbst 7 und 8 m erreicht, sieht man ihn in Deutschland in den Kübeln kaum über 3 m hoch werden. Die von Juni bis September erscheinenden duftlosen Blüten sind bei der wildwachsenden Pflanze karminrot, doch hat man aus Samen zahlreiche Spielarten mit einfachen und gefüllten, verschieden nuancierten roten und weißen Blumen gezogen. Aus Indien stammt der wohlriechende Oleander (*N. odoratum*), der längere und schmälere Blätter von frischem Grün und sehr angenehm duftende größere, weiße, rosenrote oder fleischfarbene Blüten mit purpurnen Linien in der Röhre besitzt. Die gelb blühenden Varietäten sind empfindlicher als diese und deshalb auch weniger bei uns verbreitet. Der in Ostindien wachsende Färberoleander (*N. tinctorium*) liefert eine Art Indigo.

Ebenfalls ein Mitglied der immergrünen, mediterranen Strauchvegetation, der wegen seiner schönen Belaubung häufig auch als Zierstrauch kultiviert wird, bei uns aber über den Winter im Kalthaus untergebracht werden muß, ist der zu den Erikazeen gehörende gemeine Erdbeerstrauch (*Arbutus unedo*), dessen erdbeerähnliche, aber etwas fade schmeckenden Früchte vom gelehrten römischen Schriftsteller Varro (116–27 v. Chr.) mit Eicheln, Brombeeren und Holzäpfeln zu den Nahrungsmitteln der Urzeit, also zu denen, die die jungfräuliche Erde dem Menschen von selbst darbot, gerechnet wurde. Jetzt, da man bessere Früchte in Menge besitzt, verschmäht man seine 2–2,5 cm dicken, scharlachroten Früchte trotz ihres säuerlich-süßen Geschmacks, sowohl in Griechenland als auch in Italien und überläßt sie den Vögeln, für die sie ja ursprünglich von der Pflanze bestimmt waren; nur in Spanien, wo der schöne Strauch namentlich in der Sierra Morena häufig zu finden ist, werden sie zahlreich auf den Markt gebracht. In sehr großer Menge genossen, sollen sie betäubend wirken und Kopfschmerzen verursachen. Sie enthalten ziemlich viel Zucker und können auch zur

Branntweinfabrikation benutzt werden. Der stattliche Strauch oder kleine Baum von 3–5 m Höhe, mit rotberindeten Zweigen und großen, lederartigen, denjenigen des Lorbeers ähnlichen, immergrünen Blättern und hängenden Trauben von weißen oder rosenroten Blüten findet sich in ganz Europa wild und wird wie sein Verwandter, der in Griechenland und im Orient heimische *Arbutus andrachne*, in wärmeren Gegenden in Gärten kultiviert. Letztere Art fällt durch ihren glatten, rötlichen Stamm auf. Die lateinische Bezeichnung *arbutus* hängt wohl nicht mit *arbor* Baum, sondern mit einer noch im althochdeutschen *ertberi* (Erdbeere) erhaltenen indogermanischen Benennung der Frucht nach ihrer Ähnlichkeit mit der Erdbeere zusammen.

Auch die trockene, sonnige Standorte liebenden Ginsterpflanzen sind in den Macchien reich vertreten. Verwandt mit dem Gaspeldorn (*Ulex europaeus*), der als englischer Ginster (jetzt *broom* genannt) dem englischen Königsgeschlecht der Plantagenet — von *planta genista* Ginsterpflanze — seinen Namen gab, und dem Besenstrauch (*Sarothamnus vulgaris*), welche beide prächtig gelb gefärbte Blütentrauben hervorbringen, mit denen sie einen wirklichen Schmuck mancher sonst an Vegetation armer Gegenden bilden, sind die früher besprochenen Cytisusarten, zu denen unser Goldregen gehört.

Ebenso typische Repräsentanten der mediterranen Strauchvegetation sind die bis 1,6 m hoch werdenden Cistrosen (*Cistus*), von den alten Griechen *kístos* und in Anlehnung daran von den Römern *cistus* genannt. Sie besitzen an reichverzweigten Ästen bräunlichgrüne, klebrige Blätter und weiße bis rosenrote Blüten mit zahlreichen gelben Staubfäden. Gepflückt welken sie äußerst rasch, doch entfalten sich an Zweigen, die man ins Wasser steckt, alsbald neue Blüten. Diese aromatisch duftenden Ciststräucher tragen nicht wenig dazu bei, den Macchien ihren charakteristischen Geruch zu verleihen, den die Schiffer, z. B. in der Nähe von Korsika, im offenen Meer schon aus weiter Ferne riechen zu können angeben. Nach diesem würzigen Duft seiner Heimatinsel sehnte sich auch Napoleon I. auf St. Helena vor seinem Ende zurück. Das Gummiharz, das die Ciststräucher ausschwitzen, war unter dem Namen *ladanum* oder *labdanum* früher ein berühmtes, von orientalischen und griechischen Ärzten vielbenutztes Heilmittel. Heute wird es nur noch zum Räuchern verwendet. An den Wurzeln der Cistrosen schmarotzt die brennend gelbrote, große Blüten ohne Blätter entwickelnde Rafflesiazee *Cytisus hypocystis*, der nördlichste Vertreter der sonst auf die Tropen beschränkten Familie, die in der auf Sumatra heimischen und von Elefanten verbreiteten *Rafflesia Arnoldi* die größte Blüte der Welt mit 1 m Durchmesser hervorbringt.

Ebenfalls sehr häufig in den Macchien ist die Mastixpistazie (*Pistacia lentiscus*), die hier nur als Strauch auftritt, während sie unter anderen Bedingungen, vor allem freistehend, zu einem etwa 4,5 m hohen Baume emporwächst. Sie hat dunkelgrüne, paarig gefiederte, lederartig zähe, oben glänzende Blätter, die sich durch einen harzigen Geruch auszeichnen, und in roten Trauben beieinanderstehende kleine Blüten. Die Frucht ist eine kugelige, schwärzliche Steinfrucht. Als ein Hauptbestandteil der immergrünen Macchien ist sie im ganzen Mittelmeergebiet heimisch und wird vielfach kultiviert, so besonders im nördlichen Teile der Insel Chios, wo durch Einschnitte in den Stamm und die Zweige der aus kleinen, weißen oder gelben, durchscheinenden, in der Hitze wohlriechenden Körnern bestehende Mastix gewonnen wird. Seinen Namen, im Griechischen *mastíchē* (von *mastázo* ich kaue) hat er von der im Orient von alters her besonders bei den Frauen gebräuchlichen Sitte, ihn zur Kurzweil zu kauen, wie es die Nordamerikaner mit ihrem *gum* tun. Er erweicht nämlich im Munde und soll das Zahnfleisch stärken und den Atem parfümieren. Jährlich kommen etwa 500000 kg Mastix im Werte von einer halben Million Mark in den Handel; bei uns findet er vornehmlich zur Bereitung von Räucherpulver, Firnissen und Lacken Verwendung. Das harte Holz dient zur Anfertigung von Zahnstochern und Einlegearbeiten, aus den Blättern bereitet man in Algerien einen als *lentisque* bezeichneten Gerbstoff und aus den Samen preßt man Öl.

Mit der Mastixpistazie ist die Terpentinpistazie (*Pistacia terebinthus*) verwandt. Auch sie ist durch das ganze Mittelmeergebiet verbreitet, entfernt sich aber mehr von der Küste als die vorige Art und wird in Tirol noch bei Bozen angetroffen. Sie wächst auf trockenen, sonnigen Hügeln, ist in den Macchien gewöhnlich strauchartig, wird aber sonst zu einem kleinen Baum und trägt auffallende, unpaarig gefiederte Blätter, große, aus zahlreichen Blüten zusammengesetzte Trauben und kleine, dunkelrote Früchte. Durch Einschnitte in die Rinde liefert sie den cyprischen Terpentin oder den Terpentin von Chios, ein feines, flüssiges Harz, das besonders früher als ein geschätztes Heilmittel verwendet wurde. An den Enden der Äste entstehen durch die Stiche einer Blattlaus (*Aphis pistaciae*) große bockshornartig gestaltete, dickwandige, harte, grünrote, harzreiche Gallen, die 60 Prozent Gerbsäure und 15 Prozent Gallussäure enthalten. Früher wurden auch sie als Medikament benutzt, doch dienen sie heute fast nur noch zum Färben von Seide und Wein. Aus den angenehm bitteren Samen, die in Griechenland heute noch als *kokonetza* gegessen werden, preßt man ein fettes Öl.

Schon die Jugend der alten Perser wurde angehalten, im freien Felde zu leben und sich von Terebinthenfrüchten, Eicheln und wilden Birnen zu ernähren. Als der Mederkönig Astyages auf dem Throne sitzend sah, wie sein Heer von den Scharen des Cyrus geschlagen wurde, rief er entsetzt aus: „Wehe uns, wie tapfer sind diese terebinthenessenden Perser." In Syrien und Palästina wird die Terpentinpistazie zu einem stattlichen Baum, dem in den ältesten Zeiten göttliche Ehren gespendet wurden. Schon Abraham schlug sein Zelt unter den Terebinthen Mamre zu Hebron auf und baute dem Herrn daselbst einen Altar. Dort erschien ihm der Herr und gab ihm seine Verheißung, er werde trotz des hohen Alters der Sarah einen Sohn bekommen und ein großes Volk werde aus ihm hervorgehen, das werde gesegnet sein unter allen Völkern. Die Stätte, wo der Hain Mamre gestanden, wurde noch viele Jahrhunderte nach Abrahams Tod als geweihter Ort verehrt, an welchem man Opfer darbrachte und wo die Umwohner Markt abhielten. Eine andere heilige Terebinthe war die des Jakob zu Sichem, unter der zu Josuas Zeit die Bundeslade stand und von Josua ein steinerner Altar errichtet wurde. Dort versammelten sich noch zur Zeit der Richter alle Männer von Sichem und erhoben Abimelech zum König. Auch zu Gideon kam der Engel des Herrn unter einer Terebinthe zu Ophra, und Gideon baute daselbst einen neuen Altar, nachdem er die hölzerne Bildsäule der Aschera der Midianiter umgehauen hatte. Endlich hat auch die Terebinthe zu Jabes historische Berühmtheit durch ihre Erwähnung im Alten Testamente erlangt. In späterer Zeit, als der Jahvekultus geistiger geworden war, stießen sich die Propheten besonders an diesem sonst heidnischen Baumkult speziell der Terebinthe, unter der auch die Toten — es sei hier nur an Rebekkas Amme Debora erinnert — mit Vorliebe begraben wurden.

Während diese wärmeliebenden Kinder des Südens nicht zu uns gelangten, ist die gemeine Roßkastanie (*Aesculus hippocastanum*) einer unserer häufigsten Parkbäume geworden. *Aesculus* oder *esculus* (vom lateinischen *edere* essen) hieß bei den alten Römern die immergrüne Speiseeiche (*Quercus aesculus*), welchen Namen Karl von Linné auf diesen, den Alten unbekannten Baum übertrug. *Hippokástanon*, d. h. Pferdekastanie, nannte er sie, weil die denjenigen der eßbaren Kastanie (*Castanea vesca*) ähnlichen Samen von den Türken, gemahlen und unter das Futter vermengt, ihren Pferden gegen Husten und Dämpfigsein (Schweratmen infolge Lungenemphysem) mit gutem Erfolg gegeben werden sollen. Trotz der Ähnlichkeit der Früchte hat aber die Roßkastanie, die zu den Sapindazeen oder Seifenbaumgewächsen gehört, keinerlei Verwandtschaft mit der Eßkastanie, die mit Eiche und Rotbuche die Familie der Fagazeen bildet. Dieser 19–25 m hohe Baum mit den bekannten 5–7zählig gefingerten Blättern und weißen, rot und gelb gefleckten Blüten hat, wie erst neuerdings nachgewiesen werden konnte, seine Heimat in den Gebirgen von Nordgriechenland, Thessalien und Epirus unterhalb der Tannenregion in einer Meereshöhe von 1000–1300 m und wächst auch in der Berglandschaft von Imeretien im Kaukasus wild. Die Türken brachten ihn ums Jahr 1557 nach Konstantinopel, von wo 1576 der österreichische Gesandte Freiherr von Ungnad die ersten Früchte nach Wien sandte. Dort pflanzte Clusius die Roßkastanie zuerst im kaiserlichen Garten und beschrieb Matthiolus die Pflanze als *Castanea equina*, auch bildete er einen Fruchtzweig derselben ab. Erst um 1616 gelangte der Baum von Konstantinopel nach Frankreich, von wo er sich, wie auch aus Wien, über ganz Mitteleuropa verbreitete und so gemein wurde, daß er hier heute der häufigste Schatten- und Alleebaum ist. Um die Mitte des 19. Jahrhunderts wurde er auch in Nordamerika angesiedelt und fand hier ebenfalls weite Verbreitung, da er sehr rasch wächst, durch seine weit ausgebreitete, dichte Krone ausgiebigen Schatten spendet, durch seine prächtigen Blütenkerzen im Frühjahr das Auge erfreut und im Herbst die großen, glänzendbraunen Samen liefert, die 60 Prozent Nährstoffe, darunter 40 Prozent Stärkemehl enthalten. Trotzdem haben sie als menschliches Nahrungsmittel bis jetzt keine Verwendung gefunden, da sie durch einen ziemlichen Gehalt an Saponin unangenehm schmecken. Dieser kann nun durch Behandeln mit Alkohol entfernt werden, wodurch man ein wertvolles Nährpräparat beziehungsweise Stärkemehl zur Spiritusfabrikation gewinnt. Unverändert bilden sie ein treffliches Viehfutter, das durch den Gerbstoffreichtum der Schale ein treffliches Gegenmittel für die unvermeidlichen Folgen der Fütterung mit Grünfutter bildet. Sie lassen sich leicht aufbewahren, indem man sie an einem luftigen Ort gut trocken hält; doch dürfen sie nicht zu hoch aufeinander liegen, da sie dann schwer trocknen und leicht schimmeln. Die hart gewordene Frucht läßt man vor dem Verfüttern 24 Stunden in Wasser aufquellen, wodurch ihre Bitterkeit teilweise verschwindet. Aus den rohen Samen kann man einen trefflichen Kleister für Buchbinder und Tapezierer bereiten, der den Vorteil hat, wegen seiner Bitterkeit vor der Einnistung von Insekten geschützt zu sein. Aus den zu Kohle verbrannten Schalen gewinnt man eine ganz schöne schwarze Farbe. Die Blüten sind eine sehr ergiebige Bienenweide; das gelblichweiße oder rötliche, weiche und schwammige Holz dagegen ist wenig als Werkholz geschätzt, da es grobfaserig ist und leicht fault. Trotz ihrer langen Züchtung hat die Roßkastanie keine nennenswerten Spielarten oder Kulturformen hervorgebracht.

Kleiner als sie und mit röhrigem statt glockigem Kelch, mit zusammengeneigten statt wie bei jener ausgebreiteten Blumenblättern ist die schmutzigrot blühende rote Pawie (*Pawia rubra*), ein aus dem südwestlichen Nordamerika bei uns eingeführter Zierbaum von nur 4–7 m Höhe und glatter brauner statt stacheliger grüner Samenkapsel. Letztere sind gleich den Blättern und Samen giftig und deshalb unbrauchbar als Viehfutter, was bei der altweltlichen Roßkastanie nicht der Fall ist. Mit ihren zerriebenen und zu einem Teige geformten Früchten betäubt man beim Fischfang die Fische. Die zerstoßene und gekochte Wurzel und Rinde enthält viel Saponin und wird in Amerika statt Seife zum Waschen von Wollzeug gebraucht. Ihren Namen erhielt sie zu Ehren des um die Mitte des 17. Jahrhunderts als Professor der Botanik in Leiden verstorbenen Peter Paw. Sie wird bei uns recht selten angepflanzt und bildet nur selten größere Bäume. Sehr häufig dagegen treffen wir in den Gärten und Anlagen die rotblühende Kastanie (*Aesculus carnea*), ein Kreuzungsprodukt der altweltlichen Roßkastanie mit der neuweltlichen Pawie. Der Bastard hält in seinen Merkmalen so ziemlich die Mitte zwischen seinen Eltern inne. Seine rote Blumenkrone ist nicht ausgebreitet wie bei der Roßkastanie, sondern leicht zusammengeneigt und die bräunlichgrüne Fruchthülle nur spärlich bestachelt. Er wird größer als die Pawie, wenn auch nicht so groß wie die Roßkastanie; er wächst nicht so schnell wie letztere, blüht auch 2–3 Wochen später als diese. Da die rotblühende Kastanie durch Pfropfung auf den jungen Stamm der gemeinen Roßkastanie vermehrt wird, aber weniger in die Dicke wächst als diese, so entsteht meist eine sehr auffallende Stammform, indem sich dieser an der Pfropfstelle plötzlich verschmälert, eine Erscheinung, die man nicht selten auch bei Obstbäumen, besonders Apfelbäumen — aus derselben Ursache entstanden — beobachtet.

Etwas größer als die rote Pawie wird die gelbblühende Pawie (*Pawia lutea*) mit langen gelben Blumenblättern und unbehaarten Staubbeuteln, während die glattblätterige Pawie (*P. glabra*) mit kurzen gelben Blumenblättern und behaarten Staubbeuteln kleinwüchsig ist. Diese sind ebenfalls Bewohner des südwestlichen Nordamerika und lassen sich am Laube nur schwer voneinander unterscheiden. Durch schlankere Form der glatten Blättchen zeichnet sich bloß die strauchartige kleinblütige Roßkastanie (*Aesculus parviflora*) aus den Bergwäldern des östlichen Nordamerika aus. Sie blüht später als die andern Arten und an den erst im Sommer erscheinenden auffallend langen und schmalen Blütenrispen treten die Staubfäden weit aus den großen, weißen Blüten heraus.

An allgemeiner Beliebtheit als prächtiger Schattenbaum wetteifert mit der Roßkastanie die Platane. Sie wächst rasch, bildet einen mächtigen Stamm mit kraftvoll ausgestreckten Ästen und hellgrünen, gelappten, handnervigen Blättern, die, wie diejenigen der Roßkastanie, im Herbst abgeworfen werden. Sie vereinigt die Schnellwüchsigkeit der Pappel mit dem Brennwert der Buche, weshalb es sich empfiehlt, sie besonders als Alleebaum anzupflanzen. Die dunkle, in beständiger Erneuerung begriffene Borke des Stammes blättert fortwährend in regellosen Stücken ab, so daß die jüngere, hellgefärbte Rinde zutage tritt und der Stamm malerisch gefleckt erscheint. Unscheinbar hängen die kleinen gelben männlichen und tiefroten weiblichen Blüten getrennt am Baume, bevor die Blätter zum Vorschein kommen. Aus letzteren gehen zu beinahe nußgroßen Kugeln vereinigte Früchte hervor, die noch im Winter am Baume pendeln. Aus ihnen lösen sich die mit zarten Flughaaren versehenen Früchte ab, um vom Winde verbreitet zu werden. Da der Baum sich leicht in den Ästen zurückschneiden läßt, wird er vielfach stark gescheitelt. Wer aber nur die mißhandelten, durch übermäßiges Stutzen nieder und breit gehaltenen Bäume, wie sie vielfach vor den Gasthäusern und in den Biergärten zu sehen sind, kennt, der ahnt nicht, welche Schönheit die Platane da entfaltet, wo man ihr frei und unbehindert ihre breit ausladenden Äste aus dem schlanken Stamme herauszustrecken erlaubt.

Das Geschlecht der mit den Feigen-, Brotfrucht- und Ulmenbäumen zu den Nesselgewächsen gehörenden Platanen besaß zur Tertiärzeit mit den ihnen sehr nahe verwandten Liquidambarbäumen eine viel ausgedehntere Verbreitung als heute. Während des mittleren und oberen Tertiärs waren sie durch ganz Europa, Nordasien und Nordamerika bis weit über den Polarkreis hinaus verbreitet und wuchsen sogar in Grönland und auf Spitzbergen. Vom spättertiären *Platanus aceroides* dürften die beiden heute noch existierenden und in der Kulturwelt angepflanzten, 10–20 m hohen Platanenarten stammen: die morgenländische Platane (*Pl. orientalis*) der Alten Welt und die abendländische Platane (*Pl. occidentalis*) von Nordamerika. Erstere hat stärker gelappte Blätter mit grünen Blattstielen und ein mehr in die Breite wachsendes Astwerk, während letztere nur schwach gelappte, unterseits flaumhaarige Blätter mit braunen Blattstielen besitzt und ihre Zweige mehr aufrecht stellt. Da die neuweltliche Platane die Winterkälte viel besser erträgt als die dagegen weit empfindlichere altweltliche, wird sie in Mitteleuropa häufiger als jene angepflanzt. Doch ist die bei uns fast ausschließlich gepflanzte Form das Kreuzungsprodukt beider Arten, die ahornblätterige Platane (*Pl. acerifolia*), die der amerikanischen Form näher steht und wie diese winterhart ist. Ihre Vermehrung erfolgt stets durch Stecklinge.

Die morgenländische Platane findet sich an Gebirgsbächen in Wäldern unterhalb der Cedernregion bis zu 1600 m Höhe vom Himalaja bis Griechenland und Makedonien, auch auf Zypern, dem südlichen Anatolien und Persien. Sie hieß bei den Griechen *plátanos*, von *platýs* breit, weil sie ihre Äste weit ausreckt. Schon in der Ilias wird sie erwähnt. Als nämlich die Griechen sich mit ihren Schiffen in der Stadt Aulis am Euripos in Böotien zum Zuge nach Troja sammelten, da lagerten sie sich „an einer Quelle unter einer schönen Platane." Nach Homer erwähnt dann der Dichter Theognis aus Megara um 560 v. Chr. einen Platanenhain in Lakonien, der an einem Teiche stand, mit dessen Wasser ein Winzer seine Reben tränkte. Durch ihre Größe und durch ihr Alter ehrwürdige Exemplare galten den Umwohnern als heilig. Solche heilige Platanen werden uns von alten Schriftstellern aus Lykien und Karien in Kleinasien erwähnt. Eine ähnliche Sitte muß auch in Persien geherrscht haben; denn Herodot berichtet uns vom persischen Großkönig Xerxes, daß, als er auf seinem Kriegszuge gegen Griechenland 485 v. Chr. auf dem von Phrygien nach der Hauptstadt von Lydien, Sardes, führenden Wege eine prächtige Platane traf, „er ihr einen goldenen Schmuck schenkte und einen besonderen Wächter für sie einsetzte." Bis in unsere Zeit findet man in Persien, Kleinasien und Griechenland solche ehrwürdige alte Platanen von einer Höhe von 30 m und einem Stammumfang bis 16 m, deren ausgehöhlter Stamm Hirten und Jägern zu vorübergehendem Aufenthalte dient. Auch der Grieche Pausanias, der im 2. Jahrhundert n. Chr. den Bädeker des Altertums schrieb, weiß auf seiner Wanderung durch

Griechenland und Kleinasien hin und wieder von solchen Riesenplatanen zu erzählen, die noch mit der Heroenzeit in Verbindung gebracht wurden. So berichtet er von der bei Kaphyai in Arkadien wachsenden hohen und herrlichen Menelais, so genannt, weil sie, nach der Sage der Umwohner, vom Könige Menelaos selbst vor der Abfahrt nach Troja an der betreffenden Quelle gepflanzt worden sein soll. Und beim Flusse Pieros bei Pharai in Achaja sah er Platanen von solcher Größe, daß man in der Höhlung der Stämme einen Schmaus halten und nach Belieben darin auch schlafen konnte.

Der griechische Pflanzenkundige Theophrast im 4. Jahrhundert v. Chr. sagt: „In Griechenland wächst die Platane an einigen Stellen sehr häufig. Am Adriatischen Meere dagegen sollen kleine Platanen wachsen, ausgenommen beim Heiligtum des Diomedes (auf der Insel Diomedea an der apulischen Küste). In ganz Italien soll der Baum selten sein, obgleich es reich an Flüssen ist; das dortige Klima ist ihm nicht günstig. Der ältere Dionysios (431–367 v. Chr.), der Tyrann, hatte einige Platanen in einen Garten bei Rhegion (das er 387 erobert hatte) gepflanzt, wo man sie jetzt in der Ringschule sieht; aber sie wollen trotz aller Pflege nicht recht gedeihen. Auf Kreta soll bei Gortyna eine Platane stehen, welche ihr Laub nicht abwirft, während alle benachbarten es abwerfen. Eine ähnliche soll auf Zypern stehen."

Zweifellos ist die Platane durch Griechen zuerst nach Unteritalien und von da später nach Mittelitalien zu den Römern gekommen, die zugleich mit dem Baum deren griechische Benennung übernahmen. Zu Ende der römischen Republik war es eine Liebhaberei der Vornehmen, raschwüchsige Platanen in den Gärten ihrer Villen anzupflanzen und sie, statt mit Wasser, mit Wein zu begießen, da ein Aberglaube solchen Trank den Fremdlingen heilsam erklärte. So wird beispielsweise vom berühmten Redner Hortensius berichtet, er habe einmal bei einer Gerichtsverhandlung seinen Kollegen Cicero gebeten, mit ihm die Reihe im Reden zu tauschen, da er notwendig auf seine Villa nach Tuskulum hinaus müsse, um seine Platane eigenhändig mit Wein zu begießen. Mit Vorliebe ruhte man in der Kaiserzeit im Schatten solcher liebevoll aufgezogener Platanen und gab sich, wie die römischen Dichter es mehrfach besangen, der Ruhe und dem Genusse des Weines hin. So bezeichnet Ovid die Platane als einen dem Lebensgenuß dienenden Baum, und Horaz empfindet es als eine Entweihung des heiligen Bodens, die fruchtspendende Erde statt mit einem nützlichen Obstbaum mit solch einem nutzlosen Schönheitsbaum zu bepflanzen. Auch Plinius bemerkt in seiner Naturgeschichte: „Die Platane (*platanus*) ist wunderbarerweise nur ihres Schattens wegen aus weiter Ferne zu uns verpflanzt worden. Erst wurde sie über das Ionische Meer auf die Insel des Diomedes gebracht, um des Helden Grab zu beschatten; von da gelangte sie nach Sizilien und von dort endlich nach Italien. Jetzt steht sie sogar im Lande der Moriner (am belgischfranzösischen Strand — doch ist dies wohl eine Verwechslung mit dem nordischen Ahorn, den Plinius selbst den gallischen oder weißen Ahorn nennt), also auf zinspflichtigem Boden, so daß auch ihr Schatten versteuert werden muß. — Die Platanen sind jetzt zu so hohen Ehren gekommen, daß sie nun sogar mit reinem Wein begossen werden. Die Erfahrung lehrte, daß der Wein den Wurzeln gut bekam, und so hat man sie denn in der Kunst des Weintrinkens unterrichtet.

In früherer Zeit waren die Platanen der Akademie in Athen berühmt, deren 33 Ellen lange Wurzeln noch über die Zweige hinausgingen. Jetzt ist eine Platane in Lykien berühmt. Sie steht bei einer lieblichen, kühlen Quelle, neben einer Straße. Ihr Inneres gleicht einem Hause; denn sie ist hohl und ihre Höhlung mißt 81 Fuß. Ihr Wipfel gleicht einem Haine, ihre langen Äste gleichen Bäumen und werfen ihre Schatten weithin über die Felder. Ihre Höhlung ähnelt einer Felsengrotte, enthält auch rings eine Bank von bemoostem Tuffstein. Sie ist so wunderbar, daß Licinius Mutianus, der dreimal Konsul und noch neulich Legat in Lykien war, für die Nachwelt die Bemerkung hinterließ, er habe mit 18 Begleitern im Baume einen Schmaus abgehalten. Zu Polstern habe man das Laub des Baumes genommen. Vor jedem Windhauch war die Gesellschaft sicher. Dann habe er noch im Baume geruht und sei da besser aufgehoben gewesen, als in Sälen mit schimmernden Marmorwänden, bunten Gemälden und vergoldeten Prachtdecken.

Zu Gortyna auf der Insel Kreta steht eine Platane, die in griechischen und lateinischen Schriften besprochen wird; unter ihr soll nach der Sage selbst Jupiter einst geruht haben. Sie besitzt die Eigentümlichkeit, ihre Blätter nie zu verlieren. Junge Platanen, die man von ihr auf Kreta zog, haben diesen Fehler ihres Stammbaumes beibehalten; denn es ist ja ein Vorzug jedes Baumes, wenn er im Winter die Sonnenstrahlen durchläßt. Unter der Regierung des Kaisers Claudius (41–54 n. Chr.) hat Aeterninus, der Freigelassene des Marcellus, diese Platanensorte auf seine Güter bei Rom verpflanzt. Diese ausländischen Wunder stehen noch jetzt in Italien neben anderen, die in diesem Lande selbst durch Kunst erzeugt wurden. — Durch eigentümliche Fortpflanzung und Beschneidung zwingt man die Platanen zu unglückseligen Verkrüppelungen. Ganze solche Krüppelwälder stammen von ihrem Erfinder, dem Ritter Gajus Matius, einem Freunde des Kaisers Augustus."

Heute wäre der Ahorn noch vor der Roßkastanie dazu berufen, als Alleebaum im Innern der Städte die bisher dazu bevorzugten Linden zu verdrängen, die gegen die zahlreichen sie treffenden Schädigungen besonders empfindlich sind und deshalb sehr leicht eingehen, wenn sie nicht von alters her standen und schon stark genug waren, um den modernen Gefahren, besonders den Ausströmungen von Leuchtgas, zu trotzen. Wie wenige der zahlreichen Lindenalleen und Gruppen alter Linden bleiben am Leben, wenn die wachsende Stadt sie erreicht. Nicht nur ist die Linde (*Tilia*) dem Deutschen durch Sage und Sitte teuer, sondern auch wegen ihres schnellen Wachstums, ihrem dichten Schatten und dem angenehmen Duft ihrer Blüten. Sie bildet bei uns keine reinen Waldbestände, sondern findet sich auch im Walde immer nur einzeln; dagegen wächst sie in den russischen Ostseeprovinzen in größeren Beständen. Überall in Deutschland ist die kleinblätterige oder Winterlinde (*Tilia parvifolia*) mit beiderseits kahlen, unterseits meergrünen, schon Mitte Mai ausschlagenden Blättern und einem größeren Blütenreichtum die gemeinere, während die schon anfangs Mai ihr Laub hervortreibende großblätterige oder Sommerlinde (*T. grandifolia*) mit unterseits kurzbehaarten, beiderseits grünen Blättern und weniger zahlreichen Blüten häufiger angepflanzt wird, da sie eine größere Stärke und ein höheres Alter erreicht. Die guten Eigenschaften beider, Blattgröße und Blütenreichtum, vereinigt ein durch Kreuzung beider Arten gezogener Bastard, noch mehr aber eine andere Gartenform, die als Kreuzung zwischen Winterlinde und der besonders großblätterigen nordamerikanischen Schwarzlinde (*T. americana*) aus Kanada aufzufassen ist. Größere Bedeutung hat von fremden Arten außer der abendländischen Silberlinde (*T. alba*) aus Nordamerika mit auf der Unterseite schwachbehaarten Blättern und großen Blüten hauptsächlich die in Ungarn, der Türkei, in Griechenland und Kleinasien heimische morgenländische Silberlinde (*T. argentea*), die *philýra* der alten Griechen, von der Plinius sagt, daß man sie zum Binden von Kränzen gebrauche und seit alter Zeit in Ehren halte. Der niedere Baum ist durch seine wunderbar regelmäßige, eiförmige Krone von unterseits dicht weißfilzigen Blättern ein ganz besonderer Parkschmuck und hat zudem den Vorzug, erst anfangs Mai zu blühen, wenn die einheimischen Linden schon längst verblüht haben. Er verlängert also die Herrlichkeit der Lindenblüte um einen vollen Monat, was nicht nur der Naturfreund, sondern auch der Imker zu schätzen weiß. Die nicht selten gepflanzte grüne Linde (*T. euchlora*) aus dem Orient ähnelt der Winterlinde, trägt aber größere, nicht rostfarbene Bärtchen in den Aderwinkeln wie sie, sondern graue Haare und bleibt im Herbste länger grün.

Statt der Linden werden in den Straßen unserer Städte, wie auch auf Dorfplätzen vielfach Ulmen oder Rüstern (*Ulmus*, aus dem Keltischen *elm*) angepflanzt. Wenn ihnen auch der Reiz des Blütenduftes fehlt, so sind sie dafür widerstandsfähiger gegen die Gefahren der Großstadt; doch dürfen sie nicht zu nahe an die Häuserreihen angepflanzt werden, da ihre Wurzeln mit Vorliebe in die Grundmauern dringen und da eine bedeutende Sprengwirkung ausüben können. Leider werden deren Blätter sehr häufig von Blattläusen besiedelt und durch allerlei Gallen verunstaltet. Von unseren heimischen Arten ist die Feldulme (*Ulmus campestris*) mit kurz zugespitzten, eiförmigen Blättern weniger verbreitet als die Bergulme (*U. montana*) mit verkehrteiförmigen, lang zugespitzten Blättern. Beide bilden mancherlei

Spielarten, von denen besonders die hängenden Formen für kleine Gärten sehr geeignet sind, in denen sie mit ihrer dichten, nach allen Seiten überhängenden Schirmkrone jede künstliche Laube überflüssig machen. Daneben finden sich Formen mit streng pyramidenförmigem Wuchse, bei andern ist das Laub dunkelrot oder weißgefleckt oder eigenartig gekräuselt. Bei den alten Griechen hieß die auch in Südeuropa noch gedeihende Feldulme *pteléa*, bei den Römern dagegen ulmus, und wurde hauptsächlich gepflanzt, um den Weinreben als Stütze zu dienen. Mit Ulmenstöcken peitschten die Alten ihre Sklaven, wenn sie sich etwas hatten zuschulden kommen lassen. Ihr Holz, das in bezug auf Dauerhaftigkeit dem Eichenholze kaum nachsteht, eignet sich vorzüglich als Bau- und Werkmaterial. Da es sich nicht wirft, wurden aus ihm nach Theophrast besonders Türen angefertigt. Columella unterscheidet außer der inländischen eine gallische Ulme, die er *atinia* nennt und vorzugsweise anzupflanzen rät, da sie üppiger als die italienische wachse und ihr Laub vom Rindvieh viel lieber gefressen werde. Deshalb diente sie den Alten als wichtigster Futterbaum und wurde als solcher nie aus Samen gezogen, sondern durch Wurzelsprossen vermehrt. Außer den altweltlichen Ulmen werden in unsern Anlagen auch noch einige amerikanische Arten, wie *Ulmus americana* und *fulva*, angepflanzt. Zu ihnen kam neuerdings die japanische Ulme (*Zelkowa keaki*), die ein treffliches Nutzholz liefert. Sie ist daran erkenntlich, daß ihr scharf gezacktes Laub im Herbst sich prächtig rot färbt und so einen überaus malerischen Anblick gewährt.

Den Ulmen nahe verwandt ist die als Zierstrauch bei uns angepflanzte hainbuchenblätterige Planere (*Planera carpinifolia*), nach dem Erfurter Professor Joh. Jakob Planer (1743–1789) so genannt. Sie ist im Kaukasus heimisch, gleicht den Ulmen, hat aber ungeflügelte Samen. Ebenso wird in unsern Anlagen der winterharte nordamerikanische Zürgelbaum (*Celtis occidentalis*) kultiviert, der sich von den echten Ulmen hauptsächlich durch seine Früchte unterscheidet. Diese sind kirschenähnliche, orange- bis braunrotgefärbte, säuerlich schmeckende Steinfrüchte. Größere, schwarze, süßliche Früchte hat der ihm sonst ähnliche nordafrikanische, auch noch in Südeuropa wildwachsende gemeine Zürgelbaum (*C. australis*), der in Oberitalien und Südtirol nicht selten angetroffen wird, zumal sein festes Holz von der Landbevölkerung zu Peitschenstöcken und Blasinstrumenten begehrt wird; bei uns gedeiht er aber nur in den wärmeren Lagen.

Gleichfalls in Südeuropa regelmäßig angebaut, um das Laub den Seidenraupen zu verfüttern, wird der ostasiatische weiße Maulbeerbaum (*Morus alba*). Bei uns wird er neben dem westasiatischen schwarzen Maulbeerbaum (*M. nigra*) mit schwarzvioletten statt wie bei jenen weißen, süßlich sauer schmeckenden Früchten als Zierbaum in Parks angepflanzt, kommt aber auch nur in wärmeren Lagen fort. Ebenso verhält es sich mit dem aus dem südlichen Nordamerika als Zierbaum bei uns eingeführten amerikanischen Amberbaum (*Liquidambar styraciflua*) mit handförmig gelappten Blättern. In seiner Heimat liefert er durch Auskochen der zerkleinerten Zweige den zu Ofenlack und Räucherkerzen verwendeten weißen Liquidambar.

Sehr beliebte Parkpflanzen sind auch die verschiedenen Ahornarten (*Acer*), deren doppelte Flügelfrucht die Kinder als Nasenreiter benutzen. Sie sind am nächsten mit den Roßkastanien verwandt und besitzen verschieden gelappte Blätter. Mehr in der Ebene und auf niedrigem Gebirge bis zu einer Höhe von 1100 m wächst der spitzblätterige Ahorn (*Acer platanoides*), auch deutscher Zuckerahorn genannt, da sein Frühjahrssaft Zucker gibt, dessen Gewinnung indessen nicht lohnt. Er ist ein allgemein beliebter Alleebaum, der im Harze bis zu 450 m hinaufgeht und hier die Nordgrenze seiner Verbreitung in Deutschland erreicht. Dagegen ist der ebenfalls 20–25 m Höhe erreichende Bergahorn (*Acer pseudoplatanus*) ein echter Gebirgsbaum, der auf den Alpen bis 1600 m gefunden wird, nördlich bis Dänemark und Gothland geht und bei uns als einer der schönsten Bäume in Parkanlagen kultiviert wird. Sein Saft enthält ebenfalls Zucker, der aber nicht ausgebeutet wird. Sein hartes, weißes Holz mit vielen bräunlichen Spiegeln nimmt sehr leicht Politur an und ist als Werkholz geschätzter als das mehr gelbliche, weniger feine des spitzblätterigen Ahorns. Von ihm sind mehrere Spielarten mit weißgescheckten, gelb panachierten und dunkelroten Blättern vorhanden. Letztere Form ist nicht zu verwechseln mit dem ebenfalls bei uns kultivierten nordamerikanischen Rotahorn (*A. rubrum*), der den Namen von den schon im April vor dem Erscheinen der dreispitzigen grünen Blätter erscheinenden roten Blüten erhielt. Als Ziersträucher pflanzt man den oft nur 3 und nur ausnahmsweise 10 m hoch werdenden einheimischen Feldahorn (*A. campestre*) und den nur 2,5–3 m hohen südfranzösischen Ahorn (*A. monspessulanum*, d. h. von Montpellier), der an felsigen Orten am Mittelrhein wild wächst.

Sehr häufig findet sich bei uns auch der 1734 durch Collinson zuerst nach England gebrachte und von da auf den europäischen Kontinent herübergekommene nordamerikanische Zuckerahorn (*A. saccharinum*), der seinen Namen davon hat, daß sein Frühjahrssaft auf Zucker verarbeitet wird. Er hat unserm Spitzahorn ähnliche, nur unten statt glatte grüne, leicht behaarte, bläulichgrüne Blätter, die im Herbst eine prachtvolle orangerote Färbung annehmen, woran der Baum leicht zu erkennen ist. Trotz seiner Schönheit und Winterhärte hat aber dieser Zuckerahorn bei uns nicht die Verbreitung gefunden, die er verdient, wohl weil ihm frühzeitig schon in dem nicht minder prächtigen, ebenfalls bereits im 18. Jahrhundert aus Nordamerika bei uns eingeführten Silberahorn (*A. dasycarpum*) mit außerordentlich zierlichem, tiefeingeschnittenem, unterseits silberhaarigem

Laub ein gefährlicher Mitbewerber entstand. Auch unsere Mistel (*Viscum album*) hat bereits von dem schönen Fremdling Besitz ergriffen, ja, sie ist auf wenigen Bäumen so häufig wie auf dem Silberahorn. Er hat eben ein sehr weiches Holz, so daß er wegen des geringen Holzwertes nicht für den Anbau im Walde in Betracht kommt, während der Zuckerahorn dafür vielfach empfohlen wird.

Auch der nordamerikanische, ebenfalls zur Zuckergewinnung benutzte schwarze Ahorn (*A. nigrum*) ist häufig in unsern Anlagen zu treffen; ebenso der strauchartige, in ganz Rußland, besonders an der Wolga, wildwachsende tatarische Ahorn (*A. tataricum*) mit herzförmigen, gesägten Blättern und lange nach diesen in dichten Rispen hervorbrechenden weißen Blüten, die unsern Ahornarten ähnliche rote Früchte hervorgehen lassen, und der sich durch dreiteilige Blätter mit langem Mittellappen von ihm unterscheidende mandschurische Ahorn (*A. ginnala*). Südeuropa lieferte uns die ebenfalls strauchartigen *Acer italicum* und *A. creticum.* Diese nannten die Griechen *sphéndamnos*, während die Römer unter *acer* wohl den noch in Norditalien vorkommenden Spitz- und Bergahorn verstanden. Aus dem lateinischen Eigenschaftsworte *acernum* (ahornen) soll die deutsche Bezeichnung Ahorn entstanden sein.

Am meisten vom Ahorntypus weichen die Blätter des ebenfalls aus Nordamerika in unsere Anlagen gebrachten, bis 12 m hohen zweihäusigen Eschenahorns (*Acer negundo*) ab. Sie sind 3–5zählig gefiedert, haben aber gleichwohl keine besondere Ähnlichkeit mit dem Eschenblatte. Dieser Baum wird in seiner Heimat nächst dem Zuckerahorn am meisten zur Zuckergewinnung benutzt und weist verschiedene Spielarten mit weißbunten und gelbbunten Blättern auf. Diese panachierten Formen werden bei uns noch viel häufiger als die normale Form des Eschenahorns kultiviert. Die kronenlosen Blüten erscheinen lange vor dem Ausbruch der Blätter, und die in langen, schlaffen Trauben herabhängenden Doppelfrüchte sind sehr klein und ihre Flügel krümmen sich so weit gegeneinander, daß sie sich am freien Ende nahezu berühren.

Prächtige Zierbäume unserer Anlagen bilden auch die verschiedenen Arten von Eschen (*Fraxinus*). Die in feuchtem Humus-, nicht aber auf Sandboden gedeihende gemeine Esche (*Fraxinus excelsior*), die *melía* der Griechen und der *fraxinus* der Römer, spielt in der nordischen Mythologie eine große Rolle. Sie ist der mit seinen weitreichenden Wurzeln alles umfassende Weltenbaum Ygdrasil, und der altgermanischen Sage nach ging aus ihr der Mann hervor, während aus der Erle das Weib entstand. Bei den alten Deutschen hieß nach der Esche *ask* der allgemein benutzte (eschene) Speer *asks.* Noch im Mittelalter pflanzte man in der Nähe der Burgen Eschen an, um aus ihrem Holze Lanzenschäfte, Streitaxtstiele und andere Waffenteile und Geräte anzufertigen. Schon in der Ilias ist der eschene Speerschaft der vorzugsweise gebräuchliche. Da ihr Laub vom Vieh, besonders von Schafen und Ziegen, gerne gefressen wird, pflanzte man sie nach Columella bei den Römern in besondern Plantagen an. Außer der gewöhnlichen Form werden in unsern Gärten verschiedene Zierformen derselben gezogen; so die Traueresche mit im Bogen abwärts gekrümmten Seitenästen. Sie wird häufig in der Weise verwertet, daß solche Hängezweige auf einen 2–3 m hohen Stamm gepfropft werden, so daß mit der Zeit eine dichte, nach allen Seiten gleichmäßig abwärts gewölbte Schirmlaube entsteht, für die ein weiteres Höhenwachstum natürlich ausgeschlossen ist. Dann die Goldesche mit goldgelb gescheckten, die Krausesche mit faltig gekräuselten Blättern, eine einfachblätterige Spielart mit der eiförmigen, ungeteilten Urform des Blattes mit allen Übergängen zum fiederteiligen Eschenblatte und eine solche mit weißgescheckten Blättern.

Von fremden Eschen begegnen wir am häufigsten der auch in unsern Wald eingeführten Weißesche (*Fraxinus americana*), die durch rostbraune Knospen und gelbliche Triebe kenntlich ist, der pennsylvanischen oder Rotesche (*Fr. pennsylvanica*) und der Schwarzesche (*Fr. nigra*), alle drei aus dem atlantischen Gebiete Nordamerikas. Ebenso finden wir als Zierbaum in unsern Anlagen die 6–9 m hohe südeuropäische Blumen- oder Mannaesche (*Fr. ornus*) mit dreipaarig gefiederten Blättern und unverkümmerten, sondern als Kelch und Blumenkrone vierspaltig ausgebildeten weißen oder rötlichen Blüten. Aus ihrer Rinde fließt durch das Anstechen der Mannazikade, am häufigsten aber durch täglich ausgeführte Kreuzschnitte ein süßer, an der Luft erhärtender Saft, der getrocknet den Mannazucker liefert, welcher in großer Menge von Südeuropa, besonders von Sizilien und Kalabrien, wo der Baum in großen Plantagen angebaut ist, in den Handel gebracht wird, um besonders als gelindes Abführmittel für Kinder zu dienen.

Nahe mit den Eschen verwandt sind die Forsythien, der Jasmin und der Flieder. Die erstgenannten haben ihren Namen vom englischen Botaniker W. A. Forsyth, der 1791 über Krankheiten der Bäume und 1802 über die Kultur der Obstbäume schrieb, und stammen aus China und Japan. Die bei uns häufigste Art ist die zu Frühjahrsbeginn, oft schon im März, ihre großen, vierzipfligen, gelben Blüten vor dem Ausbrechen der einfachen, leichtgesägten Blätter hervortreibende hängende Forsythia (*F. suspensa*) mit anfangs aufstrebenden, später überhängenden braunen Zweigen. Seltener ist die gegen Kälterückschläge empfindlichere grüne Forsythie (*F. viridissima*) mit grünen Zweigen, an denen die Blätter fast gleichzeitig mit den ebenfalls gelben Blüten erscheinen. Wie sie stammt auch als weiterer Frühblüher der mit ihr verwandte gelbe Jasmin (*Jasminum nudiflorum*), den man in geschützten Lagen häufig mit ihr zusammen antrifft, aus China. Dessen grüne, vierkantige Zweige schmiegen sich gern an Mauern und Zäune an. Die dreiteiligen

Blättchen brechen erst hervor, wenn die an Schlüsselblumen erinnernden gelben Röhrenblüten verblüht haben.

Ähnliche, nur viel kleinere, dafür aber viel zahlreichere, in Rispen vereinigte, sehr wohlriechende, meist violette Blüten hat der gemeine Flieder (*Syringa vulgaris*), auch türkischer oder spanischer Flieder und nach der türkischen Benennung der Pflanze *lilas* auch Lila genannt. Dieser 3–7 m hohe Strauch mit herzförmigen Blättern und den schönen, angenehm duftenden „Lilablütensträußen" stammt aus Vorderasien und ist schon so lange in Kultur, daß von ihm eine Menge auch weiß und rötlich blühender Varietäten gezüchtet wurden. Ja, es gibt von ihm sogar eine gefüllte Form, die der Gärtner Lemoine in Nancy zuerst in den Handel brachte; dieselbe stammt von einem ungefüllten Flieder und entstand als Sprungvarietät im Garten eines Privatmannes in Luxemburg, von dem sie Lemoine erwarb. Dieser im modernen Park wie im altmodischen Bauerngarten gleich beliebte Zierstrauch stammt von einem Exemplar, das Ghislenius Busbequius, der Gesandte Kaiser Ferdinands I., 1560 aus der Türkei zuerst nach Wien brachte. Seitdem ein französischer Gärtner in Vaugirard bei Paris vor 60 Jahren durch Zufall fand, daß sich beim Flieder leicht die winterliche Ruhezeit abkürzen läßt, so daß er schon im Winter wieder zum Blühen gebracht werden kann, wird er in ausgedehntem Maße „getrieben". Hierzu dient entweder vorübergehendes Betäuben durch Ätherisieren, d. h. Einwirkenlassen von Ätherdämpfen, oder eine genau abgestimmte Hitzewirkung, meist ein Bad in warmem Wasser. Jetzt ist die Fliedertreiberei besonders in Frankreich sehr ausgedehnt. So bringt beispielsweise eine einzige Gärtnerei bei Paris von Mitte November bis zum Mai 100000 Fliederpflanzen zum Treiben. Zur Anzucht dieser gewaltigen Pflanzenmasse dient eine Baumschule von 80 Hektaren, in welcher die Stecklinge bis zum 5. bis 9. Jahre gezogen werden. Dann kommen die Fliederbüsche in ausgedehnte Treibhäuser, wo sie bei 28–30° C. zuerst im Dunkeln gehalten werden. Man läßt an jedem Zweig nur 2–4 Blütenknospen und 2 Blattknospen stehen und entfernt alle übrigen Knospen, damit der Saft die Blüten und Blätter der stehenbleibenden Knospen möglichst kräftig ernähre. Nach 20 Tagen sind die reinweißen Blüten erschlossen, strömen einen köstlichen Wohlgeruch aus und können in der an Blumen so armen Winterszeit zu guten Preisen verkauft werden. Auch in Südfrankreich und an den übrigen Orten der Parfümgewinnung wird der Flieder zur Gewinnung des Blütenduftes im großen angepflanzt. Dabei dient die daraus gewonnene Fliederessenz häufig als Ersatz der Tuberosenessenz.

Auch im Freien hat man mehrfach beobachtet, daß Fliederbüsche, die im Herbst, etwa bei einer Feuersbrunst, großer Hitze ausgesetzt waren, soweit sie dadurch nicht zerstört wurden, bald darauf wieder zu treiben und zu blühen begannen. Frühblühend und zum Treiben verwendbar ist auch der sonst zartere persische Flieder (*Syringa persica*), an dessen mit schmaleren Blättern besetzten Zweigen sich mehr lockere, duftigere Blütenbüschel wiegen. Vom chinesischen Flieder (*S. chinensis*), dessen reichblühende Zweige sich unter der Last der dichten, schwach duftenden Blüten zur Erde neigen, steht nicht fest, ob er nicht nur eine Gartenform, ein Kreuzungsprodukt darstellt. Während alle diese frühblühenden Fliederarten durch glatte, unbehaarte Blätter ausgezeichnet sind, gibt es auch späterblühende Arten mit behaarten Blättern, die uns noch im Juli mit ihrem Blütenschmuck erfreuen. Zu ihnen gehört der wohlriechende Emodi-Flieder (*S. emodi*), so genannt nach seiner Heimat, dem Distrikt Emodi im westlichen Himalaja. Er trägt länglichlanzettliche Blätter, deren weißliche Unterseite die zum Teil rauhbehaarten Blattnerven deutlich hervortreten läßt. Ferner der in Siebenbürgen vorkommende, nach seiner Entdeckerin, der ungarischen Freifrau Rosalie von Josika, benannte Josika-Flieder (*S. josikea*) mit bewimperten Blättern und sehr langen, dunkelvioletten Blütenrispen.

In der heimischen Pflanzenwelt ist dem Flieder am nächsten verwandt der wenigstens in Süddeutschland wildwachsende Liguster, auch Rainweide genannt (*Ligustrum vulgare*), der im Juni in weißen Rispen blüht und als „Tintenbeeren“ bezeichnete schwarze, beerenähnliche Steinfrüchte hervorgehen läßt. Wie diese werden verschiedene fremde Arten, so besonders die sehr reichblühende japanische Rainweide (*L. ibota*), gerne zu Hecken benutzt, da sie sich leicht schneiden lassen, ihr grünes Laub zum Teil im Winter behalten und durch ihren dichten Wuchs den Vögeln vollkommene Nistplätze, daneben in ihren Beeren auch Futter spenden.

Ein beliebter Gartenzierstrauch ist endlich auch die Tamariske (*Tamarix*), die *myrikē* der Griechen und Römer, die nach Plinius — von manchen für einerlei mit der *tamarice* gehalten — beim Volke als Unglücksbaum galt, „weil sie nichts trägt und nirgends gepflanzt wird“. Viel häufiger als die 1–2,5 m hohe, buschige deutsche Tamariske (*Myricaria germanica*) mit kleinen rosenroten Blüten in langen Ähren an den Zweigenden, deren Samen von den Bergbächen in die Ebene herabgeschwemmt wird, so daß sie neben dem bereits besprochenen Sanddorn (*Hippophaē rhamnoides*) ein häufiger Gast auf den Flußgeschieben des Alpenvorlandes ist, wird die in Südeuropa an feuchten Plätzen häufige französische Tamariske (*Tamarix gallica*) zur Verzierung von Strauchgruppen in Gärten gepflanzt. Ihre fein zerteilten, überaus zarten Blätter trugen ihr den begründeten Namen „Federstrauch“ ein. Wenn sie blüht, stehen die in außerordentlich dichten Ähren hervorbrechenden kleinen, blaßvioletten Blüten so gehäuft, daß darunter das Grüne der Blätter vollkommen verschwindet.

Nachdem wir nun die um ihrer Schönheit willen gewürdigten Ziersträucher einer eingehenden Besprechung unterzogen haben, wollen wir noch kurz die nützlichen unter denselben würdigen, die in ihren Früchten nicht nur den

Vögeln, sondern auch dem Menschen eine willkommene Speise darbieten. Unter ihnen ist zunächst der Holunder (*Sambucus nigra*) zu nennen, von den Griechen *aktḗ*, von den Römern *sambucus* genannt. Er war schon im frühesten Altertum eine bekannte und geschätzte Heilpflanze, deren Blüten als schweißtreibender Tee und deren schwarze Beeren als Hustenmittel genossen werden. Daneben sind letztere vielfach auch, so besonders in Norddeutschland, ein beliebtes Genußmittel geworden. Die Früchte des Zwergholunders (*Sambucus ebulus*) sind nur in vorgeschichtlicher Zeit, so von den anspruchslosen Pfahlbauern der neolithischen Zeit, zusammen mit den Beeren des gemeinen Holunders als Obst genossen worden, doch waren sie nebst andern Teilen der Pflanze schon im Altertum als Heilmittel geschätzt. Bei Dioskurides um die Mitte des 1. christlichen Jahrhunderts heißt er *chamaiáktē*, d. h. niederer Holunder, bei den Römern *ebulus* und bei den Deutschen *atich*, das sich später in Attich verwandelte. Seine Beeren sollen nach dem schweizerischen Botaniker Oswald Heer, der die Samenkerne in neolithischen Pfahlbauten der Ostschweiz fand, schon von den Pfahlbauern am Ende der Steinzeit zum Färben mit einem hellen Blau verwendet worden sein. Jedenfalls wurden sie, wie diejenigen des gemeinen Holunders, noch im klassischen Altertum zum Färben benutzt. So sagt Theophrast, daß der weinfarbige Saft der unreif rötlichen, reif aber schwarzen Beeren des Holunders den Leuten dazu dient, um sich Hände und Kopf zu färben. Nach Plinius dienten sie besonders zum Färben der Kopfhaare, und in einer Ekloge Vergils heißt es: „Das Gesicht des Gottes Pan war mit den blutigen Beeren des Zwergholunders (*ebulus*) gefärbt.“

Die Berberitze (*Berberis vulgaris*) wird zum erstenmal im Drogenverzeichnis des Platearius aus dem 12. Jahrhundert erwähnt; ihr Name scheint arabischen Ursprungs zu sein. Im 16. Jahrhundert erfreute sie sich großer Beliebtheit und wurde aus ihren Beeren in Frankreich und Deutschland ein Wein gemacht. Der Brombeerstrauch (*Rubus fruticosus*), dessen Früchte ein beliebtes Kompott geben und von jeher vom Menschen gerne gegessen wurden, hieß bei den Griechen *bátos*, bei den Römern dagegen *rubus* und seine Frucht wegen deren Ähnlichkeit mit der Maulbeere *morum*. Dioskurides und Plinius sagen, daß der Brombeerstrauch den Menschen die eßbaren Früchte liefere, die, wie auch die Blätter, zu Heilzwecken gebraucht werden. Und Palladius im 4. Jahrhundert n. Chr. schreibt: „Im September sammelt man Brombeeren, preßt ihren Saft aus, läßt ihn etwas gären, mischt dann ein Drittel Honig hinzu und kocht die Mischung bis zur Honigdicke ein.“ Wie im Altertum wurden auch im Mittelalter neben den Früchten die Blätter und jungen Schößlinge der Brombeere als Arznei benutzt. In Karls des Großen *Capitulare de villis* vom Jahre 812 wird ein mit Honig und Gewürzen bereiteter Brombeerwein als *moratum* erwähnt, der ebenso wie das aus Maulbeeren hergestellte gleichlautende Getränk das ganze Mittelalter hindurch in Klöstern wie in Bürgerhäusern gerne getrunken wurde. In den lateinischen

Glossen des Abtes Caesarius von Heisterbach im Siebengebirge bei Bonn aus dem 13. Jahrhundert heißt es: „Unsere Leute werden gehalten, Brombeeren zu sammeln zur Bereitung des Moratum für Feierlichkeiten, kranke Klosterbrüder und hohen Besuch."

Im Altertum wie im Mittelalter wurde sprachlich nicht zwischen Brombeere und Himbeere unterschieden. Der griechische Arzt Dioskurides nennt beide *bátos* und unterscheidet letztere von der ersteren durch den Zusatz *idaía*, weil sie in Menge auf dem (Berge) Ida wachse. Er sagt von den beiden: „Der Himbeerstrauch ist viel zarter als der Brombeerstrauch, hat nur kleine Stacheln und findet sich auch ganz ohne Stacheln (was übrigens auch jetzt noch der Fall ist). Man benutzt beide Sträucher in derselben Weise." Nach dem griechischen Beispiele nannten auch die Römer (z. B. Plinius) die Himbeere im Gegensatz zur Brombeere *rubus idaeus*. Die Himbeere (*Rubus idaeus*), aus deren Früchten ebenfalls ein wohlschmeckender Beerenwein gekeltert werden kann, wurde teilweise schon im Mittelalter in Klostergärten angepflanzt. Vom 16. Jahrhundert an wurde sie dann auch sehr häufig in den Gärten der Bürgersleute kultiviert. Der im Jahre 1560 in Basel als Sohn eines Refugianten aus Amiens in der Picardie geborene Kaspar Bauhin sagt in einem 1598 in Frankfurt a. Main erschienenen Werke botanischen Inhalts, daß die Himbeere in Böhmen aus den Wäldern in die Gärten verpflanzt sei, und Clusius unterscheidet in seiner 1610 in Antwerpen erschienenen Geschichte seltener Pflanzen rote und weiße (gelbe) Himbeeren. Zu unserer einheimischen kam im 19. Jahrhundert die kanadische Himbeere (*R. odoratus*), deren große, rote, in Doldentrauben gehäufte Blüten mit leichtem Wohlgeruch flache, rötliche Früchte hervorgehen lassen, die aber zum Essen keinen besonderen Genuß gewähren. Deshalb wird der mit großen, mehrlappigen Blättern besetzte Strauch bei uns nur als Zierpflanze kultiviert.

Die Erdbeere (*Fragaria vesca*) finden wir zum erstenmal bei Ovid und Vergil im 1. Jahrhundert v. Chr. als *fragum* erwähnt. Plinius der Ältere vergleicht die Frucht mit derjenigen des Erdbeerbaums (*unedo*) und sagt, daß beide sich durch ihre Substanz unterscheiden. Nutzpflanze war sie auch im Mittelalter nicht bloß ihrer Früchte, sondern auch der Blätter wegen, die vielfach als Heilmittel benutzt wurden. Kulturpflanze aber wurde sie erst im 16. Jahrhundert. In einem 1537 in Basel erschienenen botanischen Werke erzählt Ruellius, daß die Erdbeere in die Gärten verpflanzt werde, damit sie größere Früchte gebe, und daß dabei die roten Früchte sich teilweise in weiße umgeändert hätten. Ähnliche Angaben finden sich auch bei den deutschen Vätern der Botanik. Bei Elsholtz 1690 werden noch dieselben Varietäten der Walderdbeere als Gartenpflanzen genannt, ebenso bei Weinmann in Regensburg 1737. Es hat also lange gedauert, bevor amerikanische Erdbeeren nach Deutschland gelangten; denn nach Alphonse de Candolle wurde die frühreife nordamerikanische Erdbeere (*Fragaria virginiana*) mit großen, fast kugeligen, tiefgrubigen, scharlachroten Früchten aus Virginien erst 1629 in englische und die chilenische Erdbeere (*F. chilensis*) mit den größten Früchten unter allen Erdbeerarten 1715 in französische Gärten eingeführt. Letztere Art wurde zuerst am *Musé d'histoire naturelle* in Paris gepflanzt und von da verbreitete sie sich nach England, Deutschland und den übrigen Ländern Europas. Bastardformen beider hat dann die europäische Gartenkultur in den Ananaserdbeeren hervorgebracht, deren große, wohlschmeckende Früchte heute in solchen Mengen auf den Markt kommen, daß sich auch der Unbemittelte an ihnen für wenig Geld erlaben kann.

Über die chilenischen Erdbeeren schreibt Professor Otto Bürger in seinem 1909 erschienenen Buche: Acht Lehr- und Wanderjahre in Chile: „Die erste Frucht des Frühlings ist die Erdbeere. Ende Oktober bis in den Dezember hinein hört man schon früh morgens die Frutilleros, die Erdbeerenverkäufer, welche von Renca und Conchali kommen, ihre Ware, die in zwei Körben aus rohen Häuten über einem Maultiere hängt, ausrufen: „*la frutilla, la frutilla*" oder „*el frutillero, el frutillero; compra la frutilla*!" Und dann kann man 100 Mammuterdbeeren anfänglich für 60–50 (1 Mark bis 85 Pfennige), später für 40–30 Centavos (68–51 Pfennige) erstehen."

„Die Frutilla (*Fragaria chilensis*) ist eine einheimische Art, in den mittleren und südlichen Provinzen, vornehmlich in der Vorkordillere von Nuble und im Bereich der Küste von Concepción bis zum Rio Palena und vielleicht bis zur Magelhaensstraße verbreitet. Die Erdbeere ist das einzige chilenische Gewächs, welches wegen seiner Früchte nach Europa verpflanzt wurde. Dem französischen Gelehrten und Reisenden Frezier gebührt solches Verdienst. Er nahm im Jahre 1712 oder 1713 fünf Pflänzchen von Concepción mit, von denen er aber zwei dem Kapitän seines Schiffes als Vergütung für das zum Begießen erforderliche süße Wasser zu belassen hatte. Die übrigen drei brachte er nach Frankreich, und sie riefen alle jene großen Kulturen ins Leben, welche es bis 1820 gab; dann erst gestattete die größere Handelsfreiheit einen Nachschub (Cl. Gay, *Agricultura*, Bd. 2, S. 113–114). Nachdem sich die chilenische Erdbeere in Europa veredelt hatte und zu riesigen Dimensionen gezüchtet worden war, wurde sie wiederum nach Chile verschifft und gab hier jenen ausgedehnten Erdbeerchacras (*chacra*, aus der indianischen Quetschuasprache Perus entnommener Ausdruck für kleines Landgut) den Ursprung, wie sie bereits in der Mitte des vorigen Jahrhunderts um Santiago herum bestanden. Namentlich von Kindern wird noch eine kleine Sorte als *fresa* angeboten, die der Chilene gern zur Bowle nimmt — er braut sich ein solches Getränk aus zerquetschten Erdbeeren und Weißwein. Diese stammt von der gemeinen europäischen Erdbeere ab, die 1830 nach Chile eingeführt wurde." Von den über 400 Erdbeerarten, die von unseren Gärtnern durch Kreuzungen und Kulturpflege erzielt wurden, ist außer den vorgenannten besonders auch die großblumige oder Ananaserdbeere (*Fragaria grandiflora*) aus Surinam mit großen, scharlachroten, verschieden geformten, meist breiter als hohen, unregelmäßigen, oft fast gelappten Scheinbeeren zur Bastardierung benutzt worden.

Die rote Johannisbeere (*Ribes rubrum*) war den Griechen und Römern unbekannt. In Griechenland wächst dieser Strauch überhaupt nicht und in Italien nur auf den Gebirgen im Norden des Landes und dort auch nur spärlich. Sonst ist diese Pflanze in ganz Mittel- und Nordeuropa, in Skandinavien, Nordrußland und Sibirien, wie auch auf dem Himalaja heimisch. Der Johannisbeerstrauch soll angeblich durch die Normannen nach Frankreich, von da nach Spanien und der Schweiz gekommen sein, was aber sicher unrichtig ist. In den Schriften des Mittelalters wird die Johannisbeere vor dem 15. Jahrhundert nicht erwähnt. Überhaupt hat man in Mitteleuropa, wie Lauenstein feststellte, bis zur ersten Hälfte des 13. Jahrhunderts noch keinerlei Beerensträucher kultiviert, dafür sammelte man die wildwachsenden Beeren. Erst zu Beginn des 15. Jahrhunderts wird die Johannisbeere zum erstenmal in einem Manuskript genannt, das die Glosse „*ribes sunt Johannesdrübel*“ enthält. Noch in den Jahren 1484 und 1494 wird sie in einem Mainzer und Passauer Herbar als *sant johans trublin* sehr mangelhaft abgebildet. Der aus den zerdrückten Früchten ausgepreßte Saft wurde zu Sirupdicke eingekocht und gegen Magenleiden und Fieber gegeben. Noch im Jahre 1557 wurde sie in England nicht kultiviert, da sie nicht auf der Liste der damals dort angebauten Beerenobstarten figuriert, und selbst im Jahre 1597 war sie in Frankreich eine Seltenheit und besaß noch keinen Eigennamen. Sie wurde damals dort als *groseille d'outremer* bezeichnet, wie sie jetzt noch in Genf *raisin de mare* und im Kanton Solothurn in der Schweiz Meertrübli genannt wird, indem man sich einbildete, sie sei übers Meer in die betreffenden Gegenden gekommen, was sicher unrichtig ist. Nur das eine läßt sich aus solchen Ausdrücken erkennen, daß die Johannisbeere als etwas Fremdes, von auswärts Importiertes in diese Länder kam.

Der Name *ribes*, den die Pflanze in den Arzneibüchern des 16. Jahrhunderts erhielt, beruht auf einer Verwechslung. Die Araber benutzten nämlich unter dieser Bezeichnung eine auf den Gebirgen Syriens wachsende Rhabarberart (*Rheum ribes*), die in Europa vollständig fehlt, als geschätztes Heilmittel. Der Arzt Serapion, der im 13. Jahrhundert in Spanien oder Marokko gelebt haben soll, weiß noch, daß der echte *ribes* in Syrien wächst, aber er sagt, daß einige Autoren den Sauerampfer, *acetosa*, darunter verständen. Der Arzt Mattheus Sylvaticus führt außer Sauerampfer auch noch *coccus* als Surrogat des echten *ribes* der Araber an. Letzteres sind aber die Kermeskörner, die durch den Stich der Kermesschildlaus (*Coccus ilicis*) hervorgerufenen Auswüchse der in Südeuropa und im Orient einheimischen Kermeseiche (*Quercus coccifera*), die als rote, runde, etwas säuerliche Kermeskörner bis vor etwa hundert Jahren in den Apotheken gebräuchlich waren und deren frischer Saft mit Zucker eingekocht als Alchermeskonfekt feilgeboten wurde. Beim weiteren Suchen nach der arabischen Heilpflanze *ribes* kam man dazu, die Beeren des Johannisbeerstrauches in Nordeuropa arzneilich zu verwenden und der Pflanze diesen Namen zu geben, der ihm als *ribs* im Dänischen und *rips* im Schwedischen bis auf den heutigen Tag verblieb.

Gegen das Ende des 14. Jahrhunderts kam der Johannisbeerstrauch zuerst in Süddeutschland in Kultur, indem seine Beeren medizinische Verwendung fanden. Hier reift er schon um Johanni (24. Juni) und wurde deshalb in Verbindung mit seiner Ähnlichkeit mit den Trauben als *sant johannis trübelin* bezeichnet. In dem 1539 zum erstenmal in Straßburg herausgegebenen „Kreuterbuch" des Hieronymus Bock heißt es von ihm: „Das holdselige beumlin, daz die wolschmeckende rohte Johanns Treublein bringet, würt fast inn den Lustgärten gepflantzet." Von hier aus hat sich die Kultur des Beerenobstes nach Westen und Norden verbreitet. In Norddeutschland finden wir es zum erstenmal im niederdeutschen „Gaerde der suntheit", Lübeck 1492, wo es Ribes und Sunte Johansdruuen genannt wird. Von Frankreich, wo die Johannisbeere zuerst in einem 1536 in Basel gedruckten dreibändigen lateinischen Werke von J. Ruellius erwähnt wird, kam sie nach Belgien und Holland und von da nach England. Gegen das Ende des 16. Jahrhunderts kannte man verschiedene Kulturrassen der Johannisbeere, und C. Clusius erhielt im Jahre 1589 aus Amsterdam eine vermutlich in England gezüchtete weißbeerige Form, die vorher nicht bekannt war.

Im 16. Jahrhundert, als man überall bestrebt war, neue Pflanzen in die Gärten aufzunehmen, hat man die Johannisbeere zuerst nach Italien gebracht. In einem 1561 in Straßburg gedruckten lateinischen Werke des Zürchers Konrad Gesner wird erwähnt, daß in Florenz eine rote Johannisbeere vorkomme mit haselnußgroßen Früchten von sehr saurem Geschmack. Heutigentags wird die Johannisbeere in Italien so gut wie gar nicht kultiviert, denn sie gedeiht dort sehr schlecht. Das gleiche ist in Griechenland der Fall, wo die Früchte *tá phrangkostáphyla*, d. h. Frankentrauben, genannt werden. Da nun die Griechen alle Westeuropäer Franken nennen, so gibt dieser Name an, woher die Johannisbeere nach Griechenland gelangte.

Die schwarze Johannisbeere (*Ribes nigrum*), gleich der vorigen mit Blütentrauben versehen, von ihr aber durch schwarze Beeren verschieden, war im Altertum den Griechen und Römern ebensowenig als die rote Johannisbeere bekannt. Sie hat wie diese ihre Heimat weiter nördlich in Mittel- und Nordeuropa, durch ganz Sibirien bis zum Amur und im Westhimalaja und wächst in feuchten Wäldern. Erst in der zweiten Hälfte des 16. Jahrhunderts wurde man auf sie aufmerksam, zunächst wohl durch ihre Ähnlichkeit mit der roten Johannisbeere. Aber die Früchte, die einen entschiedenen Geschmack nach Wanzen haben, fand man zunächst durchaus nicht angenehm. Erst später gewöhnte man sich daran und viele fanden ihn sogar höchst angenehm, so daß man seine Früchte wie diejenigen der roten Johannisbeere zu Konfitüre und Gelee einmachte. R. Dodonaeus gibt in seiner 1583 zuerst erschienenen Botanik eine gute Abbildung von ihr, sagt aber, daß sie nur selten in Gärten angebaut werde. Le Grand d'Aussy berichtet in seinem 1782 veröffentlichten Buche *Histoire de la vie privée des Français*, daß der von ihm *cassis* genannte Strauch seit kaum 40 Jahren in den Gärten Frankreichs gepflanzt werde, und zwar nur infolge einer Broschüre, die dieser Pflanze alle nur erdenkbaren guten Eigenschaften andichtete. Aus seinen Früchten wird ein beliebter, sehr wohlschmeckender Likör bereitet.

Wie die rote und schwarze Johannisbeere ist die Stachelbeere (*Ribes grossularia*) im gemäßigten und nördlichen Europa und im sibirischen Waldgebiet bis zur Mandschurei und Nordchina, ebenso im westlichen Himalaja und auf dem Atlasgebirge einheimisch. Die Griechen und Römer kannten sie nicht, auch nicht in wildem Zustande. Der Strauch wird zuerst in einem Psalmenbuch des 12. Jahrhunderts als *groiselier* zur Bezeichnung eines Dornenstrauchs und die Frucht vom Trouvère (= dem provenzalischen Troubadour) Rutebeuf im 13. Jahrhundert als *groiselle* erwähnt. Die Umstände, unter denen dies geschieht, sind aber solcher Art, daß diese Bezeichnung nach den Ausführungen von Fischer-Benzon eher auf den Weißdorn als auf die Stachelbeere zu beziehen sind. Jedenfalls kann in diesen beiden Fällen nur eine wildwachsende Pflanze gemeint sein. Die erste unzweideutige Erwähnung des Stachelbeerstrauchs finden wir im bereits erwähnten, 1536 in Basel gedruckten lateinischen Buche von J. Ruellius, der darin von ihr folgendes sagt: „Die Beere des dornigen Strauches wird im unreifen Zustande wegen einer nicht unangenehmen Säure statt saurer Trauben zu Saucen oder Suppen benutzt. Da sie gleichsam das Aussehen einer Feige (*grossulus*) aufweist, nennt das Volk den Strauch *grossularia* (*groseillier*) und die Frucht *grossula* (*groseille*). Nach erlangter Reife wird die Beere so süß, daß sie gegessen werden kann; dennoch wird sie bei üppigen Mahlzeiten verschmäht, wohl aber von schwangeren Frauen begehrt." Weiter sagt er, daß die Stachelbeere in den Gärten häufig zu finden sei. Da er 1474 geboren wurde, so reicht seine Erinnerung bis in das 15. Jahrhundert zurück, und wir müssen annehmen, daß er sie allerdings in sehr wenig veredelter Form schon als Kind kannte. In Deutschland erwähnen sie zuerst Hieronymus Bock 1539 und Konrad Gesner 1542 als noch wenig bekannte Gartenpflanze. Sie nennen sie Grosselbeere und *grossularis* und empfehlen sie in erster Linie als Heckenpflanze. Erst gegen das Ende des 16. Jahrhunderts war die Kultur der Stachelbeere in Deutschland ziemlich allgemein geworden und erzog man bald bessere, großfrüchtige Sorten. Im Jahre 1589 erhielt der

Franzose Carolus Clusius, Botanikprofessor in Leiden, von Carolus de Tassis, Bürgermeister von Amsterdam, eine aus England erhaltene Stachelbeere mit roten Früchten und 1514 sah er im Garten zu Leiden eine Sorte mit dunkelroten Früchten, während er vorher nur grüne Stachelbeeren mit größeren Früchten als die wilden Arten gekannt hatte. Das eine steht fest, daß die Stachelbeere als Kulturpflanze von Westen nach Osten und Norden wanderte. In Leiden gedeiht sie schlecht, noch schlechter als die Johannisbeere. Das französische *groseillier* und *groseille* bezeichnete ursprünglich den Stachelbeerstrauch und seine Frucht, während die Johannisbeere durch die Zusätze *rouge* und *d'outre mer* von ihm unterschieden wurde, heute bedeutet es die Johannisbeere, von der man die Stachelbeere als *grosseille à maquereaux* unterscheidet. Gegenwärtig werden als reife Speisebeeren die zum Teil taubeneigroßen Formen bevorzugt, welche ursprünglich in England gezüchtet wurden und gern hochstämmig gezogen werden. Hierzu pfropft man die Stachel- wie die Johannisbeeren auf Stämmchen der früher besprochenen, 1812 aus Nordamerika in unsere Gärten verpflanzten goldgelb blühenden Johannisbeere (*Ribes aureum*). Mehrere amerikanische Stachelbeersträucher werden bei uns als Ziersträucher kultiviert.

Wie Johannis- und Stachelbeere hat der Mensch auch die Himbeer- und Brombeerstaude in Pflege genommen und durch Kulturauslese bedeutend veredelt, während Heidel- und Preißelbeeren nach wie vor nur im wilden Zustande bekannt sind und noch immer wie in der Urzeit dem Menschen reichen Ertrag liefern. Die Heidelbeere (*Vaccinium myrtillus*) durchzieht den Waldboden mit ihren unterirdischen braunen Sprossen wie ein dichtes Netzwerk, treibt grüne, kantige Stengel, deren jeweilige Triebspitze bald das Wachstum einstellt, während seitlich unter ihr ein neuer Trieb abzweigt. Dadurch erhalten die beblätterten Stengel ihre eigenartige Verzweigung. Die rötlichgrünen, kugeligen Blüten hängen einzeln an den Ästchen und lassen nach der Befruchtung durch Insekten jene wohlbekannten schwarzblauen, dunkel bereiften Beeren hervorgehen, die vermöge der Färbekraft ihres dunkelroten Saftes vielfach der „Rotwein“fabrikation dienen. Die eiförmigen, dünnen Blätter der Heidelbeere fallen im Herbste ab, während dies bei den lederigen Blättern der immergrünen Preißelbeere (*V. vitis idaea*) nicht der Fall ist. Letztere ist nicht nur im Walde zu Hause, wie erstere, sondern bedeckt auch weite Strecken auf dürrem Heideboden. Ihre rötlichweißen, glockigen Blüten drängen sich in Trauben am Triebende zusammen. Die leuchtendroten Beeren reifen erst nach den Heidelbeeren und werden weniger frisch verwendet als diese, um so mehr aber in eingemachtem Zustande.

Seltener ist die auf Moorboden wachsende Rauschbeere oder Sumpfheidelbeere (*V. uliginosum*), deren große, schwarze, hellbereifte Früchte ebenfalls eßbar, aber von fadem Geschmack, wenn auch nicht berauschend sind, wie man früher fälschlicherweise glaubte, weshalb man sie Rauschbeeren nannte. Sie sind indessen narkotisch und bewirken, in Menge genossen, Kopfschmerzen und Erbrechen. Die Pflanze mit viel größeren und kantigen, braunroten Zweigen wie bei der Heidelbeere und bläulichgrünen, ganzrandigen Blättern, trägt viel zur Torfbildung bei. Die Moosbeere (*V. oxycoccos*) dagegen, die besonders auf den mit Torfmoos überzogenen Moorgründen der Hochmoore gedeiht, ist ein kleines Sträuchlein mit fadenförmigem Stengel, zierlichen, immergrünen Blättchen und an langem Stiele nickenden rosenroten Blüten. Die roten, erst nach einem Froste genießbaren Beeren sind nur für Nordeuropa, wo die Pflanze häufig vorkommt, wichtig und werden wie die Preißelbeeren eingemacht. Eine größere Bedeutung hat neuerdings die in Nordamerika einheimische, unserer Moosbeere sehr ähnliche, nur größere Kronsbeere (*V. macrocarpum*) erlangt, welche ihrer genießbaren Früchte wegen auch bei uns zum Anbau auf Torfboden empfohlen worden ist. In ihrer Heimat hat man sie, die man dort *cranberry* nennt, auf feuchtem Gelände in größerem Maße angepflanzt. Sie gibt dort reiche Erträge an Beeren, die größer und billiger als die Preißelbeeren sind. Viel kürzere Zeit sind zwei Brombeerarten in Kultur, nämlich die nordamerikanische Loganbeere, die 4–6 cm lange rotbraune Früchte von angenehmem Geschmack liefert, und die japanische Weinbeere, die hellrote, von einem rotbraun behaarten Kelch eingeschlossene, wohlschmeckende Beeren von der Größe einer Himbeere liefert. Auch um die Veredelung des Beerenobstes hat sich der Amerikaner Luther Burbank in Kalifornien in hohem Maße verdient gemacht. Welch große volkswirtschaftliche Bedeutung die einheimischen Waldbeeren besitzen und welchen Verdienst sie der sie meist kostenlos einsammelnden ärmeren Bevölkerung bringen, kann man aus der Angabe ermessen, daß der Ertrag daran in besonders guten Jahren für das Gebiet einer einzigen Oberförsterei bis 100000 Mark betragen kann.

Tafel 155.

Johannisbeer-Anpflanzung, teils buschig, teils hochstämmig gezogen, mit dazwischen gepflanzten Erdbeeren.
(Anlage der Konservenfabrik Lenzburg.)

Tafel 156.

Zierbäume und Sträucher des Botanischen Gartens zu München. Im Hintergrund der Glaspalast.

Von weiteren Beerenfrüchten sind endlich noch diejenigen der Mistel (*Viscum album*) zu nennen, deren zähschleimiger Inhalt bei uns zur Herstellung von Vogelleim benutzt wird, während in Südeuropa hierzu derjenige der Riemenblume (*Loranthus europaeus*) dient. Dieser Schmarotzer wächst vorzugsweise auf Eichenarten und Kastanien. Schon im Altertum wurden die Beeren des Loranthus, der bei den Griechen *ixía* und bei den Römern *viscum* hieß, in dieser Weise verwendet, weshalb der Vogelleim selbst bei jenen *íxos* und bei diesen *viscum* hieß. So schreibt Dioskurides: „Der beste Vogelleim wird von der runden Frucht eines Strauches bereitet, der auf der Eiche wächst und dessen Blätter dem Buchsbaum (*pýxos*) ähnlich sind. Die Frucht wird zerstoßen, dann gewaschen und in Wasser gekocht. Manche stellen den Vogelleim auch kurzweg durch Kauen der Frucht her." Sein Zeitgenosse Plinius drückt sich ihn ähnlicher Weise aus. Er sagt: „Der beste Vogelleim kommt vom *viscum* der Steineiche (*robur*). Diese werden zur Erntezeit gesammelt, wenn sie noch unreif sind; denn bei später folgenden Regengüssen wachsen sie zwar noch, aber der Leimstoff nimmt ab. Man trocknet sie, zerstößt sie in einem Holzmörser und kocht sie in Wasser, bis nichts mehr obenauf schwimmt. Die zähe Masse wird dann, bevor sie zum Vogelfang verwendet wird, mit Nußöl zusammengeknetet. Sie wird auch zu erweichenden Pflastern verwendet. Manche glauben, das *viscum* werde durch religiöse Einwirkung kräftiger, wenn man es nämlich bei Neumond und ohne Eisen anzuwenden von der Steineiche sammle. Es sei dann auch in andern Fällen wirksam, vorausgesetzt, daß es die Erde nicht berührt habe."

Daß diese Schmarotzer nur auf Bäumen und nicht auf der Erde gedeihen, hat schon die Gelehrten des Altertums beschäftigt. Interessant ist, daß schon Theophrast im 4. Jahrhundert v. Chr. von der Verbreitung dieser Misteln wußte, daß sie durch Vögel (vorzugsweise von der Misteldrossel) bewirkt wird. Er schreibt in seiner Pflanzengeschichte: „Jedenfalls ist es ein Wunder, daß die Ixia-Arten, welche doch eine tüchtige Frucht haben, durchaus nicht in der Erde keimen. Sie wachsen nur auf Bäumen und entstehen jeweilen aus Samen, die von Vögeln verschluckt worden und mit deren Kot auf die Bäume gekommen sind. Manche Eichen tragen sowohl die Riemenblume (*ixía*) als die Mistel (*hýphear*), und zwar wächst erstere auf der Nordseite und letztere auf der Südseite des Baumes."

Die Mistel ist neuerdings dadurch sehr interessant geworden, daß verschiedene, äußerlich nicht unterscheidbare Rassen von ihr festgestellt wurden, die jeweilen nur auf bestimmten Baumarten gedeihen. So geht die auf unsern Apfelbäumen und Schwarzpappeln verbreitete Form wohl auf andere Laubhölzer, am seltensten auf Eichen, nicht aber auf Nadelhölzer über, während die Tannenmistel ausschließlich auf der Weißtanne wächst, Kiefern und Fichten dagegen gemeinsam eine dritte Form zu besitzen scheinen. Daß die mitten im Winter in den kahlen Baumkronen grünenden

Büsche in der Mythologie und im Volksglauben unserer Vorfahren eine gewisse Rolle spielten, ist sehr begreiflich. Nach der germanischen Sage wurde der lichte Gott des Sommers, Baldur, vom blinden Wintergott Hödur durch einen Mistelpfeil getötet. Es ist dies der strahlende Sonnengott, der im Winter von der Macht der Finsternis dahingerafft wird, um im Frühling aufs neue in jugendlicher Pracht zu erstehen. Und daß dies der Fall sein werde, dafür bietet der Mistelzweig Gewähr, den man in Nachahmung angelsächsischer Sitte am Julfest neuerdings auch bei uns bei der Wintersonnenwende in den Wohnungen aufhängt; denn der gabelige Mistelzweig ist das Symbol der Wiederbelebung der erloschenen Sonnenkraft, die nach altem Volksglauben in der Mistel allein lebendig bleibt, wie schon äußerlich ihr Weitergrünen auf den im Winter wie erstorben ihrer Blätter beraubt dastehenden Laubbäumen beweist. Daher rührt die allheilende und belebende Kraft desselben gegen alle Übel. Am Tage von Baldurs Neugeburt, wenn die größte Sonnenschwäche vorüber ist, am Julfest oder am Neujahr, sammelte man feierlich die „Allheilende", um die Wohnung während der Festzeit damit zu schmücken und zu weihen. Ähnliche mythologische Beziehungen haben unzweifelhaft auch zu der außerordentlichen Verehrung Veranlassung gegeben, die die Mistel bei den keltischen Volksstämmen genoß. Ihre Priester, die Druiden, berichtet Plinius, kennen nichts Heiligeres als die Mistel und ehren auch den Baum, auf dem sie wächst, namentlich wenn es eine Eiche ist. Dies ist aber nur äußerst selten der Fall. Hatte man nun ausnahmsweise eine solche auf dem dem Donnergotte heiligen Eichbaum entdeckt, so wurde sie mit großer Feierlichkeit am sechsten Tage nach dem Neumond zu Jahresbeginn eingeholt. Nachdem man unter dem heiligen Baum die gehörigen Opfer dargebracht und die Festmahlzeit veranstaltet hatte, bestieg der in weiße Gewandung gekleidete oberste Druide den Baum, schnitt mit einer goldenen Sichel die Mistel ab und warf sie in seinen Mantel. Diese von den Kelten die „Alles heilende" genannte Pflanze durfte den Boden nicht berühren und half dann angeblich gegen alle Leiden, wurde nach Plinius insbesondere zur Heilung der Epilepsie verwendet. Derselbe römische Autor bezeichnet das Neujahrsfest als den Hauptsammeltag für die Mistel, und in Frankreich hat sich noch in manchen Gegenden die uralte Sitte erhalten, daß Kinder am Neujahr mit einem Mistelbusch von Haus zu Haus laufen und mit dem Ruf: *Aguillaneuf* (entstanden aus: *au gui l'an neuf*) Eßwaren und ein Geldgeschenk verlangen. In Deutschland scheint der Ruf „Guthyl" und das Neujahrs-„Anklopfen" mit grünen Ruten dem zu entsprechen. Zum Schluß soll noch die Eigentümlichkeit erwähnt werden, daß auf den faulenden Stengeln der Mistel ein besonderer Pilz (*Tubercularia visci*) und auf den Blüten ein bestimmter Blattfloh (*Psylla visci*) lebt.

[4] 2. Band betitelt: Das Leben der Erde mit 380 Abbildungen im Text, 21 Vollbildern und 2 Stammbäumen, München 1908, Verlag von Ernst Reinhardt.

[5] S. Näheres nebst Abbildung in dem Abschnitt über akarophile Gewächse auf Seite 492 ff. in Band II des: Vom Nebelfleck zum Menschen, betitelt das Leben der Erde, Verlag von Ernst Reinhardt, München 1908.

XXXI.
Die Nutzhölzer.

Eines der wichtigsten Rohprodukte des Pflanzenreiches, das auf allen Gebieten menschlicher Tätigkeit die mannigfaltigste Verwendung findet, ist das Holz. Aus ihm hat sich der tertiäre Urmensch neben den aufgelesenen Steinen seine ersten Werkzeuge und Waffen zur Unterstützung und Verlängerung seiner Arme gemacht, bevor er sich noch Geräte aus Feuerstein herzustellen begann. Und je höher er später in der Kultur fortschritt und je mehr er zum Herren der Erde wurde, um so größere Bedeutung gewann für ihn das Holz als unentbehrliches Rohmaterial für alle Bedürfnisse des täglichen Lebens, zu allerlei Hantierung und zum Brennen.

Unter den mannigfaltigen Holzarten, die ihm in verschiedenen Gegenden und zu verschiedenen Zeiten in wechselnder Menge und Beschaffenheit zu Gebote standen, wußte er dabei für die verschiedenen Zwecke eine Auswahl zu treffen, indem er bald die Eigenschaften der verschiedenen Holzarten kennen lernte. Dabei stand ihm gerade in unserm Kontinent gegenüber Ostasien und besonders Nordamerika eine sehr geringe Auswahl von Holzarten zur Verfügung. So setzen kaum 40 einheimische Baumarten den Wald des nördlichen Europa zusammen, den Wald der Vereinigten Staaten dagegen 400. Die Zahl der Eichenarten ist in Europa ganz außerordentlich gering, in den Vereinigten Staaten und in Mexiko dagegen recht groß; die Zahl der Kiefernarten beträgt in Europa 10, in Nordamerika aber 40; selbst Kanada weist noch 15 Nadelhölzer auf.

Aber nicht bloß sind im nordamerikanischen Wald fast alle Baumgattungen des europäischen Waldes in einer größeren Artenzahl vertreten, so Eichen und Eschen in 13 Arten, Ahorne in 8 Arten, Birken in 7 Arten, Ulmen und Nußbäume in je 5 Arten usw., sondern es sind in ihm eine große Zahl von Gattungen vorhanden, die dem europäischen Walde vollkommen fremd sind, darunter die Hickorybäume (*Carya*) mit 9 weitverbreiteten Arten, die Magnolien mit 7, die Platanen mit 3, die Catalpa mit 2 Arten, der Tulpenbaum (*Liriodendron*), der Sassafras, die Sequoia mit 2 Arten, die Douglastanne und verschiedene andere. Die beiden zuletzt genannten Gattungen, ebenso wie die Riesentanne (*Abies gigantea*), die Riesenceder (*Thuja gigantea*), die Zuckerkiefer (*Pinus lambertiana*) mit ihren vielfach über 100 m emporragenden und mehrere Meter dicken Stämmen veranschaulichen zugleich am besten, zu welcher Riesenhaftigkeit sich der nordamerikanische Baumwuchs nicht nur in Kalifornien und Oregon, sondern auch im appalachischen Osten gestaltet, wo die Weiß- und Roteichen (*Quercus alba* und *Q. rubra*), die Magnolien (*M. grandiflora*), die

Kastanien (*Castanea americana*), die Platanen und Pappeln vielfach gewaltige Baumgestalten darstellen.

Noch artenreicher als selbst das appalachische Gebiet an der atlantischen Seite Nordamerikas ist das asiatische Florenreich, das zudem eine auffallende Ähnlichkeit mit ersterem zeigt; hat es doch nicht weniger als 250 Arten in 65 Gattungen mit jenem gemein. Beide Florenreiche aber stehen dem tertiären Florenreiche Europas zum größten Teil ziemlich nahe. Zur Tertiärzeit wuchsen nämlich in Europa Riesencedern, Sumpfcypressen, Storax- und Walnußbäume, Liquidambar, Tulpenbäume, Catalpa und Sassafras, die vor der von Norden her vordringenden Vereisung im südlichen Teil Nordamerikas eine Zuflucht fanden und am Leben blieben, während sie bei uns vernichtet wurden, und zwar ganz wesentlich infolge der ostwestlich gerichteten Gebirge, die ein Entweichen nach dem Süden über den Wall der Alpen und Karpaten nicht erlaubten. Auch ein Entweichen nach Osten war durch die Verbindung des Kaspischen Meeres mit dem Mittelmeere verhindert. So war ein Zurückweichen und ein Wiederkehren wie in Nordamerika weder im Süden, noch im Osten Europas möglich.

Als die niederschlagsreichen, kalten Winter der Eiszeit nachließen und die letzte Vereisung wich, drangen in Europa von Süden nach Norden Bäume ein, die geringere Wärmemengen als die einstigen tertiären zur Vollendung ihrer Vegetationsperiode verlangen. So war nach den Ablagerungen in den Torfmooren die Kiefernperiode die älteste Waldperiode der mittel- und nordeuropäischen Länder. Nur in Dänemark scheint der Kiefernperiode eine ganz kurze Übergangszeit mit Espen und Birken vorausgegangen zu sein. Mit dem Wärmerwerden des Klimas folgten der Kiefer die Eiche nebst Spitzahorn, Esche, Mistel und Efeu und gelangten in der jüngeren Ankyluszeit, während noch die Landbrücke zwischen Jütland und Schonen bestand, auch nach Schweden. In diese Eichenzeit fällt die frühneolithische Stufe der Kjökkenmöddinger mit ihren Abfallhaufen von Meereskonchylien, die zu einer Zeit entstanden sein müssen, als das Meer an der Ostsee noch salziger und wärmer war als heute. Auf diese wärmere Eichenzeit folgte mit der Entstehung der vom Meere erfüllten Litorinasenkung eine Klimaverschlechterung, welche zur Folge hatte, daß zunächst die Fichte und dann die Buche immer weiter nach Norden rückten. In diese Zeit fällt die ältere nordische Steinzeit. Während der jüngeren Stein- und Bronzezeit war der häufigste Nadelholzbaum der Schweiz die Weißtanne, die wir neben viel Eichen und besonders auch Buchen, seltener Kiefern, als hauptsächlichstes Nutzholz der Pfahlbauzeit antreffen.

Damals so wenig als in früherer prähistorischer Zeit war übrigens Mitteleuropa von einem geschlossenen Urwalde bedeckt, vielmehr waren die Wälder in großem Umfange von Steppengebieten, Mooren, Heiden und andern waldfreien Flächen durchzogen. Und gerade die Steppenstriche waren für die älteste menschliche Siedelungsgeschichte von hervorragender Wichtigkeit, denn die ältesten Ansiedler folgten durchweg bei der Besiedelung des Landes den waldfreien Strecken. Erst in dem Maße als später die Bevölkerungsdichte zunahm und leistungsfähige Metallwerkzeuge zum Roden und dann Verbrennen des Waldes aufkamen, wurde mit der zunehmenden Waldvernichtung begonnen, die selbst heute noch nicht überall zum Stillstand gekommen ist.

Viel schlimmer als einst unsere Vorfahren haben neuerdings die Nordamerikaner mit dem Walde, dem größten Reichtum ihres Landes, gehaust. Weite Gebiete der Vereinigten Staaten sind durch den größten Raubbau des einst sie bedeckenden Waldes verlustig gegangen, was auch direkt durch Klimaverschlechterung für die Einwohner fühlbar wurde. In Florida, Georgia und Carolina wurden von den Terpentinausbeutern die Wälder der Küstenkiefer, welche unter einer maßvolleren Methode jahrhundertelang die beste Einnahmequelle für die Bevölkerung der Südwestküste hätte bilden können, in einer Weise ausgeraubt, daß 9/10 des Terpentingehaltes jedes Baumes weggeworfen und der ausgeraubte Baum gefällt und seinem Schicksal überlassen wurde, bis das ganze Land verödet war. In derselben Weise sind die schier endlosen Pinienwälder von Wisconsin und Michigan, die ausgedehnten Gebiete der weißen Rieseneiche im westlichen Ohio, Indiana, Illinois, Kentucky, Missouri und Arkansas und die unvergleichlichen Wälder der schwarzen Walnuß, welche die Ländereien von Indiana und Illinois bedeckte, vernichtet worden. Aus einer jungen Weißeiche stellte man eine einzige Eisenbahnschwelle her und ließ den Rest verfaulen. Das beste Holz war in solchem Überflusse vorhanden, daß es völlig wertlos schien. Und so wirtschaftete der rücksichtslose Amerikaner gedankenlos weiter, bis das Holz begann selten zu werden; da erst dachte man daran, die Wälder zu schützen. Ginge nun der Raubbau in der bisherigen Weise weiter, so würde in etwas mehr als 25 Jahren Amerika keine Wälder mehr besitzen. Man hat ausgerechnet, daß das Land infolge Schwindens der Wälder mehr als 100 Quadratmeilen fruchtbaren Boden jährlich durch Austrocknung verliert. In genauem Verhältnis zum Raubbau der angrenzenden Wälder vermindern sich die Wassermassen des Mississippi; denn die Wälder sind es, die die rasche Verdunstung des gefallenen Regens verhindern und überhaupt die Niederschläge veranlassen oder wenigstens begünstigen. Nimmt man die Wälder fort, so nimmt man den Flüssen ihre Nahrungsmittel weg, wenigstens das, was ihnen Nahrung mittelbar zuführt.

Was nicht die Gier nach Gewinn am Walde sündigte, das verschuldete in der Union der grenzenlose Leichtsinn und die Schlechtigkeit der Holzarbeiter, Jäger und Abenteurer, denen jedes Verantwortlichkeitsgefühl abgeht. Unfreiwillig oder freiwillig gelegt, entflammt sich alljährlich in der Trockenzeit, bald hier, bald dort der unheimliche Waldbrand, nimmt durch die Lässigkeit der spärlichen Einwohner meist ungeheure Dimensionen an und vernichtet das Baumwachstum vieler Jahrzehnte. In den letzten 20 Jahren sind durch Waldbrände in den Vereinigten Staaten etwa 2000 Menschen umgekommen und ist für verschiedene Milliarden Mark Materialschaden erwachsen. Der jährliche Durchschnittsverlust an Holz durch solche Waldbrände läßt sich auf etwa 100 Millionen Mark schätzen. Der Waldbrand des Jahres 1910, von dem in den Zeitungen zu lesen war, hat hunderte von Menschenleben, zahlreiche Ortschaften, 8 Städte und Wälder im Wert von 50 Millionen Mark zerstört. Er war klein zu nennen gegenüber demjenigen von 1908, der herrliche Wälder in einer Längenausdehnung von 300 km im Werte von 400 Millionen Mark zerstörte, oder gar gegenüber demjenigen von 1871, der für über 8 Milliarden Mark, d. h. mehr als der zehnjährige Holzverbrauch des Landes beträgt, Wald vernichtete.

Zu den Waldbränden kommen noch die gewöhnlichen Feuersbrünste, die jedes Jahr für nahezu 1000 Millionen Mark Gebäude und Einrichtungen in den Vereinigten Staaten zerstören. Natürlich nimmt diese Zerstörung das Kapital der Wälder in entsprechendem Maße in Anspruch. Dazu kommt der stetig wachsende Verbrauch von Holzpapier, der ausgedehnten Waldungen das Leben kostet. Die zahlreichen Zeitungen allein verschlingen jährlich etwa 3000 Millionen kg Holz. Die Menge des jährlich in der Union geschlagenen Holzes ist schon jetzt dreimal größer als der jährliche natürliche Zuwachs. So hat man ausgerechnet, daß das unermeßlich erscheinende Kapital, das die Union in ihren Waldungen besaß, schon in einem oder spätestens zwei Generationen aufgebraucht sein wird, wenn nicht vorher dem unsinnigen Holzkonsum Halt geboten wird.

Während das Holz für unsere Altvordern außer dem Verbrennungswert noch einen gewissen Wert als Bau- und Werkmaterial besaß, ist in unserer Zeit seine Verwendungsmöglichkeit ins Ungeheure gestiegen; denn wir machen nicht nur Papier damit, aus welchem ganze Häuser und selbst Eisenbahnräder hergestellt werden, sondern wir verfertigen daraus sogar Kunstseide, die immer weitere Verwendung findet. Welche Wertsteigerung dabei das Holz erfährt, können wir aus einer diesbezüglichen Zusammenstellung ersehen. Ein Raummeter Holz wiegt nach O. N. Witt 400–500 kg und kostet im Walde 3 Mark. Derselbe Raummeter, als Brennholz an Ort und Stelle befördert, erhöht seinen Wert auf 6 Mark. Durch Kochen mit Soda oder Sulfitlauge lassen sich aus dem Holze etwa 150 kg Zellstoffasern isolieren; da 100 kg davon einen Wert von 15–20 Mark besitzen, läßt sich der Nutzungswert des Raummeters auf etwa 30 Mark schätzen. Wandelt man die Zellstoffaser durch dünnes Ausbreiten auf der Papiermaschine zu Papier um, so ergibt sich ein Wert für die Zellulose des angewandten Raummeters Holz von 40–60 Mark. Verspinnt man die Zellstoffaser zu Zellstoffgarn für Jute- und Baumwollersatz, so erzielt man

Verkaufswerte von 50–100 Mark. Überführt man die Zellstoffaser durch Lösen in einer Mischung von Kupferoxyd und Ammoniak (Salmiakgeist) und Pressen durch feine Düsen in eine Säurelösung, in der sie sofort zu einem feinen Faden erstarrt, in künstliche Seide, so kommt man zu einem Werte von 3000 Mark pro Kubikmeter. Und gewinnt man schließlich ein für spezielle Zwecke ganz besonders wertvolles Produkt künstlicher Seide daraus, so stellt sich der Wert auf den angewandten Raummeter Holz, der also ursprünglich 3 Mark wert war, auf reichlich 5000 Mark. Diese Kunstseide wird hauptsächlich zur Herstellung von Spitzen, Borden, Bändern und Quasten verwendet. Auch für Krawatten- und Möbelstoffe, Vorhänge und Tapeten bildet die Kunstseide ein ausgezeichnetes Material, das in immer steigendem Maße in den Handel gelangt. Schon heute wird die Gesamtwelterzeugung dieser jungen Industrie auf 5 Millionen kg — allerdings gegen etwa 50 Millionen kg Naturseide — geschätzt. Allein Deutschland verbraucht etwa 1,5 Millionen kg im Jahresdurchschnitt, und das Inland war 1909 imstande, Kunstseide im Betrage von etwa 10 Millionen Mark an das Ausland abzugeben.

In bezug auf Holzertrag sind die Nadelhölzer die ausgiebigsten und werden daher vielfach in Waldgebieten, die früher ausschließlich Laubwälder trugen, in ausgedehnter Weise angebaut. Ihr Holz ist viel einfacher gebaut als dasjenige der Laubbäume; Gefäße fehlen ihm ganz, doch enthalten die meisten Arten besondere Harzgänge, die beim Eröffnen durch Einschnitte in der Richtung des Stammes das balsamartige Terpentin liefern. Die Lärche wird hierzu im Frühjahr nahe dem Boden angebohrt, das Bohrloch durch einen Zapfen verschlossen und im Herbst entleert. Bei der Tanne sammelt sich das Terpentin in Harzhöhlen der Rinde an und fließt nach Öffnung der Beulen ab. In Österreich gewinnt man auf den Stamm jährlich 2 kg Terpentin, in Westfrankreich etwa 3,6 kg. Von starken Fichten, besonders alleinstehenden, auf deren Erhaltung es nicht ankommt, kann man bis 40 kg Terpentin gewinnen. In Frankreich werden Bäume im Alter von 20–40 Jahren 20–40 Jahre hindurch, kräftigere Individuen noch längere Zeit, auf Terpentin ausgebeutet. Meist wird dort die Strandkiefer (*Pinus maritima*) dazu verwendet. Das deutsche Terpentin gewinnt man von der Kiefer (*Pinus silvestris*) und Fichte (*Picea excelsa*), das Straßburger Terpentin von der Weißtanne (*Abies pectinata*), das venezianische Terpentin in Südösterreich von der Lärche (*Larix europaea*), das amerikanische Terpentin hauptsächlich von *Pinus australis*, *P. palustris* und *P. taeda* und den Kanadabalsam von der Balsamtanne (*Abies balsamea* und *fraseri*). Letzterer unterscheidet sich vom gewöhnlichen Terpentin vor allem durch seine starke Lichtbrechung, weshalb er besonders zur Einbettung mikroskopischer Präparate dient.

Eine weitere wichtige Nutzung der Nadelhölzer ist die Gewinnung von Holzteer, die in folgender Weise von Fichten gewonnen wird: Die betreffenden Stämme werden im Juni von Ästen und Rinde bis zum Holz in der Höhe von etwa 2,5 m befreit. Nur an der nördlichen Seite der Baumstämme wird ein etwa 5 cm breites Band der Rinde gelassen, um den Baum am Leben zu erhalten. Man läßt den Baum 2–5 Jahre so stehen, worauf die Rinde in derselben Weise von den Stämmen abgeschält wird, doch etwa 1,5 m höher, so daß die Stämme jetzt 4 m hoch kahl sind, mit Ausnahme des Bandes der nördlichen Seite. Wiederum läßt man den Baum 2 Jahre so stehen. Dabei bedeckt sich der kahle Teil der Stämme mit einer dicken Lage von Harz. Dann schneidet man den an der nördlichen Seite gelassenen Rindenstreifen los. Die Bäume werden im Oktober oder November gefällt und das so behandelte Holz zum Meiler gebracht, wo es etwa 1,8 m hoch aufgestapelt wird. Hierauf wird das Holz der Länge nach gespalten und nach dem Trocknen im kommenden Sommer in Teermeilern unter Luftabschluß verbrannt. Ist dann in 4–5 Tagen das Brennen beendet, so sind bei der trockenen Destillation etwa 7500 Liter Teer von dunkelbrauner Farbe und sirupartiger Konsistenz ausgeflossen. Er wirkt durch seinen Gehalt an Kreosot fäulniswidrig und dient daher zum Anstreichen von allem der Feuchtigkeit ausgesetztem Holz und Tauwerk. Bei der fraktionierten Destillation gibt er zuerst leichte, dann schwere Teeröle, zuletzt Kreosot und als Rückstand Pech ab, womit die Schiffe kalfatert werden. Birkenholzteer dient zur Bereitung von Juchtenleder. Aus Torf- und Braunkohlenteer bereitet man Leuchtöle, Schmieröle und Paraffin. Der übelriechende, schwarze Steinkohlenteer gibt bei der Destillation zuerst leichte Kohlenwasserstoffe (Benzol, Toluol usw.) ab, die, mit Schwefelsäure und Natronlauge gereinigt und rektifiziert, als Benzin in den Handel kommen. Bei weiterem Erhitzen erhält man die leichten Teeröle, die hauptsächlich zur Darstellung der Anilinfarben, als Leuchtöle und zum Lösen des Kautschuks dienen, dann schwere Teeröle, die zum Imprägnieren des Holzes und als Schmieröle dienen. Aus ihnen wird die Karbolsäure isoliert. Weiterhin werden wiederum Kohlenwasserstoffe gewonnen, die als Schmieröle verwendet werden. Aus ihnen isoliert man auch Naphthalin und Anthracen, die Farbstoffe und einige pharmazeutische Produkte liefern. Der Destillationsrückstand ist das Steinkohlenpech, das als Asphaltsurrogat und zu Firnissen dient. In Europa werden jährlich über 700 Millionen kg Teer verarbeitet, wovon über die Hälfte allein in England. Wird Teer bei unzureichendem Luftzutritt verbrannt, so scheidet sich viel Kohlenstoff ab, der als Ruß benutzt wird. Der Teer ist seit dem Altertum bekannt und gebräuchlich. Der ältere Plinius berichtet eingehend über die Herstellung und Verwendung desselben, den er *pix liquida* nennt.

Zur Erzeugung intensiver Hitze überall da, wo Rauch- und Flammenbildung vermieden werden muß, z. B. im Schmiedefeuer, beim Erhitzen von Gegenständen, wie Bügeleisen, im Zimmer usw. benutzt man Holzkohle, die ein weiteres wichtiges Produkt der Holzausbeutung ist. Sie wird durch

Erhitzen von Holz bei Luftabschluß gewonnen. Bei dem aus dem Altertum stammenden Meilerbetrieb wird das Holz in annähernd halbkugelförmigen Haufen, Meiler genannt, in großen Scheiten regelmäßig um drei in der Mitte errichtete Pfähle aufgesetzt und mit einer Decke von Rasen, Erde und Kohlenklein bedeckt. Unter dieser Decke entzündet man das Holz und leitet die Verbrennung bei sorgsam geregeltem, sparsamem Luftzutritt in der Weise, daß nicht mehr Holz verbrennt, als erforderlich ist, um die gesamte Holzmasse auf die Verkohlungstemperatur zu erhitzen. Im wesentlichen sollen nur die aus dem erhitzten Holze sich entwickelnden Gase oder Dämpfe verbrennen. Ist die Verkohlung vollendet, was man an der Farbe des entweichenden Rauches erkennt, so läßt man den Meiler abkühlen und nimmt ihn auseinander. Runde oder eckige gemauerte Meileröfen gestatten eine leichtere, vollständigere Gewinnung der Nebenprodukte, wie Teer und Holzessig, die beim Meilerbetrieb verloren gehen, liefern aber geringere Ausbeute und weniger gute Kohle. Eine bessere Leitung des Verkohlungsprozesses erreicht man bei Anwendung von Retorten. Hierbei gewinnt man „destillierte" Kohle, wie sie besonders für die Schießpulverfabrikation erforderlich ist.

Das bei uns in Süddeutschland und der Schweiz weitaus populärste Nadelholz ist die gemeine Fichte oder Rottanne (*Picea excelsa*). Sie ist eine der schönsten und ergiebigsten Waldbäume, die bei einem Alter von 700–800 Jahren eine Höhe von 64 m bei einem Stammdurchmesser von über 2 m an der Basis erreichen kann. Am rötlichbraunen Stamm mit pyramidenförmig spitzer Krone hängen die unteren langen Hauptäste fast herab oder sind niedergebogen, während die kürzeren oberen kräftiger und aufgerichtet sind. Die 15–25 mm langen, geraden oder schwachgekrümmten, zweischneidig vierseitigen, spitzen, dunkelgrünen Nadeln bleiben bis zum 7. Jahre stehen und fallen im Gegensatz zu denjenigen der Weiß- oder Edeltanne beim Trocknen des Zweiges ab. Die (männlichen) Staubblüten sitzen zu eiförmigen gelben, bei der Fichte im Gegensatz zur Weißtanne allmählich rot werdenden Knäueln hoch oben am Ende starker Äste zwischen den Nadeln der letztjährigen Triebe, bei der Fichte mehr vereinzelt, bei der Weißtanne zahlreicher. Wenn sie im Mai den gelben Blütenstaub entlassen, weht ihn der Wind zwischen die Schuppen der bei der Fichte roten bis dunkelvioletten, bei der Weißtanne dagegen grünlichgelben (weiblichen) Samenblüten. Nach der Befruchtung schließen sich die geöffneten Zäpfchen der letzteren, senken sich nach abwärts und öffnen sich erst im Oktober, wenn der Same voll ausgereift ist und sie braun geworden sind, wieder, um die geflügelten Samen durch den Wind verbreiten zu lassen. Doch fliegen sie meist erst im folgenden Jahre aus, wonach erst die leeren Zapfen als Ganzes abfallen. Bei der Weißtanne dagegen bleiben die Fruchtzäpfchen aufrecht auf ihren Zweigen stehen; zwischen den einzelnen, breiten Schuppen wachsen die Enden der Deckblätter (Brakteen) zierlich heraus, und im September, nach der Reife, öffnet sich der Zapfen nicht, sondern er entblättert sich allmählich und verliert seine graubraunen Schuppen, bis zuletzt nur die kahle Spindel übrig bleibt. Wer also einen richtigen Tannenzapfen der Weißtanne zu haben begehrt, der muß warten, bis etwa ein Baum vor der Samenreife gefällt wird oder der Sturm einige Äste mit Fruchtzapfen herunterreißt. Samenjahre kehren bei der Fichte durchschnittlich alle fünf Jahre wieder. Dabei bleibt der Samen 3–5 Jahre keimfähig. Auch im Alter erreicht die Fichte wie die Lärche nie eine eigentliche Kronenabwölbung. Sie wächst ziemlich schnell, hört aber in der Ebene mit 60–80 Jahren auf zu wachsen; im Gebirge dagegen wächst sie weiter und wird nicht selten 400–600 Jahre alt.

Die Fichte ist nämlich mehr ein Baum des Gebirges als der Ebene, geht nach Norden nicht so weit als die genügsamere Kiefer, liebt einen frischen, steinigen, humusreichen, nicht zu flachgrundigen Boden und viel Bodenfeuchtigkeit, da sie ausgiebig Wasser verdunsten läßt. Während sie erst in Nordostdeutschland, besonders in der Niederlausitz, in Schlesien, Ostpreußen und jenseits der Weichsel in die Niederungen steigt, ist sie mehr südlich und westlich durchaus ein Gebirgsbaum. Im deutschen Mittelgebirge ist sie der herrschende Baum. Auch im deutsch-österreichischen Bergland hat sie bedeutende Massenverbreitung und dringt bis in die italienischen Alpen und in Frankreich bis zu den Pyrenäen vor. In Serbien erreicht sie etwa bei 43° nördlicher Breite ihre Südgrenze, geht aber durch Südsibirien östlich bis zum Amurlande. In den Alpen steigt sie bis in die Legföhrenregion hinauf, höher als die Kiefer, reicht aber in Lappland nicht über den 69. Grad hinaus, während die Kiefer hier bis zum äußersten Saum der Wälder reicht. In Westdeutschland, Belgien, den Niederlanden und den britischen Inseln war sie ursprünglich nicht heimisch, sondern wurde hier erst seit 1780 zur Aufforstung großer Ödflächen eingeführt. Sie eignet sich nämlich vorzüglich dazu, verödeten und verwilderten Boden rasch zu decken und zu verbessern. Sie ist eine der zähesten Waldbaumarten, ganz besonders dazu geeignet, auf kümmerlichen Standorten den Kampf ums Dasein mit Erfolg zu beginnen und, wenn auch nicht siegreich zu beenden, so doch nicht zu unterliegen und als energischer Pionier der nächsten Generation von Bäumen eine bessere Stätte zu bereiten.

Man bewirtschaftet die Fichtenbestände meist in 70–100jährigem Umtriebe. In Norddeutschland verjüngt man wegen der Sturmgefährlichkeit in kleinen Kahlschlägen, in denen der herrschenden Windrichtung entgegen fortgeschritten wird. Im mittleren und südlichen Deutschland ist man aber bei der „Fichten-Dunkelschlagwirtschaft" geblieben. Wegen des Rüsselkäfers läßt man das zu bebauende Land ein Jahr ruhen. Dann pflanzt man die drei- oder vierjährigen, in Saatbeeten erzogenen Pflänzchen in das Kulturfeld, und zwar je 3 oder 4 Exemplare zusammen. Man mischt sie auch zweckmäßig mit Buchen und Tannen, aber nicht mit Kiefern oder Eichen.

Bei 100jährigem Umtriebe rechnet man auf den mittleren Fichtenstandorten ungefähr 6 Festmeter vom einzelnen Baum. Kaum eine andere Holzart ist zur Massenerzeugung so geeignet und liefert ein so günstiges Resultat als die Fichte. Das weiche Holz schwindet stark und ist außer als Brennstofferzeuger besonders als Bau- und Werkholz beliebt. Die Rinde nicht zu alter Bäume dient zum Gerben. Erzeugung und Verbrauch dieser Materialien lassen sich nicht überblicken.

Im Gegensatz zur flachbewurzelten Fichte läßt die Weiß- oder Edeltanne (*Abies pectinata*) ihre Wurzeln tief in den Boden eindringen und ist dadurch sturmfest; auch ist sie dem Schneebruch und Insektenschäden weniger ausgesetzt als jene. Sie kann 10–15 Jahre von andern Bäumen unterdrückt stehen und gedeiht, freigestellt, dennoch gut. Sie erholt sich leicht, wenn sie jung vom Wild beschädigt wird, und ihre verlorene Spitze ersetzt sie sofort durch eine oder zwei andere. Ihre glatte, graue, innen braune, ziemlich dicke Rinde ist an den Stellen, an denen sich Terpentin ansammelt, beulenartig aufgetrieben. An dem bis über 45 m hoch werdenden Stamm stehen die Haupt- und Seitenäste zu drei bis sechs quirlförmig horizontal ausgebreitet. Die 13–26 mm langen, 2 mm breiten, flachen Nadeln mit stumpfer, eingekerbter Spitze sind oben glänzend dunkelgrün mit vertiefter Mittellinie, unten dagegen blaugrau mit zwei deutlichen, aus je einer Reihe weißer Punkte — den Spaltöffnungen — gebildeten Längslinien. Sie starren nur an den aufrechten Gipfeltrieben rings um den Trieb herum, an den Seitenzweigen ordnen sie sich kammförmig zu beiden Seiten des Triebes, so daß sämtliche Nadeln ihre blattgrünreiche Oberseite dem Lichte zuwenden. Auf die Eigentümlichkeiten der Fruchtbildung wurde bereits hingewiesen. Da die Fruchtzapfen bei der Reife, wenn der Samen ausfällt, verblättern, werden sie für die Forstnutzung im September gepflückt. Die junge Pflanze erscheint zeitig im Frühjahr, oder 3–4 Wochen nach der Frühjahrssaat mit 4–8 Keimblättern, die sich von denjenigen der Fichte durch ihre breitere, flachere Form unterscheiden. Sie wird im ersten Jahre etwa 2,6 cm, im zweiten 5,2 cm hoch. Der Zuwachs ist auf die Dicke des Stämmchens und auf ein oder zwei Seitenästchen gerichtet, die sich in horizontaler Richtung über den Boden hin verbreiten. Das Längenwachstum aber ist in dieser Zeit sehr unbedeutend. Im 14. oder 15. Jahre hat die junge Weißtanne erst eine Höhe von 15–60 cm erreicht, während die viel schneller wachsende Fichte in dieser Zeit bedeutend größer geworden ist. Bis zum 100. Jahre wächst nun die Weißtanne jährlich um etwa 30 cm, von da an weniger. Vom 30. Jahre an beginnt sie Früchte zu tragen. Auch sie kann 400 bis 600 Jahre alt werden und eine Höhe von 63 m bei einem Umfang von gegen 6 m erreichen.

Die Weißtanne fordert wie die Rotbuche einen höheren Feuchtegrad der Atmosphäre und gemäßigtere Temperatur als die Fichte. Sie liebt daher im Gebirge vorzugsweise die westlichen und nördlichen Einhänge. Den besten

Weißtannenboden liefern die feldspatreichen Urgebirgsarten, Granit und Gneis, ferner tonreiche Schiefer und Konglomerate. Der Boden muß tiefgründig und humusreich sein. Als Waldbaum gehört sie den höheren Stufen des mitteleuropäischen Berglandes und den südosteuropäischen Gebirgslandschaften meist in einer Höhe von 800–1200 m über Meer im mittleren, von 1200–1700 m im südlichen Europa an. Zur höchsten Vollkommenheit gedeiht sie nur im „Bestandsschluß", da sie einen erheblichen Schneedruck erträgt und in der Jugend des Schutzes durch Altstämme bedarf. Wird sie in reinen Beständen angepflanzt, so gehört ein Umtrieb von 140 bis 160 Jahren dazu. Häufiger mischt man sie unter Buchen und Fichten. Die Tannenbestände werden am besten in frostfrei liegenden Samenschlägen verjüngt. Man sät wegen der Frostgefahr und des Mäusefraßes im Frühjahr und bedeckt die Samen höchstens 0,8 cm tief mit Erde. Sind die Pflänzlinge 2 Jahre alt, so werden sie umgepflanzt, werden aber erst mit 6 Jahren an ihren definitiven Standort gebracht. Verwendet man Wildlinge, so sind sie mit Ballen einzusetzen.

Aus der Weißtanne gewinnt man das beste Terpentin von hellgelber Farbe, mit zitronenartigem Geruch und einem Gehalt von 34 bis 35 Prozent Terpentinöl. Das weiße, leicht spaltbare Holz steht im Verbrennungswert um 0,2 niedriger als dasjenige der Fichte, dagegen um 0,14 höher als dasjenige der Kiefer und um 0,16 höher als dasjenige der Rotbuche. Es gibt ein treffliches Bauholz, das an Dauer, Tragkraft und Elastizität ein wenig hinter dem Fichtenholz zurücksteht und darin ungefähr dem Kiefernholz gleichkommt. Es wird besonders zu Span- und Schnitzholz, zu Schachteln, Siebrändern, Böttcherarbeiten und gedrechselten Waren sehr geschätzt. Da die Stämme, soweit sie astrein sind, ziemlich gleichstark bleiben, eignen sie sich vorzüglich zu Mastbäumen. Das Holz junger Stämme gibt die besten Resonanzböden für Musikinstrumente. Meist benutzt man junge Weißtannen mit farbigen Bändern geziert zu Maibäumen und beim Aufpflanzen auf den Giebel neu aufgerichteter Häuser, ebenso als Weihnachtsbaum, da diese Baumart vor den Fichten den Vorzug hat, beim Trocknen die Nadeln nicht zu verlieren. Schon die alten Germanen schmückten beim Julfest ihre Behausung mit Tannenzweigen als Symbol der Unvergänglichkeit des Naturlebens. Dieses heidnische Julfest wurde nach der Einführung des Christentums zum Weihnachtsfest umgedeutet, das aber erst seit der Mitte des 17. Jahrhunderts durch einen geschmückten Weihnachtsbaum mit angezündeten Kerzchen gefeiert wird. Der erste nachweisbare Weihnachtsbaum brannte in Straßburg.

In Skandinavien, Nord- und Ostrußland und ganz Nordasien ist die Altaifichte (*Picea obovata*) heimisch, während im Morgenlande die Sapindusfichte (*P. orientalis*) als ein 30 m hoher Baum mit dichter, feiner Verzweigung, sehr gedrängt stehenden, kurzen, glänzend dunkelgrünen

Nadeln und harzreichem Holz auf dem Taurus und Kaukasus dichte Wälder bildet. In Serbien, Bosnien, Montenegro und Bulgarien bildete die über 40 m hoch werdende Omorikafichte (*P. omorika*) von sehr schlankem Wuchs, mit silberweißen Streifen auf der Unterseite der glänzend dunkelgrünen Nadeln große Wälder, ist aber heute durch anhaltende Raubwirtschaft auf wenige Standorte beschränkt. Diese, wie auch die im Kaukasus und im pontischen Gebirge heimische Nordmanns-Weißtanne (*Abies nordmanniana*) mit schwärzlichgrauer Rinde, unterseits bläulichweiß gestreiften Nadeln und sehr großen, mit Harz bedeckten Fruchtzapfen, die in Griechenland heimische griechische Tanne (*A. cephalonica*) mit spitzen Nadeln, die schöne, über 60 m hoch werdende spanische Tanne (*A. pinsapo*), die in den Gebirgen Südspaniens und Nordafrikas noch Bestände bildet, und die sibirische Tanne (*A. sibirica*) werden bei uns kultiviert. Desgleichen kultiviert man von amerikanischen, die in ihrer Heimat eine große Bedeutung als Nutzhölzer haben, die Schwarzfichte (*Picea nigra*), einen etwa 25 m hohen Baum mit schwärzlicher Rinde, dunkelgrünen, durch die weißlichen Spaltöffnungen blaugrün erscheinenden Nadeln und 3 cm langen, in der Jugend schön violetten Zapfen. Sie bildet mit der Rotfichte (*P. rubra*), einem bis 20 m hohen Baum mit rötlichem Holz und frischgrünen Nadeln, und der Weißfichte (*P. alba*), einem 25–30 m hohen Baum mit graugrünen, blaugrün erscheinenden Nadeln und 3–4 cm langen Zapfen im nordöstlichen Nordamerika größere Bestände. Ihr Holz ist dauerhafter als das der beiden zuletzt genannten Arten.

Während in unsern Mittelgebirgen die mehr wärmeliebende Tanne die tieferen Lagen, die meist auch besseren Untergrund haben, einnimmt, und die Fichte höher hinaufsteigt, vermögen beide nicht auf sonnigen, trockenen Hängen oder auf schlechtem, steinigem Boden zu gedeihen. Dagegen tut dies die Kiefer oder Föhre (*Pinus silvestris*), die ihre Wurzeln tief durch die engsten Felsspalten zu zwängen versteht und wie im kargen Felsboden, so auch im magersten Sandboden fortzukommen vermag. Nicht weniger als ⅖ der gesamten Waldfläche Deutschlands, besonders die von der letzten Eiszeit herrührenden sandigen Gebiete des Nordostens, sind mit ihr bestanden. Durch sie ist es überhaupt für den Menschen möglich geworden, die unfruchtbaren Sand-, Heide- und Moorgegenden Norddeutschlands zu besiedeln. Im Naturwald kommt die Kiefer nur auf ganz nahrungsarmem Boden rein vor. Überall auf den mittleren und besseren Bodenarten sind die Bestände mit Eichen, Birken und Buchen durchsprengt. Von den Grenzen Italiens bis Lappland wird sie gefunden und reicht von Frankreich bis nach Sibirien. Sie gedeiht im hohen Norden Rußlands noch, wo kein Baum mehr fortkommt, und geht in Norwegen bis zum 70. Grad nördlicher Breite, wo die nördlichsten Kiefernwaldungen der Erde sind. In Südeuropa wächst sie nur auf Gebirgen; in Griechenland, namentlich auf den Gebirgen Makedoniens, wird sie in über 2000 m Höhe, wie an der Baumgrenze im

Norden, strauchartig. Der 25–33 m hohe Baum bildet nach erreichtem Höhenwachstum seine zuvor pyramidenförmige Krone schirmförmig aus. Der 0,6–1,2 m dicke Stamm ist mit dicker, längsrissiger Borke bedeckt, die unten schwarzgrau, weiter oben rotbraun und zu oberst leuchtend braungelb gefärbt ist. Im freien Stande ist sie der Länge nach mit Ästen besetzt und blüht vom 15. Jahre an, während sie in geschlossenen Beständen bis hoch hinauf die infolge Lichtmangels abgestorbenen Äste abwirft, nur eine unbedeutende, lockere Krone bildet und erst vom 50. Jahre an blüht. Durch die tief in den Boden eindringenden Wurzeln ist die Kiefer sturmfester als die nur ein oberflächliches Wurzelwerk ausbildende Fichte, leidet aber an ihrer weit ausgreifenden, fast kuppelförmig gewölbten Krone mehr durch Schneedruck als jene. Die Nadeln der Kiefer sind länger und dünner als diejenigen der Fichte und Tanne, 2,5 bis fast 8 cm lang, matt blaugrün, sind im Querschnitt halbkreisförmig und kommen, mit der abgeflachten Seite gegeneinander gestellt, zu je zweien aus einer häutigen Scheide, die eigentlich ein stark verkürzter Seitentrieb ist. Sie werden im Alter dunkler grün, sind von mehreren Harzgängen durchzogen und fallen im Herbst des dritten oder vierten Jahres ab. An der Spitze der hellgrünen, jungen Triebe erscheinen im April und Mai gestielte, kugelige Zäpfchen von bräunlichroter Farbe, die Samenblüten, während am Grund anderer die reich mit goldgelbem Pollen gefüllten grünen, männlichen Blütenkätzchen hervorbrechen. Dieser ergießt sich so reichlich, um vom Winde auf die weiblichen Blüten getragen zu werden, daß er nach einem Gewitterregen die Oberfläche von Wasserrinnen und Gräben dicht überzieht; so ist es begreiflich, daß man einst, bevor man die Natur dieses Überzuges erkannt hatte, die Fabel vom Schwefelregen erfinden konnte. Die Zapfen der Kiefer sind erst im Spätherbst des zweiten Jahres ausgereift, sie sind dann mattgrau, eiförmig, öffnen sich aber erst im März des dritten Jahres durch Auseinanderweichen der holzigen Fruchtblätter, um die nach oben in einen langen, häutigen Flügel auslaufenden Samen vom Winde entführen zu lassen. Aber auch wenn sie geleert sind, bleiben sie noch lange am Baume hängen, bis sie der Wind abreißt. Dann werden sie als „Kienäpfel“ vielfach gesammelt und geben ein gutes Brennmaterial.

Die junge Kiefer braucht zu ihrem Gedeihen reichliche Belichtung und ist deshalb mit sehr raschem Jugendwachstum ausgestattet, das ihr erlaubt, sich bald über die langsamer wachsenden Holzarten ihrer Umgebung hinauszuheben. Dabei kommt der regelmäßige Aufbau der jährlichen Astquirle besonders klar zum Ausdruck, zumal die Kiefer niemals Ästchen zwischen den Quirlen entwickelt. Auch ihre lichte Zweigstellung weist darauf hin, daß sie mehr Sonne und Licht bedarf als Tanne und Fichte. Da in diesem Falle der Stamm besonders der Erwärmung ausgesetzt ist, kann ihm die dicke Schutzborke, durch die sich die Licht liebenden Hölzer im allgemeinen von den Schatten ertragenden Baumarten unterscheiden, nur von Vorteil sein.

Um junge Kiefernpflanzen zu erzielen, sät man den Samen in Rillen und verpflanzt in der Regel die einjährigen, seltener die zweijährigen Pflänzchen in die Bestände, die vierjährigen müssen, wenn sie nicht eingehen sollen, sorgfältig mit Ballen versehen sein. In Mischbeständen bleibt die Kiefer gesunder als in reinen Beständen. Sie wächst in der ersten Hälfte ihres Lebens viel schneller als in der zweiten, vom 50. bis 80. Lebensjahre wächst sie langsamer, aber gleichmäßiger fort und erreicht ein Alter von ungefähr 300 Jahren. Das gelbliche bis rötlichweiße Holz besonders der nicht zu rasch aufgeschossenen Stämme ist infolge seines Harzreichtums sehr dauerhaft und deshalb besonders zu Erd- und Wasserbauten viel begehrt. Früher wurden mit Vorliebe Schiffsmasten aus ihm hergestellt, während man es neuerdings mehr zu Eisenbahnschwellen und zur Holzpflasterung verwendet. Besonders gut eignet sich dazu das engringige skandinavische Kiefernholz, während als Zimmerholz dasjenige der amerikanischen Kiefern, besonders das *pitchpine*, vorgezogen wird. Aus dem harzreichen Stockholze gewann man früher mehr als heute Kienöl und Kienruß; außerdem liefert die Kiefer Terpentin, Teer und Pech, die Rinde Gerbstoff. Die gallertartige, süße Borke wird in Schweden roh und zubereitet gerne gegessen. Die Kiefer hat besonders unter den Insekten eine große Anzahl gefährlicher Feinde, unter denen der Kiefernspinner, die Nonne, die Kieferneule, der Kiefernspanner, der große und kleine Kiefernrüsselkäfer, die große und kleine Kiefernblattwespe und der Kiefernmarkkäfer zu nennen sind.

Im Gebirge ist die Kiefer durch die Bergkiefer, auch Knieholzkiefer oder Legföhre, Latsche genannt (*Pinus montana* früher *P. pumilio*) vertreten. Sie ist außerordentlich anpassungsfähig an die verschiedensten Standorte, wechselt dementsprechend außerordentlich in bezug auf Wuchs, Form und Aussehen, so daß schon Sachkenntnis dazu gehört, sie unter allen Umständen zu erkennen. In der baumlosen Hochgebirgsregion — in den Alpen von 1400–2000 m Höhe — überzieht sie als niederes, dem Boden angedrücktes Knieholz sehr weite Flächen und bildet einen vortrefflichen Schutz gegen Lawinengefahr, da sie, wegen ihrer großen Biegsamkeit den Schneedruck aushaltend, große Schneemassen festzuhalten vermag. Andererseits gedeiht sie auch im lockeren Flugsande der Dünen, wo sie, besonders in Dänemark, zur Festhaltung des Sandes angepflanzt wird. Zu ihren natürlichen Standorten gehören auch die ausgedehnten Hochmoore des Alpenvorlandes, wo sie bald strauchartig ihre Äste bogenförmig vom Boden erhebt, bald als aufrechter, bis 15 m Höhe erreichender Baum mit Kiefern und Birken vermischt kleine Bestände bildet. Diese letztere Form wird auch als „Spirke“ bezeichnet, während bei der eigentlichen Legföhre der Stamm dem Boden anliegt und erst gegen die Spitze zu sich allmählich aufrichtet, um der Sonne entgegenzustreben.

Alle Formen der Bergkiefer unterscheiden sich von der gemeinen Kiefer durch eine nach Stärke und Färbung viel mehr an die Fichte als an die Kiefer erinnernde Borke, durch gedrungenen Wuchs, durch dauerhaftere, dunkelgrüne, kürzere und dickere Nadeln und kleine nicht mattgraue, sondern glänzend braune, nach dem Aufspringen fast kugelige Zapfen. Das dichte, feine Holz dient zu Drechslerarbeiten und Schnitzereien; auch gewinnt man aus ihm statt Terpentinöl das besonders zu Inhalationen bei Bronchitis beliebte Latschenöl, das ein altes Volksheilmittel ist und besonders in Bayern und Tirol viel angewandt wird.

Vom Wienerwald bis Sizilien, von Südspanien bis nach Kleinasien findet sich, zumeist in Korsika, im Apennin und in Bithynien, die der gemeinen Kiefer ähnliche, aber mit grauschwarzer Borke und dunklen, grünen Nadeln versehene, 30–38 m hohe Schwarzkiefer (*Pinus laricio*) mit pyramidenförmiger Krone, die sich erst im Alter wölbt. Sie ist der schon mehrfach in der Ilias als *peúkē* genannte Baum, der schon bei den alten Griechen zur Terpentin- und Harzgewinnung ausgebeutet wurde. Das harzreiche Holz wurde, weil nicht faulend, besonders zu Pfählen, dann aber auch zur Herstellung von Fackeln verwendet. Die Fackelmacher bildeten im alten Griechenland ein besonderes Gewerbe. In derselben Weise wurde sie bei den Römern ausgebeutet. Heute wird sie besonders in Frankreich zur Harzgewinnung kultiviert, wie in den österreichischen Alpen ihre Abart, die österreichische Kiefer (*Pinus nigricans*). Bei uns wird neuerdings die aus Österreich eingeführte Schwarzkiefer infolge ihrer überaus großen Genügsamkeit in bezug auf den Boden zur Aufforstung von Ödland verwendet; doch kann sich ihr Holz an Güte mit demjenigen unserer gemeinen Kiefer nicht messen.

Ebenfalls zur Harznutzung wird die in Südeuropa und Kleinasien im Gebirge nahe der Meeresküste häufig angetroffene Strandkiefer (*P. maritima*) benützt. Im Westen von Algerien bildet sie noch ausgedehnte Wälder. Der schöne, 25–30 m hohe Baum mit pyramidenförmiger Krone, langen, dunkelgrünen, etwas gekrümmten Nadeln und braunen Zapfen ist in fast alle am Meere gelegene Länder eingeführt worden. Vornehmlich aber der Terpentingewinnung dient die als Terpentinkiefer (*P. pinaster*) bezeichnete Abart derselben. Der sehr hoch werdende Baum hat einen grauschwarzen Stamm, sehr rauhe Äste mit ziemlich dicken, lebhaft grünen Nadeln und grauen Zapfen und wird auf dem dürren Heideboden der Landes in Südwestfrankreich im großen zur Terpentingewinnung kultiviert. Ihr wurde von der Wissenschaft die Bezeichnung der alten Römer für Kiefer, *pinaster*, gegeben.

Den lateinischen Namen *pinus* dagegen erhielt von den Römern die in Südeuropa heimische Pinienkiefer oder Pinie (*Pinus pinea*), ein 12–16 m hoher Baum mit malerischer Schirmkrone, 13–20 cm langen Nadeln mit 11–13 cm langen Zapfen mit eßbaren Samen, Piniennüsse oder, nach dem italienischen *pignoli*, als Pignolen bezeichnet. Er bildet heute noch stellenweise in Griechenland und Italien Wälder, von denen der Pineta genannte Pinienwald bei Ravenna der bekannteste ist. (Taf. 97.) Der ältere Plinius gibt uns eine eingehende Beschreibung der Kultur der Pflanze, von der der Dichter Vergil sagt: „Die Pinie (*pinus*) ist der schönste Baum der Gärten, die Esche (*fraxinus*) der schönste Baum der Wälder, die Pappel (*populus*) der schönste der Flüsse, die Tanne (*abies*) aber der schönste der Hochgebirge." Das häufigste und nützlichste Nadelholz Griechenlands aber war die von den alten Hellenen *pítys* genannte Aleppokiefer (*Pinus haleppensis*) mit 7–9 cm langen, fadenförmigen Nadeln und 8–10 cm langen, übergebogenen, kegelförmigen Zapfen. Mit letzterem, der auch von der gemeinen Pinie genommen wurde, war der mit Efeu und Weinlaub umwundene Thyrsosstab der Bacchanten gekrönt, weil mit dem von diesem Baume gewonnenen Harz der Wein zur Konservierung „resiniert", d. h. geharzt wurde. Mit einem Kranze aus seinen Zweigen wurden die Sieger der dem Meergotte Poseidon zu Ehren alle zwei Jahre abgehaltenen Isthmischen Spiele an der den Peloponnes mit dem übrigen Griechenland verbindenden Meerenge von Korinth geschmückt. Seine Stämme lieferten den Griechen außer Harz und Terpentin das beste Schiffsbauholz.

Von nordamerikanischen Kiefern, die eine über ihr Vaterland hinausgehende Bedeutung erlangt haben, ist die hauptsächlich das amerikanische Terpentin liefernde Weihrauchkiefer (*Pinus taeda*) mit fast weihrauchartigem Harz, dann die ebenfalls im atlantischen Gebiet der Union ausgedehnte Wälder bildende Pechkiefer (*P. rigida*), ferner die Terpentinkiefer (*P. palustris*) zu nennen, deren gelbrotes Holz als *pitchpine* wegen des verhältnismäßigen billigen Preises in großer Menge bei uns eingeführt und besonders zu Fußböden, Vertäfelungen, Innenausstattung von Trambahnwagen, seltener zu Möbeln Verwendung findet. Unter demselben Namen wird auch das Holz der auf dem Felsengebirge noch in großen Beständen vorkommenden Gelbkiefer (*P. ponderosa*) in den Handel gebracht, während das ebenfalls gelbe Holz der in den Südstaaten der Union und in Mexiko wachsenden Besenkiefer (*P. australis*) als *yellow pine* reiche Verwendung findet. Auch sie liefert viel Harz und Pech sowie Terpentin. Noch größer als sie werden Coulters- und Sabines-Kiefer (*P. coulteri* und *P. sabineana*), die wie die vorigen als Zier- und Nutzbäume bei uns kultiviert werden. Die größte Bedeutung kommt aber als Zier- und Nutzholz der schlanken Weymouthskiefer (*P. strobus*) aus dem atlantischen Gebiet Nordamerikas zu, die seit 1705, als sie Lord Weymouth nach Europa brachte, das Bürgerrecht bei uns erworben hat. Sie besitzt 10–16 cm lange, hellgrüne, fein geriefte Nadeln und langgestreckte, großschuppige Fruchtzapfen. Sie ist durch ihr rasches Wachstum ausgezeichnet und liefert ein weißes, geradfaseriges Holz, das bei uns hauptsächlich zu Kisten, Rolläden usw. verarbeitet wird.

Noch weit größer als sie wird die 80–96 m Höhe bei einem Stammdurchmesser von 4,8 m erreichende kalifornische Riesenkiefer (*P. lambertiana*), die durch blaugraue, 10–13 cm lange, am Rande fein gezähnelte Nadeln ausgezeichnet ist. Bei ihr entspringen wie bei der Weymouthskiefer und den folgenden Kieferarten einschließlich der Arve die Nadeln zu 5 aus einer Scheide. Nur etwa 38 m hoch mit 8–10 cm langen, gekielt dreikantigen Nadeln und 40 cm langen Zapfen wird die im Süden der Union und in Mexiko wachsende Acahuitfichte (*P. ayacahuitle*) — bei den alten Mexikanern *ayaquahuitl* genannt —, deren Holz außerordentlich harzreich ist und aus deren Zapfen ein klares, wohlriechendes Terpentin tropft, das in seiner Heimat vielfach Verwendung findet.

Wie die Pinie eßbare, als Zirbelnüsse bezeichnete Samen, hat auch die Zirbelkiefer oder Arve (*P. cembra*) genießbare Früchte. Dieser stattliche Baum mit 10–13 cm langen, steifen, dreikantigen Nadeln und 8–10 cm langen, eiförmigen Zapfen ist bei uns ein ausgesprochener Bewohner des Hochgebirges, der bis an die Baumgrenze (über 2000 m) hinansteigt und hier dem Wanderer als eine prächtige Erscheinung entgegentritt. Leider ist aber dieser Baum in den Alpen entschieden im Rückgang begriffen, da er den erfolgreichen Wettbewerb lebenskräftigerer Arten nicht aushält. In den Karpaten steigt er tiefer hinab als in den Alpen und bildet in Sibirien auf dem flachen Lande ausgedehnte Wälder. Auf den Gebirgen Asiens und im äußersten Nordosten Sibiriens bildet die Arve eine der Legföhre entsprechende, als Legarve bezeichnete Form. Diese nordische Arve ist durch gewisse biologische Unterschiede von der alpin-karpatischen verschieden, sie keimt und wächst rascher, wird höher (35–42 m, während sie im ersteren Gebiet sehr selten 20 m hoch wird und nie über 24 m hinausgeht), ist mit einem Wort noch lebenskräftiger als die mehr im Süden vorkommende. Ihr rötlich gelbes Holz dient mit Vorliebe zum Bau der Alphütten, zur Vertäfelung der Zimmer der Gebirgsbewohner (z. B. im Engadin) und liefert wegen seiner Gleichmäßigkeit ein vortreffliches, viel benutztes Material zu Schnitzarbeiten.

Gleicherweise ein Hochgebirgsbewohner wie die Arve, aber ein solcher, der im Gegensatz zu jener von seinem ursprünglichen Wohngebiet hinabstieg und vom Menschen weithin auch in den Niederungen angesiedelt wurde, ist die Lärche (*Larix decidua*), die insofern von allen europäischen Nadelhölzern eine Ausnahmestellung einnimmt, als sie nicht immergrün ist, sondern im Herbst regelmäßig ihre Nadeln abwirft. Diese müssen also viel zarter gebaut sein, als die der übrigen Nadelhölzer. Sie sind nur 2,5 cm lang und stehen an den jungen Trieben einzeln in spiraliger Anordnung; im zweiten Jahr aber bilden sich kurze, knopfförmige Seitentriebe, an denen die Nadeln, zu 15–30 vereinigt, hellgrüne Büschel bilden. Sowohl die hängenden, gelben Pollenblüten, als die aufrechten, roten Fruchtblüten bilden sich an älteren

Zweigen, und die 4 cm langen, eiförmigen Zapfen bleiben mehrere Jahre am Baum; die Samen aber werden an dem auf die Blüte folgenden Frühjahr daraus entlassen. Die ursprüngliche Heimat dieses 25–45 m hohen Baumes mit anfangs gelbbrauner, später grauer, rauher, rissiger Rinde ist Nordrußland und Sibirien, von wo sie zur Eiszeit mit der weniger anpassungsfähigen Arve nach Süden kam und mit dem Wärmerwerden des Klimas sich wiederum nach Norden und auf die kühlen Gebirgslagen zurückzog. Im Flachlande leidet sie sehr durch einen Pilz (*Peziza willkommi*), der krebsige Wucherungen am Holze hervorruft, und durch die Lärchenminiermotte (*Coleophora laricinella*), deren Larve die Nadeln ausfrißt. Wenn sie trotzdem immer wieder bei uns angepflanzt wird, so ist daran die hervorragende Güte ihres im Kern auffallend braunroten Holzes schuld, das seiner Festigkeit und durch seinen reichen Harzgehalt bedingten außerordentlichen Dauerhaftigkeit wegen ein vortreffliches Bauholz liefert. Die junge Rinde wird als Gerbmaterial derjenigen der Fichte vorgezogen, und durch tiefe Bohrlöcher wird der hauptsächlich im Kernholz enthaltende „venezianische" Terpentin in den Südtälern der Alpen, vorzugsweise um Meran, Bozen und Triest, gewonnen. Von der im mitteleuropäischen Gebirge wachsenden Lärche ist die sibirische Lärche (*L. dahurica*) nur durch die nicht überhängenden Zweige, durch die weniger zahlreich gebüschelten Nadeln und durch die am Rande etwas eingebogenen Zapfenschuppen verschieden. In Japan wächst die zartschuppige Lärche (*L. leptolepis*), während im westlichen Nordamerika die 40 bis 80 m hohe *Larix occidentalis* von schlankem Wuchs und festem Holz ausgedehnte Waldungen bildet. Im östlichen Nordamerika dagegen bildet von Virginien bis Kanada die zierliche, leicht bezweigte *Larix pendula* von 30 m Höhe große Bestände und liefert ein gutes Nutzholz.

Mit der Lärche verwandt und hauptsächlich durch auch im Winter bleibende Nadeln und größere, 9 cm lange, mehrere Jahre zur Reife bedürfende Fruchtzapfen, sowie ihre schirmförmige Krone verschieden ist die Ceder (*Larix cedrus*). Die bekannteste Art ist die auch als *Cedrus libani* bezeichnete Libanonceder, die einst auf allen Gebirgen Syriens und Kleinasiens ausgedehnte Waldungen bildete, welche aber im Laufe der Zeit bis auf geringe Reste dem Menschen zum Opfer fielen, da ihre mächtigen Stämme ein treffliches Bau- und Schiffsholz abgaben, das sehr gesucht war und weithin ausgeführt wurde. Das Cedernholz, das schon im Gesetze des Moses als Opfergabe genannt wird, ist das weißeste und am wenigsten harzhaltige unter allen Nadelhölzern; es ist sehr geradfaserig und deshalb leicht spaltbar. Noch zur Zeit des Königs Hiram von Tyrus (1001–967 v. Chr.), des Freundes und Bundesgenossen der jüdischen Könige David und Salomo, war der ganze Libanon, wie der Antilibanon, das Taurus- und Amanusgebirge von ausgedehnten Cedernwäldern bedeckt, aus denen die umliegenden Fürsten das nötige Bau- und Schiffsholz holen ließen. Schon der altbabylonische Priesterkönig Gudea von Lagasch ließ nach den uns erhaltenen Inschriften um 2000 v. Chr. Cedernholz zur Bedachung seines Tempels vom Amanusgebirge an der Küste des Mittelmeers holen. Dasselbe berichten uns mehr als 1000 Jahre später die großen Assyrerkönige. In der Bibel wird erzählt, wie König Salomo das Gebälk zu dem von ihm erbauten herrlichen Tempel Jahves in Jerusalem von den Cedernhainen des Libanons beschaffen ließ.

Wie im holzarmen Mesopotamien war auch in Ägypten die Ceder das die größten Balken liefernde Nutzholz. Die hier vorkommenden Baumarten, die Sykomore, Dattelpalme, Akazie und Tamariske gaben ein für größere Bauobjekte durchaus ungeeignetes Material, und so wurde schon zur Zeit des alten Reiches Cedernholz aus Syrien und Ebenholz aus Nubien auf den großen, zum Transport von Getreide und Vieh dienenden Lastschiffen nach Ägypten zum Bau der großen Tempel eingeführt. Auch zur Herstellung der größeren Fahrzeuge wurde mit Vorliebe Cedernholz benutzt. Daraus war nicht nur das jetzt im Fieldmuseum in Chicago befindliche, 9 m lange, 2 m breite und 1,2 m tiefe Totenschiff des von 1887–1849 v. Chr. regierenden Sesostris III. aus der 12. Dynastie gemacht — es stammt aus seiner Ziegelpyramide bei Daschur —, sondern auch die großen Handels- und Kriegsschiffe, mit denen bereits die Könige des alten Reichs bis weit ins Mittel- und Rote Meer hinausfahren ließen, um allerlei kostbare Erzeugnisse zu holen oder Kriege zu führen. So besaß schon Snofru, der Erbauer der ältesten Pyramide (2930–2906 v. Chr.), Flußschiffe von 50 m Länge, und sein Vorgänger, der letzte König der 3. Dynastie, trieb bereits einen regen Handel mit dem Norden und entsandte eine Flotte von 40 Schiffen nach der phönikischen Küste, um von den Abhängen des Libanon Cedernbalken für seine Bauten in Memphis zu holen.

Tafel 157.

Gruppe von Libanon-Zedern im kilikischen Taurus. (Nach einer in der Sammlung des Botan. Institutes der Universität Wien befindlichen Photogr. von W. Stehe, Mersina.)

Momentaufnahme der Fällung der Mammutkiefer (*Sequoia gigantea*) „Mark Twain" in Kalifornien. Der im folgenden Bilde dargestellte Querschnitt der Stammbasis desselben ist im *American Museum of National History* in New York aufgestellt (nach Sherwood).

Tafel 158.

Querschnitt durch die im Jahre 1891 gefällte Mammutkiefer „Mark Twain", deren Alter sich nach den Jahresringen auf 1341 Jahre bestimmen läßt. Dieser Baum begann demnach sein Dasein im Jahre 550 n. Chr., als Kaiser Justinian I. das Reich der als Arianer für ihn den Athanasianer ketzerischen Ostgoten in Italien durch den Obereunuchen Narses mit starker Heeresmacht zerstören ließ. Die oberste Reihe von Karten gibt die wichtigsten Daten der Weltgeschichte von diesem Jahre an wieder, die folgende die Geschichte der Philosophie, die dritte dunklere Reihe die Aufeinanderfolge der Jahrhunderte, die vierte die Entwicklung der Biologie, die fünfte diejenige der vergleichenden Anatomie, die sechste (eine einzige Karte) die Begründung der Paläontologie, die siebente die Entwicklung der Embryologie (nach Sherwood).

Weiter entnehmen wir auf uns gekommenen Inschriften von Amenemhet I. aus der 12. Dynastie, der von 2000–1970 v. Chr. regierte, daß er auf einem Feldzuge nilaufwärts nach Aethiopien 20 große Cedernschiffe mit sich führte. Später erfahren wir von Thutmosis IV. aus der 18. Dynastie, der von 1420–1411 über Ägypten herrschte, daß er aus dem von ihm eroberten Syrien eine Ladung Cedernholz für die heilige Barke des Gottes Amon nach Theben mitbrachte. Ferner wird uns durch inschriftliche Urkunden von Ramses III. aus der 20. Dynastie, der von 1198–1167 v. Chr. regierte, bezeugt, daß er, wie seine mächtigen Vorgänger besonders der 18. und 19. Dynastie, zahlreiche große seetüchtige Schiffe bis nach Cypern und dem Land Punt in Südarabien beziehungsweise Ostafrika sandte, um die Erzeugnisse jener Länder gegen einheimische Waren umzutauschen. Damals besaßen auch die mächtigen, mit ungeheurem Besitze und einem entsprechenden Einkommen von den siegreich aus ihren Feldzügen nach Vorderasien und Aethiopien zurückkehrenden Pharaonen ausgestatteten Priesterschaften der großen Tempel des Amon, Ra und Ptah je ihre eigenen Flotten auf dem Mittelmeer und im Roten Meer, welche die Erzeugnisse von Phönikien, Syrien und Punt in die Schatzkammern der betreffenden Gottheiten lieferten. Ramses III. spricht in einer Tempelinschrift von einer von ihm gestifteten heiligen Barke des thebanischen Amon von mehr als 67 m Länge, die aus ungeheuren Cedernbalken vom Libanon auf seinen Werften gebaut worden war.

Auch die Phöniker und Chethiter verwendeten das Cedernholz viel, wie zu Bauten und Schiffen, so auch zur Herstellung großer Götterbilder. So erbeutete der ägyptische König Thutmosis III., wie uns in einer Inschrift seines daraufhin errichteten Tempels bezeugt ist, nach seinem ruhmvollen Siege vor Megiddo am Ostabfall des Karmel über das Heer der vorderasiatischen Verbündeten unter dem Oberbefehl des Königs von Kadesch am 14. Mai 1479 v. Chr. außer 924 Kriegswagen, 2238 Pferden und 202 Waffenrüstungen auch das prachtvolle Zelt des Königs von Kadesch mit dessen reicher Einrichtung, darunter sein Königszepter, eine silberne Statue — wahrscheinlich die seines Gottes — und eine Statue von ihm selbst aus Cedernholz, mit Gold und Lapislazuli verziert, sowie ungeheure Mengen an Gold und Silber. Der Grieche Theophrast kennt die Ceder Syriens und sagt, daß deren Holz zu Schiffen mit drei Reihen von Ruderbänken übereinander verwendet werde: „Auf den Gebirgen Syriens wachsen gewaltig hohe und dicke Cedern (*kédros*); es gibt einzelne, die von drei Männern nicht umspannt werden können, und in den Parks werden sie noch größer und schöner." Der ältere Plinius berichtet: „Die Könige von Ägypten und Syrien sollen in Ermanglung von Tannen (*abies*) Cedern zu ihren Flotten verwendet haben. Die größte davon soll auf der Insel Cypern gestanden haben; Demetrius ließ sie zu einem Schiffe verwenden, das 11 Reihen von Ruderbänken übereinander besaß; sie war 130 Fuß hoch und so dick, daß sie gerade von drei Mann umspannt zu werden vermochte." Wie das Dach des Dianatempels zu Ephesus, ruhten auch diejenigen zahlreicher großer Tempel der hellenistischen und christlichen Zeit im Orient, so beispielsweise der Kirche, die die Mutter Kaiser Konstantins des Großen (274–337 n. Chr.), Helena, über dem Heiligen Grab erbauen ließ, auf mächtigen Cedernbalken.

Bei allen Kulturvölkern des Altertums war das Cedernholz durch seine Unverwüstlichkeit bekannt und überaus geschätzt. Deshalb verwendete man es mit Vorliebe zur Herstellung von Götterbildern, von Särgen und Kisten, zum Aufbewahren von kostbaren Gegenständen, besonders auch Schriftrollen. So spricht der römische Dichter Horaz von *carmina linenda cedro* im Sinne von der Unsterblichkeit werte Gedichte, und Pausanias im 2.

Jahrhundert n. Chr. berichtet: „In Olympia befindet sich ein berühmter Kasten aus Cedernholz; er ist mit Bildern bedeckt, die teils aus Gold und Elfenbein, teils aus dem Cedernholze selbst gearbeitet sind. In diesem Kasten ist Kypselos, der später König von Korinth wurde (657–629 v. Chr.), als Kind von seiner Mutter versteckt worden, als er von seinen Feinden überall gesucht wurde.“ Heute kommt das syrische Cedernholz kaum mehr in den Handel, wohl aber dasjenige der im nordafrikanischen Atlasgebirge heimischen Atlasceder (*Cedrus atlantica*) und der am Südabhang des Himalaja wachsenden Deodarceder (*Cedrus deodara*), die sich nur wenig von der Libanonceder unterscheiden. Wie alle Cedernarten besitzen auch sie ein leichtes, weiches, sehr wohlriechendes Holz von hell braunrötlicher Farbe und sehr großer Dauer; soll es doch selbst von den gefürchteten Termiten nicht angegriffen werden. Es findet für viele Zwecke, namentlich zu Furnieren, Galanterie- und Drechslerarbeiten Verwendung. Aus ihm werden auch die Rennbote gebaut, die zu den berühmten Wettfahrten auf der Themse zwischen auserwählten Mannschaften der Universitäten Cambridge und Oxford im Gebrauch stehen.

Die alten Griechen bezeichneten mit dem Worte *kédros* auch noch andere kostbare Nadelhölzer, die sich durch stark balsamischen Geruch ihres Holzes auszeichneten, und stellten sich aus ihnen mottensichere Kisten zur Aufbewahrung ihrer Wollkleider her. Darunter war vor allem dasjenige einer heute noch im westlichen Nordafrika, auf dem Atlasgebirge und seinen Vorbergen, wachsenden stattlichen Cypressenart, die wir bei der Besprechung des Sandaraks im Abschnitt über Harze als Sandarakcypresse (*Callitris quadrivalvis*) kennen lernten, in hohem Ansehen. Durch die Griechen Süditaliens wurden die Römer mit diesem kostbaren Holze bekannt, wobei sie aus dem griechischen *kédros* das lateinische *citrus* machten. Außer durch seine Unverwüstlichkeit war es vor allem durch seine prächtige Maserung berühmt und wurde zur Herstellung von Luxusmöbeln und zum Furnieren gebraucht. Letzteres besteht darin, daß man minderwertige Hölzer (Blindhölzer) mit dünngeschnittenen Blättern (Furnieren) wertvollerer Holzarten überkleidet. Als Blindhölzer dienen weichere, wenig arbeitende und sich werfende Hölzer, wie Fichte, Tanne, magere Kiefer, Linde, vornehmlich aber die verschiedenen Pappel- und Weidenarten. Das Furnieren ist nicht sowohl aus Gründen der Billigkeit so beliebt, sondern aus Zweckmäßigkeit, weil dadurch dem Werfen und Reißen entgegengewirkt wird. Zudem sind die am schönsten gemaserten und gewellten Holzarten zur Verwendung in massiven Stücken unbrauchbar, können aber auf diese Weise leicht verwendet werden. Diese Kunst des Furnierens ist übrigens keine Errungenschaft der Neuzeit, sondern wurde schon bei den Kulturvölkern des Altertums, besonders bei den Griechen und Römern geübt. So schreibt der ältere Plinius in seiner Naturgeschichte: „Zu dünnen Platten, womit man anderes Holz überzieht, verwendet man vorzugsweise das Holz der (schönmaserigen) Citrum-Cypresse (eben der Sandarakcypresse), der Terpentinpistazie, der Ahornarten, des Buchsbaums, der Stechpalme, der Ilexeiche, der Holunderwurzel, der Pappel; auch die Erle liefert, wie Lebensbaum (*Thuja*) und Ahorn Knorren zum Furnieren."

Im 4. Jahrhundert v. Chr. erwähnt der pflanzenkundige Theophrast die Sandarakcypresse als *thýon*. Der Baum gleiche in allen Teilen der wilden, jetzt auf Kreta, Bithynien und Persien wachsenden Cypresse mit seitwärts ausgebreiteten Ästen (*Cupressus expansa*) und wachse im Gebiet von Kyrene und beim Tempel des Amon. „In großer Menge stand der Baum früher da, wo jetzt die Stadt steht, auch sollen dort noch einige alte Dächer von ihm gebaut sein. Sein Holz widersteht der Fäulnis für immer, und besonders die Wurzel ist gemasert; man macht aus ihr die herrlichsten Kunstwerke." Spätere Schriftsteller bemerken, daß das schön gemaserte Holz vorzugsweise zu Tischplatten, die weithin Liebhaber fanden, und andern schönen Möbeln verwendet wurde. So erzählt uns der römische Dichter Lucanus, der Neffe Senecas (39–65 n. Chr.): „Kleopatra (68–30 v. Chr.) besaß große, scheibenförmige, aus den Wäldern des Atlas stammende Tische", und in seiner Geschichte Roms berichtet der uns 19 v. Chr. geborene Vellejus Paterculus, der als *praefectus equitum* (Reiteroberst) Tiberius auf dessen Feldzügen in Germanien und Pannonien begleitete: „Julius Cäsar (100–44 v. Chr.) hat, als er über Gallien triumphierte, gallische Geräte aus *citrus*, als die Hauptmerkwürdigkeit dieses Landes zur Schau tragen lassen". Damals (51 v. Chr.) müssen solche Möbel in Rom noch selten gewesen sein, sonst hätte Cäsar nicht damit prunken können. Späterhin allerdings haben auch die Vornehmen Roms solche kostbare Möbel, besonders Tische, aus dem Holz der Cypresse des Atlas gerne in ihren Häusern aufgestellt und damit ihren Reichtum kund gegeben; denn sie waren, wie wir gleich hören werden, außerordentlich teuer und nur für sehr Reiche erschwingbar. Die Schriftsteller der römischen Kaiserzeit erwähnen diese Citrusmöbel sehr häufig, so der witzige römische Epigrammendichter Martialis (um 40 n. Chr. zu Bilbilis in Spanien geboren, kam unter Nero nach Rom, Schmeichler und Günstling der Kaiser, starb um 102) nicht weniger als 8 Stellen seiner auf uns gekommenen Gedichte, die sämtlich bezeugen, welchen hohen Wert die Römer seiner Zeit auf diese Citrusmöbel legten. Unter ihnen waren besonders die Tische beliebt, denen man vielfach Füße von Elfenbein gab. Der östliche Teil des Atlasgebirges scheint schon damals von den großen dazu erforderlichen Exemplaren der Callitriscypresse völlig beraubt gewesen zu sein, so daß man sich solches Rohmaterial aus den fernen Wäldern Maurusiens, auch Mauretanien genannt, kommen lassen mußte. Deshalb schreibt der vorhin erwähnte Geschichtschreiber Lucanus (39–65 n. Chr.): „In die Wälder des entlegenen Maurusien sind die römischen Äxte eingedrungen, und dort werden für die Römer Tische geholt." Und der um 25 n. Chr. gestorbene weitgereiste griechische Geograph Strabon aus Amasia am Pontos sagt in seiner Geographika: „Maurusien ist ein gesegnetes Land, hat nur wenig Einöden, dagegen einen Reichtum an Flüssen und Seen. Namentlich liefert es den Römern die größten Tische aus einem Stück, die auch herrlich bunt sind.“

Am ausführlichsten spricht sich der gelehrte ältere Plinius (geb. 23 n. Chr. in Como, bekleidete unter Nero und Vespasian mehrere höhere Zivil- und Militärämter, war zuletzt Befehlshaber der Flotte bei Misenum und kam als solcher, als er dem bedrohten Pompeji zu Hilfe kommen wollte, 79 beim Ausbruch des Vesuvs um) über den Citrusbaum aus. Er schreibt in seiner Naturgeschichte darüber: „Der Citrus ist bei Leuten, welche die Pracht lieben, außerordentlich beliebt. Er kommt aus dem Atlasgebirge, das noch sehr wenig bekannt ist, obgleich schon öfter römische Feldherren dahin vorgedrungen sind und sich 5 römische Kolonien in dieser Provinz befinden. Besonders häufig findet er sich noch in Maurusien. Aus seinem Holz werden Tische gemacht, nach deren Besitz die römischen Männer ebenso unsinnig gierig sind, wie die römischen Frauen nach Perlen. Es ist noch jetzt ein solcher Tisch vorhanden, den Cicero (106–43 v. Chr.) zu jener Zeit, da das Geld (in Rom) noch gar nicht im Überfluß vorhanden war, mit einer Million Sesterzien (= 150000 Mark) bezahlte. Es wird auch ein anderer erwähnt, der dem Gallus Asinius gehörte und 1100000 Sesterzien (165000 Mark) kostete. Es sind ferner zwei vom Könige Juba (II., der von Kaiser Augustus einen Teil des von seinem Vater Juba I. im Jahre 46 v. Chr. nach der Schlacht bei Thapsus, in welcher er sich das Leben nahm, verlorenen Reiches Numidien zurück erhielt) versteigert worden, von denen der eine 1200000 Sesterzien (= 180000 Mark), der andere etwas weniger kostete. Noch kürzlich ist ein solcher Tisch, der von den Cethegen stammte und 1400000 Sesterzien (= 210000 Mark) gekostet hatte, durch eine Feuersbrunst verloren gegangen. Für einen solchen Preis könnte man die schönsten Landgüter kaufen. Der größte bis jetzt bekannte Tisch von Citrusholz stammt vom mauretanischen Könige Ptolemäus; er ist aus zwei Halbkreisen zusammengesetzt, hat 4½ Fuß Durchmesser und ¼ Fuß Dicke. Das wunderbarste an ihm ist der Umstand, daß er so zusammengefügt ist, daß man davon durchaus keine Spur sieht. Ein anderer derartiger Tisch, welcher von einem Freigelassenen des Kaisers Tiberius den Namen hat, besteht aus einem einzigen Stücke, ist fast 4 Fuß breit und ½ Fuß dick. Derjenige, den Kaiser Tiberius selbst besaß, hatte 4 Fuß 2¼ Zoll Durchmesser, jedoch nur 1½ Zoll Dicke. Solche Prachttische werden aus dem angeschwollenen Wurzelstock gemacht und um so höher geschätzt, wenn dieses unter der Erde gewachsen ist. Dergleichen Wurzelmasern sind seltener als die am Stamm oder an Ästen. Übrigens sind alle diese Masern eigentlich ein Erzeugnis des fehlerhaften Wachstums dieser Bäume, deren Dicke man natürlich nach diesen Querschnitten beurteilen kann.

Die Hauptschönheit dieser Tische besteht darin, daß die Masern wie gekräuseltes Geäder oder kleine Wirbel aussehen. Bildet das Geäder in die Länge gezogene Streifen, so heißt das Holz getigert (*tigrinus*), besteht es aber aus geschlossenen Wirbeln, so heißt es gepanthert (*pantherinus*). Manches Citrusholz ist auch wellenförmig gekräuselt und wird um so höher geschätzt, je mehr die Figuren den Augen des Pfauenschweifs ähneln. Nächst diesen gemaserten Holzarten steht dasjenige im höchsten Preise, das wie dicht mit Körnern besät aussieht; man nennt dieses gebient (*apiatus*). Bei all diesen Sorten kommt es übrigens vorzugsweise auf die Schönheit der Farbe an. Hierzulande gefällt diejenige am besten, die wie Met aussieht und glänzende Adern hat.

Auch auf die Größe des Stammes kommt viel an, und man liebt die Tische, die aus einem einzigen großen Stück bestehen, jedoch auch solche, die aus mehreren Stücken von großen Stämmen zusammengesetzt sind. Fehlerhaft sind diejenigen Citrustriebe, die nicht gemasert sind, sondern wie gewöhnliches Holz aussehen, ferner wenn Spältchen oder haarförmige Ritzchen vorhanden sind, wie das durch Einwirkung von Hitze und Wind leicht vorkommt. Fehlerhaft ist ferner ein schwarzer, muränenartiger Streifen, überhaupt jede schwarze oder sonst unangenehme Farbe.

Die Barbaren bestreichen die frisch gefällten Stämme mit Wachs und vergraben sie in die Erde; die Kunsttischler dagegen legen sie wiederholt 7 Tage lang auf Getreidehaufen und nehmen sie dann wieder 7 Tage herunter, wodurch sie merkwürdig viel an Gewicht verlieren. Neulich ist man durch Schiffbrüche auf die Entdeckung gekommen, daß auch dieses Holz durch Seewasser austrocknet und so dicht, hart und unverwüstlich wird, wie auf keine andere Weise. Reibt man solche Tische mit trockener Hand, besonders nach dem Bade, so fördert das ihre Schönheit. Wein schadet ihnen nicht und man gebraucht sie besonders gern bei Tischgelagen. Die Citrusbäume sind, was Stamm, Blätter und Geruch anbetrifft, der wilden Cypresse ähnlich. Der Berg im diesseitigen Mauretanien, der sonst das berühmteste Citrusholz lieferte, jetzt aber erschöpft ist, heißt Ankorarius.“ Da, wo es heimisch und in größerer Menge zu haben ist, wird das Holz der Cypressen, wie auch der Lebensbäume (*Thuja*), das von Farbe im Kern meist graubraun, sehr leicht, weich, und von aromatischem Geruch ist, wegen seiner Dauerhaftigkeit gern zu feineren Schreiner-, Drechsler- und Schnitzarbeiten verwendet.

Von außereuropäischen Nadelhölzern liefert die in sumpfigen Flußniederungen der Südoststaaten der nordamerikanischen Union wachsende Sumpfcypresse (*Taxodium distichum*) ein sehr wichtiges Nutzholz. Es ist braun, leicht, weich, sehr tragkräftig und außerordentlich dauerhaft und wird in Deutschland vielfach zu Decken- und Wandvertäfelungen gebraucht. Noch riesenhafter als sie werden die in Kalifornien heimischen Wellingtonien (*Sequoia giganta*), die eine Höhe von über 100 m bei einem

Stammdurchmesser bis zu 16 m und einem nachweisbaren Alter von über 4000 Jahren erreichen, somit zu den ältesten und höchsten Bäumen der Erde zählen. Bei diesen Riesen erscheint das Innere, vor Jahrtausenden gebildete Holz noch so absolut gesund, als wäre es erst vor wenigen Jahren entstanden. Von dieser Baumgattung kommt vornehmlich das Holz der *Sequoia sempervirens* als *redwood* oder „amerikanisches Rotholz“ nach Europa. Es besitzt einen lebhaften roten Kern, ist leicht, weich, hat sehr enge, scharf gezeichnete Jahresringe und ist ebenfalls durch große Dauer ausgezeichnet. Wegen seiner Politurfähigkeit ist es besonders zu Vertäfelungen, Deckenkonstruktionen usw. beliebt, wird aber auch vielfach zu Bleistiftfassungen verwendet. Zu letzteren dient aber in der Regel, wie wir im vorhergehenden Abschnitt sahen, das trotz seiner Leichtigkeit sehr dauerhafte und kaum je vom Wurm angegriffene rotbraune, wohlriechende Holz des virginischen Wacholders (*Juniperus virginiana*), das auch mit Vorliebe zur Herstellung von Zigarrenkistchen benutzt wird.

Als falsches „Cedernholz“, Cedrelen- oder Zigarrenkistchenholz kommt aus Mittelamerika ein wohlriechendes, rotbraunes Holz nach Europa, das in der Struktur dem Mahagoniholz sehr nahe kommt, aber von *Cedrela odorata* stammt. Es ist dies ein den Mahagonibäumen sehr nahe verwandter, mit jenen in die Familie der Terebinthen oder Balsamgewächse gehörender hoher Baum des brasilianischen und mittelamerikanischen Urwaldes mit 3–5paarig gefiederten Blättern. Es kommt als westindisches oder spanisches Cedernholz oder *Cedrelate*, d. h. Cedertanne (vom griechischen *kédros* Ceder und *eláté* Tanne) in den Handel, ist leichter und weicher als Mahagoni und wird hauptsächlich zu Kisten für Zigarren, Zucker und Gewürze verwendet. Britisch-Honduras allein führt davon für 150000 Mark jährlich aus. Doch kann der heutige Bedarf nicht mehr mit Cedrelenholz gedeckt werden, so daß einheimische Arten wie Erle und Rotbuche dafür eintreten müssen.

Aus Australien kommt unter dem Namen „Pinkosknollen“ nicht selten ein Holz auf den europäischen Markt, das von rotgelber bis dunkelroter Farbe, schwer, sehr zähe und harzreich ist, sich aber nach allen Richtungen gut bearbeiten läßt, daher ein vorzügliches Material für Drechsler und Holzschnitzer bildet. Die Abstammung ist noch unbekannt; doch sind es wahrscheinlich die Ast- und Wurzelknoten einer Schmucktanne.

Von allen Laubhölzern Europas liefert die Eiche (*Quercus*) das in fast allen Gewerben am meisten gebrauchte Holz, da es unser bestes und dauerhaftestes Nutzholz ist, gleich vorzüglich im Hoch- und Wasserbau, wie auch als Möbelholz. Und wenn die Eiche nicht so langsamwüchsig und so anspruchsvoll an den Boden wäre, würden die Eichenwälder heute noch so verbreitet sein, wie im Mittelalter. Da die Eiche sehr lichtbedürftig ist, bildet sie allein nur lichte Wälder, in denen reichlich Unterwuchs, auch Gras, gedeiht. Sie war also der geeignetste Baum für die Waldweide, die vor

Einführung der Stallfütterung für Mitteleuropa außerordentlich wichtig war. Außerdem bot sie den Schweineherden in ihren nahrhaften Früchten neben den Bucheckern das beste Mastfutter, eine Nutzung, die einst viel wichtiger war, als der Wert des damals noch im Überfluß vorhandenen Holzes. Durch die Ausdehnung der Landwirtschaft seit 1750 sind inzwischen viele frühere Eichenböden an die Landwirtschaft übergegangen, und die mehrhundertjährigen Eichenbestände, wie sie z. B. noch im Spessart stehen, stellen ein riesiges Vermögen dar. Man kultiviert die Eiche als Hochwald mit 120–180jährigem Umtricbc odcr als Oberholz des Mittelwaldes, daneben aber auch im Niederwaldbetrieb von meist 15–20jährigem Umtrieb als Eichenschälwälder zur Gewinnung von Eichenrinde.

Die malerische Gestalt alter Eichen, die als mächtige Riesen ihre Nachbarn weit überragen und mit ihren knorrigen Ästen Wind und Wetter Jahrhunderte hindurch Trotz geboten haben, lassen die Verehrung begreifen, die nicht nur die Deutschen, sondern auch andere Völker diesem Baume zollten. Schon in Homers Ilias heißt es, die Eiche sei dem Zeus geheiligt, und in der Ilias wird erzählt, daß man im ältesten griechischen Orakelsitze Dodona „den Willen des Göttervaters Zeus aus dem Rauschen einer hochwipfligen Eiche (*drýs*) höre." Auch in Italien war die Eiche dem Jupiter *fulgurator*, wie bei den Germanen dem Donnergotte Thor, geweiht, weil der Blitz mit Vorliebe in solche hochragende Eichen schlug, während er andere Bäume, wie beispielsweise die Buche, ganz verschonte. In heiligen Eichenhainen opferten die alten Kelten und Germanen und hielten dort ihre Opferschmäuse ab. Unter einer großen Eiche, der Mahleiche, versammelte sich die Sippe zu Beratungen, und, wie bei den Römern die Bürgerkrone (*corona civica*), die einem Bürger verliehen wurde, wenn er einen andern Bürger in der Schlacht gerettet hatte, aus Eichenlaub gewunden war, so war der Kranz aus Eichenlaub bei den alten Deutschen eine Auszeichnung, die heute noch in dauerhafter Nachahmung bei Freischießen an die besten Schützen verliehen wird. Auch bei den slavischen Volksstämmen hielt man die Eiche für heilig und gebrauchte nur Eichenholz zu Opferfeuern. Als dann das Christentum nach Deutschland und in die Länder der Ostsee drang, wurden zur Ausrottung der heidnischen Opfergebräuche viele alte heilige Eichen umgehauen. So soll insbesondere eine heilige Eiche bei Geismar in Hessen berühmt gewesen sein, die vom angelsächsischen Apostel der Deutschen, Bonifazius (eigentlich Winfried 680–755), gefällt wurde. Im Mittelalter spielte das Eichenlaub in der gotischen Ornamentik eine wichtige Rolle.

Die etwa 200 Eichenarten sind vorwiegend in Nordamerika und Westasien heimisch. Man unterscheidet bei ihnen je nach der Zeit der Fruchtreife zwei Hauptgruppen, nämlich Eichen mit im ersten Jahre reifenden Früchten und solche, deren Früchte erst im zweiten Jahre reifen. Erstere sind die verbreitesten, und unter ihnen unterscheidet man wiederum Arten mit im

Herbst fallenden Blättern und immergrünen Blättern. Unter den altweltlichen Eichen mit im Herbst fallenden Blättern unterscheiden wir als nur ganz abgesprengte Posten der zahlreichen Eichenfamilie die beiden wichtigsten bei uns wachsenden Arten nach der Beschaffenheit der weiblichen Blüten als Stiel- und Traubeneiche, wenn diese, wie bei der letzteren, in kleinen traubenförmigen Knäueln dicht an der Spitze des neuen Triebes, oder, wie bei der ersteren, vereinzelt an einem besonderen Stiele sitzen. Die Stiel- oder Sommereiche (*Quercus pedunculata*) ist ein bis 57 m hoch werdender Baum mit kurzgestielten Blättern. Der Stamm ist während der ersten 50 Jahre glatt, bildet aber im höheren Alter eine rissige Borke. Die Krone ist nie dicht und wird von vielfach gekrümmten und geknickten Ästen und Zweigen gebildet. Die Pfahlwurzel dringt bis 2,5 m tief in den Boden, außerdem treibt der Stamm zahlreiche Seitenwurzeln, die ihn außerordentlich fest verankern. Am besten gedeiht die Stieleiche auf fruchtbarem, lockerem Auboden der Ebene, wächst aber noch in lehmigem, frischem Sandboden, während sie in höheren Lagen der Traubeneiche weicht. Sie findet sich in ganz Europa und Westasien, bildet in Ungarn und Kroatien ausgedehnte Wälder und im russischen Tiefland einen breiten Waldgürtel zwischen dem Finnischen Meerbusen und der Steppengrenze. Wie nach Norden geht sie im Osten über die Buche, doch nicht über den Ural hinaus. Sie fordert zur Belaubung eine etwas höhere Temperatur — nämlich 11–12 Grad Celsius — als die Buche, verliert aber im Herbst die Blätter erst, wenn die tägliche Wärme tiefer gesunken ist als zu Anfang der Vegetationsperiode. In den Alpen geht sie etwa bis 1000 m. In Deutschland kommen die schönsten, wenn auch niemals ganz reinen Stieleichenwälder in der fruchtbaren mitteldeutschen Ebene und am Niederrhein vor. Die Stieleiche wird bis 2000 Jahre alt und weist häufigere Samenjahre als die Buche auf. Ihr Holz hat sehr breite und dicke Markstrahlen, sogenannte Spiegel, d. h. Streifen, in denen die Gefäße radiär zum Mark verlaufen, ist sehr dauerhaft und dient in der Technik als sehr geschätztes Bau-, Nutz- und Werkholz. Besonders gern wird es zu Möbeln und Furnieren, und das Holz der slovenischen Stieleiche als bestes Faßholz verwendet. Unter Wasser wird es dunkler, fester, schwerer. Stämme, die sehr lange unter Wasser lagen, sind als Wasser- oder Mooreichenholz zur Herstellung von Möbeln sehr geschätzt. Man lagert deshalb auch absichtlich Eichenholz mehrere Jahre unter Wasser, beizt freilich auch frisches Eichenholz, um es dem Wassereichenholz ähnlich zu machen. Als Brenn- und Kohlenholz steht es dem Buchenholze etwas nach. Die Rinde wird wegen des großen Gehaltes an Gerbstoff als wichtiges Gerbmaterial benutzt. Aus demselben Grunde werden auch die infolge ihres Gerbstoffgehaltes zusammenziehend schmeckenden Eicheln zu Eichelkaffee und Eichelkakao verarbeitet. In der Kultur befinden sich zahlreiche Varietäten der Stieleiche.

Ihr gegenüber bleibt die Trauben- oder Wintereiche (*Quercus sessiliflora*), die man wegen ihres härteren Holzes auch als Steineiche bezeichnet, niedriger, gedrungener. Sie hat langgestielte Blätter, wird nur 30–40 m hoch, erreicht kein so hohes Alter und verbreitet sich nicht so weit nach Osten und Norden als die vorige, geht auch in unsern Gebirgen nicht über 700 m Höhe. Beide ertragen bis -31 Grad Celsius Kälte und öffnen zuletzt von unsern Waldbäumen die Knospen. Dabei entfalten sie gleichzeitig Blätter und Blüten, und zwar die Traubeneiche meist 10–14 Tage später als die Stieleiche. Auch von ihr werden mehrere Varietäten angepflanzt.

In Süddeutschland kommt vereinzelt die in Südeuropa heimische, östlich bis zum Kaspischen Meer reichende, in besonderem Formenreichtum in Ungarn und Siebenbürgen wachsende weichhaarige Eiche (*Q. lanuginosa*) vor, so genannt, weil ihre Blätter in der Jugend auf beiden Flächen grau behaart sind, später aber kahl werden. Sie bleibt kleiner als unsere Eichen. Noch kleiner, meist strauchartig, ist die in Rumelien, Griechenland, Cypern und Persien heimische Galleiche (*Q. infectoria*), die zu den Eichen mit im zweiten Jahre reifenden Früchten gehört. Sie ist sehr buschig, wird 2 m hoch und liefert an den kurzgestielten Blättern die durch die Gallwespe (*Cynips gallae tinctoriae*) erzeugten, 1,5–2,5 cm im Durchmesser haltenden Galläpfel, während die ihr sehr ähnliche südeuropäische Kermeseiche (*Q. coccifera*) in den durch die Kermesschildlaus (*Coccus ilicis*) hervorgerufenen erbsengroßen, braunroten, mit rotem Safte gefüllten Kermeskörnern einen ebenfalls wichtigen Handelsartikel erzeugt. Ihre Wurzelrinde wird wie die weniger wertvolle Stammrinde zum Gerben benutzt. Sie gehört zu den Eichen mit immergrünen Blättern, desgleichen die in den Küstenländern Südeuropas wachsende immergrüne Eiche (*Q. ilex*), die außer gutem Nutzholz eßbare Früchte hervorbringt. Sie ist die *drýs* der alten Griechen, eine Bezeichnung, die von *drýssein* einzäunen herrührt. Noch heute wird ihr Holz in Griechenland zum Umzäunen der Schäferhürden benutzt. Auch die Früchte der ebenfalls in den Mittelmeerländern heimischen langfrüchtigen Eiche (*Q. ballota*) und der Speiseeiche (*Q. esculus*) — der *phēgós* der alten Griechen von *phágein* essen — werden noch heute wie im Altertum roh und geröstet gegessen. Die Rinde dieser sparrigen, 2,5–3,8 m hohen Eichen wird gleicherweise zum Gerben benutzt.

Bedeutend wichtiger als diese ist die Korkeiche (*Quercus suber*), ein 10–12, höchstenfalls bei einem Stammdurchmesser von 0,8–1 m 16 m Höhe erreichender und etwa 200 Jahre alt werdender, immergrüner Baum des westlichen Teils des Mittelmeergebiets, der noch in Istrien und Thessalien, aber nicht mehr weiter östlich wild vorkommt. Die Nordgrenze seiner Verbreitung fällt mit der Linie einer mittleren Jahreswärme von +13,5 Grad Celsius zusammen. Er verlangt ein warmes oder doch gemäßigtes Klima; daher steigt er nirgends hoch ins Gebirge. In Spanien, Portugal und

Südfrankreich wird er bis zu 500 m, in Algier und Marokko bis zu 1000 m Meereshöhe angetroffen. Ein lebhafter Luftwechsel und eine Fülle von Licht ist ihm sehr zuträglich, daher zieht er die Abhänge den Ebenen und die Küste dem Binnenlande vor. Dabei ist eine Südlage seinem Wachstum am günstigsten; doch hindert auch eine andere Lage sein Gedeihen durchaus nicht, vorausgesetzt, daß die übrigen Wachstumsbedingungen erfüllt sind. In wildem Zustande soll der Baum nach den Angaben eines erfahrenen französischen Forstmannes nur auf Granit- oder Schieferboden angetroffen werden. Tatsächlich bildet er auf solchem Boden die beste Rinde. Jedenfalls darf der Boden nicht kalkreich und nicht sumpfig oder gar brackig sein. Wie schon aus den klimatischen Verhältnissen seines Verbreitungsgebietes hervorgeht, stellt er in bezug auf Boden- und Luftfeuchtigkeit recht bescheidene Ansprüche, liefert aber auf feuchtem Boden eine für technische Zwecke unbrauchbare Rinde.

Heute wird der Baum, dessen teilweise recht süße Eicheln eine sehr gute Schweinemast bilden — so wird der Wohlgeschmack der berühmten Schinken von Bayonne auf die Mästung der Schweine mit den Früchten der Korkeiche zurückgeführt, während in Spanien diejenigen der immergrünen Eiche (*Quercus ilex*) zur Schweinemast vorgezogen werden — zum Zwecke der Korkgewinnung in seiner Heimat vielfach angepflanzt und wurde neuerdings auch in den Südstaaten und an der atlantischen Küste südwärts von Virginien eingeführt. Die Anpflanzung erfolgt durch Legen der frisch gereiften Eicheln, was meist im Herbst geschieht. Da die jungen Bäumchen die ersten Jahre hindurch beschattet werden müssen, benutzt man dazu Reben, die zu gleicher Zeit in Reihen gepflanzt werden. Die Bodenbearbeitung, die für die Reben unerläßlich ist und sich durch deren Erträgnisse lohnt, kommt auch den jungen Korkeichen zugute. Mit dem 20. Jahr sind letztere so weit gediehen, daß die Reben durch deren Beschattung leiden und deshalb ausgerottet werden müssen. Zu dieser Zeit sind die Korkeichen ertragsfähig geworden und bleiben es ununterbrochen bis wenigstens zum 150. Jahr. Dann leben sie zwar noch fort, aber mit ihrer Rindenproduktion geht es scharf bergab, so daß sie dann bei geregeltem Forstbetrieb umgehauen werden.

Bis zum 4. Jahre sind Stamm und Äste mit der glatten Oberhaut bedeckt. Diese wird dann durch den sich von da an bildenden Korkmantel gesprengt. Läßt man diesen natürlichen Korkmantel bestehen, so bleibt er dünn, brüchig und für technische Zwecke unbrauchbar. Er wird deshalb, sobald der Stamm eine Dicke von 5–10 cm erreicht hat, mit Messern und Hacken entfernt, ein Vorgang, den man im Hauptproduktionsgebiet des Korkes, in Algerien, als *démasclage* bezeichnet. Diese erste Rinde hat einen sehr geringen Handelswert und wandert gewöhnlich in die Gerbereien. Die vom Baume neugebildete Rinde erreicht eine bedeutendere Dicke als die erstgebildete und besteht aus weicheren, gleichmäßigen Korkelementen. Mit jeder folgenden Ernte wird die Qualität des Korkes besser.

Nach etwa 8–10 Jahren ist die Korkschicht so mächtig — etwa 5–20 cm dick — geworden, daß sie geschält wird, und dies kann am Stamm in regelmäßigen Intervallen von 8–9 Jahren, an den Hauptästen von 10–12 und an den kleinen Ästen von 16–20 Jahren wiederholt werden. Um eine natürlich wertvollere dickere Rinde zu erhalten, die zur Herstellung von Champagnerpfropfen geeignet ist, wartet man auch am Stamm 10, 12, ja 18 Jahre mit der Abschälung der Korkrinde. Diese geht in der Weise vor sich, daß im Juni oder Juli, wenn der Saftfluß des Baumes in lebhaftem Gange ist, der Stamm in weiten Abständen am Fuß und unter den Hauptästen mit einer am Stielende keilförmig zugeschärften Axt geringelt wird. Diese Ringschnitte werden bei dünneren Stämmen durch zwei, bei dickeren durch drei bis vier Längsschnitte miteinander verbunden. Diese Arbeit wird mit der größten Vorsicht ausgeführt, denn nur die tote Borke, nicht der lebende Bast darf dabei angeschnitten werden. Dann wird die Rinde mit Hilfe des Beiles gelöst, an der Außenseite gereinigt, indem man die Epidermis abschabt und eine Rinde nach der andern, oder auch mehrere nebeneinander mit ihrer Hohlseite nach unten über eine mit glühenden Kohlen gefüllte Grube legt und mit Steinen oder Holz beschwert, damit sie flach werden. Sobald sie angekohlt sind, werden sie auf die andere Seite gelegt, damit auch diese, aber in geringerem Grade, angekohlt werde. Das Ankohlen gibt dem Kork das, was die Stopfenschneider „Nerv“ nennen; es bewirkt ferner ein Schließen der Poren, welche sonst Feuchtigkeit aufnehmen und damit den Kork untauglich zur Verwendung als Stopfen machen würden. Zu stark darf aber die Rinde nicht angekohlt werden, da sie sonst ihre Elastizität verliert. Ist sie dagegen zu wenig angekohlt, dann ist sie nicht fest genug für das Messer des Korkschneiders. Seltener wird die Rinde vor dem Ankohlen in Wassergruben geworfen und mit großen Steinen beschwert, bis sie platt geworden sind. Die geringwertige Korkrinde, welche nicht für die Stopfenschneidereien bestimmt ist, wird einfach auf Haufen an der Luft getrocknet. Nach zwei Monaten haben sie ein Fünftel ihres Gewichtes verloren und werden dann als verkäuflich betrachtet, während die angekohlten Rindenstücke sofort nach der Behandlung mit Feuer auf beiden Seiten oberflächlich mit rauhen Tüchern gereinigt und auf Haufen gesetzt werden, bis die benachrichtigten Käufer erscheinen und sie übernehmen.

Sofort nach der Aberntung werden zwei Längsschnitte, zuweilen auch drei oder vier in den Bast gemacht, soweit er entblößt ist. Dies geschieht, um zu verhüten, daß die sich bildende neue Rinde an der Oberfläche berstet. Doch dürfen die Schnitte niemals an der Nordseite gemacht werden. Wenn die Korkeiche auf einmal geschält wird, bildet sich ihre neue Rinde langsamer, sie wird aber von besserer Qualität, als wenn sie abteilungsweise in Pausen geschält würde. Wenn die Rinde nicht abgeschält wird, so verliert sie nach einer gewissen Zeit ihre Brauchbarkeit. Dieser wertlose Zustand kündigt sich durch Risse und Löcher an, die immer zahlreicher werden, bis die Rinde im 50. oder 60. Lebensjahre gleich derjenigen anderer Bäume in kleinen Stücken abfällt. Solange die Korkeiche lebt, fällt ihre Rinde niemals insgesamt oder in großen Streifen ab, wie manchmal behauptet wird. Wäre dem so, dann würde die Korkeiche eine in dieser Hinsicht einzig stehende Ausnahme in der Pflanzenwelt bilden.

Alle erstgeschälte Rinde ist, wie gesagt, zur Verwendung als Kork wertlos und muß zu einem Spottgeld hauptsächlich als Gerbmaterial verkauft werden. Auch wenn Korkeichen ein reifes Alter erlangt haben, ohne daß sie abgeerntet werden, und sie sollen fortan ausgenutzt werden, so ist ihre Rinde ebensowenig wert als diejenige junger Bäume. Erst durch das Geschältwerden wird sie in der Weise verändert, daß sie sich als Kork verwenden läßt, und zwar wird die Qualität des Korkes, wie gesagt, mit jeder folgenden Ernte besser.

Die in verschiedener Weise zu Ballen vereinigte Korkrinde kommt in verschiedenen Qualitäten in den Handel. Die beste ist elastisch, weder holzig, noch löcherig und von rötlicher Farbe. Die gelb gefärbte ist geringwertiger, am schlechtesten aber ist die weiße. Kork, der Risse hat, wird als Ausschuß betrachtet; ebenfalls solcher, der weich und schlaff ist. Letzteres ist gewöhnlich ein untrügliches Zeichen dafür, daß er auf feuchtem Boden erzeugt wurde.

Ein in gutem Zustande gehaltener Korkeichenwald liefert in jedem 10. Jahr eine Ernte, die zu zwei Dritteln aus ordinärem und Bastardkork und zu einem Drittel aus zur Stopfenfabrikation brauchbarem dickem und dünnem Kork von 5–20 cm Dicke besteht. Die Korkrinde enthält so viel Gerbsäure wie die beste Rinde anderer Eichen; aus diesem Grunde färben sich eisenhaltige Flüssigkeiten, die in Berührung mit dem Kork kommen, durch Bildung von gerbsaurem Eisen mit der Zeit schwärzlich. Die spanischen Gerber, namentlich diejenigen von Cadix, verwenden Korkrinden mit Vorliebe zum Gerben; doch wird sie ihnen nur in sehr beschränktem Maße zugänglich gemacht. Es ist begreiflicherweise viel einträglicher, die Korkeichen zur Korkgewinnung als zu Lohschlägen zu verwenden. Nach einer zuverlässigen französischen Quelle werfen so benutzte Korkeichenwälder eine viermal höhere Rente ab als andere Eichenwälder. Während die Jungfernernte von einem Baume nur etwa 5 kg Kork liefert, beträgt die Ernte von einem vollkräftigen Baum einschließlich der Äste 100–150 kg. Der Durchschnittspreis für 100 kg Kork schwankt zwischen 170 und 180 Mark. Die Gesamtkorkproduktion der Welt läßt sich nicht genau feststellen; doch ist das sicher, daß es sich dabei um einen Wert von gegen 100 Millionen Mark handelt. Verbraucht doch England allein für weit über 20 Millionen Mark dieses für die moderne Kultur ganz unentbehrlichen Rohmaterials jährlich, Deutschland und Frankreich nicht viel weniger.

Die Korkrinde wird hauptsächlich zur Herstellung von Flaschenkorken verwendet, die früher allgemein mit der Hand, neuerdings aber vorzugsweise mit Maschinen geschnitten werden. Der Verlust an Material ist dabei ein sehr großer und beträgt bis zu 60 Prozent. Doch finden auch die Abfälle Verwendung, so besonders zur Herstellung von Linoleum und vielen andern technischen Erzeugnissen, wie Umhüllungsmassen von Dampfröhren, Amboßunterlagen, Stoßkissen auf Schiffen, Schwimmgürteln usw. Außer Korkstöpseln werden auch Korksohlen, Korkjacken, Schwimmer von Fischernetzen und Angelhaken und dergleichen aus Kork hergestellt. Der beste Kork, der ausschließlich zur Herstellung von Champagnerkorken benutzt wird, kommt aus den spanischen Provinzen Catalonien und Andalusien in den Handel. Er darf beim Einpressen in die Flaschenmündung keine Haarrisse bekommen, durch welche die Kohlensäure entweichen könnte, und muß so elastisch sein, daß er selbst nach jahrelangem Gebrauch, mit Wasser gekocht, seine ursprüngliche zylindrische Gestalt und seinen ursprünglichen Umfang wieder erhält. Er kann bis zu 60 Jahre im Dienst aushalten.

Der Kork ist ein Artikel, den schon die alten Ägypter, Griechen und Römer kannten und zu verschiedenen Zwecken verwandten. So benutzten ihn die erstgenannten zur Herstellung von Särgen, die letzteren dagegen zu Bienenstöcken, wie uns Varro mitteilt, der im 1. Jahrhundert v. Chr. schreibt: „Die besten Bienenstöcke sind die aus Rinde (*cortex*) gemachten." Unter dem lateinischen *cortex*, das zunächst Rinde im allgemeinen bedeutet, ist in diesem Falle vorzugsweise die Rinde der Korkeiche zu verstehen. Aus dem lateinischen *cortex* ist dann unser deutsches Wort Kork entstanden. Obschon die Korkeiche nicht mehr in Griechenland wächst, beschreibt sie Theophrast im 4. Jahrhundert v. Chr. allerdings nur vom Hörensagen und deshalb nicht ganz richtig. Er sagt von ihr: „Die Korkeiche (*phellós*) wächst in Tyrrhenien (Etrurien), hat einen einfachen Stamm, wenig Äste, ist hoch und hat festes Holz. Die Rinde ist sehr dick, zerrissen wie bei der Pinie (*pítys*), jedoch in größere Stücke gespalten. Das Blatt ist wie bei der Esche (*melíê*), dick und länger (damit meint er wohl die einzelnen Blättchen des Eschenblattes). Der Baum ist nicht immergrün (tatsächlich sind die Blätter der Korkeiche immergrün), sondern läßt die Blätter fallen. Die Frucht ist eichelartig wie diejenige der Ariaeiche (*aría*). Man schält die Rinde ab und behauptet, sie müsse ganz abgeschält werden, sonst leide der Baum. Diese ersetzt sich in etwa drei Jahren." Besonders wurde die schon von Theophrast hervorgehobene Fähigkeit des Schwimmens auf dem Wasser als die schätzenswerteste Eigenschaft dieses Produktes ausgenutzt. So erzählt Plinius, daß der Kork, den er als *suber* bezeichnet, von den Fischern als Schwimmer für ihre Netze und sonst allgemein als Bojen für die Anker der Schiffe benutzt werde.

Mögen nun auch die Völker des Altertums den Kork zu den verschiedensten Zwecken benutzt haben, so ist doch das eine sicher, daß sie ihn nicht wie wir zum Stopfen brauchten. Erstens hatten sie keine enghalsigen Flaschen wie wir im Gebrauch, wozu er sich in erster Linie eignet, und für die später von den Römern Galliens von den keltischen Einwohnern des Landes angenommenen Holzfässer aus Dauben war ein hölzerner Spund das gegebene Verschlußmaterial. Die Vorratsgefäße der Alten waren große amphorenartige Tonkrüge, von den Griechen *píthos*, von den Römern *dolium* genannt, die mit Deckeln aus demselben Material mit Zuhilfenahme einer dicht verschließenden Masse wie mit Wasser angerührtem Lehm oder gebranntem Gips, auch mit einem Kitt aus Harz, Kreide und Öl luftdicht verschlossen wurden. Wurde der Deckel nicht luftdicht verschlossen, damit man jeweilen vom Vorrate seinen Bedarf zu holen vermochte, so wurde die Verdunstung durch Aufgießen einer Schicht Öl, also in der Regel Olivenöl, z. B. auf Wein, verhindert, wie wir dies noch auf den Chianti- und anderen Weinflaschen Italiens sehen. Erst als die enghalsigen Glasflaschen aufkamen, die vor dem 15. Jahrhundert nirgends in Europa erwähnt werden, fand der Kork seit dem 17. Jahrhundert zur Herstellung von Pfropfen zum Verschließen derselben zunehmende Verbreitung und bald allgemeine Verwendung, nachdem auch hier vorher Wachs- und Holzpfropfen zu deren Verschluß gedient hatten. Dank seiner Wasserdichtigkeit, Elastizität, Dauerhaftigkeit und Leichtigkeit hat sich der Kork nunmehr den Kulturvölkern der ganzen Erde vollkommen unentbehrlich gemacht und wird auch in seiner herrschenden Stellung nicht so leicht von einem andern Stoffe verdrängt werden können. Allerdings ist dem Korkstopfen im letzten Jahrzehnt ein nicht zu unterschätzender Konkurrent entstanden in dem bekannten Patentverschluß mit Gummidichtung, der namentlich bei Bierflaschen fast allgemeine Verwendung findet und den Vorteil bietet, daß die Flasche ohne Zuhilfenahme einer Korkmaschine verschlossen und ohne weiteres geöffnet werden kann. Diese Leichtigkeit, den Verschluß zu öffnen, hat aber auch ihre Schattenseiten, zu denen sich noch andere Nachteile gesellen, so daß gleichwohl für sehr viele Zwecke der Flaschenverschluß durch Kork dauernd beibehalten wird. Was durch diesen Patentverschluß, der auch für die Flaschen zum Sterilisieren der Kindermilch allgemeine Aufnahme gefunden hat, der Korkrinde an Absatz verloren geht, wird reichlich ersetzt durch die von Jahr zu Jahr steigende Verwertung gemahlener Korkrinde zur Herstellung des Linoleums. Dieser Stoff wird als Fußbodenbelag, der leicht zu reinigen ist und sonst viele Vorteile bietet, sich immer mehr die Wertschätzung aller Schichten der Bevölkerung erobern und bald in jeder Wohnung zu finden sein.

Tafel 159.

Korkeiche (*Quercus suber*) bei Cannes an der Riviera.
(Nach einer in der Sammlung des Botan. Institutes der Universität Wien befindlichen Photographie.)

Tafel 160.

Waldstudie von J. van Ruisdael.

Tafel 161.

Nadelholzwälder an der oberen Isar bei Schäftlarn.

Tafel 162.

Holzflößerei auf der Isar.

Vor allem wird die Champagnerfabrikation sich voraussichtlich noch lange des Korkzapfens als unvergleichlich wertvollem Verschlußmaterial ihres Produktes bedienen. Hat doch die Einführung desselben in Europa überhaupt erst die Champagnerfabrikation möglich gemacht. Der Erfinder des Champagners, der Benediktinermönch Dom Pérignon (1636–1715), Pater Kellermeister in der Abtei von Hautvilliers in der Champagne, war zugleich der Erfinder des Champagnerkorkes, der ihm den unbedingt erforderlichen festen Verschluß zur Zurückhaltung der sich bildenden Kohlensäure verbürgte.

Von neuweltlichen Eichen mit im ersten Jahre reifenden Früchten und im Herbst abfallenden Blättern ist die wegen ihrer grauweißen, in breiten, dünnen Stücken sich ablösenden Rinde als Weißeiche (*white oak — Quercus alba*) bezeichnete Art zu nennen. Der schöne, bis 25 m hohe Baum bildet in den Vereinigten Staaten ausgedehnte Wälder und liefert viel Gerbrinde. Seine Blätter verfärben sich nicht im Herbst. Auch die großfrüchtige Eiche (*Q. macrocarpa*) mit mildschmeckenden Früchten und die Kastanieneiche (*Q. prinus*) sind in Nordamerika sehr verbreitet und liefern zum Gerben sehr geschätzte Rinden. Zu den Eichen mit im zweiten Jahre reifenden Früchten haben wir in der Neuen Welt die auf der Westseite Nordamerikas heimische weidenblätterige Eiche (*Q. phellos*). Der etwa 20 m hohe Baum hat der Silberweide ähnliche Blätter. Ebenfalls im westlichen Nordamerika gedeiht an feuchten Stellen die Wassereiche (*Q. nigra*). Im östlichen Teil Nordamerikas dagegen wachsen die Färbereiche (*Q. tinctoria*), die ihr ähnliche Scharlacheiche (*Q. coccinea*) mit braunroten Blättern, die sich im Herbst scharlachrot verfärben. Sie bildet in den Vereinigten Staaten große Wälder und ihr Holz wird vielfach nach England ausgeführt. Ferner die nach der prächtigen scharlachroten Verfärbung ihrer Blätter so genannte Roteiche (*Q. rubra*), die vom Huronensee bis Florida und Texas in ausgedehnten Beständen wächst und wegen ihrer Raschwüchsigkeit auch in unsere Forsten eingeführt wurde. An feuchten Stellen gedeiht dort die ebenfalls sehr schnellwüchsige Sumpfeiche (*Q. palustris*), die, wie alle vorgenannten, viel Gerbrinde liefert. In Südeuropa bis Syrien dagegen wachsen von den Eichen mit im zweiten Jahre reifenden Früchten die Zerreiche (*Q. cerris*), ein großer Baum mit ungemein festem, hartem Holz, eßbaren Früchten und gerbstoffreicher, zum Gerben dienender Rinde, und in Rumelien, Griechenland und Kleinasien die ebenfalls bis 19 m hohe Knopperneiche (*Q. vallonea*), deren schuppige, 3–4,5 cm im Durchmesser haltende Fruchtbecher als Valonen in den Handel kommen und zum Gerben und Schwarzfärben dienen.

Wie die Eichen gehören die Buchen (*Fagus*) in die Familie der Cupuliferen oder Näpfchenfrüchtler. Unter ihnen ist die gemeine Buche oder Rotbuche (*Fagus silvatica*) der schönste und für uns wichtigste Vertreter der Gattung. Dieser stattliche Baum, dessen glatter Stamm mit hellsilbergrauer Rinde emporstrebt, um hoch oben die volle Besonnung verlangenden grünen Blätter an zierlichen Ästen auszubreiten, bildet den von den Dichtern viel besungenen „grünen Waldesdom" und soll die Anregung zur gotischen Bauart gegeben haben. Die Buche ist der Hauptrepräsentant des deutschen Laubholzwaldes und gedeiht am besten in nicht zu feuchtem, aber auch nicht zu trockenem, kalkhaltigem Hügel- und Bergland, bildet aber auch auf dem frischen, humösen Sandboden der norddeutschen Ebene mächtige Bestände. Im sandigen Flachlande hat sie allgemein den Nadelhölzern weichen müssen; nur vereinzelt und deshalb vom Naturfreund doppelt geschätzt ragen dort die Buchenwälder wie Oasen aus dem Einerlei der Kiefern. Der Buchenhochwald bedeckt in ganz Deutschland rund 15 Prozent der gesamten Waldfläche. Die Buche eignet sich forstlich für den Hoch-, Mittel- und Niederwaldbetrieb. Das weißliche bis braunrötliche, harte, dichte, schwere, gut spaltbare, aber wenig elastische, stark schwindende und arbeitende Holz weist zahlreiche wie Atlas glänzende Spiegel als Reservestoffbehälter des Holzkörpers auf und verstockt leicht im Wechsel von Nässe und Trockenheit, ist aber stets im Wasser oder stets im Trocknen ziemlich dauerhaft. Absolut unbrauchbar ist es zur Verwendung im Freien, dagegen wird es von Wagner und Drechsler, wie auch zum inneren Ausbau unserer Häuser vielfach verwendet. In heißem Wasserdampf erweicht, wird es biegsam und dient zur Herstellung gebogener Möbel. Österreich-Ungarn besitzt etwa 40 Fabriken zur Herstellung solcher gebogener Möbel, denen 350000 Hektar Buchenwaldungen das Material liefern, die 35000 Menschen beschäftigen und gegen 230000 Meterzentner gebogener „Wiener Möbel" jährlich exportieren. Deutschland besitzt nur wenige solcher Fabriken, da das Buchenholz hier weit schwieriger zu haben ist und die Arbeitslöhne teurer als in Österreich-Ungarn sind. Imprägniert dient Buchenholz neben dem dafür weit besseren Eichenholz zu Eisenbahnschwellen, gebeizt und gefärbt als Zigarrenkistenholz. Es liefert ein vorzügliches Brennholz, dessen Wert als solches aber durch die Einführung der Steinkohle als üblichstem Heizmaterial bedeutend herabgesetzt wurde. Es gibt auch die besten Holzkohlen und dient zur Darstellung von Holzessig und künstlichem Indigo. Die chemische Fabrik Laufach im Spessart verwendet zur Holzessigfabrikation jährlich etwa 25000 Ster Spessarter Buchenholz. Endlich liefert es auch den vortrefflichen Buchenholzteer mit reichem Gehalt an Kreosot, der meist daraus gewonnen wird. Der Gehalt des Buchenholzrauches an Kreosot ist es, der als viel angewandtes Konservierungsmittel beim Räuchern von Schinken und Würsten dient. Die gerbstoffhaltige Buchenrinde kann als Lohe beim Gerben benutzt werden: die Buchenholzasche gibt die beste Pottasche und Lauge zum Waschen. Die ölreichen Buchennüsse (Bucheln oder Bucheckern) bilden nicht nur eine treffliche Schweinemast, sondern liefern auch dem Menschen ein gutes Speiseöl. Nicht im Öl, wohl aber in den Häuten und im zurückbleibenden Kern der Nüsse ist ein Fagin genanntes Gift enthalten, das in größeren Dosen, namentlich bei Kühen und Pferden, lähmend auf das Rückenmark und die Atmung wirkt.

Die im Herbste abfallenden eiförmigen, in der Jugend weißhaarig bewimperten, glatten, leicht gewellten Blätter geben eine gute Streu für den Waldboden. Sie brauchen zu ihrer Verwesung etwa drei Jahre und bilden dann eine schwärzliche, von Pilzfäden durchzogene Modermasse, die von zahllosen Regenwürmern und anderen kleinen Tieren gefressen und verarbeitet wird. An ihrer Auflösung und chemischen Umsetzung arbeiten auch zahlreiche Fadenpilze und Bakterien. Die so zugerichtete Bodenschicht, der Humus, ist der Nährboden für die höheren Pflanzen, für deren Ansiedlungsmöglichkeit die Buche mit ihren abfallenden Blättern einen wichtigen Faktor bildet. In milden, warmen Lagen gewinnen die das Laub schnell zersetzenden Bakterien die Oberhand und reiche Humusböden schaffen üppiges Gedeihen für Feld und Wald. Bei allzuviel Sonne und zuviel Niederschlägen, wenn ihnen der Boden ungeschützt preisgegeben ist, wird ihr Wachstum gehemmt, nur Fadenpilze vermehren sich weiter und durchziehen die oberen Schichten, mit deren Zersetzung sie aber allein nicht fertig werden. So entsteht fester, saurer „Rohhumus“, den die Regenwürmer nicht mehr zu verzehren und in ihrem Darmkanal durchzuarbeiten vermögen, und der einst stämmige Hochwald wird zu unfruchtbarem Heide- und Moorland. Gegen diese Gefahren ist gerade die Buche eine treffliche Pionierin und ihr reichliches Laub ist besonders im Nadelwald ein vortreffliches Material für die Humusbildung. Dabei vermag ihr an der Spitze fein verästeltes und mit zarten Pilzfäden, die ihr zur Gewinnung des Stickstoffs behilflich sind, umsponnenes Wurzelwerk überallhin durch den Boden zu dringen und die zum Gedeihen und Wachstum nötige Nahrung zu schöpfen.[6]

Auch die Buche erträgt wie Stiel- und Traubeneiche bis 31° C. Kälte. Sie findet sich hauptsächlich in Mitteleuropa, geht westwärts bis Mittelspanien und Nordportugal, südlich bis Sizilien und Apulien, östlich bis zum Kaukasus. Hier überall ist sie ein entschiedener Gebirgsbaum, der je südlicher, um so höher hinangeht. Am Ätna steigt sie bis 1880 m, in den bayrischen Alpen bis 1300 m, in den norddeutschen Gebirgen aber bis etwa 650 m. In Norwegen findet sie sich bis zum 59.° nördlicher Breite. Ihre nördliche Grenze berührt die schwedische Westküste von Gothenburg, geht an der Ostküste nur bis Kolmar bei 57° und durchschneidet fast geradlinig den Kontinent von Königsberg aus über Polen bis Podolien und zur Krim. Jenseits dieser Linie würde die Vegetationsperiode auf weniger als fünf Monate beschränkt werden, was die Buche nicht verträgt.

Im Frühjahr zersprengt das Keimpflänzchen die Buchennuß, streckt zuerst das Würzelchen heraus und sucht sich im Boden zu befestigen und Nahrung und Wasser daraus zu holen. Das Öl der zwei zusammengefalteten Keimblätter verwandelt sich zunächst in Zucker und allmählich in neue Pflanzensubstanz. Sobald die Wurzel hinreichend lang ist, entfalten sich die Keimblätter, werfen die sie einzwängende Schale ab, breiten sich aus und werden grün, um mit Hilfe des Chlorophylls neuen Zucker zu bereiten. Bis zum 6. Jahre wächst die Buche langsam, dann aber streckt sie sich bedeutend und nimmt jährlich 16–24 cm an Länge zu. Vor dem 60. Jahre blüht sie selten. Die Blüten finden sich an heurigen Trieben und entfalten sich gleichzeitig mit dem Ausbruch des Laubes. Seitensprosse haben fast nur langgestielte, hängende, kugelige, männliche Blütenstände in Form von Kätzchen, der Gipfeltrieb trägt männliche und weibliche Blüten, wobei wiederum die männlichen am unteren, die weiblichen dagegen am oberen Teil des Sprosses sich befinden. Mit 120–150 Jahren vollendet die Buche gewöhnlich ihr Wachstum und kann dann bei 0,9–1,25 m Stammdurchmesser über 30 m hoch sein. Sie liebt volle, geschlossene Bestände und gedeiht nur, wenn der Boden vollständig gedeckt ist. Sie war einst mit der Eiche im ganzen westlichen und in ausgedehnten Waldgebieten des südlichen und mittleren Deutschland der herrschende Baum. Seit 1780 ist sie aber vielfach den rascher wachsenden und früher einen nutzbaren Holzertrag liefernden Nadelhölzern gewichen. Die Begründung von Beständen erfolgt unter dem Schatten der den Samen abwerfenden Mutterbäume. Man erzieht die Buchen leicht in Saatbeeten und verpflanzt sie drei- bis vierjährig zu mehreren zusammen ins Freie, wo sie aber gegen Sonnenbrand geschützt werden müssen. Gegenwärtig erzieht man nicht reine Buchen-, sondern aus Eichen, Buchen, Ahorn, Eschen usw. gemischte Bestände, in welchen die Buche den Boden schützt und ihn durch reichlichen Blattfall verbessert, daneben auch die genannten Nutzholzarten durch kräftigen Bestandsschluß zu günstiger Stammausbildung zwingt. Die Buche ist auch wichtig als Bodenschutz oder Treibholz im älteren Eichen- und Kiefernbestand und gibt bis 10 Prozent der gesamten Holzmasse als Nutzholz. In guten Jahren sammelt man pro Hektar etwa 100 Scheffel Buchnüsse im 120jährigen Betrieb.

Eine sehr große Anzahl Insekten und Pilze leben auf der Buche, doch lange nicht so viel als auf der Eiche, die darin weitaus an erster Stelle unter allen Holzgewächsen steht. Obgleich die Rotbuche nicht im alten Griechenland vorkam, kannte sie doch Theophrast als *oxýa*. Auf den Gebirgen Norditaliens wuchs sie dagegen häufig und wird von den römischen Autoren mehrfach als *fagus* erwähnt, eine Bezeichnung, die aus Verwechslung von der griechischen Bezeichnung *phēgós* für Speiseeiche (von *phágein* essen) abzuleiten ist. Macrobius rechnet die Buche zu den glücklichen Bäumen (*felices arbores*), weil man aus ihrem Holze Opfergeschirre mache. Bei den alten Germanen war die Buche der Göttin des Herdes und der Ehe, Freya, geweiht. In Nordamerika und Japan wird die Buche durch verschiedene nahe Verwandte vertreten, die wir hier übergehen können.

Ebenfalls zu den Kätzchenträgern gehört die Hain- oder Weißbuche (*Carpinus betulus*), von den vorgenannten Cupuliferen durch das Auftreten einer falschen, aus einem Blatte gebildeten *cupula* ausgezeichnet. Sie ist am nächsten mit den Haselnußarten verwandt. Mit der Rotbuche hat sie wenig Merkmale gemein, außer daß der Stamm bei beiden dieselbe glatte, silberweiße Rinde mit fehlender Borke aufweist. Beide Baumarten wollen im Schatten des Waldes leben und aufwachsen. Müssen sie trotzdem sich in freiem Stande entwickeln, so schützen sie sich durch tief bis zum Boden herabreichendes Astwerk gegen die allzu warm scheinende Sonne. Besonders auf alten Weideplätzen stehen oft solche prächtige, rings beastete „Weidebuchen". Ist aber der Baum im Bestand erwachsen und wird er plötzlich durch eine Lichtung der Sonne ausgesetzt, ohne daß er Zeit hat, sich allmählich daran zu gewöhnen, so wird die Rinde auf der Sonnenseite gar bald schwarz und brandig, sie stirbt und löst sich ab und der Baum geht an sogenanntem „Rindenbrand" langsam zugrunde. Der bis 6 m hohe Stamm ist selten gerade, sondern mehr oder weniger eckig, durch tiefe Furchen der Länge nach eingeschnitten, mit deutlichen, den Stamm spiralig umziehenden Längswülsten, wie man sagt „spannrückig", zudem oft mit starken Beulen und Buckeln versehen. Schon bei 2–3 m Höhe teilt sich der Stamm in starke Äste und setzt sich nach der Astteilung zwar gerade, aber nur schwach fort. Alte Bäume zeigen Astlöcher mit tiefen Aushöhlungen und weisen einen wunderlich gekrümmten Astbau auf. Die Belaubung ist infolge der feinen Verzweigung dicht. Die Krone bildet an jüngeren, kräftig wachsenden Bäumen eine breite, stumpfe Pyramide mit so vielen tiefeckigen Einschnitten, als Hauptäste vom Stamme ausgehen. Mit zunehmendem Alter krümmen sich die Zweige infolge der schweren, fast alljährlichen Fruchtlast abwärts, welchem Drucke endlich auch die Äste folgen, und so mildert sich die vorher etwas starre Form der Krone durch Abrundung der Spitzen und Ausgleichung der Einschnitte.

Gleichzeitig mit dem Ausbruch der Blätter erscheinen im April und Mai die männlichen und weiblichen Blütenstände. Die Frucht ist eine sehr hartschalige, flache Nuß mit Längsrippen. Die Früchte fallen im November und später, nach den Blättern, wie Kreisel sich drehend zu Boden. Die Hainbuche wächst in der Jugend lange buschig und trägt frühzeitig und reichlich Samen. Sie ist unempfindlich gegen Frost und periodische Überschwemmungen und hat wenig von Krankheiten zu leiden. Sie erträgt viel Schatten und dient daher als Bodenschutzholz in lichten Eichenwaldungen. Im Niederwaldbetrieb ist die Hainbuche durch ihre bedeutende Ausschlagsfähigkeit von Wert; auch ist sie, weil sie den Schnitt gut erträgt, zur Anlage von Hecken geeignet. Sie kann ein Alter von 300–400 Jahren erreichen, steht aber im Massenertrage von Holz der Rotbuche weit nach. Ihr gelblichweißes Holz ist sehr schwer, hart und schwierig zu spalten und zu bearbeiten, arbeitet stark und besitzt nur im Trockenen lange Dauer. Es ist ein gutes Werkholz zur Herstellung von Hobelkästen, Kammrädern in Mühlen, Maschinenbestandteilen usw., überhaupt von allem, was Reibung und Stoß auszuhalten hat. An Brennkraft kommt es demjenigen der Rotbuche gleich, gibt auch gute Kohlen und reichlich Pottasche. Die Rinde kann zum Gerben benutzt werden, die Blätter geben Ziegen, Schafen und Pferden ein gutes Futter.

Die Hainbuche war den alten Griechen und Römern nicht bekannt, wohl aber die bei ihnen wachsende Hopfenbuche (*Carpinus ostrya*) — *ostrýa* von den Griechen und *carpinus* von den Römern genannt. Cato preist deren Holz als das beste zur Herstellung von Ölpressen. Die Festigkeit und Zähigkeit des Holzes der Hainbuche hat die Redensart vom „hanebüchenen Mann“ entstehen lassen, der aber oft auch „hanebüchen grob“ sein kann. In Ostpreußen sollen einzelne Hainbuchen einen Stammumfang von 5 m besitzen. Eine selbständige Art ist die orientalische Hainbuche (*Carpinus orientalis*), während die amerikanische Hainbuche (*C. americana*) bei uns als Zierpflanze kultiviert wird.

Der als Fruchtbaum aus dem warmen Süden zu uns gekommene Nußbaum (*Juglans regia*) hat ein hochgeschätztes braunes Holz, das mit Vorliebe zu Möbeln, Gewehrschäften, Drechsler- und Bildhauerarbeiten verwendet wird. Es ist gleichmäßig schwer und hart, leicht zu bearbeiten und polierfähig, schwindet aber stark und ist nur im Trockenen dauerhaft. Der Nußbaum liefert auch das meiste Furnierholz. Die Wurzelstöcke, welche gleichfalls zu Furnieren geschnitten werden, besitzen oft eine herrliche Maserung. Die getrockneten Schalen der grünen Nüsse enthalten einen zum Braunbeizen vielverwendeten Farbstoff, die Nuß- oder Körnerbeize. Sein ausgezeichnetes Holz hätte dem Nußbaum den Weg in den Wald geöffnet, wenn nicht seine große Empfindlichkeit hindernd im Wege stünde. An seine Stelle tritt deshalb im Wald vielfach die aus Nordamerika stammende, weniger empfindliche Schwarznuß (*Juglans nigra*), die ebenso wie die Graunuß (*J. cinerea*) wegen ihres schönen, gleichmäßig rotbraunen Holzes besonders zur Herstellung von Möbeln hochgeschätzt ist und dem Holz der einheimischen Walnuß vorgezogen wird. Ein hervorragend zähes und elastisches Holz, das für den Wagenbau große Bedeutung erlangt hat, liefert die ebenfalls aus Nordamerika in verschiedenen Arten in unsere Wälder verbrachte Hickorynuß (besonders *Carya alba*). Von allen dreien, die durch ihre Fiederblätter gekennzeichnet sind, bedarf sie bei uns allerdings der größten Pflege.

Ein vortreffliches Bau-, Werk- und Faßholz liefert die Edelkastanie (*Castanea vesca*), die aber bei uns nur im Rheintal am Fuß des Schwarzwaldes und der Vogesen in wärmeren Lagen, wo der Weinstock und feinere Obstarten gezogen werden, gedeiht. Hier wird sie im Niederwaldbetrieb bewirtschaftet, um aus den jungen Schößlingen sehr brauchbare Rebstecken zu gewinnen. Ihr Holz besitzt fast alle Eigenschaften, wie auch die Farbe des Eichenholzes, ist jedoch durch das Fehlen der mit freiem Auge deutlich sichtbaren Markstrahlen sofort von jenem zu unterscheiden. Im Gegensatz zum Holze der Edelkastanie ist dasjenige der Roßkastanie (*Aesculus hippocastanum*) von nur geringem Werte, da es leicht, schwammig, weich und von sehr geringer Dauer ist, namentlich in der Nässe rasch fault. Andererseits reißt und wirft es sich wenig, nimmt Farbe und Politur gut an und wird nicht von Würmern heimgesucht. Es wird von Drechslern und Tischlern ähnlich wie das Lindenholz verwendet, kann auch zu Holzschuhen verarbeitet werden. Sonst wird für letztere das weiche Linden- und noch häufiger Erlenholz verwendet.

Auch die Erlen (*Alnus*), von denen es 14 Arten auf der nördlichen Halbkugel gibt, sind Kätzchenblütler und dadurch bemerkenswert, daß sie wie die Schmetterlingsblütler in Symbiose mit Rhizobien genannten Knöllchenbakterien leben, die an den Wurzeln orangefarbene, knollenförmige Auswüchse erzeugen. Indem diese Bakterien den Stickstoff der im Boden enthaltenen Luft binden und in salpeter- und schließlich salpetrigsaure Verbindungen überführen, leisten sie der Erle außerordentlich wichtige Dienste zur Gewinnung dieses für ihr Gedeihen so notwendigen Nährmaterials. Mit Hilfe dieser kleinen Wohltäter vermögen diese Bäume auf stickstoffarmem Boden gut zu gedeihen und durch Stickstoffanreicherung diesen zu verbessern. Von den vier deutschen Erlenarten ist die an Bachufern und in feuchten Niederungen wachsende Schwarzerle (*Alnus glutinosa*) die häufigste. Sie bildet ihren schlanken, dunkeln Stamm von 4–25 m Höhe bis zum Gipfel aus und trägt an den schräg abstehenden Ästen die im ersten Frühjahr sich entfaltenden männlichen und weiblichen Blütenstände. Aus den weiblichen Kätzchen gehen eine Menge brauner Zäpfchen hervor, aus denen im Winter die ungeflügelten Samennüßchen ausfallen. Die Blätter sind glänzend dunkelgrün, fühlen sich klebrig an und sind an der Spitze stark abgestumpft im Gegensatz zu den zugespitzten, weichhaarigen, niemals klebrigen Blätter der Weiß- oder Grauerle (*Alnus incana*), die im übrigen der Schwarzerle sehr ähnlich ist. Sie hat ihren Namen von der glänzend silbergrauen, glatten Rinde, wächst meist strauchartig, erreicht aber als Baum eine Höhe von 10 m. Sie liebt weniger nassen humosen Boden als die vorige, gedeiht auch an Berghängen und auf Gebirgskämmen. Sie spielt in der nordischen Mythologie eine große Rolle: aus ihr soll die Frau hervorgegangen sein, während aus der Esche der Mann hervorging. Varietäten beider Arten werden als Ziergehölze kultiviert.

Beide Erlenarten sind durch ganz Europa verbreitet, doch steigt die Weißerle im Gebirge höher hinauf als ihre Verwandte und geht auch weiter nach Norden, was ihr den Namen „nordische Erle" eintrug. Die weichhaarige Erle (*A. pubescens*) ist wahrscheinlich ein Bastard dieser beiden Arten. Ihre Rinde ist graubraun und ihre mehr stumpfen Blätter sind nur zu äußerst spitz auslaufend. Eine besonders auf Granit in der Knieholzregion des Gebirges, namentlich der Alpen, des Schwarzwaldes, des Jura und Böhmerwaldes, wachsende strauchartige, sich am Boden schmiegende Art ist die Grünerle (*A. viridis*), die, was ihre Verwertung betrifft, nur als Brennholz in Betracht kommt. Alle Erlen verfügen über ein starkes Ausschlagsvermögen, indem sie nach dem Verlust von Ästen aus „schlafenden" Knospen neue hervorzubringen und so Schädigungen leicht auszugleichen vermögen. Das Holz der Schwarzerle ist frisch gelbrot, trocken rostrot, das der Grauerle dagegen heller und das der Grünerle weiß. Es ist leicht, weich und fest, aber ziemlich grob, leicht brüchig und wenig elastisch. Es verträgt keinen Wechsel, ist aber im Wasser dauerhaft und wird deshalb außer zum Brennen hauptsächlich als Wasserbauholz verwendet. Außerdem dient es zum Schnitzen und Drechseln, wird zu Bürsten und Zigarrenkistchen verarbeitet und in Nachahmung von Mahagoni und Ebenholz gebeizt, auch zu Galanteriewaren, Pfeifenköpfchen usw. verwendet.

Neben Haselnuß und Erle gehören die ihnen nahe verwandten Weiden und Pappeln zu den ersten Verkündern des Frühlings, indem sie wie jene sehr früh ihre schon im Herbst unter der Knospenhülle ziemlich weit entwickelten Blüten hervortreten lassen. Beide Arten von Kätzchenträgern sind zweihäusig, indem jedes Individuum entweder nur männliche oder nur weibliche Blüten hervorbringt. In Europa, Mittel- und Nordasien bis China und Japan heimisch und teilweise in Nordamerika verwildert sind Silber-, Schwarz- und Zitterpappel. Die Silber- oder Weißpappel (*Populus alba*), die sich in unseren Anlagen neben der Schwarzpappel in wundervollen, 28–30 m hohen Exemplaren findet, hat auf der Unterseite weißfilzige, an den jungen Trieben handförmig gelappte, an den älteren Zweigen rundlich eiförmige Blätter. Ihr Holz ist sehr geschätzt, da es sich wegen seines gleichmäßigen Baues sehr wenig verzieht und deshalb vorzügliche Reißbretter liefert. Ähnlich ist dasjenige der Schwarzpappel (*P. nigra*), die wir hauptsächlich im lockeren, feuchten Boden der Flußufer und an feuchten Waldrändern, aber auch häufig in Anlagen angepflanzt treffen. Sie ist die *aígeiros* der alten Griechen, die siebenmal in der Odyssee und einmal in der Ilias genannt wird, während die Weißpappel bei diesen *acherōís* hieß. Ein Scholiast, d. h. Grammatiker des Altertums, erklärt letzteren Namen daher, daß Herakles den Baum aus der Unterwelt, dem *achérōn*, an die Oberwelt gebracht habe. In Anlehnung an diesen Mythus nennt der römische Dichter Vergil in seinen Eklogen die Pappel (*populus*) dem Herkules, den Weinstock aber dem Bacchus angenehm. Diese Sage von der Herkunft aus der Unterwelt rührt von der düsteren Rinde her, die schon sehr früh eine dicke, schwärzliche Borke bildet, im Gegensatz zu der lange glatt bleibenden Rinde der Zitterpappel oder Espe (*P. tremula*). Dieser in feuchten Laubwäldern und an Bächen häufige, bis in die Alpen und auf den Brocken hinaufgehende Baum ist dadurch bekannt und sprichwörtlich, daß seine an einem dünnen, langen, seitlich abgeplatteten Stiel sitzenden rundlichen, gebuchteten Blätter beim geringsten Lufthauch zittern. Während er sich bei uns vorzugsweise in den Flußniederungen angesiedelt findet, bildet er in Ostpreußen und Rußland als Waldbaum reine Bestände und erreicht eine Höhe von 20 m. Er ist der *kerkís* der alten Griechen, findet sich aber in Griechenland sehr selten. Sein grauweißes, glänzendes, eine glattere Bearbeitung als dasjenige der vorgenannten Arten erlaubendes, weiches Holz wird besonders zur Herstellung von Zündhölzchen und Zündholzschachteln, daneben auch in der Holzstofffabrikation verwendet.

Vielleicht nur ein Bastard von Zitter- und Silberpappel ist die im Orient heimische, nicht selten in unsern Anlagen kultivierte Graupappel (*P. canescens*), die 20–30 m hoch wird, während die bis 35 m hoch wachsende Pyramidenpappel (*P. pyramidalis*) mit purpurnen Kätzchen und steilaufstrebenden Ästchen, die dem Baum eine säulenförmige Gestalt verleihen, wahrscheinlich nur eine Abart der Schwarzpappel ist. Wenn wir von Pappeln sprechen, so meinen wir sie. Dennoch ist sie kein Kind unserer Heimat, sondern hat ihre Heimat in Zentralasien; sie kam zu Beginn des 18. Jahrhunderts von Persien nach Europa und gelangte im Jahre 1740 in einem männlichen Exemplar aus Norditalien in den Garten nach Wörlitz. Bis auf acht erst viel später eingeführte weibliche Exemplare stammen alle deutschen Pyramidenpappeln, die seit der napoleonischen Zeit sich reihenweise den

Flüssen und Landstraßen Mitteleuropas entlangziehen und der Landschaft ein äußerst charakteristisches Gepräge verleihen, von diesem einen männlichen Baume ab und wurden durch Stecklinge erzielt. In den Boden gesteckte abgeschnittene Zweige schlagen sehr leicht Wurzel. Wahrscheinlich ist diese ungeschlechtliche Vermehrung in Verbindung mit der Senkung des Grundwasserspiegels infolge Regulierung der Wasserläufe der Grund des in letzter Zeit häufig zu bemerkenden frühzeitigen Absterbens der Pyramidenpappeln. Dieses beginnt mit Wipfeldürre und läßt schließlich den ganzen Baum eingehen. Neuerdings pflanzt man außer der etwas kleineren Balsampappel (*P. balsamifera*) besonders die ebenfalls aus Nordamerika zu uns gebrachte, bis 20 m hohe kanadische Pappel (*P. monilifera*). Beide sind außerordentlich raschwüchsig und liefern dabei vielseitig brauchbares Holz, sind daher nicht bloß als Zierpflanzen, sondern auch für die Forstwirtschaft von Bedeutung. Alle Pappelhölzer sind leicht, weich, wenig werfend und liefern deshalb vorzügliches Blindholz für furnierte Möbel und Packkisten, sind auch treffliche Papierstofflieferanten. Nur ganz im Trockenen lassen sie sich längere Zeit unzersetzt aufbewahren, im Wasser faulen sie rasch.

Dieselbe geringe Bedeutung wie das Pappelholz besitzt auch im allgemeinen das Holz der Weiden (*Salix*), das ebenfalls sehr weich und leicht, wenig fest und dauerhaft ist, also als Bauholz gleicherweise unbrauchbar ist. Die Farbe des Kernholzes ist rötlich, braun- oder rötlichgelb. Es wird wie das Pappelholz vorzugsweise als Blindholz, dann zu Packkisten, Spielwaren usw. verwendet. Von den 160 Weidenarten finden sich gegen 50 in Deutschland. Um sie alle auseinander zu halten, braucht es ein besonderes Studium. Eine der bekanntesten derselben ist die von allen Weiden zuerst blühende Salweide (*Salix caprea*), die in Mittel- und Nordeuropa, wie auch in Nordasien heimisch ist. Ihre Zweige sind es, die unser katholisches Volk an Stelle der in unserem Klima fehlenden Palmzweige am Palmsonntag zur Weihe bringt, weshalb diese Weidenart auch Palmweide heißt. Nach altgermanischem Glauben schirmen ihre Zweige das Haus, in welchem sie aufbewahrt werden, gegen Zauber, Hexenspuk und böse Geister. Dieser heute noch beim Volke geltende Glaube ist ein Nachklang aus germanischer Vorzeit, in der die Weiden mit der Geisterwelt der Verstorbenen in Zusammenhang gebracht wurden.

Neben der Salweide wird besonders auch die Weißweide (*Salix alba*) mit fein behaarten, schmalen Blättern den Bächen und Wegen entlang als „Kopfweide“ gezogen, d. h. der Stamm wird in bequem erreichbarer Höhe, etwa an der Gabelungsstelle von Leitästen, geköpft. Die dann aus der Wundstelle hervorbrechenden dünnen, schmiegsamen Ruten werden als beliebtes Flechtmaterial für Körbe und andere geflochtenen Gegenstände verwendet, während das Holz des Stammes als Nutz- oder Brennholz dient.

Die weiße Weide galt im Altertum als Symbol der Keuschheit, weshalb die Frauen in Hellas bei den Thesmophorien ihr Lager mit unfruchtbaren Zweigen von männlichen Bäumen dieser Weidenart bestreuten. Es war dies ein zu Anfang November, nach der Bestellung der Wintersaat zu Ehren der Demeter *thesmóphoros*, d. h. der Gesetze gebenden Göttin der fruchtbaren mütterlichen Erde gefeiertes Fest. Diese galt als die Gründerin des Ackerbaus, der bürgerlichen Gesellschaft und der rechtmäßigen Ehe und ihr Fest wurde von den Frauen unter strengem Ausschluß der Männer gefeiert.

Während die Zweige der Bruch- oder Knackweide (*S. fragilis*) sehr leicht brüchig sind und deshalb nur als Brennholz Verwendung finden, sind die dottergelben Zweige der nur deretwegen angepflanzten Dotterweide (*S. vitellina*), weil durch besondere Zähigkeit ausgezeichnet, als Material zum Binden sehr geeignet. Ebenfalls zum Binden und zur Korbflechterei sehr geeignet ist die Band- oder Korbweide (*S. viminalis*), die in Europa und Nordasien sehr gemein ist und häufig an fließenden und stehenden Gewässern angebaut wird. Sie hat eine grünlichgelbe Zweigrinde und sehr lange, zugespitzte, unterseits weißhaarig glänzende Blätter. Sie besitzt ein sehr kräftiges Ausschlagsvermögen, so daß die Korbruten jährlich geerntet werden können. Um Reifstäbe für Bandholz um Fässer und Kübel zu erhalten, sind dagegen 3–6 Jahre nötig. Ihr weit ausstreichendes Wurzelwerk macht Bandweidenpflanzungen zur Befestigung von Uferböschungen vorzüglich geeignet. Noch besser als sie erträgt den jährlichen Schnitt eine Bastardform zwischen ihr und der Purpurweide (*S. purpurea*), so genannt wegen ihrer purpurnen, statt wie sonst gelben Staubbeutel. Auch sie wird an feuchten Stellen und Ufern häufig angebaut, ebenso die aus Rußland bei uns eingeführte kaspische Weide (*S. acutifolia*) und die feine Flechtware liefernde einheimische Mandelweide (*S. amygdalina*), so genannt nach ihrem an die Mandelblätter erinnerndem, unterseits bläulichweiß bereiftem Laubwerk. Auch von diesen gibt es verschiedene in Kultur stehende Bastarde. Alle diese werden ausschließlich durch Stecklinge vermehrt, da sich abgeschnittene und in den Boden gesteckte Zweige sehr rasch bewurzeln und es zu langwierig wäre, diese Weidenpflanzen aus Samen zu ziehen.

Besonders in Nieder-Österreich, im Neckartal und in Holland werden diese Weiden für die Flechtindustrie im großen gezüchtet und liefern als Nebenprodukt eine zum Gerben geeignete Rinde mit einem mittleren Gerbstoffgehalt von 8 Prozent, außerdem zum Flechten von Matten und Taschen und zum Drehen von Stricken dienenden Bast. Das leichte, weiche Weidenholz dient im Oderbruch zum Schnitzen von Holzschuhen und wird sonst viel benutzt, auch zum Brennen von Kohle. Nach Theophrast gaben die alten Griechen dem leichten Weidenholz zu Schilden den Vorzug. Derselbe Autor sagt in seiner Pflanzengeschichte, daß die Weide (*itéa*) am Wasser wachse und in vielen Arten vorkomme, doch seien die Ruten der

Purpurweide schöner und besser zu Flechtwerk als diejenigen der weißen Weide. Die Griechen und besonders die Römer pflanzten die Weiden in bedeutender Menge zu den verschiedensten Zwecken. Nach Plinius hielt der ältere Cato die Weidenzucht für einen der wichtigsten Teile der Landwirtschaft und nannte die Weide die nützlichste aller Wassergewächse. Er schreibt: „Es gibt verschiedene Arten von Weiden (*salix*). Die einen liefern Stangen für Weinberge und in ihrer Rinde Material zum Binden; andere geben Ruten, welche durch ihre Biegsamkeit und Zähigkeit zum Binden tauglich sind; andere liefern zarte Ruten zu feinem Flechtwerk, wieder andere starke Ruten zu Körben und anderem Gebrauch in der Landwirtschaft. Werden die Weidenruten durch Schälen weiß und behandelt man sie sorgfältig, so geben sie Körbe, die nachgiebiger sind, als wenn sie aus Leder gemacht wären, liefern auch die besten Lehnstühle. Geköpfte Weiden treiben neue Äste, und diese wachsen sogar aus den Köpfen um so dichter. Jedenfalls ist die Weide ein Baum, dessen Anpflanzung bei geringen Kosten einen sicheren, auch von jeder Witterung unabhängigen Ertrag gibt." Sehr ausführlich behandelt sein Zeitgenosse Columella die Weidenkultur durch Stecklinge, die, bevor sich noch die Blattknospen geöffnet haben, in 2,5 Fuß tief umgegrabenem feuchten Boden je zwei Fuß auseinander gepflanzt werden sollten. In den ersten drei Jahren lockere man in den Weidenpflanzungen den Boden öfters durch Graben auf, später genüge es, solches dreimal jährlich zu tun. Bei Unterlassung dieser Pflege verkümmerten die Weiden bald.

Heute ist die Kultur und Verarbeitung von Korbweiden zu Korb- und Stuhlarbeiten eine sehr ausgedehnte und beschäftigt viele Tausende von Menschen. Deshalb verdienen sie noch häufiger, als dies geschieht, angepflanzt zu werden, da die Flechtreiser in manchen Gegenden Deutschlands noch vom Auslande bezogen werden müssen. Die Flechtruten müssen einjährig, 1,3–2,8 m lang, gerade, möglichst dick und ohne Knoten und Abzweigungen sein. Sie werden um die Mitte August geschnitten und dann entweder noch mit der Rinde oder vorteilhafter schon entrindet (weiß) in den Handel gebracht, indem man sie vorher in Wasser gelegt und dann durch eine mit der Hand zusammengepreßte Holzklammer gezogen hat, um die als Bast bezeichnete Rinde von ihnen zu entfernen. Letztere wird zum Gerben benutzt. Die Ruten aber dienen weiß oder gefärbt zum Flechten. Durch das Abschneiden der jährigen Triebe schwillt das obere Ende der Kulturweiden unverhältnismäßig an und wird als Kopf bezeichnet; häufig bersten sie oben und faulen durch den eindringenden Regen. Nicht geköpfte Baumweiden, namentlich Bruch- und Weißweiden, können etwa 150 Jahre alt werden und dienen dann in 10–15jährigem Umtriebe und als Kopfholz in 1–2jährigem Abhiebe zu Brennholz. Das Weidenlaub dient heute noch, wie im Altertum, auch getrocknet, als gutes Viehfutter und die Bienen, welche die Ursache der so häufigen Verbastardierung der Weiden sind, finden in den frühblühenden Weidenarten eine wertvolle Nahrung. Als Zierbaum steht die Trauerweide (*Salix pendula*) obenan. Dieser 3–7 m hohe Baum mit überhängenden Ästen und Zweigen stammt aus Japan und China, kam vor 200 Jahren nach dem Orient und von da zu uns, aber nur in einem weiblichen Exemplar, so daß alle unseren, aus Stecklingen gezogenen Trauerweiden weiblich sind. Er wird bei uns vorzugsweise als Trauerbaum kultiviert.

Ebenfalls zu den Amentazeen oder Kätzchenbäumen gehören die Birken (*Betula*, aus dem *betulla* der Römer), die in 35 Arten die Nordhemisphäre in der gemäßigten und kalten Zone bewohnen und die nördlichsten Holzpflanzen überhaupt repräsentieren. Außerordentlich malerisch ist der Anblick der nordischen Birkenwälder. Auf hohen, schlanken, bis zu einer Höhe von 18 m kaum eine Spur von Astbildung zeigenden, blendend weißen Stämmen wiegt sich eine leichte Krone von zarten, hängenden Blättern. Dabei ist der Boden mit einem weichen Teppich von Moos und Flechten bedeckt, zwischen denen, soweit das Licht eindringen kann, eine blaße, dem Edelweiß naheverwandte Immortelle (*Gnaphalium dioicum*) üppig emporsprießt. Ähnlich den ihnen nahestehenden Erlen bilden auch die Birken die männlichen, zu zweit am Ende der Zweige hängenden Kätzchen schon im Vorwinter aus; die zarten, grünlichen Kätzchen der Fruchtblüten aber erscheinen erst im Frühjahr und ragen seitwärts oder aufrecht an kleinen Seitentrieben hervor. Im Herbst fallen dann die nunmehr hängenden Samenkätzchen auseinander und überlassen dem Wind, wie die Befruchtung, so auch die Ausbreitung der gelben, geflügelten Samenkörnchen, die oft weithin den Boden bedecken. Oft werden sie vom Winde auf weite Strecken fort und bedeutend hoch in die Luft gewirbelt. Deshalb trifft man nicht selten junge Birken hoch oben auf Felsenspitzen, auf Mauern von Ruinen und auf Dächern; sie können da, wenn man sie gewähren läßt, recht groß werden, da die Birke von allen Bäumen die kleinste Wurzelverbreitung besitzt und auch im freien Stand mit einer kleinen Menge Erde vorlieb nimmt.

Sämtliche drei Baumbirken, die zu den Nutzhölzern gehören, wachsen in Deutschland. Der nördlichste Baum Europas, der bis in die Nähe des Nordkaps unter 71 Grad nördlicher Breite geht, ist die Warzen- oder Weißbirke (*Betula verrucosa*), ein 20–25 m hoher Baum Mittel- und Nordeuropas, der östlich bis Kamtschatka geht und auch in ganz Nordasien außerordentlich verbreitet ist. Bei uns in Mitteleuropa häufiger als diese mehr nordische Weißbirke ist die wahrscheinlich nur eine Abart derselben bildende Hänge- oder Trauerbirke (*B. pendula*), deren dünne Äste im Gegensatz zur vorigen weit herabhängen. Diese liebt einen sandigen, etwas lehmigen Boden, findet sich bei uns in kleinen Hainen und wird in Gartenanlagen angepflanzt, häufig auch im Mischwald und als Gesträuch im Buschwald, kommt auch auf Hochmooren vor. Sonst ist auf sumpfigen, moorigen Stellen und in feuchten Feldern die Haar- oder Ruchbirke (*B. pubescens*) heimisch, die als mäßig hoher Baum oder noch häufiger, namentlich in höheren Lagen, strauchartig in den Alpen und den mitteldeutschen Gebirgen bis an die Baumgrenze geht, in Norddeutschland aber auch in der Ebene wächst. Während, wie die Blätter, auch die jungen Triebe der erstgenannten beiden gemeinen Birken kahl, höchstens von Wachsausschwitzungen rauh und warzig sind, sind diese bei der Haarbirke in der Jugend mit einem dichten, weichen Haarfilze überzogen, der im erwachsenen Zustande ganz schwindet oder nur auf die bärtigen Aderwinkel der Unterseite der Blätter beschränkt bleibt. Die Rinde von Weiß- und Hängebirke ist reinweiß, während sie bei der Haarbirke etwas ins Graue geht. Dafür behält letztere ihre glatte, in papierdünnen Bändern sich ablösende Rinde bis ins Alter am ganzen Stamm, während Weiß- und Hängebirke im höheren Alter am unteren Stammteil eine dicke, tiefrissige Borke von schwärzlicher Farbe und außerordentlicher Härte bilden. Da die Borke einen Schutz gegen Erwärmung und Verdunstung bildet, ist es begreiflich, daß die auf nassem Boden wachsende Haarbirke dieses Schutzes weniger bedarf als jene. Die Form der ziemlich dünnen, langgestielten Blätter sind bei Weiß- und Hängebirke dreieckig bis rautenförmig, bei der Haarbirke dagegen mehr oval.

Alle drei Birkenarten sind, besonders in der Jugend, sehr raschwüchsig und vermögen bei ihrer leichten Verbreitungsfähigkeit durch den Wind im Wald entstandene Lücken schnell auszufüllen. Dabei können aber Weiß- und Hängebirke durch das Hin- und Herpeitschen ihrer warzenbedeckten, lang herabhängenden Zweige im Winde die Nachbarpflanzen ziemlich belästigen, während die Zweige der Haarbirke sperriger und weniger hängend sind. Sie wird deshalb als Mischholz vorzugsweise zwischen Nadelbäume gepflanzt, da es wegen dieses Umsichschlagens der Zweige im Winde selten ein Laubbaum in ihrer Nachbarschaft aushält. Auch als Oberholz im Mittelwald und als Schutzbäume leisten die Birken gute Dienste. Sie bedürfen nur wenig Sonnenwärme, um ihr Wachstum zu beginnen, belauben sich schon, wenn die Tageswärme über 7° C. steigt, und verlieren ihre Blätter im Herbst, wenn dieser Wärmegrad nicht mehr erreicht wird. Dies befähigt sie, wenigstens zu Sträuchern verkrüppelt, bis zu den baumlosen Polarländern vorzudringen. Sie gedeihen am besten in frischen, nicht zu windigen Lagen auf feuchten, humusreichen Sandböden. Ihre Polargrenze stimmt mit derjenigen der Nadelhölzer nahe überein. Man erzieht die Birken leicht und sicher durch Pflanzung zwei- bis fünfjähriger Pflänzlinge, welche aus den Schlägen genommen werden, wo sie aus angeflogenem Samen von selbst wachsen.

Die Weißbirken bilden östlich der Weichsel ausgedehnte reine Bestände. Ihr Anbau in Deutschland datiert erst aus dem Beginne des 19. Jahrhundert, als man die durch lange Mißwirtschaft ermüdeten und verödeten Waldbestände wieder aufzufrischen suchte. Jetzt werden sie als Nutzholz häufig gepflanzt. Ihr dichtes, feines, sehr zähes, gelblichweißes Holz bildet keinen Kern, besitzt geringe Härte, arbeitet stark und wird in feuchter Luft sehr schnell morsch. Es dient hauptsächlich zu Leiterbäumen, Felgen, Deichseln, Zahnrädern und zu groben Schnitzwaren, wie Trögen, Holzschuhen usw.; als Brennholz rechnet man es zu den Harthölzern. Es brennt hell, gibt viel Hitze und, wie auch die daraus gebrannte Kohle, ein beständig lebhaftes Feuer. Die Ruten liefern das Material zu unsern gewöhnlichen braunen Besen, werden auch zu Strafruten, zu Dachreisig und als Wieden zum Binden gebraucht. Oft werden die Birken speziell zur Gewinnung von Reisig angepflanzt und die Bäume dann geschneitelt, d. h. die einzelnen Äste werden abgehauen, um ähnlich wie bei Kopfweiden jährlich die Schößlinge ernten zu können. Die harzreiche weiße Rinde ist fast unverweslich, man legt sie unter die Schwellen und Balken, die feucht oder auf Steinen zu liegen kommen, und benutzt sie zur Unterlage der Rasendächer, auch stellt man Körbe, Schnupf- und Tabaksdosen daraus her. Wegen ihres hohen Gerbstoffgehaltes wird sie auch zum Gerben benutzt. In Rußland wird aus der Birkenrinde und Birkenwurzel durch trockene Destillation der Birkenteer gewonnen, der zur Bereitung des Juchtenleders dient, dem er den eigentümlichen Geruch verleiht. Die Blätter dienen als Schaffutter, sind als harntreibendes Mittel beliebt und geben mit Alaun eine grüne Farbe, das Schüttgrün, und mit Kreide das Schüttgelb. Birkenknospen geben Birk- und Auerhühnern ein angenehmes Futter und den Finnländern einen beliebten Tee. Alte Stämme liefern beim Anbohren im Frühjahr einen durch 2 Prozent Traubenzucker süßen Saft, der zur Bereitung von Birkenwein und Birkenbier verwendet wird. Ein aus dem Stamm gewonnenes Harz dient in Rußland gegen Gicht und scheint schon in vorgeschichtlicher Zeit als Amulett zu gleichem Zwecke benutzt worden zu sein. Gemasertes Birkenholz gibt schönes Furnierholz, das meist unter dem Namen „schwedische Birke" im Handel ist. Der bei der Verbrennung des Holzes entstehende Ruß findet zur Bereitung von Buchdruckerschwärze und Malerfarben Verwendung. Aus der Asche gewinnt man eine gute Pottasche. Zu Pfingsten abgehauene Birken werden als „Maien" vor die Häuser, Kirchen und selbst in die Stuben gesetzt. Dieser Gebrauch ist ein Nachklang des Frühlingsfestes der alten Germanen. Daß die Birke bei diesen in hohem Ansehen stand, beweist, daß der zweite Buchstabe der Runenschrift *b* seinen Namen *biârkan* von der Birke hatte. Nach altem Volksglauben reiten die Hexen auf einem Birkenbesen zum Blocksberg. Die bis in unsere Zeit bei Studenten beliebten, „Birkenmaier" genannten Becher aus Birkenstämmen mit der Rinde bildeten die Trinkgefäße der alten Germanen. Da die Birke in Griechenland, wie überhaupt im südöstlichen Europa, nicht wächst, kannten die Griechen diesen Baum nicht, wohl aber die Römer, die ihre *fasces* genannten Strafruten außer aus Ulmenzweigen gelegentlich auch aus Birkenreisig herstellten. Sie kommt in Norditalien noch auf der Nordseite hoher Berge wild vor. Der ältere Plinius schreibt in seiner Naturgeschichte: „Der Spierlingsbaum (*sorbus*) und die Birke (*betulla*) lieben einen kalten Standort. Die Birke ist eigentlich ein gallischer Baum; ihre Rinde ist blendend weiß und dabei sehr dünn. Die Obrigkeiten gebrauchen ihre Ruten zum Strafen; sie dienen auch zu Reifen und Korbrippen. In Gallien kocht man aus Birken auch Teer (*bitumen*)."

Außer den besprochenen Baumbirken wächst als Vertreter der im Hochgebirge heimischen Strauchbirken auf den Mooren Norddeutschlands und auf den kalten Hochmooren Bayerns, wie der Alpen die Strauchbirke (*Betula humilis*), während ebenfalls als Relikt der Eiszeit auf den Alpen und auf den höchsten Mooren des Riesengebirges, des Erzgebirges und des Harzes die Zwergbirke (*B. nana*) als ein fast kriechender Strauch von höchstens 1 m Höhe mit selten über fingerdick werdendem Stämmchen gedeiht. In ihrer eigentlichen Heimat Nordeuropa, Nordasien und Kanada kann sie gelegentlich 6 m Höhe erreichen, während sie in Grönland und auf Spitzbergen sehr klein bleibt. Aus ihren feinen Wurzelfasern verfertigen die Lappländer ganz schöne Decken.

In Kanada und in den nördlichen Staaten der Union, aber auch in Sibirien und Japan wächst als ein bis 25 m hoher Baum mit weißen, in dünnen Häuten sich ablösender Rinde die Papierbirke (*B. papyracea*), aus deren Gesamtrinde man sehr leichte und dennoch dauerhafte Boote (*canoes*) verfertigt. Ebenfalls in Nordamerika, und zwar im östlichen Teile jenes Kontinents sind die weißbuchenblätterige Birke (*B. carpinifolia*) mit bräunlichgelber bis dunkelbrauner, selten hellgrauer Rinde, die 20 m hohe Schwarz- und Gelbbirke (*B. nigra* und *lutea*) mit schon sehr bald rissiger, schwarzer beziehungsweise gelber Rinde und die Zuckerbirke (*B. lenta*) zu Hause, werden aber oft in unseren Anlagen als Zierbäume kultiviert. Die Zuckerbirke wird 24 m hoch und besitzt eine braunschwarze, in dicken, breiten Stücken sich ablösende Rinde von gewürzhaftem und süßem Geschmack, weshalb sie den Indianern als Kaumittel und zur Bereitung erfrischender Getränke dient. Sie liefert bei der Destillation ein ätherisches Öl, das als Gaultheria- oder Wintergrünöl in den Handel gelangt. In Japan und in der Mandschurei sind die pappelblätterige Birke (*B. populifolia*) und die ulmenblätterige Birke (*B. ulmifolia*) zu Hause, während im Himalaja die zur Anfertigung von Papier dienende Bhojpatra- oder Churjibirke (*B. utilis*) mit brauner Stammrinde heimisch ist. Damit wären die wichtigsten Birkenarten aufgezählt.

Ihres Holzwertes wegen verdienen auch die bei uns meist nur als Zierbäume gepflanzten Platanenarten (*Platanus*) Beachtung. Das ziemlich feine, feste, harte und gut polierbare Holz dieser Kernbäume ist von zahlreichen ansehnlichen Markstrahlen durchsetzt und in Farbe und Eigenschaften unserem Rotbuchenholz sehr ähnlich. Wie dieses ist es des lästigen Arbeitens wegen in massiver Verwendung zu besseren Möbeln wenig brauchbar, wohl aber zu Furnieren, sowie zu Galanterie- und Drechslerwaren, ist aber weniger haltbar als jenes. Die überall bei uns verbreitete, durch Stecklinge vermehrte Art ist die ahornblätterige Platane (*Platanus acerifolia*), ein Kreuzungsprodukt der wetterhärteren nordamerikanischen und griechischen Platane (*Pl. occidentalis* und *orientalis*). Ihre großen Blätter sind dem Ahornlaub ähnlich handförmig gelappt und der schlanke Stamm stößt fortwährend die Borke in unregelmäßigen, dünnen Schuppen ab, so daß der Schaft glatt bleibt und gelblich gefleckt erscheint.

Vielseitiges Nutzholz liefern die Ahornarten (*Acer*), von denen wir den Bergahorn (*Acer pseudoplatanus*), den Spitzahorn (*A. platanoides*) und den Feldahorn oder Maßholder (*A. campestre*) unterscheiden. Die handförmig fünflappigen Blätter erinnern beim Bergahorn durch ihre abgerundeten Ecken lebhaft an das Weinlaub, während sie beim Spitzahorn scharf ausgezogene Spitzen besitzen und etwas denjenigen der Platane ähneln. Während letzterer die abwärts hängenden Blütentrauben erst nach der Entfaltung der Blätter entwickelt, läßt ersterer seine aufrechten gelben Blütendolden schon im April und Mai leuchten. Die Früchte sind einsamige Nüßchen, die je zu zweit miteinander verwachsen sind und sich in lange grüne Flügel fortsetzen, damit sie der Wind in spiraliger Bahn um sich selbst wirbelnd davontrage. Diese Flügel der Doppelfrucht stehen beim Bergahorn in spitzem Winkel zusammen, beim Spitzahorn dagegen bilden sie einen stumpfen Winkel und beim Feldahorn, bei dem die Früchte filzig behaart sind, stehen sie wagrecht auseinander. Bei letzterem, der nur selten zum stattlichen Baum heranwächst und uns in der Regel nur als Buschwerk am Waldrand und in Feldhölzern entgegentritt, sind die ebenfalls fünflappigen Blätter kleiner als bei den andern beiden Arten, die Lappen der letzteren sind abgerundet und ziemlich ganzrandig. Wie der Name schon sagt, ist der Bergahorn ein echter Gebirgsbaum, der in den Alpen bis 1600 m hoch steigt und nördlich bis Dänemark und Gothland geht; der Spitzahorn, der ebenfalls 20–25 m hoch wird, steigt weniger hoch, geht aber weiter nach Osten und Norden als ersterer. Das Holz dieser Ahornarten ist gelblichweiß, beim Feldahorn meist ins Rötliche übergehend, mittelschwer, mäßig hart, sehr fein mit oft kaum sichtbaren Jahresringen, glatt zu bearbeiten und leicht polierbar; vermöge seiner Eigenschaft, nur mäßig zu schwinden und zu reißen, ist es für furnierte und massive Möbel, Tischplatten und zur Herstellung musikalischer Instrumente vorzüglich geeignet. Es ist auch ein gutes Drechslerholz und findet in der Hausindustrie zu Schnitzwaren, Küchengeräten, Laubsägearbeiten und Schuhmacherleisten vielseitige Verwendung. Seine Dauerhaftigkeit ist aber nur im Trockenen eine gute; doch wird es hier, wenn nicht luftig gehalten, gern von Würmern angegangen. Der Ahornmaser ist sehr schön, ebenso das wellige (flammige) Holz, das meist dem Spitzahorn eigen ist und an alten Stämmen durch Welligwerden der Jahresringe, entsprechend den Rissen der rötlichbraunen Borke, entsteht. Trotzdem das Holz des Feldahorns seiner schönen Maserung wegen sehr gesucht ist, wird der Baum seines langsamen Wuchses wegen nicht im Hochwald angepflanzt, dagegen sichert ihm seine Ausschlagsfähigkeit im Niederwaldbetrieb einen Platz. Der besonders im Frühjahr stark zuckerhaltige Saft der Ahornarten wird bei uns kaum genutzt, wohl aber in Nordamerika, wo der im Herbst ein orangefarbenes Laubwerk aufweisende Zuckerahorn (*A. saccharinum*) zu Hause ist und vorzugsweise dazu verwendet wird. Dieser Baum ist als durchaus winterhart auch in unsere Wälder eingeführt worden, spielt aber darin noch keine nennenswerte Rolle. Noch weniger ist dies beim ebenfalls aus Nordamerika bei uns eingeführten Silberahorn (*A. dasycarpum*) der Fall, dessen zierliches, scharf eingeschnittenes Laubwerk ihn als Park- und Straßenbaum empfiehlt. Als solcher ist er besonders in Süddeutschland eingebürgert, ferner der gleichfalls nordamerikanische Eschenahorn (*Acer negundo*), so genannt wegen seiner unpaarig gefiederten Blätter. Außer diesen ist er an seinen lange vor dem Ausbruch des Laubes erscheinenden, hängenden Blütenbüscheln und den kleinen, mit den Flügeln sich berührenden Doppelfrüchten erkenntlich. Auch er wird wie der gleicherweise nordamerikanische Schwarz- und Rotahorn (*A. nigrum* und *rubrum*) in seiner Heimat zur Gewinnung von Ahornzucker angezapft und ist eine Zierde unserer Anlagen und Alleen. Die Spielart des Eschenahorns mit weißbunten und gelbbunten Blättern wird als die Krone unserer panachiertblätterigen Bäume angesehen. Zu den schönsten Schmuckhölzern zählt eine Maserbildung des Ahorns, die besonders häufig und in großer Schönheit am amerikanischen Zuckerahorn auftritt und unter dem Namen „Vogelaugenmaser“ als Furnierholz die höchsten Preise erzielt. Da die Maserbildung für gewöhnlich nur in den äußeren Stammschichten auftritt, erfolgt das Schneiden der Furniere durch Abschälen um den Stamm. Grau gebeizt sind diese Furniere unter dem Namen „Maple“ im Handel.

Von den 39 in der gemäßigten und subtropischen Zone der Nordhemisphäre, besonders in Nordamerika, Ostasien und dem Mittelmeergebiet, heimischen Eschen (*Fraxinus*) ist die bei uns vorkommende gemeine Esche (*Fraxinus excelsior*, d. h. die hochragende) einer unserer schönsten Waldbäume mit hohem, schlankem Stamm, in der Jugend hellgrauer, glatter, im Alter braungrauer, rauher, durch quere Borkenrisse ausgezeichneter Rinde, großen, schwarzen Knospen an den glatten, graugrünen Trieben, mit 3–6paarigen Fiederblättern und vor dem Laub erscheinenden, nackten, d. h. kronenlosen Zwitterblüten, die mit ihren roten bis violetten Staubgefäßen in dichten Büscheln an den alten Trieben sitzen und nach der Befruchtung in einen zungenförmigen, deutlich geaderten

Flügel auslaufende längliche Früchte hervorgehen lassen. Als große Seltenheit trifft man auch Eschen mit ungefiederten, höchstens am Grunde gelappten Blättern, die als Rückbildung zur ursprünglichen, einfachen Form angesehen werden müssen. Ist die Gipfelknospe eines Triebes durch Frost oder Insekten zerstört worden, so übernehmen zwei gleichstarke Seitenknospen die Führung und verursachen eine typische Zwieselbildung.

Die gemeine Esche findet sich in ganz Europa bis 60° nördlicher Breite, ebenso in Nordasien und im Orient in feuchten Wäldern, dann an Fluß- und Bachufern. Sie gedeiht noch in Sümpfen, nicht aber auf Sandboden, erreicht eine Höhe von 40 m und steigt in den Alpen bis 1200 m hinauf. Sie verlangt frischen, fruchtbaren Boden, kann aber dank ihres außerordentlich weit verzweigten Wurzelsystems, das überall das versinkende Oberflächenwasser aufzunehmen vermag, auch auf lockeren Schutthalden von Kalkgebirgen, wie z. B. auf der Schwäbischen Alp und im Schweizer Jura, fortkommen. Die Wurzel dringt nicht weit in den Boden, breitet sich aber nach allen Seiten weit aus, so daß sie den Boden dennoch von aller in ihm enthaltenen Feuchtigkeit auszusaugen vermag. Außer Bodenfeuchtigkeit braucht sie Licht, ist aber gegen Frost und Hitze empfindlich. Sie meidet daher wie den Sandboden, so auch die rauheren Gebirgslagen. Man pflanzt sie in Laubholzbeständen an, kultiviert sie aber am häufigsten im Niederwaldbetrieb. Ihr von jungen Bäumen weißes, von älteren dagegen bräunlichgelbes, mit breiten Jahresringen, aber feinen Spiegeln versehenes Holz ist dicht, hart, sehr zähe und elastisch, gut spaltbar, nicht leicht reißend und sehr tragfähig. Diese Eigenschaften machen es zur Herstellung von Axt- und Hammerstielen, von Drechsler- und Wagnerarbeiten, landwirtschaftlichen Werkzeugen, Turn- und Sportgeräten, besonders Schneeschuhen und Schlitten, aber auch als Tischlerholz vorzüglich geeignet. Vornehmlich geschätzt ist der ungarische Eschenmaser von alten Stämmen mit welligem Verlauf der Holzfasern. Furniere mit solchem Maser werden mit 10–12 Mark pro Quadratmeter bezahlt. Im Brennwert rangiert das Eschenholz dicht hinter dem Eichenholz. Das Laub wird von Schafen und Ziegen gerne gefressen und ist ein gutes Viehfutter, das als solches besonders in Steiermark und Kärnten, aber auch in den grasarmen Mittelmeerländern viel benutzt wird. Wie das junge Eschenholz auch zu Faßreifen, werden die jungen Triebe zu Lanzenschäften, Peitschenstielen usw. verwendet. Schon Homer, der allerdings von der weiter im Süden wachsenden Blumen- oder Mannaesche (*Fraxinus ornus*) als *melíē* in Ilias und Odyssee mehrfach spricht — die gemeine Esche wächst nur auf den Gebirgen Makedoniens und am Südabhang der Alpen — sagt von der Esche, sie wachse in Gebirgstälern und diene zu Speerschäften, Türschwellen und -Pfosten. Auch die Römer haben diese im Auge, wenn sie von *fraxinus* sprechen. So sagt der Ackerbauschriftsteller Columella: „Die Esche gibt ein Laub, das Schafen und Ziegen sehr angenehm und auch für Rindvieh recht brauchbar ist. Man zieht sie deswegen in eigenen Pflanzungen.“ Sein Zeitgenosse Plinius aber schreibt in seiner Naturgeschichte: „Die Esche wurde ihres Holzes wegen geschaffen. Ihr Wuchs ist hoch und schlank; ihre Blätter sind gefiedert (*pinnatus*). Sie ist durch Homer und des Achilles Lanze berühmt geworden. Das Holz ist jedenfalls zu vielerlei Gebrauch gut. Das Holz der auf dem Ida in der Landschaft Troas wachsenden Eschen ist dem Cedernholze so ähnlich, daß es kaum davon unterschieden werden kann, wenn es geschält ist. Griechische Schriftsteller behaupten, Eschenlaub sei Pferden und Maultieren tödlich; in Italien ist dies jedenfalls nicht der Fall. Dagegen ist der aus ihnen gepreßte Saft, getrunken und auf die schwellende Bißwunde gelegt, das beste Mittel gegen Schlangengift. Die Wirkung ist so groß, daß jede Schlange den Eschenbaum von weitem flieht und seinen Schatten selbst dann meidet, wenn er früh und abends am längsten ist. Ich habe selbst gesehen, daß eine Schlange, welche in einen Kreis zwischen Eschenblätter und Feuer gelegt wurde, sich lieber ins Feuer stürzte, als die Blätter berührte. Es ist eine große Wohltat der Natur, daß die Eschen früher blühen, als die Schlangen erscheinen, und daß sie nicht eher die Blätter abwerfen, als bis die Schlangen zur Winterruhe gegangen sind.“ Natürlich ist dies Aberglaube, wie er in damaliger Zeit selbst bei den Gebildetsten weit verbreitet war. Die Blumen- oder Mannaesche, von der hier die Rede ist, findet sich in Bergwäldern Südeuropas, waldbildend namentlich im Karst, in Kroatien, Slavonien, Dalmatien und im Orient und wird besonders in Sizilien kultiviert, da sie durch im Frühjahr in ihre Rinde gemachte Einschnitte die Manna als einen süßen, an der Luft erhärtenden Saft liefert. Bei uns findet sie sich nur als Zierholz angepflanzt. Sie ist ein buschiger kleiner Baum oder Strauch, dessen Blüten grüne Kelch- und weiße Kronblätter tragen.

Von der gemeinen Esche, die in der germanischen und nordischen Mythologie eine bedeutende Rolle spielt — man denke nur an die Weltesche Ygdrasil und die Abstammung des Mannes von der Esche, während die Frau aus der Erle hervorging — kultiviert man als Zierbäume verschiedene Abarten, wie die einblätterige Esche, die Trauer- oder Hängeesche, die Goldesche mit rötlichgelber Rinde usw. In Parkanlagen werden auch mehrere nordamerikanische Arten, wie die Weiß-, Rot-, Schwarz- und Blauesche angepflanzt. Unter ihnen ist besonders die Weißesche (*Fraxinus americana*), weil viel frosthärter und später als die gemeine Esche austreibend, neuerdings auch in einzelnen Versuchspflanzungen als Waldbaum bei uns angesiedelt worden. Auf einer Esche (*Fraxinus chinensis*) in Südchina und Annam wird die Wachsschildlaus (*Coccus pe-la*) gezüchtet, die das chinesische Wachs liefert.

Der Baum, der am innigsten mit dem deutschen Volksleben verwachsen ist, ist die Linde (*Tilia*). Sie galt den alten Germanen und Slaven als heiliger Baum und war der weiblichen Gottheit Herka oder Frau Holle, bei den Slaven der

Liebesgöttin Krasopani geweiht. In Sitte und Sage spielt sie eine sehr wichtige Rolle. Wie heute noch alle Volksfeste sich unter der alten Dorflinde abspielen, so kamen unsere Vorfahren mit Vorliebe unter ehrwürdigen Lindenbäumen zusammen. So gibt es in Deutschland noch viele Gerichts-, Vehm-, Blut-, Geisterlinden usw. An Gerichtsstätten standen wenigstens drei, meist aber sieben Linden. Das in der Regel am Hauptbaume befestigte roh geschnitzte Götterbild hieß Wigbild, woraus später Weichbild, im Sinne von Grenze des Gerichts, später Stadtgrund, entstand. Berühmt ist namentlich die altehrwürdige Vehmlinde bei Dortmund. Auf Burgen und in Klöstern war die Linde Hausbaum. Dort wurde der Gast im Sommer bewirtet, dort wurde erzählt, gezecht, gespielt und der fahrende Spielmann oder Sänger angehört. Wie auf den Burgen war die Linde auch im Kloster der Baum der Erholung und als solcher meist am Brunnen gepflanzt. Weil der Baum als Bildstock für Marien- und Heiligenbilder benützt zu werden pflegte, wurde er wie diese selbst mit dem Nimbus der Heiligkeit und Wundertätigkeit umgeben, zu dem man nicht selten Wallfahrten unternahm. Am meisten beschäftigen sich Lindensagen mit der Mutter Gottes als der Nachfolgerin der heidnischen Herka oder Frau Holle. Außer religiösem Aberglauben hat die Volksmeinung, wonach der Blitz nicht in Linden einschlagen soll, viel dazu beigetragen, daß häufig Linden an Feldwege und auf Viehtriften zum Schutze der Hirten und Feldarbeiter gepflanzt wurden. Auch zum Verbrennen der Toten wurde, wie uns die Kohlenreste alter Grabhügel beweisen, mit Vorliebe Lindenholz als dasjenige eines heiligen Baumes genommen. Zahlreiche Ortschaftsnamen weisen auf die Linde, so vor allem auch Leipzig, das Lindenstadt bedeutet. Der Name ist aus dem slavischen Worte Lipsk entstanden, das aus *lipa* Linde gebildet ist. Die berühmteste Linde Deutschlands ist die zu Neustadt am Kocher in Württemberg, von welcher die Stadt auch Neustadt an der Linde heißt. Sie hat an ihrem Fuße 12 m Umfang. Ihre mächtigen Äste wurden schon im Jahre 1392 durch 60 steinerne Säulen gestützt, und ein Gedicht von 1408 sagt: „Vor dem Thor eine Linde staht, die 67 Säulen hat." Im Jahre 1831 wurden diese Stützsäulen auf 166 vermehrt. Ein abgebrochener Ast gab 7 Klafter Holz. Diese Linde muß gegen 800 Jahre alt sein. Die stärkste Linde Deutschlands ist aber diejenige auf der Burg zu Nürnberg, welche bei nur 18 m Höhe einen Stammumfang von 14 m aufweist. Ihr Stamm ist so weit hohl, daß man durch ihn wie durch ein Tor zu Pferde hindurchreiten kann. Sie ist wohl über 800 Jahre alt. Unter der Schirmfläche der Linde zu Vilsen im Hannoverschen versammeln sich jeden Sonntag 13 Gemeinden zum Gottesdienst. Unter der Linde von Augustusburg, die einen Stammumfang von 12 m besitzt, hatten einst 120 Speisetische Platz. Vom Kurfürsten August von Sachsen, der das Schloß Augustusburg baute, existieren noch viele Verordnungen, die mit: „Gegeben unter der Linde" unterzeichnet sind. In alten Linden, die in der Nähe von Kirchen stehen, findet man zuweilen noch eiserne Ringe und Klammern. Diese dienten einst als Klammern für diejenigen, die hier öffentlich Kirchenbuße zu leisten hatten.

Man unterscheidet bei uns zwei Arten von Linden: Die kleinblätterige oder Winterlinde (*Tilia parvifolia*) und großblätterige oder Sommerlinde (*T. grandifolia*). Letztere ist in Deutschland weniger verbreitet als erstere. Beide haben eine weitverzweigte, tiefgehende Wurzel, einen kräftigen Stamm mit im Alter ziemlich dicker, graubrauner oder schwarzgrauer, rissiger Rinde. Die Innenrinde liefert einen trefflichen Bast. Die Äste beginnen schon tief unten am Stamm und breiten sich ringsum nach allen Seiten hin aus. Die unteren halten sich fast wagrecht; je weiter nach oben, desto mehr streben auch die Äste aufwärts. An den wagrecht ausgebreiteten oder niederhängenden Zweigen stehen die rundlichen, zugespitzten, scharf gesägten und am Grunde ausgeschnittenen Blätter, die bei der Winterlinde kleiner, oberseits dunkelgrün, unterseits blaugrün und kahl sind, während sie bei der anfangs Mai, statt wie die vorige Mitte Mai, ausschlagenden Sommerlinde unterseits hellgrün und kurz behaart sind. In den Winkeln der Blattnerven der Unterseite stehen als Acarodomatien oder Milbenhäuschen kleine Haarbüschel, die bei der Winterlinde rostfarbig, bei der Sommerlinde dagegen gelblichweiß sind. Die gelblichen Zwitterblüten hängen in Trugdolden geordnet an langem, mit zungenförmigem Deckblatte verwachsenem Stiele zu 5–7 bei der Winterlinde und zu 2–3 an der 14 Tage später, d. h. Ende Juni bis Mitte Juli blühenden Sommerlinde. Sie liefern einen als Hausmittel vielgebrauchten Tee. Die filzig behaarten Nußfrüchtchen benutzen das gemeinsame Deckblatt als Flugapparat, bleiben aber, besonders bei der später reifenden Winterlinde, oft bis zum Frühjahr am Baume. Die Keimung erfolgt wie bei manchen anderen Bäumen erst im zweiten Frühjahr. Die zwei Keimblätter sind handförmig geteilt, im Gegensatz zu der sonst gültigen Regel, nach der sie einfacher geformt sind als das spätere Laubblatt. Die zweijährigen Pflänzlinge werden umgepflanzt: damit sie recht erstarken, empfiehlt es sich, sie etwa im fünften Jahre ein zweites Mal im Pflanzbeet umzulegen. Die Linde zeigt von Jugend an ein freudiges Wachstum und bildet einen anfangs fast immer walzenrunden, glänzend bräunlichen, mit weißlichen Warzen überstreuten Stamm, der schon in geringer Höhe Äste ausstreckt, welche sich gern flach ausbreiten. Die Krone wölbt sich frühzeitig ab und wird mit dem Alter immer dichter und umfangreicher. Die tiefgreifende und sich weithin verzweigende Wurzel befähigt die Linde den stärksten Stürmen zu trotzen.

Die Winterlinde bevorzugt den frischen, feuchten Waldboden der niederen Vorberge und Ebenen, während die Sommerlinde auch in trockeneren Lagen wächst. Beide gedeihen schlecht im Nassen. Sie bilden bei uns keine reinen Waldbestände wie in den russischen Ostseeprovinzen, sondern finden sich immer nur einzeln in Wäldern, werden bis 30 m hoch und erreichen ein tausendjähriges Alter. Die Winterlinde ist in Deutschland überall die gemeinere, die Sommerlinde dagegen wird häufiger angepflanzt und geht auch höher in die Gebirge. Wegen ihres schnellen Wuchses, ihres dichten Schattens und angenehmen Geruches der Blüten sind sie als Alleebäume beliebt. Ihr rasches Wachstum, die Fähigkeit vom Stamm und der Wurzel wieder auszuschlagen und gleich der Buche den Boden zu verbessern, machen sie auch forstlich wichtig. In 8–10 Jahren sind sie als Reißholz, in 20–25 Jahren als Schlagholz und in 60–80 Jahren als Bauholz verwendbar. Doch legt der Forstmann wenig Wert auf Linden, weil der Brennwert ihres Holzes nur ein Drittel desjenigen des Buchenholzes beträgt und die Linde gleichwohl denselben Boden fordert, wie die edleren Harthölzer. Das weißlichgelbe bis rötlichweiße, feine, weiche, gut zu bearbeitende und, wenn richtig getrocknet, wenig arbeitende Holz eignet sich vermöge der Eigenschaft, sich in jeder Richtung schnitzen, drehen und hobeln zu lassen, vorzüglich als Bildhauer- und Modellschreinermaterial. Namentlich werden Heiligenbilder aus Lindenholz geschnitzt, weshalb es früher als „Heiligenholz“ bezeichnet wurde. Noch mehr dient es zum Schnitzen von Spielwaren, Löffeln, Wurfschaufeln usw., zu Reißbrettern, massiven Möbeln, die besonders in Rußland sehr beliebt sind, und als Blindholz für furnierte Arbeiten. Dauer behält das dem Wurmfraß nur wenig ausgesetzte Holz bloß im Trockenen, für freie Lagen dagegen, in denen es dem Wechsel unterworfen ist, ist es unbrauchbar. Die festen, leichten Lindenkohlen dienen als Reißkohle zum Zeichnen, zur Fabrikation von Schießpulver, Zahnpulver und Räucherkerzen. In Rußland und Westamerika benutzt man mit Maschinen geschnittene Lindenholzfasern als Füllmaterial für Bettmatratzen fürs gemeine Volk. Die Rinde verwendet man in Rußland zu Schlittenkörben, Wagen, Kisten und zum Dachdecken. Der innere Bast wird im Mai von 20–30 jährigen Stangenhölzern in Streifen von 6–9 cm Breite abgeschält, wie Flachs in Wasser gerottet, im Oktober dann durch Klopfen und Waschen von den leichter zersetzbaren Bestandteilen befreit, so daß nur die ein feines Maschennetz bildenden, sehr dickwandigen Bastzellen zurückbleiben, worauf man die einzelnen Jahreslagen voneinander trennt. In Rußland, das den meisten Lindenbast liefert, verfertigt man daraus Körbe, Decken, Stricke, Siebe, besonders aber die zum Verpacken von Waren dienenden Bastmatten; man verwendet ihn auch zum Anbinden von Blumen. Ein Baum von 10 m Höhe und 30–40 cm Stammumfang liefert 45 kg Bast, für 10–12 Matten ausreichend. Rußland liefert jährlich 14 Millionen Stück Matten. Die herrlich duftenden Lindenblüten erfreuen nicht nur den Menschen, sondern liefern eine treffliche Bienenweide und einen vielbenutzten schweißtreibenden Tee, auch das offizinelle Lindenblütenwasser. In trockenen Jahren schwitzen die Blätter, auch ohne daß Blattläuse im Spiele sind, den Honigtau als eine süße, klebrige, bald an der Luft verdickende Flüssigkeit aus, welche ihnen das Aussehen gibt, als seien sie mit Firnis überstrichen. Nach einigen Tagen wird diese Ausschwitzung teerartig und schwarz, dabei werden die Blätter ganz schlaff. Da sich leicht Schmarotzerpilze darauf entwickeln, wenn der Honigtau nicht bald vom Regen abgewaschen wird, so ist er für die Pflanze schädlich.

Auf den griechischen Gebirgen wächst die von Ungarn bis Westasien heimische morgenländische Silberlinde (*Tilia argentea*) mit an der Oberseite matten, unterseits aber dicht weißfilzigen Blättern. Sie ist die *phílyra* der Griechen, die Theophrast beschreibt. Sie ist jedenfalls auch der Baum, den die Römer als *tilia* bezeichneten; denn die Winter- und Sommerlinde kommen als Südgrenze ihrer Verbreitung nur noch auf den Bergen Norditaliens vor. Plinius schreibt von ihr: „Man unterscheidet bei den Linden (*tilia*) männliche und weibliche Bäume. Der Saft der Blätter und Rinde ist süß, aber die Frucht rührt kein Tier an. Zwischen Rinde und Holz liegt ein häutiges Gewebe, der Bast, aus welchem man Bänder macht, die *tiliae* heißen die feinsten nennt man *philyrae*, braucht sie zum Binden von Kränzen und hält sie seit alter Zeit in Ehren. Das Holz ist dem Wurmfraß nicht unterworfen, mäßig hoch, aber nützlich. Die Blätter dienen als Arznei." Außer dieser morgenländischen wird auch die abendländische Silberlinde (*Tilia alba*) aus Nordamerika mit auf der Unterseite schwach filzig behaarten Blättern und großen Blüten neben der von ebendort stammenden Schwarzlinde (*T. americana*) in Anlagen gepflanzt, doch nur ausnahmsweise bei uns als Nutzholz gezogen.

Sehr beliebte Alleebäume sind auch die Ulmen oder Rüstern (*Ulmus*), deren Zweige lange, starre Ruten bilden, die mit zwei Reihen gleichlaufender Kurztriebe, an ihrem jüngsten Teile mit ebenso laufenden eiförmigen, scharf zugespitzten und gesägten Blättern besetzt sind. Leider sind letztere sehr oft von Blattläusen dicht besetzt und unterseits eingerollt, auch häufig durch Gallen verunstaltet. Abgesehen von diesen Nachteilen gehören die Ulmen zu den schönsten Zierbäumen und wachsen unter günstigen Umständen sehr rasch. Ihr ziemlich schweres, hartes, schwer spaltbares, aber glattes, elastisches, zähbiegsames, im Splint gelblichweißes, im Kern hellbraunes bis dunkelrotbraunes, oft fleckiges und maseriges Holz gehört mit zu den festesten und dauerhaftesten Holzarten, sowohl bei Verwendung im Trockenen, als auch im Freien und unter Wasser. Es ist ein ausgezeichnetes Wagner- und ein in neuerer Zeit auch viel verwendetes Möbelholz; doch ist es seiner schwierigen Bearbeitung wegen bei den Tischlern nicht besonders beliebt. Da es in der Dauer dem Eichenholze kaum nachsteht und auch dem Wurmfraße fast gar nicht ausgesetzt ist, eignet es sich besonders zu Bau- und Werkholz, ist auch der auffälligen Maserung wegen zu feinen Furnieren sehr gesucht, liefert ferner gute Kohlen. Das Holz gibt Pottasche; die getrockneten und frischen Blätter geben ein gutes Schaffutter. Die jüngere Rinde dient zum Gerben und Gelbfärben. Am häufigsten ist bei uns die

Feldulme (*Ulmus campestris*), ein bis 30 m hoher, ein Alter von mehreren hundert Jahren erreichender Baum, der im Gebirge bis 800 m hoch steigt und sich von Nordafrika durch Europa bis Sibirien und Kleinasien findet. Man kultiviert ihn in zahlreichen Varietäten. Noch höher steigt die Bergulme (*U. montana*), bei der die Flughaut statt am oberen Rande der Frucht in der Mitte derselben liegt. Bei beiden sitzen die Früchte dicht am Zweige, bei der Flatterulme (*U. effusa*), die in Wäldern und Vorhölzern von Gebirgsgegenden wächst und bei uns häufig in der Nähe von Ortschaften angepflanzt wird, flattern sie an einem langen Stil und tragen außerdem am Rand einen feinen Wimperkranz. Letztere nimmt mit ärmeren Böden als die beiden erstgenannten vorlieb und ist vornehmlich im Flachland zu Hause. In neuester Zeit werden aber die meisten Anpflanzungen von der Waldulme (*U. scabra*) gemacht, die in Europa und Nordasien bis zum Amur heimisch ist.

Auch das Holz der schon im Jahre 1600 aus Virginien nach Frankreich gebrachten nordamerikanischen gemeinen Robinie oder falschen Akazie (*Robinia pseudacacia*) wäre ein vorzügliches Bau- und Konstruktionsholz und würde jedenfalls auch als Wagner-, Drechsler- und Möbelholz benutzt, wenn es in größerer Menge zur Verfügung stände. Der Kern zeigt ein gelb- bis rötlichbraunes Holz, das schwer, hart, elastisch, zähe und schwierig zu bearbeiten ist, aber eine große Festigkeit und sehr große Dauer besitzt. Wenn sich diese Holzart in unsern Gegenden überhaupt gehalten hat, so ist daran nur ihre große Anspruchslosigkeit an die Bodenverhältnisse schuld, nicht aber der Mensch, der zu ihrer Verbreitung nur wenig getan hat und sie nur selten rationell zu großen Bäumen zieht, sondern sie stets noch jung abholzt, um sie zu Rebstöcken und Stützen anderer Pflanzen zu verwerten.

Dem Ulmen- und Akazienholz sehr ähnlich ist dasjenige der Maulbeerbäume (*Morus*). Es ist sehr hart, schwer, dauerhaft und wird in der verschiedensten Weise, in Südeuropa und Asien auch als Faß- und Schiffsbauholz, zu Straßenpflaster und Hafenbauten verwendet. Ebenso hart und fest, doch leider stark reißend und sich werfend ist das Holz der verschiedenen Sorbusarten. Dasjenige des Vogelbeerbaums (*Sorbus aucuparia*) liefert ein vorzügliches Holz für den Wagner, auch für Drechsler und Holzschnitzer, während dasjenige von Spierling (*S. domestica*) und Mehlbeerbaum (*S. aria*) besonders für Maschinenbauer, Formstecher und Instrumentenmacher hohen Gebrauchswert besitzt. Auch unsere Obstbäume liefern vorzügliche und vielseitig verwendbare Hölzer. Das Holz des Birnbaums ist schwer, dicht und hart, sehr fein und im Trockenen dauerhaft, es wirft sich zudem wenig und nimmt eine vorzügliche Politur an. Es ist deshalb ein hochgeschätztes Schreinerholz, das besonders schwarz gebeizt als Ebenholzimitation für feine Möbel viel verwendet wird, ferner ein gutes Drechsler- und vorzügliches Schnitzholz, vornehmlich für den Holzschneider bildet, der es als Surrogat für das seltenere und teurere Buchsbaumholz in Verwendung nimmt; deshalb wird das Birnbaumholz auch als „deutscher Buchsbaum" bezeichnet. Das Holz des Apfelbaums ist zwar härter und fester, aber weniger beliebt, da es sich stärker wirft und reißt. Man verwendet es mit Vorliebe für Werkzeuge. Das rötlichweiße Kirschbaumholz ist mäßig hart und schwer, sehr fein, gut zu beizen und zu polieren, schwindet aber sehr stark. Gut getrocknet ist es ein schönes, in neuerer Zeit wieder sehr beliebtes Möbel- und Drechslerholz. Das rotbraune Holz der Pflaumen- und Zwetschenbäume ist auch sehr fein, hart und ausgezeichnet polierbar, aber sehr spröde und stark reißend. Es wird vornehmlich für feine Kunstschreiner-, namentlich aber für Drechsler- und Holzschnitzarbeiten verwendet.

Sehr schwer, fest, hart und zähe ist auch das Holz von Kornelkirsche, Hartriegel und Weißdorn; man verwendet es zu kleineren Dreharbeiten, Hammerstielen, Radkämmen, Spazier- und Regenschirmstöcken. Ein sehr brauchbares Wagner- und Drechslerholz liefert der schwarze Holunder. Aus seinen Wurzelstöcken, die häufig schönes Maserholz besitzen, werden mit Vorliebe Pfeifenköpfe geschnitzt. Zu letzterem Zwecke werden namentlich auch die Wurzelstöcke der in Südfrankreich und auf Korsika vorkommenden Baumheide (*Erica carnea*), die unter dem Namen Bruyèremaser im Handel sind, benutzt. Vorteilhafte Verwendung zu feineren Drechsler- und Einlegearbeiten, Zahnstochern und dergleichen findet das, wenn zur richtigen Zeit gefällt, schön gelbe, ziemlich harte, feine und leicht zu schneidende Holz des Spindelbaums oder Pfaffenhütchenstrauchs (*Euonymus europaeus*). Ein unübertreffliches Material für Räder, Wagendeichseln, besonders aber Peitschenstöcke liefert der in Südeuropa wachsende Zürgelbaum (*Celtis australis*), dessen Holz demjenigen der ihm sehr nahe verwandten Ulme ähnelt, aber zäher und elastischer als dieses ist. Auch der gemeine Flieder (*Syringa vulgaris*), die Stechpalme (*Ilex aquifolium*), die Berberitze (Berberis vulgaris), der Goldregen (*Cytisus laburnum*) und der Essigbaum (Rhus coriaria) liefern vorzügliches Holz für kleinere Drechsler- und Kunstschreinerarbeiten.

Neben all diesen heimischen Holzarten werden eine Menge außereuropäischer Hölzer als Schmuckhölzer bei uns eingeführt, um zu Klaviergehäusen, Salonmöbeln, Billardtischen usw. verarbeitet zu werden. Unter ihnen ist wohl das Ebenholz, das seit ältester Zeit im Gebrauch stehende und teilweise wertvollste aller Schmuckhölzer. Unter diesem Namen faßt man eine Menge schwerer, dunkler und äußerst harter Hölzer von hoher Politurfähigkeit, aber großer Sprödigkeit zusammen, die von verschiedenen in den wärmeren bis tropischen Regionen gedeihenden Bäumen der Gattung *Diospyros* abstammen. Das gebräuchlichste derselben ist dasjenige des indischen Ebenholzbaums (*Diospyros ebenaster*), eines Baumes aus der Familie der Ebenazeen mit bis 26 cm langen wechselständigen

Blättern, achselständigen, auch aus altem Holze entspringenden, gelblichweißen oder grünlichen Blüten in Trugdolden und bis 10 cm langen olivengrünen, als „Mehläpfel" bezeichneten eßbaren Früchten mit gelbem, schleimigem, säuerlichem Fleisch. Der in Vorder- und Hinterindien, wie auch im indischen Archipel sehr verbreitete Baum wird auf Mauritius kultiviert und ist neuerdings auch im tropischen Amerika eingeführt worden. Er liefert einen Teil des indischen Ebenholzes, besonders des Ceylonebenholzes. Das Splintholz junger Bäume ist weißlich und hin und wieder mit weißen, nach dem Kerne hin sich vermehrenden schwärzlichen Adern durchzogen. Bei alten Bäumen jedoch ist das Weiße kaum fingerdick, alles übrige ist schwarz und von so gleichmäßiger Textur, daß man die Spiegel und Jahresringe nicht leicht bemerkt. Dadurch und durch die größere Schwere unterscheidet sich das echte Ebenholz leicht von schwarzgebeizten hiesigen Holzarten, namentlich vom Eichenholz.

Neben dem indischen gibt es auch afrikanisches Ebenholz, von dem das Madagaskarebenholz von *D. haplostylis* mit weißem Splint und tief blauschwarzem Kern als das schönste gilt. Das Sansibar-, Kamerun- und Makassarebenholz von verschiedenen anderen Diospyrosarten ist weniger schön, von oft grauer bis braunschwarzer Farbe. Ein reh- bis kaffeebraunes, oft regellos schwarz gestreiftes, wie mit Tinte übergossenes, aber schönes und seltenes Holz ist unter dem Namen buntes oder streifiges Ebenholz, auch Koromandelebenholz von *D. hirsuta*, so genannt, weil es zumeist von der Koromandelküste in Ostindien ausgeführt wird, im Handel. Alle diese Ebenhölzer kommen in Stämmen von oft gewaltiger Größe zu uns, gehören zu den schönsten und teuersten Schmuckhölzern und waren das geschätzteste Holz des Altertums. Schon im Alten Testament wird es als Luxusholz erwähnt. Im 5. Jahrhundert schreibt der griechische Geschichtschreiber Herodot: „Die Abgaben, welche die an Ägypten grenzenden Neger dem Perserkönig Dareios alle zwei Jahre entrichteten und noch entrichten, bestehen in Gold, 200 Stämmen Ebenholz (*ébenos*), 5 Negerknaben und 50 großen Elefantenzähnen. Überhaupt ist das Negerland reich an Gold, Elefanten und Ebenholz." Strabon und Plinius sagen, daß in dem südlich von Ägypten gelegenen Negerland die Wälder nebst Palmen vorzüglich aus Ebenholzbäumen bestehen. Des letzteren Zeitgenosse, der griechische Arzt Dioskurides, schreibt in seiner Arzneimittellehre: „Für das beste Ebenholz gilt das aus dem Negerland stammende schwarze, aderlose, das so glatt ist wie poliertes Horn und, zerbrochen, wie eine dichte Masse erscheint. Gekaut schmeckt es beißend und schwach zusammenziehend. Auf Kohlen gelegt brennt es mit Wohlgeruch und ohne Rauch. Frisch ans Feuer gebracht, brennt es wegen seines Ölgehaltes an; an einem Wetzstein gerieben, wird es blaßgelblich. Es gibt auch indisches Ebenholz, das weiße und gelbliche Striche und Flecken hat, aber das schwarze (afrikanische) ist besser. Manche Leute verkaufen Holz vom Maulbeerbaum oder von Mimosen als

Ebenholz, weil es durch seine Ähnlichkeit täuscht. Das Ebenholz wird gegen einige Krankheiten in Anwendung gebracht."

Der Grieche Strabon und der Römer Vergil nennen Indien als die Heimat des schwarzen Ebenholzes, das im Lateinischen in Anlehnung an das Griechische *ebenum* hieß, woraus dann die deutsche Bezeichnung hervorging. Ersterer fügt hinzu, daß sich die Inder ihren Körper mit glatten Walzen von Ebenholz zu streichen pflegen, weil sie das für gesund halten, und Theophrast sagt in seiner Pflanzenkunde: „Ein eigentümlicher Baum Indiens ist der Ebenholzbaum (*ebéné*). Übrigens gibt es davon zwei Arten, wovon die seltenere mit glattem Stamm (der echte Ebenholzbaum) schönes, die häufige, ein Strauch, schlechtes Holz liefert. Die schöne Farbe des Ebenholzes ist von Natur vorhanden und erscheint nicht erst beim Aufbewahren."

Tafel 163.

Lindenallee am Kanal vor dem Nymphenburger Schloß bei München.

Tafel 164.

Ein gefällter Mahagonistamm in den Urwäldern von Zentralamerika.

Tafel 165.

Eisenholzbäume am Isthmus von Tehuantepec in Mexiko.
Im Vordergrund eingeborene Fruchtverkäufer.

Junger Tiekbaum (*Tectona grandis*) im Botan. Garten von Buitenzorg auf Java. (Nach einer in der Sammlung des Botan. Institutes der Universität Wien befindlichen Photogr. von C. Lang.)

Tafel 166.

(Nach Phot. von H. Dopfer.)

Kohlenmeiler vor der Verkohlung.

(Nach Phot. von H. Dopfer.)

Torfstich am Schluifelder Moos bei München.

Als grünes Ebenholz kommt neuerdings ein sehr hartes und schweres Holz in dünnen Stämmchen aus Südamerika nach Europa. Es stammt von *Bignonia leucoxylon* und besitzt in frisch geschnittenem Zustand eine bräunliche Farbe mit einem Stich ins Grüne, der sich aber an der Luft etwas verliert. Trotz seiner Härte ist es gut schneidbar und kann wie das echte Ebenholz, jedoch nur für kleinere Gegenstände, verwendet werden. Unter demselben Namen oder als Grünherzholz kommt ein Holz von Britisch-Guinea in großen, roh behauenen Blöcken auf den Markt. Es stammt von *Nectandra rodiaei* und wird meist zur Stockfabrikation und im Schiffbau verwendet. Für Möbel- und Schreinerarbeiten ist es nicht nur seiner großen Härte wegen, sondern vor allem, weil es den Leim schlecht hält, ungeeignet. Ein sehr wertvolles Holz zu Kunstschreiner- und Drechslerarbeiten, Fächern, Parkettböden (z. B. im Schloß Herrenchiemsee) ist das blaue Ebenholz oder Veilchenholz. Es stammt von der südaustralischen *Acacia homalophylla*, ist dunkelblaubraun bis olivengrün und besonders im frischen Zustande durch den Veilchengeruch ausgezeichnet. Ebenso beliebt als Kunstholz für Drechsler, Holzbildhauer, Parketböden und die Stock- und Bürstenindustrie ist das im frischen Schnitt unscheinbar rötlichgraue, unangenehm riechende, an der Luft aber durch Sauerstoffaufnahme sich schön violett bis blutrot färbende violette Ebenholz, Purpur- oder Amarantholz. Es ist hart, sehr schwer und stammt von südamerikanischen und westindischen Bäumen, wie *Copaifera bracteata* und *Machaereum violaceum*. Als rotes oder braunes Ebenholz, auch Grenadille- oder Kongoholz kommen rötliche bis kaffeebraune, sehr schwere und harte, aber elastische und schöne Politur annehmende Hölzer meist aus Afrika zu uns, die zumeist von *Dalbergia melanoxylon* stammen.

Unter Eisenholz versteht man eine Menge sehr harter, mit gewöhnlichen Äxten nicht angreifbarer Hölzer verschiedener botanischer Abstammung, welche von Ostindien, Australien, der Südsee und von Madagaskar nach Europa gelangen und besonders in der Kunsttischlerei und Drechslerei Verwendung finden. Das wichtigste derselben ist dasjenige des in feuchten Wäldern Ostindiens wild wachsenden Eisenholzbaums (*Mesua ferrea*), dessen Blüten auch getrocknet veilchenartig riechen und in der Parfümerie verwendet werden. Ebenfalls dunkelrot bis schokoladebraun mit oft tiefschwarzen Adern, schwer, hart und gut polierbar ist das amerikanische Palisander- oder Jakarandaholz, das von verschiedenen Bäumen des nördlichen Südamerika und Mittelamerikas stammt. Als Stammpflanze des echten Palisanderholzes gilt *Jacaranda brasiliana*, ein schöner Baum mit doppelt gefiederten Blättern, unterseits wolligfilzigen Fiederchen, mit großen Blüten in lockeren Rispen und rundlichen, zusammengedrückten Kapseln mit geflügelten Samen. Das Holz zählt zu den edelsten Kunsthölzern und liefert vornehmlich Furnierholz zu Luxusmöbeln, Klavierkästen, Billardtischen u. dgl. m.

Als Möbel- und Kunstschreinerholz unbrauchbar, aber für Kegelkugeln, zu Lagern an Maschinen, die eine starke Reibung auszuhalten haben, zu Tischen für Gerber usw. sehr geschätzt ist das Guajakholz, von dem bereits im

Abschnitt für Arzneipflanzen die Rede war. Sehr wertvolle Zierhölzer sind die Rosenhölzer, die von verschiedenen Bäumen des Tropenwaldes stammen. Sie haben diesen Namen teils von ihrer rosenroten Farbe, die von hellrosa oder fleischrot bis tief karminrot wechselt, teils von dem kräftigen und angenehm rosenähnlichen Geruche. Interessant ist die Tatsache, daß die Farbe aller stark riechender Rosenhölzer im Lichte verblaßt, während die geruchlosen, zu denen vornehmlich das ostindische Rosenholz von *Dalbergia latifolia* zählt, meist lichtecht und deshalb zu Möbeln besser geeignet ist. Das echte Rosenholz stammt von der von Brasilien bis Peru heimischen *Physocalymna scaberrima*, einem 6–8 m hohen Baum mit gegenständigen Blättern und großen Blütentrauben, die schon zur Zeit der Entlaubung erscheinen. Es ist sehr hart, dicht und schwer mit rosen- bis tief karminroten Streifen.

Rothölzer sind auch das Pernambuk- oder echte Brasilholz von dem im nördlichen Südamerika und auf den Antillen einheimischen bestachelten Schmetterlingsblütler *Caesalpinia echinata*, ferner das ostindische Rotholz von der verwandten *Caesalpinia sappan*, deren beste Sorte aus Siam in den Handel kommt (es ist in Europa schon zu Anfang des 14. Jahrhunderts als *lignum presillum* nachweisbar), das afrikanische Rotholz, Cambal- oder Camwoodholz von *Baphia nitida*, einem 12–16 m hohen Schmetterlingsblütler in Sierra Leone, und das ostindische rote Sandel- oder Kaliaturholz von *Pterocarpus santalinus*. Alle diese Arten besitzen ein Holz mit teilweise angenehmem Geruch und zeigen auf der frischen Schnittfläche gelbrote bis intensiv rote Farbe, die jedoch durch Einwirkung der Luft hell- bis dunkelrot, ja selbst bräunlichschwarz wird. Außer Nutzhölzer sind sie vor allem Farbhölzer. Die Caesalpiniaarten enthalten den durch Oxydation sich bildenden Farbstoff Brasileïn, welcher zum Rot- und Violettbeizen dient, während beim ostindischen roten Sandelholz der rote Farbstoff Santalin wirksam ist, der mit verschiedenen Metallsalzen rote bis braune Farbbeizen liefert; beide werden heute vielfach durch Anilinfarben ersetzt.

Ein ähnliches Farbholz ist das Campesche- oder Blauholz von der zentralamerikanischen Caesalpiniazee *Haematoxylon campechianum*, von dem, wie vom Pernambuk- oder Brasilholz, bereits auf Seite 127 die Rede war. Es ist ein hartes, feines, schwer zu bearbeitendes, doch gut polierbares Holz von angenehmem Geruch im frischen Schnitte und kräftig blutroter Farbe, die an der Luft violett bis schwärzlich wird. Als Werkholz verwendet man es zu Drechsler- und Galanteriewaren, wie auch zu Violinbögen. Die Hauptmasse jedoch wird in den Fabenfabriken verraspelt, um den blauen Farbstoff, das Hämatoxylin zu gewinnen, das sich in Alkalien mit violetter Farbe löst und außer als Kernfärbungsmittel in der mikroskopischen Technik hauptsächlich zum Schwarzfärben dient.

Ebenfalls in Zentralamerika heimisch ist das echte Gelbholz oder der Fustik, der vom Färbermaulbeerbaum (*Machusa tinctoria*) stammt und den gelben Farbstoff Morin enthält, der heute noch trotz der Konkurrenz der Anilinfarben mit Vorteil zu gelben, braunen und olivengrünen Beizen dient. Als ungarisches Gelbholz oder Fiset kommt dagegen das Holz des Färbersumachs oder Perückenbaums (*Rhus cotinus*) zur Verwendung. Es enthält denselben gelben Farbstoff wie die Quercitronrinde der nordamerikanischen Färbereiche (*Quercus tinctoria*), das Quercitrin. Ohne extrahierbaren Farbstoff gelb gefärbt und deshalb oft fälschlicherweise Gelbholz genannt ist das gelbe Sandelholz, das von dem in Ostindien heimischen Sandelbaum (*Santalum album*) stammt. Es ist gelblich, stellenweise rötlich und besitzt einen starken, angenehmen Geruch durch das in ihm enthaltene und durch Destillation daraus gewonnene offizinelle Sandelöl.

Zu den bekanntesten, schon seit Anfang des 18. Jahrhunderts in Europa verwendeten ausländischen Hölzern gehört das Mahagoniholz, das von verschiedenen, nur im tropischen Amerika vertretenen 25–30 m hohen Bäumen der nach dem Leibarzte der Kaiserin Maria Theresia Gerard van Swieten (1700 zu Leiden geboren, starb in Wien 1772) *Swietenia* genannten Meliazeengattung aus der Familie der Terebinthen oder Balsamgewächse stammt. Das frische Holz ist gelbrot bis bräunlich, färbt sich aber mit der Zeit dunkelbraun bis fast schwarz. Es ist schwer und hart und bildet auch wegen des geringsten Schwindens unter allen technisch verwendeten Hölzern ein hochgeschätztes Möbel-, Kunstschreiner- und Furnierholz. Die wichtigste Art ist die in Westindien und im tropischen Amerika in einer verhältnismäßig schmalen Zone zwischen dem 11. und 23. Grad nördlicher Breite heimische *Swietenia mahagoni*, die bei einem Stammdurchmesser von 4 m bis 33 m hoch wird. Der Baum besitzt einen weit ausgebreiteten, dicht belaubten Wipfel, trägt paarig gefiederte Blätter, kleine, gelblichweiße Blüten in achselständigen Rispen mit beinahe faustgroßen, braunen, holzigen Kapseln mit zahlreichen flachen Samen. Er wächst außerordentlich langsam und soll seine volle Größe erst im Alter von 200 Jahren erreichen. Man findet den Baum nirgends in geschlossenen Beständen, vielmehr steht er einzeln als ein Riese unter den anderen Bäumen des tropischen Waldes. Fünf Mahagonibäume auf den Hektar gelten schon als ein dichtes Vorkommen; meist sind die Bäume noch spärlicher verteilt. Das Fällen derselben wird von Juni bis Januar vorgenommen, und zwar verlegt man wegen der drückenden Hitze, welche tagsüber herrscht, die Arbeit gern auf die mondhellen Nachtstunden. Die gefällten Stämme werden vierkantig behauen und auf Ochsen- oder Maultierkarren dem nächsten Wasserlaufe zugeführt, wo sie entweder einzeln oder zu Flößen verbunden nach dem Meere geflößt werden. Während sie aber im Süßwasser ohne Schaden beliebig lange verbleiben können, muß ihr Aufenthalt im Meerwasser so kurz als möglich sein, da sie darin leicht vom Bohrwurm angegriffen werden. Zur Ausfuhr kommen in der Regel nur die besten und größten Stämme, die kleineren Stücke und die Abfälle verarbeitet man an Ort und Stelle.

Die erste Bekanntschaft mit dem Mahagoniholz machten die Europäer bald nach der Entdeckung Amerikas. Schon zur Zeit des Fernando Cortez und seiner Begleiter soll das Holz zum Bau von Schiffen benutzt worden sein. Ebenso verwendete es der britische Seefahrer Walter Raleigh in Westindien zur Ausbesserung seiner Fahrzeuge. In unbearbeitetem Zustande gelangte es erst zu Anfang des 18. Jahrhunderts als Ballast eines von Westindien zurückkehrenden Schiffes nach England. Der Schiffskapitän schenkte die großen Blöcke seinem Bruder, einem angesehenen Arzte in London, der sie lange Zeit unbenutzt in seinem Hof lagern hatte, bis seine Gattin durch den Schreiner Wollaston einen Kasten daraus verfertigen ließ. Dieser gefiel so gut, daß der Doktor sofort noch einen Schreibtisch für sich daraus herstellen ließ. Die schöne Farbe und glänzende Politur des Möbels ließen in der Herzogin von Buckingham den Wunsch aufkommen, für sich auch solche zu bestellen. Es war dies im Jahre 1724. Die Nachfrage nach diesem ausländischen Zierholz nahm dann in der Folge langsam zu, so daß schon im Jahre 1773 allein aus Jamaika 520000 Kubikfuß davon nach England eingeführt wurden. Da es damals noch sehr selten war, sahen sich die Tischler schon aus Sparsamkeitsgründen dazu gezwungen, es fast nur als Furnierholz zu gebrauchen. Besonders schöne Stücke desselben erzielen heute noch recht hohe Preise; so bezahlte eine Pianofortefabrik vor nicht sehr langer Zeit für einen einzigen, in drei Blöcke zerschnittenen Mahagonifurnierstamm die ansehnliche Summe von 60000 Mark. Besonders geschätzt ist das geflammte, sogenannte Pyramidenmahagoni. Es kommt in verschiedener Qualität aus Kuba, Mexiko und Zentralamerika zu uns. Britisch-Honduras führt jährlich für gegen 3 Millionen Mark davon aus. Als weißes Mahagoni wird das Holz des in Westindien heimischen Acajoubaums (*Anacardium occidentale*) verwendet, während das afrikanische Mahagoni von verschiedenen Khajaarten aus Westafrika gewonnen wird. Das australische oder Bastardmahagoni dagegen stammt von verschiedenen Eucalyptusarten Australiens. Diese bis zu 150 m erreichenden Bäume, die somit zu den höchsten Bäumen der Erde zählen, haben ein rotbraunes, sehr hartes und dauerhaftes, von Insekten nicht angegangenes Holz. In Südeuropa wird wegen seiner Schnellwüchsigkeit und der aromatischen Ausdünstung seiner Blätter seit der Einführung durch Ramel im Jahre 1856 der blaue Gummibaum (*Eucalyptus globulus*) angepflanzt, der 1792 von Labillardière in Tasmanien entdeckt wurde, eine Höhe von 110 m erreicht und ein vorzügliches Bauholz liefert, das mit Vorteil zum Schiffsbau dient, da es im Wasser nicht leicht fault. Durch die Fähigkeit, auch auf sumpfigem Boden schnell zu wachsen und zu dessen Entwässerung beizutragen, soll der Baum günstig zur Bekämpfung des Wechselfiebers wirken. Ein aus ihm hergestelltes ätherisches Öl wird vielfach in der Medizin verwendet.

Eines der wertvollsten Zierhölzer für Drechsler und zur Herstellung von Einlegearbeiten ist das schön rötlichbraune Schlangen- oder Tigerholz, so genannt, weil es einer Schlangenhaut ähnlich, mit größeren und kleineren dunkelbraunen Flecken gezeichnet ist. Es ist sehr hart, dicht und schwer und kostet pro 100 kg wenigstens 1600 Mark. Es kommt in mittelstarken Stämmchen von Nordbrasilien und Guiana in den Handel und wird zur Anfertigung von Spazierstöcken, Geigenbogen, Furnieren und eingelegten Arbeiten benutzt. Ob es von der Morazee *Brosimum aubletti*, von der Leguminose *Machaerium schomburgki* oder von einem andern Baum stammt, ist ungewiß. Ebensowenig sind die Bäume bekannt, die das Ferolia- oder Satinholz liefern, das aus Ost- und Westindien zu uns gelangt. Mit Rücksicht auf die Farbe unterscheidet man gelbes, rotes und braunes Satinholz. Letzteres ist am häufigsten und wird als „Nußsatin" für Möbel fast allgemein verwendet. Es ist leicht, weich, von mattbrauner Farbe und unserem Nußholz sehr ähnlich, doch von feinerem Gefüge, während das gelbe Satinholz schwer, hart, wunderschön atlasglänzend und in manchen Arten auch wohlriechend ist. Mit diesem letzteren wird vielfach das Zitronenholz (von *Citrus medica*) verwechselt, das in neuerer Zeit wegen seiner schönen gelben Farbe und seidenartig geflammten Struktur ein sehr beliebtes Furnierholz für Möbel geworden ist.

Ein sehr schönes und wertvolles Zierholz kommt unter dem Namen Königsholz von Sumatra und Java, aber auch aus Westindien, namentlich Jamaika, nach Europa. Es stammt vom Tembesubaume (*Fagrea peregrina*), doch werden noch verschiedene andere Arten als Königshölzer bezeichnet. Der Name stammt daher, daß die Häuptlinge der betreffenden Gegenden den Handel mit diesen Holzsorten als ihr Monopol betrachten. Ihre Farbe ist violett bis schwarzbraun, oft mit rötlichen Adern durchzogen. Aus dem tropischen Amerika kommt das kaffeebraune, mit dunkleren, unregelmäßig verteilten Längsstreifen schön gezeichnete Ziricota- oder echte Zebraholz, ferner das tief rötlichbraune mit teils helleren, teils dunkleren, oft auch welligen Tupfen gezeichnete Patridge- oder Rebhuhnholz, sowie das im frischen Schnitte lebhaft gelbrote, später braunrot werdende, äußerst schwere und harte Kokoboloholz in den Handel. Die Abstammung aller dieser drei Hölzer ist ungewiß. Sie dienen hauptsächlich für Einlegearbeiten, als Bürstenhölzer und für die Stockindustrie.

Ein wegen seiner prächtig hellroten Farbe für Möbel, Einlegearbeiten usw. sehr geschätztes Holz ist das aus Indien und von den Sundainseln stammende Padukholz von *Pterocarpus macrocarpus*, während das aus dem tropischen Amerika kommende Panakoko- oder Pferdefleischholz von *Robinia tomentosa*, so genannt, weil es frischem Pferdefleisch ähnlich bräunlich mit roten oder grünschwarzen Schattierungen ist, hauptsächlich zu

Geigenbögen, Einlegearbeiten, sowie in der Stockindustrie Verwendung findet.

Als das wichtigste Holz für den Schiffbau muß das im tropischen Asien heimische Tiekholz bezeichnet werden, das einen bedeutenden Handelsartikel bildet. Es ist hell braunrot mit starkem, an Kautschuk erinnerndem Geruch. Weil manche Sorten äußerlich unserem Eichenholze ähnlich sind, wird es auch als „indisches Eichenholz" bezeichnet. Es ist aber dauerhafter als dieses und hat vor ihm den Vorzug, daß es von Insekten nicht angegangen wird und vor allem auch dadurch, daß mit ihm in Verbindung gebrachte eiserne Nägel, Schrauben, Bolzen usw. nicht rosten, was beim Eichenholz nicht vermieden werden kann. Daneben ist es außerordentlich fest und schwindet kaum. Der echte Tiekbaum (*Tectona grandis*, aus der malabarischen Bezeichnung *tekka* für diesen Baum entstanden) ist ein in Ostindien, Hinterindien von Birma bis Malakka, und auf Java heimischer, sehr großer Baum mit gegenständigen, großen, eiförmigen, unterseits weißfilzigen Blättern, weißen Lippenblüten in großen, endständigen Rispen und im vergrößerten Kelch eingeschlossenen, haselnußgroßen Früchten. Er gedeiht am besten auf trockenem Waldboden, meidet aber die immergrünen Bergwälder, wie auch das Meeresufer und steigt in den Gebirgen bis zu 1300 m empor, gedeiht aber schon bei 1000 m Meereshöhe nicht mehr so gut wie am Fuße der Gebirge. Auf angeschwemmtem Boden erreicht er in 80 Jahren, im Gebirge dagegen kaum vor 200 Jahren seine höchste Entwicklung. Der Stammumfang mißt dann bis 7 m und die großen Äste stehen bis 30 m über dem Boden. Der Baum wird seines Holzes halber viel kultiviert und ist auch auf Sumatra, Cochinchina und in Südchina eingeführt worden. Sehr ausgedehnt sind die Tiekwälder in Birma und Siam. Gewöhnlich fällt man die Bäume zwischen dem 40. und 60. Jahr, wenn sie eine Höhe von 17–20 m und eine Stammstärke von 1 m erreicht haben. Um recht trockenes Holz zu erhalten, ringelt man in Indien am untern Teil des Stammes Rinde und Splintholz ab und läßt den schnell absterbenden Baum zwei Jahre lang stehen. Da aber dadurch das Rissigwerden des Holzes begünstigt wird, ist diese Methode neuerdings auf Malabar verlassen worden. Das Holz wird in Indien vielfach benutzt, aber auch in großen Mengen nach Europa und Nordamerika eingeführt, wo es außer als Schiffbauholz zu großen Konstruktionen und zum Bau von Eisenbahnwagen verwendet wird. Es enthält in frischem Zustande ein Öl, das in Indien häufig das Leinöl ersetzt. Die Rinde benützt man zum Gerben, mit den Blättern färbt man Seide und Baumwolle purpurrot, auch dienen sie wie die Blüten als Heilmittel.

Ein sehr leichtes und weiches Holz kommt von Nordamerika in großer Menge nach Europa und findet hier hauptsächlich als Blindholz für furnierte Arbeiten, dann zu Wagenkastendecken und als Füllungen im Wagenbau, wie auch zu leichten Möbeln ausgedehnte Verwendung. Es ist dies das amerikanische Pappelholz oder *white wood*, das von dem auch bei uns als Zierbaum angepflanzten nordamerikanischen Tulpenbaum (*Liriodendron tulipifera*) stammt. Auch das Holz des in China heimischen Kampferbaums (*Laurus camphora*) findet außer zur Kampfergewinnung wegen seiner schön blaßrötlichen Farbe, vornehmlich in gemaserten Stücken, als Furnierholz vielseitige Benutzung.

Die Palmenhölzer, deren Farbe im Querschnitt gewöhnlich einen hellbräunlichen Grundton mit einer Menge kleiner, tiefschwarzer Punkte zeigt, die wie Fliegenkot aussehen, finden meist nur als Furnierhölzer zu Einlegearbeiten Verwendung. Damit hätten wir die für uns in Betracht kommenden Nutzhölzer erschöpft.

[6] Siehe das Nähere über die „Pilzwurzel“ oder *Mycorrhiza* im 13., die Pflanzengenossenschaften behandelnden Abschnitt meines Werkes: Das Leben der Erde, Verlag von Ernst Reinhardt, München 1908.

XXXII.

Die Nutzpflanzen der Wüste.

Nicht nur die mit atmosphärischen Niederschlägen gesegneten Gebiete der Erde haben ihre Nutzpflanzen, sondern auch die niederschlagsarmen und infolge ihrer Trockenheit allem Leben so feindlichen Wüsten. Und in diesen Wüsten sind solche begreiflicherweise von Tieren und Menschen, die ihnen begegnen, doppelt geschätzt. Nun sind alle Wüstenpflanzen vor allem darauf angewiesen, möglichst haushälterisch mit dem ihnen so spärlich zu Gebote stehenden Wasser umzugehen. Deshalb haben sie alle stark das Wasser verdunstenden Organe, so namentlich die Blätter, vielfach ganz abgeschafft oder doch bis auf kleine, bedeutungslose Schüppchen reduziert und haben außerdem, sei es in den unterirdischen Zwiebelknollen, wie bei den Lilienarten, sei es im oberirdischen Stamm, wie bei den sämtlich in Amerika heimischen Kakteen, teilweise sehr umfangreiche Wasserspeicher angelegt, während bei den altweltlichen, fast ausschließlich in Afrika vorkommenden Euphorbiazeen oder Wolfsmilchgewächsen und Aloëarten der Stamm auf ein Minimum reduziert ist und dafür die fleischigen Blätter zu Wasser aufspeichernden Organen geworden sind. In diesen schwammigen Geweben, die als Wasserreservoire dienen, ist das Wasser, um es nach Möglichkeit zurückzubehalten, an einen dicken, gallertartigen Schleim gebunden. Die ganze Pflanze ist von einer lederartigen, festen Oberhaut umgeben, die die Atmungsöffnungen auf das geringste Maß vermindert hat, um dem angesammelten Wasser keinen Durchlaß zu gewähren. Außerdem schränken Haare, Stacheln und Wachsüberzüge die Verdunstung fast bis zur Unmöglichkeit ein.

Tafel 167.

(Nach Photogr. von O. B. Waite in Mexiko.)

Säulenkaktus (*Cereus*) als Wegeinfassung auf dem Hochlande von Anahuac in Mexiko.

Tafel 168.

(Nach Photogr. von *Dr.* H. Roß.)

Typische Kakteenlandschaft in den Bergen östlich von Tehuacan in Mexiko.

(Nach Photogr. von O. B. Waite.)

Baumartig verzweigter Säulenkaktus (*Cereus*) am Wege von Oaxaca nach Mitla in Mexiko.

Die Kakteen sind der Typus solcher Wüstenpflanzen. Sie sind lebende Wasserreservoire in der trockenen Wüste und deshalb für ihre wasserlosen Standorte so überaus bedeutsam. Die Hauptmasse eines jeden besteht aus an Schleim gebundenem Wasser, was ihnen in den wasserfreien Gegenden, auf die sie beschränkt sind, für Tiere und Menschen die größte Wichtigkeit verleiht. In Mexiko und in den mittel- und südamerikanischen Bergländern entscheiden sie durch ihr Vorhandensein oder ihre Abwesenheit geradezu über Leben und Tod. Und was dort der Mensch mit seinem langen Buschmesser, dem *machete*, bewirkt, nämlich die zu ihrem Schutze an der Pflanze haftenden Stacheln abschlagen, um sie ergreifen und essen zu können, das erzielt das Maultier mit seinen Hufen. Mit derselben Leidenschaft, wie bei uns die Esel den Spuren der Disteln folgen, so geben sich dort die Maultiere mit wahrer Virtuosität dem Sport des „Kaktusschlagens" hin, um in der wasserlosen Gegend zum allzu verlockenden saftigen Bissen zu gelangen. Allerdings werden sie dabei nur zu oft zu Krüppeln, indem die eisenharten, langen Stacheln tief in den Huf der Tiere eindringen, so daß viele dieser Einhufer mit gelähmten Beinen herumhumpeln. Nichtsdestoweniger müssen sie meist mit Gewalt von ihrer leidenschaftlichen Begierde nach dem leckeren Mahle abgehalten werden. Für den Menschen gibt es zwar angenehmere Getränke als den schleimigen, kühlen Saft der Kakteen; nichtsdestoweniger hat dieser klebrige Trunk verschmachtende Reisende, ja, ganze Expeditionen oft genug vom Tode des Verdurstens gerettet.

Außer durch ihr saftiges Mark sind die Kakteen auch durch ihre Früchte Tieren und Menschen in der Wüste nützlich. Unter diesen Kakteenfrüchten sind am bekanntesten diejenigen des von den Mexikanern Tuna genannten Tuna-Feigenkaktus (*Opuntia tuna*). Sie sind bis apfelgroß, hellrot, angenehm säuerlich und werden nach Entfernung der dicken, stacheligen Schale frisch oder gedörrt in Menge vom Menschen gegessen; aus den unreifen Früchten gewinnt man durch Kochen ein an Apfelmus erinnerndes Kompott. Einige Indianerstämme rösten auch die saftigen, süßen Stengel, bevor sie sie essen. Ein naher Verwandter von ihm ist der gemeine Feigenkaktus (*Opuntia ficus indica*), der bald nach der Entdeckung Amerikas von den Spaniern nach ihrer Heimat gebracht wurde und sich von da über das ganze Mittelmeergebiet, Nordafrika und Westasien verbreitete und dem Menschen ein geschätztes Obst liefert.

Die weitaus wohlschmeckendsten Früchte unter allen Kakteen besitzt aber der in Westindien heimische *Cereus triangularis*. Man nennt sie Erdbeerbirnen, da sie an beide Früchte erinnern. Sie haben die Größe eines Gänseeis und sind außen und innen scharlachrot. Der in Mexiko heimische, 6–13 m hohe und 0,6–1,3 m dicke Riesenkaktus (*Cereus giganteus*) besitzt birnenförmige, grünlichgelbe Früchte in der Nähe des Wipfels, die innen schön rot und schmackhaft sind und viele kleine, schwarze Samen enthalten. Ihre Schale ist weichfaserig, saftig und süß. Für die Indianer sind die Früchte, die in bezug auf Geschmack an Feigen erinnern, nur viel saftiger sind, wahre Leckerbissen, mit denen sie sich als einziger Nahrungsquelle begnügen, solange sie solche haben können. Das Mark der Früchte wird von ihnen in luftdicht verschlossenen irdenen Töpfen konserviert, auch wird daraus ein klarer, lichtbrauner Sirup gepreßt.

Noch besser als die Früchte des Riesenkaktus sollen nach dem Urteil der Mexikaner diejenigen des Thurberschen Kaktus (*Cereus thurberi*) schmecken, die ebenfalls in großen Mengen von ihnen gegessen werden. Sie sind etwa hühnereigroß und mit langen, schwarzen Stacheln besetzt. Sobald sie reif sind, was an ihrer rötlichen Farbe erkennbar ist, fallen die Stacheln ab, die Schalen bersten und lassen reichlich ein rotes, saftiges Mark, mit kleinen, schwarzen Samen durchsetzt, zutage treten. Dieser, wegen seiner süßen Früchte von den Mexikanern *pitahaja dolce* genannte Kaktus wird 5,5–6 m hoch und 15–20 cm dick und wird nach den Begriffen der Indianer und Mexikaner kultiviert, d. h. diese streuen den Samen der von ihnen gegessenen Früchte irgendwohin und überlassen das übrige der Natur. Auch aus dem saftigen, süßen Fruchtfleisch dieser Kaktusart läßt sich ein feiner Sirup gewinnen.

Ebenso nützlich ist der Seeigelkaktus (*Echinocactus wislizeni*), der bei einem Durchmesser von 0,5 m nur 3 m hoch wird. Das Stengelmark dieses von den Mexikanern *visnaga* genannten, sehr stark bestachelten Kaktus schmeckt im

Innern angenehm säuerlich und den Durst löschend, wenn es gekaut wird, während das Mark der Früchte sauer ist und deshalb nur selten als Speise dient; dagegen wird aus den kleinen schwarzen Samen durch Mahlen ein schmackhaftes Mehl bereitet. Die Reisenden in den Wüsten des nördlichen Mexiko und südlichen Arizona sind höchst erfreut, wenn sie ihm begegnen, da sie bei ihm ihren Durst auf angenehme Weise zu löschen vermögen. Fast alle an beiden Seiten der Wüstenwege wachsenden Seeigelkaktusse zeigen große Löcher, die von den durstigen Reisenden gebohrt wurden. Einzelne Abschnitte des Stammes werden als Kochgeschirr benutzt. Wenn ein wandernder Indianer sich ein Mahl zu bereiten wünscht, sucht er einen großen Echinokaktus, haut ein etwa 1 m langes Stammstück ab und höhlt es zu einem Troge aus. In diesen wirft er den weichen Markkern, welchen er bei der Aushöhlung gewann, und was er sonst Genießbares an Wurzeln oder Fleisch besitzt und fügt Wasser hinzu. Dann erhitzt er einen Feldstein im offenen Feuer so stark wie möglich und wirft ihn in den Trog. Ist der Stein abgekühlt, so wird er abermals erwärmt und ein zweites Mal in den Trog geworfen. Das genügt gewöhnlich zum Durchkochen der Masse; nur selten ist eine dritte Erwärmung des Steines notwendig.

Die Papajoindianer schälen die Rinde mit den Stacheln vom Stamm dieses Kaktus ab ohne ihn umzuhauen, lassen ihn einige Tage der Sonne ausgesetzt, spalten dann den Stamm, um den weichen Markkern zu gewinnen, den sie in Stücke schneiden und in dem aus den Früchten des Riesen- und Thurberkaktus bereiteten Sirup kochen. Wenn diese Stücke getrocknet sind, sollen sie einen Geschmack wie Zitronat besitzen.

Der in Zentralamerika heimische Melonenkaktus (*Melocactus communis*), der eine 30–60 cm hohe, runde oder ovale, längsgefurchte Masse bildet, wird in Zeiten der Dürre besonders vom Vieh aufgesucht, das ihn mit den Hörnern von den Stacheln zu befreien und aufzubrechen sucht, um sich am saftigen Stamme zu laben. Seine angenehm säuerlich schmeckenden Beeren werden nicht bloß in Zentralamerika, sondern auch in Westindien häufig gegessen.

Alle Sorten von Kakteen dienen dem Vieh als Futter. Auf den großen Hazienden des nordwestlichen Mexiko wäre auf dem grasarmen Boden die als einzig lohnender Zweig der Landwirtschaft betriebene Viehzucht nicht möglich, wenn die Kakteen nicht wären, die die Rinder, Pferde und Maultiere geradezu am Leben erhalten. Und auch getrocknet dienen die Stämme als Nutz- und Brennholz, das nicht nur gegen alle Witterungseinflüsse unempfindlich, sondern auch so überaus leicht ist, daß ein Maultier die zehnfache Menge desselben an Stelle gewöhnlichen Holzes tragen kann.

Endlich hat einst zur Blütezeit der Cochenillezucht eine bestimmte Art derselben, die *Nopalea coccinellifera* in Mexiko, dem Dorado aller Kakteen, und in der Folge auch in anderen Tropenländern, wo diese lukrative Industrie eingeführt wurde, als Nährpflanze der Cochenilleschildlaus eine große wirtschaftliche Bedeutung gehabt; gehört doch das aus jenen Läusen gewonnene Karmin auch heute noch zu den edelsten Farbstoffen. Dadurch aber, daß die billigen Anilinfarben mit ihm in Konkurrenz traten, wurde der Cochenillekarmin als nicht mehr konkurrenzfähig in den Hintergrund gedrängt.

Da doch die verschiedenen Kakteen für alle wasserarmen und daher für eine andere Vegetation als diese ungeeigneten Gegenden so überaus wertvoll sind, ist es sehr zu verwundern, daß man sie nicht eigentlich durch systematische Züchtung zu verbessern suchte. Den ersten vielverheißenden Anfang dazu hat neuerdings der berühmte Pflanzenzüchter Luther Burbank in Santa Rosa in Kalifornien gemacht, dem es gelang, eine stachellose, großstengelige und überaus saftige Abart der Opuntie zu züchten, die sich außerordentlich einfach, durch Stecken eines Stückchens des fleischigen Stengels in den Boden, fortpflanzen läßt und außerdem ebenfalls stachellose, sehr wohlschmeckende und nahrhafte, feigengroße, rötliche Früchte zeitigt. Ein solches Zuchtprodukt ist für die Menschheit von unschätzbarem Wert, da es ihr auch die sterilsten Wüsten zu besiedeln gestattet. Erst mit einer solchen Nutzpflanze, die auch ohne Bewässerung gedeiht, kann sie sich mit ihren Haustieren in den ihr bisher verschlossenen Gebieten festsetzen und so weite Länderstrecken der Kultur erschließen, die bisher lebenfeindliche Öde und Wildnis waren. Durch solche Neuerungen ist der Menschheit, mag sie sich noch so sehr vermehren, auf unübersehbare Zeiten hinaus Raum genug zur Ausdehnung auf unserem Planeten gegeben. Welch herrliche Gärten werden dann die unendlichen, bisher toten Wüsten der Erde sein, wenn der Mensch auch die Sonnenwärme sich als Energiequelle dienstbar gemacht und überall durch Staubecken oder Pumpen Wasser zu seinen leiblichen und industriellen Bedürfnissen, wie auch zum Tränken seiner Haustiere und Nutzpflanzen, die desselben zu ihrer Existenz bedürfen, zur Verfügung haben wird!

Außer den Kakteen gibt es noch viele andere wenig bekannte Wüstenpflanzen, die schon heute in ihrer unveredelten, wilden Form dem Menschen von teilweise recht großem Nutzen sind. Es seien hier nur einige der wichtigsten kurz angeführt. So wächst im Gebiet der Kakteen, speziell auch in Mexiko, die noch auf trockenem, sandigem Boden gedeihende *Yucca baccata*, von den Spaniern *bayonett* genannt. Sie liefert alle Jahre 1–6 Früchte, die in reifem Zustande in Form und Größe Bananen ähneln. Deren Farbe ist grünlichgelb und das Fruchtfleisch, in welchem große, schwarze Samen eingebettet sind, ist süß und schmackhaft. Ihre unreifen Früchte werden wie Kartoffeln in der Asche geröstet. Die kurz vor dem Aufbrechen gepflückten Blütenknospen werden ebenfalls geröstet und in diesem Zustande als

Leckerbissen betrachtet. Aus den Blättern wird ein grober, aber sehr dauerhafter Faserstoff gewonnen.

Von dem Werte der auf dürrem, vulkanischem Boden Mexikos, Arizonas und Südkaliforniens wachsenden Agaven, die von den Mexikanern im großen kultiviert werden, ist an anderer Stelle bereits die Rede gewesen. An ihnen ist mancherlei nutzbar. Die Wurzeln werden geröstet genossen. In Wasser gekocht gibt die frisch geschnittene, kopfgroße Blütenstengelknospe einen guten Sirup und ein sehr angenehmes Gericht. Meist wird sie aber vor dem Ausbrechen vertieft abgeschnitten und der sich reichlich in die Höhlung ergießende Zuckersaft gesammelt, um durch Vergärung eine Art Wein, den Pulque, das Nationalgetränk der Mexikaner, daraus zu gewinnen.

In den westlichen Steppen Nordamerikas wächst die Kama (*Camassia esculenta*), deren walnußgroße Zwiebelknollen von den Indianern sehr geschätzt sind, da sie wie Kartoffeln, nur süßer schmecken. Ihr Zuckergehalt muß ein beträchtlicher sein, da sie zerstampft und in Wasser gekocht einen guten Sirup liefern. Noch vor kaum mehr als einem Menschenalter hat diese bevorzugte Speise der Indianer im Staate Idaho zu einem blutigen Kriege, dem berüchtigten Kamakriege, geführt. Das Vieh der Ansiedler vernichtete diese Pflanze, welche sie, die Indianer, für ihren Lebensunterhalt nicht entbehren könnten. So lautete wenigstens die Begründung der Kriegserklärung gegen die Weißen. Aber auch die Blaßgesichter essen die Kamawurzel gern; denn nicht wenige Farmer lassen zur Erntezeit dieser Knollen im Juni und Juli von ihren Kindern Vorräte für die Küche sammeln.

Sehr geschätzt in den Wüsten um den Salzsee von Utah sind die walnußgroßen, äußerst schmackhaften Wurzelknollen der als wilder Sago bezeichneten Liliazee *Calochortus luteus*, die von den Indianern eifrig ausgegraben und gesammelt werden. Deren Kinder schätzen sie um des süßlichen Geschmackes willen wie Zuckerzeug. Als die Mormonen, die sich selbst „Heilige des Jüngsten Tages" nennen, von ihren „heidnischen" Nachbarn im Staate Illinois fortwährend befehdet, 1847 nach Westen über das Felsengebirge auswanderten, um sich in dem später als Utah in die Union aufgenommenen Territorium am großen Salzsee eine neue Heimat zu gründen, die sie der Wüste abringen mußten, da bildeten diese Wurzeln im ersten Jahre ihres dortigen Aufenthaltes einen sehr wichtigen Bestandteil ihrer Nahrung. Was das Manna der Wüste den nach dem Lande Kanaan ziehenden Juden war, das wurde der wilde Sago den unter dem Präsidenten Brigham Young (1801–1877) das Land der Verheißung suchenden Mormonen.

Eine andere ausdauernde Lilienart, die in Nordamerika und Texas weite Strecken steiniger, unfruchtbarer Hügelhänge hauptsächlich in Erhebungen von 150–200 m mit ihren hellgrünen, 0,9–1,2 m langen, schmalen Blättern bedeckt, ist der Sotol (*Dasylirion texanum*). Alle 3–4 Jahre treibt er einen saftigen, zuckerreichen, starken Blütenstengel bis zu 3 m Höhe empor. Dieser ist das für den Menschen Wertvollste an der Pflanze, da er vorzugsweise zu Schaffutter, aber auch zur Nahrung des Menschen dient. Der Schäfer, der seine Herde auf eine Sotolweide führt, geht ihr mit dem langen Haumesser, *machete* genannt, voraus und spaltet die Stengelköpfe, deren weiches, saftiges Mark von den Schafen gerne gefressen wird. Nach einiger Vertrautheit mit diesem Futter wissen sich die Schafe selber zu helfen; sie warten die Vorbereitung ihres Hirten nicht ab, sondern zerreißen selbst die Blätter des Sotol und dringen nagend in den Stengelkopf ein. Dieses Futter ist nahrhaft und zugleich durstlöschend, so daß es überflüssig wird, die Schafe, die sich von diesem Futter ernähren, zur Tränke zu führen. Während der heißen Monate wird der Sotol in seinem Verbreitungsgebiet als das wertvollste Schaffutter betrachtet. Jedenfalls würde ohne sein Vorhandensein die Ernährung des gegenwärtigen bedeutenden Schafbestandes in jenen sonst so dürren und pflanzenarmen Gegenden nicht möglich sein.

Die Mexikaner verspeisen die jungen Stengelköpfe des Sotol gekocht oder geröstet. Die letztere Zubereitung ist weitaus die beliebteste und geschieht in folgender Weise: Es wird ein Loch gegraben, das 6–8 Köpfe aufnehmen kann, und mit einem darin angezündeten und längere Zeit unterhaltenen Feuer gründlich erhitzt. Alsdann wird das Feuer herausgeschaufelt, bis auf ein Bett glühender Kohlen, auf das die Köpfe geworfen und mit Erde bedeckt werden. Nach 10–12 Stunden sind sie gar. Sie haben dann ein braunes, saftiges Aussehen und schmecken ganz angenehm süßlich.

Nach diesem Bratprozeß können die zuckerreichen Köpfe auch zur Destillation eines als Sotolmescal bezeichneten Branntweins benutzt werden, was sehr häufig geschieht. Dieser ist sehr stark, hat einen eigentümlichen durchdringenden Geruch und ist bei den niederen Volksklassen Mexikos sehr beliebt. Er wird etwa für 1¼ Mark per Liter ausgeschenkt und berauscht sehr schnell, was als ein Vorzug angesehen wird. Endlich kann aus den Blättern des Sotol ein grober Faserstoff gewonnen werden, der zur Herstellung von allerlei Flechtwerk und Seilen dient.

Die fleischigen, als Wasser- und Reservenahrungsbehälter dienenden Wurzeln der verschiedensten Wüstenpflanzen liefern dem Menschen wie den Tieren eine willkommene Nahrung, so auf den trockenen Plätzen der nordamerikanischen Steppen die hühnereidicke, zarte, weiße, stärkemehlreiche, einen angenehmen süßlichen, an Rüben erinnernden Geschmack besitzende Wurzel der Brotwurzel genannten *Psoralea esculenta* und die zarte, spindelförmige Wurzel einer von den Indianern *yampah* genannten Umbellifere, die von den Shoshone- und Schlangenindianern geradezu als die beste Nahrung aus dem Pflanzenreiche betrachtet wird. Sie bildet bei mehreren nordwestlichen Indianerstämmen einen geschätzten Handelsartikel und wird auch von den weißen Bewohnern dieser Gegenden als Suppenwürze benutzt.

Die Nez Percés-Indianer sammeln die saftigen, fingergroßen Wurzeln der an den öden Gebirgsabhängen des östlichen Oregon wachsenden Umbellifere *Carum gairdneri*, um sie wie Kartoffeln zu kochen. Sie schmecken dann sehr angenehm rahmartig. Übrigens haben auch wir eine in der Rheingegend als Unkraut gemeine Kümmelart, den knolligen Kümmel oder die Erdkastanie (*Carum bulbocastanum*), deren bis 5 cm dicke Wurzelknollen kastanienähnlich schmecken und gekocht, gebraten und als Salat gegessen werden. Besonders in der Moldau-Walachei sind sie eine sehr geschätzte und viel gesammelte Nahrung, deren Anbau sich sehr lohnen würde. Dieselben Indianer Oregons sammeln auch die schwarzen Wurzeln einer andern auf dürrem, vulkanischem Erdreich wachsenden Umbellifere, *Oenanthe sarmentosa*, einer nahen Verwandten unseres Roßkümmels (*Oenanthe phellandrium*), um sie geröstet zu verspeisen. Beim Kochen berstet sie und zeigt einen weißen, stärkemehlartigen Inhalt. Sie schmeckt süß, rahmartig und gilt deshalb bei den Indianern als ein Leckerbissen ersten Ranges.

Ferner sammeln die Indianer die Wurzeln der in der Südhälfte des Felsengebirges und im Wasatchgebirge vorkommenden Umbellifere *Peucedanum ambiguum*, die von den Weißen als Biskuitwurzel bezeichnet wird. Die Pflanze wächst auf so dürren Gehängen, daß sie nicht einmal dürftiges Gras hervorbringen. Die Wurzeln werden im Mai, zur Zeit der Blüte, gegraben und sind so außerordentlich reich an Stärkemehl, daß dieses auch ohne Mahlen beim Trocknen förmlich herausfällt. Es ist sehr weiß und angenehm zu essen, besitzt einen milden Selleriegeschmack und hält sich viele Monate hindurch. Ebenso sammeln sie die großen, spindelförmigen Wurzeln der in öden Gebirgsgegenden Kaliforniens wachsenden weißblühenden Portulakart *Lewisia rediviva*, die als sehr nahrhaft gilt und auch für den Winterbedarf getrocknet wird.

Eine andere Knollenpflanze der dürren Gegenden von Neu-Mexiko, Arizona und Kalifornien, die tiefe Sandansammlungen weithin bedeckt, ist eine von den Spaniern als *canaigre* bezeichnete Sauerampferart, *Rumex hymenosepalus*. Die dunkelbraunen, im Durchschnitt zitronengelben, batatenähnlichen Knollen von 10–20 cm Länge und 2–5 cm Dicke schmecken stark zusammenziehend durch einen Gehalt von 9,6 Prozent Gerbsäure und können deshalb auch zum Gerben verwendet werden. Dieser Gerbstoffreichtum macht sie allerdings für den Menschen nur im Notfalle eßbar.

In diesen dürren Gegenden bieten auch allerlei wildwachsende Samen eine erwünschte Speise. So gedeiht an den trockenen, felsigen Hängen der Gebirgswüsten von Mexiko, Kalifornien und Arizona bis zu 2700 m Höhe eine nur unter günstigen Verhältnissen 9 m Höhe erreichende Fichte (*Pinus edulis*), die von der spanisch redenden Bevölkerung *piñon*, von der amerikanischen jedoch Nußfichte genannt wird, weil ihre bohnengroßen, öligen Samen in Menge gesammelt und als vortreffliche Speise wie Nüsse gegessen werden. Sie haben einen süßen, angenehmen Geschmack, der durch Rösten bedeutend verfeinert wird. Sie dienen auch vielfach zur Gewinnung eines guten Speiseöles, dessen Überschuß über den Selbstgebrauch einen nicht unwichtigen örtlichen Handelsartikel bildet. Nur hat es den einen Nachteil, bald ranzig zu werden. Das leichte und weiche, aber sehr dauerhafte Holz dient vorzugsweise zur Bereitung geschätzter Kohlen.

Auch die sehr eiweiß- und mehlreichen Samen eines in den Wüsten von Utah, Colorado, Arizona und Nordamerika an tiefgelegenen sandigen Stellen wachsenden strauchartigen Hülsenfrüchtlers, der Schraubenbohne (*Prosopis strombulifera*), von der spanisch redenden Bevölkerung *tornilla* genannt, werden gesammelt und geben gekocht eine ausgezeichnete, selbst vom verwöhnten Weißen gern gegessene Grütze. Wegen dieser Samen schätzen die Indianer diesen Bohnenstrauch hoch, und auch viele Soldaten der Union halten ihn in dankbarem Andenken; denn auf den strapaziösen Kriegszügen gegen die Indianer in der trostlosen Wildnis, die seine Heimat bildet, hat er es ihnen ermöglicht, nicht nur Feuer anzuzünden, sondern hat auch ihren erschöpften, hungrigen Pferden und Maultieren in den Blättern und mehr noch in den Samen eine wohltätige Labung geboten. Alles Vieh frißt diese Bohnen, selbst wenn es in gutem Futterstande gehalten wird und sonst genug zu fressen hat, mit augenscheinlicher Begierde; deshalb dürfte auch dieser Strauch sich zur Besiedelung sandiger Wüsten eignen.

Ein noch viel weiter südlich, nämlich vom Coloradofluß bis nach Chile vorkommender und bei einiger Pflege einen bis 12 m hohen Baum bildender Verwandter dieses Bohnenstrauches ist der Mesquite (*Prosopis juliflora*). Mit seiner runden Krone und seinen dornenbewehrten Ästen erinnert er lebhaft an unsere, übrigens derselben Familie angehörende Akazie. An den trockenen Hügelhängen seiner Heimat wächst er oft als einziger Vertreter der Pflanzenwelt so weit das Auge reicht und läßt im Juni und Juli seine 15–20 cm langen, flachen, etwas gekrümmten und zwischen den Samenkörnern eingeschnürten Schoten in ganzen Büscheln reifen. Diese enthalten, wie diejenigen der verwandten Tamarinde, ein süßes, schwach säuerliches Fruchtfleisch, das nicht weniger als 26 Prozent Traubenzucker enthält und, grob zerstoßen und mit Wasser übergossen, zur Herstellung eines nahrhaften und erquickenden Aufgusses dient. Um ihren angenehm schmeckenden

Atole zu bereiten, verfahren die Mexikaner etwas anders. Zunächst kochen sie die Schoten in Wasser, dann ersetzen sie das warme Wasser durch kaltes, zerquetschen die Schoten in demselben und seihen nach einiger Zeit die Flüssigkeit ab. Durch Stehenlassen kann man die zuckerreiche Abkochung in alkoholische Gärung bringen und erhält dadurch ein berauschendes Getränk, das viele Liebhaber findet.

Die reifen Schoten, die gerne vom Vieh aufgesucht und gefressen werden, sind sehr der Entwicklung von Maden ausgesetzt, so daß die Mexikaner und Indianer keine andere Abwehr dieser lästigen Gäste kennen, als die gesammelten Schoten samt den Bohnen sofort in einem Mörser zu feinem Mehl zu zerstoßen und dasselbe möglichst gut verschlossen aufzubewahren, bis sie es zum Backen eines groben Brotes gebrauchen wollen. Die Maden sind jedenfalls schon bei der Ernte in den Schoten, worein sie wohl durch eine Art Kleinschmetterling gelegt worden sind, vorhanden und werden durch das Mahlen getötet und so in ihrer weiteren Entwicklung zerstört. So erklärt es sich, daß sich das so gewonnene Mehl viel länger als die Schoten aufbewahren läßt. Übrigens ist den Indianern das Auftreten der Maden durchaus nicht unlieb, denn sie sehen in ihnen einen erwünschten Nahrungszuwachs; nur die kultivierten Mexikaner denken anders und treffen entsprechende Vorkehrungen. Diese Schoten bilden begreiflicherweise eine wichtige Nahrung für die Indianer und mexikanischen Mischlinge, wie für ihre Pferde und Maultiere. Auch die Unionssoldaten haben sie auf ihren Kriegszügen gegen die Indianer als Pferdefutter schätzen gelernt, und ein mit Vermessungen betrauter Offizier der Vereinigten Staaten ging in seinem Bericht an das Kriegssekretariat sogar so weit, zu behaupten, der Erfolg seiner Expedition wäre ohne das Vorhandensein der Mesquiteschoten überhaupt nicht möglich gewesen.

Das läßt uns den ungeheuren Wert des Mesquite für die Bewohner der unfruchtbarsten Gegenden seines Verbreitungsgebietes begreifen. Diese wüßten wohl kaum, wie sie sich ohne ihn durchs Leben schlagen sollten. Ratlos würden sie sich auch nach Brennmaterial umsehen, wenn er nicht vorhanden wäre; denn solches wird an vielen Orten ausschließlich vom Mesquite geliefert. Und welch treffliches Brennmaterial bietet er nicht! Beim Verbrennen seines Holzes strömt eine Hitze aus wie aus Steinkohlen. Für die Kohlenbrennerei wird schwerlich ein besseres Holz aufzufinden sein als das seinige. Zudem liefert er, wenn die Stämme eine genügende Dicke erreicht haben, ein für die Möbeltischlerei sehr gesuchtes Werkholz, dessen Kernholz gelbrot bis purpurn leuchtet und scharf gegen den fahlgelben Splint absticht. Beide nehmen eine schöne Politur an, was ihren Wert als Nutzholz erhöht. Außerdem ist es so hart, daß es verschiedenen mexikanischen Städten zur Pflasterung der Straßen dient und sich dabei sehr bewährt hat.

Vom Mai bis September schwitzt ein bernsteingelber Gummi aus den Mesquitestämmen, das wie arabischer Gummi schmeckt, sich leicht in drei Teilen Wasser auflöst und dann einen guten Klebstoff bildet, der den arabischen Gummi völlig ersetzt. Von diesem unterscheidet er sich chemisch dadurch, daß er nicht wie jener von essigsaurem Blei gefällt wird und damit einen weißen Niederschlag gibt. Je älter der Stamm und je dicker und geborstener die Rinde ist, um so reichlicher ist die Ausschwitzung von Gummi, der auch aus allen Astlöchern sickert. Ein großer Baum liefert eine Ernte von etwa 120 g; doch kann dieselbe bis auf 400 g erhöht werden. Als Mesquite- oder Sonoragummi wird er zu etwa 10000 kg jährlich hauptsächlich nach Mexiko exportiert, wo ihn viele Apotheken als Ersatz des arabischen Gummis führen.

Auch die an Erbsen erinnernden braunen Samen eines andern, zu den Leguminosen gehörenden Baumes, des Eisenholzes (*Olneya tesota*), der an öden, felsigen Stellen in den wasserärmsten Gegenden des nordwestlichen Mexiko und in Arizona wächst, werden von den Indianern roh und geröstet gegessen. In letzterem Zustande sollen sie wie Erdnüsse schmecken. Das Stammholz liefert gutes Brennmaterial und eignet sich zur Anfertigung von allerlei Geräten. Schon um dieser Eigenschaft willen verdient der Baum Beachtung zur Nutzbarmachung von Wüsten.

Ein anderes nicht unwichtiges Wüstengewächs ist die die öden, sandigen Strecken von Texas und Arizona bewohnende, 0,6–1,8 m hohe strauchartige Zwergpflaume (*Prunus fasciculata*), deren karminrote, süße, etwas größer als die der Schlehe werdenden Früchte sowohl frisch als gedörrt und zu Mus verarbeitet gerne gegessen werden. Wenn sie zu reifen beginnen, wandern die Indianer von weit her zur Ernte herbei, um möglichst große Vorräte von ihnen einzuheimsen.

Endlich ist noch als ein höchst zierliches Blumenkind der nordamerikanischen Wüste die Coloradolilie (*Hesperocallis undulata*) zu erwähnen, deren 3–5 cm dicke Wurzelknollen 30 cm tief in der Erde ruhen, bis ein alle 10–12 Jahre eintretender gründlicherer Regen sie aus ihrem Scheintod zu neuem Leben erweckt. Dann treiben sie aus dem nackten, schattenlosen Sande je einen 60–90 cm langen, mit dunkelgrünen, tiefgekerbten Blättern umkränzten Blütenstengel, der im Laufe von wenigen Wochen 30 bis 40 aus 6 weißen Blumenblättern mit einer grünlichpurpurnen Mittelrippe bestehende Blüte hervortreibt. Milchweiß, wenn sie sich öffnen, werden sie im Laufe des Tages perlweiß und am Abend — der Zeit ihrer größten Schönheit — halb durchsichtig. Die märchenschönen Glocken schließen sich um Mitternacht, um dann abzusterben und jüngeren Geschwistern Platz zu machen, die am frühen Morgen in entzückender Jugendfrische aus den gesprengten Knospen hervortreten. Eine große Pflanze treibt 5–6 Blüten im Tage, die vom Augenblicke ihrer Entfaltung an, zumal am Abend, einen starken, süßen Duft ausströmen lassen. Daher hat man dieser Gattung den Namen Hesperocallis, d. h. Abendschön, gegeben. Nach der Befruchtung zeitigen die Blüten eine 3 cm lange, mit schwarzen Samen dichtgefüllte Kapsel. Besonders wenn die Mesquiteschoten knapp sind, graben die Indianer eifrig nach den Wurzelknollen der in ihrer Sprache *ethulia* genannten Blume, um sie als willkommene Speise zu verzehren.

Wenn nun allein die nordmexikanische Wüste eine solche Menge nutzbarer Pflanzen beherbergt, die es verdienten, vom Menschen in anderen, dieselben ungünstigen Lebensbedingungen aufweisenden Wüsten angesiedelt zu werden, so kann man sich denken, was für wertvolles Pflanzenmaterial die verschiedenen Wüstengebiete der Erde zusammen darbieten. Es sei hier beispielsweise nur an die südafrikanische Kalahariwüste erinnert, auf der nach den ersten Schauern der kurzen Regenzeit eine ihre Ranken weithin über den Wüstensand treibende Cucurbitazee, die Zamamelone (*Cucumis zama*), eine Verwandte unserer aus Wüsten desselben Erdteils Afrika stammenden Wassermelone, hervorsprießt. Bald erscheinen an ihr gelbe Blüten, aus denen außerordentlich saftige Früchte von der Größe eines Straußeneis hervorgehen. Diese dienen Tieren und Menschen als willkommene Nahrung und besonders auch durstlöschendes Mittel, das ihnen das fehlende Wasser ersetzt. Den Buschmännern, jenen zwergartigen, gelbhäutigen, unstet dem Wilde als ihrer Hauptnahrung nachwandernden Jägern der weiten Kalahari, ist diese wilde Wassermelone, die nach einer guten Regenzeit strichweise die wasserarme Steppe bedeckt, neben den saftigen Wurzeln verschiedener Pflanzen die wichtigste pflanzliche Nahrung, die sie eifrig aufsuchen und von der sie Depots im Boden anlegen, um sie sich bei ihrer Rückkehr von der Jagd zu sichern. In Zeiten, da sie nicht zu haben sind, vergraben die Buschmänner mit Wasser gefüllte Straußeneier als Reservewasserbehälter in den Sand, um sich damit zur Zeit der Dürre vor dem Verdursten zu schützen.

Im Norden der Kalahari wächst eine von den Betschuanen — wie diese behaupten — dort eingeführte süßliche Melone, von ihnen *mangotan* genannt, die ihnen mühelos Stillung des Hungers, wie des Durstes gewährt. Sollen solche Melonen, an denen der Mensch durch künstliche Zucht noch größere und wohlschmeckendere Früchte zu erzielen vermöchte, planmäßig angebaut, nicht die Wüste bewohnbarer machen helfen? Man sollte denken, daß die Zeit nicht mehr fern ist, da solche Schätze der Natur von dem sich über immer weitere Gebiete der Erde ausbreitenden Menschen willig in Kulturpflege genommen und durch systematische Veredlung noch nutzbarer gemacht werden dürften. Denn wir sind noch lange nicht am Ende der menschlichen Entwicklung angelangt. Wir befinden uns vielmehr erst am Anfange derselben und unsere Nachkommen werden weiterführen, was wir und unsere Vorfahren begonnen haben, bis die ganze Erde mit allen ihren Wüsten dem Leben und der menschlichen Kultur erobert ist.

Außer diesen Melonen dienen noch mancherlei andere Pflanzen dem Menschen, der diese dürren, pflanzenarmen Gebiete jagend durchstreift, zur Nahrung. So graben die Buschmänner und Betschuanen besonders nach den schmackhaften Zwiebeln von Ixias und anderen Lilienarten. Diese bilden neben dem fleischigen Kern der gewaltigen, sehr tiefgehenden Wurzel des Elefantenfußes (*Testudinaria elephantipes*) und dem stärkemehlreichen Mark des Palmfarns Zamia einen Hauptbestandteil ihrer Nahrung.

In den Wüsten Nordafrikas und Westasiens gedeiht ein kleiner, dorniger Baum von abschreckendem Aussehen aus der Familie der Simarubazeen aus der engeren Verwandtschaft der Terebinthe und des Weihrauchbaums. Dieser von den Arabern Zachun genannte *Balanites aegyptiaca* mit einpaarig gefiederten Blättern, grünlichweißen Blüten und walnußgroßen, im reifen Zustande grünlichen, ölreichen Früchten wehrt sich so tapfer wie irgend ein anderes Wüstengewächs gegen die verheerenden Sandstürme, die mit ihrem Gluthauch alles Lebendige zu verschlingen drohen. Seine Früchte waren schon von den alten Ägyptern, denen doch besseres Obst als Nahrungsmittel zu Gebote stand, geschätzt und wurden von ihnen ihren Toten als Speise für das Geisterreich mitgegeben. Als solche hat man sie öfter in Gräbern der 12. Dynastie (2000–1788 v. Chr.) im Gräberfelde von Kahun und in anderen Nekropolen des mittleren Reichs gefunden. Aus den Samen pressen die Araber heute noch ein Öl, dem sie heilende Wirkung zuschreiben. Aus dem Verkaufe dieses Öls an die Reisenden, zumal an die Pilger, machen die in Palästina wohnenden Araber ein einträgliches Geschäft. Und das sehr harte Holz des Zachuns wird von den Drechslern Jerusalems zu den verschiedensten Gegenständen, hauptsächlich aber zu Spazierstöcken verarbeitet.

In den Wüsten der Mongolei wächst der Sulchir (*Agriophyllum gobicum*), ein kaum 1 m Höhe erreichender, stacheliger Strauch, der auf kahlem Flugsande gedeiht, im August blüht und im September seinen Samen reifen läßt. Dieser letztere ist das Korn der Wüstennomaden, der „Segen der Wüste". In regenreichen Jahren ergibt er eine gute Ernte, in trockenen dagegen verkommt der Strauch und dann hungert der Mongole. Die Sulchirernte ist höchst einfach: Die Früchte werden gesammelt und die Samen auf einer von Sand freien, lehmigen Bodenfläche ausgedroschen. Dann werden letztere geröstet, durch Stampfen in Holzmörsern von den Hülsen befreit, in Handmühlen gemahlen und geben ein ziemlich schmackhaftes Mehl, das mit Backsteintee zusammen gekocht wird und dem Mongolen als willkommene Speise dient.

Dieselbe zentralasiatische Wüste bewohnt der 3–4 m hohe, bis 15 cm dicke Saxaulstrauch, der vereinzelt im kahlen Sande gedeiht. Er besitzt keine Blätter und schattenlos streckt er seine langen Zweige aus, und doch baut der Mongole neben ihm seine Jurte auf, um hinter ihm Schutz gegen die eisigen Winterstürme, wie gegen den sengenden Sonnenbrand zu suchen. Im Frühling bedeckt sich der Saxaul mit kleinen, gelben Blüten, aber seine Samen sind nur für Tiere, nicht für den Menschen genießbar. Dagegen ist sein hartes, sprödes Holz außer dem getrockneten Mist seiner Haustiere das einzige Brennmaterial, das dem Nomaden zur Verfügung steht, um seinen geliebten *tsamba* zu kochen.

Ebenso widerstandsfähig gegen Hitze und Dürre, wie auch den eisigen Frost des Winters ist die die Wüsten Zentralasiens und Südostrußlands bewohnende Wüstenweide (*Salix acutifolia*). Auch sie gewährt dem Menschen keinen anderen Nutzen, als daß sie ihm Brennholz liefert. Aus ihren Zweigen kann allerlei Flechtwerk hergestellt werden. Sie eignet sich besonders zur Humusbildung auf magerstem Boden, wodurch derselbe für anspruchsvollere Gewächse vorbereitet wird. Auf fruchtbarem Boden entwickelt sie sich zu einem schönen, stattlichen Baum.

In den Wüsten Australiens sind als Holzerzeuger sehr nützlich die verschiedenen Eukalyptusbäume, die ihre Wurzeln außerordentlich tief in den Boden hinabsenken, um ihm alle Feuchtigkeit zu entnehmen, andererseits aber auch eine ganz außerordentliche Größe erreichen, wie sie selbst nicht von den kalifornischen Mammutfichten, den Giganten der Pflanzenwelt, erreicht wird. Wie die neben ihnen wachsenden Akazien liefern sie außer Brennholz auch gutes Bau- und Werkholz, das vorteilhaft zur Kohlen- und Teerbrennerei Verwendung findet. Aus den Blättern läßt sich das wohlriechende Eukalyptusöl destillieren, das zur Lackbereitung und in der Parfümerie dient.

Jedenfalls würden sich außer den hier genannten noch verschiedene andere Wüstenpflanzen zum Anbau bei der ersten Besiedelung von Wüsten durch den Menschen empfehlen. Einmal gepflanzt würden diese wetterharten, der lebenfeindlichen Umgebung durch zahllose Generationen angepaßten Pioniere aus der Pflanzenwelt ohne Mithilfe des Menschen gedeihen und ihm ausgedehnte Gebiete der Erde, die heute öde Flächen sind, dem Leben und der Kultur erobern helfen.

XXXIII.
Die Feinde der Nutzpflanzen.

Nur ausnahmsweise und gelegentlich ist in den vorangegangenen Abschnitten auch von manchen verderblichen Krankheiten der Nutzpflanzen die Rede gewesen. Unsere Betrachtung wäre unvollständig, wenn wir zum Schlusse nicht anführen wollten, daß gerade die in der Regel in ganz unnatürlicher, einseitiger Anhäufung unter oft ungünstigen, ihren natürlichen Standorten und Lebensbedingungen durchaus nicht entsprechenden Lebensverhältnissen auf einem in seiner Zusammensetzung ungeeigneten, vielfach ausgesogenen Boden angebauten und meist durch vielhundertjährige Kultur von seiten des Menschen verweichlichten Nutzpflanzen Krankheiten unendlich viel leichter anheimfallen als ihre robusten, unter den natürlichen Lebensbedingungen lebenden Wildlinge gebliebenen Verwandten. Dabei ist zu bedenken, daß durch ungünstige klimatische oder Bodenverhältnisse in Verbindung mit mangelhafter Pflege durch den Menschen die verschiedenen Krankheitserreger viel größere Bedeutung für die Kulturpflanzen gewinnen als für die übrigen, in ihren natürlichen, ihren Bedürfnissen angepaßten Verhältnissen lebenden Pflanzen. So kann es uns nicht wundern, daß, je länger eine Nutzpflanze in menschlicher Pflege steht und je höher kultiviert sie ist, sie um so zahlreicheren Erkrankungen ausgesetzt ist und von um so mehr tierischen und pflanzlichen Feinden bedroht wird.

Wie für die Menschen und die Tiere sind auch für die Kulturpflanzen winzige Pilze die gefährlichsten Krankheitserreger. So entstehen schwere Schädigungen unserer Getreideernten, ja völliger Mißwachs dieser für uns Menschen so wichtigen Brotfrüchte besonders durch die Brandpilze, die die Ähren und Körner unter Umwandlung in eine schwärzliche Masse vernichten, dann durch mancherlei Rostpilze, die die Blätter und Halme abtöten und dadurch die Fruchtbildung verunmöglichen, ferner durch den Mutterkornpilz, der sich in der Ähre an Stelle des Kornes entwickelt, außerdem durch eine Reihe erst neuerdings aufgefundener Blattpilze, die die grünen Blätter besonders des Weizens befallen und vorzeitig abtöten, endlich auch die jüngst entdeckten Pilze, der „Roggenhalmbrecher“ und „Weizenhalmtöter“, die sich im untersten Grunde des Halmes und in den Wurzeln entwickeln und dadurch den wertvollen Getreidepflanzen vorzeitigen Tod bringen.

So haben unsere wichtigsten Körnerfrüchte, wie Weizen, Gerste und Hafer, außer unter besonderen Arten von Flugbrand, deren Sporen nach Auszehrung der Fruchtanlage in der Blüte in braunen Massen ausstäuben, um immer wieder dieselbe Getreideart, niemals aber eine andere zu befallen, noch unter anderen spezifischen Brandarten zu leiden, so der Weizen durch den Steinbrand, die Gerste durch den Hart- oder Schwarzbrand und der Hafer durch den gedeckten Haferbrand, alles nicht zur Blütezeit der betreffenden Getreidearten ausstäubenden und umherfliegenden Brandarten, sondern solchen, die den Keimling anstecken und erst beim Dreschen ihre schwärzlichen Sporenmassen frei werden lassen, um an gesunde Körner zu gelangen. Diesen haften sie äußerlich an und gelangen, falls solches Korn zur Saat benützt wird, mit dem Getreidekeimling zum Austreiben, wobei sie ihre Schläuche in ihn eindringen lassen und mit ihm wachsen, bis sie ihn zugrunde gerichtet haben. Diese letzteren Brandarten bekämpft man durch sogenanntes Beizen des Saatgutes mit Kupfersalzen, Formalin und heißem Wasser. Die ersteren dagegen können nur durch rechtzeitiges tägliches Entfernen der den Flugbrand in den Blüten aufweisenden Exemplare oder noch besser durch isolierte Züchtung brandfreier Getreidestämme vermieden werden.

Verschiedene Rostpilze schädigen den Mais, den Klee, die Bohnen und Erbsen und weisen denselben Wirtswechsel wie die früher besprochenen Getreiderostarten auf. So gedeihen die Wintersporen des Erbsenrostes nur auf den Blättern der Cypressenwolfsmilch, um regelmäßig ihre Sommersporen auf den Erbsen zu entwickeln. Die Wintersporen des orangeroten Becherrostes der Stachelbeeren gedeihen nur auf der Unterseite der Blätter der scharfen Segge, wo sie schwarze Sporenhäufchen bilden. Der ebenfalls orangerote Gitterrost, der die Blätter des Birnbaumes befällt, erzeugt rotgelbe Gallertklumpen ausschließlich an Stamm und Zweigen des Sadebaumes (*Juniperus sabina*). Zwei gefürchtete Getreideschädlinge, der wahre Rost und der Kronenrost, entwickeln ihre Wintersporen ausschließlich, der erstere auf den Blättern der Ackerochsenzunge, der letztere auf denjenigen des Faulbaums. Und so geht es ins Endlose, ohne daß wir bis jetzt von den meisten solchen Rostpilzen den Gang der Entwicklung und den Zwischenwirt überhaupt erkannt hätten.

Den Blättern und Früchten der Apfel- und Birnbäume sind die Schorf- und Fusicladiumpilze gefährlich. Die Moniliakrankheit verdirbt die Blüten und jungen Triebe der Kirschbäume, der Gnomoniapilz bewirkt die Seuche und das Abfallen ihrer Blätter wie auch das Verderben ihrer Früchte. Verschiedene Kulturpflanzen leiden unter dem Mehltau, unter ihnen besonders der Weinstock; dabei bildet sich ein weißer, dünner Überzug auf braunwerdenden Flecken der Blätter und jungen Weinbeeren. An letzteren stirbt dadurch die Haut ab, noch ehe die Frucht die Hälfte ihrer normalen Größe erlangt hat und zerreißt bei weiterer Ausdehnung des Beerenfleisches, so daß die Beere abstirbt und verfault. Der weiße Überzug besteht aus dem echten Mehltaupilz (*Oidium tuckeri*), dessen Sporen vom Regen und Wind auf benachbarte Blätter und Trauben weiter verbreitet werden, wo sie bei

Vorhandensein von Feuchtigkeit leicht keimen. Regenreiche Jahre begünstigen die Ausbreitung dieser Krankheit, die seit 1845 von England durch Frankreich nach Südeuropa, der Schweiz und Deutschland wanderte und sehr großen Schaden anrichtete. Man bekämpft die Krankheit erfolgreich durch Schwefeln, d. h. Überpudern der Weinstöcke mit Schwefelblumen, wodurch der Pilz getötet und gesunde Pflanzen geschützt werden. Der falsche Mehltau dagegen wird von *Peronospora viticola* hervorgerufen. Der Pilz zeigt sich nur auf der Unterseite der Blätter als weißer Filz, während auf der Oberseite rundliche, braune Flecken entstehen. Die Krankheit trat zuerst in Amerika auf, wurde hernach in Frankreich und dann in andern Ländern Europas beobachtet und hat seitdem große Verheerungen angerichtet. Sie wird durch Bespritzen der Reben zur Zeit der Rebenblüte und 4–6 Wochen später noch einmal mit 1–1,5 kg Kupfervitriol und 2–2,5 kg gelöschtem Kalk in 100 Liter Wasser erfolgreich bekämpft. Der Pinselschimmel (*Penicillium glaucum*) verdirbt den Most, weshalb die von ihm befallenen, eine schmutzige, hellgrüne bis gelbliche Färbung zeigenden faulen Beeren vor dem Keltern der Trauben entfernt werden müssen. Nicht ungünstig dagegen ist die durch *Peziza funckeliana* hervorgerufene Edelfäule der Trauben, indem dieser Pilz in den Beeren mehr Säure als Zucker verzehrt, wodurch ein stärkerer Wein entsteht. Dieser Pilz ruft aber nur bei wenigen Traubensorten, deren Bukett er erzeugt, solch gutartige Veränderungen hervor, so namentlich beim Riesling, dessen Bukett er zwar zerstört, dafür aber ein anderes, dem Sherry ähnliches erzeugt. Alte Weinkenner am Rhein behaupten, daß man erst im Jahre 1822 gelernt habe, aus edelfaulen Trauben die feurigen, edlen Weine des Rhein- und Moselgaues zu bereiten. In jenem Jahre war der Sommer dem Weinstock außerordentlich günstig, so daß schon gegen Ende September eine Überzeitigung eintrat und gelesen werden mußte. Da dann die Weinbauern nicht auf eine so frühe Ernte vorbereitet waren, wurde meist eine „faule Brühe“ gelesen, die aber einen so guten Wein lieferte, daß man diese Edelfäule später künstlich herbeiführte. Auch die Phytophthorakrankheit der Kartoffeln, die Blätter und Knollen dieser wichtigen Nutzpflanze zum Absterben bringt, ist Mitte des vorigen Jahrhunderts aus Nordamerika zu uns gekommen.

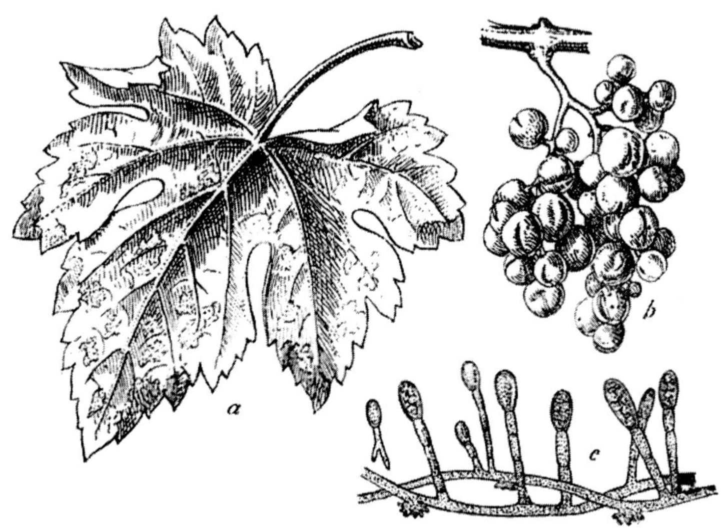

Bild 80. Echter Mehltau des Weinstocks (*Oidium tuckeri*).

a ein vom Pilze befallenes Rebenblatt, *b* eine von ihm zerstörte Traube, *c* der Pilz selbst (stark vergrößert).

Außer diesen die grünen Teile der Pflanze angreifenden Pilzen gibt es eine Menge anderer, die die Wurzeln befallen und dadurch die Pflanze zum Absterben bringen. Solche Wurzeltöter bedrohen besonders die verschiedenen in Kultur befindlichen Leguminosen. Aber noch weit mehr als durch pflanzliche sind besonders die Wurzeln durch tierische Feinde bedroht. Diese bestehen ebenfalls meist aus winzigen Lebewesen, vorzugsweise aus der Familie der Würmer, Milben und Insekten. Unter den letzteren, die meist ziemliche Größe aufweisen, gibt es manche, die sich nicht auf bestimmte Pflanzen beschränken, sondern sämtlichen Gewächsen schädlich werden können. Dazu gehören z. B. die Maikäfer, deren Larven als Engerlinge drei bis vier, ja in Ostpreußen sogar fünf Jahre im Boden leben und hier den Wurzeln fast aller Pflanzen gefährlich sind, ferner die schmalen, gelben Drahtwürmer, die Larven des Saatschnellkäfers, die die Wurzeln besonders der Getreidearten, Kartoffeln und Gemüsepflanzen zerfressen, wie auch die verschiedenen Erdraupen, auf die wir hier nicht näher eintreten können.

Bild 81. Falscher Mehltau des Weinstocks (*Peronospora viticola*).

a davon befallene Traube mit kranken Beeren, *b* aus einer Atmungsöffnung der Unterseite des Blattes hervorgewachsene gestielte Sporenträger des Pilzes, deren Sporen teilweise schon vom Winde verweht wurden.

Unendlich viel größer als die Zahl dieser allgemeinen Schädlinge ist diejenige solcher tierischer Schädlinge, die immer nur auf eine bestimmte Nährpflanze angewiesen sind und ihr durch ihre große Menge ebenso arg zuzusetzen vermögen wie die verschiedenen speziellen Krankheitspilze. Für die Getreidearten sind die Larven des unübersehbaren Heers der Kornkäfer, deren man jetzt schon über 10000 Arten unterscheidet, dann Frit- und andere Fliegen, ferner Blasenfüße, allerlei Halmwespen und Zwergzikaden gefährlich, für die Zucker- und Futterrüben außer zahlreichen Insekten besonders Rundwürmer. Eines der gefährlichsten Würmchen dieser letzteren Art ist neben dem Rübenälchen das Weizenälchen, welches das sogenannte Gichtigwerden und den Faulbrand des Weizens hervorruft und dadurch oft gewaltigen Schaden anrichtet. Diese sind so zählebig, daß sie selbst nach zwanzig und mehr Jahren völliger Austrocknung nach Befeuchten wieder aufleben. Naturgemäß tritt der durch sie hervorgerufene Faulbrand in nassen Jahren stärker als in trockenen auf. Zum Schutze gegen sie müssen alle gichtischen Körner des Weizens am besten durch Verbrennen vernichtet werden und darf zum Aussäen nur gesundes, in einer halbprozentigen Kupfervitriollösung gebeiztes Saatgut verwendet werden.

Die Kleefelder werden durch das Stockälchen, die Bohnen, Erbsen und andere Leguminosen durch Blattläuse, der Raps durch einen Glanzkäfer schwer geschädigt. Sehr groß ist die Zahl der Obstfeinde im Tierreiche. Die Raupen gewisser Schmetterlinge, wie die des Frostspanners, des Schwammspinners usw., zerstören das Laub und damit auch den Ertrag der Obstbäume. Blüten und Blätter werden verdorben durch den Apfelblütenstecher, durch die Larven mehrerer Wickler, die das Madigwerden und das Abfallen der Äpfel und Birnen verursachen, durch die Kirschenfliege, die die Maden in den Kirschen erzeugt, und dergleichen kleine Insekten mehr. Die Blutläuse sind für die Apfelbaumstämme wie die verschiedenen Schildläuse für andere Obstbaumarten von der größten Gefährlichkeit. Ein schrecklicher Gegner ist dem Weinstock die aus Amerika eingeschleppte, zuerst im Jahre 1863 in Europa bemerkte, seitdem aber in allen Weingegenden verbreitete Reblaus, die von 1869 an innerhalb acht Jahren in Frankreich allein den dritten Teil des gesamten mit Reben bepflanzten Areals vernichtete und dadurch dem Nationalvermögen dieses Landes nach durchaus nicht übertriebener Schätzung einen ersten Schaden von wenigstens 13 Milliarden Franken verursachte. Der seit ihrem Auftreten in diesem Lande verursachte Gesamtschaden wird auf mehr als 20 Milliarden Franken geschätzt. Auch der Traubenwickler ist für den Rebbau eine große Kalamität; denn der sogenannte Heu- oder Sauerwurm, das Räupchen dieses Schmetterlings, zerstört namentlich in feuchten Jahren die Blüten und zarten jungen Beeren der Rebe.

Großen Schaden verursachen auch zahllose Blattkäfer und Blattflöhe. Unter den ersteren ist besonders der in Nordamerika heimische Kolorado-Kartoffelkäfer berüchtigt, der sich seit etwa vierzig Jahren über das ganze Land ausgebreitet hat und oft einen Ausfall von 30 Prozent und mehr der Kartoffelernte bewirkte, ja manchenorts so zahlreich auftrat, daß die durch ihn angerichteten Verwüstungen den Menschen zwangen, den Anbau der Kartoffeln zeitweise ganz einzustellen. Trotzdem er durch amerikanische Saatkartoffeln nach Europa verschleppt wurde, hat er sich glücklicherweise bei uns nicht einbürgern können, da ihm offenbar das Klima hier nicht behagt.

Es ist völlig unmöglich, dem geneigten Leser auch nur einen annähernden Begriff von der Zahl der tierischen Schmarotzer zu geben, die neben den pflanzlichen Krankheitserregern unsere verschiedenen Kulturpflanzen bedrohen. Es genüge, hier als Beispiel nur die Baumwollstaude anzuführen, an der die praktischen, für die Erkenntnis der Schädlinge der Kulturpflanzen äußerst verdienten Nordamerikaner außer 30 verschiedenen Pilzkrankheiten nicht weniger als 470 Tierarten gelegentlich oder ausschließlich schmarotzen. Unter diesen befinden sich drei Schädiger ersten Ranges, nämlich die Baumwollraupe, die Kapselraupe und der mexikanische Kapselkäfer. Sie alle vermehren sich in fabelhafter Weise und richten da, wo sie auftreten, großen Schaden an. Bedenkt man, daß eine einzige die Räupchen hervorbringende Motte wenigstens 500 Eier legt, die sich im Laufe eines Sommers in fünf Generationen zu unzählbaren Millionen fortpflanzen, so begreift man, daß der Mensch völlig außerstande wäre, seine verschiedenen Kulturpflanzen gegen ihre zahllosen Schädiger in erfolgreicher Weise zu schützen, wenn nicht jeder der letzteren wenigstens einen Spezialfeind in der niederen Tierwelt besäße, der ihm das Leben sauer macht. Im Bunde mit diesen seinen Freunden und Bundesgenossen führt der Herr der Schöpfung einen unausgesetzten Kampf gegen das große Heer der Schädlinge und bedient sich dabei der verschiedensten Hilfsmittel, unter denen das Spritzen mit ätzenden, giftigen Stoffen und die Fangkulturen in erster Linie stehen. Unter den letzteren versteht man gewisse zwischen den Hauptkulturen gesetzte Pflanzungen, die sich früher entwickeln als diese und die nur zum Zwecke angelegt werden, um die tierischen Schädlinge anzulocken und dann mit diesen zusammen vertilgt zu werden. So benutzt man beispielsweise bei der Baumwolle dazu eine frühreifende Maisart, die auf schmalen Beeten zwischen den Baumwollfeldern angepflanzt wird.

Endlich werden auch manche tierische Schmarotzer durch ihre natürlichen Feinde zu bekämpfen gesucht. So wird seit einigen Jahren der Kapselkäfer der Baumwolle in Amerika durch eine rote Ameise bekämpft, die man in Massen züchtet und auf den Baumwollfeldern ansiedelt. In neuester Zeit hat man auf Java die sogenannte Kakaowanze, die die Kakaobäume vernichtet und den Ertrag der betreffenden Plantagen auf Jahre hinaus zerstört, in ähnlicher Weise und mit gutem Erfolg mit Hilfe einer schwarzen Ameise zu bekämpfen gesucht, die sich als Vernichterin jener Schmarotzerin vorzüglich bewährt hat. Die Nester dieser Ameise werden in Kisten aus Blech gefaßt und in den Kakaobäumen aufgehängt. Von hier aus beginnen die Ameisen alsbald ihr Vernichtungswerk und töten rasch die gefürchteten Wanzen.

Sehr leistungsfähige staatliche Insektenzuchtinstitute besitzen besonders die Vereinigten Staaten von Nordamerika. Unter ihnen ist dasjenige von Sakramento in Kalifornien das bekannteste, das alljährlich große Lieferungen an Private besorgt. So hat dieses Institut beispielsweise im vergangenen Monat April nach den Zeitungsberichten 52 Millionen Marienkäfer in Gewicht von 1000 kg in besonderen Eisenbahnwagen nach den Melonenfeldern von Imperial Valley in Kalifornien spediert, wo ihnen die Aufgabe zufällt, Blattläuse und Insekten aller Art zu vertilgen, die die Melonenpflanzungen verheeren.

Der beste Schutz gegen die Schädlinge ist und bleibt aber die peinlich sorgfältige Pflege der Kulturpflanzen und ein tadellos gesundes Saatgut, soweit die Vermehrung durch Aussäen des Samens bewerkstelligt wird. Auch müssen bei der Einführung von Setzlingen nicht nur der Stamm und die

Zweige, sondern vor allem auch die Wurzeln mit allen ihren Ausläufern genau auf die Anwesenheit von Schmarotzern untersucht werden. Hätte man dies getan, so wäre beispielsweise auch die in Amerika bei den viel kräftigeren einheimischen Reben nur geringen Schaden anrichtende Reblaus nicht nach Europa eingeschleppt worden und hätten die gewaltigen Verluste, die hier die Rebbau treibenden Länder erleiden mußten, vermieden werden können.

Die weitaus wichtigsten Gehilfen des Menschen sind aber die Vögel, die infolge ihres beinahe unersättlichen Hungers — die Folge ihres äußerst raschen Stoffwechsels und ihrer maximalen Lebensintensität — die größten Feinde der meisten Schädlinge unserer Nutzpflanzen sind. Haben wir mit der einseitigen Anpflanzung weiter Gebiete mit denselben zu unserem Nutzen gezogenen Pflanzenarten auch die Schädlinge derselben in einer Weise, wie dies in der freien Natur, wo aber auch keine solche Anhäufung derselben Pflanzenart vorkommt, sondern überall gemischte Bestände vorhanden sind, unmöglich ist, sich vermehren lassen, so liegt es in unserem eigenen Interesse, auch die Zahl ihrer Feinde, der Vögel, möglichst zu vermehren. Statt daß man dies tat und diesen unseren größten Wohltätern durch Vogelschutzmaßregeln und Bieten von Nistgelegenheiten zu ungestörtem Brüten die Möglichkeit einer Existenz und der ausgiebigsten Vermehrung verschaffte, hat man sie in der grausamsten und kurzsichtigsten Weise aus Roheit, aus Leckerei und Modetorheit verfolgt und in der unglaublichsten Weise dezimiert. Damit hat sich die Kulturmenschheit leider nur ins eigene Fleisch geschnitten. Erst dann, wenn sie dies eingesehen hat und danach handelt, wird dieser Übelstand sich bessern und statt Fluch Segen hervorgehen. Wenn der Mensch durch seine Kultur das Gleichgewicht in der Natur gestört hat, so ist es seine absolute Pflicht, diese Störung nach Möglichkeit wieder auszugleichen. Hat er die einseitige Verbreitung der Kulturpflanzen bewirkt, so muß er auch vor allem die Feinde der künstlich heraufgeschraubten Kulturpflanzenvernichter künstlich heraufschrauben, d. h. so viel er kann die Vögel vermehren. Dies soll nicht nur durch möglichst weitgehenden Vogelschutz, sondern vor allem auch durch Darbieten von künstlichen Nistgelegenheiten zum ungestörten Brüten geschehen. Was wir in unseren Kulturländereien nötig haben, das sind dazwischen errichtete dornige „Nistgehölze“, durch die das Raubzeug und zugleich das größte Raubtier, der unkultivierte Mensch, am Beunruhigen der brütenden Wohltäter und dem Ausnehmen ihrer Nester verhindert werden.

Überall, wo solches bisher geschehen ist, hat es die reichsten Früchte getragen und der Land- und Forstwirtschaft den größten Nutzen gebracht. Dafür sei nur ein Beispiel unter vielen angeführt. So schreibt der verdiente deutsche Vorkämpfer des Vogelschutzes, Freiherr B. von Berlepsch: „Als im Frühjahr 1905 der gesamte, mehrere Quadratmeilen große, südlich von Eisenach gelegene Hainichwald gänzlich vom Eichenwickler (*Tortrix viridana*) kahlgefressen war, blieb mein Wald, der durch über 2000 daselbst aufgehängte Nistkästen einen reichen Meisenbestand aufweist, völlig davon verschont. Er hob sich von den umliegenden Waldungen tatsächlich wie eine grüne Oase ab. Erst etwa einen halben Kilometer jenseits der Grenze machten sich die ersten Spuren des Fraßes bemerkbar, nach weiterem halben Kilometer war er aber bereits in vollem Umfange eingetreten. Ein deutliches Zeichen, wie weit die Meisen und Genossen während des Winters, überhaupt außerhalb der Brutzeit, gestrichen waren." Gleiche Beobachtungen bei den Verwüstungen der Raupe desselben Schmetterlings wurden auch in großherzoglich hessischen Forsten gemacht, in denen ebenfalls der Vogelschutz seit einiger Zeit betrieben wird.

Aber nicht nur von Insekten, die unseren Kulturen schädlich sind und sie zugrunde richten, auch von solchen, die uns selbst lästig fallen, befreien uns die Vögel. Ungezählte Massen von Stubenfliegen, die Verbreiter verschiedener menschlicher Krankheiten, fangen die Schwalben ab, die unermüdlich gerade ihre Hauptbrutstätten, die Ställe und Düngerhaufen, nach ihnen abfliegen. Sie dezimieren auch die lästigen Stechmücken, in Süddeutschland Schnaken genannt, wie die im Wasser lebenden oder darin, wie die Enten, ihre Nahrung suchenden Tiere ihrer Brut nachstellen und uns so nützen.

Welchen Nutzen beispielsweise die verschiedenen Wildhühner ihren Standorten erweisen, daß können wir aus Beobachtungen von ihren gezähmten Verwandten, den Haushühnern, schließen. So wurden in einem Versuche von Professor Eckstein (Prometheus, 1908) Hühner in einen vom Kiefernspanner (*Bupalus piniarius*) befallenen Wald getrieben, damit sie die unter dem Moos auf dem Boden überwinternden Puppen auffräßen. Da zeigte es sich, daß jedes Huhn täglich etwa 4500 Puppen dieses schlimmen Forstschädlings verzehrte, und die Nachsuche ergab, daß auf dem Geviertmeter, der vorher 25–140 Puppen enthalten hatte, nach dem Absuchen durch die Hühner nur noch 2–3 dieser schädlichen Schmetterlingspuppen vorhanden waren.

Sehr groß ist auch der Nutzen der mäusefressenden Vögel, vor allem des Turmfalken, der verschiedenen Bussarde und Eulen, die sich, wie ausgedehnte Untersuchungen des Mageninhaltes geschossener Tiere bewiesen, zu 90 Prozent von diesen den Kornfrüchten und zahlreichen andern Kulturpflanzen des Menschen so überaus schädlichen Nagern ernähren. Jedenfalls sollte noch mehr als bisher von jedem Menschen der Ausspruch beherzigt werden:

„Die Tiere schützen

Heißt, dem Menschen nützen!"